国防科工委“十五”规划教材. 控制科学与工程

自动控制原理

（上 册）

裴 润 宋申民 主编

哈尔滨工业大学出版社
北京航空航天大学出版社 北京理工大学出版社
西北工业大学出版社 哈尔滨工程大学出版社

内容简介

本书比较系统全面地介绍了自动控制原理课程中的基本概念、基本原理及典型方法。主要包括:控制系统的数学模型,时域分析,根轨迹分析和设计方法,控制系统的频域分析与系统的综合,线性离散系统的分析与综合,线性系统状态空间的分析与综合;还介绍了非线性系统的经典的相平面与描述函数分析方法,系统的运动稳定的基本理论,以及最优控制的基本理论。同时每章还利用了 MATLAB 进行系统分析与设计。本书为读者深入研究控制理论以及进行控制工程实践提供了扎实的自动控制原理的知识基础。

本书可作为普通高等学校自动化、电气、机械和化工过程自动化类学科读者学习自动控制基本理论的主要教材和教学参考书。也可作为本科生系统全面学习自动控制原理的参考书和报考自动化类专业研究生的有价值的复习资料。

图书在版编目(CIP)数据

自动控制原理/裴润,宋申民主编. —哈尔滨:哈尔滨工业大学出版社,2006.5(2024.11 重印)
ISBN 978-7-5603-2301-5

Ⅰ.自… Ⅱ.①裴…②宋… Ⅲ.自动控制理论-高等学校-教材 Ⅳ.TP13

中国版本图书馆 CIP 数据核字(2005)第 1431136 号

自动控制原理

主　　编　裴　润　宋申民
责　　编　尹继荣　费佳明　康云霞
出版发行　哈尔滨工业大学出版社
社　　址　哈尔滨市南岗区复华四道街 10 号　邮编 150006
传　　真　0451-86414749
印　　刷　哈尔滨市石桥印务有限公司
开　　本　787 mm×960 mm　1/16　印张 51.75　字数 1 053 千字
版　　次　2006 年 5 月第 1 版　2024 年 11 月第 10 次印刷
书　　号　ISBN 978-7-5603-2301-5
定　　价　98.00 元(含上下册)

总　序

国防科技工业是国家战略性产业,是国防现代化的重要工业和技术基础,也是国民经济发展和科学技术现代化的重要推动力量。半个多世纪以来,在党中央、国务院的正确领导和亲切关怀下,国防科技工业广大干部职工在知识的传承、科技的攀登与时代的洗礼中,取得了举世瞩目的辉煌成就。研制、生产了大量武器装备,满足了我军由单一陆军,发展成为包括空军、海军、第二炮兵和其他技术兵种在内的合成军队的需要,特别是在尖端技术方面,成功地掌握了原子弹、氢弹、洲际导弹、人造卫星和核潜艇技术,使我军拥有了一批克敌制胜的高技术武器装备,使我国成为世界上少数几个独立掌握核技术和外层空间技术的国家之一。国防科技工业沿着独立自主、自力更生的发展道路,建立了专业门类基本齐全,科研、试验、生产手段基本配套的国防科技工业体系,奠定了进行国防现代化建设最重要的物质基础;掌握了大量新技术、新工艺,研制了许多新设备、新材料,以“两弹一星”、“神舟”号载人航天为代表的国防尖端技术,大大提高了国家的科技水平和竞争力,使中国在世界高科技领域占有了一席之地。十一届三中全会以来,伴随着改革开放的伟大实践,国防科技工业适时地实行战略转移,大量军工技术转向民用,为发展国民经济做出了重要贡献。

国防科技工业是知识密集型产业,国防科技工业发展中的一切问题归根到底都是人才问题。50多年来,国防科技工业培养和造就了一支以“两弹一星”元勋为代表的优秀的科技人才队伍,他们具有强烈的爱国主义思想和艰苦奋斗、无私奉献的精神,勇挑重担,敢于攻关,为攀登国防科技高峰进行了创造性劳动,成为推动我国科技进步的重要力量。面向新世纪的机遇与挑战,高等院校在培养国防科技人才,生产和传播国防科技新知识、新思想,攻克国防基础科研和高技术研究难题当中,具有不可替代的作用。国防科工委高度重视,积极探索,锐意改革,大力推进国防科技教育特别是高等教育事业的发展。

高等院校国防特色专业教材及专著是国防科技人才培养当中重要的知识载体和教学工具,但受种种客观因素的影响,现有的教材与专著整体上已落后于当今国防科技的发展水平,不适应国防现代化的形势要求,对国防科技高层次人才的培养造成了相当不利的影响。为尽快改变这种状况,建立起质量上乘、品种齐全、特点突出、适应当代国防科技发展的国防特色专业教材体系,国防科工委全额资助编写、出版200种国防特色专业重点教材和专著。为保证教材及专著的质量,在广泛动员全国相关专业领域的专家学者竞投编著工作的基础上,以陈懋章、王泽山、陈一坚院士为代表的100多位专家、学者,对经各单位精选的近550种教材和专著进行了严格的评审,评选出近200种教材和学术专著,覆盖航空宇航科学与技术、控制科学与工程、仪器科学与工程、信息与通信技术、电子科学与技术、力学、材料科学与工程、机械工程、电气工程、兵器科学与技术、船舶与海洋工程、动力机械及工程热物理、光学工程、化学工程与技术、核科学与技术等学科领域。一批长期从事国防特色学科教学和科研工作的两院院士、资深专家和一线教师成为编著者,他们分别来自清华大学、北京航空航天大学、北京理工大学、华北工学院、沈阳航空工业学院、哈尔滨工业大学、哈尔滨工程大学、上海交通大学、南京航空航天大学、南京理工大学、苏州大学、华东船舶工业学院、东华理工学院、电子科技大学、西南交通大学、西北工业大学、西安交通大学等,具有较为广泛的代表性。在全面振兴国防科技工业的伟大事业中,国防特色专业重点教材和专著的出版,将为国防科技创新人才的培养起到积极的促进作用。

党的十六大提出,进入二十一世纪,我国进入了全面建设小康社会、加快推进社会主义现代化的新的发展阶段。全面建设小康社会的宏伟目标,对国防科技工业发展提出了新的更高的要求。推动经济与社会发展,提升国防实力,需要造就宏大的人才队伍,而教育是奠基的柱石。全面振兴国防科技工业必须始终把发展作为第一要务，落实科教兴国和人才强国战略，推动国防科技工业走新型工业化道路，加快国防科技工业科技创新步伐。国防科技工业为有志青年展示才华，实现志向，提供了缤纷的舞台，希望广大青年学子刻苦学习科学文化知识，树立正确的世界观、人生观、价值观，努力担当起振兴国防科技工业、振兴中华的历史重任，创造出无愧于祖国和人民的业绩。祖国的未来无限美好，国防科技工业的明天将再创辉煌。

张华祝

前　言

随着工业生产和科学技术的发展，自动控制技术已经深入而广泛地应用于工农业生产、交通运输、国防现代化和航空航天等领域。自动控制原理作为工科院校的技术基础课，是自动化专业的必修课程，同时对于电气、机械、机电一体化、仪表及测试、动力、计算机、管理、交通等相关专业的学生也是一门重要的课程。

目前，控制科学与工程已经发展到以复杂系统为研究对象的智能控制阶段，有各种不同的研究方向。一方面，自动控制技术与机械、动力、计算机等技术相结合，广泛地应用于航空、航天等领域，形成了不同的先进技术研究方向，如飞行器控制、仿真精密测试系统、智能机器人、物流控制、社会经济控制等。另一方面，控制科学与数学、物理、系统论、生物进化等科学领域的结合愈加紧密，形成了内容丰富的理论研究方向，如鲁棒控制、神经网络控制、模糊控制、遗传算法、免疫算法等。但是，即使最先进的控制技术领域，最高深的理论研究方向，我们都可以在自动控制原理中找到它的发展源头和思想脉络，找到它的思想方法的最初起源。因此，可以说自动控制原理是控制科学与控制工程的基础，是这门科学和技术发展的起源。

自动控制原理的教学在我国已有五十多年的历史，在秉承前苏联教学体系并结合西方优秀成果的基础上，已形成了有自己特色的教学风格，并出现了多本优秀的教材，如李友善教授主编的《自动控制原理》、胡寿松教授主编的《自动控制原理》、吴麒教授主编的《自动控制原理》等，均内容系统，严谨翔实。同时也有很多优秀的教育者从不同的角度编写了很多有特色的教材。[11,20~22,24]

本书是在李友善教授主编的《自动控制原理》基础上结合作者多年教学科研实践编写而成的。本书系统全面地介绍了古典控制理论和现代控制理论的基本内容。具有条理清晰，层次分明等特点。同时，与功能强大的 Matlab 仿真工具紧密结合，使读者在阅读本书后能够使用 Matlab 进行控制系统的分析与设计。本书并没有打乱传统的内容体系，没有将古典控制理论与现代控制理论的内容相间杂，也没有给出太多的工程实例，因为作者考虑到控制系统的不同的分析和设计方法有不同的数学模型，有不同的体系。古典控制理论与现代控制理论的融合要靠实际系统设计不断实践的过程才能完成，对于自动化专业本科生来说，自动控制原理这门课程，不能取代控制系统设计课程的训练。我们只是注重“原理”部分，给读者以清晰正确的概念和系统的方法，为了讲清楚问题，并不排斥数学的描述和严格的证明。

本书由裴润和宋申民任主编，裴润编写了第一章，第三章至第五章，王彤编写了第二章与第六章，宋申民编写了第七章至第十一章。最后由宋申民统稿。

本书在编写的过程中得到国防科工委重点教材基金资助，并得到哈尔滨工业大学教务处、哈尔滨工业大学出版社和航天学院的支持，在此表示衷心的感谢。

作者特别要感谢李友善教授多年来在《自动控制原理》教学中对我们的引导与帮助。还要感谢哈工大航天学院院办修志伟主任，控制科学与工程系强文义教授、陈兴林教授、马广富教授、沈毅教授以及哈工大出版社尹继荣老师对本书的关心和巨大的帮助。

另外，对陈兴杰以及作者的研究生宋卓异、李阳、张大伟、伏守宇在校对、排版、绘图以及 Matlab 仿真所做的细致而艰苦的工作表示谢意。

由于时间仓促、内容也较多，不完善及疏漏之处在所难免，恳切希望本书的读者能够提出批评和指正。

宋申民

2006 年 1 月于哈工大

目　　录

第一章　绪　论

1.1　自动控制原理的概念

1.1.1　控　制

所谓“控制”,其含义是使某个(或某些)量按一定的规律变化。这个(或这些)量称做被控制量。

根据人们生产、生活和社会活动的需要,会要求各种各样的量按一定的规律变化。例如,在社会经济方面,人们要求国民经济总产值、物价水平等按一定的规律增长,否则便会失控;在生态学方面,人们要求某个濒危物种的种群数量快速上升,要求某个有用的生物种群数量上升,达到一定数量后便保持稳定,不再增加。这些都是控制问题。

作为工科院校,所研究的问题大多是对各种物理量的控制。这些物理量包括运动学、电学、热学、声学等方面的量,如物体的位置、转角、线速度、角速度、线加速度、角加速度、力、力矩、电压、电流、温度、压力、流量、湿度等。把其中的一些量作为被控制量,并使其按一定的规律变化,这是工科院校所研究的问题。下面通过一些例子来说明“控制”。

- 机械手的控制:图 1.1.1 是一个机械手的示意图。在生产线上,机械手可以完成各种动作,如搬运,即由一个地方拿起工件,放置到另一个位置。由图看到,机械手的臂部有三个关节,它们的夹角分别是 $\alpha_1,\alpha_2,\alpha_3$,机械手的腕部有两个关节,它们的夹角分别是 α_4,α_5,机械手的手爪有一个关节,它的夹角是 α_6。令 $\alpha_1\sim\alpha_6$ 这六个夹角按预定的规律变化,机械手就可以完成预定的动作。所以,机械手的控制就是使六个被控制量 $\alpha_1\sim\alpha_6$ 按预定的规律变化。

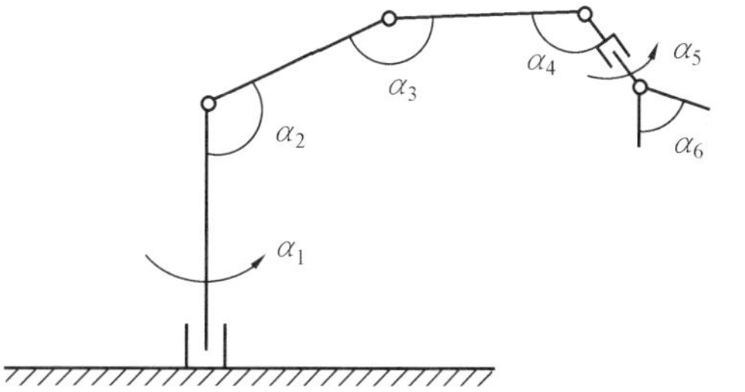

图 1.1.1　机械手示意图

- 导弹的控制:简单地说,导弹控制的最终目的就是使导弹和目标之间的距离逐渐减小,并趋向于零。被控制量是导弹和目标之间的距离,要求被控制量的变化规律是逐渐减小,并趋向于零,见图 1.1.2。
- 高射炮的控制:控制高射炮的目的是使高射炮指向目标飞机。高射炮的俯仰角 α 和方位角 β 是两个被控制量,只要使 α 和 β 按照一定的规律变化,高射炮便可以指向目标飞机(当然会带有适当的前置量），见图 1.1.3。

• 退火炉的温度控制：为了防止在退火过程中工件产生内应力，退火炉内的温度应按图 1.1.4 中曲线所示的规律变化，炉内的温度是被控制量。当外界环境温度改变对炉内温度产生干扰时，炉内温度仍应该按预定的规律变化，不应受到干扰的影响。

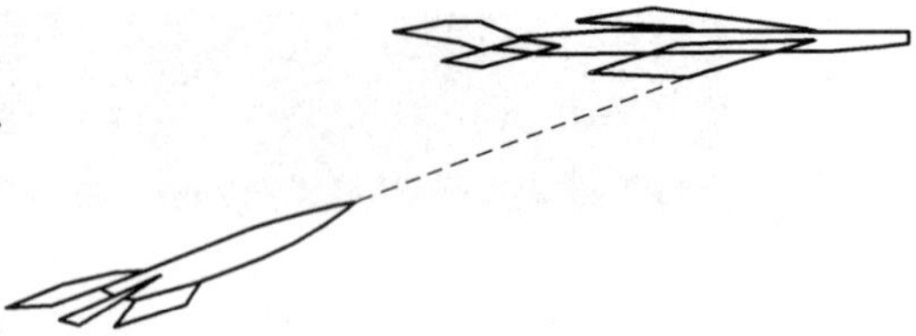

图 1.1.2　导弹的控制

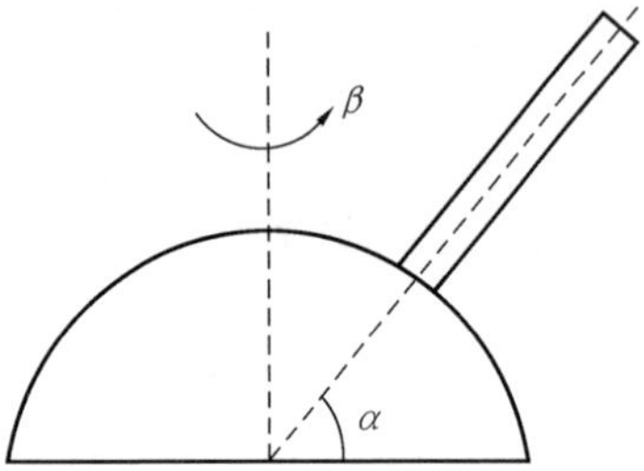

图 1.1.3　高射炮的控制

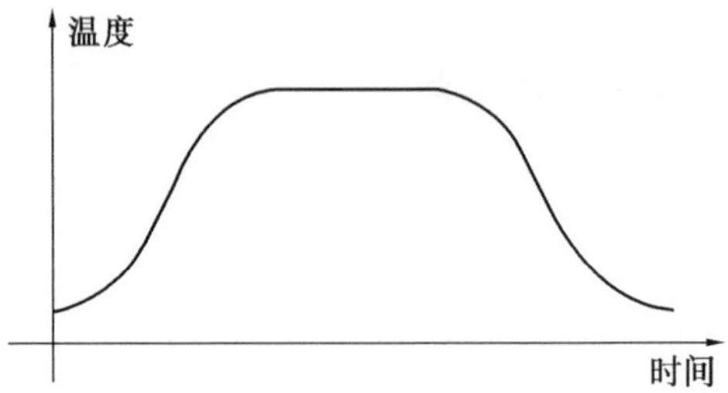

图 1.1.4　退火炉的温度变化曲线

由这些例子看出，“控制”是使“被控制量”按一定的“规律”变化。控制中的“规律”有以下一些情况：

(1) 事先预定的规律。如生产线上的机械手，不断地做着重复性的运动，每次运动中各个关节角的变化规律都是事先规定好的。使被控制量按事先预定的规律变化，一般称做“程序控制”。

(2) 随机的变化规律。如高射炮的控制系统，人们无法知道目标飞机做怎样的机动飞行，因而也不能事先确定俯仰角和方位角的变化规律，只能在工作过程中实时地根据目标飞机的运动和应有的提前量，得出俯仰角和方位角的变化规律。在控制过程中，使被控制量按照实时给出的规律变化，一般称做“随动控制”。

(3) 保持恒定。使被控制量保持为某一恒定值，也是常见的一种控制方式。例如，潜艇在水下航行时，要保持一定的深度；恒温箱内的温度要保持为一恒定值等。使被控制量保持恒定，一般称做“恒值控制”。

1.1.2　自动控制

“自动控制”是指在无人直接参与的情况下，由一套设备来完成控制作用。

在给生产线上的机械手编制好工作程序后，它便可以自动地完成某一工序的生产操作，如焊接、喷漆、搬运等；自动机床在无人操作的情况下，能自动地完成加工操作；导弹在发射后，无人驾驶，会自动地跟踪、趋近目标。

所谓“无人直接参与”是指在控制过程中没有人的操作,当然不包括人对设备的维修和管理。

实现自动控制的元件和设备构成自动控制系统。用自动控制系统来实现自动控制具有如下优点:

(1) 可以快速准确地进行控制,达到比人工控制更好的效果;

(2) 可以使人们从繁重的体力劳动和大量的重复性的人工操作中解放出来;

(3) 在恶劣的环境中或人们无法到达的环境中,可以使用自动控制系统来实现自动控制;

(4) 可以长时间不疲劳地工作,提高了工作效率。

随着科学技术的发展,自动控制技术和自动控制系统广泛地应用于工业、农业、军事、科研等领域,大多数工程技术人员和科学工作者都必须具备一定的自动控制知识。

1.1.3 自动控制原理

“自动控制原理”是一门讲授自动控制基础知识的技术基础课。它不是研究某一个或某一类被控制量的控制问题,而是研究自动控制系统的普遍性、一般性的问题。

“自动控制原理”首先研究自动控制系统的组成和基本结构,然后做出各元件和控制系统的数学模型。在数学模型的基础上计算系统中各个信号之间的作用和关系,分析自动控制系统能否满意地实现自动控制功能,研究怎样才能使自动控制系统达到更好的控制效果。所以,自动控制原理是一门理论性、工程意义都很强的课程。

1.2 自动控制系统

1.2.1 开环控制系统

自动控制系统由一系列元部件构成。

构建一个控制系统时,首先要明确哪一个量是被控制量。例如,机床的转速、恒温箱内的温度、飞机飞行的高度、潜艇潜入水下的深度、高射炮的俯仰角和方位角等。应根据实际的工程需要来确定被控制量。

对于某个实际物体,如上面的例子中,被控制量转速是机床的转速,被控制量温度是恒温箱的温度。这个被控制量所在的实际物体称做被控对象。

为了使被控制量产生变化,需要有一个装置对被控对象施加作用,这个装置称做执行装置或执行元件。例如,机床上装有电动机,电动机带动机床的旋转轴转动,使转速发生变化;恒温箱内装有电热丝,电热丝产生热量,使恒温箱内的温度发生变化;飞机和潜艇装有升降舵,升降舵的偏转使飞机的飞行高度或潜艇下潜的深度发生变化等。

执行元件的作用往往需要较大的能量,因此需要有一个放大器向执行元件提供能量。这样,被控制量、被控对象、执行元件、放大器之间的作用关系可以用图 1.2.1 表示。

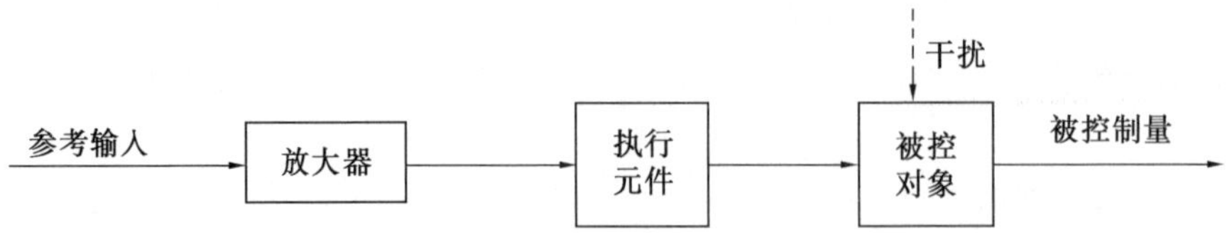

图 1.2.1　开环控制系统

按照图 1.2.1 即构成了一个简单的控制系统，被控制量能够按照参考输入给出的规律变化，这样的系统称做开环控制系统。

开环控制系统结构简单、价格低、容易安装调试，在工程实践中有很多应用，如自动洗衣机、简易的数控机床、数控线切割机等。

但是，对被控对象施加作用的不仅仅是执行元件，往往还会有干扰作用在被控对象上，如图 1.2.1 中的虚线所示。干扰的作用也会使被控制量产生变化，例如，机床在切削过程中，加大吃刀量会使转速下降；上升或下降的气流会使飞机的飞行高度变化；强风和发射的后坐力会使高射炮的俯仰角和方位角变化。因此，被控制量不能完全按照控制指令给出的规律变化，可能会出现误差。

此外，如果开环控制系统中元件的特性或参数发生改变，也会使被控制量出现误差。例如，放大器的零点漂移会使执行元件产生误动作，导致被控制量出现误差。

在图 1.2.1 所示的开环控制系统中，如果被控制量出现误差，这个开环系统是不具有纠正能力的。因为控制指令这一端不知道被控制量是否出现了错误的变化，因而也就无法发出纠正错误的指令。

在干扰和元件性能改变的影响下，会产生误差，使得控制精度低，这是开环控制系统的一个严重的缺点。

1.2.2　闭环控制系统

为了纠正和消除被控制量可能出现的误差，需要做：① 为了发现被控制量的误差，在系统中装入一个测量元件，对被控制量进行测量；② 为了计算被控制量的误差，在系统中装入一个比较元件，用比较元件做参考输入和测量结果的相减运算，相减的差称做“偏差信号”，它代表了被控制量的误差；③ 将偏差信号作用在系统上，纠正被控制量出现的误差。这样，就将控制系统改进成为图 1.2.2 所示的形式。

图 1.2.2 所示的系统称做闭环系统。由于在系统的输入端将参考输入和反馈信号相减，所以又称做闭环负反馈控制系统。

闭环负反馈控制系统不仅可以使被控制量按照参考输入给定的规律变化，而且可以纠正由于干扰或元件变化而引起的误差。所以，闭环负反馈控制系统具有精度高、抗干扰能力强等优点。

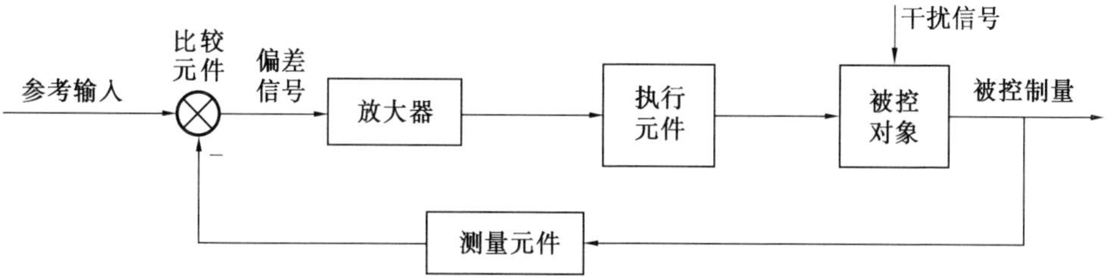

图 1.2.2 闭环控制系统

但是,闭环负反馈控制系统可能会出现不稳定现象,或者在某些方面不能满足设计者和使用者的要求,这样,常常会在闭环负反馈控制系统中增加串联校正环节和局部反馈(图1.2.3中虚线所示),以改善闭环负反馈控制系统的性能。一般完整的闭环负反馈控制系统如图1.2.3所示。

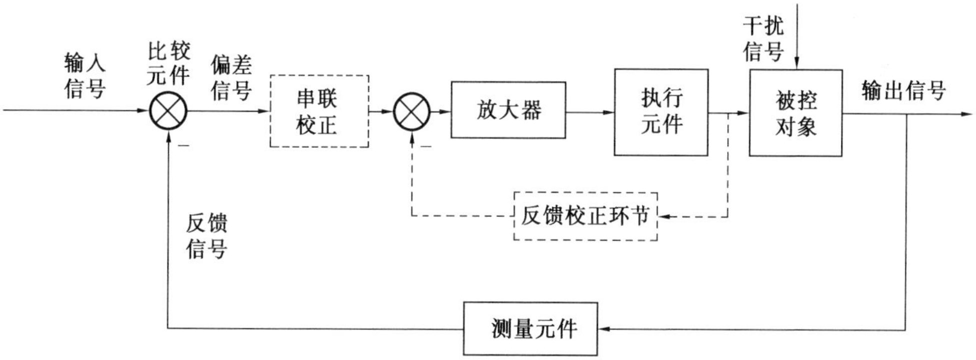

图 1.2.3 闭环负反馈控制系统

开环控制系统与闭环控制系统分别有各自的优缺点,见表 1.1。

表 1.1

	开环控制系统	闭环控制系统
优　点	结构简单 价格便宜 调试简单	准确、精度高 反应灵敏、快速 元件变化影响小,抗干扰 稳定性好
缺　点	准确性差 反应慢 不抗干扰 元件变化影响大	结构复杂 成本高 调试复杂

闭环控制系统适用于反应快速、精度高、动作复杂的场合。闭环控制系统的设计计算也比较复杂,“自动控制原理” 课程将重点研究闭环控制系统。

1.2.3 闭环控制系统的组成

由图 1.2.3 可知,闭环控制系统由以下几部分组成:

被控制对象 —— 被控制量所在的实际物体。

执行元件 —— 对被控制对象施加作用,使被控制量产生变化的元件,又称执行机构。

放大元件 —— 即放大器。对较小的信号进行变换放大,使其具有足够的大小和能量。

测量元件 —— 对被控制量进行测量,并形成反馈信号。

比较元件 —— 对输入信号和反馈信号做相减运算的元件。

校正元件 —— 改善系统性能的元件,如串联校正元件、反馈校正元件。

在设计闭环控制系统时,怎样针对不同的被控制量和被控制对象来选择执行元件、测量元件、放大元件的问题将在"自动控制元件"课程中研究。

1.2.4 闭环控制系统中的信号

闭环控制系统中,各个元部件之间的作用关系可以看做是信号的传递,如图 1.2.3 中的箭头所示。闭环控制系统中的各个信号是随时间变化的,所以"信号"又称为"变量"。闭环控制系统中主要有以下信号(变量):

输出信号 —— 控制系统的被控制量,一般记作 $y(t)$。

输入信号 —— 控制系统的参考输入。被控制量应按照输入信号的变化规律变化,一般记作 $r(t)$。

反馈信号 —— 对被控制量的测量结果。由反馈信号形成反馈系统。

偏差信号 —— 输入信号与反馈信号的差。偏差信号可以反映出被控制量是否存在误差,一般记作 $\varepsilon(t)$。

误差信号 —— 输出信号与期望输出信号的差。误差信号反映了控制系统的品质,一般记为 $e(t)$。

干扰信号 —— 使被控制量产生不应有变化的信号,干扰信号会导致被控制量出现误差,一般记作 $f(t)$。

其他信号 —— 系统中其他元部件之间作用的信号(变量)。

1.3 对控制系统的基本要求

按照图 1.2.2 构建出的闭环控制系统是否能够正常工作,是否能使设计者和使用者满意,这是设计者要考虑的问题。因此,要对控制系统提出一些要求,这些要求主要有:

(1) 稳定性。稳定是保证控制系统能够正常工作的先决条件。一个控制系统如果是不稳定的,被控制量不仅不能按照预定的规律变化,还会出现无休止的振荡,甚至是发散的振荡,如图

1.3.1 所示。因此,要求控制系统必须具有稳定性。

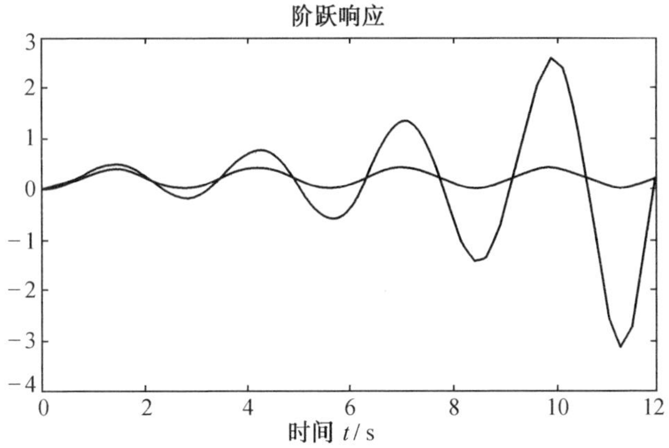

图 1.3.1 控制系统的不稳定现象

(2) 快速性。要求被控制量由初始值变为另一希望值,某些控制系统可以快速响应,如图 1.3.2 中的曲线 1;某些控制系统响应十分迟钝,如图 1.3.2 中的曲线 3。显然,能够快速响应的系统性能更好些。因此,要求控制系统必须具有很好的快速性。

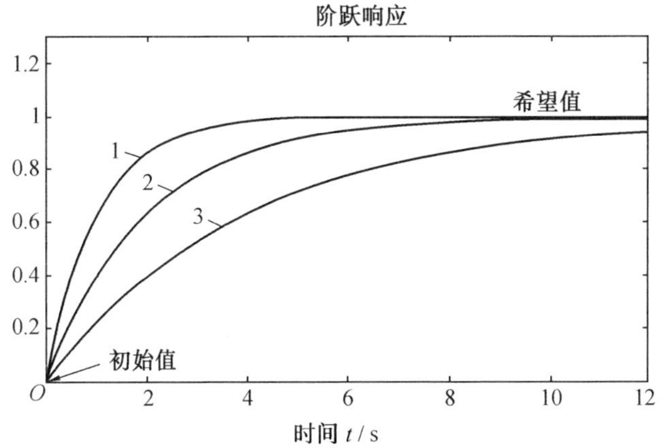

图 1.3.2 控制系统的不同快速性

(3) 平稳性。当被控制量由初始值变为另一希望值时,某些控制系统会出现"矫枉过正" 现象,被控制量在变化过程中会超过希望值,并经过若干次摆动后才达到希望值,如图 1.3.3 中曲线 1 所示。如果控制系统设计得好,被控制量会平稳地达到希望值,不出现大幅的摆动,如图 1.3.3 中曲线 3 所示。显然,不希望被控制量在变化过程中出现大幅度的摆动,因此,要求控制系统必须具有很好的平稳性。

(4) 准确性。如果要求被控制量由初始值变为另一希望值,在变化过程结束后,被控制量能够达到希望值,说明该控制系统具有很好的准确性,如图 1.3.4 中曲线 1 所示;如果被控制量在变化结束后仍然不能达到希望值,存在很大的误差,如图1.3.4中曲线2所示,说明该控制系统的准确性很差。显然,要求控制系统必须具有很好的准确性。

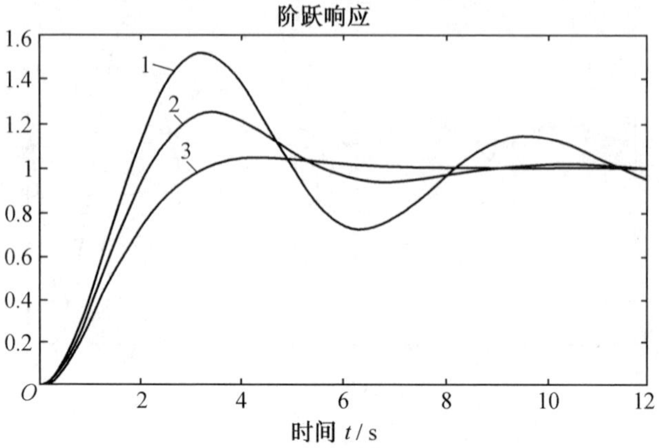

图1.3.3　控制系统的不同平稳性

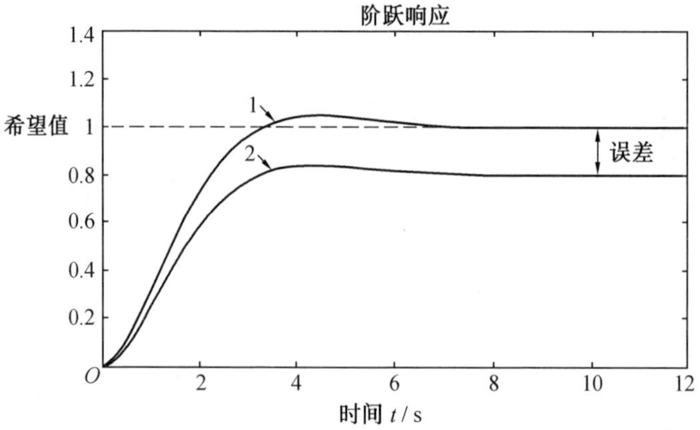

图1.3.4　控制系统的不同准确性

以上四项对控制系统的要求可以归纳为“稳、快、平、准”四个字。其中,快速性和平稳性反映控制系统动态过程的品质;准确性反映控制系统的稳态精度;而稳定性是控制系统能够正常工作的先决条件。

1.4　课程的主要内容

“自动控制原理”课程包括以下主要内容:

(1) 构建闭环控制系统。在1.2节中介绍了闭环控制系统的组成和结构,按照这一节介绍的方法,结合自动控制元件、电子技术、电机学、机械原理和机械零件等基础知识,就可以构建成一个闭环控制系统。

(2) 建立元件和控制系统的数学模型。为了计算闭环控制系统的各项性能指标,判断系统能否满足设计者和使用者的各项要求,首先要建立元件和控制系统的数学模型。这里要用到物理学、力学、电路、电子技术、电机学、机械学、数学等广泛的基础知识。

(3) 控制系统的分析。在数学模型基础上,计算闭环控制系统的各项性能指标,判断系统能否满足设计者和使用者的各项要求。在这部分内容中,首先研究用哪些性能指标能够反映出控制系统的品质好坏,然后研究怎样计算这些性能指标。

(4) 控制系统的综合。经过对控制系统的分析,如果系统不能满足设计者和使用者的各项要求,则需要改进。控制系统的综合就是研究改进控制系统性能的方法,研究怎样改造控制系统,才能使系统的各项性能指标满足设计要求。

控制系统的分析和控制系统的综合是“自动控制原理”课程的核心内容,数学模型是分析与综合的基础。在课程中,要研究多种分析与综合的方法,也要用到多种数学模型。在学习中,对于每一种方法,读者应熟练地掌握其数学模型,以分析和综合为两个中心,避免出现方法多、头绪多、杂乱无章的现象。

第二章　控制系统的简单数学模型

自动控制原理用数学的语言描述系统的运动，用数学的方法分析系统的性能，在分析和设计自动控制系统时，首先要建立控制系统的数学模型。自动控制系统中有控制量、被控制量、扰动量和一些中间变量。自动控制系统的作用就是力图使被控制量按照我们所希望的规律变化。一个自动控制系统往往由多个元器件组成，从系统的角度看，系统不仅仅是各个元器件的连接，它还是信号（变量）传递和转换的过程。控制系统的数学模型是描述系统中各变量相互关系的数学表达式。

控制系统的数学模型一般是动态的，变量之间往往包含着微积分的关系。数学模型最常见的形式就是微分方程。

数学模型用数学语言描述系统的运动规律，更深刻、更本质地说明系统的特性，它是系统固有特性的一种抽象和概括。

系统数学模型常见的描述形式有微分方程、传递函数、频率特性、状态空间表达式等。它们从不同角度描述了系统中各变量间的相互关系。本章将重点介绍微分方程和传递函数这两种基本的数学模型，其他形式的数学模型将在以后的相关章节介绍。

建立数学模型首先要明确：分析什么问题？在什么条件下分析？在什么范围内分析？

数学模型是系统中各变量相互关系的数学表达式。一定要明确系统的输入量和输出量是什么？各个环节的输入量和输出量是什么？数学模型的建立，通常是在我们所分析系统的频带范围内，在工作点附近，在近似的线性条件下，在某些变量的极限范围内进行的。例如对于电路来说，低频模型与高频模型就不同。一些分布参数在低频时可以忽略，而在高频时就不能忽略。在机械系统中，弹簧的质量在低速运动时往往可以忽略，而在高速运动时就不能忽略。

系统建立数学模型的方法有分析法（又称理论建模）和实验法（又称系统辨识）。分析法是根据系统中各元件所遵循的客观（物理、化学、生物等）规律和运行机理，列出微分方程式。实验法是人为地给系统施加某种测试信号，记录其输出响应，并用适当的数学模型去逼近。本章只介绍用分析法建立系统的数学模型。

系统的物理参数不随时间变化的称为定常系统；系统的物理参数不随空间位置变化的称为集中参数系统。本章研究定常、集中参数系统。

许多表面上完全不同的系统（如机械系统、电气系统、液压系统和经济学系统等）却可能具有完全相同的数学模型，数学模型表达了这些系统的共性，所以研究透了一种数学模型，也就能完全了解具有这种数学模型的各种各样系统的特点。因此数学模型建立以后，研究系统主要是以数学模型为基础,分析并综合系统的各项性能,而不再涉及实际系统的物理性质和具体特点。

2.1　控制系统微分方程式的建立

控制系统中的输出量和输入量通常都是时间 t 的函数。很多常见的元件或系统的输出量和输入量之间的关系都可以用一个微分方程表示,方程中含有输出量、输入量及它们各自对时间的导数或积分。这种微分方程又称为动态方程或运动方程。微分方程的阶数一般是指方程中最高导数项的阶数,又称为系统的阶数。

对于单输入 - 单输出线性定常参数系统,采用下列微分方程来描述

$$y^{(n)}(t) + a_{n-1}y^{(n-1)}(t) + a_{n-2}y^{(n-2)}(t) + \cdots + a_0y(t) = b_mx^{(m)}(t) + b_{m-1}x^{(m-1)}(t) + \cdots + b_0x(t) \tag{2.1.1}$$

式中　$x(t)$—— 系统输入量;

$y(t)$—— 系统输出量;

$y^{(n)}(t)$——$y(t)$ 对 t 的 n 阶导数;

$a_i(i = 0,1,2,\cdots,n - 1)$,$b_j(j = 0,1,\cdots,m)$ 都是由系统结构参数决定的系数。

由各个元器件组成系统之后,各元器件输入量、输出量之间是相互联系的,而不是孤立的。例如放大器空载和带负载之后放大倍数往往是不同的,阻性负载、容性负载和感性负载产生的相移也不相同。电阻元件、电感元件、电容元件两端电压与电流的关系很简单,但电阻、电容、电感组合在一起却可能产生谐振现象,这是单独一个元件不会有的现象,这种现象称为负载效应。所以建立数学模型时应特别注意负载效应的影响。

用解析法列写微分方程的一般步骤如下:

(1) 分析系统的原理,确定系统和各元件的输入量和输出量。

(2) 根据各元件输入、输出量所遵循的基本定律列写微分方程组。列写方程组时要注意负载效应的影响。

(3) 消去中间变量,求出描述系统输入量与输出量关系的微分方程。这个微分方程只含有系统的输入量、输出量及它们的各阶导数。

(4) 对微分方程进行整理和化简,通常输出变量及其各阶导数项放在方程左边,输入变量及其各阶导数项放在方程右边,各自都按导数的降阶排列。

2.1.1　电气网络系统

电气系统中最常见的装置是由电阻、电容、电感和放大器等元件组成的电路,又称电气网络。电阻、电感、电容元件本身不含有电源,这类元器件称为无源器件。放大器本身包含电源,像这样包含电源的器件称为有源器件。如果电气网络中包含有源器件或电源,就称为有源网络;

仅仅由无源器件组成的电气网络称为无源网络。

理想的电阻、电容、电感元件两端电压与流过该元件电流的关系如表 2.1.1 所示。

表 2.1.1　电阻、电容、电感两端电压与电流关系

电 阻	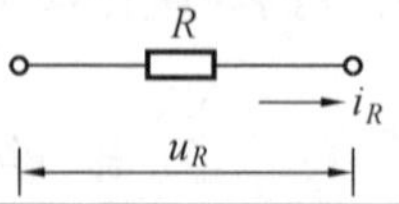	$u_R = Ri_R$
电 容	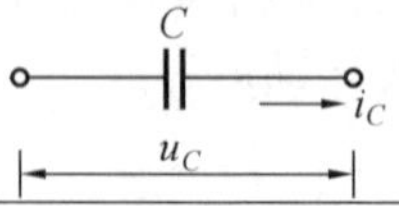	$i_C = C\dfrac{\mathrm{d}u_C}{\mathrm{d}t}$
电 感	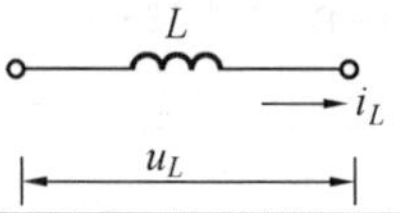	$u_L = L\dfrac{\mathrm{d}i_L}{\mathrm{d}t}$

支配电气系统的基本定律是基尔霍夫电流定律(节点电流定律)和基尔霍夫电压定律(回路电压定律)。基尔霍夫电流定律表明:流入和流出节点的所有电流的代数和等于零,电路中任意回路的电压的代数和等于零。

例 2.1.1　如图 2.1.1 所示为 RLC 串联电路,其中 $u_i(t)$ 为输入量,$u_o(t)$ 为输出量。试建立该电路的微分方程式。

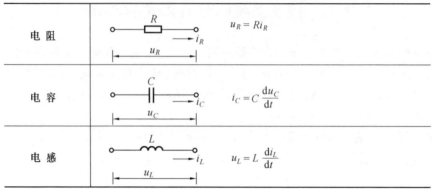

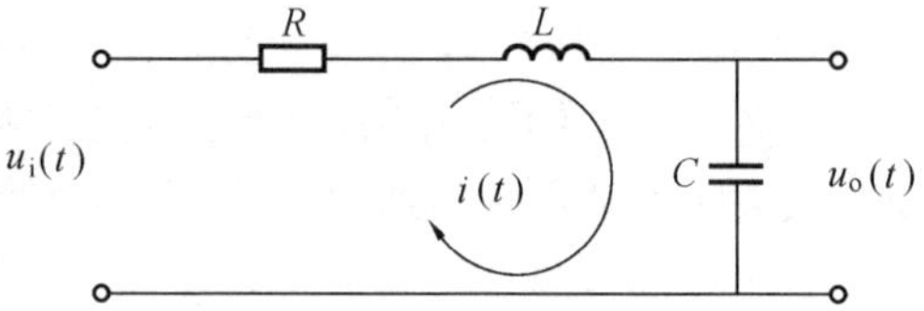

图 2.1.1　RLC 电路

解　由回路电压定律 $\Sigma u = 0$ 有

$$u_L(t) + u_R(t) + u_C(t) = u_i(t) \tag{2.1.2}$$

即

$$L\frac{\mathrm{d}i(t)}{\mathrm{d}t} + Ri(t) + u_o(t) = u_i(t) \tag{2.1.3}$$

式中,回路电流 $i(t)$ 是中间变量需要消去,由电容两端电压与电流的关系,有

$$i(t) = C\frac{\mathrm{d}u_o(t)}{\mathrm{d}t} \tag{2.1.4}$$

代入式(2.1.3),可得

$$LC\frac{\mathrm{d}^2u_o(t)}{\mathrm{d}t^2} + RC\frac{\mathrm{d}u_o(t)}{\mathrm{d}t} + u_o(t) = u_i(t) \tag{2.1.5}$$

又可以写成

$$T_1T_2\frac{\mathrm{d}^2u_o(t)}{\mathrm{d}t^2} + T_2\frac{\mathrm{d}u_o(t)}{\mathrm{d}t} + u_o(t) = u_i(t) \tag{2.1.6}$$

其中,$T_1 = L/R$,$T_2 = RC$。这是一个典型的常系数线性二阶微分方程,对应的系统也称为二阶线性定常系统。

例 2.1.2　由理想运算放大器组成的电路如图 2.1.2 所示,电压 $u_i(t)$ 为输入量,电压 $u_o(t)$ 为输出量,求它的微分方程式。

解　理想运算放大器正、反相输入端的电位相同，且输入电流为零。根据基尔霍夫电流定律对 A 点列方程

$$\frac{u_{\mathrm{i}}(t)}{R}+C\frac{\mathrm{d}u_{\mathrm{o}}(t)}{\mathrm{d}t}=0 \qquad (2.1.7)$$

整理后得

$$RC\frac{\mathrm{d}u_{\mathrm{o}}(t)}{\mathrm{d}t}=-u_{\mathrm{i}}(t) \qquad (2.1.8)$$

或

$$T\frac{\mathrm{d}u_{\mathrm{o}}(t)}{\mathrm{d}t}=-u_{\mathrm{i}}(t) \qquad (2.1.9)$$

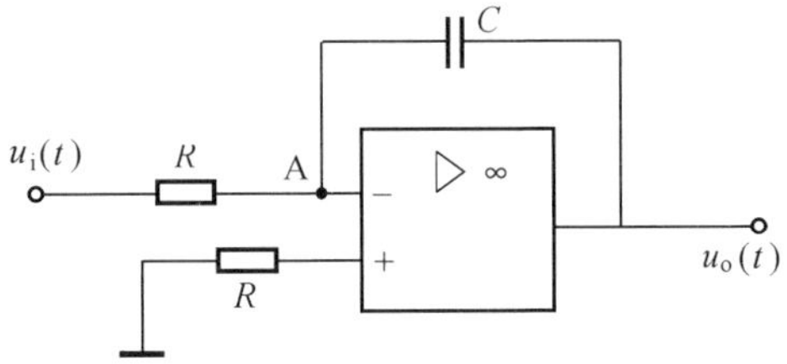

图 2.1.2　电容负反馈电路

式中　T—— 时间常数，$T=RC$。

式(2.1.8)、(2.1.9) 就是该系统的微分方程式。这是一阶系统。

2.1.2　机械系统

在机械系统的分析中，通常使用三种理想化的要素：质量、弹簧和阻尼器。利用这三种要素可以方便地描述各种形式的机械系统。

表 2.1.2 中列出了各要素的示意图及其运动方程式。表中 F(N) 表示力，T(N · m) 表示转矩，m(kg) 表示质量，k(N/m) 表示弹簧的弹性系数，f(Ns/m) 表示阻尼器的粘性阻尼系数，J(kg · m^2) 表示物体的转动惯量，x_i(m) 和 v_i(m/s) 分别表示位移和速度，θ(rad) 和 Ω(rad/s) 表示转角和角速度。

表 2.1.2　机械系统中的基本要素

基本要素	示意图	运动方程
质量要素	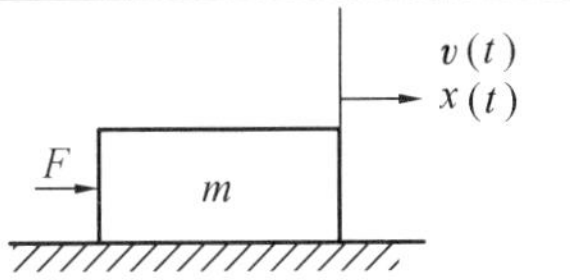	$F=m\frac{\mathrm{d}v}{\mathrm{d}t}=m\frac{\mathrm{d}^2x}{\mathrm{d}t^2}$
弹性要素	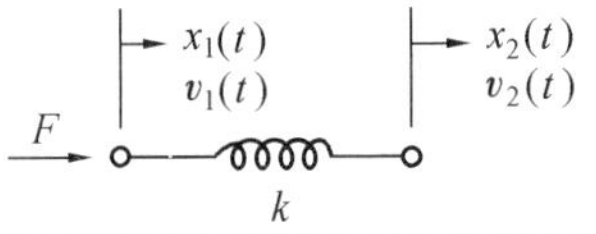	$F=k(x_1-x_2)=kx=$ $k\int_0^t(v_1-v_2)\mathrm{d}t=k\int_0^t v\mathrm{d}t$
阻尼要素	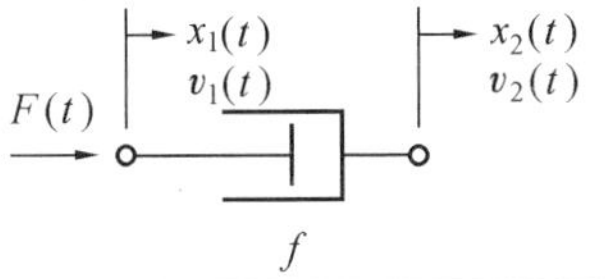	$F=f(v_1-v_2)=fv=$ $f(\dot{x}_1-\dot{x}_2)=f\dot{x}$
惯性要素	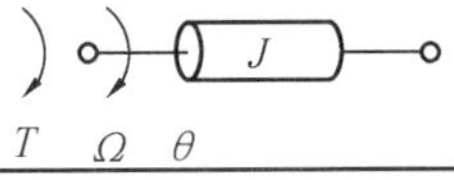	$T=J\frac{\mathrm{d}\Omega}{\mathrm{d}t}=J\frac{\mathrm{d}^2\theta}{\mathrm{d}t^2}$

机械系统指的是存在机械运动的装置,它们遵循物理学的力学定律。机械运动包括直线运动(相应的位移称为线位移)和转动(相应的位移称为角位移)两种。

做直线运动的物体要遵循的基本力学定律是牛顿第二定律,即

$$\sum F = m\frac{\mathrm{d}^2 x}{\mathrm{d}t^2} \tag{2.1.10}$$

式中 F—— 物体所受到的力;

m—— 物体质量;

x—— 线位移;

t—— 时间。

转动的物体要遵循如下的牛顿转动定律

$$\sum T = J\frac{\mathrm{d}^2 \theta}{\mathrm{d}t^2} \tag{2.1.11}$$

式中 T—— 物体所受到的力矩;

J—— 物体的转动惯量;

θ—— 角位移。

运动着的物体,一般都要受到摩擦力的作用,摩擦力 F_c 可表示为

$$F_c = F_B + F_f = f\frac{\mathrm{d}x}{\mathrm{d}t} + F_f \tag{2.1.12}$$

式中 x—— 位移;

$F_B = f\frac{\mathrm{d}x}{\mathrm{d}t}$—— 粘性摩擦力,它与运动速度成正比,而 f 称为粘性阻尼系数;

F_f—— 恒值摩擦力,又称库仑摩擦力。

对于转动的物体,摩擦力的作用体现为摩擦力矩 T_c

$$T_c = T_B + T_f = K_c\frac{\mathrm{d}\theta}{\mathrm{d}t} + T_f \tag{2.1.13}$$

式中 $T_B = K_c\frac{\mathrm{d}\theta}{\mathrm{d}t}$—— 粘性摩擦力矩;

K_c—— 粘性阻尼系数;

T_f—— 恒值摩擦力矩。

例 2.1.3 一个由弹簧 - 质量 - 阻尼器组成的机械平移系统如图 2.1.3 所示。m 为物体质量,k 为弹性系数,f 为粘性阻尼系数,外力 $F(t)$ 为输入量,位移 $y(t)$ 为输出量。列写系统的运动方程。

解 取垂直向下为力和位移的正方向。当 $F(t)=0$ 时,物体的平衡位置为位移 y 的零点。该物体受到四个力的作用:外力 $F(t)$、弹簧的弹力 F_k、粘性摩擦力 F_B 及重力 mg。

F_k、F_B 向上为负。由牛顿第二定律知

$$F(t)-F_k-F_B+mg=m\frac{d^2y(t)}{dt^2} \tag{2.1.14}$$

且

$$F_B=f\frac{dy(t)}{dt} \tag{2.1.15}$$

$$F_k=k[y(t)+y_0] \tag{2.1.16}$$

$$mg=ky_0 \tag{2.1.17}$$

式中　y_0——$F=0$ 时,物体处于静平衡位置时弹簧的伸长量。

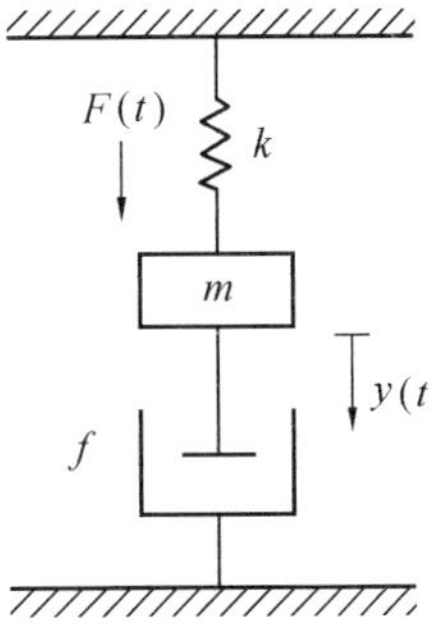

图 2.1.3　机械平移系统

将式(2.1.15) ~ (2.1.17) 代入式(2.1.14),得到该系统的运动方程式

$$m\frac{d^2y(t)}{dt^2}+f\frac{dy(t)}{dt}+ky(t)=F(t) \tag{2.1.18}$$

或写成

$$\frac{m}{k}\frac{d^2y(t)}{dt^2}+\frac{f}{k}\frac{dy(t)}{dt}+y(t)=\frac{1}{k}F(t) \tag{2.1.19}$$

该系统是二阶线性定常系统。

从该例中还可看出,物体的重力不出现在运动方程中,重力对物体的运动形式没有影响。消去重力的作用时,列出的方程就是系统的动态方程。

例 2.1.4　图 2.1.4 所示的机械转动系统包括一个惯性负载和一个粘性摩擦阻尼器,J 为转动惯量,f 为粘性摩擦系数,ω、θ 分别为角速度和角位移,T_{fz} 为作用在该轴上的负载阻转矩,T 为作用在该轴上的主动外力矩。以 T 为输入量,分别列写出以 ω 为输出量和以 θ 为输出量的运动方程。

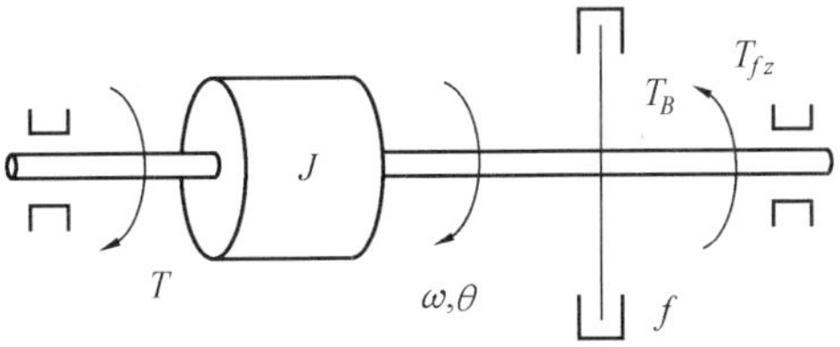

图 2.1.4　机械转动系统

解　根据牛顿转动定律有

$$J\frac{d\omega}{dt}=T-T_B-T_{fz} \tag{2.1.20}$$

T_B 为粘性摩擦力矩,且

$$T_B=f\omega \tag{2.1.21}$$

将上式代入式(2.1.20),可得

$$J\frac{d\omega}{dt}+f\omega=T-T_{fz} \tag{2.1.22}$$

将 $\omega=d\theta/dt$ 代入上式,可得

$$J\frac{d^2\theta}{dt^2}+f\frac{d\theta}{dt}=T-T_{fz} \tag{2.1.23}$$

2.1.3 机电系统

机械和电磁元件组合在一起并相互作用的系统称为机电系统。机电系统中往往存在能量形式的转换，例如，将电能变成机械能或者将机械能转化为电能，机械能与电能的转换通常与磁场有关。

电磁感应定律说明，当穿过闭合回路的磁通量发生变化时，回路中产生电动势。这正是发电机和测速电机工作的基本原理，而电动机工作的基本原理是载流导体在磁场中受力，而流过电流的线圈在磁场中受到磁力矩的作用而发生转动。

例 2.1.5 电枢控制式直流电动机系统如图 2.1.5 所示。设电枢电压 u_a 为控制输入，电机轴的转速 Ω 或转角 θ 为输出，求其输入输出关系方程式。

解 (1) 列写原始方程式。根据基尔霍夫定律写出电枢回路方程式为

$$L_a \frac{di_a}{dt} + R_a i_a + e_a = u_a \qquad (2.1.24)$$

$$e_a = K_e \Omega \qquad (2.1.25)$$

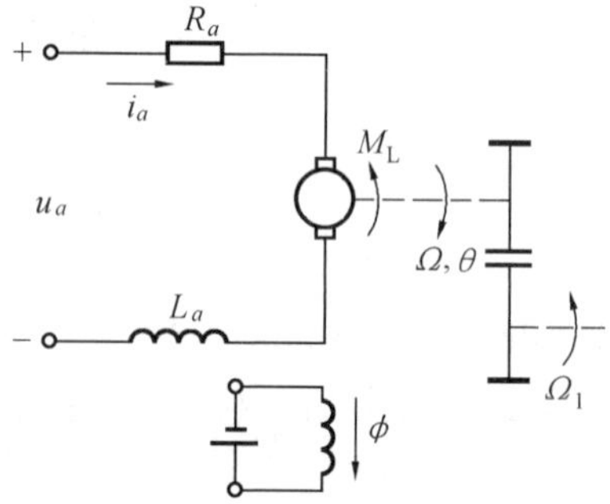

图 2.1.5 电枢控制式直流电动机

将式(2.1.25)代入式(2.1.24)有

$$L_a \frac{di_a}{dt} + R_a i_a + K_e \Omega = u_a \qquad (2.1.26)$$

式中 L_a—— 电枢回路总电感(H)；
R_a—— 电枢回路总电阻(Ω)；
K_e—— 电势系数(V/rad · s^{-1})；
Ω—— 电动机轴的转速(rad/s)；
u_a—— 电枢两端的控制电压(V)；
i_a—— 电枢电流(A)；
e_a—— 电机反电势(V)。

根据物体的转动定律，写出电机轴上转矩平衡方程式为

$$J \frac{d\Omega}{dt} + M_L = M_D \qquad (2.1.27)$$

式中 J—— 折算到电机轴上的等效转动惯量(kg · m · s^2)；
M_L—— 折算到电机轴上的等效负载转矩(kg · m)；
M_D—— 电动机轴上的电磁转矩(kg · m)。

若负载转动惯量为 J_L，减速器的传动比为 $n = \frac{\Omega}{\Omega_1}$，则电机轴上等效转动惯量 $J = J_m + \frac{1}{n^2} J_L$。其中 J_m 为电机的转动惯量。

(2) M_D 和 i_a 是中间变量。因激磁磁通为常值，所以电机的电磁转矩 M_D 与电枢电流成正

比,即

$$M_D = K_M i_a \tag{2.1.28}$$

式中　K_M—— 电动机转矩系数(kg · m/A)。

(3) 消去中间变量。联立求解式(2.1.26)、(2.1.27) 和式(2.1.28),则得

$$\frac{L_a J}{K_e K_M}\frac{\mathrm{d}^2\Omega}{\mathrm{d}t^2} + \frac{R_a J}{K_e K_M}\frac{\mathrm{d}\Omega}{\mathrm{d}t} + \Omega = \frac{1}{K_e}u_a - \frac{R_a}{K_e K_M}M_L - \frac{L_a}{K_e K_M}\frac{\mathrm{d}M_L}{\mathrm{d}t} \tag{2.1.29}$$

令

$$T_M/\mathrm{s} = \frac{R_a J}{K_e K_M} \qquad T_a/\mathrm{s} = \frac{L_a}{R_a}$$

则得

$$T_a T_M \frac{\mathrm{d}^2\Omega}{\mathrm{d}t^2} + T_M\frac{\mathrm{d}\Omega}{\mathrm{d}t} + \Omega = \frac{1}{K_e}u_a - \frac{T_M}{J}M_L - \frac{T_a T_M}{J}\frac{\mathrm{d}M_L}{\mathrm{d}t} \tag{2.1.30}$$

式中　T_M—— 机电时间常数;

T_a—— 电枢回路电磁时间常数。

式(2.1.30) 就是电枢控制的直流电动机微分方程式,其输入量为电枢电压 u_a 和负载转矩 M_L,输出为电机轴的角速度 Ω。u_a 是控制输入,M_L 是扰动输入。

若输出为电动机轴的转角 θ,则有

$$T_a T_M \frac{\mathrm{d}^3\theta}{\mathrm{d}t^3} + T_M\frac{\mathrm{d}^2\theta}{\mathrm{d}t^2} + \frac{\mathrm{d}\theta}{\mathrm{d}t} = \frac{1}{K_e}u_a - \frac{T_M}{J}M_L - \frac{T_a T_M}{J}\frac{\mathrm{d}M_L}{\mathrm{d}t} \tag{2.1.31}$$

在式(2.1.30) 中,输出量是电动机轴的转速 Ω,方程中没有输出量及各阶导数的乘方,也没有输出量与其各阶导数的乘积。这样的方程称为线性微分方程。方程中各项的系数均为常数,所以这是一个常系数线性微分方程,它所描述的系统称为线性定常系统。

方程中有两个输入量,电枢电压 u_a 和负载力矩 M_L,静态时

$$\Omega(t) = \frac{1}{K_e}u_a(t) - \frac{T_M}{J}M_L(t)$$

可见当电枢电压 $u_a(t)$ 固定时,负载力矩 $M_L(t)$ 的大小会影响转速 $\Omega(t)$ 的快慢。$M_L(t)$ 越大,转速就会越慢。这种负载对系统输出量的影响称为“负载效应”。

对于线性定常系统,可以分别来考虑控制输入 u_a 和扰动输入 M_L 对系统输出 Ω 的影响,从而使系统的分析变得简单,这是因为线性系统的一个重要特征是满足叠加原理。若设 $M_L = 0$,于是有

$$T_a T_M \frac{\mathrm{d}^2\Omega_1}{\mathrm{d}t^2} + T_M\frac{\mathrm{d}\Omega_1}{\mathrm{d}t} + \Omega_1 = \frac{1}{K_e}u_a \tag{2.1.32}$$

或者

$$T_a T_M \frac{\mathrm{d}^3\theta_1}{\mathrm{d}t^3} + T_M\frac{\mathrm{d}^2\theta_1}{\mathrm{d}t^2} + \frac{\mathrm{d}\theta_1}{\mathrm{d}t} = \frac{1}{K_e}u_a \tag{2.1.33}$$

若 $T_a \ll T_M$，则可忽略 T_a，于是又有

$$T_M \frac{\mathrm{d}\Omega_1}{\mathrm{d}t} + \Omega_1 = K_a u_a \tag{2.1.34}$$

或者

$$T_M \frac{\mathrm{d}^2\theta_1}{\mathrm{d}t^2} + \frac{\mathrm{d}\theta_2}{\mathrm{d}t} = K_a u_a \tag{2.1.35}$$

式中　$K_a = 1/K_e$—— 电机的传递系数(rad/s · V)。

类似地，若令 $u_a = 0$，且忽略 T_a，可以有

$$T_M \frac{\mathrm{d}\Omega_2}{\mathrm{d}t} + \Omega_2 = -\frac{T_M}{J}M_L = -K_L M_L$$

或者

$$T_M \frac{\mathrm{d}^2\theta_2}{\mathrm{d}t^2} + \frac{\mathrm{d}\theta_2}{\mathrm{d}t} = -\frac{T_M}{J}M_L = -K_L M_L$$

式中

$$K_L = \frac{T_M}{J}$$

从而系统的总的输出为

$$\Omega = \Omega_1 + \Omega_2 \quad \theta = \theta_1 + \theta_2$$

式中　Ω_1, Ω_2——u_a, M_L 作用下电机转速；

θ_1, θ_2——u_a, M_L 作用下电机转角。

2.2　传递函数

描述系统或环节运动规律的微分方程是数学模型的最基本形式，微分方程在时间域内描述输出量与输入量之间的关系，方程的解就是系统或环节输出量变化的规律。求解二阶微分方程比较容易，而求解高阶微分方程就比较困难。对微分方程进行拉普拉斯变换，可以将时域内的微分方程变成 S 域内的代数方程，为方程的求解带来方便。通过拉普拉斯变换，可以得到线性系统或元件在 S 域内的数学模型 —— 传递函数。传递函数在 S 域内把系统或元件的输入量与输出量之间的关系、信号的传递和变换表示得更加简单明了。

2.2.1　传递函数的定义

设线性定常系统的输入信号为 $r(t)$，输出信号为 $y(t)$，则这个系统的运动规律可以用如下线性常系数微分方程来描述

$$y^{(n)}(t) + a_{n-1}y^{(n-1)}(t) + a_{n-2}y^{(n-2)}(t) + \cdots + a_1\dot{y}(t) + a_0 y(t) = \\ b_n r^{(n)}(t) + b_{n-1}r^{(n-1)}(t) + \cdots + b_1\dot{r}(t) + b_0 r(t) \tag{2.2.1}$$

式中　a_i, b_i—— 由系统结构决定的常系数；

$y^{(n)}(t)=\dfrac{\mathrm{d}^n y(t)}{\mathrm{d}t^n}$—— 对 $y(t)$ 求 n 阶导数。

设初始条件为零，即

$$r^{(i)}(0)=0 \qquad i=0,1,2,\cdots,n-1$$
$$y^{(i)}(0)=0 \qquad i=0,1,2,\cdots,n-1$$

对式(2.2.1)取拉氏变换得到

$$(s^n+a_{n-1}s^{n-1}+a_{n-2}s^{n-2}+\cdots+a_1 s+a_0)Y(s)=$$
$$(b_n s^n+b_{n-1}s^{n-1}+\cdots+b_1 s+b_0)R(s) \qquad (2.2.2)$$

式中　s—— 拉氏变换中的复数变量。

信号的拉氏变换式习惯用大写字母表示。如 $Y(s)=\mathbf{L}\{y(t)\}$ 表示输出信号 $y(t)$ 的拉氏变换表达式；$R(s)=\mathbf{L}\{r(t)\}$ 表示输入信号 $r(t)$ 的拉氏变换表达式。

式(2.2.1)的微分方程是在时域内描述系统输出变量与输入变量之间的关系；而式(2.2.2)是在 S 域中描述系统输出变量与输入变量之间的关系。通过拉氏变换，将时域中的一个微分方程变成了 S 域中以 s 为变量的代数方程，这个方程把系统的输出信号与输入信号联系起来。

常系数线性微分方程是线性定常系统时域数学模型最基本的一种形式，而在 S 域中的数学模型是传递函数，传递函数的定义如下：

在零初始条件下，线性定常系统或元件输出信号的拉氏变换式 $Y(s)$ 与输入信号的拉氏变换式 $R(s)$ 之比为该系统或元件的传递函数。若将传递函数记为 $G(s)$，则有

$$G(s)=\frac{Y(s)}{R(s)}=\frac{b_n s^n+b_{n-1}s^{n-1}+\cdots+b_1 s+b_0}{s^n+a_{n-1}s^{n-1}+a_{n-2}s^{n-2}+\cdots+a_1 s+a_0}=\frac{M(s)}{N(s)} \qquad (2.2.3)$$

式中　$M(s)=b_n s^n+b_{n-1}s^{n-1}+\cdots+bs+b_0$ 是传递函数 $G(s)$ 的分子多项式；

$N(s)=s^n+a_{n-1}s^{n-1}+a_{n-2}s^{n-2}+\cdots+a_1 s+a_0$ 是传递函数 $G(s)$ 的分母多项式。

由式(2.2.3)可知

$$Y(s)=G(s)R(s)$$

即知道了系统(或元件)的传递函数和输入信号的拉氏变换式，就很容易求得初始条件为零时系统(或元件)输出信号的拉氏变换表达式，输入信号经过传递函数的转换和传递产生了输出信号，所以说传递函数反映了输出信号与输入信号之间的关系。传递函数可以有量纲和单位，其单位是输出变量的单位与输入变量单位之比。

由上述可见，求系统传递函数的一个方法就是利用它的微分方程式并取拉氏变换。下面举例说明线性定常系统与元件传递函数的求取。

例 2.2.1　求图 2.1.1 所示的 RLC 电路的传递函数 $G(s)=U_o(s)/U_i(s)$。

解　由例 2.1.1 已解出该电路的微分方程为

$$LC\frac{d^2u_o(t)}{dt^2}+RC\frac{du_o(t)}{dt}+u_o(t)=u_i(t)$$

在零初始条件下对上式取拉氏变换得

$$(LCs^2+RCs+1)U_o(s)=U_i(s)$$

则传递函数为

$$G(s)=\frac{U_o(s)}{U_i(s)}=\frac{1}{LCs^2+RCs+1}$$

由于输出信号和输入信号都是电压,所以传递函数是无量纲的。

例 2.2.2 求图 2.1.2 所示运算放大的传递函数。

解 由例 2.1.2 已求出该电路的微分方程为

$$RC\frac{du_o(t)}{dt}=-u_i(t)$$

在零初始条件下对上式取拉氏变换有

$$RCsU_o(s)=-U_i(s)$$

所以传递函数为

$$G(s)=\frac{U_o(s)}{U_i(s)}=-\frac{1}{RCs}$$

例 2.2.3 求图 2.1.3 所示机械平移系统的传递函数 $G(s)=Y(s)/F(s)$。

解 由例 2.1.3 已解出该机械平移系统的微分方程为

$$m\frac{d^2y(t)}{dt^2}+f\frac{dy(t)}{dt}+ky(t)=F(t)$$

零初始条件下取拉氏变换得到

$$(ms^2+fs+k)Y(s)=F(s)$$

其传递函数为

$$G(s)=\frac{Y(s)}{F(s)}=\frac{1}{ms^2+fs+k}=\frac{\frac{1}{k}}{\frac{m}{k}s^2+\frac{f}{k}s+1}$$

若外作用力的单位为 N,位移的单位为 m,则传递函数的单位为 m/N。

例 2.2.4 分别求出图 2.1.5 中电枢控制直流电动机以 u_a 为输入,以 Ω 为输出,及以 M_L 为输入,以 Ω 为输出的简化模型的传递函数。

解 在例 2.1.5 中已求出了以电枢电压 u_a 为输入,电机轴转速 Ω 为输出,忽略了负载力矩 M_L 的简化的微分方程为

$$T_M\frac{d\Omega}{dt}+\Omega=K_au_a$$

在零初始条件下,对上式取拉氏变换有

$$T_M s\,\Omega(s)+\Omega(s)=K_a U_a(s)$$

传递函数为

$$G(s)=\frac{\Omega(s)}{U_a(s)}=\frac{K_a}{T_M s+1}$$

输入电枢电压的单位为 V,输出转速的单位为 rad/s,则传递函数的单位为 rad/s · V。

在例 2.1.5 中,以负载力矩 M_L 为输入,以电机轴转速 Ω 为输出的简化的微分方程为

$$T_M\frac{\mathrm{d}\Omega}{\mathrm{d}t}+\Omega=-K_L M_L$$

在零初始条件下,对上式取拉氏变换有

$$T_M s\,\Omega(s)+\Omega(s)=-K_L M_L(s)$$

传递函数为

$$G_M(s)=\frac{\Omega(s)}{M_L(s)}=\frac{-K_L}{T_M s+1}$$

若负载力矩 M_L 的单位为 kg · m,转速 Ω 的单位为 rad/s,则传递函数的单位为 rad/kg · m · s。

2.2.2　关于传递函数的几点说明

(1) 线性定常系统或元件的传递函数是在复域描述其运动特性的数学模型,它与时域的数学模型线性常系数微分方程一一对应。

(2) 传递函数反映线性定常系统或元件自身的固有特性,由系统或元件的结构和参数决定,与输入信号的形式无关。

(3) 传递函数与输入信号的作用位置和输出信号的取出位置有关。所以谈到传递函数,需指明哪个信号作为输入信号,哪个信号作为输出信号,例如在例 2.2.1 中,取 $u_i(t)$ 为输入信号,电容端电压 $u_o(t)$ 为输出信号则可求得传递函数为

$$G(s)=\frac{U_o(s)}{U_i(s)}=\frac{1}{LCs^2+RCs+1}$$

若选择 $u_i(t)$ 为输入信号,而电流 $i(t)$ 为输出信号,则可求出传递函数为

$$G(s)=\frac{I(s)}{U_i(s)}=\frac{Cs}{LCs^2+RCs+1}$$

若系统有多个输入信号,在求传递函数时,除了选定的一个输入信号以外,令其他输入信号为零,线性系统满足叠加原理,可先分别求出每一个输入信号对某一输出信号之间的传递函数,再由叠加原理求出各个信号同时作用时对系统输出的影响。

(4) 对于实际的元件和系统,传递函数通常是复变量 s 的有理分式。其分子多项式 $M(s)$

和分母多项式 $N(s)$ 通常是 s 的有理多项式，其系数都是实数。通常可以把传递函数的分子多项式和分母多项式写成式(2.2.3) 所示的 s 的降幂形式，即

$$G(s) = \frac{Y(s)}{R(s)} = \frac{b_m s^m + b_{m-1}s^{m-1} + \cdots + b_1 s + b_0}{s^n + a_{n-1}s^{n-1} + a_{n-2}s^{n-2} + \cdots + a_1 s + a_0} = \frac{M(s)}{N(s)}$$

控制系统的传递函数还可以写成如下形式

$$G(s) = \frac{k(s - z_1)(s - z_2)\cdots(s - z_m)}{(s - p_1)(s - p_2)\cdots(s - p_n)} = \frac{M(s)}{N(s)} \tag{2.2.4}$$

其中 $z_i(i = 1,2,\cdots,m)$ 和 $p_j(j = 1,2,\cdots,n)$ 分别为传递函数的零点和极点。由于多项式 $M(s)$ 和 $N(s)$ 的各项系数均为实数，所以传递函数的零点和极点是实数或共轭复数。

(5) 对于实际的物理系统和元件，输入信号与它所引起的响应(即输出信号) 之间的传递函数，分子多项式 $M(s)$ 的阶次 m 总是小于或等于分母多项式 $N(s)$ 的阶次 n，这是因为实际系统或元件通常具有惯性及能源有限的缘故。如果一个传递函数分子的阶次高于分母的阶次，就称它是物理上不可实现的。实际上，有一些元件和电子线路，在一定的范围内和一定的工作条件下，可以近似地认为其传递函数中分子的阶次高于分母的阶次，但严格地讲，物理上可实现的系统，其传递函数中分子的阶次是小于或等于分母的阶次的。

(6) 传递函数不反映系统及元件的物理结构，那些物理结构截然不同的系统或元件，只要运动特性相同，它们便可以具有相同形式的传递函数。例如，例 2.1.3 中弹簧、质量和阻尼器组成的机械平移系统与例 2.1.1 中由电阻、电容和电感组成的电路有着相同形式的传递函数。

(7) 令传递函数的分母多项式等于零所得到的方程称为系统的特征方程，即

$$N(s) = 0$$

特征方程的根称为特征根。特征根就是传递函数的极点。

2.2.3 基本环节及其传递函数

实际的系统往往是很复杂的。为了分析方便，一般把一个复杂的控制系统分成一个个小部分，称为环节。从动态方程、传递函数和运动特性的角度看，不宜再分的最小环节称为基本环节。控制系统虽然是各种各样的，但是常见的典型基本环节并不多。下面介绍最常见的典型基本环节。

以下叙述中设 $r(t)$ 为环节输入信号，$y(t)$ 为输出信号，$G(s)$ 为传递函数。

1. 放大环节(比例环节)

放大环节的动态方程是

$$y(t) = Kr(t) \tag{2.2.5}$$

由此式可求得放大环节的传递函数为

$$G(s) = \frac{Y(s)}{R(s)} = K \tag{2.2.6}$$

式中　K—— 常数,称为放大系数。

放大环节又称为比例环节,其输出量与输入量成比例,它的传递函数是一个常数。

几乎每一个控制系统中都有放大环节。由电子线路组成的放大器是最常见的放大环节。机械系统中的齿轮减速器,以输入轴和输出轴的角位移(或角速度)作为输入量和输出量,也是一个放大环节。

伺服系统中使用的绝大部分测量元件,如电位器、旋转变压器、感应同步器、光电码盘、光栅等,都可以看成是放大环节。

2. 惯性环节

惯性环节的微分方程是

$$T\frac{\mathrm{d}y(t)}{\mathrm{d}t}+y(t)=r(t) \tag{2.2.7}$$

由此式可求得惯性环节的传递函数为

$$G(s)=\frac{Y(s)}{R(s)}=\frac{1}{Ts+1} \tag{2.2.8}$$

式中　T—— 惯性环节的时间常数。若 $T=0$,该环节就变成放大环节。

3. 积分环节

积分环节的动态方程是

$$y(t)=\int r(t)\mathrm{d}t \tag{2.2.9}$$

由此式可求得积分环节的传递函数为

$$G(s)=\frac{Y(s)}{R(s)}=\frac{1}{s} \tag{2.2.10}$$

积分环节的输出量等于输入量的积分。例 2.2.2 的传递函数就包含一个积分环节。当输入信号变为零后,积分环节的输出信号将保持输入信号变为零时刻的值不变。

4. 振荡环节

振荡环节的微分方程是

$$T^2\frac{\mathrm{d}^2y(t)}{\mathrm{d}t^2}+2\zeta T\frac{\mathrm{d}y(t)}{\mathrm{d}t}+y(t)=r(t)\qquad 0\leqslant\zeta<1 \tag{2.2.11}$$

振荡环节的传递函数是

$$G(s)=\frac{Y(s)}{R(s)}=\frac{\omega_n^2}{s^2+2\zeta\omega_n s+\omega_n^2}\qquad 0\leqslant\zeta<1$$

式中　T—— 该环节的时间常数;

ω_n—— 无阻尼自振角频率,$\omega_n=1/T$;

ζ—— 阻尼比。

上述传递函数属于二阶环节,当 $0\leqslant\zeta<1$ 时,该环节称为振荡环节,因为这时它的输出信

号具有振荡的形式。例 2.2.1 的 RLC 电路在阻尼比小于 1 时就是一个振荡环节,例 2.2.3 中的机械平移系统在阻尼比小于 1 时也是一个振荡环节。

5. 纯微分环节

纯微分环节往往简称为微分环节,它的微分方程是

$$y(t) = \frac{\mathrm{d}r(t)}{\mathrm{d}t} \tag{2.2.13}$$

纯微分环节的传递函数是

$$G(s) = \frac{Y(s)}{R(s)} = s \tag{2.2.14}$$

纯微分环节的输出信号是输入信号的微分。

6. 一阶微分环节

一阶微分环节的微分方程是

$$y(t) = \tau \frac{\mathrm{d}r(t)}{\mathrm{d}t} + r(t) \tag{2.2.15}$$

式中　τ—— 该环节的时间常数。

一阶微分环节的传递函数为

$$G(s) = \frac{Y(s)}{R(s)} = \tau s + 1 \tag{2.2.16}$$

7. 二阶微分环节

二阶微分环节的微分方程为

$$y(t) = \tau^2 \frac{\mathrm{d}^2 r(t)}{\mathrm{d}t^2} + 2\zeta\tau \frac{\mathrm{d}r(t)}{\mathrm{d}t} + r(t) \tag{2.2.17}$$

二阶微分环节的传递函数是

$$G(s) = \frac{Y(s)}{R(s)} = \tau^2 s^2 + 2\zeta\tau s + 1 \tag{2.2.18}$$

式中　τ,ζ—— 常数,其中称 τ 为该环节的时间常数。

8. 延迟环节

延迟环节的动态方程是

$$y(t) = r(t - \tau) \tag{2.2.19}$$

式中　τ—— 常数,称为该环节的延迟时间。

由此式可见,延迟环节任意时刻的输出值等于 τ 时刻以前的输入值,也就是说,输出信号比输入信号延迟了 τ 个时间单位。

延迟环节是线性环节,它的传递函数是

$$G(s) = \frac{Y(s)}{R(s)} = \mathrm{e}^{-\tau s} \tag{2.2.20}$$

一个控制系统是由若干个典型环节组合而成的,熟悉典型环节的特性有利于分析整个系

统的特性。系统的开环传递函数经常写成典型环节乘积的形式，例如一个系统的开环传递函数为

$$G(s)H(s) = \frac{10(0.5s + 1)}{s(s + 1)(0.01s + 1)}$$

它是由一个放大环节 $K = 10$，一个一阶微分环节 $0.5s + 1$，一个积分环节$\frac{1}{s}$，及两个惯性环节$\frac{1}{s + 1}$和$\frac{1}{0.01s + 1}$相乘构成的。如果把这个传递函数写成零极点形式，有

$$G(s)H(s) = \frac{500(s + 2)}{s(s + 1)(s + 100)}$$

这个传递函数还可以写成 s 的有理分式形式

$$G(s)H(s) = \frac{500s + 1\,000}{s^3 + 101s^2 + 100s}$$

2.3　控制系统的方框图和传递函数

控制系统的传递函数方框图简称方框图，它是用图形表示的数学模型。方框图能够非常直观地表示出各信号之间的传递关系、各环节间的连接方式和系统的结构。利用方框图可以方便地求出复杂系统的传递函数，方框图是分析自动控制系统的一个简明又有效的工具。本节介绍如何绘制方框图，以及如何利用方框图的变换规则化简方框图，求系统的传递函数。

2.3.1　方框图的概念和绘制

一个控制系统是由若干个环节按一定作用关系组合而成的，方框图是各环节功能和信号流向的图解表示。环节的功能由传递函数描述，信号流向由箭头的信号流线表示。例如，图 2.1.5 中的电枢控制直流电动机，以电枢电压作为输入，转速作为输出的传递函数为

$$G(s) = \frac{\Omega(s)}{U_a(s)} = \frac{K_a}{T_M s + 1}$$

图 2.3.1 为这个电枢控制直流电动机的方框图。

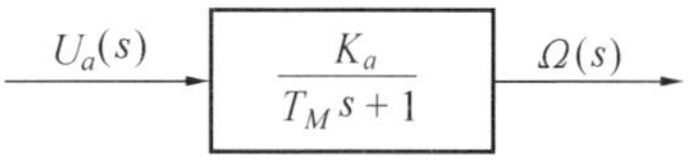

图 2.3.1　电枢控制直流电动机的方框图

方框图是传递函数的图解化，方框中是传递函数，反映环节的动态和稳态性能；输入变量用指向函数方框的信号流线表示；输出变量由从函数方框引出的信号流线表示。方框图形象地表示了信号之间的传递关系，输入信号经过传递函数转换成了输出信号。从一个控制系统的方框图中可以一目了然地看出系统的组成结构、各环节间的关系、信号的流向等。根据方框图的变换规则可以化简一个复杂的控制系统的方框图，求出控制系统输出量与输入量之间的传递函数。

系统的方框图由函数方框、相加点和分支点组成。

1. 函数方框

函数方框中是传递函数，表示在零初始条件下输出信号与输入信号的关系，输入信号经过函数方框中传递函数的传递变成了输出信号。在图 2.3.2 中有

$$X_2(s) = G(s)X_1(s)$$

$$G(s) = \frac{X_2(s)}{X_1(s)}$$

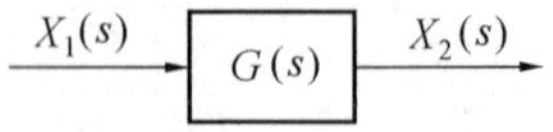

图 2.3.2　函数方框

2. 相加点

在图 2.3.2 中，一个方框只有一个输入，一个输出。如果有两个输入要表示出信号的叠加，图 2.3.3 给出了两个信号叠加的相加点。相加点也叫综合点，它表示几个信号在这里叠加，求信号的代数和。指向相加点的信号流线表示输入信号；从相加点引出的信号流线表示输出信号。要特别注意，输入信号的信号流线上所标出的“+”、“-”号，它们表示信号之间的运算是相加还是相减，加号可以省略，但减号一定不能省略。相加点表示信号的加减关系，输出信号等于各输入信号的代数和。在图 2.3.3 中 $X_3(s) = X_1(s) - X_2(s)$，在相加点处可以多个信号相叠加求代数和。

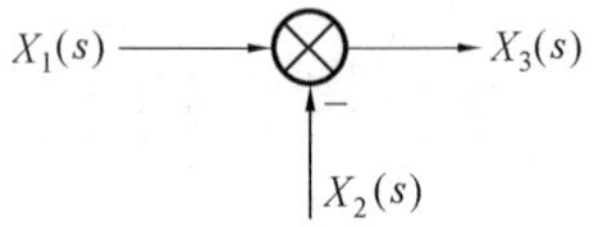

图 2.3.3　相加点

3. 分支点

分支点表示信号的引出和测量位置，无论从一条信号流线上或一个分支点处引出多少条信号流线，它们都代表一个信号，其大小和性质与原信号完全相同，如图 2.3.4 所示。

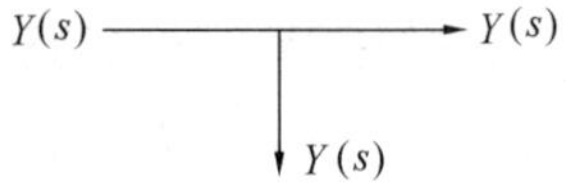

图 2.3.4　分支点

图 2.3.5 是一个简单的闭环负反馈控制系统的方框图，其中有两个函数方框，一个相加点和一个分支点。

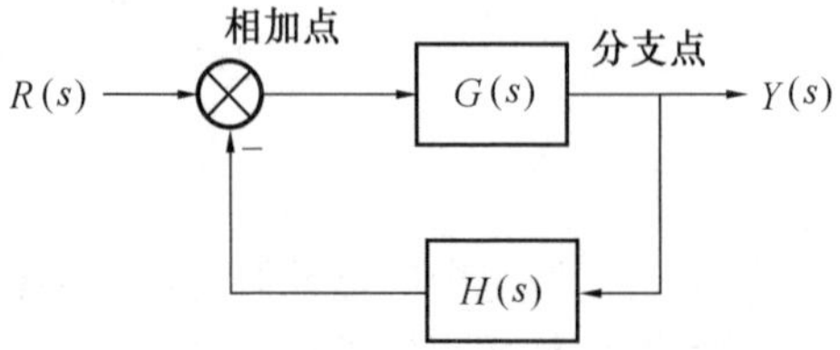

图 2.3.5　闭环负反馈系统的方框图

绘制控制系统方框图的根据就是系统各个环节的动态微分方程式及其拉氏变换式。由于系统是由若干个环节组成的，这些环节又是相互联系的，所以系统中各环节的动态微分方程式将构成一个微分方程组。各环节的拉氏变换式也将形成一个以 s 为变量的方程组。

建立系统方框图可按以下步骤进行：

(1) 建立环节的微分方程，要注意负载效应。在零初始条件下求各环节的传递函数。若是电路系统，用 s 表示复阻抗，可直接得到 S 域的代数方程，求传递函数更方便。

(2) 画出各个环节的函数方框。

(3) 按信号传输方向连接各函数方框。

例 2.3.1　图2.3.6(a)所示为RC滤波网络，其中电压 $u_1(t)$ 为系统的输入，电压 $u_2(t)$ 为系统的输出，试绘制该系统的方框图。

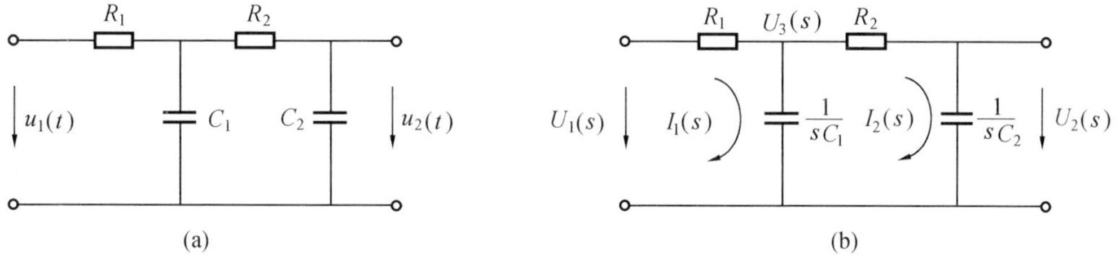

图 2.3.6　RC 滤波网络

解　这是一个网络，将其中的元件写成复阻抗的形式，电压和电流也写成其拉氏变换的形式，如图 2.3.6(b) 所示。设两个回路电流的拉氏变换式分别为 $I_1(s)$ 和 $I_2(s)$，电容 C_1 两端电压的拉氏变换记为 $U_3(s)$。

可以首先从输出量开始，以系统的输出量作为第一个方程左边的变量，方程的右边是描述这个变量的中间变量或输入量，即

$$U_2(s) = \frac{1}{sC_2}I_2(s) \tag{2.3.1}$$

每个方程左边通常只有一个变量，从第二个方程开始，每个方程左边的变量是前面方程中右边出现过的中间变量，即

$$I_2(s) = \frac{U_3(s) - U_2(s)}{R_2} \tag{2.3.2}$$

$$U_3(s) = \frac{1}{sC_1}[I_1(s) - I_2(s)] \tag{2.3.3}$$

$$I_1(s) = \frac{1}{R_1}[U_1(s) - U_3(s)] \tag{2.3.4}$$

由于方框图中写的是传递函数，是两个变量拉氏变换之比，所以还要将以上4个式子改写成变量拉氏变换之比的形式，即

$$\frac{U_2(s)}{I_2(s)} = \frac{1}{sC_2} \tag{2.3.5}$$

$$\frac{I_2(s)}{U_3(s) - U_2(s)} = \frac{1}{R_2} \tag{2.3.6}$$

$$\frac{U_3(s)}{I_1(s) - I_2(s)} = \frac{1}{sC_1} \tag{2.3.7}$$

$$\frac{I_1(s)}{U_1(s) - U_3(s)} = \frac{1}{R_1} \tag{2.3.8}$$

方程(2.3.5) ~ (2.3.8)右边是传递函数的形式，对应4个函数方框；方程左边分母在变量相加

减的情况对应着相加点。画出式(2.3.5) ~ (2.3.8) 所对应的方框图时通常要按从输入到输出,从左到右的顺序,如图 2.3.7 所示。

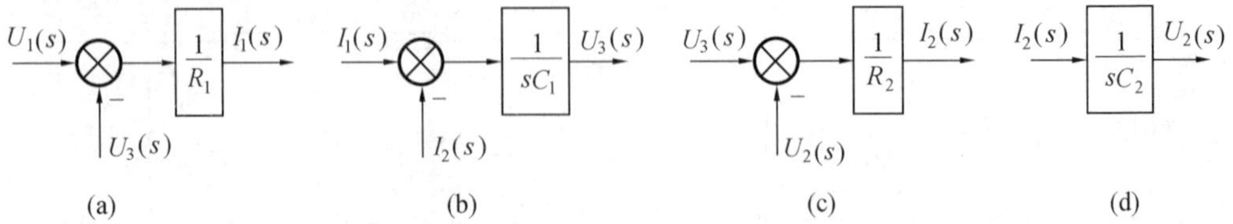

图 2.3.7 方程所对应的方框图

按信号传输关系连接函数方框及相加点就可得到该网络完整的方框图,如图 2.3.8 所示。这个方框图中有 4 个函数方框,3 个相加点,3 个分支点,3 个反馈回路。

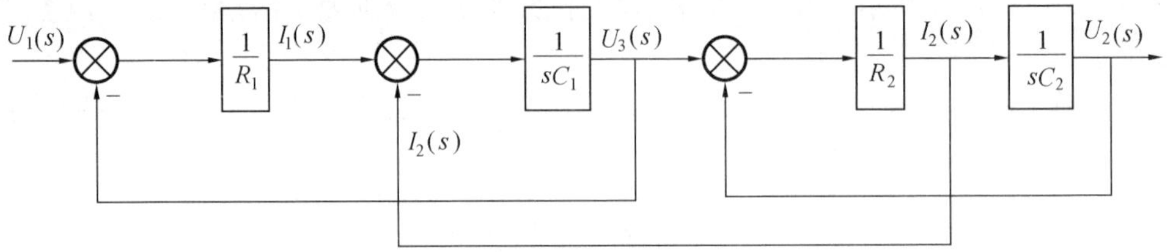

图 2.3.8 RC 滤波网络的方框图

2.3.2 方框图的变换规则

在利用方框图分析和设计系统时,往往需要求整个系统的传递函数或者求系统中某两个变量之间的传递函数。这就需要对方框图进行化简,化简要遵循等效原则。所谓等效原则是指化简前后分析的两个变量之间的数学关系不变,即传递函数不变,而这两个变量之间内部的结构和中间变量可以按等效原则进行变化。

下面根据等效原则推导几条方框变换规则。

1. 串联环节的简化

传递函数为 $G_1(s)$ 和 $G_2(s)$ 的环节相串联,如图 2.3.9 所示。

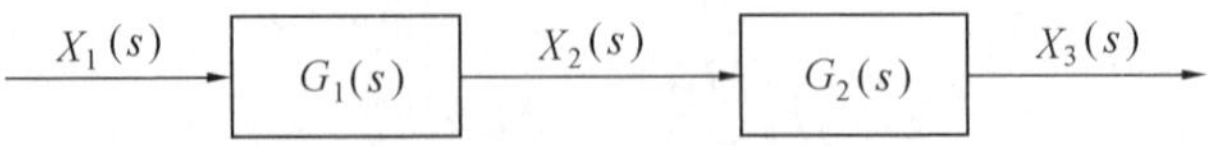

图 2.3.9 两个环节串联

所谓串联,是将第一个环节 $G_1(s)$ 的输出信号 $X_2(s)$ 作为第二个环节 $G_2(s)$ 的输入信号。由图 2.3.9 可知

$$X_2(s) = G_1(s)X_1(s)$$

$$X_3(s) = G_2(s)X_2(s)$$

消去中间变量 $X_2(s)$ 有

$$X_3(s) = G_1(s)G_2(s)X_1(s)$$

$X_1(s)$ 作为化简后等效环节的输入，$X_3(s)$ 作为输出，则化简后等效的传递函数为

$$G(s) = \frac{X_3(s)}{X_1(s)} = G_1(s)G_2(s) \tag{2.3.9}$$

即两个环节串联，等效的传递函数等于两串联环节传递函数的乘积。这个结论可以推广到多个环节串联的情况。若 n 个环节串联，其传递函数分别为 $G_1(s), G_2(s), \cdots, G_n(s)$，则等效的传递函数等于各串联环节传递函数的乘积，即

$$G(s) = G_1(s)G_2(s)\cdots G_n(s) \tag{2.3.10}$$

应当指出的是，上面得到的结论只有在环节间无负载效应时才成立。所谓"负载效应"是指后一个环节的接入会改变前一个环节的传递函数。例如一个直流放大器的空载放大倍数是 10，输出阻抗是 2 Ω。如果负载是 8 Ω，则接上负载之后放大器的放大倍数就变为

$$10 \times \frac{8\ \Omega}{2\ \Omega + 8\ \Omega} = 8$$

如果是感性负载或容性负载还有相移的问题需要考虑。

通常我们希望放大器的输入阻抗大，输出阻抗小。如果放大器的输出阻抗与负载阻抗相比可以忽略，放大器的空载放大倍数与负载放大倍数基本相同，则可以认为没有负载效应。

2. 并联环节的简化

两个或多个环节具有相同的输入信号，而以各自环节输出信号的代数和作为总的输出信号，这种结构称为并联。图 2.3.10 表示了三个环节并联的结构。

由图可知

$$X_1(s) = G_1(s)X_0(s)$$

$$X_2(s) = G_2(s)X_0(s)$$

$$X_3(s) = G_3(s)X_0(s)$$

$$\begin{aligned} X_4(s) &= X_1(s) - X_2(s) + X_3(s) = \\ &G_1(s)X_0(s) - G_2(s)X_0(s) + \\ &G_3(s)X_0(s) = \\ &[G_1(s) - G_2(s) + G_3(s)]X_0(s) \end{aligned}$$

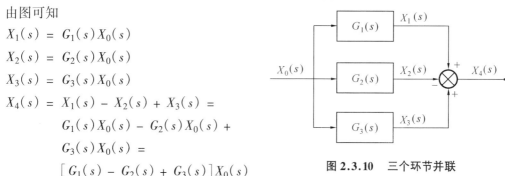

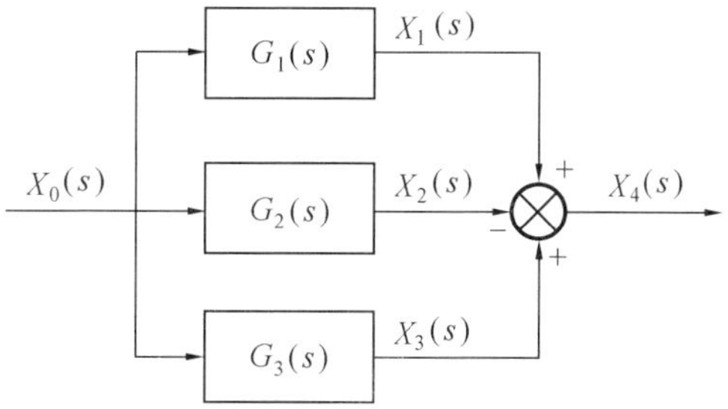

图 2.3.10　三个环节并联

所以整个结构的等效传递函数为

$$G(s) = \frac{X_4(s)}{X_0(s)} = G_1(s) - G_2(s) + G_3(s) \tag{2.3.11}$$

由此可以得出这样的结论：环节并联，等效的传递函数为各并联环节传递函数的代数和。

化简并联环节时要特别注意相加点处的符号。

上述结论可以推广到任意 n 个环节并联的情形：n 个环节并联，其等效的传递函数是各并联环节传递函数的代数和。

3. 单回路反馈的化简

反馈是自动控制系统中常见的一种连接方式。所谓反馈，简单地说，就是将一个对象的输出信号反送到其输入端。图 2.3.11 是一个简单的单回路反馈。

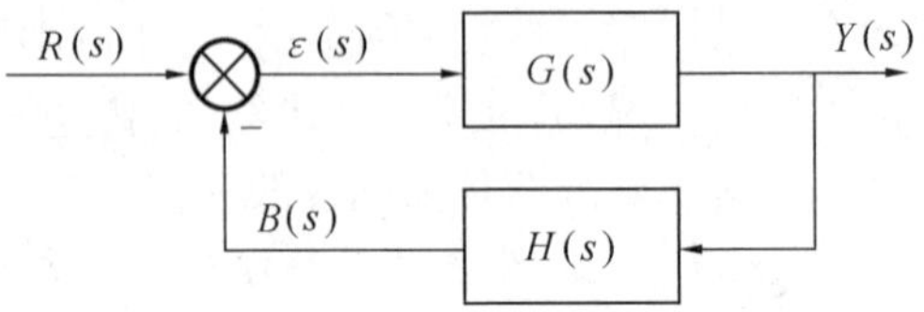

图 2.3.11　单回路反馈

在图 2.3.11 中，$R(s)$ 是输入信号，$Y(s)$ 是输出信号，$B(s)$ 为反馈信号，$\varepsilon(s)$ 为偏差信号。从偏差信号 $\varepsilon(s)$ 到输出信号 $Y(s)$ 的通道称为前向通道，并且满足

$$G(s) = \frac{Y(s)}{\varepsilon(s)}$$

式中　$G(s)$—— 前向通道的传递函数。

由输出信号 $Y(s)$ 到反馈信号 $B(s)$ 的通道称为反馈通道，并且满足

$$H(s) = \frac{B(s)}{Y(s)}$$

式中　$H(s)$—— 反馈通道的传递函数。

一般输入信号 $R(s)$ 在相加点取"+"号，此时若反馈信号 $B(s)$ 在相加点前取"+"号，则称为正反馈，$\varepsilon(s) = R(s) + B(s)$；若反馈信号在相加点取"-"号，则称为负反馈，$\varepsilon(s) = R(s) - B(s)$。负反馈是自动控制系统中最常用的基本连接方式。通常相加点前的"+"号可以省略，但"-"号一定不能省略。

由图 2.3.11 可列出方程组

$$Y(s) = G(s)\varepsilon(s)$$
$$\varepsilon(s) = R(s) - B(s)$$
$$B(s) = H(s)Y(s)$$

消去中间变量 $\varepsilon(s)$，$B(s)$ 后可得到

$$[1 + G(s)H(s)]Y(s) = G(s)R(s)$$

于是可以得到单回路负反馈系统等效传递函数为

$$\Phi(s) = \frac{Y(s)}{R(s)} = \frac{G(s)}{1 + G(s)H(s)} \tag{2.3.12}$$

$\Phi(s)$ 也称反馈回路的闭环传递函数。前向通道传递函数 $G(s)$ 与反馈通道传递函数 $H(s)$ 的乘积 $G(s)H(s)$ 称为开环传递函数。所以，单回路负反馈系统的闭环传递函数可表示为

$$\Phi(s) = \frac{Y(s)}{R(s)} = \frac{\text{前向通道传递函数}}{1 + \text{开环传递函数}}$$

如果反馈信号在相加点取"+"号，是正反馈形式，则单回路正反馈系统的闭环传递函数为

$$\Phi(s)=\frac{Y(s)}{R(s)}=\frac{G(s)}{1-G(s)H(s)} \tag{2.3.13}$$

应指出并联和反馈的区别:环节并联,各并联环节信号的流向是相同的,没有反馈,不构成回路。

4.相加点和分支点的移动

前面介绍的串联、并联和单回路反馈的化简是最基本的三个化简规则。在一些结构比较复杂的系统方框图的化简过程中,往往不能直接按串联、并联或单回路反馈的规则化简,图2.3.8所示 RC 滤波网络的方框图就是这样一个例子。这就需要先改变相加点或分支点的位置,然后才能按串联、并联和单回路反馈的规则化简。相加点和分支点的移动也要遵循变换前后输入信号和输出信号不变的原则。

(1) 相加点前移

将一个相加点从一个函数方框的输出端移到输入端称为前移。图 2.3.12(a) 为变换前的框图,图 2.3.12(b) 为相加点前移后的框图。

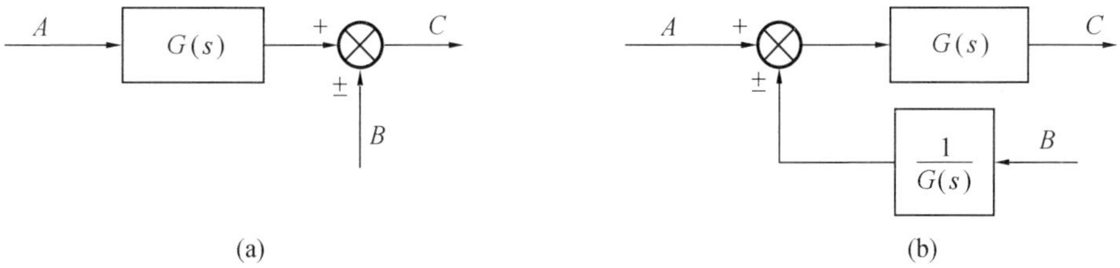

图 2.3.12　相加点前移

由图 2.3.12(a) 可知

$$C=AG\pm B=G\left(A\pm\frac{1}{G}B\right)$$

所以图 2.3.12(b) 中,在 B 信号和相加点之前应加一个传递函数 $1/G(s)$。

(2) 相加点之间的移动

图 2.3.13(a) 中有两个相加点,希望把这两个相加点先后的位置交换一下。由该图和加法

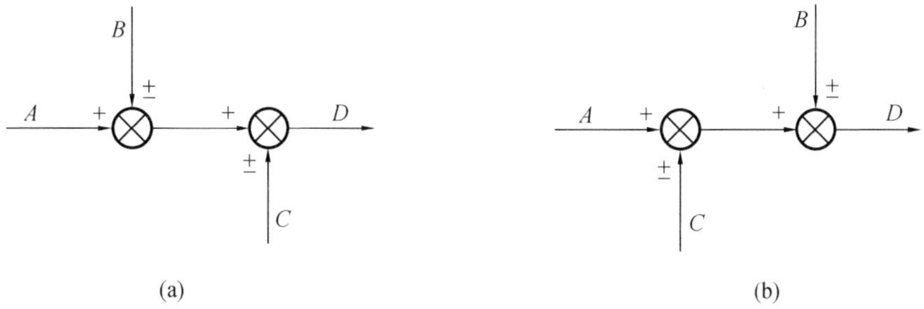

图 2.3.13　相加点之间的移动

交换律知

$$D = A \pm B \pm C = A \pm C \pm B$$

于是,由图(a)可得到图(b)。可见,两个相邻的相加点之间可以相互交换位置而不改变该结构输入和输出信号间的关系。这个结构对于相邻的多个相加点也是适用的。

(3) 分支点后移

将分支点由函数方框的输入端移到输出端,称为分支点后移。图 2.3.14(a) 表示变换前的结构,图 2.3.14(b) 表示分支点后移之后的结构。因

$$A = AG(s)\frac{1}{G(s)}$$

所以分支点后移时,应在被移动的通路上串入 $1/G(s)$ 的函数方框,如图 2.3.14(b) 所示。从另一个角度分析,可在被移动的通路上串入

$$G_1(s) = \frac{A}{AG(s)} = \frac{1}{G(s)}$$

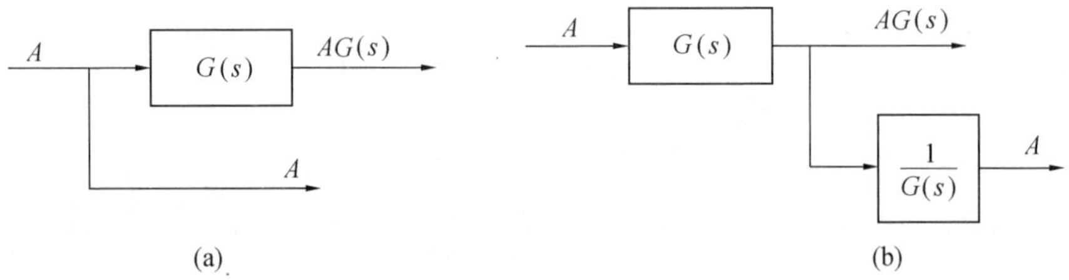

图 2.3.14　分支点后移

(4) 相邻分支点之间的移动

从一条信号流线上无论分出多少条信号线,它们都是代表同一个信号。所以在一条信号流线上的各分支点之间可以随意改变位置,不必做任何其他改动,如图 2.3.15(a)、(b) 所示。

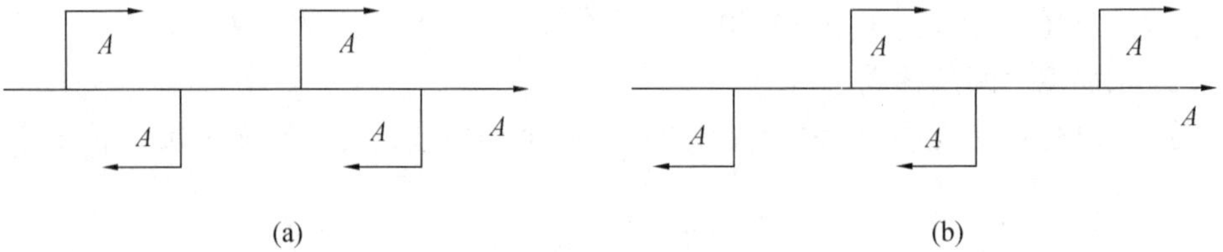

图 2.3.15　相邻分支点的移动

框图变换时经常碰到的变换规则如表 2.3.1 所示。

在表 2.3.1 中,相加点变换的前两个规则,一个是分支点从相加点之后移到相加点之前;一个是分支点从相加点之前移到相加点之后,变换之后一个相加点变成了两个相加点。使用这两条规则时应特别慎重,若能用其他规则化简,可以不使用这两条规则。

表 2.3.1　框图变换规则

变换		原框图	等效框图
1	分支点前移	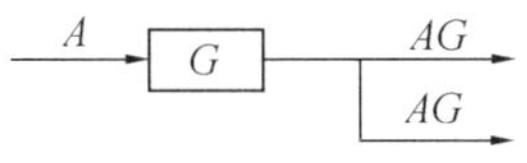	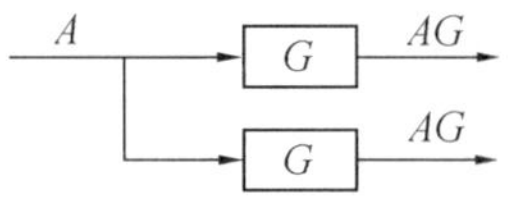
2	分支点后移	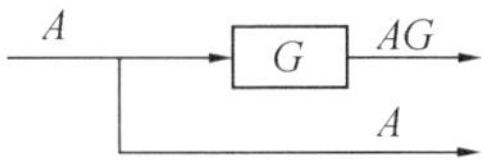	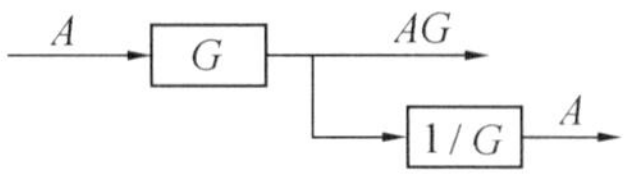
3	相加点前移	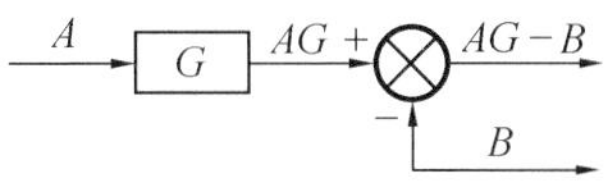	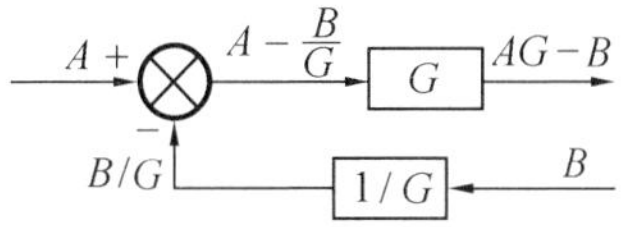
4	相加点后移	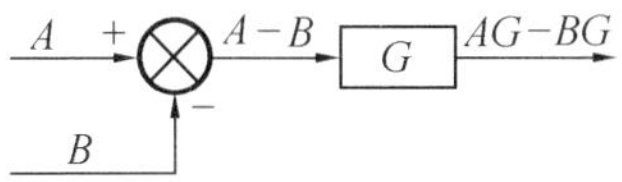	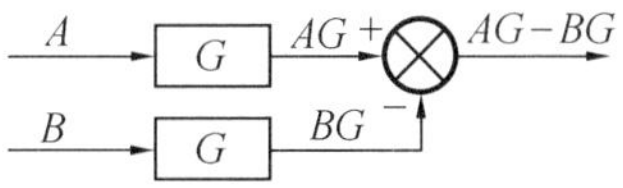
5	变单位反馈	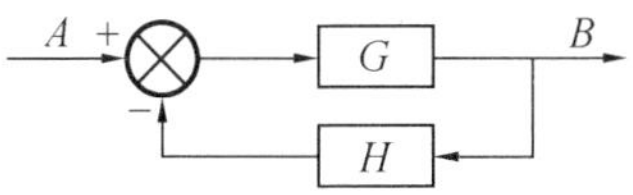	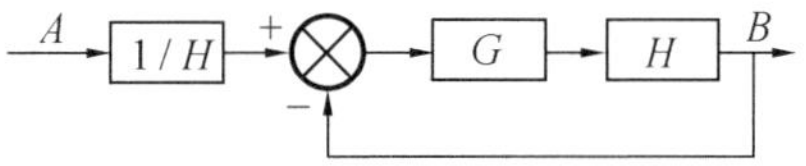
6	相加点变换	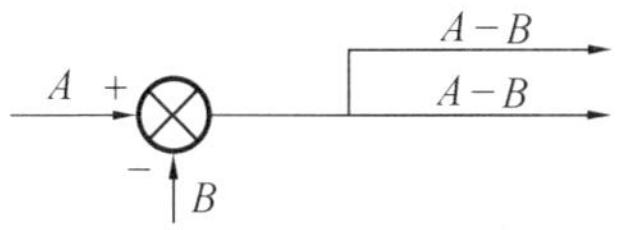	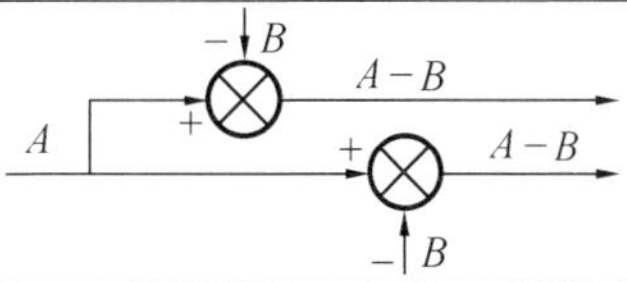
		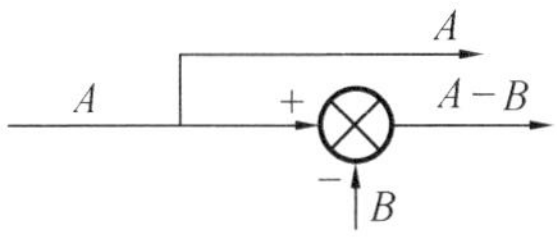	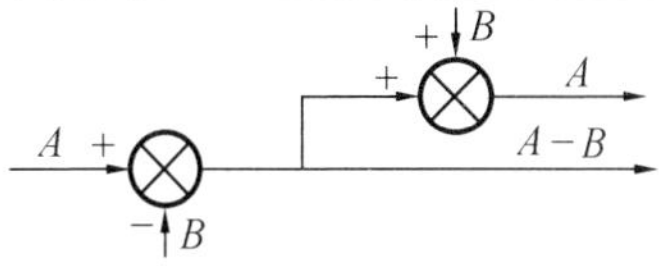
		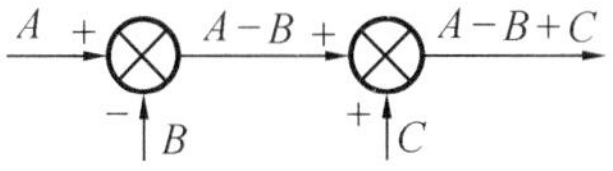	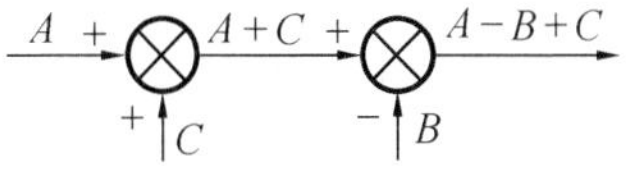

2.3.3　控制系统方框图的化简及传递函数

图 2.3.16 中 $R(s)$ 为参考输入信号，$F(s)$ 为扰动输入信号，$B(s)$ 为反馈信号，$E(s)$ 为偏差信号。这个系统的前向通路中包含两个函数方框和一个相加点，前向通路的传递函数 $G(s)$ 为

$$G(s) = G_1(s)G_2(s) \tag{2.3.14}$$

反馈通道的传递函数为 $H(s)$。

基于后面章节的需要,下面介绍几个系统传递函数的概念。

(1) 系统的开环传递函数

在反馈控制系统中,定义前向通路的传递函数与反馈通路的传递函数的乘积为开环函数。图 2.3.16 所示系统的开环传递函数等于 $G_1(s)G_2(s)H(s)$,即 $G(s)H(s)$。显然,在框图中,将反馈信号 $B(s)$ 在相加点前断开后,令 $F(s) = 0$,反馈信号与偏差信号之比 $B(s)/\varepsilon(s)$ 就是该系统的开环传递函数如下

$$\frac{B(s)}{\varepsilon(s)} = G_1(s)G_2(s)H(s) = G(s)H(s)$$

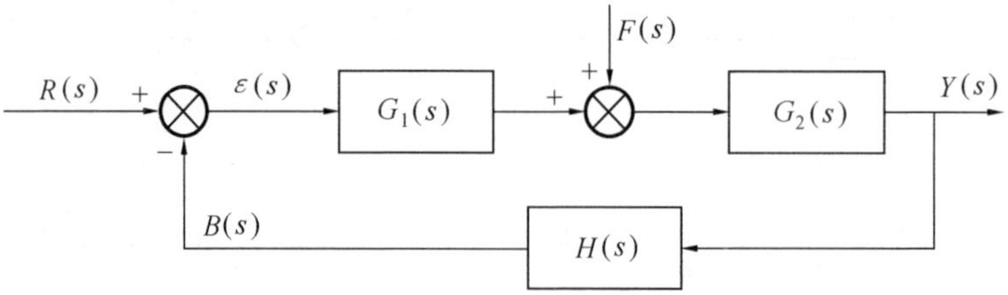

图 2.3.16　典型系统框图

(2) 输出对于参考输入的闭环传递函数

令 $F(s) = 0$,这时称 $\Phi(s) = Y(s)/R(s)$ 为输出对于参考输入的闭环传递函数。这时图 2.3.16 可变成图 2.3.17。于是有

$$\Phi(s) = \frac{Y(s)}{R(s)} = \frac{G_1(s)G_2(s)}{1 + G_1(s)G_2(s)H(s)} = \frac{G(s)}{1 + G(s)H(s)} \tag{2.3.15}$$

$$Y(s) = \Phi(s)R(s) = \frac{G_1(s)G_2(s)}{1 + G_1(s)G_2(s)H(s)}R(s) = \frac{G(s)}{1 + G(s)H(s)}R(s) \tag{2.3.16}$$

当 $H(s) = 1$ 时,称为单位反馈,这时有

$$\Phi(s) = \frac{G_1(s)G_2(s)}{1 + G_1(s)G_2(s)} = \frac{G(s)}{1 + G(s)} \tag{2.3.17}$$

(3) 输出对于扰动输入的闭环传递函数

为了解扰动对系统的影响,需要求出输出信号 $Y(s)$ 与扰动信号 $F(s)$ 之间的关系。令 $R(s) = 0$,称 $\Phi_F(s) = Y(s)/F(s)$ 为输出对扰动输入的闭环传递函数。这时是把扰动输入信号 $F(s)$ 看成输入信号,由于 $R(s) = 0$,故图 2.3.16 可变成图 2.3.18。因此有

$$\Phi_F(s) = \frac{Y(s)}{F(s)} = \frac{G_2(s)}{1 + G_1(s)G_2(s)H(s)} = \frac{G_2(s)}{1 + G(s)H(s)} \tag{2.3.18}$$

$$Y(s) = \Phi_F(s)F(s) = \frac{G_2(s)}{1 + G_1(s)G_2(s)H(s)}F(s) = \frac{G_2(s)}{1 + G(s)H(s)}F(s) \tag{2.3.19}$$

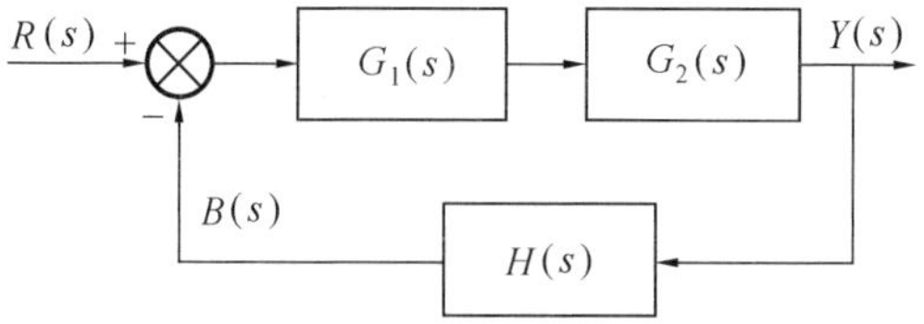

图 2.3.17　$F(s)$ 为零时的框图

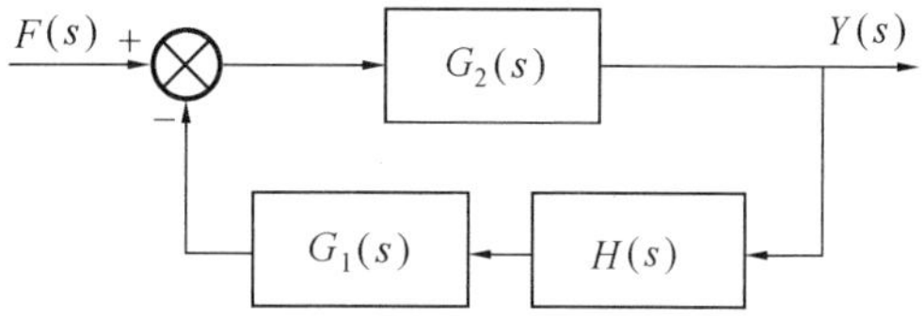

图 2.3.18　$R(s)$ 为零时的框图

(4) 系统的总输出

根据线性系统的叠加原理，当 $R(s)\neq 0$、$F(s)\neq 0$ 时，系统总的输出 $Y(s)$ 应等于它们各自单独作用的输出之和。故有

$$Y(s)=\Phi(s)R(s)+\Phi_F(s)F(s)=\frac{G_1(s)G_2(s)}{1+G_1(s)G_2(s)H(s)}R(s)+\frac{G_2(s)}{1+G_1(s)G_2(s)H(s)}F(s)$$

(5) 偏差信号对于参考输入的闭环传递函数

偏差信号 $E(s)$ 的大小反映误差的大小，所以有必要了解偏差信号与参考输入和扰动信号的关系。令 $F(s)=0$，则称 $\Phi_\varepsilon(s)=\varepsilon(s)/R(s)$ 为偏差信号对于参考输入的闭环传递函数。这时，图 2.3.16 可变换成图 2.3.19，$R(s)$ 是输入量，$\varepsilon(s)$ 是输出量，前向通道传递函数是 1。因此有

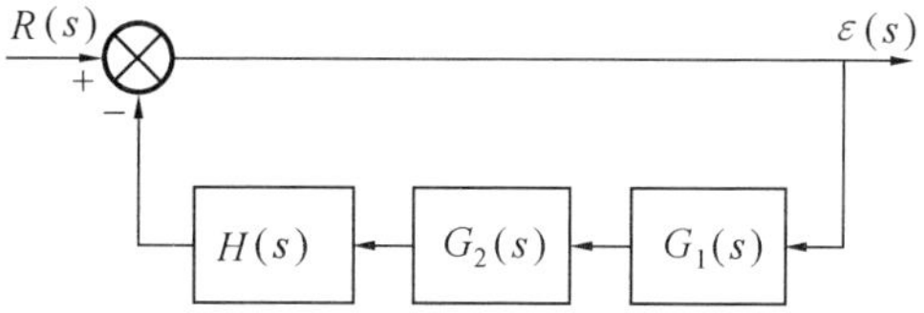

图 2.3.19　$E(s)$ 与 $R(s)$ 的框图

$$\Phi_\varepsilon(s)=\frac{E(s)}{R(s)}=\frac{1}{1+G_1(s)G_2(s)H(s)}=\frac{1}{1+G(s)H(s)}$$

(6) 偏差信号对于扰动输入的闭环传递函数

令 $R(s)=0$，称 $\Phi_{\varepsilon F}(s)=\varepsilon(s)/F(s)$ 为偏差信号关于扰动输入的闭环传递函数。这时图 2.3.16 可以变换成图 2.3.20，$\varepsilon(s)$ 为输出，$F(s)$ 为输入。因此有

$$\Phi_{\varepsilon F}(s)=\frac{\varepsilon(s)}{F(s)}=\frac{-G_2(s)H(s)}{1+G_1(s)G_2(s)H(s)}=\frac{-G_2(s)H(s)}{1+G(s)H(s)}\tag{2.3.20}$$

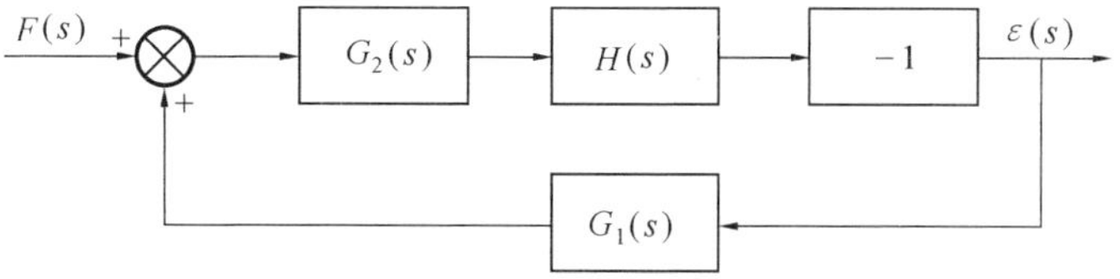

图 2.3.20　$\varepsilon(s)$ 与 $F(s)$ 的框图

(7) 系统的总偏差

根据叠加原理，当 $R(s)\neq 0$，$F(s)\neq 0$ 时，系统的总偏差为

$$\varepsilon(s)=\Phi_\varepsilon(s)R(s)+\Phi_{\varepsilon F}(s)F(s)\tag{2.3.21}$$

比较上面的几个闭环传递函数 $\Phi(s)$、$\Phi_\varepsilon(s)$、$\Phi_\varepsilon(s)$、$\Phi_{\varepsilon F}(s)$，可以看出它们的分母是相同的，都是 $1+G_1(s)G_2(s)H(s)=1+G(s)H(s)$，也称为闭环系统的特征多项式。

根据方框图的化简规则，可以化简系统的方框图，求出系统的传递函数。方框图的化简实质上是代数方程组的图解法。串联、并联和单回路反馈的化简是最基本的化简方法，但有些控制系统并不是简单的串联、并联或单回路反馈的结构，可能存在着多个反馈回路，反馈回路之间还可能存在着交叉，化简方框图的关键就是解除交叉结构，而解除交叉的方法就是移动相加点或分支点。对于同一个方框图可以有不同的化简方法，但结果应该是一样的。

例 2.3.2 例 2.3.1 中 RC 滤波网络的方框图如图 2.3.21(a)，试化简方框图，求该滤波网络的传递函数$\dfrac{U_2(s)}{U_1(s)}$。

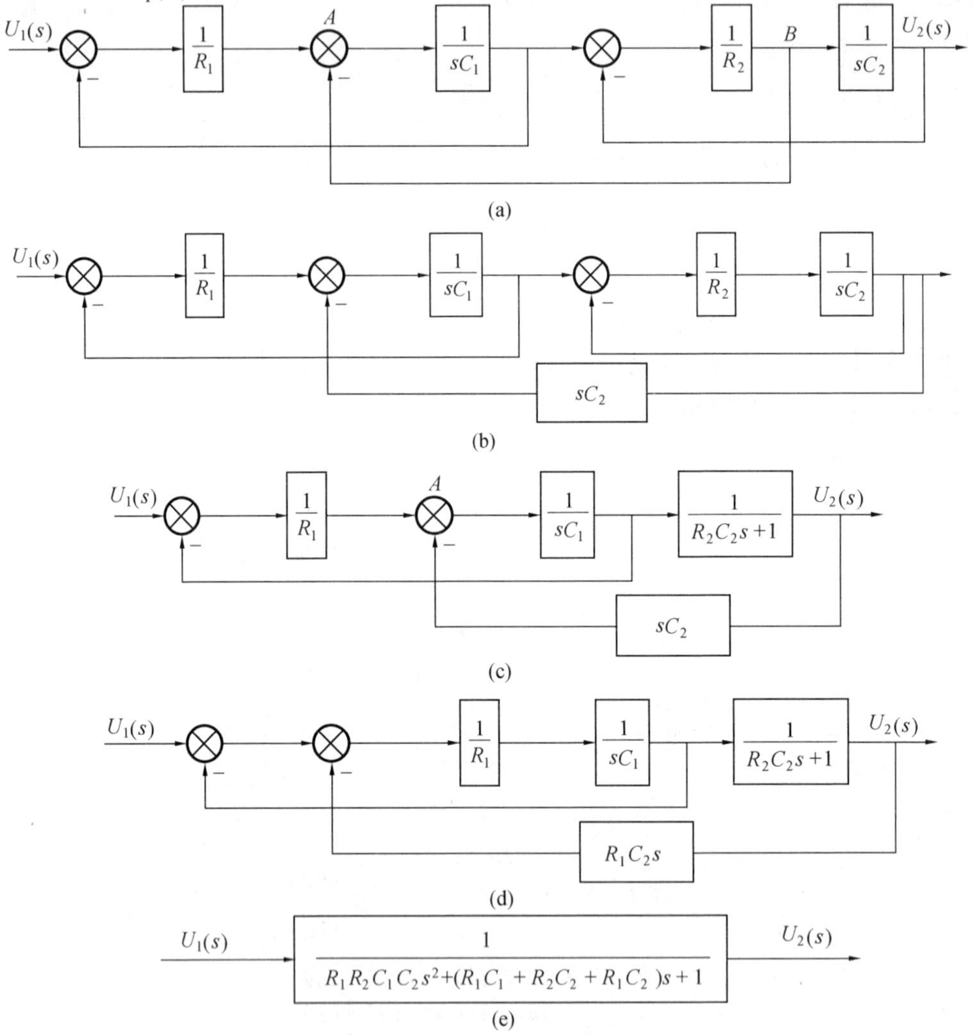

图 2.3.21 RC 滤波网络的方框图

解 这个方框图中有3个负反馈回路,3个相加点,3个分支点,4个函数方框。反馈回路之间存在着交叉,有的回路中相加点处(图中点 A)的信号来自其他回路,有的回路中有分支点(图中点 B)将信号引出到其他回路。这个方框图如果不进行相加点或分支点的移动就不能直接按串联、并联或单回路反馈的规则化简。

首先可把点 B 处的分支点移到 $\frac{1}{sC_2}$ 所在的函数方框之后,如图 2.3.21(b) 所示。

这样 $\frac{1}{R_2}$ 和 $\frac{1}{sC_2}$ 这两环节就可按串联规则化简为一个函数方框,其所在的最后一个回路也可按单回路负反馈的化简规则化简,如图 2.3.21(c) 所示。

然后可将点 A 处的相加点移到 $\frac{1}{R_1}$ 所在函数方框之前,并移到第一个相加点之前,如图 2.3.21(d) 所示。

这样先将图 2.3.21(d) 中小回路化简,然后再将大回路化简,可得到图 2.3.21(e) 所示最终的结果。

网络的传递函数为

$$\frac{U_2(s)}{U_1(s)} = \frac{1}{R_1R_2C_1C_2s^2 + (R_1C_1 + R_2C_2 + R_1C_2)s + 1}$$

例 2.3.24 简化图 2.3.22(a) 所示的多回路系统,求闭环传递函数 $C(s)/R(s)$ 及 $E(s)/R(s)$。

解 该框图有 3 个反馈回路,由 $H_1(s)$ 组成的回路称为主回路,另 2 个回路是副回路。由于存在着由分支点和相加点形成的交叉点 A 和 B,首先要解除交叉。可以将分支点 A 后移到 $G_4(s)$ 的输出端,或将相加点 B 前移到 $G_2(s)$ 的输入端后再交换相邻相加点的位置,或同时移动 A、B。这里采用将 A 点后移的方法将图 2.3.22(a) 化为图 2.3.22(b)。化简 G_3、G_4、H_3 副回路得到图 2.3.22(c)。对于图 2.3.22(c) 中的副回路再进行串联和反馈简化得到图 2.3.22(d)。由该图可求得

$$\frac{Y(s)}{R(s)} = \frac{\dfrac{G_1G_2G_3G_4}{1 + G_2G_3H_2 + G_3G_4H_3}}{1 + \dfrac{G_1G_2G_3G_4H_1}{1 + G_2G_3H_4 + G_3G_4H_3}} = \frac{G_1G_2G_3G_4}{1 + G_2G_3H_2 + G_3G_4H_3 + G_1G_2G_3G_4H_1} \tag{2.3.22}$$

$$\frac{\varepsilon(s)}{R(s)} = \frac{1}{1 + \dfrac{G_1G_2G_3G_4H_1}{1 + G_2G_3H_2 + G_3G_4H_3}} = \frac{1 + G_2G_3H_2 + G_3G_4H_3}{1 + G_2G_3H_2 + G_3G_4H_3 + G_1G_2G_3G_4H_1} \tag{2.3.23}$$

由式(2.3.22) 可得到图 2.3.22(e)。利用式(2.3.22) 和图 2.3.22(c) 也可求 $E(s)/R(s)$。

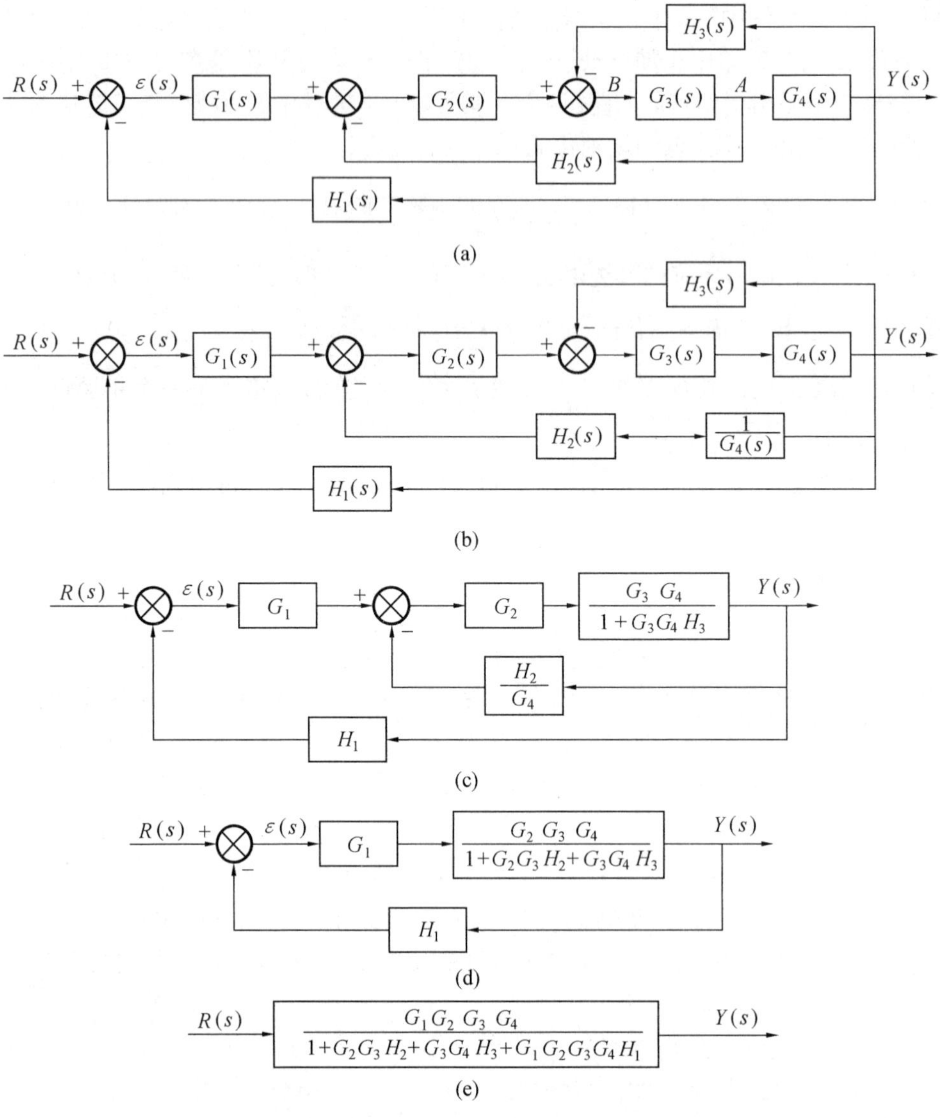

图 2.3.22　多回路框图的化简

由图知

$$\frac{\varepsilon(s)}{R(s)} = \frac{R(s) - H(s)C(s)}{R(s)} = 1 - H_1(s)\frac{Y(s)}{R(s)}$$

将式(2.3.22)代入上式就可以求出 $\varepsilon(s)/R(s)$,结果与式(2.3.23)相同。

例 2.3.4　控制系统方框图如图 2.3.23(a) 所示，化简方框图，求 $Y(s)/R(s)$ 及 $\varepsilon(s)/R(s)$。

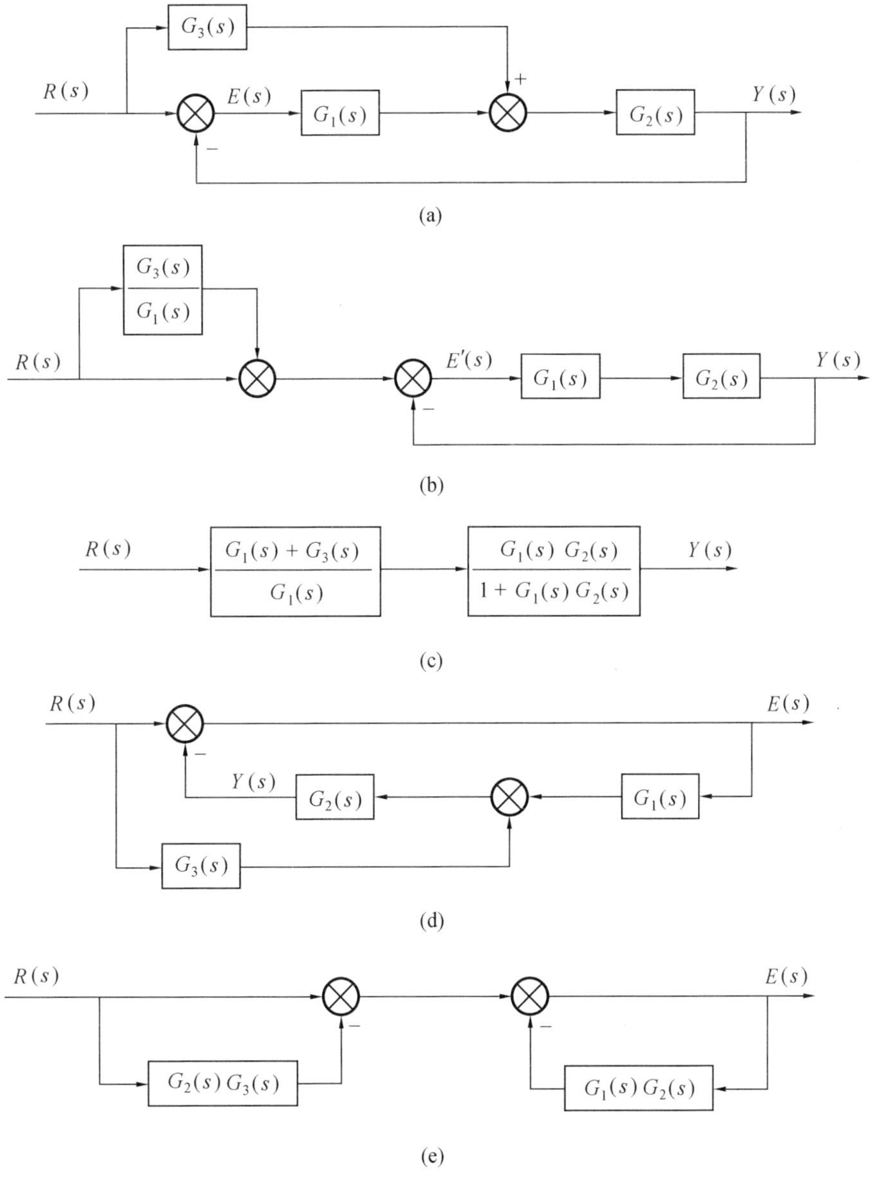

图 2.3.23　方框图的化简过程

解　(1) 求 $Y(s)/R(s)$

传递函数 $G_3(s)$ 所在的函数方框是一个前馈环节与 $G_1(s)$ 所在的函数方框并不是并联的关系。为了化简，可将第二个相加点前移，移到函数方框 $G_1(s)$ 之前，并移到第一个相加点之前,如图 2.3.25(b) 所示。这样前一部分是$\frac{G_3(s)}{G_1(s)}$与 1 并联的结构,化简后传递函数为

$$\frac{G_3(s)}{G_1(s)}+1=\frac{G_1(s)+G_3(s)}{G_1(s)}$$

后一部分为单回路负反馈结构,化简后传递函数为

$$\frac{G_1(s)G_2(s)}{1+G_1(s)G_2(s)}$$

前后两部分是串联结构,如图 2.3.23(c) 所示,化简后可求得

$$\frac{Y(s)}{R(s)}=\frac{[G_1(s)+G_3(s)]G_2(s)}{1+G_1(s)G_2(s)}$$

(2) 求 $E(s)/R(s)$

我们把图 2.3.23(b) 中反馈相加点后的信号记为 $E'(s)$,这个信号并不是 $E(s)$,由图 2.3.23(a) 及 2.3.23(b) 可知

$$E(s)=R(s)-Y(s)$$

$$E'(s)=R(s)+\frac{G_3(s)}{G_1(s)}R(s)-Y(s)=E(s)+\frac{G_3(s)}{G_1(s)}R(s)$$

在从图 2.3.23(a) 到图 2.3.23(b) 的变换过程中,因为求的是 $Y(s)$ 与 $R(s)$ 之间的传递函数,$E(s)$ 作为中间变量已被消掉了。

我们将图 2.3.23(a) 改画成输入信号 $R(s)$ 在左侧,输出信号 $E(s)$ 在右侧的形式如图 2.3.23(d) 所示。将第二个相加点前移越过函数方框 $G_2(s)$ 并移到第一个相加点之前,得到图 2.3.23(e) 所表示的结构。在这里 $Y(s)$ 作为可以被变换掉的中间变量,$Y(s)$ 处的分支点也可以取消了。这样,前一部分是并联结构,等效传递函数为 $1-G_2(s)G_3(s)$;后一部分为单回路负反馈结构,前向通道传递函数为 1,反馈通道传递函数为 $G_1(s)G_2(s)$,等效传递函数为 $\frac{1}{1+G_1(s)G_2(s)}$。最后将这两部分按串联环节的化简规则化简可得到

$$\frac{E(s)}{R(s)}=\frac{1-G_2(s)G_3(s)}{1+G_1(s)G_2(s)}$$

2.4 信号流图

信号流图是表示系统中各变量间相互关系以及信号传递过程的另一种图解方法。信号流图的基本单元有两种:节点和支路。节点在信号流图中用一个小圆圈表示,它代表系统中的变量。支路是连接两个相关节点,并标有信号流向的线段。在支路上标出两个节点(变量)间的增益,即传递函数。由于信号流图是在通信学科中发展起来的,所以沿用的名词与控制学科中不

太相同,使用信号流图的优点是:在求系统传递函数时应用梅森公式就可得出要求的结果,不必像方框图那样一步一步地化简,信号流图也是代数方程组的图形化表示。

信号流图可以根据代数方程组建立,也可以由方框图画出相应的信号图。学习信号流图时应注意与方框图相联系,比较两者间的相同与不同之处。图 2.4.1 是一个控制系统的方框图和与之对应的信号流图。

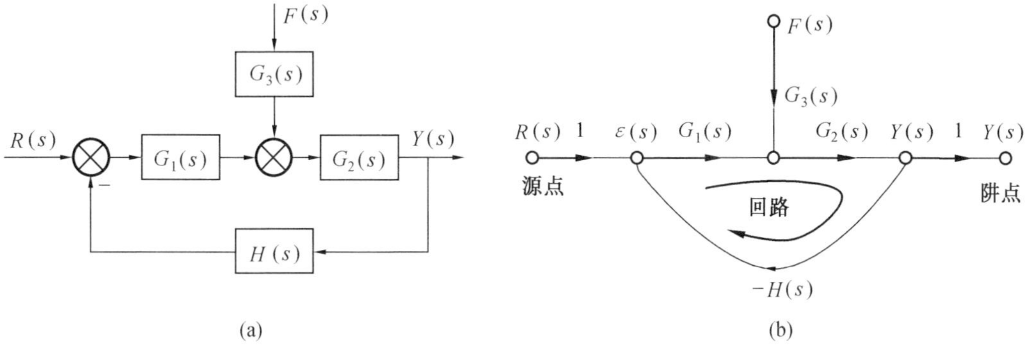

图 2.4.1　系统方框图与信号流图

2.4.1　信号流图使用的术语

下面介绍控制系统信号流图中常用的一些术语及其与方框图的关系。

节点　用以表示信号或变量的点称为节点,用符号“○”表示。节点有以下两条重要的性质:

(1) 节点所表示的变量等于流入该节点的信号的和。例如图 2.4.1(b) 中有

$$\varepsilon(s) = R(s) - H(s)Y(s)$$

(2) 从节点流出的每一条分支中的信号都等于该节点所表示的变量。

由此可见,信号流图中的节点起到了方框图中相加点和分支点的作用。但与方框图中相加点处不同的是,节点处不标“-”号,如果有“-”号则标在支路传输(即传递函数)上。

支路　连接两个节点,并在中间用箭头标出信号流向的定向线段称为支路。支路的增益称为传输,相当于传递函数。

输入节点　系统中输入信号所对应的节点称为输入节点,也称为源点。输入节点在信号流图中只有输出支路而没有输入支路。图 2.4.1(b) 中的 $R(s)$ 和 $F(s)$ 都是输入节点。

输出节点　系统中输出信号所对应的节点称为输出节点。为了明显表示出这个节点是输出节点,可用一个传输为 1 的支路将其引出,如图 2.4.1(b) 中的 $Y(s)$。这样就形成了一个只有输入支路而没有输出支路的节点,也称为阱点。实际上,在分析系统输入信号之外的任一信号与输入信号之间的关系时,这个信号所对应的节点都可看成输出节点。例如我们分析 $E(s)$ 与

$R(s)$ 之间的关系式，$E(s)$ 就是输出节点。

通路　沿支路箭头所指方向穿过各相连支路的路径称为通路。如果通路与任一节点相交不多于一次，则称为开通路；如果通路的终点就是通路的起点，而与任何其他节点相交的次数不多于一次，则称为闭通路或回路，相当于方框图中的一个闭环回路。

回路增益　回路中各支路传输的乘积称为回路增益。回路增益相当于方框图中一个闭环回路的开环传递函数乘上反馈相加点处的符号，而开环传递函数是不包括反馈相加点处的符号的。

不接触回路　如果不同回路之间没有任何共有节点（共有变量），则称它们为不接触回路，而相互接触的回路至少有一个共有节点。

前向通路　如果从输入节点到输出节点的通路上，通过任何节点不多于一次，则该通路称为前向通路。前向通路中各支路传输的乘积，称为前向通路增益，相当于方框图中前向通道传递函数。

上列术语在信号流图中的体现，见图 2.4.1(b)。

2.4.2　控制系统的信号流图

控制系统的信号流图可以根据由系统运动方程的拉氏变换式构成的代数方程来绘制。设已知某控制系统运动方程的拉氏变换式为

$$\begin{cases} X_1(s) = \theta_1(s) + X_5(s) \\ X_2(s) = G_1(s)X_1(s) \\ X_3(s) = X_2(s) - X_5(s) - X_7(s) \\ X_4(s) = G_2(s)X_3(s) \\ X_5(s) = H_1(s)X_4(s) \\ X_6(s) = G_3(s)X_4(s) \\ X_7(s) = H_2(s)X_6(s) \\ X_8(s) = G_4(s)\theta_1(s) \\ \theta_2(s) = X_6(s) + X_8(s) \end{cases} \tag{2.4.1}$$

式中　$\theta_1(s),\theta_2(s)$—— 系统输入、输出信号的拉氏变换式。

首先根据方程组 2.4.1 中每个方程画出相应的信号流图，如图 2.4.2(a) 所示。然后将图 2.4.2(a) 中的 9 幅图沿信号流向图由系统输入至系统输出联接起来并整理，最终求得图 2.4.2(b) 所示给定系统的信号流图。

表 2.4.1 给出了一些简单控制系统的方框图与信号流图。从中可以看出，控制系统的方框图与信号流图是一一对应的，同时也是可以相互转化的。

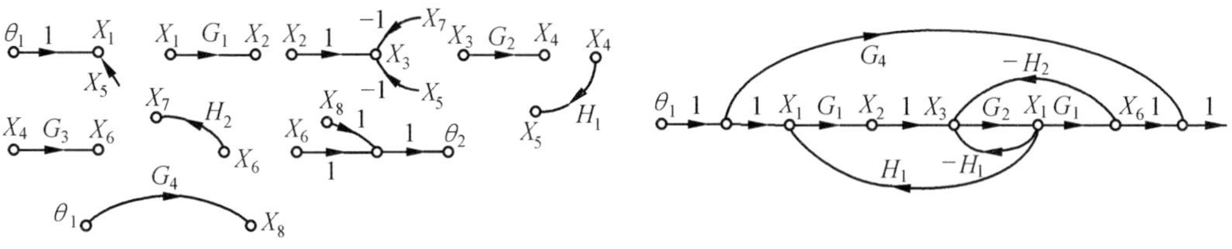

(a)　　　　　　　　　　　　　　　　(b)

图 2.4.2　控制系统信号流图及其绘制

表 2.4.1　控制系统方框图与信号流图对照表

方 框 图	信 号 流 图
	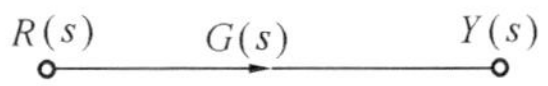
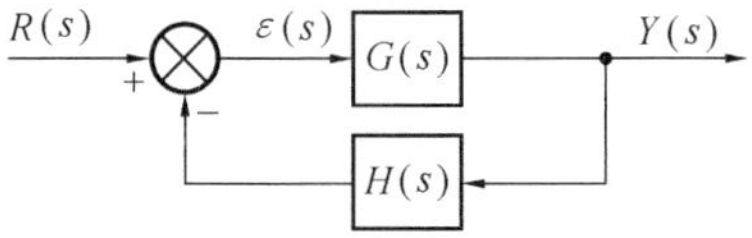	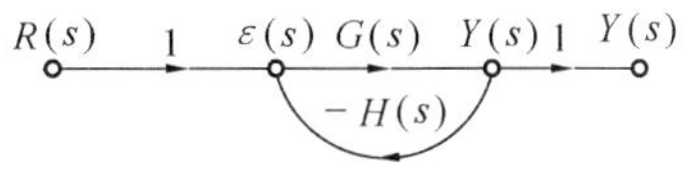
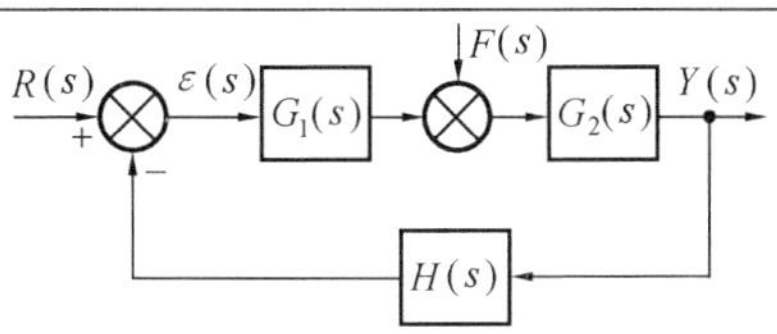	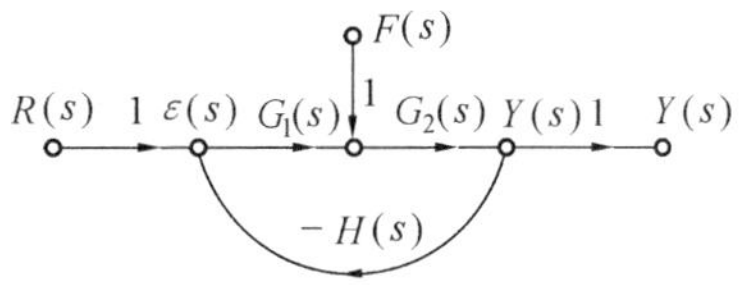
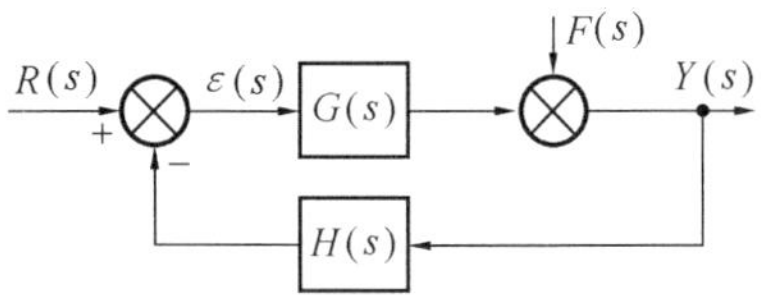	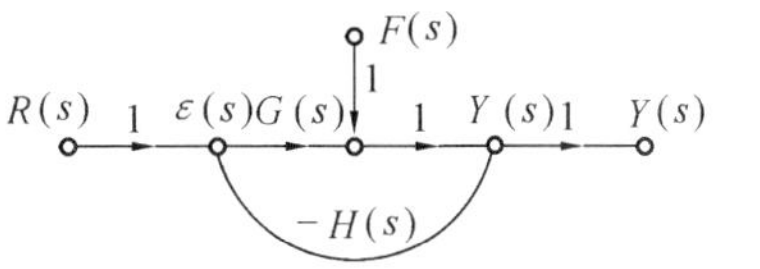
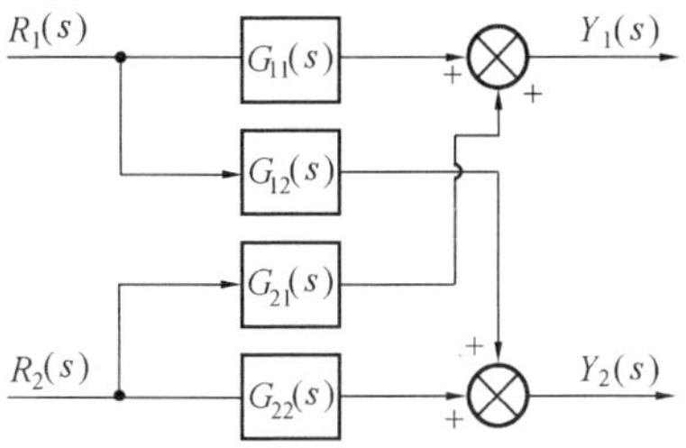	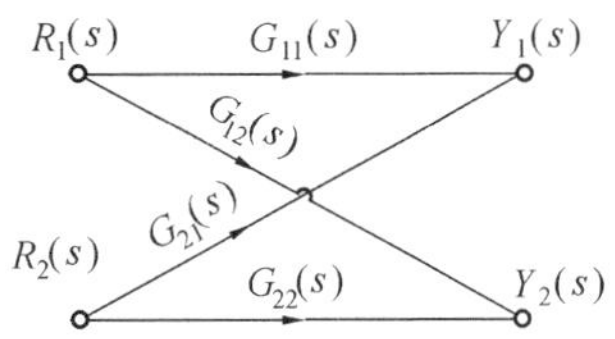

2.4.3 信号流图的梅森增益公式

应用梅森增益公式不需要等效简化处理而直接可以根据控制系统的信号流图计算系统的传递函数。计算信号流图输入、输出节点间总增益的梅森公式为

$$P = \frac{1}{\Delta}\sum_{k=1}^{n} P_k \Delta_k$$

式中 P—— 总增益；

P_k—— 第 k 条前向通路的通路增益；

Δ—— 信号流图的特征式，即

$$\Delta = 1 - \sum_a L_a + \sum_{bc} L_b L_c - \sum_{def} L_d L_e L_f + \cdots$$

其中 $\sum_a L_a$—— 所有回路增益之和；

$\sum_{bc} L_b L_c$—— 每两个互不接触回路增益乘积之和；

$\sum_{def} L_d L_e L_f$—— 每三个互不接触回路增益乘积之和；

Δ_k—— 在 Δ 中除去与第 k 条前向通路相接触的(即有共有节点) 回路后的特征式，称为第 k 条前向通路特征式的余因子。

注意，上述求和过程需在输入节点与输出节点间的全部可能通路上进行。

下面举例说明应用梅森增益公式由信号流图求取控制系统的传递函数。

例 2.4.1 控制系统方框图如图 2.3.23(a) 所示，画出信号流图，并用梅森公式求 $Y(s)/R(s)$ 和 $E(s)/R(s)$。

解 求 $Y(s)/R(s)$ 时，$R(s)$ 是输入节点，$Y(s)$ 是输出节点；而求 $E(s)/R(s)$ 时，$R(s)$ 是输入节点，$E(s)$ 是输出节点，可画出信号流图如图 2.4.3 所示。

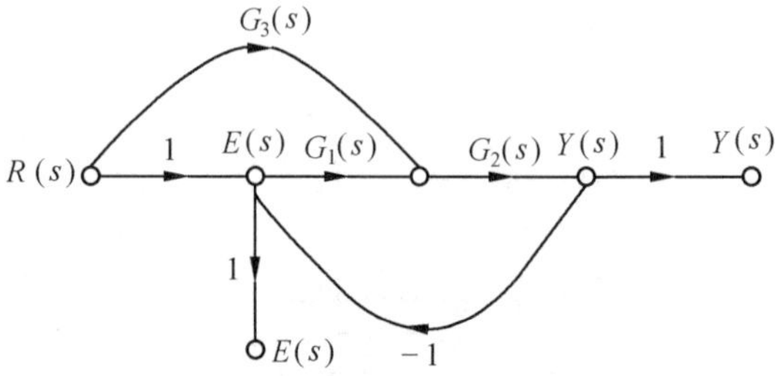

图 2.4.3 控制系统的信号流图

(1) 求$\dfrac{Y(s)}{R(s)}$

从输入节点 $R(s)$ 到输出节点 $Y(s)$ 间有两条前向通路，前向通路的增益分别为

$$P_1 = G_1(s)G_2(s)$$

$$P_2 = G_3(s)G_2(s)$$

只有一个回路，回路增益为

$$L_1 = -G_1(s)G_2(s)$$

信号流图的特征式为

$$\Delta = 1 - L_1 = 1 + G_1(s)G_2(s)$$

由于回路 L_1 与两条前向通路都接触,所以

$$\Delta_1 = 1 \qquad \Delta_2 = 1$$

根据梅森公式可写出

$$\frac{Y(s)}{R(s)} = \frac{1}{\Delta}\sum_{k=1}^{2} P_k\Delta_k = \frac{G_1(s)G_2(s) + G_2(s)G_3(s)}{1 + G_1(s)G_2(s)}$$

(2) 求 $E(s)/R(s)$

从输入节点 $R(s)$ 到输出节点 $E(s)$ 有两条前向通路,前向通路的增益分别为

$$P_1 = 1 \qquad P_2 = -G_3(s)G_2(s)$$

只有一个回路,回路增益为

$$L_1 = -G_1(s)G_2(s)$$

信号流图的特征式为

$$\Delta = 1 - L_1 = 1 + G_1(s)G_2(s)$$

两条前向通路与回路 L_1 都相接触,所以

$$\Delta_1 = 1 \qquad \Delta_2 = 1$$

于是根据梅森公式可以写出

$$\frac{E(s)}{R(s)} = \frac{1}{\Delta}\sum_{k=1}^{2} P_k\Delta_k = \frac{1 - G_2(s)G_3(s)}{1 + G_1(s)G_2(s)}$$

例 2.4.2　设某控制系统的方框图如图 2.4.4 所示。试绘制该系统的信号流图,并由信号流图应用梅森增益公式计算系统的闭环传递函数 $Y(s)/R(s)$。

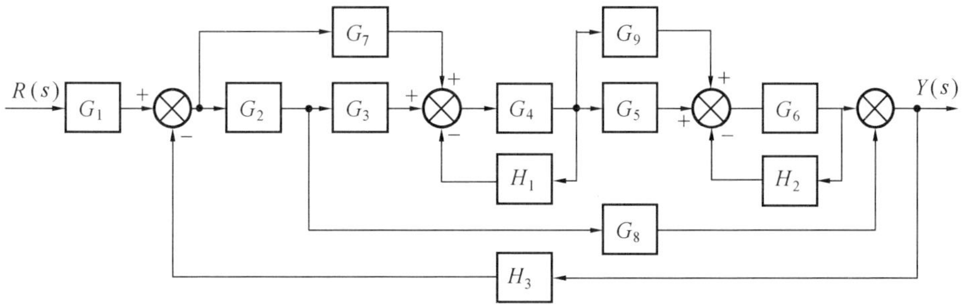

图 2.4.4　控制系统方框图

解　根据图 2.4.4 所示控制系统方框图绘制的信号流图示于图 2.4.5。

从图 2.4.5 看出,该信号流图共有五条前向通路,它们的通路增益分别为

$$P_1 = G_1G_2G_3G_4G_5G_6$$

$$P_2 = G_1 G_2 G_8$$
$$P_3 = G_1 G_7 G_4 G_5 G_6$$
$$P_4 = G_1 G_2 G_3 G_4 G_9 G_6$$
$$P_5 = G_1 G_7 G_4 G_9 G_6$$

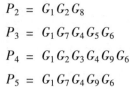

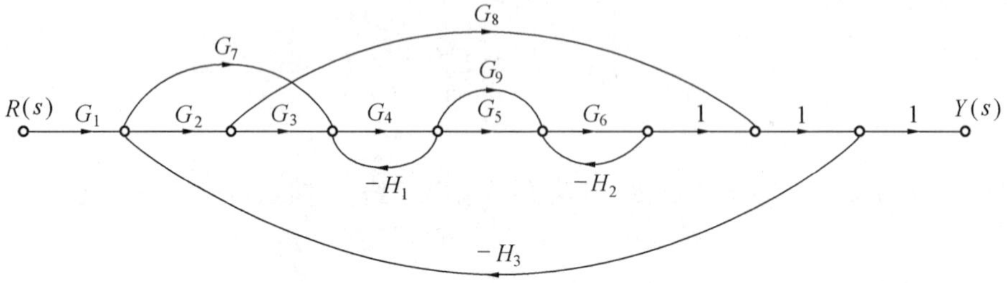

图 2.4.5　图 2.4.4 所示系统的信号流图

信号流图共有七个回路，各回路的增益分别为

$$L_1 = -G_4 H_1$$
$$L_2 = -G_6 H_2$$
$$L_3 = -G_2 G_3 G_4 G_5 G_6 H_3$$
$$L_4 = -G_2 G_3 G_4 G_9 G_6 H_3$$
$$L_5 = -G_7 G_4 G_5 G_6 H_3$$
$$L_6 = -G_7 G_4 G_9 G_6 H_3$$
$$L_7 = -G_2 G_8 H_3$$

信号流图含有每两个互不接触回路的增益乘积为

$$L_1 L_2 = G_4 G_6 H_1 H_2$$
$$L_1 L_7 = G_2 G_4 G_8 H_1 H_3$$
$$L_2 L_7 = G_2 G_6 G_8 H_2 H_3$$

信号流图含有每三个互不接触回路的增益乘积为

$$L_1 L_2 L_7 = -G_2 G_4 G_6 G_8 H_1 H_2 H_3$$

根据 Δ 及 Δ_k 定义，由上列各项数据求得给定系统信号流图的特征式及其各前向通路特征式的余因子如下

$$\Delta = 1 - (L_1 + L_2 + L_3 + L_4 + L_5 + L_5 + L_7) + L_1 L_2 + L_1 L_7 + L_2 L_7 - L_1 L_2 L_7 =$$
$$1 + G_4 H_1 + G_6 H_2 + G_2 G_3 G_4 G_5 G_6 H_3 + G_2 G_3 G_4 G_9 G_6 H_3 + G_7 G_4 G_5 G_6 H_3 +$$
$$G_7 G_4 G_9 G_6 H_3 + G_2 G_8 H_3 + G_4 G_6 H_1 H_2 + G_2 G_4 G_8 H_1 H_3 +$$
$$G_2 G_6 G_8 H_2 H_3 + G_2 G_4 G_6 G_8 H_1 H_2 H_3$$

$$\Delta_1 = 1$$

$$\Delta_2 = 1 - (L_1 + L_2) + L_1 L_2 = 1 + G_4 H_1 + G_6 H_2 + G_4 G_6 H_1 H_2$$

$$\Delta_3 = 1$$

$$\Delta_4 = 1$$

$$\Delta_5 = 1$$

最后,应用梅森增益公式计算给定系统的闭环传递函数 $Y(s)/R(s)$,即

$$\frac{Y(s)}{R(s)} = \frac{1}{\Delta}\sum_{k=1}^{5} P_k \Delta_k = (G_1G_2G_3G_4G_5G_6 + G_1G_2G_8 + G_1G_2G_4G_8H_1 + G_1G_2G_6G_8H_2 + G_1G_2G_4G_6G_8H_1H_2 + G_1G_4G_5G_6G_7 + G_1G_2G_3G_4G_6G_9 + G_1G_4G_6G_7G_9)/(1 + G_4H_1 + G_6H_2 + G_2G_3G_4G_5G_6H_3 + G_2G_3G_4G_9G_6H_3 + G_7G_4G_5G_6H_3 + G_7G_4G_9G_6H_3 + G_2G_8H_3 + G_4G_6H_1H_2 + G_2G_4G_8H_1H_3 + G_2G_6G_8H_2H_3 + G_2G_4G_6G_8H_1H_2H_3)$$

从本例看出,根据信号流图求取复杂控制系统的闭环传递函数应用梅森增益公式是很方便的。但对于一些复杂的系统,使用梅森公式可能会漏掉一些前向通路或回路,还可能对于是否接触做出错误判断,所以使用梅森公式时应特别认真细致。

例 2.4.3　关联系统的传递函数。

解　图 2.4.6 所给的 2 通路信号流图是多足机器人的多信道控制系统的一个特例。连接输入 $R(s)$ 和输出 $Y(s)$ 的 2 条前向通路为

通路 1:$P_1 = G_1G_2G_3G_4$

通路 2:$P_2 = G_5G_6G_7G_8$

4 个回路是

$$L_1 = G_2H_2 \quad L_2 = G_3H_3$$

$$L_3 = G_6H_6 \quad L_4 = G_7H_7$$

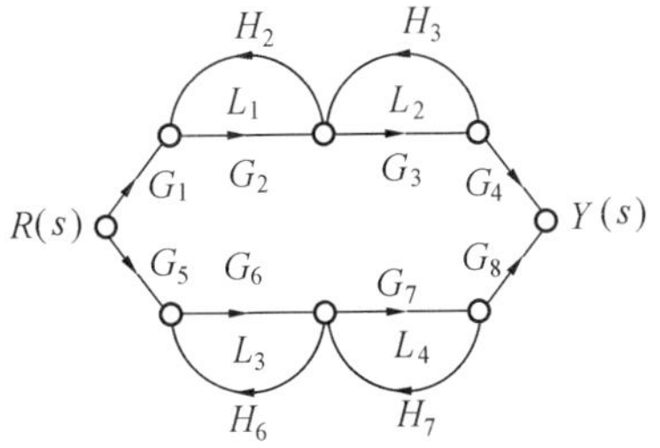

图 2.4.6　2 通路关联系统

由于回路 L_1、L_2 与回路 L_3、L_4 不接触,故该流图的特征式为

$$\Delta = 1 - (L_1 + L_2 + L_3 + L_4) + (L_1L_3 + L_1L_4 + L_2L_3 + L_2L_4)$$

通路 1 的余因式是从 Δ 中去掉与通路 1 相接触的回路项而得到的,故有

$$\Delta_1 = 1 - (L_3 + L_4)$$

类似地,通路 2 的余因式为

$$\Delta_2 = 1 - (L_1 + L_2)$$

于是系统的传递函数为

$$G(s)=\frac{Y(s)}{R(s)}=\frac{P_1\Delta_1+P_2\Delta_2}{\Delta}=$$
$$\frac{G_1G_2G_3G_4(1-L_3-L_4)+G_5G_6G_7G_8(1-L_1-L_2)}{1-L_1-L_2-L_3-L_4+L_1L_3+L_1L_4+L_2L_3+L_2L_4}$$

说明:(1) 控制系统的方框图和信号流图都是控制系统数学模型的图形表示方法,只不过是形式和名词有所不同。所以梅森公式不但可以应用在信号流图中,也可以直接应用在系统方框图的化简中。(2) 所谓“接触”是指回路与回路之间或前向通路与回路之间有共有的变量(信号)。在信号流图中变量用节点表示,有公共的节点就是接触。在方框图中变量(信号)用一端带箭头的信号流线表示。如果有公共的支路或函数方框,则说明至少有两个公共的变量。

例 2.4.4 控制系统的方框图如图 2.4.7 所示,试利用梅森公式求系统闭环传递函数。

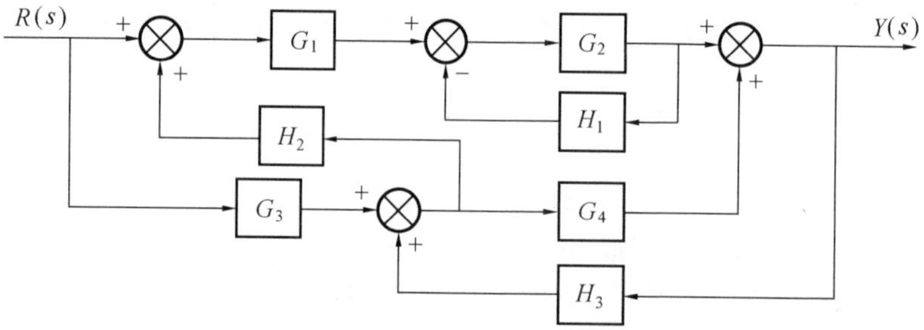

图 2.4.7 控制系统方框图

解 从输入信号 $R(s)$ 到输出信号 $Y(s)$ 间一共有三条前向通道,其传递函数分别为

$$P_1=G_1G_2\quad P_2=G_3H_2G_1G_2\quad P_3=G_3G_4$$

共有 3 个回路,其回路传递函数分别为

$$L_1=-G_2H_1\quad L_2=G_4H_3\quad L_3=G_1G_2H_3H_2$$

其中 L_1 与 L_2 为两两不接触的回路,所以特征式为

$$\Delta=1-(L_1+L_2+L_3)+L_1L_2=1+G_2H_1-G_4H_3-G_1G_2H_3H_2-G_2H_1G_4H_3$$

P_1 与三个回路都接触;P_2 与三个回路也都接触;P_3 与 L_1 不接触,与 L_2、L_3 接触,所以有

$$\Delta_1=1\quad \Delta_2=1\quad \Delta_3=1+G_2H_1$$

根据梅森公式可以写出

$$\frac{Y(s)}{R(s)}=\frac{1}{\Delta}\sum_{k=1}^{3}P_k\Delta_k=\frac{1}{\Delta}(P_1\Delta_1+P_2\Delta_2+P_3\Delta_3)=$$
$$\frac{G_1G_2+G_3H_2G_1G_2+G_3G_4(1+G_2H_1)}{1+G_2H_1-G_4H_3-G_1G_2H_3H_2-G_2H_1G_4H_3}$$

2.5　MATLAB 用于处理系统数学模型

MATLAB 程序设计语言是一种高性能的数值计算软件。经过十几年的发展，MATLAB 已经成为适合多学科，功能齐全的大型科学计算软件。目前 MATLAB 已经成为线性代数、自动控制理论，数理统计和数字信号处理分析、动态系统仿真等课程的基本数学工具。它的 TOOLBOX 工具箱与 SIMULINK 仿真工具，为控制系统的计算与仿真提供了一个强有力的工具，使控制系统的计算与仿真的传统方法发生了革命性的变化。MATLAB 已经成为国际控制领域内最流行的计算与仿真软件。

本节通过一些具体的例子介绍 MATLAB 用于处理系统数学模型的常用方法。关于 MATLAB 软件安装和使用的详细方法，请参阅有关专门介绍 MATLAB 的书籍。

2.5.1　拉氏变换与拉氏反变换

求拉氏变换可用函数 laplace(ft,t,s)。

例 2.5.1　求 $f(t) = t^2 + 2t + 2$ 的拉氏变换。

解　在 MATLAB 的命令窗口内键入：

```
>> syms s t;
>> Ft = t^2 + 2 * t + 2;
>> St = laplace(Ft,t,s)
```

结果

```
St = 2/s^3 + 2/s^2 + 2/s
```

其中 syms 是符号变量设置函数，其使用的格式为

Syms arg1 arg2 …;

其作用是设置符号变量 arg1，arg2 等。符号变量必须以字母开头，并由字母和数字组成变量名，变量名之间用空格分隔。

求拉氏反变换可用函数 ilaplace(Fs,s,t)。

例 2.5.2　求 $F(s) = \dfrac{s+6}{(s^2+4s+3)(s+2)}$ 的拉氏反变换。

解　在 MATLAB 的命令窗口键入：

程序

```
>> syms s t;
>> Fs = (s + 6)/((s^2 + 4 * s + 3) * (s + 2));
>> Ft = ilaplace(Fs,s,t)
```

结果

```
Ft = 5/2 * exp(- t) - 4 * exp(- 2 * t) + 3/2 * exp(- 3 * t)
```

2.5.2 多项式运算

在MATLAB中采用行向量表示多项式,行向量内的各元素是按降幂次排列的多项式系数。多项式 $P(x) = a_n x^n + \cdots + a_1 x + a_0$ 的系数行向量为

$$P = [a_n \quad a_{n-1} \quad \cdots \quad a_1 \quad a_0]$$

求多项式的根可以用 roots(p) 函数。

例 2.5.3 求多项式 $p(x) = x^4 + 2x^3 + 3x^2 + 4x + 5$ 的根。

解 在 MATLAB 命令窗口输入指令:

程序

```
>> P = [1 2 3 4 5];
>> r = roots(P)
```

结果

```
r =
  0.2878 + 1.4161i
  0.2878 - 1.4161i
 -1.2878 + 0.8579i
 -1.2878 - 0.8579i
```

由已知多项式的根求多项式可以用函数 poly(r)。

例 2.5.4 已知多项式的根分别为 -1、-5 和 -8,试求其所对应的多项式。

解 在 MATLAB 命令窗口输入指令:

```
>> PL = poly([-1 -5 -8])
```

结果

```
PL =
    1    14    53    40
```

即所求多项式为 $p(t) = t^3 + 14t^2 + 53t + 40$。注意:poly() 函数的调用格式。

所求多项式是否正确,可以用 roots() 函数来验证。在 MATLAB 的命令窗口中键入:

程序

```
>> P = [1 14 53 40];
>> roots(P)
```

结果

```
ans =
      -8.0000
      -5.0000
      -1.0000
```

2.5.3　微分方程求解

求解微分方程可采用指令 s = dslove('a_1','a_2',…,'a_n')。其中,输入变量包括三部分内容:微分方程、初始条件和指定的独立变量。其中微分方程是必不可少的输入内容,其余视需要而定。默认的独立变量是't',用户也可以使用别的变量来代替't',只要把它放在输入变量的最后即可。字母'D'代表微分算子,即$\frac{d}{dt}$,字母'D'后面所跟的数字代表微分的阶次,如 D2 代表$\frac{d^2}{dt^2}$,微分算子后面所跟的字母代表被微分的变量,如 D3y 代表对 y(t) 的三阶微分。初始条件可按下面的形式给出:'y(a) = b'或'Dy(a) = b'。如果初始条件未给定,则结果含积分常数 C1。

例 2.5.5　解下列微分方程

$$3\frac{d^2y(t)}{dt^2}+3\frac{dy(t)}{dt}+2y(t)=1$$

初始条件

$$y(0)=\dot{y}(0)=0$$

解　程序

```
>> y = dsolve('3 * D2y + 3 * Dy + 2 * y = 1','y(0) = 0','Dy(0) = 0')
```

结果

```
y =
- 1/10 * exp( - 1/2 * t) * sin(1/6 * 15^(1/2) * t) * 15^(1/2) -
1/2 * exp( - 1/2 * t) * cos(1/6 * 15^(1/2) * t) + 1/2
```

2.5.4　传递函数及形式转换的建立

传递函数两种常用的表达形式是有理分式形式和零极点形式。有理分式形式的一般表达式为

$$G(s)=\frac{b_0s^m+b_1s^{m-1}+\cdots+b_{m-1}s+b_m}{a_0s^n+a_1s^{n-1}+\cdots+a_{n-1}s+a_n}\quad n\geqslant m \tag{2.5.1}$$

式中　$a_i(i=0,1,2,\cdots,n)$,$b_i(i=0,1,2,\cdots,m)$—— 分母多项式和分子多项式的系数。

零极点形式的一般表达式为

$$G(s)=\frac{k(s-z_1)(s-z_2)\cdots(s-z_m)}{(s-p_1)(s-p_2)\cdots(s-p_n)}\quad n\geqslant m \tag{2.5.2}$$

式中　$z_i(i=1,2,\cdots,m)$—— 传递函数的零点;

$p_i(i=1,2,\cdots,n)$—— 传递函数零极点;

k—— 零极点形式传递函数的系数。

建立式(2.5.1)所示有理分式形式的传递函数时,需先将传递函数分子、分母多项式的系数写成两个行向量,然后用 tf() 函数给出,格式为

```
num = [b0  b1  …  bm-1  bm];
den = [a0  a1  …  an-1  an];
g = tf(num,den)
```

若想将有理分式形式的传递函数转换为零极点形式的传递函数,可使用函数 zpk(g)。

例 2.5.6 在 MATLAB 中表示多项式形式的传递函数 $G(s)=\frac{s+3}{s^3+2s+1}$,并将其转化为零极点形式的传递函数。

解 在 MATLAB 的命令窗口中键入:

程序

```
>> num = [1  3];
>> den = [1  0  2  1];
>> g = tf(num,den)
```

结果

```
Transfer function:
    s + 3
-------------
s^3 + 2 s + 1
```

程序

```
>> zpk(g)
```

结果

```
Zero/pole/gain:
                 (s + 3)
-------------------------------------
(s + 0.4534) (s^2 - 0.4534s + 2.206)
```

如果想建立如式(2.5.2)所示零极点形式的传递函数可使用函数 zpk(),这时要将结果传递函数的零点和极点分别写成两个向量,并给出传递函数的增益,格式为

```
z = [z1;z2;…;zm];
p = [p1;p2;…;pn];
k = 增益值
g = zpk(z,p,k)
```

若想将零极点形式的传递函数转换成多项式形式的传递函数,可使用函数 tf(),格式为 tf(g)。

例 2.5.7 在 MATLAB 中表示零极点形式的传递函数 $G(s)=\frac{10(s+2)}{s(s+1)(s+3)}$,并将其转换成多项式形式的传递函数。

解　在 MATLAB 的命令窗口中输入命令：

程序

```
>> z = [-2];
>> p = [0  -1  -3];
>> k = 10;
>> g = zpk(z,p,k)
```

结果

```
Zero/pole/gain:
   10 (s + 2)
---------------
s (s + 1) (s + 3)
```

若想转换成多项式形式的传递函数，则可继续输入命令

程序

```
>> tf(g)
```

结果

```
Transfer function:
   10 s + 20
---------------
s^3 + 4 s^2 + 3 s
```

输入数据时应注意：一个稳定的系统极点都具有负实部。如果有复数的零极点，则应有与它共轭的零极点同时输入。虚部输入时，j 或 i 是 MATLAB 中约定的虚数单位符号，应与其系数用相乘符号 * 进行相乘。如果传递函数没有零点，用 z = [] 输入空向量。

例 2.5.8　系统传递函数的极点为 $p_1 = -5, p_2 = -2 + j2, p_3 = -2 - j2$，没有零点，增益为 100，试建立零极点形式及多项式形式的传递函数。

解　键入的命令及执行的结果如下：

程序

```
>> z = [];
>> p = [-5  -2+j*2  -2-j*2];
>> k = 100;
>> g = zpk(z,p,k)
```

结果

```
Zero/pole/gain:
          100
-----------------------
(s + 5) (s^2 + 4s + 8)
tf(g)
Transfer function:
```

```
          100
---------------------------
s^3 + 9s^2 + 28s + 40)
```

有的传递函数有纯时间延迟环节 e^{-Ts}，建立传递函数时延迟时间要赋给变量 dt，使用 tf() 函数时还要用'inputdelay'说明。

例 2.5.9 已知系统传递函数为

$$G(s)=\frac{(s+1)e^{-2s}}{s^3+4s^2+2s+6}$$

试在 MATLAB 中建立传递函数。

解 在 MATLAB 的命令窗口中输入：

程序

```
>> num = [1  1];
>> den = [1  4  2  6];
>> dt = 2;
>> g = tf(num,den,'inputdelay',dt)
```

结果

```
Transfer function:
                  s + 1
exp(-2*s) * ---------------------
             s^3 + 4 s^2 + 2 s + 6
```

程序

```
>> zpk(g)
```

结果

```
Zero/pole/gain:
                         (s + 1)
exp(-2*s) * -----------------------------------
             (s + 3.883) (s^2 + 0.1171s + 1.545)
```

2.5.5 部分分式展开

控制系统中的传递函数是 s 的有理分式

$$G(s)=\frac{N(s)}{D(s)}=\frac{\text{num}}{\text{den}}=\frac{b_0s^n+b_1s^{n-1}+\cdots+b_n}{s^n+a_1s^{n-1}+\cdots+a_n}$$

式中 $N(s)$——传递函数的分子多项式；

$D(s)$——传递函数的分母多项式。

在 MATLAB 的行向量中分别用 num 和 den 表示传递函数分子多项式和分母多项式的系数，即

num = [b_0 b_1 $\cdots$ b_n]

den = [1　a_1　⋯　a_n]

命令　　　　　　　　　　　[r,p,k] = residue(num,den)

将求出多项式 $N(s)$ 和 $D(s)$ 之比的部分分式展开式中的留数极点和余项。

$N(s)/D(s)$ 的部分分式展开式由下式给出

$$\frac{N(s)}{D(s)} = \frac{r(1)}{s-p(1)} + \frac{r(2)}{s-p(2)} + \cdots + \frac{r(n)}{s-p(n)} + k(s)$$

式中　$p(1),p(2),\cdots,p(n)$—— 极点；

$r(1),r(2),\cdots,r(n)$—— 部分分式展开式的留数；

$k(s)$—— 余项。

例 2.5.10　系统传递函数为

$$G(s) = \frac{N(s)}{D(s)} = \frac{2s^3+5s^2+3s+6}{s^3+6s^2+11s+6}$$

试展成部分分式。

解　在 MATLAB 的命令窗口中键入：

程序

```
>> num = [2  5  3  6];
>> den = [1  6  11  6];
>> [r,p,k] = residue(num,den)
```

结果

```
r =
   -6.0000
   -4.0000
    3.0000
p =
   -3.0000
   -2.0000
   -1.0000
k = 2
```

即

$$\frac{2s^3+5s^2+3s+6}{s^3+6s^2+11s+6} = \frac{-6}{s+3} + \frac{-4}{s+2} + \frac{3}{s+1} + 2$$

例 2.5.11　系统的传递函数为

$$G(s) = \frac{N(s)}{D(s)} = \frac{s^2+2s+3}{(s+1)^3}$$

试将其展成部分分式形式。

解 这是一个有三重极点的传递函数。首先,要将分母和分子都写成 s 降幂的形式,即

$$G(s)=\frac{s^2+2s+3}{(s+1)^3}=\frac{s^2+2s+3}{s^3+3s^2+3s+1}$$

在 MATLAB 命令窗口中键入:

程序

```
>> num = [0 1 2 3];
>> den = [1 3 3 1];
>> [r,p,k] = residue(num,den)
```

结果

```
r =
  1.0000
  0.0000
  2.0000
p =
  -1.0000
  -1.0000
  -1.0000
k =
[ ]
```

即

$$G(s)=\frac{1}{s+1}+\frac{0}{(s+1)^2}+\frac{2}{(s+1)^3}$$

注意:这里的余项 k 为零,因为 $G(s)$ 极点的个数比零点个数多。

2.5.6 串联、并联与反馈结构的化简

1. 串联结构的化简

两个环节串联如图 2.5.1 所示,两个环节的传递函数分别为

$$G_1(s)=\frac{\text{num1}(s)}{\text{den1}(s)},\quad G_2(s)=\frac{\text{num2}(s)}{\text{den2}(s)}$$

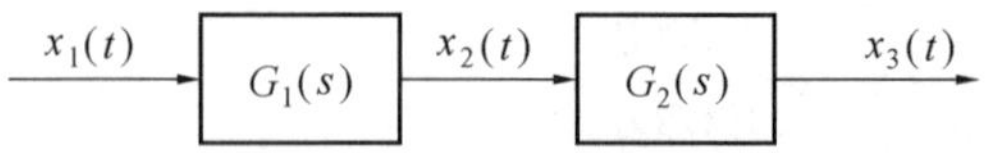

图 2.5.1 两个环节串联

则两个环节串联等效的传递函数为

$$G(s)=\frac{\text{num}(s)}{\text{den}(s)}=G_1(s)G_2(s)=\frac{\text{num1}(s)\cdot\text{num2}(s)}{\text{den1}(s)\cdot\text{den1}(s)}$$

Series( ) 函数命令可以将两个环节串联结构进行等效化简。

例 2.5.12　两个环节 $G_1(s)=\frac{s+1}{s+2}$，$G_2(s)=\frac{10}{s}$ 相串联，求等效的传递函数 $G(s)$。

解　在 MATLAB 的命令窗口键入：

程序

```
>> num1 = [1  1];
>> den1 = [1  2];
>> num2 = [10];
>> den2 = [1  0];
>> [num,den] = series(num1,den1,num2,den2);
>> printsys(num,den)
```

结果

```
num/den =

        10 s + 10
        ---------
        s^2 + 2 s
```

其中函数 printsys(num,den) 用于打印出传递函数。

2. 并联结构的化简

两个环节并联的结构如图 2.5.2 所示，两个环节的传递函数分别为

$$G_1(s)=\frac{num1(s)}{den1(s)}\quad G_2(s)=\frac{num2(s)}{den2(s)}$$

则这两个环节并联等效的传递函数为

$$G(s)=\frac{num(s)}{den(s)}=G_1(s)+G_2(s)=\frac{num1(s)den2(s)+num2(s)den1(s)}{den1(s)den2(s)}$$

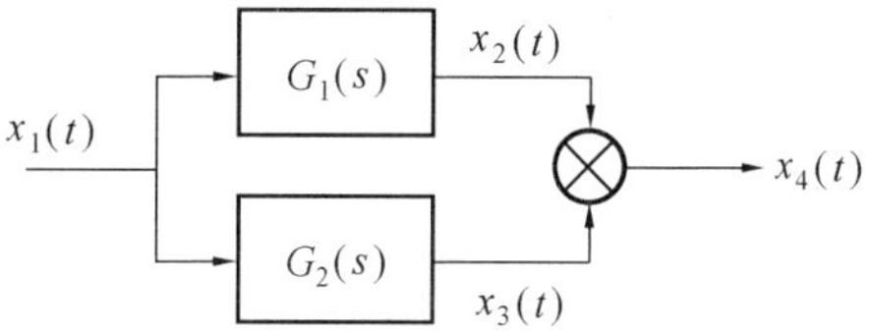

图 2.5.2　两个环节并联

Parallel() 函数命令可以将两个环节并联进行等效化简，求出等效的传递函数。

例 2.5.13　两个环节如图 2.5.2 所示并联，其中 $G_1(s)=s+2$，$G_2(s)=\frac{5}{s}$，求等效的传递函数 $G(s)$。

解　在 MATLAB 的命令窗口键入

程序

```
>> num1 = [1  2];den1 = [0  1];
>> num2 = [5];den2 = [1  0];
>> [num,den] = parallel(num1,den1,num2,den2);
>> printsys(num,den)
```

结果

num/den = $\dfrac{\text{s\^{}2 + 2s + 5}}{\text{s}}$

3. 反馈结构的化简

反馈结构如图 2.5.3 所示，前向通道的传递函数为 $G_1(s)=\dfrac{\text{num1}(s)}{\text{den1}(s)}$；反馈通道传递函数为 $G_2(s)=\dfrac{\text{num2}(s)}{\text{den2}(s)}$。等效的闭环传递函数为

$$\Phi(s)=\frac{\text{num}(s)}{\text{den}(s)}=\frac{G_1(s)}{1\mp G_1(s)G_2(s)}=\frac{\text{num1}(s)\text{den2}(s)}{\text{den1}(s)\text{den2}(s)\mp \text{num1}(s)\text{num2}(s)}$$

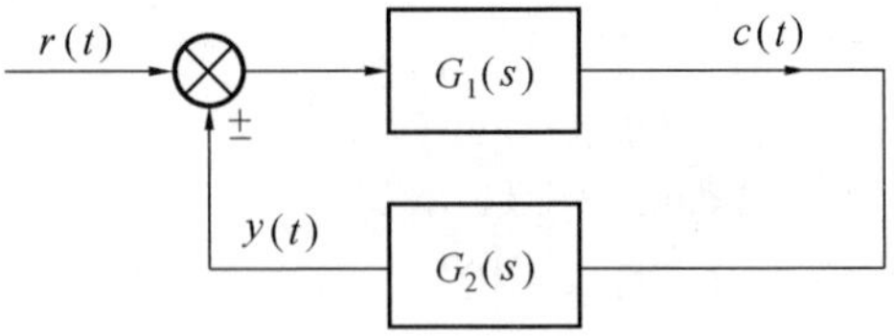

图 2.5.3　反馈结构

函数命令 feedback(sys1,sys2,sign) 可用来简化反馈结构，其中最后一个参数 sign 用来表示反馈量在相加点处的符号，默认值为负号。

例 2.5.14　反馈结构如图 2.5.3 所示，其中 $G_1(s)=\dfrac{1}{500s^2}$，$G_2(s)=\dfrac{s+1}{s+2}$，相加点处的符号为“-”，即负反馈，求等效的闭环传递函数。

解　在 MATLAB 的命令窗口键入：

程序

```
>> num1 = [1];den1 = [500 0 0];
>> num2 = [1 1];den2 = [1 2];
>> [num den] = feedback(num1,den1,num2,den2);
>> printsys(num,den)
```

结果

```
num/den =

            s + 2
   ---------------------------
   500 s^3 + 1000 s^2 + s + 1
```

2.6　非线性特性的线性化

前面所列举的元件和系统的微分方程都是线性微分方程。但是严格地讲，构成控制系统的元件，其输出信号与输入信号之间都存在着不同程度的非线性。许多物理系统在参数的某些范围内呈现出线性特征，而当一些参数超出一定范围之后会呈现出非线性特性。例 2.1.3 中弹簧 - 质量 - 阻尼器组成的机械位移系统在质量的位移 $y(t)$ 比较小时，可由方程(2.1.20)表示为线性系统。但当 $y(t)$ 不断增大时，弹簧最终会因过载而变形甚至断裂，这样方程(2.1.20)所表示的线性关系将不成立，整个系统也就不是线性的了。电路中的放大器都有饱和范围，当输

入信号较小时，输出与输入之间是线性关系。而当输出达到饱和之后，输入再增加，输出也不增加了。如果一味地加大输入电压，超过一定范围后可能使放大器烧毁。

与非线性系统相比，线性系统具有叠加性和齐次性。

叠加性——如果线性系统对激励信号 $x_1(t)$ 的响应为 $y_1(t)$，对激励信号 $x_2(t)$ 的响应为 $y_2(t)$，则线性系统对激励信号 $x_1(t)+x_2(t)$ 的响应为 $y_1(t)+y_2(t)$。

齐次性——如果线性系统对激励信号 $x(t)$ 的响应为 $y(t)$，β 为常数，则线性系统对激励信号 $\beta x(t)$ 的响应为 $\beta y(t)$。齐次性又称比例性。

由关系式 $y=x^2$ 描述的二阶系统是非线性的，因为它不满足叠加性。

由关系式 $y=mx+b$ 表示的系统也不是线性的，因为它不满足齐次性。但是，对在工作点附近作小(x_0,y_0)范围变化的变量 Δx 和 Δy 而言，则是线性的。

设 $x=x_0+\Delta x$，$y=y_0+\Delta y$，由关系式有 $y_0=mx_0+b$，由于

$$y_0+\Delta y=y=mx+b=mx_0+m\Delta x+b$$

因此

$$\Delta y=m\Delta x$$

即满足线性系统的必要条件。

对于大部分非线性系统来说，在一定的条件下可近似看成线性系统，从而避免非线性系统在数学处理上的困难。这种有条件地把非线性数学模型近似处理成线性数学模型的过程称为数学模型的线性化。

为了用线性理论对控制系统进行分析和设计，就必须绕过由非线性特性造成的数学上的困难。为此，经常采用的一种方法是缩小研究问题的范围，把非线性方程式在一定的工作范围内用近似的线性方程式来代替。这种将非线性特性在一定的条件下转化为线性特性的方法，称为非线性特性的线性化。

当非线性系统在一定条件下近似地用线性化的数学模型表示后，就可以用线性理论和方法来分析和研究系统了。虽然这样所得到的结果是近似的，有条件的，但是，这样做既简化了问题，又在一定程度上能够反映系统运动的一般性质。可见非线性方程线性化，是建立数学模型与分析系统性能的重要一步。

1.增量方程式

控制系统或元件通常都有一个希望的工作状态或者额定工作状态。在由系统或元件的变量所构成的广义坐标中，与上述希望工作状态所对应的点称为希望工作点或者额定工作点。假设，控制系统在工作过程中，所有变量与其工作点之间，只会发生足够小的偏差（偏移量）。于是，描述控制系统工作状态的所有变量，可以不取其绝对数值，而取它们的偏差，这种以偏差作变量的方程式称为增量方程式。

以增量方程式描述的系统，可以认为系统运动的初始条件为零。当系统的工作不受外界干扰影响时，它往往停留在额定工作点上。当系统受到扰动后，变量偏离额定工作点。所以，额定工作点的状态就认为是系统扰动运动的初始状态。但是，在变量的广义坐标中，额定工作点往往不是坐标原点，因此，初始条件并不为零。如果系统中各变量用它们的偏差来表示，就相当于

把广义坐标原点移到额定工作点上。这样就使系统运动的初始条件等于零了。这就是线性控制理论中经常把系统的初始条件当做零的依据。

因线性系统适用叠加原理,则原方程式与增量方程式形式相同。例如,机械位移系统的微分方程式为

$$m\frac{\mathrm{d}^2y(t)}{\mathrm{d}t^2}+f\frac{\mathrm{d}y(t)}{\mathrm{d}t}+ky(t)=F(t)$$

设系统的工作点为(y_0,F_0),则变量 $y(t)$ 和 $F(t)$ 的瞬时值可用其工作点值和偏差量之和表示为

$$y(t)=y_0+\Delta y(t)\quad F(t)=F_0+\Delta F(t)$$

于是原方程式可化为

$$m\frac{\mathrm{d}^2[y_0+\Delta y(t)]}{\mathrm{d}t^2}+f\frac{\mathrm{d}[y_0+\Delta y(t)]}{\mathrm{d}t}+k[y_0+\Delta y(t)]=F_0+\Delta F(t)$$

考虑到工作点满足条件:$ky_0=F_0$,则机械位移系统的增量方程为

$$m\frac{\mathrm{d}^2\Delta y(t)}{\mathrm{d}t^2}+f\frac{\mathrm{d}\Delta y(t)}{\mathrm{d}t}+k\Delta y(t)=\Delta F(t)$$

由此可见,对于线性系统,只要将变量的瞬时值换成偏差量,就可以获得描述系统的增量方程式。

2. 小偏差线性化

用增量方程式描述系统,便于对非线性方程式进行线性化。由于增量方程式中偏差量是微量,所以称这种线性化方法为小偏差线性化。

如果系统中包含有变量的非线性函数,只要变化量在希望的工作点处有导数或偏导数存在,就可以对非线性函数线性化处理。首先,在工作点的邻域内将非线性函数展开成以偏差量表示的泰勒级数,然后略去高于一次偏差量的各项,从而获得以变量的偏差量为自变量的线性方程式。

若非线性函数为单自变量函数,则可表示为 $y=f(x)$。将此函数在工作点 $p(x_0,y_0)$ 邻域展成泰勒级数,即

$$y=f(x_0)+\left(\frac{\mathrm{d}f}{\mathrm{d}x}\right)_0\Delta x+\frac{1}{2!}\left(\frac{\mathrm{d}^2f}{\mathrm{d}x^2}\right)_0(\Delta x)^2+\cdots$$

若偏差 Δx 为微量,则当忽略掉$(\Delta x)^2$、$(\Delta x)^3\cdots$ 高阶微量项后,可得

$$y=f(x)=f(x_0)+\left(\frac{\mathrm{d}f}{\mathrm{d}x}\right)_0\Delta x$$

若记 $\Delta y=f(x)-f(x_0)$,则得

$$\Delta y=\left(\frac{\mathrm{d}f}{\mathrm{d}x}\right)_0\Delta x$$

式中 $\left(\frac{\mathrm{d}f}{\mathrm{d}x}\right)_0$—— 非线性函数在工作点 p 处对于自变量 x 的一阶导数。

上式代表非线性函数 $y=f(x)$ 在希望工作点 $p(x_0,y_0)$ 处的切线方程,如图 2.6.1 所示。

其中$(\frac{\mathrm{d}f}{\mathrm{d}x})_0 = k$是该切线的斜率。在希望工作点处用切线方程来近似代替曲线方程，这便是小偏差线性化方法的几何意义。显然，非线性函数在希望工作点邻域的曲率越小，应用小偏差线性化方法时，偏差量的取值范围就可以越大。

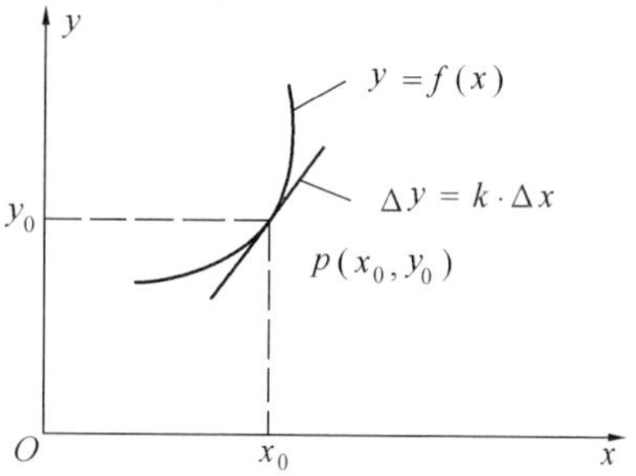

图 2.6.1　小偏差线性化的几何意义

为了书写方便，将偏差量 Δy 和 Δx 直接写做 y 和 x，即

$$y = (\frac{\mathrm{d}f}{\mathrm{d}x})_0 x \tag{2.6.1}$$

若系统的非线性函数具有两个自变量，即 $z = f(x, y)$，同理，在希望的工作点邻域将其展开成泰勒级数，并只取其一阶微量，则可得线性化方程式

$$z = (\frac{\partial f}{\partial x})_0 x + (\frac{\partial f}{\partial y})_0 y \tag{2.6.2}$$

若系统的非线性函数含有自变量的导数，例如，$y = (x, \dot{x}, \ddot{x})$，这时，由于希望工作点一定是平衡点，所以希望工作点一定满足 $y = y_0, x = x_0, \dot{x} = 0, \ddot{x} = 0$。这样，在工作点邻域将 y 展开成泰勒级数，并只取其一阶微量各项，则得

$$y = f(x_0, 0, 0) + (\frac{\partial f}{\partial x})_0 \Delta x + (\frac{\partial f}{\partial \dot{x}})_0 \Delta \dot{x} + (\frac{\partial f}{\partial \ddot{x}})_0 \Delta \ddot{x}$$

或者

$$y = (\frac{\partial f}{\partial x})_0 x + (\frac{\partial f}{\partial \dot{x}})_0 \dot{x} + (\frac{\partial f}{\partial \ddot{x}})_0 \ddot{x} \tag{2.6.3}$$

非线性控制系统或非线性元件，经小偏差线性化后即变成线性化系统或线性化元件，简称线性系统或线性元件。控制工程中所研究的大多数线性系统或线性元件均属于这一类。

例 2.6.1　将非线性方程式 $y = \ddot{x} + \frac{1}{2}\dot{x} + 2x + x^2$ 在原点附近线性化。

解　根据式(2.6.3)，线性化后的方程式应为

$$y = (\frac{\partial y}{\partial x})_0 x + (\frac{\partial y}{\partial \dot{x}})_0 \dot{x} + (\frac{\partial y}{\partial \ddot{x}})_0 \ddot{x}$$

其中

$$(\frac{\partial y}{\partial x})_0 = (2 + 2x)_{x=0} = 2$$

$$(\frac{\partial y}{\partial \dot{x}})_0 = [\frac{1}{2}]_0 = \frac{1}{2}$$

$$(\frac{\partial y}{\partial \ddot{x}})_0 = [1] = 1$$

则得线性化方程为

$$y = 2x + \frac{1}{2}\dot{x} + \ddot{x}$$

例 2.6.2 如图2.6.2所示的单摆系统，其中 $T_i(t)$ 为输入力矩，$\theta_0(t)$ 为摆角，m 为小球质量，l 为摆长。

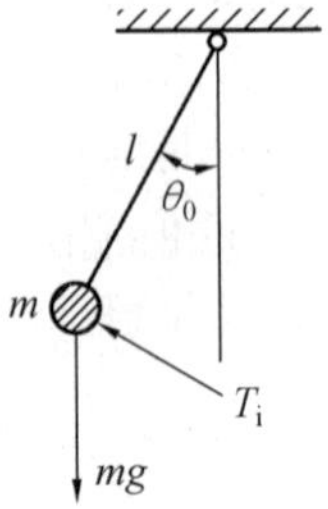

图 2.6.2 单摆

解 根据牛顿第二定律得

$$T_i(t) - [mg\sin\theta_0(t)]l = (ml^2)\ddot{\theta}_0(t) \tag{2.6.4}$$

此式是非线性微分方程，小球在 $\theta_0 = 0$ 点处附近作摆动，并根据泰勒级数展开得

$$\sin\theta_0 = \theta_0 - \frac{\theta_0^3}{3!} + \frac{\theta_0^5}{5!} - \cdots \tag{2.6.5}$$

当 θ_0 很小时，高阶无穷小可以忽略，则

$$\sin\theta_0 \approx \theta_0 \tag{2.6.6}$$

所以式(2.6.4)的线性化方程为

$$ml^2\ddot{\theta}_0(t) + mgl\theta_0(t) = T_i(t) \tag{2.6.7}$$

例 2.6.3 将图2.6.3所示的两相伺服电动机运动方程线性化。

解 交流两相伺服电动机广泛用于小功率随动系统中，图2.6.3是它的原理图。其中，激磁电压 u_B 是幅值固定的参考电压。控制电压 u_k 由功率放大器供给，其相位与激磁电压的相位差为90°。若 $u_k = U_k \cdot \sin\omega t$，则改变 u_k 的大小和相位，就可以控制两相伺服电机的转矩和旋转方向。

两相伺服电机的主要特性是机械特性，如图2.6.4所示。它是一族以控制电压 u_k 为参变量表示转矩和转速关系的非线性曲线，通常可由实验测得。以控制电压 u_k 为输入，以电机转速 Ω 为输出的微分方程是非线性的。假如电机工作在小偏差条件下，则可用线性化方程来描述这一状态，其求法如下。

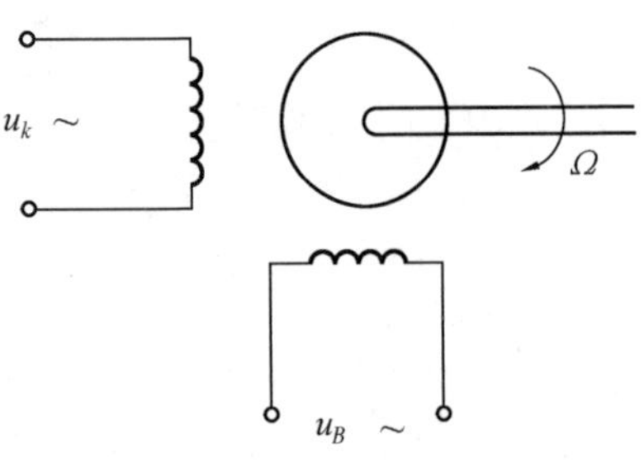

图 2.6.3 两相伺服电机

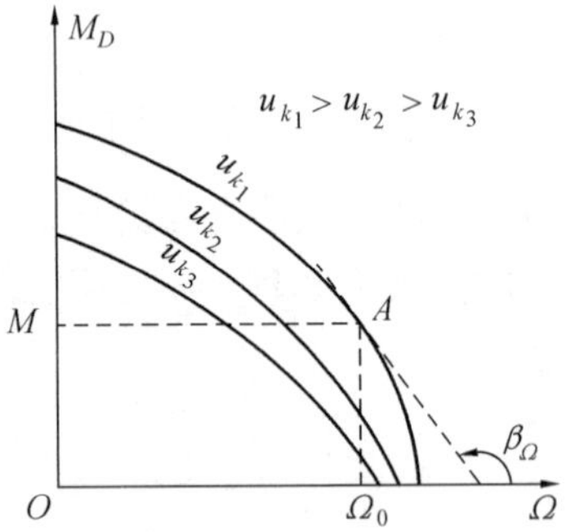

图 2.6.4 机械特性

假设电动机转矩是用来克服惯性转矩和与转速成正比的阻尼转矩，则依转动物体的运动方程式，得

$$M_D = J\frac{d\Omega}{dt} + f\Omega \tag{2.6.8}$$

式中　J—— 电机转动惯量与电机轴上负载转动惯量之和；

f—— 电机阻尼系数与电机轴上负载阻尼系数之和。

两相电动机处于平衡状态时，$\Omega = \Omega_0, u_k = u_{k0}$。

电动机转矩 M_D 是控制电压 u_k 和转速 Ω 的非线性函数，即 $M_D = M_D(u_k, \Omega)$。把它展开成泰勒级数，不计微量的高次项，只取一次近似式，则得

$$M_D = M_{D0} + \left(\frac{\partial M_D}{\partial u_k}\right)_0 \Delta u_k + \left(\frac{\partial M_D}{\partial \Omega}\right)_0 \Delta \Omega \tag{2.6.9}$$

式中　$\left(\frac{\partial M_D}{\partial u_k}\right)_0, \left(\frac{\partial M_D}{\partial \Omega}\right)_0$—— 平衡工作点处一阶偏导数。

若已知平衡工作点$(M_{D0}, u_{k0}, \Omega_0)$，便可由转矩 - 转速特性曲线族求得其值。对于$\left(\frac{\partial M_D}{\partial \Omega}\right)_0$，如图 2.6.5 所示，点 A 为平衡工作点，则过点 A 作切线，就得到相应的偏导数值

$$\left(\frac{\partial M_D}{\partial \Omega}\right)_0 = \tan\beta_\Omega = -K_\Omega$$

由图 2.6.5 转矩 - 转速特性曲线族便可以求得转矩 M_D - 控制电压 u_k 曲线族，如图 2.6.6 所示。利用此图便可以求得$\left(\frac{\partial M_D}{\partial u_k}\right)_0$ 的值。若工作点为点 B，则由过点 B 作切线，即可求得相应的偏导数值

$$\left(\frac{\partial M_D}{\partial u_k}\right)_0 = \tan\beta_u = K_u$$

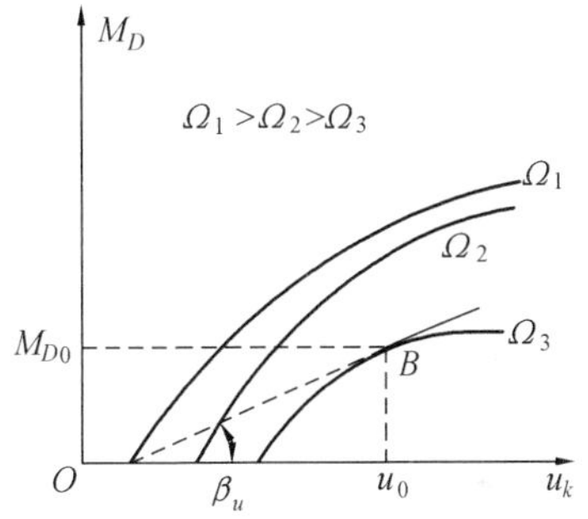

图 2.6.6　转矩 - 控制电压曲线

将所求得的 K_Ω 和 K_u 代入式(2.6.9)中，得

$$M_D = M_{D0} + K_u \Delta u_k - K_\Omega \Delta \Omega$$

或者

$$\Delta M_D = M_D - M_{D0} = K_u \Delta u_k - K_\Omega \Delta \Omega \tag{2.6.10}$$

将原转矩平衡方程式(2.6.8)写成增量方程的形式

$$M_{D0} + \Delta M_D = J \frac{\mathrm{d}(\Omega_0 + \Delta\Omega)}{\mathrm{d}t} + f \cdot (\Omega_0 + \Delta\Omega) \tag{2.6.11}$$

考虑到平衡点，有

$$M_{D0} = J \frac{\mathrm{d}\Omega_0}{\mathrm{d}t} + f\Omega_0$$

于是得增量方程式

$$\Delta M_D = J \frac{\mathrm{d}\Delta\Omega}{\mathrm{d}t} + f\Delta\Omega$$

把式(2.6.10)代入上式，便得到两相电动机的线性化方程式为

$$J\frac{\mathrm{d}\Delta\Omega}{\mathrm{d}t}+(f+K_{\Omega})\Delta\Omega=K_u\Delta u_k \tag{2.6.12}$$

或者

$$J\frac{\mathrm{d}^2\Delta\theta}{\mathrm{d}t^2}+(f+K_{\Omega})\frac{\mathrm{d}\Delta\theta}{\mathrm{d}t}=K_u\Delta u_k \tag{2.6.13}$$

此式为二阶常系数线性方程。

说明:(1) 建立反馈控制系统的线性化微分方程式时,首先要确定系统处于平衡状态时各元件的工作点;然后列出各元件在工作点附近的增量方程式,消去中间变量;最后得到整个系统以增量表示的线性化方程式。假如有些元件方程式本来就是线性方程式,为了使变量统一,线性方程式亦要写成增量形式。

(2) 关于非线性特性线性化问题,需要强调:① 线性化是相对某一额定工作点进行的,工作点不同,得到线性化微分方程的系数也不相同。② 线性化运动方程是相对额定工作点用增量来描述的,因此,可认为其初始条件为零。③ 若使线性化具有足够精度,动态过程中变量偏离工作点的偏差必须足够小。④ 小偏差线性化方法对于典型本质非线性特性,即在工作范围内有些区域导数或偏导数不存在的系统或元件是不适用的。

2.7　本章小结

1. 控制系统微分方程式的建立

数学模型是描述系统中各变量相互关系的数学表达式。最基本的数学模型是微分方程。

2. 传递函数

在零初始条件下,线性定常系统或元件输出信号的拉氏变换式与输入信号的拉氏变换式之比为该系统或元件的传递函数。

常见的典型环节有:放大环节、积分环节、惯性环节、振荡环节、一阶微分环节、二阶微分环节、延迟环节。

3. 方框图化简

方框图是数学模型的图形表示,能够表示出各信号之间的传递关系、各环节间的连接方式、系统的结构。化简方框图可以求出系统的传递函数。

4. 信号流图

信号流图也是数学模型的图形表示,可以使用梅森公式进行化简。

5. MATLAB 用于处理系统数学模型

介绍了用 MATLAB 处理系统数学模型的方法和实例,包括拉氏变换与拉氏反变换、多项式运算、微分方程求解、传递函数及形式转换的建立、部分分式展开和串联、并联与反馈结构的化简等。

6. 非线性特性的线性化

介绍了非线性特性的线性化的概念和方法,如增量方程和小偏差线性化。

表 2.6.1 拉普拉斯变换对照表

	$f(t)$	$F(s)$
1	单位脉冲 $\delta(t)$	1
2	单位阶跃 $1(t)$	$\frac{1}{s}$
3	t	$\frac{1}{s^2}$
4	e^{-at}	$\frac{1}{s+a}$
5	te^{-at}	$\frac{1}{(s+a)^2}$
6	$\sin \omega t$	$\frac{\omega}{s^2+\omega^2}$
7	$\cos \omega t$	$\frac{s}{s^2+\omega^2}$
8	$t^n \quad (n=1,2,3,\cdots)$	$\frac{n!}{s^{n+1}}$
9	$t^n e^{-at} \quad (n=1,2,3,\cdots)$	$\frac{n!}{(s+a)^{n+1}}$
10	$\frac{1}{b-a}(e^{-at}-e^{-bt})$	$\frac{1}{(s+a)(s+b)}$
11	$\frac{1}{b-a}(be^{-bt}-ae^{-at})$	$\frac{s}{(s+a)(s+b)}$
12	$\frac{1}{ab}\left[1+\frac{1}{a-b}(be^{-at}-ae^{-bt})\right]$	$\frac{1}{s(s+a)(s+b)}$
13	$e^{-at}\sin \omega t$	$\frac{\omega}{(s+a)^2+\omega^2}$
14	$e^{-at}\cos \omega t$	$\frac{s+a}{(s+a)^2+\omega^2}$
15	$\frac{1}{a^2}(at-1+e^{-at})$	$\frac{1}{s^2(s+a)}$
16	$\frac{\omega_n}{\sqrt{1-\zeta^2}}e^{-\zeta\omega_n t}\sin \omega_n\sqrt{1-\zeta^2}\,t$	$\frac{\omega_n^2}{s^2+2\zeta\omega_n s+\omega_n^2}$
17	$\frac{-1}{\sqrt{1-\zeta^2}}e^{-\zeta\omega_n t}\sin(\omega_n\sqrt{1-\zeta^2}\,t-\phi)$ $\phi=\arctan\frac{\sqrt{1-\zeta^2}}{\zeta}$	$\frac{s}{s^2+2\zeta\omega_n s+\omega_n^2}$
18	$1-\frac{1}{\sqrt{1-\zeta^2}}e^{-\zeta\omega_n t}\sin(\omega_n\sqrt{1-\zeta^2}\,t+\phi)$ $\phi=\arctan\frac{\sqrt{1-\zeta^2}}{\zeta}$	$\frac{\omega_n^2}{s(s^2+2\zeta\omega_n s+\omega_n^2)}$

表 2.6.2　拉普拉斯变换的特性

1	$\mathscr{L}[Af(t)] = AF(s)$
2	$\mathscr{L}[f_1(t) \pm f_2(t)] = F_1(s) \pm F_2(s)$
3	$\mathscr{L}\left[\frac{\mathrm{d}}{\mathrm{d}t}f(t)\right] = sf(s) - f(0)$
4	$\mathscr{L}\left[\frac{\mathrm{d}^2}{\mathrm{d}t^2}f(t)\right] = s^2F(s) - sf(0) - \dot{f}(0)$
5	$\mathscr{L}\left[\frac{\mathrm{d}^n}{\mathrm{d}t^n}f(t)\right] = s^nF(s) - \sum_{k=1}^{n} s^{n-k}f^{(k-1)}(0)$ 式中 $f^{(k-1)}(t) = \frac{\mathrm{d}^{k-1}}{\mathrm{d}t^{k-1}}f(t)$
6	$\mathscr{L}\left[\int f(t)\mathrm{d}t\right] = \frac{F(s)}{s} + \frac{\left[\int f(t)\mathrm{d}t\right]_{t=0}}{s}$
7	$\mathscr{L}\left[\iint f(t)\mathrm{d}t\mathrm{d}t\right] = \frac{F(s)}{s^2} + \frac{\left[\int f(t)\mathrm{d}t\right]_{t=0}}{s^2} + \frac{\left[\iint f(t)\mathrm{d}t\mathrm{d}t\right]_{t=0}}{s}$
8	$\mathscr{L}\left[\int\cdots\int f(t)(\mathrm{d}t)^n\right] = \frac{F(s)}{s^n} + \sum_{k=1}^{n}\frac{1}{s^{n-k+1}}\left[\int\cdots\int f(t)(\mathrm{d}t)^k\right]_{t=0}$
9	$\mathscr{L}[\mathrm{e}^{-at}f(t)] = F(s+a)$
10	$\mathscr{L}[f(t-a)1(t-a)] = \mathrm{e}^{-as}F(s)$
11	$\mathscr{L}[tf(t)] = -\frac{\mathrm{d}F(s)}{\mathrm{d}s}$
12	$\mathscr{L}\left[\frac{1}{t}f(t)\right] = \int_s^{\infty}F(s)\mathrm{d}s$
13	$\mathscr{L}\left[f\left(\frac{t}{a}\right)\right] = aF(as)$

习题与思考题

2.1　试建立题 2.1 图所示电路的微分方程式。

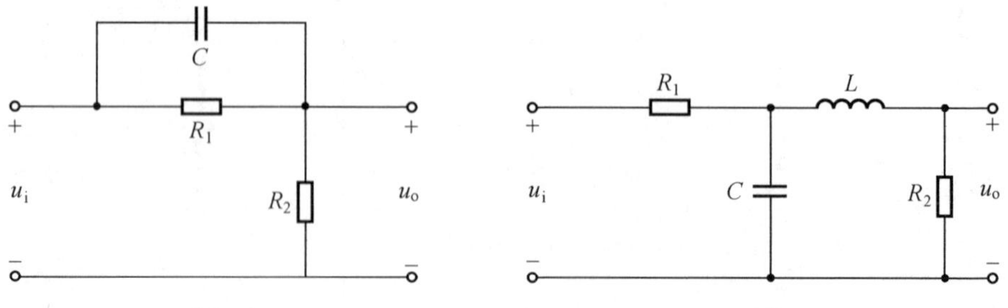

(a)　　(b)

题 2.1 图

2.2　求题 2.2 图所示电路的传递函数。

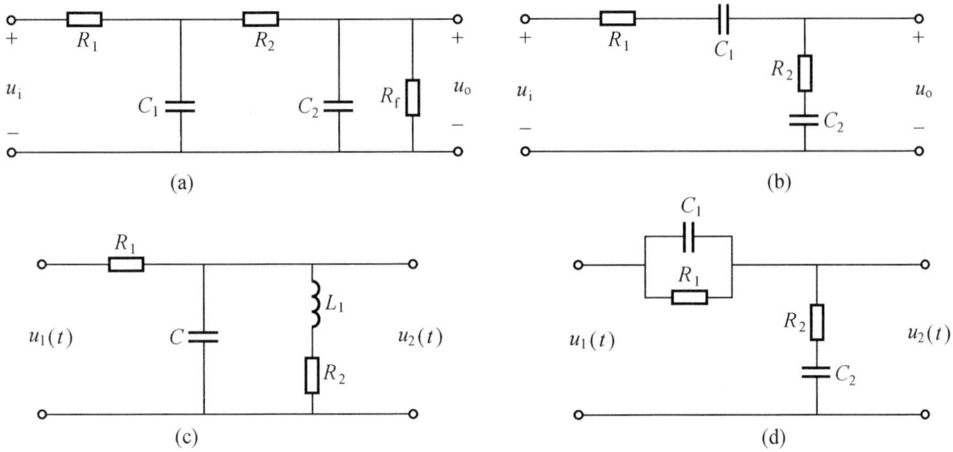

题 2.2 图

2.3　求题 2.3 图所示机械系统外作用力 $F(t)$ 和质量的位移 $x(t)$ 间关系的微分方程和传递函数。

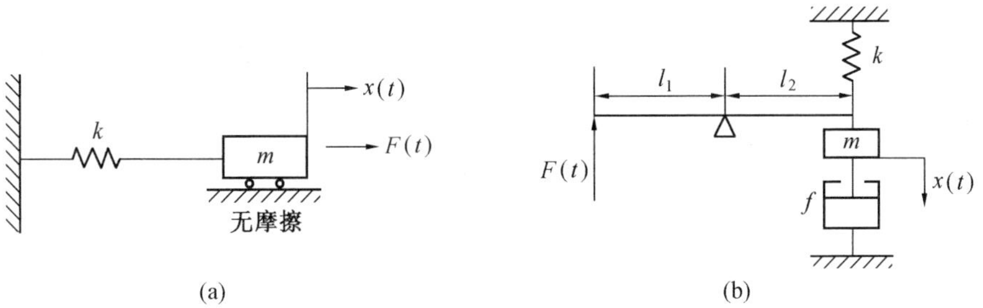

题 2.3 图

2.4　求题 2.4 图所示机械系统的微分方程式和传递函数。图中位移 x_i 为输入量，位移 x_o 为输出量，k 为弹簧的弹性系数，f 为阻尼器的阻尼系数，图(a) 的重力忽略不计。

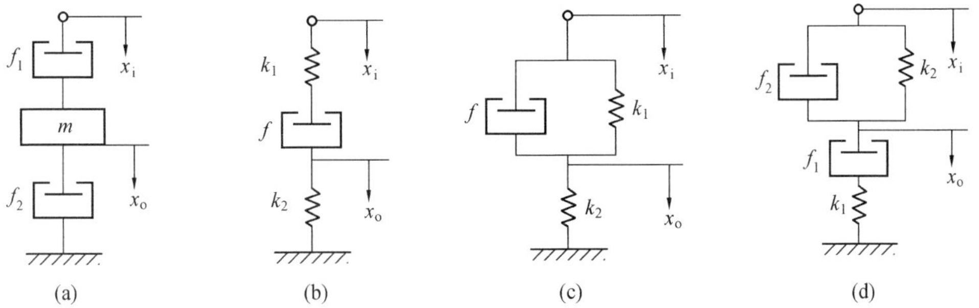

题 2.4 图

2.5　求题2.5图所示机械转动系统的传递函数。

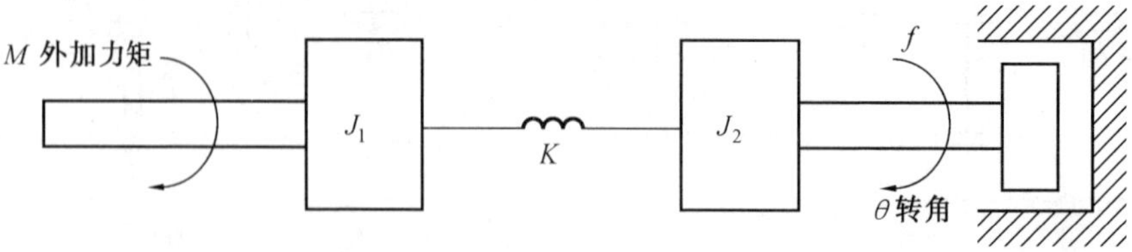

题 2.5 图

2.6　求题2.6图所示有源电网络的传递函数，图中电压 $u_1(t)$ 是输入量，电压 $u_2(t)$ 是输出量。

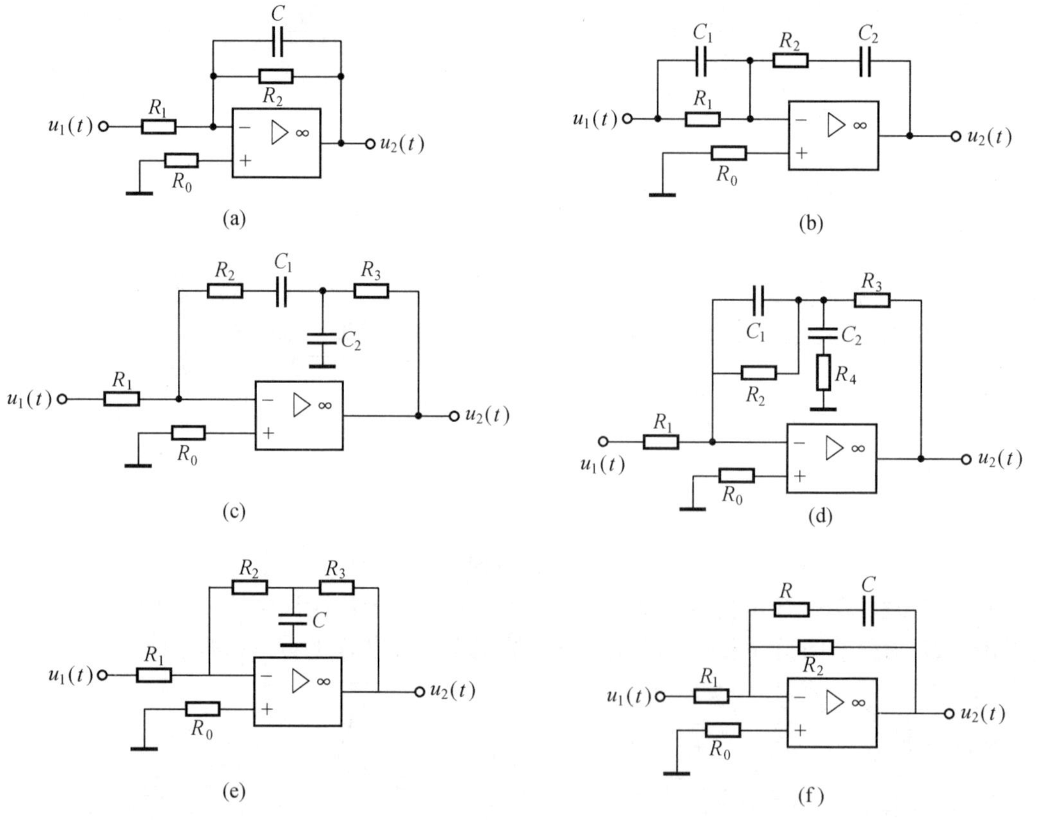

题 2.6 图

2.7　控制系统的方框图如题2.7图所示，试用方框图化简的规则化简方框图，求传递函数 $Y(s)/R(s)$。

2.8　用方框图化简规则化简题2.8图所示的方框图，求系统传递函数 $\dfrac{Y(s)}{R(s)}$ 及 $\dfrac{Y(s)}{F(s)}$。

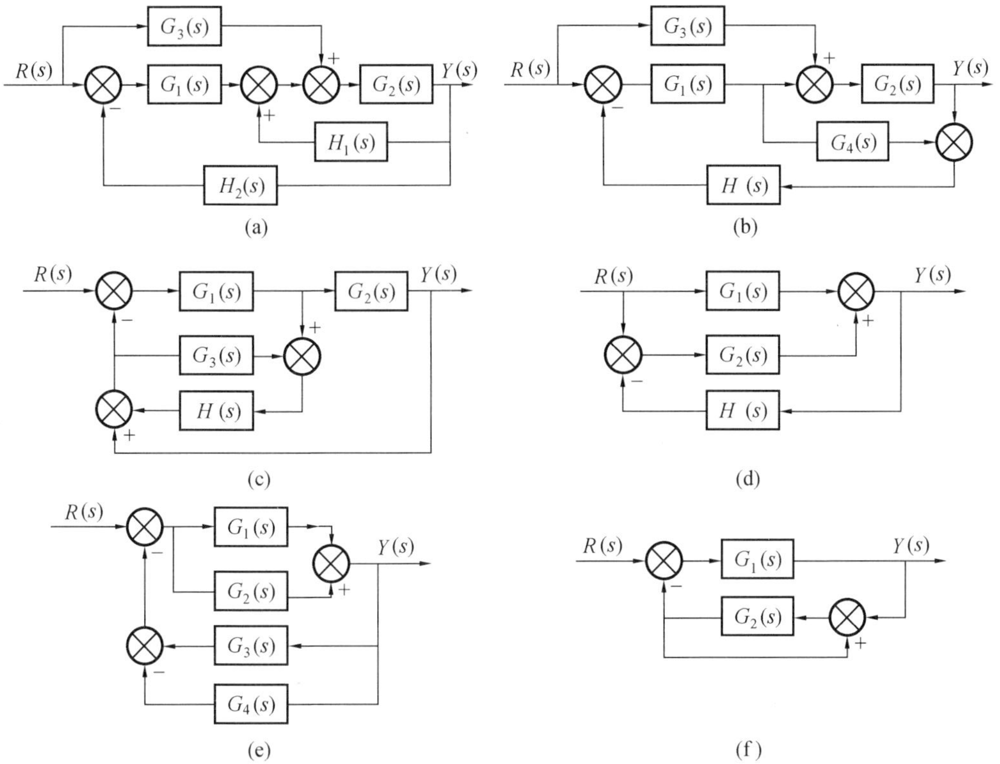

G3(s)
R(s)
G1(s)
G2(s)
Y(s)
H1(s)
H2(s)
(a)
G3(s)
R(s)
G1(s)
G2(s)
Y(s)
G4(s)
H (s)
(b)
R(s)
G1(s)
G2(s)
Y(s)
G3(s)
H (s)
(c)
R(s)
G1(s)
Y(s)
G2(s)
H (s)
(d)
R(s)
G1(s)
G2(s)
Y(s)
G3(s)
G4(s)
(e)
R(s)
G1(s)
Y(s)
G2(s)
(f)

题 2.7 图

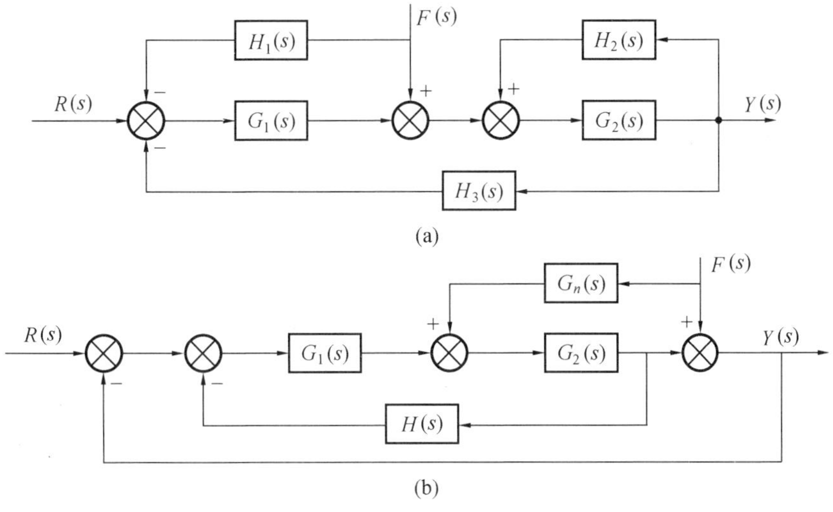

F(s)
H1(s)
H2(s)
R(s)
G1(s)
G2(s)
Y(s)
H3(s)
(a)
F(s)
Gn(s)
R(s)
G1(s)
G2(s)
Y(s)
H(s)
(b)

题 2.8 图

2.9 用方框图化简规则化简方框图,求$\frac{Y(s)}{R(s)}$及$\frac{E(s)}{R(s)}$。

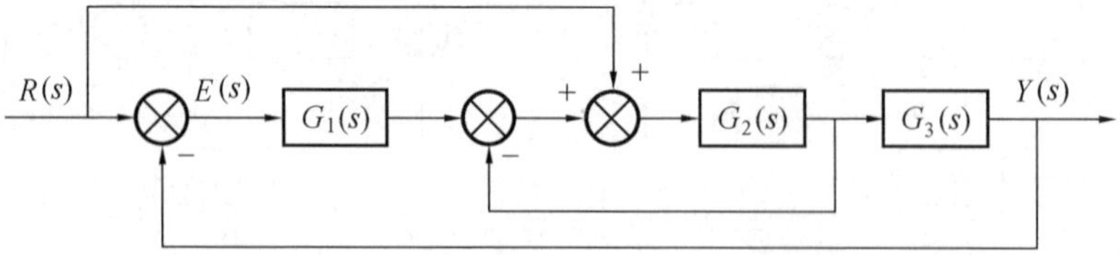

(a)

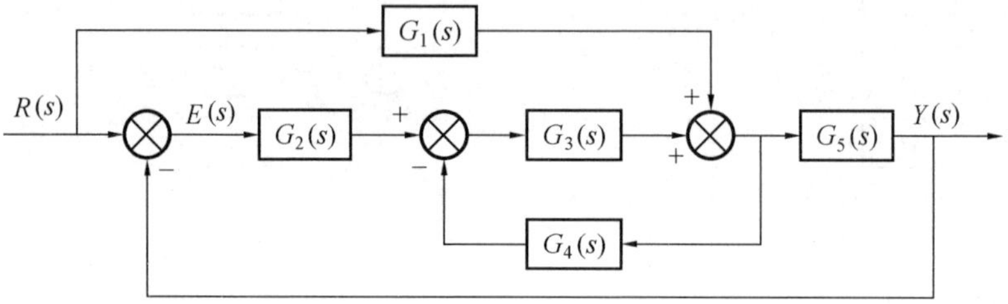

(b)

题 2.9 图

2.10 画出题 2.7 图所示系统的信号流图,用梅森公式求$\frac{Y(s)}{R(s)}$。

2.11 画出题 2.8 图所示系统的信号流图,用梅森公式求$\frac{Y(s)}{R(s)}$及$\frac{Y(s)}{F(s)}$。

2.12 画出题 2.9 图所示系统的信号流图,用梅森公式求$\frac{Y(s)}{R(s)}$及$\frac{E(s)}{R(s)}$。

2.13 化简方框图,求$\frac{Y(s)}{R(s)}$及$\frac{Y(s)}{F(s)}$。

2.14 系统的结构如题 2.14 图所示,求系统的传递函数$\frac{Y(s)}{R(s)}$及$\frac{E(s)}{R(s)}$。

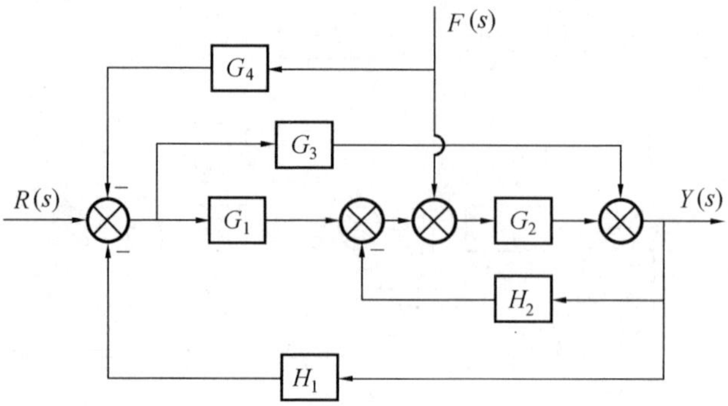

题 2.13 图

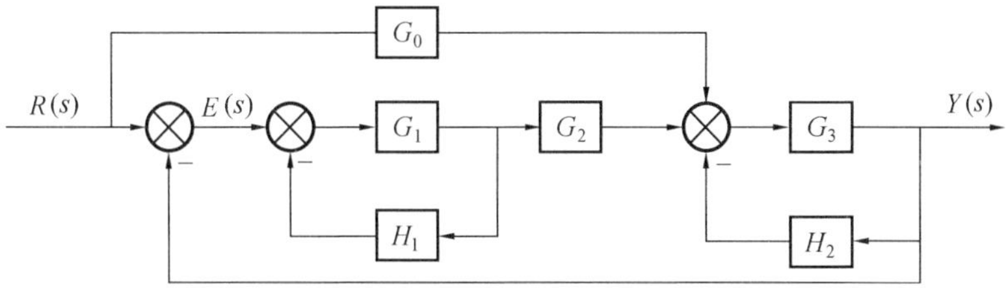

题 2.14 图

2.15　系统的结构如题 2.15 图所示，试求系统的传递函数$\frac{Y_1(s)}{R_1(s)}$及$\frac{Y_2(s)}{R_2(s)}$。

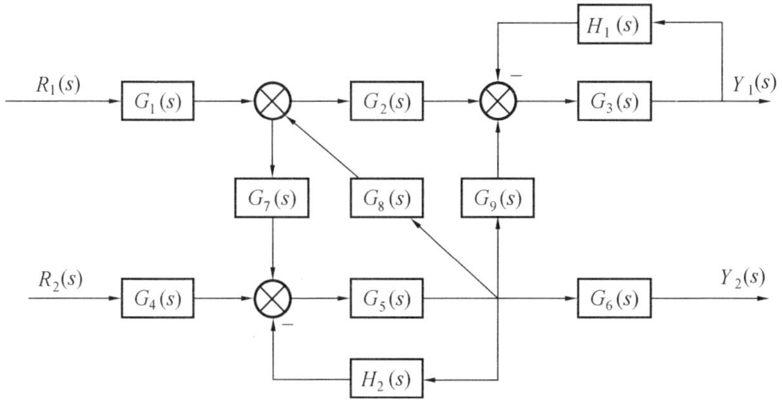

题 2.15 图

2.16　已知系统方框图如题 2.16 图所示，试分别用方框图化简规则和信号流图的梅森公式求系统传递函数$\frac{Y(s)}{R(s)}$。

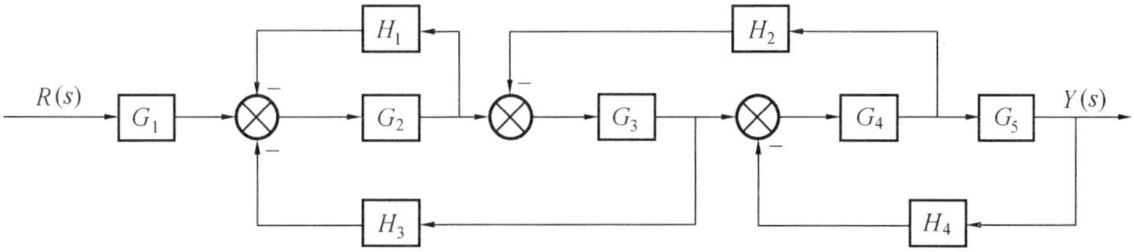

题 2.16 图

2.17　系统结构图如题 2.17 图所示，画出系统的信号流图，并求$\frac{Y(s)}{X(s)}$。

2.18　控制系统的方框图如题 2.18 图所示。

(1) 求传递函数$\frac{Y(s)}{R(s)}$。

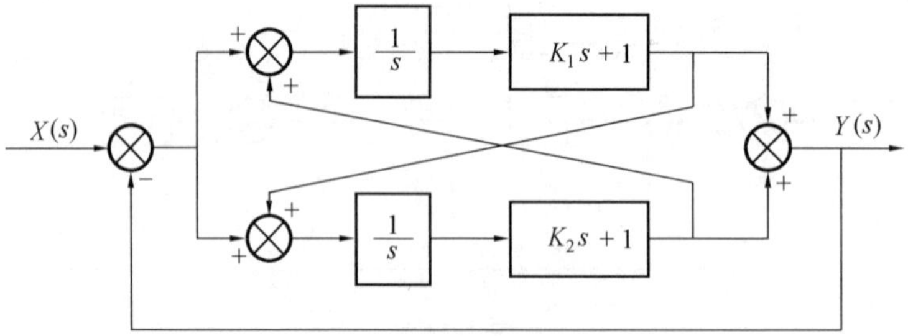

题 2.17 图

(2) 求传递函数$\dfrac{Y(s)}{F(s)}$,并分析当 $G_1(s)$、$G_2(s)$、$G_3(s)$、$G_4(s)$、$H_1(s)$ 和 $H_2(s)$ 满足什么样的关系时,输出 $Y(s)$ 不受干扰信号 $F(s)$ 的影响?

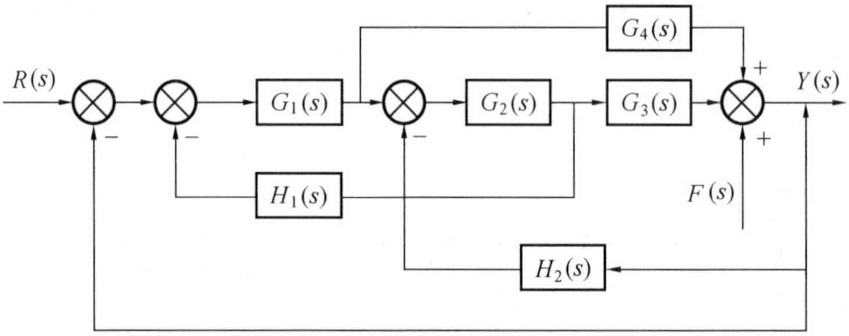

题 2.18 图

2.19　控制系统的结构如题 2.19 图所示,求$\dfrac{Y_1(s)}{R_1(s)}$、$\dfrac{Y_2(s)}{R_2(s)}$、$\dfrac{Y_1(s)}{R_2(s)}$和$\dfrac{Y_2(s)}{R_1(s)}$。

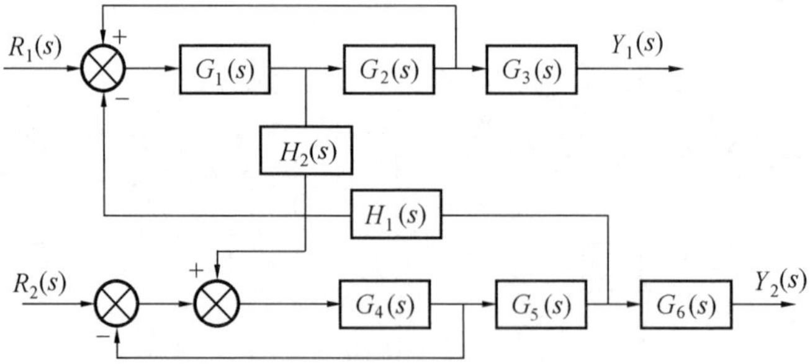

题 2.19 图

2.20　求题 2.20 图所示电子线路的传递函数$\dfrac{U_o(s)}{U_i(s)}$。

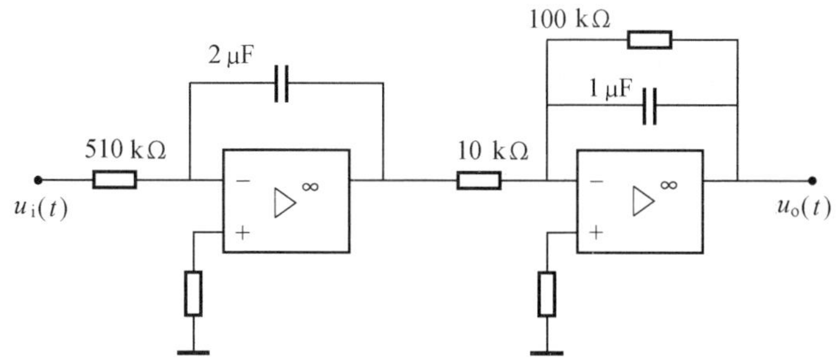

(a)

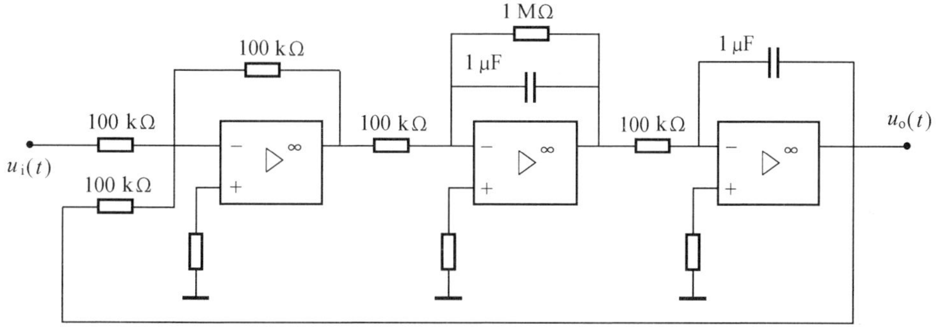

(b)

题 2.20 图

2.21　电压调节器的原理图如题 2.21 图所示，其中电位器 R 是一个高阻值的电位器，$K_A = 20$，发电机的增益为 50 V/A，$u_1 = 50$ V，并设电位器的分压反馈系数为 a_0。绘出系统方框图，并标明每一个环节的传递函数。

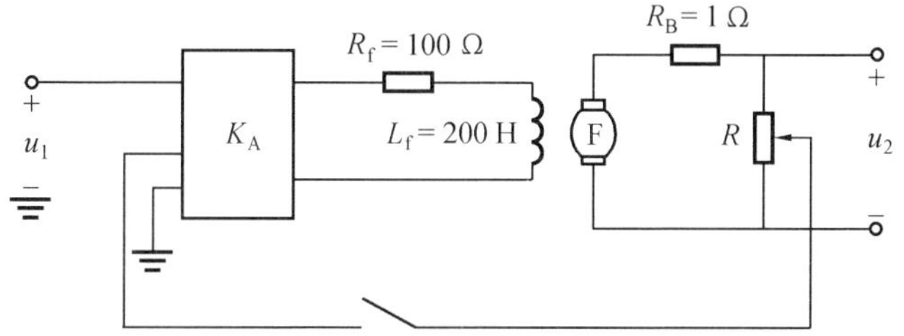

题 2.21 图

第三章　控制系统的时域分析与综合

3.1　引　　言

在第一章中曾指出，设计控制系统的主要任务包括两个方面：分析与综合。分析是计算控制系统的各项性能指标，判断其是否满足设计要求；综合是寻求改进系统性能并使之满足设计要求的方法。在第二章中，建立了控制系统数学模型——传递函数，在此基础上，本章讲述一种简单的，也是最基本的分析与综合的方法。

本章所采用的方法和步骤可以概括为：

(1) 给出控制系统的闭环传递函数 $\Phi(s)$；

(2) 用式 $Y(s) = \Phi(s)R(s)$ 求出系统输出信号的拉氏变换式 $Y(s)$，进而用拉氏反变换求出输出信号 $y(t)$；

(3) 根据 $y(t)$ 分析系统的稳定性、动态过程品质和稳态误差，得出系统性能是否满足设计要求的判断；

(4) 从步骤(3) 的分析中可以看出系统性能与传递函数之间的关系，从而可以省去步骤(2)，由传递函数直接分析系统的各项性能指标，并判断是否满足设计要求；

(5) 根据控制系统的设计要求，推导出系统传递函数应具有的形式及其参数适当的取值范围，从而得出改进系统性能的方法。

本章介绍的方法是一种最简单、最基本的方法。本章得出的概念和结论十分重要，是学习以后各章节的基础。

3.2　典型输入信号

控制系统在实际工作时，其输入信号往往是不能事先确知的。例如火炮在跟踪运动目标时，目标可能做任意的机动运动，火炮方位角和俯仰角控制系统的输入信号是随目标运动而变化的，所以无法事先确定。在多数情况下，输入信号不仅不能预先确定，甚至不能以解析的形式表示。这样，在分析和评价控制系统的品质时，就没有统一的标准。

在设计控制系统时，需要有一个对控制系统性能进行比较的标准，这就需要事先规定一些典型的、具有代表性的输入信号，然后根据控制系统对这些典型输入信号的响应，得出对系统性能品质的评价。

根据前面的讨论,要求典型输入信号具有以下特点:

(1) 能够反映出控制系统在某一方面的性质,如快速性、平稳性、稳态精度等;

(2) 具有简单的函数形式,并且易于产生,以便于控制系统的实验和测试;

(3) 它的拉氏变换式具有简单的形式,便于用式 $Y(s) = \Phi(s)R(s)$ 求取系统的输出信号。

常用的典型输入信号有以下几种。

1. 单位阶跃函数

单位阶跃函数的表达式是

$$r(t) = \begin{cases} 1 & t \geqslant 0 \\ 0 & t < 0 \end{cases}$$

这里采用具有代表性的单位阶跃函数,即 $t \geqslant 0$ 时,$r(t) = 1$。若 $t \geqslant 0$ 时 $r(t)$ 是常数但不等于 1,根据线性系统的性质,只要在单位阶跃所产生的输出信号上乘以相应的常数,即可得到相应的输出信号(图 3.2.1(a))。

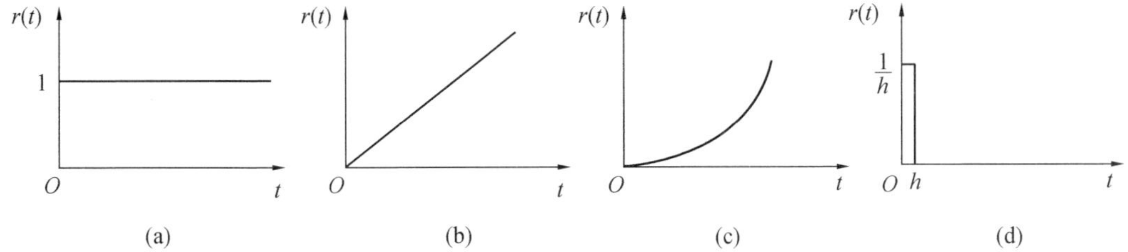

图 3.2.1　典型输入信号

单位阶跃信号的拉氏变换式是

$$R(s) = \frac{1}{s}$$

以单位阶跃信号作为输入信号,表示要求系统的输出信号由某一初始值迅速地变为另一值,它能够反映出控制系统响应的快速性和动态过程的平稳性。

2. 单位匀速函数

单位匀速函数的表达式和拉式变换式是

$$r(t) = \begin{cases} t & t > 0 \\ 0 & t < 0 \end{cases}$$

$$R(s) = \frac{1}{s^2}$$

单位匀速函数(又称单位斜坡信号)作为输入信号,可以反映控制系统在跟踪匀速变化信号时的性能(图 3.2.1(b))。

3. 单位加速度函数

单位加速度函数的表达式和拉氏变换式是

$$r(t)=\begin{cases}\frac{1}{2}t^2 & t\geqslant 0\\ 0 & t<0\end{cases}$$

$$R(s)=\frac{1}{s^3}$$

在表达式中,系数 1/2 的作用是使该函数的拉氏变换式形式更简单(图 3.2.1(c))。

4. 单位脉冲函数

单位脉冲函数(又称理想脉冲函数)的表达式是

$$r(t)=\delta(t)=\begin{cases}\infty & t=0\\ 0 & t\neq 0\end{cases}$$

$$\int_{-\infty}^{+\infty}\delta(t)\mathrm{d}t=1$$

单位脉冲函数的拉氏变换式具有简单的形式

$$R(s)=\mathbf{L}[\delta(t)]=1$$

单位脉冲函数作为输入信号可以反映出系统受到冲击或瞬时干扰情况下的品质,此外,控制系统的脉冲响应也可以全面地反映出系统的性质。

由于工程上无法得到理想的脉冲传递函数,因此常用具有一定宽度 h 和幅度为 $\frac{1}{h}$ 的矩形脉冲来代替理想脉冲。为了使近似程度较高,要求矩形脉冲的宽度 h 尽量小(图 3.2.1(d))。

5. 正弦函数

正弦函数的表达式和拉氏变换式是

$$r(t)=A\sin\omega t$$

$$R(s)=\frac{A\omega}{s^2+\omega^2}$$

式中 A—— 幅值;

ω—— 角频率(量纲为 rad/s 或 1/s)

正弦信号的特点是具有无穷阶连续导数,用不同频率的正弦信号作输入信号来测试系统,可以反映出系统在各种复杂输入信号作用下的品质。

以上几种典型输入信号分别能反映出控制系统的某些性能,在以后的章节中分析控制系统的品质时,将分别采用相应的输入信号。

3.3 一阶系统的时域分析

一阶系统指传递函数是一阶的控制系统,或者说,运动方程是一阶微分方程的控制系统。一阶系统是最简单的一类控制系统,工程实践中有许多控制系统是一阶的,或经过化简可以近似为一阶的。

3.3.1 一阶系统的数学模型

图 3.3.1(a) 的液位控制系统是一个一阶系统的实例。图 3.3.1(b) 是该系统的方框图。其中,$u_i(t)$ 是输入信号(电压),液位高度 $y(t)$ 是被控制量。图中各变量之间的关系是:

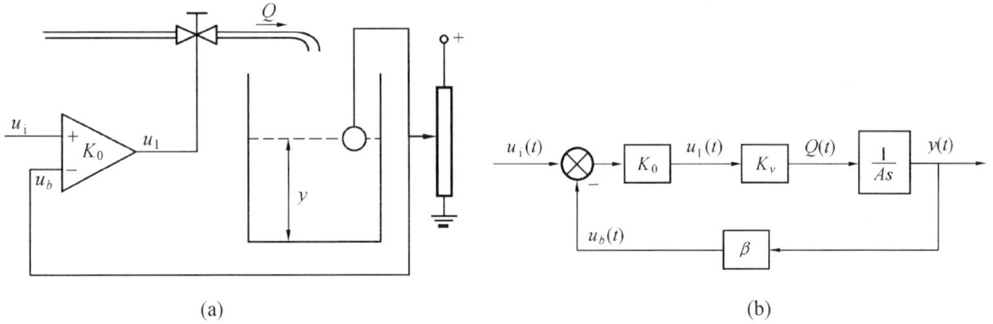

图 3.3.1 液位控制系统

差动放大器 $u_1 = K_0(u_i - u_b)$

阀门 $Q = K_v u_1$ (注入水的流量与 u_1 成正比)

水池 $y = \frac{1}{A}\int Q\mathrm{d}t$ (A 为水池面积)

反馈电位计 $u_b = \beta \cdot y$

根据图 3.3.1(b) 的方框图可以求出该系统的闭环传递函数是

$$\Phi(s) = \frac{Y(s)}{U_i(s)} = \frac{1/\beta}{\frac{A}{K_0 K_u \beta}s + 1} = \frac{1}{Ts + 1} \cdot \frac{1}{\beta}$$

$$T = \frac{A}{K_0 K_u \beta}$$

本节讨论具有普遍意义的典型一阶系统,其传递函数为

$$\Phi(s) = \frac{1}{Ts + 1}$$

其中,T 是时间常数。这里传递函数的分子取为 1。若实际传递函数分子为其他常数,根据线性系统的性质,很容易求出实际的输出信号。

下面讨论一阶系统在典型输入信号作用下的响应过程,设系统的初始条件为零。

3.3.2 一阶系统的单位阶跃响应

当一阶系统的输入信号 $r(t) = 1(t)$ 时,输出信号 $y(t)$ 称做系统的单位阶跃响应,其拉氏变换式为

$$Y(s) = \Phi(s) \cdot R(s) \frac{1}{Ts+1} \cdot \frac{1}{s}$$

做 $C(s)$ 的拉氏反变换,得单位阶跃响应

$$y(t) = \mathbf{L}^{-1}[Y(s)] = 1 - \mathrm{e}^{-\frac{t}{T}} \quad (3.3.1)$$

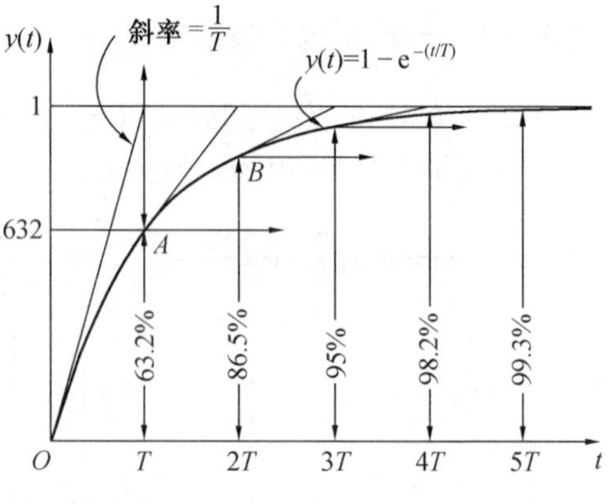

图 3.3.2　一阶系统的单位阶跃响应

图 3.3.2 是一阶系统的单位阶跃响应曲线,分析该曲线,可以看出一阶系统的单位阶跃响应有以下特点:

(1) 系统的输出量 $y(t)$ 是初值为零、终值为 1 的单调连续上升过程。

(2) $y(t)$ 按指数曲线上升,当 $t = T$、$2T$、$3T$、$4T$、$5T$ 时,响应曲线分别上升到稳态值的63.2%、86.5%、95%、98.2%、99.3%,只有当 t 等于无穷大时,系统的响应才能达到稳态值。实际上,当 $y(t)$ 的值与其稳态值的差小于一定的允许值后,便可以认为动态过程结束。因此,一阶系统动态过程的持续时间 t_s 可以认为是 $3T$(5% 误差) 或 $4T$(2% 误差)。如果要提高系统响应的快速性,只要减小系统的时间常数 T 即可。

(3) 对于单位负反馈系统,只要 $T > 0$,系统即是稳定的。

(4) 系统的传递响应函数只有一个极点 $s = -\frac{1}{T}$,只要极点在复数平面的左半平面,系统即是稳定的;极点距虚轴越远,系统的快速性越好。

此外还可以看到,如果用实验测试的方法得到一阶系统的单位阶跃响应曲线,则系统的时间常数 T 可直接从单位阶跃响应的 $0.632y(\infty)$ 所对应的时间求得。因为 $\left.\frac{\mathrm{d}y}{\mathrm{d}t}\right|_{t=0} = \frac{1}{T}$,所以从 $t = 0$ 处单位阶跃响应的切线与水平线的交点也可求得系统的时间常数 T,见图 3.3.2。

3.3.3　一阶系统的单位脉冲响应

当输入信号是理想单位脉冲函数时,系统的输出响应称为脉冲响应。由于理想单位脉冲函数的拉氏变换式等于 1,所以系统脉冲响应的拉氏变换式与系统的传递函数相同,即

$$Y(s) = \frac{1}{Ts+1}$$

因此,一阶系统的脉冲响应为

$$y(t) = \mathbf{L}^{-1}\left[\frac{1}{Ts+1}\right] = \frac{1}{T}\mathrm{e}^{-\frac{t}{T}} \quad t \geqslant 0 \qquad (3.3.2)$$

图 3.3.3 表示了一阶系统的单位脉冲响应。可以看出,一阶系统的单位脉冲响应是一条单调连续下降的指数曲线,在 $t = 0$、T、$2T$、$3T$、$4T$ 及 ∞ 时的值分别为

$$y(t) = \frac{1}{T}、0.368\frac{1}{T}、0.135\frac{1}{T}、0.05\frac{1}{T}、0.018\frac{1}{T} 及 0。$$

若定义系统脉冲响应曲线下降到其初始值的5%（或2%）所需的时间为脉冲响应调节的时间 t_s，则 $t_s = 3T$（或 $4T$），因此，系统时间常数 T 的大小，反映着系统的快速性。

由式(3.3.2)看出，在零初始条件下，一阶系统的单位脉冲响应就是其传递函数的拉氏变换，因此，单位脉冲响应和传递函数一样，可以反映出系统的全部性质；反过来，对系统的脉冲响应做拉氏变换，可以得到该系统的传递函数。这一特点同样适用于其他各阶线性定常系统，因此常常以单位脉冲输入信号作用于系统，根据系统的单位脉冲响应，求得被测系统的闭环传递函数。

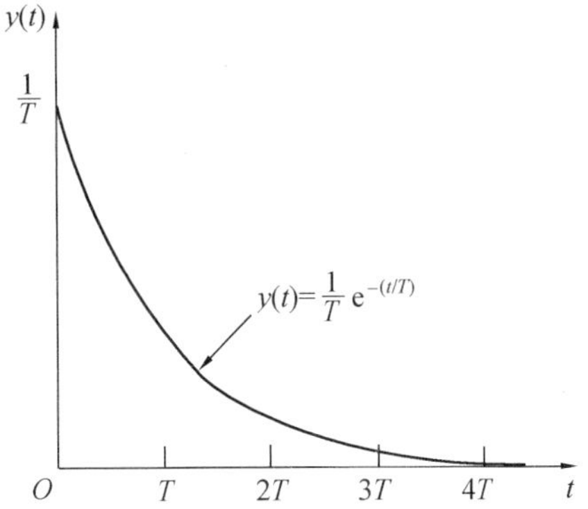

图 3.3.3　一阶系统的单位脉冲响应

鉴于工程上无法得到理想的脉冲函数，因此常用具有一定宽度 h 和有限幅度的矩形脉冲来代替理想脉冲，为了使近似程度较高，要求实际脉冲的宽度 h 远小于系统的时间常数 T，一般要求 $h < 0.1T$。

3.3.4　一阶系统的单位斜坡响应

设系统的输入信号为单位斜坡函数，$r(t) = t$，$R(s) = \frac{1}{s^2}$，则可以求得输出信号的拉氏变换式

$$y(s) = \frac{1}{Ts+1} \cdot \frac{1}{s^2} = \frac{1}{s^2} - \frac{T}{s} + \frac{T^2}{Ts+1}$$

对上式做拉氏反变换，求得系统的脉冲响应

$$y(t) = t - T(1 - e^{-\frac{t}{T}}) \quad t \geqslant 0 \quad (3.3.3)$$

如图3.3.4所示。当 t 趋向 ∞ 时，$y(t)$ 的稳定值为 $(t - T)$。

式(3.3.3)表明，一阶系统的单位斜坡响应的稳态分量是一个与输入斜坡信号斜率相同，但比输入信号小 T 的匀速函数。这说明一阶系统在跟踪单位斜坡信号时会存在稳态的跟踪误差，其数值等于系统的时间常数 T。显然，系统的时间常数越小，系统跟踪斜坡输入信号的稳态误差也越小。

由以上分析看出，减小一阶系统的时间常数 T，既可以改善系统的快速性，又可以减少系统在

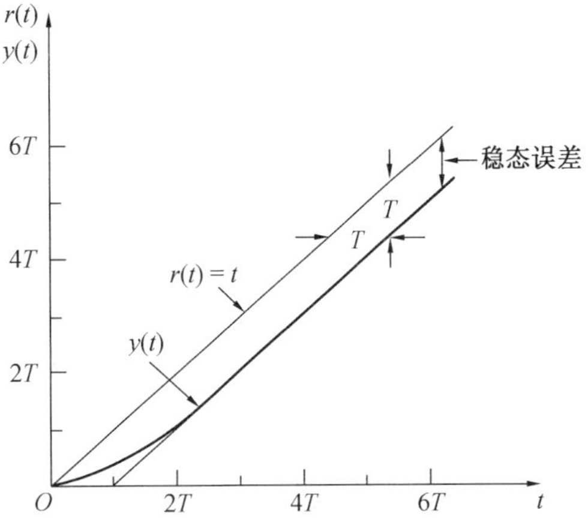

图 3.3.4　一阶系统的单位斜坡响应

跟踪斜坡信号时的稳态误差。在设计一阶控制系统时，设法减小其时间常数是改进系统性能的有效方法。

3.3.5 一阶系统的单位匀加速度响应

设系统的输入信号是单位匀加速度函数

$$r(t)=\frac{1}{2}t^2 \qquad R(s)=\frac{1}{s^3}$$

则系统输出信号的拉氏变换式为

$$Y(s)=\frac{1}{Ts+1}\cdot\frac{1}{s^3}=\frac{1}{s^3}-\frac{T}{s^2}+\frac{T^2}{s}-\frac{T^3}{Ts+1}$$

对此式做拉氏反变换，求得一阶系统对单位匀加速度信号的响应

$$y(t)=\frac{1}{2}t^2-Tt+T^2(1-e^{-\frac{t}{T}}) \qquad t\geqslant 0 \tag{3.3.4}$$

系统的跟踪误差，也就是输入信号与输出信号之间的差是

$$e(t)=r(t)-y(t)=Tt-T^2(1-e^{-\frac{t}{T}}) \qquad t\geqslant 0$$

此式说明，跟踪误差随着时间的推移而增大，当时间趋于无穷大时，跟踪误差也将增大至无穷大。这意味着，对于一阶系统来说，不能实现对匀加速度信号的准确跟踪。

3.3.6 线性定常系统的一个重要特性

一阶系统对几种典型输入信号的响应归纳于表 3.3.1。由表 3.3.1 可以看出，输入信号 $\delta(t)$ 和 $1(t)$ 分别是 $1(t)$ 和 t 的一阶导数。与之对应，系统的单位脉冲响应和单位阶跃响应也分别是单位阶跃响应和单位斜坡响应的一阶导数。同时还可看到，输入信号间呈现积分关系时，在系统的响应之间也呈现积分关系。这一关系不仅对于一阶系统成立，对于其他阶次的线性定常系统也成立。由此得出线性定常系统所具有的一个重要特性：系统对输入信号导数的响应，可以通过系统对原信号响应的导数得到；系统对输入信号积分的响应，可以由系统对原输入信号响应的积分求取，其中积分常数由零输出时的初始条件确定。

表 3.3.1 一阶系统对典型输入信号的响应

$r(t)$	$y(t)$
$1(t)$	$1-e^{-\frac{t}{T}}$
$\delta(t)$	$\frac{1}{T}e^{-\frac{t}{T}}$
t	$t-T(1-e^{-\frac{t}{T}})$
$\frac{1}{2}t^2$	$\frac{1}{2}t^2-Tt+T^2(1-e^{-\frac{t}{T}})$

3.4　二阶系统的时域分析

二阶系统是指系统的传递函数是二阶的控制系统。二阶系统是一种常见的、具有代表性的控制系统，在工程实践中，不仅二阶系统非常普遍，不少高阶系统在一定条件下也可以用二阶系统来近似，所以研究二阶系统具有非常重要的实际意义。

3.4.1　二阶系统的数学模型

图3.4.1是一个电动伺服系统的原理图。图中被控制量是机械负载的转角 $y(t)$，与机械负载同轴安装的有反馈电位计。输入电位计的转角 $r(t)$ 作为输入信号，$r(t)$ 与输出转角 $y(t)$ 之间的差就是误差信号 $e(t)$。系统中各元部件的方程如下：

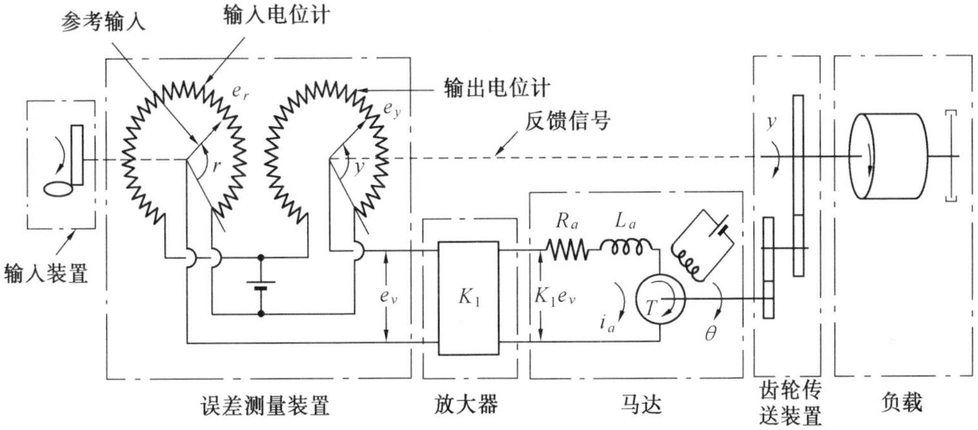

图3.4.1　电动伺服系统原理图

输入电位计和输出电位计的电压分别是

$$e_r = K_0 r \qquad e_y = K_0 y$$

放大器的输入电压 e_v 和输出电压 e_a 的关系是

$$e_v = e_r - e_y = K_0(r - y)$$

$$e_a = K_1 e_v$$

直流电机电枢的电压－电流方程是

$$L_a \frac{\mathrm{d}i_a}{\mathrm{d}t} + R_a i_a + e_b = e_a$$

式中　e_b——电枢反电势，$e_b = K_3 \dfrac{\mathrm{d}\theta}{\mathrm{d}t}$；

K_3——电机 m 反电势系数；

R_a—— 电枢绕组电阻；

L_a—— 电枢绕组电感，通常 L_a 都很小，可以忽略不计。

这样上面方程可以简化为

$$R_a i_a = e_a - K_3 \frac{\mathrm{d}\theta}{\mathrm{d}t}$$

电机的力矩平衡方程是

$$J_0 \frac{\mathrm{d}^2\theta}{\mathrm{d}t^2} + b_0 \frac{\mathrm{d}\theta}{\mathrm{d}t} = M = K_2 i_a$$

式中　J_0, b_0—— 折算到电机轴上的转动惯量和阻力系数；

K_2—— 直流电机的力矩系数。

减速器的传动比为 n，则电机转角 θ 和负载转角 y 之间的关系是

$$y = n \cdot \theta$$

综合以上各变量之间的关系可以得出图3.4.2的方框图。由图3.4.2求出系统的开环传递函数

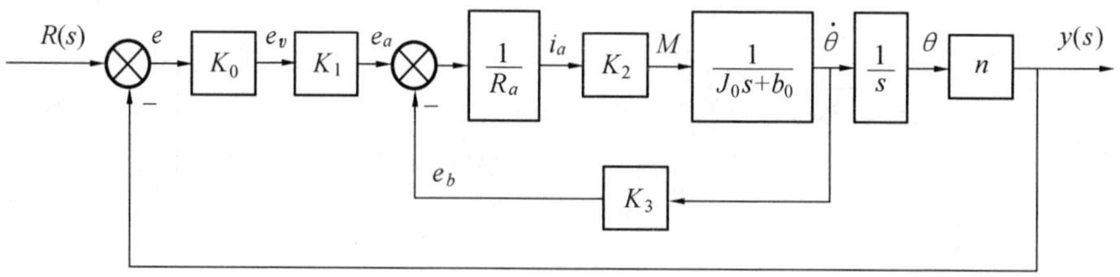

图3.4.2　电动伺服系统的方框图

$$G(s) = \frac{K_m}{s(T_m s + 1)}$$

其中

$$K_m = \frac{K_0 K_1 K_2 n}{R_0 b_0 + K_2 K_3}$$

$$T_m = \frac{R_a J_0}{R_0 b_0 + K_2 K_3}$$

系统的闭环传递函数

$$\Phi(s) = \frac{Y(s)}{R(s)} = \frac{K}{T_m s^2 + s + K} \tag{3.4.1}$$

显然，上述电动伺服系统是一个二阶控制系统。

为了研究方便，并使结果更具有普通意义，可将式(3.4.1) 改写成如下标准形式

$$\Phi(s)=\frac{Y(s)}{R(s)}=\frac{\omega_n^2}{s^2+2\zeta\omega_n s+\omega_n^2} \tag{3.4.2}$$

相应的结构如图 3.4.3 所示，其开环传递函数为

$$G(s)=\frac{\omega_n^2}{s(s+2\zeta\omega_n)} \tag{3.4.3}$$

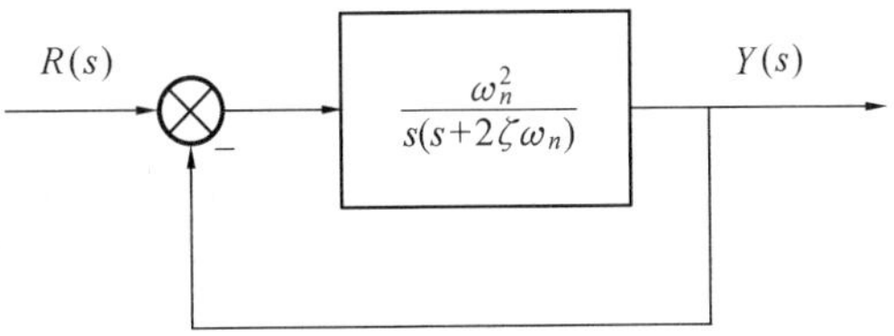

图 3.4.3　标准形式的二阶系统

其中，常数 ω_n 称做无阻尼振荡频率（量纲是 rad/s）；常数 ζ 称做阻尼比（或阻尼系数，无量纲），并有

$$\omega_n=\sqrt{\frac{K}{T_m}}$$

$$\zeta=\frac{1}{2\sqrt{T_m K}} \tag{3.4.4}$$

标准形式二阶系统的特征方程是

$$s^2+2\zeta\omega_n s+\omega_n^2=0 \tag{3.4.5}$$

它的两个根（闭环极点）是

$$s_{1,2}=-\zeta\omega_n\pm\omega_n\sqrt{\zeta^2-1} \tag{3.4.6}$$

本章将根据式（3.4.2）标准二阶系统的数学模型，讨论二阶系统的特性。显然，二阶系统的性质和性能指标取决于参数 ω_n 和 ζ，同样也取决于闭环极点 s_1 和 s_2。下面分几种不同的情况，来研究二阶系统的动态过程。

3.4.2　二阶系统的单位阶跃响应

1. 欠阻尼（$0<\zeta<1$）的情况

在这种情况下，系统的两个闭环极点是一对共轭的复数极点，即

$$s_{1,2}=-\zeta\omega_n\pm j\omega_n\sqrt{1-\zeta^2}$$

如图 3.4.4 所示。

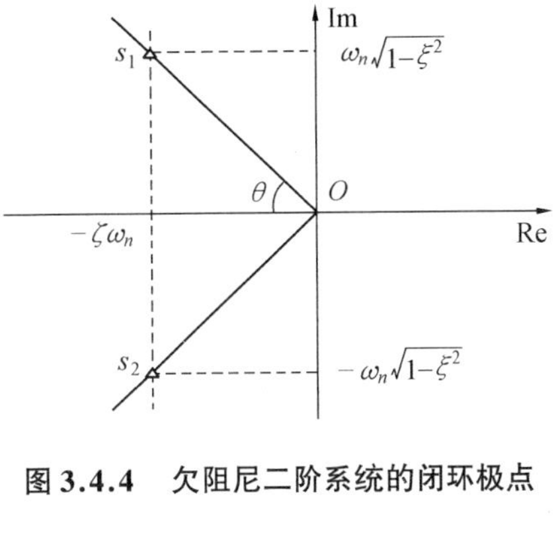

图 3.4.4　欠阻尼二阶系统的闭环极点

系统的闭环传递函数可写成

$$\Phi(s)=\frac{Y(s)}{R(s)}=\frac{\omega_n^2}{(s+\zeta\omega_n+j\omega_d)(s+\zeta\omega_n-j\omega_d)}$$

式中　ω_d——有阻尼振荡频率，$\omega_d=\omega_n\sqrt{1-\zeta^2}$。

在单位阶跃输入信号作用下，$Y(s)$ 可写成

$$Y(s)=\frac{\omega_n^2}{s^2+2\zeta\omega_n s+\omega_n^2}\cdot\frac{1}{s}=\frac{1}{s}-\frac{s+\zeta\omega_n}{(s+\zeta\omega_n)^2+\omega_d^2}-\frac{\zeta\omega_n}{(s+\zeta\omega_n)^2+\omega_d^2} \tag{3.4.8}$$

对此式做拉氏反变换,考虑到

$$\mathbf{L}^{-1}\left[\frac{s+\zeta\omega_n}{(s+\zeta\omega_n)^2+\omega_d^2}\right]=\mathrm{e}^{-\zeta\omega_n t}\cos\omega_d t$$

$$\mathbf{L}^{-1}\left[\frac{\omega_d}{(s+\zeta\omega_n)^2+\omega_d^2}\right]=\mathrm{e}^{-\zeta\omega_n t}\sin\omega_d t$$

求得二阶系统单位阶跃响应为

$$y(t)=1-\mathrm{e}^{-\zeta\omega_n t}\left(\cos\omega_d t+\frac{\zeta\omega_n}{\omega_d}\sin\omega_d t\right)=1-\mathrm{e}^{-\zeta\omega_n t}\left(\cos\omega_d t+\frac{\zeta}{\sqrt{1-\zeta^2}}\sin\omega_d t\right)=$$

$$1-\mathrm{e}^{-\zeta\omega_n t}\frac{1}{\sqrt{1-\zeta^2}}\sin(\omega_d t+\theta)\quad t\geqslant 0 \tag{3.4.9}$$

式中 $\theta=\arctan\dfrac{\sqrt{1-\zeta^2}}{\zeta}$ 或 $\theta=\arccos\zeta$

式(3.4.9)表明,欠阻尼二阶系统的单位阶跃响应由两部分组成:式(3.4.9)中的第二项为暂态分量,这是一个衰减的正弦振荡,振荡频率为 ω_d,故 ω_d 称为有阻尼振荡频率。暂态分量的衰减速度取决于 $\zeta\omega_n$ 的值,$\zeta\omega_n$ 的值越大,欠阻尼二阶系统的闭环极点距虚轴越远,暂态分量衰减得越快;式(3.4.9)中的第一项是稳态分量,它表示暂态分量衰减为零后,系统的输出信号达到稳态值1,与输入信号相等,说明图3.4.3所示系统在单位阶跃信号作用下不存在稳态误差。

2.无阻尼($\zeta=0$)的情况

在式(3.4.9)中,令 $\zeta=0$,就得到二阶系统无阻尼时的单位阶跃响应,即

$$y(t)=1-\cos\omega_n t\qquad t\geqslant 0 \tag{3.4.10}$$

式(3.4.10)说明二阶系统无阻尼时的单位阶跃响应是一个等幅的振荡,频率是 ω_n,这便是无阻尼振荡频率这一名称的由来。

当 $\zeta=0$ 时,二阶系统的两个闭环极点在虚轴上 $s_{1,2}=\pm\mathrm{j}\omega_n$,见图3.4.5。因此,由闭环极点的位置可以说明二阶系统是否出现无阻尼的情况。

3.临界阻尼($\zeta=1$)的情况

$\zeta=1$ 称做临界阻尼比,在这种情况下,二阶系统的两个极点是一对相同的实数极点,$s_{1,2}=-\omega_n$,如图3.4.6所示。系统的单位阶跃响应可按下列方法求得

$$Y(s)=\frac{\omega_n^2}{(s+\omega_n)^2}\cdot\frac{1}{s}=\frac{1}{s}-\frac{\omega_n}{(s+\omega_n)^2}-\frac{1}{(s+\omega_n)}$$

$$y(t)=1-\mathrm{e}^{-\omega_n t}(1+\omega_n t)\qquad t\geqslant 0 \tag{3.4.11}$$

式(3.4.11)说明,临界阻尼二阶系统的单位阶跃响应是一个单调连续上升的过程,类似于一阶系统的单位阶跃响应。但需注意,临界阻尼二阶系统单位阶跃响应曲线的斜率是对式(3.4.11)求导

$$\frac{\mathrm{d}y(t)}{\mathrm{d}t} = \omega_n^2 t \mathrm{e}^{-\omega_n t} \tag{3.4.12}$$

当 $t = 0$时，曲线的斜率为零。这一点与一阶系统的单位阶跃响应不同(一阶系统单位阶跃响应曲线在 $t = 0$处的斜率是 $1/T$)，这也是区别一阶系统与临界阻尼二阶系统(包括过阻尼二阶系统)的一个有效的方法。

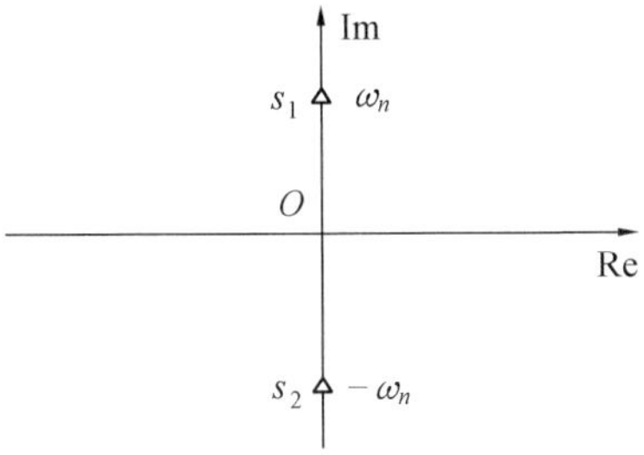

图 3.4.5　无阻尼二阶系统的闭环极点

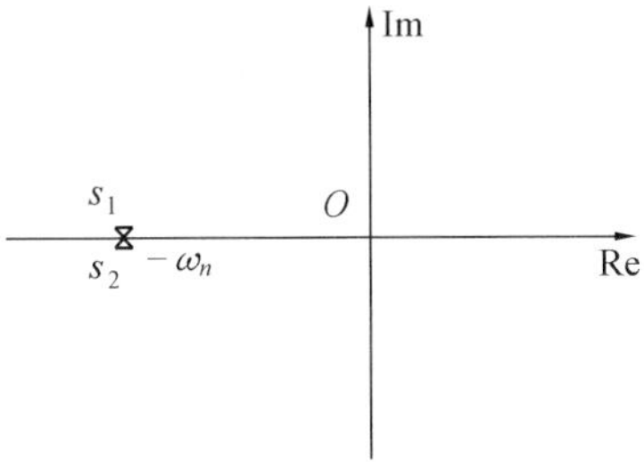

图 3.4.6　临界阻尼二阶系统的闭环极点

4. 过阻尼($\zeta > 1$)的情况

在这种情况下，二阶系统的两个闭环极点是不相等的负实数，$s_{1,2} = -\zeta\omega_n \pm \omega_n\sqrt{\zeta^2 - 1}$，如图 3.4.7。求系统的单位阶跃响应，得

$$Y(s) = \frac{\omega_n^2}{(s + \zeta\omega_n + \omega_n\sqrt{\zeta^2 - 1})(s + \zeta\omega_n - \omega_n\sqrt{\zeta^2 - 1})} \cdot \frac{1}{s}$$

$$y(t) = 1 - \frac{1}{2\sqrt{\zeta^2 - 1}(\zeta - \sqrt{\zeta^2 - 1})}\mathrm{e}^{-(\zeta - \sqrt{\zeta^2 - 1})\omega_n t} + \frac{1}{2\sqrt{\zeta^2 - 1}(\zeta + \sqrt{\zeta^2 - 1})}\mathrm{e}^{-(\zeta + \sqrt{\zeta^2 - 1})\omega_n t} \quad t \geqslant 0 \tag{3.4.13}$$

从式(3.4.13)看出，$\zeta > 1$时，二阶系统的单位阶跃响应包含两个指数衰减项。当阻尼比 ζ 远大于 1 时，闭环极点 $s_1 = -(\zeta + \sqrt{\zeta^2 - 1})\omega_n$，比 $s_2 = -(\zeta - \sqrt{\zeta^2 - 1})\omega_n$ 距虚轴远得多，从而式(3.4.13) 中与 s_1 对应的衰减项要比与 s_2 对应的衰减项衰减得快，而且与 s_1 对应项的系数也小于与 s_2 对应项的系数，因此可以忽略与 s_1 对应的指数衰减项，将二阶系统近似地作为一阶系统来分析与处理，系统的单位阶跃响应可以近似为

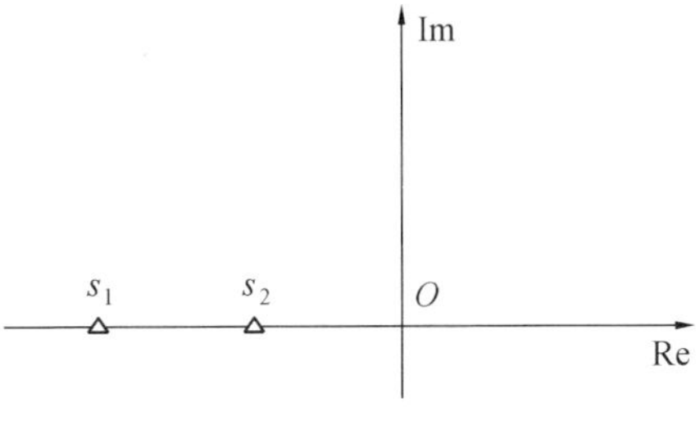

图 3.4.7　过阻尼二阶系统的闭环极点

$$y(t) \approx 1 - \frac{1}{2\sqrt{\zeta^2 - 1}(\zeta - \sqrt{\zeta^2 - 1})}\mathrm{e}^{-(\zeta - \sqrt{\zeta^2 - 1})\omega_n t} \quad t \geqslant 0 \tag{3.4.14}$$

相应地，二阶系统的闭环传递函数也可以用一个一阶传递函数来近似，即

$$\Phi(s) = \frac{Y(s)}{R(s)} \approx \frac{-s_2}{s-s_2} = \frac{1}{Ts+1}$$

$$T = \frac{1}{-s_2}$$

当阻尼比 $\zeta > 2$ 时,这种近似做法能够得到满意的结果。

5. 负阻尼($-1 < \zeta < 0$)的情况

这时,二阶系统的单位阶跃响应为

$$y(t) = 1 - \frac{e^{-\zeta\omega_n t}}{\sqrt{1-\zeta^2}}\sin(\omega_d t + \theta) \quad t \geqslant 0 \tag{3.4.15}$$

式中
$$\omega_d = \omega_n\sqrt{1-\zeta^2} \qquad \theta = \arctan\frac{\sqrt{1-\zeta^2}}{\zeta} < 0$$

虽然式(3.4.15)与式(3.4.9)形式上相同,但由于阻尼比 ζ 为负数,所以式(3.4.15)所表示的负阻尼单位阶跃响应为发散的正弦振荡,系统出现不稳定现象。

具有不同 ζ 值($0 \leqslant \zeta \leqslant 2$)的一族二阶系统单位阶跃响应曲线 $y(t)$ 如图3.4.8所示。图中的横坐标取为无因次量 $\omega_n t$,这样就可以根据式(3.4.15)做出不同 ω_n 值的响应曲线 $y(t)$。图3.4.8展示出了不同 ζ 值的二阶系统单位阶跃响应的特点。

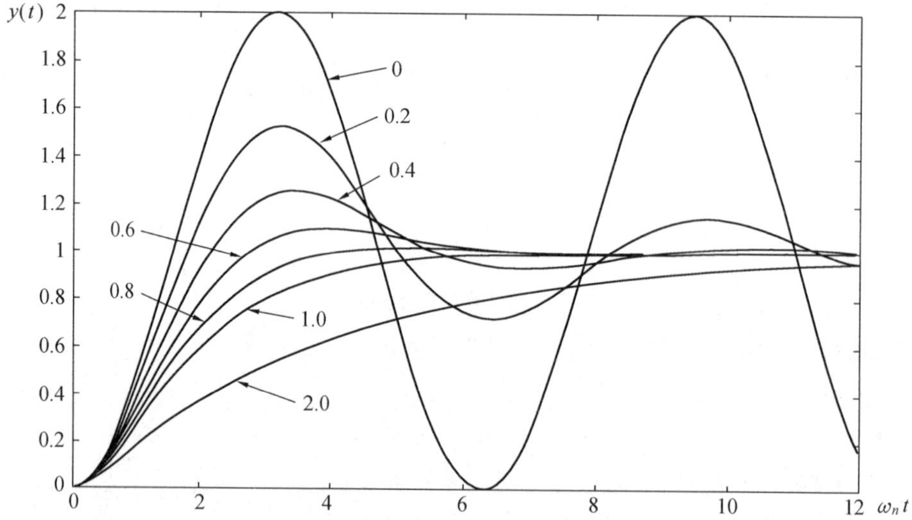

图 3.4.8　二阶系统的单位阶跃响应

3.4.3　动态过程的性能指标

动态过程又称过渡过程或瞬态过程,是指系统在输入信号作用下,系统的输出由初始状态达到最终稳态的响应过程。动态过程的好坏主要表现为快速性和平稳性,为了评价系统的动态过程品质,要在统一的典型输入信号作用下,制定出量化的性能指标。通常,以单位阶跃函数作为输入信号，求出系统的动态过程品质。如果系统在单位阶跃作用下动态性能满足要求，那么系统在其他形式的输入信号作用下，其动态性能也会令人满意。

图 3.4.9 是一个具有代表性的单位阶跃响应曲线，通常采用下列动态性能指标：

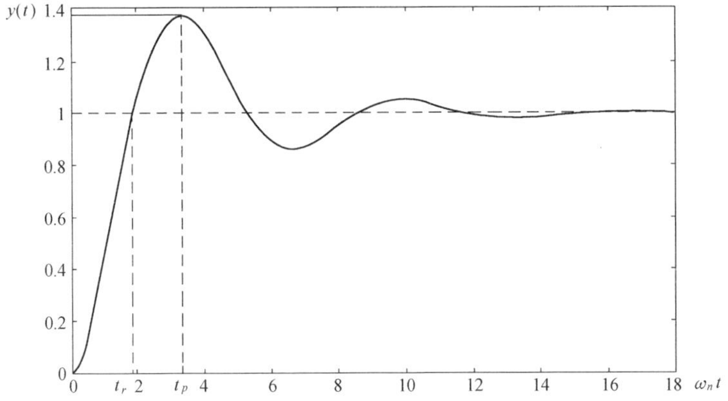

图 3.4.9　单位阶跃响应曲线

(1) 上升时间 t_r：单位阶跃响应 $y(t)$ 第一次达到其稳态值 $y(\infty)$ 所需的时间。对于过阻尼系统，通常也可采用 $y(t)$ 从稳态值的 10% 上升到 90% 所需的时间。t_r 可以反映出系统的快速性。

(2) 峰值时间 t_p：单位阶跃响应达到第一个峰值所需的时间。

(3) 超调量 σ_p：动态过程的超调量定义为

$$\sigma_p = \frac{y(t_p) - y(\infty)}{y(\infty)} \times 100\% \tag{3.4.16}$$

通常，σ_p 用百分数表示。对于一阶系统和过阻尼系统则无超调量。σ_p 是表示控制系统动态过程平稳性的重要指标。

(4) 调整时间 t_s：单位阶跃响应达到并保持在稳态值 ±5%（或 ±2%）的范围内所需的最短时间，即

$$|y(t) - y(\infty)| \leqslant \Delta y(\infty) \qquad t \geqslant t_s$$

其中 Δ 是允许误差，取 5% 或 2%。$t \geqslant t_s$ 以后，即可以认为动态过程结束。所以 t_s 是反映控制系统快速性的重要指标。

(5) 振荡次数 N：在动态过程持续时间内（$t \leqslant t_s$），单位阶跃响应振荡的次数。将 $t \leqslant t_s$ 时间内单位阶跃响应 $y(t)$ 穿越其稳态值 $y(\infty)$ 次数的一半定义为振荡次数 N。N 的值反映系统的平稳性。

上述五项动态性能指标，基本上可以反映出控制系统动态过程的特征，其中最常用的是 σ_p 和 t_s，因为这两项指标可以很好地表示出控制系统动态过程的平稳性和快速性。

3.4.4 欠阻尼二阶系统的动态过程指标

由二阶系统的单位阶跃响应固然可以求出各项动态性能指标,但要经过拉氏反变换等一系列繁琐的计算。本节将推导动态性能指标和二阶系统传递函数的关系,从而由传递函数的参数直接计算出各项动态的性能指标。下面以欠阻尼二阶系统为例,计算各项动态性能指标。

1. 上升时间 t_r 的计算

根据定义,当 $t = t_r$ 时,$y(t_r) = 1$。由式(3.4.9)求得

$$y(t_r) = 1 - e^{-\zeta\omega_n t_r}\sin(\omega_d t_r + \theta) = 1$$

$$e^{-\zeta\omega_n t_r}\sin(\omega_d t_r + \theta) = 0$$

由于 $e^{-\zeta\omega_n t_r} \neq 0$,所以可以得出

$$\sin(\omega_d t_r + \theta) = 0$$

$$t_r = \frac{\pi - \theta}{\omega_d} = \frac{\pi - \theta}{\omega_n\sqrt{1-\zeta^2}} \tag{3.4.17}$$

其中 $\theta = \arctan\frac{\sqrt{1-\zeta^2}}{\zeta}$。在图 3.4.4 中,可以看到 θ 与闭环极点的关系。

根据式(3.4.17),可以由传递函数直接计算出 t_r,并且可以看到,当阻尼比 ζ 一定时,欲使上升时间 t_r 短,必须使系统有较高的无阻尼振荡频率 ω_n,也就是说,当 ζ 一定时,θ 角也是定值,系统的快速性与 ω_n 成正比。

2. 峰值时间 t_p 的计算

将式(3.4.9)对时间 t 求导,应有 $\left.\frac{dy(t)}{dt}\right|_{t=t_p} = 0$,可以求得

$$\zeta\omega_n e^{-\zeta\omega_n t_p}\left(\cos\omega_d t_p + \frac{\zeta}{\sqrt{1-\zeta^2}}\sin\omega_d t_p\right) + e^{-\zeta\omega_n t_p}\left(\omega_d\sin\omega_d t_p - \frac{\zeta\omega_d}{\sqrt{1-\zeta^2}}\cos\omega_d t_p\right) = 0$$

式中,两个余弦项相互对消,方程式可以简化为

$$\sin\omega_d t_p = 0$$

即 $\omega_d t_p = 0、\pi、2\pi、3\pi\cdots$。

因为峰值时间 t_p 对应于 $y(t)$ 的第一个峰值,所以取

$$t_p = \frac{\pi}{\omega_d} = \frac{\pi}{\omega_n\sqrt{1-\zeta^2}} \tag{3.4.18}$$

3. 超调量 σ_p 的计算

因为 $y(t)$ 的最大值出现在 $t = t_p$ 时刻,按定义,并考虑到 $y(\infty) = 1$,由式(3.4.9)可得

$$\sigma_p = \frac{y(t_p) - y(\infty)}{y(\infty)} \times 100\% = -e^{-\zeta\omega_n t_p}\left(\cos\omega_d t_p + \frac{\zeta}{\sqrt{1-\zeta^2}}\sin\omega_d t_p\right) \times 100\%$$

把式(3.4.18)代入上式,得到超调量的计算公式

$$\sigma_p = e^{-\frac{\zeta}{\sqrt{1-\zeta^2}}\pi} \times 100\% \tag{3.4.19}$$

此式表明,超调量 σ_p 只是阻尼比的函数,而与无阻尼振荡频率无关。当二阶系统的阻尼比 ζ 确定后,即可求得相应的超调量 σ_p。反之,如果给出超调量的要求值,也可由式(3.4.19)求得与之对应的阻尼比 ζ。一般,$\zeta = 0.4 \sim 0.8$ 时,相应的超调量 σ_p 在25% 和2.5% 之间,阻尼比越小,超调量越大。

4. 调整时间 t_s 的计算

对于欠阻尼二阶系统,其单位阶跃响应为

$$y(t) = 1 - \frac{1}{\sqrt{1-\zeta^2}} e^{-\zeta\omega_n t} \sin\left(\omega_d t + \arctan\frac{\sqrt{1-\zeta^2}}{\zeta}\right)$$

这是一个衰减的正弦振荡。曲线 $1 \pm \frac{1}{\sqrt{1-\zeta^2}} e^{-\zeta\omega_n t}$ 是该单位阶跃响应的包络线,单位阶跃响应曲线 $y(t)$ 被包含在这一对包络线之内,如图3.4.10所示。包络线的衰减速度取决于 $\zeta\omega_n$ 的值。

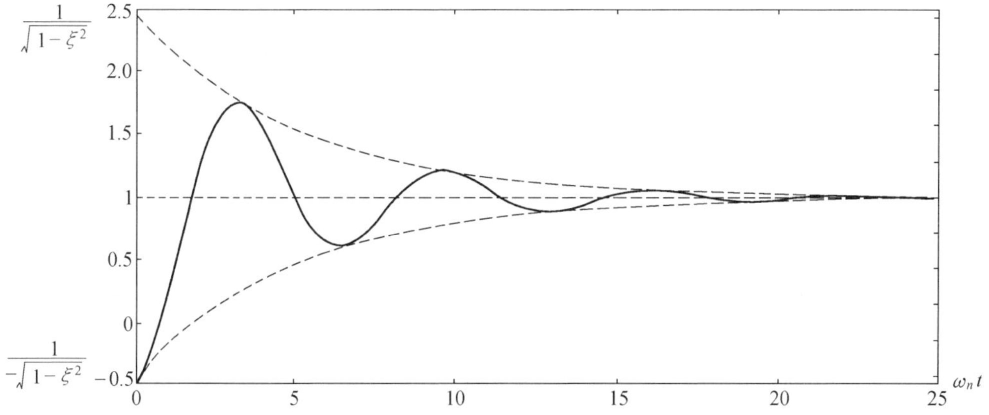

图3.4.10　二阶系统单位阶跃响应及其包络线

根据调整时间的定义,并考虑到 $y(\infty) = 1$,可得到

$$|y(t) - y(\infty)| \leqslant \Delta y(\infty) \qquad t \geqslant t_s$$

$$\left|\frac{1}{\sqrt{1-\zeta^2}} e^{-\zeta\omega_n t} \sin\left(\omega_d t + \arctan\frac{\sqrt{1-\zeta^2}}{\zeta}\right)\right| \leqslant \Delta \qquad t \geqslant t_s \tag{3.4.20}$$

可以看出,按照式(3.4.20)计算的调整时间 t_s 非常繁琐。由于 $y(t)$ 曲线是夹在两条包络线之间,如果包络线与 $y(\infty)$ 之间的差小于允许误差,$y(t)$ 与 $y(\infty)$ 之间的差也必然小于允许误差,所以可以把式(3.4.20)中的衰减正弦振荡用其包络线来代替,得到

$$\left|\frac{1}{\sqrt{1-\zeta^2}} e^{-\zeta\omega_n t}\right| \leqslant \Delta \qquad t \geqslant t_s$$

$$t_s = \frac{1}{\zeta\omega_n}\ln\frac{1}{\Delta\sqrt{1-\zeta^2}}$$

式中取 $\Delta = 0.05$ 和 $\Delta = 0.02$，分别得到 t_s 的计算式

$$t_s = \frac{4+\ln\frac{1}{\sqrt{1-\zeta^2}}}{\zeta\omega_n} \qquad \Delta = 0.02$$

$$t_s = \frac{3+\ln\frac{1}{\sqrt{1-\zeta^2}}}{\zeta\omega_n} \qquad \Delta = 0.05 \tag{3.4.21}$$

对于欠阻尼的二阶系统，当 $0 < \zeta < 0.9$ 时，上式中分子的后一项值很小，可以用易于计算的近似式来求

$$t_s = \frac{4}{\zeta\omega_n} \qquad \Delta = 0.02$$

$$t_s = \frac{3}{\zeta\omega_n} \qquad \Delta = 0.05 \tag{3.4.22}$$

式中，$\zeta\omega_n$ 的值是闭环极点到虚轴的距离。对于复数平面左半面的闭环极点，调整时间 t_s 近似与极点到虚轴的距离成反比。如果能使二阶系统的闭环极点远离虚轴，系统将有很好的快速性。

5. 振荡次数 N 的计算

根据定义，振荡次数 N 等于在 $0 \leqslant t \leqslant t_s$ 时间间隔内系统单位阶跃响应 $y(t)$ 的振荡次数。$y(t)$ 的振荡角频率是 $\omega_d = \omega_n\sqrt{1-\zeta^2}$，振荡周期是 $T_d = 2\pi/\omega_n\sqrt{1-\zeta^2}$，因此在调整时间内振荡次数是

$$N = \frac{t_s}{T_d}$$

考虑到式(3.4.22)，可得到

$$N = \begin{cases} \dfrac{2\sqrt{1-\zeta^2}}{\pi\zeta} & \Delta = 0.02 \\[2ex] \dfrac{1.5\sqrt{1-\zeta^2}}{\pi\zeta} & \Delta = 0.05 \end{cases} \tag{3.4.23}$$

如果用上式计算得到的 N 值为非整数，则振荡次数只取其整数即可，因为小数的振荡次数没有实际意义。

从以上各项动态性能指标的计算式看出，欲使二阶系统具有满意的性能指标，必须选取适当的阻尼比 ζ 和无阻尼振荡频率 ω_n。提高 ω_n 可以提高系统的响应速度；增大 ζ 可以提高系统的平稳性，使超调量和振荡次数减少。这一结论对于控制系统设计具有很重要的指导意义，结合图 3.4.1 的电动伺服系统可以很好地说明这一问题。

在图 3.4.1 所示的二阶系统中，$\omega_n = \sqrt{K/T_m}$ 和 $\zeta = 1/2\sqrt{T_m K}$，增加 ω_n 的最简单的办法是增大放大器的增益 K_2，从而增大开环放大倍数 K，但这样会使阻尼比 ζ 减小，使平稳性变坏。因此，在设计系统结构和选择电机时，应注意减小 T_m，如减小负载的转动惯量 J、减小传动比 n，选择力矩系数 K_2 和反电势系数 K_3 大的电机等。如果在设计初期没有考虑这个问题，一旦结构和电机都已确定，T_m 不可改变，就会使系统的快速性和平稳性之间出现矛盾，全面改进系统的性能会遇到很大的困难。

例 3.4.1　已知二阶系统的闭环传递数函为

$$\frac{C(s)}{R(s)} = \frac{\omega_n^2}{s^2 + 2\zeta\omega_n s + \omega_n^2}$$

其中 $\zeta = 0.6$，$\omega_n = 5\ \mathrm{rad/s}$。试计算该系统单位阶跃响应的特征量 t_r, t_p, t_s, σ_p 和 N。

解　根据式(3.4.16)、(3.4.23) 计算得

$$t_r/\mathrm{s} = \frac{\pi - \theta}{\omega_n\sqrt{1-\zeta^2}} = \frac{\pi - 0.98}{4} = 0.55$$

其中

$$\theta/\mathrm{rad} = \arctan\frac{\sqrt{1-\zeta^2}}{\zeta} = 0.93$$

$$t_p/\mathrm{s} = \frac{\pi}{\omega_n\sqrt{1-\zeta^2}} = \frac{\pi}{4} = 0.785$$

$$\sigma_p = \mathrm{e}^{-\frac{\zeta\pi}{\sqrt{1-\zeta^2}}} \times 100\% = \mathrm{e}^{-\frac{0.6\pi}{0.8}} \times 100\% = 9.5\%$$

$$t_s/\mathrm{s} = \frac{4 + \ln\frac{1}{\sqrt{1-\zeta^2}}}{\zeta\omega_n} = 1.4 \qquad \Delta = 0.02$$

$$t_s/\mathrm{s} = \frac{3 + \ln\frac{1}{\sqrt{1-\zeta^2}}}{\zeta\omega_n} = 1.1 \qquad \Delta = 0.05$$

$$N/\text{次} = \frac{2\sqrt{1-\zeta^2}}{\pi\zeta} = 1.02 \approx 1 \qquad \Delta = 0.02$$

例 3.4.2　已知系统的方框图如图 3.4.11 所示。要求具有性能指标：$\sigma_p = 20\%$，$t_p = 1\ \mathrm{s}$。试确定系统参数 K 和 A，并计算单位阶跃响应的特征量 t_r, t_s 及 N。

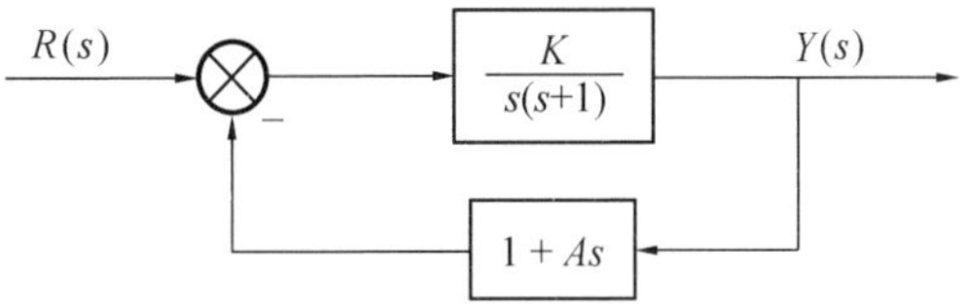

图 3.4.11　二阶控制系统

解　系统的闭环传递函数由图 3.4.11 求得

$$\frac{Y(s)}{R(s)} = \frac{K}{s^2 + (1 + KA)s + K}$$

与具有标准形式的传递函数相比较，得

$$\omega_n = \sqrt{K} \quad \text{及} \quad 2\zeta\omega_n = 1 + KA$$

首先，由要求的 σ_p 求取阻尼比 ζ，即由

$$\frac{\pi\zeta}{\sqrt{1-\zeta^2}} = \ln\frac{1}{\sigma_p} = 1.61$$

解出

$$\zeta = 0.456$$

其次，由要求条件 $t_p = 1$ s 求取无阻尼自振频率 ω_n，即由式(3.4.17)解得

$$\omega_n/(\text{rad}\cdot\text{s}^{-1}) = \frac{\pi}{t_p\sqrt{1-\zeta^2}} = 3.53$$

再次，由 $\omega_n = \sqrt{K}$ 得

$$K = \omega_n^2 = 12.5$$

并由 $2\zeta\omega_n = 1 + KA$，解得

$$A = \frac{2\zeta\omega_n - 1}{K} = 0.178$$

最后，计算得

$$t_r/\text{s} = \frac{\pi - \theta}{\omega_n\sqrt{1-\zeta^2}} = 0.65$$

式中

$$\theta/\text{rad} = \arctan\frac{\sqrt{1-\zeta^2}}{\zeta} = 1.1$$

$$t_s/\text{s} = \frac{4 + \ln\dfrac{1}{\sqrt{1-\zeta^2}}}{\zeta\omega_n} = 2.56 \qquad \Delta = 0.02$$

$$t_s/\text{s} = \frac{3 + \ln\dfrac{1}{\sqrt{1-\zeta^2}}}{\zeta\omega_n} = 1.94 \qquad \Delta = 0.05$$

$$N/\text{次} = \frac{2\sqrt{1-\zeta^2}}{\pi\zeta} = 1.42 \qquad \Delta = 0.02$$

例3.4.3 已知系统方框图如图3.4.12(a)所示。试分析：(1)该系统能否正常工作？(2)若要求 $\zeta = 0.707$，系统应如何改进？

解 由图3.4.12(a)求得系统的闭环传递函数为

$$\frac{Y(s)}{R(s)} = \frac{10}{s^2 + 10}$$

系统工作于无阻尼($\zeta = 0$)状态，其单位阶跃响应 $y(t)$ 为

$$y(t) = 1 - \cos(\sqrt{10}t)$$

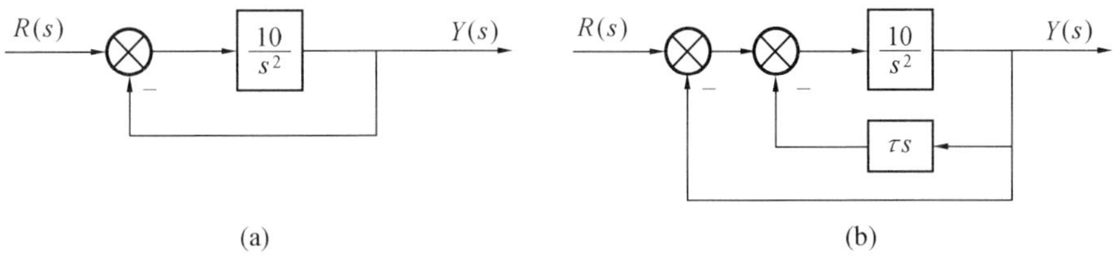

图 3.4.12　系统方框图

其中无阻尼自振频率 $\omega_n = \sqrt{10}$ rad/s。此式说明，在无阻尼状态下系统的单位阶跃响应为不衰减的等幅振荡过程。由于系统的输出不能反映控制信号 $r(t) = 1(t)$ 的规律，所以系统的工作是不正常的。

欲使系统满足 $\zeta = 0.707$ 的要求，可以通过加入传递函数为 τs 的微分负反馈来改进原系统。改进后的系统方框图如图 3.4.12(b) 所示。改进后系统的闭环传递函数为

$$\frac{Y(s)}{R(s)} = \frac{10}{s^2 + 10\tau s + 10}$$

由传递函数求得

$$2\zeta\omega_n = 10\tau$$

$$\omega_n = \sqrt{10}$$

取 $\zeta = 0.707$，由上列二式解出反馈系数为

$$\tau = \frac{2\zeta\omega_n}{10} = 0.447$$

此式说明，加入反馈系数为 0.447 的微分负反馈后，系统的单位阶跃响应将由无阻尼时的等幅振荡转化为具有 $\zeta = 0.707$ 的衰减振荡过程。这时的超调量 σ_p 由 100% 降至 4.3%，微分负反馈提高了系统的阻尼程度。

3.4.5　二阶系统的单位脉冲响应

当控制系统的输入信号是单位脉冲信号时，系统的响应过程称做该系统的脉冲响应。习惯上，把系统的单位脉冲响应记作 $k(t)$。

由于单位脉冲函数 $\delta(t)$ 的拉氏变换式等于 1，所以对于具有标准形式闭环传递函数的二阶系统，其输出信号的拉氏变换式就等于系统的闭环传递函数

$$Y(s) = \frac{\omega_n^2}{s^2 + 2\zeta\omega_n s + \omega_n^2}$$

对此式做拉氏反变换，可得到下列各种情况下的二阶系统单位脉冲响应：

(1) 无阻尼($\zeta = 0$) 的情况

$$k(t) = \omega_n \sin \omega_n t \qquad t \geqslant 0 \tag{3.4.24}$$

(2) 欠阻尼($0 < \zeta < 1$) 的情况

$$k(t) = \frac{\omega_n}{\sqrt{1-\zeta^2}}\sin \omega_d t \qquad t \geqslant 0 \tag{3.4.25}$$

(3) 临界阻尼($\zeta = 1$) 的情况

$$k(t) = \omega_n^2 t \mathrm{e}^{-\omega_n t} \qquad t \geqslant 0 \tag{3.4.26}$$

(4) 过阻尼($\zeta > 1$) 的情况

$$k(t) = \frac{\omega_n}{2\sqrt{\zeta^2-1}}\left[\mathrm{e}^{-(\zeta-\sqrt{\zeta^2-1})\omega_n t} - \mathrm{e}^{-(\zeta+\sqrt{\zeta^2-1})\omega_n t}\right] \qquad t \geqslant 0 \tag{3.4.27}$$

图3.4.13是一族不同ζ值的二阶系统单位脉冲响应曲线。从图中可见,二阶欠阻尼系统的单位脉冲响应是稳态值为零的衰减振荡过程,其瞬时值有正也有负。但临界阻尼以及过阻尼的二阶系统的单位脉冲响应则在上升段后是单调下降的过程,其瞬时值不改变符号。

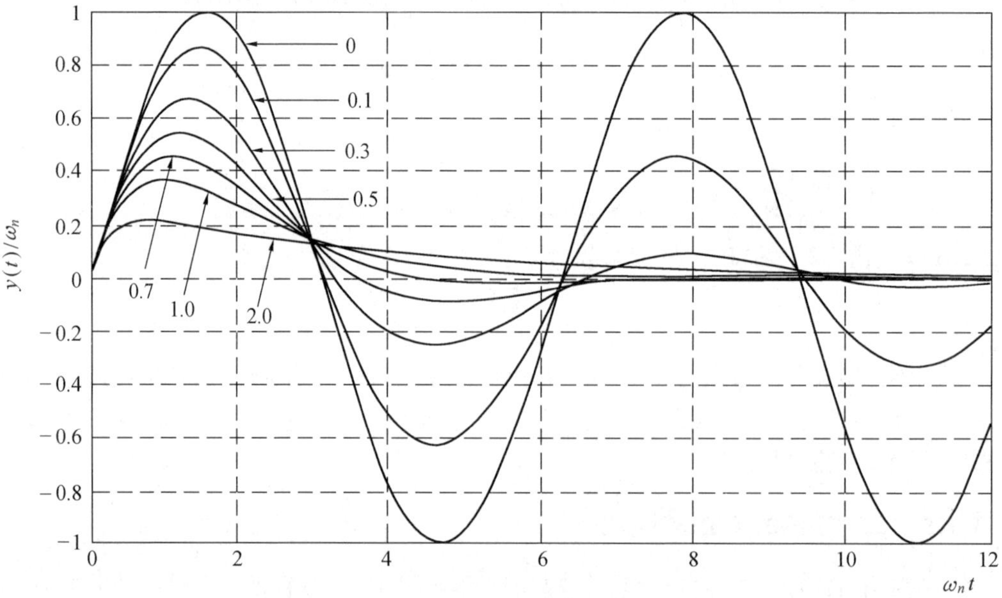

图 3.4.13　不同ζ的二阶系统单位脉冲响应

对于欠阻尼的二阶系统,脉冲响应达到最大值的时刻 t'_p 可以用求极值的方法来确定,即

$$\left.\frac{\mathrm{d}k(t)}{\mathrm{d}t}\right|_{t=t'_p} = 0$$

求出

$$t'_p = \frac{\arctan\dfrac{\sqrt{1-\zeta^2}}{\zeta}}{\omega_n\sqrt{1-\zeta^2}} \qquad 0 < \zeta < 1$$

进而求出单位脉冲响应的最大值 $k(t)_{\max}$，即

$$k(t)_{\max} = k(t'_p) = \omega_n \exp\left(-\frac{\zeta}{\sqrt{1-\zeta^2}}\arctan\frac{\sqrt{1-\zeta^2}}{\zeta}\right) \qquad 0 < \zeta < 1 \qquad (3.4.28)$$

二阶欠阻尼系统的单位脉冲响应如图 3.4.14 所示。

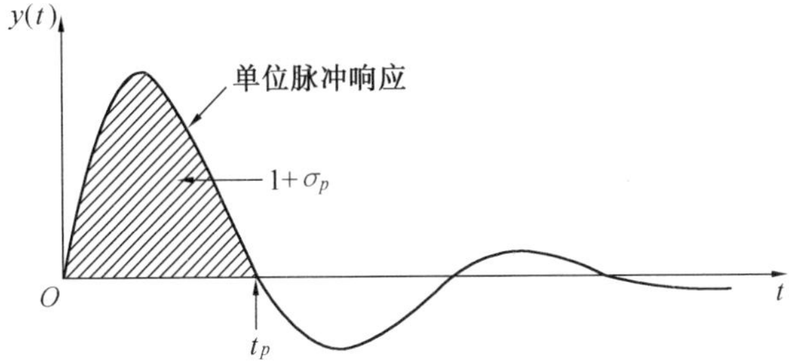

图 3.4.14　二阶欠阻尼系统的单位脉冲响应

因为输入信号单位脉冲函数是单位阶跃函数对时间的导数，所以，系统的单位脉冲响应是单位阶跃响应对时间的导数，可以对系统的单位阶跃响应求导而得到系统的单位脉冲响应。

在图 3.4.14 中，$k(t)$ 曲线第一次过零的时刻，也是单位阶跃响应的峰值时刻，所以可以用式(3.4.18) 来求取 $k(t)$ 第一次过零的时刻 t_p。

对于欠阻尼二阶系统的单位阶跃响应 $y(t)$，见图 3.4.9，其最大值为 $y(t_p)$，$y(t_p)$ 与 $k(t_p)$ 的关系可写成

$$y(t_p) = \int_0^{t_p} k(t)\mathrm{d}t$$

根据超调量 σ_p 的定义，并考虑 $y(\infty) = 1$，有

$$y(t_p) = 1 + \sigma_p$$

所以

$$\int_0^{t_p} k(t)\mathrm{d}t = 1 + \sigma_p \qquad (3.4.29)$$

即图 3.4.14 中阴影部分的面积等于 $1 + \sigma_p$。

由于系统的单位脉冲响应是其传递函数的拉氏变换，所以单位脉冲响应和传递函数一样，可以反映控制系统的全部特性。

3.4.6　二阶系统的单位斜坡响应

当二阶系统的输入信号是单位斜坡函数，$r(t) = t$ 时，其输出响应 $y(t)$ 的拉氏变换式为

$$Y(s) = \frac{\omega_n^2}{s^2 + 2\zeta\omega_n s + \omega_n^2}\cdot\frac{1}{s^2} = \frac{1}{s^2} - \frac{2\zeta/\omega_n}{s} + \frac{2\zeta(s+\zeta\omega_n)/\omega_n + (2\zeta^2 - 1)}{s^2 + 2\zeta\omega_n s + \omega_n^2}$$

对此式做拉氏反变换，可以求得下列各种情况下二阶系统的单位斜坡响应。

(1) 欠阻尼($0 < \zeta < 1$) 的单位斜坡响应

$$y(t) = t - \frac{2\zeta}{\omega_n} + e^{-\zeta\omega_n t}\left(\frac{2\zeta}{\omega_n}\cos\omega_d t + \frac{2\zeta^2 - 1}{\omega_n\sqrt{1-\zeta^2}}\sin\omega_d t\right) =$$

$$t - \frac{2\zeta}{\omega_n} + \frac{1}{\omega_n\sqrt{1-\zeta^2}}e^{-\zeta\omega_n t}\sin\left(\omega_d t + \arctan\frac{2\zeta\sqrt{1-\zeta^2}}{2\zeta^2-1}\right) \qquad t \geqslant 0 \tag{3.4.30}$$

式中

$$\omega_d = \omega_n\sqrt{1-\zeta^2}$$

$$\arctan\frac{2\zeta\sqrt{1-\zeta^2}}{2\zeta^2-1} = 2\arctan\frac{\sqrt{1-\zeta^2}}{\zeta}$$

此式表明,欠阻尼二阶系统的单位斜坡响应由稳态分量 $t - \frac{2\zeta}{\omega_n}$ 和衰减振荡的暂态分量组成。当 t 充分大时,暂态分量会衰减为零,而稳态分量与输入信号 $r(t) = t$ 之间存在着常值误差$\frac{2\zeta}{\omega_n}$,也就是说,二阶系统在跟踪斜坡输入信号时,是存在稳态误差的。

(2) 临界阻尼($\zeta = 1$) 的单位斜坡响应

$$y(t) = t - \frac{2}{\omega_n} + \frac{2}{\omega_n}e^{-\omega_n t}\left(1 + \frac{\omega_n}{2}t\right) \qquad t \geqslant 0 \tag{3.4.31}$$

(3) 过阻尼($\zeta > 1$) 的单位斜坡响应

$$y(t) = t - \frac{2\zeta}{\omega_n} - \frac{2\zeta^2 - 1 - 2\zeta\sqrt{\zeta^2-1}}{2\omega_n\sqrt{\zeta^2-1}}e^{-(\zeta+\sqrt{\zeta^2-1})\omega_n t} +$$

$$\frac{2\zeta^2 - 1 + 2\zeta\sqrt{\zeta^2-1}}{2\omega_n\sqrt{\zeta^2-1}}e^{-(\zeta-\sqrt{\zeta^2-1})\omega_n t} \qquad t \geqslant 0 \tag{3.4.32}$$

可以看出,计算控制系统的斜坡响应是非常复杂的,在实践中,需要用计算机来进行。对于更复杂一些的计算,如具有零点的二阶系统的各种响应、非零初始条件的各种响应等,都需要用计算机来实现。

3.5 高阶系统的时域分析

只有极简单的控制系统是一阶或二阶的,在工程实践中,大多数控制系统是高阶的,即用高阶微分方程描述的系统。求高阶控制系统对各种典型输入信号的响应是十分困难的,需要借助计算机来完成。本节根据高阶系统的单位阶跃响应找出高阶系统动态过程的特点,进而找到简化计算的近似方法。

3.5.1 高阶系统的阶跃响应

高阶系统闭环传递函数的一般形式是

$$\Phi(s)=\frac{Y(s)}{R(s)}=\frac{b_m s^m+b_{m-1}s^{m-1}+\cdots+b_1 s+b_0}{a_n s^n+a_{n-1}s^{n-1}+\cdots+a_1 s+a_0}$$

可以将闭环传递函数写成零极点形式

$$\Phi(s)=\frac{k(s-z_1)(s-z_2)\cdots(s-z_m)}{(s-s_1)(s-s_2)\cdots(s-s_n)}$$

式中　$z_1,z_2,\cdots,z_m$—— 闭环系统的零点；

$s_1,s_2,\cdots,s_n$—— 闭环系统的极点。

闭环零点和极点可以是实数,也可以是共轭复数。如果系统的闭环极点各不相同,并且有 r 对共轭复数极点,$s_k=-\zeta_k\omega_{nk}\pm j\omega_{nk}\sqrt{1-\zeta_k^2}$,$k=1,2,\cdots,r$,则闭环传递函数又可写成

$$\Phi(s)=\frac{k\prod_{j=1}^{m}(s-z_j)}{\prod_{i=1}^{q}(s-s_i)\prod_{k=1}^{r}(s^2+2\zeta_k\omega_{nk}s+\omega_{nk}^2)}$$

$$q+2r=n$$

单位阶跃响应的拉氏变换为

$$Y(s)=\frac{k\prod_{j=1}^{m}(s-z_j)}{\prod_{j=1}^{q}(s-s_i)\prod_{k=1}^{r}(s^2+2\zeta_k\omega_{nk}s+\omega_{nk}^2)}\cdot\frac{1}{s}=$$

$$\frac{1}{s}+\sum_{j=1}^{q}\frac{A_i}{s-s_i}+\sum_{k=1}^{r}\frac{B_k(s+\zeta_k\omega_{nk})+C_k\omega_{nk}\sqrt{1-\zeta_k^2}}{s^2+2\zeta_k\omega_{nk}s+\omega_{nk}^2}$$

对此式做拉氏反变换,得到单位阶跃响应

$$y(t)=1+\sum_{i=1}^{q}A_i e^{s_i t}+\sum_{k=1}^{r}B_k e^{-\zeta_k\omega_{nk}}\cos(\omega_{dk}t)+\sum_{k=1}^{r}C_k e^{-\zeta\omega_{nk}}\sin(\omega_{dk}t)=$$

$$1+\sum_{i=1}^{q}A_i e^{s_i t}+\sum_{k=1}^{r}D_k e^{-\zeta_k\omega_{nk}t}\sin(\omega_{dk}t+\theta_k) \tag{3.5.1}$$

式中

$$A_i=\left[k\frac{(s-z_1)(s-z_2)\cdots(s-z_m)}{s(s-s_1)(s-s_2)\cdots(s-s_n)}(s-s_i)\right]_{s=s_i}$$

$$D_k=2\left|\left[k\frac{(s-z_1)(s-z_2)\cdots(s-z_m)}{s(s-s_1)(s-s_2)\cdots(s-s_n)}(s-s_k)\right]_{s=s_k}\right|$$

符号 ω_{dk} 和 θ_k 的意义与 3.4.2 节中 ω_d 和 θ 相同。

由式(3.5.1)可见,高阶系统的单位阶跃响应包括稳态分量和暂态分量两部分。式(3.5.1)右端第一项是稳态分量,它与系统的暂态分量无关;右端第二部分各项是暂态分量中的指数衰

减项，右端第三部分各项是暂态分量中的衰减振荡项。显然，由式(3.5.1) 计算高阶系统的单位阶跃响应是十分困难的，在实践中，要借助计算机来完成。但由式(3.5.1) 可以得出高阶系统动态过程的一些特点，这些特点对于分析控制系统是非常有用的。由式(3.5.1) 可以得出以下结论：

(1) 如果高阶系统的闭环极点全部具有负实部，即全部在复数平面的左半平面，则系统单位阶跃响应的暂态分量最终衰减为零。

(2) 在暂态分量中，每一项衰减的快慢取决于相应实数闭环极点的绝对值 $|s_i|$，或复数闭环极点的实部绝对值 $|\zeta_k\omega_{nk}|$，系统闭环极点在复数平面左半平面距离虚轴越远，式(3.5.1) 中与之相应的项衰减得越快；反之，越靠近虚轴闭环极点所对应的项衰减越慢。

(3) 高阶系统单位阶跃响应中暂态分量的各项系数不仅和闭环极点有关，而且也与闭环零点有关。在复数平面上，如果某一闭环极点靠近一零点，而又与其他极点相距较远，则式(3.5.1) 中相应项的系数 A 或 D 较小，在暂态分量中的影响较小；若有一对闭环零、极点非常接近，称做一对偶极子，则该极点对暂态过程几乎没有影响；若某极点附近没有零点，并且距虚轴较近，则式(3.5.1) 中相应项的系数就较大，对暂态过程的影响较大。

3.5.2 闭环主导极点

由上一节对式(3.5.1) 的分析看出，高阶系统的 n 个闭环极点应都在复数平面左半平面，而随着闭环零、极点的分布模式不同，其阶跃响应的暂态分量也有不同的形式。距离虚轴近的闭环极点，在式(3.5.1) 中的对应项系数大，衰减慢，对动态过程影响大；反之距虚轴远的闭环极点，在式(3.5.1) 中对应项的系数小，衰减快，对动态过程的影响小。此外，极点附近有零点时，与之相应项的系数较小，对动态过程的影响较小。这样，就可以找出对系统动态过程起主导作用的闭环极点，称做闭环主导极点。

如果闭环极点中，有一对共轭复数极点（或一个实数极点）距虚轴最近，其他极点到虚轴的距离都是它的5倍以上，并且距虚轴较近处又没有单独的闭环零点，则这对或这个距虚轴最近的极点成为高阶系统的主导极点。

高阶闭环系统的动态过程主要取决于主导极点，所以，对于具有主导极点的高阶系统，分析它的动态过程时，可以用只有一对复数主导极点的二阶系统来近似，或者用只有一个实数主导极点的一阶系统来近似，这样就可以很方便地估算高阶系统的动态过程品质。

当然，对于不具有闭环主导极点的高阶系统，或虽然具有闭环主导极点，但需要精确计算其动态性能指标的高阶系统，则要用计算机来求系统的动态过程及各项动态性能指标。

3.6 用 MATLAB 做线性系统的时域分析

对线性系统做时域分析，需要求出系统在典型输入信号作用下的输出响应，要进行拉氏反变换等一系列繁琐的运算，这对于高阶系统和非标准形式的二阶系统，如带有零点的二阶系统,是非常困难的,需要用计算机代替人来完成。MATLAB 软件控制系统的计算机辅助设计提供了极为方便的条件。

3.6.1　建立传递函数数学模型

用 MATLAB 软件,首先要在 MATLAB 中建立控制系统的传递函数模型。

1. 有理分式形式的传递函数模型

有理分式形式的传递函数如下

$$\Phi(s)(\text{或 } G(s)) = \frac{b_m s^m + b_{m-1}s^{m-1} + \cdots + b_1 s + b_0}{a_n s^n + a_{n-1}s^{n-1} + \cdots + a_1 s + a_0}$$

分子和分母分别有 $m+1$ 和 $n+1$ 个系数,按降幂排列。只要分别给出分子和分母的各项系数,便可在 MATLAB 中建立起该传递函数。

例 3.6.1　在 MATLAB 中建立下列传递函数

$$G(s) = \frac{s+1}{s^2+3s+1}$$

解　在 MATLAB 的提示符“> >”下,键入下列命令:

```
> > num = [1,1]; den = [1,3,1];
> > q = tf(num,den)
```

运行结果

```
Transfer Function:
    s + 1
-------------
s^2 + 3s + 1
```

如果在第二行的后面加上分号“;”,则不显示运行结果,但已在 MATLAB 中建立了传递函数。

注意:(1) 方括号[ ]内的逗点“,”可以用空格代替;

(2) 在系数 $a_i(i=0,1,\cdots,n)$ 和 $b_j(j=0,1,\cdots,m)$ 中如果有“0”,则必须在该系数的位置键入“0”,不可省略。

建立有理分式形式的传递函数也可以用更简捷的方法,在 MATLAB 提示符“> >”下,键入命令

```
> > g = tf([1,1],[1,3,1])
```

可以得到同样的结果。

2. 零极点形式的传递函数模型

零极点形式的传递函数如下

$$G(s) = \frac{k(s-z_1)(s-z_2)\cdots(s-z_m)}{(s-p_1)(s-p_2)\cdots(s-p_n)}$$

在 MATLAB 中,首先给定传递函数的参数 k 和各个零极点,然后用命令 zpk(z,p,k) 建立传递函数。

例 3.6.2 建立零极点形式的传递函数模型

$$G(s) = \frac{6(s+5)}{(s+1)(s+6)}$$

解 在 MATLAB 提示符“> >”下,键入命令:

```
> > k = 6; z = [ - 5]; p = [ - 1; - 6];
> > g = zpk(z,p,k)
```

运行结果

Zero/pole/gain:

$$\frac{6(s+5)}{(s+1)(s+6)}$$

注意:各零点和各极点之间一定要用分号“;”隔开。

例 3.6.3 建立零极点形式的传递函数模型

$$G(s) = \frac{5(s+2)}{s(s+3)(s^2+2s+2)}$$

解 在 MATLAB 提示符“> >”下键入命令:

```
> > k = 5; z = [ - 2]; p = [0; - 3; - 1 + j; - 1 - j]
> > g = zpk(z,p,k)
```

运行结果显示

Zero/pole/gain:

```
    5(s + 1)
------------------
s(s + 3)(s^2 + 2s + 2)
```

3. 因式相乘形式的传递函数模型

有时,传递函数是以因式相乘的形式给出,如

$$G(s) = G_1(s) \cdot G_2(s) \cdot G_3(s) \cdots$$

则 $G(s)$ 的分子和分母分别是一些多项式的乘积。MATLAB 提供了一个多项式相乘的命令:

```
c = conv(a,b)
```

其中 a 和 b 分别表示一个多项式;c 是 a 和 b 的乘积多项式。在建立乘积形式的传递函数时,首先用多项式相乘的命令做出传递函数的分子和分母,然后再建立整个传递函数。

例 3.6.4 在 MATLAB 中建立传递函数

$$G(s) = \frac{4(s+2)(s^2+6s+6)^2}{s(s+1)^3(s^3+3s+2s+5)}$$

解 在 MATLAB 提示符下键入:

```
> > num = 4 * conv([1,2],conv([1,6,6],[1,6,6]));
> > den = conv ([1,0],conv([1,1],conv([1,1],conv([1,1],[1,3,2,5]))));
```

```
> > g = tf(num,den)
```

运行结果显示

Transfer Fumction:

```
 4s^5 + 56s^4 + 288s^3 + 672s^2 + 720s + 288
---------------------------------------------
s^7 + 6s^6 + 14s^5 + 21s^4 + 24s^3 + 17s^2 + 5s
```

4. 由开环传递函数建立闭环传递函数

MATLAB 提供了一个由开环传递函数建立闭环传递函数的命令:

sys = feedback(g,h,1)

其中　sys—— 闭环传递函数代号;

g—— 前向通道的传递函数;

h—— 反馈通道的传递函数;

标志符"- 1"—— 负反馈,"+ 1"—— 正反馈。

例 3.6.5　设单位负反馈系统的开环传递函数是

$$G(s) = \frac{25}{s(s+3)}$$

求闭环传递函数。

解　在 MATLAB 提示符下,键入:

```
> > g = tf(25,[1,3,0]);
> > h = 1;
> > sys = feedback(g,h, - 1)
```

运行结果显示

Transfer Function:

```
      25
-------------
s^2 + 3s + 25
```

3.6.2　求控制系统的单位阶跃响应

MATLAB 提供了做控制系统单位阶跃响应的命令,该命令常用以下几种形式:

(1)step(num,den),已知闭环传递函数的分子 num 和分母 den,做该系统的单位阶跃响应。

(2)step(sys),已知闭环系统的传递函数 sys,做该系统的单位阶跃响应。

(3)step(num,den,t),t 为用户指定的时间,做系统在 t 时间内的单位阶跃响应。

例 3.6.6　一标准形式的二阶系统,$\zeta = 0.4, \omega_n = 5$,做该系统的单位阶跃响应。

解　该系统的闭环传递函数是

$$\Phi(s) = \frac{25}{s^2 + 4s + 25}$$

在 MATLAB 提示符下，键入下列命令：

```
>> num = [25];den = [1,4,25];
>> step(num,den);grid
```

命令中，grid 是在坐标上画出网格线。

运行结果如图 3.6.1 所示。在图 3.6.1 中，可以求出系统的动态性能指标。在屏幕上，将箭头光标移到指向 $y(t)$ 曲线的最大值点，点击鼠标，即显示出该点对应的 $y(t)$ 和 t 的值，从而得出 $t_p = 0.696$ s，$y_{max} = 1.25$，$\sigma_p = 25\%$；若将光标指向 $y(t)$ 与纵坐标 1 的交点，点击鼠标，即可显示出该点对应的时间，即 $t_r = 0.434$ s。

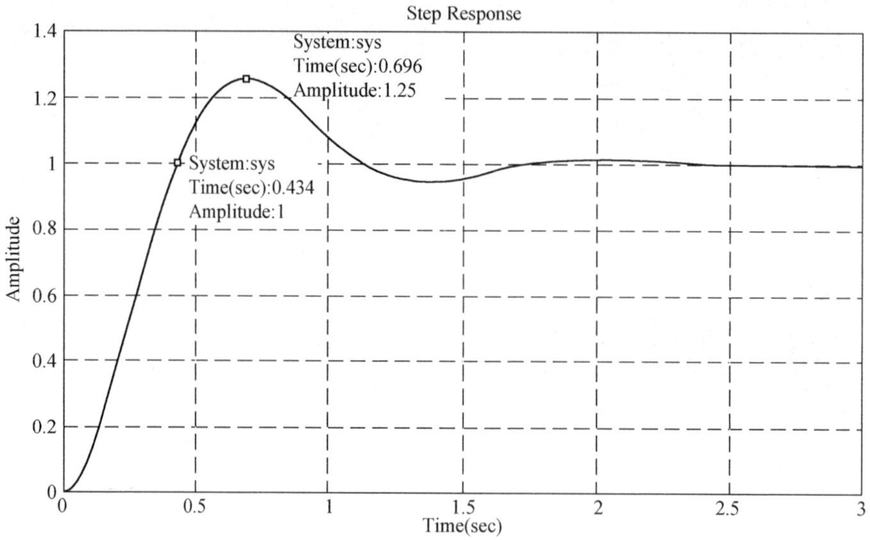

图 3.6.1　二阶系统的单位阶跃响应

例 3.6.7　绘出标准形式二阶系统 $\zeta = 0, 0.2, \cdots, 0.8, 1, 2$；$\omega_n = 1$ 的一族单位阶跃响应曲线。

解　在 MATLAB 提示符“>>”下，键入下列命令：

```
>> for i = 0:0.2:1
  step(tf(1,[1,2*i,1]),12)
    hold on
  end
>> i = 2;
  step(tf(1,[1,2*i,1]),12); grid
```

命令中，hold on 表示保持原有的图形，不被后面的图形取代。

运行结果如图 3.6.2 所示。

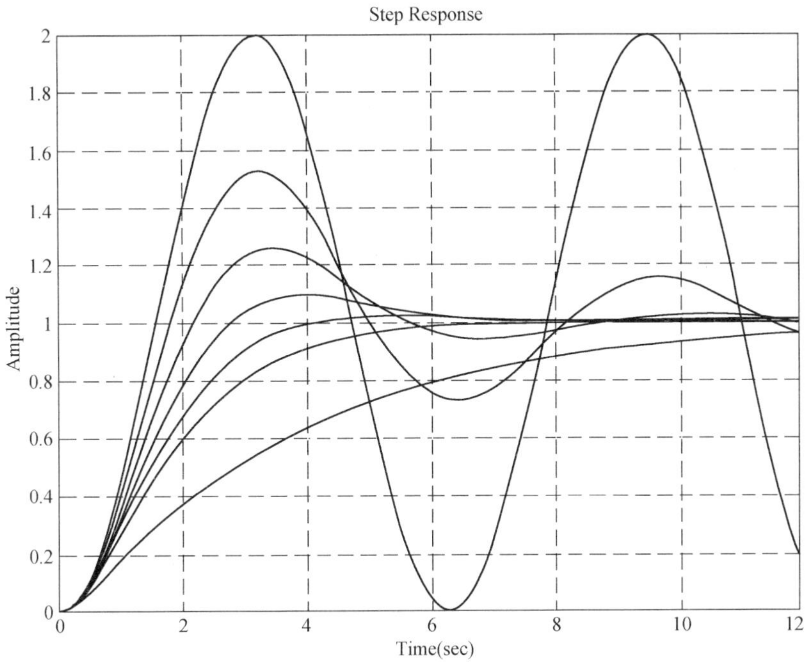

图 3.6.2　不同 ζ 值的二阶系统单位阶跃响应

例 3.6.8　闭环传递函数如下,做该系统的单位阶跃响应

$$\Phi(s) = \frac{5(s^2 + 5s + 6)}{s^3 + 6s^2 + 10s + 8}$$

解　这是一个带有零点的三阶系统,人工计算它的单位阶跃响应是十分困难的,用计算机求解却十分简单。

```
>> num = 5*[1,5,6];
>> den = [1,6,10,8];
>> step(num,den);grid
```

运行结果如图 3.6.3 所示。

利用屏幕上的箭头光标,可以求出系统的动态性能指标:$t_r = 1.43$ s,$t_p = 2.24$ s,$y_{\max} = 4.02$,$y(\infty) = 3.75$,并计算出 $\sigma_p = 7.2\%$。

3.6.3　求控制系统的单位脉冲响应

单位脉冲响应可以全面地反映控制系统的特性,求控制系统的单位脉冲响应常用下面两种方法。

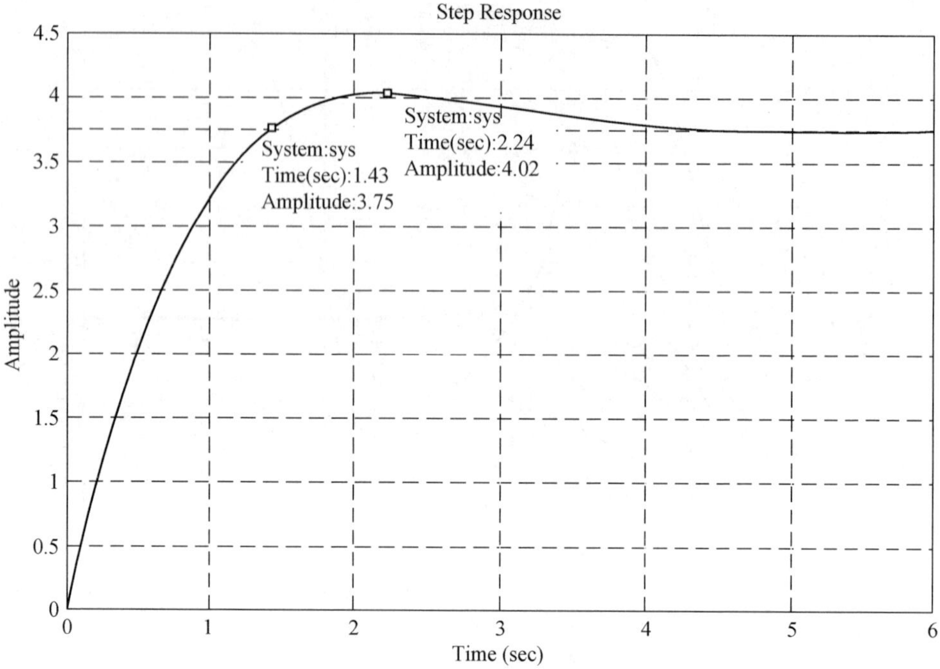

图 3.6.3　高阶系统的单位阶跃响应

方法 1:MATLAB 提供了一个求系统单位脉冲响应的命令:impulse(num,den),其中,num 和 den 分别是系统传递函数分子和分母多项式的系数。求单位脉冲响应的命令还可写成 impulse(sys) 或 impulse(sys,t),其中 sys 是系统的传递函数,t 是用户指定的时间,在(0,t) 时间区间内做系统的单位脉冲响应。

例 3.6.9　系统的闭环传递函数是

$$\Phi(s) = \frac{5s + 8}{s^3 + 6s^2 + 10s + 8}$$

求系统的单位脉冲响应。

解　在 MATLAB 提示符下,键入命令

```
>> num = [5,8];den = [1,6,10,8];
>> impulse(num,den);grid
```

运行结果如图 3.6.4 所示。

利用箭头光标,可以求出单位脉冲响应的最大值为 $k_{\max} = 0.882$,出现在 $t = 0.522$ s 的时刻;脉冲响应 $k(t)$ 第一次过零的时间,即单位阶跃响应的峰值时间 $t_p = 2.43$ s。

方法 2:根据线性系统的性质,当初始条件为零时,$\Phi(s)$ 的单位脉冲响应与 $s \cdot \Phi(s)$ 的单位阶跃响应相同。因此可以求 $s\Phi(s)$ 的单位阶跃响应得到 $\Phi(s)$ 的单位脉冲响应。

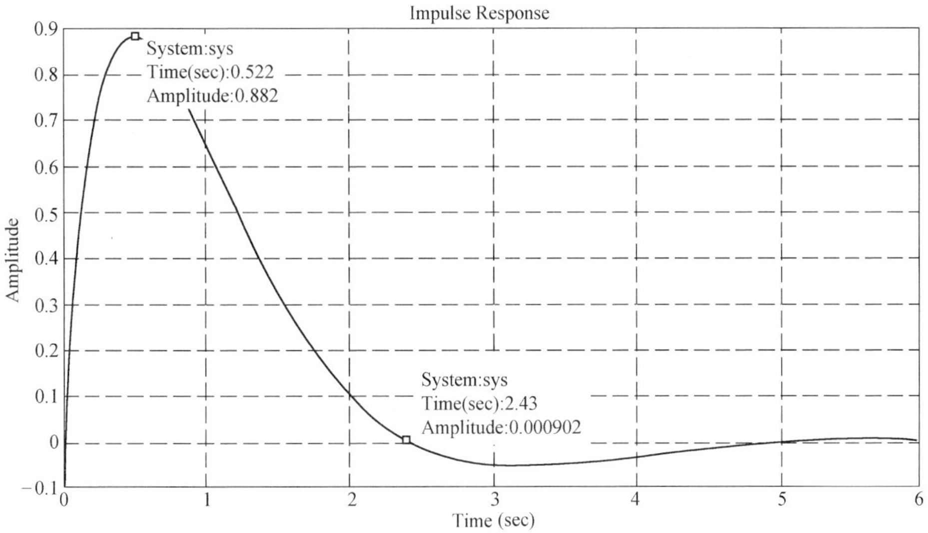

图 3.6.4　控制系统的单位脉冲响应

例 3.6.10　求二阶系统 $\Phi(s)=\dfrac{1}{s^2+0.2s+1}$ 的单位脉冲响应。

解　键入以下命令：

```
>> num = [1,0];den = [1,0.2,1];
>> step(num,den);grid
```

运行结果如图 3.6.5 所示。

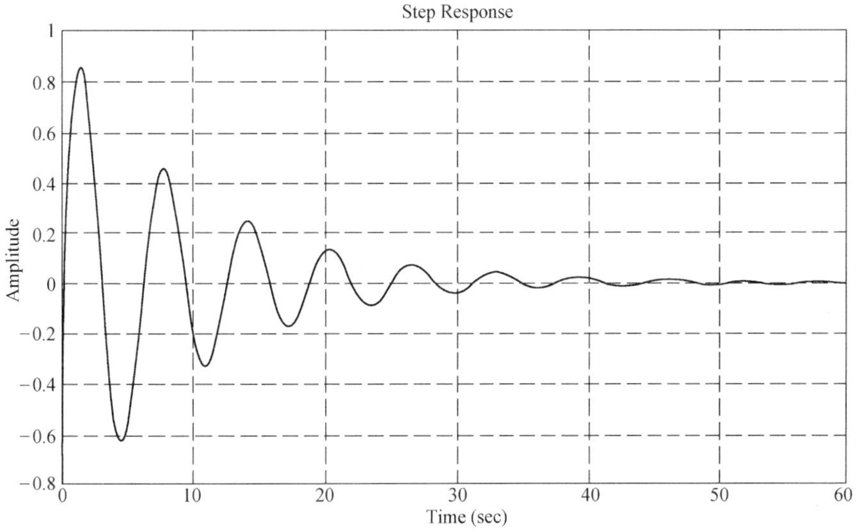

图 3.6.5　二阶系统的单位脉冲响应

对于例 3.6.9,用方法 2,键入命令:

```
>> num = [5,8,0];den = [1,6,10,8];
>> step(num,den);grid
```

可以得到与图 3.6.4 相同的结果。

3.6.4 求控制系统对任意输入的响应

MATLAB 提供一个求系统对任意输入响应的命令:lsim(sys,u,t),其中,sys 是系统的传递函数,u 是由用户定义的输入信号,t 是用户指定的时间,即在[0,t]时间内求系统的响应。

例 3.6.11 绘制典型二阶系统 $\Phi_1(s)=\dfrac{1}{s^2+s+1}$ 和 $\Phi_2(s)=\dfrac{1}{s^2+0.6s+1}$ 的单位斜坡响应。

解 首先定义 t 和 u,然后用 lsim 做系统 1 和系统 2 的单位斜坡响应。键入以下命令:

```
>> t = 0:0.01:5;
>> u = t;
>> sys = tf(1,[1,1,1]);
>> lsim(sys,u,t)
>> hold on
>> sys = tf(1,[1,0.6,1]);
>> lsim(sys,u,t);grid
```

运行结果显示见图 3.6.6。

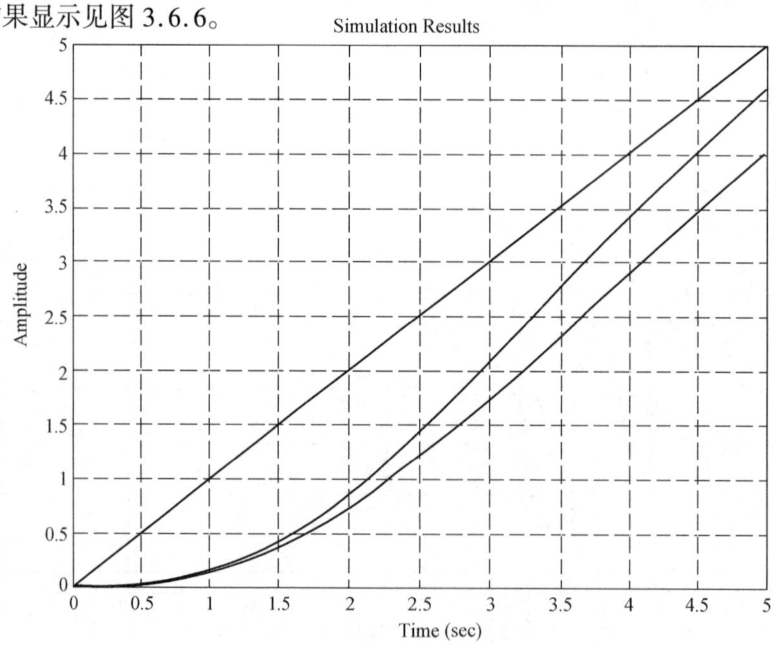

图 3.6.6 二阶系统的单位斜坡响应

求控制系统的单位斜坡响应还可以用另一方法。根据线性系统的性质，$\Phi(s)$ 的斜坡响应与 $\frac{1}{s}\Phi(s)$ 的阶跃响应相同，所以可以用后者的单位阶跃响应来代替前者的单位斜坡响应。例如，闭环传递函数为 $\Phi(s)=\frac{1}{s^2+s+1}$，求单位斜坡响应。可以做

$$\Phi'(s)=\Phi(s)\cdot\frac{1}{s}=\frac{1}{s^3+s^2+s}$$

然后对 $\Phi'(s)$ 做单位阶跃响应。键入命令：

```
>> num = [1];den = [1,1,1,0,];
>> step(num,den)
```

即可得到 $\Phi(s)$ 的单位斜坡响应。

3.7　改善控制系统动态性能的方法

利用时域分析方法可以求出系统的动态指标，若动态指标不能满足设计要求，则要寻求改善系统动态性能的方法。本节只介绍两种简单的时间域的综合方法，更为复杂、更有效的方法将在以后的章节中介绍。

3.7.1　速度反馈

典型二阶系统的开环传递函数如式(3.4.3)，如果可以对被控制量 $y(t)$ 的速度进行测量，并将输出量的速度信号反馈到系统的输入端，与偏差信号相比较，则构成带有速度反馈的二阶系统，见图 3.7.1。

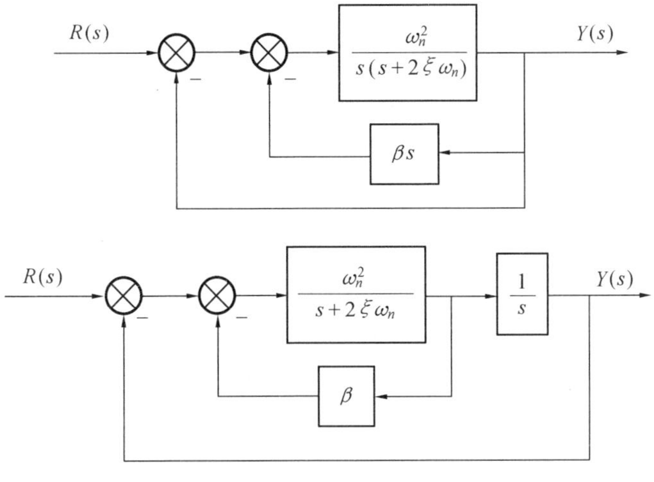

图 3.7.1　带有速度反馈的二阶系统

对于图 3.4.1 一类的伺服系统,输出量是机械转角,可以用测速发电机得到正比于角速度的电压;如果被控制量是温度、压力等物理量,对其测量的结果是变化的电压或电流,可以用 RC 网络或 RC 和运算放大器组成的有源网络得到输出变量的微分信号。

引入速度反馈后,系统的闭环传递函数为

$$\Phi(s)=\frac{Y(s)}{R(s)}=\frac{\omega_n^2}{s^2+(2\zeta\omega_n+\omega_n^2\beta)s+\omega_n^2}=\frac{\omega_n^2}{s^2+2\bar{\zeta}\omega_n s+\omega_n^2} \tag{3.7.1}$$

显然,引入速度反馈后,系统的阻尼比 $\bar{\zeta}$ 要比原阻尼比 ζ 大

$$\bar{\zeta}=\zeta+\frac{1}{2}\beta\omega_n$$

因而改变了系统的各项动态性能指标。可以利用这一关系,实现改善系统动态性能的目的。对于非标准形式的二阶系统,引入速度反馈,并适当地选取系统的其他参数,同样可以使系统的动态性能达到预定的指标。

例 3.7.1 二阶系统的方框图如图 3.7.2 所示。要求闭环系统的超调量 $\sigma_p=16.3\%$,峰值时间 $t_p=1$ s,求放大器的放大倍数 K_0 和速度反馈系数 τ。

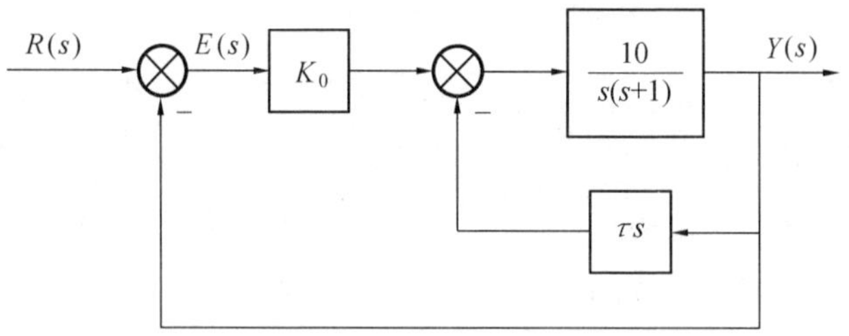

图 3.7.2 带有速度反馈的二阶系统

解 带有速度反馈系统的开环传递函数 $G(s)$ 和闭环传递函数分别是

$$G(s)=\frac{10K_0}{s^2+(1+10\tau)s}$$

$$\Phi(s)=\frac{Y(s)}{R(s)}=\frac{10K_0}{s^2+(1+10\tau)s+10K_0}$$

由系统的闭环传递函数可以得出

$$\omega_n^2=10K_0$$

$$2\zeta\omega_n=1+10\tau$$

由题目给定的动态性能指标

$$\sigma_p=e^{-\zeta\pi/\sqrt{1-\zeta^2}}=0.163$$

$$t_p/\mathrm{s} = \frac{\pi}{\omega_n \sqrt{1 - \zeta^2}} = 1$$

得到

$$\zeta = 0.5$$

$$\omega_n/(\mathrm{rad} \cdot \mathrm{s}^{-1}) = 3.63$$

由这一组数值得出

$$K_0 = 1.32 \qquad \tau = 0.263$$

本书3.4.4节的例3.4.2和例3.4.3也可以说明速度反馈对于改善系统动态性能的作用。

3.7.2　比例＋微分控制(PD控制)

比例＋微分控制的系统如图3.7.3所示。图中，K_p是放大器的放大倍数，称做比例增益或比例放大倍数；与K_p并联的是对$e(t)$起微分作用的放大电路，其中K_d称做微分增益或微分放大倍数。K_p、$K_d s$以及相加电路可以由运算放大器和电阻、电容网络构成，K_p和K_d的值可以调节。

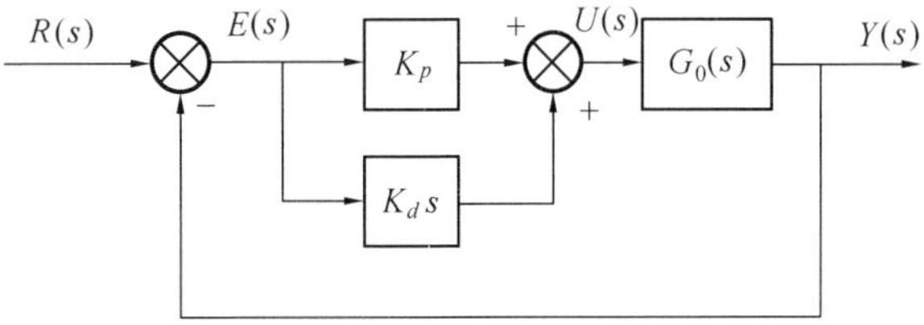

图3.7.3　比例＋微分控制系统

比例＋微分控制器的传递函数是

$$G_c(s) = \frac{U(s)}{E(s)} = K_p + K_d s = K_p\left(1 + \frac{K_d}{K_p}s\right) = K_p(1 + \tau s)$$

比例＋微分控制器是在对系统施加的作用信号$U(s)$中，加入偏差信号的微分，微分信号有预测作用，这就使系统在出现误差或误差增大之前，提前产生修正作用，从而达到改善系统动态性能的目的。

下面以欠阻尼二阶系统为例，讨论比例＋微分控制对改善系统动态过程的作用。

在图3.7.3中，设

$$G_0(s) = \frac{K_0}{s(Ts + 1)}$$

在没有PD校正的情况下，系统的闭环传递函数是

$$\Phi(s) = \frac{K_0}{Ts^2 + s + K_0}$$

相应的$\omega_n = \sqrt{K_0/T}$，$\zeta = 1/2\sqrt{K_0 T}$。

采用PD校正后，比例＋微分控制器的传递函数为

$$G_c(s) = K_p\left(\frac{K_d}{K_p}s + 1\right) = K_p(\tau s + 1)$$

式中，$\tau = K_d/K_p$。校正后系统的闭环传递函数为

$$\bar{\Phi}(s) = \frac{K_0K_p(\tau s + 1)}{Ts^2 + (K_0K_p\tau + 1)s + K_0K_p}$$

相应的参数为

$$\bar{\omega}_n = \sqrt{\frac{K_0K_p}{T}} \qquad \bar{\zeta} = \frac{K_0K_p\tau + 1}{2\sqrt{TK_0K_p}}$$

对比无 PD 校正的 ω_n、ζ 和有 PD 校正的 $\bar{\omega}_n$、$\bar{\zeta}$，可以看到，只要适当地选取 K_p 和 K_d 的值，就可以增大系统的无阻尼振荡频率和阻尼比，使系统的快速性和平稳性都得到改善。

采用PD控制使闭环传递函数中增加了一个零点 $-\frac{1}{\tau}$。只要在选取校正参数 K_p 和 K_d 时，使零点远离虚轴，校正后的闭环极点即成为主导极点，可以按照标准二阶系统的计算方法来估算系统的动态性能指标。如果不能满足主导极点的条件，可以用MATLAB做出带有零点的二阶系统的阶跃响应，并求出各项动态性能指标。

例 3.7.2 采用 PD 校正的控制系统如图 3.7.4 所示。要求系统的动态过程指标为 $\sigma_p \leqslant 16\%$，$t_s \leqslant 4$ s($\Delta = 0.02$)，求 PD 校正参数 K_p 和 K_d。

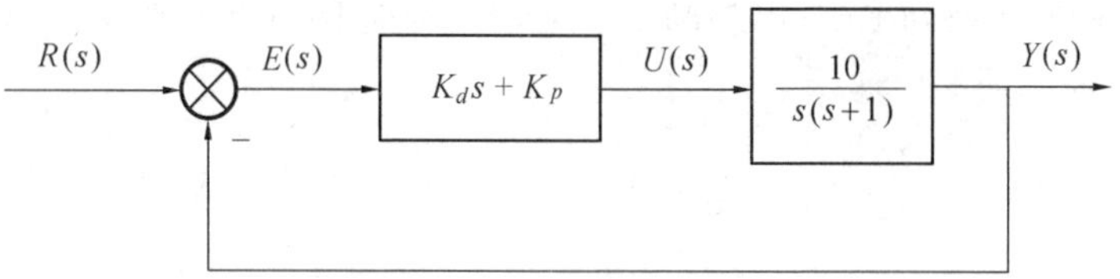

图 3.7.4　PD 校正的控制系统

解　在没有校正的情况下，系统的闭环传递函数是

$$\Phi(s) = \frac{10}{s^2 + s + 10}$$

相应的参数是

$$\omega_n = \sqrt{10} = 3.16 \qquad \zeta = \frac{1}{2\sqrt{10}} = 0.158$$

求出系统的动态性能指标

$$\sigma_p = 60\% \qquad t_s/\text{s} = 8$$

显然，动态过程指标不满足要求。

采用 PD 校正后，系统的闭环传递函数为

$$\Phi(s) = \frac{10K_p(\tau s + 1)}{s^2 + (10K_p\tau + 1)s + 10K_p} \qquad \tau = \frac{K_d}{K_p}$$

相应的参数是

$$\omega_n = \sqrt{10K_p} \qquad \zeta = \frac{10K_p\tau + 1}{2\sqrt{10K_p}}$$

为了满足动态性能指标 $T_s \leqslant 4$ s 和 $\sigma_p \leqslant 16\%$，按二阶系统计算，系统参数应满足的条件是

$$\omega_n \geqslant 2 \qquad \zeta \geqslant 0.5$$

解出

$$K_p \geqslant 0.4 \qquad \tau \geqslant 0.25$$

若取 $K_p = 0.4, \tau = 0.25$，则 $K_d = 0.1$。

PD 校正后，闭环传递函数中增加了一个零点。对具有零点的二阶系统的动态性能指标没有准确简捷的计算方法，利用一些近似公式只能做估算。可以用 MATLAB 做 PD 校正后系统的单位阶跃响应，并求出相应的动态性能指标，如果与要求的指标略有差别，可以适当地调整 PD 校正参数，使系统满足性能要求。

3.8　线性系统的稳定性

稳定是控制系统能够正常工作的前提条件，因此，研究控制系统的稳定性是控制理论的重要课题。对于非线性系统和时变系统，稳定性分析是非常复杂和非常困难的。本着由浅入深的原则，本节只讨论线性定常系统的稳定性，更复杂的情形留待以后的章节研究。

3.8.1　稳定的基本概念

图 3.8.1 是一个单摆的示意图，可以用来说明稳定性的一些基本概念。图中的单摆除了重力和空气阻力以外，没有其他外界力的作用时，a 点和 d 点是单摆的两个平衡点，在平衡点，如果令初始位置及其各阶导数为零，则单摆会静止在平衡点上。如果受到一个瞬时的冲击外力作用，当冲击的外作用力消失以后，对于平衡点 a，单摆经过一段时间的运动，最终会回到平衡点 a，并静止在点 a；对于平衡点 d，单摆受到冲击作用偏离平衡点 d 后，则最终不会回到平衡点 d，并且不会静止在平衡点 d。这样，就认为 a 点是单摆的一个稳定的平衡点；d 点是单摆的一个不稳定的平衡点。

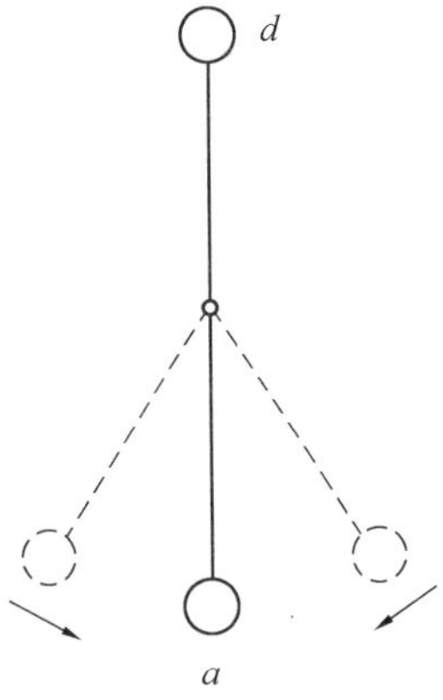

图 3.8.1　单摆运动示意图

对于线性定常控制系统，闭环传递函数是

$$\Phi(s) = \frac{Y(s)}{R(s)} = \frac{b_m s^m + b_{m-1}s^{m-1} + \cdots + b_1 s + b_0}{a_n s^n + a_{n-1}s^{n-1} + \cdots + a_1 s + a_0} \tag{3.8.1}$$

描述系统运动规律的微分方程是

$$a_n \frac{d^n y}{dt^n} + a_{n-1} \frac{d^{n-1} y}{dt^{n-1}} + \cdots + a_1 \frac{dy}{dt} + a_0 y = b_m \frac{d^m r}{dt^m} + b_{m-1} \frac{d^{m-1} r}{dt^{m-1}} + \cdots + b_1 \frac{dr}{dt} + b_0 r$$

显然,当输入信号 $r(t) = 0$ 时,如果输出信号 $y(t)$ 及其各阶导数都等于零,则系统会静止在 $y(t) = 0$。如果对系统施加一个瞬时的冲击作用,令 $r(t) = \delta(t)$,系统的输出信号 $y(t)$ 最终能够达到 $y(t) = 0$,并且静止在 $y(t) = 0$,则认为该线性定常系统是稳定的;如果不能达到 $y(t) = 0$,并且不能静止在 $y(t) = 0$,则认为该线性定常系统是不稳定的。

线性系统输出信号 $y(t)$ 对脉冲输入 $r(t) = \delta(t)$ 的响应称做系统的脉冲响应,记作 $k(t)$。所以,判断线性定常系统是否稳定的依据是

$$\lim_{t \to \infty} k(t) = 0 \tag{3.8.2}$$

如果能够实现上式,则该系统是稳定的;如果不能实现上式,则该系统是不稳定的。

关于稳定性的严格定义,在以后的章节中将会做更进一步的讨论。

3.8.2 线性定常系统稳定的充分必要条件

根据稳定性的基本概念,可以用系统的单位脉冲响应 $k(t)$ 是否满足式(3.8.2)来判断系统是否稳定。由于 $\delta(t)$ 的拉氏变换为1,所以系统的单位脉冲响应为

$$k(t) = \mathbf{L}^{-1}[\Phi(s)] = \mathbf{L}^{-1}\left[\frac{k\prod_{i=1}^{m}(s - z_i)}{\prod_{j=1}^{q}(s - s_j)\prod_{k=1}^{r}(s^2 + 2\zeta_k\omega_{nk}s + \omega_{nk}^2)}\right] =$$

$$\sum_{j=1}^{q} A_j e^{s_j t} + \sum_{k=1}^{r} B_k e^{-\zeta_k\omega_{nk}t}\cos(\omega_{nk}\sqrt{1 - \zeta_k^2}t) + C_k e_k^{-\zeta_k\omega_{nk}t}\sin(\omega_{nk}\sqrt{1 - \zeta_k^2}t) \tag{3.8.3}$$

式中,$s_j(j = 1,2,\cdots,q)$ 和 $s_k = -\zeta_k\omega_{nk} \pm j\omega_{nk}\sqrt{1 - \zeta_k^2}(k = 1,2,\cdots,r)$,$(q + 2r = n)$ 是系统的闭环极点。

式(3.8.3)表明:当且仅当系统的闭环极点全部具有负实部时,式(3.8.2)才成立,系统是稳定的;若系统的闭环极点中有一个或一个以上具有正实部,则 $\lim_{t \to \infty} k(t) \to \infty$,系统是不稳定的;若系统的闭环极点中有一个或一个以上具有零实部,则 $k(t)$ 趋于常数或者是等幅正弦振荡,这种情况称做临界稳定。

线性定常系统的稳定性取决于闭环传递函数式(3.8.1)的极点,即方程

$$D(s) = a_n s^n + a_{n-1}s^{n-1} + \cdots + a_1 s + a_0 = 0 \tag{3.8.4}$$

的根。方程(3.8.4)称做闭环系统的特征方程。特征方程的根决定了闭环系统的稳定性。

对于以上分析可以总结为如下定理。

定理 3.8.1 线性定常系统稳定的充分必要条件是:闭环系统特征方程的根全部具有负实部。或者说,闭环传递函数的极点全部在 S 平面的左半平面。

对于 BIBO 稳定性定义,可以用单位阶跃信号代表一种有界输入。闭环系统式(3.8.1)在单位阶跃输入信号作用下,其输出响应如式(3.5.1)。式(3.5.1)中,稳态分量为一有界值,暂态分量与式(3.8.3)相同,暂态分量衰减为零的条件仍是闭环极点全部具有负实部,这也是闭环系统稳定的充分必要条件。

典型输入信号中,等幅正弦函数也是一种有界输入。等幅正弦作为系统的输入信号,其输出响应将在第 5 章中讨论,并仍可得到与上面相同的结论。

若闭环极点中,有实部为零的极点,即在虚轴上有闭环极点,则有式(3.5.1)的暂态分量中,出现不衰减的有界常值或等幅正弦振荡,闭环系统成为临界稳定。但是,按 BIBO 稳定定义,闭环系统的输出是有界的,系统符合 BIBO 稳定的条件。在工程实践中,临界稳定的闭环系统是不能正常工作的,所以在使用 BIBO 稳定定义时,要注意区别稳定与临界稳定。

使用零输入稳定性的概念,也可以推导出与定理 3.8.1 相同的结论。

对于工程实践中的控制系统设计问题,控制系统的稳定性可以概括为:只有闭环极点(特征方程的根)全部在 S 平面的左半平面,系统才是稳定的;只要在平面的右半平面或虚轴上存在闭环极点,系统便是不稳定的;对于理论性的控制系统分析问题,则应区别稳定、临界稳定和不稳定的三种情况。

从以上的分析得出结论:线性定常系统的稳定性完全取决于闭环极点在平面上的分布,这种分布模式又完全取决于系统的结构和参数,所以线性定常系统的稳定性是其自身固有的特性,与外界输入信号无关。

3.8.3　劳斯(Routh)稳定判据

线性定常系统稳定的充要条件是其闭环系统特征方程的根全部具有负实部。因此,判断线性系统是否稳定首先要求解闭环系统的特征方程,然后再判断这些特征根是否全部具有负实部。当系统的阶次较高时,特征方程是高阶代数方程,求解十分困难。劳斯判据提供了一种不需要求解特征方程,通过特征方程各项系数来分析闭环系统稳定性的方法,并且能够判断出位于 S 平面右半平面的闭环极点个数。

设闭环系统的特征方程为

$$D(s) = a_n s^n + a_{n-1} s^{n-1} + \cdots + a_1 s + a_0 = 0 \tag{3.8.5}$$

劳斯稳定判据是:特征方程如果同时满足下面三个条件,闭环系统是稳定的。

(1) 特征方程(3.8.5)的各项系数 $a_i(i = 1,2,\cdots,n)$ 都不等于零,即方程(3.8.5)按降幂排列不缺项。

(2) 特征方程(3.8.5)的各项系数全部是正实数。当然,各项系数全部是负实数可以等效变换成全部是正实数。

(3) 用特征方程(3.8.5)的各项系数排成劳斯行列表,表中的第一列各元全部大于零。

劳斯行列表的排列与计算方法如下

$$
\begin{array}{cccccc}
s^n & a_n & a_{n-2} & a_{n-4} & a_{n-6} & \cdots \\
s^{n-1} & a_{n-1} & a_{n-3} & a_{n-5} & a_{n-7} & \cdots \\
s^{n-2} & b_1 & b_2 & b_3 & \cdots & \cdots \\
\vdots & c_1 & c_2 & c_3 & \cdots & \cdots \\
s^2 & \vdots & \vdots & \vdots & \ddots & \\
s^1 & \vdots & \vdots & \vdots & & \ddots \\
s^0 & \vdots & \vdots & \vdots & \cdots & \cdots
\end{array}
$$

其中

$$b_1 = \frac{a_{n-1}a_{n-2} - a_n a_{n-3}}{a_{n-1}}$$

$$b_2 = \frac{a_{n-1}a_{n-4} - a_n a_{n-5}}{a_{n-1}}$$

$$b_3 = \frac{a_{n-1}a_{n-2} - a_n a_{n-7}}{a_{n-1}}$$

$$\vdots \qquad \vdots$$

$$c_1 = \frac{b_1 a_{n-3} - a_{n-1}b_2}{b_1}$$

$$c_2 = \frac{b_1 a_{n-5} - a_{n-1}b_3}{b_1}$$

表中其他项的计算方法依此类推。

劳斯表中最左一列 $s^n, s^{n-1}, \cdots, s^1, s^0$ 是行的标志,劳斯行列表要计算到 s^0 行为止。劳斯行列表的第一列是 $a_n, a_{n-1}, b_1, c_1, \cdots$。

劳斯行列表具有以下性质:

(1) 在计算劳斯行列表时,用同一个正数去乘(或除)某一行的各个元,不会影响稳定性判定的结果。这样做往往可以简化以后的运算。

(2) 劳斯行列表第一列元自上而下符号改变的次数等于闭环系统特征方程中具有正实部根的个数。

例 3.8.1 控制系统的特征方程为

$$D(s) = s^4 + 2s^3 + 3s^2 + 4s + 5 = 0$$

用劳斯判据判断该系统的稳定性。

解 该特征方程满足劳斯判据的第一条、第二条,下面根据劳斯行列表的排列计算规则做出劳斯行列表

$$
\begin{array}{llll}
s^4 & 1 & 3 & 5 \\
s^3 & 2 & 4 & 0 \\
s^2 & 1 & 5 & 0 \\
s^1 & -6 & & \\
s^0 & 5 & &
\end{array}
$$

行列表中第一列元变号两次，说明该系统不稳定，特征方程有两个正实部根。

例 3.8.2　系统的特征方程为

$$D(s) = s^4 + s^3 - 25s^2 - 19s + 30 = 0$$

试用劳斯判据判断该系统的稳定性，并确定具有正实部特征根的数目。

解　该特征方程不满足劳斯判据的第二条，所以该系统不稳定。

按规则做出劳斯行列表

$$
\begin{array}{llll}
s^4 & 1 & -25 & 30 \\
s^3 & 1 & -19 & 0 \\
s^2 & -6 & 30 & \\
s^1 & -14 & 0 & \\
s^0 & 30 & &
\end{array}
$$

由劳斯行列表的第一列看出，第一列元变号两次，所以该系统的特征方程有两个正实部根。

在计算劳斯行列表时，有时会遇到一些特殊情况，使得劳斯行列表的计算出现困难，因此需要做相应的处理。出现的特殊情况和解决的方法如下。

1. 劳斯行列表中某一行的第一元为零，而其他元不为零或不全为零

出现这种情况时，下一行会遇到以零为分母的计算式，以致无法计算。解决这一问题的方法之一是：

在原特征方程中，令 $s = \dfrac{1}{x}$，构成以 x 为未知数的新代数方程。显然，后者正实部根的个数与原特征方程正实部根的个数相同。因此，只要按关于 x 的代数方程列写劳斯行列表，即会得到对原系统稳定性相同的判定结果。

例 3.8.3　系统的特征方程是

$$D(s) = s^4 + s^3 + 2s^2 + 2s + 5 = 0$$

试用劳斯判据判断该系统的稳定性。

解　对原特征方程列写劳斯行列表

$$
\begin{array}{llll}
s^4 & 1 & 2 & 5 \\
s^3 & 1 & 2 & 0 \\
s^2 & 0 & 5 &
\end{array}
$$

在 s^2 行出现第一元为零的情况,下一行无法计算。

在特征方程 $D(s)$ 中,令 $s=\frac{1}{x}$,得到

$$D(x)=5x^4+2x^3+2x^2+x+1$$

列写 $D(x)$ 的劳斯行列表

x^4	5	2	1
x^3	2	1	0
x^2	-1	2	
x^1	5		
x^0	2		

表中第一列变号两次,说明原系统有两个正实部根,不稳定。

这一方法的优点是 $D(x)$ 与 $D(s)$ 的系数成对应关系,所以方法简捷;缺点是如果 $D(s)$ 与 $D(x)$ 的系数相同,则问题仍无法解决。

解决第一项为零问题的另一方法是,用 $(s+a)$ 乘原特征方程 $D(s)$,其中 a 为任意正实数,得到新的方程 $\bar{D}(s)$,$\bar{D}(s)$ 除了具有原特征方程 $D(s)$ 的全部根外,又增加了一个负实根 $(-a)$,因此,用方程 $\bar{D}(s)$ 来判断系统的稳定性,会得到正确的结果。

在例 2.7 中,用 $(s+1)$ 乘原特征方程 $D(s)$,得到

$$\bar{D}(s)=s^5+2s^4+3s^3+4s^2+7s+5$$

列写劳斯行列表

s^5	1	3	7
s^4	2	4	5
s^3	2	9	
s^2	-10	10	
s^1	11		
s^0	10		

表中第一列变号两次,表示原系统有两个正实部根,不稳定。

2. 劳斯行列表中,某一行各项全为零

当劳斯行列表出现全零行时,可用全零行上面一行的系数构造一个辅助方程 $F(s)=0$,并将辅助方程对 s 求导,用所得导数方程的系数取代全零行各元,然后将劳斯行列表按规则继续计算下去,直到得出完整的劳斯行列表。

辅助方程的根是原特征方程根的一部分。辅助方程一般为偶次方程,它的根是成对出现的,由绝对值相同、符号相反的根组成。求解辅助方程能够求出系统不稳定的根。

例 3.8.4　系统的特征方程为

$$D(s) = s^3 + 2s^2 + s + 2 = 0$$

试用劳斯判据分析该系统的稳定性。

解　对原特征方程 $D(s) = 0$ 列写劳斯行列表

$$\begin{array}{lll} s^3 & 1 & 1 \\ s^2 & 2 & 2 \\ s^1 & 0 & 0 \end{array}$$

在 s^1 行出现全零。用 s^2 行构造辅助方程

$$F(s) = 2s^2 + 2 = 0$$

$F(s)$ 对 s 求导,得 $4s = 0$。将系数 4 代入劳斯行列表中的 s^1 行,得

$$\begin{array}{lll} s^3 & 1 & 1 \\ s^2 & 2 & 2 \\ s^1 & 4 & 0 \\ s^0 & 2 & \end{array}$$

虽然代换后劳斯行列表的第一列为正数,但不说明系统稳定,因为辅助方程 $F(s) = 2s^2 + 2 = 0$ 的根 $s = \pm \mathrm{j}$ 是原特征方程的根,所以原系统是临界稳定的。

例 3.8.5　系统的特征方程为

$$D(s) = s^6 + 4s^5 - 4s^4 + 4s^3 - 7s^2 - 8s + 10 = 0$$

求该系统在右半平面特征根的数目。

解　因为特征方程各项系数有正有负,所以系统不稳定。列劳斯行列表

$$\begin{array}{llllll} s^6 & 1 & -4 & -7 & 10 & \\ s^5 & 4 & 4 & -8 & 0 & \\ s^4 & -5 & -5 & 10 & & \text{各元皆除以 5} \\ & -1 & -1 & 2 & & \\ s^3 & 0 & 0 & & & \text{做辅助方程 } -s^4 - s^2 + 2 = 0 \\ & -4 & -2 & & & \text{求导得 } -4s^3 - 2s = 0 \\ s^2 & -\frac{1}{2} & 2 & & & \text{各元同乘以 2} \\ & -1 & 4 & & & \\ s^1 & -18 & & & & \\ s^0 & 4 & & & & \end{array}$$

劳斯行列表第一列两次变号,说明系统有两个特征根具有正实部。此外,解辅助方程

$-s^4-s^2+2=0$,辅助方程的4个根是 $s_{1,2}=\pm j\sqrt{2}$ 和 $s_{3,4}=\pm 1$,说明特征方程还有一对位于 S 平面虚轴上的纯虚根。

3.8.4 用 MATLAB 分析控制系统的稳定性

MATLAB 提供了一条求代数方程根的命令,可以直接求高阶代数方程的根,因此用计算机可以非常简便地分析系统的稳定性。

1.直接求根

求根命令的格式是:roots(den)。其中,den 是高阶代数方程的各项系数,按降幂排列。系数中若有零,则需在相应的位置键入"0"。

例 3.8.6 系统的特征方程是

$$D(s)=s^6+2s^5+8s^4+12s^3+20s^2+16s+16=0$$

试分析该系统的稳定性。

解 在 MATLAB 下,键入命令:

```
>> den = [1,2,8,12,20,16,16];
>> roots(den)
```

运行结果显示

```
ans =
     0.0000 + 2.0000i
     0.0000 - 2.000i
      - 1.0000 + 1.000i
      - 1.0000 - 1.0000i
     0.0000 + 1.4142i
     0.0000 - 1.4142i
```

结果显示,该系统有两对闭环极点在 S 平面虚轴上,有一对复数闭环极点在 S 平面左半平面,因此闭环系统是临界稳定的。

2.判断稳定性

如果在 MATLAB 命令中加入一些判别和显示稳定性的语句,还可以判断系统的稳定性,并指出具有正实部的不稳定极点。

例 3.8.7 系统的特征方程是

$$s^4+3s^3+3s^2+2s+3=0$$

判断该系统是否稳定,并指出不稳定极点。

解 在 MATLAB 下,键入下列命令:

```
>> den = [1,3,3,2,3];p = roots(den);
>> ii = find(real(p)) > 0;n1 = length(ii);
```

```
> > if(n1 > 0),disp('System is unstable The unstable poles are:');disp(p(ii));
else,disp('System is stable');end
```

运行结果显示

```
System is unstable. The unstable poles are:
0.1726 + 0.9491i
0.1726 - 0.9491i
```

3.由开环传递函数直接求闭环极点

分析闭环系统稳定性时,由开环传递函数求闭环传递函数,然后得出特征方程,再求特征方程根,其中有一些很繁琐的运算。用计算机可以直接完成这些运算。

例 3.8.8 控制系统如图 3.8.2,求该系统的闭环极点,并判断其稳定性。

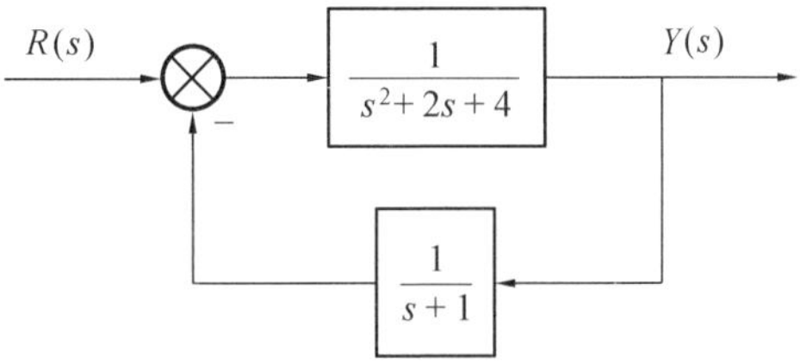

图 3.8.2 闭环控制系统

解 在 MATLAB 下,键入下列命令:

```
> > G = tf([1],[1,2,4]);H = tf(1,[1,1]);
> > s = feedback(G,H);p = eig(s)
```

运行结果显示出闭环极点:

```
P =
    - 0.8389 + 1.7544i
    - 0.8389 - 1.7544i
    - 1.3222
```

由于系统的闭环极点全部具有负实部,所以闭环系统是稳定的。程序中,eig(s) 是求系统 s 特征根的命令。

3.9 求取保证系统稳定的条件

虽然用 MATLAB 可以直接求出系统的闭环极点,比用劳斯判据更简捷地判断出系统的稳定性,但用劳斯判据可以得出保证系统稳定的条件,为控制系统的设计和调试提供重要的参考。下面通过一些例子来说明。

1.确定某个参数的取值范围

例 3.9.1 某控制系统的方框图如图 3.9.1 所示。已知参数 $\zeta = 0.2, \omega_n = 86.6$,试确定参数 K_1 取何值时系统方能稳定。

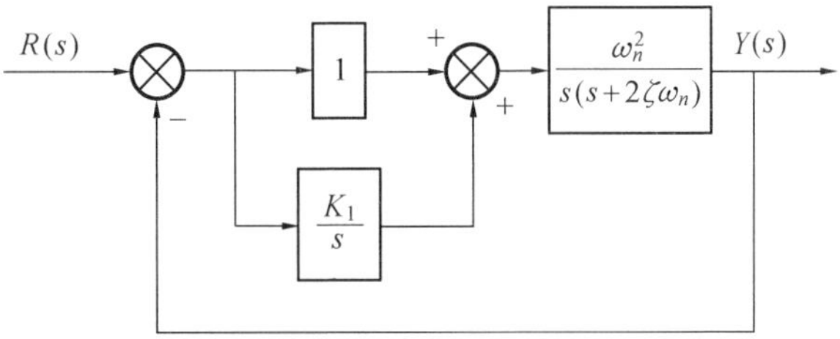

图 3.9.1 控制系统方框图

解 图 3.9.1 所示系统的闭环传递函数为

$$\Phi(s)=\frac{Y(s)}{R(s)}=\frac{\omega_n^2(s+K_1)}{s^3+2\zeta\omega_n s^2+\omega_n^2 s+K_1\omega_n^2}$$

由闭环传递函数求得系统的特征方程为

$$D(s)=s^3+34.6s^2+7\,500s+7\,500K_1=0$$

列出相应的劳斯行列表

$$\begin{array}{lll} s^3 & 1 & 7\,500 \\ s^2 & 34.6 & 7\,500K_1 \\ s^1 & \dfrac{34.6\times7\,500-7\,500K_1}{34.6} & 0 \\ s^0 & 7\,500K_1 & \end{array}$$

按照劳斯行列表第一列各元全大于零的条件,应满足下列不等式

$$\frac{34.6\times7\,500-7\,500K_1}{34.6}>0$$

$$7\,500K_1>0$$

解出 $0<K_1<34.6$。参数 K_1 只有在这范围内取值,才能保证闭环系统稳定。

例 3.9.2 某控制系统的特征方程为

$$D(s)=s^3+(\lambda+1)s^2+(\lambda+\mu-1)s+(\mu-1)=0$$

其中 λ 和 μ 为待定参数。试确定能使系统稳定的参数 λ 和 μ 的取值范围。

解 根据给定的特征方程列写出劳斯行列表

$$\begin{array}{lll} s^3 & 1 & \lambda+\mu-1 \\ s^2 & \lambda+1 & \mu-1 \\ s^1 & \dfrac{\lambda(\lambda+\mu)}{\lambda+1} & 0 \\ s^0 & \mu-1 & \end{array}$$

表中第一列各元全大于零的条件是

$$\lambda+1>0$$

$$\frac{\lambda(\lambda+\mu)}{\lambda+1}>0$$

$$\mu-1>0$$

综合上面三个不等式,得出保证系统稳定的条件是 $\lambda>0$ 和 $\mu>1$。

2. 确定某些参数间的相互关系

例 3.9.3 单位负反馈系统的开环传递函数为

$$G(s)=\frac{K}{s(Ts+1)(2s+1)}\quad(K>0,T>0)$$

(1) 为使闭环系统稳定,K 和 T 应满足什么关系?在 $K-T$ 直角坐标中画出使闭环系统稳定的区域。

(2) 若闭环系统处于临界稳定,持续振荡频率为 1 rad/s,求 K 和 T 的值。

解　(1) 系统的特征方程为

$$D(s)=s(Ts+1)(2s+1)+K=2Ts^3+(2+T)s^2+s+K=0$$

列出劳斯行列表

$$\begin{array}{lcc} s^3 & 2T & 1 \\ s^2 & 2+T & K \\ s^1 & \dfrac{2+T-2KT}{2+T} & 0 \\ s^0 & K & \end{array}$$

为保证系统稳定,除了条件 $K>0$, $T>0$ 外,还应满足 $2+T-2KT>0$,即

$$K<\frac{1}{T}+\frac{1}{2}$$

参数 K 和 T 应满足上面不等式的关系,能保证闭环系统稳定。

根据上式,图 3.9.2 中的阴影区即是参数 K 和 T 的取值范围。

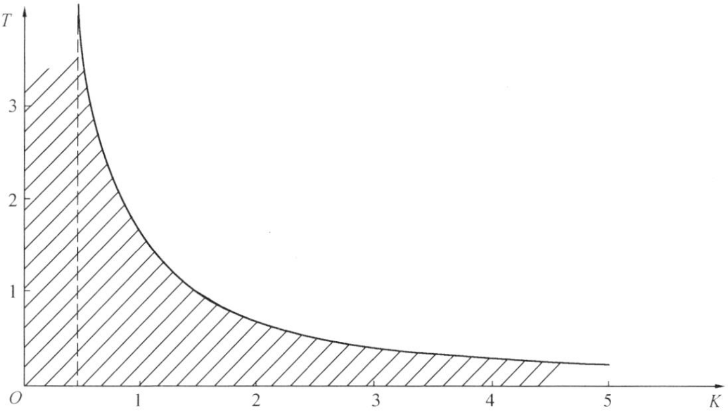

图 3.9.2　保证系统稳定的参数区域

(2) 若系统有频率为 $\omega=1$ rad/s 的持续振荡,说明系统的特征方程有一对纯虚根 $\pm$ j。根据特征方程出现纯虚根和劳斯行列表的关系,令劳斯行列表中行 s^1 为零,得

$$K=\frac{1}{T}+\frac{1}{2} \tag{3.9.1}$$

由 s^2 行得辅助方程

$$(2+T)s^2+K=0$$

$$s = \pm j\sqrt{\frac{K}{2+T}}$$

故

$$\frac{K}{2+T} = 1 \qquad K = 2 + T \tag{3.9.2}$$

由式(3.9.1) 和式(3.9.2) 解出

$$T = \frac{1}{2} \qquad K = \frac{5}{2}$$

这个问题的另一解法是：将 $s = j\omega$(且 $\omega = 1$) 代入特征方程，再令实部、虚部分别等于零，即可解出 T 和 K 的值。

3. 保证系统稳定并且闭环极点远离虚轴

例3.9.4 系统的方框图如图3.9.3所示。要求闭环系统的特征根全部在 $s = -1 \pm j\omega$ 线的左侧，试确定参数 K 的取值范围。

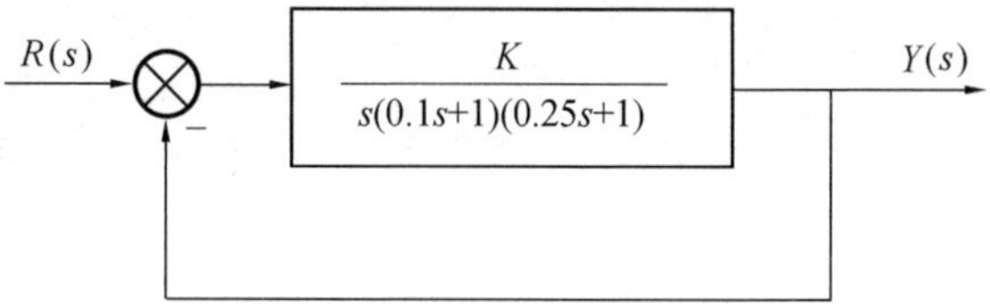

图 3.9.3　控制系统方框图

解　由方框图可求得系统的特征方程为

$$s^3 + 14s^2 + 40s + 40K = 0$$

要求 s 的实部小于 -1。令 $s = z - 1$，代入上式，得

$$z^3 + 11z^2 + 15z + (40K - 27) = 0$$

显然，若 z 的实部小于0，则 s 的实部小于 -1。由 z 的方程式列写出劳斯行列表

$$\begin{array}{lcc} z^3 & 1 & 15 \\ z^2 & 11 & 40K - 27 \\ z^1 & \dfrac{11 \times 5 - (40K - 27)}{11} & 0 \\ z^0 & 40K - 27 & \end{array}$$

若劳斯行列表中第一列各元全大于零，则得到不等式

$$11 \times 15 - (40K - 27) > 0$$

$$40K - 27 > 0$$

综合两个不等式，得到 K 的取值范围

$$0.675 < K < 4.8$$

3.10　线性控制系统的稳态误差

控制系统的稳态误差是表征系统性能的一项重要指标，它表示在动态过程结束后，系统的被控制量能否达到期望值或按期望的规律变化。控制系统中元件会存在一些缺陷，如电子放大

器的漂移、机械装置的磨损和间隙等,这也将使系统产生一定的稳态误差。但本节不讨论因元件缺陷造成的稳态误差,只讨论在系统设计中产生的原理性稳态误差。

必须强调指出,只有稳定的控制系统,研究稳态误差才有意义。在研究和计算稳态误差之前,必须首先确认该控制系统是否稳定。

3.10.1 控制系统的误差与稳态误差

在图3.10.1中,$r(t)$是系统的输入信号,$y(t)$是控制系统实际的输出信号。控制系统在工作时,期望的输出信号 $y_r(t)$ 与实际的输出信号 $y(t)$ 之差定义为误差,记为

$$e(t) \triangleq y_r(t) - y(t) \tag{3.10.1}$$

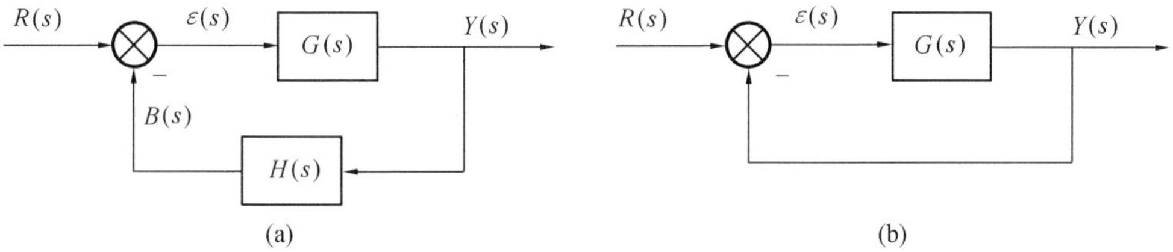

图 3.10.1 负反馈控制系统

在设计负反馈控制系统时,一般的情况下是希望反馈信号 $b(t)$ 与输入信号 $r(t)$ 一致,见图 3.10.1(a),即期望的反馈信号 $b_r(t) = r(t)$,$B_r(s) = R(s)$。依据系统中各信号的关系,期望的输出信号的拉氏变换式是

$$Y_r(s) = \frac{1}{H(s)}B_r(s) = \frac{1}{H(s)}R(s) \tag{3.10.2}$$

由式(3.10.1) 和式(3.10.2) 可以得出系统的误差信号的拉氏变换式是

$$\varepsilon(s) = Y_r(s) - Y(s) = \frac{1}{H(s)}R(s) - \frac{1}{H(s)}B(s) = \frac{1}{H(s)}[R(s) - B(s)] =$$

$$\frac{1}{H(s)}\varepsilon(s) = \frac{1}{H(s)}\Phi_\varepsilon(s) \cdot R(s) \tag{3.10.3}$$

对于图 3.10.1(b) 所示的单位反馈系统,$H(s) = 1$,$\varepsilon(s) = E(s)$,误差信号 $e(t)$ 等于系统中的偏差信号 $\varepsilon(t)$。偏差信号的拉氏变换式可以由系统的传递函数求得

$$\varepsilon(s) = \Phi_\varepsilon(s) \cdot R(s) = \frac{1}{1 + G(s)}R(s) \tag{3.10.4}$$

稳态误差的定义是误差信号的稳态值,记为

$$e_{ss} = \lim_{t\to\infty} e(t) \tag{3.10.5}$$

对于单位反馈系统,稳态误差可以由偏差信号的稳态值求得

$$e_{ss} = \lim_{t\to\infty} \varepsilon(t) \tag{3.10.6}$$

从式(3.10.4)和式(3.10.3)看出,单位反馈系统误差的拉氏变换式和非单位反馈系统误差的拉氏变换式都可以由系统的数学模型求得,式(3.10.4)和式(3.10.3)的差别仅在于式(3.10.3)多了一个$\frac{1}{H(s)}$因子。因此,只要由式(3.10.4)的$E(s)$计算出单位反馈系统的稳态误差e_{ss},就可以用相似的方法,由式(3.10.3)计算出非单位反馈系统的稳态误差$\varepsilon(s)$。

在这一节中,将集中讨论单位反馈系统的稳态误差,至于非单位反馈系统的稳态误差可以参照本节的方法类推。

3.10.2 终值定理和稳态误差的计算

为了讨论问题方便,将单位反馈系统的开环传递函数写成典型环节形式

$$G(s)=\frac{K\prod_{i=1}^{m}(\tau_i s+1)}{s^v\prod_{j=1}^{k}(T_j s+1)\prod_{k=1}^{r}(T_k^2 s^2+2\zeta_k T_k s+1)} \tag{3.10.7}$$

式中 K—— 开环放大倍数;

v—— 开环传递函数中串联积分环节的个数。

输入 - 偏差的闭环传递函数是

$$\Phi_\varepsilon(s)=\frac{\varepsilon(s)}{R(s)}=\frac{1}{1+G(s)}=\frac{s^v\prod_{j=1}^{q}(T_j s+1)\prod_{k=1}^{r}(T_k^2 s^2+2\zeta_k T_k s+1)}{s^v\prod_{j=1}^{q}(T_j s+1)\prod_{k=1}^{r}(T_k^2 s^2+2\zeta_k T_k s+1)+K\prod_{i=1}^{m}(\tau_i s+1)} \tag{3.10.8}$$

偏差的拉氏变换式是

$$\varepsilon(s)=\Phi_\varepsilon(s)R(s)$$

此式若满足终值定理的条件,则可以用拉氏变换的终值定理来求系统的稳态误差

$$e_{ss}=\lim_{t\to\infty}e(t)=\lim_{s\to 0}s\Phi_\varepsilon(s)R(s)=$$

$$\lim_{s\to 0}s\frac{s^v\prod_{j=1}^{q}(T_j s+1)\prod_{k=1}^{r}(T_k^2 s^2+2\zeta_k T_k s+1)}{s^v\prod_{j=1}^{q}(T_j s+1)\prod_{k=1}^{r}(T_k^2 s^2+2\zeta_k T_k s+1)+K\prod_{i=1}^{m}(\tau_i s+1)}R(s) \tag{3.10.9}$$

式中,分子中的因子s^v将对稳态误差起着重要的作用。在典型输入信号单位阶跃、单位斜坡或单位加速度信号作用下,输入信号的拉氏变换式分别是$\frac{1}{s}$,$\frac{1}{s^2}$或$\frac{1}{s^3}$,只要输入信号拉氏变换式分母的阶次小于或等于v,系统的稳态误差式(3.10.9)就等于零。所以,把偏差闭环传递函数分子中s因子的阶数v称做系统的无差度,又称系统是v阶无静差。由式(3.10.7)看出,v是开环传递函数中串联积分环节的个数。

由式(3.10.3)和(3.10.4)看到,误差信号是与输入信号 $R(s)$ 有关的,因此,下面将分别对不同的典型输入信号,推导计算稳态误差的方法。

1.单位阶跃输入的稳态误差

根据拉氏变换的终值定理,对于稳定的单位反馈控制系统,单位阶跃输入下的稳态误差可以由下式计算

$$e_{ss} = \lim_{t\to\infty} e(t) = \lim_{s\to 0} sE(s) = \lim_{s\to 0} s\frac{1}{1+G(s)}R(s) =$$

$$\lim_{s\to 0}\frac{1}{1+G(s)} = \frac{1}{1+\lim\limits_{s\to 0}G(s)} \qquad (3.10.10)$$

此式表明,稳态误差 e_{ss} 取决于$\lim\limits_{s\to 0}G(s)$,故定义 K_p 为静态位置误差系数

$$K_p = \lim_{s\to 0}G(s) \qquad (3.10.11)$$

由式(3.10.11)得出

$$K_p = \begin{cases} K & v = 0 \\ \infty & v \geqslant 1 \end{cases}$$

并且得出单位反馈系统在单位阶跃作用下稳态误差的计算公式

$$e_{ss} = \begin{cases} \dfrac{1}{1+K_p} & v = 0 \\ 0 & v \geqslant 1 \end{cases} \qquad (3.10.12)$$

此式表明,$v = 0$ 的系统在单位阶跃信号作用下,稳态误差为一常值;$v = 1$ 或 2 的系统在单位阶跃信号作用下,稳态误差为零。

开环传递函数中,串联积分环节数 v 对控制系统的稳态误差起着重要的作用,为了区别各自的特点,把 $v = 0$ 者称做 0 型系统,或称无静差度为零,或称零阶无静差;$v = 1$ 者称做 Ⅰ 型系统,或称无静差度为 1,或称 1 阶无静差;$v = 2$ 者称做 Ⅱ 型系统,或称无静差度为 2,或称 2 阶无静差……。当 $v > 2$ 时,使控制系统稳定是十分困难的,所以,除非有特殊需要,一般很少采用 Ⅱ 型以上的控制系统。

2.单位斜坡输入的稳态误差

对于稳定的单位反馈系统,在单位斜坡输入信号 $r(t) = t, R(s) = \frac{1}{s^2}$ 的作用下,稳态误差可以用下式计算

$$e_{ss} = \lim_{s\to 0} s\frac{1}{1+G(s)}\cdot\frac{1}{s^2} = \lim_{s\to 0}\frac{1}{sG(s)}$$

定义 K_v 为系统的静态速度误差系数

$$K_v = \lim_{s\to 0} sG(s) = \begin{cases} 0 & v = 0 \\ K & v = 1 \\ \infty & v = 2 \end{cases} \qquad (3.10.13)$$

并得到系统的稳态误差为

$$e_{ss}=\begin{cases}\infty & v=0\\ \dfrac{1}{K_v} & v=1\\ 0 & v=2\end{cases} \tag{3.10.14}$$

式(3.10.14)表明,0型系统不能跟踪斜坡信号,误差会随着时间的推移趋向无穷大;Ⅰ型系统在跟踪斜坡信号时,存在常值的稳态误差,见图3.10.2。该误差与系统的开环增益 K 成反比;Ⅱ型系统可以很好地跟踪斜坡信号,稳态误差为零。

3.单位加速度输入下的稳态误差

对于稳定的单位反馈系统,在单位加速度输入信号 $r(t)=\frac{1}{2}t^2, R(s)=\frac{1}{s^3}$ 的作用下,稳态误差可以用下式计算

$$e_{ss}=\lim_{s\to 0}s\frac{1}{1+G(s)}\cdot\frac{1}{s^3}=\lim_{s\to 0}\frac{1}{s^2G(s)}$$

定义 K_a 为系统的静态加速度误差系数,有

$$K_a=\lim_{s\to 0}s^2G(s)=\begin{cases}0 & v=0\\ 0 & v=1\\ K & v=2\end{cases} \tag{3.10.15}$$

并得到系统的稳态误差为

$$e_{ss}=\begin{cases}\infty & v=0\\ \infty & v=1\\ \dfrac{1}{K_a} & v=2\end{cases} \tag{3.10.16}$$

式(3.10.16)表明,0型和Ⅰ型系统在稳态时都不能跟踪恒加速度输入信号;Ⅱ型系统在稳态时,虽然输出信号与输入信号的速度、加速度相同,但 $y(t)$ 与 $r(t)$ 的值都存在着常值误差,其值与系统的开环增益 K 成反比,见图3.10.3。

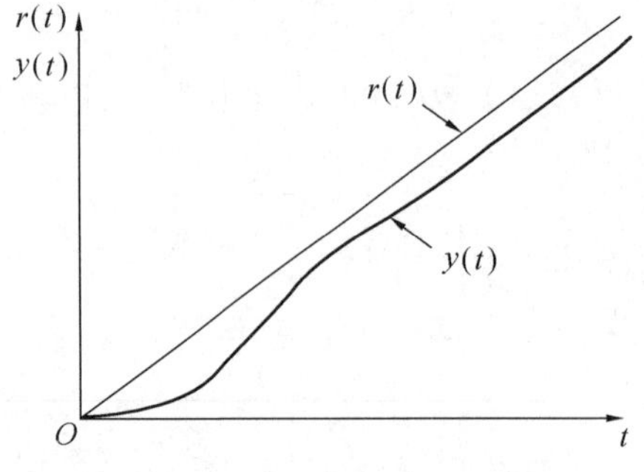

图3.10.2 Ⅰ型系统单位斜坡输入的稳态误差

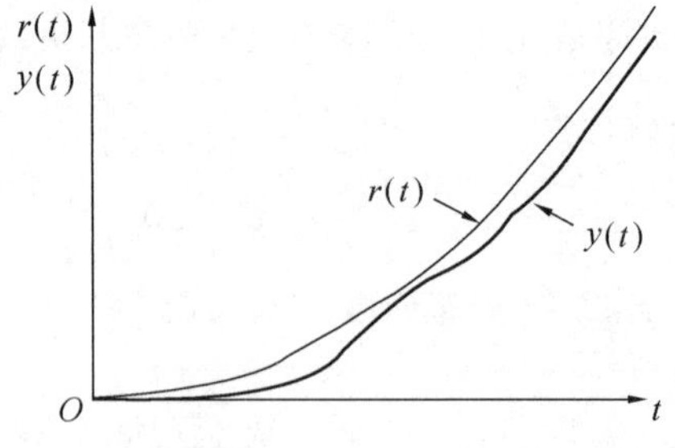

图3.10.3 Ⅱ型系统单位加速度输入下的稳态误差

将式(3.10.12)、(3.10.14)和(3.10.16)归纳成表3.10.1,可以更清楚地表明稳态误差的计算方法。

表 3.10.1　各种输入信号作用下的稳态误差

输入信号 / 系统类型	单位阶跃 $r(t)=1(t)$	单位斜坡 $r(t)=t$	单位加速度 $r(t)=\frac{1}{2}t^2$
0型系统	$\frac{1}{1+K_p}$	∞	∞
Ⅰ型系统	0	$\frac{1}{K_v}$	∞
Ⅱ型系统	0	0	$\frac{1}{K_a}$

表3.10.1中的静态误差系数 K_p、K_v 和 K_a 表示了单位反馈系统跟踪和复现不同输入信号的能力。如果将系统的开环传递函数写成式(3.10.7)典型环节形式,对于0型、Ⅰ型或Ⅱ型系统,系统的开环放大倍数 K 分别为 K_p、K_v 和 K_a。

表3.10.1表明,0型系统在单位阶跃信号作用下、Ⅰ型系统在单位斜坡信号作用下、Ⅱ型系统在单位加速度信号作用下,稳态误差为一常值,系统的开环增益越大,稳态误差越小。但是不能为了减小稳态误差而一味增大开环增益,必须在保证稳定的前提下才可适当地增大开环增益;Ⅰ型和Ⅱ型系统在单位阶跃输入下稳态误差为零,因此,把控制系统设计成Ⅰ型或Ⅱ型,是减小稳态误差的一种办法,但增加开环传递函数中的串联积分环节数会使闭环系统的稳定性变坏。无论是增大开环增益,还是在系统中加入串联积分环节,都必须考虑到不要对系统的稳定性和动态过程产生不良影响。

如果系统的输入信号是几种典型函数的组合,例如

$$r(t)=R_0\cdot 1(t)+R_1t+\frac{1}{2}R_2t^2$$

根据叠加原理,可将每一个输入分量分别作用于系统,再将各稳态误差分量叠加,得到

$$e_{ss}=\frac{R_0}{1+K_p}+\frac{R_1}{K_v}+\frac{R_2}{K_a}$$

从稳态误差的计算方法看到,稳态误差不仅和系统的结构与参数有关,而且还与输入信号有关。

3.10.3　干扰信号作用下的稳态误差

作用在控制系统上除了输入信号外,还经常有干扰信号。根据线性系统的叠加原理,在计算控制系统稳态误差时,可以分别计算系统在输入信号作用下的稳态误差(记作 e_{ssr})和在干扰信号作用下的稳态误差(记作 e_{ssf}),再使二者叠加。

对于图3.10.4所示的系统,在求干扰信号 $F(s)$ 作用下的稳态误差时,令输入信号

$R(s)=0$。在单位反馈系统中,偏差信号 $e(t)$ 就是系统的误差,只要求出干扰引起的偏差信号 $e_f(t)$,并求出它的稳态值,就得到了干扰信号 $F(s)$ 作用下的稳态误差。

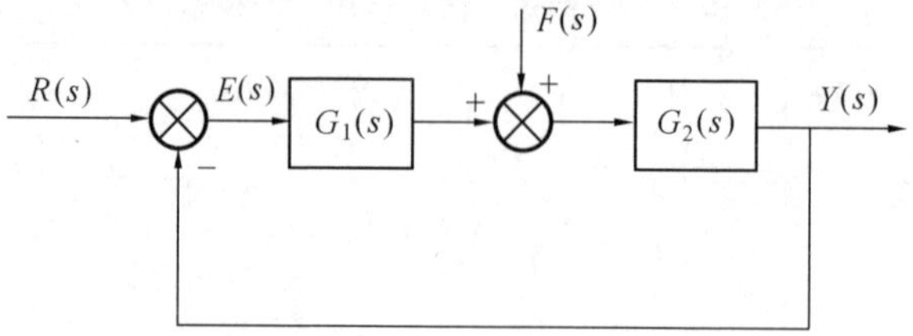

图 3.10.4　有干扰信号的控制系统

在图 3.10.4 中,令 $R(s)=0$,由干扰引起的偏差信号 $E_f(s)$ 为

$$E_f(s)=\Phi_{ef}(s)\cdot F(s)=\frac{-G_2(s)}{1+G_1(s)G_2(s)}\cdot F(s)$$

对于不同形式的干扰信号 $f(t)$,如单位阶跃、单位斜坡等,可以用终值定理求出 $e_f(t)$ 的稳态值

$$e_{ssf}=\lim_{t\to\infty}e_f(t)=\lim_{s\to 0}sE_f(s)=\lim_{s\to 0}s\Phi_{ef}(s)\cdot F(s) \tag{3.10.17}$$

例 3.10.1　控制系统如图 3.10.5 所示,同时作用有 $r(t)=t, f(t)=1(t)$。试计算该系统的稳态误差。

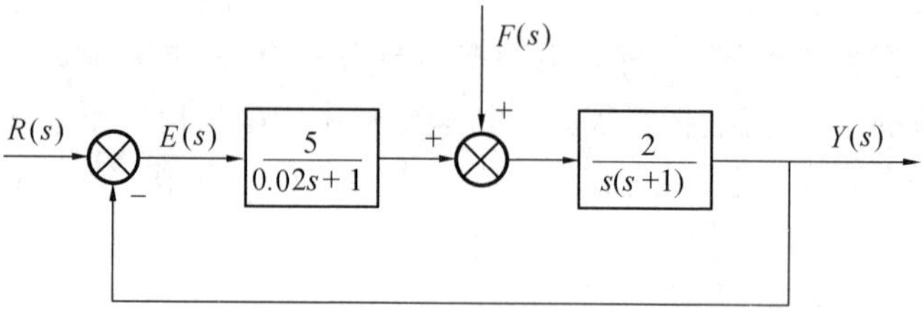

图 3.10.5　有干扰信号的控制系统

解　该系统是Ⅰ型系统,由特征方程判断该系统是稳定的。首先,求输入信号 $r(t)=1(t)$ 作用下的稳态误差(令 $f(t)=0$)

$$e_{ssr}=\frac{1}{K_v}=\frac{1}{10}=0.1$$

然后,求干扰信号作用下引起的稳态误差(令 $r(t)=0$)

$$e_{ssf}=\lim_{s\to 0}s\Phi_{ef}(s)\cdot F(s)=\lim_{s\to 0}s\frac{-2(0.02s+1)}{s(s+1)(0.02s+1)+10}\cdot\frac{1}{s}=-0.2$$

在输入信号和干扰信号同时作用下的稳态误差

$$e_{ss}=e_{ssf}+e_{ssr}=-0.1$$

例 3.10.2　对于图 3.10.6 所示系统,试求

(1) 当 $r(t)=0, f(t)=1(t)$ 时,系统的稳态误差 e_{ss}。

(2) 当 $r(t)=1(t), f(t)=1(t)$ 时,系统的稳态误差 e_{ss}。

(3) 若要减少 e_{ss},应如何调整 K_1 和 K_2?

(4) 如分别在扰动点之前或之后加入积分环节,对系统的稳态误差有何影响?

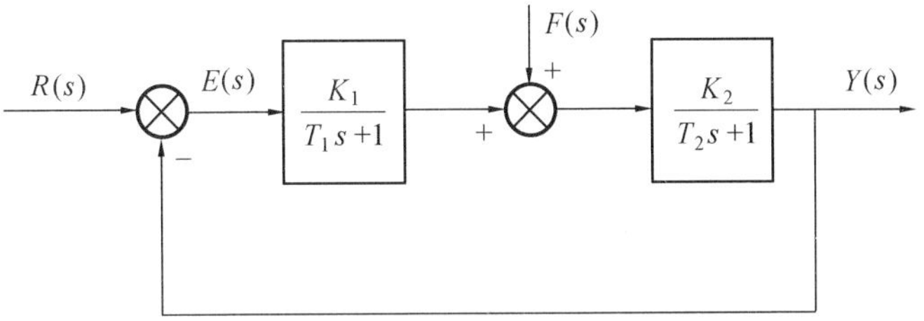

图 3.10.6　有干扰信号的控制系统

解　图 3.10.6 所示系统是 0 型系统。可以证明,只要 $K_1>0, K_2>0, T_1>0, T_2>0$,闭环系统即是稳定的。

(1) 求干扰引起的稳态误差

$$\Phi_{ef}(s)=\frac{E(s)}{F(s)}=\frac{-K_2(T_1s+1)}{(T_1s+1)(T_2s+1)+K_1K_2}$$

按终值定理,有

$$e_{ssf}=\lim_{s\to 0}s\Phi_{ef}(s)\cdot F(s)=\lim_{s\to 0}s\frac{-K_2(T_1s+1)}{(T_1s+1)(T_2s+1)+K_1K_2}\cdot\frac{1}{s}=\frac{-K_2}{1+K_1K_2}$$

(2) 求输入信号作用下的稳态误差

$$e_{ssr}=\frac{1}{1+K_p}=\frac{1}{1+K_1K_2}$$

总的稳态误差为二者相加

$$e_{ss}=e_{ssf}+e_{ssr}=\frac{1-K_2}{1+K_1K_2}$$

(3) 由 e_{ss}、e_{ssf} 和 e_{ssr} 的表达式看到:增大 K_1 可同时减少由 $r(t)=1(t)$ 和 $f(t)=1(t)$ 所产生的稳态误差;增大 K_2 只能减小由 $r(t)=1(t)$ 产生的稳态误差,对于干扰引起的稳态误差没有明显的作用。增大 K_1,同时减小 K_2,可以有效地抑制干扰对系统的作用。

(4)① 在扰动点之前的前向通道中加入 v 个串联的积分环节

$$G_1(s)=\frac{K_1}{s^v(T_1s+1)}$$

输入 - 偏差的闭环传递函数是

$$\Phi_e(s)=\frac{E(s)}{R(s)}=\frac{s^v(T_1s+1)(T_2s+1)}{s^v(T_1s+1)(T_2s+1)+K_1K_2}$$

此式的分子中有 s^v 因子,系统对输入信号 $R(s)$ 的无差度由 0 变为 v,有效地减少或消除了稳态误差。这种情况下,干扰 - 偏差的闭环传递函数是

$$\Phi_{ef}(s) = \frac{E(s)}{F(s)} = \frac{-s^v K_2(T_1 s + 1)}{s^v(T_1 s + 1)(T_2 s + 1) + K_1 K_2}$$

此式的分子中有 s^v 因子,系统对干扰信号 $F(s)$ 的无差度由0变为 v,有效地减少或消除了干扰引起的稳态误差。

② 在扰动点之后的前向通道中加入 v 个串联的积分环节

$$G_2(s) = \frac{K_2}{s^v(T_2 s + 1)}$$

输入 - 偏差的闭环传递函数是

$$\Phi_e(s) = \frac{E(s)}{R(s)} = \frac{s^v(T_1 s + 1)(T_2 s + 1)}{s^v(T_1 s + 1)(T_2 s + 1) + K_1 K_2}$$

此式的分子中有 s^v 因子,系统对输入信号 $R(s)$ 的无差度由0变为 v,有效地减少或消除了稳态误差。这种情况下,干扰 - 偏差的闭环传递函数是

$$\Phi_{ef}(s) = \frac{E(s)}{F(s)} = \frac{-K_2(T_1 s + 1)}{s^v(T_1 s + 1)(T_2 s + 1) + K_1 K_2}$$

此式的分子中没有因子,系统对干扰信号 $F(s)$ 的无差度仍然是0,对减少或消除干扰引起的稳态误差没有作用。

有以上的分析看出,在扰动点之前的前向通道中加入 v 个串联的积分环节,可以同时减少由输入信号和干扰信号引起的稳态误差;在扰动点之后的前向通道中加入串联的积分环节,只能减少输入信号产生的稳态误差,不能减少扰动信号引起的稳态误差。

例 3.10.3 单位反馈系统的开环传递函数为

$$G(s) = \frac{K}{s(T_1 s + 1)(T_2 s + 1)}$$

若输入信号 $r(t) = a \times 1(t) + bt$($a$、$b$ 为正的常数),欲使系统的稳态误差 $e_{ss} < \varepsilon_0$(正的常数),求系统各参数应满足的条件。

解 首先应满足系统稳定的条件。系统的特征方程是

$$D(s) = T_1 T_2 s^3 + (T_1 + T_2)s^2 + s + K = 0$$

列出劳斯行列表

$$\begin{array}{lll} s^3 & T_1 T_2 & 1 \\ s^2 & T_1 + T_2 & K \\ s^1 & \dfrac{T_1 + T_2 - T_1 T_2 K}{T_1 + T_2} & 0 \\ s^0 & K & \end{array}$$

系统稳定的条件是

$$T_1 > 0 \quad T_2 > 0 \quad 0 < K < \frac{T_1 + T_2}{T_1 T_2}$$

然后,应满足稳态误差的条件。该控制系统 $v=1$,是 Ⅰ 型系统,当 $r(t)=a\times 1(t)+bt$ 时,$r(t)$ 中第一项产生的稳态误差为零,因此只计算第二项引起的稳态误差

$$e_{ss}=\frac{b}{k_v}=\frac{b}{K}$$

按题意 $e_{ss}<\varepsilon_0$,所以 $K>b/\varepsilon_0$。综合以上各项条件,系统参数应满足的条件是

$$T_1>0\quad T_2>0\quad \frac{b}{\varepsilon_0}<K<\frac{T_1+T_2}{T_1T_2}$$

3.10.4　动态误差系数

利用拉氏变换的终值定理求稳态误差是比较方便的,但有一定的局限性。首先,必须满足终值定理的使用条件;其次,利用终值定理只能求出 $t\to\infty$ 时的稳态误差值,而看不到稳态误差是怎样随时间变化的。例如,在某些情况下,系统虽然稳定,但利用终值定理求得的稳态误差为无穷大,似乎系统不能正常工作。但如果稳态误差在趋向无穷大时,增长得很慢,而系统工作的时间很短,如导弹、鱼雷等,在短暂的工作时间内,稳态误差尚在允许的范围内,这样的系统仍认为是满足要求的。因此,在计算稳态误差时,希望能得出稳态误差随时间的变化规律。利用动态误差系数法可以达到这一目的。

对于单位反馈控制系统,见图 3.10.1(b),偏差信号 $\varepsilon(t)$ 与误差信号相同,在输入信号 $r(t)$ 的作用下,偏差信号的拉氏变换式是

$$E(s)=\Phi_e(s)R(s) \tag{3.10.18}$$

其中 $\Phi_e(s)$ 是偏差的闭环传递函数

$$\Phi_e(s)=\frac{E(s)}{R(s)}=\frac{1}{1+G(s)}$$

将 $\Phi_e(s)$ 在 $s=0$ 的邻域内展开成台劳级数

$$\Phi_e(s)=\Phi_e(0)+\Phi_e^{(1)}(0)s+\frac{1}{2!}\Phi_e^{(2)}(0)s^2+\cdots+\frac{1}{l!}\Phi_e^{(l)}(0)s^l+\cdots \tag{3.10.19}$$

式中
$$\Phi_e^{(1)}(0)=\left.\frac{\mathrm{d}\Phi_e(s)}{\mathrm{d}s}\right|_{s=0}\qquad \Phi_e^{(l)}(0)=\left.\frac{\mathrm{d}^l\Phi_e(s)}{\mathrm{d}s^l}\right|_{s=0}$$

式(3.10.19)还可写成

$$\Phi_e(s)=c_0+c_1s+c_2s^2+\cdots+c_ls^l+\cdots \tag{3.10.20}$$

式中

$$c_0=\Phi_e^{(0)}(0)$$
$$c_1=\Phi_e^{(1)}(0)$$
$$\vdots$$
$$c_l=\frac{1}{l!}\Phi_e^{(l)}(0)$$
$$\vdots$$

称为系统的动态误差系数。

将式(3.10.20)代入式(3.10.18),得到

$$E(s) = c_0 \cdot R(s) + c_1 sR(s) + c_2 s^2 R(s) + \cdots + c_l s^l R(s) + \cdots \tag{3.10.21}$$

对此式在零初始条件下做拉氏反变换,得到

$$e(t) = c_0 r(t) + c_1 r^{(1)}(t) + c_2 r^{(2)}(t) + \cdots + c_l r^{(l)}(t) + \cdots \tag{3.10.22}$$

由于式(3.10.19)是将 $\Phi_e(s)$ 在 $s = 0$ 的邻域内展开的,所以用式(3.10.21)得到的式(3.10.22)是表示 $e(t)$ 在 t 充分大时的表达式,即表示了误差信号的稳态分量,记为

$$e_{ss}(t) = c_0 r(t) + c_1 r^{(1)}(t) + c_2 r^{(2)}(t) + \cdots + c_l r^{(l)}(t) + \cdots \tag{3.10.23}$$

式中

$$r^{(l)}(t) = \frac{\mathrm{d}^l r(t)}{\mathrm{d}t^l}$$

由式(3.10.23)可以得到稳态误差随时间变化的规律。但是,对 $\Phi_e(s)$ 求导的方法求取动态误差系数 $c_0, c_1, c_2, \cdots$ 将是十分困难的。下面介绍另一种求取动态误差系数的方法。

系统的偏差传递函数 $\Phi_e(s)$ 一般是有理分式形式,若将 $\Phi_e(s)$ 改写成 s 的升幂级数形式,对比式(3.10.20),就可得出各个动态误差系数。采用多项除法可以将有理分式形式的 $\Phi_e(s)$ 改写成 s 的升幂级数形式。用下面的例子可以说明这一过程。

例 3.10.4 控制系统的闭环偏差传递函数为

$$\Phi_e(s) = \frac{0.02s^3 + 1.02s^2 + s}{0.02s^3 + 1.02s^2 + s + 10}$$

求动态误差系数。

解 首先将 $\Phi_e(s)$ 的分子与分母分别按 s 的升幂排列,然后做多项式除法

$$\begin{array}{r} 0.1s + 0.92s^2 + \cdots \\ 10 + s + 1.02s^2 + 0.02s^3 \enclose{longdiv}{s + 1.02s^2 + 0.02s^3} \\ \underline{s + 0.1s^2 + 0.102s^3 + 0.002s^4} \\ 0.92s^2 - 0.082s^3 - 0.002s^4 \end{array}$$

商式与式(3.10.20)对比,可得到各动态误差系数

$$c_0 = 0 \qquad c_1 = 0.1 \qquad c_2 = 0.092$$

在用多项式除法来求取动态误差系数时,能够看到动态误差系数 c_0, c_1, c_2 和静态误差系数 K_p, K_v 和 K_a 之间的系数

0 型系统 $$c_0 = \frac{1}{1 + K_p}$$

Ⅰ 型系统 $$c_0 = 0$$

$$c_1 = \frac{1}{K_v}$$

Ⅱ 型系统 $$c_0 = c_1 = 0$$

$$c_2 = \frac{1}{K_a}$$

用动态误差系数法同样可以求取干扰信号作用下的稳态误差，只要将式(3.10.18)改写成

$$E_f(s) = \Phi_{ef}(s) \cdot F(s) \tag{3.10.24}$$

以后的做法与前述相同。

例 3.10.5　单位反馈系统如图 3.10.5 所示，用动态误差系数法求 $r(t) = t, f(t) = 1(t)$ 时的稳态误差。

解　首先求输入信号作用的稳态误差，即

$$\Phi_e(s) = \frac{s + 1.02s^2 + 0.02s^3}{10 + s + 1.02s^2 + 0.02s^3}$$

在例 3.10.4 中已求出 $c_0 = 0, c_1 = 0.1, c_2 = 0.092$。根据题意 $r(t) = t, \dot{r}(t) = 1, \ddot{r}(t) = 0$，由式(3.10.23)得出 $r(t)$ 作用下的稳态误差为

$$e_{ssr}(t) = 0.1$$

然后求干扰作用下的稳态误差，即

$$\Phi_{ef}(s) = \frac{E(s)}{F(s)} = \frac{-2(0.02s + 1)}{s(0.02s + 1)(s + 1) + 10} = \frac{-2 - 0.4s}{10 + s + 1.02s^2 + 0.02s^3}$$

用多项式除法求得 $c_{0f} = -0.2, c_{1f} = -0.02$，根据题意，$f(t) = 1(t), \dot{f}(t) = 0$，所以 $f(t)$ 作用下的稳态误差

$$e_{ssf}(t) = -0.2$$

二者叠加，得

$$e_{ss}(t) = e_{ssr}(t) + e_{ssf}(t) = -0.1$$

与例 3.10.1 的结果相同。

例 3.10.6　设单位反馈控制系统的开环传递函数为

$$G(s) = \frac{100}{s(0.1s + 1)}$$

求当输入信号 $r(t) = 1(t) + 2t + t^2$ 时的稳态误差。

解
$$\Phi_e(s) = \frac{s(0.1 + 1)}{s(0.1s + 1) + 100} = \frac{s + 0.1s^2}{100 + s + 0.1s^2}$$

用多项式除法可求得

$$c_0 = 0 \qquad c_1 = 0.1 \qquad c_2 = 0.000\,9$$

$r(t)$ 的各阶导数分别是

$$r(t) = 1 + 2t + t^2$$
$$\dot{r}(t) = 2 + 2t$$
$$\ddot{r}(t) = 2$$
$$\dddot{r}(t) = 0$$

最后求得

$$e_{ss}(t) = c_0 r(t) + c_1 \dot{r}(t) + c_2 \ddot{r}(t) = 0.01(2 + 2t) + 0.000\,9 \times 2 = 0.021\,8 + 0.02t$$

此式表示的稳态误差是随时间而增长的。

采用动态误差系数法，最适于求 $r(t)$ 是 t 的幂级数形式的稳态误差，因为 $r(t)$ 只有有限阶导数，在用多项式除法求动态误差系数时，只求有限项即可。采用动态误差系数法，不适于求输入信号是正弦函数 $r(t)=\sin(\omega t)$ 的稳态误差，因为正弦函数 $r(t)=\sin(\omega t)$ 有无穷阶导数，在求动态误差系数时，要求无穷多个。并且对于任意的 $\Phi_e(s)$，c_0、c_1、c_2、$c_3\cdots$ 之间没有任何规律，也无法用无穷级数求和的方法求式(3.10.23)无穷多项的和。在第五章(频率法)中，将介绍一种求输入信号是正弦函数 $r(t)=\sin(\omega t)$ 的稳态误差的简便方法。

3.11 减小和消除稳态误差的方法

当控制系统在输入信号或干扰信号作用下稳态误差不能满足设计要求时，要设法减小或消除稳态误差。

3.11.1 增大开环放大倍数

1. 减小输入信号作用下的稳态误差

对于0型、Ⅰ型和Ⅱ型系统，开环放大倍数 K 分别等于位置误差系数 K_p、速度误差系数 K_v 和加速度误差系数 K_a。由表3.10.1看到，增大开环放大倍数 K，可以减小0型系统在阶跃输入信号作用下的稳态误差；可以减小Ⅰ型系统在斜坡输入信号作用下的稳态误差；可以减小Ⅱ型系统在恒加速度输入信号作用下的稳态误差。所以，增大开环放大倍数 K，可以有效地减小稳态误差。应当指出：增大系统的开环放大倍数，只能减小某种输入信号作用下稳态误差的数值，不能改变稳态误差的性质，对于稳态误差是0或是 ∞ 的情况，增大 K 仍不能改变稳态误差是0或 ∞。但是，增大开环放大倍数 K 可以减缓稳态误差趋于 ∞ 的变化速度。下面的例子可以说明。

例 3.11.1 已知单位反馈系统的开环传递函数是

$$G(s)=\frac{K}{(0.1s+1)(0.5s+1)}$$

在 $K=10$ 和 $K=100$ 两种情况下，分别求输入信号 $r(t)=1(t)$、t 和 t^2 时的稳态误差。

解 首先可以判定：在 $K>0$ 的情况下，闭环系统是稳定的。该系统是0型系统，在 $r(t)=t$ 或 t^2 输入作用下，稳态误差都是 ∞。但是要看出稳态误差的变化过程，就要用动态误差系数。

第一种情况：$K=10$，系统的闭环误差传递函数是

$$\Phi_l(s)=\frac{E(s)}{R(s)}=\frac{(0.1s+1)(0.5s+1)}{(0.5s+1)(0.1s+1)+10}=\frac{1+0.6s+0.05s^2}{11+0.6s+0.05s^2}=$$
$$0.09+0.049\,6s+0.001\,43s^2+\cdots$$

动态误差系数

$$c_0=0.09\qquad c_1=0.049\,6\qquad c_2=0.001\,43$$

①$r(t)=1(t)$ 时　　$\dot{r}(t)=0\quad \ddot{r}(t)=0$

$$e_{ss}(t)=c_0\cdot r(t)=0.09$$

②$r(t)=t$ 时　　$\dot{r}(t)=1\quad \ddot{r}(t)=0$

$$e_{ss}(t)=c_0 r(t)+c_1\dot{r}(t)=0.09t+0.0496$$

③$r(t)=t^2$ 时　　$\dot{r}(t)=2t\quad \ddot{r}=2\quad \dddot{r}(t)=0$

$$e_{ss}(t)=c_0 r(t)+c_1\dot{r}(t)+c_2\ddot{r}(t)=0.09t^2+0.0992t+0.00286$$

第二种情况：$k=100$，系统的闭环误差传递函数是

$$\Phi_l(s)=\frac{E(s)}{R(s)}=\frac{(0.1s+1)(0.5s+1)}{(0.1s+1)(0.5s+1)+100}=\frac{1+0.6s+0.05s^2}{101+0.6s+0.05s^2}=$$
$$0.01+0.00594s+0.000459s^2+\cdots$$

动态误差系数

$$c_0=0.01\qquad c_1=0.00594\qquad c_2=0.000459$$

① 当 $r(t)=1(t)$ 时　　$\dot{r}(t)=\ddot{r}(t)=0$

$$e_{ss}(t)=c_0\cdot r(t)=0.01$$

② 当 $r(t)=t$ 时　　$\dot{r}(t)=1\quad \ddot{r}(t)=0$

$$e_{ss}(t)=c_0 r(t)+c_1\dot{r}(t)=0.01t+0.00594$$

③ 当 $r(t)=t^2$ 时　　$\dot{r}(t)=2t\quad \ddot{r}(t)=2\quad \dddot{r}(t)=0$

$$e_{ss}(t)=c_0 r(t)+c_1\dot{r}(t)+c_2\ddot{r}(t)=0.01t^2+0.0119t+0.000918$$

对比 $K=10$ 和 $K=100$ 两种情况下的稳态误差，可以得出结论：对于输入信号引起的稳态误差，增大系统开环增益 K，可以减小稳态误差的值，或减缓趋于 ∞ 的变化速度，但不能改变稳态误差的性质。

2. 减小干扰信号作用的稳态误差

在例3.10.2中已看到，对于图3.10.6所示的系统，增大干扰作用点以前的增益 K_1，可以有效地减小阶跃干扰所引起的稳态误差；增大干扰作用点以后的增益 K_2，对阶跃干扰所引起的误差没有影响。因此，用增大开环增益来减小干扰引起的稳态误差时，应注意正确选取增大放大倍数的部位。如果能够增大 K_1，同时减小 K_2，则可以在总的开环增益不变的情况下有效地抑制干扰引起的误差。

必须再次指出，适当地增加开环增益可以减小系统的稳态误差，但往往会影响到闭环系统的稳定性和动态性能。因此，必须在保证稳定和满足动态性能指标的范围内，采用增大放大倍数方法来减小稳态误差。

3.11.2　增加串联积分环节

在控制系统的开环传递函数中，加入串联的积分环节，可以提高系统的型别，从表3.10.1可以看到，这种方法可以改变稳态误差的性质，有效地减小稳态误差。

1. 减小或消除输入信号作用下的稳态误差

采用 PI 或 PID 控制，是在系统中增加串联积分环节的常用方法。图 3.11.1 中(a) 和(b) 分别是采用 PI 和 PID 控制的系统。PI 控制器的传递函数是

$$G_c(s) = K_P + \frac{K_I}{s} = \frac{K_P s + K_I}{s}$$

PID 控制器的传递函数是

$$G_c(s) = K_P + \frac{K_I}{s} + K_D s = \frac{K_D s^2 + K_P s + K_I}{s}$$

尽管二者的分子不同(关于增加串联零点的作用，将在以后章节详细讨论)，但都会在系统的开环传递函数中增加一个串联的积分环节，从而使系统提高一个型数，可以使原来稳态误差是 ∞ 的情况变为稳态误差为常值，原来稳态误差为常值的情况变为稳态误差为零。

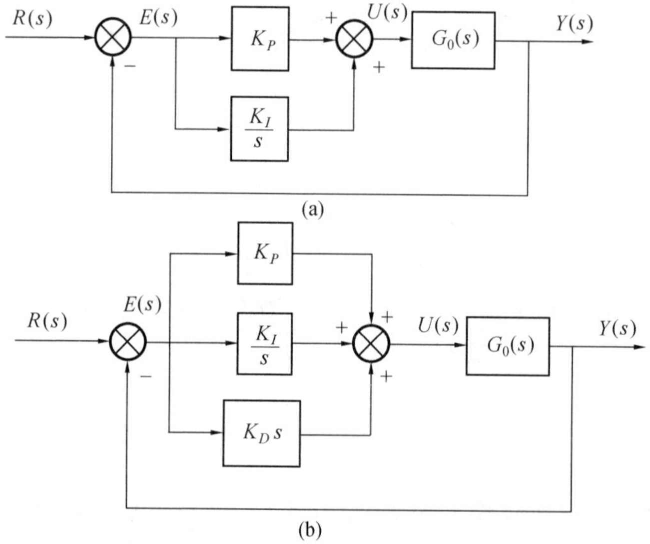

图 3.11.1　PI 和 PID 控制

2. 减小或消除干扰信号作用的稳态误差

从例 3.10.2 中看到，对于图 3.10.6 所示的系统，在干扰信号作用点之前增加一个串联的积分环节，可以使干扰偏差闭环传递函数 $\Phi_{ef}(s) = E(s)/F(s)$ 的分母中增加一个 s 因子，从而使系统对干扰信号的稳态误差型别提高一级。例如原系统在阶跃干扰作用下稳态误差为常值，改进后稳态误差为零。

如果把串联积分环节加在干扰作用点之后，则对于干扰作用的稳态误差没有影响。所以，在抑制干扰产生的稳态误差时，要注意串联积分环节的位置。

在系统中增加串联积分环节，会影响系统的稳定性，并使动态过程变坏。因此，必须在保证

系统满足动态性能指标的前提下，增加串联积分环节，或者在增加串联积分环节的同时，采取其他保证系统稳定和动态性能的措施。

3.11.3　顺馈控制

顺馈控制又称前馈控制，是把系统的外部作用信号(输入信号或干扰信号)通过另外一条支路引入控制系统，利用补偿原理来减小或消除系统的误差，包括稳态误差。

1. 减小或消除输入信号作用下的稳态误差

带有顺馈的控制系统如图 3.11.2 所示，其中 $G_b(s)$ 是顺馈支路的传递函数。在有顺馈的情况下，系统的输入偏差的传递函数是

$$\Phi_e(s) = \frac{E(s)}{R(s)} = \frac{1 - G_2(s) \cdot G_b(s)}{1 + G_1(s)G_2(s)} \tag{3.11.1}$$

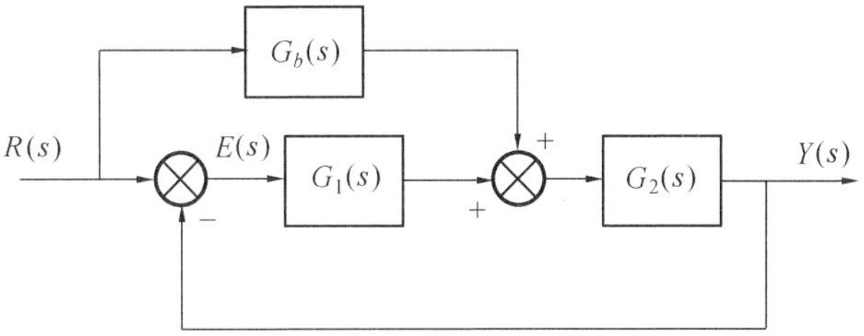

图 3.11.2　带有顺馈的控制系统

若取

$$G_b(s) = \frac{1}{G_2(s)} \tag{3.11.2}$$

则有 $E(s) = 0$，对于单位反馈系统，误差信号 $e(t) = 0$，表示该系统在输入信号作用下完全没有误差，输出信号可以很好地复现输入信号。但是实现式(3.11.2)是有困难的，可能会要求 $G_b(s)$ 分子的阶次高于分母的阶次。

若取 $G_b(s)$ 为一阶微分或二阶微分形式，可以提高系统对稳态误差的型别，即提高系统的无静差度，消除稳态误差。用下面的例子来说明这一问题。

例 3.11.2　在图 3.11.2 中

$$G_1(s) = \frac{K_1}{T_1 s + 1} \qquad G_2(s) = \frac{K_2}{s(T_2 s + 1)}$$

在没有前顺控制的情况下，系统为 Ⅰ 型，即无静差度为 1。若加入顺馈控制，如何选取 $G_b(s)$ 能使系统的无静差度提高为 2，即使系统成为 Ⅱ 型。

解　不加入前馈控制时，系统的偏差传递函数是

$$\Phi_e(s) = \frac{E(s)}{R(s)} = \frac{s(T_1 s + 1)(T_2 s + 1)}{s(T_1 s + 1)(T_2 s + 1) + K_1 K_2}$$

此式分子中有一个 s 因子，无静差度为 1。

若加入顺馈控制，Φ_e 为

$$\Phi_e(s) = \frac{E(s)}{R(s)} = \frac{s(T_1 s + 1)(T_2 s + 1) - G_b(s)K_2(T_1 s + 1)}{s(T_1 s + 1)(T_2 s + 1) + K_1 K_2} =$$

$$\frac{T_1T_2s^3+(T_1+T_2)s^2+s-G_b(s)K_2(T_1s+1)}{s(T_1s+1)(T_2s+1)+K_1K_2}$$

可以看出,若使上式中分子的 s^0 项和 s^1 项的系数均为零,分子中即可以出现 s^2 因子,系统即成为2阶无静差,成为 Ⅱ 型。为此,取 $G_b(s)=\lambda_1 s,\lambda_1=1/K_2$,则有

$$\Phi_e(s)=\frac{E(s)}{R(s)}=\frac{T_1T_2s^3+T_2s^2}{s(T_1s+1)(T_2s+1)+K_1K_2}$$

例 3.11.3 采用顺馈的单位反馈控制系统如图3.11.3所示,要求该系统在 $r(t)=\frac{1}{2}t^2$ 输入作用下,稳态误差为零,求参数 a 和 b。

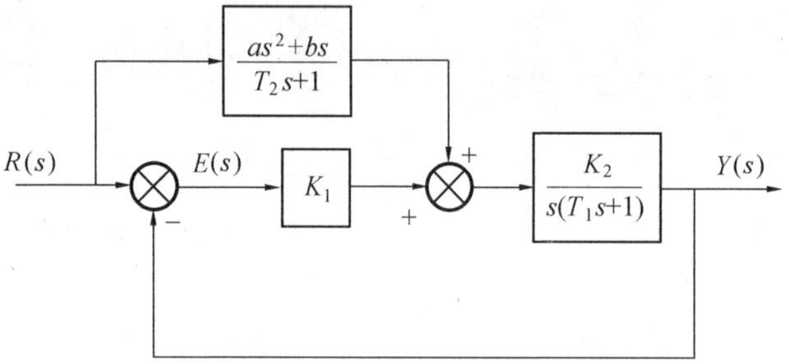

图 3.11.3 带有顺馈的控制系统

解 $r(t)=\frac{1}{2}t^2$ 时,$R(s)=\frac{1}{s^3}$。根据式(3.10.9),欲使稳态误差为零,$\Phi_e(s)$ 的分子中就应有 s^3 因子,系统应是 Ⅲ 型,无静差度为3。

按照图3.11.3得出

$$\Phi_e(s)=\frac{E(s)}{R(s)}=\frac{s(T_1s+1)(T_2s+1)-K_2(as^2+bs)}{s(T_1s+1)(T_2s+1)+K_1K_2(T_2s+1)}=$$

$$\frac{T_1T_2s^3+(T_1+T_2-K_2a)s^2+(1-K_2b)s}{s(T_1s+1)(T_2s+1)+K_1K_2(T_2s+1)}$$

为使系统成为 Ⅲ 型系统,应使上式中 s^2 和 s 项的系数为零,即

$$T_1+T_2-K_2a=0$$

$$1-K_2b=0$$

解出

$$a=\frac{T_1+T_2}{K_2}\qquad b=\frac{1}{K_2}$$

顺馈控制是由顺馈通道给控制系统引入另外一个输入信号,所以采用顺馈控制不改变原闭环系统的稳定性,这是顺馈控制一个非常重要的特点。由例3.11.3看出,采用顺馈控制可以使系统提高为 Ⅲ 型,而不影响系统的稳定性;若在系统中串联积分环节使系统成为 Ⅲ 型,则使闭环系统稳定是十分困难的。

2. 减小或消除干扰信号作用下的稳态误差

如果干扰信号是可以测得的，则可以在原系统中加入顺馈通道，如图 3.11.4 中的 $G_b(s)$，利用补偿原理来减小或消除干扰引起的稳态误差。所谓顺馈补偿，是指干扰信号通过顺馈通道对系统的作用，能够抵消干扰信号对原系统输出信号的影响。

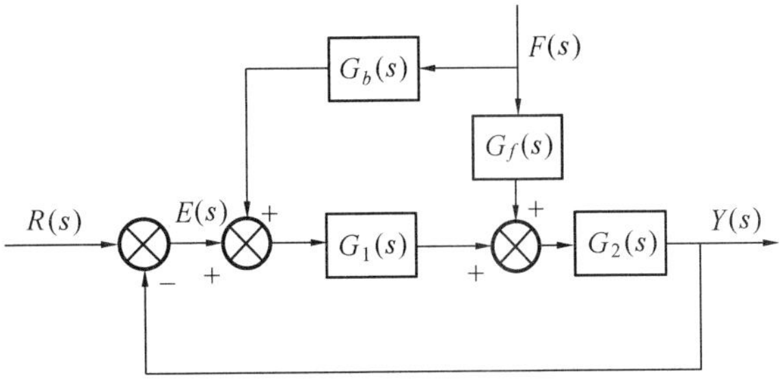

图 3.11.4　带有顺馈的控制系统

没有顺馈的情况下，干扰信号 $F(s)$ 引起的输出是

$$Y_f(s) = \frac{G_f(s)G_2(s)}{1+G_1(s)G_2(s)}F(s)$$

引入顺馈通道后，干扰信号引起的输出是

$$Y_f(s) = \frac{G_f(s)G_2(s)}{1+G_1(s)G_2(s)}\cdot F(s) + \frac{G_b(s)G_1(s)G_2(s)}{1+G_1(s)G_2(s)}F(s) =$$

$$\frac{G_f(s)G_2(s)+G_b(s)G_1(s)G_2(s)}{1+G_1(s)G_2(s)}F(s) \tag{3.11.3}$$

如果能取

$$G_b(s) = \frac{-G_f(s)}{G_1(s)}$$

干扰信号 $F(s)$ 引起的输出信号为零，干扰信号对输出信号没有影响，不产生误差，实现了全补偿。

例 3.11.4　在图 3.11.4 中，$G_f(s)=K_f$，$G_1(s)=\dfrac{K_1}{T_1s+1}$，$G_2(s)=\dfrac{K_2}{s(T_2s+1)}$，试确定顺馈通道的传递函数 $G_b(s)$，使干扰信号对系统的输出没影响。

解　干扰 $F(s)$ 引起的输出为

$$Y_f(s) = \frac{G_2(s)[G_f(s)+G_b(s)G_1(s)]}{1+G_1(s)G_2(s)}F(s)$$

取

$$G_b(s) = -\frac{G_f(s)}{G_1(s)} = -\frac{K_f}{K_1}(T_1s+1)$$

即实现干扰对系统的输出无影响。

采用顺馈控制的方法，既可以减小或消除输入信号引起的稳态误差，又可以减小或消除干扰信号引起的稳态误差。它的最大优点是不影响原闭环系统的稳定性；缺点是要用到输入信号和干扰信号的微分或高阶微分，在工程实践中，有时是难以实现的。

3.12 本章小结

本章从控制系统的稳定性、动态过程和稳态误差三个方面讨论了系统性能的分析方法和一些改进系统性能的措施。本章的重点归纳如下。

1.线性控制系统的稳定性

(1) 稳定性的定义:线性系统受到扰动偏离了平衡状态,当扰动消失以后系统能够恢复到原来的平衡状态,则称系统是稳定的;反之系统不稳定。

(2) 线性控制系统稳定的充分必要条件:控制系统特征方程的根全部具有负实部,或者说,控制系统的闭环极点全部具有负实部。

(3) 线性系统的稳定性只取决于系统自身的结构与参数,与初始条件和外输入作用无关;仅取决于系统的闭环极点,与闭环零点无关。

(4) 用劳斯判据判断线性系统稳定、不稳定或临界稳定,并判断在 S 平面右半平面或虚轴上闭环极点的个数。

(5) 用劳斯判据求出保证系统稳定的条件,如参数的取值范围,几个参数之间的关系等。

2.线性控制系统的动态过程

(1) 一阶系统的参数、极点位置和动态性能指标的关系。

(2) 典型欠阻尼二阶系统参数与动态性能指标的关系;极点分布与动态性能指标的关系。

(3) 由动态性能指标求欠阻尼二阶系统的参数或求闭环极点的位置。

(4) 改善二阶系统动态性能的方法。PD 控制和速度反馈的作用,PD 参数和速度反馈系数的计算。

(5) 高阶系统动态过程的特点;主导极点的概念、偶极子的概念。

(6) 用 MATLAB 求二阶系统、有零点的二阶系统、高阶系统的阶跃响应;求动态性能指标。

3.线性控制系统的稳态误差

(1) 计算稳态误差的共同前提条件是:系统必须稳定。

(2) 误差、稳态误差的定义;单位反馈系统的稳态误差;非单位反馈系统的稳态误差和单位反馈系统稳态误差的关系。

(3) 用终值定理和静态误差系数计算单位反馈系统的稳态误差。

(4) 控制系统的无差度、无静差阶数和系统型别的概念。

(5) 用动态误差系数计算稳态误差和求动态误差系数的方法。用这一方法求得的稳态误差可以反映出稳态误差随时间变化的规律。

(6) 增大开环增益或在开环传递函数中加入串联的积分环节,可以减小或消除输入信号引起的稳态误差,但必须保证系统稳定。如果给定稳态误差求系统的参数时,必须考虑到保证系统稳定的条件。把满足稳态误差的条件和保证系统稳定的条件综合在一起,得到参数的取值范围。

(7) 增大开环增益或在开环传递函数中加入串联积分环节可以减小或消除干扰信号引起的稳态误差,但增大增益或增加串联积分环节必须在干扰信号作用点之前,同时还应满足系统稳定的条件。

(8) 在控制系统中引入顺馈通道可以减小或消除输入信号或干扰信号引起的稳态误差。这种方法的最大优点是不影响系统的稳定性。在求顺馈通道的传递函数时,不必考虑对系统稳定性的影响。

习题与思考题

3.1　设有二阶系统,其方框图如题3.1(a)图所示。图中符号"+"、"-"分别表示取正反馈与负反馈,"0"表示无反馈;K_1 与 K_2 为常值增益,且 K_1、$K_2 > 0$。题3.1(b) ~ (f)图所示为在该系统中可能出现的单位阶跃响应曲线。试确定与每种单位阶跃响应相对应的主反馈及内反馈的极性,并说明理由。

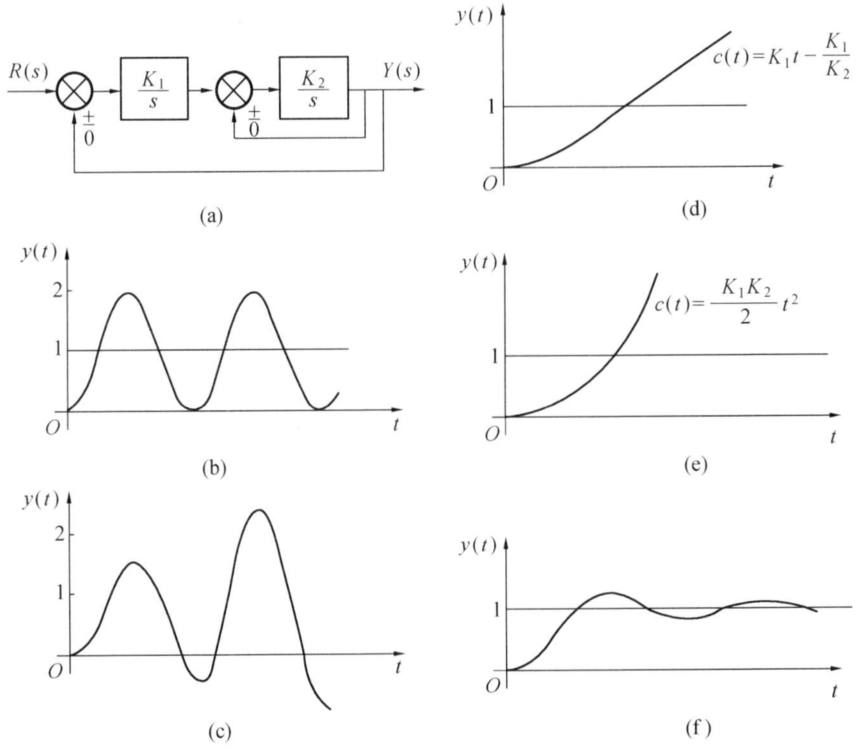

图题 3.1　二阶系统方框图及单位阶跃响应

3.2　由实验测得二阶系统的单位阶跃响应 $y(t)$ 如题 3.2 图所示。试根据已知的单位阶跃响应 $y(t)$ 计算系统参数 ζ 及 ω_n。

3.3　已知控制系统方框图如图题3.3所示。要求该系统的单位阶跃响应 $y(t)$ 具有超调量 $\sigma\% = 16.3\%$ 和峰值时间 $t_p = 1$ s。试确定前置放大器的增益 K 及内反馈系数 τ。

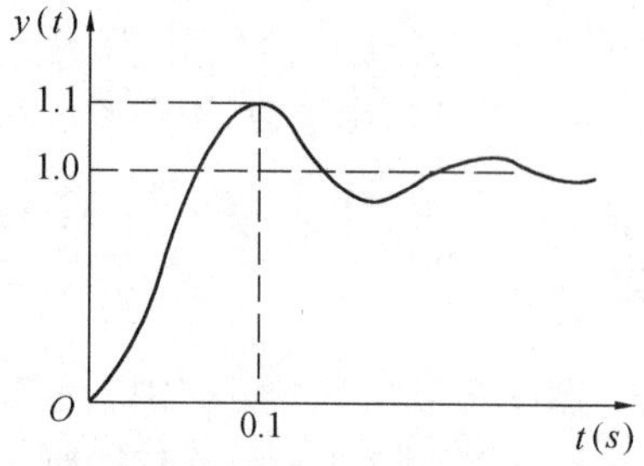

题3.2图　二阶系统的单位阶跃响应

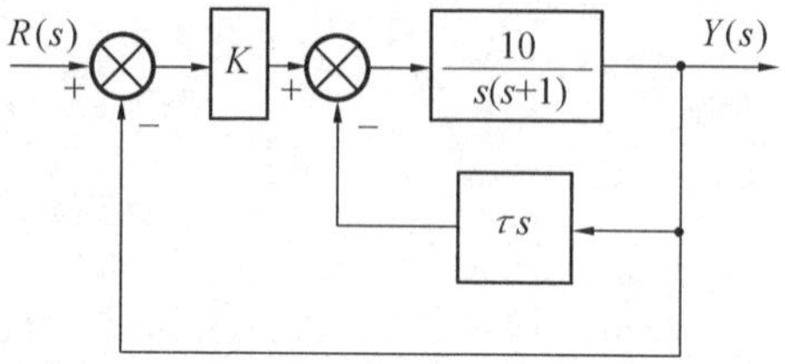

题3.3图　系统方框图

3.4　设某单位负反馈系统的开环传递函数为

$$G(s) = \frac{0.4s + 1}{s(s + 0.6)}$$

试计算该系统单位阶跃响应的超调量、上升时间、峰值时间及调整时间。

3.5　设二阶系统的单位阶跃响应 $y(t)$ 如题3.2图所示。已知该系统属单位负反馈控制形式，试确定其开环传递函数。

3.6　已知系统的单位阶跃响应为

$$y(t) = 1 + e^{-t} - e^{-2t} \quad (t \geqslant 0)$$

试求取该系统的传递函数 $Y(s)/R(s)$。

3.7　某系统的特征方程为

$$s^4 + 2s^3 + s^2 + 2s + 1 = 0$$

试应用Routh稳定判据判别该系统的稳定性。

3.8　设系统的特征方程为

$$s^6 + 2s^5 + 8s^4 + 12s^3 + 20s^2 + 16s + 16 = 0$$

试应用Routh稳定判据判别该系统的稳定性。

3.9　试分析题3.9图所示系统的稳定性。

3.10　试分析题3.10图所示系统的稳定性。

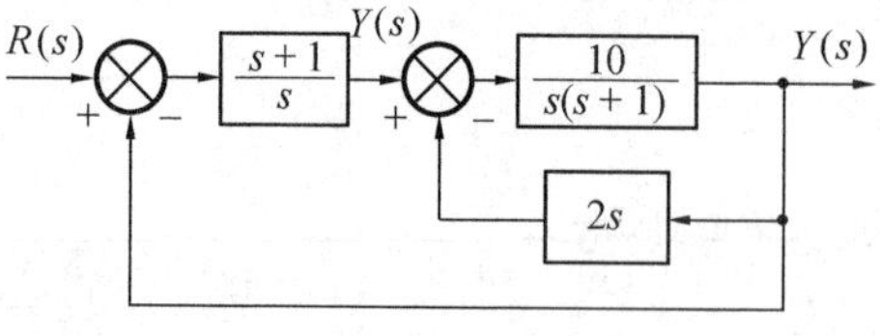

题3.9图　系统方框图

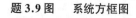

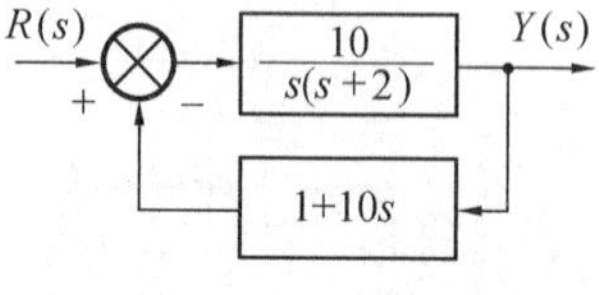

题3.10图　系统方框图

3.11　试确定题3.11图所示系统的参数 K 及 ζ 的稳定域。

3.12　设控制系统的方框图如题3.12图所示。要求闭环系统的特征根全部位于 $s=-1$ 垂线之左。试确定参数 K 的取值范围。

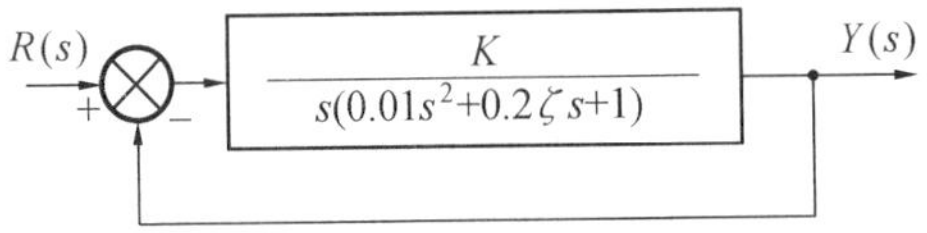

题 3.11 图　　系统方框图

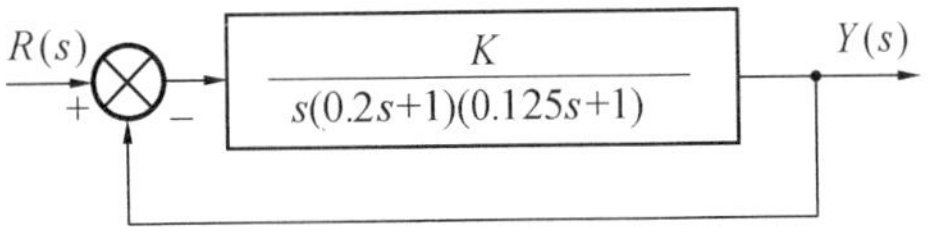

题 3.12 图　　系统方框图

3.13　设系统方框图如题3.13图所示。若系统以 $\omega_n=2$ rad/s 的频率作等幅振荡，试确定振荡时的参数 K 与 a 的值。

3.14　试分析题3.14图所示系统的稳定性，其中增益 $K>0$。

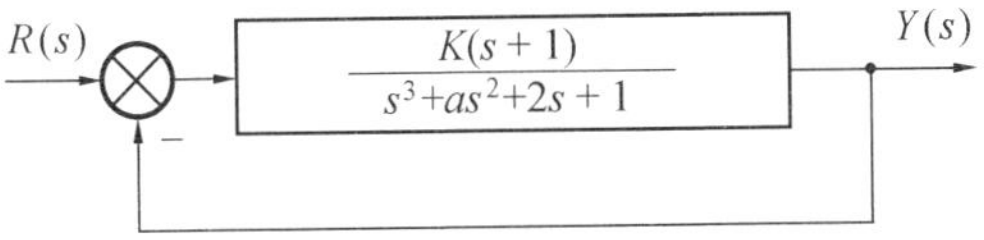

题 3.13 图　　系统方框图

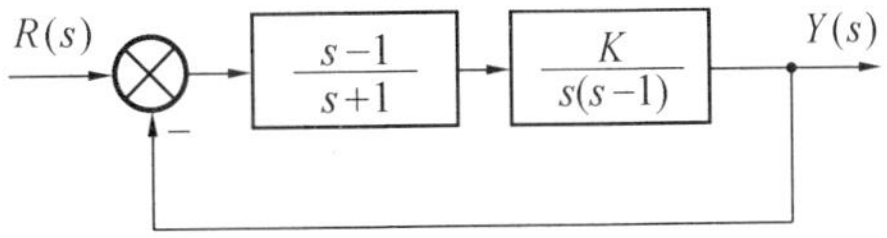

题 3.14 图　　系统方框图

3.15　设某温度计的动态特性可用一惯性环节 $1/(Ts+1)$ 来描述。用该温度计测量容器内的水温，发现一分钟后温度计的示值为实际水温的98%。若给容器加热，使水温以 10℃/min 的速度线性上升，试计算该温度计的稳态指示误差。

3.16　一单位反馈控制系统的开环传递函数为

$$G(s)=\frac{K}{s(T_0 s+1)(T_f s+1)}$$

在输入信号 $r(t)=(a+bt)\cdot 1(t)$（a、b 为常数）作用下，欲使闭环系统的稳态误差 e_{ss} 小于 ε_σ，试求系统各参数应满足的条件。

3.17　设某控制系统的方框图如题3.17图所示。欲保证阻尼比 $\zeta=0.7$ 和单位斜坡信号输入时的稳态误差 $e_{ss}=0.25$，试确定系统参数 K、τ 之值。

3.18　欲使题3.18图所示系统对输入信号 $r(t)$ 为Ⅱ型，试选择前馈参数 τ 和 b。已知误差 $e(t)\triangleq \Delta r(t)-y(t)$。

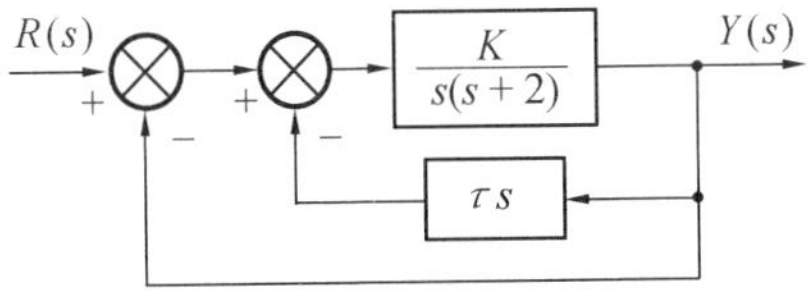

题 3.17 图　　系统方框图

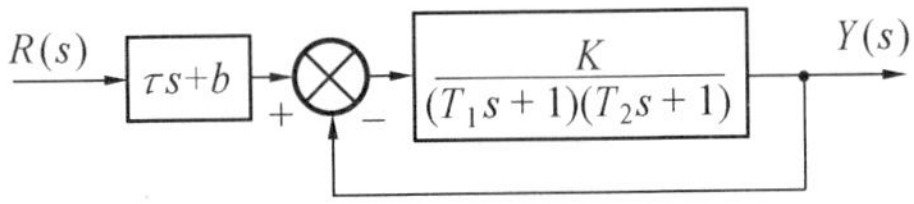

题 3.18 图　　系统方框图

3.19　设控制系统的方框图如图题 3.19 所示。已知控制信号 $r(t)=1(t)$，试计算 $H(s)=1$ 及 0.1 时系统的稳态误差。

3.20　设单位负反馈系统的开环传递函数为

$$G(s)=\frac{100}{s(0.1s+1)}$$

试计算该系统响应控制信号 $r(t)=\sin 5t$ 时的稳态误差。

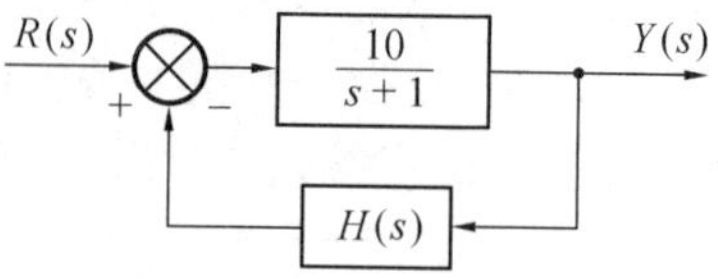

题 3.19 图　系统方框图

3.21　试鉴别题 3.21 图所示系统对控制信号 $r(t)$ 和对扰动信号 $f(t)$ 分别是几型系统。

3.22　在题3.22图所示控制系统中，若设 $f(t)=2\times 1(t)$，试问在扰动作用点之前的前向通道中引入积分环节 $1/s$，对稳态误差 $e_{ssf}(t)$ 有何影响？在扰动作用点之后引入积分环节 $1/s$，结果又将如何？

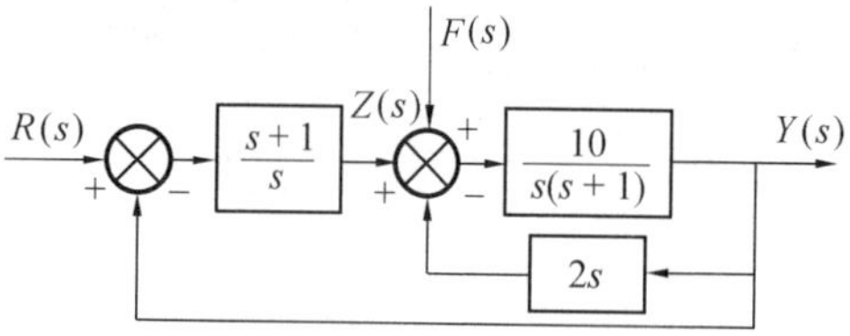

题 3.21 图　系统方框图

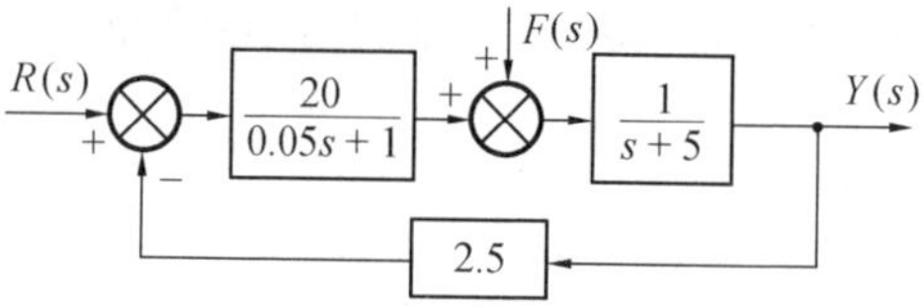

题 3.22 图　系统方框图

3.23　设某复合控制系统方框图如题 3.23 图所示。在控制信号 $r(t)=\frac{1}{2}t^2$ 作用下，要求系统的稳态误差为零，试确定顺馈参数 a、b。已知误差 $e(t)\triangleq r(t)-y(t)$。

3.24　设某复合控制系统的方框图如题 3.24 图所示。其中 $G_1(s)=K_1/(T_1s+1)$，$G_2(s)=K_2/s(T_2s+1)$，$G_3(s)=K_3/K_2$。要求系统在扰动信号 $f(t)=1(t)$ 作用下的稳态误差为零，试确定顺馈通道的传递函数 $G_n(s)$。

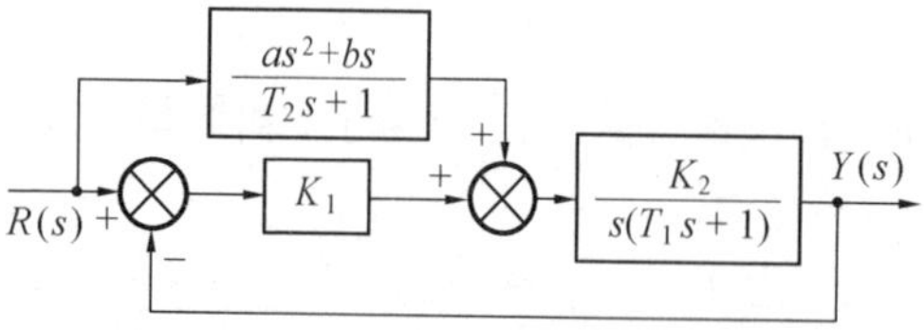

题 3.23 图　复合控制系统方框图

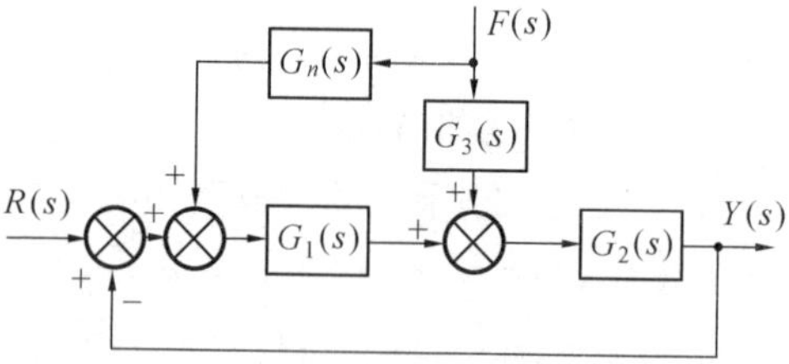

题 3.24 图　复合控制系统方框图

3.25　设闭环传递函数为 $\omega_n^3/(s^2+2\zeta\omega_n s+\omega_n^2)$ 的二阶系统在单位阶跃函数作用下的输出响应为 $y(t)=1-1.25e^{-1.2t}\sin(1.6t+53.1^\circ)$。试计算参数 ζ、ω_n，并通过 ζ、ω_n 计算超调量、峰值时间及调整时间。

3.26　试分别计算题 3.26 图所示系统的参数 ζ、ω_n，并分析其动态性能。

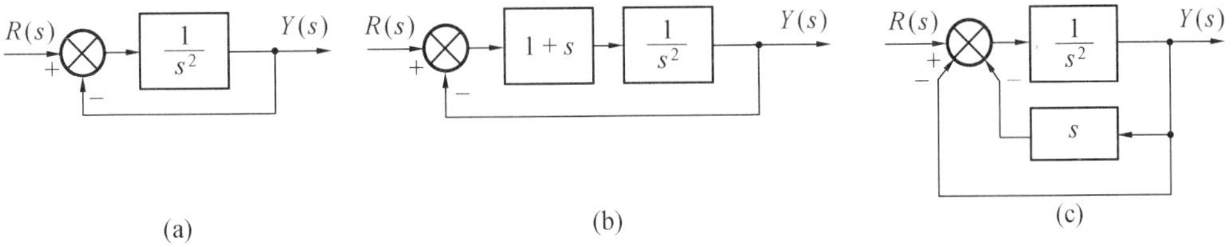

题 3.26 图　系统方框图

3.27　单位反馈系统的开环传递函数为

$$G(s) = \frac{K}{s(\tau s + 1)}$$

试计算当超调量在 3% ~ 5% 范围内变化时参数 K 与 τ 乘积的取值范围；分析当系统阻尼比 $\zeta = 0.707$ 时参数 K 与 τ 间的关系。

3.28　某控制系统的方框图如题 3.28 图所示。试确定系统单位阶跃响应的超调量 $\sigma\% \leqslant 30\%$，调整时间 $t_s(2\%) = 1.8$ s 时参数 K 与 τ 之值。

3.29　某系统方框图如题 3.29 图所示。试求当 $a = 0$ 时系统的系数 ζ 及 ω_n。如果要求 $\zeta = 0.7$，试计算相应的 a 值。

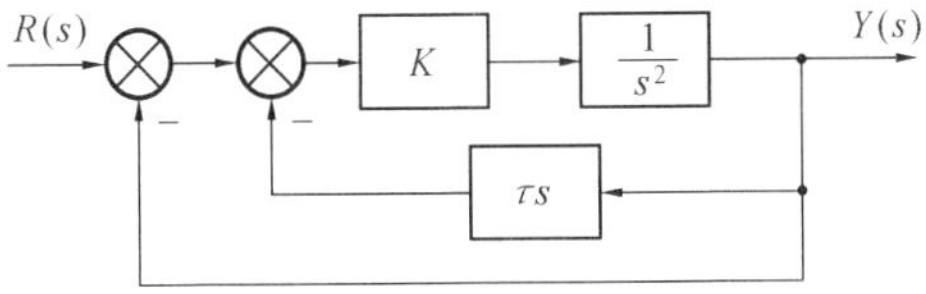

题 3.28 图　系统方框图

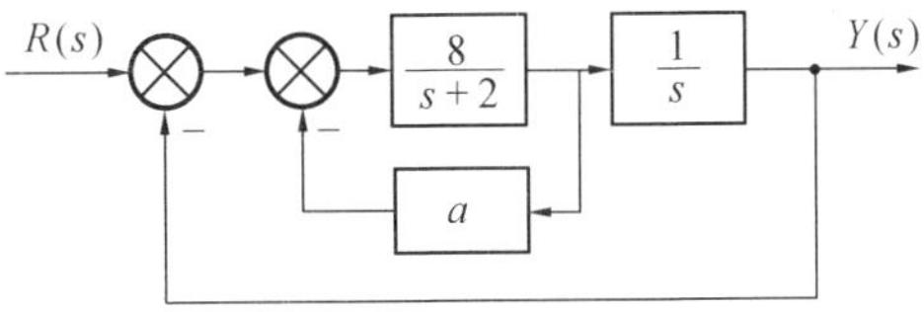

题 3.29 图　系统方框图

3.30　一开环传递函数为

$$G(s) = \frac{K}{s(\tau s + 1)}$$

的单位负反馈系统，其单位阶跃如题 3.30 图所示。试确定参数 K 及 τ。

3.31　某控制系统方框图如题 3.31 图所示。试确定阻尼比 $\zeta = 0.5$ 时的参数 τ 值，并计算这时该系统单位阶跃响应的超调量及调整时间。在此基础上，试比较该系统加与不加 $(1 + \tau s)$ 环节时的性能。

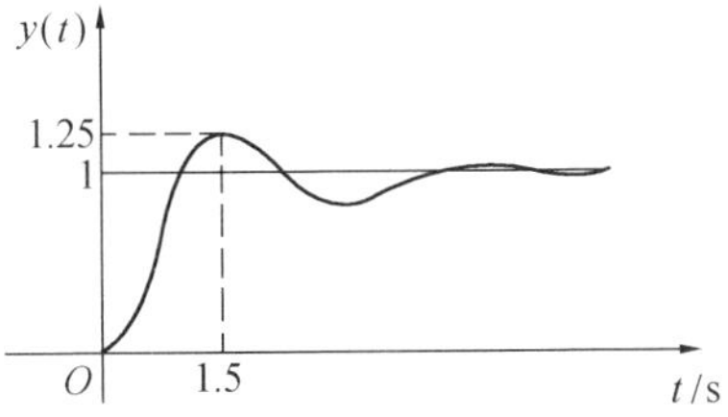

题 3.30 图　单位阶跃响应

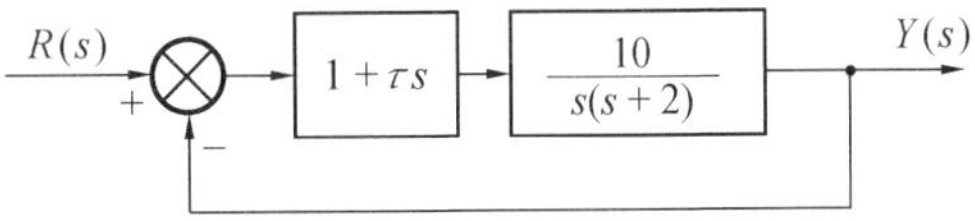

题 3.31 图　系统方框图

3.32　设有两个控制系统，其方框图如题 3.32(a)、(b) 图所示。试计算两个系统各自的超调量、峰值时间及调整时间，并进行比较。

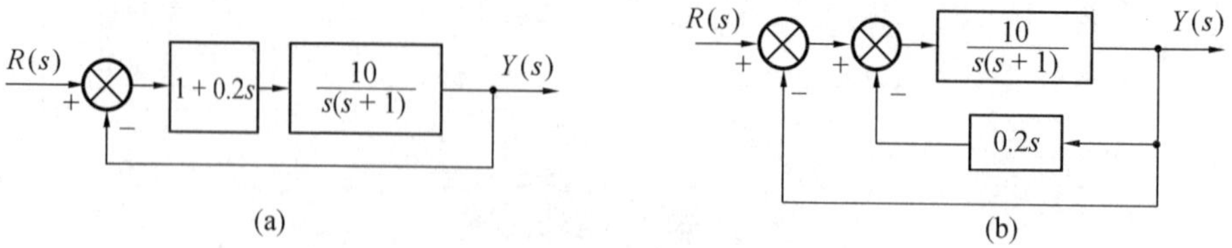

题 3.32 图　系统方框图

3.33　某系统方框图如题 3.33 图所示。试求：

(1) $\tau_1 = 0, \tau_2 = 0.1$ 时系统的超调量与调整时间；

(2) $\tau_1 = 0.1, \tau_2 = 0$ 时系统的超调量与调整时间；

(3) 比较上述两种校正情况下的动态性能与稳态性能。

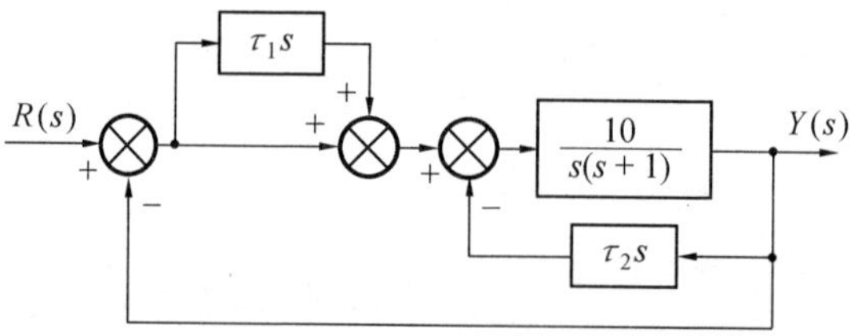

题 3.33 图　系统方框图

3.34　已知系统的特征方程为

$$s^5 + s^4 + s^3 + 2s^2 + 3s + 5 = 0$$

试应用 Routh 稳定判据判别系统的稳定性。

3.35　已知系统的特征方程为

$$s^6 + 4s^5 - 4s^4 + 4s^3 - 7s^2 - 8s + 10 = 0$$

试确定在 S 平面右半部的特征根数目，并计算其共轭虚根之值。

3.36　某控制系统的开环传递函数为

$$G(s)H(s) = \frac{K(s + 1)}{s(Ts + 1)(2s + 1)}$$

试确定能使闭环系统稳定的参数 K、T 的取值范围。

3.37　已知系统方框图如题 3.37 图所示。试应用 Routh 稳定判据确定能使系统稳定的反馈参数 τ 的取值范围。

3.38　在如题 3.38 图所示系统中，τ 取何值方能使系统稳定？

3.39　某控制系统方框图如题 3.39 图所示。已知 $r(t) = t, f(t) = -1(t)$，试计算该系统的稳态误差。

3.40　某控制系统的方框图如题 3.40 图所示。当扰动信号分别为 $f(t) = 1(t), f(t) = t$

时，试计算下列两种情况下系统响应扰动信号 $f(t)$ 的稳态误差：

(1) $G_1(s)=K_1 \quad G_2(s)=\dfrac{K_2}{s(T_2 s+1)}$

(2) $G_1(s)=\dfrac{K_1(T_1 s+1)}{s} \quad G_2(s)=\dfrac{K_2}{s(T_2 s+1)} \quad (T_1>T_2)$

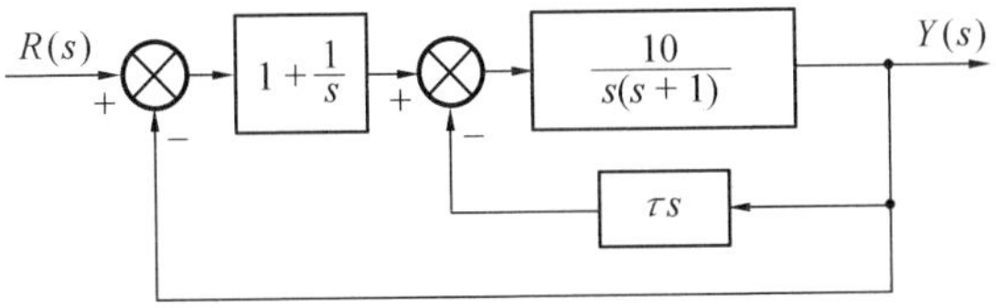

题 3.37 图　系统方框图

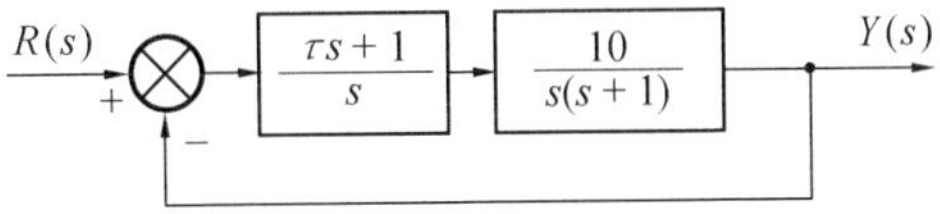

题 3.38 图　系统方框图

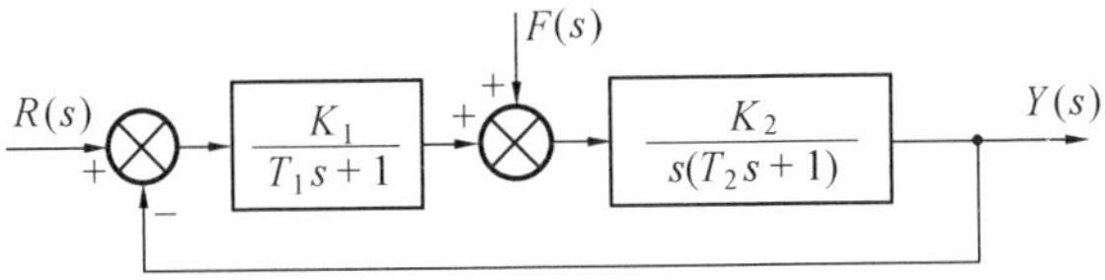

题 3.39 图　系统方框图

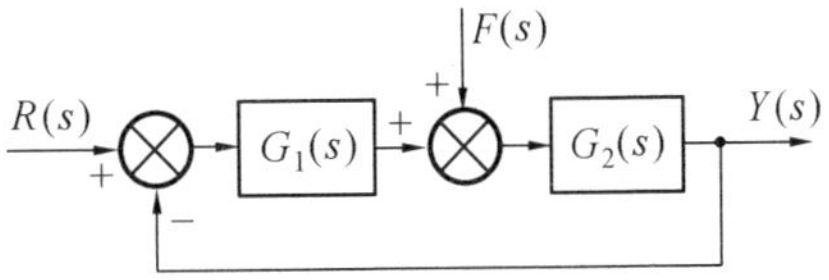

题 3.40 图　系统方框图

3.41　设有控制系统，其方框图如题 3.41 图所示。为提高系统跟踪控制信号的准确度，要求系统由原来的 Ⅰ 型提高到 Ⅲ 型，为此在系统中增置了顺馈通道，设其传递函数为

$$G_2(s)=\frac{\lambda_2 s^2+\lambda_1 s}{Ts+1}$$

若已知系统参数为 $K_1=2, K_2=50, \zeta=0.5, T=0.2$，试确定顺馈参数 λ_1 及 λ_2。

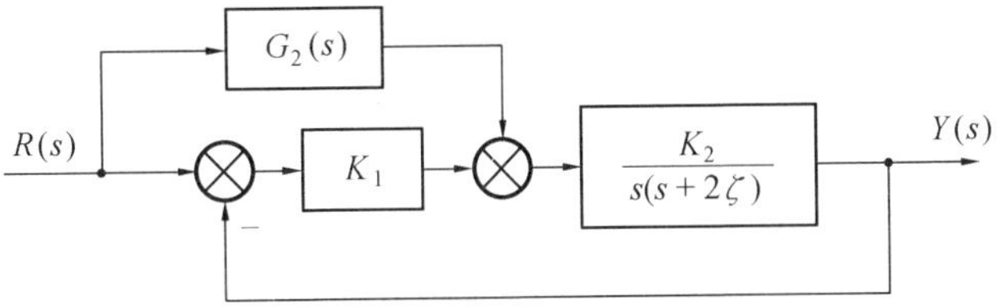

题 3.41 图　复合控制系统方框图

第四章 根轨迹法

4.1 引　　言

从上一章看到,闭环控制系统的稳定性、动态过程等基本特性与闭环极点的位置紧密相关。如果知道了闭环极点的位置,就可以分析得出该系统的基本性能;同样,如果能使闭环极点达到所期望的位置,该闭环系统就可以具有所期望的基本性能,实现系统的综合。但是,要确定闭环极点的位置是有一些困难的:

(1) 闭环极点是系统特征方程的根。对于三阶或高于三阶的系统,要确定闭环极点的位置,就要解高阶代数方程,在不借助计算机的情况下,求解高阶代数方程是较困难的。

(2) 在系统的设计和调试中,一些参数是经常变化的,其中最主要的是系统中的放大倍数。设计者希望能看到参数变化对闭环极点位置的影响。如果每改变一次参数就要求解一次新的特征方程,将是十分繁琐和困难的。

在研究中注意到:

(1) 系统的开环零、极点是比较容易求得的,因为开环传递函数往往是由一些低阶环节以串联方式联接而成,开环传递函数的分子和分母是一些低阶因式的乘积,只要解若干个低阶代数方程,就可得到开环零、极点。

(2) 如果能根据开环零极点的位置,直观地看出参数变化时,闭环极点的移动趋向和规律,对系统的设计与调试将是十分有意义的。

伊凡思(W.R.Evans)提出了一套"根轨迹法",成功地解决了上述问题。根轨迹法从系统的开环零极点入手,只用一些简单的数学手段,就可以很直观地看出闭环极点的位置及其变化规律,从而分析出系统的基本性能;同时还可以看出开环零、极点怎样配置,能使闭环极点达到期望的位置,使系统的基本性能满足要求,实现系统的综合。

本章将介绍根轨迹和运用根轨迹法的控制系统分析与综合。

4.2 根轨迹的基本概念

根轨迹是指系统中某个参数由 0 变到 $+\infty$ 时,闭环极点在 s 平面上的变化轨迹。

本章首先讨论负反馈系统的开环放大倍数由0变到 $+\infty$ 时,系统闭环极点的变化轨迹,称做一般根轨迹。

对于图 4.2.1 所示的负反馈系统,闭环传递函数为

$$\Phi(s) = \frac{Y(s)}{R(s)} = \frac{G(s)}{1 + G(s)H(s)} \tag{4.2.1}$$

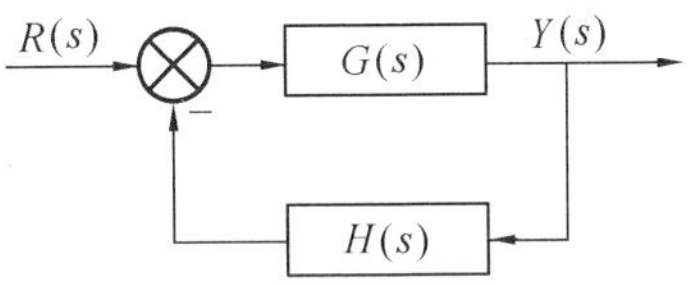

图 4.2.1　闭环控制系统

系统的特征方程是

$$1 + G(s)H(s) = 0$$

或

$$G(s)H(s) = -1 \tag{4.2.2}$$

方程(4.2.2) 的根即为系统的闭环极点。

将系统的开环传递函数写成零极点形式

$$G(s)H(s) = \frac{k(s - z_1)(s - z_2)\cdots(s - z_m)}{(s - p_1)(s - p_2)\cdots(s - p_n)} \tag{4.2.3}$$

其中,$z_1, z_2, \cdots, z_m$ 和 $p_1, p_2, \cdots, p_n$ 分别是系统的开环零点和极点。显然,当系统的开环放大倍数由 0 变到 $+\infty$ 时,参数 k 也由 0 变化到 $+\infty$。

特征方程(4.2.2) 可以写成如下形式

$$\frac{k(s - z_1)(s - z_2)\cdots(s - z_m)}{(s - p_1)(s - p_2)\cdots(s - p_n)} = -1 \tag{4.2.4}$$

根据此式,特征方程的根,即闭环极点,应满足下列两个条件

$$|G(s)H(s)| = \frac{k|(s - z_1)||(s - z_2)|\cdots|(s - z_m)|}{|(s - p_1)||(s - p_2)|\cdots|(s - p_n)|} = 1 \tag{4.2.5}$$

$$\begin{aligned} \angle G(s)H(s) = {} & \angle(s - z_1) + \angle(s - z_2) + \cdots + \angle(s - z_m) - \angle(s - p_1) - \\ & \angle(s - p_2) - \cdots - \angle(s - p_n) = \pm(2l + 1)\pi \\ & l = 0,1,2,\cdots \end{aligned} \tag{4.2.6}$$

式(4.2.5) 和式(4.2.6) 称做根轨迹方程,式(4.2.5) 称做根轨迹的幅值条件;式(4.2.6) 称做根轨迹的幅角条件(相角条件)。s 平面上满足以上两个条件的点即是根轨迹上的点。

经过分析可以看出,因为 k 是在$[0, \infty)$ 区间取值,所以对于 s 平面上的任意一点,都可以找到一个 k 值使式(4.2.5) 成立。这样,就把问题集中于式(4.2.6)—— 幅角条件。只要在 s 平面上找到满足式(4.2.6) 幅角条件的点,就可以求出该点对应的 k 值,这一点就是闭环极点;若在 s 平面上找到所有满足幅角条件的点,这些点的集合就构成根轨迹。

图 4.2.2 可以用来说明这个问题。设控制系统有 4 个开环极点和一个开环零点,在图4.2.2 中分别用"×"和"⊙"表示。系统的开环传递函数为

$$G(s)H(s) = \frac{k(s - z_1)}{(s - p_1)(s - p_2)(s - p_3)(s - p_4)}$$

首先在复数平面上找一个试验点 s,检验点 s 是否满足幅角条件。$G(s)H(s)$ 的幅角为

$$\angle G(s)H(s) = \varphi_1 - \theta_1 - \theta_2 - \theta_3 - \theta_4$$

式中，$\varphi_1,\theta_1,\theta_2,\theta_3$ 和 θ_4 分别是向量$(s-z_1)$，$(s-p_1)$，$(s-p_2)$，$(s-p_3)$和$(s-p_4)$的幅角，按逆时针方向为正计算。如果上式等于$(2l+1)\pi(l=0,1,2,\cdots)$，说明试验点 s 是根轨迹上的点。然后，根据式(4.2.5)，可以求出试验点 s 所对应的 k 值为

$$k=\frac{A_1A_2A_3A_4}{B_1}$$

式中，A_1,A_2,A_3,A_4 和 B_1 分别是向量$(s-p_1)$，$(s-p_2)$，$(s-p_3)$，$(s-p_4)$和$(s-z_1)$的幅值。

图4.2.2的例子说明，如果试验点 s 满足幅角条件，则试验点 s 是根轨迹上对应于 k 等于该值的点，或者说试验点 s 是 k 等于该值时的其中一个闭环极点。

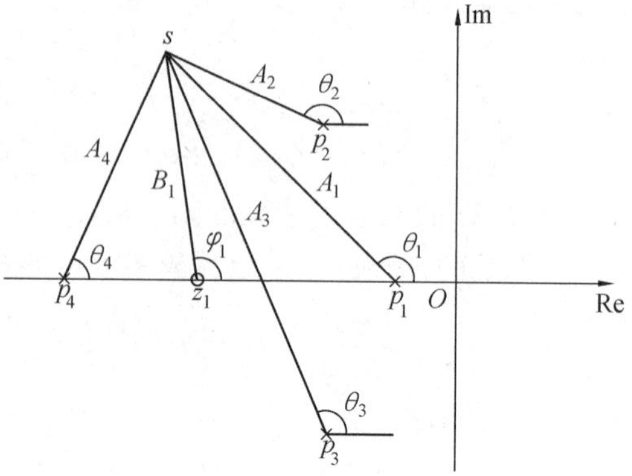

图 4.2.2　满足幅角条件的点

由以上分析可以得出，画根轨迹的主要步骤是：

(1) 把系统的开环传递函数写成零极点形式。

(2) 在 s 平面上画出开环零点和极点，一般用"⊙"表示开环零点，用"×"表示开环极点。

(3) 在 s 平面上找出满足幅角条件的点。这些点连接成根轨迹。

(4) 对于根轨迹上一些必要的点，利用幅值条件式(4.2.5)求出它们所对应的 k 值，还可以进一步求出对应的开环放大倍数 K。

尽管当前已经有计算机绘制根轨迹的方法，但了解并掌握人工绘制根轨迹的方法，对于设计和调试控制系统仍是非常必要的。

4.3　绘制根轨迹的基本规则

负反馈闭环控制系统的特征方程是

$$G(s)H(s)=-1$$

根轨迹的幅角条件是

$$\angle G(s)H(s)=\sum_{i=1}^{m}\angle(s-z_i)-\sum_{j=1}^{n}\angle(s-p_j)=(2l+1)\pi \qquad l=0,1,2,\cdots \tag{4.3.1}$$

当系数 k 由 $0\to+\infty$ 时，按照上述条件绘制的根轨迹称做负反馈根轨迹，或称根轨迹。利用下面的一些规则，可以在 s 平面上找到满足上述条件的点，从而绘制出根轨迹。绘制负反馈根轨迹的基本规则如下。

1. 根轨迹的分支数

按定义，反馈系统的根轨迹是系统的某一参数变化时，闭环特征方程的根在 s 平面上的变

化轨迹。因此，根轨迹的分支数与闭环特征方程根的数目相同。对于开环极点数 n 多于开环零点数 m，即 $n > m$ 的系统，闭环特征方程是 n 阶代数方程，根轨迹有 n 个分支；若 $m > n$，则根轨迹有 m 个分支。

由此得到绘制根轨迹的基本规则一：根轨迹的分支数等于开环零点数目与极点数目中的大者。

2. 根轨迹的连续性与对称性

当参数 k 由 $0 \to +\infty$ 连续变化时，根轨迹上任意一点 s 应满足条件

$$k = \frac{|s - p_1||s - p_2|\cdots|s - p_n|}{|s - z_1||s - z_2|\cdots|s - z_m|}$$

若 k 有小的增量时，各向量 $|s - p_j|(j = 1,2,\cdots,n)$ 和 $|s - z_i|(i = 1,2,\cdots,m)$ 也必产生小的增量与之对应，说明根轨迹上的 s 点将产生一个小的位移。因此，当 k 由 $0 \to +\infty$ 连续变化时，根轨迹是连续的。

又因为特征方程的根只能是实数或共轭的复数，它们在 s 平面上的分布是关于实轴对称的，所以，根轨迹必然是关于实轴对称的。

由此，得到绘制根轨迹的基本规则二：根轨迹是连续的，并且是关于实轴对称的。

3. 根轨迹的起点与终点

根轨迹的起点是指参变量 $k = 0$ 时闭环极点在 s 平面上的分布位置；根轨迹的终点是 $k \to +\infty$ 时闭环极点在 s 平面上的分布位置。

系统的开环传递函数如式(4.2.3)形式，闭环系统的特征方程为

$$(s - p_1)(s - p_2)\cdots(s - p_n) + k(s - z_1)(s - z_2)\cdots(s - z_m) = 0 \tag{4.3.2}$$

当 $k = 0$ 时，特征方程为

$$(s - p_1)(s - p_2)\cdots(s - p_n) = 0$$

系统的开环极点就是特征方程的根。

特征方程(4.3.2)可以改写成

$$\frac{1}{k}(s - p_1)(s - p_2)\cdots(s - p_n) + (s - z_1)(s - z_2)\cdots(s - z_m) = 0 \tag{4.3.3}$$

当 $k \to +\infty$ 时，特征方程为

$$(s - z_1)(s - z_2)\cdots(s - z_m) = 0$$

系统的开环零点就是特征方程的根。

由此，得到绘制根轨迹的基本规则三：根轨迹起于开环极点，终止于开环零点。

若开环极点数 n 大于开环零点数 m，说明有 n 条根轨迹起于 n 个开环极点，其中只有 m 条根轨迹终止于 m 个开环极点，另外 $n - m$ 条根轨迹终止在哪里呢？

4. 根轨迹的渐近线

从规则三看到，当 $n > m$ 时，应该找到 $n - m$ 条根轨迹在 $k \to +\infty$ 时的去向。可以发现，在

s 平面上的无穷远处,存在着满足根轨迹幅角条件的点。

在 s 平面的无穷远处,即 $|s| \to +\infty$ 处,可以认为,所有开环极点和开环零点引向点 s 的向量的幅角都相等,并等于 Φ。根据根轨迹的幅角条件式(4.2.6),如果有

$$m\Phi - n\Phi = \pm(2l+1)\pi \qquad l = 0,1,2,\cdots \tag{4.3.4}$$

在 s 平面无穷远处的 s 点即满足幅角条件,而且幅角为 Φ 的射线远端各点都满足幅角条件,因此,该射线的远端是根轨迹,该射线就是根轨迹的渐近线,见图 4.3.1。

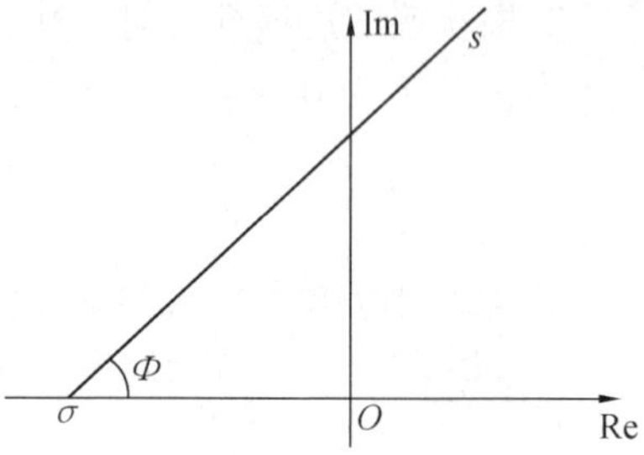

图 4.3.1　根轨迹的渐近线

根据式(4.3.4),根轨迹的渐近线的幅角为

$$\Phi = \frac{(2l+1)\pi}{n-m} \qquad l = 0,1,2,\cdots n-m-1 \tag{4.3.5}$$

根轨迹是关于实轴对称的,所以,幅角为 Φ 的射线必然是根轨迹的渐近线。在 s 平面内,按照式(4.3.5),可以得出 $(n-m)$ 条根轨迹的渐近线,这便是 $(n-m)$ 条根轨迹在 $k \to +\infty$ 时的去向。

根轨迹是关于实轴对称的,所以,这些渐近线必然相交于实轴,下面来求渐近线与实轴的交点 σ。

把开环传递函数式(4.2.3) 的分子与分母分别展开,可得到

$$G(s)H(s) = k\frac{s^m + \sum_{i=1}^{m}(-z_i)s^{m-1} + \cdots + \prod_{i=1}^{m}(-z_i)}{s^n + \sum_{j=1}^{n}(-p_j)s^{n-1} + \cdots + \prod_{j=1}^{n}(-p_j)} =$$

$$\frac{k}{s^{n-m} - \left(\sum_{j=1}^{n}p_j - \sum_{i=1}^{m}z_i\right)s^{n-m-1} + \cdots}$$

由于 $k \to +\infty$ 时,$|s| \to +\infty$,所以上式分母可近似地只保留两个最高次项。这样,系统的特征方程(4.2.2) 可写成

$$G(s)H(s) = \frac{k}{s^{n-m} - \left(\sum_{j=1}^{n}p_j - \sum_{i=1}^{m}z_i\right)s^{n-m-1}} = -1$$

进而得出

$$\left|s^{n-m} - \left(\sum_{j=1}^{n}p_j - \sum_{i=1}^{m}z_i\right)s^{n-m-1}\right| = k \tag{4.3.6}$$

又因为无穷远处根轨迹上的点 s 应满足根轨迹的幅值条件式(4.2.5)。而无穷远处的 s 点到各个开环零极点的距离可以看成是相等的,都等于 s 到 σ 点的距离。这样,式(4.2.5) 就可以写成

$$|(s-\sigma)^{n-m}|=k \tag{4.3.7}$$

将此式左端按牛顿二项式定理展开，并只取前两项得到

$$|s^{n-m}-(n-m)\sigma s^{n-m-1}|=k \tag{4.3.8}$$

对比式(4.3.6)和式(4.3.8)，对应项的系数相等，得到

$$(n-m)\sigma=\sum_{j=1}^{n}p_j-\sum_{i=1}^{m}z_i$$

渐近线与实轴的交点 σ 是

$$\sigma=\frac{\sum_{j=1}^{n}p_j-\sum_{i=1}^{m}z_i}{n-m} \tag{4.3.9}$$

由此得到绘制根轨迹的基本规则四：若开环极点数 n 大于开环零点数 m，当 $k\to+\infty$ 时，有 $n-m$ 条根轨迹趋向于 $n-m$ 条渐近线，渐近线与实轴的夹角由式(4.3.5)计算，渐近线与实轴的交点由式(4.3.9)计算。

5. 实轴上的根轨迹

在实轴上任意找一点 s 作为试验点，检验它是否满足根轨迹的幅角条件式(4.2.6)。开环的零、极点是实数或是共轭的复数，见图4.3.2。由各开环零极点指向 s 点的向量的幅角构成式(4.2.6)中的各项。由共轭的开环极点指向 s 点的向量的幅角之和为零；或点 s 左方实轴上的开环零、极点指向 s 点的向量的幅角皆为零；s 点右方实轴上的开环零、极点指向 s 点的向量的幅角皆为180°，所以 s 的右方实轴上有奇数个开环零极点时，该点满足幅角条件式(4.2.6)，是根轨迹上的点。

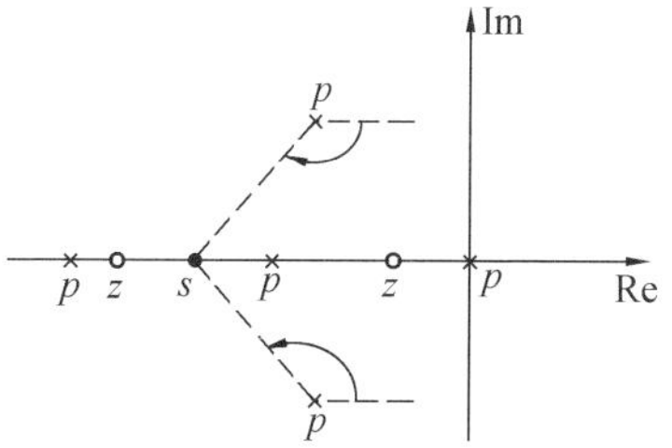

图4.3.2　实轴上的根轨迹

由此得出绘制根轨迹的基本规则五：实轴右方开环零、极点数目之和为奇数的线段为根轨迹，右方开环零、极点数目之和为偶数的线段不是根轨迹。

例4.3.1　负反馈系统的开环传递函数为

$$G(s)H(s)=\frac{k}{s(s+1)(s+2)}$$

绘出根轨迹的大致图形。

解　该系统有三个开环实数极点：$p_1=0,p_2=-1,p_3=-2$；有三条根轨迹分别以 p_1,p_2 和 p_3 为起点；有三条渐近线，按式(4.3.5)和式(4.3.9)计算出三条渐近线的幅角分别为60°，180°和-60°(或300°)，渐近线与实轴的交点为-1，见图4.3.3。

实轴上，p_1,p_2 之间和 p_3 左方是根轨迹。p_3 为起点的根轨迹按箭头方向或实轴上与180°的渐近线重合；以 p_1 和 p_2 为起点的根轨迹起始段在实轴上，然后离开实轴，最后趋向于60°和-60°渐近线，根轨迹的大致图形如图4.3.3所示。

例 4.3.2 负反馈系统的开环传递函数为

$$G(s)H(s) = \frac{k(s+2)}{s(s+1)}$$

绘出根轨迹的大致图形。

解 该系统有两个开环极点 $p_1 = 0, p_2 = -1$ 和一个开环零点 $z_1 = -2$；有两条根轨迹分别起于 p_1 和 p_2；一条根轨迹终于开环零点 z_1，一条根轨迹趋向于渐近线；按式(4.3.5)求得渐近线的幅角为 180°，即负实轴。

实轴上，p_1, p_2 之间和 z_1 左方为根轨迹，以 p_1 和 p_2 为起点的两条根轨迹起始段必然在实轴上，然后进入复数平面，最后由 z_1 的左方进入实轴到达终点 z_1 和趋于 180° 的渐近线。根轨迹的大致图形见图 4.3.4。

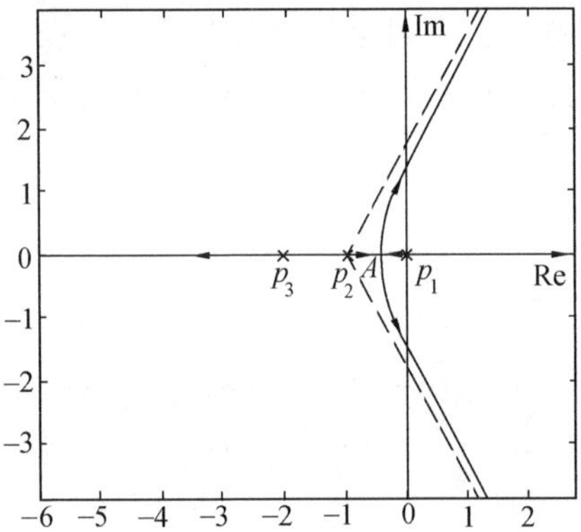

图 4.3.3 根轨迹图

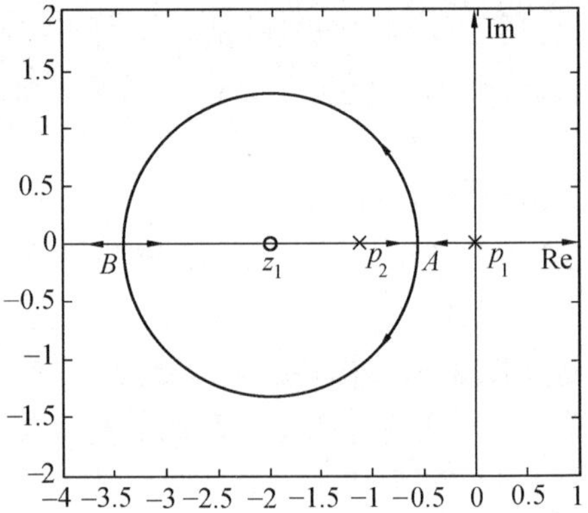

图 4.3.4 根轨迹图

6. 根轨迹的汇合分离点

在例 4.3.1 和例 4.3.2 中看到，在某些情况下，两条或多条根轨迹会在一点汇合并分离，如图 4.3.3 中的点 A 和图 4.3.4 中的点 A、B，这样的点称做根轨迹的汇合分离点。求出汇合分离点在 s 平面中的坐标，对于绘制根轨迹是十分有益的。

为方便，将系统的开环传递函数记为

$$G(s)H(s) = \frac{kM(s)}{N(s)} \tag{4.3.10}$$

系统的特征方程记为

$$D(s) = N(s) + kM(s)$$

记根轨迹的汇合分离点为 α，说明当 k 等于某一特定值时，两条(或更多)根轨迹在点 d 汇合分离，特征方程 $D(s) = 0$ 有重根 α。特征方程可写成如下形式

$$D(s) = 1 + G(s)H(s) = 0 \tag{4.3.11}$$

$D(s)$ 中有 $(s-\alpha)^2$(或更高次)因子。因此，在 $\frac{\mathrm{d}D(s)}{\mathrm{d}s}$ 的表达式中，必然有 $(s-\alpha)$ 因子。所以，

α 必然是方程

$$\frac{\mathrm{d}D(s)}{\mathrm{d}s}=0 \tag{4.3.12}$$

的根。

由式(4.3.12)可以依次推导出

$$\frac{\mathrm{d}D(s)}{\mathrm{d}s}=\frac{\mathrm{d}}{\mathrm{d}s}[1+G(s)H(s)]=0$$

$$\frac{\mathrm{d}}{\mathrm{d}s}[G(s)H(s)]=\frac{\mathrm{d}}{\mathrm{d}s}\left[\frac{kM(s)}{N(s)}\right]=0 \tag{4.3.13}$$

$$\frac{\mathrm{d}}{\mathrm{d}s}\left[\frac{M(s)}{N(s)}\right]=0$$

或

$$\frac{\mathrm{d}}{\mathrm{d}s}\left[\frac{N(s)}{M(s)}\right]=0$$

汇合分离点 α 必然是上述方程的根。由上式还可以进一步得到方程

$$M'(s)N(s)-N'(s)M(s)=0$$

或

$$N'(s)M(s)-M'(s)N(s)=0 \tag{4.3.14}$$

所以,汇合分离点 α 必然是方程(4.3.14)的根,求解方程(4.3.14)可以得到汇合分离点 α。

式(4.3.14)的形式特别适合于 $m=0$,即开环无零点的情况。在 $m=0$ 的情况下,方程可简化为

$$\frac{\mathrm{d}}{\mathrm{d}s}[N(s)]=0$$

应该注意以下两点:

(1) 在前面的推导中,只说明汇合分离点 α 是方程(4.3.14)的根,不排除该方程还有其他根。所以在解出方程(4.3.14)的诸多根后,要根据绘制根轨迹的基本规则,从中选出适合汇合分离点条件的 α。

(2) 在前面的推导中,只说明 α 是 s 平面上根轨迹的汇合分离点,并未限定 α 是实数,所以在方程(4.3.14)的诸多根中,对于复数根也要判断其是否是汇合分离点。

由此得出绘制根轨迹的基本规则六:根轨迹汇合分离点的坐标 α 是方程(4.3.14)的根。

最后,不加证明地给出关于汇合分离点的一项附加规则:l 条根轨迹进入并离开汇合分离点时,相邻两根轨迹间的夹角为 $(2i+1)\pi/l$,$i=0,1,2,\cdots,l-1$。这里,两根轨迹间的夹角是指汇合分离点处两根轨迹切线的夹角。若 $l=2$,则相邻两根轨迹的夹角为 $90°$,如图 4.3.3 的点 A 和图 4.3.4 中的点 A、B。

例 4.3.3 求例 4.3.1 中汇合分离点 A 的坐标。

解 该系统无开环零点。解下列方程

$$\frac{\mathrm{d}}{\mathrm{d}s}[s(s+1)(s+2)] = 0$$

$$3s^2 + 6s + 2 = 0$$

解得两根为 $s_1 = -0.423 \qquad s_2 = -1.577$

由于点 -1.577 不在根轨迹上,不可能是汇合分离点,只有 $s_1 = -0.423$ 符合汇合分离点条件,所以点 A 坐标为实轴上 -0.423 处。

例 4.3.4 求例 4.3.2 中汇合分离点 A 和 B 的坐标。

解 在例 4.3.2 中

$$M(s) = s + 2 \qquad N(s) = s(s+1)$$

$$\frac{\mathrm{d}}{\mathrm{d}s}\left[\frac{s+2}{s^2+s}\right] = 0$$

$$s^2 + 4s + 2 = 0$$

解出 $s_1 = -3.41 \qquad s_2 = -0.59$

由图 4.3.4 看出,s_1 和 s_2 都在根轨迹上,符合汇合分离点的条件,所以得出点 A 和点 B 分别位于实轴上 -0.59 和 -3.14 处。

在点 A 和点 B 是两条根轨迹汇合并分离,相邻两根轨迹间的夹角为 90°。

7. 根轨迹的出射角与入射角

以复数开环极点为起点的根轨迹,在起点处的切线与正实轴间的夹角称做出射角;以复数开环零点为终点的根轨迹,在终点处的切线与正实轴的夹角称做入射角。求出根轨迹的出射角与入射角,可以知道根轨迹在起、终点附近的走向,有助于绘制根轨迹的图形。

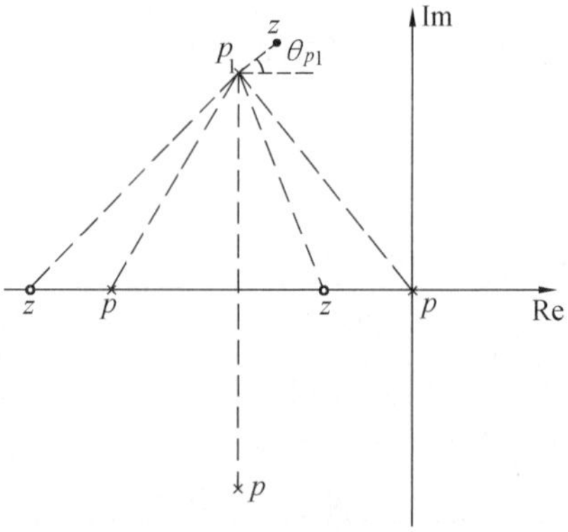

图 4.3.5 p_1 点的出射角

设系统的开环传递函数有 m 个零点和 n 个极点,其中 p_1 是一个复数极点,下面以 p_1 为例,求根轨迹在点 p_1 的出射角 θ_{p1},见图 4.3.5。

首先,在 p_1 的邻域内寻找满足根轨迹幅角条件的点 $\bar{s}$。设 $\bar{s}$ 满足幅角条件,应有

$$\sum_{i=1}^{m}\angle(\bar{s} - z_i) - \angle(\bar{s} - p_1) - \sum_{j=2}^{n}\angle(\bar{s} - p_j) = \pm(2l+1)\pi \qquad l = 0,1,2,\cdots \tag{4.3.15}$$

由于 $\bar{s}$ 在 p_1 的邻域内,所以式中 $\angle(\bar{s} - z_i)$ 可以用 $\angle(p_1 - z_i)$ 代替;$\angle(\bar{s} - p_j)$ 可以用

$\angle(p_1-p_j)$ 代替;式(4.3.15) 中的 $\angle(\bar{s}-p_1)$ 是根轨迹在 p_1 点的出射角 θ_{p1}。这样,由式(4.3.15) 可以得出

$$\theta_{p1}=\mp(2l+1)\pi+\sum_{i=1}^{m}\angle(p_1-z_i)-\sum_{j=2}^{n}\angle(p_1-p_j)\qquad l=0,1,2,\cdots\quad(4.3.16)$$

用同样的方法可以得出根轨迹在复数开环零点处的入射角 θ_{z1} 为

$$\theta_{z1}=\pm(2l+1)\pi+\sum_{j=1}^{n}\angle(z_1-p_j)-\sum_{i=2}^{m}\angle(z_1-z_i),\quad l=0,1,2,\cdots\quad(4.3.17)$$

由以上分析得出绘制根轨迹的基本规则七:始于开环复极点的根轨迹出射角按式(4.3.16) 计算;终止于开环复零点的根轨迹入射角按式(4.3.17) 计算。

有几点注意事项应指出:

(1) 式(4.3.16) 和式(4.3.17) 只给出了 p_1 和 z_1 点的出射、入射角,若计算其他开环复数零、极点处的入射、出射角,只要将该零、极点编号为 z_1、p_1 即可。

(2) 用式(4.3.16) 和式(4.3.17) 求出的出射、入射角并绘制根轨迹时,坐标纸实轴与虚轴比例必须一致,否则角度将要畸变。

(3) 依据根轨迹关于实轴对称的原则,只要求出一个复数开环零、极点处的入射、出射角,与之共轭的开环复数零、极点处的入射、出射角即可得出。

例 4.3.5　负反馈系统的开环传递函数为

$$G(s)H(s)=\frac{k(s+1)}{s^2+3s+3.25}$$

试绘制该系统的根轨迹。

解　由开环传递函数求得该系统有两个开环极点:$p_1=-1.5+\mathrm{j}$,$p_2=-1.5-\mathrm{j}$,和一个零点 $z_1=-1$,画在图 4.3.6 中。

该系统有两条根轨迹,分别起始于 p_1 和 p_2,一条终止于 z_1,另一条沿负实轴延伸到无穷远。

根轨迹的汇合分离点由下面方程解得

$$\frac{\mathrm{d}}{\mathrm{d}s}\left[\frac{s^2+3s+3.25}{s+1}\right]=0$$

$$s^2+2s-0.25=0$$

解出两根:$s_1=-2.12$,$s_2=0.12$,其中 s_2 不符合汇合分离点条件,故汇合分离点为实轴上 -2.12 处。

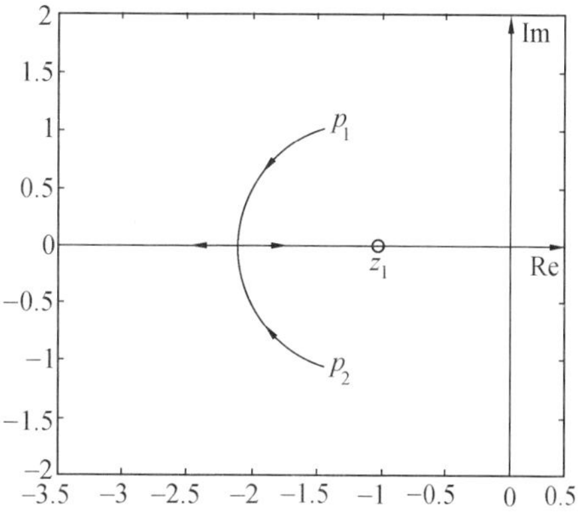

图 4.3.6　根轨迹图

根轨迹由 p_1 点的出射角按下式计算

$$\theta_{p1}=180^\circ+\angle(p_1-z_1)-\angle(p_1-p_2)=180^\circ+116.6^\circ-90^\circ=206.6^\circ$$

根轨迹由 p_1 点沿 θ_{p1} 的方向引出,到达汇合分离点 -2.12 后,沿实轴分离两边。实轴下方

根轨迹可按对称原则画出,见图 4.3.6。

8. 根轨迹与虚轴的交点

根轨迹与虚轴相交,意味着当参数 k 等于某一值时,系统的特征方程有纯虚根 $j\omega$。将 $s = j\omega$ 代入系统的特征方程 $1 + G(s)H(s) = 0$ 得到

$$1 + G(j\omega)H(j\omega) = 0$$

令上式的实部与虚部分别等于零,得到两个方程:

$$\begin{aligned} \mathrm{Re}[1 + G(j\omega)H(j\omega)] &= 0 \\ \mathrm{Im}[1 + G(j\omega)H(j\omega)] &= 0 \end{aligned} \tag{4.3.18}$$

由这两个方程解出两个未知数 k 和 ω,$j\omega$ 是根轨迹与虚轴交点的坐标,k 是系统临界稳定时的参数 k 的值。

由于解得的 k 是系统临界稳定时的值,所以,也可以用其他方法,如劳斯判据,求取系统临界稳定时的 k 值。

由以上分析得出绘制根轨迹的基本规则八:根轨迹与虚轴的交点坐标和相应的参数 k 的值由式(4.3.18)解得。

例 4.3.6 试计算例 4.3.1 所示系统的根轨迹与虚轴交点的坐标及对应的参数 k 的值。

解 系统的特征方程是

$$D(s) = 1 + \frac{k}{s(s+1)(s+2)} = 0$$

将 $s = j\omega$ 代入特征方程,得到

$$-j\omega^3 - 3\omega^2 + 2j\omega + k = 0$$

分别令上式实部和虚部等于零,得到

$$\begin{aligned} -3\omega^2 + k &= 0 \\ -\omega^3 + 2\omega &= 0 \end{aligned}$$

解得 $\omega = 0, k = 0$ 和 $\omega = \pm\sqrt{2}, k = 6$. 说明当 $k = 0$ 时,闭环极点在原点;当 $k = 6$ 时,系统临界稳定,闭环极点在 $\pm j\sqrt{2}$,该点即根轨迹与虚轴交点。

另一解法:

系统的特征方程为

$$D(s) = s^3 + 3s^2 + 2s + k = 0$$

可以用劳斯判据求取系统临界稳定时的 k 值。列出劳斯行列表

$$\begin{array}{ccc} s^3 & 1 & 2 \\ s^2 & 3 & k \\ s^1 & \dfrac{6-k}{3} & 0 \\ s^0 & k & \end{array}$$

使系统处于临界稳定有两种情况：(1) $k = 6$，劳斯行列表中 s^1 行全为零，由辅助方程 $3s^2 + k = 0$ 解出特征方程的根为 $s = \pm j\sqrt{2}$，即根轨迹与虚轴的交点；(2) $k = 0$，劳斯行列表中 s^0 行为零。显然，这时特征方程的根为 $s = 0$。说明 $k = 0$ 时闭环极点在 $s = p_1 = 0$ 处。

9. 开环增益 K 的求取

按幅角条件绘制出反馈系统的根轨迹图之后，要在根轨迹上的一些点标出其对应的参数 k 的值。并求出对应的开环放大倍数 K。

对于根轨迹上的某点 $\bar{s}$，其对应的参数 $\bar{k}$ 可以依据根轨迹的幅值条件式(4.2.5)计算

$$\bar{k} = \frac{|\bar{s} - p_1||\bar{s} - p_2|\cdots|\bar{s} - p_n|}{|\bar{s} - z_1||\bar{s} - z_2|\cdots|\bar{s} - z_m|} \tag{4.3.19}$$

然后，根据参数 k 和开环放大倍数 K 的关系，可以求出该点对应的 K 值

$$K = k\frac{\prod_{i=1}^{m}(-z_i)}{\prod_{j=v}^{n}(-p_j)} \tag{4.3.20}$$

式中 $v = 1,2,3$；式(4.3.20)的分母是各开环极点反号后的连乘积，但要去掉其中等于零的开环极点，所以对于开环传递函数中无串联积分环节的0型系统、有一个串联积分环节的Ⅰ型系统和有两个串联积分环节的Ⅱ型系统，连乘号下的 j 分别从1,2和3开始。

应该注意的是：如果用测量各向量长度的方法来计算式(4.3.19)，则根轨迹图的实轴与虚轴必须具有相同的比例。

由此得出绘制根轨迹的基本规则九：根轨迹上任意一点对应的参数 k 的值可以用式(4.3.19)求得，并可用式(4.3.20)求得该点对应的开环放大倍数 K 的值。

10. 闭环极点的和与积

当一部分闭环极点的位置已经确定，欲求出其余闭环极点的位置，可以利用特征方程系数与根的关系求解。

设系统特征方程的根为 $s_1, s_2, \cdots, s_n$，则特征方程可写为

$$D(s) = s^n + a_{n-1}s^{n-1} + \cdots + a_1 s + a_0 = (s - s_1)(s - s_2)\cdots(s - s_n)$$

根据代数方程根与系数的关系，可写出

$$\sum_{i=1}^{n} s_i = -a_{n-1}$$

$$\prod_{i=1}^{n}(-s_i) = a_0 \tag{4.3.21}$$

由此得出绘制根轨迹的基本规则十：闭环极点的和与积如式(4.3.21)所示。在已知一部分闭环极点的情况下，可运用式(4.3.21)求出其余的闭环极点。

例 4.3.7 对于例 4.3.1 和图 4.3.3 给出的系统和根轨迹,(1) 当根轨迹与虚轴相交时,两个闭环极点为 $s_{1,2}=\pm j\sqrt{2}$,试确定这种情况下第三个闭环极点;(2) 求该系统临界稳定时的开环放大倍数 K。

解 (1) 根据例 4.3.1 中给定的开环传递函数,得出系统的特征方程为

$$D(s)=s^3+3s^2+2s+k=0$$

根据式(4.3.21) 有

$$s_1+s_2+s_3=-3$$

将 $s_{1,2}=\pm j\sqrt{2}$ 代入上式,求 s_3

$$s_3=-3-s_1-s_2=-3$$

临界稳定时,第三个闭环极点为 -3。

(2) 由例 4.3.6 求得,根轨迹与虚轴交点对应的 $k=6$。运用式(4.3.20) 求该点的 K 值

$$K=k\frac{\prod_{i=1}^{m}(-z_i)}{\prod_{j=2}^{n}(-p_j)}=6\times\frac{1}{1\times2}=3$$

由于开环传递函数中有一个串联积分环节,所以在上式分母中 j 从 2 开始。

综合利用上面的十项绘制根轨迹的基本规则,可以做出根轨迹的大致图形。至于根轨迹的一些准确的细部,运用基本规则尚不能准确地做出。一般的情况下,只要按照基本规则能够把根轨迹的特征和一些特征点做准确即可。如果需要做准确的根轨迹可利用 MATLAB 软件在计算机上绘制。

下面通过一些例子说明绘制根轨迹的基本规则和绘制根轨迹大致图形的方法与步骤。

例 4.3.8 负反馈系统的开环传递函数为

$$G(s)H(s)=\frac{K}{s(0.366s+1)(0.5s^2+s+1)}$$

试绘制该系统根轨迹的大致图形。

解 首先将系统的开环传递函数写成零、极点形式,并求出开环零、极点

$$G(s)H(s)=\frac{K}{s(s+2.73)(s^2+2s+2)}$$

无开环零点,$m=0$;有四个开环极点,它们是 $p_1=0, p_2=-1+j, p_3=-1-j, p_4=-2.73$, $n=4$,在 s 平面坐标中,画出四个开环极点。

根据基本规则一,因为开环极点数目 $n=4$,所以该系统有四条根轨迹。

根据基本规则二,四条根轨迹是连续的,并且关于实轴对称。

根据基本规则三,四条根轨迹分别起始于 p_1, p_2, p_3, p_4。

根据基本规则四，由于 $n-m=4$，四条根轨迹分别趋向四条渐近线，按式(4.3.9)求渐近线在实轴上的交点，得到 $\sigma=-1.18$。按式(4.3.5)求渐近线与实轴正方向的夹角，分别是 $\pm 45°$ 和 $\pm 135°$。

根据基本规则五，实轴上[0, -2.73]段是根轨迹。

根据基本规则六，起始于 $p_1=0$ 和 $p_4=-2.73$ 的两条根轨迹在实轴上汇合并分离，由式(4.3.14)得到方程

$$\frac{\mathrm{d}}{\mathrm{d}s}[s(s+2.73)(s^2+2s+2)]=0$$

该方程在[0, -2.73]区间内的根为 -2.06，所以两根轨迹在 -2.06 点汇合并分离。

根据基本规则七，起始于开环复数极点 $p_{2,3}=-1\pm \mathrm{j}$ 的两根轨迹的出射角分别求得为 $-75°$ 和 $+75°$。

根据基本规则八，求根轨迹与虚轴的交点，按式(4.3.18)给出的方法，得到方程组

$$\omega^4-7.46\omega^2+k=0$$
$$-4.73\omega^2+5.46\omega=0$$

解出：$K=0,\omega=0$ 和 $k=7.1,\omega=\pm 1.07$ rad/sec。即由 $p_{2,3}=-1\pm \mathrm{j}$ 起始的根轨迹与虚轴的交点为 $\pm \mathrm{j}1.07$，交点对应的 $k=7.1$。

根据基本规则九，按照式(4.3.20)计算出系统临界稳定时的开环放大倍数 $K=1.33s^{-1}$。

根据以上各项基本规则，逐步做出系统的根轨迹图，见图 4.3.7。

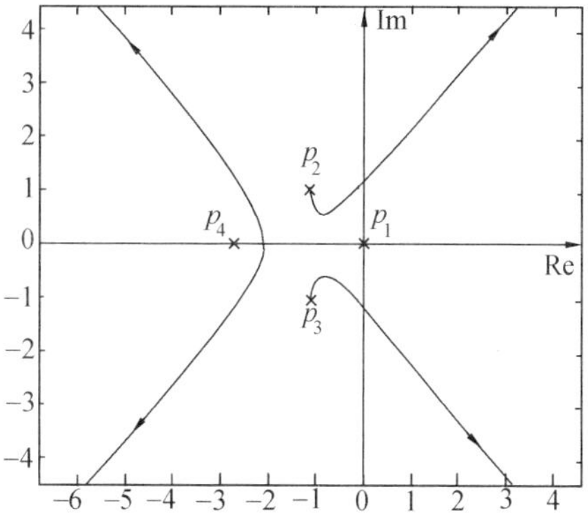

图 4.3.7　根轨迹图

例 4.3.9　负反馈系统的开环传递函数为

$$G(s)H(s)=\frac{k}{s(s+4)(s^2+4s+20)}$$

试绘制系统的根轨迹。

解　该系统的开环传递函数是标准零、极点形式，系统的开环极点为 $p_1=0,p_2=-4,p_{3,4}=-2\pm \mathrm{j}4,n=4$；无开环零点，$m=0$。

根据基本规则一至三，起始于开环极点的四条根轨迹连续且对称于实轴。

根据基本规则四，由于 $n-m=4$，根轨迹有四条渐近线。由式(4.3.9)求得渐近线在实轴上的交点为 $\sigma=-2$，由式(4.3.5)求得渐近线与实轴正方向的夹角分别为 $\pm 45°$ 和 $\pm 135°$。

根据基本规则五，实轴上[0, -4]段是根轨迹。

根据基本规则六，解下列方程，求根轨迹的汇合分离点

$$\frac{\mathrm{d}}{\mathrm{d}s}[s(s+4)(s^2+4s+20)]=0$$

解出该方程有三个根：$s_1=-2, s_{2,3}=-2\pm \mathrm{j}2.45$。显然，$s_1=-2$ 是实轴上根轨迹的汇合分离点；在根据基本规则七做出起始于 p_3, p_4 的根轨迹后，可以看到，$s_{2,3}=-2\pm \mathrm{j}2.45$ 也是根轨迹的汇合分离点。

根据基本规则七，起始于开环复数极点 $p_{3,4}=-2\pm \mathrm{j}4$ 的根轨迹的出射角分别是 $-90°$ 和 $+90°$。这两条根轨迹在汇合分离点 $-2\pm \mathrm{j}4$ 与另两条根轨迹汇合后再分向两边，见图4.3.8。

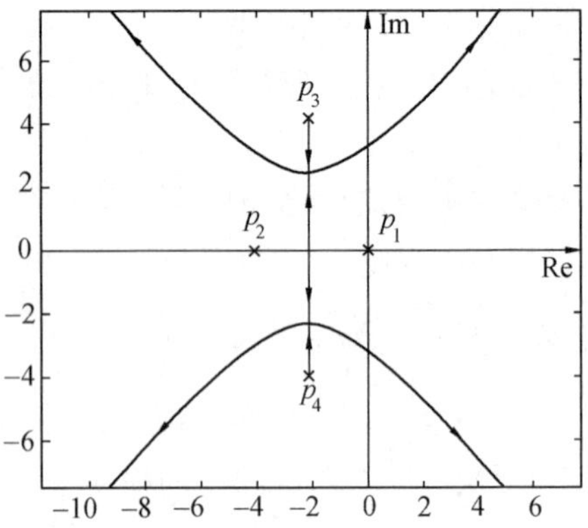

图 4.3.8　根轨迹图

根据基本规则八，解下列方程

$$\omega^4-36\omega^2+k=0$$
$$-8\omega^3+80\omega=0$$

求出根轨迹与虚轴的交点是 $\omega=0, k=0$ 和 $\omega=\pm\sqrt{10}$ rad/s, $k=260$。

根据基本规则九，求出系统临界稳定的开环放大倍数 $K=3.25s^{-1}$。

综合以上各项，绘出根轨迹的大致图形，见图 4.3.8。

例 4.3.10　单位负反馈系统开环传递函数为

$$G(s)H(s)=\frac{k(s+0.4)}{s^2(s+3.6)}$$

试绘制该系统根轨迹的大致图形。

解　该系统的开环传递函数已是典型零极点形式，有三个开环极点：$p_{1,2}=0, p_3=-3.6$；有一个开环零点 $z_1=-0.4$。

根据基本规则一至三，该系统有三条根轨迹，分别起始于 p_1, p_2 和 p_3，有一条根轨迹终止于 z_1，其他两条趋于渐近线。

根据基本规则四，求得渐近线与实轴的夹角为 $+90°$ 和 $-90°$；渐近线与实轴的交点为 $\sigma=-1.6$。

根据基本规则五，实轴上$[-0.4, -3.6]$段是根轨迹。

根据基本规则六，按式(4.3.14)得到方程

$$s^3+2.4s^2+1.44s=0$$

并解出根轨迹的汇合分离点为 $s_1=0, s_2=-1.2$。并可根据根轨迹的幅值条件求得在汇合分离点 -1.2 处 $k=4.32$。

在基本规则六中曾证明方程式(4.3.14)的根中，必然有特征方程的二重根。同理，如果特

征方程 $D(s)=0$ 有三重根,则 $\frac{d^2}{ds^2}[D(s)]=0$ 的根中必然包括 $D(s)$ 的三重根

$$\frac{d^2}{ds^2}[D(s)]=\frac{d^2}{ds^2}[s^2(s+3.6)+4.32(s+0.4)]=6s+7.2=0$$

该方程的根为 $s_3=-1.2$。所以,原系统在实轴 -1.2 处有三重闭环极点,系统的三条根轨迹会在 -1.2 点汇合并分离, -1.2 点是三条根轨迹的汇合分离点。

按照基本规则六的附加规则,在实轴上 -1.2 点三条根轨迹汇合并分离,相邻两根轨迹间的夹角为 60°,据此,做出根轨迹的大致图形如图 4.3.9。由图 4.3.9 看到,除了有两条根轨迹起始于原点,根轨迹与虚轴无交点。

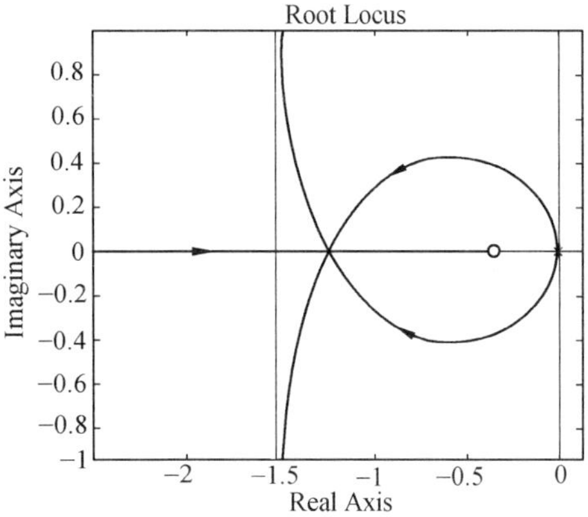

图 4.3.9　根轨迹图

4.4　根轨迹法分析控制系统性能

绘制出控制系统的根轨迹后,便可用根轨迹从稳定性、动态过程和稳态误差三个方面来分析控制系统的性能。本节所用的基础知识在前面都已讲过,所以通过一些例子来说明分析系统性能的方法。

例 4.4.1　负反馈系统的开环传递函数是

$$G(s)H(s)=\frac{k(s+1)}{s(s-3)}$$

试用根轨迹法分析该系统的性能。

解　给出的系统开环传递函数已是典型的零、极点形式,可以直接求出开环极点是 $p_1=0, p_2=3, n=2$;开环零点是 $z_1=-1; m=1$。

在前面推导绘制负反馈系统根轨迹的基本规则时,并没有限定开环极点必须在 s 平面的左半平面,所以右半平面有开环零极点的负反馈系统,仍然适用各项基本规则。在本题中系统有一个开环极点 $p_2=3$ 在 s 右半平面。

根据绘制负反馈系统根轨迹的各项基本规则,绘制出该系统的根轨迹图,如图 4.4.1 所示。

图 4.4.1 根轨迹图中,实轴上的两个汇合分离点分别是 $+1$ 和 -3;根轨迹与虚轴交点的坐标是 $\pm j\sqrt{3}$,该点对应的 $k=3$,与之相应的开环放大倍数 $K=1$。

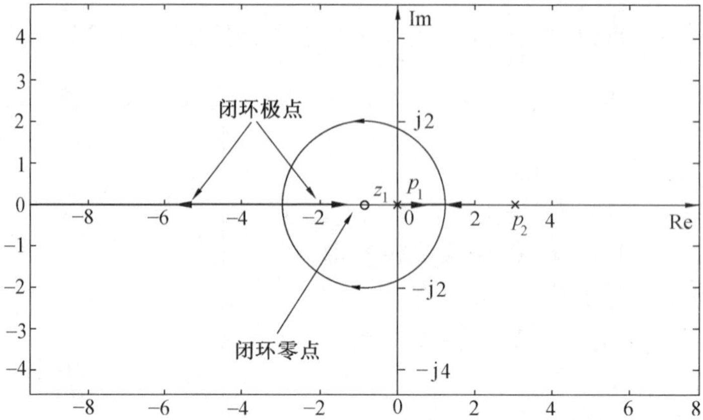

图 4.4.1　根轨迹图

(1) 分析稳定性:该闭环负反馈系统,在开环放大倍数 $K<1$ 时系统不稳定。

(2) 动态过程分析:根轨迹实轴上 -3 处汇合分离点对应的 $k=9$,开环放大倍数 $K=3$。当 $1<K<3$ 时,闭环传递函数有一对共轭的复数极点和一闭环极点 $z_1=-1$,系统是稳定的,但动态过程中会出现衰减振荡的分量;当 $k>9$, $K>3$ 时,系统的闭环传递函数有两个负实数极点和一个零点 $z_1=-1$,系统稳定,动态过程中无衰减振荡分量。由于系统的闭环传递函数中存在一个零点 $z=-1$ 和两个极点,所以需用拉氏反变换或用 MATLAB 求取系统的阶跃响应曲线,再求出各项动态性能指标。

(3) 稳态误差分析:该系统的开环传递函数有一个 $p_1=0$ 的极点,所以系统是 Ⅰ 型系统。根据闭环极点的位置可以求出该点对应的 k 与 K 的值,开环放大倍数 $K=K_v$,可以由此计算出稳态误差。

例 4.4.2　负反馈系统的开环传递函数

$$G(s)H(s)=\frac{k}{s(s+1)(s+2)}$$

试用根轨迹法分析该系统的性能。并计算闭环阻尼比为 $\zeta=0.5$ 时的各项性能指标。

解　按给定的开环传递函数做出系统的根轨迹如图 4.4.2。图中,根轨迹渐近线的倾角为 $\pm 60°$ 和 $180°$,渐近线和实轴的交点为 $\sigma=-1$。根轨迹在实轴上的汇合分离点为 $\alpha=-0.423$。相应的参数 $k=0.385$。

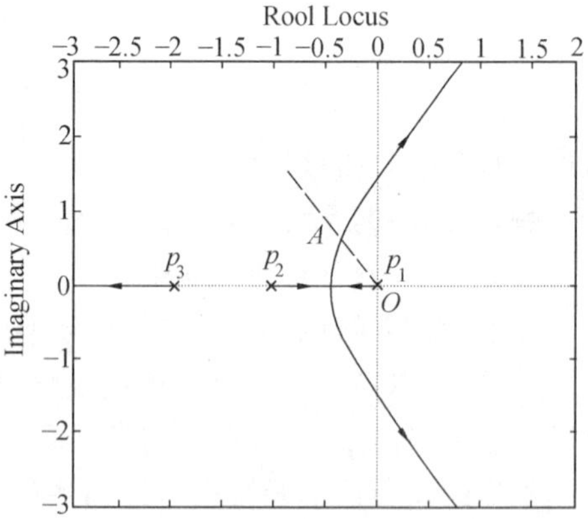

图 4.4.2　根轨迹图

(1) 稳定性分析:根轨迹与虚轴的交点坐标为 $\pm j\sqrt{2}$,相应的参数 $k=6$,开环放大倍数 $K=3$,所以,当 $0<K<3$ 时,闭环系统稳定。

（2）动态过程分析：根轨迹在实轴上的汇合分离点坐标为 $\alpha = -0.423$，汇合分离点对应 $k = 0.385$ 和 $K = 0.163$。当 $k < 0.385, K < 0.163$ 时，闭环系统有三个实数极点，单位阶跃响应是单调上升的；当 $0.163 < K < 3$ 时，闭环系统有一对复数极点和一个实数极点，实数极点在实轴 -2 的左方，所以复数闭环极点符合主导极点条件。系统的动态过程呈现欠阻尼二阶系统的特性。随着 k 的增大，闭环复数极点沿根轨迹移动，超调量 σ_p 逐渐增大，调整时间 t_s 逐渐增大，t_p 逐渐减小。

（3）当闭环极点位于图4.4.2中 A 点位置时，闭环系统阻尼比 $\zeta = 0.5$，由根轨迹求出 A 点的坐标为 $A = -0.334 + \mathrm{j}0.571$，对应的 $k = 1.06, K = 0.503$。按照第二章给出的方法，求出闭环系统的性能：$\sigma_p = 16\%$，$t_s = 12\ \mathrm{s}$，系统是Ⅰ型，$K_v = K = 0.503$。

（4）稳态误差分析：该系统是Ⅰ型系统，当闭环极点在 A 点时，$K_v = K = 0.503$。所以该系统在阶跃函数输入作用下，稳态误差为零；单位斜坡输入作用下稳态误差 $e_{ss} = 1/K_v = 1/0.503$；在恒加速度输入信号作用下稳态误差为 ∞。

4.5　用 MATLAB 绘制根轨迹

用 MATLAB 软件，可以方便、准确地绘制出系统的根轨迹，并可求出根轨迹上任意一点所对应的特征参数，为分析系统的性能提供必要的数据。

4.5.1　用 MATLAB 绘制根轨迹

绘制根轨迹常用的 MATLAB 命令有：

（1）绘制根轨迹。命令格式：rlocus(g)。此命令的功能是对于给定的开环传递函数 g，绘制出 k 从 0 到 $+\infty$ 的单位负反馈系统的根轨迹图。

命令也可写成：rlocus(num,den)，其中 num 和 den 分别是系统开环传递函数的分子与分母。

此命令还可以简单地完成：rlocus([ ],[ ])，其中两个方括号内分别是开环传递函数分子和分母多项式的各项系数。

（2）令实轴和虚轴比例尺相同。命令格式：axis equal。此命令的功能是使根轨迹图的实轴与虚轴具有相同的比例尺，这样，根轨迹就可以保持原有的角度，不产生角度畸变。

在绘制根轨迹时，首先输入系统的开环传递函数，开环传递函数可以是有理分式形式，也可以是零、极点形式。然后用上述命令即可画出负反馈系统的根轨迹图。

例 4.5.1　用 MATLAB 绘制负反馈系统的根轨迹图，系统的开环传递函数是

$$G(s)H(s) = \frac{k}{s(s^2 + 2s + 2)}$$

解　在 MATLAB 命令提示符下，键入下列命令：

```
>> g = tf(1,[1,2,2,0]);
```

```
>> axis equal;
>> rlocus(g)
```

运行结果得到图 4.5.1 所示的根轨迹图。

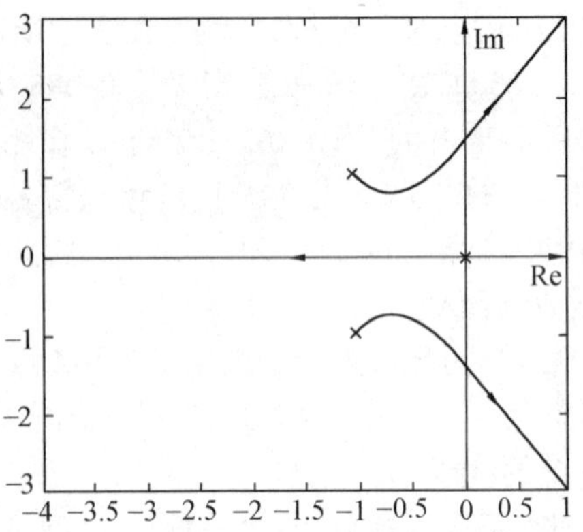

图 4.5.1 根轨迹图

例 4.5.2 用 MATLAB 绘制单位负反馈系统的根轨迹图,系统的开环传递函数是

$$G(s)H(s) = \frac{k(s+1)}{s(s-1)(s^2+4s+16)}$$

解 在MATLAB命令提示符下,键入下列命令:

```
>> num = [1,1];
>> den = conv([1, -1,0],[1,4,16]);
>> rlocus(num,den);
>> axis equal
```

运行结果得到图 4.5.2 所示的根轨迹图。

例4.5.3 已知单位负反馈系统的开环零点为 $z_1=-2$,开环极点为 $p_1=0, p_2=-3, p_3=-1+2j, p_4=-1-2j$,用 MATLAB 绘出该系统的根轨迹图。

解 在 MATLAB 命令提示符下,键入下列命令:

```
>> z = [-2]
>> p = [0, -3, -1 + 2j, -1 - 2j]
>> k = 1
>> g = zpk(z,p,k)
>> rlocus(g)
```

运行结果得到图 4.5.3 所示的根轨迹图。

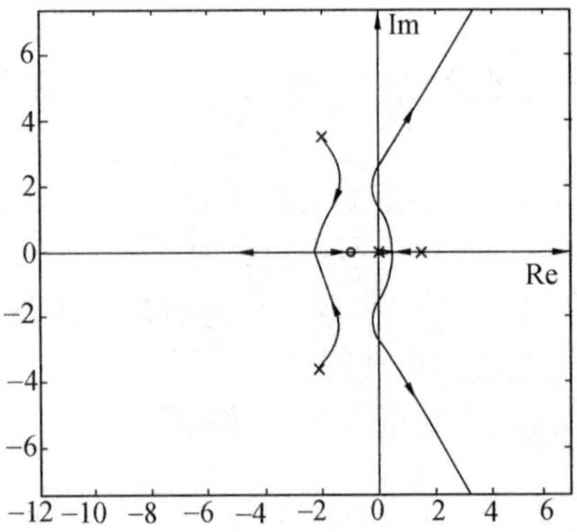

图 4.5.2 根轨迹图

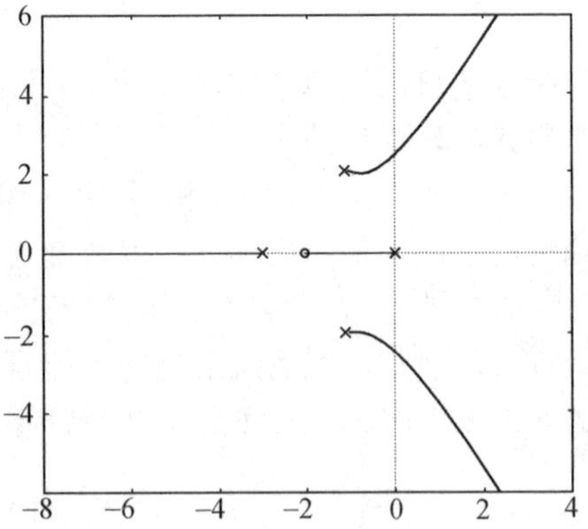

图 4.5.3 根轨迹图

4.5.2　用根轨迹图分析控制系统

在绘制根轨迹的基础上，MATLAB 提供了一些分析系统性能的命令，可以很方便地求出闭环负反馈系统的一些重要性质。

(1) 求根轨迹上任意一点特征参数。用鼠标将箭头光标移到根轨迹上任意一点，点击鼠标右键，即出现一个小窗口，显示出该点的主要特征参数包括：

System:	系统的代号
Gain:	该点对应的 k 值
Pole:	该点的坐标，即闭环极点的位置
Damping:	该点对应的阻尼比
Overshoot(%):	该点对应的系统超调量
Frequency(rad/s):	该极点对应的二阶系统的无阻尼振荡频率。

例 4.5.4　负反馈系统的开环传递函数是

$$G(s) = \frac{k}{s(s^2 + 4s + 5)}$$

绘出系统的根轨迹，求出根轨迹和虚轴交点，汇合分离点的坐标和对应的 k，并求出根轨迹上 A 点的特征参数。

解　键入下列命令：

```
>> g = tf([1],[1,4,5,0]);
>> rlocus(g)
```

即绘制出系统的根轨迹，如图 4.5.4 所示。

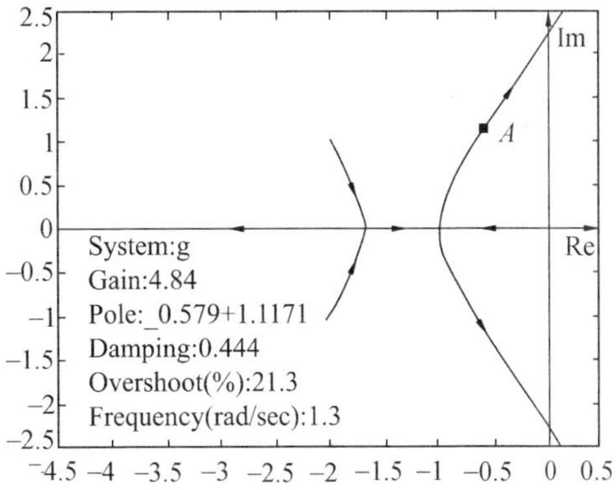

图 4.5.4　根轨迹图

利用上述方法可以求出：

根轨迹与虚轴的交点坐标：2.24j，$k = 20$

根轨迹在实轴上的两个汇合分离点：

①$\alpha = -1, k = 2$

②$\alpha = -1.67, k = 1.85$

根轨迹上的 A 点坐标：

$$-0.579 + 1.17\text{j}$$

$$k = 4.83$$

阻尼比：　$\zeta = 0.444$

超调量：　$\sigma_p = 21.1\%$

无阻尼振荡频率：　$\omega_n = 1.3$

(2) 在根轨迹图上绘出等阻尼比的射线。命令格式：grid。绘制出根轨迹后，键入此命令，可在根轨迹图上绘出等阻尼比的射线，为在根轨迹上选择闭环极点的位置提供方便，如图 4.5.5 所示。

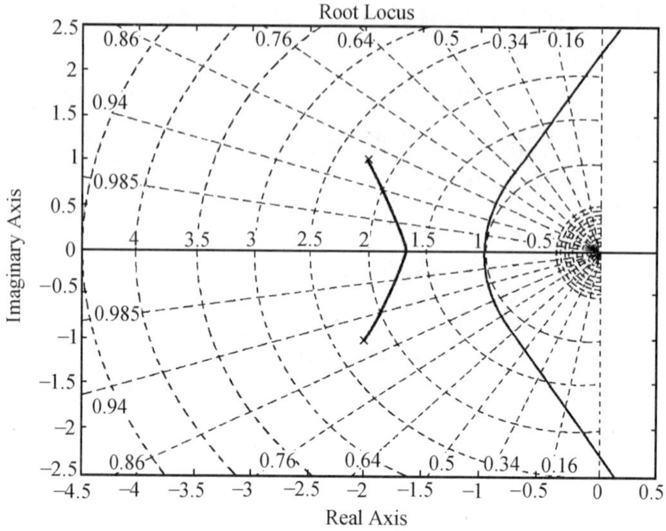

图 4.5.5　根轨迹图

(3) 求闭环极点和相应的 k 值。命令格式：[k,p] = rlocfind(g)。此命令的功能是在系统 g 的根轨迹图上，求出光标点击所对应的全部闭环极点和相应的参数 k 值。键入此命令后，根轨迹图上出现一个十字线，十字线的交点即光标所指的位置，用鼠标移动十字交叉点的位置。

例 4.5.5　对于图 4.5.5 所示系统，求出闭环的复数极点阻尼比 $\zeta = 0.5$ 时的全部闭环极点和相应的 k 值。

解　在显示出图 4.5.5 后，键入命令[k,p] = rlocfind(g)，并将光标移到根轨迹与 $\zeta = 0.5$ 的交点，点击鼠标后显示出参数 k 和闭环极点

```
k = 4.27669
p = - 2.7465
  - 0.6268 ± j1.07918
```

根据闭环极点和参数 k，还可以进一步求出闭环系统的阶跃响应，从而准确地得出闭环系统的各项动态性能指标。

例 4.5.6　一单位负反馈控制系统的开环传递函数是

$$G(s) = \frac{k(s+2)}{s(s^3 + 5s^2 + 9s^2 + 5)}$$

若令闭环系统靠近虚轴的复数极点的阻尼比 $\zeta = 0.4$，试用 MATLAB 做出该系统的单位阶跃响应。

解　首先做出带有等阻尼线的系统根轨迹图，键入下列命令：

```
>> g = tf([1,2],[1,5,9,5,0]);
>> rlocus(g);
>> grid
```

得到图 4.5.6 所示的根轨迹图。

再键入命令

>> [k,p] = rlocfind(g) 后,将光标移到根轨迹与 $\zeta = 0.4$ 的交点,点击后显示闭环极点和相应的 k 值

```
k = 1.4691
p = -2.1027 ± 0.8115j
-0.3973 ± 0.6485j
```

然后按照闭环零极点和相应的参数 k,建立闭环传递函数,并做闭环系统的阶跃响应。注意:对于单位反馈系统,开环零点即是闭环零点,因此,可按零极点方式建立闭环系统的传递函数。

```
>> z = [-2];
>> sys = zpk(z,p,k);
>> step(sys)
```

运行结果得到图 4.5.7 所示的闭环系统阶跃响应曲线。由阶跃响应曲线可以得出系统的动态性能指标:超调量 $\sigma_p = 14\%$,上升时间 $t_r = 3.62$ s,峰值时间 $t_p = 5.03$ s。

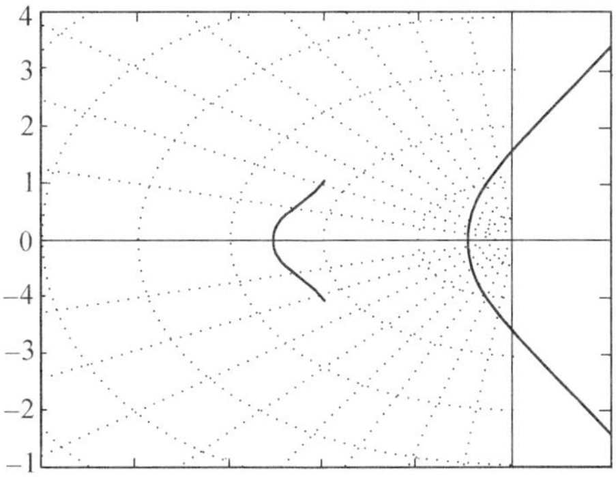

图 4.5.6　根轨迹图

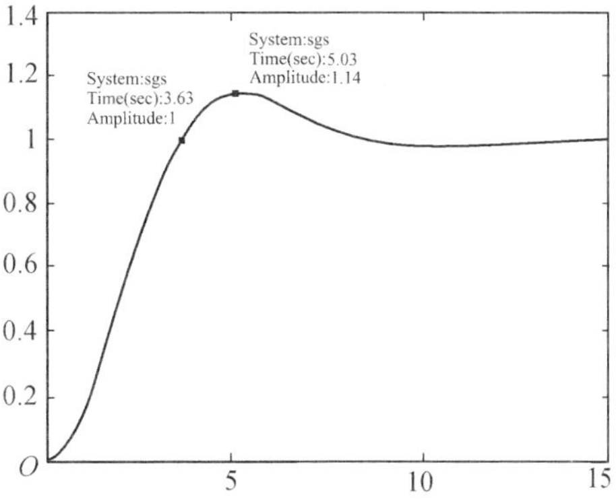

图 4.5.7　阶跃响应曲线

4.6　特殊根轨迹

本章前面所讨论的是一般根轨迹,又称常规根轨迹,它的主要特点是:(1) 参数 k 由 0 变化到 $+\infty$ 时(相当于开环增益 K 由 0 变化到 $+\infty$),闭环极点的运动轨迹;(2) 闭环系统是负反馈

系统。在此基础上得出了根轨迹方程和绘制根轨迹的基本规则。如果闭环系统不符合这两个条件,根轨迹方程和绘制根轨迹的基本规则要做相应的变化。

4.6.1 正反馈系统的根轨迹

正反馈系统的特征方程是

$$1 - G(s)H(s) = 0$$
$$G(s)H(s) = +1$$

类似于式(4.2.5)和式(4.2.6),可以得到正反馈系统的根轨迹方程,其中根轨迹的幅值条件和相角条件分别是

$$|G(s)H(s)| = \frac{k|(s-z_1)||(s-z_2)|\cdots|(s-z_m)|}{|(s-p_1)||(s-p_2)|\cdots|(s-p_n)|} = 1 \qquad (4.6.1)$$

$$\angle G(s)H(s) = \angle(s-z_1) + \angle(s-z_2) + \cdots + \angle(s-z_m) - \angle(s-p_1) - \angle(s-p_2) - \cdots - \angle(s-p_n) = 2l\pi \quad (l = 0,1,2,\cdots) \qquad (4.6.2)$$

将正反馈系统的根轨迹方程(4.6.1)和(4.6.2)与单位负反馈系统的根轨迹方程(4.2.5)和式(4.2.6)比较,可以看到它们的幅值条件完全相同,只是相角条件相差180°,所以正反馈系统的根轨迹又称0°根轨迹;负反馈系统的根轨迹又称180°根轨迹。

按照4.3节的方法可以推导出绘制正反馈根轨迹的基本规则,它与负反馈根轨迹绘制规则的不同之处在于与相位角条件有关的一些基本规则,而其他与相位角条件无关的各项基本规则是一致的。

在绘制正反馈根轨迹时,要改变的基本规则有:

基本规则四:若开环极点数 n 大于开环零点数 m,当 $k \to +\infty$ 时,有 $n-m$ 条根轨迹趋向于 $n-m$ 条渐近线,渐近线与实轴的夹角为

$$\Phi = \frac{2l\pi}{n-m} \qquad l = 0,1,2,\cdots \qquad (4.6.3)$$

渐近线与实轴的交点仍按式(4.3.9)计算。

基本规则五:实轴上,右方开环零、极点数目之和为偶数的一段是根轨迹,右方开环零、极点数目之和为奇数的一段不是根轨迹。

基本规则七:始于开环复数极点 p_1 的根轨迹出射角为

$$\theta_{p1} = \mp 2l\pi + \sum_{i=1}^{m}\angle(p_1 - z_i) - \sum_{j=2}^{n}\angle(p_1 - p_j) \qquad l = 0,1,2,\cdots \qquad (4.6.4)$$

终止于开环复数零点 z_1 的根轨迹入射角为

$$\theta_{z1} = \pm 2l\pi + \sum_{j=1}^{n}\angle(z_1 - p_j) - \sum_{i=2}^{m}\angle(z_1 - z_i) \qquad l = 0,1,2,\cdots \qquad (4.6.5)$$

关于负反馈根轨迹出、入射角的几点注意事项(见4.3节绘制根轨迹的基本规则七)同样

适用于正反馈根轨迹。

此外,由于正、负反馈系统的特征方程分别为

$$1 - G(s)H(s) = 0 \text{ 和 } 1 + G(s)H(s) = 0$$

由此推导出的基本规则八也要做相应的修改。

基本规则八:根轨迹与虚轴的交点 $\mathrm{j}\omega$ 和相应的 k 值由下列方程组解得

$$\begin{aligned} \mathrm{Re}[1 - G(\mathrm{j}\omega)H(\mathrm{j}\omega)] = 0 \\ \mathrm{Im}[1 - G(\mathrm{j}\omega)H(\mathrm{j}\omega)] = 0 \end{aligned} \tag{4.6.6}$$

绘制正反馈根轨迹的其他基本规则与负反馈根轨迹相同。

例 4.6.1　某正反馈系统的开环传递函数为

$$G(s)H(s) = \frac{k}{(s+1)(s-1)(s+4)^2}$$

试绘制该系统的根轨迹图。

解　该系统无开环零点,有四个开环极点:$p_1 = -1, p_2 = 1, p_3 = p_4 = -4$。

根据绘制根轨迹的基本规则一、二、三,该系统共有四条根轨迹,分别始于四个开环极点,趋向于四条渐近线。

根据绘制正反馈根轨迹的基本规则四,四条渐近线与实轴的夹角分别为

$$\Phi = \begin{cases} \dfrac{0^\circ}{4} = 0^\circ \\ \dfrac{360^\circ}{4} = 90^\circ \\ \dfrac{720^\circ}{4} = 180^\circ \\ \dfrac{1080^\circ}{4} = 270^\circ \end{cases}$$

四条渐近线在实轴上的交点是

$$\sigma = \frac{-1+1-4-4}{4} = -2$$

根据绘制正反馈根轨迹基本规则五,实轴上$[+1, +\infty]$,$[-4, -1]$,$[-\infty, -4]$段是根轨迹。

根据绘制根轨迹的规则六,由

$$\frac{\mathrm{d}}{\mathrm{d}s}[(s+1)(s-1)(s+4)^2] = 0$$

解出根轨迹的汇合分离点为$(-2.22, \mathrm{j}0)$。

按照以上规则画出该正反馈系统的根轨迹如图 4.6.1 所示。

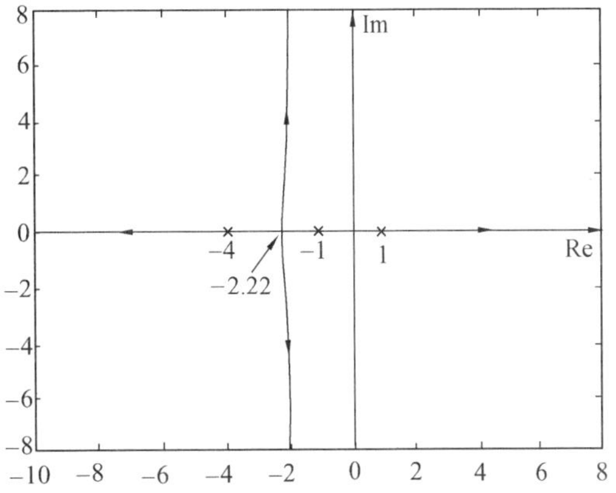

图 4.6.1　正反馈系统的根轨迹

有时,尽管在正反馈系统的比较环节处反馈信号标有负号,但在其开环传递函数中含有一个(或奇数个)负号,这样的系统仍构成正反馈系统,仍应按正反馈系统来绘制其根轨迹。判断开环传递函数中是否含有一个(或奇数个)负号的方法是将开环传递函数化成式(4.2.3)式的标准零极点形式,这时,便可看到开环传递函数前是否有一个负号。

例 4.6.2 设反馈控制系统的方框图如图 4.6.2 所示。试绘制该系统的根轨迹图。

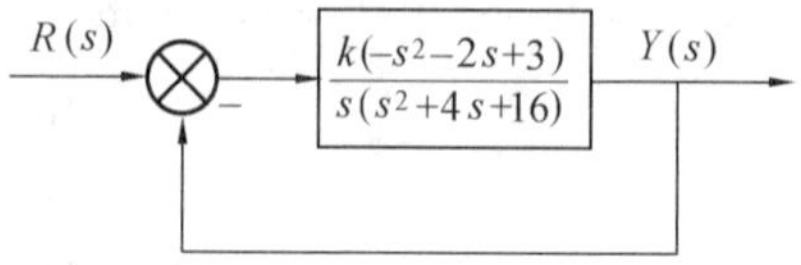

图 4.6.2 反馈控制系统

解 将该系统的开环传递函数化成零、极点形式

$$G(s)H(s) = \frac{-k(s+3)(s-1)}{s(s^2+4s+16)}$$

虽然在图 4.6.2 中该系统画成负反馈形式,但由于在其开环传递函数中含有一个负号,所以该系统实际上是正反馈系统,应按正反馈根轨迹的绘制规则来画其根轨迹。

该系统有三个开环极点

$$p_1 = 0 \qquad p_{2,3} = -2 \pm \mathrm{j}2\sqrt{3}$$

和两个开环零点

$$z_1 = -3 \qquad z_2 = +1 \qquad n = 3 \qquad m = 2$$

根据绘制根轨迹的基本规则一至三,该系统的根轨迹有三条,分别起始于三个开环极点,其中两条终止于两个开环零点,一条趋于渐近线。

根据基本规则四,渐近线与实轴的夹角为

$$\Phi = \frac{2l\pi}{3-2} = 0°$$

即正实轴是渐近线。

根据基本规则五,在实轴上,[0, -3] 和[+1, +∞] 段是根轨迹。

根据基本规则六,起始于开环复数极点 $p_{2,3} = -2 \pm \mathrm{j}2\sqrt{3}$ 的两条根轨迹将终止于开环零点 $z_2 = +1$ 和趋于渐近线,汇合分离点的坐标由下列方程解得

$$\frac{\mathrm{d}}{\mathrm{d}s}\left[\frac{s(s^2+4s+16)}{s^2+2s-3}\right]\bigg|_{s=\alpha} = 0$$

得出汇合分离点为 $\alpha = +3.6$。

根据基本规则七,起始于开环复数极点 $p_{2,3} = -2 \pm \mathrm{j}2\sqrt{3}$ 的根轨迹的出射角分别为

$$\theta_{p2} = 0° + \angle(p_2 - z_1) + \angle(p_2 - z_2) - \angle(p_2 - p_1) - \angle(p_2 - p_3) = -5.3°$$

$$\theta_{p3} = +5.3°$$

根据基本规则八,根轨迹与虚轴的交点按式(4.3.18)求得 $\omega_1 = 0, k = 0$ 和 $\omega_{2,3} = \pm 3.14$, $k = 3.07$。按照式(4.3.20)求得系统稳定的临界开环放大倍数为

$$K = \frac{k\prod_{i=1}^{m} |-z_i|}{\prod_{j=1}^{n} |-p_j|} = 0.58s^{-1}$$

根据以上各项计算结果,做出该系统的根轨迹图,见图 4.6.3。

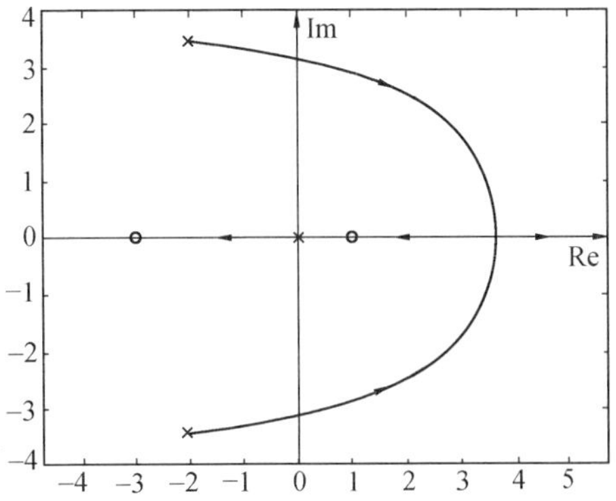

图 4.6.3　正反馈系统的根轨迹

需要强调指出,在绘制反馈系统根轨迹时,先要求出其开环零、极点,并将开环传递函数写成零、极点形式,再判断是否构成正反馈,以便确定绘制根轨迹所应遵循的基本规则。

4.6.2　参数根轨迹

绘制反馈系统的根轨迹时,其参变量并不一定是系统的开环增益 K。有时为了研究系统中某个参数的变化对系统闭环极点的影响,需要做出系统中某个参数由 0 变到 $+\infty$ 时,闭环极点在 s 平面上的变化轨迹。为了区别以开环增益为参变量的一般根轨迹,把以非开环增益的其他参数作为参变量的根轨迹称做反馈系统的参数根轨迹。

下面讨论参数根轨迹的画法。在开环传递函数 $G(s)H(s)$ 中,开环增益 K 作为常值,而其他某个参数 λ 作为由 0 变到 $+\infty$ 的参变量。首先做出原系统的特征方程 $D(s)=0$,$D(s)$ 是 s 的多项式形式,其中一些项含有参变量 λ 因子,另一些项不含 λ 因子,这样可以将 $D(s)$ 分成两部

$$D(s) = Q(s) + \lambda P(s) = 0 \tag{4.6.7}$$

其中,$Q(s)$ 和 $P(s)$ 分别是 s 的常系数多项式,不含有参变量 λ。

若有一负反馈系统的开环传递函数为

$$\bar{G}(s)\bar{H}(s) = \frac{\lambda P(s)}{Q(s)} \tag{4.6.8}$$

则其特征方程与式(4.6.7)相同,因此可以把 $\bar{G}(s)\bar{H}(s)$ 作为分析原系统闭环极点的等效开环传递函数。将式(4.6.7)与式(4.2.3)比较,参变量 λ 和参变量 k 处在同一位置,所以可以用绘制一般根轨迹的方法来绘制以 $\bar{G}(s)\bar{H}(s)$ 为开环传递函数的根轨迹。

例 4.6.3　已知某负反馈控制系统如图 4.6.4 所示。试画出该系统在参数 β 由 0 变到 $+\infty$ 时的根轨迹图。

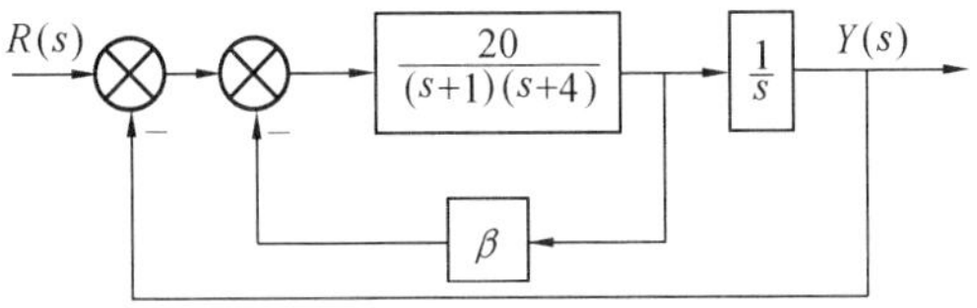

图 4.6.4　控制系统

解　根据图 4.6.4,得出原系统的开环传递函数为

$$G(s)H(s) = \frac{20}{s(s+1)(s+4)+20\beta s}$$

原系统特征方程为

$$D(s) = s^3 + 5s^2 + 4s + 20 + 20\beta s = 0$$

做等效开环传递函数

$$\bar{G}(s)\bar{H}(s) = \frac{20\beta s}{s^3 + 5s^2 + 4s + 20}$$

等效的开环零点为 $z_1 = 0$，等效开环极点为：$p_1 = -5, p_2 = j2, p_3 = -j2$。按照绘制一般根轨迹的基本规则，可以绘制出图 4.6.5 的根轨迹图。图中，渐近线倾角 Φ 和渐近线与实轴交点 σ 分别为

$$\Phi = \pm 90° \qquad \sigma = -2.5$$

p_2、p_3 处的出射角为 $\pm 158.2°$。

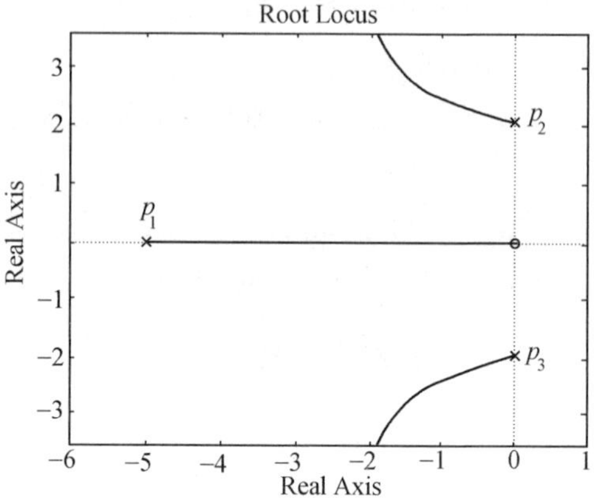

图 4.6.5　参数根轨迹

需要指出的是：

(1) 由等效开环传递函数 $\bar{G}(s)\bar{H}(s)$ 得到的特征方程与原系统的特征方程相同，所以用等效开环传递函数来研究原系统的闭环极点是等效的。而等效开环传递函数的零点与原系统无关，若讨论闭环零点对系统性能的影响时，必须求出原闭环系统的零点。

(2) 在等效开环传递函数 $\bar{G}(s)\bar{H}(s)$ 中，可能会出现开环零点数 m 大于开环极点数 n 的情况。根据基本规则一，根轨迹有 m 条，其中 n 条起始于 n 个开环极点，另外 $m-n$ 条起始于 s 平面的无穷远处。

例 4.6.4　已知负反馈系统的开环传递函数为

$$G(s)H(s) = \frac{2}{s(\tau s+1)(s+1)}$$

试绘制以参数 τ 为参变量的参数根轨迹。

解　原系统的特征方程是

$$D(s) = s(\tau s+1)(s+1) + 2 = \tau s^2(s+1) + s(s+1) + 2 = 0$$

做等效开环传递函数

$$\bar{G}(s)\bar{H}(s) = \frac{\tau s^2(s+1)}{s(s+1)+2}$$

等效开环传递函数有三个零点：$z_1 = z_2 = 0, z_3 = -1$；有两个极点 $p_{1,2} = -\frac{1}{2} \pm j\frac{1}{2}\sqrt{7}$。

根据绘制负反馈系统根轨迹的基本规则，可以逐项求出根轨迹在 p_1、p_2 点的出射角、根轨迹与虚轴的交点、使系统稳定的 τ 的临界值等，并得出图 4.6.6 所示的根轨迹图，此处不再赘述。只补充说明：根据基本规则五，实轴上 $(-\infty, -1)$ 段是根轨迹，说明有一条轨迹起始于实轴

$-\infty$，终止于开环零点 $z_3=-1$。

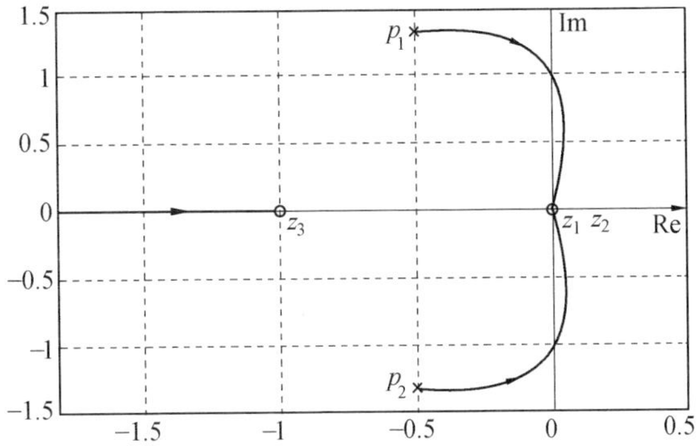

图 4.6.6　参数根轨迹

4.7　根轨迹法的串联超前校正

做出控制系统的根轨迹后，便可根据系统的设计要求在根轨迹上选定闭环极点的适当位置，并求出该点所对应的参变量 k 或 K 的值。按求得的 K 值设定系统的开环放大倍数，系统的闭环极点便在指定的位置。根据闭环极点和零点的位置，可以分析得出闭环系统的动态性能品质，还可以用 MATLAB 做出闭环系统的单位阶跃响应，得出准确的动态性能指标。如果在根轨迹上选定的闭环极点不能使系统的动态性能满足要求，可以用串联超前校正改善控制系统的动态性能。本节讨论用串联超前校正改善系统动态性能，使之满足设计要求的方法。

4.7.1　闭环零、极点与系统动态性能的关系

控制系统的闭环零点是很容易求得的：

(1) 对于单位反馈系统，开环零点就是闭环零点；

(2) 对于非单位反馈系统，前向通道的零点和反馈通道的极点是闭环零点。

因此，在画根轨迹时，闭环零点已经得到了。

控制系统的闭环极点是在根轨迹上选定的。得出闭环的零、极点后，就可以分析得到闭环系统的动态性能指标。

在第三章的 3.5 节中，曾讨论了有 n 个闭环极点和 m 个闭环零点的控制系统。设闭环控制系统的闭环传递函数为

$$\Phi(s)=\frac{Y(s)}{R(s)}=k_0\frac{\prod_{j=1}^{m}(s-z_j)}{\prod_{i=1}^{n}(s-s_i)} \tag{4.7.1}$$

式中　z_j, s_i—— 系统的闭环零点和闭环极点。

对于单位阶跃输入,则有

$$Y(s) = k_0 \frac{\prod_{j=1}^{m}(s - z_j)}{\prod_{i=1}^{n}(s - s_i)} \cdot \frac{1}{s}$$

系统的单位阶跃响应为

$$y(t) = A_0 + \sum_{i=1}^{n} A_i e^{s_i t} \tag{4.7.2}$$

式中　$A_0 = [Y(s) \cdot s]_{s=0}$　　$A_i = [Y(s) \cdot (s - s_i)]_{s=s_i}$

A_0 和 A_i 分别是 $Y(s)$ 在 $s = 0$ 和 $s = s_i$ 的留数。

由式(4.7.2)可以得出以下结论:

(1) 系统的暂态响应是由 n 个分量叠加而成,每个分量对应于一个闭环极点。对于稳定的闭环系统,其闭环极点全部在 s 平面的左半平面,闭环极点离虚轴越远,它所对应的暂态分量衰减得越快;

(2) 每个暂态分量的初始值 A_i 取决于全部的闭环零、极点,因此,闭环的零、极点决定了暂态过程的品质;

(3) 如果有一对闭环零、极点相互非常接近(称做一对偶极子),则该极点对动态过程影响很小;如果存在不靠近极点的,且又靠近虚轴的零点,则会使单位阶跃响应的峰值时间 t_p 减小,超调量 σ_p 增大;

(4) 如果闭环系统有一对复数主导极点,则可以用欠阻尼二阶系统的方法来分析计算系统的动态性能指标。

在设计高阶系统时,常希望闭环系统具有一对复数主导极点,这样,可以用欠阻尼二阶系统的方法来分析闭环系统的动态过程并计算动态性能指标。如果距虚轴最近的一对复数闭环极点不能完全满足主导极点的条件,仍可以用欠阻尼二阶系统的方法近似地估算闭环系统的动态过程。需要的话,可以用MATLAB做出准确的阶跃响应曲线,并求出动态过程的各项指标。

在设计控制系统时,对系统动态过程的要求一般体现为对超调量 σ_p 和调整时间 t_s 的要求。根据欠阻尼二阶系统极点位置与动态性能指标的关系,将对 σ_p 和 t_s 的设计要求转化为对闭环主导极点位置的要求:

(1) 根据式(3.4.22),可以将对 t_s 的要求转化为对闭环主导极点位置的约束。若要求 $t_s \leqslant t_{s0}$(常数),则可求得

$$\zeta\omega_n \geqslant \frac{3 \text{ or } 4}{t_{s0}}$$

注意到 $-\zeta\omega_n$ 是闭环主导极点的实部。因此,闭环主导极点必须在图 4.7.1(a) 中垂直线的左

侧,即画有阴影线的部分。

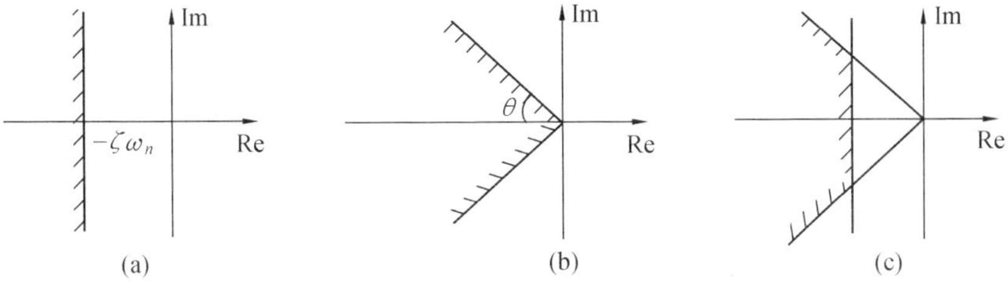

图 4.7.1　闭环主导极点的位置

(2) 根据式(3.4.19),可以将对 σ_p 的要求转化为对闭环主导极点位置的约束。若要求 $\sigma_p \leqslant \sigma_{p0}$(常数),则可根据式(3.4.19) 求出对应的阻尼比 ζ,再由 ζ 求出图 4.7.1(b) 中的角 θ。闭环极点应在图 4.7.1(b) 中画有阴影线的区域内。

(3) 系统的动态性能指标应同时满足 t_s 和 σ_p 的设计要求,所以闭环主导极点应在图 4.7.1(c) 中画有阴影线的区域内。

(4) 若靠近虚轴有闭环零点,且闭环零点附近又没有闭环极点,则会引起超调量 σ_p 增大。这时可适当地减小 θ 角,以保证 σ_p 满足设计要求。

(5) 如果对控制系统动态品质的要求还包括其他内容,如上升时间 t_r、无阻尼振荡频率 ω_n 等,也可以将其转换为对闭环极点位置的约束。读者可以依据欠阻尼二阶系统动态品质和闭环极点的关系自行推导。

例 4.7.1　单位负反馈系统的开环传递函数为

$$G(s) = \frac{k}{s(s+1)(s+4)}$$

若要求闭环系统的动态性能指标为 $\sigma_p \leqslant 16\%$, $t_s \leqslant 2$ s,求闭环主导极点的区域。

解　根据式(3.4.19) 和 $\sigma_p \leqslant 16\%$,解出

$$\zeta \geqslant 0.5$$

$$\theta = \arccos\zeta = 60^\circ$$

根据式(3.4.22), $t_s/\mathrm{s} = \dfrac{3}{\zeta\omega_n} \leqslant 2(\Delta = 5\%)$,解出

$$\zeta\omega_n \geqslant 1.5$$

闭环极点应在图 4.7.2 中的阴影线区域内。

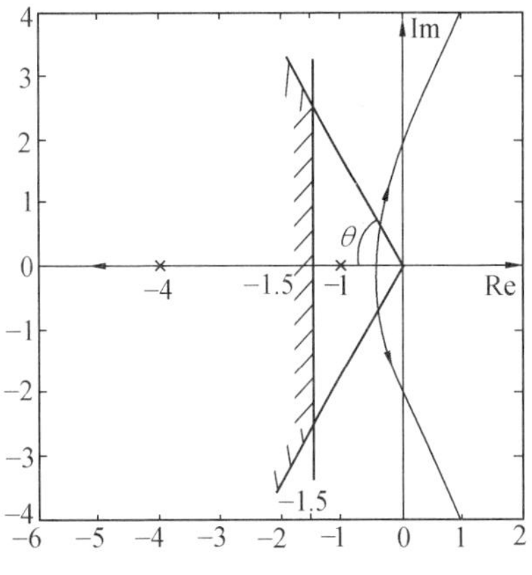

图 4.7.2　闭环极点的区域

在画出根轨迹后(图 4.7.2) 可以看到,靠近虚轴的两条根轨迹不进入阴影区,因此该系统无论怎样调整 k(或 K) 也无法达到设计要求的动态性能指标。下面将介绍使根轨迹向左弯曲进入阴影区的方法。

4.7.2 增加开环零、极点的作用

在原系统中，串联一个校正环节 $G_c(s)$，见图 4.7.3，则在原系统开环零极点以外，又增加了 $G_c(s)$ 的零极点作为开环零极点。

(1) 增加开环零点的作用

若 $G_c(s)$ 为 PD 校正，$G_c(s) = K_p + K_D = K_p(\tau s + 1)$，则在原系统中增加了一个 $z_c = -\dfrac{1}{\tau}$ 零点。

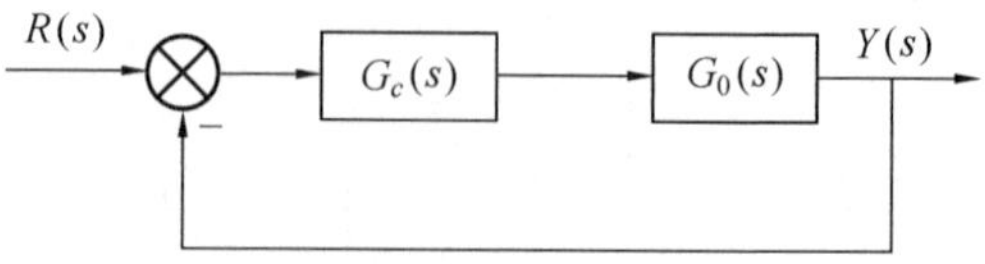

图 4.7.3 串联校正

首先以二阶系统为例，说明增加零点对根轨迹的影响。设二阶系统的开环传递函数为

$$G(s)H(s) = \frac{k}{s(s+a)}$$

其根轨迹如图4.7.4(a)所示。两个开环极点分别是 $p_1 = 0, p_2 = -a$，两条渐近线与实轴的夹角分别为 $+90°$ 和 $+270°$。

当增加一个开环零点 $z_c = -\dfrac{1}{\tau}\left(\dfrac{1}{\tau} > a\right)$ 后，根轨迹如图 4.7.4(b) 所示。根轨迹的一部分是一个圆心为 z_c，半径为$\sqrt{\left(\dfrac{1}{\tau} - a\right)\cdot\dfrac{1}{\tau}}$ 的圆，只有一条渐近线，即负实轴。

显然，在$(-\infty, -a)$ 区间不同的零点，z_c 会构成不同的根轨迹图，适当地选择 z_c 的位置，可以使根轨迹进入设计所期望的区域，从而得到满足设计要求的闭环极点。

由这个例子可以看到：① 在适当的位置，增加实轴上的开环零点改变了根轨迹在实轴上的分布；② 增加开环零点使 m 增大，渐近线的条数减少，渐近线与实轴的夹角增大。所以，在适当的位置上增加开环零点，可以改变根轨迹的形状，使根轨迹向左弯曲，从而改善了闭环系统的动态性能。

(2) 增加开环极点的作用

在图4.7.4(b) 中若将零点 z_c 改成极点p_c，可以看到附加的开环极点 p_c 使根轨迹由两条变成3条，渐近线也由两条变成三条，渐近线倾角由 $\pm 90°$ 变成 $\pm 60°$ 和$180°$；根轨迹的汇合分离点向右移。右面的两条根轨迹会向右弯曲穿过虚轴，如图 4.7.4(c) 所示。

增加开环极点，会使闭环系统的动态性能变坏，甚至导致不稳定。这正是设计者不希望的。

(3) 串联超前校正的作用

串联超前校正是指图 4.7.3 中的 $G_c(s)$ 具有如下形式

$$G_c(s) = k_c\frac{\tau s + 1}{Ts + 1} \qquad \tau > T \tag{4.7.3}$$

串联超前校正在系统中增加了一个实数的开环零点 $z_c = -\dfrac{1}{\tau}$ 和一个实数的开环极点

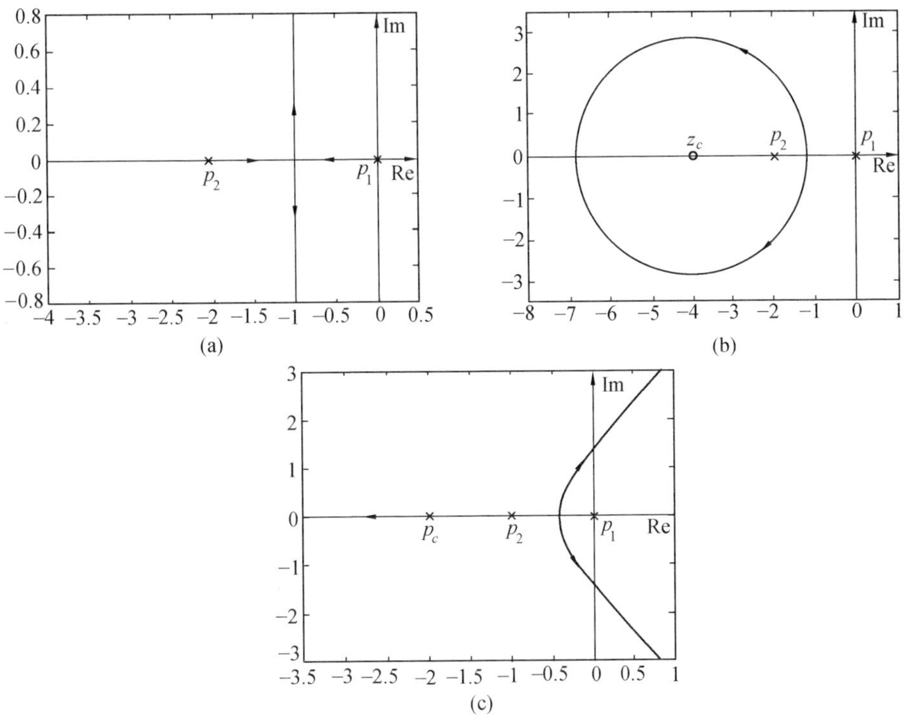

图 4.7.4　根轨迹图

$p_c=-\dfrac{1}{T}$，并且 z_c 在右，p_c 在左，如图 4.7.5 所示。

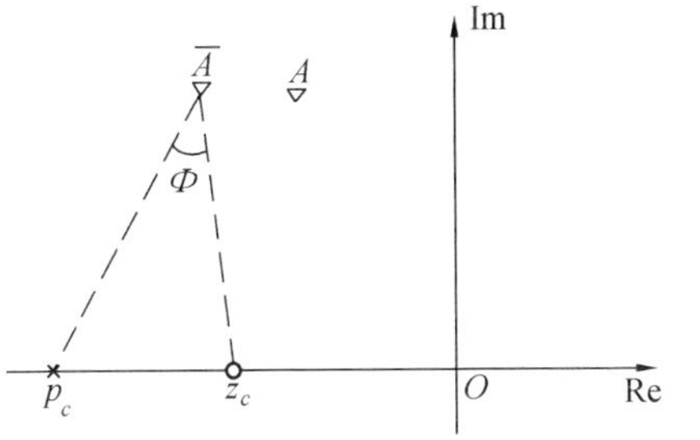

图 4.7.5　超前校正的零极点

在图 4.7.5 中，没有画出系统原有的开环零极点 z_j 和 p_i。如果图中 A 点是原根轨迹上的点，则 A 点满足根轨迹的幅角条件，有

$$\sum_{j=1}^{m}\angle(A-z_j)-\sum_{i=1}^{n}\angle(A-p_i)=\pm(2l+1)\pi\qquad l=0,1,2\cdots$$

在增加了 z_c 和 p_c 后，显然有

$$\sum_{j=1}^{m}\angle(A-z_j)-\sum_{i=1}^{n}\angle(A-p_i)+[\angle(A-z_c)-\angle(A-p_c)]>(2l+1)\pi \tag{4.7.4}$$

说明点 A 不再满足根轨迹的幅角条件，点 A 不再是根轨迹上的点。

由于$[\angle(A-z_c)-\angle(A-p_c)]>0$，并且 $n>m$，所以有 A 左方的一点 $\bar{A}$ 满足根轨迹的幅角条件，因为会有 $\angle(\bar{A}-p_i)>\angle(A-p_i)$。这说明采用串联超前校正后，根轨迹会向左弯曲，穿过点 $\bar{A}$。

如果能够使 $\bar{A}$ 在系统设计所期望的区域内，同时点 $\bar{A}$ 又满足根轨迹的相角条件，那么，串联超前校正就可以使系统的动态过程满足设计要求。

4.7.3 串联超前校正的设计

在控制系统设计中，如果原控制系统的动态过程品质不能满足设计要求，则可以用串联超前校正来改善系统的动态性能。对于例4.7.3中的控制系统，若 $G_c(s)$ 采用式(4.7.3)的形式，则构成串联超前校正。用根轨迹法设计串联超前校正的步骤如下：

(1) 根据设计的动态性能指标，确定闭环主导极点的希望位置。如果闭环的零、极点不能完全满足构成主导极点的条件，在确定近似主导极点的希望位置时，应留有适当裕量。

(2) 画出该系统校正前的根轨迹。如果根轨迹通过闭环主导极点的希望位置，说明只调整开环增益就可以产生希望的闭环极点，否则需要设计超前校正。

(3) 对于希望的闭环主导极点 $\bar{A}$，计算超前校正应产生的幅角。因为加入超前校正后，点 $\bar{A}$ 应满足根轨迹的幅角条件

$$\sum_{j=1}^{m}\angle(\bar{A}-z_j)-\sum_{i=1}^{n}\angle(\bar{A}-p_i)+\angle(\bar{A}-z_c)-\angle(\bar{A}-p_c)=\pm(2l+1)\pi$$

所以超前校正应产生的幅角是

$$\Phi=\angle(\bar{A}-z_c)-\angle(\bar{A}-p_c)=\pm(2l+1)\pi+\sum_{i=1}^{n}\angle(\bar{A}-p_i)-\sum_{j=1}^{m}\angle(\bar{A}-z_j)\tag{4.7.5}$$

为了使校正后的根轨迹通过点 $\bar{A}$，超前校正应该产生角度 Φ。

(4) 确定超前校正的零极点 z_c 和 p_c。采用串联超前校正后，为了使点 $\bar{A}$ 满足根轨迹条件，应有(图4.7.5)

$$\angle(\bar{A}-z_c)-\angle(\bar{A}-p_c)=\angle p_c\bar{A}z_c=\Phi\tag{4.7.6}$$

只要使 $\angle p_c\bar{A}z_c=\Phi$，就可以确定 z_c 和 p_c 的位置。

如果 Φ 角较小，在满足式(4.7.6)的前提下，可以选 z_c 和 p_c 向左远离虚轴，这样可以使 z_c 和 p_c 不影响 $\bar{A}$ 成为主导极点。如果 Φ 角较大，在满足式(4.7.6)的前提下，也应全面考虑如何配置 p_c 和 z_c 的位置，尽量使 $\bar{A}$ 成为主导极点。

(5) 根据式(4.7.3)，求出串联超前校正环节的 τ 与 T。

(6) 根据绘制根轨迹的基本规则，用式(4.3.19)和式(4.3.20)，求出点 $\bar{A}$ 对应的开环放大倍数 K，进而求得串联超前校正中的 K_c。

(7) 对于设计好的串联超前校正装置，要检查校正后系统的动态性能指标是否满足设计要求。如果点 $\bar{A}$ 不满足主导极点条件，可以用 MATLAB 做出校正后闭环系统的单位阶跃响应，求出准确的动态性能指标。如果校正后的系统不满足动态性能指标，则需要调整主导极点(或近似主导极点)的位置，重复上述设计过程，直到动态性能满足要求为止。

最后要指出，对控制系统的设计要求包括动态品质和稳态精度两个方面。对稳态精度的要求可以归纳为对开环积分环节数和开环增益的要求。其中，开环积分环节的个数对根轨迹的形状及动态品质有重大影响，在设计串联超前校正环节时，首先要把必要的积分环节记入系统的固有部分 $G_0(s)$ 中(图 4.7.3)。

例 4.7.2　闭环控制系统如图 4.7.6 所示，要求闭环系统的超调量 $\sigma_p = 16\%$，调整时间 $t_s = 4$ s$(\Delta = 0.02)$，试用根轨迹法求 PD 串联校正的参数 K_P 和 K_D。

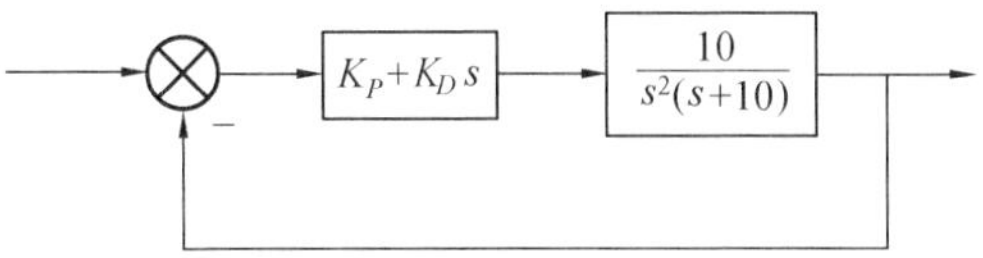

图 4.7.6　PD 校正的控制系统

解　首先按动态指标来计算闭环主导极点的位置。根据 $\sigma_p = 16\%$ 和 $t_s = 4$ s，求出闭环主导极点的位置为 $\bar{A} = 1 \pm j\sqrt{3}$。可以验证：原系统的根轨迹不通过点 $\bar{A}$。

为使点 $\bar{A}$ 成为根轨迹上的点，由式(4.7.5)可知 PD 校正应产生相角

$$\Phi = \angle(\bar{A} - z_c) = (2l + 1)\pi + \sum_{i=1}^{3}\angle(\bar{A} - P_i) = 71°$$

见图 4.7.7。

对于 PD 校正，应有

$$\angle(\bar{A} - z_c) = 71°$$

得出 PD 校正的零点 $z_c = -1.6$。

根据根轨迹的幅值条件，若闭环极点在 $\bar{A}$，应有 $k = 19.7$。校正后的系统 $k = 10K_D$，所以得出 $K_D = 1.97$；又因为 PD 校正的零点为 $-\dfrac{K_P}{K_D} = -1.6$，所以 $K_P = 1.97 \times 1.6 = 3.15$。

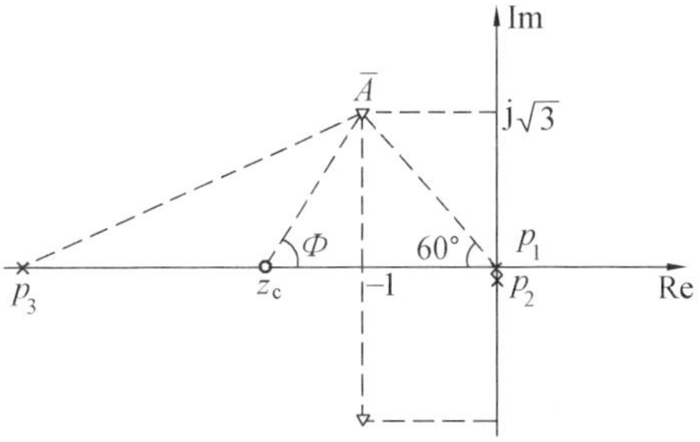

图 4.7.7　PD 校正的零极点

例 4.7.3　单位负反馈系统的固有部分传递函数为

$$G_0(s) = \frac{k}{s(s + 5)(s + 20)}$$

要求系统为 Ⅰ 型，超调量 $\sigma_p \leqslant 25\%$，$t_s \leqslant 0.7$ s$(\Delta = 0.02)$，求串联超前校正装置的参数 T 和 τ(见式(4.7.3))。

解　该系统的固有部分 $G_0(s)$ 中已有一个积分环节，符合 Ⅰ 型的要求。在此前提下设计超前校正。

原系统有三个开环极点：$p_1 = 0$，$p_2 = -5$，$p_3 = -20$；无开环零点。

(1) 根据时域指标确定闭环主导极点的位置。按公式

$$\sigma_p = e^{-\zeta\pi/\sqrt{1-\zeta^2}} \times 100\% = 25\%$$

计算得

$$\zeta = 0.4 \qquad \arccos\zeta = 66°$$

按公式

$$t_s = \frac{4}{\zeta\omega_n} = 0.7$$

计算得

$$\zeta\omega_n = 5.71$$

希望的闭环主导极点位置为 $-5.71 \pm \mathrm{j}13.1$，见图 4.7.8。

(2) 由超前校正产生的幅角应是

$$\Phi = (2l+1)\pi + \angle(\bar{A} - p_1) + \angle(\bar{A} - p_2) + \angle(\bar{A} - p_3) =$$
$$(2l+1)\pi + 114° + 93° + 42.5° = 69.5°$$

(3) 确定串联超前校正的零、极点 z_c 和 p_c 位置。为了使 $\bar{A}$ 构成闭环主导极点，宜将 z_c 设定在 p_2 的右方，这样在 $p_1 \to z_c$ 之间将是一条根轨迹，且存在一个闭环极点，而 z_c 既是开环零点又是闭环零点，形成一对十分接近的闭环零、极点，对系统的动态性能没有明显的影响，使 $\bar{A}$ 成为对系统动态品质起主要作用的主导极点。但 z_c 又不能太接近 p_1（原点），否则会使 $|z_c|$ 太小，校正装置的 τ 值太大，不易实现。

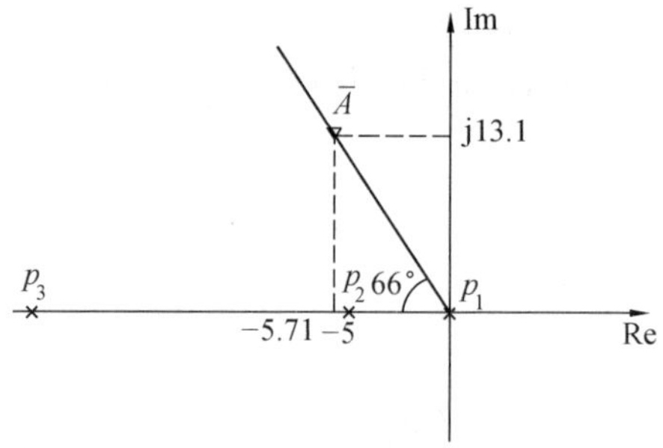

图 4.7.8　串联超前校正的主导极点

取 $z_c = -4.7$，根据式(4.7.6)

$$\angle(\bar{A} - p_c) = \angle(\bar{A} - z_c) - \Phi = 94.4° - 69.5° = 24.9°$$

得出 $p_c = -33.8$。

这样，采用串联超前校正的、系统的开环极点为 $p_1 = 0, p_2 = -5, p_3 = -20$ 和 $p_c = -33.8$，系统的开环零点为 $z_c = -4.7$。校正后的根轨迹图见图 4.7.9。

(4) 由 p_c 和 z_c 计算出串联校正参数

$$T = -\frac{1}{p_c} = 0.03$$

$$\tau = -\frac{1}{z_c} = 0.21$$

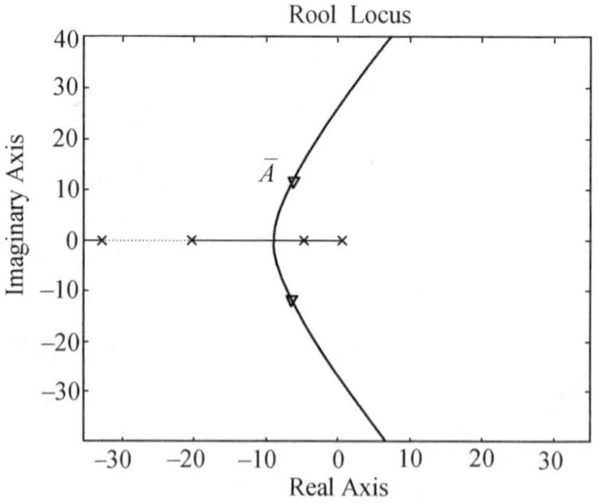

图 4.7.9　根轨迹图

4.7.4　串联超前校正装置

通常采用运算放大器和 RC 网络构成串联校

正装置。图 4.7.10 是一个串联校正装置的电路原理图。图中 OP1 形成 T 和 τ 两个时间常数，OP2 形成必要的增益并起到反号的作用，使电路的输入与输出之间不出现负号。

推导图 4.7.10 中输入 $E_i(s)$ 和输出 $E_o(s)$ 之间的关系，得到该电路的传递函数

$$G_c(s)=\frac{E_o(s)}{E_i(s)}=K_c\frac{\tau s+1}{Ts+1}$$

其中

$$\tau=R_1C_1 \tag{4.7.7}$$

$$T=R_2C_2 \tag{4.7.8}$$

$$K_c=\frac{R_2}{R_1}\cdot\frac{R_4}{R_3} \tag{4.7.9}$$

按照串联超前校正设计的 τ，T 和 K_c 的值，选定 R_1，C_1，R_2，C_2，R_3 和 R_4 的参数，当 $\tau>T$ 时，即实现了串联超前校正。

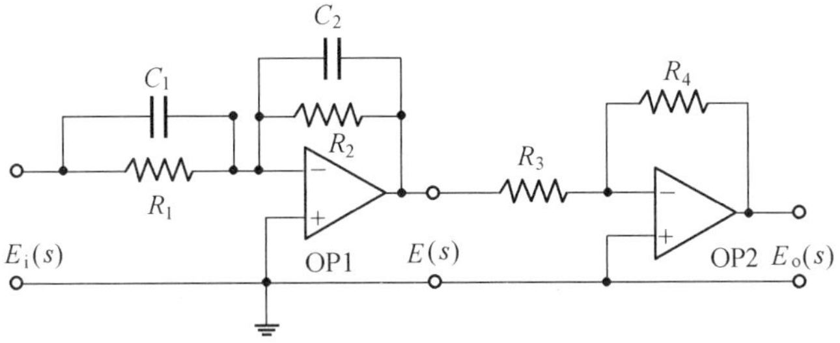

图 4.7.10　串联校正装置

4.8　根轨迹法的串联迟后校正

在上一节中看到，串联超前校正可以有效地改善系统的动态品质。在控制系统的设计要求中，还有稳态误差的指标，其中包括对系统型别和开环放大倍数的要求。如果原系统的型别不满足设计要求，只要增加开环积分环节，并将其记入系统固有部分 $G_0(s)$ 中即可；由于在超前校正设计中没有考虑开环放大倍数 K 的要求，所以在设计完超前校正后，如果 K 不能满足系统稳态误差的要求，则可以采用串联迟后校正，在不影响原有动态性能的条件下，提高系统的开环放大倍数 K，减小系统的稳态误差。

串联迟后校正是指在图 4.7.3 中串联校正环节为

$$G_c(s)=\frac{K_c(\tau s+1)}{Ts+1}\qquad T>0\qquad \tau>0 \tag{4.8.1}$$

限制条件是：(1) T 和 τ 的值都很大；(2) $T>\tau$；(3) T/τ 比值很大。

4.8.1 附加开环偶极子的作用

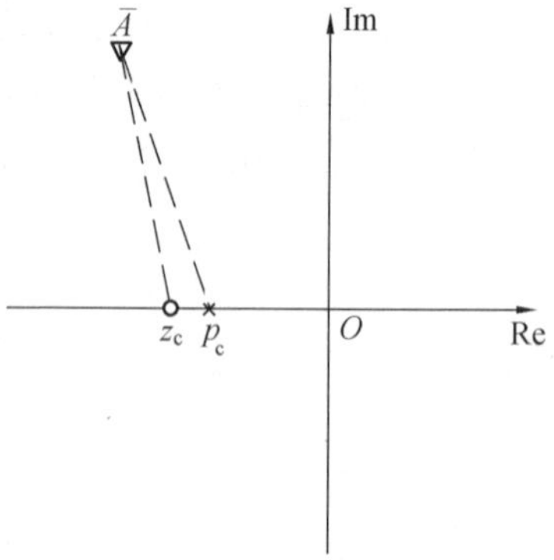

图4.8.1 串联迟后校正装置的零极点

串联迟后校正是在原系统中增加一个开环零点 $z_c = -\dfrac{1}{\tau}$ 和一个开环极点 $p_c = -\dfrac{1}{T}$。它们的特点是:(1) p_c 和 z_c 十分接近,都在实轴上靠近原点处;(2) p_c 在右,z_c 在左;(3) $|z_c|/|p_c|$ 的比值很大。这说明串联迟后校正给原系统增加了一对靠近虚轴的开环偶极子。见图 4.8.1(图中没有画原系统的开环零极点,并对 z_c 和 p_c 的位置做了放大)。

如果点 $\bar{A}$ 是原系统根轨迹上的点,点 $\bar{A}$ 应满足幅角条件

$$\sum_{j=1}^{m}\angle(\bar{A}-z_j)-\sum_{i=1}^{n}\angle(\bar{A}-p_i)=(2l+1)\pi$$

式中 z_j, p_i —— 原系统的开环零、极点。

加入串联迟后校正后,点 $\bar{A}$ 的幅角为

$$\sum_{j=1}^{m}\angle(\bar{A}-z_j)-\sum_{i=1}^{n}\angle(\bar{A}-p_i)+\angle(\bar{A}-z_c)-\angle(\bar{A}-p_c)\approx(2l+1)\pi$$

因为 $\angle(\bar{A}-z_c)$ 与 $\angle(\bar{A}-p_c)$ 十分接近,所以点 $\bar{A}$ 仍满足根轨迹的幅角条件或只有微小变动。因此可以得出结论:在原系统中加入串联迟后校正的一对开环偶极子后,对原系统根轨迹远离原点的部分没有明显的影响,对原系统的动态品质也没有明显的影响。

但是,对于根轨迹上的点 $\bar{A}$ 来说,原系统的 k 值是

$$k_A=\frac{\prod_{i=1}^{n}|\bar{A}-p_i|}{\prod_{j=1}^{m}|\bar{A}-z_j|} \tag{4.8.2}$$

增加串联迟后校正之后,点 $\bar{A}$ 对应的 k 值变为

$$k'_A=\frac{\prod_{i=1}^{n}|\bar{A}-p_i|\cdot|\bar{A}-p_c|}{\prod_{j=1}^{m}|\bar{A}-z_j|\cdot|\bar{A}-z_c|} \tag{4.8.3}$$

由于 p_c 和 z_c 十分接近,$|\bar{A}-p_c|\approx|\bar{A}-z_c|$,所以对于点 $\bar{A}$ 来说,增加串联迟后校正前、后,参数 k 的值变化不大。然而,串联迟后校正前、后的开环放大倍数却有很大不同,依据式(4.3.20),它们分别是

$$K_A=k\frac{\prod_{j=1}^{m}(-z_j)}{\prod_{i=1,2,3}^{n}(-p_i)} \tag{4.8.4}$$

$$K'_A = k\frac{\prod_{j=1}^{m}(-z_j)\cdot(-z_c)}{\prod_{i=1,2,3}^{n}(-p_i)\cdot(-p_c)} = K_A\cdot\frac{T}{\tau} \tag{4.8.5}$$

由于在串联迟后校正环节中已设 z_c/p_c 的值很大，所以校正后的开环增益要比校正前增大了 z_c/p_c 倍。

这里看到，在系统中增加串联迟后校正，对系统的动态过程没有明显的影响，而能使主导极点处的开环放大倍数增大 T/τ 倍，从而减小了系统的稳态误差。

4.8.2　串联迟后校正

由前面的分析看到，串联迟后校正的作用是在不影响原系统动态品质的前提下，增大闭环主导极点处的开环增益，减小系统的稳态误差。所以，在做串联迟后校正之前，首先要做串联超前校正，使系统能够满足动态过程的设计要求，并将串联超前校正的传递函数合并到 $G_0(s)$ 中。串联迟后校正的具体设计步骤如下：

(1) 用原系统的开环传递函数 $G_0(s)$ 做出原系统的根轨迹，确认调整开环增益可以使原系统的动态性能满足设计指标。

(2) 在原系统的根轨迹上确定闭环主导极点的位置 $\bar{A}$，并求出点 $\bar{A}$ 对应的开环增益 K_A。

(3) 根据控制系统的设计要求，求出满足稳态误差设计指标的开环增益 K，即校正以后应有的开环增益。

(4) 为了使点 $\bar{A}$ 的开环增益由 K_A 增大到 K'_A，根据式(4.8.5)，应有

$$\frac{T}{\tau} = \frac{K'_A}{K_A} \tag{4.8.6}$$

按照串联迟后校正的条件，极点 $p_c = -\frac{1}{T}$ 和零点 $z_c = -\frac{1}{\tau}$ 应充分接近并靠近原点，按照式(4.8.5) 可以确定 T 和 τ 的值。在选定 T 和 τ 的值时应注意，T 的值过大会在电路上难于实现，T 值过小会使 p_c 和 z_c 之间的距离增大，影响根轨迹的形状。

(5) 求校正环节式(4.8.1) 中的 K_c，加入串联迟后校正后开环增益应为 $K_0\cdot K_c = K$，所以

$$K_c = \frac{K}{K_0} \tag{4.8.7}$$

至此，串联迟后校正环节的参数 T、τ 和 K_c 全部计算完成。

为了使设计更为准确，可以进行以下检验：

(6) 绘制出校正后的根轨迹图，在根轨迹上选定满足动态性能指标的闭环主导极点。

(7) 求出闭环主导极点处的开环放大倍数 K 值，检验是否满足稳态误差的要求。

(8) 做出闭环系统的单位阶跃响应或单位斜坡响应曲线，全面准确地检验各项设计指标。

(6)、(7)、(8) 项工作可以借助 MATLAB 来完成。

最后指出,在系统中增加了串联迟后校正后,在靠近原点处的根轨迹会有变形(图4.8.2)会产生一对十分接近的闭环零、极点,对闭环系统的动态过程没有明显的影响,对不靠近原点的根轨迹也没有明显影响。

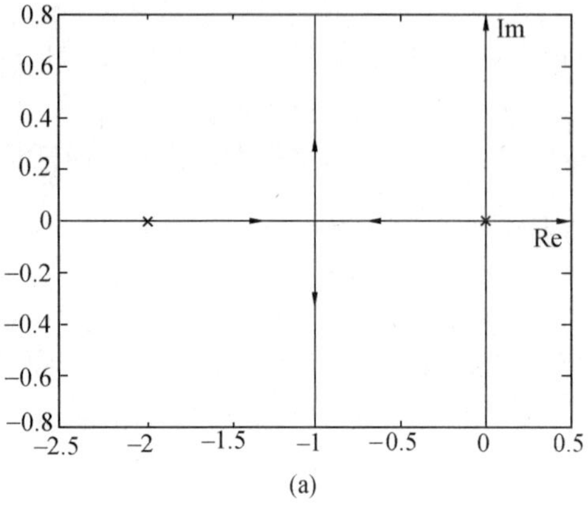

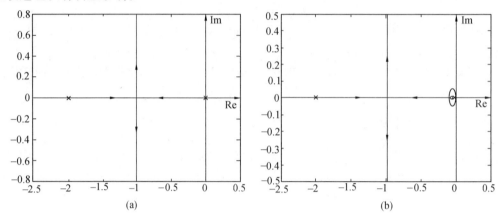

图 4.8.2　串联迟后校正前、后的根轨迹

例 4.8.1　已知单位反馈系统原有前向传递函数为

$$G_0(s) = \frac{2}{s(s+1)(s+2)}$$

要求闭环系统满足下列性能指标:

(1) 开环增益 $K_v = 5$

(2) 超调量 $\sigma_p \leqslant 20\%$

(3) 调整时间秒 $t_s \leqslant 10\ \mathrm{s}$　($\Delta = 0.05$)

试求串联校正环节及其参数。

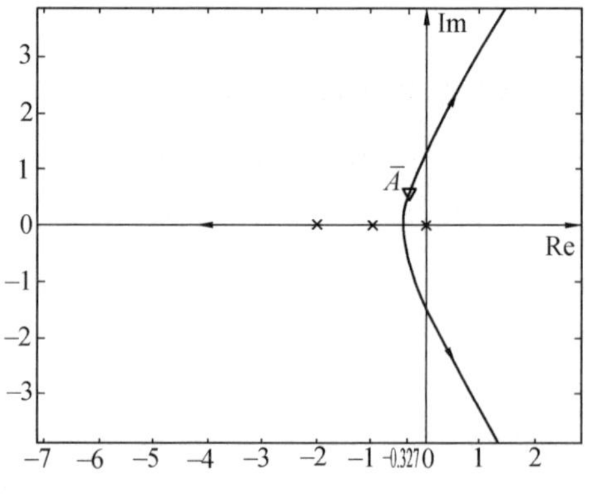

图 4.8.3　根轨迹图

解　(1) 画出原系统的根轨迹,见图 4.8.3。由根轨迹图可以验证在根轨迹上存在满足系统动态品质要求的闭环主导极点。

(2) 根据设计要求 $\sigma_p \leqslant 20\%$ 得出闭环主导极点应满足 $\zeta \geqslant 0.45$;根据设计要求 $t_s \leqslant 10$ s,得出闭环主导极点应有 $\zeta\omega_n \geqslant 0.3$。在原系统的根轨迹上选定闭环主导极点为 $\bar{A} = -0.327 \pm \mathrm{j}0.593$,与 $\bar{A}$ 对应的 $\zeta = 0.483$, $\zeta\omega_n = 0.327$,说明点 $\bar{A}$ 对应的动态品质满足设计要求,并留有一些余量。

又由根轨迹按式(4.8.2)和式(4.8.4)求得点 $\bar{A}$

$$k_A = 1.08 \quad K_A = 0.5$$

(3) 根据设计要求,校正后系统的开环增益 $K = 5$。

(4) 根据式(4.8.5)应有

$$\frac{T}{\tau}=\frac{|z_c|}{|p_c|}=\frac{K}{K_A}=10$$

为此,选定 $p_c=-\dfrac{1}{T}=-0.005, T=200; z_c=-\dfrac{1}{\tau}=-0.05, \tau=20$。

(5) 在原系统 $G_0(s)$ 式中,$K_0=1$,依照(4.8.7),应有

$$K_c=\frac{K}{K_0}=5$$

最后得出串联迟后校正环节的传递函数为

$$G_c(s)=\frac{5(20s+1)}{200s+1}$$

(6) 为了检验校正后的效果,用MATLAB绘制校正后系统的根轨迹。键入下列 MATLAB 命令

```
>> num = [20,1];
>> den = conv([200,1],conv([1,1,0],[1,2]))
>> rlocus(num,den)
```

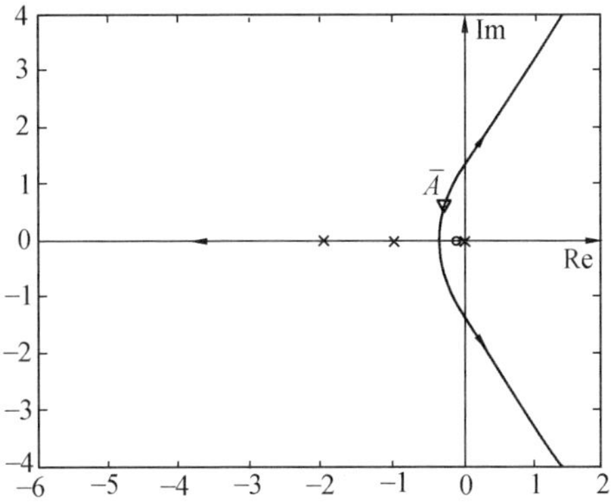

图 4.8.4 根轨迹图

得到图 4.8.4 的根轨迹图。在图 4.8.4 中的 $\bar{A}$ 处选取闭环主导极点,得校正后闭环主导极点为

$$s_{1,2}=-0.307\pm \mathrm{j}0.563$$

这一对主导极点与未校正时的主导极点稍有差别,但不会影响系统的动态过程品质。校正后主导极点对应的参数为

$$\zeta=0.479 \qquad \omega_n=0.641 \qquad \sigma_p=18\%$$

满足设计要求。

再可求得校正后主导极点处 $k_A=1.05$ 与未校正时 $k_A=1.08$ 接近,按式(4.8.5)计算校正后的开环增益为

$$K=K_A\frac{T}{\tau}=5.03$$

也满足了设计要求。

例 4.8.2 控制系统如图 4.8.5 所示。要求闭环主导极点对应于 $\zeta=0.5, \omega_n=10$,并且在输入信号为 $r(t)=t$ 时,稳态误差 $e_{ss}=0.02$,求串联校正环节参数。

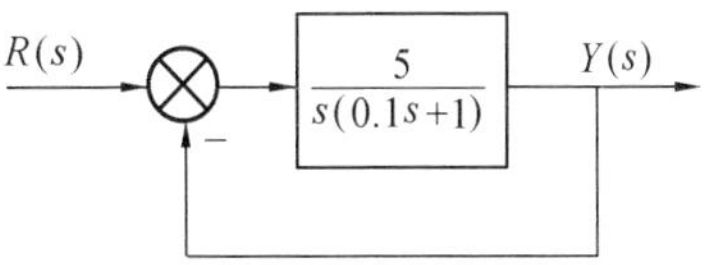

图 4.8.5 控制系统

解 (1) 做出未校正系统的根轨迹如图 4.8.6。根轨迹上的点 $\bar{A}$ 满足 $\omega_n=10, \zeta=0.5$ 的条件,成为闭环主导极点

$$\bar{A}=-5+\mathrm{j}8.66$$

(2) 由原系统的根轨迹求出点 $\bar{A}$ 对应的 k_A 和 K_A 分别为

$$k_A = \frac{10 \times 10}{1} = 100$$

$$K_A = k_A \frac{1}{10} = 10$$

(3) 显然 K_A 不满足稳态误差要求,为满足稳态误差的设计要求,应采用串联迟后校正,校正以后应有开环增益

$$K = \frac{1}{0.02} = 50$$

(4) 为使点 $\bar{A}$ 对应的开环增益增至 50,应有

$$\frac{T}{\tau} = \frac{|z_c|}{|p_c|} = \frac{K}{K_A} = 5$$

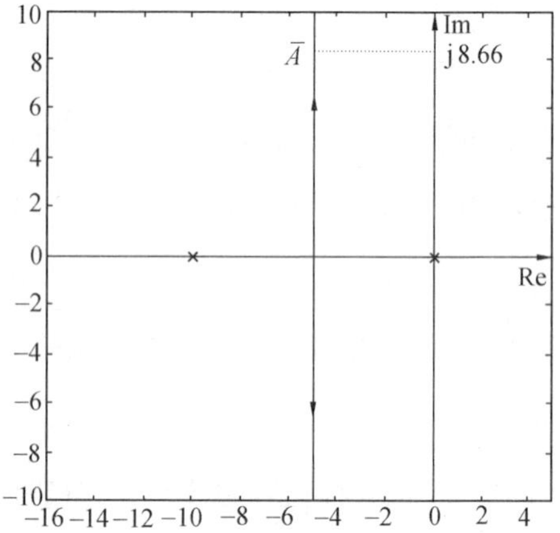

图 4.8.6 根轨迹图

取串联迟后校正参数为 $T = 200, p_c = -0.005, \tau = 40, z_c = -0.025$。

(5) 原系统增益为 $K_0 = 5$,要求校正后开环增益为 $K = 50$,所以

$$K_c = \frac{K}{K_0} = 10$$

串联迟后校正环节为

$$G_c(s) = 10\frac{40s + 1}{200s + 1}$$

4.8.3 串联迟后校正装置

在图 4.7.10 中,令 $T > \tau$,并根据串联迟后校正设计的参数 τ、T 和 K_c,按式(4.7.7)、式(4.7.8) 和式(4.7.9) 确定 R_1、R_2、R_3、R_4 和 C_1、C_2 的数值,即实现了串联迟后校正装置。

4.9 根轨迹法的串联超前 – 迟后校正

如果未做校正的原系统在动态性能指标和稳态误差两方面都不能满足设计要求,则要用串联超前 – 迟后校正来改进系统的性能。串联超前校正的作用在于改善系统的动态性能;串联迟后校正的作用在于减小系统的稳态误差。具体的设计步骤如下:

(1) 检查原系统中积分环节数与稳态误差所要求的型别是否一致,如果缺少积分环节,则在 $G_0(s)$ 中增加适量的积分环节。在全部设计完成后,再增补必要的积分环节放到串联校正装置中。

(2) 按照串联超前校正的设计方法设计串联超前校正,求出超前校正的传递函数 $G_{c1}(s)$。

(3) 将 $G_{c1}(s)$ 与 $G_0(s)$ 合并成新的 $G'_0(s)$。

(4) 按照串联迟后校正的设计方法设计串联迟后校正，求出串联迟后校正的传递函数 $G_{c2}(s)$。

(5) 串联超前－迟后校正的传递函数为

$$G_c(s) = G_{c1}(s) \cdot G_{c2}(s) \cdot \frac{1}{s^v}$$

式中最后一个因子是应增加的串联积分环节。

(6) 对校正后的系统，用 MATLAB 做根轨迹和单位阶跃响应，检验是否满足各项设计要求。若仍不能满足设计要求，则返回步骤(2)(动态过程不满足设计要求) 或步骤(4)(开环增益 K 不满足设计要求)，对设计指标留有适当的余量，再次进行设计。

4.10　根轨迹法的反馈校正

4.10.1　局部反馈的作用

控制系统由多个元件组成，系统的开环传递函数由多个环节串联而成，系统的开环极点是每个串联环节极点的总合。如果在系统中建立局部反馈，如图 4.10.1 中虚线所示，在画控制系统的根轨迹时，就要用小闭环的闭环极点来代替 $G_2(s)$ 的极点作为整个系统的开环极点，也就是说，局部反馈的作用是可以改变原系统中某些开环极点的位置，从而改变根轨迹的形状与位置，使闭环极点达到期望的位置。

一般的情况下，多是使原系统(即没有局部反馈) 的某些开环极点向左移。根据绘制根轨迹的基本规则，这样做将会使渐近线的交点、根轨迹在实轴上的汇合分离点向左移，使增加局部反馈以后的根轨迹向左移，从而使系统的动态性能得到改善。

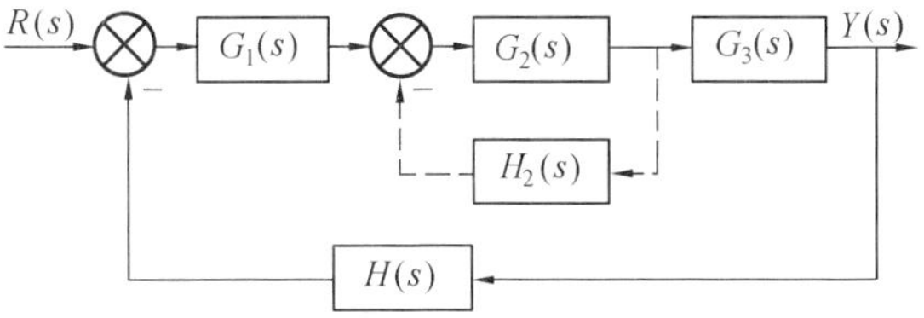

图 4.10.1　局部反馈

4.10.2　局部反馈校正

利用局部反馈校正改进系统性能的步骤如下：

(1) 做出未进行局部反馈的原系统的根轨迹。

(2) 求出满足设计要求的闭环主导极点的位置 s_1 和 s_2。

(3) 在系统的开环极点中，找出希望改变位置的开环极点 p_c，当改变 p_c 的位置时，可以使根轨迹通过 s_1 和 s_2 点。

(4) 检验围绕 p_c 是否可以建立局部反馈。即在实际问题中，p_c 所在元件的输出变量是否可以测量；p_c 所在元件的输入变量是否可以实现相加。

(5) 为使闭环主导极点达到 s_1 和 s_2，按照根轨迹的幅角条件，求出极点 p_c 的希望位置 $\bar{p}_c$。

(6) 求出使小闭环的闭环极点成为 $\bar{p}_c$ 的条件，从而确定小闭环的参数。

(7) 对于大闭环，求出主导极点 s_1 和 s_2 所对应的开环增益 K，调整大回路中的放大倍数，使大闭环的主导极点为 s_1 和 s_2。

(8) 进行必要的验算。

例 4.10.1 控制系统的结构图如图 4.10.2 所示，欲采用局部反馈来改善系统的性能，要求大闭环系统的闭环主导极点为 $s_{1,2} = -3 \pm j\sqrt{3}$，求 K_1，K_2 和 τ 的值。

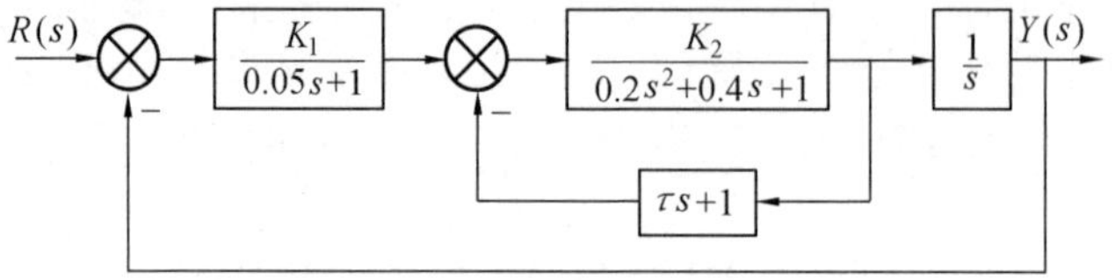

图 4.10.2 带有局部反馈的控制系统

解 (1) 未做局部反馈校正时，闭环系统有四个开环极点：

$$p_1 = 0 \qquad p_{2,3} = -1 \pm j2 \qquad p_4 = -\frac{1}{0.05} = -20$$

显然，未校正系统的根轨迹不会通过 $-3 \pm j3$ 点。

(2) 画出小闭环的根轨迹，如图 4.10.3。适当地选择小闭环中的增益 K_2，可以使小闭环的两个闭环极点都在负实轴上。也就是说，可以使大回路的两个开环极点 p_2 和 p_3 移到负实轴上，成为 $\bar{p}_2$ 和 $\bar{p}_3$。

(3) 当大闭环回路的开环极点为 $p_1 = 0, \bar{p}_2, \bar{p}_3$ 和 $p_4 = -20$ 时，根轨迹的形状如图 4.10.4 所示。为了使 $s_{1,2} = -3 \pm j\sqrt{3}$ 成为主导极点，系统的另两闭环极点应在 $s_{1,2}$ 的左面，为满足此条件，可取 $\bar{p}_3 = -15$。

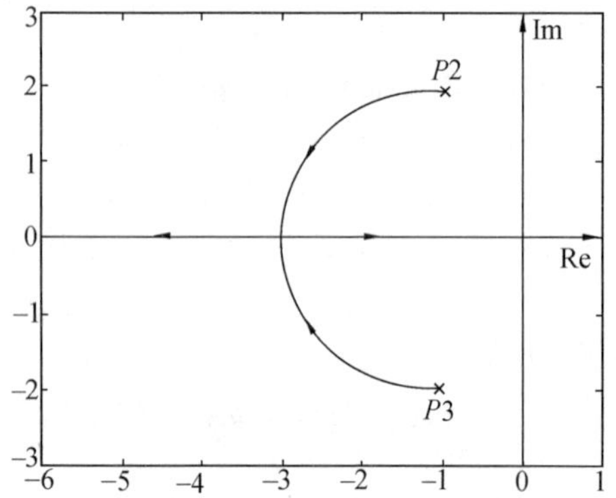

图 4.10.3 小闭环回路的根轨迹

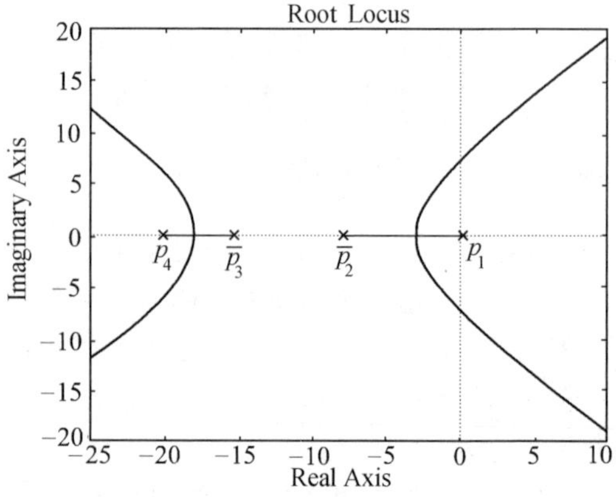

图 4.10.4 大回路的根轨迹

(4) 反馈校正后各极点的位置如图 4.10.5 所示。为使 $s_1=-3+\mathrm{j}\sqrt{3}$ 满足根轨迹的幅角条件，应有

$$\gamma+\alpha+\beta+150^\circ=180^\circ$$

其中

$$\gamma=\arctan\frac{\sqrt{3}}{17}=5.83^\circ$$

$$\alpha=\arctan\frac{\sqrt{3}}{12}=8.22^\circ$$

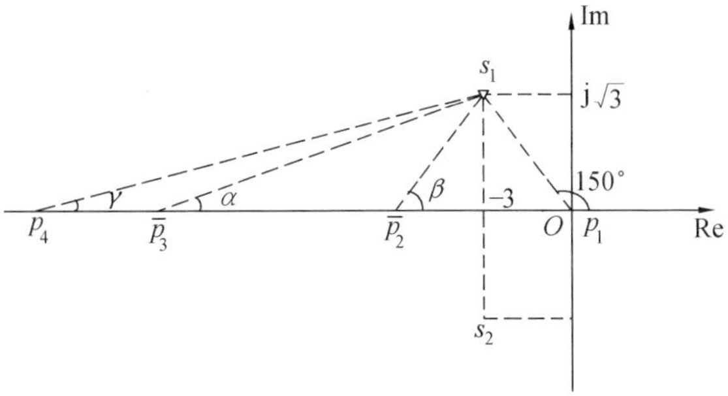

图 4.10.5　反馈校正系统的极点

所以应有 $\beta=15^\circ$，因而根据图 4.10.5 中的几何关系可算得

$$\bar{p}_2=-9.8$$

(5) 对于小闭环，其闭环传递函数 $\Phi_1(s)$ 为

$$\Phi_1(s)=\frac{K_2}{0.2s^2+(0.4+K_2\tau)s+K_2+1}$$

为了使小闭环的两个闭环极点为 $\bar{p}_2$ 和 $\bar{p}_3$，应有特征方程

$$s^2+5(0.4+K_2\tau)s+5(K_2+1)=(s-\bar{p}_2)(s-\bar{p}_3)=(s+9.8)(s+15)=s^2+24.8s+147$$

从中解出

$$K_2=29\qquad\tau=0.155$$

(6) 对于大闭环，为使闭环极点在 $s_{1,2}=-3\pm\mathrm{j}\sqrt{3}$，求出 s_1 点对应的参数 k 值为

$$k=|s_1-p_4|\cdot|s_1-\bar{p}_3|\cdot|s_1-\bar{p}_2|\cdot|s_1-p_1|=5\ 030$$

相应的大回路的开环增益为

$$K=k\frac{1}{|p_4||\bar{p}_3||\bar{p}_2|}=1.7$$

由小回路的闭环传递函数 $\Phi_1(s)$ 得出，小闭环的增益为

$$\frac{K_2}{1+K_2}=0.97$$

所以应有

$$K_1=\frac{1.7}{0.97}=1.75$$

最后得到结果：$K_1=1.75, K_2=29, \tau=1.55$。

例 4.10.2　图 4.10.6 是一个力矩电机驱动的低速转台伺服系统，拟采用电流反馈和速度反馈来改进系统的性能，使大回路的闭环主导极点为 $s_{1,2}=-2\pm\mathrm{j}2$，求电流反馈系数 α、速度反馈系数 β 和放大器的增益 K_1。

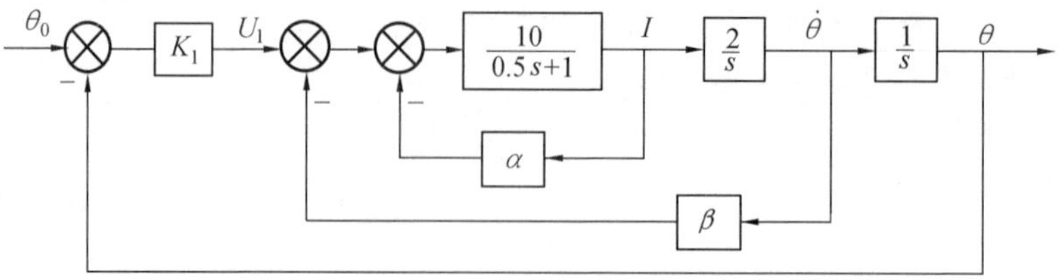

图 4.10.6　电动伺服系统

解　(1) 未采用反馈校正时,系统的开环极点为 $p_1 = 0, p_2 = 0, p_3 = -2$,显然,根轨迹不通过 $s_{1,2} = -2 \pm \mathrm{j}2$ 点。

(2) 为使 $s_{1,2} = -2 \pm \mathrm{j}2$ 点满足根轨迹的条件,应使 p_2 和 p_3 点向左移为 $\bar{p}_2$ 和 $\bar{p}_3$,见图 4.10.7。为使 $s_{1,2}$ 满足主导极点的条件,另一闭环极点应在 $s_{1,2}$ 的左面,所以取 $\bar{p}_3 = -10$。根据图 4.10.7 中的几何关系,为使 $s_1 = -2 + \mathrm{j}2$ 满足根轨迹的幅角条件,应有 $\bar{p}_2 = -5.3$。

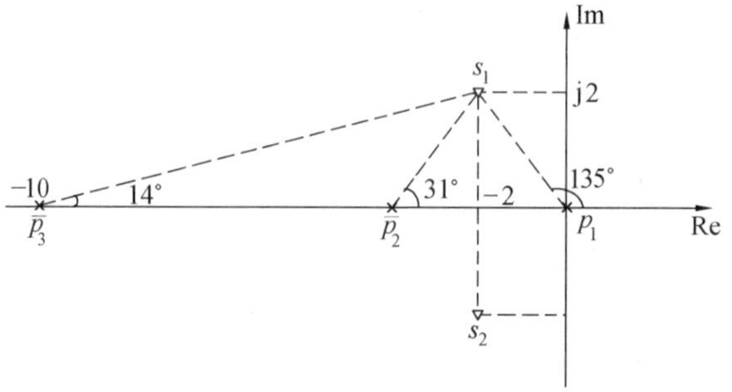

图 4.10.7　极点分布图

校正以后的根轨迹如图 4.10.8 所示。

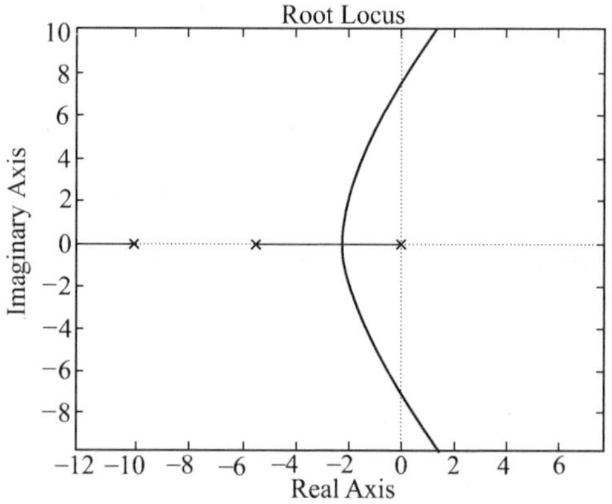

图 4.10.8　校正后的根轨迹图

(3) 根据图4.10.6,可以求出速度反馈闭环的传递函数为

$$\bar{\Phi}(s) = \frac{\dot{\theta}(s)}{U_1(s)} = \frac{20}{0.5s^2 + (1 + 10\alpha)s + 20\beta}$$

其特征方程为

$$s^2 + 2(1 + 10\alpha)s + 40\beta = 0$$

该方程应有两个根:$\bar{p}_2 = -5.3$ 和 $\bar{p}_3 = -10$。依此解出

$$\alpha = 0.665 \qquad \beta = 1.325$$

(4) 对于大回路系统,为使闭环系统的主导极点在 s_1 处

$$k = |s_1 - p_1| \cdot |s_1 - \bar{p}_2| \cdot |s_1 - \bar{p}_3| = 92$$

开环增益为

$$K = k\frac{1}{|\bar{p}_2|\cdot|\bar{p}_3|} = 1.71$$

由于 $\bar{\Phi}(s) = \frac{\dot{\theta}(s)}{U_1(s)}$ 的增益为$\frac{1}{\beta} = 0.755$,所以

$$K_1 = \frac{K}{0.755} = 2.26$$

最终得到结果:$\alpha = 0.665, \beta = 1.325, K_1 = 2.26$。

4.11　本章小结

控制系统的动态性能取决于系统的闭环极点和零点在 s 平面上的位置。直接由系统的特征方程求解闭环极点是有一定困难的。本章介绍的根轨迹法是一种由已知的开环极点和开环零点确定闭环极点的方法,根轨迹法还可以分析系统参数变化对闭环极点的影响。本章主要内容如下:

1. 根轨迹的定义是:当系统中某一参量由 0 变化到 $+\infty$ 时,闭环极点在 s 平面上的变化轨迹。一般而言,常用的是以系统开环增益为参变量的根轨迹,称做一般根轨迹。以系统其他参量作为变化参量的根轨迹称做参数根轨迹。

2. 绘制根轨迹时,首先要将系统的开环传递函数写成零、极点形式

$$G(s)H(s) = \frac{k(s - z_1)(s - z_2)\cdots(s - z_m)}{(s - p_1)(s - p_2)\cdots(s - p_n)}$$

绘制一般根轨迹时,k 是由 0 到 $+\infty$ 变化的参变量,称做根轨迹增益。

3. 控制系统开环增益 K 与根轨迹增益 k 的关系是($v = 1,2,3$)

$$K = k\frac{\prod_{j=1}^{m}(-z_j)}{\prod_{i=v}^{n}(-p_i)}$$

4. 一般根轨迹应满足的条件(又称根轨迹方程)

幅角条件

$$\angle G(s)H(s) = \sum_{j=1}^{m}\angle(s - z_j) - \sum_{i=1}^{n}\angle(s - p_i) = (2l + 1) \qquad l = 0,1,2,\cdots$$

幅值条件

$$\frac{k\prod_{j=1}^{m}|s - z_j|}{\prod_{i=1}^{n}|s - p_i|} = 1$$

5. 本章给出了绘制根轨迹的十项基本规则。根据这十项基本规则可以绘制出根轨迹的大

致图形，并可求出根轨迹上一些特征点所对应的数据。

6. 绘制根轨迹的十项基本规则同样适用于 s 平面右半平面有开环零、极点的情况。

7. 可以用计算机借助 MATLAB 软件绘制出准确的根轨迹图。

8. 系统的闭环零点由前向通道的零点和反馈通道的极点组成。闭环零点不随 k 的变化而变化。

9. 正反馈系统的根轨迹，又称 $0°$ 根轨迹，幅角条件是

$$\angle G(s)H(s) = \sum_{j=1}^{m}\angle(s - z_j) - \sum_{i=1}^{n}\angle(s - p_i) = 2l\pi \qquad l = 0,1,2,\cdots$$

绘制正反馈系统根轨迹时，十项基本规则中的四、五、七项与绘制一般负反馈根轨迹时不同。

10. 判断控制系统是否构成正反馈不能仅凭主反馈相加点的"+、-"号。应首先将系统的开环传递函数化成标准的零极点形式

$$G(s)H(s) = \pm \frac{k\prod_{j=1}^{m}(s - z_j)}{\prod_{i=1}^{n}(s - p_i)}$$

根据式中的"+"或"-"与主反馈相加点的"+"或"-"联合判断系统是否构成正反馈。

11. 绘制参数根轨迹时，首先应在系统的特征方程中将可变参数分离出来，如式(4.6.7)；再做出式(4.6.8)形式的等效开环传递函数。由等效开环传递函数做系统的参数根轨迹。参数根轨迹反映了闭环极点的变化轨迹；闭环零点仍由本节第八条决定，不能用等效开环传递函数求取闭环零点。

12. 串联超前校正的作用是改进原系统的动态性能。

13. 串联迟后校正的作用是增大系统的开环增益 K，从而减小系统的稳态误差，串联迟后校正对原系统的动态过程没有明显的影响。

14. 反馈校正是用局部反馈的方法来改变原系统开环极点的位置，从而改变根轨迹的形状和位置，达到改善系统动态性能的目的。

习题与思考题

4.1　某反馈系统的方框图如题 4.1 图所示。试绘制 K 从 0 变到 ∞ 时该系统的根轨迹图。

4.2　试应用根轨迹法确定题 4.2 图所示系统无超调响应时的开环增益 K。

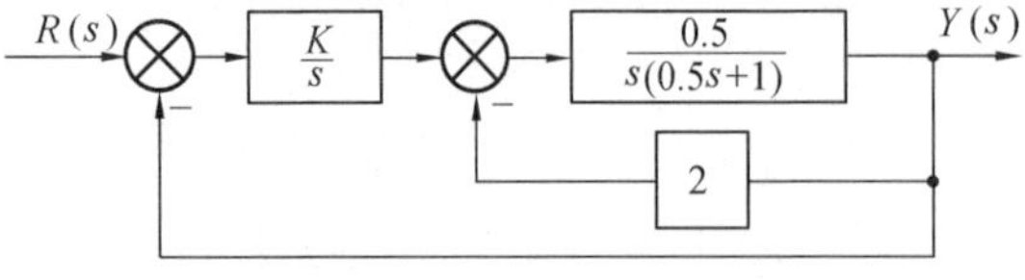

题 4.1 图　反馈系统方框图

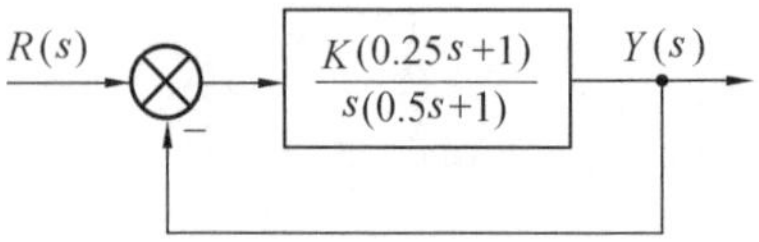

题 4.2 图　反馈系统方框图

4.3　已知某负反馈系统的前向通道及反馈通道的传递函数分别为

$$G(s) = \frac{k(s + 0.1)}{s^2(s + 0.01)}$$

$$H(s) = 0.6s + 1$$

试绘制该系统的根轨迹图。

4.4　设某反馈系统的特征方程为

$$s^2(s + a) + k(s + 1) = 0$$

试确定以 k 为参变量的根轨迹与负实轴无交点、有一个交点与有两个交点时的参量 a，并绘制相应的根轨迹图。

4.5　设某正反馈系统的开环传递函数为

$$G(s)H(s) = \frac{k(s + 2)}{(s + 3)(s^2 + 2s + 2)}$$

试为该系统绘制以 k 为参变量的根轨迹图。

4.6　已知某正反馈系统的开环传递函数为

$$G(s)H(s) = \frac{k}{(s + 1)^2(s + 4)^2}$$

试绘制以 k 为参变量的根轨迹图。

4.7　试绘制题 4.7 图所示非最小相位系统以开环增益 K 为参变量的根轨迹图。

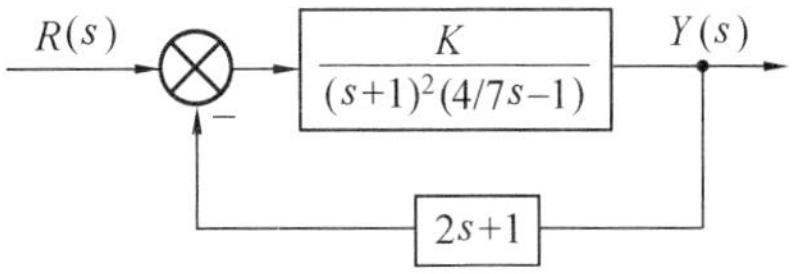

题 4.7 图　反馈系统方框图

4.8　已知非最小相位负反馈系统的开环传递函数为

$$G(s)H(s) = \frac{k(1 - s)}{s(s + 2)}$$

试绘制该系统的根轨迹图。

4.9　已知单位负反馈系统的开环传递函数为

$$G(s) = \frac{\frac{1}{4}(s + a)}{s^2(s + 1)}$$

试绘制以 a 为参数变量的参量根轨迹图。

4.10　某反馈系统的方框图如题 4.10 图所示，试绘制该系统的根轨迹图。

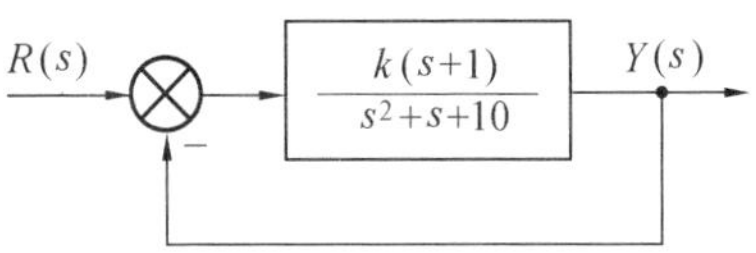

题 4.10 图　反馈系统方框图

4.11　设某负反馈系统的开环传递函数为

$$G(s)H(s) = \frac{K(s + 1)}{s^2(0.1s + 1)}$$

试绘制该系统的根轨迹图。

4.12　设某负反馈系统的开环传递函数为

$$G(s)H(s) = \frac{K(s+4)(s+40)}{s^3(s+200)(s+900)}$$

试绘制该系统的根轨迹图。

4.13　设某反馈系统的方框图如题4.13图所示。试绘制以下各种情况下的根轨迹图：

(1) $H(s) = 1$

(2) $H(s) = s + 1$

(3) $H(s) = s + 2$

分析比较这些根轨迹图，说明开环零点对系统相对稳定性的影响。

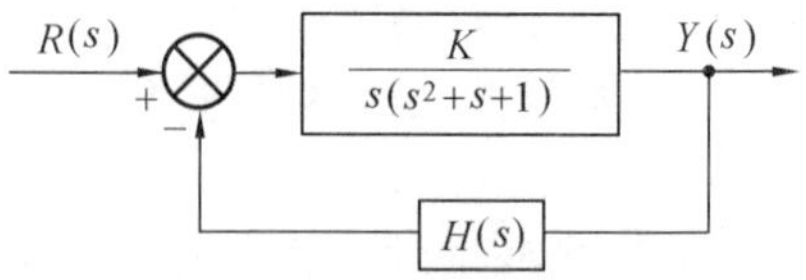

题4.13图　反馈系统方框图

4.14　已知某正反馈系统的开环传递函数为

$$G(s)H(s) = \frac{k}{(s+1)(s-1)(s+4)^2}$$

试绘制该系统的根轨迹图。

4.15　已知非最小相位负反馈系统的开环传递函数为

$$G(s)H(s) = \frac{k(s+1)}{s(s-3)}$$

试绘制该系统的根轨迹图。

4.16　已知非最小相位负反馈系统的特征方程为

$$(s+1)(s+3)(s-1)(s-3) + k(s^2+4) = 0$$

试绘制该系统的根轨迹图。

4.17　已知非最小相位负反馈系统的开环传递函数为

$$G(s)H(s) = \frac{K(1-0.5s)}{s(0.25s+1)}$$

试绘制该系统的根轨迹图。

4.18　设某负反馈系统的开环传递函数为

$$G(s)H(s) = \frac{10}{s(s+a)}$$

试绘制以 a 为参变量的根轨迹图。

4.19　已知某负反馈系统的开环传递函数为

$$G(s)H(s) = \frac{1\,000(Ts+1)}{s(0.1s+1)(0.001s+1)}$$

试绘制以时间常数 T 为参变量的参量根轨迹图。

4.20　某具有局部反馈的系统结构图如题4.20图所示。要求：

(1) 画出当 K 从 $0 \to +\infty$ 变化时，闭环系统的根轨迹；

(2) 用根轨迹法确定，使系统具有阻尼比 $\zeta = 0.5$（对一对负数闭环极点而言）时 K 的取值以及闭环极点的取值；

(3) 用根轨迹法确定，系统在单位阶跃信号作用下，稳态控制精度的允许值。

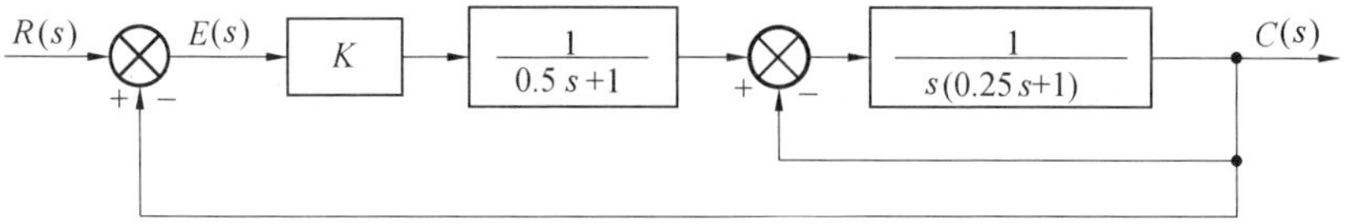

题 4.20 图　反馈系统方框图

4.21　已知单位负反馈系统的开环传递函数为

$$G(s) = \frac{1}{s^2 + \alpha s}$$

(1) 画出 α 变化时的系统的根轨迹图；

(2) 若要求系统的超调量 $\sigma\% \leqslant 16.3\%$，调时间 $t_s \leqslant 5$ s($\Delta = 0.02$)。且在单位斜坡输入时的稳态误差尽量小，试用根轨迹法确定 α 值。

4.22　有闭环控制系统如题 4.22 图所示。其中校正环节的传递函数为 $G_C = K_P + K_D s$。$K = 10$ 时，要求校正后闭环控制系统的超调量 $\sigma_P = 16\%$，调整时间 $t_s = 4$ s(2% 允许误差)。

(1) 试用根轨迹法确定校正参数 K_P 和 K_D；

(2) 确定 K_P 和 K_D 后，绘制 K 从 $0 \to +\infty$ 的根轨迹。

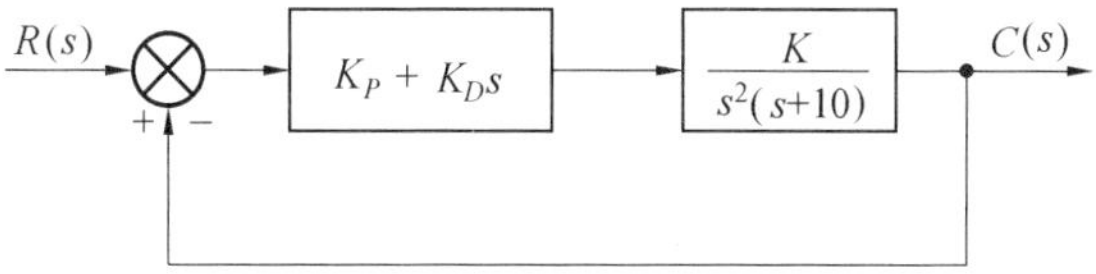

题 4.22 图　控制系统方框图

4.23　控制系统如题 4.23 图所示。

(1) 当 $G_C(s) = K$ 时，绘出 K 由 $0 \to +\infty$ 变化时闭环系统的根轨迹图(要求标清根轨迹的各特征数据)；

(2) 当 $G_C(s) = \dfrac{K(\tau s + 1)}{0.125s + 1}$(串联超前校正)时，要求闭环系统的一对复数极点为 $-3 \pm 3j$，用根轨迹法求 K 和 τ 的值。

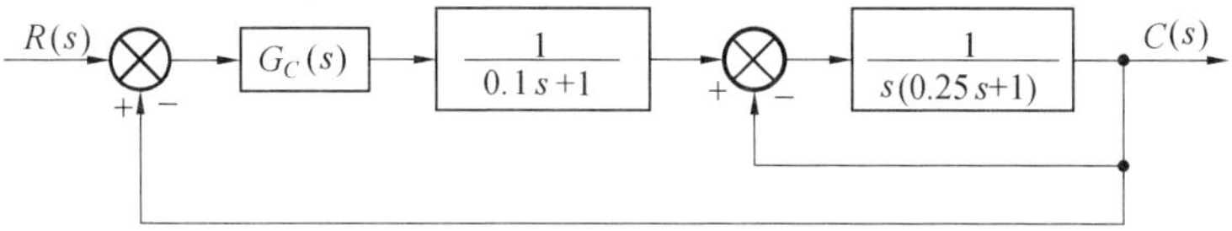

题 4.23 图　控制系统方框图

第五章 频 率 法

5.1 引 言

频率法是控制系统分析与综合的一种常用方法。

在第二章中曾介绍过,正弦信号是一种典型的输入信号。由于正弦信号有无穷阶导数,所以正弦信号中包含了位置、速度、加速度等各种作用;另一方面,控制系统中的各个信号,可以分解成许多不同频率的正弦信号,所以,根据控制系统对不同频率正弦信号的响应,就可以全面地反映出系统的各种性质。频率法就是根据这一思想发展形成的一套完整的分析和综合控制系统的方法,在控制系统的设计中得到了广泛的应用。频率法是控制理论中一项重要的基本内容。

1. 频率法的优点

(1) 频率法所用的数学模型是"频率特性",它具有鲜明的物理意义,因此使频率法的物理意义清楚,易于理解。

(2) 对于难以用推导方法建立其数学模型的系统(或元件),可以用实验的方法测试出它的数学模型 —— 频率特性。现在已有多种成熟的仪器和方法可以测试系统(或元件)的频率特性,这一点在工程实践上价值很大,特别是对结构复杂或机理不明的对象,频率法提供了一个处理这类问题的有效方法。

(3) 频率法的计算简单,只用很小的计算量和很简单的运算方法,再辅以作图,便可以完成分析与综合的工作。在工程实践中,是一种深受欢迎并得到广泛应用的方法。

(4) 当前已有一套完整便捷的基于频率法的计算机辅助设计软件,可以代替人工完成绝大部分的设计工作。

2. 频率法的缺点和局限性

(1) 频率法只适用于线性定常系统。从原理上讲频率法不能用于非线性系统或时变系统。虽然在研究非线性系统时也借用了频率法的一些思想,但只能在特定条件下解决一些很有局限性的问题(见第七章)。

(2) 频率法在简化运算的过程中,应用了很多近似公式或经验公式,这样,使其所得到的设计结果不十分准确,需要在系统调试过程中做适当的调整。

本章内容主要包括三个方面:一是研究频率法所用的数学模型 —— 频率特性,包括频率特性的定义、表示方法和测试方法;二是利用频率特性分析控制系统的性能,包括稳定性、动态过程和稳态误差的分析计算；三是利用频率特性综合控制系统，设计改善系统性能的校正装置。

5.2 频率特性

5.2.1 正弦信号作用下的稳态输出

利用系统对正弦输入信号的稳态响应来描述系统特性，是一种广泛应用的频域方法。下面分析系统在正弦输入信号作用下，其输出信号与输入信号之间的关系。

设线性定常系统的输入、输出信号分别为 $x(t)$ 和 $y(t)$，系统的传递函数为

$$G(s) = \frac{Y(s)}{X(s)} \tag{5.2.1}$$

在一般情况下，传递函数 $G(s)$ 可以写成如下形式

$$G(s) = \frac{B(s)}{A(s)} = \frac{B(s)}{(s-s_1)(s-s_2)\cdots(s-s_n)} \tag{5.2.2}$$

式中 $A(s) = s^n + a_{n-1}s^{n-1} + \cdots + a_1 s + a_0 = (s-s_1)(s-s_2)\cdots(s-s_n)$

$B(s) = b_m s^m + b_{m-1}s^{m-1} + \cdots + b_1 s + b_0$

式中 $s_1, s_2, \cdots, s_n$—— 系统的极点，可以是实数极点或共轭复数极点；对于稳定的系统，极点 $s_1, s_2, \cdots, s_n$ 都具有负实部。

设输入信号为正弦信号，即

$$x(t) = X\sin \omega t \tag{5.2.3}$$

式中 X—— 正弦信号的振幅；

ω—— 正弦信号的角频率(rad/s)。

$x(t)$ 的拉式变换式为

$$X(s) = \frac{X\omega}{(s+\mathrm{j}\omega)(s-\mathrm{j}\omega)}$$

输出信号 $y(t)$ 的拉氏变换式为

$$Y(s) = G(s)\cdot X(s) = \frac{B(s)}{(s-s_1)(s-s_2)\cdots(s-s_n)}\cdot\frac{X\omega}{(s+\mathrm{j}\omega)(s-\mathrm{j}\omega)}$$

此式可以改写成部分分式之和的形式

$$Y(s) = \frac{d_1}{s+\mathrm{j}\omega} + \frac{d_2}{s-\mathrm{j}\omega} + \frac{c_1}{s-s_1} + \frac{c_2}{s-s_2} + \cdots + \frac{c_n}{s-s_n}$$

式中，$c_1 \sim c_n$ 和 d_1、d_2 为待定常数。

对上式做拉氏反变换，得

$$y(t) = d_1 e^{-\mathrm{j}\omega t} + d_2 e^{\mathrm{j}\omega t} + c_1 e^{s_1 t} + c_2 e^{s_2 t} + \cdots + c_n e^{s_n t} \qquad t \geqslant 0 \tag{5.2.4}$$

对于稳定的系统,极点 $s_1,s_2,\cdots,s_n$ 都具有负实部,所以当 t 趋于无穷大时式(5.2.4)中 $c_1e^{s_1t},c_2e^{s_2t}\cdots,c_ne^{s_nt}$ 各项都趋近于零。于是,系统对正弦输入信号 $x(t)=X\sin\omega t$ 的稳态响应 $y_{ss}(t)$ 为

$$y_{ss}(t)=d_1e^{-j\omega t}+d_2e^{j\omega t} \tag{5.2.5}$$

式中的待定常数 d_1 和 d_2 分别为

$$\begin{aligned} d_1&=G(s)\frac{X\omega}{(s+j\omega)(s-j\omega)}\cdot(s+j\omega)\Big|_{s=-j\omega}=-\frac{G(-j\omega)X}{2j}\\ d_2&=G(s)\frac{X\omega}{(s+j\omega)(s-j\omega)}\cdot(s-j\omega)\Big|_{s=j\omega}=\frac{G(j\omega)X}{2j}\end{aligned} \tag{5.2.6}$$

式中,因为 $G(j\omega)$ 是一个复数,可以将它写成模和幅角的形式

$$G(j\omega)=|G(j\omega)|e^{j\phi}$$

$$\phi=\angle G(j\omega)=\arctan\left[\frac{\mathrm{Im}G(j\omega)}{\mathrm{Re}G(j\omega)}\right]$$

类似地,$G(-j\omega)$ 也可以写成模和幅角的形式

$$G(-j\omega)=|G(-j\omega)|e^{-j\phi}=|G(j\omega)|e^{-j\phi}$$

将上面的结果代入式(5.2.5)中,得到

$$y_{ss}(t)=X|G(j\omega)|\frac{e^{j(\omega t+\phi)}-e^{-j(\omega t+\phi)}}{2j}=X|G(j\omega)|\sin(\omega t+\phi)=Y\sin(\omega t+\phi) \tag{5.2.7}$$

式中 $$Y=X|G(j\omega)|$$

从式(5.2.7)和式(5.2.3)可以看到,一个稳定的线性定常系统,在正弦输入信号的作用下,系统的稳态响应 $y_{ss}(t)$ 是与输入信号同频率的正弦信号;$y_{ss}(t)$ 的幅值是输入信号幅值的 $|G(j\omega)|$ 倍;$y_{ss}(t)$ 相对于 $x(t)$ 的相移为 $\phi=\angle G(j\omega)$。系统稳态响应的幅值和相位都是频率 ω 的函数。

对于不稳定的系统 $s_1,s_2,\cdots,s_n$ 中存在具有正实部的极点,在式(5.2.4)中会出现发散项。这说明式(5.2.4)中的暂态分量会发散,但其稳态分量仍是式(5.2.5)的形式,系统对正弦输入信号的响应中,稳态分量仍是式(5.2.7)。

综上所述,可以得出以下结论:在正弦输入信号 $x(t)=X\sin\omega t$ 的作用下,线性定常系统(或元件)输出信号的稳态分量 $y_{ss}(t)=Y\sin(\omega t+\phi)$ 是与输入信号同频率的正弦信号,其幅值 Y 与输入信号幅值 X 之比 $Y/X=|G(j\omega)|$,是频率 ω 的函数;其相位与输入信号相位之差为 $\phi=\angle G(j\omega)$,也是频率 ω 的函数。

5.2.2 频率特性(频率响应)

从以上分析可以看到,复变量 $G(j\omega)$ 可以反映出系统(或元件)在不同频率的正弦输入信号作用下,输出信号的稳态分量与输入信号之间的关系,并且由 $G(j\omega)$ 可以直接求出输出信

号 $y(t)$ 的稳态分量 $y_{ss}(t) = Y\sin(\omega t + \phi)$

$$\begin{aligned} Y &= |G(j\omega)| X \\ \phi &= \angle G(j\omega) \end{aligned} \tag{5.2.8}$$

由于 $G(j\omega)$ 能够反映出系统(或元件)的性质,所以定义 $G(j\omega)$ 为系统(或元件)的频率特性,又称频率响应。

频率特性是一个复变量,可以由系统(或元件)的传递函数 $G(s)$ 直接求得

$$G(j\omega) = G(s)|_{s=j\omega} = |G(j\omega)| e^{j\phi(\omega)} \tag{5.2.9}$$

频率特性具有以下的性质:

(1) 频率特性是描述线性定常系统的一种数学模型,只有线性定常系统才有频率特性;

(2) 频率特性 $G(j\omega)$ 是一个复变量,它的幅值 $|G(j\omega)|$ 和相角 $\phi(j\omega)$ 都是频率 ω 的函数;

(3) 系统在频率为 ω 的正弦输入信号作用下,频率特性反映了输出信号稳态分量和输入信号的关系

$$|G(j\omega)| = \frac{\text{输出信号稳态分量的幅值}}{\text{输入信号的幅值}}$$

$$\angle G(j\omega) = (\text{输出信号稳态分量的相位} - \text{输入信号的相位})$$

由正弦输入信号与输出信号稳态分量之间的关系,也可以按上式得出频率特性。这是频率特性的另一种定义,同时也提供了一种用实验来测试系统(或元件)频率特性的方法。

(4) 在频率特性中,所用的频率均为角频率 ω,其量纲为:弧度 / 秒(rad/s),由于弧度是无量纲量,所以也可写成 1/s。

(5) 在频率特性中,一般讨论的频率范围是 $\omega \in (0, +\infty)$,在 $\omega < 0$ 时有

$$\begin{aligned} |G(j\omega)| &= |G(-j\omega)| \\ \angle G(j\omega) &= -\angle G(-j\omega) \end{aligned} \tag{5.2.10}$$

或

$$\begin{aligned} \mathrm{Re}[G(j\omega)] &= \mathrm{Re}[G(-j\omega)] \\ \mathrm{Im}[G(j\omega)] &= -\mathrm{Im}[G(-j\omega)] \end{aligned} \tag{5.2.11}$$

(6) 频率特性的另一个定义是:频率特性是输出信号傅里叶变换式与输入信号傅里叶变换式之比。对比拉氏变换和傅里叶变换的定义

$$L[f(t)] = \int_{-\infty}^{+\infty} f(t) e^{-st} dt = F(s)$$

$$F[f(t)] = \int_{-\infty}^{+\infty} f(t) e^{-j\omega t} dt = F(j\omega)$$

可以看到,只要用 $j\omega$ 取代 s,拉氏变换就转化成为傅里叶变换。对于时间函数 $f(t)$ 和它的拉氏变换式 $F(s)$ 有

$$F(s)|_{s=j\omega} = F(j\omega)$$

所以,对于输入为 $x(t)$,输出为 $y(t)$ 的系统,当传递函数为 $G(s)$ 时,有

$$G(s)\mid_{s=\mathrm{j}\omega}=\left.\frac{Y(s)}{X(s)}\right|_{s=\mathrm{j}\omega}=\frac{Y(\mathrm{j}\omega)}{X(\mathrm{j}\omega)}=G(\mathrm{j}\omega) \tag{5.2.12}$$

(7) 频率特性是系统脉冲响应的傅里叶变换式。当输入信号 $x(t)=\delta(t)$ 时，$x(t)$ 的拉氏变换式 $X(s)$ 和傅里叶变换式 $X(\mathrm{j}\omega)$ 都为 1。这时，如果系统的脉冲响应为 $k(t)$，根据式(5.2.12)有

$$G(\mathrm{j}\omega)=Y(\mathrm{j}\omega)=\int_{-\infty}^{+\infty}k(t)\mathrm{e}^{-\mathrm{j}\omega t}\mathrm{d}t$$

频率特性的这一性质提供了一种测试频率特性的方法：令系统(或元件)的输入信号是(或近似是)脉冲信号 $\delta(t)$，记录下系统(或元件)的脉冲响应 $k(t)$，对 $k(t)$ 做傅里叶变换，即得到系统(或元件)的频率特性。

例 5.2.1 设单位反馈系统的方框图如图 5.2.1 所示，若输入信号 $r(t)=\sin 5t$，试求系统的稳态误差。

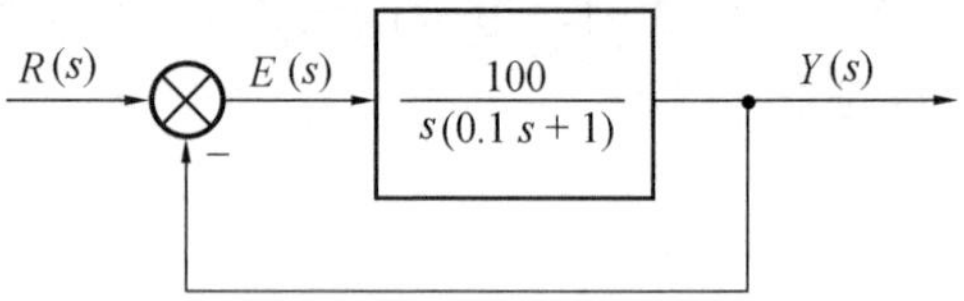

图 5.2.1 单位反馈系统

解 对于单位反馈系统，偏差信号 $e(t)$ 即是系统的误差，$e(t)$ 的稳态分量即是系统的稳态误差。闭环系统的偏差传递函数是

$$\Phi_e(s)=\frac{E(s)}{R(s)}=\frac{s(0.1s+1)}{0.1s^2+s+100}$$

当输入信号 $r(t)$ 是幅值为 1，角频率 $\omega=5$ rad/s，相角为 0 的正弦信号时，输出信号 $e(t)$ 的稳态分量是同频率的正弦信号。$e(t)$ 稳态分量的幅值是

$$E_0=\mid\Phi_e(\mathrm{j}\omega)\mid_{\omega=5}\cdot 1=0.057$$

$e(t)$ 稳态分量的相角是

$$\angle\Phi_e(\mathrm{j}\omega)\mid_{\omega=5}=113.62^{\circ}$$

所以，系统的稳态误差($e(t)$ 稳态分量)是

$$e_{ss}(t)=E_0\sin(5t+\angle\Phi_e(\mathrm{j}5))=0.057\sin(5t+113.6^{\circ})$$

5.2.3 频率特性的几种形式

频率特性 $G(\mathrm{j}\omega)$ 是一个复变函数，它是 ω 的函数。对应于某一个 ω 值，$G(\mathrm{j}\omega)$ 是复数平面上的一个点；对于连续变化的 ω 值，$G(\mathrm{j}\omega)$ 是复数平面上的一条轨迹(曲线)。

频率特性有以下几种表示形式。

1. 极坐标形式的频率特性(Nyquist 图)

将频率特性 $G(\mathrm{j}\omega)$ 写成模和幅角的形式，角频率 ω 从 0 变到 $+\infty$ 时，将 $G(\mathrm{j}\omega)$ 的轨迹画在复数平面中，即是 Nyquist 图。

例 5.2.2 设系统的传递函数是

$$G(s) = \frac{1}{Ts + 1}$$

试画出 Nyquist 图形式的频率特性。

解 根据式(5.2.9)可得

$$G(\mathrm{j}\omega) = G(s)\Big|_{s=\mathrm{j}\omega} = \frac{1}{T\mathrm{j}\omega + 1}$$

$$\begin{cases} |G(\mathrm{j}\omega)| = \left|\dfrac{1}{T\mathrm{j}\omega + 1}\right| = \dfrac{1}{\sqrt{1 + (\omega T)^2}} \\ \phi(\omega) = \angle G(\mathrm{j}\omega) = \angle \dfrac{1}{\mathrm{j}\omega T + 1} = -\arctan\omega T \end{cases} \tag{5.2.13}$$

从式(5.2.13)看到,当 ω 由 0 变到 $+\infty$ 时,幅频特性 $|G(\mathrm{j}\omega)|$ 由 1 变到 0,相频特性 $G(\mathrm{j}\omega)$ 由 $0°$ 变到 $-90°$;当 $\omega = \dfrac{1}{T}$ 时,$|G(\mathrm{j}\omega)| = \dfrac{1}{\sqrt{2}} = 0.707$,$\angle G(\mathrm{j}\omega) = -45°$。

在复数平面上把 ω 由 0 变到 $-\infty$ 时 $G(\mathrm{j}\omega)$ 的频率特性画出来,得到图 5.2.2 中的实线。

可以证明,图 5.2.2 中 $G(\mathrm{j}\omega)$ 的曲线是一个半圆。由图 5.2.2 可以看到,Nyquist 图是复数平面中的一条曲线,是角频率 ω 从 0 变到 $+\infty$ 时 $G(\mathrm{j}\omega)$ 的轨迹。曲线上一些点所对应的 ω 值标注在曲线旁。

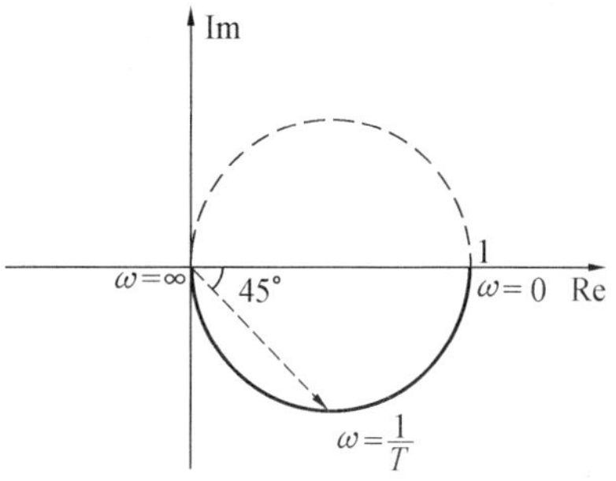

图 5.2.2 极坐标形式的频率特性图

如果需要做出 ω 从 0 到 $-\infty$ 的频率特性,根据式(5.2.10),ω 从 0 变到 $-\infty$ 时,$G(\mathrm{j}\omega)$ 将与 ω 从 0 变到 $+\infty$ 时共轭,所以 $G(-\mathrm{j}\omega)$ 与 $G(\mathrm{j}\omega)$ 是关于实轴对称的,如图中虚线所示。

极坐标图形式的频率特性的一个特点是:如果某一频率特性 $G(\mathrm{j}\omega)$ 乘以一常数 K,则频率特性 $KG(\mathrm{j}\omega)$ 只是原曲线上各点的幅值都增大为 K 倍,而相角不变。

2. 对数频率特性图(Bode 图)

频率特性 $G(\mathrm{j}\omega)$ 中的幅频特性 $|G(\mathrm{j}\omega)|$ 和相频特性 $\phi(\omega) = \angle G(\mathrm{j}\omega)$ 分别是 ω 的函数。对数频率特性(Bode 图)是按以下规律绘制的:

(1) 把幅频特性和相频特性分开画,横坐标为角频率 ω,纵坐标分别是频率特性的幅值和相角,画成两个曲线。

(2) 在画频率特性时,角频率 ω 的变化范围很大,几乎为 $0 \to +\infty$,如果横坐标按线性划分,横坐标将非常长,并且低频段很难画出来。所以横坐标是以 10 为底 ω 的对数为长度划分。例如,某一角频率 ω_1 与它的 10 倍频率 $\omega_2 = 10\omega_1$,在横坐标上的距离为

$$\mu = \lg\omega_2 - \lg\omega_1 = \lg10\omega_1 - \lg\omega_1 = \lg10 + \lg\omega_1 - \lg\omega_1 = 1$$

这样,就定义横坐标上每10倍频程之间的距离为一个单位长度,称做十倍频程(dec)。任意两个角频率 ω_1 和 $\omega_2(\omega_2 > \omega_1)$ 在横坐标轴上的距离为

$$\mu = \lg\omega_2 - \lg\omega_1 \tag{5.2.14}$$

单位是十位频程。

(3) 在对数频率特性的幅频特性中,纵坐标不是直接用 $|G(j\omega)|$,而是用 $L(\omega)$

$$L(\omega) = 20\lg|G(j\omega)| \tag{5.2.15}$$

$L(\omega)$ 的单位是分贝(dB)。用分贝表示的幅频特性称做对数幅频特性。对数幅频特性的优点是若某一幅频特性 $|G(j\omega)|$ 乘以一常数 K 时,有

$$20\lg|KG(j\omega)| = 20\lg K|G(j\omega)| = 20\lg|G(j\omega)| + 20\lg K$$

说明只要将原对数幅频特性向上(或向下)移动 $20\lg K$ dB 即可。

若两个幅频特性相乘时,如 $|G_1(j\omega)|\cdot|G_2(j\omega)|$,则有

$$20\lg[|G_1(j\omega)|\cdot|G_2(j\omega)|] = 20\lg|G_1(j\omega)| + 20\lg|G_2(j\omega)| \tag{5.2.16}$$

说明只要将 $G_1(j\omega)$ 和 $G_2(j\omega)$ 的两条对数幅频特性曲线相加,即可得到 $G_1(j\omega)\cdot G_2(j\omega)$ 的对数幅频特性曲线。

(4) 在对数频率特性中,相频特性曲线的纵坐标是相频特性的角度本身 $\angle G(j\omega)$,一般用度为单位,也可用弧度为单位。

对数频率特性的坐标纸是单对数坐标纸,如图5.2.3所示。

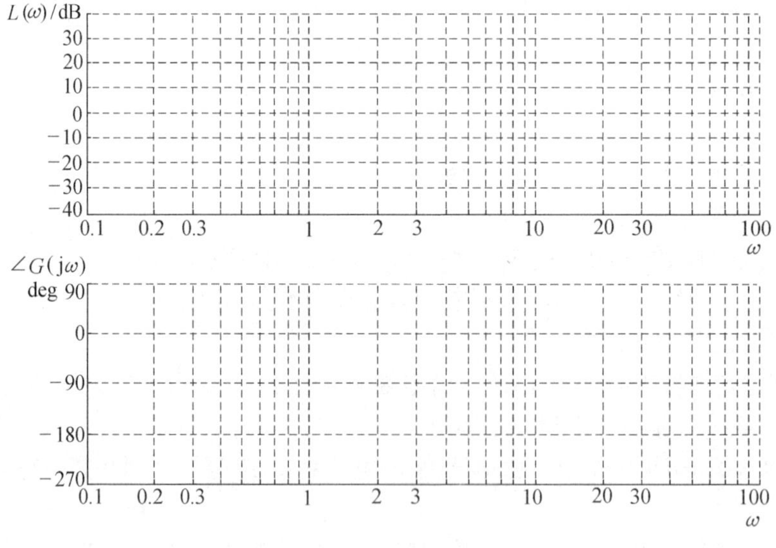

图5.2.3 对数频率特性的坐标

在做对数频率特性时,角频率 ω 不必由0至 $+\infty$,只要做出所感兴趣的频率范围——系统

实际工作的频率范围内的对数频率特性即可。

3. 对数幅相特性图(Nichols 图)

Nichols 图采用直角坐标系,纵坐标表示对数幅频特性,单位为分贝(dB),即 $20\lg|G(j\omega)|$;横坐标表示相频特性,单位为度或弧度,即 $\angle G(j\omega)$。当 ω 由 0 到 $+\infty$ 变化时,在 Nichols 图中画出一条频率特性曲线,曲线上各点的参变量的值标在该点旁,见图 5.2.4。

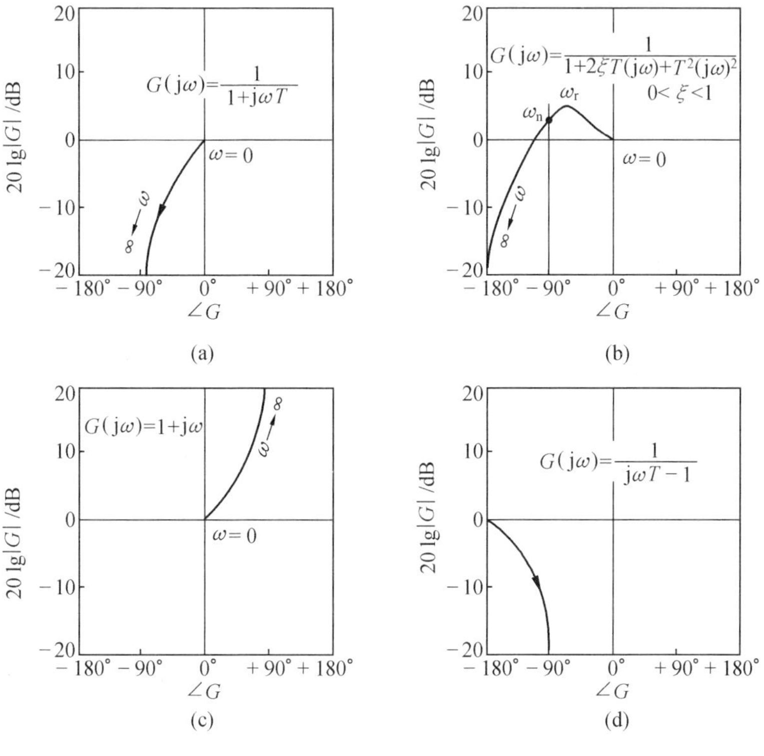

图 5.2.4 一些环节的 Nichols 图

Nichols 图多用于控制系统的校正。

5.2.4 典型环节的频率特性

一个复杂的控制系统可以看做是一些基本单元组成的,这些基本单元称做典型环节。绘制和研究典型环节的频率特性,便可以进一步绘制和研究复杂控制系统的频率特性,并对控制系统进行分析与综合。

1. 放大环节(比例环节)

放大环节的传递函数和频率特性是

$$G(s)=K \qquad G(j\omega)=K$$

其幅频特性和相频特性分别是

$$|G(j\omega)| = K$$

$$\angle G(j\omega) = 0$$

它的 Nyquist 图是实轴上的一个点，到原点的距离为 K，见图 5.2.5。

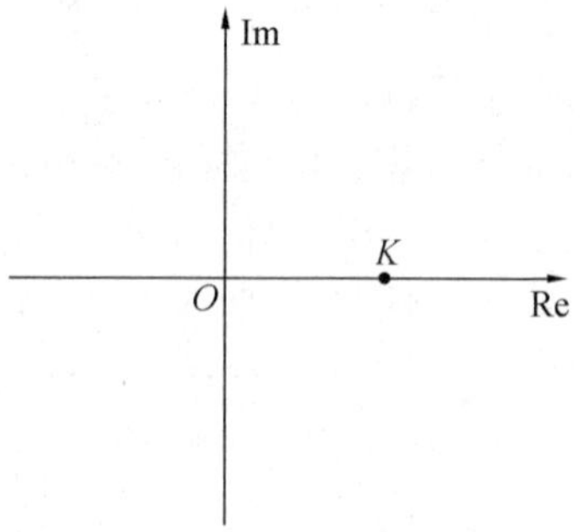

图 5.2.5　放大环节的 Nyquist 图

放大环节的对数频率特性是

$$L(\omega) = 20\lg|G(j\omega)| = 20\lg K$$

$$\angle G(j\omega) = 0° \tag{5.2.17}$$

在 Bode 图中，对数幅频特性和对数相频特性分别是高度为 $20\lg K$ 和 0° 的直线，见图 5.2.6。

2. 积分环节

积分环节的传递函数和频率特性是

$$G(s) = \frac{1}{s} \qquad G(j\omega) = \frac{1}{j\omega}$$

其幅频特性和相频特性分别是

$$|G(j\omega)| = \frac{1}{\omega}$$

$$\angle G(j\omega) = -90° \quad (\text{或} -\frac{\pi}{2})$$

它在 Nyquist 图中与负虚轴重合，当 ω 由 $0 \to +\infty$ 时，幅值由 $\infty \to 0$，见图 5.2.7。

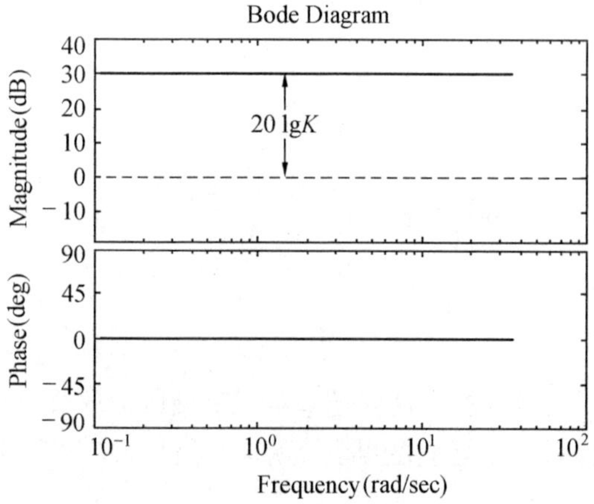

图 5.2.6　放大环节的 Bode 图

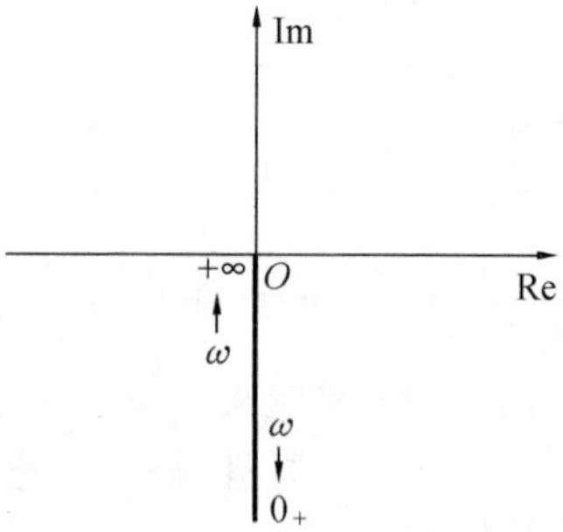

图 5.2.7　积分环节的 Nyquist 图

由于不能在 Nyquist 图中画出幅值为 ∞ 的点，所以积分环节的 Nyquist 图中 ω 不是由 0 开始，而是由一个正的无穷小量开始，记为 $\omega = 0_+ \to \infty$。

积分环节的对数幅频特性和对数相频特性分别为

$$L(\omega) = 20\lg|G(j\omega)| = 20\lg\frac{1}{\omega} = -20\lg\omega$$

$$\angle G(j\omega) = -90° \tag{5.2.18}$$

可以看到若有 $\omega_2 = 10\omega_1$ 时，在 ω_2 和 ω_1 两处幅频特性之差为

$$L(\omega_2) - L(\omega_1) = -20\lg\omega_2 + 20\lg\omega_1 = -20\lg10\omega_1 + 20\lg\omega_1 = -20\ \text{dB}$$

说明对数幅频特性每十倍频程下降 20 dB。当 $\omega = 1$ 时，$L(\omega) = 0$ dB，因此，积分环节的 Bode 图中，对数幅频特性是通过 $\omega = 1$，$L(1) = 0$ dB 点，斜率为 -20 dB/ 十倍频程的直线；对数相频特性是 $-90°$ 的水平线，见图 5.2.8。

3. 惯性环节

惯性环节的传递函数和频率特性分别是

$$G(s) = \frac{1}{Ts+1} \qquad G(j\omega) = \frac{1}{1+j\omega T}$$

其幅频特性和相频特性分别是

$$|G(j\omega)| = \frac{1}{\sqrt{\omega^2T^2+1}}$$

$$\angle G(j\omega) = -\arctan T\omega$$

从此式可以看出，当 ω 由 $0\to+\infty$ 时，惯性环节的幅频特性由 1 衰减到 0，在 $\omega = \frac{1}{T}$ 处幅值为 $1/\sqrt{2}$；相频特性由 0° 变到 $-90°$，在 $\omega = \frac{1}{T}$ 处相角为 $-45°$。可以证明，在 Nyquist 图中，惯性环节的频率特性是在第四象限中，以 (0.5, j0) 为圆心，以 0.5 为半径的半圆。惯性环节的 Nyquist 图见图 5.2.9。

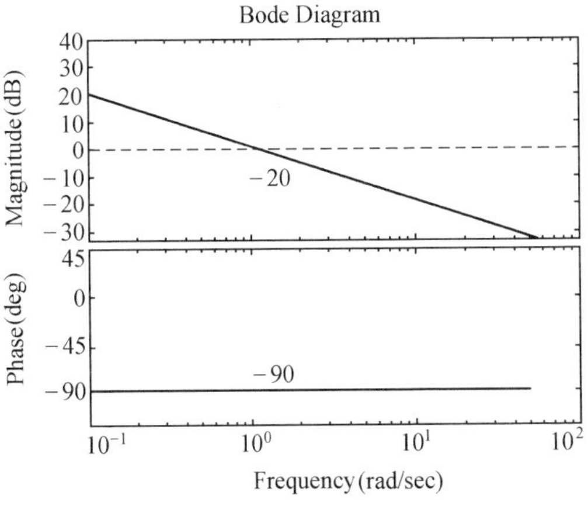

图 5.2.8 积分环节的 Bode 图

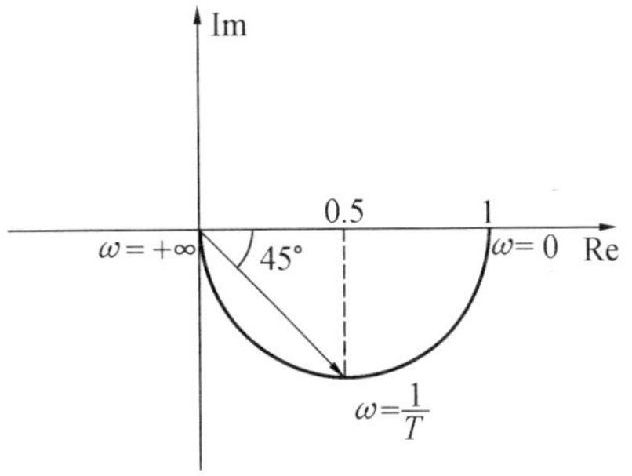

图 5.2.9 惯性环节的 Nyquist 图

惯性环节的对数幅频特性和对数相频特性分别是

$$L(\omega) = 20\lg|G(\mathrm{j}\omega)| = -20\lg\sqrt{T^2\omega^2+1}$$

$$\angle G(\mathrm{j}\omega) = -\arctan\omega T \qquad (5.2.19)$$

逐点做出惯性环节的 Bode 图如图 5.2.10 中虚线所示。

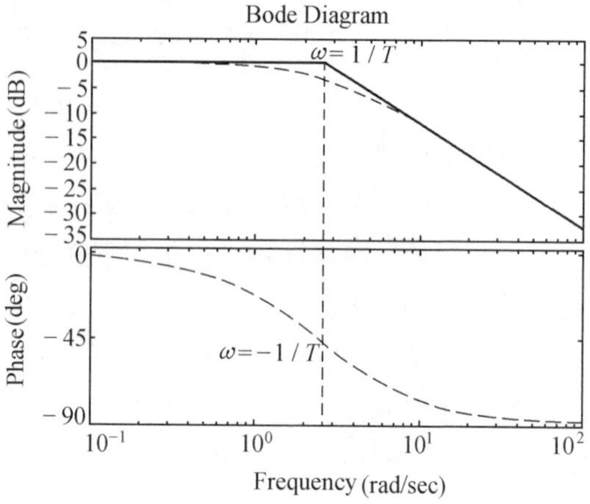

图 5.2.10　惯性环节的 Bode 图

不难看出，惯性环节的对数幅频特性近似于一个折线，在精度要求不高的情况下，可以用折线来代替。

根据式(5.2.19)，惯性环节的对数幅频特性在 $\omega \ll \frac{1}{T}$ 的低频区，可以近似为

$$L(\omega)/\mathrm{dB} = -20\lg\sqrt{T^2\omega^2+1} \approx 0$$

这说明，在 $\omega \ll \frac{1}{T}$ 的频段内，对数幅频特性是与横轴重合的直线；而在 $\omega \gg \frac{1}{T}$ 的频段内，惯性环节的对数幅频特性可以近似为

$$L(\omega)/\mathrm{dB} = -20\lg\sqrt{T^2\omega^2+1} \approx -20\lg T\omega$$

这是一条在 $\omega = \frac{1}{T}$ 处穿越横轴，斜率为 -20 dB/dec 的直线。不难看出，上述两条直线在 $(\omega = \frac{1}{T}, L = 0\ \mathrm{dB})$ 处相交。由这两条相交直线构成的折线是惯性环节的近似对数幅频特性，称做该环节的渐近特性，如图 5.2.10 中实线所示。图中 $\omega = \frac{1}{T}$ 称做转折频率或交接频率，是绘制渐近特性的重要参数。

渐近幅频特性是一种近似特性。从绘制渐近幅频特性的条件 $\omega \ll \frac{1}{T}$ 和 $\omega \gg \frac{1}{T}$ 来看，在转折频率 $\omega = \frac{1}{T}$ 附近，精确的对数幅频特性与渐近对数幅频特性之间的误差比较明显，见图 5.2.10。在转折频率 $\omega = \frac{1}{T}$ 处二者的误差最大，其值为

$$-20\lg\sqrt{1+T^2\omega^2}\Big|_{\omega=\frac{1}{T}} - (-20\lg\omega T)\Big|_{\omega=\frac{1}{T}} = -20\lg\sqrt{2} = -3\ \mathrm{dB}$$

在 $\omega = 0.1\frac{1}{T} \sim 10\frac{1}{T}$ 区间内的误差见表 5.2.1。

表 5.2.1　惯性环节渐近幅频特性修正表

$\omega/(1/T)$	0.1	0.25	0.4	0.5	1.0	2.0	2.5	4.0	10
误差 /dB	−0.04	−0.26	−0.65	−1.0	−3.01	−1.0	−0.65	−0.26	−0.04

在 $\omega=0.1\frac{1}{T}$ 和 $\omega=10\frac{1}{T}$ 处精确特性和渐近特性之间的误差都是 0.04 dB，在频段 $\left[0.1\frac{1}{T},10\frac{1}{T}\right]$ 以外误差更小。所以，在画出渐近特性后，如果需要精确的对数幅频特性，只要在转折频率附近高、低各十倍频程范围内按表 5.2.1 进行修正即可。

惯性环节的对数相频特性见图 5.2.10。这是一条由 0° 向 -90° 变化的连续曲线，在 $\omega=\frac{1}{T}$ 处其值为 -45°。在频段 $\left[0.1\frac{1}{T},10\frac{1}{T}\right]$ 内相频特性各点的值见表 5.2.2。

由表 5.2.2 看到，在 $\omega<0.1\frac{1}{T}$ 和 $\omega>10\frac{1}{T}$ 频段内，可以近似地认为惯性环节的相频特性分别为 0° 和 -90°。

表 5.2.2 惯性环节相移计算表

$\omega/(1/T)$	0.1	0.25	0.4	0.5	1.0	2.0	2.5	4.0	10
相移 /(°)	-5.7	-14.1	-21.8	-26.6	-45	-63.4	-68.2	-75.9	-84.3

4. 振荡环节

振荡环节的传递函数为

$$G(s)=\frac{1}{T^2s^2+2\zeta Ts+1}\qquad 0<\zeta<1$$

式中 T—— 振荡环节的时间常数；

ζ—— 振荡环节的阻尼比。

由传递函数求得振荡环节的幅频特性和相频特性分别为

$$|G(j\omega)|=\frac{1}{\sqrt{(1-T^2\omega^2)^2+(2\zeta\omega T)^2}}$$

$$\angle G(j\omega)=-\arctan\frac{2\zeta T\omega}{1-T^2\omega^2}\qquad(5.2.20)$$

由式(5.2.20)可以看到，当 $\omega=0$ 时，$|G(j\omega)|=1$，$\angle G(j\omega)=0°$；当 $\omega=\frac{1}{T}$ 时，$|G(j\omega)|=\frac{1}{2\zeta}$，$\angle G(j\omega)=-90°$；当 $\omega\to+\infty$ 时，$|G(j\omega)|\to 0$，$\angle G(j\omega)\to-180°$。按式(5.2.20)做出不同 ζ 值的 Nyquist 图，如图 5.2.11 所示。

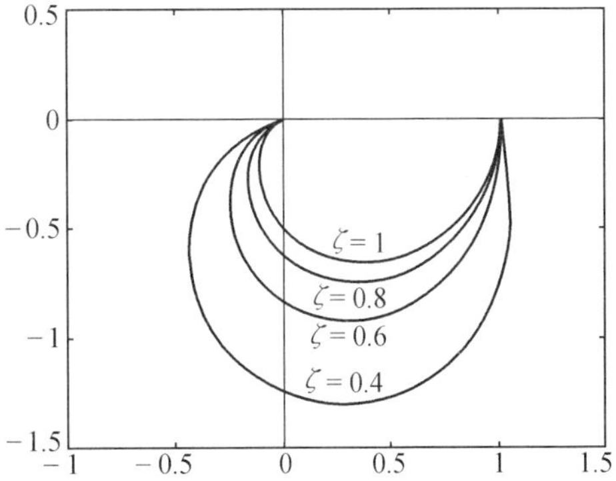

图 5.2.11 振荡环节的 Nyquist 图

在振荡环节的 Nyquist 图中，当 $\zeta<\frac{1}{2}$ 时，随着 ζ 值的减小，频率特性的幅值会出现很大的峰值，即出现谐振现象。产生谐振峰处的频率称

做谐振频率 ω_r。谐振频率 ω_r 和谐振峰值 $|G(j\omega_r)|$ 可以由

$$\frac{d|G(j\omega)|}{d\omega} = 0$$

分别求得

$$\omega_r = \frac{1}{T}\sqrt{1-2\zeta^2} = \omega_n\sqrt{1-2\zeta^2}$$

$$|G(j\omega)|_{\max} = |G(j\omega_r)| = \frac{1}{2\zeta\sqrt{1-\zeta^2}} \tag{5.2.21}$$

振荡环节的对数幅值特性和对数相频特性为

$$L(\omega) = 20\lg\frac{1}{(1-T^2\omega^2)^2+(2\zeta T\omega)^2} = -20\lg\sqrt{(1-T^2\omega^2)^2+(2\zeta T\omega)^2}$$

$$\angle G(j\omega) = -\arctan\frac{2\zeta T\omega}{1-T^2\omega^2} \tag{5.2.22}$$

不同 ζ 值的振荡环节的 Bode 图如图 5.2.12 所示。

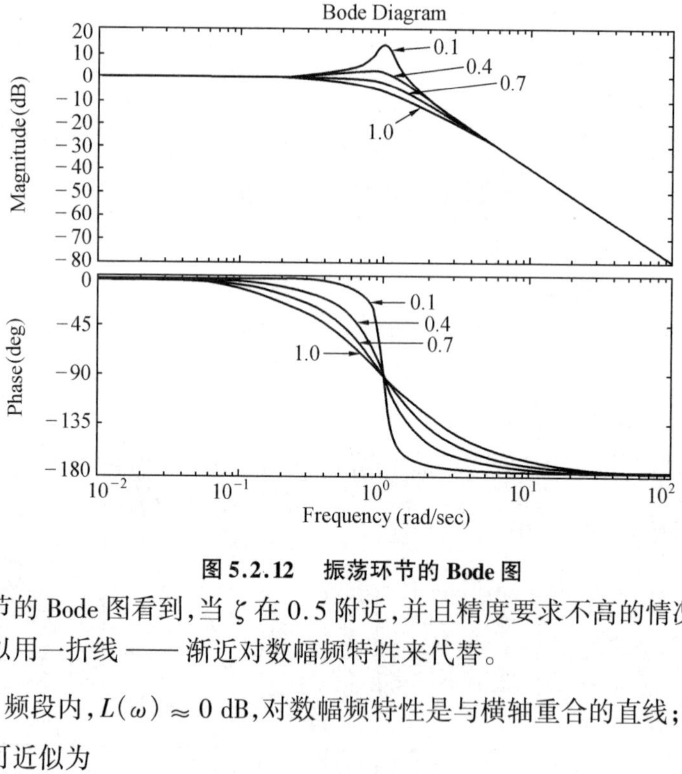

图 5.2.12　振荡环节的 Bode 图

由振荡环节的 Bode 图看到，当 ζ 在 0.5 附近，并且精度要求不高的情况下，振荡环节的对数幅频特性可以用一折线 —— 渐近对数幅频特性来代替。

在 $\omega \gg \frac{1}{T}$ 频段内，$L(\omega) \approx 0$ dB，对数幅频特性是与横轴重合的直线；在 $\omega \gg \frac{1}{T}$ 频段内，对数幅值特性可近似为

$$L(\omega)/\text{dB} \approx -20\lg\sqrt{(T^2\omega^2)^2} = -40\lg T\omega$$

此式表示一条在 $\omega = \frac{1}{T}$ 处穿过横轴，斜率为 -40 dB/dec 的直线。上述两条直线在横轴上 $\omega = \frac{1}{T}$ 处相交，从而构成转折频率为 $\frac{1}{T}$ 的折线，成为振荡环节的渐近频率特性。如图 5.2.12 的实线所示。

对于不同的阻尼比 ζ，在转折频率 $\frac{1}{T}$ 处，振荡环节精确特性与渐近特性之间的差如表 5.2.3 所示。

表 5.2.3 振荡环节渐近幅频特性修正表

ζ	0.05	0.1	0.15	0.2	0.25	0.3	0.4	0.5	0.6	0.7	0.8	1.0
修正值 /dB	+20	+14	+10.5	+8	+6	+4.4	+1.94	0	−1.6	−2.92	−4	−6

当 $\zeta < 0.3$ 或 $\zeta > 0.8$，在做较精确计算时，要对渐近对数幅频特性进行修正。使用计算机可以很方便地画出精确的 Bode 图，因此没有必要用手工计算来修正渐近对数幅频特性。

振荡环节的对数相频特性如式(5.2.22)所示。当角频率 $\omega = 0 \to +\infty$ 时，振荡环节的相角变化为 $0° \to -180°$，在转折频率 $\omega = \frac{1}{T}$ 处的相角等于 $-90°$，见图 5.2.12。阻尼比越小，对数相频特性在转折频率 $\omega = \frac{1}{T}$ 处的变化越陡。

5. 一阶微分环节

一阶微分环节的传递函数是

$$G(s) = \tau s + 1$$

式中 τ—— 时间常数，量纲为秒。

由传递函数求得一阶微分环节的幅频特性和相频特性分别为

$$|G(j\omega)| = \sqrt{1 + \tau^2\omega^2}$$
$$\angle G(j\omega) = \arctan \tau\omega$$

当 $\omega = 0 \to +\infty$ 时，幅频特性由 1 变到 $+\infty$，相频特性由 $0°$ 变到 $90°$。由此可以做出一阶微分环节的 Nyquist 图，见图 5.2.13。

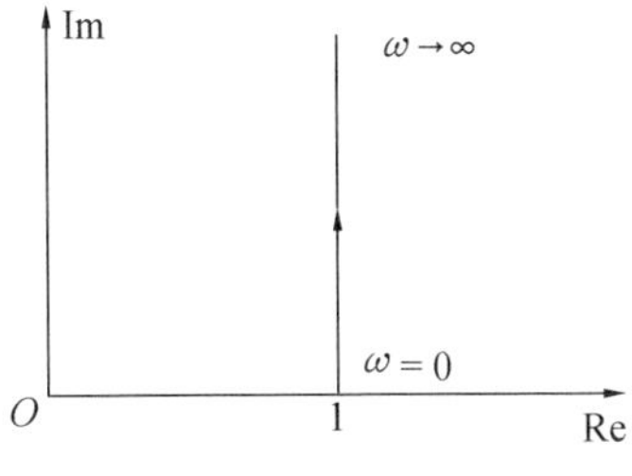

图5.2.13 一阶微分环节的 Nyquist 图

一阶微分环节的对数频率特性是

$$L(\omega)/\text{dB} = 20\lg\sqrt{1 + \tau^2\omega^2}$$
$$\angle G(\omega) = \arctan\tau\omega \tag{5.2.23}$$

一阶微分环节的 Bode 图如图 5.2.14 中实线所示。一阶微分环节的对数幅频特性也可做成渐近对数幅频特性。当 $\omega \ll \frac{1}{\tau}$ 时，$L(\omega) \approx 0$ dB，是与横轴重合的直线；当 $\omega \gg \frac{1}{\tau}$ 时，$L(\omega) \approx 20\lg \tau\omega$，是在 $\omega = \frac{1}{\tau}$ 处与横轴相交，斜率为 + 20 dB/dec 的直线。两直线构成转折频率为 $\frac{1}{\tau}$ 的折线，成为一阶微分环节的渐近频率特性，见图 5.2.14。

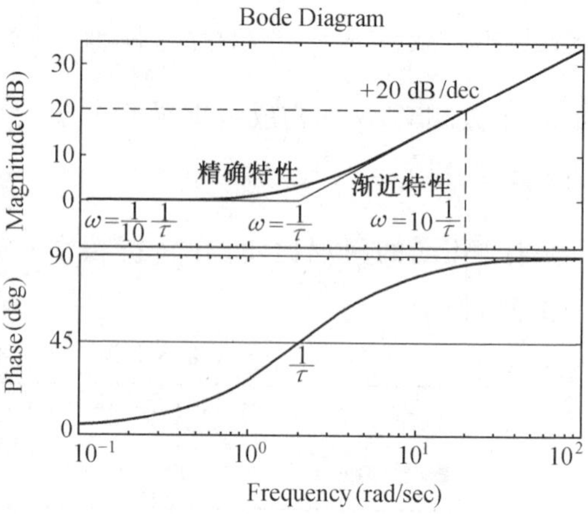

图 5.2.14　一阶微分环节的 Bode 图

一阶微分环节的对数相频特性如式(5.2.23)。当角频率 $\omega = 0 \to +\infty$ 时，一阶微分环节的相角变化为 $0° \to +90°$，在转折频率 $\omega = \frac{1}{\tau}$ 处的相角等于 $+45°$，见图 5.2.14。一阶微分环节的对数幅频特性、对数相频特性分别与惯性环节的对数幅频特性、对数相频特性是关于横轴对称的。

6. 二阶微分环节

二阶微分环节的传递函数是

$$G(s) = \tau^2 s^2 + 2\zeta\tau s + 1$$

式中　τ—— 时间常数，量纲为秒；

　　　ζ—— 阻尼比。

由传递函数求得二阶微分环节的幅频特性与相频特性分别为

$$|G(j\omega)| = \sqrt{(1 - \tau^2\omega^2)^2 + (2\zeta\tau\omega)^2}$$

$$\angle G(j\omega) = \arctan \frac{2\zeta\tau\omega}{1 - \tau^2\omega^2}$$

当 $\omega = 0$ 时，$\angle G(j\omega) = 0°$，$|G(j\omega)| = 1$；当 $\omega = \frac{1}{\tau}$ 时，$\angle G(j\omega) = +90°$，$|G(j\omega)| = 2\zeta$；当 $\omega = +\infty$ 时，$\angle G(j\omega) \to 180°$，$|G(j\omega)| \to +\infty$。由此可作出不同 ζ 值的二阶微分环节的 Nyquist 图，见图 5.2.15。

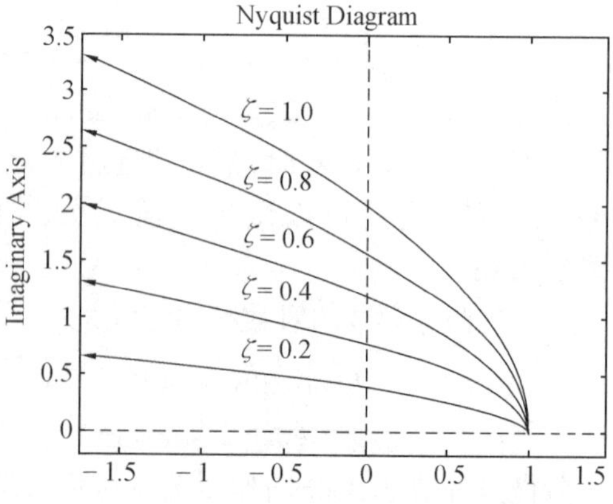

图 5.2.15　二阶微分环节的 Nyquist 图

二阶微分环节的对数幅频特性和对数相频特性为

$$L(\omega) = 20\lg \sqrt{(1 - \tau^2\omega^2) + (2\zeta\tau\omega)^2}$$

$$\angle G(j\omega) = \arctan \frac{2\zeta\tau\omega}{1 - \tau^2\omega^2} \qquad (5.2.24)$$

其 Bode 图绘于图 5.2.16。

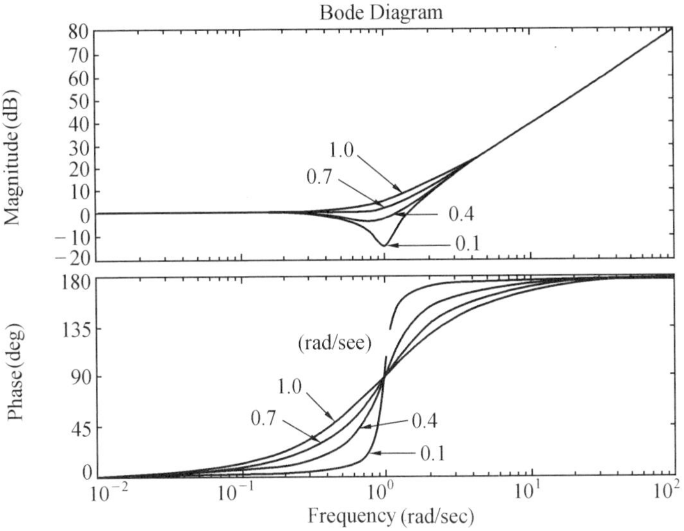

图 5.2.16 二阶微分环节的 Bode 图

二阶微分环节的 Bode 图中渐近幅频特性由以($\omega = \dfrac{1}{\tau}$, $L(\omega) = 0$ dB) 为转折点,斜率为 0 dB/dec 和 + 40 dB/dec 的两段折线构成。

如果有 $\zeta < 0.3$ 或 $\zeta > 0.8$ 时,在转折点处对数幅频渐近特性与精确对数幅频特性有较大误差,可做适当的修正。修正值参见表 5.2.3,只要将表中的修正值改变符号即可。

二阶微分环节的对数相频特性如式(5.2.24)所示。当角频率 $\omega = 0 \to +\infty$ 时,二阶微分环节的相角变化为 $0° \to +180°$,在转折频率 $\omega = \dfrac{1}{\tau}$ 处的相角等于 $+90°$,见图 5.2.16。

二阶微分环节的对数幅频特性、对数相频特性分别与振荡环节的对数幅频特性、对数相频特性关于横轴对称的。

7. 时滞环节

时滞环节的传递函数是

$$G(s) = e^{-\tau s}$$

其幅频特性为常数 1,相频特性为 $-\tau\omega$,单位为弧度。

时滞环节的 Nyquist 图和 Bode 图分别为图 5.2.17 和图 5.2.18 所示。

8. 非最小相位环节

在传递函数中,如果存在正实部(即在复数平面的右半平面)的零点或极点,则该环节称做非最小相位环节,含有非最小相位环节的系统称做非最小相位系统;与之相反,传递函数的零点与极点全部具有负实部的系统,称为最小相位系统。

对于非最小相位环节,应按定义分别求出其幅频特性和相频特性,然后即可做出 Nyquist

图和 Bode 图。下面以一个一阶非最小相位环节为例，说明非最小相位环节 Nyquist 图和 Bode 图的做法。

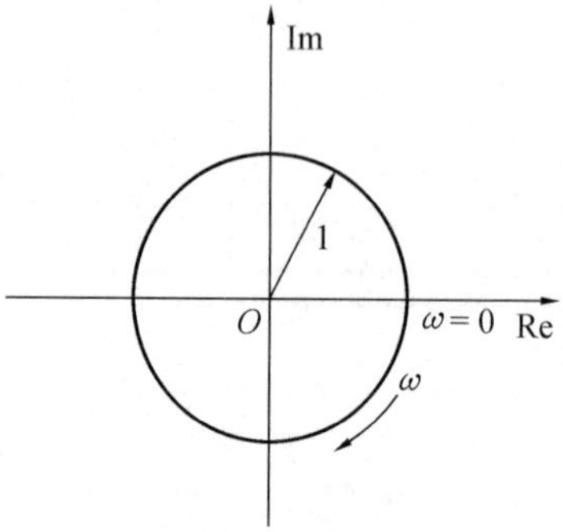

图 5.2.17　时滞环节的 Nyquist 图

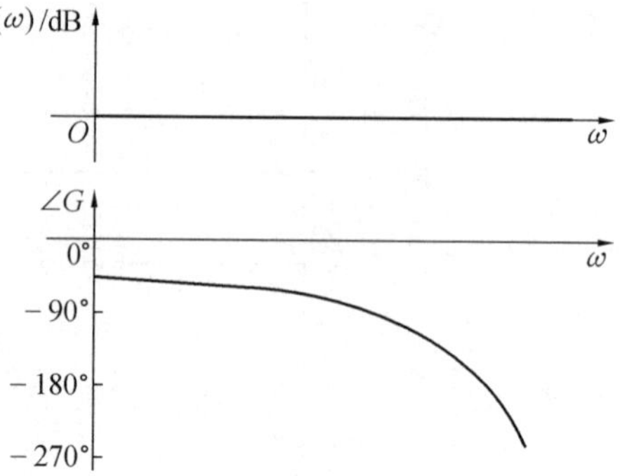

图 5.2.18　时滞环节的 Bode 图

其传递函数为

$$G(s) = \frac{K}{Ts - 1}$$

幅频特性和相频特性分别为

$$|G(j\omega)| = \frac{K}{\sqrt{T^2\omega^2 + 1}}$$

$$\angle G(j\omega) = -180^\circ + \arctan \omega T$$

当 $\omega = 0$ 时，$|G(j\omega)| = 20\lg K$，$\angle G(j\omega) = -180^\circ$；当 $\omega \to +\infty$ 时，$|G(j\omega)| \to 0$，$\angle G(j\omega) = -90^\circ$。Nyquist 图如图 5.2.19 所示。

该一阶非最小相位环节的 Bode 图见图5.2.20。

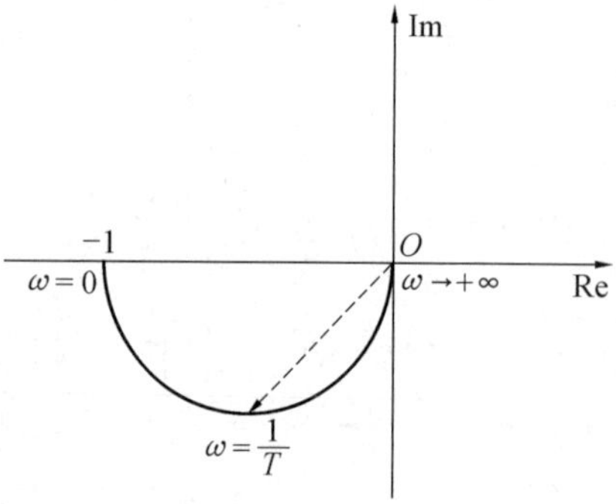

图 5.2.19　一阶非最小相位环节的 Nyquist 图

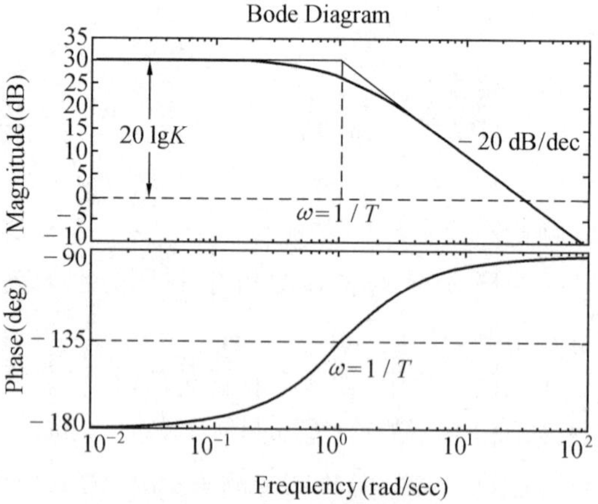

图 5.2.20　一阶非最小相位环节的 Bode 图

在做非最小相位系统的频率特性时应注意:

(1) 应注意实部和虚部的符号,从而确定相角所在的象限。例如传递函数为 $G(s)=\dfrac{1}{Ts-1}$,其相频特性为

$$\angle G(j\omega)=-180^\circ-\arctan\omega T$$

$\arctan\left(\dfrac{T\omega}{-1}\right)$是第二象限的角($+180^\circ\rightarrow+90^\circ$),所以$\angle G(j\omega)=-\arctan\left(\dfrac{T\omega}{-1}\right)$是第三象限中的角($-180^\circ\rightarrow-90^\circ$)。

若传递函数为 $G(s)=\dfrac{1}{-Ts+1}$,其相频特性为

$$\angle G(j\omega)=-\arctan\frac{-T\omega}{1}$$

$\arctan\left(\dfrac{-T\omega}{1}\right)$是第四象限的角($0^\circ\rightarrow-90^\circ$),所以$\angle G(j\omega)=-\arctan\left(\dfrac{-T\omega}{1}\right)$是第一象限的角($0^\circ\rightarrow+90^\circ$)。以上两种情况的相角是不同的。

(2) 由图 5.2.20 看出一阶非最小相位环节与最小相位的一阶惯性环节的幅频特性是相同的,但相频特性不同,并且非最小相位环节的相移大于最小相位环节的相移。对于其他环节也有同样的情况:具有相同幅频特性的最小相位环节(系统)和非最小相位环节(系统),前者的相移最小。

5.3 控制系统的频率特性

在绘制各个典型环节频率特性的基础上,可以绘制控制系统的频率特性。

5.3.1 控制系统开环频率特性的 Nyquist 图

一个控制系统的开环传递函数可以写成典型环节形式,即分解成一系列典型环节的连乘积。例如,一开环传递函数的典型环节形式为

$$G(s)=\frac{K(\tau s+1)}{s(T_1s+1)(T_2^2s^2+2\zeta T_2s+1)}$$

可以将该开环传递函数分解成以下典型环节的连乘积:

放大环节 $G_1(s)=K$

一阶微分环节 $G_2(s)=\tau s+1$

积分环节 $G_3(s)=\dfrac{1}{s}$

惯性环节 $$G_4(s) = \frac{1}{T_1 s + 1}$$

振荡环节 $$G_5(s) = \frac{1}{T_2^2 s^2 + 2\zeta T_2 s + 1}$$

当几个环节串联时,其传递函数相乘。若

$$G(\mathrm{j}\omega) = G_1(\mathrm{j}\omega) \cdot G_2(\mathrm{j}\omega) \cdot G_3(\mathrm{j}\omega)\cdots$$

则

$$|G(\mathrm{j}\omega)| = |G_1(\mathrm{j}\omega)| \cdot |G_2(\mathrm{j}\omega)| \cdots$$
$$\angle G(\mathrm{j}\omega) = \angle G_1(\mathrm{j}\omega) + \angle G_2(\mathrm{j}\omega) + \cdots \tag{5.3.1}$$

即,对于串联环节,各环节幅频特性相乘,各环节相频特性相加,即得到整体的幅频特性与相频特性。

根据这一结论,可以得出绘制系统开环频率特性 Nyquist 图的基本方法。绘制由最小相位环节构成的最小相位系统开环频率特性 Nyquist 图的方法如下:

(1) 当 $\omega = 0$ 时,放大环节、惯性环节、振荡环节、一阶微分环节、二阶微分环节的幅角均为 0°,只有每个积分环节当 $\omega = 0_+$ 时,幅角为 -90°,所以当系统的开环传递函数中含有 v 个串联积分环节时,开环频率特性的 Nyquist 图是由 $\omega = 0_+$ 开始,起始处的幅角为 $v \cdot (-90°)$。

(2) 当 $\omega = 0$ 时,放大环节的幅值为 K,积分环节在 $\omega = 0_+$ 时的幅值为 ∞,其余各环节的幅值均为 1,所以,开环幅频特性的幅值是:无积分环节 $\omega = 0$ 时的幅值为 K;有积分环节 $\omega = 0_+$ 时幅值为 ∞。

(3) 当 $\omega \to +\infty$ 时,由各最小相位典型环节的 Nyquist 图看到,每个惯性环节、积分环节、振荡环节曲线的切线方向为其阶数乘(-90°),每个一阶微分环节、二阶微分环节的曲线的切线方向为其阶数乘(+90°),所以,当 $\omega \to \infty$ 时,开环频率特性 Nyquist 图中曲线的切线方向是 $(n-m) \cdot (-90°)$,其中 m 是分子的阶次,n 是分母的阶次,一般 $n > m$。

(4) 当 $\omega \to \infty$ 时,除放大环节外,其余各最小相位环节的幅值均为 0,所以当 $\omega \to \infty$ 时,开环 Nyquist 曲线沿 $(n-m) \cdot (-90°)$ 的方向趋向原点。

例 5.3.1 控制系统的开环传递函数为

$$G(s) = \frac{2(s+1)}{s(0.5s+1)(0.8s^2+0.9s+1)}$$

试绘制该系统的开环 Nyquist 图的大致图形。

解 该系统的开环传递函数有一个积分环节,所以当 $\omega = 0_+$ 时,频率特性幅值为 ∞,相角为 -90°;当 $\omega \to +\infty$ 时,由于 $n = 4$, $m = 1$,Nyquist 曲线沿 $(n-m) \cdot (-90°) = -270°$ 方向趋向原点。Nyquist 图的大致图形如图 5.3.1 所示。

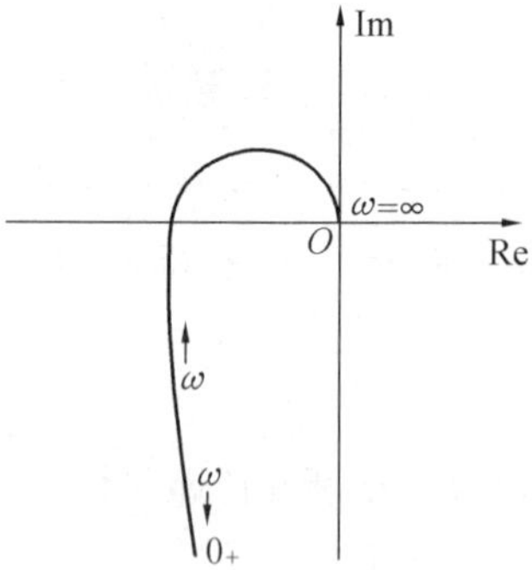

图 5.3.1 Nyquist 图

5.3.2　控制系统开环频率特性的 Bode 图

当控制系统的开环传递函数是由若干个最小相位典型环节串联而成时，由式(5.3.1)可得其对数幅频特性为

$$20\lg|G(j\omega)| = 20\lg|G_1(j\omega)| + 20\lg|G_2(j\omega)| + \cdots = L_1(\omega) + L_2(\omega) + \cdots$$

其对数相频特性仍如式(5.3.1)所示。这样，就可以得出结论：开环系统的对数幅频特性与对数相频特性分别是各个串联环节的对数幅频特性之和与对数相频特性之和。在做出各环节的 Bode 图后，只要将各幅频特性曲线和各相频特性曲线分别相加，就得到了开环系统的 Bode 图。如果绘出各环节的渐近对数幅频特性，相加就更为容易了。

例 5.3.2　控制系统的开环传递函数是

$$G(s) = \frac{K}{s(Ts+1)}$$

试绘制系统的开环 Bode 图。

解　该开环传递函数由一个放大环节、一个积分环节和一个惯性环节串联而成。分别作出各环节的 Bode 图，如图 5.3.2 中(1)、(2)和(3)三条幅频特性曲线和三条相频特性曲线分别相加，得到曲线(4)即系统的开环 Bode 图。

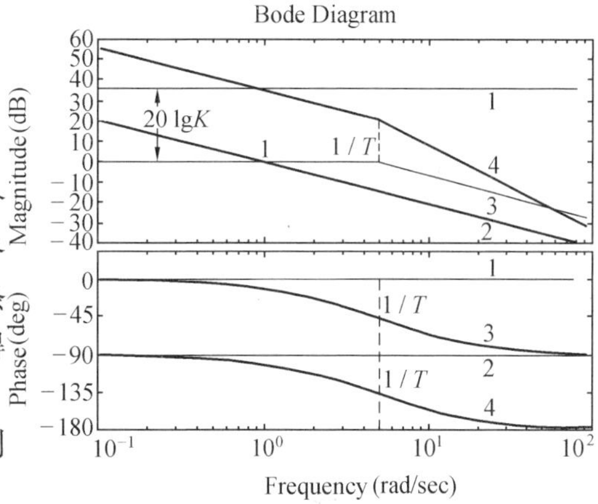

图 5.3.2　开环系统 Bode 图

绘制系统开环 Bode 图的渐近特性，可按下列步骤进行：

(1) 将开环传递函数写成典型环节形式。

(2) 将所有惯性环节、振荡环节、一阶微分环节、二阶微分环节的时间常数由大到小排列，每个时间常数的倒数对应一个渐近幅频特性的转折频率，各转折折点频率由小到大排列。

(3) 在幅频特性的最左段，即最低频段，只有放大环节和积分环节的对数幅频特性不为零，其他环节的对数幅频特性均为 0 dB。所以，该段幅频特性取决于 K/s^v，对数幅频特性的最低频段(或其延长线)是通过点($\omega = 1, L(\omega) = 20\lg K$)，斜率为 $v\cdot(-20\ \text{dB/dec})$ 的直线。其中 v 是串联积分环节的数目。

(4) 系统开环对数幅频渐近特性是一连续的折线，在每个折点处斜率发生变化，自左向右斜率变化的增量视该折点所对应典型环节的种类而定。斜率变化的增量如下：

惯性环节	−20 dB/dec
振荡环节	−40 dB/dec
一阶微分环节	+20 dB/dec
二阶微分环节	+40 dB/dec

按此规律即可自左向右，自低频向高频按照折点频率和相应的斜率，逐段画出各段折线，得到系统开环对数幅频渐近特性。

(5) 对数幅频渐近特性的最高频段的斜率是$(n-m)(-20\ \text{dB/dec})$。

(6) 如有阻尼比ζ小于0.3或大于0.8的振荡环节或二阶微分环节时，应在该环节对应的折点附近对渐近特性做适当修正，修正量参见表5.2.3。

(7) 系统的开环对数相频特性是一条连续、光滑、渐变的曲线。开环对数相频特性最低频段的相角是$v\cdot(-90°)$。

(8) 对数幅频特性的每一个折点对应于相频特性的一个连续、光滑、渐变的过渡，过渡前后(自左向右)相角变化的增量视该折点所对应的典型环节的种类而定。相角变化的增量如下：

惯性环节	$-90°$
振荡环节	$-180°$
一阶微分环节	$+90°$
二阶微分环节	$+180°$

按此规律即可自左向右，自低频向高频逐段画出对数相频特性的连续、光滑、渐变的曲线。

(9) 相频特性最右段(最高频段)的相角是$(n-m)(-90°)$，其中m和n分别是开环传递函数分子和分母的阶数。

(10) 在系统的开环传递函数中，若有非最小相位环节，则应单独计算出非最小相位环节的转折频率(折点)和转折前后对数幅频特性和相频特性的增量，再按上述方法绘制到Bode图中去。

(11) 在系统的开环传递函数中，若有滞后环节$e^{-\tau s}$，由于滞后环节的对数幅频特性为常值0 dB，所以系统中的滞后环节对幅频特性无影响，只需做出滞后环节的相频特性与其他环节的相频特性相加即可。

例5.3.3 某系统的开环传递函数是

$$G(s)=\frac{10(s+1)}{s(2.5s+1)(0.04s^2+0.24s+1)}$$

试绘出该系统的开环对数幅频渐近特性和对数相频特性。

解 这是一个最小相位系统，该系统幅频渐近特性的最左段取决于$10/s$，是通过点$(\omega=1, L(\omega)=20\ \text{dB})$，斜率为$-20\ \text{dB/dec}$的直线。渐近特性的各折点频率、斜率增量和幅角增量如下(自左向右)：

环节类型	转折频率	斜率增量	幅角增量
惯性环节	$\omega=\frac{1}{2.5}=0.4$	$-20\ \text{dB/dec}$	$-90°$
一阶微分	$\omega=1$	$+20\ \text{dB/dec}$	$+90°$
振荡环节	$\omega=\frac{1}{0.2}=5$	$-40\ \text{dB/dec}$	$-180°$

依次做出幅频各段折线如图 5.3.3 所示。由于振荡环节的阻尼比为 0.6，所以不需要再修正。

相频特性的最低频段为 $-90°$，以后逐段做出对数相频特性如图 5.3.3。

利用上述方法，不仅可以由开环传递函数做出开环对数幅频渐近特性，还可以由对数幅频渐近特性求出系统的开环传递函数。

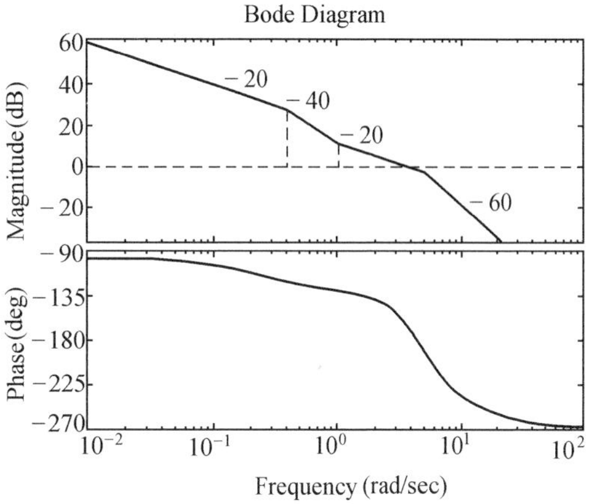

图 5.3.3 对数频率特性

5.3.3 控制系统开环频率特性的 Nichols 图

Nichols 图又称对数幅相图，该图采用直角坐标系，纵坐标是幅频特性 $|G(j\omega)|$ 的对数 $20\lg|G(j\omega)|$，单位为 dB，线性分度；横坐标是频率特性的相角 $\angle G(j\omega)$，单位为度，线性分度。角频率 ω 的值标在曲线上。

绘制开环频率特性 Nichols 图最简单的方法是由 Bode 图的幅频特性曲线和相频特性曲线综合画出一条相应的曲线。首先绘制系统开环频率特性的 Bode 图，在一系列的 ω 处，由 Bode 图取得 $20\lg|G(j\omega)|$ 和 $\angle G(j\omega)$ 的值，利用这组数据在 Nichols 图中做出一系列点，再连接成曲线，即开环频率特性的 Nichols 图。曲线上各点的角频率标在相应的点旁。

图 5.3.3 系统的 Nichols 图如图 5.3.4 所示。

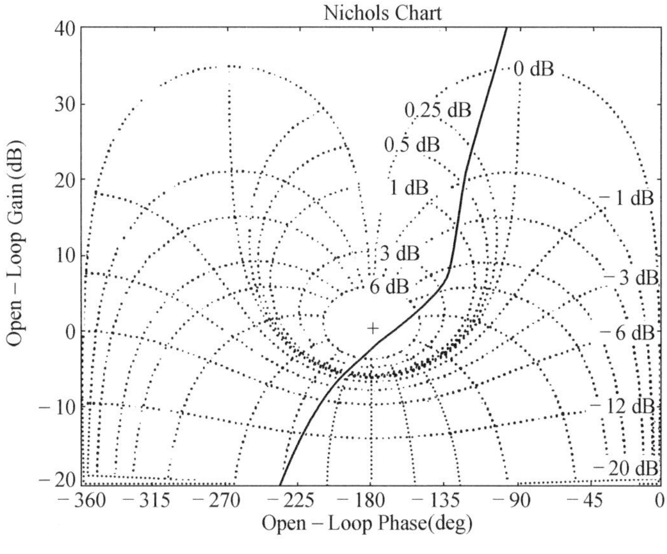

图 5.3.4 图 5.3.3 系统的 Nichols 图

5.3.4 单位反馈系统的闭环频率特性

对于图 5.3.5 所示的单位反馈闭环系统，其闭环传递函数为

$$\Phi(s)=\frac{Y(s)}{R(s)}=\frac{G(s)}{1+G(s)} \quad (5.3.2)$$

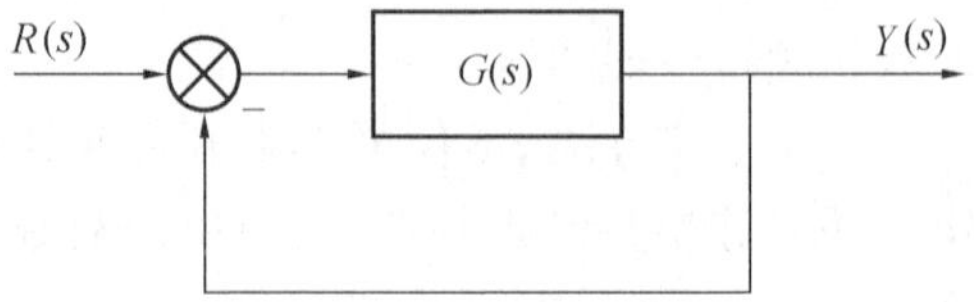

图 5.3.5 单位反馈系统

根据频率特性的定义，其闭环频率特性可写为

$$\Phi(\mathrm{j}\omega)=\Phi(s)\mid_{s=\mathrm{j}\omega}=\frac{G(\mathrm{j}\omega)}{1+G(\mathrm{j}\omega)} \quad (5.3.3)$$

式中 $G(\mathrm{j}\omega)$ 是由一些基本环节串联构成的，所以很容易用上一节的方法做出系统的开环频率特性。然而用式(5.3.3)做闭环频率特性却是十分困难的。例如，某系统的开环频率特性 Nyquist 图如图 5.3.6 所示。

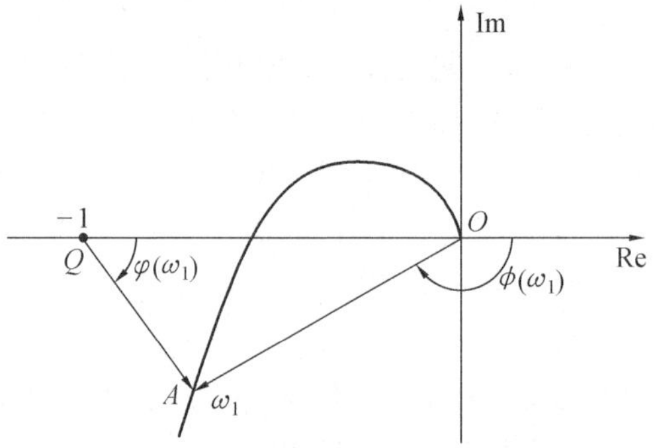

图 5.3.6 开环 Nyquist 图

根据式(5.3.3)，闭环频率特性的模和相角分别为

$$|\Phi(\omega)|=\frac{|G(\mathrm{j}\omega)|}{|1+G(\mathrm{j}\omega)|}$$

$$\angle\Phi(\mathrm{j}\omega)=\angle G(\mathrm{j}\omega)-\angle[1+G(\mathrm{j}\omega)] \quad (5.3.4)$$

对应于开环 Nyquist 图中的点 A，$\omega=\omega_1$，按式(5.3.3)计算闭环频率特性时，由图中的向量关系可以看到：$|G(\mathrm{j}\omega_1)|=OA$，$|1+G(\mathrm{j}\omega_1)|=QA$；$\angle G(\mathrm{j}\omega_1)=\phi(\omega_1)$，$\angle[1+G(\mathrm{j}\omega_1)]=\varphi(\omega_1)$。所以当 $\omega=\omega_1$ 时，闭环频率特性的幅值和相角分别是

$$|\Phi(\mathrm{j}\omega_1)|=\frac{OA}{QA}$$

$$\angle\Phi(\mathrm{j}\omega_1)=\phi(\omega_1)-\varphi(\omega_1)$$

式中 OA 和 QA 分别是向量 AO 和 QA 的模。

可以看出，要逐点计算出 $\omega=0\to\infty$ 的闭环频率特性是很繁琐的。由于式(5.3.4)中包含加法运算，所以采用对数方式也无法解决繁琐运算的问题。

为了简化求闭环频率特性的计算，在工程设计中常采用图表做图的方法，这些图表给手工求闭环频率特性带来很大的方便。尽管随着计算机的普及，又不断有完美的软件可供应用，用计算机绘制闭环系统的频率特性已是极方便的事，用图表计算闭环频率特性的方法已不常用，但用这些图表来分析和综合控制系统还是相当有用的，因此仍需了解和掌握这些图表。

1. 等 M 圆图

为了方便，将闭环频率特性记为

$$\Phi(j\omega) = |\Phi(j\omega)| e^{j\theta(\omega)} = Me^{j\theta}$$

设单位反馈系统的开环频率特性为 $G(j\omega)$,考虑到 $G(j\omega)$ 是一个复数量,因而可以写成下列形式

$$G(j\omega) = U + jV$$

式中 U 和 V 为实数量,分别是 $G(j\omega)$ 的实部与虚部。

由式(5.3.4)得到

$$M = \frac{|U + jV|}{|1 + U + jV|}$$

$$M^2 = \frac{U^2 + V^2}{(1 + U)^2 + V^2} \tag{5.3.5}$$

$$(U + \frac{M^2}{M^2 - 1})^2 + V^2 = (\frac{M}{M^2 - 1})^2$$

对于一确定的 M 值,式(5.3.5)描述的是一个圆的方程,其圆心为$(-\frac{M^2}{M^2 - 1}, j0)$,其半径为$\left|\frac{M}{M^2 - 1}\right|$。给出不同的 M 值,便可得到一簇圆,称做等 M 圆,如图 5.3.7 所示。

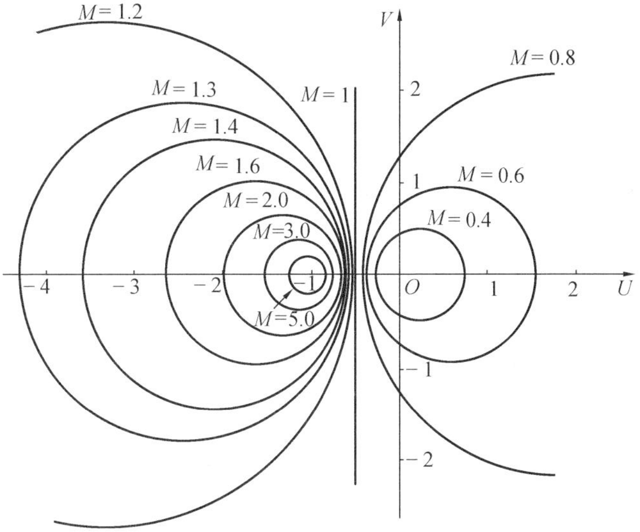

图 5.3.7 等 M 圆

可以看出,等 M 圆是圆心在实轴上,半径不等的一系列圆。当 $M > 1$ 时,圆心位于点$(-1, j0)$左面,随着 M 的增大,等 M 圆逐渐减小,最后收敛到点$(-1, j0)$;对应于 $M < 1$ 的各圆,圆心位于点$(-1, j0)$的右面,随着 M 的减小,等 M 圆逐渐减小,最后收敛到原点;当 $M = 1$ 时,等 M 圆半径趋于无穷,成为一条通过$(-\frac{1}{2}, j0)$点与虚轴平行的直线。

2. 等 N 圆图

依据式(5.3.4),闭环频率特性的相角为

$$\theta = \angle\Phi(j\omega) = \angle G(j\omega) - \angle[1 + G(j\omega)] = \arctan\frac{V}{U} - \arctan\frac{V}{U+1}$$

记 $\tan\theta = N$,则有

$$N = \tan\left[\arctan\frac{V}{U} - \arctan\frac{V}{U+1}\right]$$

按照三角函数的相关式,得到

$$N = \frac{\frac{V}{U} - \frac{V}{1+U}}{1 + \frac{V}{U}\cdot\frac{V}{1+U}} = \frac{V}{U^2 + U + V^2}$$

进一步得出

$$(U + \frac{1}{2})^2 + (V - \frac{1}{2N})^2 = \frac{1}{4} + (\frac{1}{2N})^2 \tag{5.3.6}$$

对于某一个 N 值,式(5.3.6)是一个圆的方程,其圆心坐标为$(-\frac{1}{2}, j\frac{1}{2N})$,半径为$\sqrt{\frac{1}{4} + (\frac{1}{2N})^2}$。给出一系列不同的 N 值,可得到一簇圆,如图5.3.8所示,称做等 N 圆。

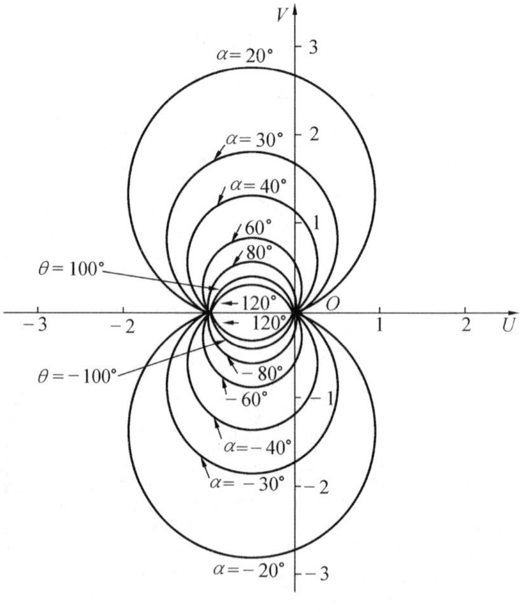

图5.3.8 等 N 圆

不论 N 为何值,点$(-1, j0)$和点$(0, j0)$总满足方程式(5.3.6),所以全部等 N 圆都通过上述两点。此外,由于角 θ 和角 $\theta \pm k180°(k = 0,1,2,\cdots)$,具有相同的正切值,即相同的 N 值,所以它们的等 N 圆是同一个圆,如 $\theta = 30°$ 和 $\theta = -150°$ 的等 N 轨迹是同一个圆,所以等 N 圆是多值的。利用等 N 圆图确定单位反馈系统的闭环相频特性 $\theta(\omega)$ 时要注意相频特性的连续性,对于每个等 N 圆应取适当的 θ 值,以保持闭环相频特性的连续。

利用等 M 圆和等 N 圆,可以根据开环频率特性直接求出单位反馈系统的闭环频率特性。$G(j\omega)$ 的 Nyquist 图与等 M 圆、等 N 圆的交点给出了闭环频率特性在不同角频率 ω 上的 M 值和 N 值。

例 5.3.4 图5.3.9(a)和(b)是与等 M 圆图、等 N 圆图画在一起的开环 $G(j\omega)$ 的 Nyquist 图。试做出单位反馈系统的闭环频率特性。

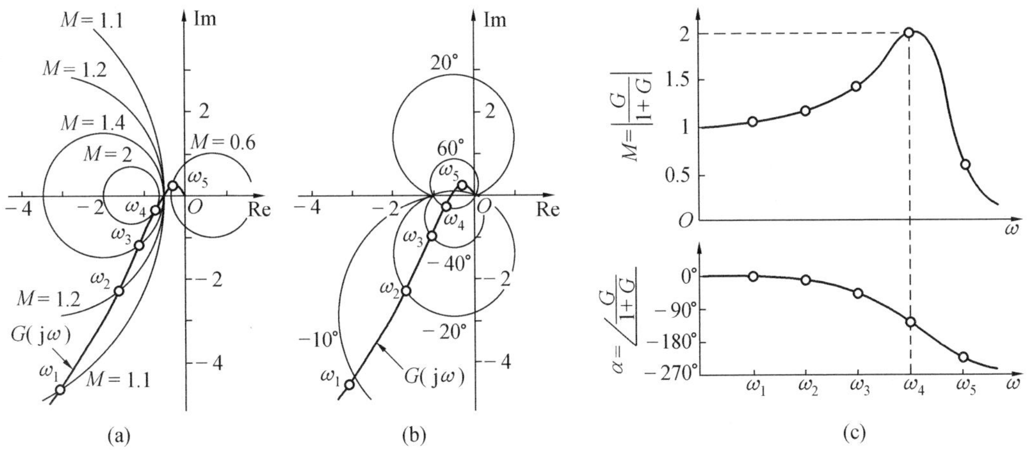

图 5.3.9 由等 *M* 圆和等 *N* 圆做闭环频率特性

解 在等 M 圆图中，$G(\mathrm{j}\omega)$ 的 Nyquist 图在 $\omega=\omega_1$ 处与 $M=1.1$ 的等 M 圆相交，这说明 $\omega=\omega_1$ 时，闭环频率特性幅值为1.1，同样可以做出 $\omega=\omega_2,\omega_3,\omega_4$ 和 ω_5 时 M 值分别为1.2、1.4、2 和0.6；在等 N 圆图中 $G(\mathrm{j}\omega)$ 的 Nyquist 图在 $\omega=\omega_1,\omega_2,\omega_3,\omega_4$ 和 ω_5 处对应的相角分别为 $\theta=-10°$、$-20°$、$-40°$、$-120°$、和 $-250°$。依据这两组数据可以做出图 5.3.9(c) 的闭环频率特性曲线。

通过这个例子可以看到，闭环的幅频特性在 $\omega=\omega_4$ 处具有谐振峰值 $M_r=2$，对于一般的情况，对应于与 $G(\mathrm{j}\omega)$ 曲线相切具有最小半径的等 M 圆上的 M 值就是谐振峰值 M_r，切点所对应的频率，就是谐振频率 ω_r。

3. Nichols 图中的等 M 线和等 θ 线

设单位反馈系统的开环和闭环频率特性分别为 $G(\mathrm{j}\omega)$ 和 $\Phi(\mathrm{j}\omega)$

$$G(\mathrm{j}\omega)=|G(\mathrm{j}\omega)|\mathrm{e}^{\mathrm{j}\angle G(\mathrm{j}\omega)}$$

简写为

$$G(\mathrm{j}\omega)=|G|\mathrm{e}^{\mathrm{j}\angle G}$$

$$\Phi(\mathrm{j}\omega)=|\Phi(\mathrm{j}\omega)|\mathrm{e}^{\mathrm{j}\angle\Phi(\mathrm{j}\omega)}$$

简写为

$$\Phi(\mathrm{j}\omega)=M\mathrm{e}^{\mathrm{j}\theta}\qquad\theta=\angle\Phi(\mathrm{j}\omega)\qquad M=|\Phi(\mathrm{j}\omega)|$$

且有

$$M\mathrm{e}^{\mathrm{j}\theta}=\frac{|G|\mathrm{e}^{\mathrm{j}\angle G}}{1+|G|\mathrm{e}^{\mathrm{j}\angle G}}\tag{5.3.7}$$

进一步写成

$$M\mathrm{e}^{\mathrm{j}(\theta-\angle G)}+M\cdot|G|\mathrm{e}^{\mathrm{j}\theta}=|G|$$

$$M\cos(\theta-\angle G)+\mathrm{j}M\sin(\theta-\angle G)+M|G|\cos\theta+\mathrm{j}M|G|\sin\theta=|G|$$

式中等号左端应虚部为零，所以得到

$$\sin(\theta - \angle G) + |G| \cdot \sin\theta = 0$$

$$|G| = \frac{\sin(\angle G - \theta)}{\sin\theta} \tag{5.3.8}$$

$$20\lg|G| = 20\lg\frac{\sin(\angle G - \theta)}{\sin\theta}$$

令 θ 为一个常数，便得到 $20\lg|G|$ 和 $\angle G$ 之间的关系式，在 Nichols 图中，用一条曲线表示满足这一关系式的点的集合，称做等 θ 线，见图 5.3.10。该曲线上的点具有相同的 θ 值。令 θ 为一系列常值，便在 Nichols 图中得到一簇等 θ 曲线。

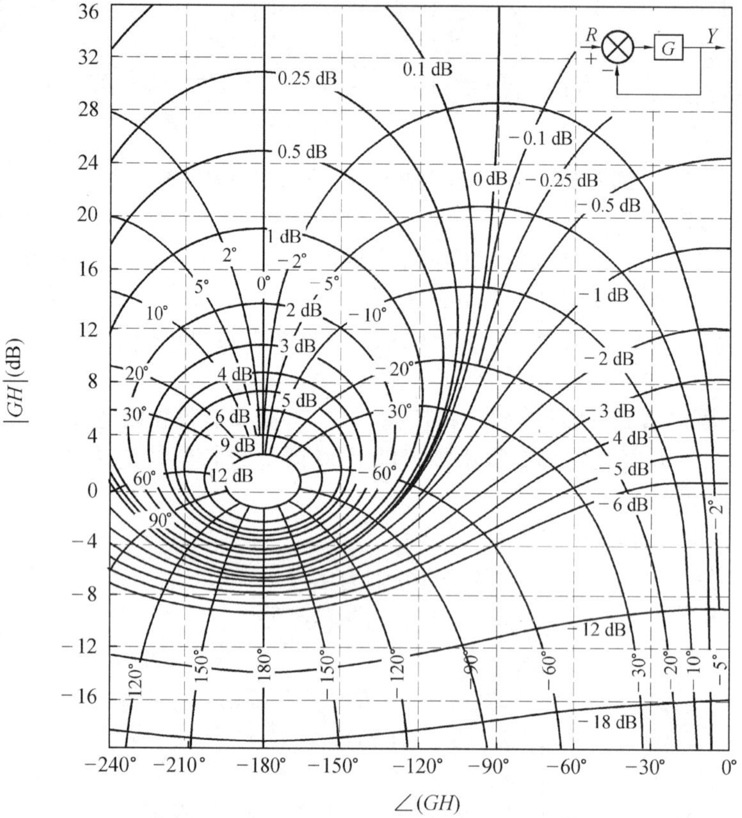

图 5.3.10　*Nichols* 图中的等 θ 线和等 M 线

由式(5.3.7)改写为

$$Me^{j\theta} = \left(\frac{e^{j\angle(-G)}}{|G|} + 1\right)^{-1} = \left(\frac{\cos\angle(-G)}{|G|} + j\frac{\sin\angle(-G)}{|G|} + 1\right)^{-1}$$

由于等式两端的模相等，由上式求得

$$M = \left[\left(1 + \frac{1}{|G|^2} + \frac{2\cos\angle G}{|G|}\right)^{\frac{1}{2}}\right]^{-1}$$

$$M^{-2} = 1 + \frac{1}{|G|^2} + \frac{2\cos\angle G}{|G|}$$

$$\frac{1 - M^2}{M^2} = \frac{1 + 2|G|\cos\angle G}{|G|^2}$$

若令 M 为某一个常值,上式表示 $|G|$ 和 $\angle G$ 之间的关系式,也可以表示为 $20\lg|G|$ 和 $\angle G$ 之间的关系式。在 Nichols 图中,把满足这一关系的曲线画出来,称做等 M 线,见图 5.3.10。该曲线上的点具有相同的 M 值。令 M 为一系列常值,便在 Nichols 图中得到一簇等 M 曲线。注意:图中的 M 值是用 $20\lg M$ (dB) 来标注的。

Nichols 图中等 θ 线和等 M 线的作用是根据单位反馈系统的开环 Bode 图求取其闭环 Bode 图。首先依据系统的开环 Bode 图画出开环频率特性的 Nichols 图(5.3.3 节);然后,由开环 Nichols 曲线与等 θ 线和等 M 线的一系列交点,做出一系列频率下的闭环频率特性相角 θ 和幅值 $20\lg M$ (dB) 的值,将这些数据画到 Bode 图中即得到闭环频率特性的 Bode 图。

例 5.3.5 设单位反馈系统的开环频率特性为

$$G(j\omega) = \frac{1}{j\omega(1 + j0.5\omega)(1 + j\omega)}$$

试应用 Nichols 图线求取闭环 Bode 图。

解 在 Nichols 图线上做给定系统 $G(j\omega)$ 的 Nichols 图,见图 5.3.11(a)。确定该 Nichols 图与等 M 线和等 θ 线的交点,并由这些交点求出各点的 ω,θ 和 $20\lg M$ 的值,由此做出闭环的 Bode 图,见图 5.3.11(b)。

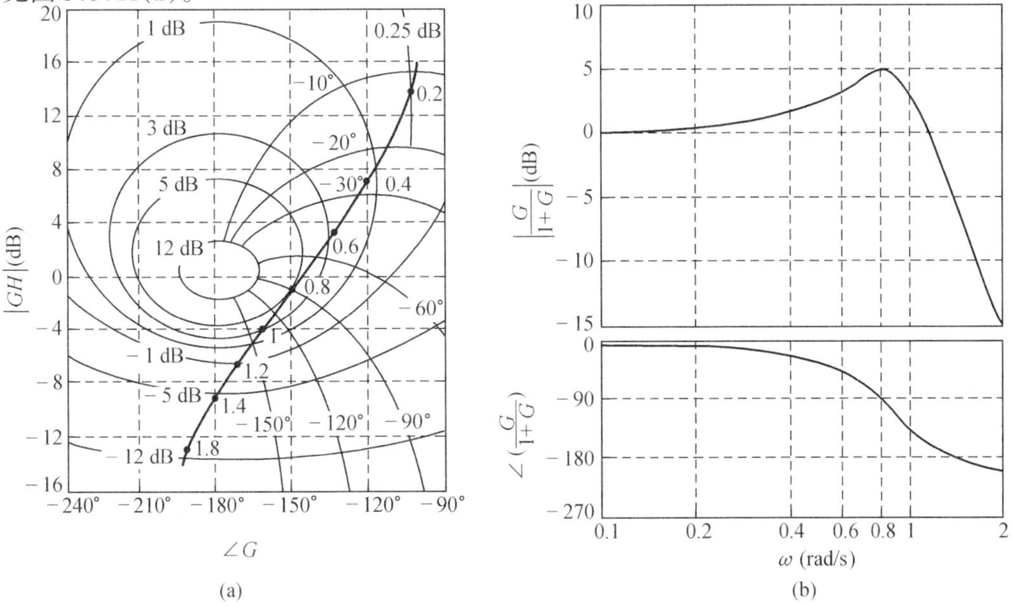

图 5.3.11 由 Nichols 图求闭环频率特性

从图 5.3.11 看到，开环 Nichols 图中的幅相特性曲线与 $20\lg M = 5$ dB 的等 M 线相切，切点处的角频率为 $\omega = 0.8$ rad/s。这说明闭环 Bode 图的幅频特性将出现谐振峰，谐振频率为 $\omega_r = 0.8$ rad/s，峰值 $M_r = 5$ dB，见图 5.3.11(b)。

5.3.5 非单位反馈系统的闭环频率特性

设非单位反馈的方框图如图 5.3.12(a) 所示。从图 5.3.12(a) 求得闭环频率特性为

$$\Phi(j\omega) = \frac{Y(j\omega)}{R(j\omega)} = \frac{G(j\omega)}{1 + G(j\omega)H(j\omega)} = \frac{1}{H(j\omega)} \cdot \frac{G(j\omega)H(j\omega)}{1 + G(j\omega)H(j\omega)} \tag{5.3.9}$$

可以得到图 5.3.12(b) 的等效系统。

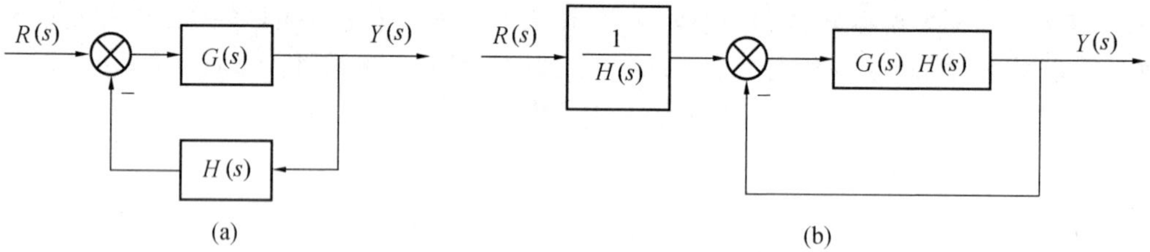

图 5.3.12 非单位反馈系统方框图

从式(5.3.9) 看出，求取非单位反馈系统闭环频率特性的步骤是：

(1) 应用 Nichols 中等 M 线和等 θ 线求取闭环传递函数为

$$\frac{G(j\omega)H(j\omega)}{1 + G(j\omega)H(j\omega)}$$

的等效单位反馈系统的闭环 Bode 图，包括闭环的对数幅频特性和对数相频特性。

(2) 做出频率特性为 $H(j\omega)$ 的 Bode 图。

(3) 上述两 Bode 图的对数幅频特性和对数相频特性分别相减，即得到原系统的闭环 Bode 图。

无论是单位反馈或是非单位反馈系统，计算并绘出闭环系统的频率特性必然是十分繁琐和困难的，用计算机绘制闭环系统的频率特性是十分方便的。在 5.4 节中将介绍用计算机绘制闭环频率特性的方法。

5.3.6 闭环频率特性和一些特点

由于绘制闭环系统频率特性是很困难的，如果能够找出闭环频率特性的一些特点，对于说明系统的某些性质将是十分有用的。闭环频率特性具有下列主要特点：

(1) 对于单位反馈系统，如果开环传递函数中含有串联的积分环节，当 $\omega = 0$ 时，闭环频率特性的幅值 $|\Phi(j\omega)| \to 1$ 或(0 dB)，相角 $\angle\Phi(j\omega) \to 0°$。证明如下：

若单位反馈系统的开环传递函数中含有串联积分环节，则开环传递函数可写成

$$G(s)=\frac{M(s)}{S^{v}N(s)}\qquad v\neq 0$$

闭环频率特性为

$$\Phi(\mathrm{j}\omega)=\frac{G(\mathrm{j}\omega)}{1+G(\mathrm{j}\omega)}=\frac{M(\mathrm{j}\omega)}{(\mathrm{j}\omega)^{v}N(\mathrm{j}\omega)+M(\mathrm{j}\omega)}$$

$$\lim_{\omega\to 0}\Phi(\mathrm{j}\omega)=\frac{M(\mathrm{j}\omega)}{M(\mathrm{j}\omega)}=1 \tag{5.3.10}$$

(2) 对于非单位反馈系统(图 5.3.12(a)),在其开环频率特性幅值 $|G(\mathrm{j}\omega)\cdot H(\mathrm{j}\omega)|$ 很大的频段内,闭环频率特性 $\Phi(\mathrm{j}\omega)\approx\frac{1}{H(\mathrm{j}\omega)}$,即近似等于反馈环节频率特性的倒数。对于开环放大倍数 K 很大的闭环系统,在低频段具有这个特点。证明如下:

闭环频率特性可写为

$$\Phi(\mathrm{j}\omega)=\frac{G(\mathrm{j}\omega)}{1+G(\mathrm{j}\omega)\cdot H(\mathrm{j}\omega)}$$

在 $|G(\mathrm{j}\omega)H(\mathrm{j}\omega)|$ 很大的频段内,上式分母的 1 可以略去,有

$$\Phi(\mathrm{j}\omega)\approx\frac{G(\mathrm{j}\omega)}{G(\mathrm{j}\omega)H(\mathrm{j}\omega)}=\frac{1}{H(\mathrm{j}\omega)} \tag{5.3.11}$$

(3) 对于图 5.3.12(a) 所示的非单位反馈系统,一般情况下,其开环频率特性的高频段幅值很小。在这一频段内,闭环频率特性近似等于系统前向通道的频率特性。证明如下。

闭环频率特性可写为

$$\Phi(\mathrm{j}\omega)=\frac{G(\mathrm{j}\omega)}{1+G(\mathrm{j}\omega)\cdot H(\mathrm{j}\omega)}$$

当 $|G(\mathrm{j}\omega)H(\mathrm{j}\omega)|$ 很小时,则在这一频段内可以略去分母中的 $G(\mathrm{j}\omega)H(\mathrm{j}\omega)$,因而有

$$\Phi(\mathrm{j}\omega)\approx G(\mathrm{j}\omega) \tag{5.3.12}$$

一般闭环系统在高频段显示出这一性质。在工程实践中,当开环幅频特性 $20\lg|G(\mathrm{j}\omega)H(\mathrm{j}\omega)|<-20\ \mathrm{dB}$ 时,可以认为式(5.3.12) 成立。

(4) 对于单位反馈系统,如果闭环的幅频特性在谐振频率 ω_r 处出现谐振峰,说明系统开环频率特性的 Nyquist 图在 $\omega=\omega_r$ 处十分接近点$(-1,\mathrm{j}0)$。该系统的单位阶跃响应会有明显的振荡倾向,振荡角频率均为 ω_r,从而导致超调量较大。

5.4 用 MATLAB 绘制系统的频率特性

MATLAB 软件为绘制控制系统的频率特性提供了极方便的条件。

5.4.1 用 MATLAB 作 Bode 图

Bode 图是分析与综合控制系统最常用的频率特性形式。用 MATLAB 绘制开环或闭环系统

Bode 图常用命令如表 5.4.1 所示。

表 5.4.1　常用绘制 Bode 图的命令

函 数 格 式	功 能
bode(g)	画出传递函数为 g 的系统 Bode 图,频率范围自动确定
bode(num,den)	绘制 Bode 图,num,den 分别为传递函数的分子和分母多项式系数 9。频率范围自动确定。
w = logspace(-1,3,200)	在频率 ω 由 10^{-1} 到 10^3 的范围内绘制 200 个点构成的频率特性
bode(num,den,w)	绘制由本表中上一行 ω 命令指定的范围内的 Bode 图

表 5.4.1 中的传递函数可以是开环传递函数或闭环传递函数。在作闭环频率特性时,可以先用第二章介绍的方法,用开环传递函数求出闭环传递函数,再作频率特性。

例 5.4.1　绘制开环传递函数为

$$G(s) = \frac{1}{s^2 + 0.1s + 1}$$

的 Bode 图。

解　在 MATLAB 的命令提示符下键入:

```
>> bode(1,[1,0.1,1])
```

运行结果为图 5.4.1。

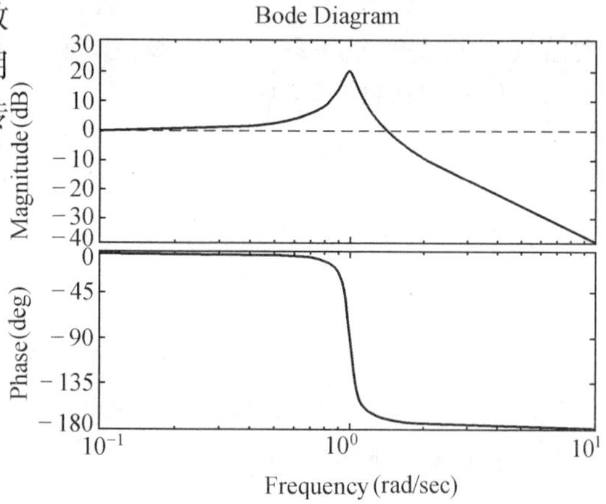

图 5.4.1　Bode 图

例 5.4.2　系统的开环传递函数为

$$G(s) = \frac{9(s^2 + 0.2s + 1)}{s(s^2 + 1.2s + 9)}$$

试绘制该系统的开环 Bode 图,频率范围在 0.01 到 1 000 rad/s 之间。

解　在 MATLAB 命令窗内键入下列命令:

```
>> num = [9,1.8,9];
>> den = [1,1.2,9,0];
>> w = log space(-2,3,100);
>> bode(num,den,w)
```

运行结果得到图 5.4.2 所示的 Bode 图。

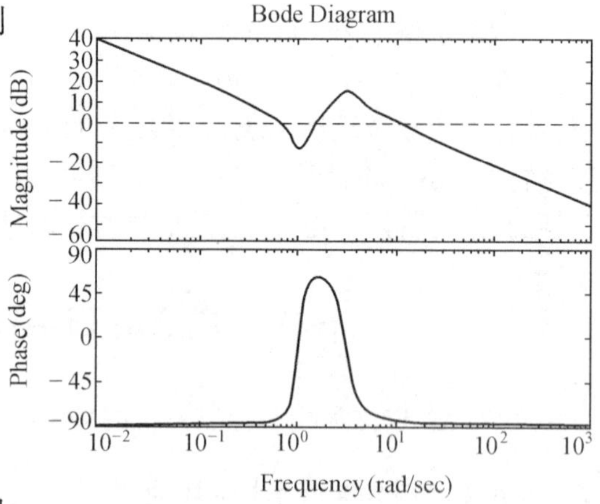

图 5.4.2　Bode 图

5.4.2　用 MATLAB 作 Nyquist 图

用 MATLAB 绘制 Nyquist 图主要命令如表 5.4.2 所示。

表 5.4.2 常用绘制 Nyquist 图命令

函 数 格 式	功 能
nyquist(g)	绘制传递函数为 g 的 Nyquist 图，频率范围为 $-\infty \to +\infty$，纵、横坐标范围自动确定
nyquist(num, den)	绘制以 num 和 den 为分子和分母的传递函数的 Nyquist 图，其余同上

例 5.4.3 系统的开环传递函数为

$$G(s) = \frac{3.5}{s^3 + 2s^2 + 3s + 2}$$

试画出开环的 Nyquist 图。

解 在 MATLAB 命令窗口键入命令：

```
>> g = tf(3.5,[1,2,3,2]);
>> nyquist(g)。
```

运行结果如图 5.4.3 所示。

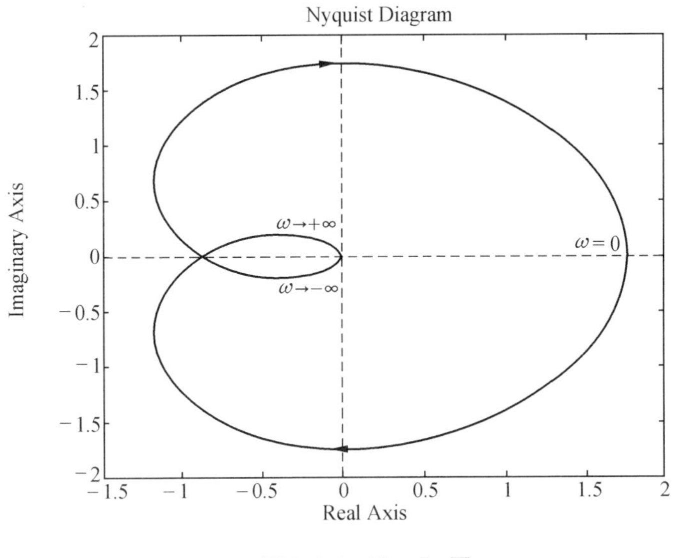

图 5.4.3 Nyquist 图

例 5.4.4 系统的开环传递函数为

$$G(s) = \frac{1}{s(s+1)}$$

试绘制开环 Nyquist 图。

解 由于该传递函数中含有一个积分环节，为了在 Nyquist 图中画出曲线的有效部分，应人为设置坐标范围。如设定横坐标范围为[-2,2]，纵坐标范围为[-5,5]。在命令窗口内键入下列命令：

```
> > num = [1];den = [1,1,0];
> > nyquist(num,den)
> > v = [-2,2, -5,5];axis(v)
> > grid
```

运行结果见图 5.4.4。

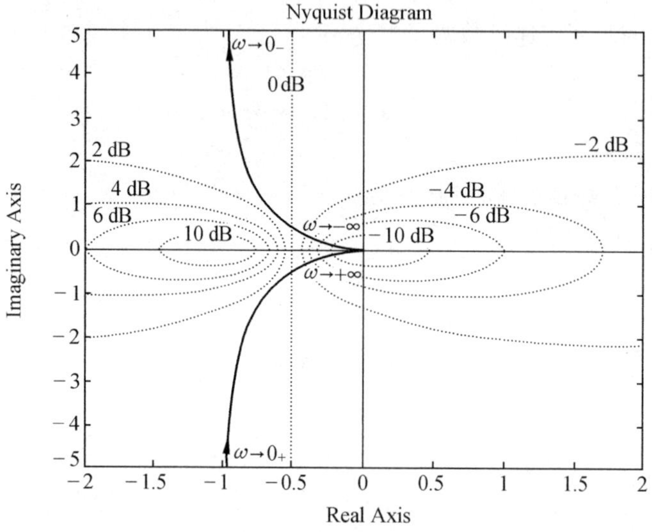

图 5.4.4 Nyquist 图

在图 5.4.4 中看到，图中纵、横坐标的范围是根据作图需要而自动确定的。当系统的传递函数中含有积分环节时，在 $\omega \to 0_+$ 频段会有幅值趋于 $+\infty$，以致图中坐标范围很大，Nyquist 图的有效部分反而看不清。为了解决这个问题，应该人为地设置纵、横坐标的范围，作出 Nyquist 图的有效部分。人为设置坐标范围的命令如表 5.4.3 所示。

表 5.4.3

函　　数	功　　能
v = [-2,2, -5,5]	设定横坐标、纵坐标范围分别为[-2,2],[-5,5]
axis(v)	以设定好的坐标区间 v 作图

由图 5.4.3 和图 5.4.4 看到，用上述命令作出的 Nyquist 曲线包括 $\omega > 0$ 和 $\omega < 0$ 两部分，它们是关于实轴对称的。一般情况下，只要作出 Nyquist 曲线的 $\omega > 0$ 部分即可。可以用下面的方法只作出 $\omega > 0$ 部分的曲线。

例 5.4.5 作出例 5.4.4 中 $\omega > 0$ 部分的 Nyquist 图。

解 在命令窗口键入下列命令：

```
> > num = [1];den = [1,1,0];
```

```
>> w = 0.1:0.1:100;
>> [re,im,w] = nyquist(num,den,w)
>> plot(re,im)
>> v = [-2,1,-5,1];axis(v)
>> grid
```

运行结果见图 5.4.5。

在此例中，第二行命令表示取 $\omega = 0.1 \sim 100$，以 0.1 为步距计算频率特性；第三行是逐点计算 Nyquist 曲线各点的实部与虚部的数值；第四行以各点的实部和虚部值为坐标值绘图。

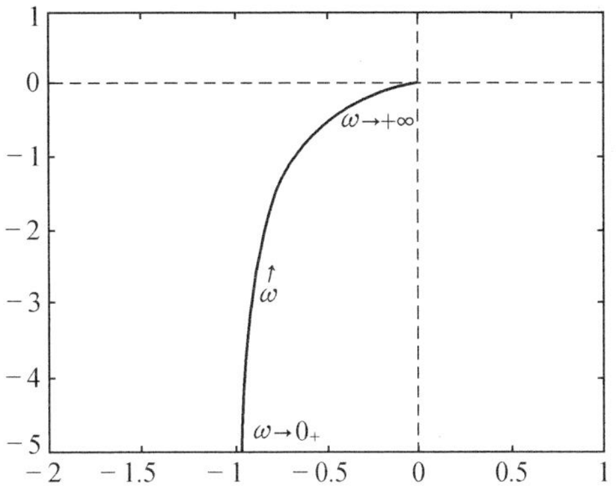

图 5.4.5 Nyquist 图

5.4.3 用 MATLAB 作 Nichols 图

在 5.2 和 5.3 节中看到，手工绘制 Nichols 图是十分繁琐和困难的。MATLAB 提供了绘制 Nichols 图简单、便利的方法。绘制 Nichols 图的常用命令如表 5.4.4 所示。

表 5.4.4

函 数 格 式	功 能
nichols(g)	绘制传递函数为 g 的 Nichols 图，纵、横坐标范围自动确定
nichols(num,den)	绘制以 num 和 den 为分子和分母的传递函数的 Nichol 图
ngrid	绘出 Nichols 图一系列等值线
v = [-360,0,-20,40];	
axis(v)	在横坐标为[-360,0]、纵坐标为[-20,40] 范围内作图

例 5.4.6 绘出例 5.3.3 中开环传递函数 $G(s)$ 的 Nichols 图。

解 在 MATLAB 命令窗内键入如下命令：

```
>> nichols([10,10],conv([2.5,1,0],[0.04,0.24,1]));
>> ngrid;
>> v = [-360,0,-20,40];axis
```

运行结果，得到图 5.3.4 的所示 Nichols 图。

5.5 闭环系统的稳定性分析

本节研究判断闭环系统是否稳定的 Nyquist 判据。这是根据系统的开环频率特性来判断闭环系统稳定性的一种判据，它具有以下优点：

(1) 绘制系统的开环频率特性(Nyquist 图或 Bode 图)要比绘制系统的闭环频率特性容易。

(2) 这个判据不仅能判断闭环系统是否稳定,还可以判断出闭环系统接近于不稳定的程度,称做“稳定裕度”。

(3) 这个判据可以给出改善系统稳定性,以至于改善系统动态过程的方法。

(4) 在不知道系统传递函数的情况下,可以依靠实验测出系统的开环频率特性,从而可以判断闭环系统的稳定性。(关于用实验方法测试开环频率特性的方法将在本课程的实验中介绍)。

在以后各节中,将会进一步说明 Nyquist 判据的优点和作用。

5.5.1 闭环系统的稳定条件

在研究 Nyquist 判据之前,首先讨论频率特性和闭环系统稳定的充要条件。

闭环系统稳定的充要条件是特征方程 $D(s) = 0$ 的根全部在复数平面的左半平面,或者说,闭环极点全部具有负实部。

设闭环系统的特征方程是一个 n 阶代数方程,并可写成如下形式:

$$D(s) = s^n + a_{n-1}s^{n-1} + \cdots + a_1 s + a_0 = (s - s_1)(s - s_2)\cdots(s - s_n) \tag{5.5.1}$$

式中 $s_i(i = 1,2,\cdots,n)$—— 特征方程的根。

将 $s = j\omega$ 代入式(5.5.1),并令 $\omega = 0 \to +\infty$

$$D(j\omega) = (j\omega - s_1)(j\omega - s_2)\cdots(j\omega - s_n) \tag{5.5.2}$$

式中每个因式$(j\omega - s_i)$可以用图 5.5.1 中的一个向量表示。

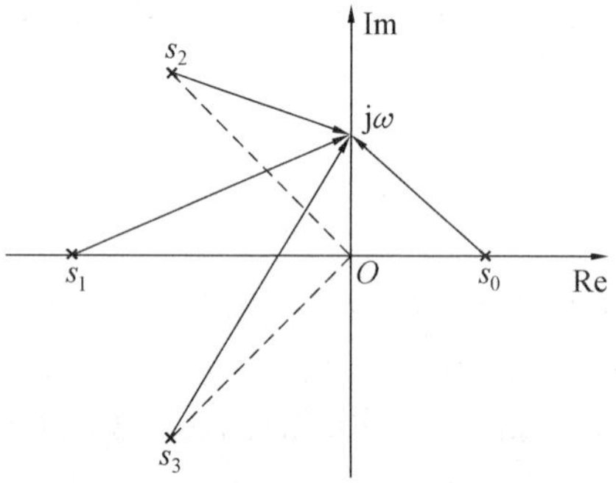

图 5.5.1 向量图

若 s_1 是一个实数量,并且在左半平面,当 $\omega = 0 \to +\infty$ 变化时,向量$(j\omega - s_1)$的幅角由 0° 连续变化为 +90°(或$\frac{\pi}{2}$),幅角的增量为 $+\frac{\pi}{2}$。

若 s_2 和 s_3 是一对共轭的复数根,并且在左半平面,当 $\omega = 0 \to +\infty$ 变化时,向量$(j\omega - s_2)$和向量$(j\omega - s_3)$的幅角之和将由 0° 变化为 $2 \times \frac{\pi}{2}$,幅角的增量为 $+(2 \times \frac{\pi}{2})$。

由此可以得出结论:若闭环特征方程 $D(s) = 0$ 的 n 个根全部在左半平面,即闭环系统稳定,当 $\omega = 0 \to +\infty$ 变化时,$D(j\omega)$ 的幅角变化$(n\frac{\pi}{2})$,即 $\angle D(j\omega)$ 的增量为 $n\frac{\pi}{2}$,记为

$$\Delta\angle D(j\omega) = n\frac{\pi}{2} \qquad \omega = 0 \to +\infty \tag{5.5.3}$$

若闭环特征方程在 S 右半平面存在根,如图 5.5.1 中的 s_0,即闭环系统不稳定的情况,则

当 $\omega = 0 \to +\infty$ 变化时,向量$(j\omega - s_0)$幅角由 π 变化为$\frac{\pi}{2}$,幅角的增量为 $-\frac{\pi}{2}$。因此必然有 $\Delta\angle D(j\omega)$ 不等于 $n\frac{\pi}{2}$。

综上所述,可以将闭环系统稳定的充要条件 ——"特征方程的根全部在 S 平面的左半平面"转化为下面的条件:

当 ω 由 0 变化到 $+\infty$ 时,如果 $D(j\omega)$ 的幅角增量为

$$\Delta\angle D(j\omega) = n\frac{\pi}{2} \qquad \omega = 0 \to +\infty$$

则闭环系统是稳定的;否则闭环系统不稳定。

5.5.2 开环频率特性与闭环稳定性的关系

设闭环系统的开环传递函数可表示为

$$G(s)H(s) = \frac{KM(s)}{N(s)} \tag{5.5.4}$$

式中,$N(s)$ 和 $M(s)$ 均为 s 的多项式。可以得出闭环系统的特征方程为

$$D(s) = N(s) + KM(s) = 0 \tag{5.5.5}$$

并可引入一个辅助函数

$$F(s) = 1 + G(s)H(s) = \frac{N(s) + KM(s)}{N(s)} = \frac{D(s)}{N(s)} \tag{5.5.6}$$

在一般情况下,开环传递函数分母 $N(s)$ 的阶次 n 大于分子 $M(s)$ 的阶次 m,所以式(5.5.6) 的 $D(s)$ 和 $N(s)$ 的阶次同为 n。

(1) 首先讨论系统是开环稳定的情况。如果系统是开环稳定的,则 $N(s) = 0$ 的根全部在 S 平面的左半平面,即

$$N(s) = (s - p_1)(s - p_2)\cdots(s - p_n) \tag{5.5.7}$$

$p_i(i = 1,2,\cdots,n)$ 是系统的开环极点,全部在 S 左半平面。根据前面的推导同样可以说明,当 $\omega = 0 \to +\infty$ 时,$N(j\omega)$ 幅角变化增量为 $n\frac{\pi}{2}$,记为

$$\Delta\angle N(j\omega) = n\frac{\pi}{2} \qquad \omega = 0 \to +\infty \tag{5.5.8}$$

进一步可以由式(5.5.6) 推导出,当 $\omega = 0 \to +\infty$ 时,$F(j\omega)$ 幅角的变化量为

$$\Delta\angle F(j\omega) = \Delta\angle D(j\omega) - \Delta\angle N(j\omega) \tag{5.5.9}$$

在系统开环稳定的前提下,如果闭环系统是稳定的,则由式(5.5.9) 应有

$$\Delta\angle F(j\omega) = \Delta\angle[1 + G(j\omega)H(j\omega)] = n\frac{\pi}{2} - n\frac{\pi}{2} = 0 \tag{5.5.10}$$

由此可以得出:

结论 1　若系统的开环极点全部在 S 左半平面，则闭环系统稳定的充要条件是：当 $\omega = 0 \to +\infty$ 时，$[1 + G(j\omega)H(j\omega)]$ 的幅角变化增量为 0。

(2) 开环系统不稳定的情况。设开环系统是不稳定的，即开环的 n 个极点中有 P 个极点在 S 平面的右半平面，其余的 $(n - P)$ 个极点在 S 平面的左半平面。在这种情况下，当 $\omega = 0 \to +\infty$ 时，$N(j\omega)$ 幅角的变化量应为

$$\Delta\angle N(j\omega) = (n - P)\frac{\pi}{2} + P\left(-\frac{\pi}{2}\right) = (n - 2P)\frac{\pi}{2} \qquad \omega = 0 \to +\omega \tag{5.5.11}$$

如果闭环系统是稳定的，由式(5.5.6) 可以推导出

$$\Delta\angle F(j\omega) = \Delta\angle[1 + G(j\omega)H(j\omega)] = \Delta\angle D(j\omega) - \Delta\angle N(j\omega) =$$

$$n\frac{\pi}{2} - (n - 2P)\frac{\pi}{2} = P\pi \qquad \omega = 0 \to +\infty \tag{5.5.12}$$

由此可以得出：

结论 2　若系统的 n 个开环极点中有 P 个在 S 平面的右半平面，其余 $(n - P)$ 个开环极点都在 S 平面的左半平面，则闭环系统稳定的充要条件是：当 $\omega = 0 \to +\infty$ 时，$[1 + G(j\omega)H(j\omega)]$ 的幅角变化量为 $P\pi$。

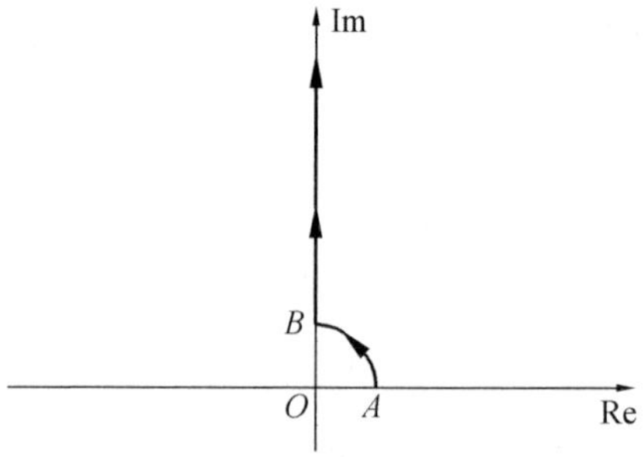

图 5.5.2　jω 在原点处的路线

(3) 开环传递函数中有串联积分环节情况。这种情况下，开环传递函数可以写成

$$G(s)H(s) = \frac{KM(s)}{N(s)} = \frac{KM(s)}{s^v N'(s)} \tag{5.5.13}$$

积分环节对应于式(5.5.13) 分母中的因子$(s - 0)$，当 $s = j\omega$，并且 $\omega = 0$ 时，向量$(j\omega - 0)$ 成为一个点，其幅角为不定值，所以应避免出现这一现象。为此，把 $j\omega$ 沿虚轴变化的路线在原点处做一点修改，以避免出现 $\omega = 0$ 的情况。图 5.5.2 是修改后 $j\omega$ 的变化路线：首先由点 $A(\varepsilon, j0)$ 开始，沿无穷小半径 ε 的圆弧到点 $B(0, j\varepsilon)$；然后再由 $j\varepsilon$ 变化到 $j\infty$。由于 ε 是无穷小量，所以路线的后一段可以看做是 $\omega = 0_+ \to \infty$。

若把 $j\omega$ 的变化路线改为 $A \to B \to j\infty$ 时，与积分环节对应的原点处的开环极点成为 $j\omega$ 的变化路线左侧的开环极点，而对于原点以外的其他零极点，这个变化并没有影响。因此，当 $j\omega$ 沿修正后的路线变化时，$N(j\omega)$ 的幅角变化量为

$$\Delta\angle N(j\omega) = (n - P)\frac{\pi}{2} + P\left(-\frac{\pi}{2}\right) = (n - 2P)\frac{\pi}{2}$$

式中　P—— 开环传递函数在右半平面的极点数。

与式(5.5.12) 的推导过程相同，如果闭环系统是稳定的，可以得出

$$\Delta\angle F(j\omega) = \Delta\angle[1 + G(j\omega)H(j\omega)] = P\pi \tag{5.5.14}$$

式(5.5.12)与(5.5.14)不同之处在于式(5.5.14)对应于有开环串联积分环节的情况，其中 $j\omega$ 的变化路线是 $A \to B \to j\infty$，由于 $A \to B$ 是沿无穷小半径变化的，所以变化路线可写为 $(0_+, j0) \to (0, j0_+) \to j\infty$。

由此可以得出

结论 3　若系统的 n 个开环极点中，有 v 个位于原点($v \neq 0$)，有 P 个位于右半平面，则闭环系统稳定的充要条件是：当 $j\omega$ 沿 $(0_+, j0) \to (0, j0_+) \to j\infty$ 线变化时，$[1 + G(j\omega)H(j\omega)]$ 的幅角变化增量为 $P\pi$。

5.5.3　Nyquist 判据

在前一小节所得结论的基础上，本小节来推导 Nyquist 判据——由开环频率特性判断闭环稳定性的判据。

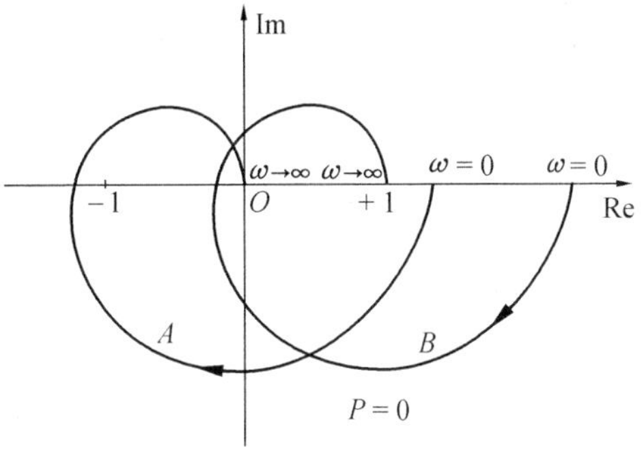

图 5.5.3　开环无积分环节的 Nyquist 图

前一节中的结论 1 实际上是结论 2 中当 $P = 0$ 时的一种情况，所以可以合并为：对于开环传递函数中无串联积分环节的系统，当 $\omega = 0 \to \infty$ 时，若 $[1 + G(j\omega)H(j\omega)]$ 的幅角变化量为 $P\pi$，则闭环系统稳定，否则闭环系统不稳定。其中 $G(j\omega)H(j\omega)$ 是系统的开环频率特性，其 Nyquist 图如图 5.5.3 中曲线 A 所示。$[1 + G(j\omega)H(j\omega)]$ 的曲线是曲线 A 向右平移单位 1，如图中曲线 B 所示。

对于开环稳定，即 $P = 0$ 的情况，如果曲线 B 的幅角在 $\omega = 0 \to \infty$ 时增量为 0，则闭环系统稳定。由图 5.5.3 中看到，在 $\omega = 0 \to \infty$ 时，曲线 B 的幅角依次为 $0, -\frac{\pi}{2}, -\pi, -\frac{3}{2}\pi, -2\pi$，幅角变化量为 -2π，显然闭环系统不稳定。

如果系统的开环频率特性 $G(j\omega)H(j\omega)$ 如图 5.5.4 中的曲线 a 所示，则 $[1 + G(j\omega)H(j\omega)]$ 的曲线如 b 所示。当 $\omega = 0 \to \infty$ 时，$[1 + G(j\omega)H(j\omega)]$ 的幅角依次为：0，负角度，0，正角度，0。幅角总的变化量为 0，所以闭环系统稳定。

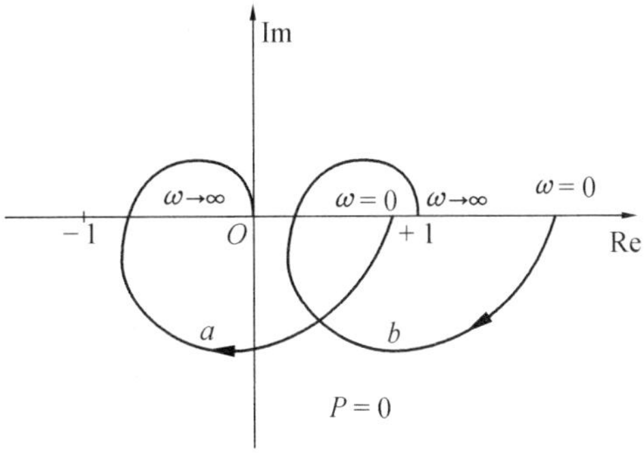

图 5.5.4　开环无积分环节的 Nyquist 图

由图 5.5.3 中曲线 B 和图 5.5.4 中的曲线 b 看到，如果 $[1 + G(j\omega)H(j\omega)]$ 曲线包围原点(在 $P = 0$ 的情况下)，则闭环系统不稳定，若 $[1 + G(j\omega)H(j\omega)]$ 曲线不包围原点，则闭环系统稳定。

由于$[1+G(j\omega)H(j\omega)]$和$G(j\omega)H(j\omega)$只差实数1,即A与B和a与b之间只是平移的关系,所以上述结论还可以进一步说成:在$P=0,v=0$的情况下,若系统开环频率特性的Nyquist图不包围点$(-1,j0)$,则闭环系统稳定;否则闭环系统不稳定。

上述结论还可以扩展到$v=0,P\neq 0$的情况:对于$v=0$的系统,若系统的开环频率特性$G(j\omega)H(j\omega)$绕点$(-1,j0)$转过的角度为$P\pi$,则闭环系统稳定,否则闭环系统不稳定。这个结论就是在$v=0$情况下的Nyquist稳定判据。

应说明,这里"转过的角度"与一般习惯相同,逆时针方向为正,顺时针方向为负。

下面讨论开环传递数中含有串联积分环节,即$v\neq 0$的情况。

根据式(5.5.13),系统的开环频率特性可写成

$$G(j\omega)H(j\omega)=\frac{KM(j\omega)}{(j\omega)^{v}\cdot N'(j\omega)} \tag{5.5.15}$$

按照前一节的结论3,对于开环具有串联积分环节的系统,在分析其闭环稳定性时,$j\omega$的变化线是$(0_+,j0)\to(0,j0_+)\to j\infty$,即图5.5.2中$A\to B\to j\infty$。

当$j\omega$由$(0_+,j0)\to(0,j0_+)$时,开环频率特性$G(j\omega)H(j\omega)$的幅值为∞的Nyquist图在5.3.1节中已详细讲述了其作法。因此,只要在原有的$\omega=0_+\to+\infty$的开环Nyquist图中补上由$(0_+,j0)\to(0,j0_+)$的一段即可。增补的方法是:由原开环频率特性$\omega=0_+$处起,以∞为半径顺时针方向画过$v\frac{\pi}{2}$角度,如图5.5.5所示,图中的虚线即增补的部分。增补后的Nyquist图称做增补的开环频率特性。

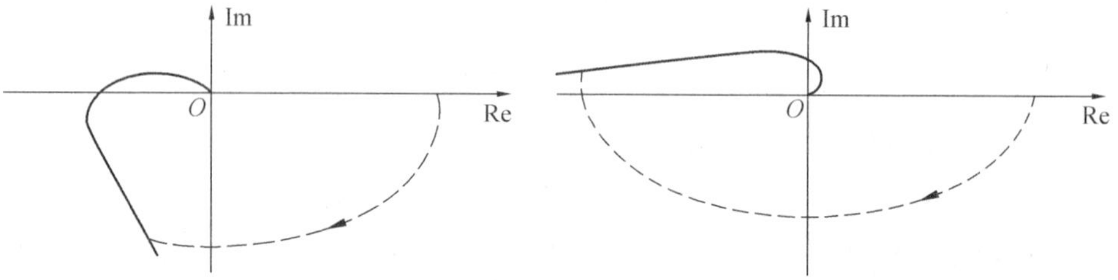

图5.5.5　增补的开环频率特性

这样,前一节的结论可改述为:对于开环传递函数中含有串联积分环节的系统,闭环系统稳定的充要条件是$[1+G(j\omega)H(j\omega)]$的增补曲线绕原点转过的角度为$P\pi$。

还可以更进一步简化为:闭环系统稳定的充要条件是开环频率特性$G(j\omega)H(j\omega)$增补的Nyquist曲线绕点$(-1,j0)$转过的角度为$P\pi$。这就是开环传递函数中含有串联积分环节时的Nyquist稳定判据。

对于$P=0$的系统更可以简化为:闭环系统稳定的充要条件是开环频率特性$G(j\omega)H(j\omega)$的Nyquist曲线(或增补的Nyquist曲线)不包围点$(-1,j0)$。

例 5.5.1 设某闭环系统的开环传递函数为

$$G(s)H(s) = \frac{K(\tau s + 1)}{s^2(Ts + 1)}$$

$$K > 0, T > 0, \tau > 0$$

试用 Nyquist 判据分析 $T < \tau, T > \tau$ 和 $T = \tau$ 三种情况下闭环系统的稳定性。

解 (1) $T < \tau$ 的情况

从给定的开环传递函数看到，该系统在 S 平面的右半平面无极点，$P = 0$。开环传递函数中有两个串联积分环节，$v = 2$。做出开环频率特性曲线及其增补曲线，分别为图 5.5.6(a) 中实线和虚线。由图中看到增补的 Nyquist 曲线不包围点 $(-1, \mathrm{j}0)$，所以闭环系统稳定。

(2) $T > \tau$ 的情况

开环频率特性的 Nyquist 曲线及其增补曲线如图 5.5.6(b) 中的实线和虚线所示。可以看到，增补的 Nyquist 曲线包围了点 $(-1, \mathrm{j}0)$，所以闭环系统是不稳定的。

(3) $T = \tau$ 的情况

这种情况下，开环的 Nyquist 曲线及其增补曲线如图 5.5.6(c) 所示，由于该曲线恰好通过点 $(-1, \mathrm{j}0)$，所以闭环系统是临界稳定的。

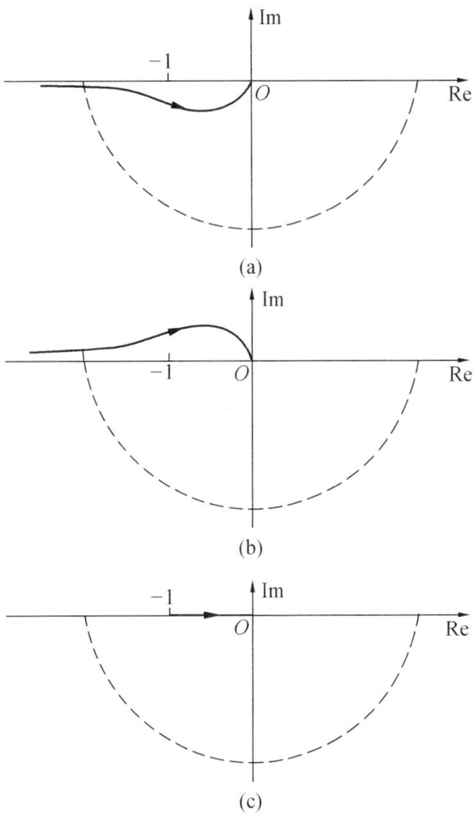

图 5.5.6 Nyquist 图

例 5.5.2 设某非最小相位系统的开环传递函数为

$$G(s)H(s) = \frac{K}{Ts - 1} \qquad T > 0$$

试分析 $K > 1$ 和 $0 < K < 1$ 情况下闭环系统的稳定性。

解 该系统的开环传递函数有一个正实数极点，因此 $P = 1$；开环传递函数中无串联积分环节，无需做增补曲线。

(1) $K > 1$ 的情况

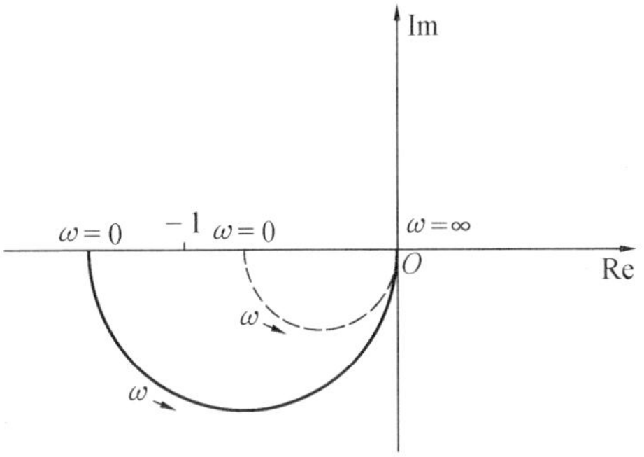

图 5.5.7 Nyquist 图

$K > 1$ 时，开环的 Nyquist 图如图 5.5.7 中实线所示，$\omega = 0 \to +\infty$ 变化时，系统的 Nyquist 曲线绕点 $(-1, \mathrm{j}0)$ 转过的角度为 $\theta = P\pi$，所以闭环系统是稳定的。

(2)$0 < K < 1$ 的情况

$0 < K < 1$ 时开环的 Nyquist 图如图 5.5.7 中虚线所示,$\omega = 0 \to +\infty$ 变化时,系统的 Nyquist 曲线绕点$(-1,j0)$ 转过的角度为 $0° \neq P\pi$,所以闭环系统不稳定。

5.5.4 Bode 图中的 Nyquist 判据

在复数平面上绘制开环频率特性的 Nyquist 图是比较麻烦的,而绘制开环频率特性的 Bode 图则是比较容易的。因此,用开环频率特性的 Bode 图来分析闭环系统的稳定性将使作图工作大为简化。

Nyquist 图与 Bode 图具有如下的对应关系:

(1)Nyquist 图的坐标系中,以原点为圆心,半径为 1 的单位圆对应于 Bode 图中的 0 dB 线;单位圆外的区域对应于 0 dB 线以上的区域;单位圆以内的区域对应于 0 dB 线以下的区域。

(2)Nyquist 图的坐标系中,负实轴对应于 Bode 图相频特性中的 $-180°$ 线。

(3) 如果系统的开环 Nyquist 曲线沿顺时针方向穿过单位圆以外的负实轴,如图 5.5.8(a) 中的点 A,称做“负穿越”(“负”表示向幅角减小的方向)。负穿越在 Bode 图上对应为:在幅频特性大于 0 dB 的频段内相频特性向幅角减小的方向穿过 $-180°$ 线。如图 5.5.8(b) 中的点 A 所示。

(4) 如果系统的开环 Nyquist 曲线沿逆时针方向穿过单位圆以外的负实轴,如图 5.5.8(a) 中的点 B,称做“正穿越”(“正”表示向幅角增大的方向)。正穿越在 Bode 图上对应为:在对数幅频特性大于 0 dB 的频段内,对数相频特性向幅角增大的方向穿过 $-180°$ 线。如图 5.5.8(b) 中的点 B 所示。

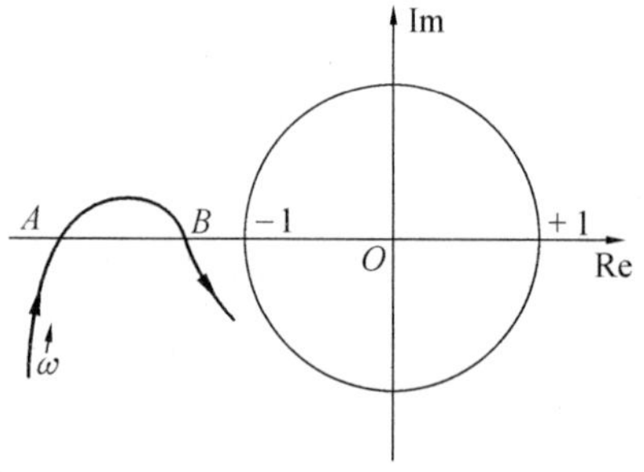

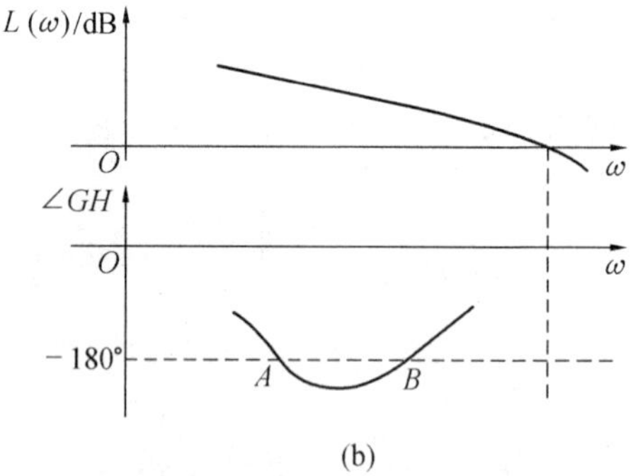

图 5.5.8 Nyquist 图与 Bode 图的对应关系

由图 5.5.8(a) 看到,如果开环频率特性的 Nyquist 曲线(或其增补曲线) 不包围$(-1,j0)$点,则在单位圆外的负实轴上的正穿越的次数 N^+ 应与负穿越的次数 N^- 相等。由此得到 $P = 0$ 情况下的 Nyquist 判据:

如果系统的开环传递函数在 S 平面的右半平面无极点,即 $P = 0$,则闭环系统稳定的充要条件是:系统的开环 Bode 图中,在幅频特性大于0 dB 的频段内,其相频特性(或其增补的相频特性)正、负穿越次数相等,即 $N^+ = N^-$,或不存在任何穿越。

需要指出,若开环传递函数中含有 v 个串联积分环节,在 Bode 图中作开环频率特性增补曲线的方法是:在相频特性的最低频率端,把相频特性曲线向角度增大的方向延伸 $v \cdot 90°$。如图 5.5.9 所示。

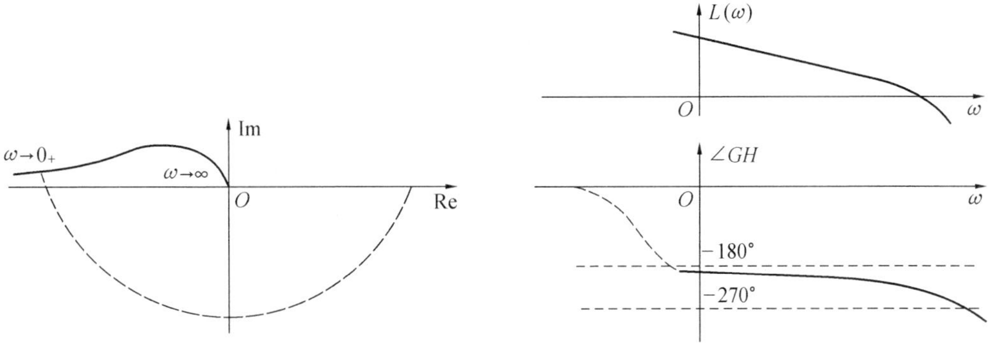

图 5.5.9 Nyquist 图与 Bode 图中的增补曲线

图 5.5.10 是一个系统的开环 Nyquist 曲线及其增补曲线,由图中可以看到,曲线绕(-1,j0)转过的角度是

$$(N^+ - N^-) \cdot 2\pi$$

其中 N^+ 和 N^- 分别是开环 Nyquist 曲线在单位圆外负实轴上正、负穿越的次数。对于 $P \neq 0$ 的系统,如果$(N^+ - N^-)2\pi = P\pi$,则闭环系统是稳定的;否则闭环系统不稳定。

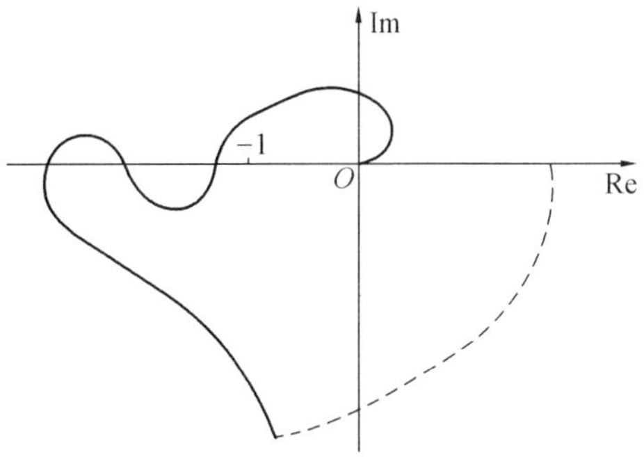

图 5.5.10 Nyquist 图

由此可以得到 $P \neq 0$ 时的 Nyquist 稳定判据:

如果系统的开环传递函数在 S 平面的右半平面有 P 个极点,则闭环系统稳定的充分必要条件是:系统的开环 Bode 图中,在幅频特性大于0 dB 的频段内,其相频特性(或增补的相频特性)正、负穿越的次数之差为 $N^+ - N^- = P/2$。

顺便指出,如果开环频率特性的 Nyquist 曲线起始于单位圆外的负实轴,其 Bode 图中的相频特性起始于 -180° 线,则视为 1/2 次穿越,正、负由相角变化的方向决定。

5.6 稳定裕度

具有稳定性是控制系统可以正常工作的必要条件,然而仅仅稳定是远不够的。如果控制系统虽然是稳定的,但很接近于临界稳定,该系统的性能,尤其是动态过程品质必然很差,并且当系统中一些参数发生变化时,很容易造成不稳定。因此对于稳定的控制系统,研究其接近于临界稳定的程度,将能很好地反映出这个系统的性能品质。这一节将讨论控制系统接近于临界稳定的程度,称做相对稳定性,又称稳定裕度。

对于常见的开环传递函数没有极点在 S 平面右半部($P=0$)的系统,其闭环系统稳定的充要条件是其开环频率特性的 Nyquist 曲线不包围点(-1,j0)。若开环频率特性恰好通过(-1,j0)点,闭环系统处于临界稳定状态,如图 5.6.1 中曲线 2 所示。图中开环频率特性 1 所代表的负反馈系统,其闭环系统是稳定的。频率特性 1 到(-1,j0)之间远近的程度,即是稳定裕度,用相角裕度和幅值裕度定量地表示。

5.6.1 相角裕度

开环频率特性 $G(j\omega)H(j\omega)$ 在 Nyquist 图上与单位圆相交处的角频率 ω_c 称做控制系统开环频率特性的剪切频率。对于 ω_c 有

$$|G(j\omega_c)H(j\omega_c)|=1 \tag{5.6.1}$$

在 $\omega=\omega_c$ 时,开环相频特性 $\angle[G(j\omega_0)H(j\omega_c)]$ 与 $-180°$ 之间相差的角度 γ 称为相角裕度。相角裕度 γ 由负实轴起,逆时针方向为正。所以相角裕度可以由下式计算

$$\gamma=\angle[G(j\omega_c)H(j\omega_c)]-(-180°)=180°+\angle[G(j\omega_c)H(j\omega_c)] \tag{5.6.2}$$

见图 5.6.2。

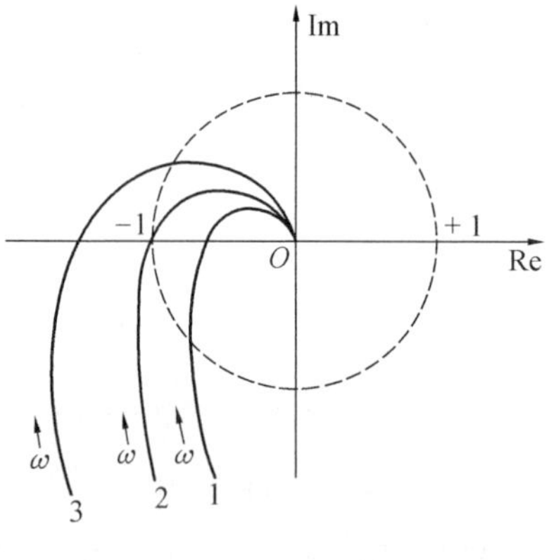

图 5.6.1 开环频率特性

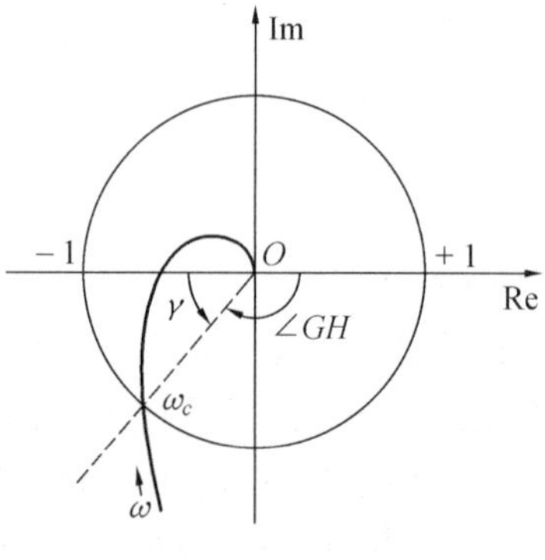

图 5.6.2 相角裕度

相角裕度的物理意义是:如果在系统的开环频率特性中,在剪切频率 ω_c 处再增加数值为 γ 的相位滞后,闭环系统即达到临界稳定状态。

相角裕度是控制系统设计时的重要指标,通常要求 $\gamma=(30°\sim 60°)$。计算相角裕度的方法和步骤是:首先根据开环频率特性由式(5.6.1)求出系统的剪切频率 ω_c,再将 ω_c 代入式(5.6.2),即可求得相角裕度 γ。

5.6.2 幅值裕度

由图 5.6.3 看到，当开环频率特性的相角为 $-180°$ 时所对应的角频率为 ω_g，这时开环频率特性的幅值 $|G(j\omega_g)H(j\omega_g)|$ 的大小可以表示闭环系统接近临界稳定的程度。所以，将幅值裕度记为 K_g，有

$$K_g = \frac{1}{|G(j\omega_g)H(j\omega_g)|} \tag{5.6.3}$$

K_g 的值越大，说明开环频率特性在 $\omega = \omega_g$ 这一点上离$(-1,j0)$越远，闭环系统的稳定性越好。

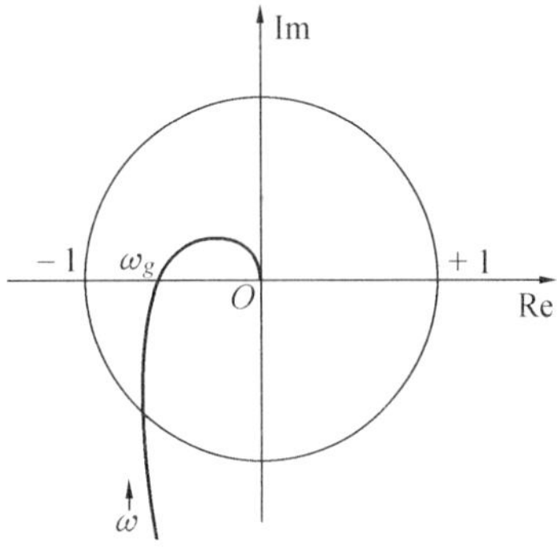

图 5.6.3 幅值裕度

幅值裕度的物理意义是：若开环传递函数 $G(s)H(s)$ 再乘以 K_g，则闭环系统达到临界稳定状态。

计算幅值裕度的方法和步骤是：首先根据开环频率特性由方程

$$\angle G(j\omega_g)H(j\omega_g) = -180°$$

求出 ω_g；再将求得的 ω_g 值代入式(5.6.3)，即可求得幅值裕度 K_g。

5.6.3 Bode 图中稳定裕度

根据 Bode 图与 Nyquist 图的对应关系，可以将相角裕度和幅值裕度表示在 Bode 图中，并由 Bode 图求得相角裕度和幅值裕度。

当 $\omega = \omega_c$ 时，系统开环频率特性的幅值 $|G(j\omega_c)H(j\omega_c)| = 1$，在 Bode 图的对数幅频特性中 $20\lg|G(j\omega_c)H(j\omega_c)| = 0$。因此，Bode 图的对数幅频特性中可以得出 ω_c 所对应的角 $\angle G(j\omega_c)H(j\omega_c)$，从而可以得出相角裕度 γ，见图 5.6.4。

当 $\omega = \omega_g$ 时，$\angle G(j\omega_g)H(j\omega_g) = -180°$。在 Bode 图对数相频特性中，相频特性与 $-180°$ 线交点所对应的频率为 ω_g。在对数幅频特性中，可以得到 ω_g 所对应的幅值 $20\lg|G(j\omega_g)H(j\omega_g)|$。由式(5.6.3)得出

$$20\lg K_g = -20\lg|G(j\omega_g)H(j\omega_g)|$$

由此可以得出 dB 形式表示的幅值裕度，见图 5.6.4。

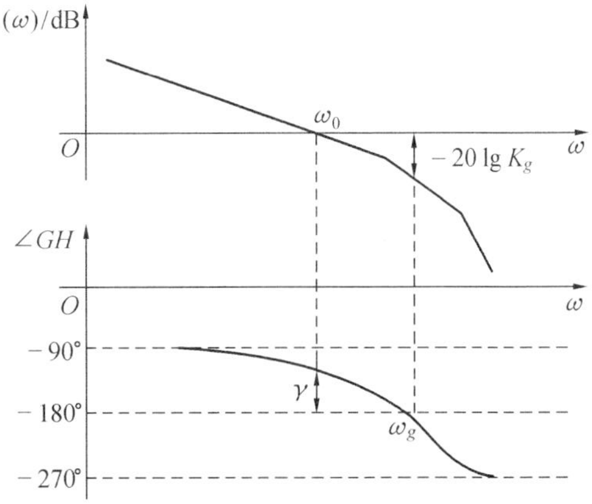

图 5.6.4 Bode 图中的相角裕度和幅值裕度

5.6.4 关于相角裕度和幅值裕度的几点说明

(1) 系统的相角裕度和幅值裕度表示闭环系统与其临界稳定状态远离的程度,也可以间接地表示系统的动态过程品质,所以常被用做控制系统设计的指标。

(2) 如果在计算相角裕度时出现小于0的负值,或计算幅值裕度时出现 $K_g < 1$(或小于0 dB)的情况,应检查该闭环系统是否稳定。

(3) 一些书中介绍,用稳定裕度的正、负来判断闭环系统的稳定性。这样做很繁琐,也很容易得出错误的结论。建议不用这个方法判断系统的稳定性。

(4) 对于一些复杂的系统,往往可以求出多个相角裕度 γ 和幅值裕度 K_g 的值,这时,以最小的 γ 值和最小的 K_g 值作为相角裕度和幅值裕度,见图5.6.5。

(5) 对于一阶、二阶系统或开环传递函数分母阶次 n 与分子阶次 m 之差 $(n-m)$ 等于1或2的系统,如果其开环频率特性的 Nyquist 图与负实轴不相交,这时 $K_g = \infty$。

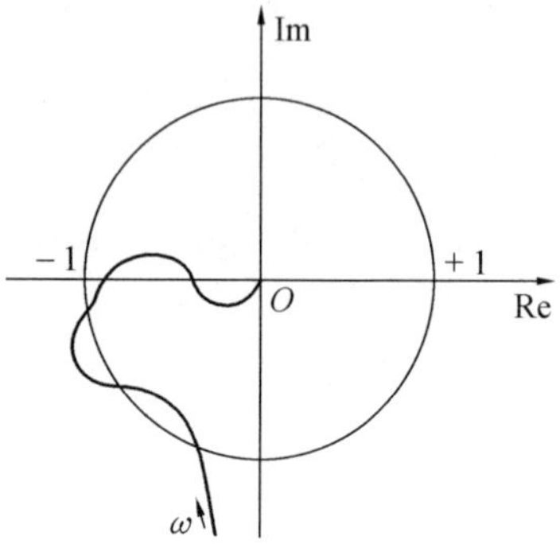

图 5.6.5　复杂形状的 Nyquist 图

例 5.6.1　控制系统的开环传递函数为

$$G(s)H(s) = \frac{k}{s(s+1)(s+5)}$$

分别求取 $k = 10$ 和 $k = 100$ 时的相角裕度和幅值裕度。

解　(1) 当 $k = 10$ 时,系统的开环频率特性是

$$G(\mathrm{j}\omega)H(\mathrm{j}\omega) = \frac{10}{\mathrm{j}\omega(\mathrm{j}\omega+1)(\mathrm{j}\omega+5)}$$

令此式的模等于1,解得 $\omega_c = 1.22$。将 ω_c 值代入上式,求得相角

$$\angle G(\mathrm{j}\omega)H(\mathrm{j}\omega) = -154^\circ$$

按照式(5.6.2)得到

$$\gamma = \angle G(\mathrm{j}\omega)H(\mathrm{j}\omega) + 180^\circ = 26^\circ$$

再令 $\angle G(\mathrm{j}\omega)H(\mathrm{j}\omega) = -180^\circ$,求得

$$\omega_g = 2.23$$

$$|G(\mathrm{j}\omega_g)H(\mathrm{j}\omega_g)| = 0.335 \qquad K_g = \frac{1}{|G(\mathrm{j}\omega_g)H(\mathrm{j}\omega_g)|} = 2.99$$

也可以用计算机画出系统的 Bode 图,再由 Bode 图求出相角裕度和幅值裕度。在 MATLAB 的命令窗中键入:

```
>> bode(10,[1,6,5,0]);grid
```

得到图5.6.6的 Bode 图。用鼠标点击点 A,得到幅值为0 dB时,$\omega_c = 1.23$。再用鼠标点击点 B,得到 $\omega_c = 1.23$ 时幅角是 -155°,进而得出相角裕度 $\gamma = 25^\circ$。

在图5.6.6的 Bode 图中,用鼠标点击点 C,得到相角为 -180° 时,$\omega_g = 2.21$;再用鼠标点

击点 D,得到 $\omega_g = 2.21$ 时幅值是 -9.49 dB,进而得出幅值裕度 $K_g = 9.49$ dB。

在 Bode 图中求相角裕度和幅值裕度时,由于点 A、B、C、D 选取得不十分准确,得到的结果也会有一些误差。在工程计算中,一般不超过(1 ~ 2)% 的误差是允许的。

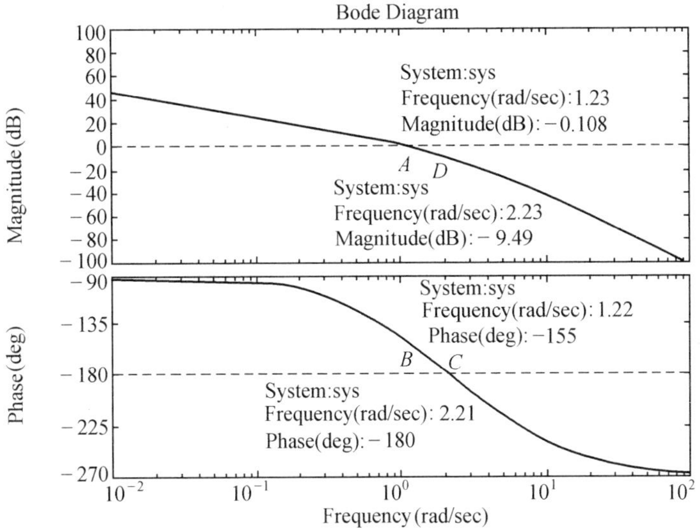

图 5.6.6 Bode 图

(2) 当 $k = 100$ 时,系统的开环频率特性是

$$G(j\omega)H(j\omega) = \frac{100}{j\omega(j\omega + 1)(j\omega + 5)}$$

令此式的模等于 1,解得 $\omega_c = 3.92$。将 ω_c 值代入该式,求得相角

$$\angle G(j\omega)H(j\omega) = -204°$$

按照式(5.6.2) 得到

$$\gamma = \angle G(j\omega)H(j\omega) + 180° = -24°$$

再令 $\angle G(j\omega)H(j\omega) = -180°$,求得

$$\omega_g = 2.23$$

$$|G(j\omega_g)H(j\omega_g)| = 3.16 \qquad K_g = \frac{1}{|G(j\omega_g)H(j\omega_g)|} = 0.316$$

也可以用计算机画出系统的 Bode 图,再由 Bode 图求出相角裕度和幅值裕度。在 MATLAB 的命令窗中键入:

```
>> bode(100,[1,6,5,0]);grid
```

得到图 5.6.7 的 Bode 图。用鼠标点击点 A,得到幅值为 0 dB 时,$\omega_c = 3.9$。再用鼠标点击点 B,得到 $\omega_c = 3.9$ 时幅角是 $-203°$,进而得出相角裕度 $\gamma = -23°$。

在图 5.6.7 的 Bode 图中,用鼠标点击点 C,得到相角为 $-180°$ 时,$\omega_g = 2.21$;再用鼠标点

击点 D,得到 $\omega_g = 2.21$ 时幅值是 10.6 dB,进而得出幅值裕度 $K_g = -10.6$ dB。

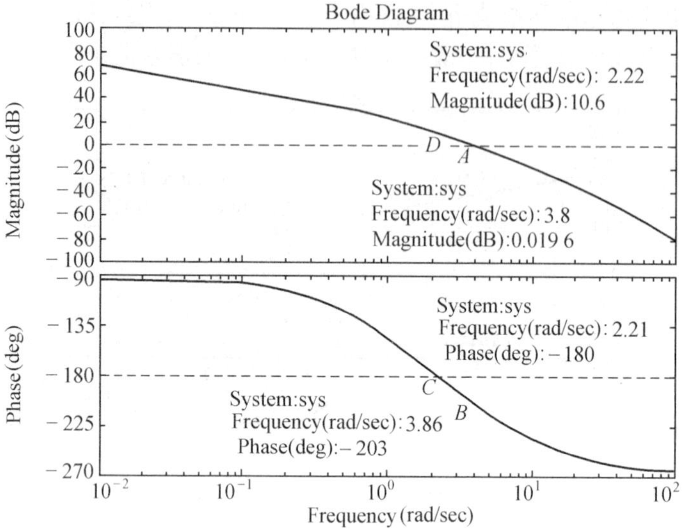

图 5.6.7　Bode 图

例 5.6.2　设二阶系统的开环传递函数为

$$G(s)H(s) = \frac{\omega_n^2}{s(s + 2\zeta\omega_n)}$$

试求该系统的相角裕度。

解　该系统是一个典型的二阶系统,其闭环传递函数是典型的二阶系统传递函数

$$\Phi(s) = \frac{\omega_n^2}{s^2 + 2\zeta\omega_n s + \omega_n^2}$$

由给定的开环传递函数求得该系统的开环频率特性为

$$G(j\omega)H(j\omega) = \frac{\omega_n^2}{j\omega(j\omega + 2\zeta\omega_n)}$$

开环的幅频特性和相频特性分别为

$$|G(j\omega)H(j\omega)| = \frac{\omega_n^2}{\omega\sqrt{\omega^2 + (2\zeta\omega_n)^2}}$$

$$\angle G(j\omega)H(j\omega) = -90° - \arctan\frac{\omega}{2\zeta\omega_n}$$

由下列方程求剪切频率 ω_c

$$|G(j\omega_c)H(j\omega_c)| = \frac{\omega_n^2}{\omega_c\sqrt{\omega_c^2 + (2\zeta\omega_n)^2}} = 1$$

解得

$$\omega_c = \omega_n\sqrt{\sqrt{1+4\zeta^4}-2\zeta^2}$$

计算 $\omega = \omega_c$ 时,开环频率特性的相角

$$\angle G(\mathrm{j}\omega)H(\mathrm{j}\omega) = -90^\circ - \arctan\frac{\omega_c}{2\zeta\omega_n} = -90^\circ - \arctan\frac{\sqrt{\sqrt{1+4\zeta^4}-2\zeta^2}}{2\zeta}$$

由式(5.6.2),得出二阶系统相角裕度的表达式

$$\gamma = 180^\circ + \angle G(\mathrm{j}\omega_c)H(\mathrm{j}\omega_c) = \arctan\frac{2\zeta}{\sqrt{\sqrt{1+4\zeta^4}-2\zeta^2}} \tag{5.6.4}$$

此式说明二阶系统开环频率特性的相角裕度 γ 与闭环传递函数中阻尼比 ζ 的关系:① 二阶系统的相角裕度 γ 仅与阻尼比 ζ 有关,与 ω_n 无关;② 二阶系统的阻尼比 ζ 越大,相角裕度 γ 越大。

5.7 稳态误差分析

由开环频率特性的 Bode 图可以很容易地分析单位反馈系统的稳态误差。对于单位反馈系统,由第三章的表 3.10.1 可以看到,只要知道开环传递函数中串联积分环节个数 v 和开环放大倍数 K,即可求得不同输入信号作用下的稳态误差。当给定一个单位反馈控制系统的 Bode 图后,便可以确定该系统的型别和静态误差系数,从而求出稳态误差。

1. 0 型系统

根据绘制对数幅频渐近特性的方法,可知对数渐近幅频特性具有以下特征:

(1)0 型系统对数幅频渐近特性的最低频段是斜率为 0 的水平线;

(2) 水平段的高度为 $20\lg K$。K 是系统的开环放大倍数,对于 0 型系统,$K = K_p$。

因此,由对数幅频渐近特性的最低频段可以确定系统为 0 型,并求出 K_p,见图 5.7.1(a)。

2. Ⅰ 型系统

根据绘制对数幅频渐近特性的方法,可知 Ⅰ 型系统的对数渐近幅频特性具有以下特征:

(1) Ⅰ 型系统对数幅频渐近特性的最低频段斜率为 -20 dB/dec;

(2) 最低频段(或其延长线)在 $\omega = 1$ 处的高度为 $20\lg K$。K 是系统的开环放大倍数,对于 Ⅰ 型系统,$K = K_v$;

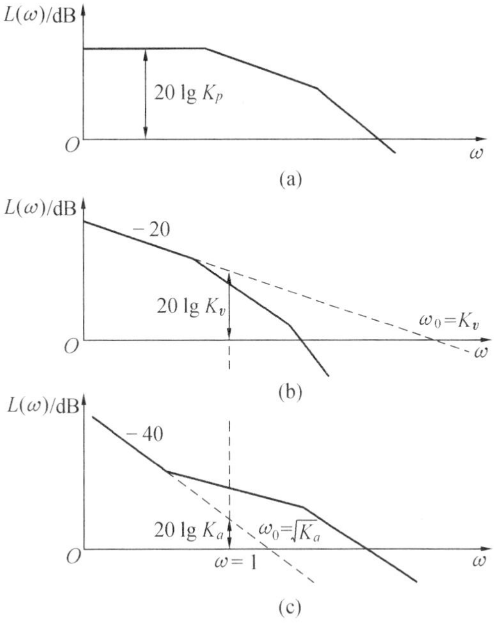

图 5.7.1 系统的型与 K

(3)若最低频段(或其延长线)与横轴的交点频率为 ω_0,则 $\omega_0 = K = K_v$。(读者可自行证明这一结论。)

因此,可以由对数幅频渐近特性的最低频段确定系统为 Ⅰ 型,并求出 K_v,见图 5.7.1(b)。

3. Ⅱ 型系统

根据绘制对数幅频渐近特性的方法,可知 Ⅱ 型系统的对数渐近幅频特性具有以下特征:

(1)Ⅱ 型系统对数渐近幅频特性的最低频段斜率为 -40 dB/dec;

(2)最低频段(或其延长线)在 $\omega = 1$ 处的高度等于 $20\lg K$。K 是系统的开环放大倍数,对于 Ⅱ 型系统,$K = K_a$;

(3)若最低频段(或其延长线)与横轴的交点频率为 ω_0,则 $\omega_0 = \sqrt{K} = \sqrt{K_a}$。(读者可自行证明这一结论。)

因此,可以由对数幅频渐近特性的最低频段确定系统为 Ⅱ 型,并求出 K_a,见图 5.7.1(c)。

这样,由系统的 Bode 图得出系统的型别和开环增益后,便可用表 3.10.1 给出的计算方法求出单位反馈系统的稳态误差。

5.8 由开环频率特性分析闭环系统的动态过程

5.8.1 二阶系统开环频率特性和动态性能指标的关系

闭环传递函数为

$$\Phi(s) = \frac{\omega_n^2}{s^2 + 2\zeta\omega_n s + \omega_n^2} \qquad 0 < \zeta < 1$$

的二阶系统,其相应的开环传递函数为

$$G(s)H(s) = \frac{\omega_n^2}{s(s + 2\zeta\omega_n)}$$

下面分析作为频域指标的相角裕度 γ、剪切频率 ω_c 与时域指标超调量 σ_p、峰值时间 t_p、调整时间 t_s 的关系。

由例 5.6.2 中的式(5.6.4)得到二阶系统相角裕度 γ 的表达式为

$$\gamma = \arctan\frac{2\zeta}{\sqrt{\sqrt{1 + 4\zeta^4} - 2\zeta^2}} \tag{5.8.1}$$

可以看到,二阶系统相角裕度是闭环阻尼比 ζ 的函数,因此,可以用阻尼比 ζ 来描述。二阶系统单位阶跃响应的超调量为

$$\sigma_p = e^{-\zeta\pi/\sqrt{1-\zeta^2}} \times 100\%$$

由此式可知,σ_p 仅是阻尼比 ζ 的函数。因此,通过式(5.8.1)可以求得 σ_p 和 γ 的关系式

$$\sigma_p = e^{-\pi/\sqrt{2\sqrt{M^2-1}-1}} \times 100\% \tag{5.8.2}$$

其中

$$M = \frac{\tan^2\gamma + 2}{\tan^2\gamma}$$

用式(5.8.2)计算二阶系统的超调量是很繁琐的,可以利用图表或近似算法粗略地求得相角裕度、阻尼比 ζ 和超调量 σ_p 的关系。图 5.8.1(a) 和(b) 是 $\gamma - \zeta$ 和 $\gamma - \sigma_p$ 的关系曲线。

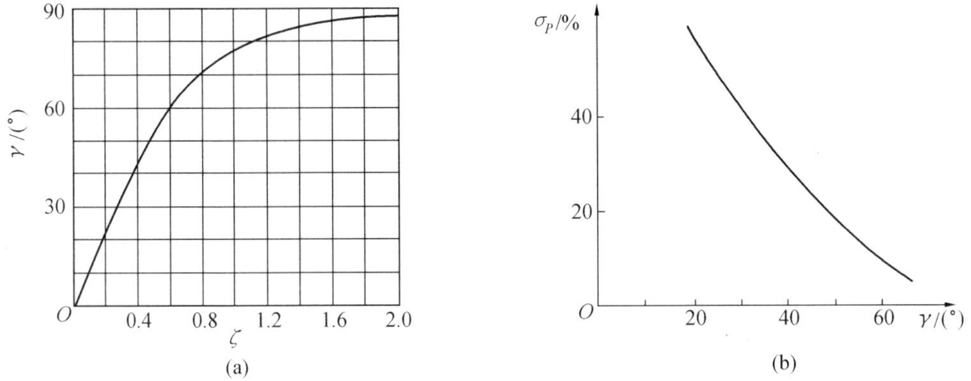

图 5.8.1　二阶系统频域指标和时域指标的关系

由以上的讨论可以得出如下结论:

(1) 二阶系统的相角裕度越大,则阻尼比 ζ 越大,超调量 σ_p 越小。

(2) 当 $\gamma = 30° \sim 60°$ 时,约有 $\zeta = 0.3 \sim 0.6$,因此可近似计算 $\gamma \approx 100 \times \zeta(0.3 < \zeta < 0.6)$。

(3) 当 $\gamma = 30° \sim 60°$ 时,相应的超调量为 $\sigma_p = 37\% \sim 9.5\%$,在这之间可以按直线关系做近似计算。

(4) 对于闭环系统中具有一对复数主导极点的高阶系统,可以由开环的频域指标 —— 相角裕度计算时域指标超调量 σ_p。

(5) 对于闭环极点中具有一对离虚轴最近的极点但不构成主导极点的高阶系统,仍可以定性地认为:为了使闭环系统具有较小的超调量,系统的开环频率特性应有较大的相角裕度。

下面分析二阶系统开环频率特性和时域指标 t_s、t_p 的关系。

二阶系统的剪切频率 ω_c 由例 5.6.2 求得为

$$\omega_c = \omega_n\sqrt{\sqrt{1+4\zeta^4} - 2\zeta^2}$$

在第二章中还求得二阶系统峰值时间 t_p 和调整时间 t_s 的表达式为

$$t_p = \frac{\pi}{\omega_n\sqrt{1-\zeta^2}}$$

$$t_s = \frac{1}{\zeta\omega_n}\ln\frac{1}{\Delta\sqrt{1-\zeta^2}}$$

由上列各式求得

$$\omega_c t_p = \pi\sqrt{\frac{\sqrt{1+4\zeta^4}-2\zeta^2}{1-\zeta^2}} \tag{5.8.3}$$

$$\omega_c t_s = \frac{1}{\zeta}\sqrt{\sqrt{1+4\zeta^4}-2\zeta^2}\ln\frac{1}{\Delta\sqrt{1-\zeta^2}} \tag{5.8.4}$$

并可进一步得出 t_p、t_s 与剪切频率 ω_c 和相角裕度 γ 的关系

$$\omega_c t_p = \frac{2\pi}{\tan\gamma}\frac{1}{\sqrt{2\sqrt{M^2-1}-1}} \tag{5.8.5}$$

$$\omega_c t_s = \frac{2}{\tan\gamma}\ln\frac{\sqrt{2\sqrt{M^2-1}}}{\Delta\sqrt{2\sqrt{M^2-1}-1}} \tag{5.8.6}$$

式中

$$M = \frac{\tan^2\gamma + 2}{\tan^2\gamma}$$

由式(5.8.5)、(5.8.6)绘出的二阶系统 $\omega_c t_p$、$\omega_c t_s$ 和相角裕度 γ 的关系曲线示于图 5.8.2。

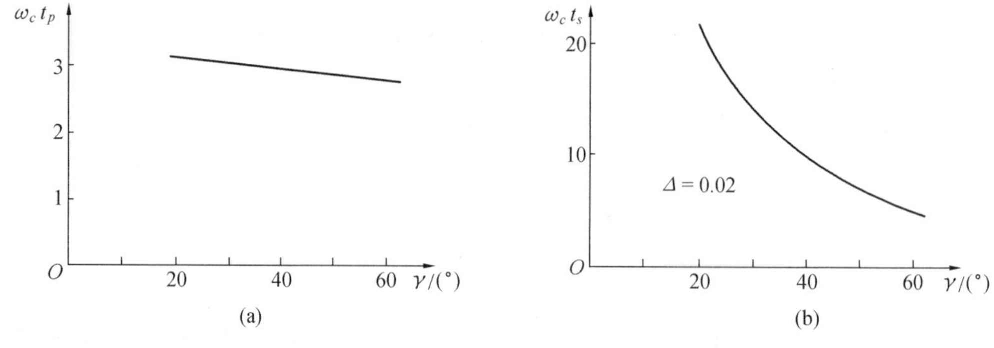

图 5.8.2　二阶系统 $\omega_c t_p$、$\omega_c t_s$ 和相角裕度 γ 的关系

由以上的分析可以得出如下结论：

(1) 由系统开环频率特性的频域指标相角裕度 γ 和剪切频率 ω_c，可以用公式(5.8.2)、(5.8.5) 和(5.8.6) 求出闭环系统的时域指标超调量 σ_p 和调整时间 t_s、峰值时间 t_p。

(2) 由系统的时域性能设计指标要求 σ_p 和 t_s、t_p，可以转换成系统频域 γ 和 ω_c 指标的要求。

(3) 在相角裕度 γ 一定的情况下，t_s 和 t_p 与剪切频率 ω_c 成反比。因此，要提高系统的快速性，应增大 ω_c。

(4) 在剪切频率 ω_c 一定的情况下，相角裕度 γ 越大，超调量 σ_p 越小。因此，为了减小系统的超调量，应增大相角裕度。

5.8.2 高阶系统开环频率特性和动态性能指标

高阶系统频域指标和时域指标之间的关系不像二阶系统那样简单。如果闭环系统的极点中,有一对复数极点构成主导极点,则可以用二阶系统的计算公式,由开环频域指标 γ 和 ω_c 求出闭环系统的时域指标 σ_p 和 t_s、t_p。如果高阶系统闭环极点中不形成主导极点,仍可定性地认为:开环频率特性的相角裕度越大,系统的超调量越小;在保证有足够大相角裕度的前提下,ω_c 越大,t_s 和 t_p 越小,系统的快速性越好。

分析高阶系统动态性能的最好办法是用计算机直接作出闭环系统的单位阶跃响应曲线,再由曲线各相应点的数值求出动态性能指标。

在工程实践中,常用一些经验公式来近似地估算高阶系统的动态性能指标。这一类的经验公式很多,这里只介绍常用的两个。

(1) 由相角裕度计算超调量 σ_p

$$\sigma_p = 0.16 + 0.4\left(\frac{1}{\sin\gamma} - 1\right) \tag{5.8.7}$$

这一经验公式适用于 $34° < \gamma < 90°$ 的情况,计算很简单。

(2) 由相角裕度 γ 和剪切频率 ω_c,计算调整时间 t_s

$$t_s = \frac{\pi}{\omega_c}\left[2 + 1.5\left(\frac{1}{\sin\gamma^6} - 1\right) + 2.5\left(\frac{1}{\sin\gamma^6} - 1\right)^2\right] \tag{5.8.8}$$

这一经验公式也适用于 $34° < \gamma < 90°$ 的情况。

5.9 闭环频率特性与动态性能指标的关系

由控制系统的闭环频率特性可以分析得出一些系统的动态性能指标。

5.9.1 典型的闭环频率特性

控制系统的闭环频率特性可以由闭环传递函数得出,并且可以写成

$$\Phi(\mathrm{j}\omega) = \frac{Y(\mathrm{j}\omega)}{R(\mathrm{j}\omega)} = \Phi(s)\big|_{s=\mathrm{j}\omega} = A(\omega)\mathrm{e}^{\mathrm{j}\theta(\omega)} \tag{5.9.1}$$

式中 $A(\omega)$—— 闭环幅频特性;

$\theta(\omega)$—— 闭环相频特性。

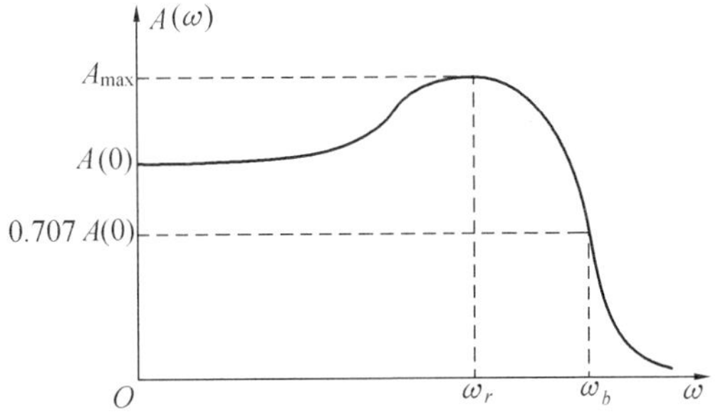

图 5.9.1 典型闭环频率特性

图 5.9.1 是一个典型的闭环幅频特性曲线。应注意,这里的纵、横坐标都是取作线性坐标。

对于单位反馈系统，由 5.3.4 节知道，闭环幅频特性 $A(\omega)$ 具有以下特点：

(1) 如果开环传递函数中含有串联积分环节，则闭环幅频特性在 $\omega=0$ 处的值为 $A(0)=1$。若开环传递函数中不含有串联积分环节，则

$$A(0)=\frac{K}{1+K} \tag{5.9.2}$$

(2) 在低频段，闭环幅频特性变化缓慢，比较平滑。

(3) 随着 ω 的增大，闭环幅频特性出现谐振峰，谐振峰对应的角频率为谐振频率 ω_r，谐振峰值为

$$A_{\max}=A(\omega_r)$$

并且定义

$$M_r=\frac{A_{\max}}{A(0)} \tag{5.9.3}$$

M_r 为相对谐振峰值。

(4) 角频率 ω 大于 ω_r 后，$A(\omega)$ 迅速下降。当闭环幅频特性降至 $0.707A(0)$ 时，对应的角频率 ω_b 称做截止频率。通常定义 $0\to\omega_b$ 为系统的通频带，或称闭环系统的带宽。

根据闭环频率特性的各个特征值，可以分析系统的性能。

5.9.2 二阶系统闭环幅频特性与时域指标的关系

1. 相对谐振峰频率 ω_r 与阻尼比 ζ 和超调量 σ_p 的关系

设单位反馈二阶系统的闭环传递函数为

$$\Phi(s)=\frac{\omega_n^2}{s^2+2\zeta\omega_n s+\omega_n^2}$$

相应的开环传递函数为

$$G(s)=\frac{\omega_n^2}{s(s+2\zeta\omega_n)}$$

闭环幅频特性为

$$A(\omega)=\frac{\omega_n^2}{\sqrt{(\omega_n^2-\omega^2)^2+(2\zeta\omega_n\omega)^2}}$$

由

$$\frac{\mathrm{d}A(\omega)}{\mathrm{d}\omega}=0$$

求得谐振峰值 $A_{\max}$ 和谐振频率 ω_r 为

$$A_{\max}=\frac{1}{2\zeta\sqrt{1-\zeta^2}}$$

$$\omega_r = \omega_n\sqrt{1-2\zeta^2} \qquad 0<\zeta<\frac{1}{\sqrt{2}} \tag{5.9.4}$$

式(5.9.4) 适用于 $0<\zeta<\frac{1}{\sqrt{2}}$,因为当 $\zeta>\frac{1}{\sqrt{2}}$ 时,闭环幅频特性不出现谐振峰,$A_{\max}=A(0)$。

考虑到 $A(0)=1$,由式(5.9.4),求得相对谐振峰值为

$$M_r = \frac{A_{\max}}{A(0)} = \frac{1}{2\zeta\sqrt{1-\zeta^2}} \qquad 0<\zeta<\frac{1}{\sqrt{2}} \tag{5.9.5}$$

由式(5.9.5) 得出二阶系统闭环幅频特性的相对谐振峰值 M_r 与闭环阻尼比 ζ 的关系,并且有

$$\zeta = \sqrt{\frac{1-\sqrt{1-\frac{1}{M_r^2}}}{2}} \qquad M_r \geqslant 1 \tag{5.9.6}$$

根据上式,可以由闭环幅频特性的 M_r 值计算出二阶闭环系统单位阶跃响应的超调量 σ_p。

2. 闭环带宽与调整时间 t_s 的关系

二阶系统的截止频率 ω_b 可按下式求得

$$A(\omega_b) = \left.\frac{\omega_n^2}{\sqrt{(\omega_n^2-\omega^2)^2+(2\zeta\omega_n\omega)^2}}\right|_{\omega=\omega_b} = 0.707$$

$$\omega_b = \omega_n\sqrt{(1-2\zeta^2)+\sqrt{2-4\zeta^2+4\zeta^4}}$$

二阶系统单位阶跃响应的调整时间 t_s 可以用

$$t_s = \frac{3 \text{ or } 4}{\zeta\omega_n} \qquad \Delta = 0.05 \text{ or } 0.02$$

近似式计算时可得到

$$\omega_b t_s = (3 \text{ or } 4)\sqrt{2\,\frac{\sqrt{M_r^2-1}+\sqrt{2M_r^2-1}}{M_r-\sqrt{M_r^2-1}}} \tag{5.9.7}$$

显然,通过式(5.9.6) 和式(5.9.7) 计算二阶系统的时域指标 σ_p 和 t_s 是十分困难的,但由以上公式可以得出一些结论:

(1) 二阶系统的超调量 σ_p 取决于闭环幅频特性的 M_r,M_r 越大,σ_p 越大。当 $M_r=1.2$ 时,$\sigma_p\approx 20\%$;当 $M_r=2$ 时,$\sigma_p\approx 50\%$。

(2) 在 M_r 一定的情况下,调整时间 t_s 和系统的闭环带宽 ω_b 成反比。为提高系统的快速性,在保证超调量满足设计要求的前提下,应尽量增大截止频率 ω_b,增大闭环系统带宽。

这两条结论也可以用来定性地估算高阶系统的动态过程时域指标。

5.9.3 高阶系统闭环幅频特性和时域性能指标的关系

对于高阶系统,其闭环频率特性与时域性能指标之间的关系非常复杂,计算非常困难,因

而推导它们之间的关系式意义不大。如果高阶系统的闭环零极点中,存在一对共轭的复数主导极点,则可以用二阶系统计算公式近似求解。

分析高阶系统时域性能品质的最好方法是根据系统的闭环传递函数,利用 MATLAB 软件作出系统的单位阶跃响应,系统的各项时域性能指标便都可以准确地求得。

在分析与设计高阶的控制系统时,常可以采用经验公式粗略地估算系统的性能指标,或定性地比较几个系统的优劣。下面简单地介绍一组经验公式

$$\sigma_p = \begin{cases} [100(M_r - 1)]\% & 1 \leqslant M_r \leqslant 1.25 \\ [50\sqrt{M_r - 1}]\% & 1.25 \leqslant M_r \leqslant 2 \end{cases} \tag{5.9.8}$$

$$t_s = \frac{\pi}{\omega_c}[2 + 1.5(M_r - 1) + 2.5(M_r - 1)^2] \qquad 1 \leqslant M_r \leqslant 1.8(M_r = \frac{1}{\sin\gamma^6}) \tag{5.9.9}$$

式中　ω_c——开环频率特性的剪切频率。

式(5.9.8)适用于 $1 < M_r < 2$。当 $M_r > 2$ 时超调量 σ_p 超过 50% 左右,控制系统几乎不能工作。

在一些参考资料中还介绍过很多其他的经验公式,各个公式的近似程度不同,计算的简便程度也不同,各有利弊。随着计算机的普及和功能强大的软件出现,准确地求出控制系统的各项性能指标已十分方便,所以这些经验公式用得越来越少,只在工程设计的初步设计阶段或粗略定性的估算中才有应用。

5.10　基于频率法的串联超前校正

5.10.1　基于频率法的校正

在前面的章节里,讨论了用频率法分析控制系统的性能:(1)用 Nyquist 判据可以由开环频率特性判断闭环系统的稳定性;(2)由开环频率特性或闭环频率特性可计算(或近似计算)出闭环控制系统的动态性能指标,主要是超调量 σ_p 和调整时间 t_s;(3)由开环频率特性可以求出开环传递函数中串联积分环节数目 v 和开环增益 K,从而计算出单位反馈系统在几种典型输入信号作用下的稳态误差。对于一个初步设计的控制系统,如果它的某些性能指标不能满足设计要求,就需要对它进行综合与校正。

基于频率法的综合与校正的基本思想是:首先研究怎样改造原有系统的频率特性,才能使系统的性能满足要求;然后根据改造原系统频率特性的要求,确定在原系统中需要附加的校正装置。频率法的综合与校正方法可以有很多种,要根据系统的设计要求,灵活地运用频率特性等基础知识,使系统满足设计要求。本章仅就一般性的问题,介绍一些校正方法。

对控制系统的设计要求不仅包括系统必须稳定,还包括:(1)动态过程指标。主要指超调量 σ_p 和调整时间 t_s,此外,上升时间 t_r、峰值时间 t_p、振荡次数 N 等也都是时域动态性能指标。

但一般只用 σ_p 和 t_s 来表示系统的动态性能;(2) 稳态误差指标。一般是指在某种典型输入信号作用下,允许的稳态误差 e_{ss} 值,对于单位反馈系统,稳态误差指标可以转化为对系统无差度(型) 和开环增益 K 的要求。

将控制系统设计的时域指标改为频域指标,是频率法综合与校正的重要步骤。在 5.8 和 5.9 节中已讨论了控制系统时域指标和频域指标的关系,利用这些关系式可以完成时域指标和频域指标的转换。

5.10.2 串联超前校正

串联超前校正是在以 $G_0(s)$ 为原开环传递函数的控制系统中,再串联进校正环节 $G_c(s)$,见图 5.10.1。

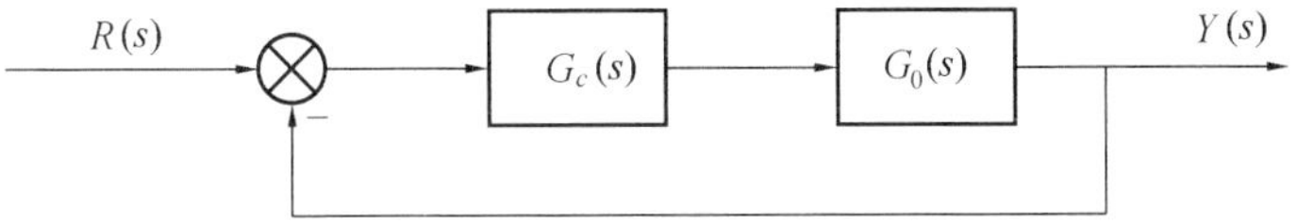

图 5.10.1 串联校正

串联超前校正环节 $G_c(s)$ 具有下列传递函数

$$G_c(s) = \frac{K_c(\tau s + 1)}{Ts + 1} = \frac{K_c(\tau s + 1)}{\alpha\tau s + 1} \qquad (\tau > T, 0 < \alpha < 1) \tag{5.10.1}$$

首先考虑 $K_c = 1$ 的情况,(K_c 的值可以根据稳态误差的要求来确定)。图 5.10.2 是串联超前校正环节 $\frac{\tau s + 1}{Ts + 1}$ 的对数频率特性。

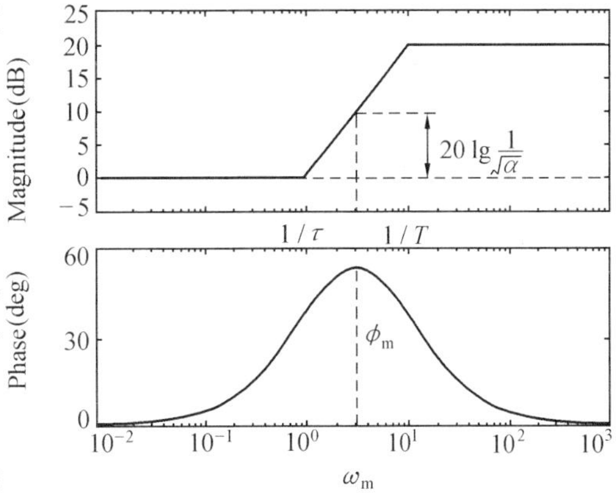

图 5.10.2 串联超前校正环节的对数频率特性

由图 5.10.2 看出,当 $\omega = \omega_m$ 时,其相频特性达到最大值 ϕ_m。由 $d\phi(\omega)/d\omega|_{\omega=\omega_m} = 0$ 可以解出

$$\omega_m = \frac{1}{\sqrt{\alpha\tau}}$$

$$\phi_m = \arcsin\frac{1-\alpha}{1+\alpha} \tag{5.10.2}$$

观察图 5.10.2 可以发现,ω_m 是幅频特性两个折点频率 $\frac{1}{\tau}$ 和 $\frac{1}{T} = \frac{1}{\alpha\tau}$ 的几何中点。因为 $G_c(s)$ 与原系统的开环传递函数 $G_0(s)$ 相串联时,二者 Bode 图的幅频特性和相频特性分别相加。如果能使 ω_m 与系统的剪切频率 ω_c 一致,则系统的开环相频特性将在 ω_c 处加上一个正的

相角ϕ_m,使系统的相角裕度增加ϕ_m,从而使系统的动态过程得到改善。

从图5.10.2中还可以看到,在$\omega = \omega_m$处,超前校正环节的对数幅频特性为

$$20\lg|G_c(j\omega_m)| = 20\lg\left|\frac{1+j\omega\tau}{1+j\omega T}\right|_{\omega=\omega_m} = 20\lg\left|\frac{1+j\omega\tau}{1+j\omega\alpha\tau}\right|_{\omega=\frac{1}{\sqrt{\alpha}\tau}} \approx 20\lg\frac{1}{\sqrt{\alpha}} > 0\ \text{dB} \tag{5.10.3}$$

当校正环节$G_c(s)$和$G_0(s)$串联在一起时,二者对数幅频特性相加。如果将$G_0(s)$的对数幅频特性上$20\lg|G_0(j\omega)| = -20\lg\frac{1}{\sqrt{\alpha}}$一点所对应的频率定为$\omega_m$,则在$\omega = \omega_m$点$G_c(j\omega)$和$G_0(j\omega)$的对数幅频特性相加,有

$$20\lg|G_0(j\omega_m)| + 20\lg|G_c(j\omega_m)| = 0\ \text{dB}$$

这说明$G_c(s)$和$G_0(s)$串联后,系统的剪切频率$\omega_c = \omega_m$将大于原系统的剪切频率。这样,不仅可以得到较大的相角增量ϕ_m,还可以使系统的剪切频率增大。

由前面的分析看到,串联超前校正的作用是:(1)可以使系统的相角裕度γ有较大的提高;(2)可以使系统的剪切频率ω_c也有些提高。这两个作用都是改善控制系统的动态过程。

5.10.3 串联超前校正的设计步骤

在设计串联超前校正装置时,首先考虑的是增大相角裕度γ,使之满足设计要求。具体的设计步骤如下:

(1)求出满足稳态误差设计要求的开环放大倍数K和串联积分环节数v,将K和v计入$G_0(s)$,记为$G'_0(s)$,然后做出$G'_0(s)$的Bode图。

(2)计算系统不变部分$G'_0(s)$的相角裕度γ_0。

(3)计算需要由串联超前校正提供的相角增量ϕ_m

$$\phi_m = \gamma - \gamma_0 + \Delta \tag{5.10.4}$$

式中 γ——设计要求的相角裕度;

γ_0——系统不变部分$G'_0(s)$的相角裕度;

Δ——适当的裕量,一般取$5° \sim 10°$。

由于串联超前校正以后,系统的剪切频率会增大,而式(5.10.4)中的γ_0是按原剪切频率计算的,所以式(5.10.4)不是精确的算法,只是估算的算法。如果系统不变部分$G'_0(s)$的对数相频特性在剪切频率附近下降的斜率很大,式(5.10.4)的裕量Δ还应取得更大。

(4)按式(5.10.2)计算串联超前校正装置的α值。

(5)在不变部分$G'_0(s)$的Bode图上,找到幅值为$-20\lg\frac{1}{\sqrt{\alpha}}$处所对应的角频率,该点角频率作为$\omega_m$,即校正后的剪切频率,最大的校正装置的相角超前量将发生在这个角频率上。

(6)根据式(5.10.2)和式(5.10.1)求出校正装置的参数τ和T。

(7) 计算校正装置的增益 K_c

$$K_c = \frac{K}{K_0}$$

式中 K—— 设计要求的开环增益；

K_0—— 原系统的开环增益。

(8) 检查校正后的系统是否满足各项设计指标，如果不能完全满足各项设计指标，再重复上述设计过程，直至获得满意的结果为止。

例 5.10.1 考虑图 5.10.3 所示的系统。该系统原传递函数为

$$G_0(s) = \frac{4}{s(s+2)} = \frac{2}{s(0.5s+1)}$$

设计要求：速度误差系数 $K_v \geqslant 20\ \mathrm{s}^{-1}$

相角裕度 $\gamma \geqslant 50°$

剪切频率 $\omega_c \geqslant 8\ \mathrm{rad/s}$

试设计校正装置。

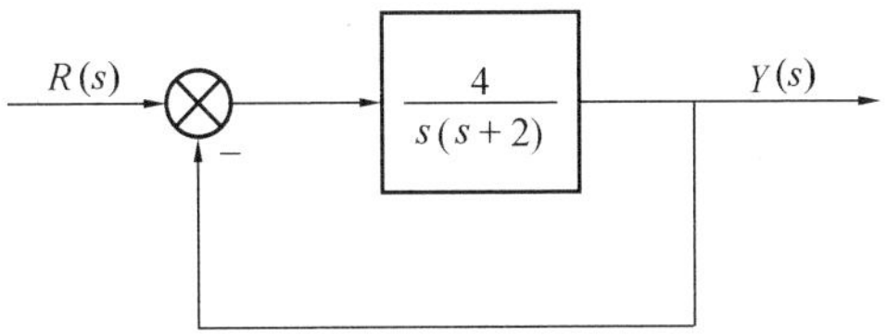

图 5.10.3 控制系统方框图

解 (1) 原系统为 Ⅰ 型，满足设计要求；再调整原系统的开环增益，使之满足稳态误差的要求，取 $K_v = 20$

$$G'_0(s) = \frac{40}{s(s+2)} = \frac{20}{s(0.5s+1)}$$

并做出 $G'_0(s)$ 的 Bode 图，见图 5.10.4。

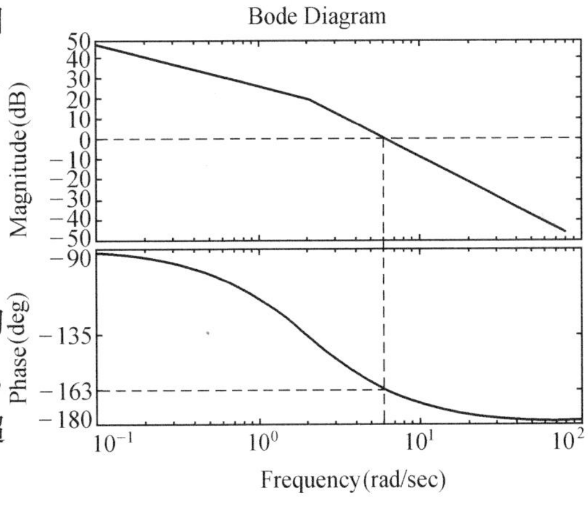

图 5.10.4 Bode 图

(2) 由图可求得系统的相角裕度为 17°，剪切频率 $\omega_c = 6.3\ \mathrm{rad/s}$。这两项都不满足设计要求，尤其是相角裕度差距较大，因此适合采用串联超前校正。

(3) 按式(5.10.4) 计算串联超前校正装置的超前相角

$$\phi_m = 50° - 17° + 5° = 38°$$

式中裕量 Δ 选为 5°。

(4) 用式(5.10.2) 计算 α 的值，解得 $\alpha = 0.24$。

(5) 由 $-20\lg\frac{1}{\sqrt{\alpha}} = 10\lg\alpha = 10\lg 0.24 = -6.2\ \mathrm{dB}$，求出未校正系统对数幅频特性的值为

$L_0(\omega)=20\lg|G_0(j\omega)|=-6.2$ dB的频率为新的剪切频率 ω_c，同时也是校正装置的 ω_m。由对数幅频特性渐进直线 $L(\omega)$ 斜率的公式 $k=\dfrac{L(\omega_2)-L(\omega_1)}{\lg\omega_2-\lg\omega_1}$ 有

$$-40=\frac{L_0(\omega_c)-L_0(6.3)}{\lg\omega_c-\lg 6.3}=\frac{-6.2-0}{\lg\omega_c-0.799}$$

$$40\lg\omega_c=6.2+31.9=38.1$$

$$\omega_c=\omega_m=10^{\frac{38.1}{40}}\approx 9\ \text{rad/s}$$

(6) 由式(5.10.2)计算出

$$\tau=\frac{1}{\omega_m\cdot\sqrt{\alpha}}=0.227$$

$$T=\alpha\tau=0.0544$$

(7) 计算 K_c

$$K_c=\frac{K}{K_0}=\frac{20}{2}=10$$

最终得到超前校正装置为

$$G_c(s)=\frac{10(0.227s+1)}{0.0544s+1}$$

(8) 做出校正后系统的 Bode 图，如图 5.10.6 所示。由图看到校正后系统的剪切频率 $\omega_c=9$ rad/s 和相角裕度 $\gamma=50°$，满足设计要求。

(9) 最后可以用 MATLAB 做出校正后闭环系统的单位阶跃响应曲线和单位斜坡响应曲线，进一步检验系统的性能。

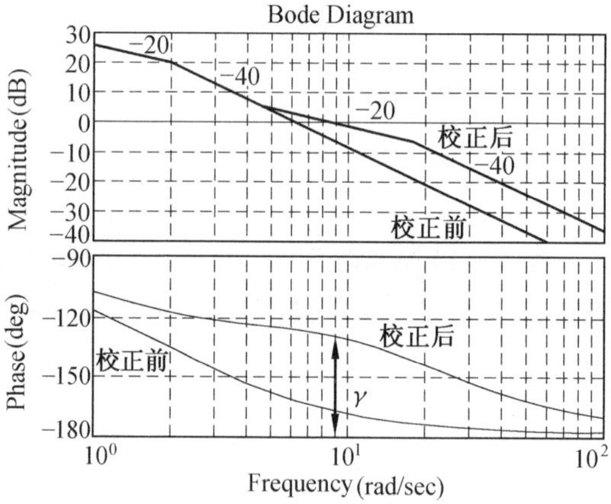

图 5.10.5　超前校正前后的 Bode 图

5.11　串联迟后校正

5.11.1　串联迟后校正环节

串联迟后校正是在以 $G_0(s)$ 为原系统传递函数的控制系统中，再串联进校正环节 $G_c(s)$，见图 5.11.1。其中，串联迟后校正环节的传递函数为

$$G_c(s)=\frac{K_c(\tau s+1)}{Ts+1}\qquad T>\tau$$

$$G_c(s)=\frac{K_c(\tau s+1)}{\beta\tau s+1}\qquad \beta>1 \tag{5.11.1}$$

首先考虑 $K_c=1$ 的情况（K_c 的值可以根据稳态误差的要求来确定）。图 5.11.1 是 $K_c=1$ 时迟后校正装置的 Bode 图。

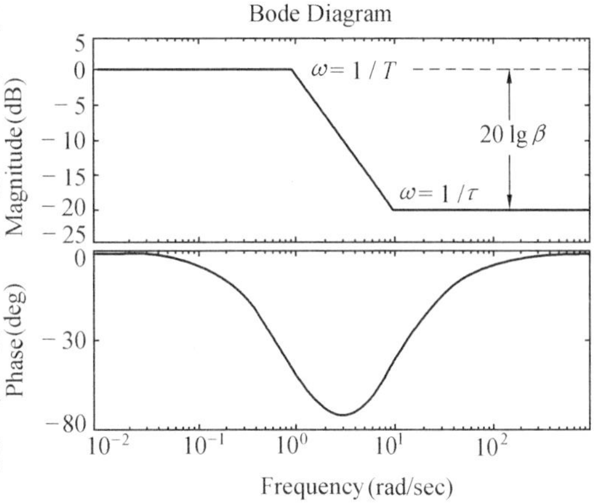

图 5.11.1 串联迟后校正环节的频率特性

由图 5.11.1 看到，当 $\omega>\frac{1}{\tau}$ 时，校正装置的幅频特性将近似为 $-20\lg\beta$，而相频特性接近于 $0°$。

当校正装置与原系统串联时，二者 Bode 图的幅频特性和相频特性分别相加。如果将校正装置频率特性 $\frac{1}{T}\sim\frac{1}{\tau}$ 段选取得频率较低，当它与原频率特性相加时会看到以下情况：

(1) 对原系统频率特性的最低频段没有影响，因为校正装置在 ω 小于 $\frac{1}{T}$ 段其幅频特性为0 dB，相频特性为 $0°$。

(2) 对原系统中、高频段的幅频特性将产生衰减作用，使幅频特性的中、高频段降低，使系统的剪切频率 ω_c 降低。

(3) 对原系统中、高频段的相频特性没有明显的影响。

(4) 由于 ω_c 的降低，将会使相角裕度 γ 增大。因为较低的 ω_c 处，其相频特性到 $-180°$ 间的距离增大。

(5) 如果 $\frac{1}{T}\sim\frac{1}{\tau}$ 的频段低于校正后的剪切频率，则对系统的稳定性没有影响。虽然校正装置的相频特性会使低频段的相频特性更接近 $-180°$，甚至穿越 $-180°$ 线，但会造成正、负穿越各一次，所以不会影响闭环系统的稳定性。

由上面的分析可以看到，串联迟后校正是用降低剪切频率 ω_c 的方法，换取更大的相角裕度 γ。如果控制系统为了满足稳态误差的设计要求，具有很大的开环增益 K，在 Bode 图中，它的幅频特性的值很大，因而剪切频率 ω_c 也很大，已超出系统的设计要求，而相角裕度 γ 的值很小，甚至出现负值。这一类系统特别适合采用串联迟后校正。

5.11.2 串联迟后校正装置的设计步骤

设计串联迟后校正装置的步骤如下：

(1) 求出满足稳态误差设计要求的开环放大倍数 K 和串联积分环节数 v，将 K 和 v 计入 $G_0(s)$ 中，记为 $G'_0(s)$，然后做出 $G'_0(j\omega)$ 的 Bode 图。如果 $G'_0(j\omega)$ 的 Bode 图的剪切频率远大于设计要求的剪切频率，而相角裕度小于设计要求的相角裕度，则适于采用串联迟后校正。

(2) 在 $G'_0(j\omega)$ 的相频特性上找出

$$\angle G'_0(j\omega) = -180^\circ + \gamma + \Delta \tag{5.11.2}$$

的频率。

式中　γ—— 设计要求的相角裕度；

Δ—— 适当的余量，一般取为 $5^\circ \sim 10^\circ$。

这一点所对应的频率将作为校正后的剪切频率。

(3) 在 $G'_0(j\omega)$ 的幅频特性上找到 ω_c 所对应的幅值 $20\lg|G'_0(j\omega_c)|$。

(4) 为了使校正后在 ω_c 处的幅频特性为 0 dB，应有

$$20\lg|G'_0(j\omega_c)| - 20\lg\beta = 0\ \text{dB} \qquad 20\lg|G'_0(j\omega_c)| = 20\lg\beta \tag{5.11.3}$$

从而求出校正环节的 β 值。

(5) 确定校正环节参数 T 和 τ。为了减小串联迟后校正对系统相角裕度的影响，要求校正环节在 ω_c 处的迟后相移在 $5^\circ \sim 10^\circ$ 以下。参照图 5.11.1，应选择 $\frac{1}{\tau} \approx (\frac{1}{5} \sim \frac{1}{10})\omega_c$ 和 $T = \beta\tau$。

(6) 确定校正环节的增益 K_c

$$K_c = \frac{K}{K_0}$$

式中　K—— 设计要求的开环增益；

K_0—— 原系统 $G_0(s)$ 的增益。

(7) 做出校正后的系统开环频率特性，检验校正后系统是否全面满足给定的设计指标要求。如果出现不能完全满足给定的设计指标要求，需根据性能指标间的具体差异，对初选参数做必要的修正。

例 5.11.1　设原系统的开环传递函数为

$$G_0(s) = \frac{2}{s(0.1s+1)(0.2s+1)}$$

要求满足性能指标：

(1) 系统的型别 $v = 1$；

(2) 开环增益 $K_v = 25\ \text{s}^{-1}$；

(3) 剪切频率 $\omega_c = 2.5$ rad/s；

(4) 相角裕度 $\gamma \geq 40^\circ$。

试用频率法设计串联迟后校正装置。

解　(1) 由原系统开环传递函数 $G_0(s)$ 知，原系统已为 Ⅰ 型，满足 $v = 1$ 的指标要求。按性能指标要求 $K_v = 25$，取

$$G'_0(s) = \frac{25}{s(0.1s+1)(0.2s+1)}$$

并做出 $G'_0(j\omega)$ 的 Bode 图，如图 5.11.2 所示。由图 5.11.2 看到，$G'_0(j\omega)$ 的剪切频率为

10.8 rad/s,远大于设计要求的 $\omega_c = 2.5$ rad/s;$G'_0(j\omega)$ 的相角裕度为 $-22.4°$,不满足设计要求。

(2) 在 $G'_0(j\omega)$ 的相频特性上找出相角为

$$\angle G'_0(j\omega) = -180° + \gamma + 5° = -180° + 40° + 5° = -135°$$

的点,该点所对应的角频率为 $\omega = 2.8$ rad/s,已超过设计要求的 $\omega_c = 2.5$ rad/s。为了确保相角裕度能够满足设计要求,取 $\omega_c = 2.5$ rad/s。

(3) 由 $G'_0(j\omega)$ 的 Bode 图幅频特性求得 $20\lg|G'_0(j\omega_c)| = 20$ dB。根据式(5.11.3)求得 $\beta = 10$。

(4) 根据 $\frac{1}{\tau} = (\frac{1}{5} \sim \frac{1}{10})\omega_c$,取 $\frac{1}{\tau} = \frac{1}{10}\omega_c = 0.25$ rad/s,$\tau = 4$ s,并得到 $T = \beta\tau = 40$ s。

(5) 根据设计要求 $K_v = 25$ 和原系统 $K_0 = 2$,求出

$$K_c = \frac{K_v}{K_0} = 12.5$$

得出校正环节的传递函数为

$$G_c(s) = \frac{12.5(4s+1)}{40s+1}$$

(6) 验算。校正后系统的开环传递函数是

$$G(s) = \frac{12.5(4s+1)}{40s+1} \frac{2}{s(0.1s+1)(0.2s+1)}$$

为了验算准确,采用 MATLAB 做上式的对数频率特性。在 MATLAB 的命令窗内键入命令:

```
>> num = conv(25,[4,1]);
>> den = conv([40,1],conv([0.1,1,0],[0.2,1]));
>> bode(num,den);grid
```

运行结果如图 5.11.3 所示。

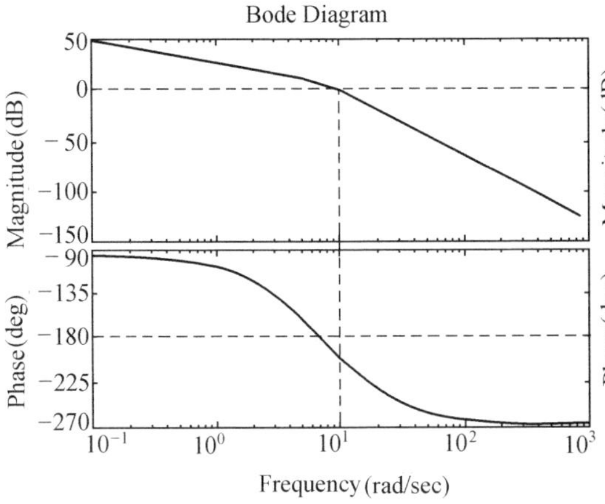

图 5.11.2 原系统的 Bode 图

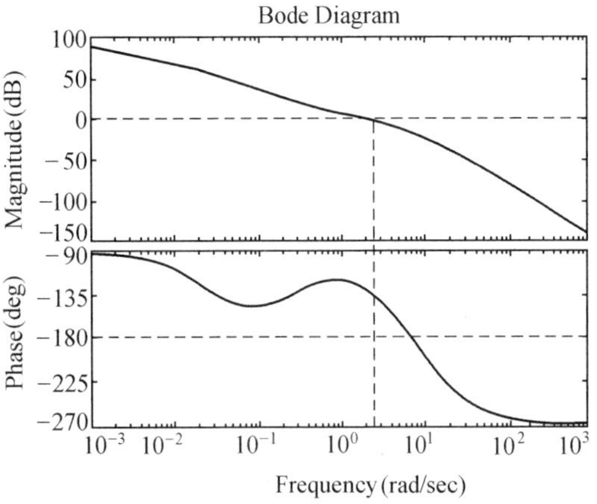

图 5.11.3 校正后的 Bode 图

由图看到，校正后的剪切频率 $\omega_c = 2.5$ rad/s，相角裕度 $\gamma = 45°$。验算表明，各项设计要求都已满足。

5.12 串联迟后－超前校正

对于一个控制系统，如果简单地用串联超前校正或串联迟后校正都不能完全满足各项设计要求，则可以同时采用串联迟后校正和串联超前校正，充分利用这两种串联校正的特点，可以取得良好的效果。例如，在采用串联迟后校正时，由于 $G'_0(j\omega)$ 的剪切频率不能远大于设计要求的剪切频率 ω_c，因而串联迟后校正之后，相角裕度 γ 和剪切频率 ω_c 这两项设计指标不能同时满足。这时，可以先用串联迟后校正使剪切频率 ω_c 达到设计要求，然后再采用串联超前校正使相角裕度 γ 满足设计指标。

下面通过一个例子来说明串联迟后－超前校正的设计步骤。

例 5.12.1 某控制系统的开环传递函数为

$$G_0(s) = \frac{10}{s(\frac{1}{6}s + 1)(\frac{1}{2}s + 1)}$$

要求满足下列性能指标：

(1) 系统为 Ⅰ 型，开环增益为 $K_v = 180\ \mathrm{s}^{-1}$；

(2) 剪切频率 $\omega_c = 3$ rad/s；

(3) 相角裕度 $\gamma = 40°$。

试用频率法设计串联迟后－超前校正装置。

解 (1) 绘制满足稳态误差要求的未校正系统开环频率特性 Bode 图。该系统已是 Ⅰ 型，只要将开环增益改为 $K_v = 180\ \mathrm{s}^{-1}$ 即可，即

$$G'_0(s) = \frac{180}{s(\frac{1}{6}s + 1)(\frac{1}{2}s + 1)}$$

$G'_0(j\omega)$ 的 Bode 图如图 5.12.1 所示。

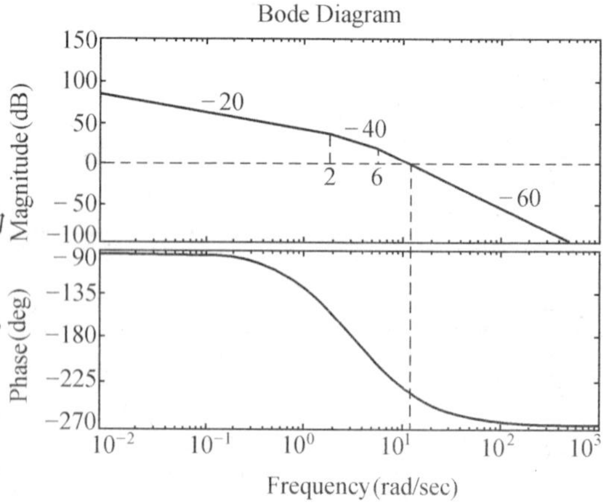

图 5.12.1 Bode 图

由图 5.12.1 看到，$G'_0(j\omega)$ 的剪切频率为 12.6 rad/s，相角裕度为 −55.5°，不满足设计要求。

(2) 由图 5.12.1 看到，若采用串联迟后校正，按式(5.11.2)求取满足相角裕度的剪切频率，则

$$\angle G'_0(j\omega) = -180° + 40° + 5° = -135°$$

所对应的频率为 $\omega = 1.28$ rad/s。若以 $\omega = 1.28$ rad/s 作为剪切频率，则不能满足 $\omega_c = 3$ rad/s的设计指标。也就是说，只用串联迟后校正

不能同时满足相角裕度和剪切频率的设计要求。

考虑到串联超前校正可以有效地增加相角裕度,所以,首先采用串联迟后校正,使系统的剪切频率满足或接近于满足设计要求。在此基础上,再采用串联超前校正,使相角裕度满足设计要求。

考虑到做串联超前校正时,会使原系统的剪切频率增大,所以在做串联迟后校正时可以使剪切频率略小于设计要求。首先,取 $\omega_c = 2.0$ rad/s,做串联迟后校正。由图 5.12.1 看到,当 $\omega = 2.0$ rad/s 时,$G'_0(j\omega)$ 的幅值为 35.4 dB。至此,完成了 5.11.2 节中串联迟后校正设计步骤的第 2 步。

(3) 按式(5.11.3),$20\lg\beta = 35.4$ dB,解得串联迟后校正参数 $\beta = 58.9$。

(4) 按串联迟后校正的设计步骤(5),取 $\dfrac{1}{\tau} = \dfrac{1}{8}\omega_c$,得 $\tau = 4$;进而得到 $T = \beta\tau = 236$。

(5) 串联迟后校正以后的开环传递函数为

$$G'_{01}(s) = \frac{180}{s(\frac{1}{2}s+1)(\frac{1}{6}s+1)} \cdot \frac{4s+1}{236s+1}$$

做出串联迟后校正以后的开环频率特性,见图 5.12.2。由图得到,串联迟后校正以后,剪切频率 $\omega_c = 2$,相角裕度 $\gamma = 19°$。

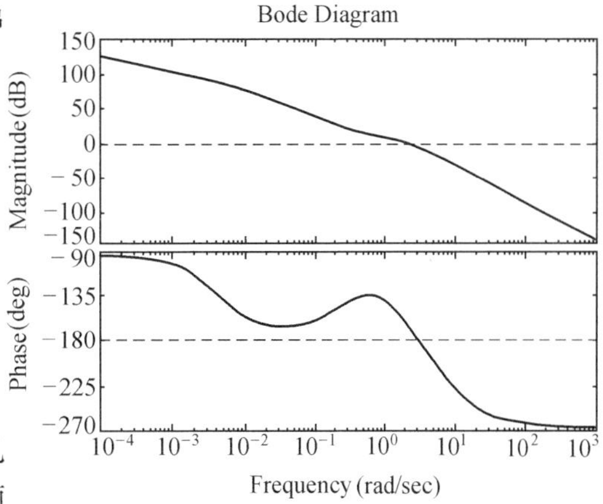

图 5.12.2 Bode 图

(6) 对串联迟后校正以后的系统做串联超前校正。按 5.10.3 节串联超前校正的设计步骤(3) 和式(5.10.4),求出串联超前校正应提供的相角增量 ϕ_m

$$\phi_m = \gamma - \gamma_0 + \Delta = 40° - 19° + 25° = 46°$$

由图 5.12.2 看到,串联超前校正前系统对数相频特性在剪切频率附近下降的斜率非常大,所以上式中 Δ 取为 25°。

(7) 按式(5.10.2) 得出

$$\frac{1-\alpha}{1+\alpha} = \sin\phi_m = \sin 46° \qquad \alpha = 0.163$$

(8) 按 5.10.3 节串联超前校正设计步骤(5),解出 $\omega_m = 3.3$。

(9) 按式(5.10.2) 和式(5.10.1) 求出 $\tau = 0.75$, $T = 0.12$。

(10) 为了使校正以后的开环增益 $K = K_v = 180$,校正环节的增益应是

$$K_c = \frac{K_v}{K_0} = \frac{180}{10} = 18$$

(11) 最后得到迟后 - 超前校正后的开环传递函数

$$G(s) = \frac{180}{s(\frac{1}{2}s+1)(\frac{1}{6}s+1)} \cdot \frac{4s+1}{236s+1} \cdot \frac{0.75s+1}{0.12s+1}$$

(12) 验算,检验校正以后的系统是否满足各项设计要求。由于校正以后系统的阶次较高,需要用计算机做出准确的频率特性。按照迟后 - 超前校正后的开环传递函数做出校正后的 Bode 图,见图5.12.3。由图看到,校正以后系统的剪切频率 $\omega_c = 3.45$,相角裕度 $\gamma = 46°$,满足设计要求。

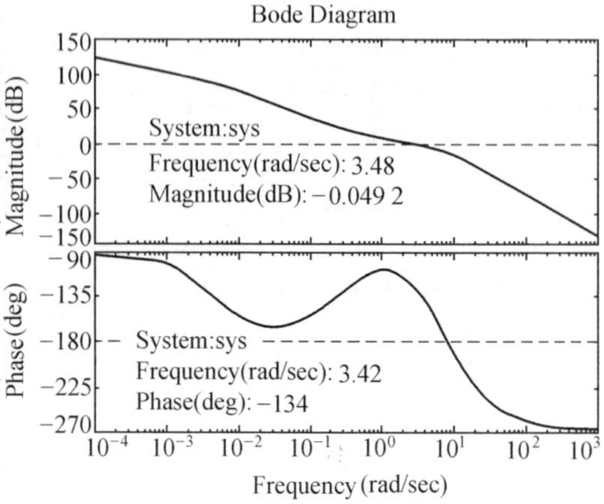

图 5.12.3 Bode 图

最后,指出几点应注意的事项:

(1) 在做迟后 - 超前校正时,很少能够一次设计成功。在做验算时,往往会发现有部分设计指标不能得到满足。这是因为在设计中使用了一些近似公式。这种情况下,应该修改一些参数重新进行设计计算。例如,改变计算式中的裕量、改变可以在一定范围内取值的参数等。经过若干次反复,才能得到满意的结果。

(2) 在做迟后 - 超前校正时,需要多次做系统的 Bode 图,并求出系统的剪切频率和相角裕度。这时,系统的阶次很高,做 Bode 图和求剪切频率、相角裕度都十分困难,如果用渐近特性(折线)来做 Bode 图,又会带来很多新的误差,使设计更不准确,要做更多次的反复。因此,需要用计算机做出系统准确的 Bode 图,并由 Bode 图求出准确的剪切频率和相角裕度。这要求控制系统的设计者必须能够熟练地使用计算机和 MATLAB 软件。

5.13 希望频率特性

5.13.1 希望频率特性

设控制系统如图 5.10.1 所示。图中 $G_0(s)$ 是系统原有部分的传递函数,$G_c(s)$ 是串联校正装置的传递函数。系统的开环传递函数是

$$G(s) = G_c(s)G_0(s)$$

首先讨论怎样的 $G(s)$ 才能使闭环控制系统满足设计要求。对控制系统的设计要求主要有三项指标。

(1) 对稳态误差的要求。这项要求可以归纳为系统开环传递函数中应有的串联积分环节数 ν 和应有的开环放大倍数 K。

(2) 对系统超调量 σ_p 的要求。根据这一要求可以求出系统应有的相角裕度 γ。

(3) 对系统调整时间 t_s 的要求。根据对 t_s 和 γ 的要求，可以求出系统应有的剪切频率 ω_c。

这样，如果有一个开环传递函数 $G_h(s)$ 的 ν, K, γ 和 ω_c 四个参数全都达到应有的值，这个系统必然满足设计要求。这样的开环传递函数 $G_h(s)$ 称做希望传递函数，$G_h(j\omega)$ 称做希望频率特性。

下面讨论怎样做出希望频率特性。

(1) 希望频率特性的低频段。由系统开环 Bode 图的画法可知，开环 Bode 图幅频特性的最低频段取决于开环增益 K 和开环传递函数中的串联积分环节的个数 ν。因此，可以按照设计要求的 K 和 ν 的值画出希望频率特性最低频段。这是通过(或其延长线通过)点($\omega = 1, L(\omega) = 20\lg K$)，斜率为 -20ν 的直线，如图 5.13.1 所示。

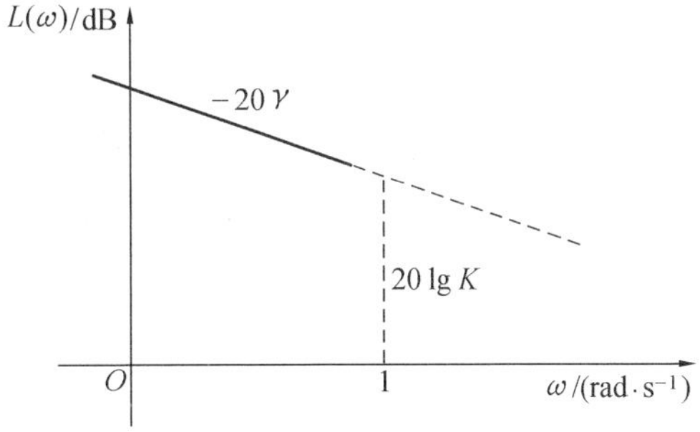

图 5.13.1　希望频率特性的低频段

(2) 希望频率特性的中频段。为使希望频率特性满足设计要求，首先应使希望频率特性的剪切频率 ω_c 等于或略大于希望值，以留有适当的余量。为了使希望频率特性具有希望的相角裕度 γ，希望频率特性的中频段应具有如图 5.13.2 所示的形状。中频段的传递函数可以表示为

$$G_{\mathrm{mid}}(s) = \frac{k(\tau s + 1)}{s^2(Ts + 1)} \tag{5.13.1}$$

式中

$$\tau = \frac{1}{\omega_2} \qquad T = \frac{1}{\omega_3}$$

为了得到较大的相角裕度，在图 5.13.2 中 ω_c 应在 ω_2 和 ω_3 的几何中心点，即有

$$\frac{\omega_3}{\omega_c} = \frac{\omega_c}{\omega_2} \qquad \omega_c = \sqrt{\omega_2\omega_3}$$

中频段的相频特性是

$$\angle G_{\mathrm{mid}}(j\omega) = -180° + \arctan\frac{\omega}{\omega_2} - \arctan\frac{\omega}{\omega_3}$$

相角裕度是

$$\gamma = 180° + \angle G_{\mathrm{mid}}(j\omega_c) = \arctan\frac{\omega_c}{\omega_2} - \arctan\frac{\omega_c}{\omega_3} \tag{5.13.2}$$

由两角和的三角函数公式，可以将上式化为

$$\tan\gamma = \frac{\dfrac{\omega_c}{\omega_2} - \dfrac{\omega_c}{\omega_3}}{1 + \dfrac{\omega_c^2}{\omega_2\omega_3}} = \frac{\omega_3 - \omega_2}{2\sqrt{\omega_2\omega_3}}$$

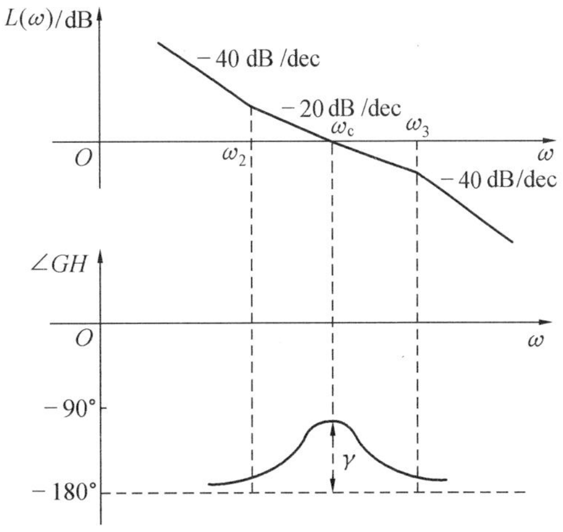

图 5.13.2　希望频率特性的中频段

若令 $h = \dfrac{\omega_3}{\omega_2}$，$h$ 表示 Bode 图中 ω_3 和 ω_2 之间的距离，称做中频段宽度，则上式可改写为

$$\tan\gamma = \frac{h-1}{2\sqrt{h}} \tag{5.13.3}$$

并可得到

$$\sin\gamma = \frac{h-1}{h+1} \tag{5.13.4}$$

运用上面两式，可以由希望频率特性应具有的相角裕度 γ 求出中频段宽度 h。

这样，确定了 ω_c 和 h 之后，希望频率特性中频段的形状、参数就都能确定了。

(3) 希望频率特性的高频段。希望频率特性高频段是指角频率大于 ω_3 的频段。这一频段的频率特性对系统的稳态误差和动态过程没有明显的影响，只希望这一频段的幅频特性迅速下降，这样可以抑制系统中的高频噪声和干扰。除此之外，对希望频率特性的高频段没有更明确的要求。

(4) 希望频率特性各频段的连接。在希望频率特性低、中、高频段之间用简捷的方式连接在一起，即得到了全频段的希望频率特性。一般情况下，低频段与中频段的连接部分如果有折点，那么折点前后斜率差以 ±20 dB/dec 为宜。因为斜率变化过大会使校正装置中出现二阶环节，不易实现。

将希望频率特性的低、中、高频段连接后，即得到系统的开环希望频率特性 $G_h(\mathrm{j}\omega)$，并可由开环希望频率特性得到希望开环传递函数 $G_h(s)$。

5.13.2　串联校正装置的设计

利用希望频率特性设计串联校正装置的步骤如下。

(1) 根据控制系统稳态误差的设计指标，确定系统的型别 ν 和开环增益 K，再根据 ν 和 K 做出希望频率特性的低频段。

(2) 根据对控制系统超调量 σ_p 和调整时间 t_s 的设计要求，求出希望频率特性应有的剪切频率 ω_c 和相角裕度 γ，再由式(5.13.3)或式(5.13.4)求出中频段宽度 h。根据 ω_c 和 h 画出希望频率特性的中频段。中频段的转折频率 ω_2 和 ω_3 为

$$\omega_3 = \omega_c\sqrt{h} \qquad \omega_2 = \frac{\omega_c}{\sqrt{h}} \tag{5.13.5}$$

在做中频段希望频率特性时，可对 ω_c 和 h 留有适当余量，即取 ω_c 和 h 略大于计算得到的值，以避免由于计算误差而使性能指标达不到设计要求。

(3) 做希望频率特性的高频段。使希望频率特性高频段的下降斜率为 −40 dB/dec 或更陡。如果原系统 $G_0(s)$ 的对数幅频特性快速下降，则可利用原系统的对数幅频特性的高频段。

(4) 把低、中、高频段的希望频率特性连接起来，得到完整的希望频率特性。

(5) 由希望频率特性求出系统的希望开环传递函数 $G_h(s)$。一般情况下，希望开环传递函

数 $G_h(s)$ 的阶次都较高。

(6) 以 $G_h(s)$ 为开环传递函数，求出系统的闭环传递函数。再用 MATLAB 做出闭环系统的单位阶跃响应，检查系统的动态性能指标是否满足设计要求。如果不能满足设计要求，则再适当加大 ω_c 和 h 的余量，重新做希望频率特性的中频段，并重复步骤(2) 以后的过程，直至动态性能指标满足要求为止。

(7) 根据 $G_h(s)$ 和 $G_0(s)$ 求出校正装置的传递函数 $G_c(s)$ 为

$$G_c(s) = \frac{G_h(s)}{G_0(s)}$$

(8) 设计系统的校正装置，实现传递函数 $G_c(s)$。

例 5.13.1 设单位反馈闭环控制系统原有的开环传递函数是

$$G_0(s) = \frac{50}{s(0.1s+1)(0.02s+1)(0.01s+1)}$$

要求系统满足以下性能指标：

(1) 当输入信号 $r(t) = t$ 时，稳态误差 $e_{ss} = \frac{1}{200}$；

(2) 单位阶跃响应超调量 $\sigma_p \leqslant 30\%$；

(3) 单位阶跃响应的调整时间 $t_s \leqslant 0.7$ s。

求串联校正环节的传递函数 $G_c(s)$。

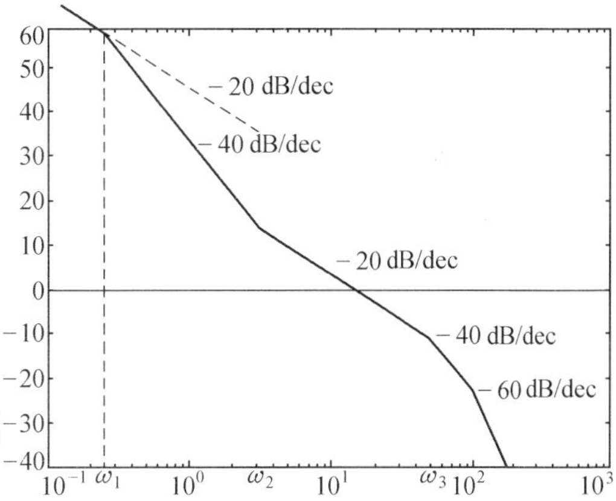

图 5.13.3 希望频率特性

解 (1) 绘制希望频率特性的低频段。根据稳态误差的设计指标，得出系统应是 Ⅰ 型系统，$\nu = 1$，开环增益 $K = K_\nu = 200\ \mathrm{s}^{-1}$。据此，画出希望频率特性的低频段，为通过点($\omega = 1$ rad/s，$L(\omega) = 20\lg K = 46$ dB)，斜率为 −20 dB/dec 的直线，如图 5.13.3 所示。

(2) 绘制希望频率特性的中频段。首先，由给定的性能指标 σ_p 和 t_s 求频域指标 γ，h 和 ω_c。

由经验公式(5.8.7) 得到方程

$$\sigma_p = 0.16 + 0.4\left(\frac{1}{\sin\gamma} - 1\right) = 0.3$$

解得相角裕度 $\gamma = 47.8°$。为留有适当余量，取 $\gamma = 50°$。

又按式(5.13.4) 得到方程

$$\sin 50° = \frac{h-1}{h+1}$$

解得中频段宽度 $h = 7.5$。

最后由经验公式(5.8.8) 得方程

$$t_s/\mathrm{s} = \frac{\pi}{\omega_c}\left[2 + 1.5\left(\frac{1}{\sin\gamma} - 1\right) + 2.5\left(\frac{1}{\sin\gamma} - 1\right)^2\right] = 0.7$$

解得剪切频率 $\omega_c = 13\ \mathrm{rad/s}$。为留有适当余量,取 $\omega_c = 15\ \mathrm{rad/s}$。

按式(5.13.5)可以求得

$$\omega_2/(\mathrm{rad}\cdot\mathrm{s}^{-1}) = \frac{\omega_c}{\sqrt{h}} = \frac{15}{\sqrt{7.5}} = 5.48$$

$$\omega_3/(\mathrm{rad}\cdot\mathrm{s}^{-1}) = \omega_c\sqrt{h} = 15\times\sqrt{7.5} = 41$$

由于在计算中采用了经验公式,误差较大。为了能够使系统性能满足设计要求,在可能的情况下应取一定的余量。为此,取 $\omega_3 = 50\ \mathrm{rad/s}$,$\omega_2 = 3\ \mathrm{rad/s}$。按以上数据,做出希望频率特性的中频段。如图 5.13.3 所示。

(3) 绘制希望频率特性的高频段。高频段的对数幅频特性只要以较大斜率下降即可。可以看到,在做中频段时已使 $\omega > 50\ \mathrm{rad/s}$ 频段内幅频特性斜率成为 $-40\ \mathrm{dB/dec}$,在 $G_0(s)$ 中有一个转折频率在 $\omega = 100\ \mathrm{rad/s}$ 的惯性环节,使 $\omega > 100\ \mathrm{rad/s}$ 频段内幅频特性下降斜率为 $-60\ \mathrm{dB/dec}$。这完全能够满足高频段希望频率特性的要求,由此绘出希望频率特性的高频段,如图 5.13.3 所示。

(4) 低、中、高频段的连接。按照绘出的高、中、低频段自然连接即可。完整的希望频率特性如图 5.13.3 所示。

(5) 写出希望传递函数 $G_h(s)$。希望频率特性有四个转折频率,分别是 $\omega_1 = 0.24\ \mathrm{rad/s}$,$\omega_2 = 3\ \mathrm{rad/s}$,$\omega_3 = 50\ \mathrm{rad/s}$,$\omega_4 = 100\ \mathrm{rad/s}$。按照希望频率特性写出希望传递函数。

$$G_h(s) = \frac{200(\frac{1}{3}s+1)}{s(\frac{1}{0.24}s+1)(\frac{1}{50}s+1)(\frac{1}{100}s+1)}$$

(6) 检验 $G_h(s)$ 是否满足设计要求。在 MATLAB 中键入以下命令:

```
>> num = 200 * [0.33,1];
>> den = conv([4.17,1,0],conv([0.02,1],
[0.01.1]));
>> g = tf(num,den);
>> s = feedback(g,1);
>> step(s);grid.
```

运行后得到图 5.13.4。由图得到 $\sigma_p = 20\%$,$t_s = 0.679\ \mathrm{s}$。动态过程已满足设计要求。

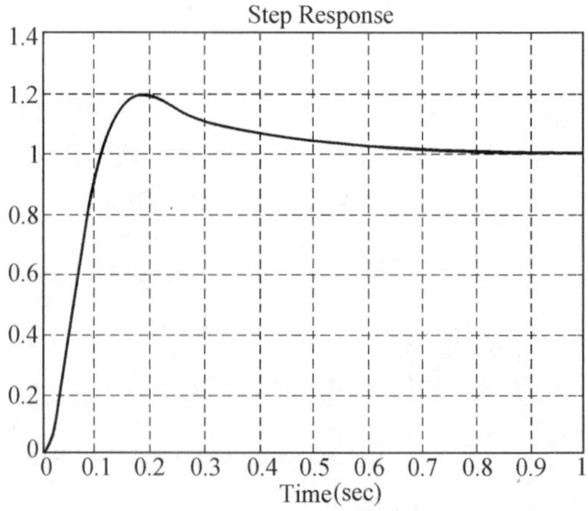

图 5.13.4　单位阶跃响应

(7) 按照求得的希望传递函数,求串联校正装置的传递函数

$$G_c(s) = \frac{G_h(s)}{G_0(s)} = \frac{4(0.33s+1)(0.1s+1)}{4.17s+1}$$

5.14 局部反馈校正

5.14.1 不希望折点

图 5.14.1 所示的实线是一个最小相位系统的开环幅频特性。由图可以看到，这个系统在剪切频率 ω_{c0} 处幅频特性的斜率是 -40 dB/dec，并且在大于 ω_{c0} 处又有一折点使幅频特性斜率成为 -60 dB/dec。所以该系统的相角裕度很小，以致动态过程指标不能满足要求。

观察图 5.14.1 可以看到，在幅频特性中如果没有折点 A，幅频特性将如图中虚线所示，剪切频率 ω_c 处幅频特性的斜率为 -20 dB/dec。与原系统相比较，相角裕度增大，剪切频率增大，闭环系统的动态过程得到改善。

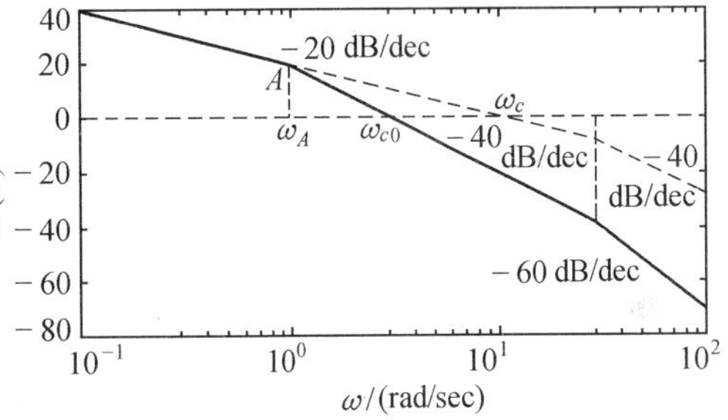

图 5.14.1 Bode 图

消去不希望折点 A 的办法之一，是在系统的开环传递函数中串联一个传递函数为 $\frac{1}{\omega_A}s+1$ 的一阶微分环节，用零、极点对消的方法，消去原系统中 $\dfrac{1}{\frac{1}{\omega_A}s+1}$ 的惯性环节。由于元件参数不可能十分理想，所以不可能做到零、极点完全对消。一般的情况下不采用这一办法，尤其对于不稳定的极点，更不能采用零、极点对消的方法。

除去不希望折点 A 的另一方法，是将折点移到频率特性的高频区，使它对系统的动态过程没有影响，又能使幅频特性的高频段迅速下降，增强系统的抗干扰性。将幅频特性中的不希望折点移到高频区是采用局部反馈的方法。

如果在原幅频特性中不希望折点对应的是一个惯性环节，则可以围绕该惯性环节建立局部反馈，如图 5.14.2 所示。建立反馈后，时间常数为 $T/(1+K_1\beta)$，折点移到

$$\omega=\frac{1+K_1\beta}{T} \tag{5.14.1}$$

选择 $\omega \gg \omega_c$，即可确定反馈参数 β。

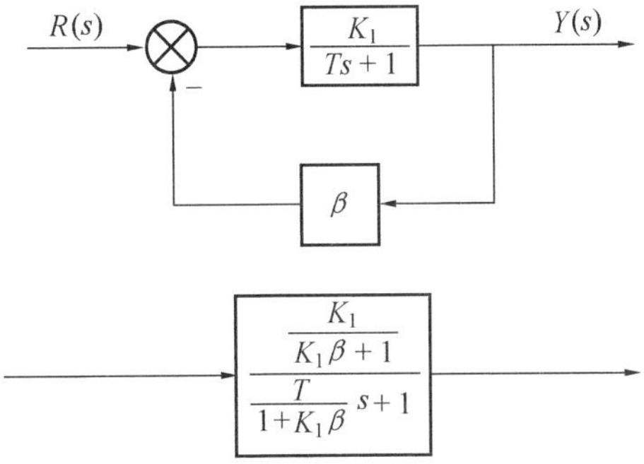

图 5.14.2 局部反馈

如果在原幅频特性中不希望折点对应的是一个二阶振荡环节 $G(s)$，则可以围绕该振荡环节建立局部反馈，如图 5.14.3 所示。反馈环节的传递函数为 $G_f(s)=\beta(\tau s+1)$。反馈校正后的传递函数为

$$\bar{G}(s)=\frac{\dfrac{K_1}{K_1\beta+1}}{\dfrac{T^2}{K_1\beta+1}s^2+\dfrac{2\zeta T+K_1\beta\tau}{K_1\beta+1}s+1}$$

校正后的时间常数 $\bar{T}$ 和阻尼比 $\bar{\zeta}$ 分别为

$$\bar{T}=\frac{T}{\sqrt{K_1\beta+1}}$$

$$\bar{\zeta}=\frac{2\zeta T+K_1\beta\tau}{2T\sqrt{K_1\beta+1}} \qquad (5.14.2)$$

为了在局部反馈后将不希望折点频率移到高频段,并且不出现高频谐振现象,应有

$$\omega=\frac{1}{\bar{T}}=(5\sim10)\omega_c\gg\omega_c$$

$$\bar{\zeta}=(0.5\sim0.7) \qquad (5.14.3)$$

由此可用式(5.14.2)解出局部反馈校正的参数 τ 和 β。

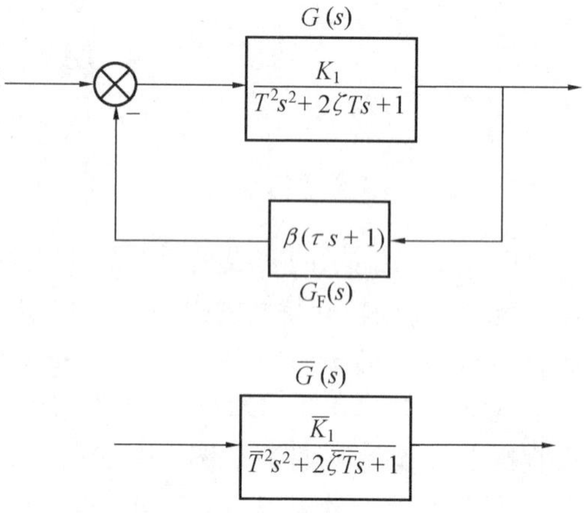

图 5.14.3　局部反馈校正

5.14.2　反馈校正的设计步骤

设计反馈校正可按下列步骤进行:

(1) 根据对稳态误差和动态过程的设计要求,求出系统应有的型别 ν、开环增益 K、剪切频率 ω_c、相角裕度 γ。

(2) 使原系统的型别 ν 和开环增益 K 满足设计要求,这样的开环传递函数记为 $G_0'(s)$。

(3) 做出 $G_0'(s)$ 的对数频率特性(Bode 图)。

(4) 在Bode图中查找不希望折点。如果把不希望折点除去,可以使频率特性的剪切频率 ω_c 和相角裕度 γ 满足设计要求,然后选定不希望折点。

(5) 找出不希望折点所对应的传递函数,检查围绕这个传递函数建立局部反馈在实践中是否可以实现。即这个传递函数的输出量是否可以测量;是否有合适的测量元件;这个传递函数的输入量是否可以相减,从而建立局部反馈。

(6) 围绕不希望折点所对应的传递函数建立图 5.14.2 或图 5.14.3 形式的局部反馈,并按式(5.14.1)、式(5.14.2) 或式(5.14.3) 求出校正环节的参数。

(7) 做出反馈校正后的开环传递函数,并检查系统的开环增益 K 和串联积分环节数 ν 是否满足设计要求。如不满足设计要求,需要补充适当的放大器和积分环节。

(8) 做出完整的开环系统的 Bode 图,检验各项指标是否满足设计要求。

例 5.14.1　控制系统的方框图如图 5.14.4 所示。要求满足下列性能指标:

(1) 在输入信号 $r(t)=t$ 作用下,稳态误差 $e_{ss}\leqslant\dfrac{1}{150}$;

(2) 单位阶跃响应的超调量 $\sigma_p\leqslant30\%$;

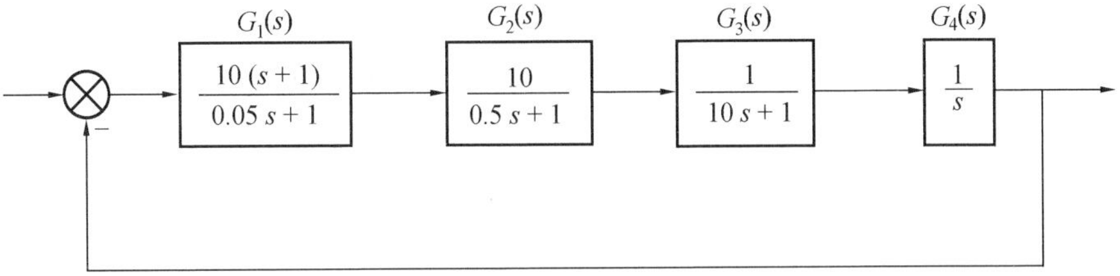

图 5.14.4 控制系统方框图

(3) 单位阶跃响应的调整时间 $t_s \leqslant 1$ s。

设计校正装置。

解 (1) 根据稳态误差的设计指标得出,系统应是Ⅰ型,开环传递函数中应有一个串联积分环节(原系统已满足要求);系统的开环增益应是 $K = K_v = 150\ s^{-1}$。

根据超调量的设计要求,按式(5.8.7)得出

$$\sigma_p = 0.16 + 0.4\left(\frac{1}{\sin\gamma} - 1\right) = 0.3 = 30\%$$

解得系统的相角裕度应是 $\gamma = 47.8°$。

根据调整时间的设计要求,按式(5.8.8)得出

$$t_s = \frac{\pi}{\omega_c}\left[2 + 1.5\left(\frac{1}{\sin\gamma} - 1\right) + 2.5\left(\frac{1}{\sin\gamma} - 1\right)^2\right] = 1\ (\mathrm{s})$$

解得系统的剪切频率应是 $\omega_c = 9.2$ rad/s。

(2) 若使系统的稳态误差满足设计要求,系统的开环传递函数是

$$G_0'(s) = \frac{150(s+1)}{s(10s+1)(0.5s+1)(0.05s+1)}$$

(3) 做出 $G_0'(s)$ 的对数频率特性(如果用 MATLAB 做 Bode 图会更简便、更准确),如图 5.14.5 中实线所示。

由图看到,原系统的剪切频率 $\omega_c = 5.3$ rad/s,并可以计算出 $\angle G_0'(j\omega_c) = -184°$,相角裕度 $\gamma = -4°$。不满足设计指标。

(4) 观察图 5.14.5 可以看出,在对数频率特性中如果没有折点 A,频率特性将如图中虚线所示,将有剪切频率 $\omega_c = 13$ rad/s,并可计算出这时的 $\angle G_0'(j\omega_c) = -130°$,相角裕度 $\gamma = 50°$。因此,选定点 A 为不希望折点,对应原系统中的 $G_2(s)$。

(5) 围绕不希望折点 A 所对应的传递函数 $G_2(s)$,建立图 5.14.2 所示的局部反馈,图中

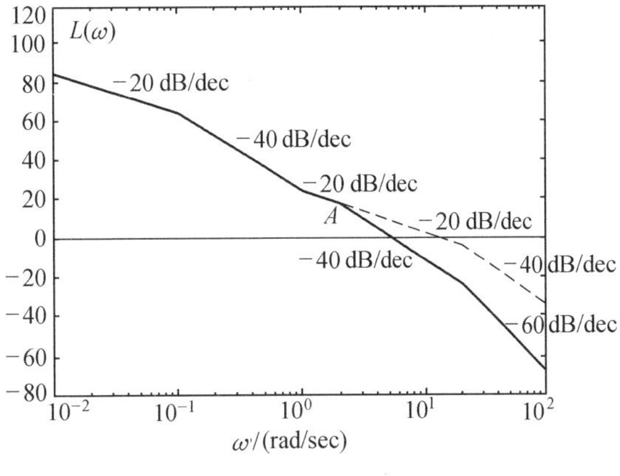

图 5.14.5 Bode 图

$K_1 = 10\ \mathrm{s}^{-1}$，$T = 0.5$ s。在式(5.14.1)中，取 ω 为校正后剪切频率 ω_c 的 10 倍，得到

$$\omega/(\mathrm{rad}\cdot\mathrm{s}^{-1}) = \frac{1+K_1\beta}{T} = 130$$

解得 $\beta = 6.4$，并得到局部反馈小闭环的传递函数 $G_2'(s)$ 是

$$G_2'(s) = \frac{10/65}{\frac{1}{130}s+1} = \frac{0.154}{0.0077s+1}$$

(6) 局部反馈校正后的开环传递函数是

$$G_0'(s) = \frac{1.54(s+1)}{s(10s+1)(0.0077s+1)(0.05s+1)}$$

由于稳态误差的设计指标要求系统的开环增益 $K = 150\ \mathrm{s}^{-1}$，所以还应在系统中增加一个放大环节 $K_0/\mathrm{s}^{-1} = K/1.54 = 97.4$。

校正后系统完整的方框图如图 5.14.6 所示。

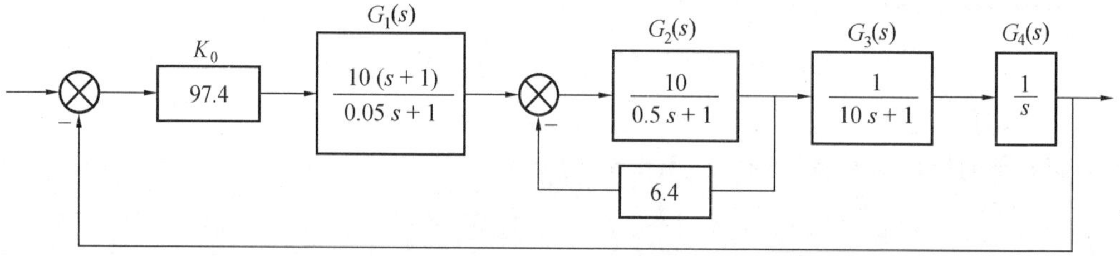

图 5.14.6　校正后的系统方框图

(7) 校正后的开环传递函数是

$$G(s) = \frac{150(s+1)}{s(10s+1)(0.0077s+1)(0.05s+1)}$$

用 MATLAB 画出校正后系统的 Bode 图，检验校正后系统的各项指标。在 MATLAB 命令窗内键入如下命令：

```
>> num = [150,150];
>> den = conv([10,1,0],conv([0.0077,1],[0.05,1]));
>> bode(num,den);grid
```

运行结果如图 5.14.7 所示。

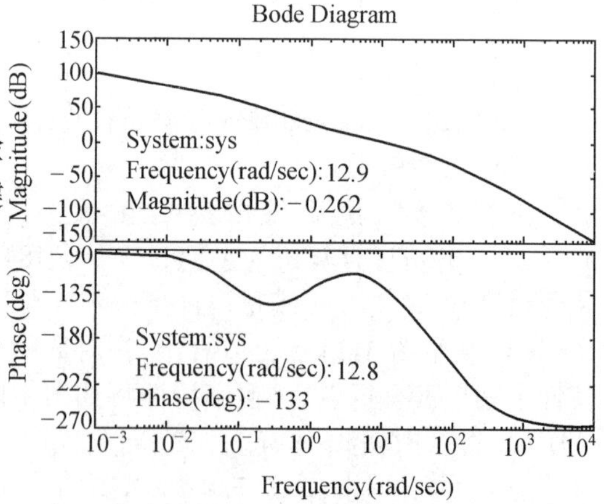

图 5.14.7　校正后的 Bode 图

由图得出，校正后系统的剪切频率 $\omega_c = 12.9$ rad/s，相角 $\angle G(\mathrm{j}\omega_c) = 133°$，相角裕度 $\gamma = 47°$，达到设计指标。(虽然相角裕度与设计指标差 0.8°，在工程设计中(1 ~ 2)% 的误差是允许的，在系统调试中可以通过调整达到设计要求。)

5.15　本章小结

本章首先介绍了控制系统的一种数学模型——频率特性，然后介绍了用频率特性分析和综合控制系统的方法。主要内容如下：

1. 频率特性的概念、定义和性质

2. 频率特性的图形表示法

(1) Nyquist 图，又称极坐标图或幅相图。它是以 ω 为参变量，在复平面上表示频率特性 $G(j\omega)$ 的一种方法。根据给定的 $G(j\omega)$ 表达式，能够确定 Nyquist 图的起点、终点和穿越过的象限数。

(2) Bode 图，又称对数频率特性。这种方法是分别用两条曲线表示幅频特性和相频特性。两曲线的横坐标均为 ω，是按常用对数 $\lg\omega$ 分度的。对数幅频特性的纵坐标为 $L(\omega)=20\lg|G(j\omega)|$，单位为分贝(dB)；对数相频特性的纵坐标为 $\phi(\omega)=\angle G(j\omega)$，单位为度(°)或弧度(rad)。

(3) Nichols 图，又称幅相频率特性。该图是以 $\varphi(\omega)$ 为横坐标，$L(\omega)$ 为纵坐标，ω 为参变量做出的频率特性图。由 Bode 图可以画出 Nichols 图。

3. 传递函数和 Bode 图

(1) 根据给定的最小相位系统传递函数可以绘制出对数幅频特性的渐近特性和对数相频特性的近似曲线。

(2) 根据给定的最小相位系统 Bode 图，可以求出其传递函数。

4. 非最小相位系统的频率特性

包括幅值和相角的计算方法和图形表示的方法。

5. Nyquist 判据（又称奈氏判据）

(1) 用 Nyquist 判据判断闭环系统的稳定性，可以使用 Nyquist 图、Bode 图和 Nichols 图的判定方法。

(2) 用 Nyquist 判据求使闭环系统稳定的条件。

6. 稳定裕度（包括幅值裕度和相角裕度）

(1) 稳定裕度的定义及其计算方法。

(2) 在 Nyquist 图、Bode 图和 Nichols 图中求取稳定裕度的方法。

7. 开环频率特性与闭环系统时域指标的关系

重点是相角裕度 γ 和剪切频率 ω_c 与系统超调量 σ_p 和调整时间 t_s 的关系。由 ω_c 和 γ 可以求出 σ_p 和 t_s，由 σ_p 和 t_s 也可以求出 ω_c 和 γ。

8. 闭环频率特性与时域指标的关系

重点是相对谐振峰值 M_r 和 ω_b。由 M_r 和 ω_b 可以求出 σ_p 和 t_s，由 σ_p 和 t_s 也可以求出 M_r 和 ω_b。

9. 串联超前校正

(1) 串联超前校正装置的传递函数形式。

(2) 串联超前校正装置的作用:可以增大相角裕度 γ,也使剪切频率 ω_c 略有增加。

(3) 串联超前校正装置的适用条件:使原系统满足稳态误差的设计要求后,相角裕度 γ 不满足设计要求,剪切频率 ω_c 已满足设计要求或略小于设计要求的系统。

(4) 串联超前校正装置中各参数的求取方法。

10. 串联迟后校正

(1) 串联迟后校正装置的传递函数形式。

(2) 串联迟后校正的作用:用降低剪切频率 ω_c 的方法获得较大的相角裕度 γ,从而减小超调量 σ_p。

(3) 串联迟后校正的适用条件:使原系统满足稳态误差的设计要求后,相角裕度 γ 不满足设计要求,而剪切频率 ω_c 远大于设计要求的系统。

(4) 串联迟后校正装置中各参数的求取。

11. 串联迟后 - 超前校正

(1) 串联迟后 - 超前校正的传递函数形式。

(2) 串联迟后 - 超前校正装置的适用条件:使原系统满足稳态误差的设计要求后,相角裕度 γ 不满足设计要求,剪切频率 ω_c 大于但非远大于设计要求,单纯采用迟后校正不能同时满足各项设计要求的系统。

(3) 串联迟后 - 超前校正装置中各参数的求取。

12. 希望频率特性

(1) 希望频率特性的画法。需考虑低、中、高频段分别满足的条件。

(2) 校正环节传递函数 $G_c(s)$ 的求取。

13. 局部反馈校正

局部反馈校正是利用局部反馈,将不希望的开环极点移出。在开环频率特性的 Bode 图中,不希望开环极点对应于幅频渐近特性的不希望折点,利用局部反馈,将不希望的折点移到频率特性的高频区,从而增大了系统的相角裕度 γ 和剪切频率 ω_c,改善了系统的动态性能。

习题与思考题

5.1 一阶环节的传递函数为

$$G(s) = \frac{T_1 s + 1}{T_2 s - 1} \qquad 1 > T_1 > T_2 > 0$$

试绘制该环节的 Nyquist 图及 Bode 图。

5.2 设某控制系统的开环传递函数为

$$G(s)H(s) = \frac{75(0.2s + 1)}{s(s^2 + 16s + 100)}$$

试绘制该系统的 Bode 图,并确定其剪切频率 ω_c。

5.3 设某系统的开环传递函数为

$$G(s)H(s)=\frac{Ke^{-0.1s}}{s(0.1s+1)(s+1)}$$

试通过该系统的频率响应确定剪切频率 $\omega_c=5\ \mathrm{rad/s}$ 时的开环增益 K。

5.4 若系统的单位阶跃响应为

$$y(t)=1-1.8e^{-4t}+0.8e^{-9t}\qquad t\geqslant 0$$

试求取该系统的频率响应。

5.5 已知最小相位系统Bode图的幅频特性如题5.5图所示。试求取该系统的开环传递函数。

5.6 已知最小相位系统Bode图的幅频特性如题5.6图所示。试求取该系统的开环传递函数。

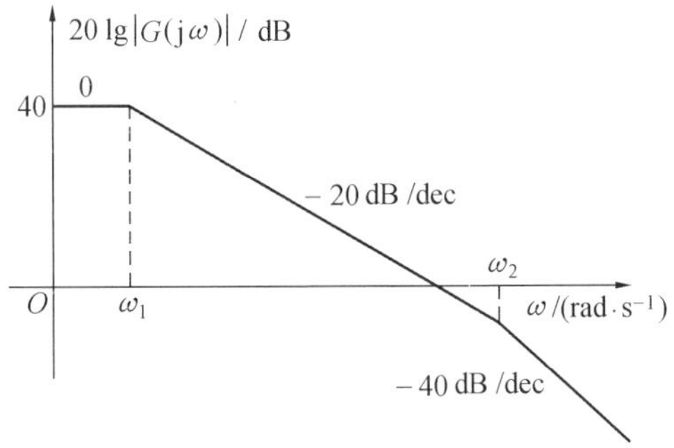

题 5.5 图　开环幅频特性

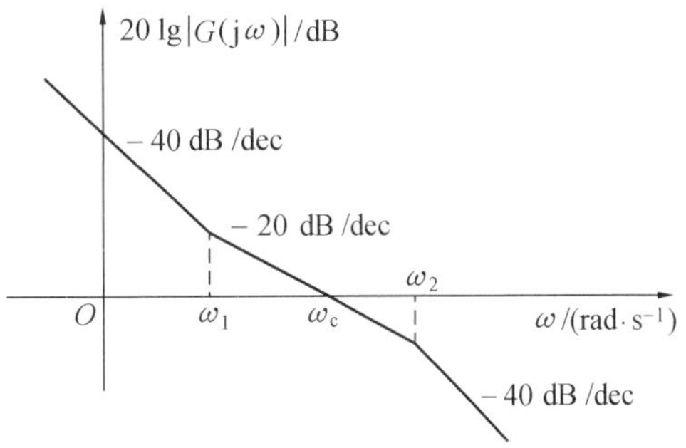

题 5.6 图　开环幅频特性图

5.7 已知最小相位系统 Bode 图的幅频特性如题 5.7 图所示。试求取该系统的开环传递函数。

5.8 已知最小相位系统 Bode 图的幅频特性如题 5.8 图所示。试求取该系统的开环传递函数。

5.9 已知最小相位系统 Bode 图的幅频特性如题 5.9 图所示。试求取该系统的开环传递函数。

5.10 已知最小相位系统 Bode 图的幅频特性如题 5.10 图所示。试求取该系统的开环传递函数。

5.11 已知某闭环系统的幅频、相频特性如题 5.11 图所示。试写出该闭环系统的传递函数。

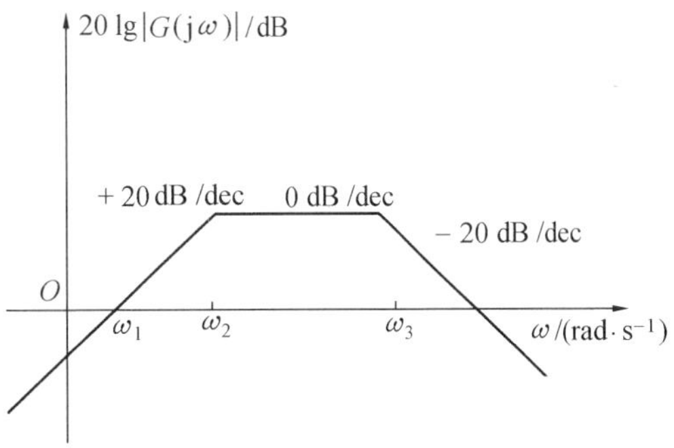

题 5.7 图　开环幅频特性图

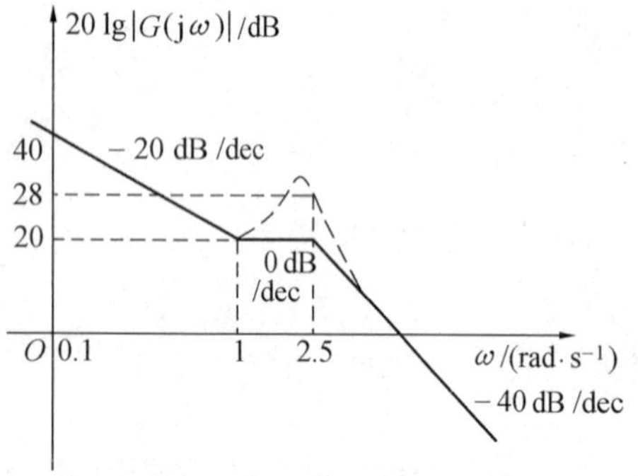

题 5.8 图　开环幅频特性图

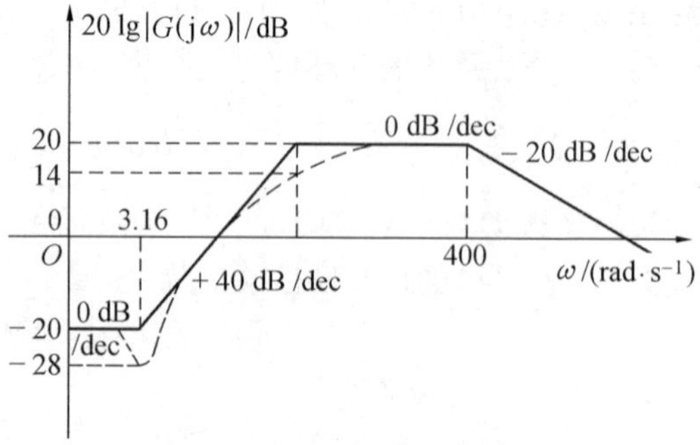

题 5.9 图　开环幅频特性图

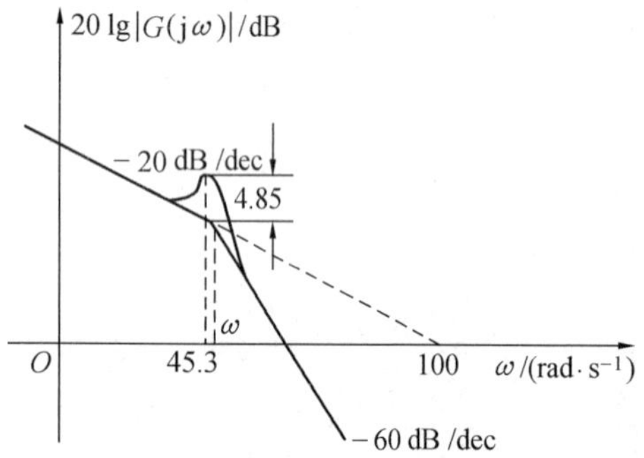

题 5.10 图　开环幅频特性图

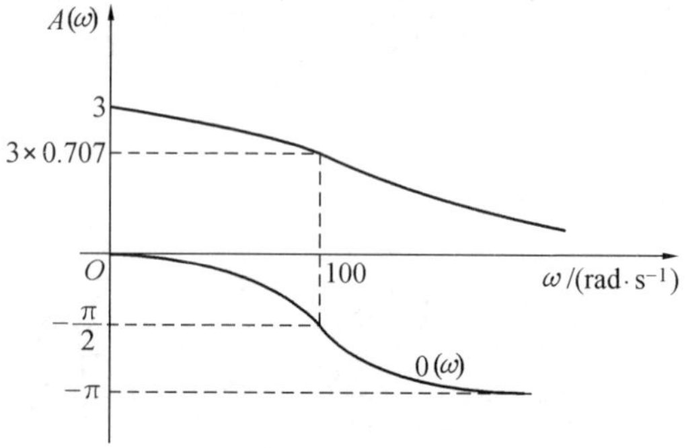

题 5.11 图　闭环频率响应图

5.12　题5.12图所示为四个负反馈系统的开环频率响应Nyquist图,图中 P 为系统含有的位于 s 平面右半部的开环极点数目。试应用 Nyquist 稳定判据分析各闭环系统的稳定性。

5.13　设某负反馈系统的开环传递函数为

$$G(s)H(s) = \frac{10(1 + K_n s)}{s(s - 10)}$$

试确定闭环系统稳定时反馈参数 K_n 的临界值。

5.14　试通过 Bode 图根据相角裕度概念确定 5.13 题所示系统反馈参数 K_n 的临界值。

5.15　设某单位负反馈系统的开环传递函数为

$$G(s) = \frac{\tau s + 1}{s^2}$$

试确定使该系统具有相角裕度 $\gamma = +45°$ 时的 τ 值。

5.16　设单位负反馈系统的开环传递函数为

$$G(s) = \frac{K}{(0.01s + 1)^2}$$

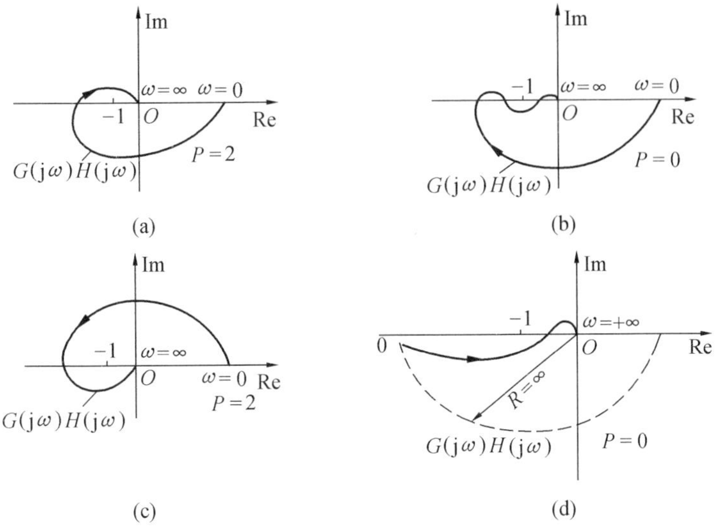

题 5.12 图　开环频率响应 Nyquist 图

试确定使相角裕度 $\gamma = 45°$ 时的开环增益 K。

5.17　设某单位负反馈系统的开环传递函数为

$$G(s) = \frac{K}{s(s^2 + s + 100)}$$

若要求系统的幅值裕度为 20 dB，则开环增益 K 应取何值？

5.18　设某单位负反馈系统的开环传递函数为

$$G(s) = \frac{16}{s(s + 2)}$$

试计算该系统的剪切频率 ω_c、相角裕度 γ，以及闭环幅频特性的相对谐振峰值 M_r、谐振频率 ω_r。

5.19　设某控制系统的方框图如题 5.19 图所示。试根据该系统响应 10 rad/s 的匀速信号时的稳态误差等于 30° 的要求确定控制器的增益 K，并计算该系统的相角裕度及幅值裕度。

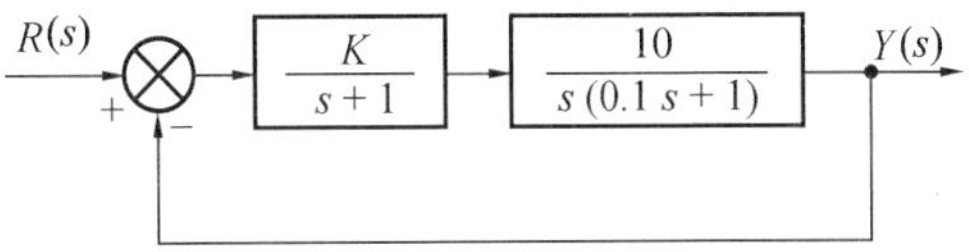

题 5.19 图　控制系统方框图

5.20　设某单位负反馈系统的开环传递函数为

$$G(s) = \frac{K}{s(0.01s + 1)(0.1s + 1)}$$

(1) 计算满足闭环幅频特性的相对谐振峰值 $M_r \leqslant 1.5$ 时的开环增益 K；

(2) 根据相角裕度及幅值裕度分析闭环系统的稳定性；

(3) 应用经验公式计算该系统的时域指标 —— 超调量 σ_p 及调整时间 t_s。

5.21　设某负反馈系统的开环传递函数为

$$G(s)H(s) = \frac{2\,083(s+3)}{s(s^2+20s+625)}$$

试绘制该系统的 Bode 图,并计算剪切频率 ω_c。

5.22　设某控制系统的开环传递函数为

$$G(s)H(s) = \frac{Ks^2}{(0.02s+1)(0.2s+1)}$$

试绘制该系统的 Bode 图,并确定剪切频率 $\omega_c = 5$ rad/s 时的 K 值。

5.23　设某单位负反馈系统的开环传递函数为

$$G(s) = \frac{K\mathrm{e}^{-0.1s}}{s(s+1)}$$

试确定使闭环系统稳定的开环增益 K 的最大值。

5.24　已知某控制系统的方框图如题 5.24 图所示。试确定闭环系统稳定时反馈系数 τ 的取值范围,并绘制该系统开环频率响应的 Nyquist 图。

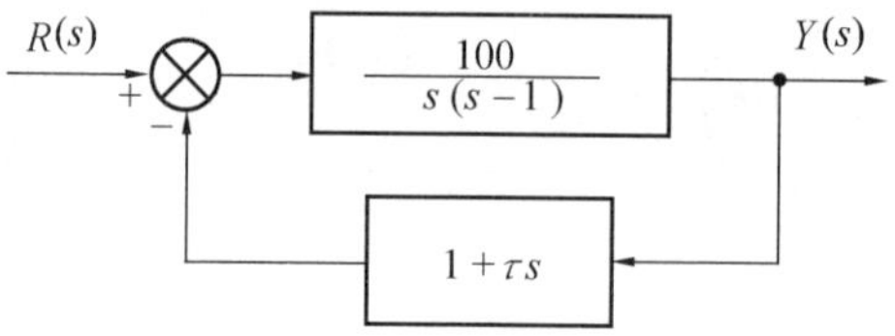

题 5.24 图　控制系统方框图

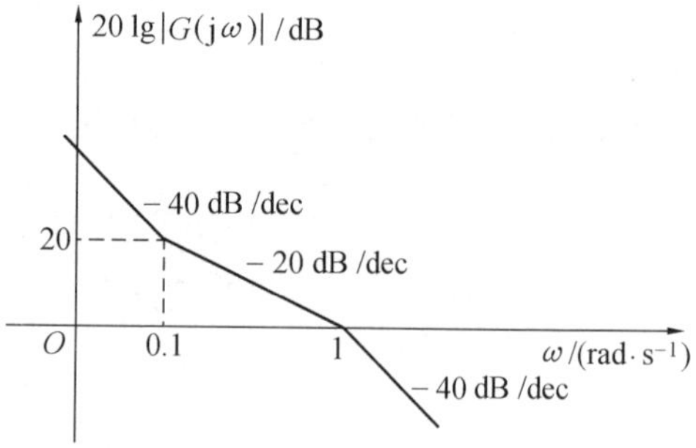

题 5.25 图　开环幅频特性图

5.25　已知最小相位系统 Bode 图的渐近幅频特性如题 5.25 图所示。试求取该系统的开环传递函数。

5.26　已知最小相位系统 Bode 图的渐近幅频特性如题 5.26 图所示。试求取各系统的开环传递函数。

5.27　设控制系统开环频率响应的 Nyquist 图如题 5.27 图所示。试应用 Nyquist 稳定判据判别闭环系统的稳定性。

5.28　已知某负反馈系统开环频率响应的 Nyquist 图如题 5.28 图所示,该系统的开环增益 $K = 500$ 以及在 s 平面右半部的开环极点数 $P = 0$。试分析 K 的取值对该闭环系统稳定性的影响。

5.29　已知最小相位系统 Bode 图的渐近幅频特性如题 5.29 图所示。试计算该系统的相角裕度及幅值裕度。

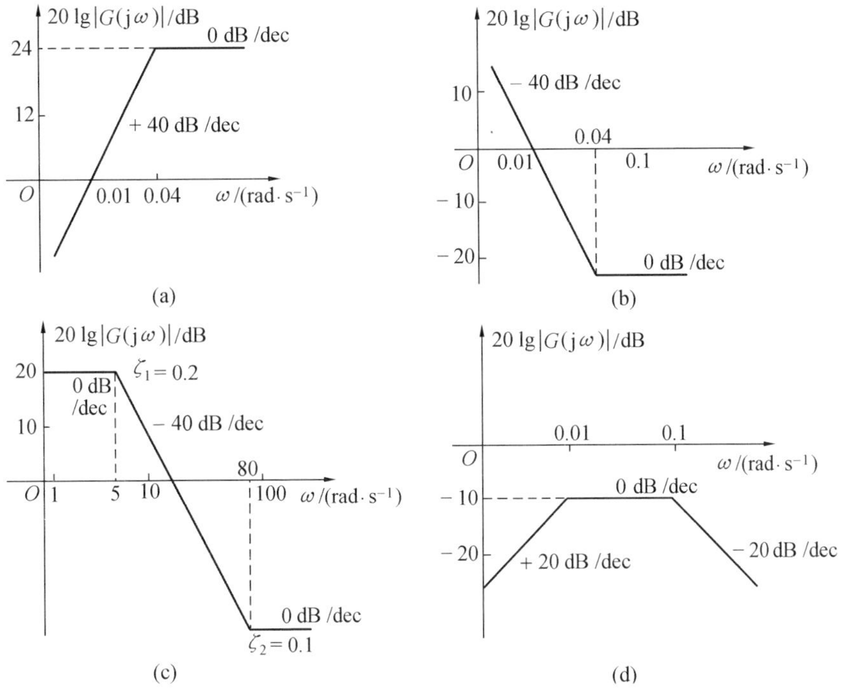

题 5.26 图　渐近幅频特性图

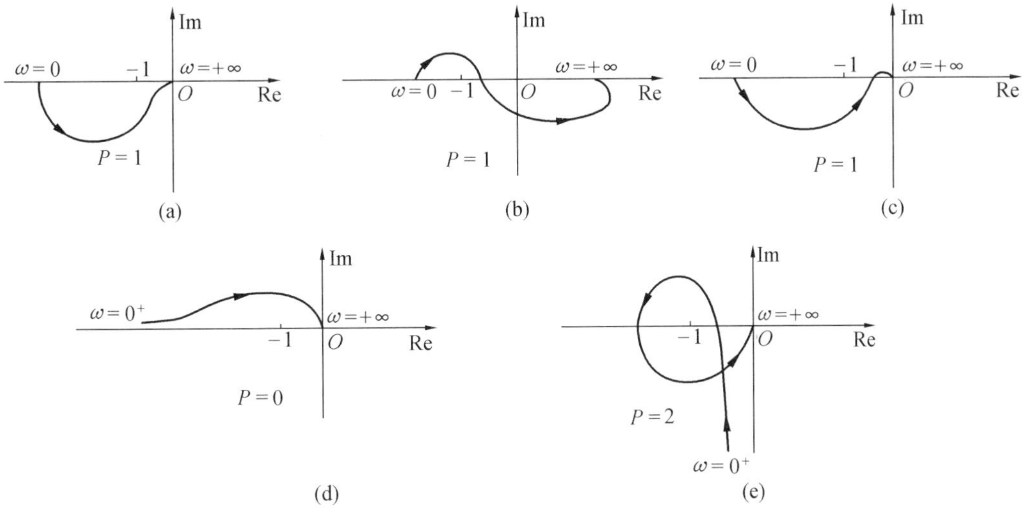

题 5.27 图　开环频率响应 Nyquist 图

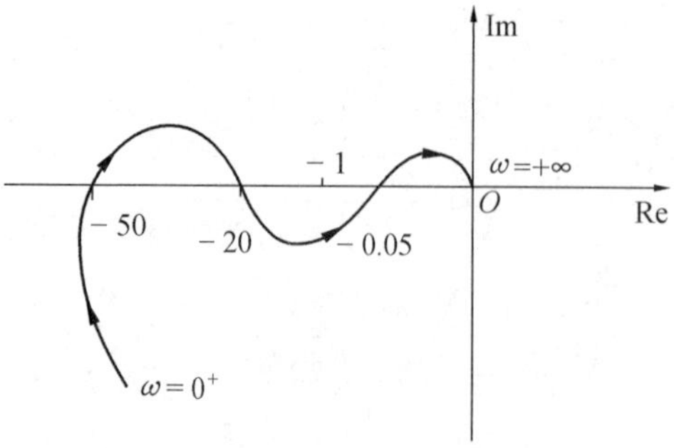

题 5.28 图　开环频率响应 Nyquist 图

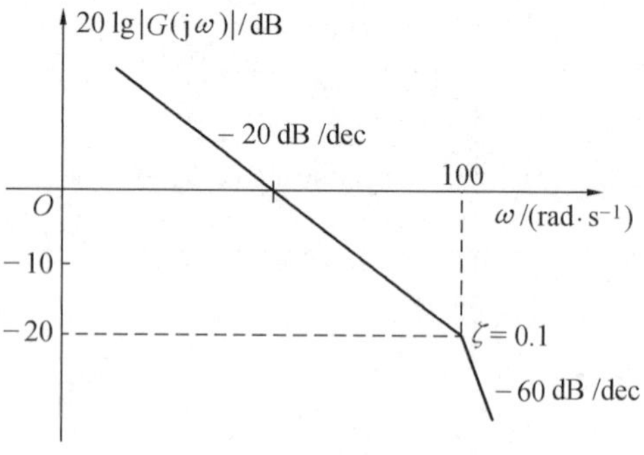

题 5.29 图　渐近幅频特性图

5.30　已知单位负反馈系统的开环传递函数为

$$G(s)=\frac{100}{s(Ts+1)}$$

试计算当系统的相角裕度 $\gamma=36°$ 时的 T 值和系统闭环幅频特性的相对谐振峰值 M_r。

5.31　已知最小相位系统 Bode 图的渐近幅频特性如题 5.31 图所示。试计算该系统在 $r(t)=\frac{1}{2}t^2$ 作用下的稳态误差和相角裕度。

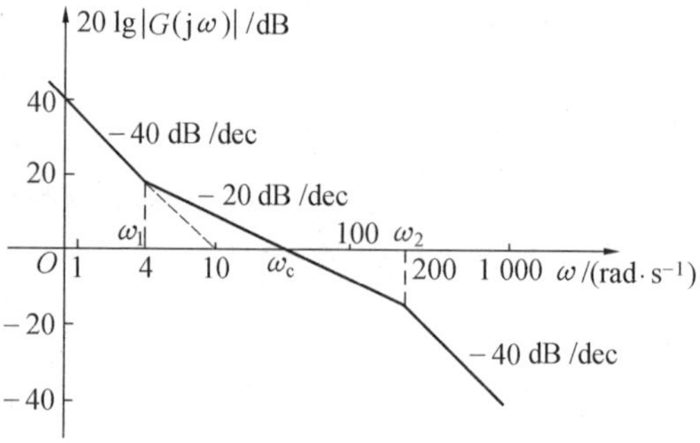

题 5.31 图　渐近幅频特性图

5.32　设单位负反馈系统的开环传递函数为

$$G(s)=\frac{7}{s(0.87s+1)}$$

试应用频率响应法计算该系统的时域指标——单位阶跃响应的超调量 σ_p 及调整时间 t_s。

5.33　设单位负反馈系统的开环传递函数为

$$G(s)=\frac{48(s+1)}{s(8s+1)(\frac{1}{20}s+1)}$$

试计算该系统的剪切频率 ω_c 及相角裕度 γ，并应用经验公式计算该系统的频域指标 M 及时域指标 σ_p，t_s。

5.34　已知单位反馈系统的开环传递函数为

$$G(s)=\frac{200}{s(0.1s+1)}$$

试设计串联校正环节，使系统的相角裕度 γ 不小于 45°，剪切频率 ω_c 不低于 50 rad/s。

5.35　在题 5.35 图所示控制系统中，要求采用串联校正以消除该系统跟踪匀速输入时的稳态误差。试设计串联校正环节。

5.36　设某控制系统的开环传递函数为

$$G(s)=\frac{10}{s(0.05s+1)(0.25s+1)}$$

要求校正后系统的相对谐振峰值 $M_r=1.4$，谐振频率 $\omega_r>10\ \mathrm{rad/s}$。试设计串联校正环节。

5.37　设有题 5.37 图所示控制系统，要求系统的相对谐振峰值 $M_r=1.3$，试确定前置放大器的增益 K，要求 $M_r=1.3$ 与开环增益 $K_v\geqslant 4\ \mathrm{s^{-1}}$，试确定串联迟后校正参数。

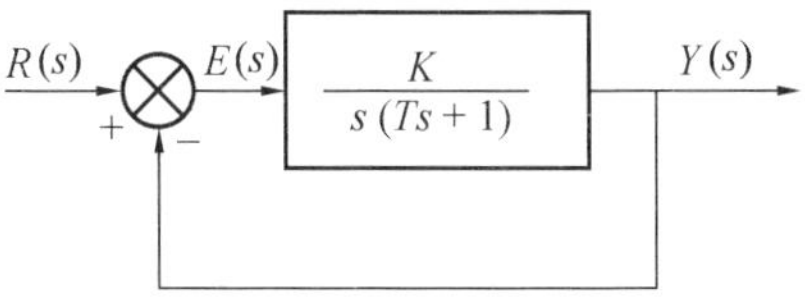

题 5.35 图　　控制系统方框图

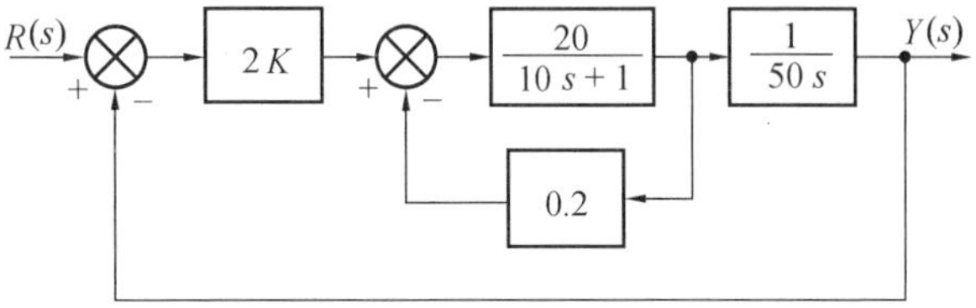

题 5.37 图　　控制系统方框图

5.38　设单位反馈系统的开环传递函数为

$$G(s)=\frac{K}{s(0.04s+1)}$$

要求系统响应匀速信号的稳态误差 $e_{ss}\leqslant 1\%$ 及相角裕度 $\gamma\geqslant 45°$。试确定串联迟后校正环节的传递函数。

5.39　已知某单位反馈系统的开环传递函数为

$$G(s)=\frac{K\mathrm{e}^{-0.005s}}{s(0.01s+1)(0.1s+1)}$$

要求系统的相角裕度 $\gamma=45°$ 及响应匀速信号 $r(t)=t$ 时的稳态误差 $e_{ss}=0.01$。试确定串联校正环节的传递函数。

5.40　设某控制系统的方框图如题 5.40 图所示。欲通过反馈校正使系统相角裕度 $\gamma=50°$，试确定反馈校正参数 K_t。

5.41　设某控制系统的方框图如题 5.41 图所示。要求采用速度反馈校正，使系统具有临界阻尼，即阻尼比 $\zeta=1$。试确定反馈校正参数 K_t。

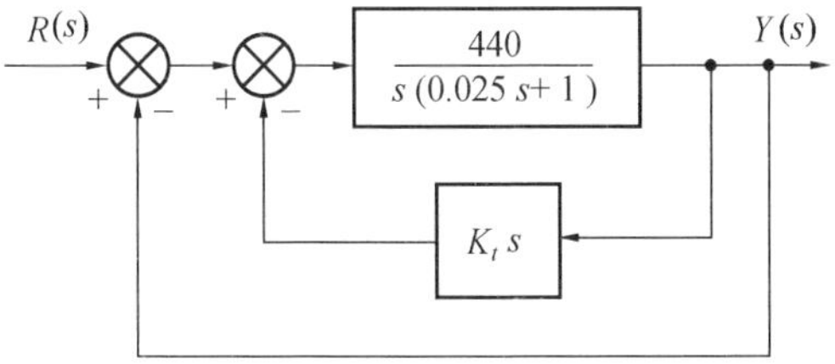

题 5.40 图　　控制系统方框图

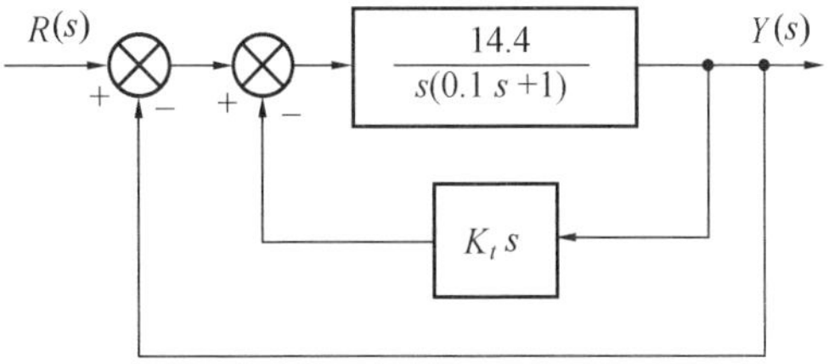

题 5.41 图　　控制系统方框图

5.42　已知最小相位系统的开环渐近幅频特性如题5.42(a)图所示，题5.42(b)图所示为该系统的方框图。欲通过反馈校正消除开环幅频特性在转折频率20 rad/s处的谐振峰，试确定反馈校正的传递函数形式及参数值。

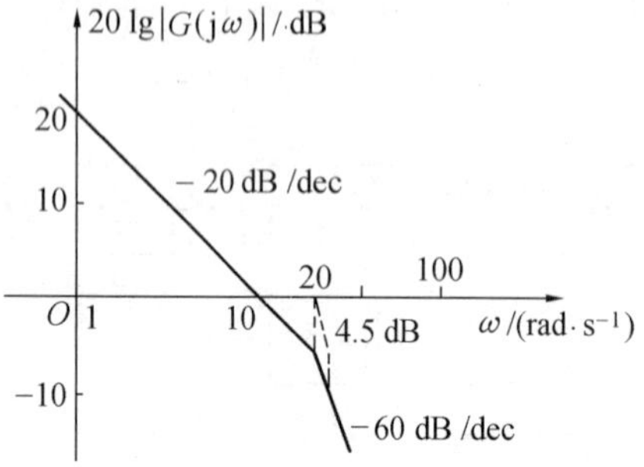

(a)

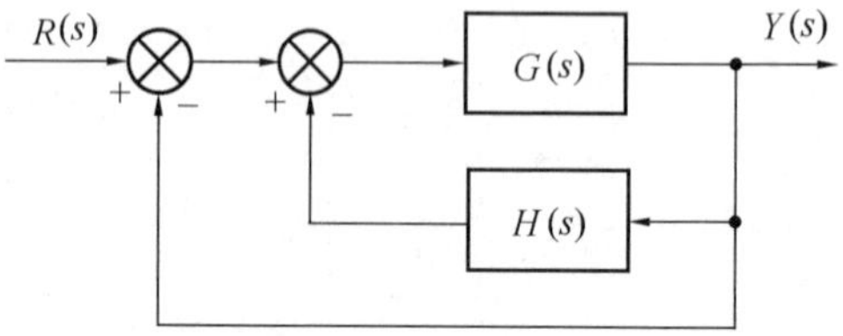

(b)

题5.42图　系统开环幅频特性及方框图

5.43　已知某控制系统的方框图如题5.43图所示。欲使系统在测速反馈校正后满足如下要求：

(1) 开环增益 $K_\nu \geqslant 5\ \mathrm{s}^{-1}$；

(2) 闭环系统阻尼比 $\zeta = 0.5$；

(3) 调整时间 $t_s \leqslant 2\ \mathrm{s}(\Delta = 0.05)$。

试确定前置放大大增益 K_1 及测速反馈系统校正参数 K_t(K_t 在0 ~ 1间选取)。

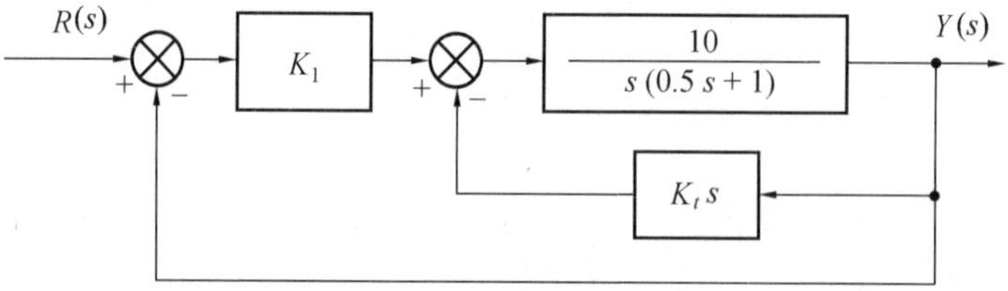

题5.43图　控制系统方框图

5.44　设某单位负反馈系统的开环传递函数为

$$G(s) = \frac{K_\nu}{s(s+1)}$$

要求开环增益 $K_\nu = 12\ \mathrm{s}^{-1}$ 及相角裕度 $\gamma = 40°$。试确定串联校正环节的传递函数。

5.45　设某单位负反馈系统的开环传递函数为

$$G(s) = \frac{K_\nu}{s(0.5s+1)}$$

要求系统响应匀速信号 $r(t) = t$ 的稳态误差 $e_{ss} = 0.1$ 及闭环幅频特性的相对谐振峰值 $M_r \leqslant 1.5$。试确定串联校正环节的传递函数。

5.46 设某单位负反馈系统的开环传递函数为

$$G(s)=\frac{10}{s(0.1s+1)(0.5s+1)}$$

试绘出系统开环频率响应的 Bode 图,并求出其相角裕度与幅值裕度。当采用传递函数为

$$G_c(s)=\frac{0.23s+1}{0.023s+1}$$

的串联校正环节时,试计算校正系统的相角裕度与幅值裕度,并简述校正系统的性能有何改进。

5.47 设某单位负反馈系统的开环传递函数为

$$G(s)=\frac{4}{s(2s+1)}$$

设计一串联迟后校正环节,使校正系统的相角裕度 $\gamma\geqslant 40°$,并保持原有的开环增益值。

5.48 设某单位负反馈系统的开环传递函数为

$$G(s)=\frac{K_\nu}{s\left(\frac{1}{4}s+1\right)(s+1)}$$

要求:

(1) 系统开环增益 $K_\nu\geqslant 5\ \mathrm{s}^{-1}$;

(2) 系统阻尼比 $\zeta=0.5$;

(3) 单位阶跃响应调整时间 $t_s=2.5$ s。

试确定串联校正环节的传递函数。

5.49 设某单位负反馈系统的开环传递函数为

$$G(s)=\frac{K_\nu}{s(0.5s+1)(s+1)}$$

要求系统的开环增益 $K_\nu\geqslant 5\ \mathrm{s}^{-1}$ 及相角裕度 $\gamma\geqslant 38°$。试确定串联迟后校正环节的传递函数。

5.50 设某单位负反馈系统的开环传递函数为

$$G(s)=\frac{K_\nu}{s(0.1s+1)(0.2s+1)}$$

要求:

(1) 系统开环增益 $K_\nu=30\ \mathrm{s}^{-1}$;

(2) 系统相角裕度 $\gamma\geqslant 45°$;

(3) 系统截止频率 $\omega_b=12$ rad/s。

试确定串联迟后 - 超前校正环节的传递函数。

5.51 设某单位负反馈系统的开环传递函数为

$$G(s)=\frac{K_\nu}{s(0.1s+1)(0.2s+1)}$$

要求：

(1) 系统响应匀速信号 $r(t) = t$ 的稳态误差 $e_{ss} = 0.01$；

(2) 系统的相角裕度 $\gamma \geqslant 40°$。

试设计一串联迟后 - 超前校正环节。

5.52　已知某控制系统的方框图如题 5.52 图所示。要求：

(1) 系统响应匀速输入 $r(t) = 110$ rad/s 的稳态误差 $e_{ss} = 0.25$ rad；

(2) 系统相角裕度 $\gamma \approx 55°$。

试确定反馈校正参数 τ 及 b。

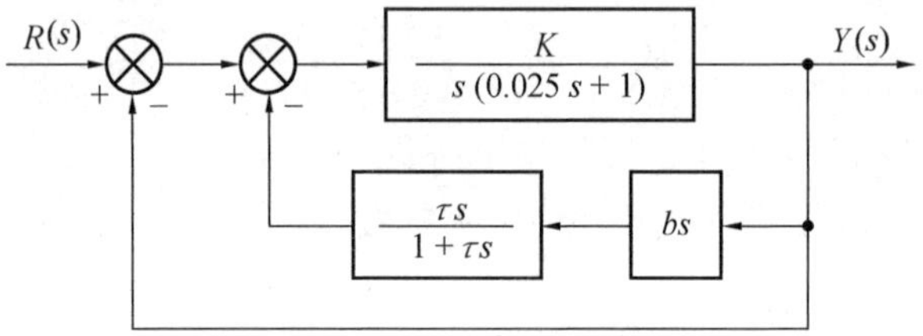

题 5.52 图　控制系统方框图

第六章　线性离散系统

近年来，数字式测量装置、数字式元部件，特别是数字电子计算机得到了迅速的发展。数字电子计算机具有运算速度快、精度高、集成化、容量大、功能多、体积小及使用上的通用性和灵活性等优点，加上不断完善的软件及计算机网络的支持，使得计算机被越来越广泛地应用于自动控制系统。计算机进入自动控制系统不只是取代模拟控制器，由于其逻辑判断功能和数值计算功能，可以实现许多模拟控制器难以实现甚至不能实现的复杂控制规律，使一些先进的控制规律得以实现。因此大大提高了自动控制系统的性能，也进一步促进了自动控制理论和实践的发展。而自动控制理论和实践的发展，也对计算机提出了更高的要求。自动控制系统中的计算机往往工作在工业生产环境或车载、舰载、机载条件下，这就要求计算机可靠性高，抗电磁干扰、抗震动、抗冲击能力强。目前广泛应用于自动控制系统中的计算机，有各种总线（如 ISA 总线，PCI 总线）标准的工业控制计算机、单片计算机、可编程控制器（PLC）和数字信号处理器（DSP）等。

6.1　计算机控制系统概述

一个计算机控制系统的结构图如图 6.1.1(a) 所示。

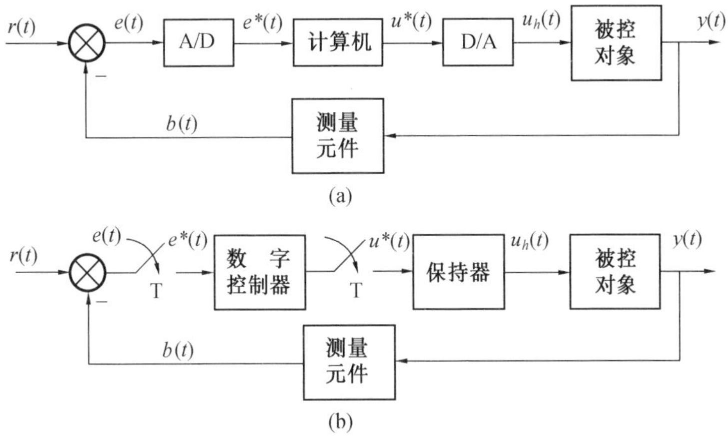

图 6.1.1　计算机控制系统

数字电子计算机中的信号是数字信号。我们以前各章所讨论的控制系统中，各个变量都是连续时间 t 的函数，如输入量 $r(t)$、输出量 $y(t)$、误差量 $e(t)$ 等。这些函数的自变量都是连续的时间 t，在所讨论问题的一个连续时间区间内，除若干个一类间断点之外，函数都有定义。我们把这样的信号叫做连续时间信号。如果系统中的变量都是连续时间信号,称这样的系统为连续时间控制系统,简称连续系统。如果连续时间信号的取值范围也是连续的,则称这样的信号为模拟信号。例如一个正弦交流电压信号

$$u(t)/\mathrm{V} = 10\sin 5t$$

的振幅为10 V,信号在某一时刻的取值可能是 + 10 ~ - 10 V间的任何一个电压值,那么可能的电压值有无穷多个。模拟信号的定义域是连续的,函数的值域也是连续的。

在计算机控制系统中,数字电子计算机内的信号是数字信号,系统中的模拟信号要转换成对应的数字信号才能进入计算机。这个转换过程称为模 / 数转换(A/D 转换),完成这个转换工作的元器件称为模 / 数转换器(A/D 转换器)。

在计算机内部,数的运算和存储都采用位数有限的二进制数。由于位数有限,所以能表示的不同数值的个数也是有限的。例如,8 位二进制数可以表示 $2^8 = 256$ 个不同的数值。因此,计算机中数字信号的取值只能是有限个离散的数值。

A/D 转换的过程需要一定时间,变换之后的数字信号还要根据控制算法的要求进行计算之后才能输出,这也需要一定的时间。因此,计算机控制系统中的 A/D 转换器通常是每隔一段固定的采样时间对模拟信号采样一次,进行一次 A/D 转换。经 A/D 转换后送入计算机的数字信号只在时间的一些离散点(即采样时刻)上有定义,而在相邻的两个采样时刻之间没有定义。只在时间的一些离散点上有定义的信号称为离散时间信号。计算机控制系统中的数字信号也是一种离散时间信号。与模拟信号不同,数字信号的定义域是离散的,函数的值域也是离散的,只能取有限个离散的数值。

计算机的输出信号如果要控制模拟放大器,或具有连续工作状态的被控对象,还需要把数字信号转换成模拟信号。这个转换过程称为数 / 模转换(D/A 转换),完成这个转换工作的元器件称为数 / 模转换器(D/A 转换器)。

在图 6.1.1(a) 中,计算机工作在离散状态,而被控制对象和测量元件工作在模拟状态。偏差信号 $e(t)$ 是个模拟信号,经 A/D 转换器,转换成离散的数字信号 $e^*(t)$ 送入计算机。计算机根据预定的控制规律和参数对这些数字信息进行运算,产生离散的控制序列 $u^*(t)$。$u^*(t)$ 经 D/A 转换器转换成模拟信号 $u_h(t)$ 去控制具有连续工作状态的被控制对象,使被控制量 $y(t)$ 满足性能指标的要求。图 6.1.1(b) 所示为简化的等效框图,其中 A/D 转换器被等效地表示为一个采样开关,D/A 转换器被表示为一个采样开关和保持器,数字控制器的功能由计算机实现。

如果一个控制系统中的变量有离散时间信号,就把这个系统称为离散时间控制系统,简称离散控制系统。如果一个控制系统中的变量有数字信号,就把这个系统称为数字控制系统。计算机控制系统就是最常见的离散时间控制系统和数字控制系统。

计算机控制系统与连续控制系统相比,具有许多优点。由于计算机可以进行复杂的数学运算,所以可以实现一些模拟控制器难以实现的控制规律,可以方便地改变控制规律和调节器的参数,使系统能够自动地适应各种工作状况。用一台计算机可以同时控制多个控制系统,提高

了设备的利用率。通过网络可以组成多级计算机控制和生产管理系统,在计算机控制系统中可以采用高精度的数字测量元件,从而提高控制系统的精度。数字信号或脉冲信号的抗干扰性能好,可以提高系统的抗干扰能力。

由于离散时间控制系统与连续时间控制系统之间存在着一些本质上的差别,所以以前介绍的连续系统的分析和设计方法不能直接用于离散时间控制系统。本章将讨论离散时间控制系统的分析和综合方法。离散时间控制系统与连续时间控制系统之间既有差别又有联系,所以在学习时应注意二者之间的相同与不同之处。

6.2　A/D 转换

6.2.1　A/D 转换

A/D 转换器将模拟信号变成数字信号。A/D 转换的过程可以看做是采样、量化和编码的过程。

采样的过程可以用一个采样开关形象地表示出来,如图 6.2.1 所示。假设采样开关每隔一定时间 T 闭合一次,T 称为采样周期,则采样频率为

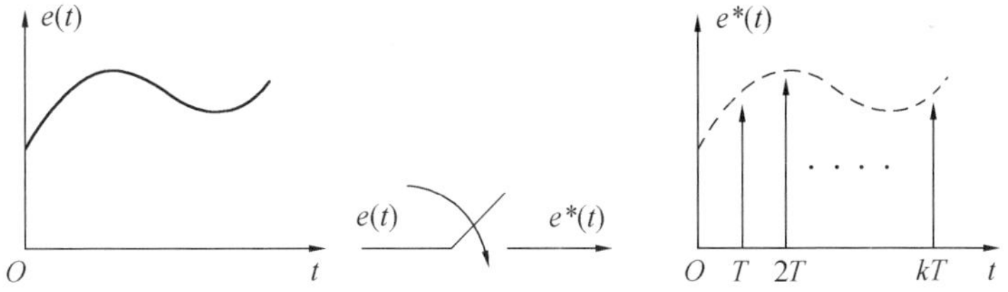

图 6.2.1　采样过程

$$f_s = \frac{1}{T}$$

而采样角频率为

$$\omega_s = \frac{2\pi}{T} = 2\pi f_s$$

采样角频率的单位是 rad/s。

采样的过程可以看做是一个脉冲调制的过程。设理想的单位脉冲序列为

$$\delta_T(t) = \sum_{k=0}^{\infty} \delta(t - kT)$$

式中

$$\delta(t) = \begin{cases} +\infty & t = 0 \\ 0 & t \neq 0 \end{cases} \quad 且 \quad \int_{-\infty}^{+\infty} \delta(t)\mathrm{d}t = 1 \tag{6.2.1}$$

采样开关对模拟信号 $e(t)$ 进行采样后,其输出的离散时间信号 $e^*(t)$ 可表示为

$$e^*(t) = e(t)\sum_{k=0}^{\infty}\delta(t - kT) = \sum_{k=0}^{\infty}e(kT)\delta(t - kT) \tag{6.2.2}$$

式中 $\delta(t - kT)$ 在这里仅表示发生在 $t = kT(k = 0,1,2,\cdots)$ 时刻具有单位强度的脉冲;$e(kT)$ 表示发生在 kT 时刻脉冲的强度,其值与被采样的模拟信号 $e(t)$ 在采样时刻 kT 时的值相等。

量化就是采用有限字长的一组二进制数去逼近离散模拟信号的幅值。在计算机中,任何数值都可以表示成二进制数字量最低位的整数倍。数字量最低位所代表的数值称为量化单位,通常用 q 来表示。若 A/D 的字长是 N 位,则量化单位为

$$q = \frac{1}{2^N}$$

于是 A/D 转换器所允许的模拟信号幅值变化的全部范围,只能用 2^N 个离散的数值来表示,这 2^N 个数值都是 q 的倍数。量化或称整量化通常是采用四舍五入的整量化方法,即把小于 $q/2$ 的值舍去,大于 $q/2$ 的值进位。量化会带来一定误差,A/D 的字长越长,量化单位 q 越小,量化所带来的误差也越小。通常系统中 A/D 的字长足够长的。量化的误差也是足够小,本书不讨论量化误差问题,量化后得到的数字信号序列仍可用式(6.2.2) 表示。

编码就是将量化后的数值变成按某种规则编码的二进制数码。常用的编码形式有原码、补码、偏移码、BCD 码等。

A/D 转换器的字长越长,或者说位数越多,则分辨率就越高。8 位及其以下的为低分辨率的,10 ~ 16 位属中高分辨率的。

A/D 转换需要一定时间,超过 1 ms 的为低速,在 1 μs ~ 1 ms 之间的为中速的,小于 1 μs 为高速的。

6.2.2 离散时间信号的频谱

连续时间信号 $e(t)$ 经过 A/D 转换之后变成了离散的数字序列 $e^*(t)$。数字序列的值为

$$e(kT) \qquad k = 0,1,2,\cdots$$

这反映了时间信号 $e(t)$ 在采样时刻的值。我们希望离散时间序列 $e^*(t)$ 能包含连续时间信号 $e(t)$ 的全部信息。显然,如果采样周期 T 越短,即采样角频率 ω_s 越高,则 $e^*(t)$ 中包含 $e(t)$ 的信息越多。但是,采样周期 T 不可能无限短,也就是说采样角频率 ω_s 不可能无限大。那么,采样周期 T 取多大才能使采样后得到的脉冲序列 $e^*(t)$ 中包含原模拟信号 $e(t)$ 的全部信息?计算机控制系统的采样周期 T 取多大才是合适的?

下面从信号采样前后的频谱入手分析这些问题。

从频率特性的角度看,任一时间信号都可以看成是由一系列正弦信号迭加而成的。假设连续时间信号 $x(t)$ 的频率特性为

$$X(\mathrm{j}\omega) = \int_{-\infty}^{+\infty}x(t)\mathrm{e}^{-\mathrm{j}\omega t}\mathrm{d}t$$

频谱 $|X(\mathrm{j}\omega)|$ 是一个带宽有限的连续频谱,其最高角频率 $\omega_{\max}<\infty$,如图 6.2.2(a) 所示。也就是说,$x(t)$ 中所包含的频率最高的正弦信号的角频率 $\omega_{\max}<\infty$。连续时间信号 $x(t)$ 经周期为 T 的等周期采样后得到离散时间信号

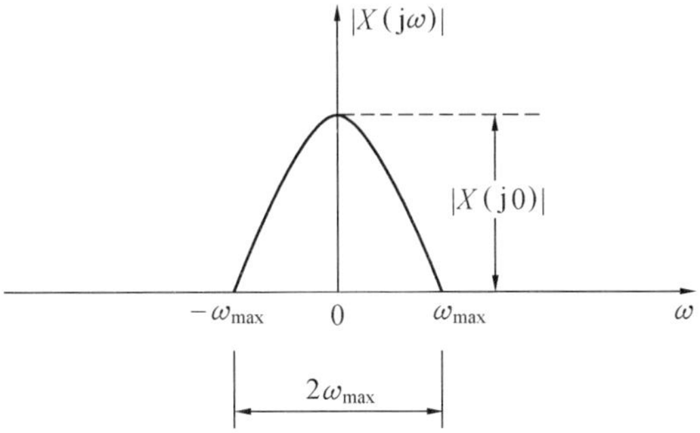

(a) 连续信号 $x(t)$ 的频谱

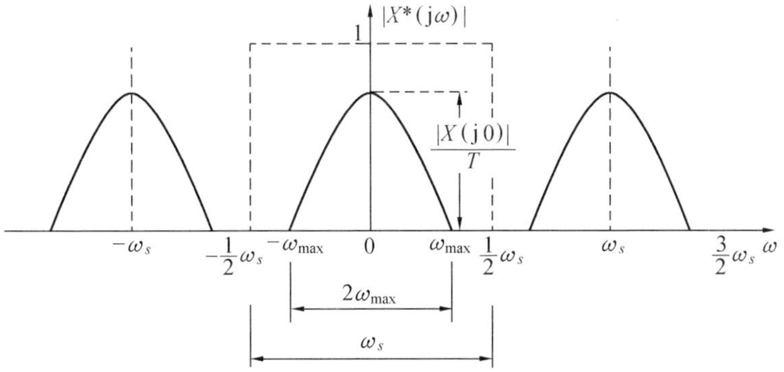

(b) $\omega_s>2\omega_{\max}$ 时离散信号的频谱

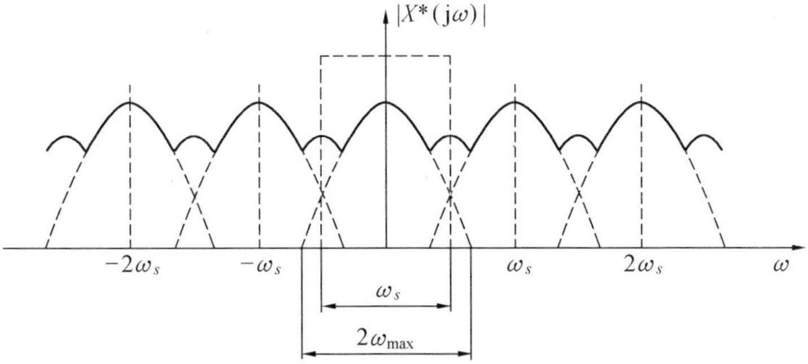

(c) $\omega_s<2\omega_{\max}$ 时离散信号的频谱

图 6.2.2 信号的频谱

$$x^*(t) = x(t)\sum_{k=0}^{\infty}\delta(t-kT) = \sum_{k=0}^{\infty}x(kT)\delta(t-kT)$$

由于$\sum_{k=0}^{\infty}\delta(t-kT)$是周期函数,故可以展开成复数形式的傅氏级数

$$\sum_{k=0}^{\infty}\delta(t-kT) = \sum_{n=-\infty}^{\infty}C_n e^{jn\omega_s t} \tag{6.2.3}$$

式中　ω_s—— 采样角频率,$\omega_s = \frac{2\pi}{T}$;

C_n—— 傅氏系数,即

$$C_n = \frac{1}{T}\int_{-T/2}^{T/2}\sum_{k=0}^{\infty}\delta(t-kT)e^{-jn\omega_s t}dt = \frac{1}{T}\int_{0_-}^{0_+}\delta(t)e^{-jn\omega_s t}dt = \frac{1}{T}e^{-jn\omega_s t}\Big|_{t=0} = \frac{1}{T} \tag{6.2.4}$$

将式(6.2.4)代入(6.2.3)得

$$\sum_{k=0}^{\infty}\delta(t-kT) = \frac{1}{T}\sum_{n=-\infty}^{\infty}e^{jn\omega_s t}$$

于是

$$x^*(t) = x(t)\sum_{k=0}^{\infty}\delta(t-kT) = x(t)\frac{1}{T}\sum_{n=-\infty}^{\infty}e^{jn\omega_s t} = \frac{1}{T}\sum_{n=-\infty}^{\infty}x(t)e^{jn\omega_s t} \tag{6.2.5}$$

对上式进行拉氏变换,并考虑到复域位移定理及求和的对称性,可得

$$X^*(s) = L\left[\frac{1}{T}\sum_{n=-\infty}^{\infty}x(t)e^{jn\omega_s t}\right] = \frac{1}{T}\sum_{n=-\infty}^{\infty}X(s-jn\omega_s) \tag{6.2.6}$$

若$X^*(s)$的极点都位于s平面左半部,可令$s = j\omega$得到离散信号$x^*(t)$的傅氏变换

$$X^*(j\omega) = \frac{1}{T}\sum_{n=-\infty}^{\infty}X[j(\omega-n\omega_s)] \tag{6.2.7}$$

于是,$x^*(t)$的频谱为

$$|X^*(j\omega)| = \frac{1}{T}\left|\sum_{n=-\infty}^{\infty}X[j(\omega+n\omega_s)]\right| \tag{6.2.8}$$

由式(6.2.8)可以看出,采样信号$x^*(t)$的频谱$|X^*(j\omega)|$是以ω_s为周期的无穷多个频谱分量之和。其中,$n = 0$时的频谱分量$\frac{1}{T}|X(j\omega)|$称为主频谱分量,其幅值是连续信号$x(t)$的频谱的$\frac{1}{T}$;其余$n = \pm 1, \pm 2, \cdots$时的各频谱分量都是由于采样而产生的高频频谱分量。若$\omega_s > 2\omega_{max}$,各频谱分量不会发生重叠,如图6.2.2(b)所示。如果用一个理想的低通滤波器(其幅频特性如图6.2.2中虚线画出的矩形)可将$\omega > \frac{1}{2}\omega_s$的高频部分全部滤掉,只保留主频谱分量$\frac{1}{T}|X(j\omega)|$。离散信号主频谱分量与原连续信号频谱只是在幅值上差$\frac{1}{T}$,经过一个T倍的放大器就可得到原连续信号的频谱$|X(j\omega)|$,从而不失真地恢复原连续信号$x(t)$。若$\omega_s <$

$2\omega_{max}$，不同的频率分量之间将发生重叠，如图 6.2.2(c) 所示，称为频率混叠现象。这样，即使有一个理想滤波器滤去高频部分也不能无失真地恢复原连续信号 $x(t)$。可以总结为如下的采样定理。

定理 6.2.1(Shannon 定理)　如果对一个具有有限频谱($-\omega_{max} < \omega < \omega_{max}$)的连续信号进行采样，当采样角频率 $\omega_s > 2\omega_{max}$(或者说采样频率 $f_s > 2f_{max}$)时，则由采样得到的离散信号能无失真地恢复到原来的连续信号。

说明：(1) 从物理意义上来理解采样定理：如果选择这样一个采样频率，使得对连续信号中所含最高频率的信号来说，能做到在其一个周期内采样两次以上，则在经采样获得的离散信号中将包含连续信号的全部信息。反之，如果采样次数太少，即采样周期太长，那就做不到无失真地再现原连续信号。

(2) 应当指出，采样定理只是给出了对有限频谱连续信号进行采样时选择采样周期 T 或采样角频率 ω_s 的指导原则。它给出的是由采样脉冲序列无失真地再现原连续信号所允许的最大采样周期，或最低采样频率。但信号的恢复需要一个理想滤波器，或者在采样全部结束后，依据全部采样脉冲序列用数学的方法非实时地求解。而理想滤波器在物理上是无法实现的，计算机控制系统又要求必须实时地进行信号的恢复。在计算机控制系统中是采用零阶保持器对信号进行实时地恢复，而零阶保持器是一个非理想滤波器，即使满足采样定理也做不到无失真地再现原连续信号。所以，在工程实际中总是取 ω_s 比 $2\omega_{max}$ 大得多。

(3) 还应指出的是，对于实际的非周期连续信号(包括一些典型输入信号和随机信号)，其频谱中最高频率是无限的，在进行采样之前通常要用模拟低通滤波器对信号中角频率超过 $\frac{1}{2}\omega_s$ 的高频信号进行滤波衰减。只要这些高频分量的幅值衰减到足够小，也可近似认为信号是具有有限频谱的，按采样定理所确定的采样角频率也不至于太高。这样虽然存在着一定程度的频率混叠，恢复出的连续信号会有一定的失真，但仍可满足实际工程的精度要求。

6.2.3　采样周期的选取

采样周期 T 是离散控制系统设计的一个关键问题。采样定理只是给出了采样周期的最大值。显然，采样周期 T 选得越小，也就是采样角频率 ω_s 选得越高，对系统控制过程的信息了解得越多，控制效果也会越好。但是，采样周期 T 选得过短，将增加不必要的计算负担。反之，采样周期 T 选得过长，又会给控制过程带来较大的误差，降低系统的动态性能，甚至有可能导致整个控制系统失去稳定性。因此，采样周期 T 要根据实际情况综合考虑后，再进行合理选择。有时要经过反复实验几次最后确定。

在一般工业过程控制中，微型计算机所能提供的运算速度，对于采样周期的选择来说，回旋余地较大。对于伺服系统，采样周期的选择在很大程度上取决于系统的性能指标。

从频域性能指标来看，控制系统的闭环频率特性通常具有低通滤波特性，当伺服系统输入信号的角频率高于其闭环幅频特性的谐振频率 ω_r 时，信号通过系统将会很快地衰减，因此可以近似认为通过系统的控制信号最高频率分量为 ω_r。在伺服系统中，一般认为开环系统的幅值穿越频率 ω_c 与闭环系统的截止频率 ω_b 比较接近，近似地有 $\omega_c \approx \omega_b$。这就是说，通常伺服系统的控制信号的最高频率分量为 ω_c，超过 ω_c 的频率分量通过系统时将被大幅度地衰减掉。根据工程实践经验，伺服系统的采样频率 ω_s 可选为

$$\omega_s \approx 10\omega_c$$

因为 $T = 2\pi/\omega_s$，所以采样周期与幅值穿越频率 ω_c 的关系为

$$T = \frac{\pi}{5}\frac{1}{\omega_c}$$

从时域性能指标来看，采样周期 T 可根据阶跃响应的过渡过程时间 t_s，按下列经验公式选取，即

$$T = \frac{1}{40}t_s$$

即在整个过渡时间 t_s 内，采样 40 次左右。

6.3 D/A 转换

D/A 转换器将数字信号转换成模拟信号。D/A 转换的过程可以看成是解码和保持的过程。

解码就是根据 D/A 转换器所采用的编码规则，将数字信号折算成对应的电压或电流值 $x(kT)$。这个电压或电流值仅仅是对应各采样时刻的，而相邻两采样时刻之间的值还没有确定。

保持就是解决各相邻采样时刻之间的插值问题，将离散时间信号变成连续时间信号。实现保持功能的器件称为保持器。保持器有各种类型，D/A 转换器中一般使用零阶保持器，其传递函数通常记为 $H_0(s)$。零阶保持器是一种具有常值外推功能的保持器。它将采样时刻 kT 时的电压或电流值不增不减地保持到下一个采样时刻 $(k+1)T$ 到来之前。经零阶保持器保持之后，D/A 转换器输出的模拟信号记为 $x_h(t)$，则有

$$x_h(kT+\tau) = x(kT) \qquad 0 < \tau < T \tag{6.3.1}$$

当下一个采样时刻 $(k+1)T$ 到来时，应保持 $x[(k+1)T]$ 值继续外推。也就是说，任何一个采样时刻的离散信号值只能作为常值保持到下一个相邻的采样时刻到来之前，其保持时间只有一个采样周期。零阶保持器的输出 $x_h(t)$ 为阶梯信号，如图 6.3.1 所示。

零阶保持器的单位冲激响应 $g_h(t)$ 是一个幅值为 1、持续时间为 T 的矩形脉冲，并可表示为两个阶跃函数之和，即

$$g_h(t) = 1(t) - 1(t-T)$$

对 $g_h(t)$ 取拉氏变换，可得零阶保持器的传递函数

$$H_0(s)=\frac{1}{s}-\frac{e^{-Ts}}{s}=\frac{1-e^{-Ts}}{s} \quad (6.3.2)$$

在式(6.3.2)中，令 $s=j\omega$，可得零阶保持器的频率特性为

$$H_0(j\omega)=\frac{1-e^{-j\omega T}}{j\omega}=T\frac{\sin\left(\frac{\omega T}{2}\right)}{\frac{\omega T}{2}}e^{-j\frac{\omega T}{2}} \quad (6.3.3)$$

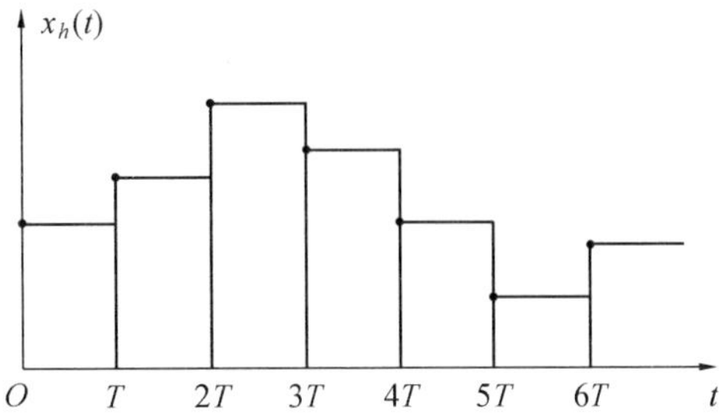

图 6.3.1　零阶保持器的输出特性

幅频特性为

$$|H_0(j\omega)|=T\left|\frac{\sin\left(\frac{\omega T}{2}\right)}{\frac{\omega T}{2}}\right| \quad (6.3.4)$$

考虑到 $\sin\frac{\omega T}{2}$ 的正负，相频特性可写成

$$\angle H_0(j\omega)=-\frac{\omega T}{2}+\theta \quad (6.3.5)$$

$$\theta=\begin{cases}0 & \sin\frac{\omega T}{2}>0\\ \pi & \sin\frac{\omega T}{2}<0\end{cases}$$

当 $\omega\to 0$ 时幅频特性为

$$\lim_{\omega\to 0}|H_0(j\omega)|=\lim_{\omega\to 0}T\left|\frac{\sin\left(\frac{\omega T}{2}\right)}{\frac{\omega T}{2}}\right|=T$$

零阶保持器的频率特性如图 6.3.2 所示。从幅频特性来看，零阶保持器是具有高频衰减特性的低通滤波器，$\omega\to 0$ 时的幅值为 T。从相频特性来看，零阶保持器具有负的相角，会对闭环系统的稳定性产生不利的影响。

零阶保持器相对于其他类型的保持器具有实现容易及相位滞后小等优点，是在数字控制系统中应用最广泛的一种保持器。在工程实践中，零阶保持器可用输出寄存器来实现，通常还应附加模拟滤波器，以便有效地滤除高频分量。

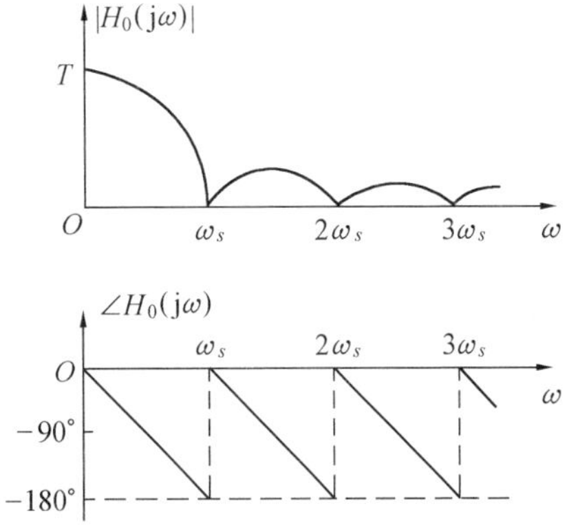

图 6.3.2　零阶保持器的频率特性

6.4 Z 变换与Z 反变换

在分析线性连续系统的动态及稳态特性时，拉氏变换作为数学工具，把系统时域的微分方程转换成 S 域中的代数方程，并得到线性连续系统的传递函数，从而可以很方便地分析系统的性能。与此相似，在分析线性离散系统的性能时，可使用 Z 变换建立线性离散系统的脉冲传递函数(也称 Z 传递函数)，从而较为方便地分析线性离散系统的性能。Z 变换是从拉氏变换引申出来的一种变换方法，实际是离散时间信号拉氏变换的一种变形，可由拉氏变换导出，因此也称为离散拉氏变换。

6.4.1 Z 变换

设连续时间信号 $x(t)$ 可进行拉氏变换，其象函数为 $X(s)$。考虑到 $t<0$ 时，$x(t)=0$，则 $x(t)$ 经过周期为 T 的等周期采样后，得到离散时间信号

$$x^*(t)=\sum_{k=0}^{\infty}x(kT)\delta(t-kT)$$

对上式表示的离散信号进行拉氏变换，可得到

$$X^*(s)=\sum_{k=0}^{\infty}x(kT)e^{-kTs} \tag{6.4.1}$$

$X^*(s)$ 称为离散拉氏变换式。因复变量 s 含在指数函数 e^{-kTs} 中不便计算，故引进一个新的复变量 z，即

$$z=e^{Ts} \tag{6.4.2}$$

将式(6.4.2) 代入式(6.4.1)，便得到以 z 为变量的函数 $X(z)$，即

$$X(z)=\sum_{k=0}^{\infty}x(kT)z^{-k} \tag{6.4.3}$$

$X(z)$ 称为离散时间函数 —— 脉冲序列 $x^*(t)$ 的 Z 变换，记为

$$X(z)=Z[x^*(t)]$$

在 Z 变换过程中，考虑的只是连续时间信号经采样后得到的离散时间信号，即脉冲序列。或者说只考虑连续时间信号在采样时刻上的值，而不考虑采样时刻之间的值。所以 Z 变换式(6.4.3) 表达的仅是连续时间信号在采样时刻上的信息，而不能反映采样时刻之间的信息。从这个意义上说，连续时间函数 $x(t)$ 与采样后得到的相应的采样脉冲序列 $x^*(t)$ 具有相同的 Z 变换，即

$$X(z)=Z[x(t)]=Z[x^*(t)] \tag{6.4.4}$$

从 Z 变换的推导可以看出，Z 变换是对离散时间信号进行的拉氏变换的一种表示方法，所以也叫做离散拉氏变换或带星号的拉氏变换。

求 Z 变换的方法有许多种，下面介绍常用的 3 种方法。

1.级数求和法

由 Z 变换的定义,将式(6.4.3)展开得到

$$X(z)=x(0)+x(T)z^{-1}+x(2T)z^{-2}+\cdots+x(kT)z^{-k}+\cdots \tag{6.4.5}$$

式(6.4.5)是 Z 变换的一种级数表达形式。显然,只要知道连续时间函数 $x(t)$ 在采样时刻 $kT(k=0,1,2,\cdots)$ 上的采样值 $x(kT)$,便可以写出 Z 变换的级数展开形式。这种级数展开式是开放式的,有无穷多项,如果不能写成闭式,是很难应用的。一些常用函数 Z 变换的级数形式可以写成闭式。

例 6.4.1 求单位阶跃函数 $1(t)$ 采样序列的 Z 变换。

解 单位阶跃函数 $1(t)$ 在所有采样时刻上的采样值均为 1,即

$$1(kT)=1 \qquad k=0,1,2,\cdots$$

根据式(6.4.5)求得

$$X(z)=Z[1(t)]=1+z^{-1}+z^{-2}+\cdots+z^{-k}+\cdots$$

这是一个等比级数,首项 $a_1=1$,公比 $q=z^{-1}$,通项 $a_n=a_1q^{n-1}=z^{-n+1}$,前 n 项和

$$S_n=\frac{a_1-a_nq}{1-q}=\frac{1-z^{-n}}{1-z^{-1}}$$

若 $|z|>1$,这个无穷级数的和为

$$X(z)=\lim_{n\to\infty}S_n=\lim_{n\to\infty}\frac{1-z^{-n}}{1-z^{-1}}=\frac{1}{1-z^{-1}}=\frac{z}{z-1}$$

因为 $|z|=|e^{Ts}|=e^{\sigma T}$,$\sigma=\mathrm{Re}[s]$,所以条件 $|z|>1$ 意味着 $\sigma>0$。这正是单位阶跃函数能进行拉氏变换的条件。

例 6.4.2 求衰减指数 $e^{-at}(a>0)$ 采样序列的 Z 变换。

解 衰减指数 $e^{-at}(a>0)$ 在各采样时刻上的采样值为 $1,e^{-aT},e^{-2aT},e^{-3aT},\cdots,e^{-kaT},\cdots$,将其代入式(6.4.5)有

$$X(z)=Z[e^{-at}]=1+e^{-aT}z^{-1}+e^{-2aT}z^{-2}+\cdots+e^{-kaT}z^{-k}+\cdots$$

这也是个等比级数,若满足条件 $|e^{aT}z|>1$,则

$$X(z)=Z[e^{-at}]-\frac{1}{1-e^{-aT}z^{-1}}=\frac{z}{z-e^{-aT}}$$

例 6.4.3 求理想脉冲序列 $\delta_T(t)=\sum\limits_{k=0}^{\infty}\delta(t-kT)$ 的 Z 变换。

解 因为 T 为采样周期,所以

$$x^*(t)=\delta_T(t)=\sum_{k=0}^{\infty}\delta(t-kT)$$

$$X^*(t)=L[x^*(t)]=\sum_{k=0}^{\infty}e^{-kTs}$$

由 $z=e^{Ts}$,上式可改写成

$$X(z)=\sum_{k=0}^{\infty}z^{-k}=1+z^{-1}+z^{-2}+\cdots$$

若 $|z|>1$,可将上式写成闭式

$$X(z)=\frac{1}{1-z^{-1}}=\frac{z}{z-1}$$

比较例6.4.1和例6.4.3可知,若两个脉冲序列在采样时刻的脉冲强度相等,则 Z 变换相等。

2.部分分式法

利用部分分式法求 Z 变换时,先求出连续函数 $x(t)$ 的拉氏变换 $X(s)$。$X(s)$ 通常是 s 的有理分式,将其展成部分分式之和的形式,使每一部分分式对应简单的时间函数。然后分别求出(或查表)每一项的 Z 变换。最后作通分化简运算,求得 $x(t)$ 采样序列所对应的 Z 变换 $X(z)$。

例6.4.4 已知连续函数 $x(t)$ 的拉氏变换为 $X(s)=\dfrac{a}{s(s+a)}$,试求 $x(t)$ 采样序列的 Z 变换。

解 将 $X(s)$ 展成部分分式,即

$$X(s)=\frac{1}{s}-\frac{1}{s+a}$$

对上式逐项求拉氏反变换,得

$$x(t)=1(t)-e^{-at}$$

由例6.4.1及例6.4.2知

$$Z[1(t)]=\frac{z}{z-1}$$

$$Z[e^{-at}]=\frac{z}{z-e^{-aT}}$$

所以

$$X(z)=\frac{z}{z-1}-\frac{z}{z-e^{-aT}}=\frac{z(1-e^{-aT})}{z^2-(1+e^{-aT})z+e^{-aT}}$$

3.留数计算法

若已知连续信号 $x(t)$ 的拉氏变换 $X(s)$ 和它的全部极点 $s_i(i=1,2,\cdots,n)$,可用下列的留数计算公式求 $x(t)$ 采样序列 $x^*(t)$ 的 Z 变换 $X(z)$,即

$$X(z)=\sum_{i=1}^{n}\mathrm{Res}\left[X(s)\frac{z}{z-e^{sT}}\right]_{s=s_i} \tag{6.4.6}$$

当 $X(s)$ 具有非重极点 s_i 时

$$\mathrm{Res}\left[X(s)\frac{z}{z-e^{sT}}\right]_{s=s_i}=\lim_{s\to s_i}\left[X(s)\frac{z}{z-e^{sT}}(s-s_i)\right] \tag{6.4.7}$$

当 $X(s)$ 在 s_i 处具有 r 重极点时

$$\mathrm{Res}\left[X(s)\frac{z}{z-e^{sT}}\right]_{s=s_i}=\frac{1}{(r-1)!}\lim_{s\to s_i}\frac{d^{r-1}}{ds^{r-1}}\left[X(s)\frac{z}{z-e^{sT}}(s-s_i)^r\right] \tag{6.4.8}$$

例 6.4.5　求连续时间函数 $x(t)=\begin{cases}0 & t<0\\ t & t\geqslant 0\end{cases}$ 采样序列的 Z 变换。

解　$x(t)$ 的拉氏变换为 $X(s)=\dfrac{1}{s^2}$，$X(s)$ 有两个 $s=0$ 的极点，即 $s_1=0,r_1=2$，则

$$X(z)=\frac{1}{(2-1)!}\lim_{s\to 0}\frac{\mathrm{d}}{\mathrm{d}s}\left[\frac{1}{s^2}\frac{z}{z-\mathrm{e}^{sT}}(s-0)^2\right]=\frac{Tz}{(z-1)^2}$$

例 6.4.6　若 $X(s)=\dfrac{s(2s+3)}{(s+1)^2(s+2)}$，试求 $x(t)$ 采样序列的 Z 变换。

解　$X(s)$ 的极点为 $s_{1,2}=-1$（二重极点），$s_3=-2$，则

$$X(z)=\frac{1}{(2-1)!}\lim_{s\to -1}\frac{\mathrm{d}}{\mathrm{d}s}\left[\frac{s(2s+3)}{(s+1)^2(s+2)}\frac{z}{z-\mathrm{e}^{sT}}(s+1)^2\right]+$$
$$\lim_{s\to -2}\left[\frac{s(2s+3)}{(s+1)^2(s+2)}\frac{z}{z-\mathrm{e}^{sT}}(s+2)\right]=$$
$$\frac{-Tz\mathrm{e}^{-T}}{(z-\mathrm{e}^{-T})^2z}+\frac{2}{z-\mathrm{e}^{-2T}}$$

表 6.4.1　Z 变换表

	$X(s)$	$x(t)$ 或 $x(k)$	$X(z)$
1	1	$\delta(t)$	1
2	e^{-kTs}	$\delta(t-kT)$	z^{-k}
3	$\dfrac{1}{s}$	$1(t)$	$\dfrac{z}{z-1}$
4	$\dfrac{1}{s^2}$	t	$\dfrac{Tz}{(z-1)^2}$
5	$\dfrac{1}{s+a}$	e^{-at}	$\dfrac{z}{z-\mathrm{e}^{-aT}}$
6	$\dfrac{a}{s(s+a)}$	$1-\mathrm{e}^{-at}$	$\dfrac{(1-\mathrm{e}^{-aT})z}{(z-1)(z-\mathrm{e}^{-aT})}$
7	$\dfrac{\omega}{s^2+\omega^2}$	$\sin\omega t$	$\dfrac{z\sin\omega T}{z^2-2z\cos\omega T+1}$
8	$\dfrac{s}{s^2+\omega^2}$	$\cos\omega t$	$\dfrac{z(z-\cos\omega T)}{z^2-2z\cos\omega T+1}$
9	$\dfrac{1}{(s+a)^2}$	$t\mathrm{e}^{-at}$	$\dfrac{Tz\mathrm{e}^{-aT}}{(z-\mathrm{e}^{-aT})^2}$
10	$\dfrac{\omega}{(s+a)^2+\omega^2}$	$\mathrm{e}^{-at}\sin\omega t$	$\dfrac{z\mathrm{e}^{-aT}\sin\omega T}{z^2-2z\mathrm{e}^{-aT}\cos\omega T+\mathrm{e}^{-2aT}}$
11	$\dfrac{s+a}{(s+a)^2+\omega^2}$	$\mathrm{e}^{-at}\cos\omega t$	$\dfrac{z^2-z\mathrm{e}^{-aT}\cos\omega T}{z^2-2z\mathrm{e}^{-aT}\cos\omega T+\mathrm{e}^{-2aT}}$
12	$\dfrac{2}{s^3}$	t^2	$\dfrac{T^2z(z+1)}{(z-1)^3}$
13		a^k	$\dfrac{z}{z-a}$
14		$a^k\cos k\pi$	$\dfrac{z}{z+a}$

6.4.2 Z 变换的基本定理

Z 变换有一些基本的定理,可使 Z 变换的应用变得简单和方便。由于 Z 变换是由拉氏变换导出的,所以这些定理与拉氏变换的基本定理有许多相似之处。

1.线性定理

若 $X_1(z) = Z[x_1(t)]$,$X_2(z) = Z[x_2(t)]$,$X(z) = Z[x(t)]$,并设 a 为常数或者是与时间 t 及复变量 z 无关的变量,则有

$$Z[ax(t)] = aX(z) \tag{6.4.9}$$

$$Z[x_1(t) \pm x_2(t)] = X_1(z) \pm X_2(z) \tag{6.4.10}$$

2.实数位移定理

实数位移定理又称平移定理。实数位移,是指整个采样序列在时间轴上左右平移若干采样周期,其中向左平移为超前,向右平移为滞后。

设连续时间函数 $x(t)$ 在 $t < 0$ 时为零,$x(t)$ 的 Z 变换为 $X(z)$,则有

$$Z[x(t - nT)] = z^{-n}X(z) \tag{6.4.11}$$

$$Z[x(t + nT)] = z^n[X(z) - \sum_{k=0}^{n-1} x(kT)z^{-k}] \tag{6.4.12}$$

实数位移定理中,式(6.4.11)称为滞后定理,式(6.4.12)称为超前定理。

算子 z 有明显的物理意义,z^{-n} 代表时域中的滞后环节,也称为滞后算子,它将采样信号滞后 n 个采样周期;z^n 代表超前环节,也称超前算子,它将采样信号超前 n 个采样周期。但 z^n 仅用于运算,在实际物理系统中并不存在,因为它不满足因果关系。实数位移定理是一个重要的定理,其作用相当于拉氏变换中的微分和积分定理,可将描述离散系统的差分方程转换为 z 域的代数方程。

3.初值定理

若 $Z[x(t)] = X(z)$,且当 $t < 0$ 时,$x(t) = 0$,则

$$x(0) = \lim_{t\to 0} x^*(t) = \lim_{k\to 0} x(kT) = \lim_{z\to\infty} X(z) \tag{6.4.13}$$

4.终值定理

若 $Z[x(t)] = X(z)$,且 $(z - 1)X(z)$ 的全部极点都位于 z 平面单位圆之内,则

$$x(\infty) = \lim_{t\to\infty} x(t) = \lim_{k\to\infty} x(kT) = \lim_{z\to 1}(z - 1)X(z) \tag{6.4.14}$$

定理中要求 $(z-1)X(z)$ 的全部极点位于 Z 平面单位圆内是 $x(t)$ 的终值为零或常数的条件,若允许在 $t\to\infty$ 时,$x(t)\to\infty$,可把条件放宽为 $(z - 1)X(z)$ 有 $z = 1$ 的极点。

5.卷积定理

若 $Z[x_1(t)] = X_1(z)$,$Z[x_2(t)] = X_2(z)$,则

$$X_1(z)X_2(z) = Z[\sum_{m=0}^{\infty} x_1(mT)x_2(kT - mT)]$$

6.4.3 Z 反变换

根据 $X(z)$ 求离散时间信号 $x^*(t)$ 或采样时刻值的一般表达式 $x(kT)$ 的过程称为 Z 反变换,并记为 $Z^{-1}[X(z)]$。Z 反变换是 Z 变换的逆运算。下面介绍求 Z 反变换的 3 种常用方法。

1. 长除法

当 $X(z)$ 是 z 的有理分式时,可用长除法求 Z 反变换。

设
$$X(z)=\frac{N(z)}{D(z)}=\frac{b_0+b_1z^{-1}+b_2z^{-2}+\cdots+b_mz^{-m}}{a_0+a_1z^{-1}+a_2z^{-2}+\cdots+a_nz^{-n}}\qquad n\geqslant m$$
将分子多项式 $N(z)$ 除以分母多项式 $D(z)$,将商按 z^{-1} 升幂排列,有
$$X(z)=\frac{N(z)}{D(z)}=x(0)+x(T)z^{-1}+x(2T)z^{-2}+\cdots$$
由此可以得到 $X(z)$ 的 Z 反变换
$$x^*(t)=x(0)\delta(t)+x(T)\delta(t-T)+x(2T)\delta(t-2T)+\cdots+x(kT)\delta(t-kT)+\cdots$$

例 6.4.7　已知 $X(z)=\dfrac{10z}{(z-1)(z-2)}$,求其 Z 反变换 $x^*(t)$。

解
$$X(z)=\frac{10z}{(z-1)(z-2)}=\frac{10z}{z^2-3z+2}=\frac{10z^{-1}}{1-3z^{-1}+2z^{-2}}$$
用分子多项式除以分母多项式,有
$$\begin{array}{r|l}
 & 10z^{-1}+30z^{-2}+70z^{-3}+150z^{-4}+\cdots \\
1-3z^{-1}+2z^{-2} & 10z^{-1} \\
 & \underline{10z^{-1}-30z^{-2}+20z^{-3}} \\
 & \qquad 30z^{-2}-20z^{-3} \\
 & \qquad \underline{30z^{-2}-90z^{-3}+60z^{-4}} \\
 & \qquad\qquad 70z^{-3}-60z^{-4} \\
 & \qquad\qquad \underline{70z^{-3}-210z^{-4}+140z^{-5}} \\
 & \qquad\qquad\qquad 150z^{-4}-140z^{-5} \\
 & \qquad\qquad\qquad \vdots
\end{array}$$
由此得到级数形式的 $X(z)$ 为
$$X(z)=10z^{-1}+30z^{-2}+70z^{-3}+150z^{-4}+\cdots$$
由 Z 变换的定义可知
$$\begin{aligned}
x(0)&=0\\
x(T)&=10\\
x(2T)&=30\\
x(3T)&=70\\
x(4T)&=150\\
&\vdots
\end{aligned}$$
因此,脉冲序列 $x^*(t)$ 可写成
$$x^*(t)=10\delta(t-T)+30\delta(t-2T)+70\delta(t-3T)+150\delta(t-4T)+\cdots$$
用长除法要写出 $x(kT)$ 的一般表达式是比较困难的。

2. 部分分式法

这个方法要将 $X(z)$ 展成若干个分式之和,每个分式对应 Z 变换表中的一项。考虑到 Z 变

换表中,所有 Z 变换函数在其分子上普遍都有因子 z,所以应先将 $X(z)/z$ 展开为部分分式,然后将所得结果的每一项都乘以 z,得到 $X(z)$ 的部分分式展开式。

设 $X(z)$ 的极点为 $z_1,z_2,\cdots,z_n$,且无重极点,则 $X(z)/z$ 的部分分式展开式为

$$\frac{X(z)}{z}=\sum_{i=1}^{n}\frac{A_i}{z-z_i}$$

上式两端乘以 z,得到 $X(z)$ 的部分分式展开式

$$X(z)=\sum_{i=1}^{n}\frac{A_iz}{z-z_i}$$

逐项查表求出$\frac{A_iz}{z-z_i}$的 Z 反变换,然后写出

$$x(kT)=Z^{-1}\left[\sum_{i=1}^{n}\frac{A_iz}{z-z_i}\right]$$

则离散时间信号 $x^*(t)$ 为

$$x^*(t)=\sum_{k=0}^{\infty}\left[Z^{-1}\left[\sum_{i=1}^{n}\frac{A_iz}{z-z_i}\right]\right]\delta(t-kT)$$

例 6.4.8 已知 $X(z)=\frac{z}{(z+1)(z+2)}$,求 Z 反变换 $x^*(t)$。

解

$$\frac{X(z)}{z}=\frac{1}{(z+1)(z+2)}=\frac{1}{z+1}-\frac{1}{z+2}$$

$$X(z)=\frac{z}{z+1}-\frac{z}{z+2}$$

查 Z 变换表可知

$$Z^{-1}\left[\frac{z}{z+1}\right]=(-1)^k \qquad Z^{-1}\left[\frac{z}{z+2}\right]=(-2)^k$$

$$x^*(t)=\sum_{k=0}^{\infty}[(-1)^k-(-2)^k]\delta(t-kT)=$$
$$\delta(t-T)-3\delta(t-2T)+7\delta(t-3T)-15\delta(t-4T)+\cdots$$

3. 留数计算法

用留数计算法求取 $X(z)$ 的 Z 反变换,首先求取 $x(kT)$,$k=0,1,2,\cdots$,即

$$x(kT)=\sum\text{Res}[X(z)z^{k-1}]$$

其中,留数和$\sum\text{Res}[X(z)z^{k-1}]$ 可写为

$$\sum\text{Res}[X(z)z^{k-1}]=\sum_{i=1}^{l}\frac{1}{(r_i-1)!}\frac{\mathrm{d}^{r_i-1}}{\mathrm{d}z^{r_i-1}}[(z-z_i)^{r_i}X(z)z^{k-1}]\big|_{z=z_i}$$

式中 $z_i(i=1,2,\cdots,l)$——$X(z)$ 彼此不相等的极点,彼此不相等的极点数为 l;

r_i—— 重极点 z_i 的重复个数。

由求得的 $x(kT)$ 可写出与已知象函数 $X(z)$ 对应的原函数 —— 脉冲序列

$$x^*(t)=\sum_{k=0}^{\infty}x(kT)\delta(t-kT)$$

例 6.4.9　求 $X(z)=\dfrac{z}{(z-a)(z-1)^2}$ 的 Z 反变换。

解　$X(z)$ 中彼此不相同的极点为 $z_1=a$ 及 $z_2=1$，其中 z_1 为单极点，即 $r_1=1$，z_2 为二重极点，即 $r_2=2$，不相等的极点数为 $l=2$。则

$$x(kT)=(z-a)\frac{z}{(z-a)(z-1)^2}z^{k-1}\Big|_{z=a}+$$
$$\frac{1}{(2-1)!}\frac{\mathrm{d}}{\mathrm{d}z}\left[(z-1)^2\frac{z}{(z-a)(z-1)^2}z^{k-1}\right]\Big|_{z=1}=$$
$$\frac{a^k}{(a-1)^2}+\frac{k}{1-a}-\frac{1}{(1-a)^2}\qquad k=0,1,2,\cdots$$

最后，求得 $X(z)$ 的 Z 反变换为

$$x^*(t)=\sum_{k=0}^{\infty}\left[\frac{a^k}{(a-1)^2}+\frac{k}{1-a}-\frac{1}{(1-a)^2}\right]\delta(t-kT)$$

说明：上面列举了求取 Z 反变换的 3 种常用方法。其中，长除法最简单，但由长除法得到的 Z 反变换为开式而非闭式。部分分式法和留数计算法得到的均为闭式。

Z 变换的性质见表 6.4.2。

表 6.4.2　Z 变换的性质

	$x(t)$ 或 $x(k)$	$Z[x(t)]$ 或 $Z[x(k)]$
1	$ax(t)$	$aX(z)$
2	$x_1(t)+x_2(t)$	$X_1(z)+X_2(z)$
3	$x(t+T)$ 或 $x(k+1)$	$zX(z)-zx(0)$
4	$x(t+2T)$	$z^2X(z)-z^2x(0)-zx(T)$
5	$x(k+2)$	$z^2X(z)-z^2x(0)-zx(1)$
6	$x(t+kT)$	$z^kX(z)-z^kx(0)-z^{k-1}x(T)-\cdots-zx(kT-T)$
7	$x(k+m)$	$z^mX(z)-z^mx(0)-z^{m-1}x(1)-\cdots-zx(m-1)$
8	$tx(t)$	$-Tz\dfrac{\mathrm{d}}{\mathrm{d}z}[X(z)]$
9	$kx(k)$	$-z\dfrac{\mathrm{d}}{\mathrm{d}z}[X(z)]$
10	$\mathrm{e}^{-at}x(t)$	$X(z\mathrm{e}^{aT})$
11	$\mathrm{e}^{-ak}x(k)$	$X(z\mathrm{e}^{a})$
12	$a^kx(k)$	$X\left(\dfrac{z}{a}\right)$
13	$ka^kx(k)$	$-z\dfrac{\mathrm{d}}{\mathrm{d}z}\left[X\left(\dfrac{z}{a}\right)\right]$
14	$x(0)$	$\lim\limits_{z\to\infty}X(z)$ 如果有极限
15	$x(\infty)$	$\lim\limits_{z\to1}[(z-1)X(z)]$[$\dfrac{z-1}{z}X(z)$ 在单位圆上和单位圆外是解析的]

续表 6.4.2

	$x(t)$ 或 $x(k)$	$Z[x(t)]$ 或 $Z[x(k)]$
16	$\sum_{k=0}^{\infty} x(k)$	$X(1)$
17	$\sum_{k=0}^{n} x(kT)y(nT-kT)$	$X(z)Y(z)$

6.5 脉冲传递函数

6.5.1 脉冲传递函数的概念

脉冲传递函数，也称 Z 传递函数，是线性离散系统或环节的一种数学模型。正如线性连续系统的特性可由传递函数来描述一样，线性离散系统的特性可以通过脉冲传递函数来描述。图 6.5.1 所示为典型开环线性定常离散控制系统的方框图，其中 $G(s)$ 为该系统连续部分的传递函数。连续部分的输入为采样周期为 T 的脉冲序列 $x^*(t)$，其输出为经过虚拟同步采样开关的脉冲序列 $y^*(t)$。$y^*(t)$ 反映连续输出信号 $y(t)$ 在采样时刻上的值。

脉冲传递函数的定义是，在零初始条件下，输出脉冲序列的 Z 变换与输入脉冲序列 Z 变换之比。

图 6.5.1 所示系统的开环脉冲传递函数为

$$G(z)=\frac{Z[y^*(t)]}{Z[x^*(t)]}=\frac{Y(z)}{X(z)} \qquad (6.5.1)$$

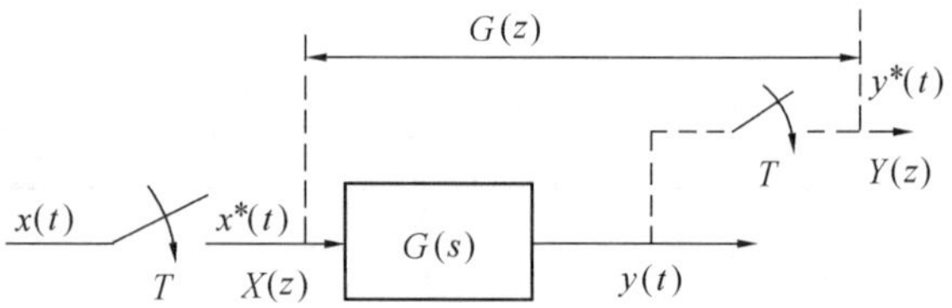

图 6.5.1 开环线性定常离散控制系统

为了说明脉冲传递函数的物理意义，下面从系统单位脉冲响应的角度来推导脉冲传递函数。由线性控制系统的理论知道，当线性部分 $G(s)$ 的输入为单位脉冲函数 $\delta(t)$ 时，其输出信号为单位脉冲响应 $g(t)$。当输入信号为一个脉冲序列

$$x^*(t)=\sum_{k=0}^{\infty} x(kT)\delta(t-kT)$$

时，根据迭加原理，其输出信号为一系列脉冲响应之和

$$y(t)=x(0)g(t)+x(T)g(t-T)+x(kT)g(t-kT)+\cdots=\sum_{k=0}^{\infty} x(hT)g(t-kT)$$

在 $t=kT$ 时刻输出的采样信号值为

$$y(kT)=x(0)g(kT)+x(T)g[(k-1)T]+\cdots+x(kT)g(0)+\cdots=$$
$$\sum_{h=0}^{k} x(hT)g[(k-h)T]$$

因为系统的单位脉冲响应是从 $t=0$ 才开始出现的信号，当 $t<0$ 时，$g(t)=0$，所以当 $h>k$

时,上式中

$$g[(k-h)T]=0$$

这就是说,kT 时刻以后的输入脉冲,如 $x[(k+1)T],x[(k+2)T],\cdots$,不会对 kT 时刻的输出信号发生影响,所以前面式子中求和上限 k 可扩展为 ∞,这时可得

$$y(kT)=\sum_{h=0}^{\infty}x(hT)g[(k-h)T]$$

$$y^*(t)=\sum_{k=0}^{\infty}y(kT)\delta(t-kT)=\sum_{k=0}^{\infty}\left\{\sum_{h=0}^{k}x(hT)g[(k-h)T]\right\}\delta(t-kT)$$

由 Z 变换定义

$$Z[y^*(t)]=Z\left[\sum_{k=0}^{\infty}y(kT)\delta(t-kT)\right]=Z\left\{\sum_{k=0}^{\infty}\left[\sum_{h=0}^{k}x(hT)g((k-g)T)\right]\delta(t-kT)\right\}$$

于是有

$$Y(z)=\sum_{k=0}^{\infty}y(kT)z^{-k}=\sum_{k=0}^{\infty}\left[\sum_{h=0}^{\infty}x(hT)\cdot g(kT-hT)\right]z^{-k}$$

取一个变量代换,令 $m=k-h$,即 $k=m+h$,则有

$$Y(z)=\sum_{m=-h}^{\infty}\left[\sum_{h=0}^{\infty}x(hT)g(mT)\right]z^{-m-h}$$

考虑到 $m<0$ 时 $g(mT)=0$,上式可改写为

$$Y(z)=\sum_{m=0}^{\infty}\left[\sum_{h=0}^{\infty}x(hT)g(mT)\right]z^{-m-h}=\left[\sum_{m=0}^{\infty}g(mT)z^{-m}\right]\left[\sum_{h=0}^{\infty}x(hT)z^{-h}\right]=G(z)X(z)$$

所以

$$G(z)=\frac{Y(z)}{X(z)}$$

若要建立一个连续系统或环节的脉冲传递函数,其输入一定是离散时间信号,对于其输出的连续时间信号,我们只考虑采样时刻的值,相当于加了一个虚拟的采样开关。如果已知一个连续系统或环节的传递函数 $G(s)$,求其对应的脉冲传递函数 $G(z)$,可以通过对 $G(s)$ 的单位脉冲响应 $g(t)$ 的采样序列 $g^*(t)$ 求 Z 变换的方法求得,即 $G(z)=Z[g^*(t)]$。

说明:如果 $G(s)$ 的形式比较复杂,要先展成部分分式形式,以便与拉氏变换表和 Z 变换表中的基本形式相对应,如下例所示。

例 6.5.1　连续系统传递函数为

$$G(s)=\frac{1}{s(0.1s+1)}$$

求其对应的脉冲传递函数 $G(z)$。

解　先将 $G(s)$ 展成部分分式形式

$$G(s)=\frac{10}{s(s+10)}=\frac{1}{s}-\frac{1}{s+10}$$

由拉氏变换表和 Z 变换表可求得

$$G(z)=\frac{z}{z-1}-\frac{z}{z-\mathrm{e}^{-10T}}=\frac{z(1-\mathrm{e}^{-10T})}{(z-1)(z-\mathrm{e}^{-10T})}$$

6.5.2 串联环节的脉冲传递函数

离散系统中 n 个环节串联时，串联环节间有无同步采样开关，串联环节等效的脉冲传递函数是不相同的。

1. 串联环节间无同步采样开关

图 6.5.2(a) 所示串联环节间无同步采样开关时，其脉冲传递函数为 $G(z)=Y(z)/E(z)$，可由描述连续工作状态的传递函数 $G_1(s)$ 与 $G_2(s)$ 的乘积 $G_1(s)G_2(s)$ 求取，记为

$$G(z)=Z[G_1(s)G_2(s)]=G_1G_2(z) \tag{6.5.2}$$

上式表明，两个串联环节间无同步采样开关隔离时，脉冲传递函数等于这两个环节传递函数乘积的 Z 变换。

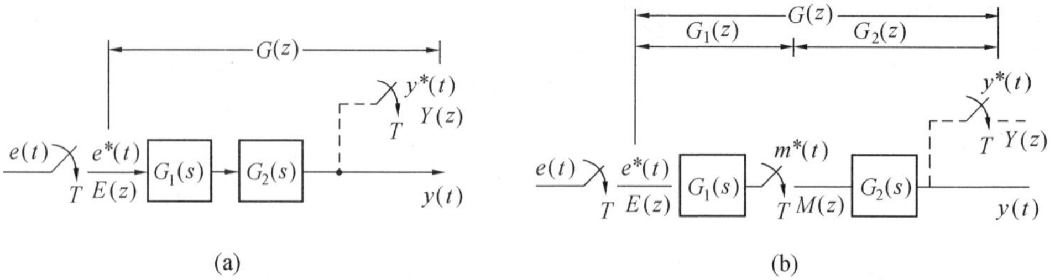

图 6.5.2 串联环节

上述结论可以推广到无采样开关隔离的 n 个环节相串联的情况中，即

$$G(z)=Z[G_1(s)G_2(s)\cdots G_n(s)]=G_1G_2\cdots G_n(z) \tag{6.5.3}$$

例 6.5.2 两串联环节 $G_1(s)$ 和 $G_2(s)$ 之间无同步采样开关，$G_1(s)=\dfrac{a}{s+a}$，$G_2(s)=\dfrac{1}{s}$，求串联环节等效的脉冲传递函数 $G(z)$。

解

$$G(z)=G_1G_2(z)=Z[G_1(s)G_2(s)]=Z\left[\frac{a}{s(s+a)}\right]=$$

$$Z\left[\frac{1}{s}-\frac{1}{s+a}\right]=\frac{z}{z-1}-\frac{z}{z-e^{-aT}}=\frac{z(1-e^{-aT})}{(z-1)(z-e^{-aT})}$$

2. 串联环节间有同步采样开关

图 6.5.2(b) 所示两串联环节间有同步采样开关隔离时，有

$$M(z)=G_1(z)E(z) \qquad G_1(z)=Z[G_1(s)]$$

$$Y(z)=G_2(z)M(z) \qquad G_2(z)=Z[G_2(s)]$$

于是，脉冲传递函数为

$$G(z)=\frac{Y(z)}{E(z)}=G_1(z)G_2(z) \tag{6.5.4}$$

上式表明，有同步采样开关隔开的两个环节串联时，脉冲传递函数等于这两个环节脉冲传递函数的乘积。上述结论可以推广到同步采样开关隔开的 n 个环节串联的情况，即

$$G(z) = Z[G_1(s)]Z[G_2(s)]\cdots Z[G_n(s)] = G_1(z)G_2(z)\cdots G_n(z) \tag{6.5.5}$$

例6.5.3　两串联环节 $G_1(s)$ 和 $G_2(s)$ 之间有同步采样开关，$G_1(s)=\dfrac{a}{s+a}$，$G_2(s)=\dfrac{1}{s}$，求串联环节等效的脉冲传递函数 $G(z)$。

解　$G(z) = G_1(z)G_2(z) = Z[G_1(s)G_2(s)] = Z\left[\dfrac{a}{s+a}\right]Z\left[\dfrac{1}{s}\right] =$

$$\frac{az}{z-\mathrm{e}^{-aT}}\frac{z}{z-1} = \frac{az^2}{(z-\mathrm{e}^{-aT})(z-1)}$$

说明：由以上分析可知，在串联环节间有无同步采样开关隔离，脉冲传递函数是不相同的。这时，需注意 $G_1G_2(z) \neq G_1(z)G_2(z)$，其不同之处在于零点不同，而极点是一样的。

在图6.5.2中(a)和(b)两种情况下，假设前一个环节 $G_1(s)$ 的输入 $e^*(t)$ 是相同的。串联环节间有无采样开关，后面一个环节 $G_2(s)$ 的输入是不同的。无采样开关时，$G_2(s)$ 的输入是连续时间信号；有采样开关时，$G_2(s)$ 的输入是脉冲序列。$G_2(s)$ 的输入不同，其输出 $y^*(t)$ 也不相同，输出的 Z 变换 $Y(z)$ 亦不相同，脉冲传递函数自然不相同。

3. 零阶保持器与环节串联

数字控制系统中通常有零阶保持器与环节串联的情况，如图 6.5.3 所示。零阶保持器的传递函数为 $H_0(s)=\dfrac{1-\mathrm{e}^{-Ts}}{s}$，与之串联的另一个环节的传递函数为 $G_0(s)$。两串联环节之间无同步采样开关隔离。为了求取等效的脉冲传递函数，首先需要计算

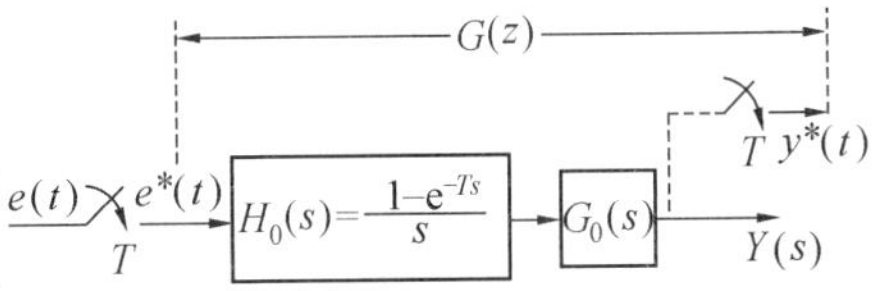

图6.5.3　零阶保持器与环节串联

$$G(s) = H_0(s)G_0(s) = \frac{1-\mathrm{e}^{-Ts}}{s}G_0(s) = (1-\mathrm{e}^{-Ts})\frac{G_0(s)}{s} = G_1(s)G_2(s)$$

其中

$$G_1(s) = 1-\mathrm{e}^{-Ts} \qquad G_2(s) = \frac{G_0(s)}{s}$$

$$G(s) = G_1(s)G_2(s) = (1-\mathrm{e}^{-Ts})G_2(s) = G_2(s) - \mathrm{e}^{-Ts}G_2(s)$$

$G(s)$ 的单位冲激响应为

$$g(t) = L^{-1}[G(s)] = L^{-1}[G_2(s) - \mathrm{e}^{-Ts}G_2(s)] = g_2(t) - g_2(t-T)$$

零阶保持器与环节 $G_0(s)$ 串联时总的脉冲传递函数为

$$G(z) = Z[G(s)] = Z[G_1(s)G_2(s)] = Z[G_2(s) - \mathrm{e}^{-Ts}G_2(s)] =$$
$$Z[g_2(t) - g_2(t-T)] = G_2(z) - G_2(z)z^{-1} = (1-z^{-1})G_2(z)$$

即

$$G(z) = (1-z^{-1})Z\left[\frac{G_0(s)}{s}\right] \tag{6.5.6}$$

例6.5.4　设系统如图 6.5.3 所示，与零阶保持器 $H_0(s)$ 串联的环节的 $G_0(s)=\dfrac{k}{s(s+a)}$，其中 k 和 a 是常量，求总的脉冲传递函数 $G(z)$。

解 $G(z)=(1-z^{-1})Z\left[\frac{k}{s^2(s+a)}\right]=(1-z^{-1})Z\left[k\left(\frac{1}{as^2}-\frac{1}{a^2s}+\frac{1}{a^2(s+a)}\right)\right]=$

$$\frac{k[(aT-1+e^{-aT})z+(1-e^{-aT}-aTe^{-aT})]}{a^2(z-1)(z-e^{-aT})}$$

6.5.3 线性离散系统的脉冲传递函数

图 6.5.4 所示离散控制系统的开环脉冲传递函数为

$$G(z)=\frac{B(z)}{\varepsilon(z)}=G_1G_2H(z) \quad (6.5.7)$$

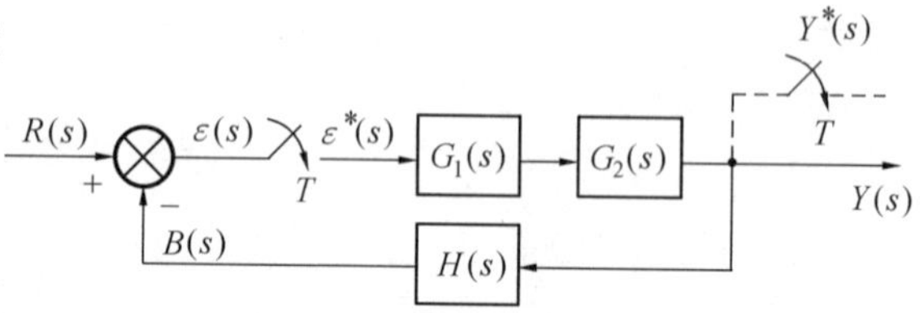

图 6.5.4 闭环离散控制系统

为了求取在控制信号 $r(t)$ 作用下图 6.5.4 所示线性离散系统的闭环脉冲传递函数,可列出关系式

$$Y(s)=G_1(s)G_2(s)\varepsilon^*(s)$$

$$B(s)=H(s)Y(s)$$

$$\varepsilon(s)=R(s)-B(s)$$

由上列各式求得

$$\varepsilon(s)=R(s)-G_1(s)G_2(s)H(s)\varepsilon^*(s) \quad (6.5.8)$$

其中,$\varepsilon^*(s)$ 代表离散偏差信号 $\varepsilon^*(t)$ 的拉氏变换。可以证明

$$Z[G_1(s)G_2(s)H(s)\varepsilon^*(s)]=G_1G_2H(z)\varepsilon(z) \quad (6.5.9)$$

因此对式(6.5.8)取 Z 变换,可得

$$\varepsilon(z)=R(z)-G_1G_2H(z)\varepsilon(z)$$

由上式可求得偏差信号对于控制信号的闭环脉冲传递函数

$$\frac{\varepsilon(z)}{R(z)}=\frac{1}{1+G_1G_2H(z)} \quad (6.5.10)$$

考虑到

$$Y(z)=G_1G_2(z)\varepsilon(z)$$

由此可求出被控制信号对于控制信号的闭环脉冲传递函数

$$\frac{Y(z)}{R(z)}=\frac{G_1G_2(z)}{1+G_1G_2H(z)} \quad (6.5.11)$$

令闭环脉冲传递函数的分母为零,便可得到闭环离散系统的特征方程。图 6.5.4 所示系统的特征方程为

$$1+G_1G_2H(z)=0 \quad (6.5.12)$$

线性离散系统的结构多种多样,而且并不是每个系统都能写出闭环脉冲传递函数。如果偏差信号不是以离散信号的形式输入到前向通道的第一个环节,则一般写不出闭环脉冲传递函数,只能写出输出的 Z 变换的表达式。此时令输出的 Z 变换式分母为零,就可得到特征方程。表6.5.1

所列为常见线性离散系统的方框图及被控制信号的 Z 变换 $Y(z)$。

表 6.5.1　常见线性离散系统的方框图及被控信号的 Z 变换

序号	系　统　框　图	$Y(z)$ 计算式
1	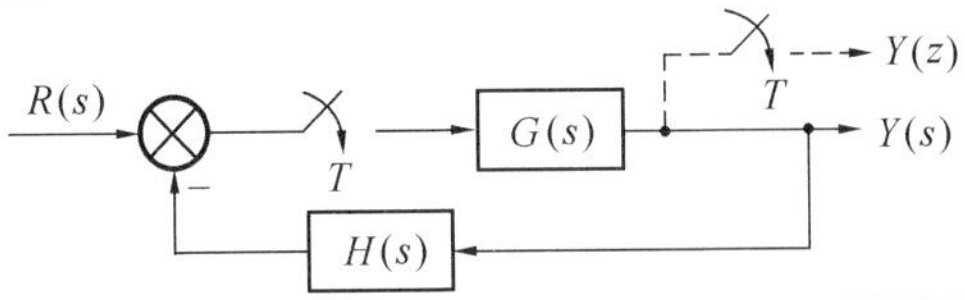	$\dfrac{G(z)R(z)}{1+GH(z)}$
2	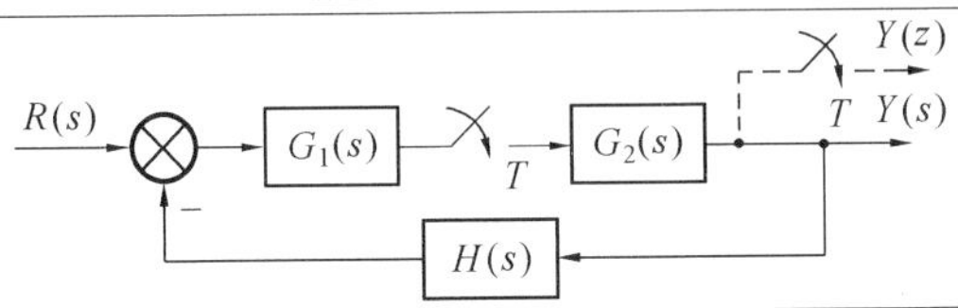	$\dfrac{RG_1(z)G_2(z)}{1+G_2HG_1(z)}$
3	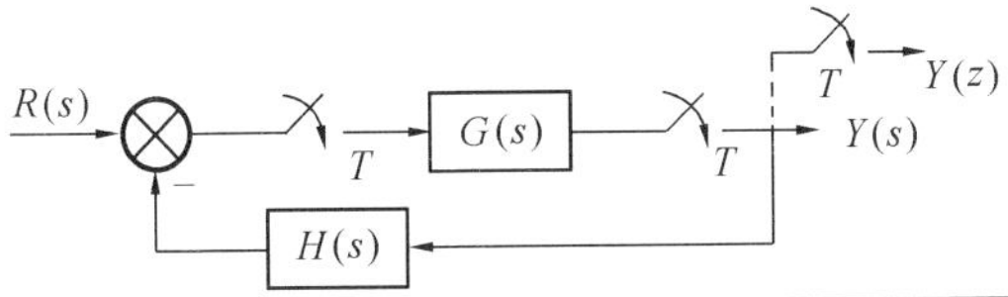	$\dfrac{G(z)R(z)}{1+G(z)H(z)}$
4	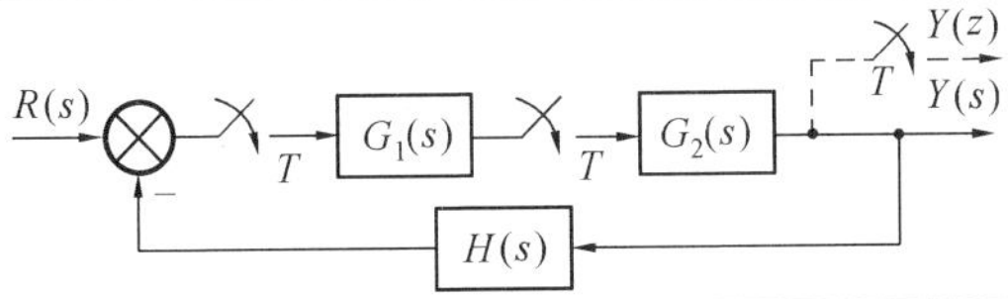	$\dfrac{G_1(z)G_2(z)R(z)}{1+G_1(z)G_2H(z)}$
5	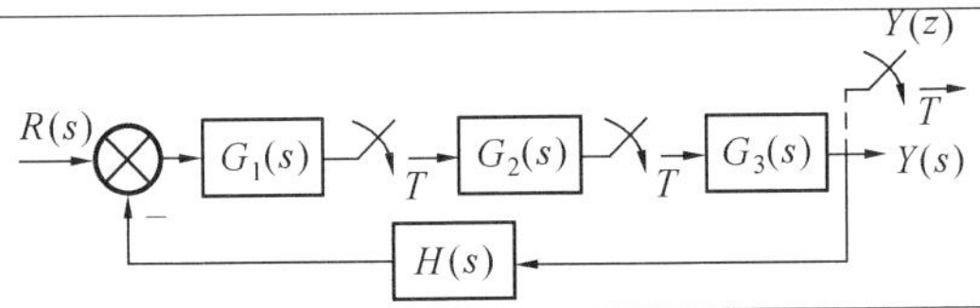	$\dfrac{RG_1(z)G_2(z)G_3(z)}{1+G_2(z)G_1G_3H(z)}$
6	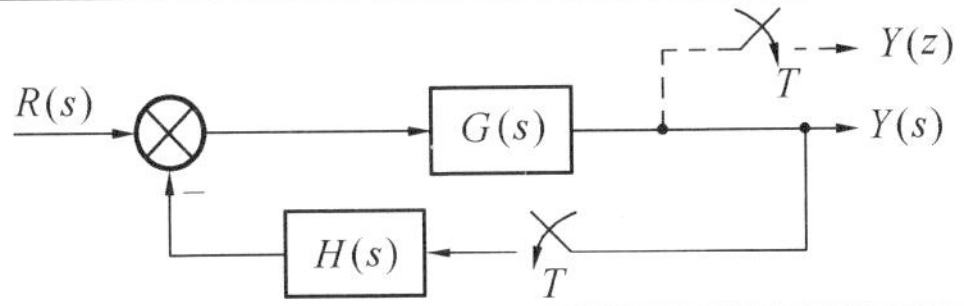	$\dfrac{RG(z)}{1+HG(z)}$
7	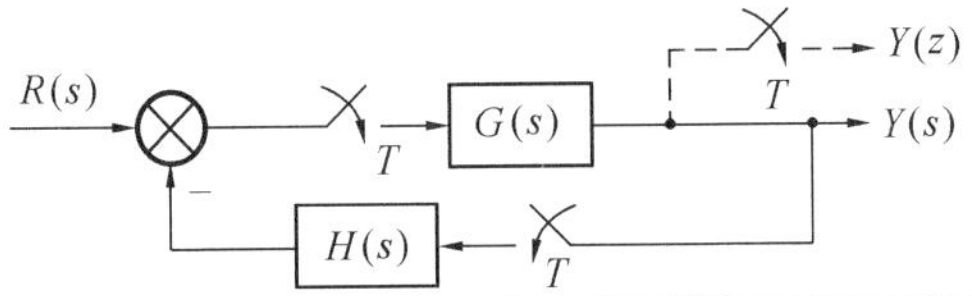	$\dfrac{G(z)R(z)}{1+G(z)H(z)}$
8	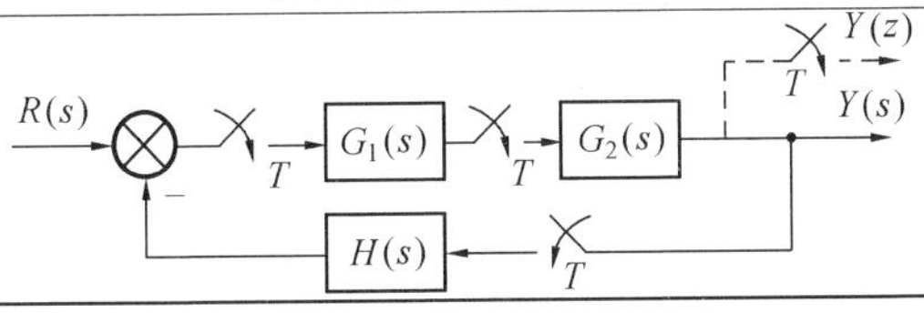	$\dfrac{G_1(z)G_2(z)R(z)}{1+G_1(z)G_2(z)H(z)}$

例 6.5.5 试求图 6.5.5 所示线性离散系统的闭环脉冲传递函数。

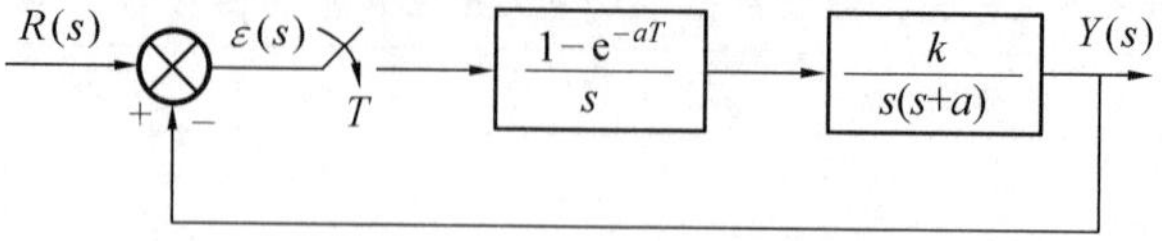

图 6.5.5 线性离散系统

解 系统开环脉冲传递函数为

$$G(z) = Z[G(s)] = (1 - z^{-1})Z\left[\frac{1}{s}\frac{k}{s(s+a)}\right] =$$

$$\frac{k[(aT - 1 + e^{-aT})z + (1 - e^{-aT} - aTe^{-aT})]}{a^2(z - 1)(z - e^{-aT})}$$

偏差信号对控制信号和被控制信号对控制信号的闭环脉冲传递函数分别为

$$\frac{E(z)}{R(z)} = \frac{a^2(z - 1)(z - e^{-aT})}{a^2z^2 + [k(aT - 1 + e^{-aT}) - a^2(1 + e^{-aT})]z + [k(1 - e^{-aT} - aTe^{-aT}) + a^2e^{-aT}]}$$

$$\frac{Y(z)}{R(z)} = \frac{k[(aT - 1 + e^{-aT})z + (1 - e^{-aT} - aTe^{-aT})]}{a^2z^2 + [k(aT - 1 + e^{-aT}) - a^2(1 + e^{-aT})]z + [k(1 - e^{-aT} - aTe^{-aT}) + a^2e^{-aT}]}$$

例 6.5.6 线性离散系统的结构如图 6.5.6 所示,求系统被控制信号 $y(t)$ 的 Z 变换。

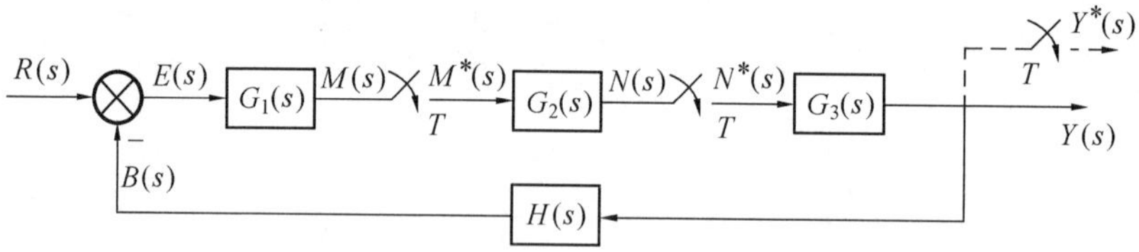

图 6.5.6 例 6.5.5 中的线性离散系统

解 从系统结构图中可以得到

$$Y(s) = G_3(s)N^*(s)$$

$$N(s) = G_2(s)M^*(s)$$

$$M(s) = G_1(s)E(s) = G_1(s)[R(s) - H(s)Y(s)] =$$

$$G_1(s)R(s) - G_1(s)H(s)G_3(s)N^*(s)$$

以上三个方程是对输出变量和实际采样开关两端的变量列出的方程,方程中均有离散信号的拉氏变换。对以上三式求对应的 Z 变换可以得到

$$Y(z) = G_3(z)N(z)$$

$$N(z) = G_2(z)M(z)$$

$$M(z) = G_1R(z) - G_1G_3H(z)N(z)$$

由以上三式进一步整理可得

$$Y(z)=G_2(z)G_3(z)M(z)=G_2(z)G_3(z)[G_1R(z)-G_1G_3H(z)Y(z)/G_3(z)]=$$
$$G_2(z)G_3(z)G_1R(z)-G_2(z)G_1G_3H(z)Y(z)$$

即

$$[1+G_2(z)G_1G_3H(z)]Y(z)=G_2(z)G_3(z)G_1R(z)$$

由此可得到被控制信号的 Z 变换

$$Y(z)=\frac{G_2(z)G_3(z)G_1R(z)}{1+G_2(z)G_1G_3H(z)}$$

由图 6.5.6 可见，该系统由于 $R(s)$ 未经采样就输入到 $G_1(s)$，所以，系统的闭环脉冲传递函数求不出来。

例 6.5.7　线性离散系统如图6.5.7所示，试求参考输入 $R(s)$ 和扰动输入 $F(s)$ 同时作用时，系统被控制量的 Z 变换 $Y(z)$。

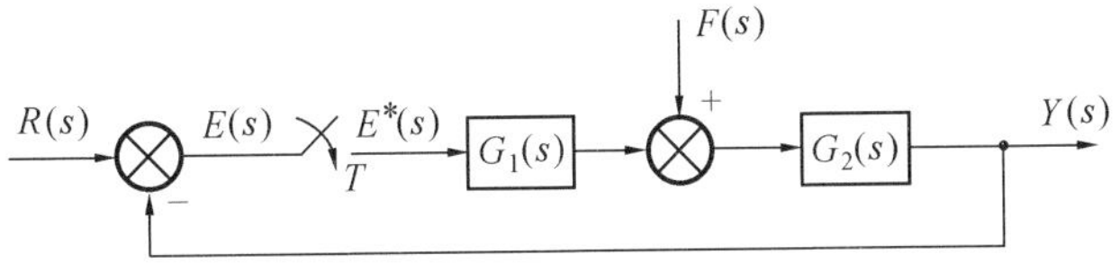

图 6.5.7　例 6.5.7 中的线性离散系统

解　设 $F(s)=0$，$R(s)$ 单独作用，则输出为

$$Y_R(s)=G_1(s)G_2(s)E^*(s)$$
$$E(s)=R(s)-Y_R(s)$$

对上两式取 Z 变换，有

$$Y_R(z)=G_1G_2(z)E(z)$$
$$E(z)=R(z)-Y_R(z)$$

根据以上两式整理得

$$Y_R(z)=\frac{G_1G_2(z)}{1+G_1G_2(z)}R(z)$$

设 $R(s)=0$，$F(s)$ 单独作用，则输出为

$$Y_F(s)=G_2(s)F(s)+G_1(s)G_2(s)E^*(s)$$
$$E(s)=-Y_F(s)$$

对上两式取 Z 变换，有

$$Y_F(z)=G_2F(z)+G_1G_2(z)E(z)$$
$$E(z)=-Y_F(z)$$

根据以上两式整理，得到

$$Y_F(z)=\frac{G_2F(z)}{1+G_1G_2(z)}$$

当 $R(s)$ 和 $F(s)$ 同时作用时,系统输出的 Z 变换为

$$Y(z)=Y_R(z)+Y_F(z)=\frac{G_1G_2(z)R(z)}{1+G_1G_2(z)}+\frac{G_2F(z)}{1+G_1G_2(z)}$$

说明:通过以上几个例子,对于线性离散系统的闭环脉冲传递函数和输出量的 Z 变换可以得出以下几点结论。

(1) 由于系统中采样开关的个数和它在系统中的位置不同,使系统有多种结构形式。系统的闭环脉冲传递函数和开环脉冲传递函数之间没有固定的关系,不能直接由开环脉冲传递函数来求闭环脉冲传递函数。

(2) 离散控制系统的闭环脉冲传递函数只能按照框图中各变量之间的关系具体地求取。

(3) 如果选择作为输出的那个变量是连续信号,可以在闭环回路外设一虚拟的采样开关。

(4) 当求拉氏变换的乘积(其中一些是常规拉氏变换,另一些是离散拉氏变换) 所对应的 Z 变换时,离散拉氏变换可提到 Z 变换符号之外。例如

$$Z[G_1(s)G_2(s)X^*(s)]=Z[G_1(s)G_2(s)]X^*(s)=G_1G_2(z)X(z)$$

(5) 如果输入信号未经采样就输入到某个包含零点或极点的连续环节,则求不出闭环脉冲传递函数,只能求出输出量的 Z 变换表达式。

6.6 差分方程

系统的数学模型是描述系统中各变量间相互关系的数学表达式。对于连续时间系统,用微分方程来描述系统输出变量与输入变量之间的关系;对于离散时间系统,则要用差分方程描述在离散的时间点上(即采样时刻),输出离散时间信号与输入离散时间信号之间的相互关系。

6.6.1 线性常系数差分方程

对于一般的线性定常离散时间系统,kT 时刻的输出 $y(k)$ 不但与 kT 时间的输入 $r(k)$ 有关,还与 kT 时刻以前若干个采样时间的输入和输出 $r(k-1),r(k-2),\cdots;y(k-1),y(k-2),\cdots$ 有关。这种关系可以用 n 阶差分方程来描述,即

$$\begin{aligned}&y(k)+a_1y(k-1)+a_2y(k-2)+\cdots+a_ny(k-n)=\\&b_0r(k)+b_1r(k-1)+\cdots+b_mr(k-m)\end{aligned}\tag{6.6.1}$$

其中,$a_i(i=1,2,\cdots,n)$ 和 $b_j(j=0,1,2,\cdots,m)$ 都是实常数,$n\geqslant m$。式(6.6.1) 称为 n 阶后向非齐次线性差分方程。由方程可以看出,线性定常离散系统在第 k 个采样时刻的输出 $y(k)$ 与第 k 个采样时刻及以前 m 个采样时刻的输入值有关,也与以前 n 个采样时刻的输出值有关。

与式(6.6.1) 类似,n 阶前向非齐次线性差分方程的基本形式为

$$y(k+n)+a_1y(k+n-1)+\cdots+a_ny(k)=b_0r(k+m)+b_1r(k+m-1)+\cdots+b_mr(k)$$

其中，$a_i(i=1,2,\cdots,n)$ 和 $b_j(j=0,1,2,\cdots,m)$ 均为实常数，$n\geqslant m$。

前向差分方程和后向差分方程并无本质区别，前向差分方程多用于描述非零初始条件的离散系统，后向差分方程多用于描述零初始条件的离散系统。若不考虑初始条件，就系统输入与输出关系而言，两者完全等价，可以相互转换。

6.6.2　差分方程的求解

差分方程的求解常用迭代法和 Z 变换法。

1. 迭代法

迭代法是一种递推的方法，适合用计算机进行递推运算求解。n 阶差分方程的一般形式为

$$y(k)=-\sum_{i=1}^{n}a_iy(k-i)+\sum_{j=0}^{m}b_jr(k-j)$$

只要知道了初始条件，即输出序列的初始值 $y(0),y(1),\cdots,y(n-1)$ 和任何时刻的输入序列 $r(k),k=0,1,2,\cdots$，那么系统任何时刻输出序列的值 $y(k)$ 都可以逐步递推计算出来。

例 6.6.1　已知差分方程

$$y(k)=r(k)+5y(k-1)-6y(k-2)$$

输入序列 $r(k)=1$，初始条件为 $y(0)=0,y(1)=1$，试用迭代法求出输出序列 $y(k),k=0,1,2,\cdots,10$。

解　根据初始条件及递推关系

$$\begin{aligned}
&y(0)=0\\
&y(1)=1\\
&y(2)=r(2)+5y(1)-6y(0)=6\\
&y(3)=r(3)+5y(2)-6y(1)=25\\
&y(4)=r(4)+5y(3)-6y(2)=90\\
&\vdots\\
&y(10)=r(10)+5y(9)-6y(8)=86\ 526
\end{aligned}$$

2. Z 变换法

用 Z 变换法求解差分方程的实质是利用 Z 变换的位移定理，将差分方程化为以 Z 为变量的代数方程，然后进行 Z 反变换，求出各采样时刻的响应。用 Z 变换法解差分方程的步骤是：

(1) 对差分方程进行 Z 变换；

(2) 解出方程中输出量的 Z 变换 $Y(Z)$；

(3) 求 $Y(Z)$ 的 Z 反变换，得到差分方程的解 $y(k)$。

例 6.6.2　用 Z 变换法解二阶齐次差分方程

$$y(k+2)+3y(k+1)+2y(k)=0\qquad y(0)=0\qquad y(1)=1$$

解　对方程进行 Z 变换，并利用实数位移定理有

$$z^2Y(z)-z^2y(0)-zy(1)+3zY(z)-3zy(0)+2Y(z)=0$$

整理后得到

$$(z^2+3z+2)Y(z)=y(0)z^2+[y(1)+3y(0)]z$$

代入初始条件有

$$(z^2+3z+2)Y(z)=z$$

$$Y(z)=\frac{z}{z^2+3z+2}=\frac{z}{z+1}-\frac{z}{z+2}$$

进行 Z 反变换，有

$$y(k)=(-1)^k-(-2)^k$$

$$y^*(t)=\delta(t-T)-3\delta(t-2T)+7\delta(t-3T)-15\delta(t-4T)+\cdots$$

6.6.3　由差分方程求脉冲传递函数

差分方程和脉冲传递函数都是离散系统的数学模型，它们之间是可以相互转换的。对于非齐次线性差分方程在零初始条件下进行 Z 变换，可以得到以 Z 为变量的代数方程，经整理之后，可以求出对应的脉冲传递函数。

对 n 阶线性非齐次差分方程

$$y(k)+a_1y(k-1)+a_2y(k-2)+\cdots+a_ny(k-n)=$$
$$b_0r(k)+b_1r(k-1)+\cdots+b_mr(k-m)$$

在零初始条件下进行 Z 变换，有

$$Y(z)+a_1z^{-1}Y(z)+a_2z^{-2}Y(z)+\cdots+a_nz^{-n}Y(z)=$$
$$b_0R(z)+b_1z^{-1}R(z)+\cdots+b_mz^{-m}R(z)$$

即　$$(1+a_1z^{-1}+a_2z^{-2}+\cdots+a_nz^{-n})Y(z)=(b_0+b_1z^{-1}+\cdots+b_mz^{-m})R(z)$$

可求出对应的脉冲传递函数为

$$\frac{Y(z)}{R(z)}=\frac{b_0+b_1z^{-1}+\cdots+b_mz^{-m}}{1+a_1z^{-1}+a_2z^{-2}+\cdots+a_nz^{-n}}=\frac{b_0z^n+b_1z^{n-1}+\cdots+b_mz^{n-m}}{z^n+a_1z^{n-1}+a_2z^{n-2}+\cdots+a_n}$$

例 6.6.3　已知离散系统的差分方程为

$$y(k+2)-1.367\,9y(k+1)+0.367\,9y(k)=0.367\,9r(k+1)+0.264\,2r(k)$$

求脉冲传递函数 $G(z)=Y(z)/R(z)$。

解　在零初始条件下对差分方程取 Z 变换有

$$(z^2-1.367\,9z+0.367\,9)Y(z)=(0.367\,9z+0.264\,2)R(z)$$

脉冲传递函数为

$$G(z)=\frac{Y(z)}{R(z)}=\frac{0.367\,9z+0.264\,2}{z^2-1.367\,9z+0.367\,9}=\frac{0.367\,9z^{-1}+0.264\,2z^{-2}}{1-1.367\,9z^{-1}+0.367\,9z^{-2}}$$

6.7　线性离散系统的稳定性

在线性连续系统中，系统的稳定性可以根据特征方程的根在 s 平面的分布位置来确定。若系统特征方程的根都具有负实部，即都分布在 s 平面左半部，则系统是稳定的。线性离散系统的数学模型是建立在 Z 变换的基础上的，为了在平面上分析线性离散系统的稳定性，首先要弄清 s 平面与 z 平面之间的映射关系。

6.7.1　s 平面到 z 平面的映射关系

我们在定义 Z 变换时，定义了复变量 s 与复变量 z 之间的转换关系为

$$z = \mathrm{e}^{Ts} \tag{6.7.1}$$

式中　T—— 采样周期。

将 $s = \sigma + \mathrm{j}\omega$ 代入式(6.7.1)中得到

$$z = \mathrm{e}^{(\sigma + \mathrm{j}\omega)T} = \mathrm{e}^{\sigma T}\mathrm{e}^{\mathrm{j}\omega T} = |z|\mathrm{e}^{\mathrm{j}\omega T}$$

于是得到 s 平面到 z 平面的基本映射关系式

$$|z| = \mathrm{e}^{\sigma T} \qquad \angle z = \omega T \tag{6.7.2}$$

对于 s 平面的虚轴，复变量 s 的实部 $\sigma = 0$，其虚部 ω 从 $-\infty$ 变化到 $+\infty$。从式(6.7.2)可见，$\sigma = 0$ 对应 $|z| = 1$，ω 从 $-\infty$ 变到 $+\infty$ 对应复变量 z 的幅角 $\angle z$ 也从 $-\infty$ 变到 $+\infty$。当 ω 从 $-\dfrac{1}{2}\omega_s$ 到 $\dfrac{1}{2}\omega_s$ 时，$\angle z$ 由 $-\pi$ 变化到 $+\pi$，变化了一周。因此，s 平面虚轴由 $s = -\mathrm{j}\dfrac{1}{2}\omega_s$ 到 $s = +\mathrm{j}\dfrac{1}{2}\omega_s$ 区段，映射到 z 平面为一个单位圆，如图 6.7.1 所示。不难看出，虚轴上 $s = -\mathrm{j}\dfrac{3}{2}\omega_s$ 到 $s = -\mathrm{j}\dfrac{1}{2}\omega_s$ 以及 $s = +\mathrm{j}\dfrac{1}{2}\omega_s$ 到 $s = +\mathrm{j}\dfrac{3}{2}\omega_s$ 等区段在 z 平面上的映象同样是 z 平面上的单位圆。实际上 s 平面虚轴频率差为 ω_s 的每一段都映射为 z 平面上的单位圆，当复变量 s 从 s 平面虚轴的 $-\mathrm{j}\infty$ 变到 $+\mathrm{j}\infty$ 时，复变量 z 在 z 平面上将按逆时针方向沿单位圆重复转过无穷多圈。也就是说，s 平面的虚轴在 z 平面的映象为单位圆。

在 s 平面左半部，复变量 s 的实部 $\sigma < 0$，在 z 平面的映象为单位圆内部区域；在 s 平面右半部，复变量 s 的实部 $\sigma > 0$，在 z 平面的映象为单位圆的外部区域。

可以看出，s 平面上的稳定区域左半 s 平面在 z 平面上的映象是单位圆内部区域。这说明在 z 平面上，单位圆之内是稳定区域，单位圆之外是不稳定区域。z 平面上的单位圆是稳定区域和不稳定区域的分界线。

s 平面左半部可以分成宽度为 ω_s，频率范围为 $\dfrac{2n-1}{2}\omega_s - \dfrac{2n+1}{2}\omega_s (n = 0, \pm 1, \pm 2, \cdots)$，平行于横轴的无数多带域，每一个带域都映射为 z 平面的单位圆内的圆域。其中，$-\dfrac{1}{2}\omega_s <$

$\omega < \frac{1}{2}\omega_s$ 的带域称为主频带,其余称为次频带。

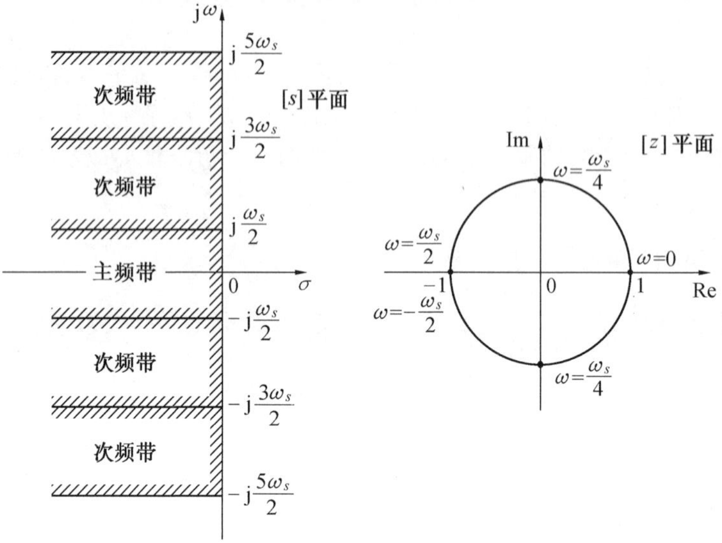

图 6.7.1　s 平面与 z 平面的映射

6.7.2　线性离散系统稳定的充要条件

设闭环线性离散系统的特征方程的根,或闭环脉冲传递函数的极点为 $z_1, z_2, \cdots, z_n$,则线性离散系统稳定性有如下定理。

定理 6.7.1　线性离散系统稳定的充要条件为:线性离散系统的全部特征根 $z_i(i = 1, 2, \cdots, n)$ 都分布在 z 平面的单位圆之内,或者说全部特征根的模都必须小于 1,即 $|z_i| < 1(i = 1, 2, \cdots, n)$。如果在上述特征根中,有位于 z 平面单位圆之外者时,则闭环系统将是不稳定的。

例 6.7.1　一线性离散系统闭环脉冲传递函数为

$$\frac{Y(z)}{R(z)} = \frac{0.368z + 0.264}{z^2 - z + 0.632}$$

试判断系统的稳定性。

解　该线性离散系统的特征方程为

$$z^2 - z + 0.632 = 0$$

特征根为

$$z_{1,2} = \frac{1 \pm \sqrt{1 - 4 \times 0.632}}{2} = 0.5 \pm \mathrm{j}\,0.618$$

该系统的两个特征根 z_1 和 z_2 是一对共轭复根,模是相等的,即

$$|z_1| = |z_2| = \sqrt{0.5^2 + 0.618^2} = 0.795 < 1$$

由于两个特征根 z_1 和 z_2 都分布在 z 平面单位圆之内，所以该系统是稳定的。

这个例子中的离散系统是一个二阶系统，只有两个特征根，求根比较容易。如果是一个高阶离散系统，求根就比较繁琐。

6.7.3　劳斯稳定判据

在线性离散系统中，判断稳定性需要判别特征方程的根是否在 z 平面的单位圆之内。因此不能直接将劳斯判据应用于以复变量 z 表示的特征方程。为了使稳定区域映射到新平面的左半部，采用 w 变换，将 z 平面上的单位圆内部区域，映射为 ω 平面的左半部。为此令

$$z = \frac{w+1}{w-1} \tag{6.7.3}$$

则有

$$w = \frac{z+1}{z-1} \tag{6.7.4}$$

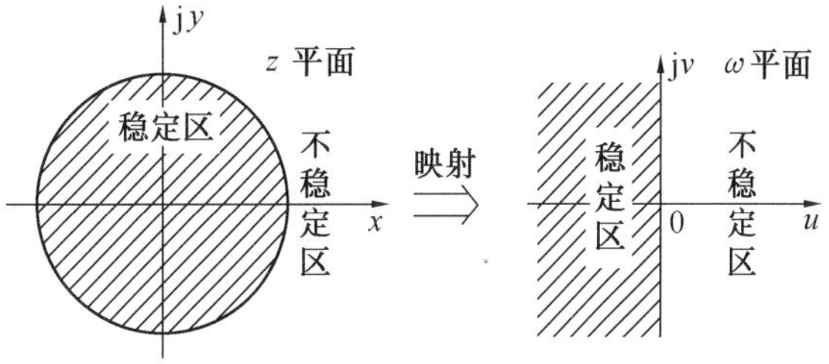

图 6.7.2　z 平面与 ω 平面的稳定区域

w 变换是一种可逆的双向变换，变换式是比较简单的代数关系，便于应用。由 w 变换所确定的 z 平面与 w 平面的映射关系如图 6.7.2 所示。上述映射关系不难从数学上证明。为此分别设置 z 和 w 为

$$z = x + \mathrm{j}y \tag{6.7.5}$$

$$w = u + \mathrm{j}v \tag{6.7.6}$$

将式(6.7.5) 和式(6.7.6) 代入式(6.7.4) 有

$$w = u + \mathrm{j}\nu = \frac{(x^2+y^2)-1}{(x-1)^2+y^2} - \mathrm{j}\frac{2y}{(x-1)^2+y^2} \tag{6.7.7}$$

注意，$x^2 + y^2 = |z|^2$，由式(6.7.7) 可知：

(1) 当 $|z| = \sqrt{x^2+y^2} = 1$ 时，$u = 0$，$w = \mathrm{j}v$，即 z 平面的单位圆映射为 w 平面上的虚轴。

(2) 当 $|z| = \sqrt{x^2+y^2} > 1$ 时，$u > 0$，即 z 平面的单位圆外映射为 w 平面的右半部。

(3) 当 $|z| = \sqrt{x^2+y^2} < 1$ 时，$u < 0$，即 z 平面单位圆内映射为 w 平面的左半部。

应指出，w 变换是线性变换，映射关系是一一对应的。z 的有理多项式经过 w 变换之后，可得到 ω 的有理多项式。以 z 为变量的特征方程经过 w 变换之后得到以 w 为变量的特征方程，就可以应用劳斯判据来判断线性离散系统的稳定性。

例 6.7.2　一线性离散系统的闭环脉冲传递函数为

$$\frac{Y(z)}{R(z)} = \frac{0.368z + 0.264}{z^2 - z + 0.632}$$

用劳斯判据判断系统的稳定性。

解 系统的特征方程为

$$z^2 - z + 0.632 = 0$$

将 $z = \frac{w+1}{w-1}$ 代入上式有

$$\left(\frac{w+1}{w-1}\right)^2 + \left(\frac{w+1}{w-1}\right) + 0.632 = 0$$

经整理后可得到以 w 为变量的特征方程

$$0.632w^2 + 0.736w + 2.632 = 0$$

由此可列出劳斯表

$$\begin{array}{lll} w^2 & 0.632 & 2.632 \\ w^1 & 0.736 & \\ w^0 & 2.632 & \end{array}$$

由劳斯表可以看出,这个系统是稳定的,与例 6.7.1 中的结论相同。

例 6.7.3 线性离散系统的框图如图 6.7.3 所示,试分析当 $T = 0.5$ s 和 $T = 1$ s时增益 k 的临界值。

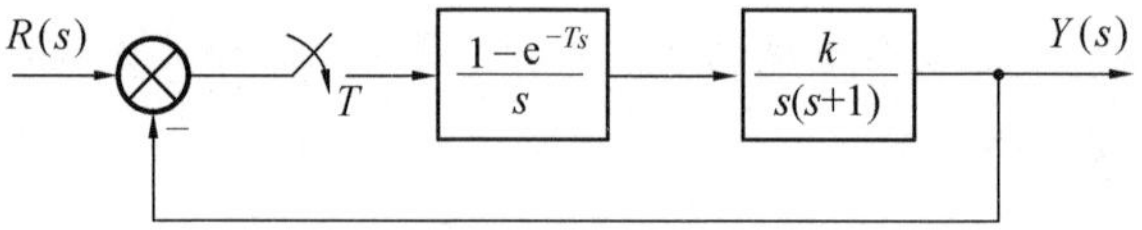

图 6.7.3 例 6.7.3 中的离散系统

解 系统的闭环脉冲传递函数为

$$\frac{Y(z)}{R(z)} = \frac{k[(T-1+e^{-T})z + (1-e^{-T}-Te^{-T})]}{z^2 + [k(T-1+e^{-T}) - (1+e^{-T})]z + [k(1-e^{-T}-Te^{-T}) + e^{-T}]}$$

特征方程为

$$D(z) = z^2 + [k(T-1+e^{-T}) - (1+e^{-T})]z + [k(1-e^{-T}-Te^{-T}) + e^{-T}] = 0$$

(1) 当采样周期 $T = 0.5$ s时,特征方程为

$$D(z) = z^2 + (0.107k - 1.607)z + (0.09k + 0.607) = 0$$

经过 w 变换可能得到以 w 为变量的特征方程

$$D(w) = 0.197kw^2 + (0.786 - 0.18k)w + (3.214 - 0.017k) = 0$$

劳斯表为

$$\begin{array}{lll} w^2 & 0.197k & 3.214 - 0.017k \\ w^1 & 0.786 - 0.18k & \\ w^0 & 3.214 - 0.017k & \end{array}$$

由此可得，当 $T = 0.5$ s 时，欲使系统稳定，k 的取值范围是

$$0 < k < 4.37$$

则当 $T = 0.5$ s 时，k 的临界值 $k_c = 4.37$。

(2) 当采样周期 $T = 1$ s 时，特征方程为

$$D(z) = z^2 + (0.368k - 1.368)z + (0.264k + 0.368) = 0$$

经过 w 变换得到以 w 为变量的特征方程

$$D(w) = 0.632kw^2 + (1.264 - 0.528k)w + (2.763 - 0.104k) = 0$$

劳斯表为

$$\begin{array}{lll} w^2 & 0.632k & 2.736 - 0.104k \\ w^1 & 1.264 - 0.528k & \\ w^0 & 2.736 - 0.104k & \end{array}$$

由此得到，当 $T = 1$ s 时，在保证系统稳定的条件下，k 的取值范围为

$$0 < k < 2.39$$

即当 $T = 1$ s 时，k 的临界值 $k_c = 2.39$。

说明：(1) 在图 6.7.3 所示系统中，如果没有采样开关和零阶保持器，就是一个二阶线性连续系统，无论开环增益 k 取何值，系统始终是稳定的。而二阶线性离散系统却不一定是稳定的，它与系统的参数有关。当开环增益比较小时系统可能稳定，当开环增益比较大(超过临界值)时，系统就会不稳定。

(2) 采样周期 T 是离散系统的一个重要参数。采样周期变化时，系统的开环脉冲传递函数、闭环脉冲传递函数和特征方程都要变化，因此系统的稳定性也发生变化。一般情况下，缩短采样周期可使线性离散系统的稳定性得到改善，增大采样周期对稳定性不利。这是因为缩短采样周期将导致采频率的提高，从而增加离散控制系统获取的信息量，使其在特性上更加接近相应的连续系统。

(3) 用劳斯判据判断离散系统稳定性时也会遇到某行第一个元素为零、其他不为零以及某行全为零的特殊情况。处理这两种特殊情况的方法与连续系统情形的处理方法类似。

6.8　线性离散系统的时域分析

6.8.1　极点在 z 平面上的分布与瞬态响应

在线性连续系统中，闭环极点在 s 平面上的位置与系统的瞬态响应有着密切的关系。闭环极点决定了瞬态响应中各分量的模态(类型)。例如，一个负实数极点对应一个指数衰减分量，一对具有负实部的共轭复数极点对应一个衰减的正弦分量。在线性离散系统中，闭环脉冲传递

函数的极点(闭环离散系统的特征根)在 z 平面上的位置决定了系统时域响应中瞬态响应各分量的类型。系统输入信号不同时,仅会对瞬态响应中各分量的初值有影响,而不会改变其类型。

设系统的闭环脉冲传递函数为

$$\Phi(z)=\frac{M(z)}{D(z)}=\frac{k\prod_{i=1}^{m}(z-z_i)}{\prod_{i=1}^{n}(z-p_i)}\qquad n>m \tag{6.8.1}$$

式中 $M(z)$——$\Phi(z)$ 的分子多项式;

$D(z)$——$\Phi(z)$ 的分母多项式,即特征多项式;

z_i—— 系统的闭环零点;

p_i—— 系统的闭环极点。

当 $r(t)=1(t),R(z)=\frac{z}{z-1}$ 时,系统输出的 Z 变换为

$$Y(z)=\Phi(z)R(z)=\frac{k\prod_{i=1}^{m}(z-z_i)}{\prod_{i=1}^{n}(z-p_i)}\frac{z}{z-1}$$

当特征方程无重根时,$Y(z)$ 可展开为

$$Y(z)=\frac{Az}{z-1}+\sum_{i=1}^{n}\frac{B_iz}{z-p_i} \tag{6.8.2}$$

式中

$$A=\left.\frac{M(z)}{D(z)}\right|_{z=1}$$

$$B_i=\left.\frac{M(z)(z-p_i)}{D(z)(z-1)}\right|_{z=p_i}$$

对式(6.8.2)进行 Z 反变换可得

$$y(kT)=A+\sum_{i=1}^{n}B_ip_i^k$$

系统的瞬态响应分量为

$$\sum_{i=1}^{n}B_ip_i^k$$

显然,极点 p_i 在 z 平面上的位置决定了瞬态响应中各分量的类型。

1. 实数极点

当闭环脉冲传递函数的极点位于实轴上,则在瞬态响应中将含有一个相应的分量

$$y_i(kT)=B_ip_i^k$$

(1) 若 $0 < p_i < 1$,极点在单位圆内正实轴上,其对应的瞬态响应序列单调地衰减;

(2) 若 $p_i = 1$,相应的瞬态响应是不变号的等幅序列;

(3) 若 $p_i > 1$,极点在单位圆外正实轴上,对应的瞬态响应序列单调地发散;

(4) 若 $-1 < p_i < 0$,极点在单位圆内负实轴上,对应的瞬态响应是正、负交替变号的衰减振荡序列,振荡的角频率为$\frac{\pi}{T}$;

(5) 若 $p_i = -1$,对应的瞬态响应是正、负交替变号的等幅序列,振荡的角频率为$\frac{\pi}{T}$;

(6) 若 $p_i < -1$,极点在单位圆外负实轴上,相应的瞬态响应序列是正、负交替变号的发散序列,振荡的角频率为$\frac{\pi}{T}$。

实数极点所对应的瞬态响应序列如图 6.8.1 所示。

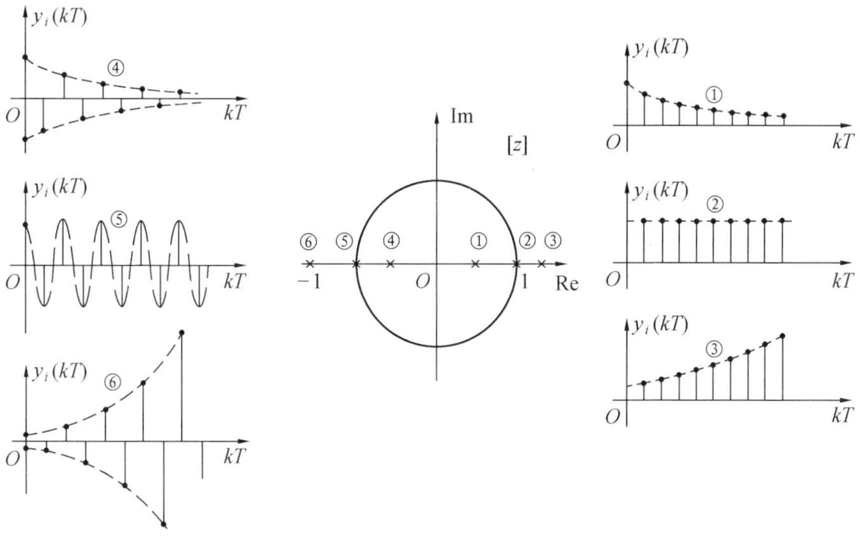

图 6.8.1　实数极点的瞬态响应

2. 共轭复数极点

如果闭环脉冲传递函数有共轭复数极点 $p_{i,i+1} = a \pm \mathrm{j}b$,可以证明,这一对共轭复数极点所对应的瞬态响应分量为

$$y_i(kT) = A_i \lambda_i^k \cos(k\theta_i + \phi_i)$$

式中　A_i, ϕ_i—— 由部分分式展开式的系数所决定的常数。

$$\lambda_i = \sqrt{a^2 + b^2} = |p_i|$$

$$\theta_i = \arctan \frac{b}{a}$$

(1) 若 $\lambda_i = |p_i| < 1$，极点在单位圆之内，这对共轭复数极点所对应的瞬态响应是收敛振荡的脉冲序列，振荡的角频率为 θ_i/T；

(2) 若 $\lambda_i = |p_i| = 1$，则这对共轭复数极点在单位圆上，其瞬态响应是等幅振荡的脉冲序列，振荡的角频率为 θ_i/T；

(3) 若 $\lambda_i = |p_i| > 1$，极点在单位圆之外，这对共轭复数极点所对应的瞬态响应是振荡发散的脉冲序列，振荡的角频率为 θ_i/T。

复数极点的瞬态响应如图 6.8.2 所示。

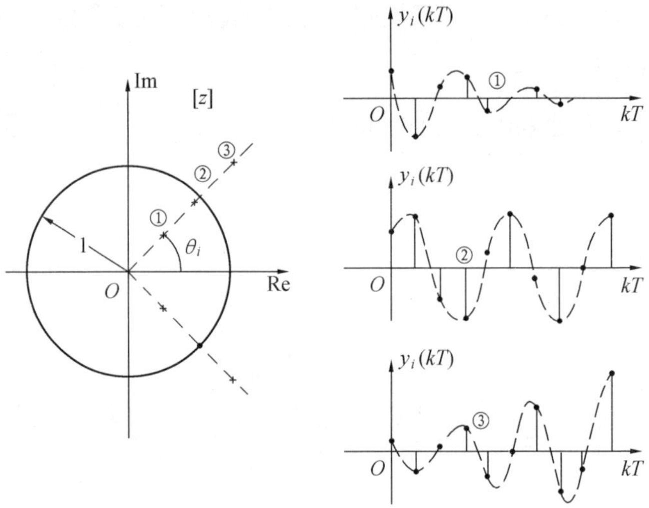

图 6.8.2　复数极点的瞬态响应

上述振荡过程，不论是发散的、衰减的还是等幅振荡，振荡的角频率都由相角 θ_i 决定。θ_i 是极点 p_i 与正实轴的夹角，由 Z 变换的定义

$$z = e^{sT} = e^{(\sigma+j\omega)T} = e^{\sigma T}e^{j\omega T}$$

$$|z| = e^{\sigma T} \qquad \angle z = \omega T$$

所以有

$$\theta_i = \omega_i T$$

于是振荡角频率为

$$\omega_i = \theta_i/T$$

角度 θ_i 越小，振荡的频率越低，一个振荡周期中包含的采样周期越多；角度 θ_i 越大，振荡的频率越高，一个振荡周期中包含的采样周期越少。一个振荡周期中所含采样周期的个数 N 可由下式求出，即

$$N = \frac{\omega_s}{\omega_i} = \frac{2\pi}{\theta_i}$$

例如，$\theta_i = \pi/4$，则 $N = 8$，一个振荡周期内含有 8 个采样周期。

当 $\theta_i = \pi$ 时，极点在负实轴上，$\omega_i = \dfrac{\pi}{T} = \dfrac{1}{2}\omega_s$，对应离散系统中频率最高的振荡。这种高频振荡即使是收敛的，也会使执行机构频繁动作，加剧磨损。所以在设计离散系统时应避免极点位于单位圆内负实轴上，或者是极点与正实轴夹角接近 π 的情况。

6.8.2 线性离散系统的时间响应

如同连续系统，离散系统的过渡过程也常用典型信号作用下系统的响应来衡量。如利用单位阶跃响应、单位斜坡响应等来分析系统的过渡过程。但离散系统中所研究的是过渡过程中各采样时刻上的离散信号。

当已知闭环脉冲传递函数及典型输入信号的 Z 变换时，可求出输出信号的 Z 变换 $Y(z)$，然后用 Z 反变换求出时域响应 $y^*(t)$。虽然有些系统无法写出闭环脉冲传递函数，但 $Y(z)$ 的表达式总是可以写出的，因此求取 $y^*(t)$ 并没有什么困难。

例 6.8.1 一线性离散系统的闭环脉冲传递函数为

$$\Phi(z) = \frac{Y(z)}{R(z)} = \frac{0.238\,5z^{-1} + 0.208\,9z^{-2}}{1 - 1.025\,9z^{-1} + 0.473\,3z^{-2}}$$

输入信号 $r(t) = 1(t)$，采样周期 $T = 0.2$ s，试分析该系统的动态响应。

解 $$r(t) = 1(t) \qquad R(z) = \frac{z}{z-1} = \frac{1}{1-z^{-1}}$$

则系统输出的 Z 变换为

$$Y(z) = \Phi(z)R(z) = \frac{0.238\,5z^{-1} + 0.208\,9z^{-1}}{1 - 1.025\,9z^{-1} + 0.473\,3z^{-2}}\frac{1}{1-z^{-1}} =$$

$$\frac{0.238\,5z^{-1} + 0.208\,9z^{-2}}{1 - 2.025\,9z^{-1} + 0.552\,6z^{-2} - 0.473\,3z^{-3}}$$

通过长除法，可将 $Y(z)$ 展成无穷级数形式，即

$$\begin{aligned} Y(z) = {} & 0.238\,5z^{-1} + 0.692\,077z^{-2} + 1.044\,52z^{-3} + 1.191\,41z^{-4} + 1.175\,3z^{-5} + 1.089\,24z^{-6} + \\ & 1.008\,59z^{-7} + 0.966\,57z^{-8} + 0.961\,64z^{-9} + 0.976\,469z^{-10} + 0.994\,016z^{-11} + \\ & 1.005z^{-12} + 1.007\,96z^{-13} + 1.005\,8z^{-14} + 1.002\,18z^{-15} + 0.994\,95z^{-16} + \\ & 0.998\,449z^{-17} + 0.998\,648z^{-18} + 0.999\,347z^{-19} + 0.999\,97z^{-20} + \cdots \end{aligned}$$

由 $y(kT)(k = 0,1,2,3,\cdots)$ 的数值可以绘出该离散系统的单位阶跃响应 $y^*(t)$，如图 6.8.3 所示。可以看出，给定的离散系统的单位阶跃响应的超调量 $\sigma_p \approx 20\%$，以允许误差 $\Delta < 2\%$ 计算时，过渡过程时间 $t_s = 2.2$ s。应指出的一点是，由于离散系统的时域性能指标只能按采样值来计算，所以是近似的。

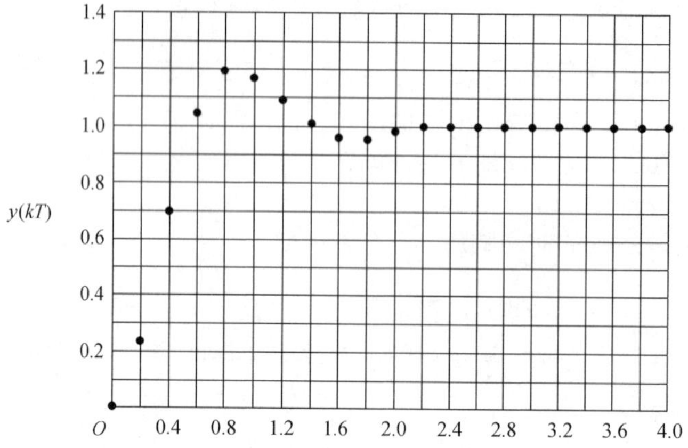

图 6.8.3　例 6.8.1 中离散系统单位阶跃响应

6.8.3　线性离散系统的稳态误差

1. 稳态误差与稳态误差的终值

在连续系统中,采用在典型输入信号作用下,系统响应的稳态误差作为对控制精度的评价。对线性离散系统,也可以采用采样时刻的稳态误差来评价控制精度。研究系统的稳态精度,必须首先检验系统的稳定性。只有稳定的系统,才存在稳态误差。在这种情况下,研究系统的稳态性能才有意义。

离散系统误差信号的脉冲序列 $e^*(t)$,反映了在采样时刻系统希望输出与实际输出之差。当 $t \geqslant t_s$,即过渡过程结束之后,系统误差信号的脉冲序列就是离散系统稳态误差。一般记为

$$e_{ss}^*(t) \qquad t \geqslant t_s$$

$e_{ss}^*(t)$ 是一个随时间变化的信号,当时间 $t \to \infty$ 时,可以求得线性离散系统在采样点上的稳态误差终值

$$e_{ss}^*(\infty) = \lim_{t\to\infty} e^*(t) = \lim_{t\to\infty} e_{ss}^*(t)$$

如果误差信号的 Z 变换为 $E(z)$,在满足 Z 变换终值定理使用条件的情况下,可以利用 Z 变换的终值定理求离散系统稳态误差的终值

$$e_{ss}^*(\infty) = \lim_{t\to\infty} e^*(t) = \lim_{z\to 1}(z-1)E(z)$$

2. 稳态误差系数

设单位负反馈线性离散系统如图 6.8.4 所示。$G(s)$ 为连续部分的传递函数,采样开关对误差信号 $e(t)$ 采样,得到误差信号的脉冲序列 $e^*(t)$。

该系统的开环脉冲传递函数为

$$G(z) = Z[G(s)]$$

系统闭环脉冲传递函数为

$$\Phi(z)=\frac{Y(z)}{R(z)}=\frac{G(z)}{1+G(z)}$$

系统闭环误差脉冲传递函数为

$$\Phi_e(z)=\frac{E(z)}{R(z)}=\frac{1}{1+G(z)}$$

系统误差信号的 Z 变换为

$$E(z)=R(z)-Y(z)=\Phi_e(z)R(z)$$

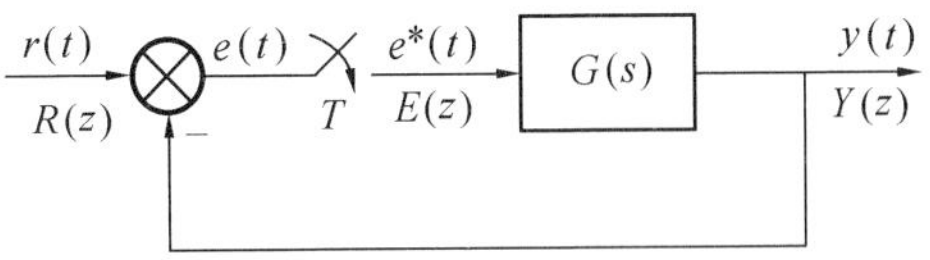

图 6.8.4　单位负反馈线性离散系统

如果 $\Phi_e(z)$ 的极点都在 Z 平面单位圆内，则离散系统是稳定的，可以对其稳态误差进行分析。根据 Z 变换的终值定理，可以求出系统的稳态误差终值

$$e_{ss}^*(\infty)=\lim_{t\to\infty}e^*(t)=\lim_{z\to1}(z-1)E(z)=\lim_{z\to1}\frac{(z-1)}{1+G(z)}R(z)\tag{6.8.3}$$

连续系统以开环传递函数 $G(s)$ 中含有 $s=0$ 的开环极点个数 ν 作为划分系统型别的标准，分别把 $\nu=0,1,2$ 的系统称为 0 型、1 型和 2 型系统。由 Z 变换的定义 $z=e^{sT}$ 可知，若 $G(s)$ 有一个 $s=0$ 的开环极点，$G(z)$ 则有一个 $z=1$ 的开环极点。因此，在线性离散系统中，也可以把开环脉冲传递函数 $G(z)$ 具有 $z=1$ 的开环极点的个数 ν 作为划分离散系统型别的标准，即把 $G(z)$ 中的 $\nu=0,1,2$ 系统分别称为 0 型、1 型和 2 型离散系统。

下面讨论的系统结构如图 6.8.4 所示，求取不同型别的单位负反馈离散系统在典型输入信号作用下的稳态误差终值，并建立离散系统稳态误差系数的概念。

(1) 单位阶跃响应的稳态误差终值

当系统的输入信号为单位阶跃 $r(t)=1(t)$ 时，其 Z 变换为

$$R(z)=\frac{z}{z-1}$$

根据式(6.8.3)，终值稳态误差为

$$e_{ss}^*(\infty)=\lim_{z\to1}(z-1)\frac{1}{1+G(z)}\frac{z}{z-1}=\lim_{z\to1}\frac{z}{1+G(z)}=\frac{1}{1+\lim\limits_{z\to1}G(z)}=\frac{1}{1+K_p}\tag{6.8.4}$$

式中

$$K_p=\lim_{z\to1}G(z)\tag{6.8.5}$$

K_p 称为稳态位置误差系数。若 $G(z)$ 没有 $z=1$ 的极点，则 $K_p\neq\infty$，从而 $e_{ss}^*(\infty)\neq0$，这样的系统称为 0 型离散系统；若 $G(z)$ 有一个或一个以上 $z=1$ 的极点，则 $K_p=\infty$，从而 $e_{ss}^*(\infty)=0$，这样的系统相应地称为 1 型或 1 型以上的离散系统。因此，在阶跃信号作用下，0 型离散系统在 $t\to\infty$ 时，在采样点上存在稳态误差。这种情况与连续系统很相似。

(2) 单位斜坡响应的稳态误差终值

当系统输入为单位斜坡函数 $r(t)=t$ 时，其 Z 变换为

$$R(z)=\frac{Tz}{(z-1)^2}$$

系统的稳态误差终值为

$$e_{ss}^{*}(\infty) = \lim_{z\to1}(z-1)\frac{1}{1+G(z)}\frac{Tz}{(z-1)^2} = \lim_{z\to1}\frac{Tz}{(z-1)[1+G(z)]} = \frac{T}{\lim\limits_{z\to1}(z-1)G(z)} = \frac{T}{K_v} \tag{6.8.6}$$

式中

$$K_v = \lim_{z\to1}(z-1)G(z) \tag{6.8.7}$$

K_v 称为稳态速度误差系数。0 型系统的 $K_v = 0$,1 型系统的 K_v 是一个有限值,2 型及 2 型以上系统的 $K_v = \infty$。所以在斜坡信号作用下,当 $t\to\infty$ 时,0 型离散系统的终值稳态误差为无穷大,1 型离散系统的稳态误差是有限值,2 型及 2 型以上离散系统在采样点上的稳态误差为 0。

(3) 单位加速度响应的稳态误差终值

当系统的输入信号为单位加速度函数 $r(t) = \frac{1}{2}t^2$ 时,其 Z 变换为

$$R(z) = \frac{T^2z(z+1)}{2(z-1)^3}$$

系统的稳态误差终值为

$$e_{ss}^{*}(\infty) = \lim_{z\to1}(z-1)\frac{1}{1+G(z)}\frac{T^2z(z+1)}{2(z-1)^3} = \lim_{z\to1}\frac{T^2z(z+1)}{2[(z-1)^2G(z)]} = \frac{T^2}{\lim\limits_{z\to1}(z-1)^2G(z)} = \frac{T^2}{K_a}$$

式中

$$K_a = \lim_{z\to1}(z-1)^2G(z)$$

K_a 称为稳态加速度误差系数。0 型及 1 型系统的 $K_a = 0$,2 型系统的 K_a 为常值。所以在加速度输入信号作用下,当 $t\to\infty$ 时,0 型和 1 型离散系统的稳态误差为无穷大,2 型离散系统在采样点上的稳态误差为有限值。

在三种典型信号作用下,0 型、1 型和 2 型单位负反馈离散系统当 $t\to\infty$ 时的稳态误差如表 6.8.1 所示。

表 6.8.1 单位反馈离散系统的稳态误差终值

输入信号 / 系统型别	$r(t) = R_0 1(t)$	$r(t) = R_1 t$	$r(t) = \frac{R_2}{2}t^2$
0 型	$\frac{R_0}{1+K_p}$	∞	∞
1 型	0	$\frac{R_1 T}{K_v}$	∞
2 型	0	0	$\frac{R_2 T^2}{K_a}$

说明:另外一种稳态误差系数定义的方法如下。

(1) 定义 $K_p = \lim\limits_{z\to 1} G(z)$,称为稳态位置误差系数,当 $r(t) = 1(t)$ 时,有 $e_{ss}^*(\infty) = \dfrac{1}{1+K_p}$;

(2) 定义 $K_v = \lim\limits_{z\to 1} \dfrac{(z-1)G(z)}{T}$,称为稳态速度误差系数,当 $r(t) = t$ 时,有 $e_{ss}^*(\infty) = \dfrac{1}{K_v}$;

(3) 定义 $K_a = \lim\limits_{z\to 1} \dfrac{(z-1)^2 G(z)}{T^2}$,称为稳态加速度误差系数,当 $r(t) = \dfrac{1}{2}t^2$ 时,有 $e_{ss}^*(\infty) = \dfrac{1}{K_a}$。

虽然这两种稳态误差系数的定义不同,但求出的稳态误差的终值是相同的。

3. 动态误差系数

对于一个稳定的线性离散系统,应用稳态误差系数或终值定理,只能求出当时间 $t\to\infty$ 时系统的稳态误差终值,而不能提供误差随时间变化的规律。而在离散系统的分析和设计中,重要的是过渡过程结束后,在有限时间内,系统稳态误差变化的规律。通过动态误差系数,可以获得稳态误差变化的信息。

若系统闭环误差脉冲传递函数为 $\Phi_e(z)$,根据 Z 变换的定义,将 $z = e^{sT}$ 代入 $\Phi_e(z)$,得到以 s 为变量形式的闭环误差脉冲传递函数

$$\Phi_e^*(s) = \Phi_e^*(z)\big|_{z=e^{sT}}$$

将 $\Phi_e^*(s)$ 展开成级数形式,有

$$\Phi_e^*(s) = c_0 + c_1 s + c_2 s^2 + \cdots + c_m s^m + \cdots$$

其中

$$c_m = \frac{1}{m!}\left.\frac{d^m \Phi_e^*(s)}{ds^m}\right|_{s=0} \qquad m = 0,1,2,\cdots$$

定义 $c_m(m = 0,1,2,\cdots)$ 为动态误差系数,则过渡过程结束后($t > t_s$),系统在采样时刻的稳态误差为

$$e_{ss}(kT) = c_0 r(kT) + c_1 \dot{r}(kT) + c_2 \ddot{r}(kT) + \cdots + c_m r^{(m)}(kT) + \cdots \qquad kT > t_s$$

这与连续系统用动态误差系数计算稳态误差的方法相似。

例 6.8.2　单位负反馈离散系统的开环脉冲传递函数为

$$G(z) = \frac{e^{-T}z + (1-2e^{-T})}{(z-1)(z-e^{-T})}$$

采样周期 $T = 1$ s,闭环系统输入信号为 $r(t) = \dfrac{1}{2}t^2$。

(1) 用稳态误差系数求终值稳态误差 $e_{ss}^*(\infty)$;

(2) 用动态误差系数求 $t = 20$ s 时的稳态误差。

解　(1) $G(z) = \left.\dfrac{e^{-T}z + 1 - 2e^{-T}}{(z-1)(z-e^{-T})}\right|_{T=1} = \dfrac{0.368z + 0.264}{z^2 - 1.368z + 0.368}$

$$K_p = \lim_{z\to1}\frac{0.368z+0.264}{z^2-1.368z+0.368}=\infty$$

$$K_v = \lim_{z\to1}(z-1)\frac{0.368z+0.264}{z^2-1.368z+0.368}=1$$

$$K_a = \lim_{z\to1}(z-1)^2\frac{0.368z+0.264}{z^2-1.368z+0.368}=0$$

当 $r(t)=\frac{1}{2}t^2$ 时,稳态误差终值为

$$e_{ss}^*(\infty)=\frac{1}{K_a}=\infty$$

(2) 系统闭环误差脉冲传递函数

$$\Phi_e(z)=\frac{1}{1+G(z)}=\frac{z^2-1.368z+0.368}{z^2-z+0.632}$$

因为 $t>0$ 时,$\dot{r}(t)=t,\ddot{r}(t)=1,\dddot{r}(t)=0$,所以动态误差系数只需求出 c_0,c_1 和 c_2。

$$\Phi_e^*(s)=\Phi_e(z)\Big|_{z=\mathrm{e}^{Ts}}=\frac{\mathrm{e}^{2s}-1.368\mathrm{e}^s+0.368}{\mathrm{e}^{2s}-\mathrm{e}^s+0.632}$$

$$c_0=\Phi_e^*(0)=0$$

$$c_1=\frac{\mathrm{d}}{\mathrm{d}s}\Phi_e^*(s)\Big|_{s=0}=1$$

$$c_2=\frac{1}{2}\frac{\mathrm{d}^2}{\mathrm{d}s^2}\Phi_e^*(s)\Big|_{s=0}=\frac{1}{2}$$

系统稳态误差在采样时刻的值为

$$e_{ss}(kT)=c_0r(kT)+c_1\dot{r}(kT)+c_2\ddot{r}(kT)=kT+0.5$$

由此可见,系统的稳态误差是随时间线性增长的,当 $t\to\infty$ 时,稳态误差终值为无穷大;当 $t=20$ s 时,系统的稳态误差为 $e_{ss}^*=20.5$。

应用动态误差系数计算稳态误差,对单位反馈和非单位反馈都适用,还可以计算由扰动信号引起的稳态误差。

6.9 数字控制器的模拟化设计

现在工程上常见的线性离散系统大多数是有数字计算机参与控制的计算机控制系统,系统中的数字控制器由数字计算机来实现,而大多数情况下的被控对象是连续的。这样的线性离散系统既包括数字部分又包括模拟部分。系统中的数字部分和模拟部分是由 A/D 和 D/A 转换器联接起来的,如图 6.9.1 所示。

在图 6.9.1 中,如果 A—A' 两点将计算机控制系统分成两部分,两部分的输入量和输出量都是连续时间信号。从这个角度出发可以把整个系统等效成一个连续系统(或模拟系统)。如果

B—B' 两点将该系统分成两部分,两部分的输入量和输出量都是离散时间信号。从这个角度出发,又可以把整个系统等效成一个离散系统。基于以上两种不同角度的理解,对于一个既有模拟部分又有离散部分的混合系统,就有两种不同的设计方法——模拟化设计方法和离散化设计方法。本节将讨论模拟化设计方法。

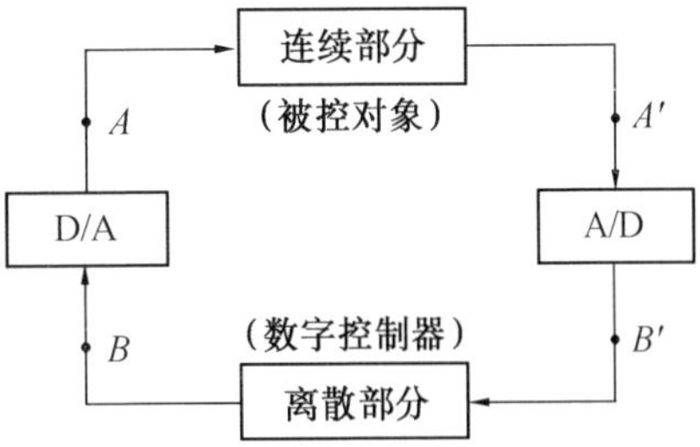

图 6.9.1　模拟 – 数字混合系统

模拟化设计方法是一种有条件的近似方法,数字部分模拟化的条件是采样频率比系统的工作频率高得多。如果不满足这个条件,模拟化设计方法的误差就比较大,甚至会得出错误的结果。当采样频率相对于系统的工作频率足够高时,使保持器所引进的附加相移比较小,则系统中的数字部分可以用连续环节来近似。整个系统可先按照连续系统的设计综合方法来设计,待确定了连续校正装置后,再用合适的离散化方法将连续的模拟校正装置“离散”处理为数字校正装置,用数字计算机来实现。虽然这种方法是近似的,但使用经典控制理论的方法设计综合连续系统早已为工程技术人员所熟悉,并且积累了十分丰富的经验。因此这种设计方法的步骤如下。

第一步:根据性能指标的要求用连续系统的理论设计校正环节 $D(s)$,零阶保持器对系统的影响折算到被控对象中去。

第二步:选择合适的离散化方法,由 $D(s)$ 求出离散形式的数字校正装置脉冲传递函数 $D(z)$。

第三步:检查离散控制系统的性能是否满足设计的要求。

第四步:将 $D(z)$ 变为差分方程形式,并编制计算机程序来实现其控制规律。

如果有条件的话,还可以用数字机 – 模拟机混合仿真的方法检验系统的设计和计算机程序的编制是否正确。

6.9.1　模拟量校正装置的离散化方法

模拟量校正装置从信号理论的角度看,是将模拟量滤波器用于反馈控制系统作为校正装置。将模拟校正装置离散化为数字校正装置,首先应注意的是要满足稳定性原则。即一个稳定的模拟校正装置离散化后,也应是一个稳定的数字校正装置。如果模拟校正装置只在 s 平面左半部有极点,对应的数字校正装置只应在 z 平面单位圆内有极点。数字校正装置在关键频段内的频率特性,应与模拟校正装置相近,这样才能起到设计时预期的综合校正作用。

常见的离散化方法有以下几种。

1. 带有虚拟零阶保持器的 Z 变换

这种方法是将模拟校正装置的传递函数 $D(s)$ 串联一个虚拟的零阶保持器,然后再进行 Z 变换,从而得到 $D(s)$ 的离散化形式 $D(z)$,即

$$D(z)=Z\left[\frac{1-e^{-Ts}}{s}D(s)\right] \tag{6.9.1}$$

例如,若已知 $D(s)=\frac{U(s)}{E(s)}=\frac{a}{s+a}$,则 $D(s)$ 的离散化形式为

$$D(z)=Z\left[\frac{1-e^{-Ts}}{s}\frac{a}{s+a}\right]=\frac{1-e^{-aT}}{z-e^{-aT}}=\frac{(1-e^{-aT})z^{-1}}{1-e^{-aT}z^{-1}}$$

带有虚拟零阶保持器的 Z 变换,可保证数字校正装置 $D(z)$ 的阶跃响应序列等于模拟校正装置 $D(s)$ 阶跃响应的采样值。因此这种离散化方法也称为阶跃响应不变法。

2.差分反演法

差分反演的基本思想是将变量的导数用差分来近似,即

$$\frac{de}{dt}\approx\frac{e(k)-e(k-1)}{T}$$

$$\frac{du}{dt}\approx\frac{u(k)-u(k-1)}{T}$$

由上式可以看出,由差分反演所确定的 s 域和 z 域间的关系为

$$s=\frac{1-z^{-1}}{T}$$

于是有

$$D(z)=D(s)\Big|_{s=\frac{1-z^{-1}}{T}} \tag{6.9.2}$$

例如,若已知 $D(s)=\frac{U(s)}{E(s)}=\frac{a}{s+a}$,根据式(6.9.2)可得到

$$D(z)=\frac{a}{s+a}\Big|_{s=\frac{1-z^{-1}}{T}}=\frac{aT}{1+aT-z^{-1}}$$

3.根匹配法

无论是连续系统还是数字系统,其特性都是由零极点和增益所决定的。根匹配法的基本思想如下:

(1)s 平面上一个 $s=-a$ 的零极点映射为 z 平面上一个 $z=e^{-aT}$ 的零极点,即

$$(s+a)\to(1-e^{-aT}z^{-1})$$

$$(s+a\pm jb)\to(1-2e^{-aT}z^{-1}\cos bT+e^{-2aT}z^{-2})$$

(2)数字网络的放大系数 K_z 由其他特性(如终值相等)确定。

(3)当 $D(s)$ 的极点数 n 大于零点数 m 时,可认为在 s 平面无穷远处还存在 $n-m$ 个零点。因此,在 z 平面上需配上 $n-m$ 个相应的零点。如果认为 s 平面上的零点在 $-\infty$,则 z 平面上相应的零点为 $z=e^{-\infty T}=0$。

例如,已知 $D(s)=8\frac{0.25s+1}{0.1s+1}$,$T=0.015$ s,根据根匹配法的规则有

$$D(z)=K_z\frac{z-e^{-4\times0.015}}{z-e^{-10\times0.015}}=K_z\frac{z-0.94}{z-0.86}$$

K_z 可根据数字网络的增益与模拟网络的增益相等的条件来确定，即

$$\lim_{s\to0}8\frac{0.25s+1}{0.1s+1}=\lim_{z\to1}K_z\frac{z-0.94}{z-0.86}$$

于是有

$$K_z=\frac{\lim\limits_{s\to0}8\frac{0.25s+1}{0.1s+1}}{\lim\limits_{z\to1}\frac{z-0.94}{z-0.86}}=\frac{8}{0.43}=18.7$$

所以得到

$$D(z)=18.7\frac{z-0.94}{z-0.86}=18.7\frac{1-0.94z^{-1}}{1-0.86z^{-1}}$$

4. 双线性变换法

由 Z 变换的定义有

$$z=e^{Ts}\quad 及\quad s=\frac{1}{T}\ln z$$

而 $\ln z$ 的级数展开式为

$$\ln z=2\left[\frac{z-1}{z+1}+\frac{1}{3}\left(\frac{z-1}{z+1}\right)^3+\frac{1}{5}\left(\frac{z-1}{z+1}\right)^5+\cdots\right]$$

取其一次近似，即

$$\ln z=2\frac{z-1}{z+1}$$

于是有

$$s=\frac{2}{T}\frac{z-1}{z+1}=\frac{2}{T}\frac{1-z^{-1}}{1+z^{-1}}\tag{6.9.3}$$

所以，双线性变换的离散化公式为

$$D(z)=D(s)\big|_{s=\frac{2}{T}\frac{z-1}{z+1}}\tag{6.9.4}$$

例如，$D(s)=\dfrac{a}{s+a}$，根据式(6.9.4)有

$$D(z)=\frac{a}{s+a}\bigg|_{s=\frac{2}{T}\frac{z-1}{z+1}}=\frac{aT(z+1)}{(aT+2)z+(aT-2)}$$

双线性变换法是最常用的一种离散化方法，它的几何意义实际上是用小梯形的面积来近似积分，如图 6.9.2 所示。

由上述各种离散化方法得到的数字控制器 $D(z)$，可以由计算机实现其控制规律。如果系统要求的剪切频率为 ω_c，则采样角频率 ω_s 应选择为

$$\omega_s > 10\omega_c$$

当采样角频率 ω_s 比较高，即采样周期 T 比较小时，这几种离散化方法的效果相差不多。当采样周期 T 逐渐变大时，这几种离散化方法得出的控制效果也逐渐变差。但相对来说，双线性变换法的效果比较好，因而得到了广泛的应用。

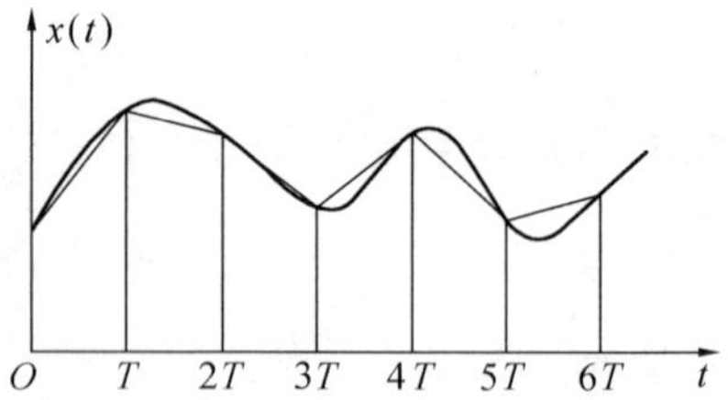

图 6.9.2　双线性变换法的几何意义

6.9.2　模拟化设计举例

下面通过一个具体例子说明模拟化设计的方法。

例 6.9.1　一个计算机控制系统的框图如图 6.9.3 所示。要求系统的开环放大倍数 $K_\nu > 30\ \mathrm{s}^{-1}$，剪切频率 $\omega_c \geqslant 15\ \mathrm{rad/s}$，相位裕度 $\gamma \geqslant 45°$。试用模拟化方法设计数字控制器 $D(z)$。

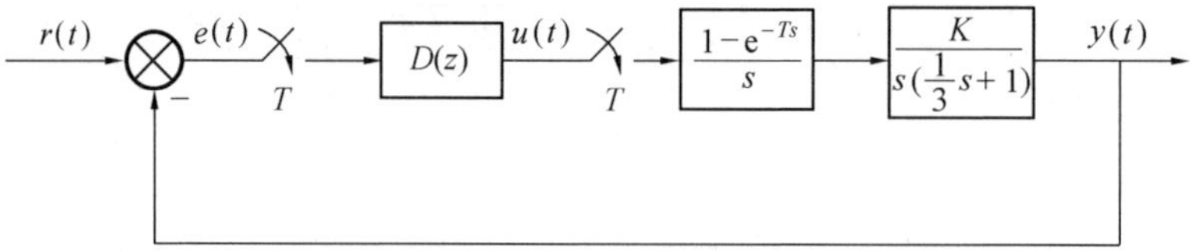

图 6.9.3　计算机控制系统

解　零阶保持器要引进相位滞后，其对系统的影响应折算到未校正系统的开环传递函数中。零阶保持器的传递函数为

$$H_0(s) = \frac{1 - \mathrm{e}^{-Ts}}{s} \tag{6.9.5}$$

其中 $\mathrm{e}^{-Ts} = \dfrac{\mathrm{e}^{-\frac{T}{2}s}}{\mathrm{e}^{\frac{T}{2}s}}$，将其展成幂级数有

$$\mathrm{e}^{-Ts} = \frac{\mathrm{e}^{-\frac{T}{2}s}}{\mathrm{e}^{\frac{T}{2}s}} = \frac{1 - \dfrac{Ts}{2} + \dfrac{(Ts)^2}{8} - \dfrac{(Ts)^3}{48} + \cdots}{1 + \dfrac{Ts}{2} + \dfrac{(Ts)^2}{8} + \dfrac{(Ts)^3}{48} + \cdots} \tag{6.9.6}$$

取其一次近似有

$$\mathrm{e}^{-Ts} \approx \frac{1 - \dfrac{Ts}{2}}{1 + \dfrac{Ts}{2}}$$

将其代入式(6.9.5)有

$$H_0(s) = \frac{1 - \mathrm{e}^{-Ts}}{s} \approx \frac{T}{\dfrac{T}{2}s + 1}$$

考虑到经采样后离散信号的频谱与原连续信号频谱在幅值上相差$\frac{1}{T}$倍，所以零阶保持器对系统的影响可近似为一个惯性环节，即

$$H_0(s) \approx \frac{1}{\frac{T}{2}s + 1}$$

如果取采样周期 $T = 0.01$ s，采样角频率为

$$\omega_s/(\mathrm{rad \cdot s^{-1}}) = \frac{2\pi}{T} = \frac{6.28}{0.01} = 628 \gg 10\omega_c$$

则

$$H_0(s) \approx \frac{1}{0.005s + 1}$$

如果取 $K_v = 30\ \mathrm{s^{-1}}$，并考虑了零阶保持器的影响之后，未校正系统的开环传递函数为

$$G(s) = H_0(s)G_0(s) = \frac{30}{s(\frac{1}{3}s + 1)(0.005s + 1)}$$

画出其对数幅频特性如图 6.9.4 所示。由图可知，未校正系统剪切频率为

$$\omega_c' = 9.5\ \mathrm{rad/s} < 15\ \mathrm{rad/s}$$

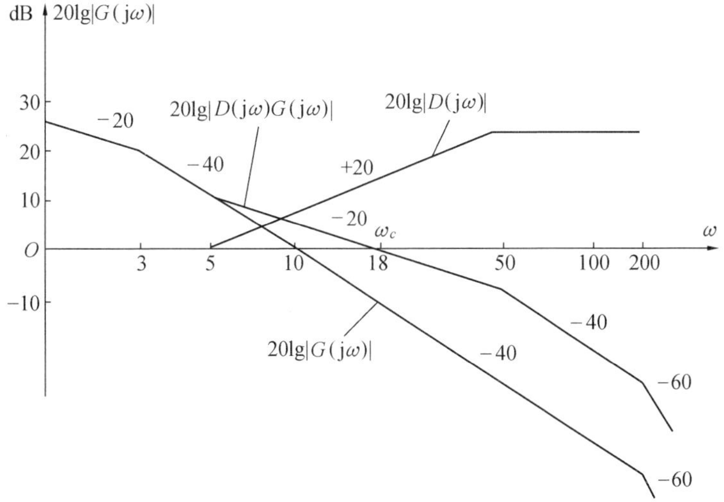

图 6.9.4　系统开环对数幅频特性

未校正系统相位裕度为

$$\gamma' = 180° - 90° - \arctan\frac{9.5}{3} - \arctan(0.005 \times 9.5) \approx 14.8° < 15°$$

未校正系统的剪切频率 ω_c' 和相位裕度 γ' 都比要求的小，宜采用超前补偿展宽频带并增加相

角裕度的方法。采用串联超前校正,超前校正环节传递函数为

$$D(s)=\frac{T_2s+1}{T_1s+1}=\frac{0.2s+1}{0.02s+1}$$

校正后系统的开环传递函数为

$$D(s)H_0(s)G_0(s)=\frac{30(0.2s+1)}{s(\frac{1}{3}s+1)(0.02s+1)(0.005s+1)}$$

校正后系统的剪切频率为 $\omega_c=18\ \mathrm{rad/s}$,相位裕度为

$$\gamma=180^\circ-90^\circ+\arctan(0.2\times18)-\arctan\frac{18}{3}-\arctan(0.02\times18)-$$
$$\arctan(0.005\times18)\approx59^\circ>45^\circ$$

校正后系统满足性能指标的要求。

用双线性变换法将 $D(s)$ 离散化为数字控制器 $D(z)$,即

$$D(z)=\frac{U(z)}{E(z)}=D(s)\Big|_{s=\frac{2}{T}\frac{1-z^{-1}}{1+z^{-1}}}=\frac{2T_2+T-(2T_2-T)z^{-1}}{2T_1+T-(2T_1-T)z^{-1}}=$$
$$\frac{\frac{2T_2+T}{2T_1+T}-\frac{2T_2-T}{2T_1-T}z^{-1}}{1-\frac{2T_1-T}{2T_1+T}z^{-1}}=\frac{8.2-7.8z^{-1}}{1-0.6z^{-1}}\tag{6.9.7}$$

式中　$U(z),E(z)$—— 数字控制器输出和输入信号的 Z 变换。

由式(6.9.7)可以得到

$$U(z)=8.2E(z)-7.8E(z)z^{-1}+0.6U(z)z^{-1}\tag{6.9.8}$$

对式(6.9.8)进行 Z 反变换,可以得到差分方程

$$u(kT)=8.2e(kT)-7.8e[(k-1)T]+0.6u[(k-1)T]\tag{6.9.9}$$

按照式(6.9.9)的差分方程编写计算机程序就可以实现预期的控制规律。

由式(6.9.7)可以看出,数字控制器 $D(z)$ 有一个零点和一个极点。由其所对应的差分方程式(6.9.9)可看出,数字控制器在 $t=kT$ 时刻的输出 $u(kT)$ 不仅与当前时刻的输入 $e(kT)$ 有关,还与前一个采样时刻的输入 $e[(k-1)T]$ 和输出 $u[(k-1)T]$ 有关。

6.9.3　数字 PID 算式

PID 控制是过程控制中广泛采用的一种控制规律。它的结构简单、参数易于调整,在长期的工程实践中,已经积累了丰富的经验。随着计算机技术的发展,PID 数字控制算法已能用微型机或单片机方便地实现。由于计算机软件的灵活性,PID 算法可以得到改进从而更加完善,并可与其他控制规律结合在一起,产生更好的控制效果。

PID 控制器的控制规律为

$$u(t) = K_P e(t) + K_I \int e(t)\mathrm{d}t + K_D \frac{\mathrm{d}e(t)}{\mathrm{d}t} \tag{6.9.10}$$

式中　$u(t), e(t)$—— 控制器的输出和输入；

K_P, K_I, K_D—— 比例、积分、微分系数。

由式(6.9.10)可得 PID 控制器传递函数为

$$D(s) = \frac{U(s)}{E(z)} = K_P + \frac{K_I}{s} + K_D s \tag{6.9.11}$$

控制器的结构如图 6.9.5(a)所示。比例控制、积分控制和微分控制是并联的关系。

如果对式(6.9.10)所表示的模拟 PID 控制器进行离散化，就可以得到数字 PID

$$D(z) = \frac{U(z)}{E(z)} = K_P + K_I \frac{T(z+1)}{2(z-1)} + K_D \frac{z-1}{Tz} \tag{6.9.12}$$

其结构如图 6.9.5(b)所示。

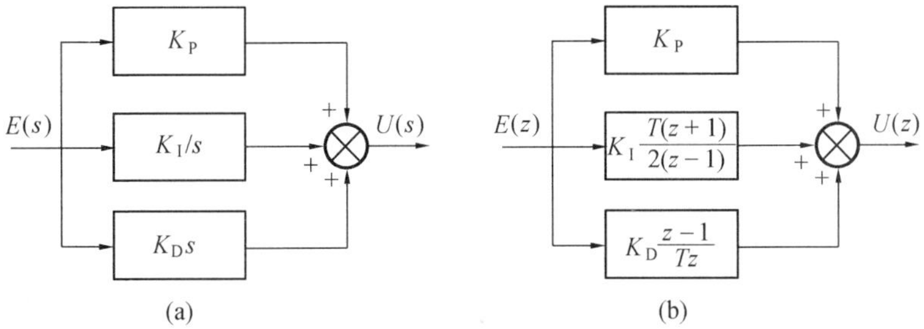

图 6.9.5　PID 控制器的结构

式(6.9.12)描述的数字 PID 控制规律在具体实现时可以表示成如下的差分方程

$$u(kT) = u_P(kT) + u_I(kT) + u_D(kT) = K_P e(kT) + \frac{K_I T}{2}\sum_{i=1}^{k}\{e[(i-1)T] + e(iT)\} + \frac{K_D}{T}\{e(kT) - e[(k-1)]T\} \tag{6.9.13}$$

式(6.9.13)表示的控制算法提供了控制器输出量 $u(kT)$ 的绝对数值。如果执行机构为伺服电机，则控制器输出 $u(kT)$ 对应输出轴的角度，表征了执行机构的位置(如阀门的开度)，所以称为位置式 PID 算法或全量式 PID 算法。

当执行机构需要的不是控制量的绝对数值，而是其增量(例如驱动步进电机)时，通常采用增量式 PID 算式。增量式 PID 控制输出的控制量是增量 $\Delta u(kT)$，即

$$\Delta u(kT) = u(kT) - u[(k-1)T] =$$

$$K_P e(kT) + \frac{K_I T}{2}\sum_{i=1}^{k}\{e[(i-1)T] + e(iT)\} +$$

$$\frac{K_D}{T}\{e(kT) - e[(k-1)]T\} - K_P[e(k-1)T] -$$

$$\frac{K_I T}{2}\sum_{i=1}^{k-1}\{e[(i-1)T]+e(iT)\}-\frac{K_D}{T}\{e(k-1)T-e[(k-2)]T\}=$$
$$K_P\{e(kT)-e[(k-1)T]\}+\frac{K_I T}{2}e(kT)+$$
$$\frac{K_D}{T}\{e(kT)-2e[(k-1)T]]+e[(k-2)T]\} \tag{6.9.14}$$

增量算式(6.9.14)的输出需要累加才能得到全量,即要实现

$$u(t)=\int_0^t \Delta u(\tau)\mathrm{d}\tau$$

这项任务通常可由步进电机的积分功能来完成。采用增量式 PID 算法的控制系统的结构如图 6.9.6 所示。增量式算法中不需要计算累加,增量只与最后几次的输入和输出有关。计算机只输出控制量增量 $\Delta u(kT)$,对应执行机构位置的变化部分,计算机误码动作时,对系统的影响小。在控制方式的手动—自动切换时,控制量冲击小,易于实现较平滑的过渡,即无扰动切换。

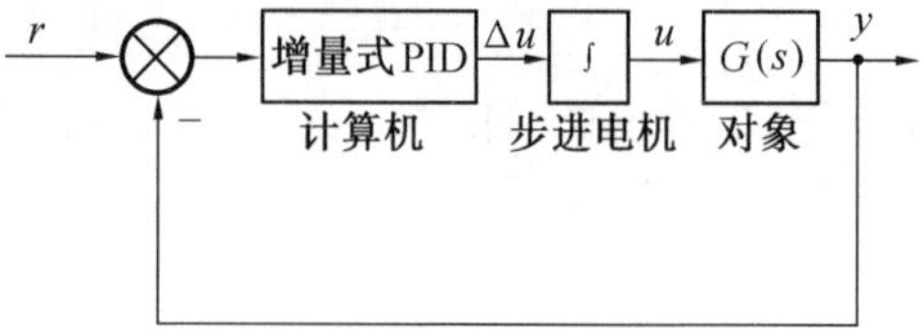

图 6.9.6　增量式 PID 算法的控制系统

6.9.4　PD－PID 双模型控制

PD－PID 双模控制又叫积分分离 PID 算法。积分分离 PID 算法在大偏差时采用 PD 控制,在小偏差时再加入积分采用 PID 控制。积分分离 PID 算法要选择一个偏差量的阈值 ε。当 $|e(kT)|>\varepsilon$,即大偏差时,采用 PD 控制,利用 PD 控制响应速度快的特点,迅速减小偏差而又不引起过大的超调。当 $|e(kT)|\leqslant\varepsilon$,即小偏差时,加入积分,采用 PID 控制,利用积分提高稳态精度。这时偏差已经比较小了,加积分也不致引起太大的振荡。

积分分离 PID 算法可表示为

$$u(kT)=K_P e(kT)+KK_I\sum_{j=0}^{k}e(jT)+K_D[e(kT)-e(kT-T)]$$

$$K=\begin{cases}1 & |e(kT)|\leqslant\varepsilon\\0 & |e(kT)|>\varepsilon\end{cases}$$

采用积分分离 PID 控制的效果如图 6.9.7 所示。这种算法发挥了 PD 和 PID 控制各自的优点。由于使用了计算机,可以方便地实现这种带有逻辑判断功能的控制算法。

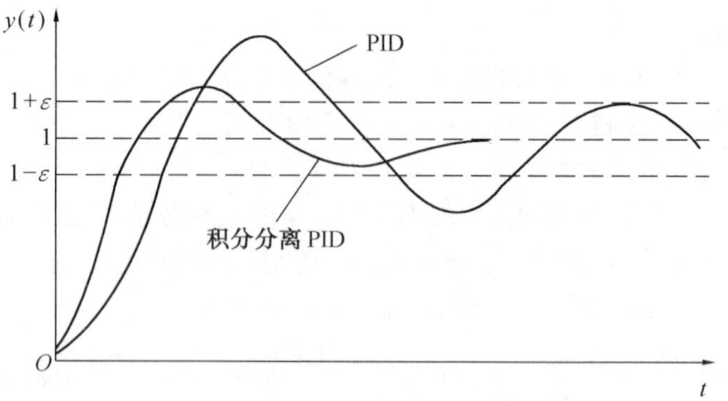

图 6.9.7　积分分离 PID 的控制效果

6.10　数字控制器的离散化设计

6.10.1　离散化设计的基本思想

离散化设计方法也叫数字化设计方法，它是直接在 Z 域内进行设计和综合。离散化设计方法是假定被控对象本身是离散的或是用离散化模型表示的连续对象，以 Z 变换为工具，在 Z 域内直接设计出数字控制器的脉冲传递函数 $D(z)$。离散化设计方法是一种精确的设计方法，采样周期 T 的选择主要取决于系统性能指标的要求而不受分析方法的限制。所以与模拟化设计方法相比，使用离散化设计方法采样周期 T 的选择范围会更宽一些。

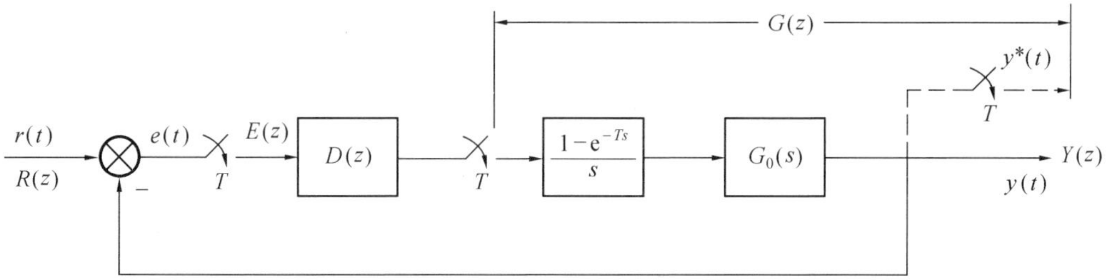

图 6.10.1　离散系统

假设离散系统的方框图如图 6.10.1 所示，$D(z)$ 是数字控制器的脉冲传递函数，$G_0(s)$ 是被控对象的传递函数。考虑到零阶保持器的存在，广义被控对象的脉冲传递函数为

$$G(z) = Z\left[\frac{1 - e^{-Ts}}{s}G_0(s)\right] \tag{6.10.1}$$

系统的闭环脉冲传递函数为

$$\Phi(z) = \frac{Y(z)}{R(z)} = \frac{D(z)G(z)}{1 + D(z)G(z)} \tag{6.10.2}$$

闭环误差脉冲传递函数为

$$\Phi_e(z) = \frac{E(z)}{R(z)} = \frac{1}{1 + D(z)G(z)} \tag{6.10.3}$$

因为系统为单位反馈系统，所以有

$$\Phi(z) = 1 - \Phi_e(z) \qquad \Phi_e(z) = 1 - \Phi(z) \tag{6.10.4}$$

对一个系统进行设计时，应明确对系统性能指标的要求。采用离散化方法设计，是把对系统性能指标的要求归结为对系统闭环脉冲传递函数 $\Phi(z)$ 或闭环误差脉冲传递函数 $\Phi_e(z)$ 的要求。在采用离散化方法进行设计时，首先要根据系统性能指标的要求和其他的约束条件，确

定期望的闭环脉冲传递函数 $\Phi(z)$ 或期望的闭环误差脉冲传递函数 $\Phi_e(z)$。对于一个具体的系统，广义对象的脉冲传递函数 $G(z)$ 也是已知的，由此可以解出数字控制器的脉冲传递函数 $D(z)$。由式(6.10.2) 和(6.10.3) 可以求得

$$D(z) = \frac{\Phi(z)}{G(z)[1-\Phi(z)]} \tag{6.10.5}$$

或

$$D(z) = \frac{1-\Phi_e(z)}{G(z)\Phi_e(z)} \tag{6.10.6}$$

6.10.2 最少拍无差系统

在离散系统中，一个采样周期也称为一拍。最少拍无差系统，也叫做最小调节时间系统或最快响应系统。这种系统对于阶跃信号、速度信号和加速度信号这样一些典型输入信号具有最快的响应速度，能在有限的几拍(几个采样周期) 之内结束过渡过程。过渡过程结束之后，在采样点上系统的稳态误差完全为零，系统的实际输出与希望输出在采样点上完全相等。

设典型输入信号分别为单位阶跃信号、单位速度信号和单位加速度信号时，其 Z 变换分别为

$$r(t) = 1(t) \qquad R(z) = \frac{1}{1-z^{-1}}$$

$$r(t) = t \qquad R(z) = \frac{Tz^{-1}}{(1-z^{-1})^2}$$

$$r(t) = \frac{1}{2}t^2 \qquad R(z) = \frac{T^2z^{-1}(1+z^{-1})}{2(1-z^{-1})^3}$$

在典型输入信号的作用下，图 6.10.1 所示单位负反馈线性离散系统的误差信号的 Z 变换为

$$E(z) = \Phi_e(z)\frac{A(z)}{(1-z^{-1})^r}$$

其中，$A(z)$ 是不包含因子 $1-z^{-1}$ 的 z^{-1} 的多项式。

利用 Z 变换终值定理，采样系统的稳态误差的终值

$$e_{ss}^*(\infty) = \lim_{z\to 1}(1-z^{-1})E(z) = \lim_{z\to 1}(1-z^{-1})\frac{A(z)}{(1-z^{-1})^r}\Phi_e(z)$$

如果希望在典型输入信号的作用下系统稳态误差的终值等于零，即

$$e_{ss}^*(\infty) = \lim_{z\to 1}(1-z^{-1})\frac{A(z)}{(1-z^{-1})^r}\Phi_e(z) = 0$$

从上式可以看出，只有 $\Phi_e(z)$ 中含有$(1-z^{-1})^r$ 的因子与典型输入信号 Z 变换表达式分母中的$(1-z^{-1})^r$ 因子相消，才可能使系统稳态误差的终值等于零。这就要求闭环误差脉冲传递函数的形式为

$$\Phi_e(z) = (1 - z^{-1})^r F(z)$$

其中，$F(z)$ 是不含$(1 - z^{-1})$ 因子的 z^{-1} 的多项式。

对图 6.10.1 所示的单位负反馈线性离散系统有

$$E(z) = \Phi_e(z)R(z) = (1 - z^{-1})^r F(z)\frac{A(z)}{(1 - z^{-1})^r} = F(z)A(z)$$

$$Y(z) = \Phi(z)R(z) = [1 - \Phi_e(z)]R(z) = R(z) - F(z)A(z)$$

为使得在最少的几拍内结束过渡过程，在采样点上无稳态误差，要求误差信号的脉冲序列 $e^*(t)$ 只含有最少的几项，即要求 $E(z)$ 展开成 z^{-1} 的多项式中只含最少的几项，或者说 $E(z)$ 的多项式中 z^{-1} 的幂次应尽可能低。如果经过 N 拍过渡过程结束，在采样点上无稳态误差，则误差的脉冲序列为

$$e^*(t) = e(0)\delta(t) + e(T)\delta(t - T) + \cdots + e(NT)\delta(t - NT)$$

该误差信号的 Z 变换为

$$E(z) = e(0) + e(T)z^{-1} + \cdots + e(NT)z^{-N}$$

因为 $E(z) = F(z)A(z)$，而 $A(z)$ 中含有 z^{-1} 的幂次是由输入信号决定的。若 $r(t) = 1(t)$，则 $A(z)$ 中不含 z^{-1}；若 $r(t) = t$，则 $A(z)$ 中含 z^{-1} 的一次幂；若 $r(t) = t^2$，则 $A(z)$ 中含 z^{-1} 的二次幂。为满足对典型输入信号最少拍无差的要求，就要选择合适的 $F(z)$，使 $E(z)$ 的多项式中含 z^{-1} 的幂次尽可能低。

我们先假设一个比较简单的情况，即 $G(z)$ 中不含纯延迟环节 z^{-1} 及单位圆外和单位圆上的零极点。为了使多项式 $E(z) = F(z)A(z)$ 中含 z^{-1} 的幂次最低，可取 $F(z) = 1$。于是有

$$\Phi_e(z) = (1 - z^{-1})^r \tag{6.10.7}$$

$$\Phi(z) = 1 - (1 - z^{-1})^r \tag{6.10.8}$$

其中的幂指数 r 与系统控制输入信号 $r(t)$ 的类型有关，系统响应阶跃信号、匀速信号和匀加速信号时，r 分别取 1,2 和 3。可见，最少拍无差系统的闭环误差脉冲传递函数 $\Phi_e(z)$ 和闭环脉冲传递函数 $\Phi(z)$，是要根据不同的典型输入信号来设计的。

下面分析最少拍无差系统响应阶跃、匀速和匀加速等典型输入信号的情况。

(1) 当输入信号为单位阶跃信号 $r(t) = 1(t)$ 时

$$R(z) = \frac{1}{1 - z^{-1}} = 1 + z^{-1} + z^{-2} + \cdots + z^{-k} + \cdots$$

其中 $r = 1, A(z) = 1$。若取 $F(z) = 1$，则有

$$\Phi_e(z) = 1 - z^{-1} \qquad \Phi(z) = 1 - \Phi_e(z) = z^{-1}$$

于是

$$D(z) = \frac{1 - \Phi_e(z)}{G(z)\Phi_e(z)} = \frac{\Phi(z)}{G(z)\Phi_e(z)} = \frac{z^{-1}}{G(z)(1 - z^{-1})}$$

且

$$Y(z) = \Phi(z)R(z) = z^{-1}\frac{1}{1 - z^{-1}} = z^{-1} + z^{-2} + z^{-3} + \cdots + z^{-k} + \cdots$$

$$E(z) = \Phi_e(z)R(z) = (1 - z^{-1})\frac{1}{1 - z^{-1}} = 1$$

这表明

$$y(0) = 0, y(T) = y(2T) = \cdots = 1$$
$$e(0) = 1, e(T) = e(2T) = \cdots = 0$$

系统的输出信号 $y^*(t)$ 如图 6.10.2(a) 所示。系统经过一拍之后便可完全跟踪阶跃输入，过渡过程时间 $t_s = T$。

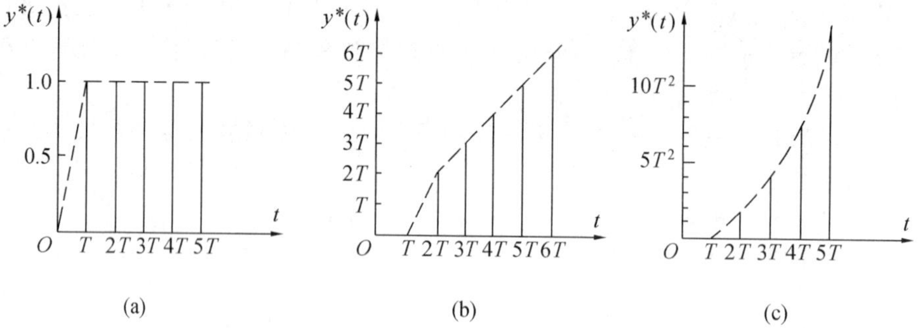

图 6.10.2　最少拍无差系统的响应

(2) 当输入信号是单位匀速信号 $r(t) = t$ 时

$$R(z) = \frac{Tz^{-1}}{(1 - z^{-1})^2} = Tz^{-1} + 2Tz^{-2} + \cdots + kTz^{-k} + \cdots$$

其中 $r = 2, A(z) = Tz^{-1}$。若取 $F(z) = 1$，有

$$\Phi_e(z) = (1 - z^{-1})^2 = 1 - 2z^{-1} + z^{-2}$$
$$\Phi(z) = 1 - (1 - z^{-1})^2 = 2z^{-1} - z^{-2}$$

于是有

$$D(z) = \frac{\Phi(z)}{G(z)\Phi_e(z)} = \frac{2z^{-1} - z^{-2}}{G(z)(1 - 2z^{-1} + z^{-2})}$$

且

$$Y(z) = \Phi(z)R(z) = 2Tz^{-2} + 3Tz^{-3} + \cdots + kTz^{-k} + \cdots$$
$$E(z) = \Phi_e(z)R(z) = Tz^{-1}$$

这表明

$$y(0) = y(T) = 0, y(2T) = 2T, y(3T) = 3T, \cdots, y(kT) = kT, \cdots$$
$$e(0) = 0, e(T) = T, e(2T) = e(3T) = \cdots = 0$$

系统的过渡过程如图 6.10.2(b) 所示。经过两拍之后，系统完全跟踪单位均速信号，过渡过程时间 $t_s = 2T$。

(3) 当输入信号为单位加速度信号 $r(t) = \frac{1}{2}t^2$ 时

$$R(z)=\frac{T^2z^{-1}(1+z^{-1})}{2(1-z^{-1})^3}=0.5T^2z^{-1}+2T^2z^{-2}+4.5T^2z^{-3}+\cdots+\frac{k^2}{2}T^2z^{-k}+\cdots$$

其中 $r=3,A(z)=0.5T^2z^{-1}+0.5T^2z^{-2}$。若取 $F(z)=1$,有

$$\Phi_e(z)=(1-z^{-1})^3=1-3z^{-1}+3z^{-2}-z^{-3}$$

$$\Phi(z)=1-\Phi_e(z)=3z^{-1}-3z^{-2}+z^{-3}$$

于是有

$$D(z)=\frac{\Phi(z)}{G(z)\Phi_e(z)}=\frac{3z^{-1}-3z^{-2}+z^{-3}}{G(z)(1-z^{-1})^3}$$

且有

$$E(z)=\Phi_e(z)R(z)=0.5T^2z^{-1}+0.5T^2z^{-2}$$

$$Y(z)=\Phi(z)R(z)=(3z^{-1}-3z^{-2}+z^{-3})\frac{T^2z^{-1}(1+z^{-1})}{2(1-z^{-1})^3}=$$

$$1.5T^2z^{-2}+4.5T^2z^{-3}+\cdots+\frac{k^2}{2}T^2z^{-k}+\cdots$$

这表明

$$e(0)=0,e(T)=0.5T^2,e(2T)=0.5T^2,\quad e(3T)=\cdots=0$$

$$y(0)=0,y(T)=0,y(2T)=1.5T^2,\cdots,y(kT)=\frac{k^2}{2}T^2,\cdots$$

可见,最少拍无差系统经过3拍便可完全跟踪加速度输入信号,如图6.10.2(c)所示。

具有最少拍无差性能的 $\Phi(z)$ 和 $\Phi_e(z)$ 确定之后,根据式(6.10.7)和(6.10.8)就可以确定数字控制器脉冲传递函数的一般形式为

$$D(z)=\frac{1-(1-z^{-1})^r}{(1-z^{-1})^rG(z)}$$

将典型输入信号作用下的最少拍无差系统脉冲传递函数及其过程时间列入表6.10.1中。从表中可以看出,对于单位阶跃信号、单位速度信号和单位加速度信号输入,分别经过一拍、二拍和三拍后,在采样点上的误差 $e(kT)$ 完全消失,过渡过程结束。还应提醒注意的是,表6.10.1仅适用于广义被控对象脉冲传递函数 $G(z)$ 中不含纯延迟环节 z^{-1} 及单位圆上和单位圆外零、极点的情况。

表 6.10.1 最少拍系统的闭环脉冲传递函数及调整时间

典型输入		闭环脉冲传递函数		调整时间
$r(t)$	$R(z)$	$\Phi(z)$	$\Phi_e(z)$	t_s
$1(t)$	$\frac{1}{1-z^{-1}}$	z^{-1}	$1-z^{-1}$	T
t	$\frac{Tz^{-1}}{(1-z^{-1})^2}$	$2z^{-1}-z^{-2}$	$1-2z^{-1}+z^{-2}$	$2T$
$\frac{1}{2}t^2$	$\frac{T^2z^{-1}(1+z^{-1})}{2(1-z^{-1})^3}$	$3z^{-1}-3z^{-2}+z^{-3}$	$(1-z^{-1})^3$	$3T$

6.10.3 最少拍无差系统设计的一般方法

广义对象的脉冲传递函数 $G(z)$ 可能含有纯延迟因子 z^{-L}(L 是大于等于 1 的正整数),也可能含有 z 平面单位圆外和单位圆上的零点或极点。设计时应考虑数字控制器 $D(z)$ 的可实现性及实际系统存在参数漂移时,闭环系统的稳定性。因此,对 $D(z)$ 及 $\Phi(z)$,$\Phi_e(z)$ 的选择还应附加一些限制条件。说明如下。

(1) $D(z)$ 应是在物理上可实现的,即极点的个数应大于或等于零点的个数,否则就是要求数字控制器当前时刻的输入能影响以前若干采样时刻的输出,这是无法实现的。

假设数字控制器的脉冲传递函数为

$$D(z) = \frac{U(z)}{E(z)} = \frac{z^2 + az + b}{z + c} = \frac{1 + az^{-1} + bz^{-2}}{z^{-1} + cz^{-2}}$$

$D(z)$ 有两个零点、一个极点,零点个数大于极点个数。对应的差分方程为

$$u(kT) = e[(k+1)T] + ae(kT) + be[(k-1)T] - cu[(k-1)T]$$

数字控制器 kT 时刻的输出 $u(kT)$ 与下一个采样时刻的输入 $e[(k+1)T]$ 有关,这是物理上不能实现的。

(2) 如果广义对象 $G(z)$ 含有纯延迟因子 z^{-L},即

$$G(z) = G_1(z)z^{-L}$$

其中,L 是大于 1 的正整数,$G_1(z)$ 中不含纯延迟因子。闭环脉冲传递函数可写成

$$\Phi(z) = \frac{D(z)G(z)}{1 + D(z)G(z)} = \frac{D(z)G_1(z)z^{-L}}{1 + D(z)G_1(z)z^{-L}}$$

对于 $G(z)$ 中的纯延迟因子 z^{-L},不要试图用 $D(z)$ 来对消,因为这样就会要求 $D(z)$ 中有超前因子 z^L,就是要求数字控制器在输入之前就有响应,这是物理上不能实现的。所以如果广义对象 $G(z)$ 含有纯延迟因子 z^{-L},那么 $\Phi(z)$ 中至少也应含有相同的延迟因子 z^{-L}。

(3) $G(z)$ 中含有单位圆上或单位圆外零极点的情况。

$$\Phi(z) = \frac{D(z)G(z)}{1 + D(z)G(z)} = D(z)G(z)\Phi_e(z)$$

由上式可以看出,在闭环脉冲传递函数中 $D(z)$ 和 $G(z)$ 总是以乘积的形式出现的。如果 $G(z)$ 中含有单位圆外或单位圆上的零点,不要试图用 $D(z)$ 单位圆外或单位圆上的极点对消。同样,如果 $G(z)$ 含有单位圆外或单位圆上的极点,也不要试图用 $D(z)$ 单位圆外或单位圆上的零点对消。因为由于参数漂移或模型的不准确性,这样零极点对消不可能准确实现,还会引起闭环系统和控制器的不稳定。这都是我们所不希望的。

假设 $G(z)$ 有 u 个单位圆外及单位圆上的零点 $b_1, b_2, \cdots, b_u$,有 v 个单位圆外及单位圆上的极点 $a_1, a_2, \cdots, a_v$,则 $G(z)$ 可写成

$$G(z)=\frac{\prod_{i=1}^{u}(z-b_i)}{\prod_{j=1}^{v}(z-a_j)}G_2(z)$$

其中 $G_2(z)$ 不含单位圆外及单位圆上的零极点。如果不用 $D(z)$ 去消除 $G(z)$ 中单位圆外及单位圆上的零极点，则有

$$\Phi(z)=\frac{D(z)G(z)}{1+D(z)G(z)}=\frac{D(z)\dfrac{\prod_{i=1}^{u}(z-b_i)}{\prod_{j=1}^{v}(z-a_j)}G_2(z)}{1+D(z)\dfrac{\prod_{i=1}^{u}(z-b_i)}{\prod_{j=1}^{v}(z-a_j)}G_2(z)}=\frac{D(z)\prod_{i=1}^{u}(z-b_i)G_2(z)}{\prod_{j=1}^{v}(z-a_j)+D(z)\prod_{i=1}^{u}(z-b_i)G_2(z)}$$

$$\Phi_e(z)=\frac{1}{1+D(z)G(z)}=\frac{1}{1+D(z)\dfrac{\prod_{i=1}^{u}(z-b_i)}{\prod_{j=1}^{v}(z-a_j)}G_2(z)}=\frac{\prod_{j=1}^{v}(z-a_j)}{\prod_{j=1}^{v}(z-a_j)+D(z)\prod_{i=1}^{u}(z-b_i)G_2(z)}$$

因此，选择 $\Phi(z)$ 和 $\Phi_e(z)$ 时还应考虑以下原则。

$\Phi(z)$ 应含有与 $G(z)$ 在单位圆上、圆外零点相同的零点。

$\Phi_e(z)$ 应含有与 $G(z)$ 在单位圆上、圆外极点相同的零点。

(4) 考虑到 $\Phi(z)=1-\Phi_e(z)$，$\Phi(z)$ 应与 $\Phi_e(z)$ 是阶次相同的 z^{-1} 的多项式。

例 6.10.1　设结构如图 6.10.1 所示单位反馈线性离散系统被控对象及零阶保持的传递函数分别为

$$G_0(s)=\frac{10}{s(s+1)}\qquad H_0(s)=\frac{1-e^{-Ts}}{s}$$

采样周期 $T=1$ s。试设计在控制输入为 $r(t)=t$ 时的最少拍无差系统。

解　系统广义被控对象的脉冲传递函数

$$G(z)=Z\left[\frac{10}{s(s+1)}\,\frac{1-e^{-Ts}}{s}\right]_{T=1}=\frac{3.68z^{-1}(1+0.718z^{-1})}{(1-z^{-1})(1-0.368z^{-1})}$$

$G(z)$ 中含有一个纯延迟环节 z^{-1}，$\Phi(z)$ 中也应含有 z^{-1} 因子；$G(z)$ 中含有一个 $z=1$ 的极点，$\Phi_e(z)$ 中应含有 $z=1$ 的零点。由表 6.10.1 中查出，当 $r(t)=t$ 时闭环脉冲传递函数和闭环误差脉冲传递函数分别为

$$\Phi(z)=2z^{-1}(1-0.5z^{-1})$$

$$\Phi_e(z) = (1 - z^{-1})^2$$

$\Phi(z)$ 中含有 z^{-1} 因子，$\Phi_e(z)$ 中含有 $z = 1$ 的零点，恰好满足上述要求。因此 $\Phi(z)$ 和 $\Phi_e(z)$ 就可以采用表 6.10.1 中的形式，不必再进行修改。由此可求得数字控制器的脉冲传递函数为

$$D(z) = \frac{\Phi(z)}{\Phi_e(z)G(z)} = \frac{0.543(1 - 0.5z^{-1})(1 - 0.368z^{-1})}{(1 - z^{-1})(1 + 0.718z^{-1})}$$

经过数字校正，可以实现最少拍无差系统，对控制输入 $r(t) = t$ 的响应过程如图 6.10.2(b) 所示，调节时间 $t_s = 2T$。

这个系统是针对典型输入信号 $r(t) = t$ 设计的，下面分析一下该系统对阶跃信号和加速度信号的响应过程。

当 $r(t) = 1(t)$，$R(z) = \dfrac{1}{1 - z^{-1}}$ 时，该系统输出信号的 Z 变换为

$$Y(z) = \Phi(z)R(z) = (2z^{-1} - z^{-2})\frac{1}{1 - z^{-1}} =$$
$$2z^{-1} + z^{-2} + z^{-3} + z^{-4} + \cdots + z^{-k} + \cdots$$

输出信号的脉冲序列 $y^*(t)$ 如图 6.10.3(a) 所示，经过两拍，完全跟踪输入，调节时间为 $t_s = 2T$，超调量 σ_p 却高达 100%，显然，其动态性能比针对 $r(t) = 1(t)$ 时设计最少拍无差系统的动态性能差。

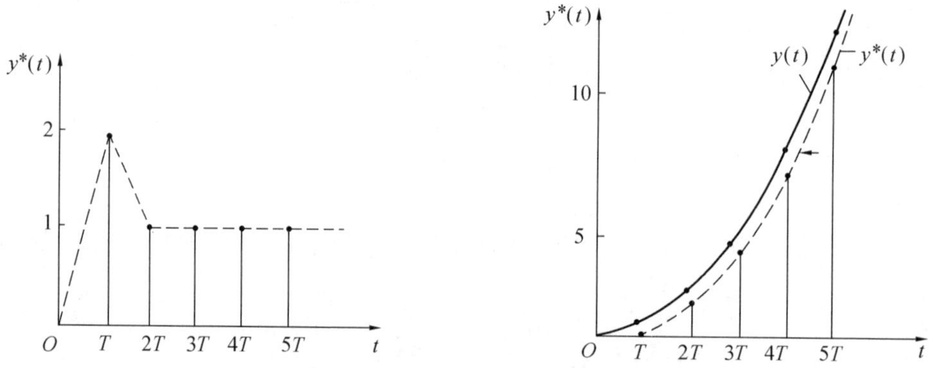

图 6.10.3　最少拍无差系统对其他信号的响应

当 $r(t) = \dfrac{1}{2}t^2$，$R(z) = \dfrac{z^{-1}(1 + z^{-1})}{2(1 - z^{-1})^3}$ 时，输出信号的 Z 变换为

$$Y(z) = \Phi(z)R(z) = (2z^{-1} - z^{-2})\frac{z^{-1}(1 + z^{-1})}{2(1 - z^{-1})^3} =$$
$$z^{-2} + 3.5z^{-3} + 7z^{-4} + 11.5z^{-5} + 17z^{-6} + \cdots + \left(\frac{1}{2}k^2 - 1\right)z^{-k} + \cdots$$

误差信号的 Z 变换为

$$E(z)=\Phi_e(z)R(z)=(1-z^{-1})^2\frac{z^{-1}(1+z^{-1})}{2(1-z^{-1})^3}=$$

$$\frac{1}{2}z^{-1}+z^{-2}+z^{-3}+z^{-4}+\cdots+z^{-k}+\cdots$$

输出信号的脉冲序列 $e^*(t)$ 如图6.10.3(b)所示，调节时间 $t_s=2T$，但过渡过程结束后仍存在着稳态误差 $e_{ss}^*(t)=1$，已经不是无差系统。

由此可见，按某一种典型输入信号设计的最少拍无差系统，对其他输入信号响应并不理想，因此限制了最少拍无差系统在实际中的应用。

例 6.10.2 设单位反馈线性离散系统的结构如图6.10.1所示，其被控制对象和零阶保持器的传递函数分别为

$$G_0(s)=\frac{10}{s(s+1)(0.1s+1)}\qquad H_0(s)=\frac{1-e^{-Ts}}{s}$$

采样周期 $T=0.5$ s。试设计单位阶跃输入时最少拍无差系统的数字控制器 $D(z)$。

解 广义被控对象的脉冲传递函数

$$G(z)=Z\left[\frac{10}{s(s+1)(0.1s+1)}\frac{1-e^{-Ts}}{s}\right]=\frac{0.738\,5z^{-1}(1+1.481\,5z^{-1})(1+0.535\,5z^{-1})}{(1-z^{-1})(1-0.606\,5z^{-1})(1-0.006\,7z^{-1})}$$

$G(z)$ 中含有 z^{-1} 因子及单位圆外的零点，$\Phi(z)$ 中也应含有 z^{-1} 因子及 $z=-1.4815$ 的零点。设 $\Phi(z)$ 的形式为

$$\Phi(z)=az^{-1}(1+1.481\,5z^{-1})$$

其中，a 为待定系数。$G(z)$ 中含有单位圆上 $z=1$ 的极点，$\Phi_e(z)$ 中应含有 $z=1$ 的零点。并考虑到 $\Phi_e(z)$ 应是与 $\Phi(z)$ 同阶的 z^{-1} 的多项式，所以设

$$\Phi_e(z)=(1-z^{-1})(1+bz^{-1})$$

其中，b 为待定系数。因为

$$\Phi(z)=1-\Phi_e(z)$$

所以有

$$az^{-1}(1+1.481\,5z^{-1})=(1-b)z^{-1}+bz^{-2}$$

由此可以解出 $a=0.403$，$b=0.597$。于是有

$$\Phi(z)=0.403z^{-1}(1+1.481\,5z^{-1})$$

$$\Phi_e(z)=(1-z^{-1})(1+0.597z^{-1})$$

数字控制器的脉冲传递函数

$$D(z)=\frac{\Phi(z)}{\Phi_e(z)G(z)}=\frac{0.545\,7(1-0.606\,5z^{-1})(1-0.006\,7z^{-1})}{(1+0.597z^{-1})(1+0.053\,55z^{-1})}$$

输入为单位阶跃时输出的 Z 变换为

$$Y(z)=\Phi(z)R(z)=0.403z^{-1}(1+1.481\,5z^{-1})\frac{1}{1-z^{-1}}=0.403z^{-1}+z^{-2}+z^{-3}+\cdots$$

输出信号的脉冲序列为

$$y^*(t)=0.403\delta(t-T)+\delta(t-2T)+\delta(t-3T)+\cdots$$

输出响应曲线如图 6.10.4 所示。由于 $G(z)$ 中存在单位圆外的零点 $z=-1.4815$，$\Phi(z)$ 应含有 $(1+1.4815z^{-1})$ 的因子，所以使系统的调整时间 t_s 延长到两拍，即 $t_s=2T=1\ \text{s}$。

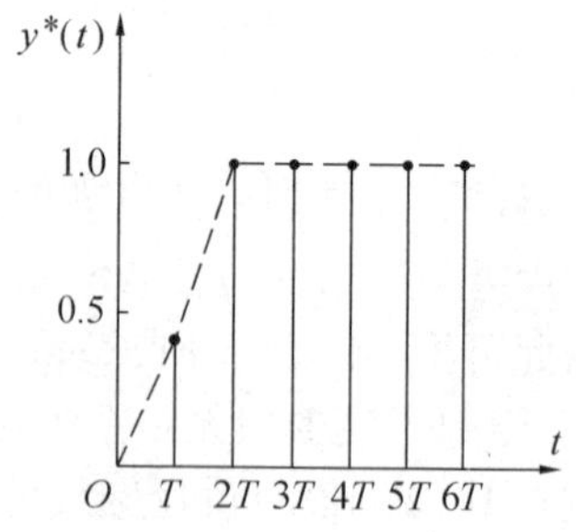

图 6.10.4　例 6.10.4 系统的阶跃响应

说明：一般来说，最少拍系统暂态响应时间增长与 $G(z)$ 包含的单位圆上或圆外的零点个数成正比。另外，$G(z)$ 中那些位于单位圆上或单位圆外的极点会引起最短可能的过渡过程时间的增长，而且也将和这些极点的个数成比例。

最少拍系统设计方法简便，系统结构简单，但在实际应用中存在一些问题。前面已经指出，最少拍系统对于不同典型信号的适应性差，对于一种典型输入信号设计的最少拍系统用于其他典型信号时可能并不理想。虽然可以考虑根据不同典型信号自动切换程序，但应用仍不方便。

最少拍系统对参数变化较敏感。当系统的参数受各种因素的影响发生变化时，会导致系统暂态响应时间的延长。

需要强调的是，按照上述方法设计最少拍系统只能保证在采样点的稳态误差为零，而在采样点之间系统的输出有可能会产生波动（围绕给定输入），这种系统称为有纹波系统。纹波的存在不仅会引起误差，而且会增加功耗和机械磨损，这是许多快速系统所不允许的。适当增长系统暂态响应的时间（增加响应的拍数），便能设计出既能输出无纹波又使暂态响应为最少拍采样周期的系统。关于无纹波最少拍系统的设计，请读者参阅有关文献。

6.11　用 MATLAB 分析线性离散系统

6.11.1　脉冲传递函数的建立及转换

单输入单输出线性离散系统脉冲传递函数常用的形式有 z 的有理分式形式、z^{-1} 的有理分式形式、零极点增益形式等。

(1) z 的有理分式形式为

$$G(z)=\frac{N(z)}{D(z)}=\frac{b_mz^m+b_{m-1}z^{m-1}+\cdots+b_1z+b_0}{a_nz^n+a_{n-1}z^{n-1}+\cdots+a_1z+a_0}$$

建立这种形式的脉冲传递函数可使用 tf( ) 命令，用法是

```
sysd = tf(num,den,T)
```

式中 num、den 分别是分子多项式和分母多项式的系数构成的向量，即

$$\text{num}=[\text{b}_\text{m},\text{b}_{\text{m}-1},\cdots,\text{b}_1,\text{b}_0]$$

$$\text{den} = [a_n, a_{n-1}, \cdots, a_1, a_0]$$

在向量中,系数按 z 的降幂排列,T 为采样周期。

(2) 零极点增益形式为

$$G(z) = k\frac{(z-z_1)(z-z_2)\cdots(z-z_m)}{(z-p_1)(z-p_2)\cdots(z-p_n)}$$

建立零极点增益形式的数学模型使用 zpk( ) 命令,用法是

$$\text{sysd} = \text{zpk}(z, p, k, T)$$

式中　z,p,k—— 系统的零点、极点和增益向量;

T—— 采样周期。

(3)z^{-1} 有理分式形式为

$$G(z) = \frac{b_m z^{m-n} + b_{m-1}z^{m-n-1} + \cdots + b_1 z^{-n+1} + b_0 z^{-n}}{a_n + a_{n-1}z^{-1} + \cdots + a_1 z^{-n+1} + a_0 z^{-n}}$$

建立 z^{-1} 有理分式形式的数学模型使用 filt() 命令,用法是

sysd = filt(num,den,T)

式中　num,den—— 分子多项式和分母多项式的系数构成的向量

$$\text{num} = [b_m, b_{m-1}, \cdots, b_1, b_0]$$

$$\text{den} = [a_n, a_{n-1}, \cdots, a_1, a_0]$$

在向量中,系数按 z^{-1} 的升幂排列,T 为采样周期。

不同形式的模型之间可以相互转换。

例 6.11.1　假设一个离散系统的脉冲传递函数为

$$G(z) = \frac{1.6z^2 - 5.8z + 3.9}{z^2 - 0.7z + 2.4}$$

采样周期 $T = 0.1$ s。试将其转化成零极点增益形式和 z^{-1} 有理分式形式的脉冲传递函数。

解　在 MATLAB 的命令窗口键入:

```
num = [1.6, -5.8,3.9]
den = [1, -0.7,2.4]
sysd = tf(num,den,0.1)
```

结果显示出 z 的有理分式形式的脉冲传递函数:

```
Transfer function
1.6z^2 - 5.8z + 3.9
-------------------
 z^2 - 0.7z + 2.4
sampling time:0.1
```

为将其转换成零极点增益形式的数学模型,可键入命令:

```
sysd1 = zpk(sysd)
```

回车后 CRT 上显示出零极点增益形式的脉冲传递函数:

```
zero/pole/gain:
1.6(z - 2.733)(z - 0.8918)
--------------------------
   (z^2 - 0.7z + 2.4)

sampling time: 0.1
```

为将其转换成 z^{-1} 有理分式形式的数学模型,可在 MATLAB 的命令窗口键入:

```
sysd2 = filt(num,den,0.1)
```

结果显示出 z^{-1} 有理分式形式的脉冲传递函数

```
Tramsfer function:
1.6 - 5.8z^ - 1 + 3.9z^ - 2
---------------------------
 1 - 0.7z^ - 1 + 2.4z^ - 2

sampling time: 0.1
```

6.11.2 连续系统的离散化

在 MATLAB 中对连续系统或环节的离散化是使用 c2d( ) 函数。c2d( ) 函数的调用格式是

sysd = c2d(sys,T)　或　sysd = c2d(sys,T,method)

式中　sys—— 连续时间模型对象;

T—— 采样周期;

sysd—— 采样周期 T 的离散时间模型;

method—— 用来指定离散化采用的方法,要用单引号括起来,有以下几种选择;

'zoh'—— 采用零阶保持器法;

'foh'—— 采用一阶保持器法;

'tustin'—— 采用双线性变换法;

'prewarp'—— 采用频率预弯曲的双线性变换法;

'matched'—— 采用零极点匹配法。

默认时,为 'zoh'。这些方法中,'zoh' 和 'tustin' 法比较常用。'zoh' 相当于离散化法中阶跃响应不变法。用这种方法离散化,可保证离散化之后系统(或环节)的阶跃响应等于连续系统(或环节)阶跃响应的采样值。另外,计算机控制系统中的 D/A 转换器都有一个零阶保持器。零阶保持器与被控对象串联,构成广义的被控对象。求有零阶保持器的广义对象的脉冲传递函数时,method 的选项可使用 'zoh'。'tustin' 法常音译为图斯汀法,是采用双线性变换进行离散化。在计算机控制系统模拟化设计方法中,将模拟校正装置的传递函数离散化为数字控制器的脉冲传递函数时常使用这种方法。

例 6.11.2　一个计算机控制系统被控对象的传递函数为 $G(s) = \dfrac{10}{s(s+1)(0.1s+1)}$,D/A 使用零阶保持器,采样周期为 0.5 s。试求包括零阶保持器在内的广义被控对象的脉冲传递函数 $G(z)$。

解　包括零阶保持器在内的广义对象的脉冲传递函数为

$$G(z) = Z\left[\frac{1-\mathrm{e}^{-Ts}}{s}\frac{10}{s(s+1)(0.1s+1)}\right] = Z\left[\frac{1-\mathrm{e}^{-Ts}}{s}\frac{10}{0.1s^3+1.1s^2+s}\right]$$

在 MATLAB 的命令窗口键入:

```
sys = tf([10],[0.1,1.1,1,0]);
sysd = c2d(sys,0.5,'zoh')
```

结果为:

```
Transfer function
   0.738 5z^2 + 1.158z + 0.057 91
------------------------------------
z^3 - 1.613z^2 + 0.617 4z - 0.004 087
sampling time:0.5
```

若想转换成零极点增益形式的脉冲传递函数,可继续在 MATLAB 的命令窗口键入:

```
sysd1 = zpk(sysd)
```

结果显示:

```
 0.738 48(z + 1.516)(z + 0.051 73)
-----------------------------------
(z - 1)(z - 0.606 5)(z - 0.006 738)
sampling time: 0.5
```

例 6.11.3　连续校正装置的传递函数为

$$D(s) = \frac{0.2s+1}{0.02s+1}$$

采样周期 $T = 0.01$ s,试用双线性变换法求数字控制器的脉冲传递函数 $D(z)$。

解　在 MATLAB 的命令窗口键入:

```
ds = tf([0.2,1],[0.02,1]);
dz = c2d(ds,0.01,'tustin')
```

结果为:

```
Transfer function;
8.2z - 7.8
----------
 z - 0.6
```

6.11.3　线性离散系统时域响应分析

用 MATLAB 求线性离散系统时域响应的方法有很多种,最简单的是使用函数 destep()、dimpulser()、dlism() 来实现。它们分别用于求离散系统的阶跃响应、脉冲响应及对任意输入的响应。

求离散系统阶跃响应的函数 destep() 的一般格式如下:

destep(num,den,n)

式中　num 和 den—— 脉冲传递函数分子多项式和分母多项式的系数向量;

n—— 采样点数(可选)。

例 6.11.4 线性离散系统的闭环脉冲传递函数为

$$\Phi(z) = \frac{0.2385z^{-1} + 0.2089z^{-2}}{1 - 1.0259z^{-1} + 0.4733z^{-2}}$$

求单位阶跃响应。

解 在 MATLAB 的命令窗口键入:

```
num = [0.2385,0.2089];
den = [1, - 1.0259,0.4733];
dstep(num,den)
```

结果以图形方式显示为如图 6.11.1 所示。

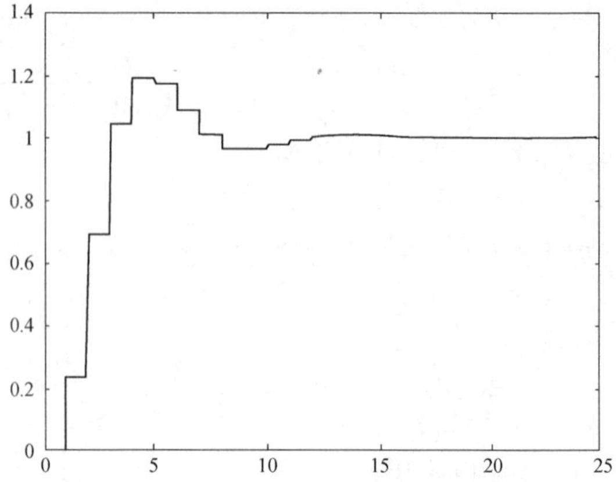

图 6.11.1 例 6.11.4 系统的单位阶跃响应

6.12 本章小结

本章介绍了线性离散系统的分析和设计方法,主要的内容如下

1. 计算机控制系统概述

计算机控制系统是最常见的离散时间控制系统,系统中既有模拟信号又有数字信号。要了解计算机控制系统的基本构成,明确连续时间信号、离散时间信号、模拟信号和数字信号的概念。

2. A/D 转换

A/D 转换器将模拟信号转换成数字信号,A/D 转换的过程可看成是采样、量化和编码的过程。要求掌握确定线性离散系统采样周期的原则和方法,以及采样前后信号频谱的特点。

3. D/A 转换

D/A 转换器将数字信号转换成模拟信号,D/A 转换的过程可看成是解码和保持的过程。D/A 转换器有一个零阶保持器,采用常值外推的方式进行信号保持。零阶保持器的传递函数为 $\frac{1-e^{-Ts}}{s}$,其相频特性是负的,会对闭环系统的稳定性产生不利影响。

4. Z 变换与 Z 反变换

Z 变换法是分析线性离散系统的有力工具。要求掌握 Z 变换的定义、Z 变换和 Z 反变换的计算方法以及 Z 变换的基本定理。

5. 脉冲传递函数

脉冲传递函数的定义是在零初始条件下,输出脉冲序列的 Z 变换与输入脉冲序列 Z 变换之比。只有当输入信号是离散时间信号时,求脉冲传递函数才有意义。

多环节串联时,中间有无采样开关,其等效的脉冲传递函数是不同的。

如果输入信号未经采样就输入到某个包含零点或极点的连续环节,则求不出闭环脉冲传递函数,只能求出输出量的 Z 变换表达式。闭环系统输出量 Z 变换表达式的分母也是特征多项式,令其等于零就是特征方程。

当对拉氏变换表达式(其中一些是常规拉氏变换,另一些是离散拉氏变换)的乘积作 Z 变换时,离散拉氏变换(即带星号的拉氏变换)可提到 Z 变换符号之外。

6. 差分方程

差分方程是在时间域内描述离散输入信号与离散输出信号间关系的数学表达式。要求掌握差分方程的求解方法以及与它脉冲传递函数之间的关系。

7. 线性离散系统的稳定性

线性离散系统稳定的充要条件:全部特征根都分布在 z 平面的单位圆之内。

熟练掌握用劳斯判据判断线性离散系统的稳定性的方法。

8. 线性离散系统的时域分析

介绍了离散系统闭环极点在 z 平面上的位置与其对应的瞬态分量的关系,离散系统时间响应的求法,以及用稳态误差系数和动态误差系数求 $e_{ss}^*(\infty)$ 和 $e_{ss}^*(kT)$ 的方法。

9. 数字控制器的模拟化设计方法

先用连续系统的理论设计校正环节 $D(s)$,再用合适的离散化方法将其离散化为数字控制器的脉冲传递函数 $D(s)$,由计算机实现。注意将零阶保持器对系统的影响折算到被控对象中去。

10. 数字控制器的离散化设计

介绍了最少拍无差系统的原理,并用解析的方法设计了对典型输入信号的最少拍无差系统。

11. 用 MATLAB 分析线性离散系统

习题与思考题

6.1　已知采样周期 $T = 1$ s,求对下列连续信号采样后得到的脉冲序列的前 5 个值。

(1) $y(t) = 1 - e^{-0.2t}$　　(2) $x(t) = 1 - \sin 0.628t$

(3) $y(t) = 10 - t + t^2$　　(4) $e(t) = \sqrt{2}t$

6.2　求下列函数经等周期 T 采样后离散序列的 Z 变换。

(1) $x(t) = 1 - e^{-bt}$　　(2) $x(t) = a^t$

(3) $x(t) = e^{-t} - e^{-2t}$　　(4) $x(t) = t \times 1(t - T)$

(5) $x(t) = (t - T) \times 1(t - T)$

6.3　求 $e(t)$ 采样序列的 Z 变换(采样周期 $T = 0.1$ s)。

$$e(t) = e^{-a(t-0.3)} \times 1(t - 0.3)$$

6.4　信号拉氏变换式如下,求其对应的 Z 变换。

(1) $E(s) = \dfrac{1}{(s+a)(s+b)}$

(2) $E(s) = \dfrac{K}{s(s+a)}$

(3) $E(s) = \dfrac{s+1}{s^2}$

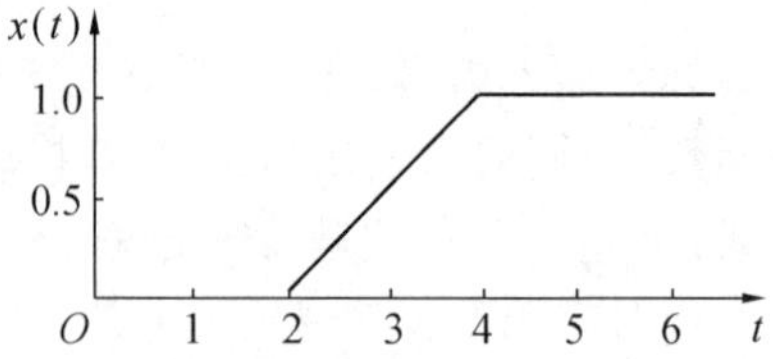

题 6.5 图　函数的曲线

6.5　函数 $x(t)$ 曲线如题 6.5 图所示，采样周期 $T=1$ s，求 $x(t)$ 采样序列的 Z 变换。

6.6　求下列各式的 Z 反变换。

(1) $X(z) = \dfrac{z}{z-0.5}$　　(2) $X(z) = \dfrac{z}{(z-1)(z-2)}$

(3) $X(z) = \dfrac{z}{(z-e^{-aT})(z-e^{-bT})}$　　(4) $X(z) = \dfrac{z}{(z-1)^2(z-2)^2}$

(5) $X(z) = \dfrac{11z^3-15z^2+6z}{(z-2)(z-1)^2}$　　(6) $X(z) = \dfrac{z^3+2z^2+1}{z^3-1.5z^2+0.5z}$

6.7　求下列函数的初值和终值：

(1) $X(z) = \dfrac{z}{z-0.2}$　　(2) $X(z) = \dfrac{z}{z-e^{-T}}$

(3) $X(z) = \dfrac{0.238\,5z^{-1}+0.208\,9z^{-2}}{1-1.025\,9z^{-1}+0.473z^{-2}} \dfrac{1}{1-z^{-1}}$

(4) $X(z) = \dfrac{z}{z-e^{-1}} \dfrac{z}{z-1}$

(5) $X(z) = \dfrac{z^2-1.368z+0.368}{z^2-z+0.632} \dfrac{z(z+1)}{2(z-1)^3}$

6.8　用 Z 变换法求解下列差分方程。

(1) $y(k+2)-3y(k+1)+2y(k)=u(k)$

输入信号：$u(k)=1(k)$；初始条件：$y(0)=0, y(1)=0$。

(2) $y(k+2)-3y(k+1)+2y(k)=0$

初始条件：$y(0)=1, y(1)=1$。

6.9　求题 6.9 图所示系统的开环脉冲传递函数。

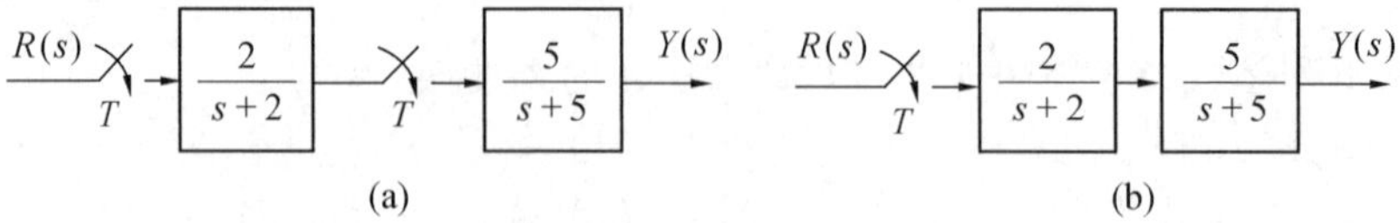

题 6.9 图　开环系统

6.10　求题 6.10 图所示系统的闭环脉冲传递函数。

6.11　求题 6.11 图所示系统输出的 Z 变换 $Y(z)$。

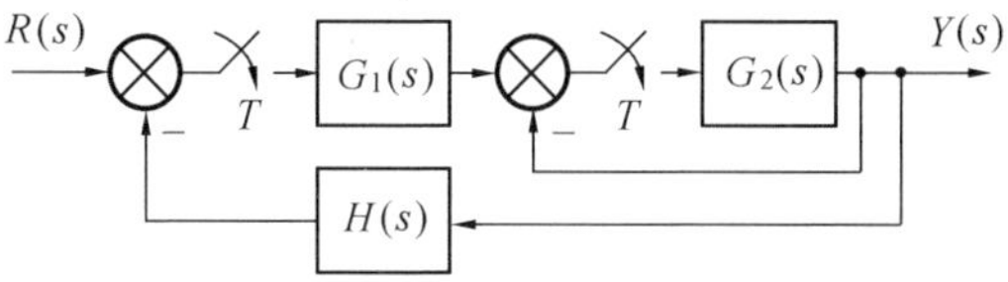

题 6.10 图　闭环系统

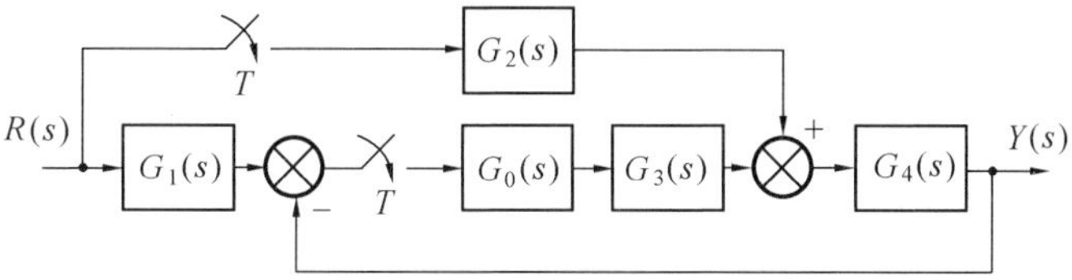

(a)

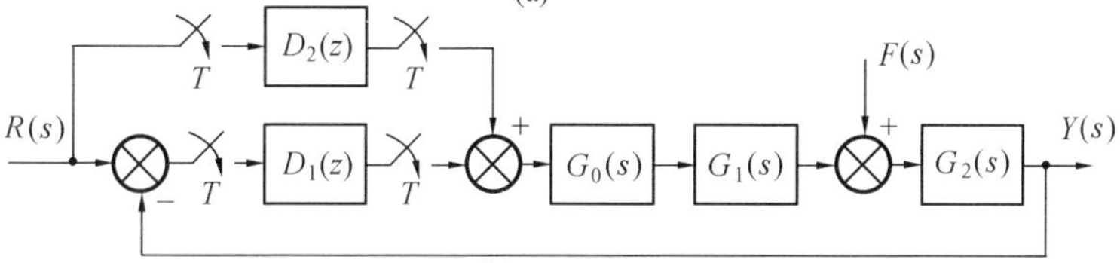

(b)

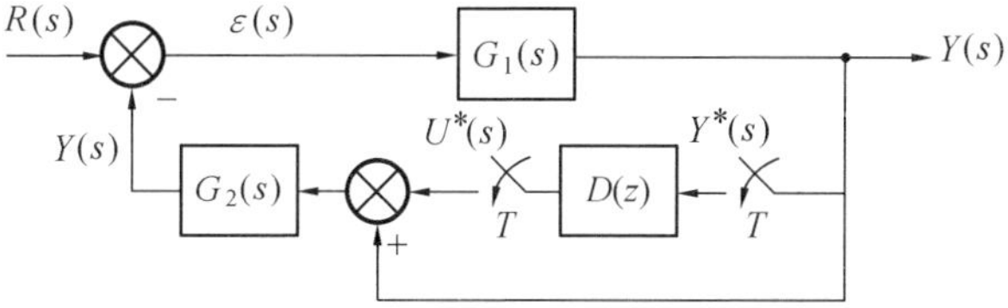

(c)

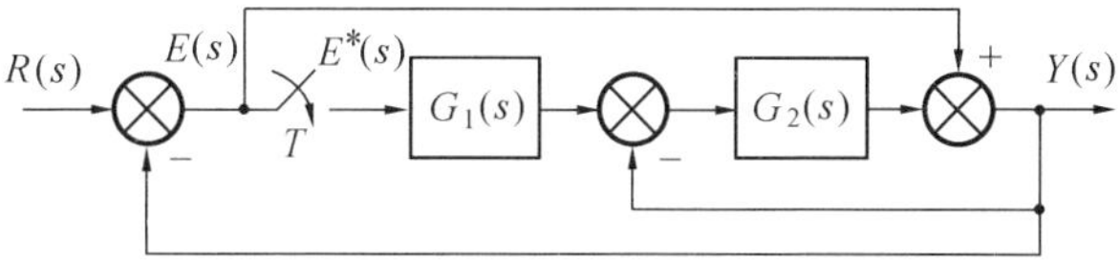

(d)

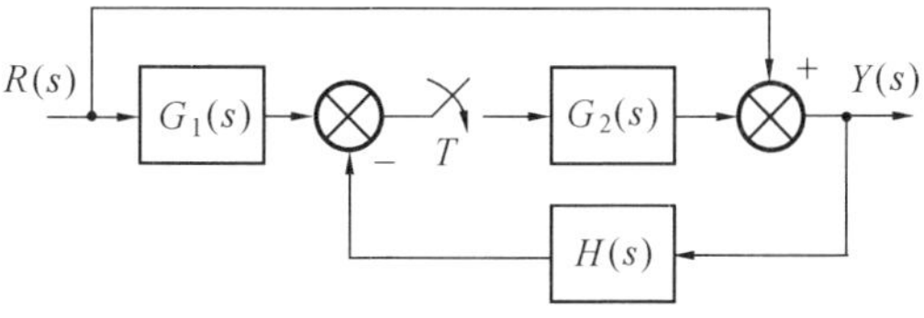

(e)

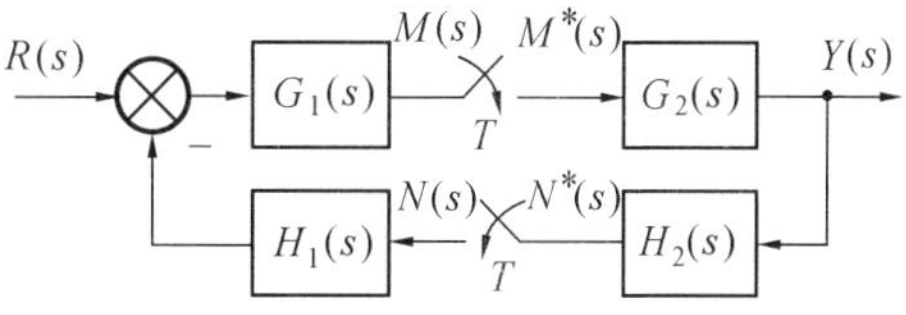

(f)

题 6.11 图　离散系统

6.12　离散系统如题6.12图所示，采样周期 $T=0.02$ s，求闭环脉冲传递函数，判断系统稳定性，并求输入为单位阶跃时，输出脉冲序列的前5个值。

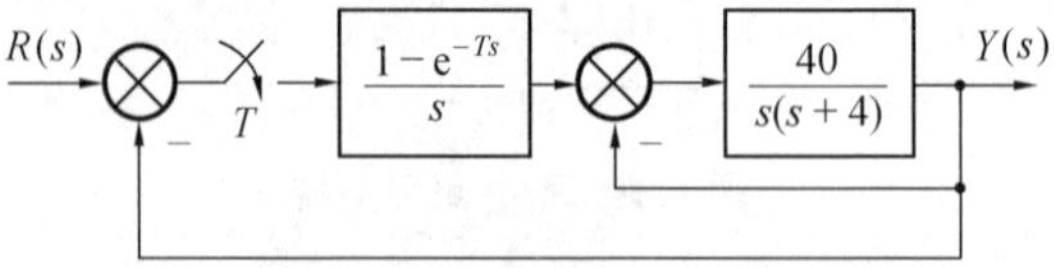

题6.12图　离散系统

6.13　写出题6.13图所示离散系统输出信号的 Z 变换表达式 $Y(z)$。

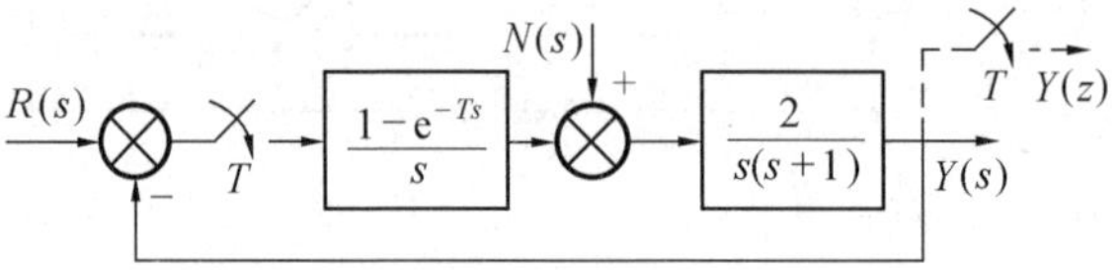

题6.13图　在控制输入和扰动输入作用下的离散系统

6.14　试求题6.14图所示系统的闭环传递函数以及 $X(z)$ 和 $R(z)$ 之间的脉冲传递函数。

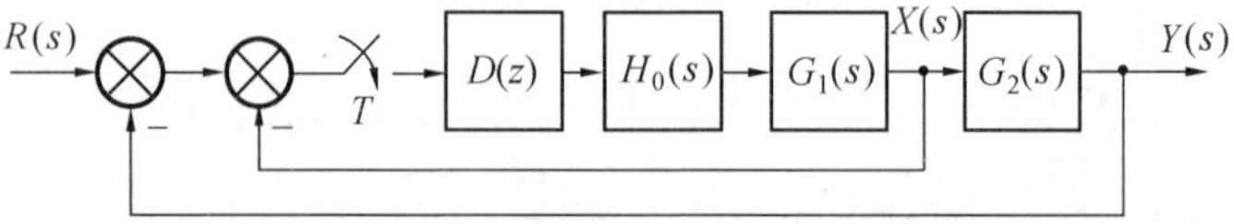

题6.14图　具有局部反馈的离散系统

6.15　计算机串级控制系统如题6.15图所示，$D_1(z)$ 是主控调节器，$D_2(z)$ 是副控调节器，求 $Y_1(z)/R(z)$。

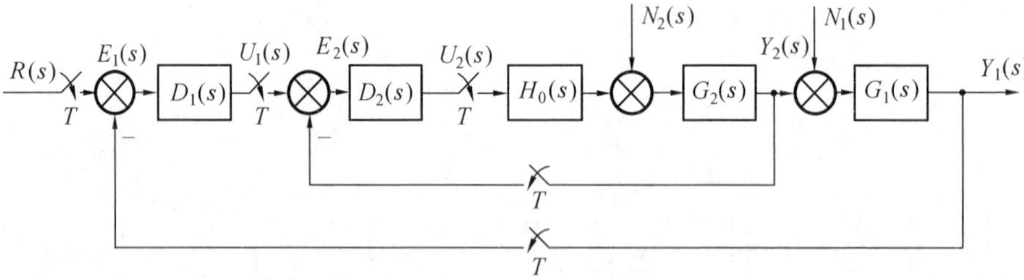

题6.15图　计算机串级控制系统

6.16　计算机控制系统连续部分的传递函数为 $G(s)=\dfrac{5}{s(0.8+1)(0.2s+1)}$，D/A有一个零阶保持器，包括零阶保持器在内的广义对象的脉冲传递函数为

$$G(z)=Z\left[\frac{1-e^{-Ts}}{s}G(s)\right]$$

用 MATLAB 分别求取采样周期为 0.1 s 和 0.5 s 时的 $G(z)$。

6.17　离散系统如题 6.17 图所示，采样周期 $T=0.07$ s。求闭环脉冲传递函数，判断系统稳定性，并计算单位阶跃响应的前 5 个值和终值。

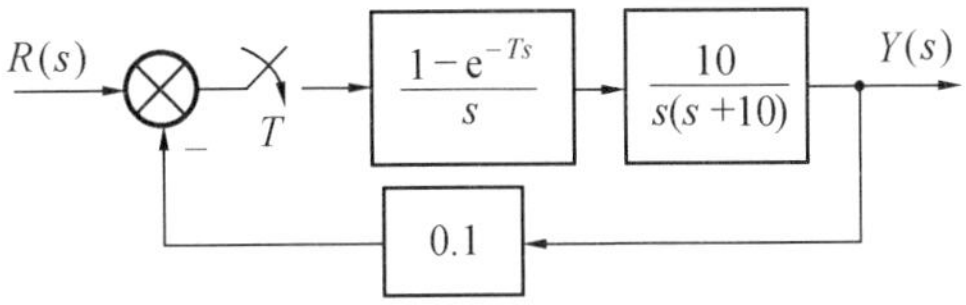

题 6.17 图　离散系统

6.18　设离散系统的闭环特征方程式如下，试判断系统的稳定性。

(1) $45z^3-117z^2+119z-36=0$　　(2) $(z+1)(z+0.5)(z+2)=0$

(3) $1+\dfrac{0.017\,58(z+0.876\,0)}{(z-1)(z-0.670\,3)}=0$　　(4) $z^5+2z^4+3z^3+6z^2-4z-8=0$

6.19　单位负反馈离散系统开环脉冲传递函数如下，试判断系统的稳定性。

(1) $G(z)=\dfrac{6.32z}{(z-1)(z-0.368)}$　　(2) $G(z)=\dfrac{0.368z+0.264}{z^2-1.368z+0.368}$

(3) $G(z)=\dfrac{6.109z-5.527}{z-0.454\,6}\,\dfrac{0.024\,1z+0.023\,3}{(z-1)(z-0.9)}$

6.20　离散系统如题 6.20 图所示，T 为采样周期，a 为大于零的常数，求使系统稳定时 A 的取值范围。

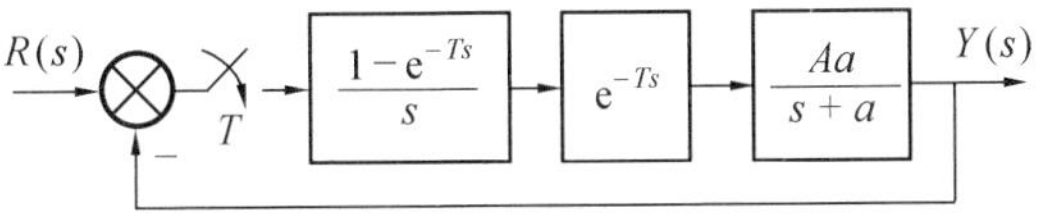

题 6.20 图　闭环离散系统

6.21　离散系统如题 6.21 图所示，采样周期 $T=0.2$ s。判断系统的稳定性，并求 $r(t)=1+t+\dfrac{t^2}{2}$ 时系统稳态误差的终值 $e_{ss}(\infty)$。

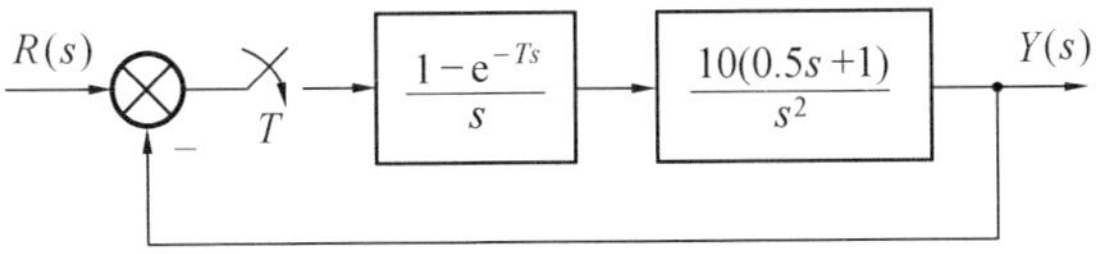

题 6.21 图　离散系统

6.22　离散系统如题 6.22 图所示，$T=0.2$ s。求在 $N(s)=1(t)$，$R(s)=0$ 作用下系统输出的 Z 变换 $Y(z)$ 及 $y^*(t)$。

6.23　离散系统如题 6.23 图所示，采样周期 $T=1$ s。试确定系统稳定时 K 的取值范围。

6.24　已知系统结构如题 6.24 图所示，采样周期 $T=0.25$ s。当 $r(t)=2\cdot 1(t)+t$ 时，欲使稳态误差小于 0.5，试求 K 的值。

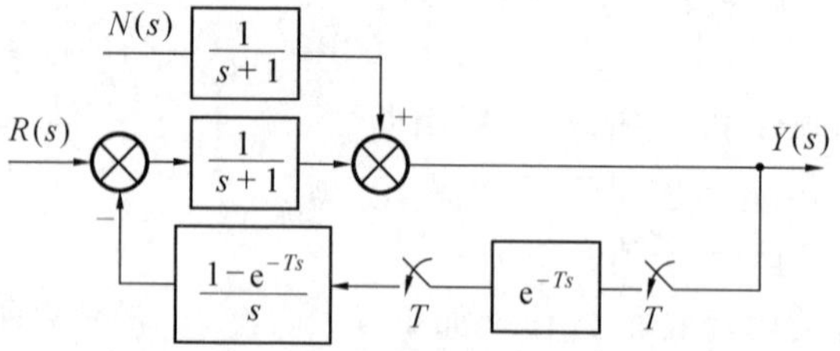

题 6.22 图　扰动作用下的离散系统

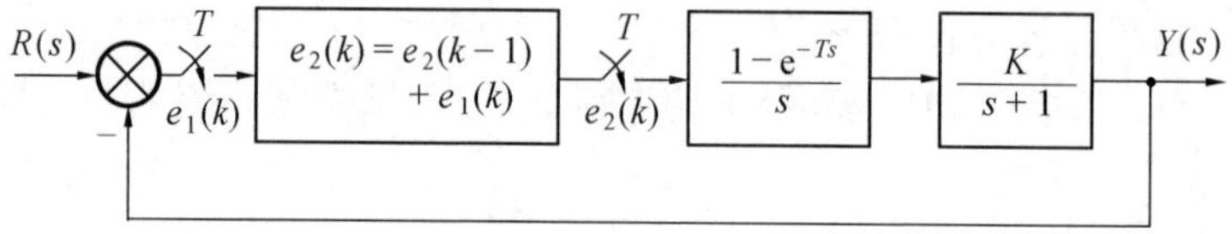

题 6.23 图　离散系统

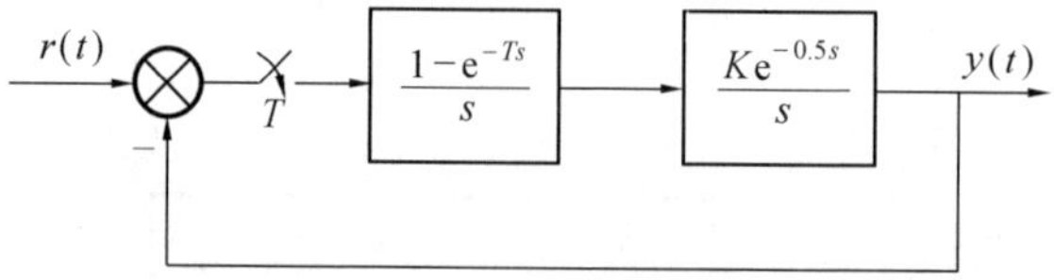

题 6.24 图　离散系统

6.25　已知采样系统结构如题 6.25 图所示，其中 $G_1(s) = \dfrac{1-e^{-sT}}{s}$，$G_2(s) = \dfrac{K}{s+1}$，$H(s) = \dfrac{s+1}{K}$。试确定闭环系统的 K 值范围。

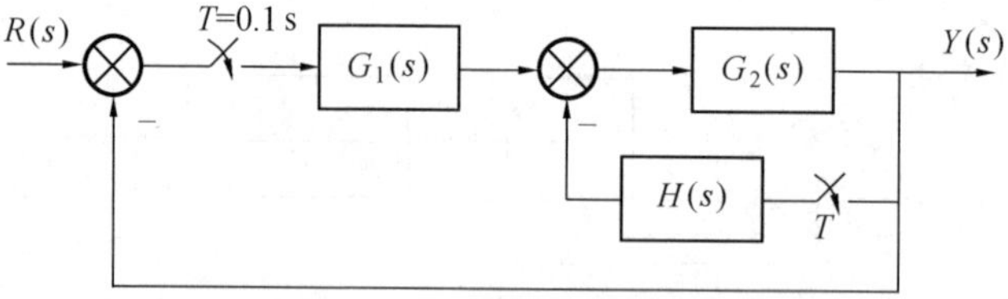

题 6.25 图　具有局部反馈的离散系统

6.26　一个计算机控制的电控制系统其工作原理方块图如题 6.26 图所示。试确定其稳定性。

6.27　一个计算机控制系统如题 6.27 图所示。要求阶跃输入时稳态误差的终值为 0，$r(t)=t$ 时，$e_{ss}(\infty)=0.1$。过渡过程时间 $t_s<1.5$ s，超调量 $\sigma_p<22\%$。试用模拟化方法设计

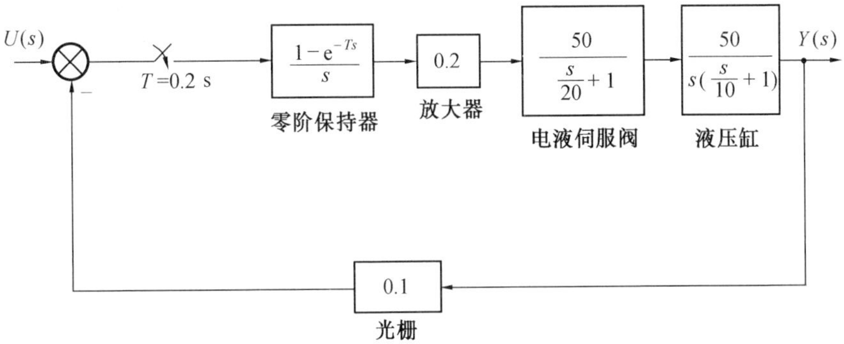

题 6.26 图　计算机控制系统

数字控制器 $D(z)$。

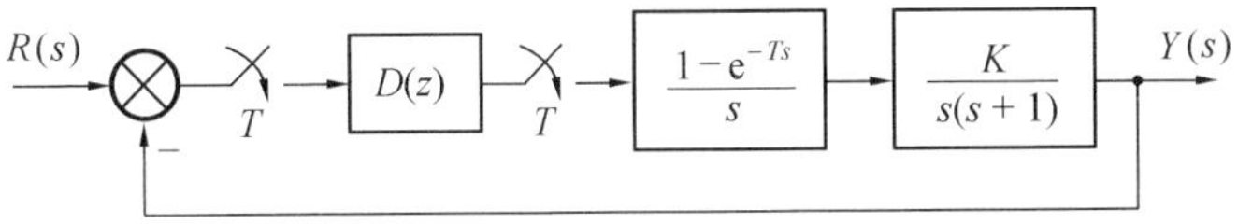

题 6.27 图　计算机控制系统

6.28　已知校正装置的传递函数为

$$D(s)=\frac{(\tau_1 s+1)(\tau_2 s+1)}{(T_1 s+1)(T_2 s+1)}$$

试分别用不同的离散化方法确定数字控制器的脉冲传递函数 $D(z)$。

6.29　随动系统如题 6.29 图所示，$G(s)=\dfrac{10}{s(0.1s+1)}$，采样周期 $T=0.1$ s。试设计单位阶跃输入时的最少拍调节器。

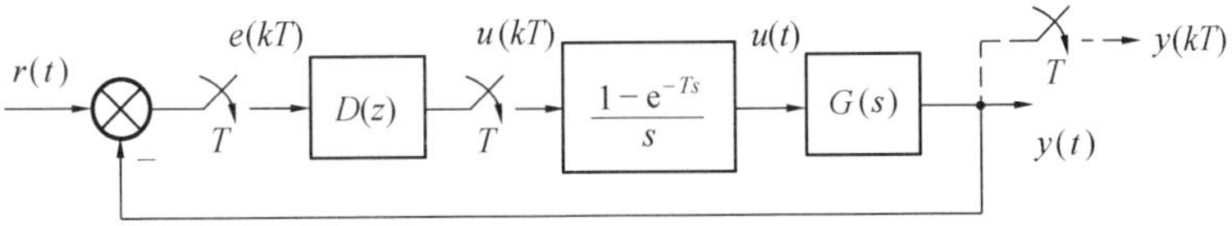

题 6.29 图　随动系统结构

6.30　系统结构如题 6.29 图所示 $G(s)=\dfrac{1}{s+1}$。试设计阶跃信号作用下的最少拍无差系统的数字控制器。

6.31　离散系统的结构如题 6.29 图所示，其中 $G(s)=\dfrac{e^{-5s}}{10s+1}$ 采样周期 $T=5$ s。试设计阶跃信号作用下最少拍系统的数字控制器 $D(z)$，并画出 $u(kT)$、$u(t)$、$y(kT)$ 的波形。

6.32 线性离散系统脉冲传递函数如下,试用MATLAB分析系统的单位阶跃响应,并求系统的零极点。

(1) $G(z)=\dfrac{0.2145z+0.1609}{z^2-0.75z+1.25}$ (2) $G(z)=\dfrac{1.25z^2-1.25z+0.30}{z^3-1.05z^2+0.80z-0.10}$

(3) $G(z)=\dfrac{0.84z^3-0.062z^2-0.156z+0.058}{z^4-1.03z^3+0.22z^2+0.094z+0.05}$

第七章　非线性控制系统

7.1　引　　言

前述各章研究了线性系统的分析和设计问题，但实际上，几乎所有的控制系统都有非线性环节，在一些系统中，有时设计者甚至有目的地应用非线性部件来改善系统的性能和简化系统结构，因此，非线性控制系统广泛存在。用线性方程组来描述系统，只是在一定范围和一些假设条件下的近似。虽然线性控制理论已经非常成熟，并得到广泛的应用，但是，如果系统在大范围内运行时，由于系统中存在的非线性得不到适当的补偿，很可能使得线性控制器性能低下或产生不稳定；另一方面，一些系统中所包含的强非线性，由于其不连续，不允许被线性化，如饱和特性、死区特性和磁滞特性等，这些非线性往往会引起系统出现不合要求的特性，如不稳定或极限环等。因此，研究非线性系统的分析和设计方法是十分必要的。非线性控制已成为自动控制中的一个重要领域，并引起了研究者和系统设计人员的很大的兴趣。

本章主要讨论分析设计非线性系统的比较经典的方法，即相平面方法和描述函数方法。要说明的是，李亚普诺夫稳定性理论也是分析和设计非线性系统的重要方法，本书将在第十章讨论。

7.1.1　非线性系统

非线性系统是指运动规律要用非线性代数方程或非线性微分方程来描述，而不能用线性方程来描述的系统。控制系统中若含有非线性环节则称为非线性控制系统。

我们知道，线性系统的本质特性是满足叠加原理，系统的暂态响应是由系统的各振荡模态叠加组成。而非线性系统的性能却要复杂得多，由于缺乏线性及其相关的叠加特性，非线性系统对外部输入的响应与线性系统大不相同，下面举例说明这一点。

例 7.1.1　某水下车体的运动简化模型可以写成

$$\dot{v} + |v| v = u$$

式中　v—— 车体速度；

u—— 推进器提供的推力，作为控制输入。非线性 $|v|v$ 对应于典型的"平方律"阻力。

假设首先加一个单位阶跃输入推力 u，经 5 s 后推力消失，系统的响应如图 7.1.1 所示，由图可见，系统对正单位阶跃响应的调整要比对后续负单位阶跃响应的调整快得多。再令阶跃的幅值为 10，重复以上的实验，可以预见，对正阶跃和负阶跃的响应时间之间的差别更为明显，如图 7.1.2 所示。

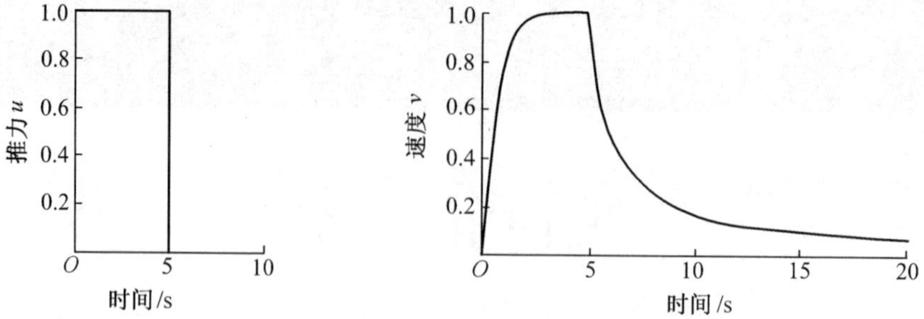

图 7.1.1　系统对单位阶跃输入的响应

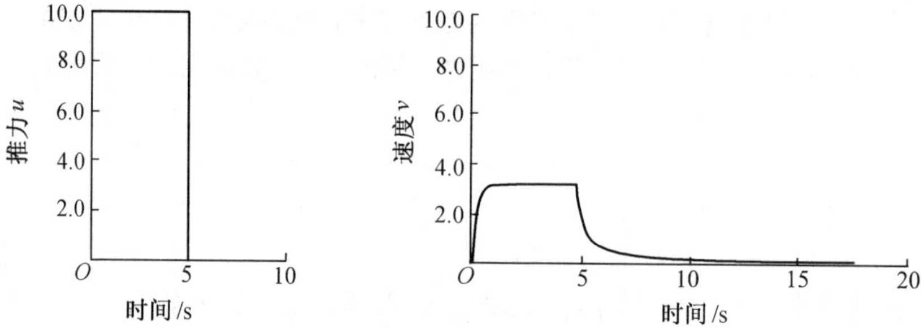

图 7.1.2　系统对幅度为 10 的阶跃响应

此外，第二次实验中第一个阶跃响应的稳态输出速度值不是如线性系统应有的那样为第一次实验中的 10 倍，这可以由下式从直观上来理解

$$u = 1 \Rightarrow 0 + v_s \mid v_s \mid = 1 \Rightarrow v_s = 1$$

$$u = 10 \Rightarrow 0 + \mid v_s \mid v_s = 10 \Rightarrow v_s = \sqrt{10} \approx 3.2$$

如果这种水下车是在一个大的动态范围内运动，并不断地改变速度，那么对这种非线性特性的分析和有效控制将是十分重要的。

下面将简单介绍非线性系统的特点，并且将在后续章节中详细研究它们。

7.1.2　非线性系统的特点

1. 多平衡点与系统的稳定性

在线性系统中，系统的稳定性只与其结构形式及参数有关，而与初始条件无关。对于线性定常系统，其稳定性仅取决于其特征根在 s 平面的分布。

非线性系统往往有多个平衡点(简单地说，平衡点是指系统能够永远停在那里而不再运动的点，我们将在第十章中正式地描述它)，这可以从下面的举例中看出。

例 7.1.2　对于一阶非线性系统

$$\dot{x} = -x + x^2 \tag{7.1.1}$$

其初始条件为 $x(0) = x_0$，它的线性化系统为

$$\dot{x} = -x \tag{7.1.2}$$

此线性方程的解为 $x(t) = x_0 e^{-t}$，如图 7.1.3(a) 所示。图中曲线对应于不同初始条件，显然，$x = 0$ 是系统惟一的平衡点。求解非线性系统(7.1.1)可以得出非线性系统的响应为

$$x(t) = \frac{x_0 e^{-t}}{1 - x_0 + x_0 e^{-t}}$$

对于不同初始条件的响应曲线如图 7.1.3(b) 所示。本非线性系统有两个平衡点，即 $x = 0$ 和 $x = 1$，显然，系统的运动特性强烈地取决于初始条件。

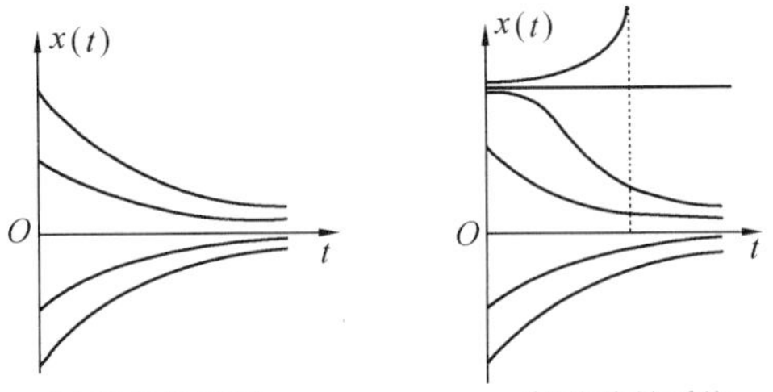

(a)线性化系统　　(b)非线性系统

图 7.1.3　系统响应

系统的运动稳定性也可以通过上述例子来讨论。对于线性系统，其稳定性具有下述特点：对于任何初始条件，系统的运动总是收敛于平衡点 $x = 0$，但是对于实际的非线性系统，初始条件 $x_0 < 1$ 时，系统的运动收敛于 $x = 0$；而初始条件 $x_0 > 1$ 时，系统的运动却趋向无穷大(实际上，在有限时间内系统的运动趋向无穷大，这是一种叫做有限逃逸时间的现象(finite escape time))。这就意味着，非线性系统的稳定性除和系统的结构形式及参数有关，还和初始条件有关。对于相同结构和参数的系统，在不同的初始条件下，运动的最终状态可能完全不同。

当系统存在外部输入时，稳定性也可能取决于该输入值，如下例。

例 7.1.3　对于非线性系统

$$\dot{x} = xu$$

如果系统输入为 $u = -1$，则系统状态就收敛于0；如果 $u = 1$，则 $|x|$ 将趋于无穷大，系统是不稳定的。

2. 极限环(limit cycles)

在非线性系统中，除了状态发散或收敛于平衡状态两种运动形式外，往往即使无外部激励，系统也可能产生具有一定振幅和频率的持久的等幅振荡，这种振荡叫做极限环，或称自激振荡、自持振荡或自振荡。这一重要现象可以很容易地由著名的振荡器动力学来简单说明。它是由荷兰电气工程师 B · 范德堡(Van der Pol)于 20 世纪 20 年代首先研究的。

例 7.1.4　二阶非线性微分方程(称为范德堡方程)为

$$m\ddot{x} + 2c(x^2 - 1)\dot{x} + kx = 0$$

式中，m，c 和 k 为正常数。可以认为它描述了一个含有相关阻尼系数 $2c(x^2 - 1)$ 的质量 – 弹簧 – 阻尼器系统，或者描述了一个含有非线性电阻的 RLC 电路。当 x 取大值时，阻尼系数为正，此时阻尼器从系统中吸收能量，这表明该系统运动趋向收敛；当 x 取小值时，阻尼系数为

负，阻尼器把能量加到系统，这可能使系统的运动趋向发散。由此可见，由于非线性阻尼随 $x(t)$ 而变化，所以系统的运动既不可能无限增长，也不可能衰减到零，而是显示出一种持续振荡，这种持续振荡与初始条件无关，称为极限环。如图 7.1.4 所示，这种极限环借助于阻尼项周期性地把能量释放到外部环境中，再从环境中吸收能量以维持其振荡。这与无阻尼的质量 - 弹簧系统的情形相反，后者在振荡期间不与环境交换能量。

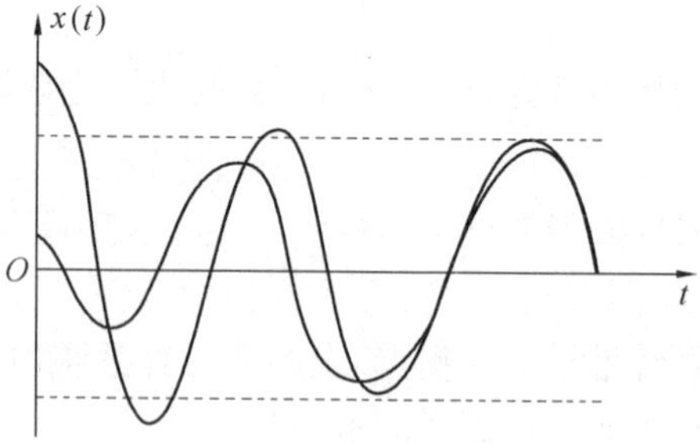

图 7.1.4　范德堡振荡器的响应

无阻尼的质量 - 弹簧系统的传递函数为 $G(s)=\frac{\omega}{s^2+\omega^2}$，极点在虚轴。当系统具有一定的初始条件，则系统的输出为 $y(t)=Y\sin\omega t$。这种持续振荡运动与非线性系统极限环完全不同，首先，极限环的自持振荡的幅值与初始条件无关，而临界稳定的线性系统的振荡幅值由初始条件决定；其次，临界稳定系统对于系统参数的变化十分敏感，参数的微小变化可能导致收敛或不稳定，而极限环不易受参数变化的影响。

极限环是非线性系统的一种重要现象，在工程中可能经常出现。在有些情况下，极限环可能是不希望出现的，而在另一些情况下则是需要的。我们应该了解如何在不需要极限环时将其消除或减小其振幅，而在需要极限环的时候将其生成或将其放大。

3. 非线性控制系统的频率响应

在线性系统中，当输入为正弦函数时，其输出的稳态分量也是同频率的正弦函数，输入和稳态输出之间仅在振幅和相位上有所不同，因此可用频率响应来描述系统的固有特性。和线性系统相比，非线性系统输出的稳态分量在一般情况下并不具有与输入相同的函数形式。例如，非线性系统的输入为正弦函数时，其稳态输出则是含高次谐波分量的非正弦周期函数。因此，不能直接应用频率响应或传递函数等线性系统常用的方法来分析和综合非线性系统。

4. 其他特性

非线性系统还有其他比线性系统更复杂更有趣的特性，诸如跳跃共振、次谐波振荡、异步抑制和自由振荡的频 - 幅相关特性等。除此之外，分形和混沌现象也引起了很多研究者的兴趣，并成为非线性科学的重要的研究课题。

7.1.3　非线性系统的分析方法

目前，还没有像求解线性微分方程那样求解非线性微分方程的通用方法，但是，对于非线性控制系统来说，在许多实际问题中，并不需要求解其输出响应过程。通常是把讨论问题的重点放在系统是否稳定，系统是否产生自持振荡，计算自持振荡的振幅与频率值，消除自持振荡等有关稳定性问题的分析上。

常用的分析非线性系统的方法有：

(1) 线性近似方法。在工程上，对于含非本质非线性的非线性控制系统(所谓本质非线性，是指不能线性化的非线性，如 7.2 节所介绍的典型非线性环节)，通常基于小偏差线性化方法近似为线性控制系统来处理。

(2) 分段线性化。根据不同的工作点，以不同的线性模型分析系统。

(3) 相平面法。是分析系统动态及静态性能的一种图解方法，主要适用于二阶系统的运动分析。

(4) 描述函数法(谐波平衡法)。将线性系统中的频率分析方法推广到非线性系统中的一种工程近似方法，主要用于分析系统是否会产生自持振荡(极限环)，分析其振荡幅值与频率。

(5) 李亚普诺夫直接法。从能量的观点出发，直接分析系统的稳定性并用于系统设计的重要方法。

以上是非线性系统分析中的较古典的方法，比较现代的方法还有：反馈线性化方法、自适应控制方法、变结构控制法、微分几何方法等。

7.2　控制系统中的典型非线性特性

本节介绍几种在控制系统中经常遇到的典型非线性特性。其中一些特性是组成控制系统的元件所固有的，如饱和特性、死区特性、滞环特性等，这些特性一般来说对控制系统的性能是不利的；另一些特性则是为了改善系统的性能而人为加入的，如继电器特性、变增益特性等，在控制系统中适当加入这类非线性特性，一般来说，能使系统具有比线性系统更为优良的动态性能。

下面介绍的典型非线性的共同特点是：

(1) 不能应用小偏差线性化方法将其线性化。一般称这类非线性特性为本质非线性，而那些可以进行小偏差线性化的非线性特性称为非本质非线性。

(2) 非线性特性是静态的，定常的。不涉及动态特性，即不涉及微分关系。

7.2.1　饱和特性

饱和非线性的静特性如图 7.2.1 所示，图中 $e(t)$ 为非线性元件的输入信号，$x(t)$ 为非线性元件的输出信号，其数学表达式为

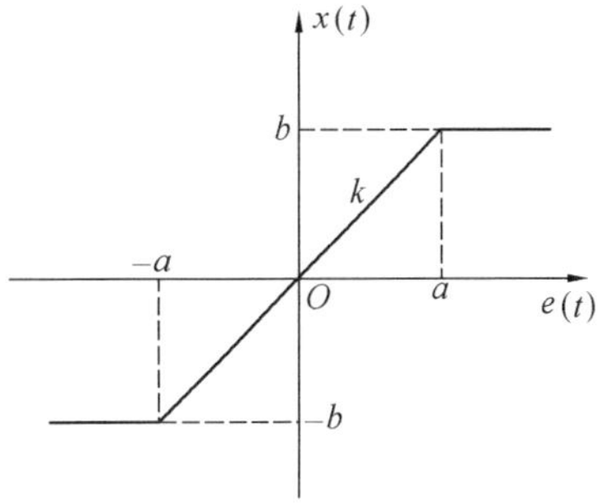

图 7.2.1　饱和特性

$$x(t)=\begin{cases}ke(t) & |e(t)|\leqslant a\\ka\operatorname{sign}e(t) & |e(t)|>a\end{cases} \tag{7.2.1}$$

式中　a—— 线性区宽度；

　　k—— 线性区特性的斜率。

符号函数 sign(*) 为

$$\operatorname{sign}e(t)=\begin{cases}+1 & e(t)>0\\-1 & e(t)<0\end{cases}$$

控制系统中的物理量总是有限幅的，如放大器的饱和输出特性、伺服电机的控制电压、液压调节阀的行程及功率限制等，因此饱和特性在控制工程中经常出现。系统中的饱和非线性特性将使系统在大信号作用下的等效增益降低，从而使其响应过程变长，稳态误差增大，甚至会影响系统的稳定性。但在有些系统中饱和特性是作为有利因素加以利用的，如功率限制、行程限制等，这些特性保证系统或元件能在安全条件下运行。

7.2.2　死区特性

死区非线性的静特性如图 7.2.2 所示，其数学表达式为

$$x(t)=\begin{cases}0 & |e(t)|\leqslant a\\k[e(t)-a\operatorname{sign}e(t)] & |e(t)|>a\end{cases} \tag{7.2.2}$$

式中　a—— 死区宽度；

　　k—— 线性输出的斜率。

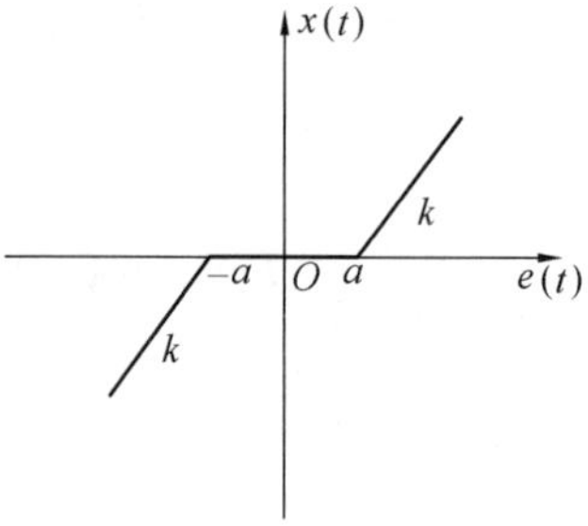

图 7.2.2　死区特性

控制系统中伺服电机的死区电压，测量元件的不灵敏区均属死区非线性特性。由于有死区特性的存在，将产生系统的静态误差，特别是测量元件不灵敏区的影响最为突出，而干磨擦特性将造成系统低速运行的不平滑性，即出现所谓“低速爬行” 现象。

7.2.3　间隙特性

间隙非线性特性如图 7.2.3 所示，其数学表达式为

$$x(t)=\begin{cases}k[e(t)-\varepsilon] & \dot{x}(t)>0\\k[e(t)+\varepsilon] & \dot{x}(t)<0\\b\operatorname{sign}e(t) & \dot{x}(t)=0\end{cases} \tag{7.2.3}$$

式中　2ε—— 间隙宽度；

　　k—— 间隙特性斜率。

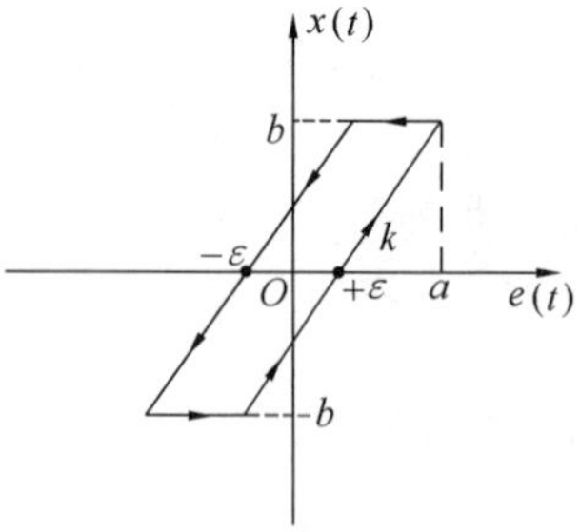

图 7.2.3　间隙特性

控制系统中,齿轮传动的齿隙及液压传动的油隙等均属这类特性。系统中的间隙特性将使系统输出在相位上产生滞后,从而降低系统的相对稳定性,或使系统产生自持振荡。

7.2.4　继电器特性

一般情况下的继电器非线性特性示于图 7.2.4,其数学表达式为

$$x(t)=\begin{cases}0 & -ma<e(t)<a,\dot{e}(t)>0\\0 & -a<e(t)<ma,\dot{e}(t)<0\\b\,\mathrm{sign}e(t) & |e(t)|\geqslant a\\b & e(t)\geqslant ma,\dot{e}(t)<0\\-b & e(t)\leqslant -ma,\dot{e}(t)>0\end{cases}\tag{7.2.4}$$

式中　a—— 继电器吸上电压;

ma—— 继电器释放电压;

b—— 饱和输出。

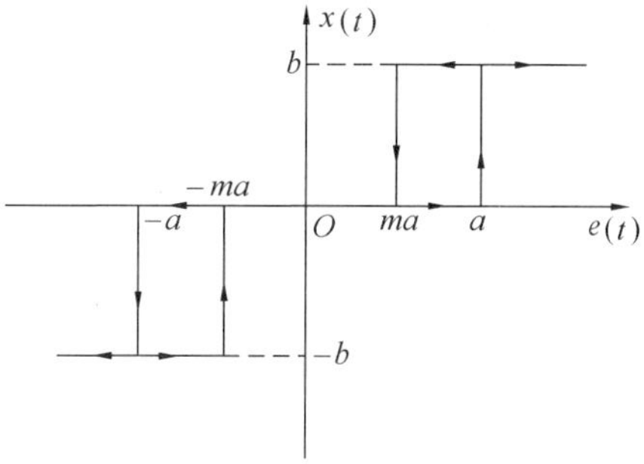

图 7.2.4　继电器特性

从图 7.2.4 可见,由于继电器的吸上电压和释放电压不相等,故继电器非线性特性不仅含有死区特性和饱和特性,而且还出现滞环特性。其中,若 $a=0$,即继电器吸上电压和释放电压均为零的零切换,则称这种特性为理想继电器特性,其静特性如图 7.2.5(a) 所示。若 $m=1$,即继电器吸上电压和释放电压相等,则称这种特性为含死区无滞环的继电器特性,其特性示于图 7.2.5(b);若 $m=-1$,即继电器的正向释放电压等于反向吸上电压,则称这种特性为仅含滞环的继电器特性,其静特性示于图 7.2.5(c)。

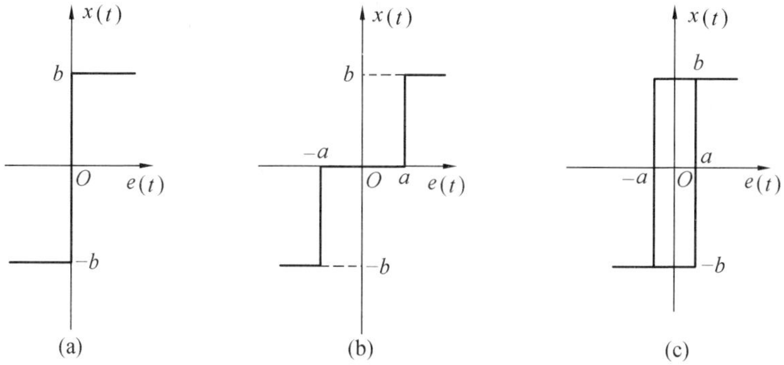

图 7.2.5　几种特殊情况下的继电器特性

由于继电器元件在控制系统中常常用来作为改善系统性能的切换元件,因此继电器特性在非线性系统的分析中占有重要地位。

7.2.5 变增益特性

变增益非线性特性如图 7.2.6 所示，其数学表达式为

$$x(t)=\begin{cases}k_1e(t) & |e(t)|<a\\ k_2e(t) & |e(t)|>a\end{cases} \tag{7.2.5}$$

式中 k_1,k_2—— 变增益特性斜率；

a—— 切换点。

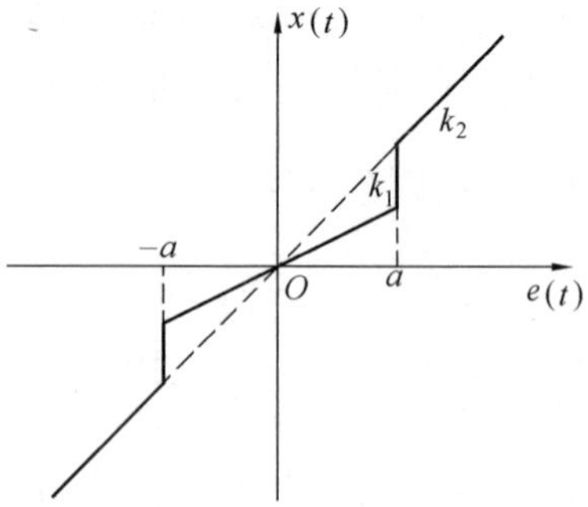

图 7.2.6 变增益特性

变增益非线性特性使系统在大误差信号时具有较大的增益，从而使系统响应迅速；而在小误差信号时具有较小的增益，从而提高系统的相对稳定性。具有这种特性的控制系统还能抑制高频低振幅噪声，提高系统响应控制的准确度。

除上述典型非线性特性外。在控制系统中可能还会遇到一些更为复杂的非线性特性。其中，有些可视为上述典型非线性特性的不同组合，如图 7.2.7(a) 所示的死区 - 线性 - 饱和特性及图 7.2.7(b) 所示的死区 - 继电器 - 线性特性等；更广泛的一类是一般非线性特性，如图 7.2.7(c) 所示。

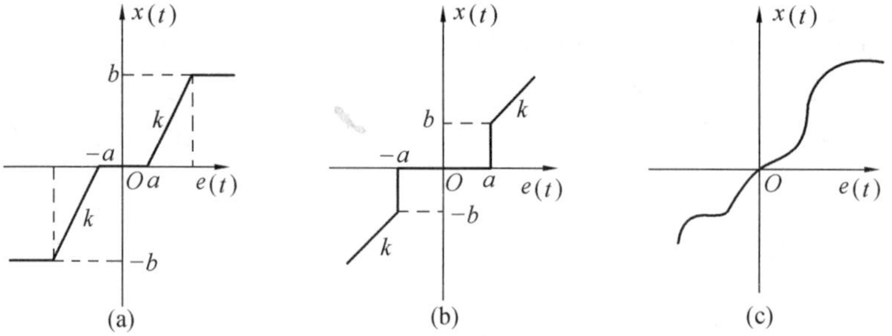

图 7.2.7 非线性特性

7.3 相平面法基本概念及相轨迹的绘制

相平面分析是一种用于研究二阶系统的图示方法，是由庞加莱于 1885 年提出的。该方法通过图解法将系统的运动过程转化为相平面上对应于不同初始条件下的相轨迹，从而可以直观地、准确地反映系统的稳定性、平衡状态和稳态精度，以及系统初始条件及参数对系统运动的影响。这样，不需要求解非线性方程就可以分析不同初始条件下的系统运动特性；而且，相平面方法不仅可以用于分析平滑的非线性，也可以很好地应用于本质非线性。这种方法的缺点是它仅局限于二阶(或一阶) 系统的运动分析，因为高阶系统的图解研究在计算和几何方面都是复杂的，失去了工程应用的价值。

7.3.1　相平面方法的基本概念

设二阶系统由微分方程

$$\ddot{x} + f(\dot{x}, x) = 0 \tag{7.3.1}$$

来描述，其中 $f(\dot{x}, x)$ 为 x 和 $\dot{x}$ 的线性函数或非线性函数。系统(7.3.1)的时间解可用 x 与 t 的关系图来表示，也可以 t 为参变量，用 $\dot{x}$ 和 x 的关系图来表示。如果用 x 和 $\dot{x}$ 作为平面上的直角坐标轴，则系统在每一时刻上的运动状态都对应上述平面中的一个点。当时间 t 变化时，该点在 $x-\dot{x}$ 平面上便描绘出一条表征系统状态变化过程的轨迹线，称之为相轨迹，而 $x-\dot{x}$ 平面称为相平面。在相平面上，由一簇相轨迹构成的图象，称为相平面图。

例 7.3.1　一个弹簧 - 质量系统可以由如下微分方程来描述

$$\ddot{x} + \omega_n^2 x = 0$$

将其写成通过 $x, \dot{x}$ 表示的相轨迹方程为

$$x^2 + \frac{\dot{x}^2}{\omega_n^2} = A^2$$

其中 A 为由初始条件 x_0 及 $\dot{x}_0$ 决定的常数。由相轨迹方程求得相应的相平面图为一簇椭圆，如图 7.3.1 所示。

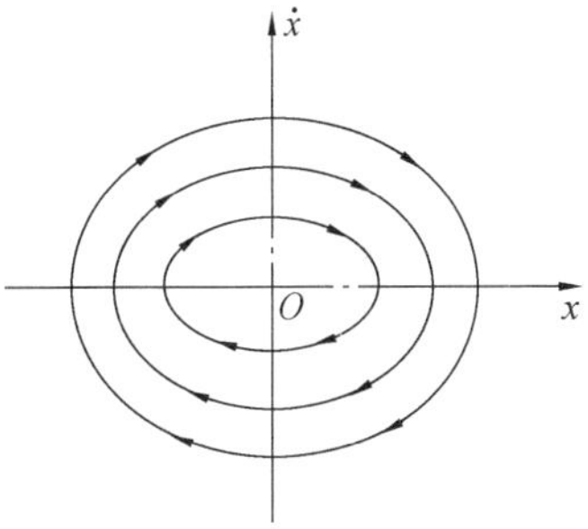

图 7.3.1　相平面图

7.3.2　相轨迹的性质

1. 相轨迹的斜率

描述二阶系统的微分方程如式(7.3.1)可以写成

$$\frac{d\dot{x}}{dt} = -f(x, \dot{x}) \tag{7.3.2}$$

上式两端同除以 dx/dt，得到

$$\frac{d\dot{x}}{dx} = -\frac{f(x, \dot{x})}{\dot{x}} \tag{7.3.3}$$

取 x 为相平面的横坐标，$\dot{x}$ 为纵坐标，则 $d\dot{x}/dx$ 代表相轨迹在点 $(x, \dot{x})$ 上的斜率。

2. 相轨迹的对称性条件

由图形对称的条件可知，相平面图的对称性可以由对称点上相轨迹的斜率来判断，即关于横轴或纵轴对称的曲线，其对称点的斜率大小相等，符号相反；关于原点对称的曲线，其对称点的斜率大小相等，符号相同。

这样，如果在关于 x 轴对称的两个点 $(x, \dot{x})$ 和 $(x, -\dot{x})$ 上，满足

$$f(x, \dot{x}) = f(x, -\dot{x}) \tag{7.3.4}$$

即 $f(x, \dot{x})$ 是 $\dot{x}$ 的偶函数，则相轨迹关于 x 轴对称。

如果在关于 $\dot{x}$ 轴对称的两个点 $(x,\dot{x})$ 和 $(-x,\dot{x})$ 上,满足

$$f(x,\dot{x}) = -f(-x,\dot{x}) \tag{7.3.5}$$

即 $f(x,\dot{x})$ 是 x 的奇函数,则相轨迹关于 $\dot{x}$ 轴对称。

如果在关于原点对称的两个点 $(x,\dot{x})$ 和 $(-x,-\dot{x})$ 上,满足

$$f(x,\dot{x}) = -f(-x,-\dot{x}) \tag{7.3.6}$$

则相轨迹关于原点对称。

3. 相平面图的奇点

由式(7.3.3)可以得到相轨迹每一点上的斜率,相平面上的一点 $(x,\dot{x})$ 如果不同时满足 $\dot{x}=0$ 和 $f(x,\dot{x})=0$,则通过该点的相轨迹的斜率可以由式(7.3.3)惟一确定出来。也就是说,通过该点的相轨迹只有一条,相轨迹不可能在该点相交。相反地,同时满足 $\dot{x}=0$ 和 $f(x,\dot{x})=0$ 的点,称为奇点。该点处的斜率是不定的,通过该点的相轨迹可能不只一条,在该点处相轨迹相交。

如有一条线上每一点都同时满足 $\dot{x}=0$ 和 $f(x,\dot{x})=0$,则这条线上每一点都是奇点,称为奇线。

奇点是相平面分析的一个重要概念,它是相平面上的一个平衡点(平衡点的正式定义见第十章)。一个线性系统一般只有一个孤立的奇点(可能在某些情况下存在一个连续的奇点集合,例如对于系统 $\ddot{x}+\dot{x}=0$,实轴上所有的点都是奇点),但是一个非线性系统往往含有一个以上的孤立奇点,如下例所示。

例 7.3.2 一个非线性二阶系统

$$\ddot{x}+0.6\dot{x}+3x+x^2=0$$

该系统含有两个奇点,一个在(0,0)处,另一个在(-3,0)处。系统的相轨迹如图 7.3.2 所示。可以看出,在两个奇点附近,系统的相轨迹的运动模式具有不同的特性。

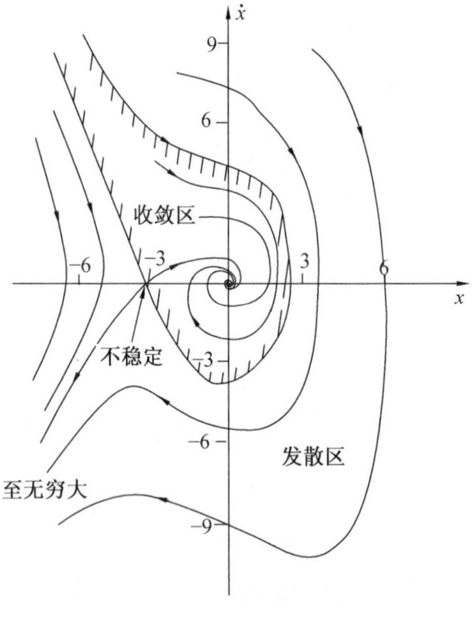

图 7.3.2 一个非线性系统的相轨迹

4. 相轨迹通过 x 轴的斜率

从式(7.3.3)可以看出,在一般情况下,当相轨迹与 x 轴相交时,由于在交点处 $\dot{x}=0$,除去其中 $f(x,\dot{x})=0$ 的奇点外,在交点处相轨迹的斜率为 $\mathrm{d}\dot{x}/\mathrm{d}x=\infty$,即相轨迹与 x 轴是垂直相交的。

5. 相轨迹的运动方向

如果相平面以 x 为横轴,以 $\dot{x}$ 为纵轴,在相平面的上半平面,$\dot{x}>0$,所以相轨迹的运动方

向是沿增大的方向,即由左向右运动;在相平面的下半平面,相轨迹的运动方向是沿减小方向,即由右向左运动。

7.3.3 相平面图的绘制

1. 解析法

一般来说,当描述系统的微分方程比较简单,或可以分段线性化时,通常采用解析法绘制相轨迹。

应用解析法绘制相轨迹的第一步是求取相轨迹方程 $\dot{x}=f(x)$。一般有两种方法:

其一是对斜率方程

$$\frac{d\dot{x}}{dx}=-\frac{f(x,\dot{x})}{\dot{x}}$$

进行直接积分,由此求得相轨迹方程。

例 7.3.3 设描述系统的微分方程为 $\ddot{x}=-M$,其中 M 为常量,并已知初始条件 $\dot{x}(0)=0$ 及 $x(0)=x_0$,绘制系统相平面图。

解 由给定微分方程写出斜率方程,即

$$\frac{d\dot{x}}{dx}=-\frac{M}{\dot{x}}$$

对上式进行积分,考虑到已知的初始条件,最终求得相轨迹方程为

$$\dot{x}^2=-2M(x-x_0)$$

求相轨迹的第二种方法是,根据给定的微分方程分别求出 $\dot{x}$ 和 x 对时间 t 的函数关系,然后再从这两个关系式中消去变量 t,便得相轨迹方程。为此,对微分方程 $\ddot{x}=-M$ 积分一次,求得

$$\dot{x}=-Mt$$

对上式再进行一次积分,得到

$$x=-\frac{1}{2}Mt^2+x_0$$

在上列 $\dot{x}$、x 与 t 的关系式中消去变量 t,最终求得相轨迹方程为

$$\dot{x}^2=-2M(x-x_0)$$

根据相轨迹方程,在相平面 $x-\dot{x}$ 上分别绘制 M 为 ± 1 时的相轨迹示于图 7.3.3,从图可见,给定系统的相平面图由一簇对称于 x 轴的抛物线构成。

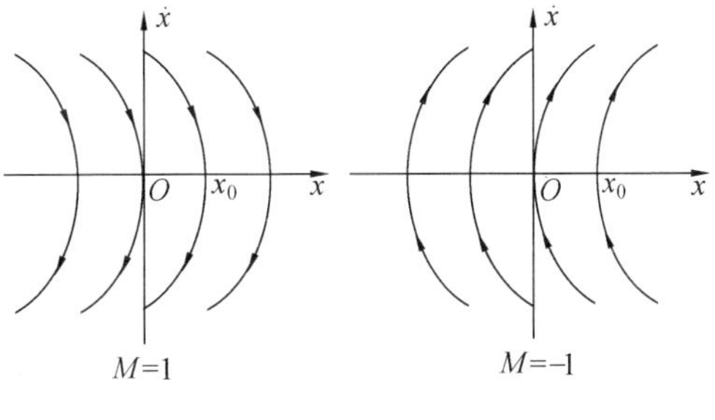

图 7.3.3 相平面图

2. 等倾线法

等倾线法是一种不必求解微分方程而通过作图求取相轨迹的方法。该方法既适用于那些非线性特性能用数学表达式表示的非线性系统,也可用于线性系统。

设描述系统的微分方程为

$$\ddot{x} = -f(x,\dot{x})$$

其中 $f(x,\dot{x})$ 为解析函数。由上式写出相轨迹的斜率方程为

$$\frac{\mathrm{d}\dot{x}}{\mathrm{d}x} = -\frac{f(x,\dot{x})}{\dot{x}}$$

在上式若用 a 表示相轨迹的斜率，即令 $a = \mathrm{d}\dot{x}/\mathrm{d}x$，则上列斜率方程可改写成

$$a = -\frac{f(x,\dot{x})}{\dot{x}} \tag{7.3.7}$$

根据式(7.3.7)，可在相平面图的各条相轨迹上求出具有同一斜率的点 $(x,\dot{x})$，若将这些点连接起来，则由此得到的等斜率轨迹便称为等倾线。给出不同的 a 值，便可在相平面图上画出对应不同 a 值的短线段，则这些短线段便在整个相平面构成了相轨迹切线的方向场，如图7.3.4所示。这样，只需由初始条件确定的点出发，沿着切线场方向将这些短线段用光滑连续曲线连接起来，便得到给定系统的相轨迹。

例 7.3.4 对于由微分方程

$$\ddot{x} + 2\zeta\omega_n\dot{x} + \omega_n^2 x = 0$$

描述的线性系统，其相轨迹的斜率方程为

$$\frac{\mathrm{d}\dot{x}}{\mathrm{d}x} = -\frac{2\zeta\omega_n\dot{x} + \omega_n^2 x}{\dot{x}}$$

令 $a = \mathrm{d}\dot{x}/\mathrm{d}x$，则得等倾线方程为

$$\dot{x} = -\frac{\omega_n^2}{2\zeta\omega_n + a}x$$

它代表一条通过相平面坐标原点的直线。根据该等倾线方程，给定不同的 a 值，可在相平面上画出一簇等倾线。$\zeta = 0.5$ 及 $\omega_n = 1$ rad/s 时的一簇等倾线如图7.3.5所示。

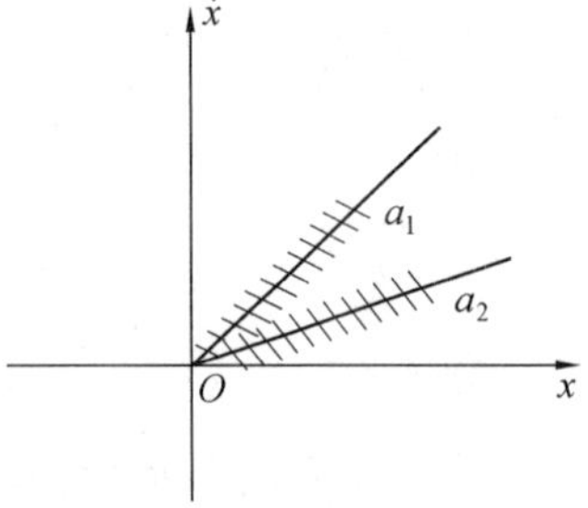

图 7.3.4　等倾线和表示切线方向场的短线段

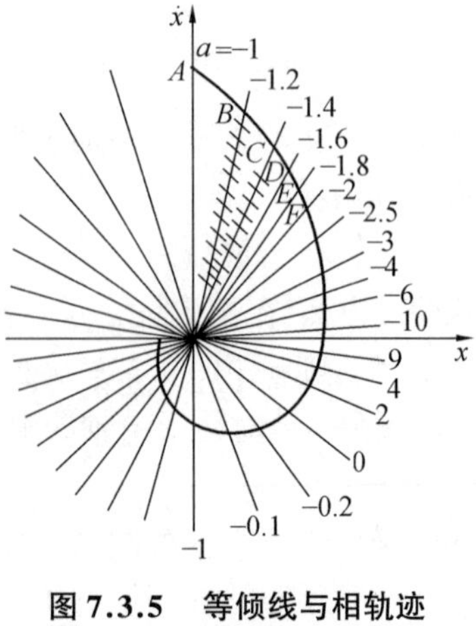

图 7.3.5　等倾线与相轨迹

在图 7.3.5 中，由给定初始条件 x_0、$\dot{x}_0$ 确定的点 A 开始，按斜率 $a_1 = [-1+(-1.2)]/2 = -1.1$ 作直线 AB，按 $a_2 = [-1.2+(-1.4)]/2 = -1.3$ 作直线 BC，按 $a_3 = [-1.4+(-1.6)]/2 = -1.5$ 作直线 $CD\cdots$，一直作到相平面原点 O 为止，便绘制出给定系统始于点 A 的完整相轨迹 $ABCDEF\cdots$。为确保按等倾线法绘制相轨迹的准确度，一般取相邻两条等倾线之间的夹角以 5° ~ 10° 为宜。

需指出，当等倾线为直线时，应用等倾线法绘制相轨迹是比较方便的。但当等倾线为曲线时，则采用 δ 法绘制通过已知点的相轨迹将更为方便。

3. δ 法

在 δ 法中，描述系统运动过程的相轨迹是圆心沿 x 轴移动的一系列圆弧的连续联线。该法可应用于微分方程

$$\ddot{x} = -f(x,\dot{x},t) \tag{7.3.8}$$

其中函数 $f(x,\dot{x},t)$ 可以是线性的，也可以是非线性的，还可以是时变的，但必须是连续、单值的。将式(7.3.8) 改写成

$$\ddot{x} + \omega^2 x = -f(x,\dot{x},t) + \omega^2 x \tag{7.3.9}$$

其中 $\omega^2 x$ 项要适当选择，以便使下面定义的 δ 函数在变量 x、$\dot{x}$、t 的取值范围内，既不太小，也不太大。定义

$$\delta(x,\dot{x},t) = \frac{-f(x,\dot{x},t) + \omega^2 x}{\omega^2} \tag{7.3.10}$$

将式(7.3.10) 代入式(7.3.9)，可得

$$\ddot{x} + \omega^2 x = \omega^2 \delta(x,\dot{x},t) \tag{7.3.11}$$

当状态 $(x_1,\dot{x}_1,t_1)$ 改变不大，即 $x = x_1 + \Delta x_1$，$\dot{x} = \dot{x}_1 + \Delta\dot{x}_1$，及 $t = t_1 + \Delta t_1$ 中的增量 Δx_1、$\Delta\dot{x}_1$、Δt_1 都很小时，可认为 $\delta(x,\dot{x},t)$ 等于常量 δ_1，其中

$$\delta_1 = \frac{-f(x_1,\dot{x}_1,t_1) + \omega^2 x_1}{\omega^2} \tag{7.3.12}$$

在这种情况下，式(7.3.11) 可写成

$$\ddot{x} + \omega^2 (x - \delta) = 0 \tag{7.3.13}$$

其中 δ 对于每个给定状态均为常量。式(7.3.13) 代表等幅正弦振荡过程。为求取相轨迹方程，由式(7.3.13) 写出相轨迹的斜率方程为

$$\frac{\mathrm{d}\dot{x}}{\mathrm{d}x} = -\frac{\omega^2 (x-\delta)}{\dot{x}}$$

然后对斜率方程取积分，得到

$$\dot{x}^2 + \omega^2 x^2 - 2\omega^2 \delta x = C \tag{7.3.14}$$

其中 C 为积分常数。在式(7.3.14) 等号两边各加$(\omega\delta)^2$，经整理求得相轨迹方程为

$$\left(\frac{\dot{x}}{\omega}\right)^2 + (x-\delta)^2 = R^2 \tag{7.3.15}$$

上式在 $x-\frac{\dot{x}}{\omega}$ 平面代表圆的方程,其圆心的坐标为 $x=\delta,\frac{\dot{x}}{\omega}=0$,其半径为

$$R(x,\dot{x},\delta)=\sqrt{\left(\frac{\dot{x}}{\omega}\right)^2+(x-\delta)^2} \tag{7.3.16}$$

当给定系统 $x=x_1,\frac{\dot{x}}{\omega}=\frac{\dot{x}_1}{\omega},t=t_1$,并设在其附近的状态变化增量很小时,描述状态变化的相轨迹为一小段圆弧。该圆弧的圆心位于 $x=\delta_1,\frac{\dot{x}}{\omega}=0$,圆弧的半径为 $R(x_1,\dot{x}_1,\delta_1)$,其中 δ_1 由式(7.3.12)求取。这样,描述系统运动过程的相轨迹便由在各种状态下求得的相应小圆弧连续联接而成。

图 7.3.6 示出应用 δ 法绘制相轨迹的作图方法。图中的 P 点表示给定状态$(x_1,\frac{\dot{x}_1}{\omega},t_1)$,$Q$ 点为圆心$(\delta_1,0)$,线段 PQ 为圆的半径R。由图7.3.6可见,一旦圆心 Q 的位置在 x 轴上被确定,则半径 $R=PQ$ 也因之而确定。于是,过 P 点的相轨迹便可用过P 点的一段圆弧来近似,但圆弧必须足够短,以保证变量的增量很小的假设成立。例如,设描述系统运动过程的微分方程为

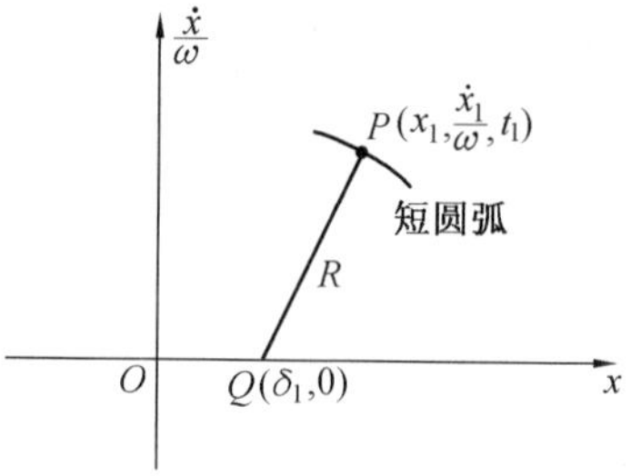

图 7.3.6　按 δ 法绘制相轨迹示意图

$$\ddot{x}=-2\zeta\omega\dot{x}-\omega^2x$$

在上式等号两边分别加 ω^2x,得到

$$\ddot{x}+\omega^2x=-2\zeta\omega\dot{x}$$

令

$$\delta=\frac{-2\zeta\dot{x}}{\omega^2}=-2\zeta\frac{\dot{x}}{\omega}$$

并代入上式,可得

$$\ddot{x}+\omega^2(x-\delta)=0$$

上式代表的相轨迹在 $x-\frac{\dot{x}}{\omega}$ 平面上是一个圆,圆心位于 $x=\delta$、$\dot{x}/\omega=0$,半径 $R=\sqrt{(\dot{x}/\omega)^2+(x+2\zeta\dot{x}/\omega)^2}$。当给定状态为 $x=x_1$、$\dot{x}/\omega=\dot{x}_1/\omega$、$t=t_1$时,求得$\delta_1=-2\zeta\dot{x}_1/\omega$,圆心为 $x=\delta_1$、$\dot{x}/\omega=0$,半径为 $R=\sqrt{(\dot{x}_1/\omega)^2+(x_1+2\zeta\dot{x}_1/\omega)^2}$。由于圆心位置随 $\dot{x}/\omega$ 值的变化而沿 x 轴移动,故在绘制相轨迹时,首先在 $x-\frac{\dot{x}}{\omega}$ 平面上画直线$x=\delta=-2\zeta\dot{x}/\omega$,然后再根据隶属相轨迹的已知点确定构成过该点相轨迹的圆弧所对应的圆心和半径。设图 7.3.7 中

的点 E 为相轨迹上的一个点，为确定作为过点 E 的相轨迹的圆弧 $\widehat{AB}$ 所对应的圆心和半径，过点 E 作 x 轴的平行线，该线与直线 $x=-2\zeta\dot{x}/\omega$ 的交点 F 在 x 轴的投影点 P 便是 $\widehat{AB}$ 的圆心，线段 PE 为 $\widehat{AB}$ 的半径。这样画出的 $\widehat{AB}$ 便是过点 E 的相轨迹。这是因为当点 E 的状态为 $(x_1,\dot{x}_1/\omega,t_1)$ 时，点 P 的坐标为 $(\delta_1=-2\zeta\dot{x}_1/\omega,0)$ 以及

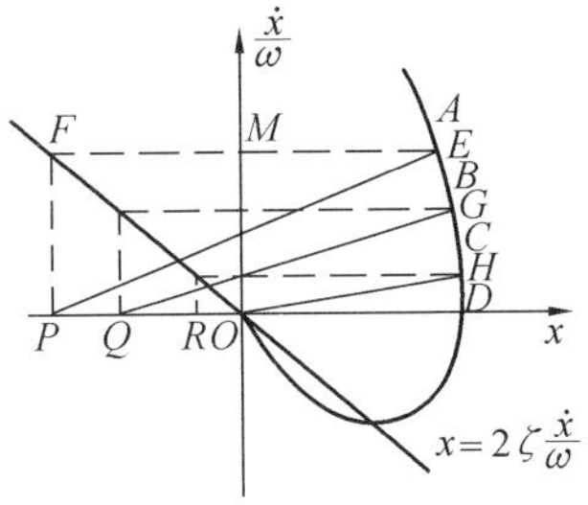

图 7.3.7　按 δ 法绘制相轨迹

$$PE=\sqrt{(PF)^2+(EF)^2}=\sqrt{\left(\frac{\dot{x}_1}{\omega}\right)^2+(x_1-\delta_1)^2}$$

其中 $PF=\dot{x}_1/\omega$，$EF=EM+MF=x_1-\delta_1$。同理，过相轨迹上的点 G、H 可做出 $\widehat{BC}$ 及 $\widehat{CD}$，将短弧 $\widehat{AB}$、$\widehat{BC}$、$\widehat{CD}$ 连接起来，便获得描述给定系统运动过程的相轨迹 $AEBGCHD\cdots$。

以上介绍了绘制相轨迹的三种方法，值得说明的是：尽管以上关于相轨迹的性质的讨论和相轨迹的绘制是针对二阶系统而给出的，但是，也可以用相平面的分析方法来分析形如

$$\dot{x}+f(x)=0$$

的一阶系统。其想法仍然是在相平面上以 $\dot{x}$ 对 x 作图。不同之处在于：一阶系统的相平面图是由一条单一轨迹组成的。

例 7.3.5　考察一阶系统

$$\dot{x}=-4x+x^3$$

系统存在三个奇点，由 $-4x+x^3=0$ 决定，即为 $x=0$，-2 和 2。如图 7.3.8 所示，系统的相轨迹由单一轨迹构成，而在这些奇点处的箭头是由该点处 $\dot{x}$ 的符号决定的。从这个系统的相轨迹可见，平衡点 $x=0$ 是稳定的，而另两个奇点则是不稳定的。

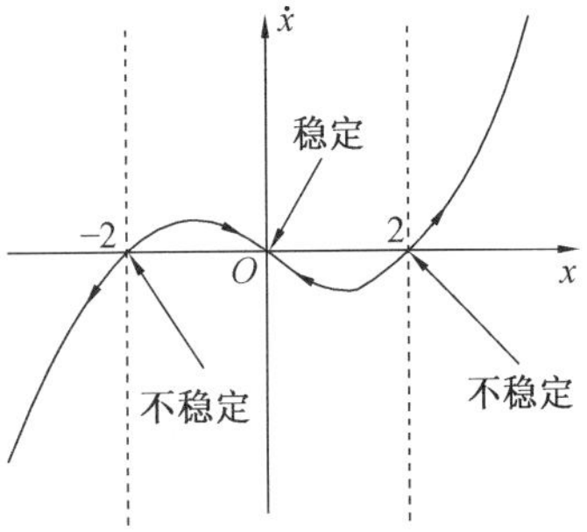

图 7.3.8　一阶系统的相轨迹

7.4　相平面图的分析

相平面图反映了二阶系统在不同初始条件下的运动过程，是分析二阶系统的重要工具。我们可以由相平面图求出运动过程的时间函数；也可以分析二阶线性系统和非线性系统的动态性质，如超调量、振荡次数等。

由于在每个平衡点附近，非线性系统的运动特性与线性系统是相似的，所以对于各种类型二阶线性系统的相平面分析，不仅可以直观地观察到系统的运动模式，而且可以帮助我们对非线性系统进行分析研究。

7.4.1 由相平面图求取系统运动时间解

相平面 $x-\dot{x}$ 上的相轨迹,是以 $\dot{x}$ 作为 x 的函数的一种图象,并没有清晰地显示时间信息。但是如果需要,可以从相平面图上通过计算求出 x 对时间 t 的函数关系 $x(t)$,有如下几种不同的求解方法。

1. 根据 $\Delta t = \Delta x/\dot{x}$ 求时间解

对于小增量 Δx 和 Δt,其平均速度 $\dot{x} = \Delta x/\Delta t$,由此求得根据 Δx 及平均速度 $\dot{x}$ 计算时间 Δt 的关系式为

$$\Delta t = \frac{\Delta x}{\dot{x}} \tag{7.4.1}$$

设给定系统的相平面图如图 7.4.1(a) 所示。在相平面图上截取 x 的增量 Δx_{AB}、Δx_{BC}、$\Delta x_{CD}\cdots$,以及由相轨迹找出与之相关的平均速度 $\dot{x}_{AB}$、$\dot{x}_{BC}$、$\dot{x}_{CD}\cdots$,按式(7.4.1)计算时间 t 的相应增量

$$\Delta t_{AB} = \frac{\Delta x_{AB}}{\dot{x}_{AB}} \qquad \Delta t_{BC} = \frac{\Delta x_{BC}}{\dot{x}_{BC}} \qquad \Delta t_{CD} = \frac{\Delta x_{CD}}{\dot{x}_{CD}}$$

将求得的 Δx 与 Δt 画在 $x-t$ 坐标内,便得到描述给定系统的微分方程时间解,如图 7.4.1(b) 所示。对于相平面 $x-\dfrac{\dot{x}}{\omega}$ 上的相轨迹,可应用下式计算时间增量

$$\Delta t = \frac{1}{\omega} \cdot \frac{\Delta x}{\left(\dfrac{\dot{x}}{\omega}\right)} \tag{7.4.2}$$

为使求得的时间解有足够的准确度,位移增量 Δx 必须选择得足够小,而且 Δx 并非一定取常值,可根据相轨迹的具体形状选取彼此不等的位移增量 Δx,从而在保证一定准确度的前提下使作图及计算工作量最小。

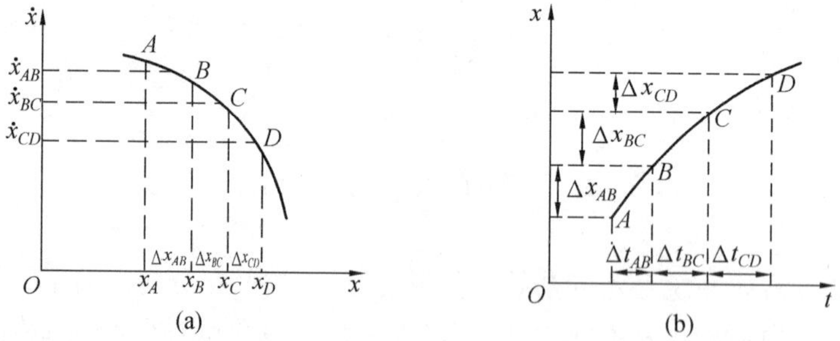

图 7.4.1 由相平面图求时间解

2. 根据 $t = \int\left(\dfrac{1}{\dot{x}}\right)\mathrm{d}x$ 求时间解

由 $\dot{x} = \mathrm{d}x/\mathrm{d}t$,可以求得时间间隔 $t_2 - t_1$ 为

$$t_2 - t_1 = \int_{x_1}^{x_2} \left(\frac{1}{\dot{x}}\right) \mathrm{d}x \tag{7.4.3}$$

如果以 $1/\dot{x}$ 为纵坐标，以 x 为横坐标重新绘制相轨迹，则新轨迹线下面由 x_1 到 x_2 区间的面积便代表相应的时间间隔 $t_2 - t_1$。这便是式(7.4.3)的几何含义。图7.4.2所示分别为在相平面 $x-\dot{x}$ 及 $x-\frac{1}{\dot{x}}$ 内描述系统运动过程的轨迹线。

在图7.4.2(a)所示相轨迹上，从点 A 运动到点 B 所需时间 t_{AB} 可根据式(7.4.3)计算为

$$t_{AB} = \int_{x_A}^{x_B} \left(\frac{1}{\dot{x}}\right) \mathrm{d}x$$

上式右项的几何含义便是图7.4.2(b)中的阴影部分面积。利用一般的解析方法或图解法均可求出阴影部分面积，即求出时间解。

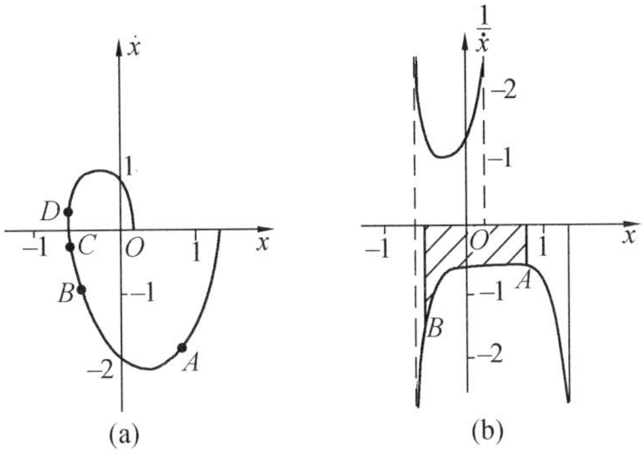

图7.4.2　$x-\dot{x}$ 与 $x-\frac{1}{\dot{x}}$ 平面的轨迹线

对于相平面 $x-\frac{\dot{x}}{\omega}$ 上的相轨迹，式(7.4.3)可改写为

$$t_2 - t_1 = \frac{1}{\omega}\int_{x_1}^{x_2} \left(\frac{1}{\dot{x}/\omega}\right) \mathrm{d}x \tag{7.4.4}$$

按式(7.4.4)计算时间间隔的过程与在相平面 $x-\dot{x}$ 上的计算过程相同，求得面积后再除以 ω 便得时间间隔。

说明：如果按式(7.4.4)计算时间间隔的区间内出现 $\dot{x}$ 等于零的点时，则相应的 $1/\dot{x}$ 为无穷大，于是式(7.4.4)所示积分便无法进行。如在图7.4.2(a)所示的相轨迹上，计算从点 C 到 D 所需的时间，便属于这种情况。在这种情况下，需采用其他方法来计算时间间隔。

3. 根据圆弧近似求时间解

基于 δ 法，相轨迹可近似看做是圆心沿 x 轴移动的一系列圆弧的连续联接线。这时描述系统运动过程的相轨迹方程为

$$\ddot{x} + \omega^2(x - \delta_1) = 0$$

对于每一段圆弧来说，当在 $x = x_1$、$\frac{\dot{x}}{\omega} = \frac{\dot{x}_1}{\omega}$、$t = t_1$ 附近的增量很小时，其圆心位于 $x = \delta_1$ 及 $\dot{x}/\omega = 0$，而半径为 $\sqrt{(\dot{x}_1/\omega)^2 + (x_1 - \delta_1)^2}$。在这种情况下，图7.4.3所示每一段圆弧所对应的圆心角 θ 可近似认为等于 ωt，即

$$\theta \approx \omega t$$

由此可求得

$$t \approx \frac{\theta}{\omega} \tag{7.4.5}$$

这是因为根据式(7.4.4)计算图7.4.3所示相轨迹由点 A 运动到点 B 的时间 t_{AB} 为

$$t_{AB}=t_B-t_A=\frac{1}{\omega}\int_{x_A}^{x_B}\frac{1}{\dot{x}/\omega}\mathrm{d}x$$

将 $\dot{x}/\omega=|\delta_1A|\sin\theta$ 及 $x=-|O\delta_1|+|\delta_1A|\cos\theta$ 代入上式,因为是通过小圆弧逼近相轨迹,故近似有

$$t_{AB}\approx\frac{1}{\omega}\int_{\theta_A}^{\theta_B}\frac{-|\delta_1A|\sin\theta}{|\delta_1A|\sin\theta}\mathrm{d}\theta=\frac{1}{\omega}(\theta_A-\theta_B)=\frac{1}{\omega}\theta_{\widehat{AB}}=\frac{1}{\omega}\theta_1$$

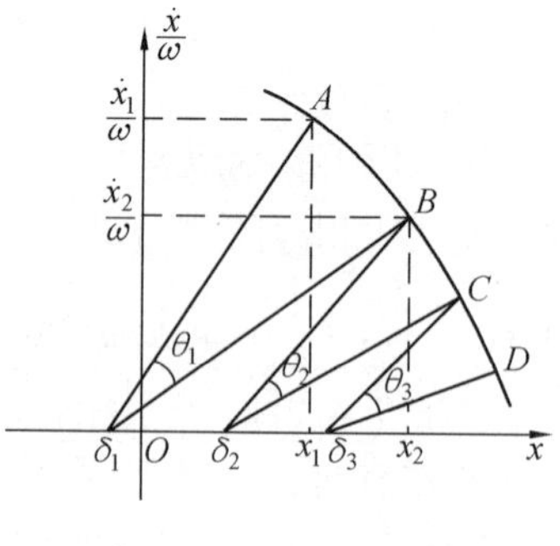

图7.4.3　由圆弧近似求时间解

其中 $\theta_A=\angle x\delta_1A,\theta_B=\angle x\delta_1B,\theta_{\widehat{AB}}=\theta_1$。同理,可求得

$$t_{BC}\approx\frac{1}{\omega}\theta_{\widehat{BC}}=\frac{1}{\omega}\theta_2$$

$$t_{CD}\approx\frac{1}{\omega}\theta_{\widehat{CD}}=\frac{1}{\omega}\theta_3$$

从图7.4.3可见,在相轨迹上由点 A 运动到点 D 的时间为

$$t_{AD}=t_{AB}+t_{BC}+t_{CD}\approx\frac{1}{\omega}(\theta_1+\theta_2+\theta_3)$$

说明:应用式(7.4.5)计算时间,由于角频率 ω 的量纲为 rad/s,故中心角 θ 的量纲必须取 rad,这时 t 的量纲为 s。

7.4.2　线性系统的相平面分析

设二阶系统的线性微分方程为

$$\ddot{x}+2\zeta\omega_n\dot{x}+\omega_n^2x=0 \tag{7.4.6}$$

分别取 x 及 $\dot{x}$ 为相平面的横坐标与纵坐标,并将上列方程改写成

$$\frac{\mathrm{d}\dot{x}}{\mathrm{d}x}=-\frac{2\zeta\omega_n\dot{x}+\omega_n^2x}{\dot{x}} \tag{7.4.7}$$

式(7.4.7)代表描述二阶系统自由运动的相轨迹各点处的斜率,从式(7.4.7)可看出,在 $x=0$ 及 $\dot{x}=0$,即坐标原点(0,0)处的斜率 $\mathrm{d}\dot{x}/\mathrm{d}x=0/0$。这说明,相轨迹的斜率不能由该点的坐标值单值地确定,相平面上的这类点称为奇点。奇点处的斜率 $\mathrm{d}\dot{x}/\mathrm{d}x=0/0$ 为不定,故可有无穷多条相轨迹进入或离开该点,并且除奇点外相平面每点的相轨迹都有其各自确定的斜率。

根据线性系统的时域分析,二阶系统的自由运动因阻尼比 ζ 的取值不同有以下几种主要形式。

1.无阻尼运动形式($\zeta=0$)

这时,式(7.4.7)变成

$$\frac{\mathrm{d}\dot{x}}{\mathrm{d}x} = -\frac{\omega_n^2 x}{\dot{x}} \tag{7.4.8}$$

积分可求得相轨迹方程为

$$x^2 + \frac{\dot{x}^2}{\omega_n^2} = A^2 \tag{7.4.9}$$

其中 $A = \sqrt{\dot{x}_0^2/\omega_n^2 + x_0^2}$ 为由初始条件 x_0 及 $\dot{x}_0$ 决定的常数。当 x_0 及 $\dot{x}_0$ 取不同值时，式(7.4.9)在相平面上代表同心的椭圆簇，见图7.4.4(a)。这时的奇点(0,0)称为中心点，无阻尼，即 $\zeta = 0$ 时，二阶系统的特征根为一对共轭纯虚根 $\pm \mathrm{j}\omega_n$，对应等幅振荡过程。

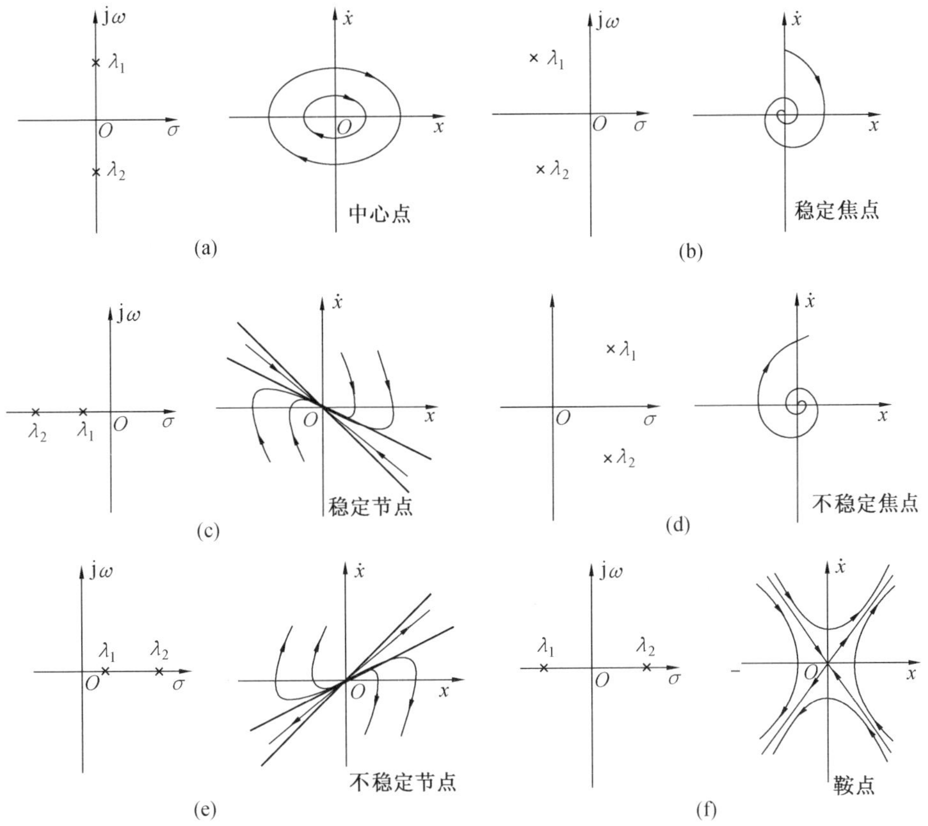

图 7.4.4　奇点特性

2. 欠阻尼运动形式($0 < \zeta < 1$)

在欠阻尼情况下，式(7.4.6)的解为

$$x(t) = A\mathrm{e}^{-\zeta\omega_n t}\cos(\omega_d t - \varphi) \tag{7.4.10}$$

式中　$\omega_d = \omega_n\sqrt{1-\zeta^2}$——有阻尼自振频率。

$$A = \frac{\sqrt{\dot{x}_0^2 + 2\zeta\omega_n x_0 \dot{x}_0 + \omega_n^2 x_0^2}}{\omega_d}$$

$$\varphi = \arctan[(\dot{x}_0 + \zeta\omega_n x_0)/\omega_d x_0]$$

对式(7.4.10)求导,得到

$$\dot{x}(t) = -A\zeta\omega_n e^{-\zeta\omega_n t}\cos(\omega_d t - \varphi) - A\omega_d e^{-\zeta\omega_n t}\sin(\omega_d t - \varphi) \tag{7.4.11}$$

由式(7.4.10)及(7.4.11)求得

$$\dot{x}(t) + \zeta\omega_n x(t) = -A\omega_d e^{-\zeta\omega_n t}\sin(\omega_d t - \varphi) \tag{7.4.12}$$

由式(7.4.10)求得

$$\omega_d x(t) = A\omega_d e^{-\zeta\omega_n t}\cos(\omega_d t - \varphi) \tag{7.4.13}$$

由式(7.4.12)及(7.4.13)得出

$$[\dot{x}(t) + \zeta\omega_n x(t)]^2 + [\omega_d x(t)]^2 = A^2\omega_d^2 e^{-\zeta\omega_n t} \tag{7.4.14}$$

$$\tan(\omega_d t - \varphi) = -\frac{\dot{x}(t) + \zeta\omega_n x(t)}{\omega_d x(t)} \tag{7.4.15}$$

由式(7.4.15)解出时间 t 的表达式,即

$$t = \frac{1}{\omega_d}\left[-\arctan\frac{\dot{x}(t) + \zeta\omega_n x(t)}{\omega_d x(t)} + \varphi\right] \tag{7.4.16}$$

将式(7.4.16)代入式(7.4.14),求得

$$[\dot{x}(t) + \zeta\omega_n x(t)]^2 + [\omega_d x(t)]^2 = C e^{\frac{2\zeta\omega_n}{\omega_d}\arctan\frac{\dot{x}(t) + \zeta\omega_n x(t)}{\omega_d x(t)}} \tag{7.4.17}$$

式中 $C = A^2\omega_d^2 e^{-\frac{2\zeta\omega_n}{\omega_d}\varphi}$。将式(7.4.17)化成极坐标形式,若令 $\omega_d x(t) = r(t)\cos\theta(t)$, $-[\dot{x}(t) + \zeta\omega_n x(t)] = r(t)\sin\theta(t)$,则

$$r^2(t) = C \cdot e^{\frac{2\zeta\omega_n}{\omega_d}[-\theta(t)]}$$

$$r(t) = \sqrt{C} \cdot e^{\frac{\zeta\omega_n}{\omega_d}[-\theta(t)]} \tag{7.4.18}$$

上式为极坐标中的对数螺线方程,其中由于

$$\tan\theta(t) = -\frac{\dot{x}(t) + \zeta\omega_n x(t)}{\omega_d x(t)}$$

考虑到式(7.4.15),故得

$$\theta(t) = \omega_d t - \varphi \tag{7.4.19}$$

从式(7.4.18)及(7.4.19)看出,随时间 t 的推移,$\theta(t)$ 增大而 $r(t)$ 减小,即相轨迹的运动方向是由外向内,最终趋向坐标原点,如图 7.4.4(b)所示。可见,无论系统的初始条件 x_0、$\dot{x}_0$ 取何值,经过一段时间的衰减振荡,系统终将趋向平衡状态。这类奇点(0,0)称为稳定焦点。欠阻

尼$(0<\zeta<1)$时，二阶系统的特征根为一对共轭复根$(-\zeta\omega_n \pm j\omega_d)$对应衰减振荡过程。

3. 过阻尼运动形式$(\zeta>1)$

在过阻尼情况下，式(7.4.6)的解为

$$x(t)=A_1e^{\lambda_1 t}+A_2e^{\lambda_2 t} \tag{7.4.20}$$

式中$\lambda_{1,2}=-\zeta\omega_n \pm \omega_n\sqrt{\zeta^2-1}$为二阶系统的特征根，其中

$$A_1=\frac{\dot{x}_0-\lambda_2 x_0}{\lambda_1-\lambda_2} \qquad A_2=\frac{\dot{x}_0-\lambda_1 x_0}{\lambda_2-\lambda_1}$$

对式(7.4.20)求导，得

$$\dot{x}(t)=A_1\lambda_1e^{\lambda_1 t}+A_2\lambda_2e^{\lambda_2 t} \tag{7.4.21}$$

由式(7.4.21)及(7.4.20)求得

$$\dot{x}(t)-\lambda_2x(t)=A_1(\lambda_1-\lambda_2)e^{\lambda_1 t} \tag{7.4.22}$$

$$\dot{x}(t)-\lambda_1x(t)=A_2(\lambda_2-\lambda_1)e^{\lambda_2 t} \tag{7.4.23}$$

当初始条件x_0、$\dot{x}_0$满足$\dot{x}_0-\lambda_2x_0=0$时，则$A_1=0$。这时从式(7.4.22)求得直线方程

$$\dot{x}(t)-\lambda_2x(t)=0$$

该直线表示相平面上一条特殊的相轨迹，如图7.4.4(c)两直线中的斜率大者。同理，当初始条件x_0、$\dot{x}_0$满足$\dot{x}_0-\lambda_1x_0=0$时，则$A_2=0$。这时从式(7.4.23)得到直线方程

$$\dot{x}(t)-\lambda_1x(t)=0$$

它所代表的相轨迹为图7.4.4(c)两直线中的斜率小者。当常数A_1及A_2都不为零时，由式

$$[\dot{x}(t)-\lambda_1x(t)]^{\lambda_1}=C[\dot{x}(t)-\lambda_2x(t)]^{\lambda_2}$$

看出，相平面图上的相轨迹是过坐标原点的一簇“抛物线”，如图7.4.4(c)所示。这里常数

$$C=\frac{A_2^{\lambda_1}(\lambda_2-\lambda_1)^{\lambda_1}}{A_1^{\lambda_2}(\lambda_1-\lambda_2)^{\lambda_2}}$$

从图7.4.4(c)看出，由任何一组初始值x_0、$\dot{x}_0$出发的相轨迹，经过一段时间的单调衰减而最终趋向系统的平衡状态。这类奇点(0,0)称为稳定节点。过阻尼$(\zeta>1)$时，二阶系统的特征根为两个不等的实根$(-\zeta\omega_n \pm \omega\sqrt{\zeta^2-1})$，对应系统的单调衰减过程。

4. 负阻尼运动形式

系统在负阻尼$-1<\zeta<0$时的运动过程可由图7.4.4(d)所示相平面图来描述。这时的相平面图也是一簇对数螺线，只是图中相轨迹的移动方向与图7.4.4(b)中的相轨迹移动方向相反，这表明随时间t的推移系统的运动形式是发散振荡过程。这类奇点称为不稳定焦点，对应一对具有正实部的共轭复特征根$\zeta\omega_n \pm j\omega_d$。

系统在负阻尼$\zeta<-1$时的运动相平面图如图7.4.4(e)所示，代表不稳定的单调发散过程。这类奇点称为不稳定节点，对应两个不等的正实特征根$-\zeta\omega_n \pm \omega_n\sqrt{\zeta^2-1}$。

5. 由线性微分方程

$$\ddot{x}(t) + 2\zeta\omega_n\dot{x}(t) - \omega_n^2 x(t) = 0$$

描述的二阶系统,其特征根为两个符号相反的实根,它们分别是

$$\lambda_1 = -\zeta\omega_n - \omega_n\sqrt{\zeta^2 + 1} < 0$$

$$\lambda_2 = -\zeta\omega_n - \omega_n\sqrt{\zeta^2 + 1} > 0$$

在这种情况下,系统的运动过程由图 7.4.4(f) 所示相平面图来描述。这时的奇点称为鞍点,代表不稳定的平衡状态。

7.4.3 非线性系统的相平面分析

非线性系统的相平面分析是与线性系统的相平面分析有关的,有两方面的含义,其一,有很多非线性系统可以分段线性化,这样可以将相平面划分为若干个区域,每个区域相应于一个线性工作状态;其二,非线性系统的局部特性可由线性系统的特性来近似。然而,非线性系统可能表现出复杂的相平面模式,如多平衡点和极限环等。本小节首先简单讨论非线性系统局部特性与极限环,然后以几个例子说明如何用线性系统相轨迹来绘制含有典型非线性环节的非线性系统相轨迹。

1. 非线性系统的局部特性

研究由方程组(7.4.24) 所描述的二阶系统

$$\begin{cases} \dot{x}_1 = f_1(x_1, x_2) \\ \dot{x}_2 = f_2(x_1, x_2) \end{cases} \tag{7.4.24}$$

其中,x_1, x_2 为系统的状态。我们在以 x_1 和 x_2 组成的相平面上考察系统状态运动的相轨迹。考察非线性系统的相平面图 7.3.2,可以发现:该非线性系统的相轨迹有两个奇点,即(0,0) 和(-3,0),在这两个奇点的邻域,其相轨迹与线性系统的相轨迹十分相似,第一个奇点对应于稳定焦点,而第二个奇点对应于鞍点。这种在每一个奇点局部区域内与线性系统的相似性,正是下面所要讨论的,可以通过非线性系统的线性化来表示。

如果所要考察的奇点不在原点,可以通过定义原状态与奇点的差为新的状态变量,那么总能把奇点移到原点。因此,不失一般性地,可以简单地将方程式(7.4.24) 考虑为以原点为奇点的系统。应用泰勒展开式,可以将方程式(7.4.24) 写为

$$\begin{cases} \dot{x}_1 = ax_1 + bx_2 + g_1(x_1, x_2) \\ \dot{x}_2 = cx_1 + dx_2 + g_2(x_1, x_2) \end{cases}$$

其中,g_1 和 g_2 包含高阶项。在原点附近,可以略去高阶项,因此,非线性系统的轨迹基本上满足线性化方程

$$\begin{cases} \dot{x}_1 = ax_1 + bx_2 \\ \dot{x}_2 = cx_1 + dx_2 \end{cases} \tag{7.4.25}$$

从而使得非线性系统的局部特性可以由上小节所分析的线性系统的各种相轨迹来近似。

2. 极限环

重新考察例 7.1.4 中的范德堡方程，令 $c = 0.1, k = 1$，斜率为 a 的等倾线定义为

$$\frac{\mathrm{d}\dot{x}}{\mathrm{d}x} = -\frac{0.2(x^2-1)\dot{x}+x}{\dot{x}} = a$$

因此，在曲线

$$0.2(x^2-1)\dot{x}+x+a\dot{x}=0$$

上面的点都具有相同的斜率 a。

取不同的 a 值，可以得到不同的等倾线，在等倾线上画出短线段，于是可以得到相轨迹，如图 7.4.5 所示。可以看出，该系统在原点有一个不稳定的节点，此外，相轨迹图中还存在一个封闭的曲线，在该封闭曲线内部和外部的相轨迹都逐渐趋向于该曲线，而从这条曲线开始的运动将永远停留在该曲线上绕原点周期性地旋转。这条曲线就是所谓的“极限环”现象的一个例子。极限环是非线性系统的特有的性质。

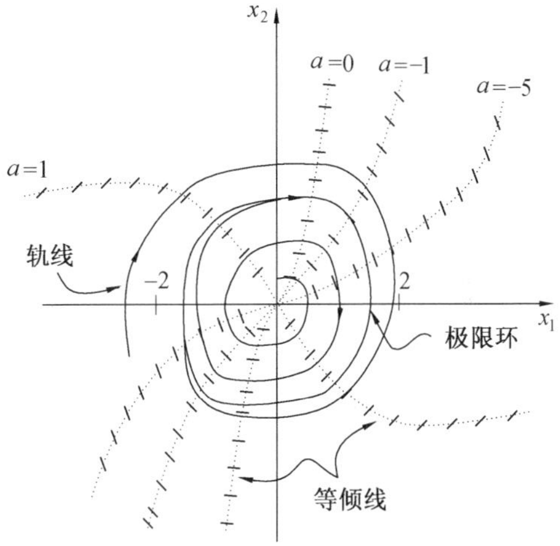

图 7.4.5　范德堡方程相平面图

在相平面中，极限环定义为一条孤立的封闭曲线。极限环的轨迹必须同时具备封闭性和孤立性这两个性质，前者表明了相轨迹的周期运动特性，后者表明了极限环的极限特性，其附近的相轨迹收敛于它或从它发散。极限环内部(或外部)的相轨迹不可能穿越极限环进入它的外部(或内部)区域。

在相轨迹图中可能存在许多闭合曲线，如例 7.3.1 中线性系统的相轨迹，按照这里的定义，我们不把它们看做极限环，因为它们不是孤立的。

根据极限环附近轨迹的运动模式，可把极限环分为三类。

(1) 稳定极限环

当 $t\to\infty$ 时，在极限环邻域的所有轨迹都收敛于该极限环，如图 7.4.6(a) 所示。因此，如果由于任何小的扰动使系统状态稍稍离开极限环，则在一定的时间后，系统状态仍能回到这个极限环，所以，极限环是一种稳定的运动，这种极限环称为稳定的极限环，它表示系统的运动是一种稳定的固有周期的自持振荡。

对于稳定极限环，其内部是不稳定区(因为任何起始于极限环内非原点的轨线都离开原点趋向于极限环)，而其外部则为稳定区。设计具有稳定极限环的非线性系统的准则通常是尽量减小极限环的大小，以满足精度的要求。

(2) 不稳定的极限环

当 $t \to \infty$ 时,极限环的内外两侧的相轨迹都从极限环离开,这种极限环称为不稳定的极限环。系统的任何微小扰动都可以使系统状态离开极限环而不返回,如图 7.4.6(b) 所示。

在这种情况下,极限环内部为稳定区,相轨迹收敛于环内奇点;极限环外部为不稳定区,该区的相轨迹发散至无穷远。设计具有不稳定极限环的非线性系统的准则是尽可能增大稳定区域。

(3) 半稳定的极限环

当 $t \to \infty$ 时,极限环邻域的一些轨迹收敛于它,而另一些轨迹离开它,这种极限环称为半稳定的极限环。如图 7.4.6(c),(d),半稳定的极限环代表的等幅振荡也是一种不稳定的运动。

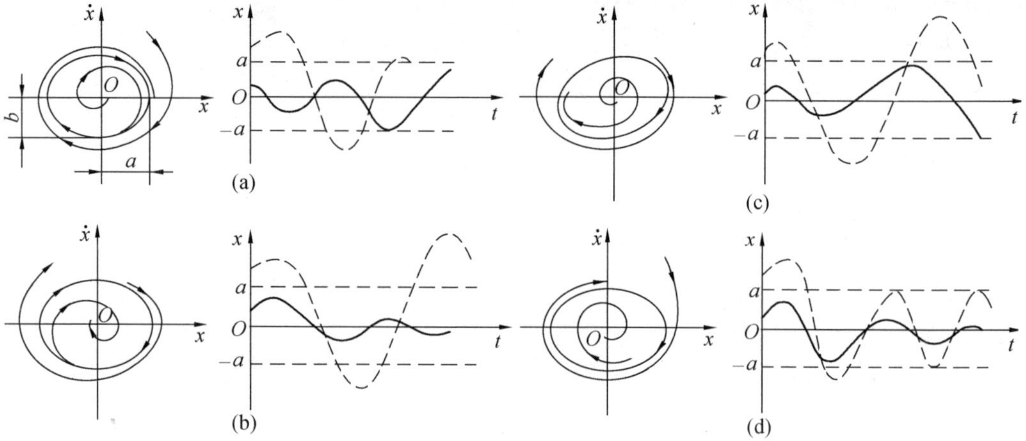

图 7.4.6 极限环

例 7.4.1 考察下列非线性系统

①$\dot{x}_1 = x_2 - x_1(x_1^2 + x_2^2 - 1) \qquad \dot{x}_2 = -x_1 - x_2(x_1^2 + x_2^2 - 1)$

②$\dot{x}_1 = x_2 + x_1(x_1^2 + x_2^2 - 1) \qquad \dot{x}_2 = -x_1 + x_2(x_1^2 + x_2^2 - 1)$

③$\dot{x}_1 = x_2 - x_1(x_1^2 + x_2^2 - 1) \qquad \dot{x}_2 = -x_1 + x_2(x_1^2 + x_2^2 - 1)$

解 对于系统 ①,引入极坐标

$$\begin{cases} r = (x_1^2 + x_2^2)^{1/2} \\ \theta = \arctan(x_2/x_1) \end{cases}$$

于是,动态方程变为

$$\begin{cases} \dfrac{dr}{dt} = -r(r^2 - 1) \\ \dfrac{d\theta}{dt} = -1 \end{cases}$$

当状态由单位圆出发时,上述方程表明 $\dot{r}(t) = 0$,因此,该状态将绕原点以 $1/2\pi$ 的速度周期旋转。当 $r<1$ 时，$\dot{r}(t)>0$，这表明状态从内部趋向此单位圆；当 $r>1$ 时，$\dot{r}(t)<0$，这表明状态从外部趋向此单位圆。可见，该单位圆为一稳定的极限环。通过检验 ① 的解析解

$$r(t)=\frac{1}{(1+c_0\mathrm{e}^{-2t})^{1/2}}$$

$$\theta(t)=\theta_0-t$$

也可以得出同样的结论。式中 $c_0=-1+1/r_0^2$。

用类似的方法可以得出：系统 ② 有一个不稳定的极限环，而系统 ③ 有一个半稳定的极限环。

说明：事实上，除简单情况外，用解析法确定极限环的存在性及极限环在相平面的位置通常是很困难的，对于有些问题可以用图解法或实验法来确定。本章中的描述函数方法，可以在一定条件下近似地判断极限环的存在性及系统自持振荡的周期和幅值。

3. 非线性控制系统的相平面分析

下面考察含有典型非线性环节的控制系统对于不同输入信号下的系统运动相轨迹。这一类非线性系统可以通过几个分段的线性系统来近似，这样，整个相平面将相应地划分成若干个区域，其中每个区域对应一个线性工作状态。如果一个区域的奇点位于该区域之内，称为实奇点，如果处于该区域之外，由于相轨迹永远不能达到这个奇点，故称虚奇点。在二阶非线性系统中，只能有一个实奇点，而在该实奇点所在区域之外的其他区域都只能有虚奇点。每一个奇点的类别和位置取决于系统在该区域运动的微分方程。奇点的位置还与输入信号的形式及大小有关。如将相邻区域的相平面图上的相轨迹根据在两区分界线上的点应具有相同工作状态的原则连接起来，便获得整个非线性系统的相轨迹。

下面根据上述按非线性特性为相平面划分区域、实虚奇点及极限环等概念应用相平面法分析含各种非线性特性的非线性系统，其步骤一般为：

① 将非线性特性用分段的直线特性来表示，写出相应线段的数学表达式；

② 首先在相平面上选择合适的坐标，一般常用误差 e 及其导数 $\dot{e}$ 分别为横坐标及纵坐标。然后将相平面根据非线性划分成若干区域，使非线性特性在每个区域内都呈线性特性；

③ 确定每个区的奇点类别和在相平面上的位置。要注意，在一些情况下奇点与输入信号的形式及大小有关；

④ 在各个区域内分别画出各自的相轨迹；

⑤ 将相邻区域的相轨迹，根据在相邻两区分界线上的点对于相邻两区具有相同工作状态的原则连接起来，便得到整条非线性系统的相轨迹。基于该相轨迹，可以全面分析二阶非线性系统的动态及稳态特性。

下面通过几个例题说明如何用相平面方法分析不同类型的非线性系统。

例 7.4.2 分析输入信号分别为阶跃与速度信号时含饱和特性的非线性系统运动特性。

设非线性系统方框图如图 7.4.7 所示，其中饱和特性的数学表达式为

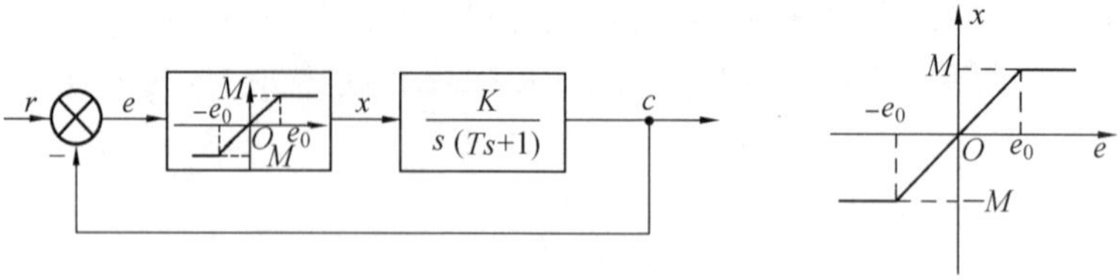

图 7.4.7　非线性系统方框图

$$\left.\begin{aligned} x &= e & |e| \leqslant e_0 \\ x &= \begin{cases} M & e > e_0 \\ -M & e < -e_0 \end{cases} \end{aligned}\right\} \tag{7.4.26}$$

描述系统运动过程的微分方程为

$$T\ddot{c} + c = Kx$$

由于 $c = r - e$，可以写出以误差 e 为输出变量的系统运动方程为

$$T\ddot{e} + \dot{e} + Kx = T\ddot{r} + \dot{r} \tag{7.4.27}$$

① 输入信号为 $r(t) = R \cdot 1(t)$，R 为常值。此时有 $\ddot{r} = \dot{r} = 0$，故有

$$T\ddot{e} + \dot{e} + Kx = 0 \tag{7.4.28}$$

根据饱和非线性特性，相平面可分成三个区域，即 Ⅰ 区($|e| < e_0$)、Ⅱ 区($e > e_0$)及 Ⅲ 区($e < -e_0$)，见图 7.4.8。

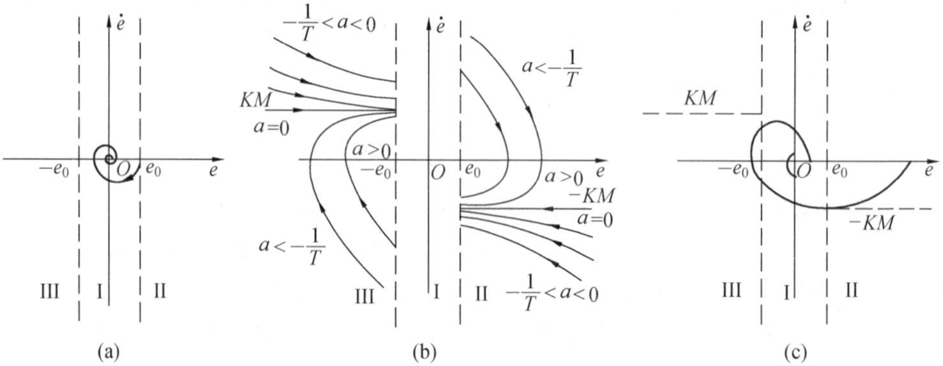

图 7.4.8　非线性系统相轨迹图

Ⅰ 区内系统的运动方程为

$$T\ddot{e} + \dot{e} + Ke = 0 \qquad |e| < e_0 \tag{7.4.29}$$

可以求得斜率方程为

$$\frac{d\dot{e}}{de} = -\frac{1}{T}\frac{\dot{e} + Ke}{\dot{e}}$$

这说明原点(0,0) 为 Ⅰ 区相轨迹的奇点，该奇点因位于 Ⅰ 区内，故为实奇点。从式

(7.4.29)看出,若$1-4TK<0$,则系统在Ⅰ区工作于欠阻尼状态,这时的奇点(0,0)为稳定焦点,如图7.4.8(a)所示;若$1-4TK>0$,则系统在Ⅰ区工作于过阻尼状态,这时的奇点(0,0)为稳定节点。

在Ⅱ、Ⅲ区内,非线性特性饱和时系统的运动方程为

$$\left.\begin{array}{ll} T\ddot{e}+\dot{e}+KM=0 & e>e_0 \\ T\ddot{e}+\dot{e}-KM=0 & e<-e_0 \end{array}\right\} \tag{7.4.30}$$

可以求得斜率方程分别为

$$\left.\begin{array}{ll} \dfrac{d\dot{e}}{de}=-\dfrac{1}{T}\dfrac{\dot{e}+KM}{\dot{e}} & e>e_0 \\ \dfrac{d\dot{e}}{de}=-\dfrac{1}{T}\dfrac{\dot{e}-KM}{\dot{e}} & e<-e_0 \end{array}\right\} \tag{7.4.31}$$

若记$d\dot{e}/de=a$,则分别求得Ⅱ、Ⅲ区的等倾线方程为

$$\left.\begin{array}{ll} \dot{e}=-\dfrac{KM}{Ta+1} & e>e_0 \\ \dot{e}=\dfrac{KM}{Ta+1} & e<-e_0 \end{array}\right\} \tag{7.4.32}$$

应用等倾线法,基于式(7.4.32),在相平面图的Ⅱ、Ⅲ区分别绘制的一簇相轨迹如图7.4.8(b)所示,其中直线

$$\dot{e}=-KM \quad (\text{Ⅱ区})$$
$$\dot{e}=KM \quad (\text{Ⅲ区})$$

分别为Ⅱ、Ⅲ区内$a=0$的等倾线。由图7.4.8(b)可见,由于Ⅱ区的全部相轨迹均渐近于$\dot{e}=-KM$,以及Ⅲ区的全部相轨迹均渐近于$\dot{e}=KM$,故称$a=0$的两条等倾线为相轨迹的渐近线。图7.4.8(c)所示为基于图7.4.8(a)、(b)绘制的在阶跃输入信号作用下含饱和特性的非线性系统的一条完整的相轨迹,初值取为$e(0)>e_0$,$\dot{c}(0)=0$。

② 输入信号为$r(t)=R+vt$。此时有$\ddot{r}=0$,$\dot{r}=v$,则有

$$T\ddot{e}+\dot{e}+Kx=v \tag{7.4.33}$$

可以求得系统在Ⅰ、Ⅱ、Ⅲ区的运动方程分别为

$$\left.\begin{array}{ll} T\ddot{e}+\dot{e}+Ke=v & |e|\leqslant e_0 \\ T\ddot{e}+\dot{e}+KM=v & e>e_0 \\ T\ddot{e}+\dot{e}-KM=v & e<-e_0 \end{array}\right\} \tag{7.4.34}$$

Ⅰ区时相轨迹的斜率方程为

$$\frac{d\dot{e}}{de}=-\frac{1}{T}\frac{\dot{e}+Ke-v}{\dot{e}} \tag{7.4.35}$$

根据$d\dot{e}/de=0/0$,求得奇点坐标为$e=\dfrac{v}{K}$,$\dot{e}=0$,它可能是稳定焦点或稳定节点。

Ⅱ、Ⅲ 区时的等倾线方程为

$$\left.\begin{aligned} \dot{e} &= \frac{v - KM}{Ta + 1} \qquad e > e_0 \\ \dot{e} &= \frac{v + KM}{Ta + 1} \qquad e < -e_0 \end{aligned}\right\} \tag{7.4.36}$$

求得斜率 $d\dot{e}/de = a = 0$ 时的渐近线方程分别为

$$\left.\begin{aligned} \dot{e} &= v - KM \qquad e > e_0 \\ \dot{e} &= v + KM \qquad e < -e_0 \end{aligned}\right\} \tag{7.4.37}$$

下面分三种情况讨论给定非线性系统相轨迹的绘制问题。

(a) $v > KM, M = e_0$

在这种情况下，奇点坐标为 $e > e_0, \dot{e} = 0$。由于奇点位于 Ⅱ 区，故对 Ⅰ 区来说它是一个虚奇点。又由于 $v > KM$，故从式(7.4.37)可见，相轨迹的两条渐近线均位于横轴之上，见图7.4.9(a)。图中绘出包括 Ⅰ、Ⅱ、Ⅲ 三个区的相轨迹簇，以及始于初始点 A 的含饱和特性的非线性系统响应输入信号 $R + vt$ 时的完整相轨迹 $ABCD$。从图看出，因为是虚奇点，所以给定非线性系统的平衡状态不可能是奇点($e > e_0, \dot{e} = 0$)，而是当 $t \to \infty$ 时相轨迹最终趋向渐近线 $\dot{e} = v - KM$。这说明，给定非线性系统响应 $R + vt$ 的稳态误差为无穷大。

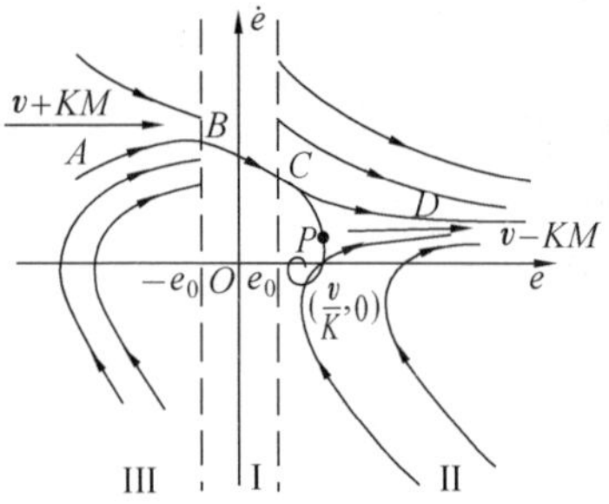

(a) $v>KM$ 时的相平面图

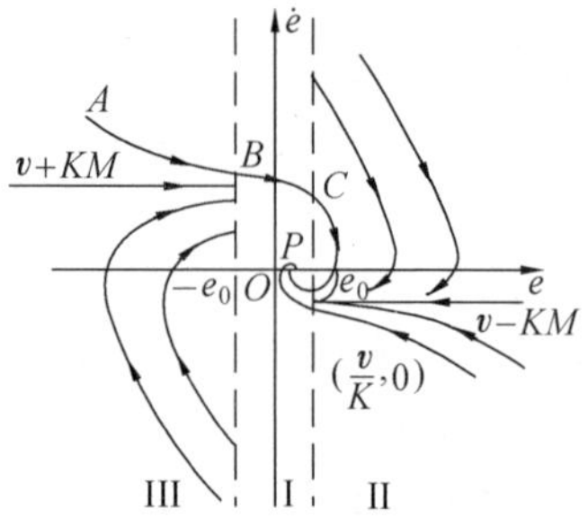

(b) $v<KM$ 时的相平面图

图 7.4.9　相平面图

(b) $v < KM, M = e_0$

在这种情况下，奇点坐标为 $e < e_0, \dot{e} = 0$，可见是实奇点，Ⅱ 区的渐近线 $\dot{e} = v - KM$ 位于横轴之下，而 Ⅲ 区的渐近线 $\dot{e} = v + KM$ 位于横轴之上，见图7.4.9(b)。图中绘出始于初始点 A 的含饱和特性的非线性系统响应输入信号 $R + vt$ 时的完整相轨迹 $ABCP$ 由于是实奇点，故相轨迹最终将进入 Ⅰ 区而趋向奇点($e < e_0, \dot{e} = 0$)，从而使给定非线性系统的稳态误差取得小于 e_0 的常值。

(c) $v = KM, M = e_0$

此时，奇点坐标为 $e = e_0, \dot{e} = 0$，位于 Ⅰ、Ⅱ 区的分界线上。对于 Ⅱ 区，系统运动方程为

$$T\ddot{e} + \dot{e} = 0 \qquad e > e_0$$

或写成

$$\dot{e}\left(T\frac{\mathrm{d}\dot{e}}{\mathrm{d}e} + 1\right) = 0 \qquad e > e_0 \tag{7.4.38}$$

式(7.4.38)说明在 $e > e_0$ 的Ⅱ区，给定非线性系统的相轨迹或为斜率等于 $-1/T$ 的直线，或为 $\dot{e} = 0$ 的直线，即横轴的 $e > e_0$ 区段，见图7.4.10。从图中所示始于初始点 A 的给定非线性系统的相轨迹 $ABCD$ 可知，相轨迹由Ⅰ区进入Ⅱ区后不可能趋向奇点$(e_0,0)$，而是沿斜率等于 $-1/T$ 的直线继续向前运动，最终止于横轴上的 $e > e_0$ 区段内。由此可见，在这种情况下给定非线性系统的稳态误差介于 $e_0 \sim \infty$ 之间，其值与相轨迹的初始点的位置有关。

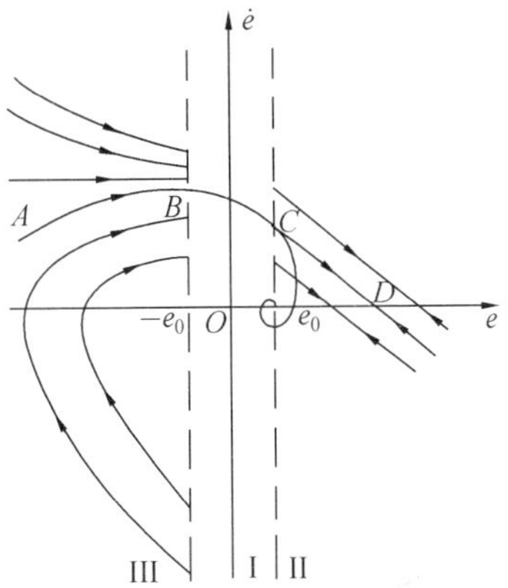

图 7.4.10　$v = KM$ 时的相平面图

综上分析可见，含饱和特性的二阶非线性系统，响应阶跃输入信号时，其相轨迹收敛于稳定焦点或节点(0,0)，系统无稳态误差；但响应匀速输入信号时，随着输入匀速值 v 的不同，所得非线性系统在 $v > KM$、$v < KM$、$v = KM$ 情况下的相轨迹及相应的稳态误差也各异，甚至在 $v \leqslant KM$ 时系统的平衡状态并不惟一，其确切位置取决于系统的初始条件与输入信号的参数。

例 7.4.3　输入为速度信号时含死区特性的非线性系统分析。

设含死区特性的非线性系统方框图如图7.4.11所示。以误差 e 为输出变量的系统运动方程可从图7.4.11求得，为

$$T\ddot{e} + \dot{e} + Kx = T\ddot{r} + \dot{r} \tag{7.4.39}$$

其中变量 x 与误差 e 的关系为

$$x = \begin{cases} 0 & |e| < e_0 \\ e - e_0 & e > e_0 \\ e + e_0 & e < -e_0 \end{cases} \tag{7.4.40}$$

取输入信号 $r(t) = R + vt$，R、v 为常值，根据死区非线性特性，相平面可分成三个区域，即Ⅰ区($|e| < e_0$)、Ⅱ区($e > e_0$)及Ⅲ区($e < -e_0$)，见图7.4.12。此时有 $\ddot{r} = 0$，$\dot{r} = v$，可以求得Ⅰ、Ⅱ、Ⅲ区的运动方程分别为

$$T\ddot{e} + \dot{e} = v \qquad |e| < e_0 \tag{7.4.41}$$

$$T\ddot{e} + \dot{e} + K(e - e_0) = v \qquad e > e_0 \tag{7.4.42}$$

$$T\ddot{e} + \dot{e} + K(e + e_0) = v \qquad e < -e_0 \tag{7.4.43}$$

由式(7.4.41)求出绘制Ⅰ区相轨迹的等倾线方程为

$$\dot{e} = \frac{v}{Ta + 1}$$

其中 $a = \mathrm{d}\dot{e}/\mathrm{d}e$。令 $a = 0$,由上式解出 Ⅰ 区相轨迹的渐近线为 $\dot{e} = v$,见图 7.4.12。从中看到,死区内的相轨迹均向渐近线 $\dot{e} = v$ 逼近。由式(7.4.42) 求出 Ⅱ 区的奇点$\left(\frac{v}{K} + e_0,0\right)$为实奇点;同理,由式(7.4.43) 求出 Ⅲ 区的奇点$\left(\frac{v}{K} - e_0,0\right)$为虚奇点。上述两个奇点都可能是稳定的焦点或节点,图 7.4.12 所示为稳定焦点。

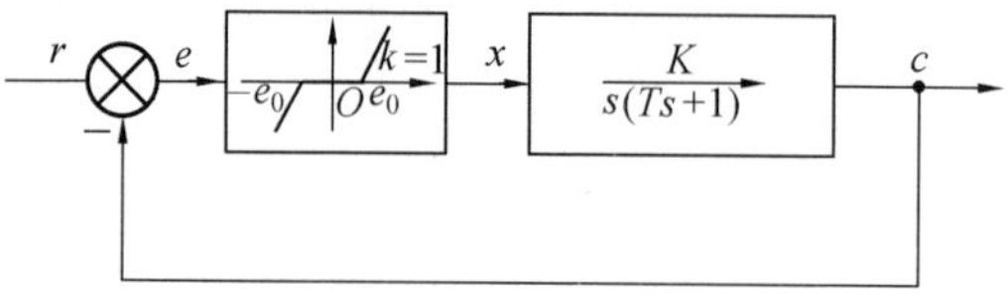

图 7.4.11　非线性系统方框图

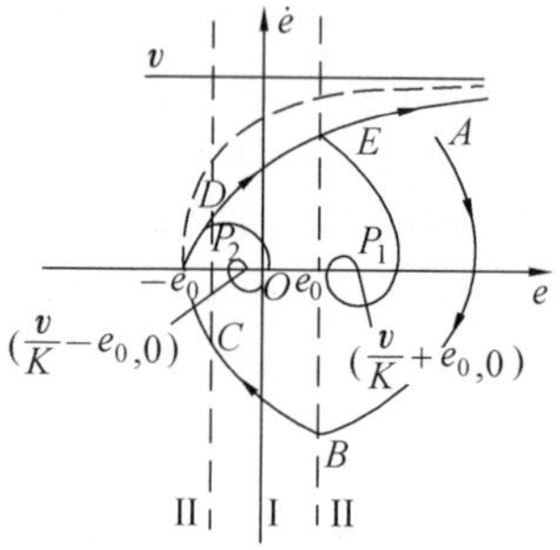

图 7.4.12　非线性系统的相平面图

给定非线性系统响应输入信号 $R + vt$ 的完整相轨迹 $ABCDEP_1$,如图 7.4.12 所示,它表明给定非线性系统的响应误差具有衰减振荡特性,其稳态值等于$\frac{v}{K} + e_0$。可见,输入速度越高以及死区越大,系统的稳态误差也越大;而提高系统的开环增益可减小稳态误差。

例 7.4.4　含具有死区无滞环的继电器特性的非线性系统分析

设含具有死区无滞环的继电器特性的非线性系统方框图如图 7.4.13 所示。从图可写出以误差 e 为输出变量的系统运动方程为

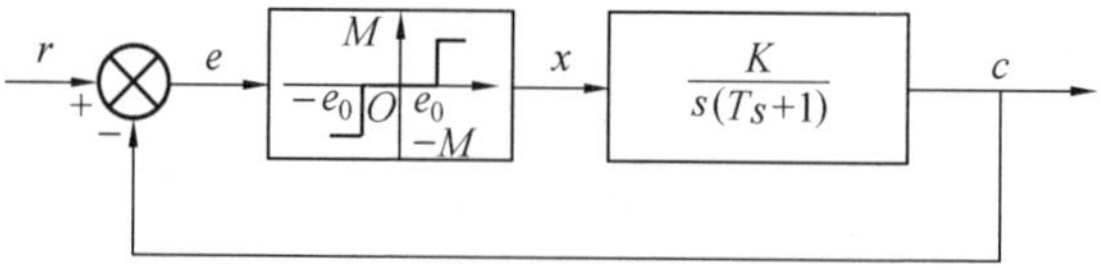

图 7.4.13　非线性系统方框图

$$T\ddot{e} + \dot{e} + Kx = T\ddot{r} + \dot{r}$$

式中

$$x = \begin{cases} M & e > e_0 \\ 0 & |e| < e_0 \\ -M & e < -e_0 \end{cases}$$

根据具有死区无滞环的继电器特性,相平面 $e - \dot{e}$ 可划分三个区域,其中 Ⅰ 区对应 $|e| < e_0$,Ⅱ 区对应 $e > e_0$,Ⅲ 区对应 $e < -e_0$。

若取输入信号 $r(t) = R \cdot 1(t)$,R = 常值,则在 $t > 0$时有 $\ddot{r} = \dot{r} = 0$,于是,相平面上 Ⅰ、

Ⅱ、Ⅲ 区的相轨迹方程分别为

$$T\ddot{e} + \dot{e} = 0 \qquad |e| < e_0 \tag{7.4.44}$$

$$T\ddot{e} + \dot{e} = -KM \qquad e > e_0 \tag{7.4.45}$$

$$T\ddot{e} + \dot{e} = KM \qquad e < -e_0 \tag{7.4.46}$$

由式(7.4.44)求得 Ⅰ 区的相轨迹为斜率等于 $-1/T$ 的直线,或为 $\dot{e} = 0$ 的直线,即横轴。由式(7.4.45)及(7.4.46)看出,Ⅱ、Ⅲ 两区相轨迹的渐近线方程分别为

$$\dot{e} = -KM \qquad e > e_0$$

$$\dot{e} = KM \qquad e < -e_0$$

图 7.4.14 所示为始于初始点 A 的给定非线性系统的完整相轨迹 $ABCDEFG$,它经过若干次切换最终收敛于死区内横轴上的 G 点,线段 OG 代表系统的稳态误差。注意,在响应阶跃输入情况下,给定非线性系统的相轨迹的终点在死区内是多值的,其位置取决于系统的初始条件及阶跃输入的幅度。

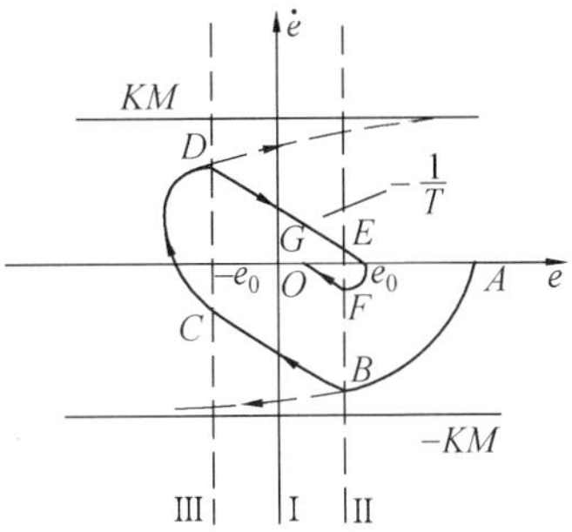

图 7.4.14　非线性系统的相平面图

若取输入信号 $r(t) = R + vt$,其中 R、v 为常值,则在 $t > 0$时有 $\ddot{r} = 0$及 $\dot{r} = v$。在这种情况下,Ⅰ、Ⅱ、Ⅲ 三个区域的相轨迹方程分别为

$$T\ddot{e} + \dot{e} = v \qquad |e| < e_0 \tag{7.4.47}$$

$$T\ddot{e} + \dot{e} + KM = v \qquad e > e_0 \tag{7.4.48}$$

$$T\ddot{e} + \dot{e} - KM = v \qquad e < -e_0 \tag{7.4.49}$$

从式(7.4.47)可求出 Ⅰ 区相轨迹的渐近线方程为

$$\dot{e} = v - KM \qquad a = 0 \qquad e > e_0$$

$$\dot{e} = v + KM \qquad a = 0 \qquad e < -e_0$$

图 7.4.15 分别示出 $v > KM$、$v < KM$ 及 $v = KM$ 三种匀速输入情况下给定非线性系统在 $e-\dot{e}$ 平面上的相轨迹。从图(a)可见,相轨迹始于 Ⅲ 区的初始点 A 向其渐近线 $\dot{e} = v + KM$ 逼近,在切换线上的 B 点切换后转入 Ⅰ 区,并趋向 Ⅰ 区的渐近线 $\dot{e} = v$,在另一条切换线上的 C 点再度发生切换,切换后进入 Ⅱ 区,并向 Ⅱ 区的渐近线 $\dot{e} = v - KM$ 逼近,最终趋向 $e = \infty$ 及 $\dot{e} = v$。说明,给定非线性系统在响应匀速输入 $v > KM$ 情况下的稳态误差为无穷大,即系统不可能跟踪在量值上大于 KM 的匀速。图 7.4.15(b)所示为 $v < KM$ 情况下给定非线性系统的完整相轨迹 $ABCDE\cdots$。由于 Ⅱ 区相轨迹的渐近线 $\dot{e} = v - KM$ 处于横轴之下,故在相轨迹由 C 点切换到 Ⅱ 区并趋向渐近线 $\dot{e} = v - KM$ 过程中,在 D 点经切换再度进入 Ⅰ 区,经如此反复切换,最终将围绕点$(e_0,0)$形成一个极限环。这说明,在匀速输入 $v < KM$ 情况下,给定非线性系统内产生振幅不大的自持振荡如图 7.4.15(c)给出给定非线性系统响应匀速输入 $v = KM$ 时

的相轨迹。相轨迹 $ABCD$ 最后在Ⅱ区沿斜率等于 $-1/T$ 的直线终止在横轴 $e_0\sim\infty$ 区间上的 D 点，线段 OD 代表系统响应匀速输入 $v=KM$ 的稳态误差。对于 $v=KM$ 这种情况，系统的稳态误差值不固定，其大小与系统的初始条件及输入信号参数有关。

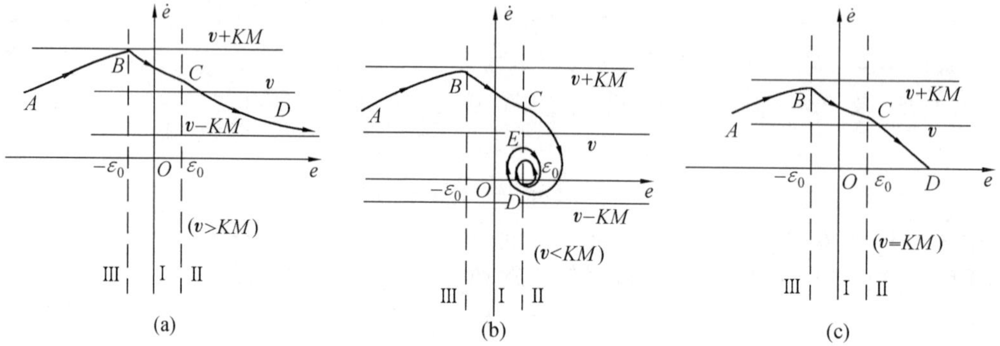

图 7.4.15　非线性系统相平面图

例 7.4.5　含具有死区和滞环的继电器特性的非线性系统分析。

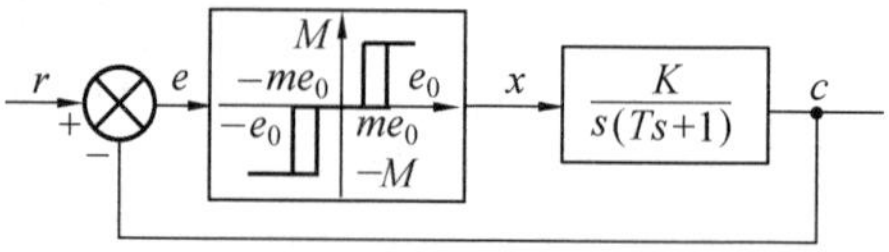

图 7.4.16　非线性系统方框图

设含具有死区和滞环的继电器特性的非线性系统方框图如图 7.4.16 所示。从图可写出以误差 e 为输出变量时系统响应阶跃输入的运动方程为

$$T\ddot{e}+\dot{e}=0\qquad\begin{pmatrix}-me_0<e<e_0,\dot{e}>0\\-e_0<e<me_0,\dot{e}<0\end{pmatrix}\tag{7.4.50}$$

$$T\ddot{e}+\dot{e}+KM=0\qquad(e\geqslant e_0;e>me_0;\dot{e}<0)\tag{7.4.51}$$

$$T\ddot{e}+\dot{e}-KM=0\qquad(e\leqslant -e_0;e<-me_0;\dot{e}>0)\tag{7.4.52}$$

根据具有死区和滞环的继电器特性及式 (7.4.50) ~ (7.4.52) 所示系统运动方程，相平面可划分为三个区域，其中Ⅰ、Ⅱ区的分界线(切换线)方程为 $e=e_0$ 及 $e=me_0$；Ⅰ、Ⅲ区的分界线(切换线方程为 $e=-e_0$ 及 $e=-me_0$。见图 7.4.17。因此，式(7.4.50) 代表Ⅰ区的相轨迹方程；式(7.4.51)、(7.4.52) 分别代表Ⅱ、Ⅲ两区的相轨迹方程。

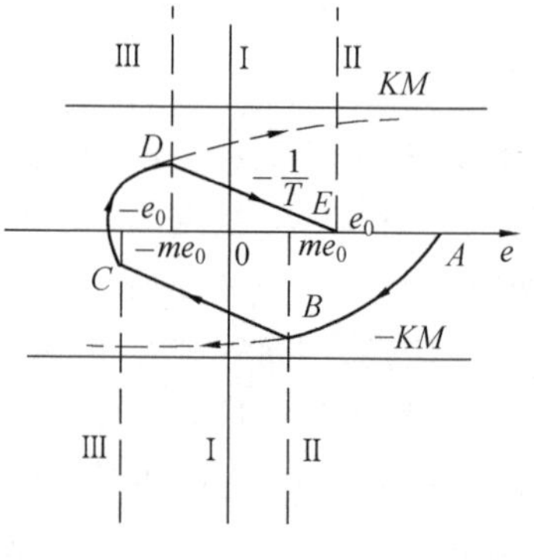

图 7.4.17　非线性系统的相平面图

从式(7.4.50) 可求得Ⅰ区的相轨迹为斜率等于 $-1/T$ 的直线，或为 $\dot{e}=0$ 的直线。又从式(7.4.51) 及式(7.4.52) 分别解出Ⅱ、Ⅲ区相轨迹的渐近线方程为

$$\dot{e}=-KM\quad(\text{Ⅱ 区})$$

$$\dot{e} = KM \quad (\text{Ⅲ 区})$$

图 7.4.17 给出始于初始点 A 的给定非线性系统响应阶跃输入时描述其误差变化过程的相轨迹 $ABCDE$。从中可见，斜率 $-1/T$ 较小时相轨迹有可能形成极限环，从而使误差 e 围绕系统平衡状态作等幅振荡；但当斜率 $-1/T$ 足够大时，可以使相轨迹趋向 e 轴的 $-e_0 \sim e_0$ 区间，并终止在该区间的一点上，使误差 e 最终趋于系统的常值稳态误差。

例 7.4.6 含仅具有滞环的继电器特性的非线性系统分析。

设含仅具有滞环（$m = -1$）的继电器特性的非线性系统方框图如图 7.4.18 所示。从图可写出以误差 e 为输出变量时系统响应阶跃输入的运动方程为

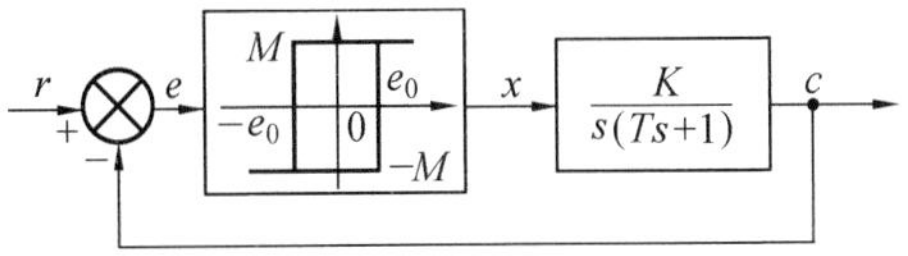

图 7.4.18 非线性系统方框图

$$T\ddot{e} + \dot{e} + KM = 0 \qquad e > e_0; \qquad e > -e_0 \ \text{且} \ \dot{e} < 0 \tag{7.4.53}$$

$$T\ddot{e} + \dot{e} - KM = 0 \qquad e < -e_0; \qquad e < e_0 \ \text{且} \ \dot{e} > 0 \tag{7.4.54}$$

根据仅具有滞环（$m = -1$）的继电器特性可将 $e-\dot{e}$ 平面划分为两个区域，它们的分界线是该平面上半部的 $e = e_0$ 直线和下半部的 $e = -e_0$ 直线，即对于 $\dot{e} > 0$ 时 $e = e_0$ 的右侧，及对于 $\dot{e} < 0$ 时 $e = -e_0$ 的右侧为Ⅰ区，$e-\dot{e}$ 平面的其余部分为Ⅱ区，见图 7.4.19。这样，由式(7.4.53)及(7.4.54)分别解出Ⅰ区及Ⅱ区相轨迹的渐近线方程为

$$\dot{e} = -KM \quad (\text{Ⅰ 区})$$

$$\dot{e} = KM \quad (\text{Ⅱ 区})$$

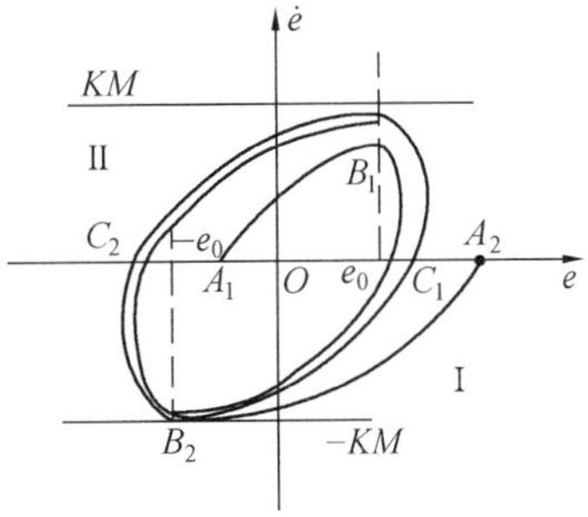

图 7.4.19 非线性系统的相平面图

图 7.4.19 所示为给定非线性系统的相平面图。从图可见，在含仅具有滞环（$m = -1$）的继电器特性的非线性系统内存在自持振荡。这是因为始于极限环内的相轨迹随时间的推移逐渐向极限环发散，而始于极限环之外的相轨迹则随时间的推移逐渐收敛到极限环。由此可见极限环是稳定的，可以看出，只要 $e_0 > 0$，这个稳定的极限环总是存在的。

在实际系统中，由于机械传动部分存在摩擦，使得系统的静态误差加大，同时在随动系统中低速跟踪性能不平稳，会出现所谓“低速爬行”现象。下面通过对例子的分析简单分析这种现象。

例 7.4.7 摩擦非线性对随动系统低速跟踪性能的影响。

考察如图 7.4.20(a) 所示的随动系统，其中 $F(\dot{c})$ 表示摩擦非线性，其特性如图 7.4.20(b) 所示，图中 F_0 表示动摩擦的大小，而 KF_0 表示静摩擦的最大值，由于静摩擦的最大值总是大于动摩擦，所以总有 $K > 1$。为了分析的简单，可以假设动摩擦力的大小为恒值，设为 F_0，则有

$$f = \begin{cases} F_0 & \dot{c} > 0 \\ -F_0 & \dot{c} < 0 \end{cases}$$

当静止时，$\dot{c}=0$，有 $f=e$，e 为图7.4.20中 r 与 c 的误差。根据静摩擦的性质可知，当 $|e|$ 增大时，静摩擦 f 的大小也会随着增大，保持 $f=e$，直至达到静摩擦的最大值 KF_0，当 $|e|>KF_0$ 时，系统开始运动，摩擦力遵循动摩擦力的规律。

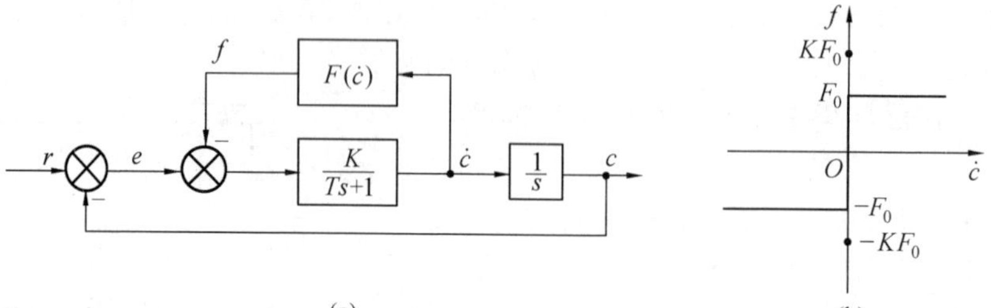

图 7.4.20

系统在斜坡输入 $r(t)=vt$ 作用下，由 $e=r-c$ 可知，$\dot{c}=v-\dot{e}$，因此，在 $e-\dot{e}$ 的相平面上，$\dot{c}=0$，即 $\dot{e}=v$ 为开关线，可以将相平面分成上下两个区域 Ⅰ 和 Ⅱ，如图 7.4.21 所示。

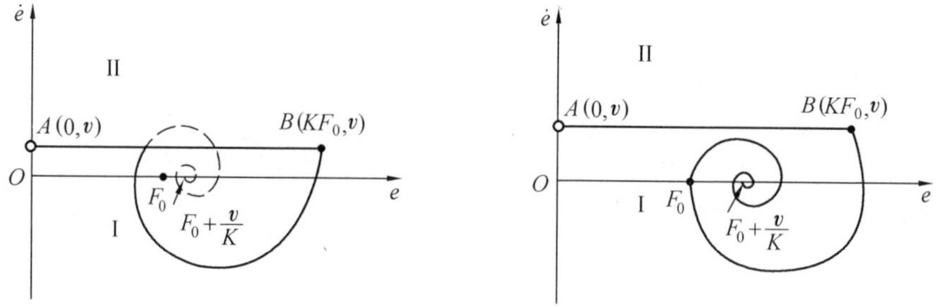

图 7.4.21　相平面图

在区域 Ⅰ 中，$\dot{c}>0$，即 $\dot{e}<v$，此时 $f=F_0$，系统的运动方程为

$$T\ddot{c}+\dot{c}=K(e-F_0)$$

将 $e=r-c$ 代入，并注意到 $\dot{r}=v$，$\ddot{r}=0$，可以得到误差的运动方程为

$$T\ddot{e}+\dot{e}+Ke=v+KF_0 \tag{7.4.55}$$

奇点为 $(v/K+F_0,0)$，位于 Ⅰ 区，是实奇点。

在区域 Ⅱ 内，$\dot{e}>v$，即 $\dot{c}<0$，此时 $f=-F_0$，系统的误差方程为

$$T\ddot{e}+\dot{e}+Ke=v-KF_0 \tag{7.4.56}$$

奇点为 $(v/K-F_0,0)$，位于 Ⅰ 区，是虚奇点。

设系统参数为：$\omega=\sqrt{K/T}=1$，$\xi=\sqrt{1/KT}/2=0.5$，$F_0=1$，$K=2$，绘得相平面图如图 7.4.21 所示。$\dot{e}=v$ 为开关线。Ⅰ 区的相轨迹是一族以 $(v/K+F_0,0)$ 为稳定焦点的曲线，Ⅱ 区的相轨迹是一族以 $(v/K-F_0,0)$ 为稳定焦点的曲线。

当系统输入为 $r = vt$ 时，且 v 较小，相平面图如图 7.4.21(a) 所示，初始状态为 $(0,v)$，即 A 点。由于速度 $\dot{e}$ 为正，而 $e < KF_0$，系统处于静摩擦状态，故系统状态运动由 A 点开始沿开关线 $\dot{e} = v$ 向右“滑动”，一直保持 $\dot{e} = v$，即 $\dot{c} = 0$。这表明，在这段时间内 c 没有变化，所以 e 越来越大，这是静摩擦的作用所致。当滑动到点 $B(KF_0,v)$ 时，静摩擦达到极限值。e 继续增大才足以克服静摩擦力，使 $\dot{c} > 0$，即 $\dot{e} < v$。于是系统开始进入下半区域，沿着以 B 点为起点的相轨迹运动。当运动到开关线上的点时，又发生 $\dot{c} = 0$ 的情况，系统重新受到静摩擦的支配。相轨迹不可能运动到 Ⅱ 区，只能再一次沿开关线滑动至 B 点，然后重复上述过程，形成极限环。这个极限环的存在说明了低速跟踪的不平稳现象。

如果输入信号的速率 v 较大，相平面图如图 7.4.21(b) 所示，此时开关线上移。由于速率 v 较大，相轨迹移动到 B 点后，在 Ⅰ 区中的运动开关线没有交点，以螺线形式趋于稳定焦点 $(v/K + F_0,0)$，不形成极限环。这表明，在非低速跟踪时不存在不平稳现象。

如果系统是临界阻尼或过阻尼，即 $\xi \geqslant 1$，则从 B 点起始的相轨迹在向下穿过 e 轴后不会再一次向上穿过 e 轴，而是趋于稳定节点。如图 7.4.22(a)，这样也就不可能形成极限环。这时不论输入信号速率 v 是否低速，都不会产生跟踪不平稳现象。

如果极限静摩擦与动摩擦相等，即 $K = 1$，则在欠阻尼 $\xi < 1$ 时，也不可能构成极限环，即不可能产生跟踪不平稳现象，如图 7.4.22(b) 所示。

综上所述，在阻尼系数 $\zeta < 1$ 和参数 $K > 1$ 时，随动系统会产生低速跟踪的不平稳现象。由此可见，一种可能的改善途径是加大阻尼。但是，由于静摩擦与动摩擦模型的复杂性，实际系统的非线性和其他各种干扰等因素，伺服系统摩擦力所造成的低速“爬行” 现象至今仍是工程中需要克服的问题。

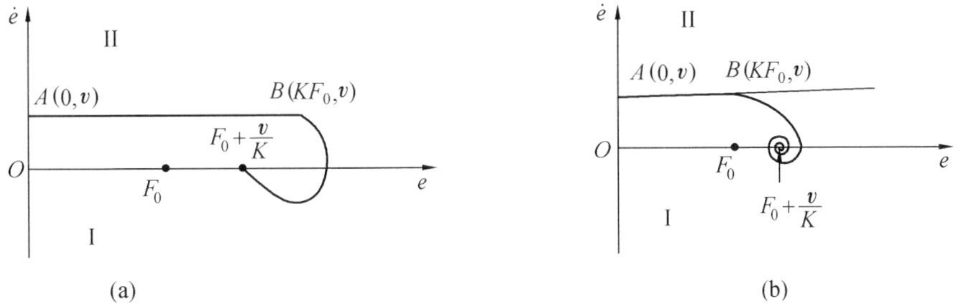

图 7.4.22　相平面图

7.4.4　速度反馈用于改善含继电器特性的非线性系统性能

设具有速度反馈的含理想继电器特性的非线性系统如图 7.4.23 所示。从图求得无速度反馈情况下，以误差 e 为输出变量给定非线性系统响应阶跃输入的运动方程为

$$T\ddot{e} + KM = 0 \qquad e > 0 \tag{7.4.57}$$

$$T\ddot{e} - KM = 0 \qquad e < 0 \tag{7.4.58}$$

由式(7.4.57)及(7.4.58)求得Ⅰ、Ⅱ区的相轨迹方程为

$$\dot{e}^2 = -\frac{2KM}{T}(e - c) \qquad e > 0 \tag{7.4.59}$$

$$\dot{e}^2 = \frac{2KM}{T}(e - c) \qquad e < 0 \tag{7.4.60}$$

其中 c 为与系统初始条件有关的积分常数。

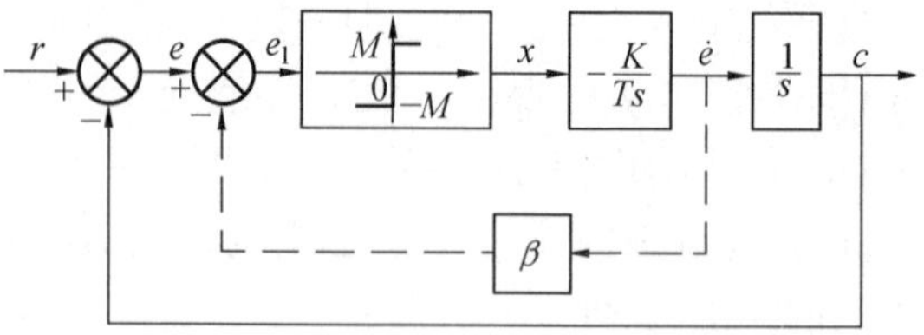

图 7.4.23　具有速度反馈的非线性系统方框图

式(7.4.59)及(7.4.60)分别代表 $e-\dot{e}$ 平面上Ⅰ区及Ⅱ区内的一簇抛物线。由于两簇抛物线都对称于实轴，且Ⅰ、Ⅱ两区的切换线为虚轴，故给定非线性系统的相轨迹为一簇封闭曲线，见图7.4.24。可见，含理想继电器特性的给定非线性系统无速度反馈时将产生自持振荡。

有速度反馈时，从图7.4.23求得非线性环节的输入变量 e_1 为

$$e_1 = e - \beta\dot{c}$$

考虑到 $\dot{c} = \dot{r} - \dot{e}$ 及阶跃输入的导数 $\dot{r} = 0$，则有

$$e_1 = e + \beta\dot{e} \tag{7.4.61}$$

由于理想继电器的切换线方程为 $e_1 = 0$，故有速度反馈时理想继电器在 $e-\dot{e}$ 平面上的切换线方程基于式(7.4.61)由 $e + \beta\dot{e} = 0$ 求得为

$$\dot{e} = -\frac{1}{\beta}e \tag{7.4.62}$$

这是一条过原点(0,0)的直线方程，它是在原切换线 $e = 0$ 沿逆时针方向转过一个角度 φ 形成的，见图7.4.25，其中

$$\varphi = \arctan\beta \tag{7.4.63}$$

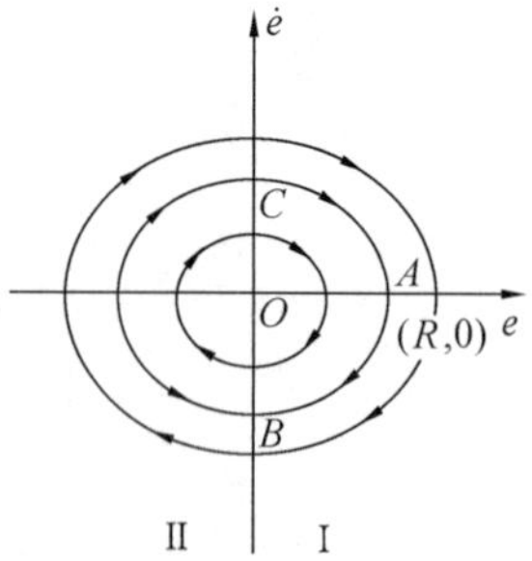

图 7.4.24　非线性系统的相平面图

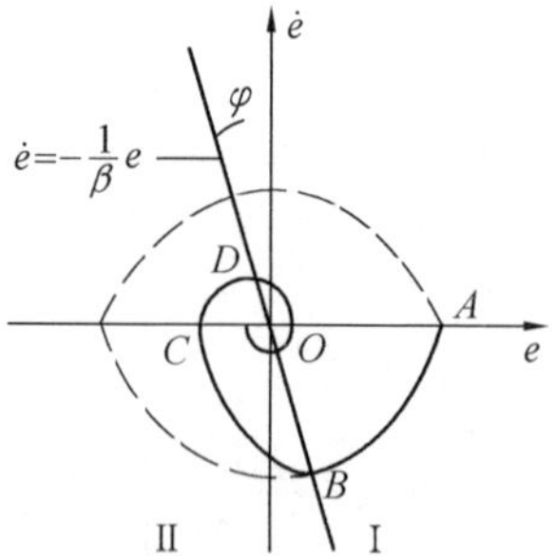

图 7.4.25　非线性系统的相平面图

由式(7.4.63)看到，反馈系数 β 越大，即反馈作用越强，切换线沿逆时针方向转过的角度 φ 就越大，相轨迹的切换时间与无速度反馈时相比也就会更加提前。

有速度反馈时，Ⅰ、Ⅱ区的相轨迹方程从图7.4.23求得为

$$T\ddot{e}+KM=0 \qquad e_1>0 \qquad 即\ e>-\beta\dot{e} \tag{7.4.64}$$

$$T\ddot{e}-KM=0 \qquad e_1<0 \qquad 即\ e<-\beta\dot{e} \tag{7.4.65}$$

从式(7.4.64),(7.4.65)可见,速度反馈对相轨迹方程无影响,它的作用仅在于改变相轨迹的切换线位置,使相轨迹的切换时间提前,从而去改善非线性系统性能。这可从图 7.4.25 所示的含理想继电器特性的非线性方程的相平面图看得很清楚,图中虚线特性为无速度反馈时系统的相轨迹,它代表系统中产生的自持振荡;实线特性 *ABCD* 为通过速度反馈系统性能得到改善时的相轨迹,它说明系统原有的自持振荡已消失,代之而出现的则是衰减振荡过程。

速度反馈不仅能消除非线性系统的自持振荡,也可使无自持振荡的非线性系统性能得到进一步的改善。例如,若在图 7.4.16 所示含具有死区和滞环的继电器特性的非线性系统中引进速度反馈,其方框图如图 7.4.26 所示。则根据

$$e+\beta\dot{e}=\begin{cases}e_0\\ me_0\\ -me_0\\ -e_0\end{cases}$$

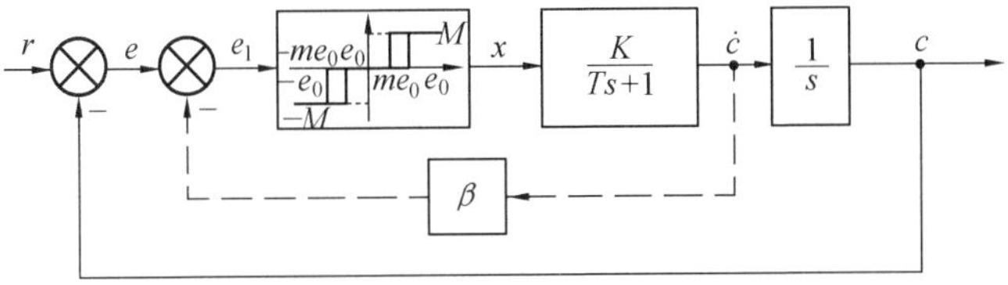

图 7.4.26　具有速度反馈的非线性系统方框图

求得系统响应阶跃输入时相平面图的四条切换线方程分别为

$$\dot{e}=-\frac{1}{\beta}(e-e_0) \quad 或 \quad e-e_0=-\beta\dot{e}$$

$$e-me_0=-\beta\dot{e}$$

$$e+me_0=-\beta\dot{e}$$

$$e+e_0=-\beta\dot{e}$$

有速度反馈时的切换线相对无速度反馈时的切换线沿逆时针方向转过的角度为

$$\varphi=\arctan\beta$$

有速度反馈的非线性系统响应阶跃输入时在 $e-\dot{e}$ 平面上的相轨迹如图 7.4.27 所示。比较相平面图 7.4.27 与图 7.4.17 可以看出,速度反馈有可能进一步削弱原系统的衰减振荡特性,缩短其调整时间及减小其稳态误差。

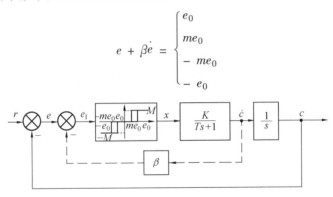

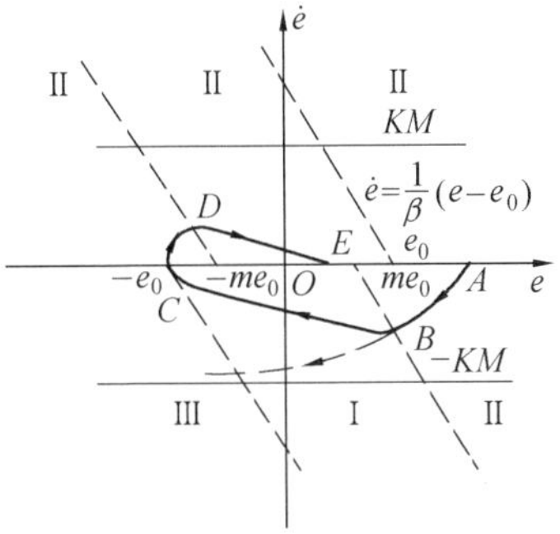

图 7.4.27　非线性系统的相平面图

7.4.5 利用非线性特性改善控制系统的性能

控制系统中存在的非线性因素,在一般情况下,对系统的控制性能往往产生不良影响。但有些情况下在控制系统中人为地引入某些非线性特性却能使系统的控制性能得到改善。这些人为地加到系统中去的非线性特性称为非线性校正环节。对于某些非线性系统,非线性校正环节使用较简单的装置便能使控制系统性能得到大幅度提高,并能成功地解决系统快速性能和振荡性能之间的矛盾等特点。下面以两个例子来说明利用非线性特性改善控制系统性能的问题。

例 7.4.8 设有图 7.4.28 所示含非线性反馈的随动系统。试分析非线性反馈在改善系统性能方面的作用。

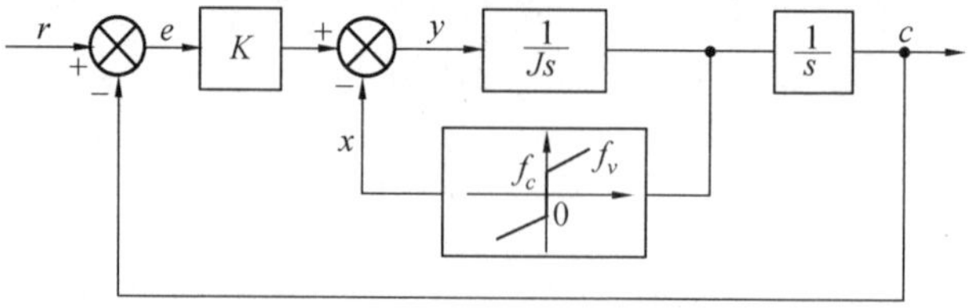

图 7.4.28 随动系统方框图

解 应用相平面法分析非线性反馈在改善系统性能方面的作用。

(1) 无非线性反馈时系统的运动状态

这时,系统的运动方程为

$$J\ddot{c} = Ke$$

$$e = r - c$$

若考虑 $r(t) = R \cdot 1(t)$, R = 常值,则以误差 e 为输出变量表示的运动方程为

$$J\ddot{e} + Ke = 0$$

上式由于阻尼比 $\zeta = 0$,故在 $e - \dot{e}$ 平面中的相轨迹为一簇代表等幅振荡的极限环。因此,给定系统在无线性反馈时为实际上的不稳定系统。

(2) 有非线性反馈时系统的运动状态

这时,从图 7.4.28 所示方框图写出系统的运动方程为

$$J\ddot{c} = y$$

$$y = Ke - x$$

$$e = r - c$$

$$x = \begin{cases} f_c + f_v\dot{c} & \dot{c} > 0 \\ -f_c + f_v\dot{c} & \dot{c} < 0 \end{cases}$$

其中 f_c 和 f_v 分别为干摩擦与粘摩擦系数。

若考虑 $r(t) = R \cdot 1(t)$, R = 常值,则以误差 e 为输出变量表示的运动方程为

$$J\ddot{e} + f_v\dot{e} + K\left(e - \frac{f_c}{K}\right) = 0 \qquad \dot{e} < 0$$

$$J\ddot{e} + f_v\dot{e} + K\left(e - \frac{f_c}{K}\right) = 0 \qquad \dot{e} > 0$$

上列运动方程中的阻尼比 ζ 通常介于0与1之间，故代表欠阻尼运动状态。由上列运动方程不难求出，在 $e-\dot{e}$ 平面上半部（$\dot{e}>0$）的奇点为稳定焦点，其坐标为 $e=-f_c/K$ 及 $\dot{e}=0$，是实奇点；在 $e-\dot{e}$ 平面下半部（$\dot{e}<0$）的奇点也将是稳定焦点，其坐标为 $e=f_c/K$ 及 $\dot{e}=0$，也是实奇点。给定系统有非线性反馈时的相轨迹如图 7.4.29 所示，它代表向横轴的 $-f_c/K \sim f_c/K$ 线段收敛的衰减振荡运动状态。横轴上的线段 $-f_c/K \sim f_c/K$ 代表系统的稳态误差区，这说明系统的最大稳态误差等于 $\pm f_c/K$，增大开环增益 K 可以减小最大稳态误差值。

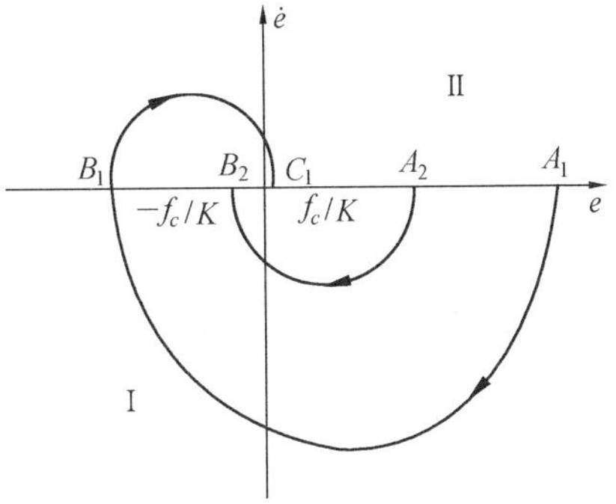

图 7.4.29　随动系统的相轨迹图

综上分析，对于给定随动系统来说，非线性反馈的作用在于增大系统的阻尼程度，使系统由无阻尼状态转变为欠阻尼状态。可见，一种简单的非线性速度反馈有效地将实际上的不稳定系统校正为实用的稳定系统。

例 7.4.9　设具有非线性反馈的控制系统方框图如图 7.4.30 所示。试分析非线性反馈在改善系统性能方面的作用。

解　从图可见，当系统输出变量 $c(t)$ 小于死区 c_0 时，微分负反馈信号 $x_1(t)$ 等于零，即微分负反馈不存在，这时的系统闭环传递函数为

$$\frac{C(s)}{R(s)} = \frac{K_1K_2}{Ts^2 + s + K_1K_2} \qquad |c| < c_0$$

其中阻尼比 $\zeta = 1/2\sqrt{K_1K_2T}$，无阻尼自振频率 $\omega_n = \sqrt{K_1K_2}/\sqrt{T}$。通常系统工作在阻尼比较小的欠阻尼状态，因此系统具有较高的响应速度，其单位阶跃响应如图 7.4.31 中的曲线 1 所示。

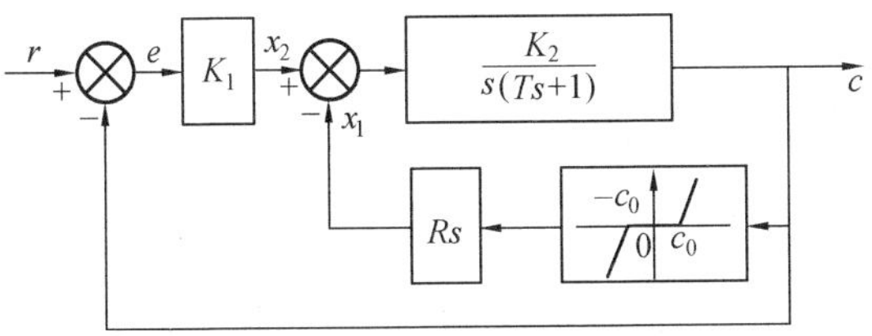

图 7.4.30　控制系统方框图

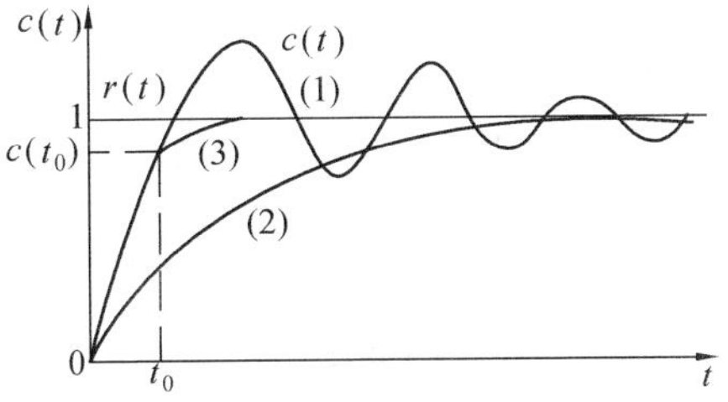

图 7.4.31　系统输出响应

从图7.4.31的曲线1看到,无微分负反馈系统虽具有较高的响应速度,但由于阻尼程度低,故其超调量及调整时间均较大。在$|c| \geqslant c_0$,系统具有微分负反馈的情况下,其闭环传递函数为

$$\frac{C(s)}{R(s)}=\frac{K_1K_2}{Ts^2+(1+K_2k\beta)s+K_1K_2} \qquad |c| \geqslant c_0$$

其中阻尼比$\zeta_t=(1+K_2k\beta)/2\sqrt{K_1K_2T}$,无阻尼自振频率$\omega_n=\sqrt{K_1K_2}/\sqrt{T}$,$k$为死区特性线性段的斜率。由于具有微分负反馈的系统阻尼比ζ_t较无反馈系统的ζ增大$(1+K_2k\beta)$倍,故系统的阻尼程度有了大幅度的提高,其单位阶跃响应可能具有如图7.4.31曲线2所示的形式。这说明,有微分负反馈的系统无超调或具有很小的超调,但其响应速度偏低。

综上分析,若在系统中引入图7.4.30所示非线性微分负反馈,则当$|c(t)|<c_0$时,输出响应$c(t)$首先按曲线1所示形式进行,具有较高响应速度,但在系统的输出变量$c(t)$于$t=t_0$时刻接近其稳态值的情况下,为避免出现超调,可令$|c(t_0)|>c_0$而接入微分负反馈使输出响应$c(t)$按曲线2形式进行,从而最终得到如曲线3所示较理想的完整响应过程。由此可见,非线性微分负反馈的作用在于既保留无反馈系统响应速度高的优点,又突出有微分负反馈系统阻尼程度高而避免出现超调的优点,使系统具有优良的动态性能。

7.5 非线性特性描述函数法

描述函数法是达尼尔(P.J.Daniel)于1940年首先提出的,其基本思想是:当系统满足一定的假设条件时,系统中非线性环节在正弦信号的作用下的输出可用一次谐波分量来近似,由此导出非线性环节的近似等效频率特性,即描述函数。从而可以将线性系统的频率响应法推广到非线性系统中。所以描述函数法又称为谐波线性化方法,或谐波平衡点。这是一种工程近似方法,主要用来分析非线性系统的自持振荡(极限环)的稳定性,以及确定非线性闭环系统在正弦函数作用下的输出特性。应用这种方法分析非线性系统时,系统的阶数不受限制。

7.5.1 描述函数的基本概念

假设非线性系统可以变换成如图7.5.1所示结构,由一个非线性环节N和线性部分$G(s)$组成的单位负反馈系统。这里,非线性环节可能是几个物理部件的总的非线性的等效特性。

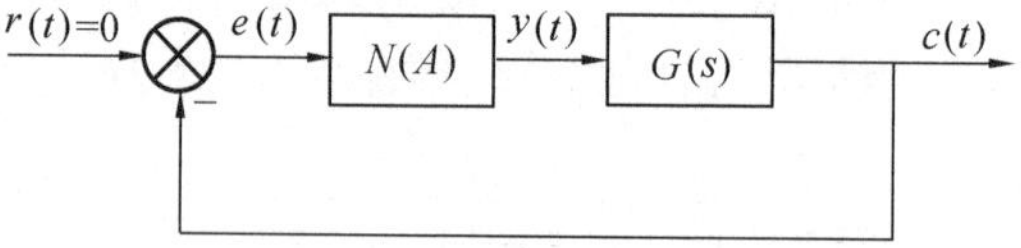

图7.5.1 非线性系统方框图

由于系统中存在非线性环节,常常会出现极限环现象。若系统存在一个极限环,则该系统的所有信号必须是周期的,作为周期信号,图7.5.1中线性环节的输入能展成多项谐波之和,而由于线性环节一般都具有低通滤波特性,能够滤除较高频率的信号,因而其输出$c(t)$必定主要由最低次谐波组成。因此,假设整个系统中的信号为基波形式是适当的。这样我们就可以

在假设系统存在某个未知幅值和频率的极限环的前提下，再去证实这个系统的方程确实存在这样的解，然后确定极限环的幅值和频率。这十分类似于微分方程理论中的假定变量法，后者也是首先假定存在某个具有一定形式的解，并将其代入微分方程中，然后试图确定这个解的系数。

用描述函数法研究如图 7.5.1 所示的系统，首先要明确对系统的几个假设条件。

(1) 系统只有一个非线性环节。如果系统中存在两个或更多的非线性环节，必须将它们归并成一个单一非线性环节，或者略去次要的非线性因素而保留主要的非线性因素。

(2) 假设系统中的非线性环节是时不变的。实际上，控制中的典型非线性环节均满足这样的要求。作这样假设的理由是，作为描述函数法主要依据的奈奎斯特判据只能用于定常系统。

(3) 非线性环节 N 对应于正弦输入，只考虑其输出中的基波分量。这是描述函数法的基本假设，它表示了一种近似。因为对应于正弦输入的非线性环节的输出，除含有基波之外还包含高次谐波。这个假设意味着在分析中，与基波成分相比，较高频率的谐波能完全忽略。为使这个假设成立，很重要的一点是跟在非线性环节之后的线性环节必须具有低通滤波特性，即

$$|G(j\omega)| \gg |G(jn\omega)| \qquad n = 2,3,\cdots$$

这意味着输出中的高次谐波将会被有效地滤除。

(4) 假设非线性特性关于原点对称。设非线性环节 N 的输入是正弦信号 $e(t) = A\sin \omega t$，一般情况下其输出 $y(t)$ 是周期信号，可以将它表示为傅里叶级数的形式，即

$$y(t) = Y_0 + \sum_{n=1}^{\infty}(A_n\cos n\omega t + B_n\sin n\omega t) = Y_0 + \sum_{n=1}^{\infty} Y_n\sin(n\omega t + \phi_n)$$

由假设(4)可知，非线性特性关于原点对称，则 $y(t)$ 的直流分量 $Y_0 = 0$。又由于假设(3)，线性部分具有良好的高频滤波特性，则 $y(t)$ 中高次谐波通过线性环节 $G(j\omega)$ 后幅值将变得很小。这样，在近似分析中可以认为线性部分的输出只有一次分量存在。换言之，可以认为在非线性环节的输出信号中，实际上只有基波 $y_1(t) = Y_1\sin(\omega t + \phi_1)$ 起作用。

这样，可认为只有非线性元件输出，$y(t)$ 中的基波能沿闭环回路反馈到非线性元件的输入端而构成正弦输入 $e(t)$。这实际上相当于将非线性元件在一定条件下看成为具有对输入正弦的响应仍是同频率正弦的线性特性的一种线性元件，从而使含这种非线性元件的非线性系统变成一类有条件的线性系统。

因此在一定的近似条件下，非线性元件的特性与通过频率响应描述线性元件特性相类似，也可采用一复变函数 $N(A)$ 来描述。该复变函数的模等于非正弦周期输出的基波 $y_1(t) = Y_1\sin(\omega t + \phi_1)$ 的振幅 Y_1 与输入正弦 $e(t) = A\sin\omega t$ 的振幅 A 之比 Y_1/A，其幅角为正弦输出 $y_1(t)$ 相对正弦输入 $e(t)$ 的相移 ϕ，因此

$$N(A) = \frac{Y_1}{A}e^{j\phi_1} \tag{7.5.1}$$

复变函数 $N(A)$ 称为非线性元件的描述函数，它与线性元件的频率响应不同，一般是输入正弦

振幅 A 的函数，只有当非线性元件具有储能特性时，即 N 的特性不是用代数方程而是微分方程描述，描述函数才既是输入振幅 A 又是角频率 ω 的函数，记为 $N(A,\omega)$。

应用描述函数的概念，可以将图 7.5.1 所示的系统写出方程

$$c = N(A)\cdot G(\mathrm{j}\omega)e$$

$$e = r - c$$

消去 e，得

$$[N(A)G(\mathrm{j}\omega) + 1]c = N(A)G(\mathrm{j}\omega)r$$

当系统不受外部作用，即 $r = 0$ 时，有

$$[N(A)G(\mathrm{j}\omega) + 1]c = 0$$

这时以下两个条件中至少有一个条件成立，其一是

$$c = 0$$

这意味着系统静止，所以是平凡情形，不必讨论。如果 $c \neq 0$，即系统在无外作用下仍在运动，则另一个条件是

$$N(A)G(\mathrm{j}\omega) + 1 = 0 \tag{7.5.2}$$

这时系统存在极限环，即系统内部存在自持振荡的必要条件。称式(7.5.2) 为非线性系统的特征方程。

下面用一个例子来说明以上的结论。

例 7.5.1 对于范德堡方程

$$\ddot{x} + a(x^2 - 1)\dot{x} + x = 0 \tag{7.5.3}$$

其中，a 为正常数，用图 7.5.2 所示的方框图表示系统的动态特性。从图中可知，这个反馈系统包含一个线性环节和一个非线性环节。

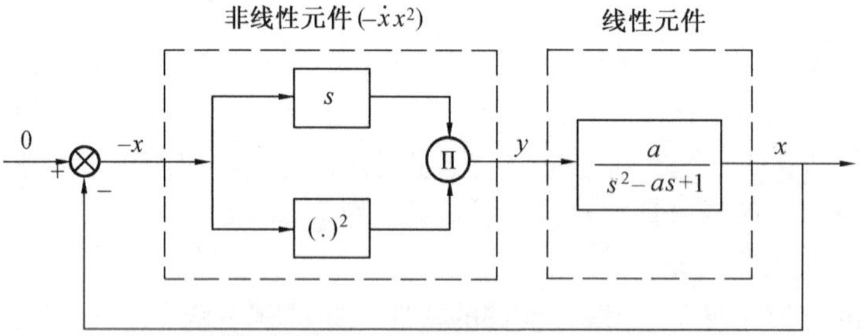

图 7.5.2 范德堡振荡器反馈示意图

图 7.5.2 中，$\prod$ 为乘积符号。假设系统存在某个极限环，其振荡信号具有如下形式

$$x(t) = A\sin(\omega t)$$

式中 A—— 极限环的振荡幅值；

ω—— 极限环的振荡频率。

于是有

$$\dot{x}(t) = A\omega\cos(\omega t)$$

因此,非线性环节的输出为

$$y = -x^2\dot{x} = -A^2\sin^2(\omega t)A\omega\cos(\omega t) = -\frac{A^3\omega}{2}(1-\cos(2\omega t))\cos(\omega t) =$$

$$-\frac{A^3\omega}{4}(\cos(\omega t) - \cos(3\omega t))$$

可见,y 包含一个三次谐波项。由于线性环节具有低通滤波特性,因此,可以假设这项三次谐波经过线性环节后被充分地衰减,而且它的作用不出现在线性环节输出端的信号中。这意味着可以将 y 近似为

$$y \approx -\frac{A^3\omega}{4}\cos\omega t = \frac{A^2}{4}\frac{\mathrm{d}}{\mathrm{d}t}[-A\sin(\omega t)]$$

因此,可以用图7.5.3所示的"拟线性"环节来近似图7.5.2中的非线性环节。拟线性环节的"传递函数"依赖于输入正弦振荡的幅值 A,这不同于线性系统的传递函数,线性系统的传递函数与输入信号的幅值无关。

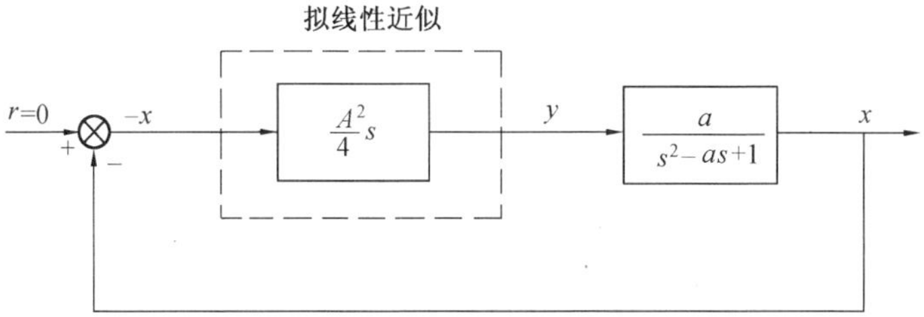

图 7.5.3 范德堡振荡器的拟线性近似

在频域中,这对应于

$$y = N(A,\omega)(-\dot{x})$$

式中

$$N(A,\omega) = \frac{A^2}{4}(\mathrm{j}\omega)$$

也就是说,这个非线性环节能够用频率响应函数 $N(A,\omega)$ 来近似。由于假设该系统包含一个正弦振荡,则有

$$x = A\sin(\omega t) = G(\mathrm{j}\omega)y = G(\mathrm{j}\omega)N(A,\omega)(-x)$$

式中 $G(\mathrm{j}\omega)$——线性环节的传递函数。

由于信号 $x(t)$ 不为零,由上式可以得出

$$1 + \frac{\mathrm{j}\omega A^2}{4}\frac{a}{(\mathrm{j}\omega)^2 - a(\mathrm{j}\omega) + 1} = 0$$

可以解出 $A = 2, \omega = 1$。而且,将 $\mathrm{j}\omega$ 用拉普拉斯变量 s 替换,则该系统的闭环特征方程为

$$1 + \frac{sA^2}{4}\frac{a}{s^2 - as + 1} = 0$$

其特征值为

$$\lambda_{1,2} = -\frac{1}{8}a(A^2 - 4) \pm \sqrt{\frac{1}{64}a^2(A^2 - 4)^2 - 1} \tag{7.5.4}$$

对应于 $A = 2$,可以得出特征值为 $\lambda_{1,2} = \pm \mathrm{j}$。这表明存在一个幅值为2,频率为1的极限环。应注意上面所获得的幅值与频率均与方程(7.5.3)中参数 a 无关。

在相平面中,上述近似分析认为该极限环是一个与 a 的值无关的半径为2的圆。为了证实这个结果的真实性,图7.5.4画出了对应于不同 a 值的实际极限环。从图中可见,对于较小的 a 值上述近似分析是合理的,但随着 a 的增大,偏差也增大。这是因为随着 a 的增大,非线性更明显,拟线性近似的精度也随之下降。

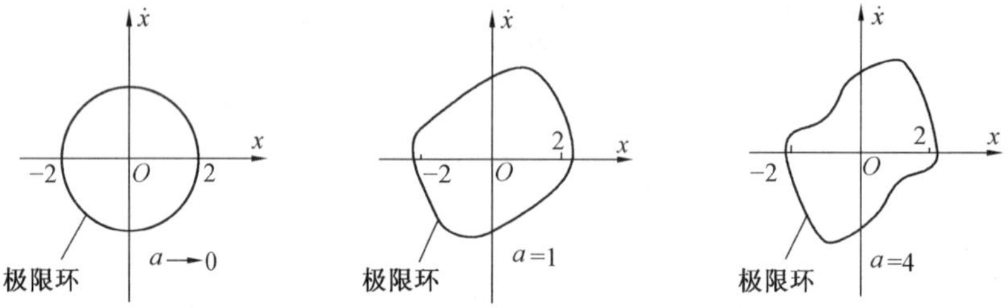

图 7.5.4　相平面上的实际极限环

也可以用上述方法研究极限环的稳定性。假设极限环的幅值增至大于2,那么式(7.5.4)表示的闭环极点将具有负实部。这表明系统是稳定的,从而信号幅值将减小。假设极限环的幅值 A 减小到小于2,可获得类似的结论。因此,可以推断幅值为2的极限环是稳定的。

7.5.2　描述函数的计算

对于图7.5.1所示的非线性系统,设非线性元件的正弦输入为

$$e(t) = A\sin\omega t$$

其非正弦周期输出 $x(t)$ 通过傅氏级数表示为

$$x(t) = A_0 + \sum_{n=1}^{\infty}(A_n\cos(n\omega t) + B_n\sin(n\omega t)) = A_0 + \sum_{n=1}^{\infty}X_n\sin(n\omega t + \phi_n t) \tag{7.5.5}$$

式中

$$A_n = \frac{1}{\pi}\int_0^{2\pi}x(t)\cos(n\omega t)\mathrm{d}(\omega t)$$

$$B_n = \frac{1}{\pi}\int_0^{2\pi}x(t)\sin(n\omega t)\mathrm{d}(\omega t)$$

$$X_n = \sqrt{A_n^2 + B_n^2}$$

$$\phi_n = \arctan \frac{A_n}{B_n}$$

如果非线性特性是奇对称的，则式(7.5.5)中 $A_0 = 0$，这时输出 $x(t)$ 的基波 $x_1(t)$ 为

$$x_1(t) = A_1 \cos \omega t + B_1 \sin \omega t = X_1 \sin(\omega t + \phi_1) \tag{7.5.6}$$

式中

$$A_1 = \frac{1}{\pi}\int_0^{2\pi} x(t)\cos \omega t \mathrm{d}(\omega t) \tag{7.5.7}$$

$$B_1 = \frac{1}{\pi}\int_0^{2\pi} x(t)\sin \omega t \mathrm{d}(\omega t) \tag{7.5.8}$$

$$X_1 = \sqrt{A_1^2 + B_1^2} \tag{7.5.9}$$

$$\phi_1 = \arctan \frac{A_1}{B_1} \tag{7.5.10}$$

将式(7.5.9)及(7.5.10)代入式(7.5.1)，求得非线性元件的描述函数 $N(A)$ 的计算式为

$$N(A) = \frac{\sqrt{A_1^2 + B_1^2}}{A} \mathrm{e}^{\mathrm{j}\arctan\frac{A_1}{B_1}} \tag{7.5.11}$$

注意，当非线性特性为单值奇函数时，由于这时的 $A_1 = 0$，从而 $\phi_1 = 0$，故其描述函数 $N(A)$ 为实函数，这说明 $x_1(t)$ 与 $e(t)$ 同相。

7.5.3　典型非线性环节的描述函数

1. 饱和特性的描述函数

饱和特性在输入 $e(t) = A\sin \omega t$ 时的输入与输出波形如图 7.5.5 所示，其中输出 $x(t)$ 的数学表达式为

$$x(t) = \begin{cases} kA\sin \omega t & 0 < \omega t < \alpha_1 \\ ka = b & \alpha_1 < \omega t < (\pi - \alpha_1) \\ kA\sin \omega t & (\pi - \alpha_1) < \omega t < \pi \end{cases} \tag{7.5.12}$$

由于输出 $x(t)$ 为单值奇对称函数，故有 $A_0 = 0, A_1 = 0$，由式(7.5.5)求得

$$B_1 = \frac{1}{\pi}\int_0^{2\pi} x(t)\sin \omega t \mathrm{d}(\omega t) = \frac{4}{\pi}\left[\int_0^{\alpha_1} kA\sin \omega t \cdot \sin \omega t \mathrm{d}(\omega t) + \int_{\alpha_1}^{\frac{\pi}{2}} ka\sin \omega t \mathrm{d}\omega t\right] =$$

$$\frac{4kA}{\pi}\left\{\left[\frac{1}{2}\omega t - \frac{1}{4}\sin 2\omega t\right]_0^{\alpha_1} + \frac{a}{A}\left[-\cos\omega t\right]_{\alpha_1}^{\pi/2}\right\} =$$

$$\frac{4kA}{\pi}\left[\frac{1}{2}\alpha_1 - \frac{1}{4}\sin 2\alpha_1 + \frac{a}{A}\cos \alpha_1\right] = \frac{2}{\pi}kA\left[\arcsin \frac{a}{A} + \frac{a}{A}\sqrt{1 - \left(\frac{a}{A}\right)^2}\right] \tag{7.5.13}$$

式中

$$\alpha_1 = \arcsin \frac{a}{A} \qquad A \geqslant a$$

根据式(7.5.8)及(7.5.11)，并考虑到 $A_1 = 0$，求得饱和特性的描述函数为

$$N(A) = \frac{2k}{\pi}\left[\arcsin\frac{a}{A} + \frac{a}{A}\sqrt{1-\left(\frac{a}{A}\right)^2}\right] \qquad A \geqslant a \tag{7.5.14}$$

可知，描述函数是以 a/A 为自变量，以 $N(A)/k$ 为因变量的函数曲线，如图7.5.6所示。从图中看出，当 $a/A = 0$ 时，$N(A)/k = 0$；当 $a/A \to 1$ 时，$N(A)/k \to 1$；而当 $a/A > 1$ 时，$N(A)/k$ 仍等于1，因为这时的饱和特性已变成线性增益特性了。

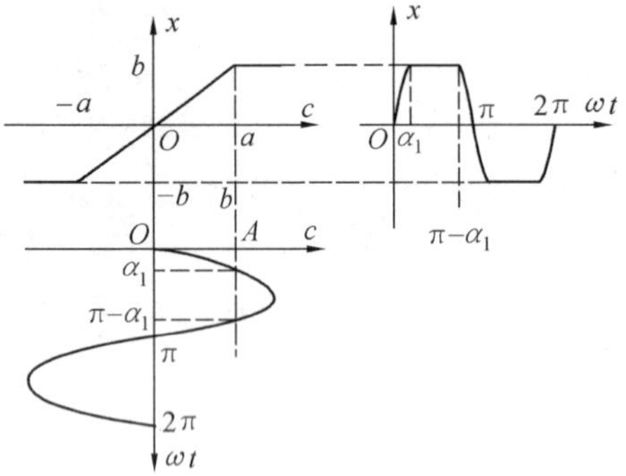

图7.5.5　饱和特性输入与输出波形图

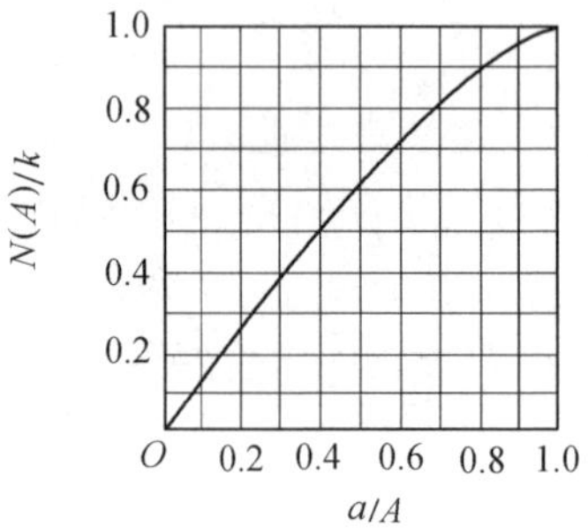

图7.5.6　饱和特性描述函数曲线

2.死区特性的描述函数

死区特性的输入 $e(t) = A\sin\omega t$ 与输出波形如图7.5.7所示，其中 $x(t)$ 的数学表达式为

$$x(t) = \begin{cases} 0 & 0 < \omega t < \alpha_1 \\ k(A\sin\omega t - a) & \alpha_1 < \omega t < (\pi - \alpha_1) \\ 0 & (\pi - \alpha_1) < \omega t < \pi \end{cases} \tag{7.5.15}$$

其中 $A \geqslant a$。由于输出 $x(t)$ 为单值奇对称函数，故有

$$A_0 = 0 \qquad A_1 = 0$$

由式(7.5.8)求得

$$B_1 = \frac{1}{\pi}\int_0^{2\pi} x(t)\sin\omega t\,\mathrm{d}(\omega t) = \frac{4}{\pi}\left[\int_{\alpha_1}^{\pi/2} k(A\sin\omega t - a)\sin\omega t\,\mathrm{d}(\omega t)\right] =$$

$$\frac{2kA}{\pi}\left[\frac{\pi}{2} - \arcsin\frac{a}{A} - \frac{a}{A}\sqrt{1-\left(\frac{a}{A}\right)^2}\right] \qquad A \geqslant a \tag{7.5.16}$$

根据式(7.5.11)及(7.5.16)，并考虑到 $A_1 = 0$，求得死区特性的描述函数为

$$N(A) = \frac{2k}{\pi}\left[\frac{\pi}{2} - \arcsin\frac{a}{A} - \frac{a}{A}\sqrt{1-\left(\frac{a}{A}\right)^2}\right] \qquad A \geqslant a \tag{7.5.17}$$

以 a/A 为自变量，以 $N(A)/k$ 为因变量的函数曲线如图7.5.8所示。从图可看出，当 $a/A > 1$ 时，$N(A)/k = 0$。这是因为在输入正弦的振幅不超出死区时，非线性元件无输出所致。

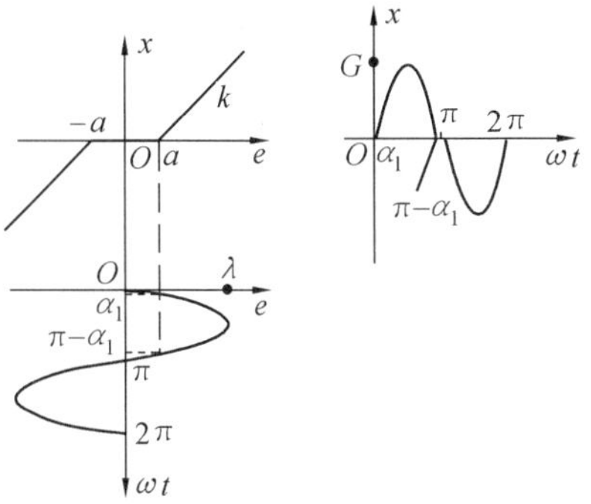

图 7.5.7　死区特性输入与输出波形

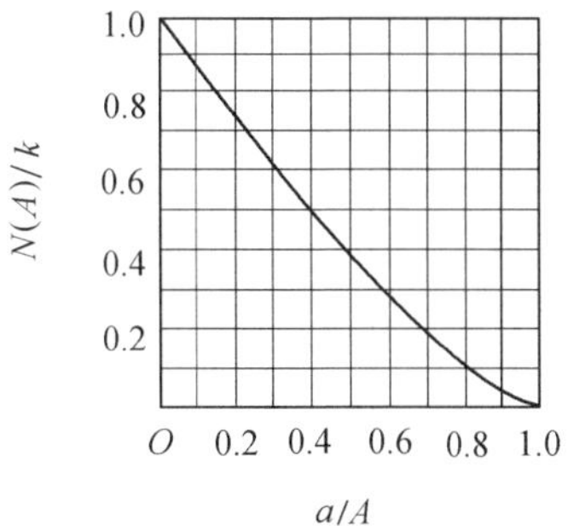

图 7.5.8　死区特性描述函数曲线

3. 间隙特性的描述函数

间隙特性在输入 $e(t) = A\sin\omega t$ 时的输入与输出波形图如图 7.5.9 所示，其中输出 $x(t)$ 的数学表达式为

$$x(t) = \begin{cases} k(A\sin\omega t - \varepsilon) & 0 < \omega t < \dfrac{\pi}{2} \\ k(A - \varepsilon) & \dfrac{\pi}{2} < \omega t < (\pi - \alpha_1) \\ k(A\sin\omega t + \varepsilon) & (\pi - \alpha_1) < \omega t < \pi \end{cases} \tag{7.5.18}$$

其中，$A \geqslant \varepsilon$。从图 7.5.9 看到，输出 $x(t)$ 的直流分量为零，故有 $A_0 = 0$。从式(7.5.7) 求得

$$A_1 = \frac{1}{\pi}\int_0^{2\pi} x(t)\cos\omega t\,\mathrm{d}(\omega t) = \frac{2}{\pi}\Big[\int_0^{\pi/2} k(A\sin\omega t - \varepsilon)\cos\omega t\,\mathrm{d}(\omega t) + \int_{\pi/2}^{\pi-\alpha_1} k(A - \varepsilon)\cos\omega t\,\mathrm{d}(\omega t) + \int_{\pi-\alpha_1}^{\pi} k(A\sin\omega t + \varepsilon)\cos\omega t\,\mathrm{d}(\omega t)\Big] = \frac{4k\varepsilon}{\pi}\left(\frac{\varepsilon}{A} - 1\right) \quad A \geqslant \varepsilon \tag{7.5.19}$$

从式(7.5.8) 求得

$$B_1 = \frac{1}{\pi}\int_0^{2\pi} x(t)\sin\omega t\,\mathrm{d}(\omega t) = \frac{2}{\pi}\Big[\int_0^{\pi/2} k(A\sin\omega t - \varepsilon)\sin\omega t\,\mathrm{d}(\omega t) + \int_{\pi/2}^{\pi-\alpha_1} k(A - \varepsilon)\sin\omega t\,\mathrm{d}(\omega t) + \int_{\pi-\alpha_1}^{\pi} k(A\sin\omega t - \varepsilon)\sin\omega t\,\mathrm{d}(\omega t)\Big] = \frac{kA}{\pi}\left[\frac{\pi}{2} + \arcsin\left(1 - \frac{2\varepsilon}{A}\right) + 2\left(1 - \frac{2\varepsilon}{A}\right)\sqrt{\frac{\varepsilon}{A}\left(1 - \frac{\varepsilon}{A}\right)}\right] \quad A \geqslant \varepsilon \tag{7.5.20}$$

根据式(7.5.19) 及(7.5.20)，求得间隙特性的描述函数为

$$N(A) = \frac{B_1}{A} + \mathrm{j}\frac{A_1}{A} = \frac{k}{\pi}\left[\frac{\pi}{2} + \arcsin\left(1 - \frac{2\varepsilon}{A}\right) + 2\left(1 - \frac{2\varepsilon}{A}\right)\sqrt{\frac{\varepsilon}{A}\left(1 - \frac{\varepsilon}{A}\right)}\right] + \mathrm{j}\frac{4k\varepsilon}{\pi A}\left(\frac{\varepsilon}{A} - 1\right) \quad A \geqslant \varepsilon \tag{7.5.21}$$

以 ε/A 为自变量,分别以 $N(A)/k$ 及 $\angle N(A)$ 为因变量的函数曲线如图 7.5.10 所示。

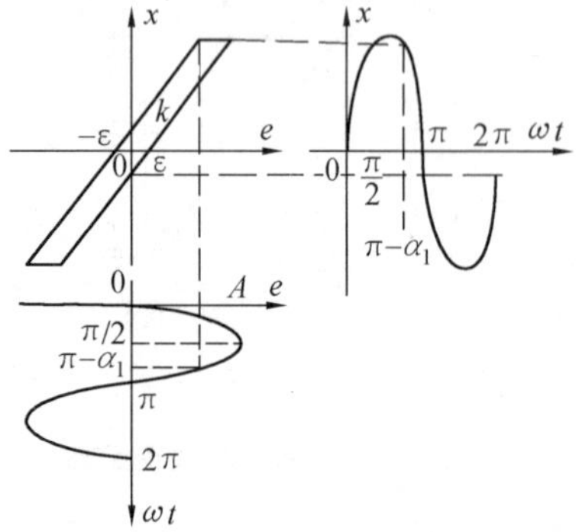

图 7.5.9　间隙特性输入与输出波形图

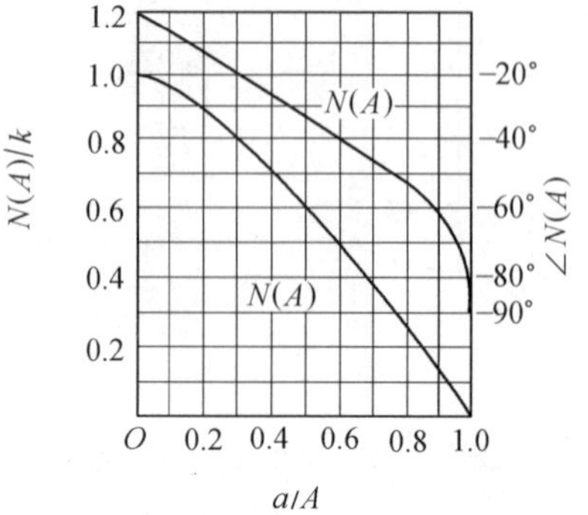

图 7.5.10

说明:由于在间隙特性中出现滞环而变成非单值函数,故其描述函数已不再是实函数,而是一个复函数。这说明,具有齿隙特性非线性元件响应正弦输入的非正弦周期输出的基波 $x_1(t)$ 相对于其正弦输入 $e(t)$ 将产生相移。从图 7.5.10 可见,$x_1(t)$ 相位上迟后于 $e(t)$,其迟后角 $\phi_1 = \arctan(A_1/B_1)$。

4. 继电器特性的描述函数

具有死区和滞环的继电器特性在输入 $e(t) = A\sin\omega t$ 时的输入与输出波形如图 7.5.11 所示。其中 $A \geqslant e_0$,输出 $x(t)$ 的数学表达式为

$$x(t) = \begin{cases} 0 & 0 < \omega t < \alpha_1 \\ M & \alpha_1 < \omega t < (\pi - \alpha_2) \\ 0 & (\pi - \alpha_2) < \omega t < \pi \end{cases} \tag{7.5.22}$$

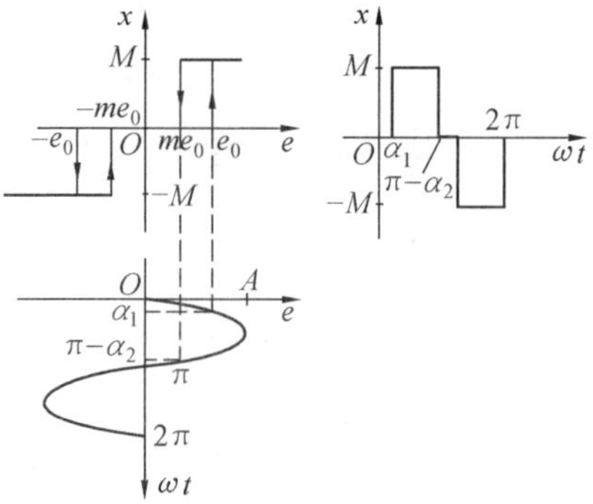

图 7.5.11

从图 7.5.11 看到,输出 $x(t)$ 的直流分量为零,故有 $A_0 = 0$。从式(7.5.7)求得

$$A_1 = \frac{1}{\pi}\int_0^{2\pi} x(t)\cos\omega t\,\mathrm{d}(\omega t) = \frac{2}{\pi}\int_{\alpha_1}^{\pi-\alpha_2} M\cos\omega t\,\mathrm{d}(\omega t) = \frac{2Me_0}{\pi A}(m-1) \qquad A \geqslant e_0 \tag{7.5.23}$$

从式(7.5.8)求得

$$B_1 = \frac{1}{\pi}\int_0^{2\pi} x(t)\sin\omega t\,\mathrm{d}(\omega t) = \frac{2}{\pi}\int_{\alpha_1}^{\pi-\alpha_2} M\sin\omega t\,\mathrm{d}(\omega t) =$$

$$\frac{2M}{\pi}\left[\sqrt{1-\left(\frac{me_0}{A}\right)^2} + \sqrt{1-\left(\frac{e_0}{A}\right)^2}\right] \qquad A \geqslant e_0 \tag{7.5.24}$$

其中，$\alpha_1 = \arcsin\dfrac{e_0}{A}$，$\alpha_2 = \arcsin\dfrac{me_0}{A}$。从式(7.5.11)求得具有死区和滞环的继电器特性的描述函数为

$$N(A) = \frac{B_1}{A} + \mathrm{j}\frac{A_1}{A} = \frac{2M}{\pi A}\left[\sqrt{1-\left(\frac{me_0}{A}\right)^2} + \sqrt{1-\left(\frac{e_0}{A}\right)^2}\right] + \mathrm{j}\frac{2Me_0}{\pi A^2}(m-1) \qquad A \geqslant e_0 \tag{7.5.25}$$

根据上式，以 e_0/A 为自变量，分别以 $|N(A)/a|$ 及 $N(A)$ 为因变量的函数曲线如图 7.5.12 所示，其中 $a = M/e_0$。从式(7.5.25)及图 7.5.12 可见，由于继电器具有滞环特性，故其描述函数 $N(A)$ 不再是实函数，而是输入正弦的振幅 A 的复函数，其函数曲线处于复平面之内，并从图 7.5.12 看到，$x_1(t)$ 在相位上迟后于 $e(t)$，其迟后角 $\phi_1 = \arctan(A_1/B_1)$。

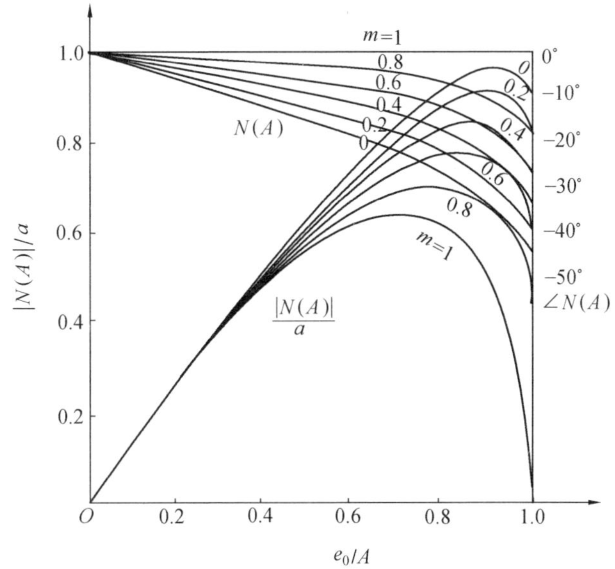

图 7.5.12　继电器特性描述函数曲线

其他几种继电器特性的描述函数 $N(A)$ 由式(7.5.25)分别求得为：

$e_0 = 0$ 时，具有理想继电器特性的描述函数为

$$N(A) = \frac{4M}{\pi A} \tag{7.5.26}$$

$m = 1$ 时，具有死区无滞环的继电器特性的描述函数为

$$N(A) = \frac{4M}{\pi A}\sqrt{1-\left(\frac{e_0}{A}\right)^2} \qquad A \geqslant e_0 \tag{7.5.27}$$

$m = -1$ 时，仅具有滞环的继电器特性的描述函数

$$N(A) = \frac{4M}{\pi A}\sqrt{1-\left(\frac{e_0}{A}\right)^2} - \mathrm{j}\frac{4Me_0}{\pi A^2} \qquad A \geqslant e_0 \tag{7.5.28}$$

5.变增益特性的描述函数

变增益特性可等效分解成如图7.5.13所示的两种非线性特性之和,其中 $e(t) = A\sin\omega t$,$M = k_2A\sin\alpha_1 - k_1A\sin\alpha_1$,$\alpha_1 = \arcsin(e_0/A)$。

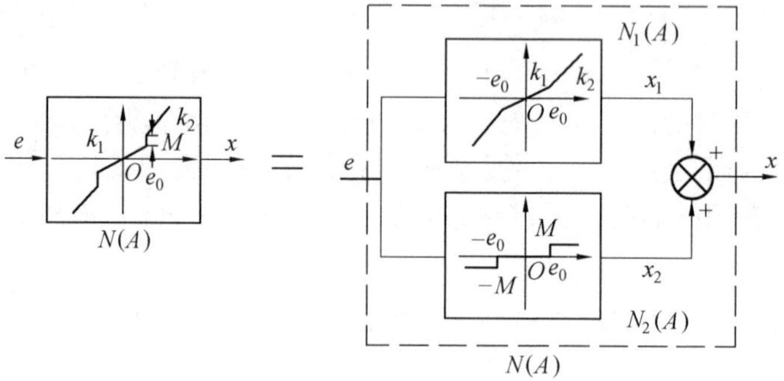

图 7.5.13 非线性特性的等效分解

设 $x(t)$、$x_1(t)$、$x_2(t)$ 分别为非线性特性的非正弦周期输出,并且有 $x(t) = x_1(t) + x_2(t)$,则可写出

$$N(A) = N_1(A) + N_2(A) \tag{7.5.29}$$

其中 $N(A)$、$N_1(A)$、$N_2(A)$ 分别为变增益特性及其组成部分的描述函数。

具有描述函数 $N_1(A)$ 的非线性还可进一步等效分解成如图7.5.14所示的线性增益特性与两种死区特性的代数和,其中 $e(t) = A\sin\omega t$。在这种情况下,描述函数 $N_1(A)$ 可等效表示为

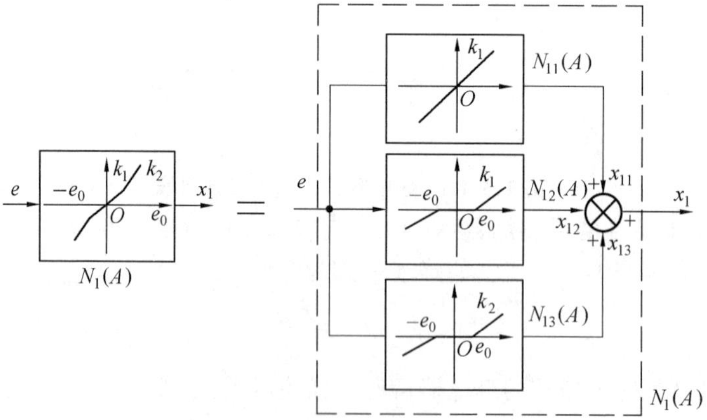

图 7.5.14 非线性特性的等效分解

$$N_1(A) = N_{11}(A) - N_{12}(A) + N_{13}(A) \tag{7.5.30}$$

由式(7.5.29)及(7.5.30)求得变增益特性与构成它的各等效非线性特性的描述函数上的

关系为

$$N(A)=N_{11}(A)-N_{12}(A)+N_{13}(A)+N_2(A) \tag{7.5.31}$$

式中等号右侧各描述函数可根据典型非线性特性的描述函数写出,即

$$N_{11}(A)=k_1$$

$$N_{12}(A)=k_1-\frac{2}{\pi}k_1\arcsin\frac{e_0}{A}-\frac{2}{\pi}k_1\frac{e_0}{A}\sqrt{1-\left(\frac{e_0}{A}\right)^2}\qquad A\geqslant e_0$$

$$N_{13}(A)=k_2-\frac{2}{\pi}k_2\arcsin\frac{e_0}{A}-\frac{2}{\pi}k_2\frac{e_0}{A}\sqrt{1-\left(\frac{e_0}{A}\right)^2}\qquad A\geqslant e_0$$

$$N_2(A)=\frac{4M}{\pi A}\sqrt{1-\left(\frac{e_0}{A}\right)^2}\qquad A\geqslant e_0$$

最终将上列各式代入式(7.5.31),求得变增益特性的描述函数为

$$N(A)=k_2+\frac{2}{\pi}(k_1-k_2)\left[\arcsin\frac{e_0}{A}+\frac{e_0}{A}\sqrt{1-\left(\frac{e_0}{A}\right)^2}\right]+\frac{4M}{\pi A}\sqrt{1-\left(\frac{e_0}{A}\right)^2}\qquad A\geqslant e_0 \tag{7.5.32}$$

6.其他非线性特性的描述函数

图7.5.15所示非线性特性的描述函数可通过将其等效分解为线性增益特性与理想继电器特性之和的途径求得

$$N(A)=k+\frac{4M}{\pi A} \tag{7.5.33}$$

图7.5.16所示非线性特性的描述函数可通过将其等效分解成死区特性与具有死区无滞环的继电器特性之和的途径求得

$$N(A)=k-\frac{2}{\pi}k\left(\arcsin\frac{e_0}{A}+\frac{e_0}{A}\sqrt{1-\left(\frac{e_0}{A}\right)^2}\right)+\frac{4M}{\pi A}\sqrt{1-\left(\frac{e_0}{A}\right)^2}\qquad A\geqslant e_0 \tag{7.5.34}$$

图7.5.17所示非线性特性的描述函数可通过将其等效分解成两种死区特性之差的途径求得

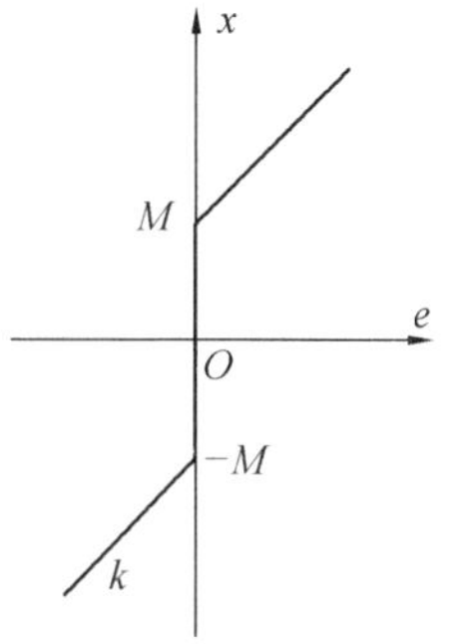

图7.5.15　非线性特性

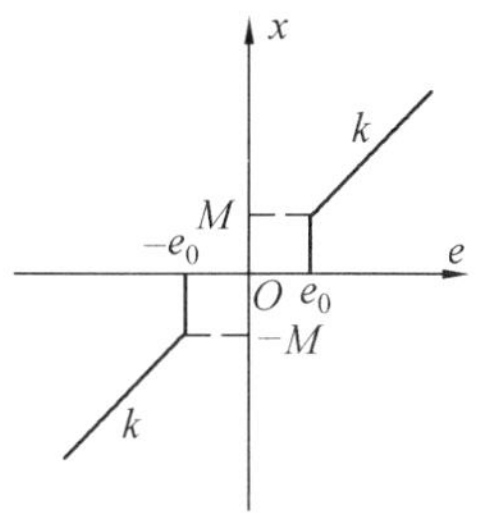

图7.5.16　非线性特性

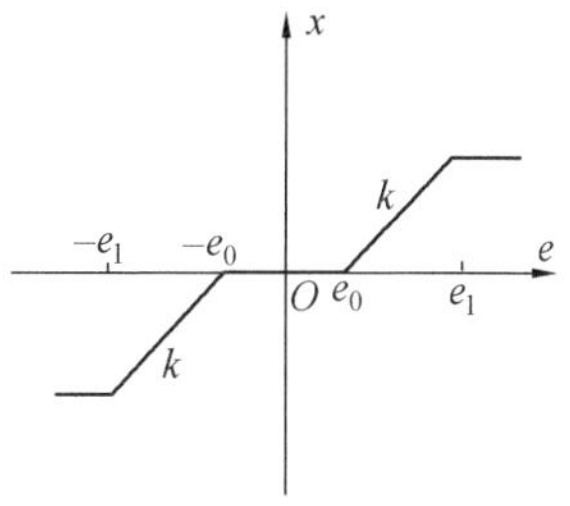

图7.5.17　非线性特性

$$N(A) = \frac{2}{\pi}k\left[\arcsin\frac{e_1}{A} - \arcsin\frac{e_0}{A} + \frac{e_1}{A}\sqrt{1-\left(\frac{e_1}{A}\right)^2} - \frac{e_0}{A}\sqrt{1-\left(\frac{e_0}{A}\right)^2}\right] \qquad A \geqslant e_1 \tag{7.5.35}$$

7.典型非线性特性组合时的描述函数

对于图 7.5.18 所示典型非线性特性串联的情况,求取其等效描述函数时,不能采用串联非线性特性 N_1 与 N_2 的描述函数 $N_1(A)$ 与 $N_2(A)$ 相乘的方法,这是因为在 $e(t) = A\sin\omega t$ 作用下,N_1 的输出 x 为非正弦周期函数,它除基波外还含有高次谐波,而这些高次谐波在没有被滤掉的情况下便随同基波一起加到 N_2 的输入端,在这种情况下对于 N_2 来说不符合谐波线性化的条件,故不存在描述函数 $N_2(A)$。求取串联非线性特性的等效描述函数的正确方法是,首先由串联的非线性特性求取等效的非线性特性,然后再根据等效非线性特性求取其等效描述函数。

对于图 7.5.18 所示串联非线性特性 N_1 与 N_2,由 e 经 x 到 y 的信号流通方向,不难看出,串联的 N_1 与 N_2 可用一个具有死区无滞环的继电器特性 N_{12} 来等效,其中死区 $a_1 = e_0 + a/k$,输出为 M,见图 7.5.19。等效线性特性 N_{12} 的描述函数为

$$N_{12}(A) = \frac{4M}{\pi A}\sqrt{1-\left(\frac{a_1}{A}\right)^2} \qquad A > a_1$$

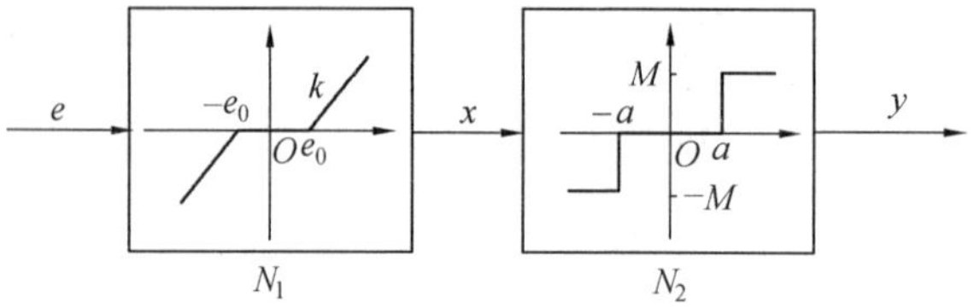

图 7.5.18　非线性特性串联

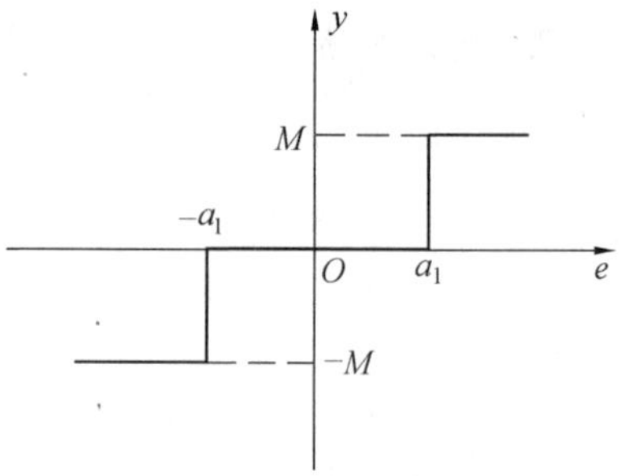

图 7.5.19　非线性特性

说明:(1) 求取等效非线性特性 N_{12} 时,串联非线性特性 N_1 与 N_2 的前后排列次序不可任意改变,一定要以信号流通方向为准,即将信号先通过的非线性特性排在前面。否则,串联非线性特性的前后排列与信号通过的先后次序不符时,将得到不等效的结论。

(2) 对于两个非线性环节并联情形,当非线性特性都是单值函数,可知其描述函数均为实函数。简单推导可得出结论:非线性环节并联,总的描述函数等于各非线性环节描述函数之和。

7.6　非线性系统的描述函数分析

本节将讨论应用描述函数法分析非线性控制系统的稳定性,研究系统是否产生自持振荡,

确定自持振荡的振幅与频率，以及对系统进行校正以消除自持振荡等内容。

需要说明的是描述函数方法是对于一类非线性系统的工程近似方法，所研究的非线性系统的结构如图 7.6.1 所示系统，或通过等效变换可以化为此类结构的系统。并且满足 7.5.1 节中的假设条件。

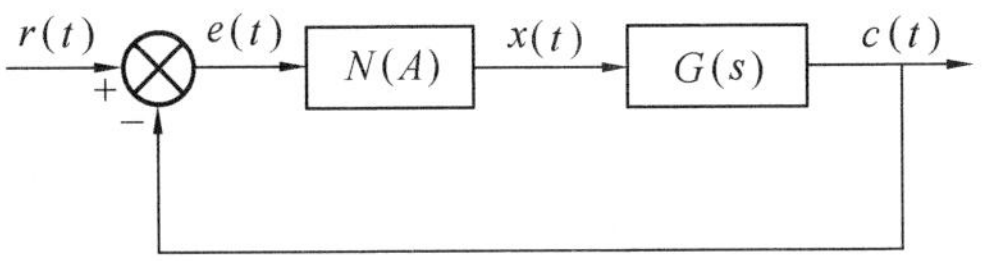

图 7.6.1　非线性控制系统方框图

7.6.1　系统稳定性分析

图 7.6.1 所示的非线性控制系统中存在自持振荡的必要条件已由(7.5.2)式给出，即

$$1 + N(A)G(\mathrm{j}\omega) = 0 \tag{7.6.1}$$

或

$$G(\mathrm{j}\omega) = -\frac{1}{N(A)} \tag{7.6.2}$$

其中 $-1/N(A)$ 称为非线性特性的负倒描述函数。若正弦函数 $A_0\sin\omega_0 t$ 的振幅 A_0 及角频率 ω_0 可使式(7.6.2)成立，则正弦函数 $A_0\sin\omega_0 t$ 便是图 7.6.1 所示系统特征方程的一个解。这意味着系统产生振幅为 A_0，角频率为 ω_0 的等幅振荡，即非线性系统的自持振荡。这种情况相当于线性系统的开环频率响应 $G(\mathrm{j}\omega)$ 通过其稳定临界点$(-1,\mathrm{j}0)$。这样，$-1/N(A_0)$ 在复平面上的坐标便是非线性系统的稳定临界点，它相当于线性系统的临界点$(-1,\mathrm{j}0)$。由此可见，对于图 7.6.1 所示系统来说，其稳定临界点并不像线性系统那样固定不变，而与非线性元件正弦输入 $A\sin\omega t$ 的振幅 A 有关，非线性特性的负倒描述函数曲线 $-1/N(A)$ 便是这种稳定临界点的轨迹。

类似于线性系统的 Nyquist 稳定判据，可以根据线性部分的频率响应 $G(\mathrm{j}\omega)$ 和非线性特性的负倒描述函数曲线 $-1/N(A)$，应用 Nyquist 稳定判据的结论来分析非线性系统的稳定性。

如果系统的线性部分是最小相位的，则在 Nyquist 图上分析如图 7.6.1 所示系统的稳定性的准则是：

(1) 若沿线性部分的频率响应 $G(\mathrm{j}\omega)$ 由 $\omega = 0$ 向 $\omega \to \infty$ 移动时，非线性特性的负倒描述函数曲线 $-1/N(A)$ 始终处于 $G(\mathrm{j}\omega)$ 曲线的左侧，即 $G(\mathrm{j}\omega)$ 曲线不包围临界点轨迹线 $-1/N(A)$，见图 7.6.2(a)，这相当于沿纯正线性系统的开环频率响应 $G(\mathrm{j}\omega)$ 由 $\omega = 0$ 向 $\omega \to \infty$ 移动时，临界点$(-1,\mathrm{j}0)$始终处于 $G(\mathrm{j}\omega)$ 曲线左侧而不被 $G(\mathrm{j}\omega)$ 曲线包围的稳定情况，则非线性系统稳定，不可能产生自持振荡。

(2) 若沿线性部分的频率响应 $G(\mathrm{j}\omega)$ 由 $\omega = 0$ 向 $\omega \to \infty$ 移动时，非线性特性的负倒描述函数曲线 $-1/N(A)$ 始终处于 $G(\mathrm{j}\omega)$ 曲线的右侧，即 $G(\mathrm{j}\omega)$ 曲线包围临界点轨迹线 $-1/N(A)$，见图 7.6.2(b)，这相当于沿纯正线性系统的开环频率响应 $G(\mathrm{j}\omega)$ 由 $\omega = 0$ 向 $\omega \to$

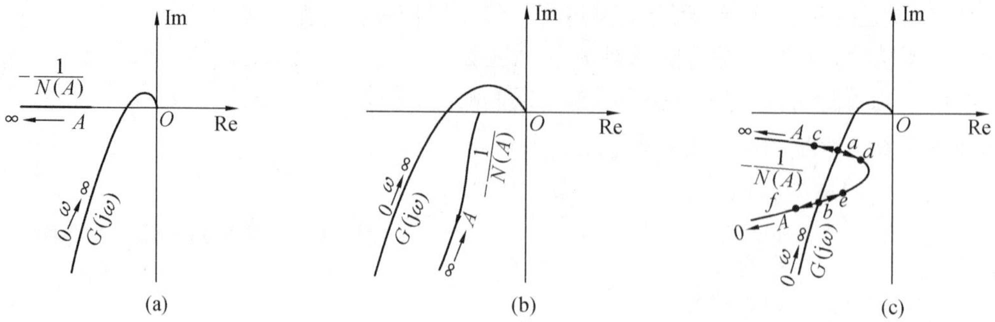

图 7.6.2　含 $G(j\omega)$ 和 $-1/N(A)$ 曲线的 Nyquist 图

∞ 移动时,临界点(-1,j0)始终处于 $G(j\omega)$ 曲线右侧而被 $G(j\omega)$ 曲线包围的不稳定情形,则非线性系统不稳定,在任何扰动作用下,该系统的输出将无限增大,直至系统停止工作。在这种情况下,系统也不可能产生自持振荡。

(3) 若线性部分的频率响应 $G(j\omega)$ 与非线性特性的负倒描述函数曲线 $-1/N(A)$ 相交,即 $G(j\omega)$ 曲线通过临界点轨迹线上 $A = A_0$ 时的临界点,或通过临界点轨迹线上 $A = A_{01}$ 及 $A = A_{02}$ 时的两个临界点,见图 7.6.2(c),这相当于纯正线性系统的开环频率响应 $G(j\omega)$ 通过临界点(-1,j0),则非线性系统有可能产生自持振荡,这需由曲线 $G(j\omega)$ 与 $-1/N(A)$ 的交点所对应的周期振荡是否稳定来确定系统的自持振荡对应稳定的周期振荡。

分析周期振荡的稳定性。从图 7.6.2(c) 看到,曲线 $G(j\omega)$ 与 $-1/N(A)$ 共有两个交点 a 与 b,其中设点 a 对应的周期振荡为 $A_{02}\sin\omega_{02}t$,点 b 对应的周期振荡为 $A_{01}\sin\omega_{01}t$。对于点 b 的周期振荡 $A_{01}\sin\omega_{01}t$ 来说,假定系统因受轻微扰动使非线性元件的正弦输入振幅稍有增加,由原工作点 b 沿曲线 $-1/N(A)$ 按振幅 A 增加方向移到点 e,在这种情况下,由于曲线 $G(j\omega)$ 包围临界点 e,故系统不稳定,从而使非线性元件的正弦输入振幅继续增大而出现脱离原工作点 b 的发散运动。相反,假定系统受到的轻微扰动致使非线性元件的正弦输入振幅相对原工作点 b 时的 A_{01} 稍有减小,沿曲线 $-1/N(A)$ 按振幅 A 减小的方向移到点 f,在这种情况下,由于曲线 $G(j\omega)$ 不包围临界点 f,故非线性系统稳定,从而使非线性元件的正弦输入振幅不断减小而脱离原工作点 b 向 $A = 0$ 作收敛运动。由此可见,交点 b 对应的周期振荡 $A_{01}\sin\omega_{01}t$ 不具有响应扰动信号的稳定性,因此周期振荡 $A_{01}\sin\omega_{01}t$ 不可能成为非线性系统的自持振荡。但交点 b 却给出了一个决定系统产生向平衡状态的收敛运动与向其他工作状态的发散运动的初始条件界限。对于点 a 所对应的周期振荡 $A_{02}\sin\omega_{02}t$ 来说,假定系统因受轻微扰动致使非线性元件的正弦输入振幅较 A_{02} 稍有增加,由点 a 沿曲线 $-1/N(A)$ 按振幅 A 增加方向移到点 c,因这时曲线 $G(j\omega)$ 不包围临界点 c,故非线性系统稳定,从而可使非线性元件的正弦输入振幅逐渐收敛到原振幅 A_{02};相反,假定系统因受轻微扰动致使非线性元件的正弦输入振幅较 A_{02} 稍有减小,由点 a 沿曲线 $-1/N(A)$ 按振幅 A 减小的方向移到点 d,由于这时曲线 $G(j\omega)$ 包围临界点 d,故非线性系统不稳定，从而可使减小了的非线性元件的正弦输入振幅不断增大直到原振幅 A_{02}。由此可见，交点 a 对应的周期振荡 $A_{02}\sin\omega_{02}t$ 具有抑制扰动信号的稳定性，因此稳定的周期振荡 $A_{02}\sin\omega_{02}t$ 构成该非线性系统的自持振荡，其振幅 A_{02} 由点 a 在曲线 $-1/N(A)$ 上对应的振幅值决定，其角频率 ω_{02} 由交点 a 在曲线 $G(\mathrm{j}\omega)$ 上对应的角频率值决定。

应用描述函数法分析非线性控制系统的稳定性，即分析谐波线性化系统的稳定性，还可在 Nichols 图上进行，其准则是：

(1) 若线性部分的频率响应 $G(\mathrm{j}\omega)$ 处于非线性特性的负倒描述函数曲线 $-1/N(A)$ 之下，这意味着曲线 $G(\mathrm{j}\omega)$ 不包围整个临界轨迹线 $-1/N(A)$，则非线性系统稳定，不存在自持振荡，见图 7.6.3(a)。

(2) 若线性部分的频率响应 $G(\mathrm{j}\omega)$ 处于非线性特性的负倒描述函数曲线 $-1/N(A)$ 之上，这说明曲线 $G(\mathrm{j}\omega)$ 包围整个临界点轨迹线 $-1/N(A)$，则非线性系统不稳定，从而使非线性元件的正弦输入振幅不断增大而发散，因此该系统也不可能产生自持振荡，见图 7.6.3(b)。

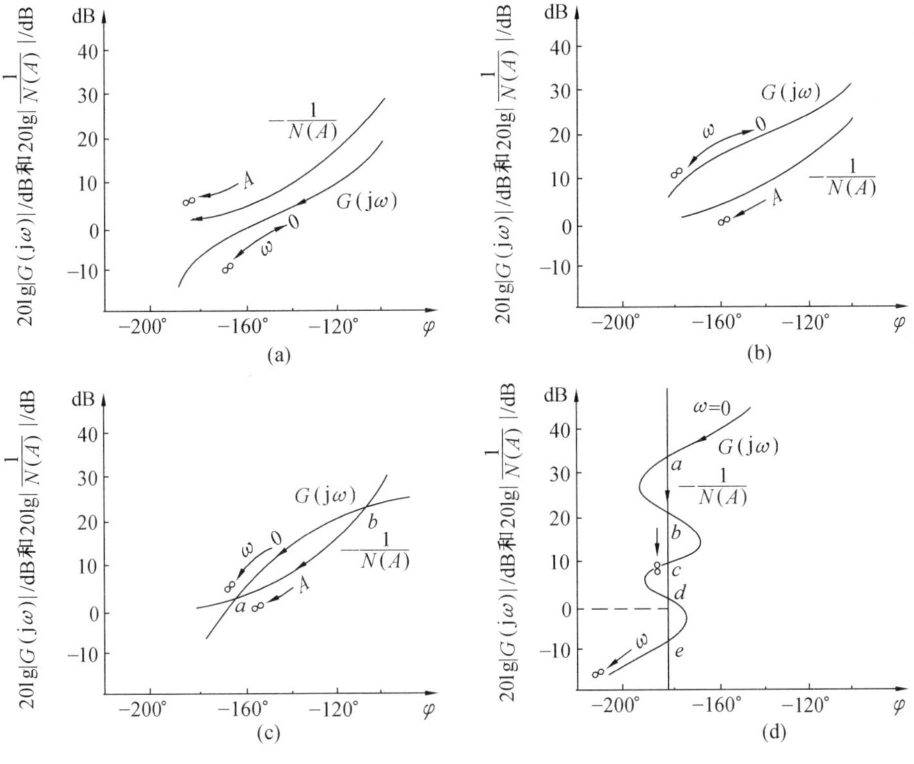

图 7.6.3　含 $G(\mathrm{j}\omega)$ 和 $-1/N(A)$ 曲线的 Nichols 图

(3) 若线性部分的频率响应 $G(\mathrm{j}\omega)$ 与非线性特性的负倒描述函数曲线 $-1/N(A)$ 相交，且有两个交点 a 和 b，如图 7.6.3(c)，则非线性系统有可能产生自持振荡，自持振荡对应 a 和 b 两交点所代表周期振荡中的稳定者。应用在 Nyquist 上分析周期振荡稳定性的方法得出，交点 a 对应的周期振荡 $A_{02}\sin\omega_{02}t$ 是稳定的，它代表系统的自持振荡，而交点 b 对应的周期振荡 $A_{01}\sin\omega_{01}t$ 不稳定，它给出系统向平衡状态 $A=0$ 收敛与向自持振荡 $A_{02}\sin\omega_{02}t$ 发散的初始条件界限。

对于曲线 $G(\mathrm{j}\omega)$ 与 $-1/N(A)$ 有更多个交点的情况，如图 7.6.3(d) 所示有 a、b、c、d、e 五个交点的情形，可以作简单分析如下：由以上准则可知 b 与 d 两个交点对应稳定的周期振荡；交点 a、c、e 对应不稳定的周期振荡。b、d 两交点对应的稳定周期振荡 $A_{02}\sin\omega_{02}t$ 及 $A_{04}\sin\omega_{04}t$ 分别代表系统中存在的两种自持振荡，它们的参数分别是 A_{02}、ω_{02} 及 A_{04}、ω_{04}。非线性元件的正弦输入的初始振幅小于交点 a 对应的 A_{01} 时，系统向平衡状态 $A=0$ 收敛，初始振幅大于 A_{01} 小于交点 b 对应的 A_{02} 时，系统向小振幅低频率的第一个自持振荡 $A_{02}\sin\omega_{02}t$ 逼近；初始振幅大于 A_{02} 小于交点 c 对应的 A_{03} 时，系统向第一个自持振荡 $A_{02}\sin\omega_{02}t$ 收敛；初始振幅大于 A_{03} 小于交点 d 对应的 A_{04} 时，系统向交点 d 对应的大振幅高频率的第二个自持振荡 $A_{04}\sin\omega_{04}t$ 逼近；初始振幅大于 A_{04} 小于交点 e 对应的 A_{05} 时，系统向第二个自持振荡 $A_{04}\sin\omega_{04}t$ 收敛；初始振幅大于 A_{05} 时，系统出现向无穷大振幅发散的运动状态，这时非线性元件的正弦输入振幅不断增大，直到系统停止工作。

说明：应当指出，描述函数法是一种工程近似方法，当曲线 $G(\mathrm{j}\omega)$ 与 $-1/N(A)$ 垂直相交或几乎垂直相交，且非线性元件的非正弦周期输出 $x(t)$ 中的高次谐波已被充分滤波的情况下，用以上方法得到的结果的准确性是好的；若曲线 $G(\mathrm{j}\omega)$ 与 $-1/N(A)$ 相切或几乎相切，则所预测的极限环的幅值和频率的准确度在很大程度上取决于 $x(t)$ 中高次谐波的滤波程度。这时自持振荡出现与否都是可能的。实际上，许多描绘函数分析失效的情况都发生在其线性环节的频率响应 $G(\mathrm{j}\omega)$ 存在谐振峰值的系统。

此外，由于描述函数法是一种近似分析方法，故基于该方法求得的非线性系统自持振荡（极限环）往往是一种接近于正弦形式的周期振荡，而不是严格的正弦函数，如例 7.5.1 所示。

7.6.2 典型非线性特性对系统稳定性的影响

1. 饱和特性对系统稳定性的影响

饱和特性的负倒描述函数为

$$-\frac{1}{N(A)}=-\frac{\pi}{2k\left[\arcsin\frac{a}{A}+\frac{a}{A}\sqrt{1-\left(\frac{a}{A}\right)^{2}}\right]}\qquad A\geqslant a \tag{7.6.3}$$

当 $A=a$ 时，$-1/N(A)=-1/k$；当 $A\to\infty$ 时，$-1/N(A)=-\infty$。可见，饱和特性的负倒描述函数曲线 $-1/N(A)$ 在 Nyquist 图中是负实轴上 $-1/k\sim-\infty$ 区段。因此，只要线性部分频率响应 $G(\mathrm{j}\omega)$ 穿越负实轴上 $-1/k\sim-\infty$ 区段，$G(\mathrm{j}\omega)$ 与 $-1/N(A)$ 两曲线便有交点，而且是稳定交点。此时非线性控制系统将产生自持振荡，其参数由稳定交点决定。若曲线 $G(\mathrm{j}\omega)$ 在

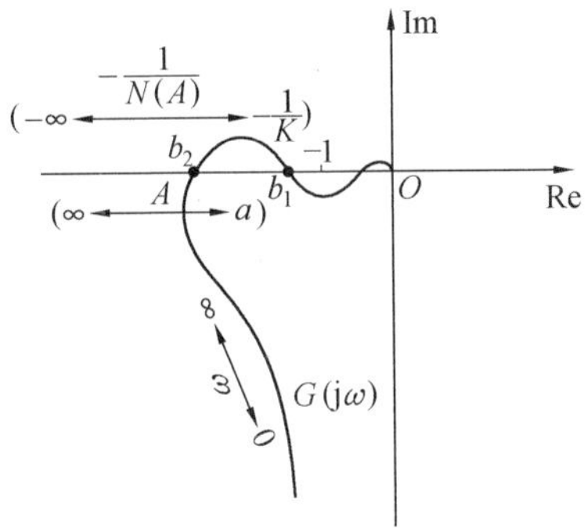

图 7.6.4 条件稳定系统的 Nyquist 图

$0 \sim -1/k$ 区段穿越负实轴，则含饱和特性的非线性控制系统不可能产生自持振荡。

如果系统线性部分频率响应 $G(j\omega)$ 与饱和特性的负倒描述函数曲线 $-1/N(A)$ 有两个交点，如图7.6.4所示，交点分别为 b_1 与 b_2，此时 $k=1$。其中 b_2 是稳定交点，代表系统的自持振荡；交点 b_1 是不稳定交点，它不代表自持振荡，只说明饱和特性的正弦输入的初始振幅小于交点 b_1 对应的振幅值时，系统的运动状态是向 $A=a$ 收敛，使系统进入线性工作状态；若初始振幅大于交点 b_1 对应的振幅值时，则系统工作在由稳定交点 b_2 决定的自持振荡状态之下。

例 7.6.1 含饱和特性的系统方框图如图7.6.5所示，其中饱和特性的参数为 $a=1, k=2$。试求取开环增益 $K=15$ 时自持振荡的振幅 A_0 与角频率 ω_0，并计算使系统不产生自持振荡时的开环增益 K 的最大值。

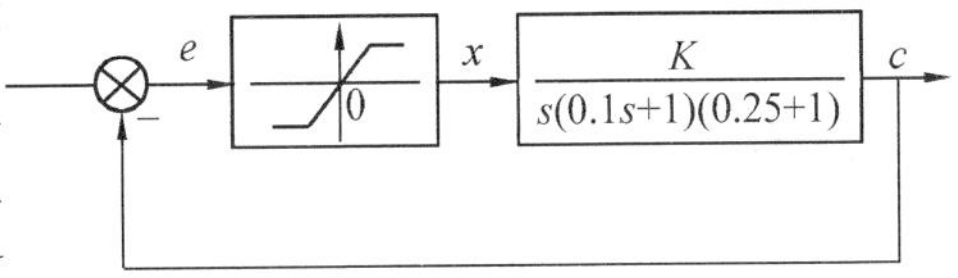

图 7.6.5 非线性系统方框图

解 (a) 在 $k=2$ 情况下，饱和特性的负倒描述函数曲线 $-1/N(A)$ 为 Nyquist 图中负实轴上 $-1/2 \sim -\infty$ 区段。若 $K=15$ 时的线性部分频率响应 $G(j\omega)$ 在 $-1/2 \sim -\infty$ 区段内穿越负实轴，则给定系统将产生自持振荡，其振幅 A_0 与角频率 ω_0 由曲线 $G(j\omega)$ 与 $-1/N(A)$ 的交点来确定。

首先由

$$\operatorname{Im}G(j\omega) = \frac{-15(1-0.02\omega^2)}{\omega(1+0.05\omega^2+0.000\,4\omega^4)} = 0$$

解出曲线 $G(j\omega)$ 穿越 Nyquist 图负实轴处的角频率 $\omega=\sqrt{50}$ rad/s。将 $\omega=\sqrt{50}$ 代入

$$\operatorname{Re}G(j\omega) = \frac{-4.5}{1+0.05\omega^2+0.000\,4\omega^4}$$

求得 $\operatorname{Re}G(j\sqrt{50})=-1$。因为 $\operatorname{Re}G(j\sqrt{50})<-1/2$，可以判定曲线 $G(j\omega)$ 在 $-1/2 \sim -\infty$ 区段内穿越 Nyquist 图负实轴，所以给定系统有自持振荡存在，其角频率等于曲线 $G(j\omega)$ 与 $-1/N(A)$ 相交处的角频率，即 $\omega_0=\sqrt{50}$ rad/s。

其次由 $-1/N(A)=-1$ 求解自持振荡振幅 A_0，即由

$$-\frac{\pi}{4\left[\arcsin\frac{1}{A_0}+\frac{1}{A_0}\sqrt{1-\left(\frac{1}{A_0}\right)^2}\right]}=-1$$

解出 $A_0=2.47$。

(b) 由于曲线 $G(\mathrm{j}\omega)$ 通过点$(-1/2,\mathrm{j}0)$表明在给定系统中出现自持振荡的临界状态，故使给定系统不产生自持振荡的开环增益最大值或临界值 K_c 可由

$$\mathrm{Re}\frac{K_c}{(\mathrm{j}\omega)(1+\mathrm{j}0.1\omega)(1+\mathrm{j}0.2\omega)}\bigg|_{\omega=\sqrt{50}}=-\frac{1}{2}$$

来确定，即由

$$\frac{-0.3K_c}{1+0.05\omega^2+0.000\,4\omega^4}\bigg|_{\omega=\sqrt{50}}=-\frac{1}{2}$$

解出 $K_c=7.5\ \mathrm{s}^{-1}$。

在 Nyquist 图上绘制的给定系统线性部分频率响应 $G(\mathrm{j}\omega)$ 与饱和特性负倒描述函数曲线 $-1/N(A)$ 如图 7.6.6 所示。

2. 死区特性对系统稳定性的影响

死区特性的负倒描述函数为

$$-\frac{1}{N(A)}=-\frac{1}{k-\dfrac{2k}{\pi}\left[\arcsin\dfrac{a}{A}+\dfrac{a}{A}\sqrt{1-\left(\dfrac{a}{A}\right)^2}\right]}\qquad A\geqslant a\tag{7.6.4}$$

当 $A=a$ 时，$-1/N(A)=-\infty$；当 $A\to\infty$ 时，$-1/N(A)=-1/k$。可见，死区特性的负倒描述函数曲线 $-1/N(A)$ 在 Nyquist 图中是负实轴上 $-1/k\sim-\infty$ 区段，其中振幅 A 增大的方向是由点$(-\infty,\mathrm{j}0)$指向点$(-1/k,\mathrm{j}0)$。当线性部分频率响应 $G(\mathrm{j}\omega)$ 与死区特性负倒描述函数曲线 $-1/N(A)$ 有交点时，如图 7.6.7 所示交点 b_1、b_2。不难看出，交点 b_1 是稳定的，表示系统的自持振荡；而交点 b_2 是不稳定的。若死区特性的正弦输入初始振幅小于交点 b_2 对应的振幅值，则死区特性的正弦输入振幅将向 $A=a$ 收敛；若上述初始振幅大于 b_2 对应的振幅值而小于 b_1 对应的振幅值时，则上述正弦输入将趋向由交点 b_1 决定的自持振荡。

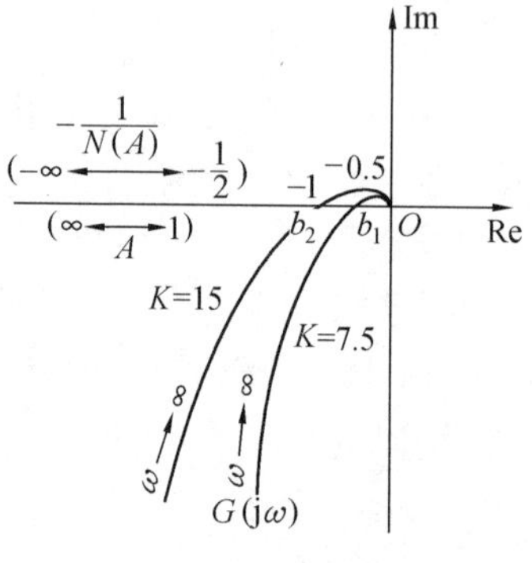

图 7.6.6　含饱和特性系统的 Nyquist 图

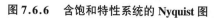

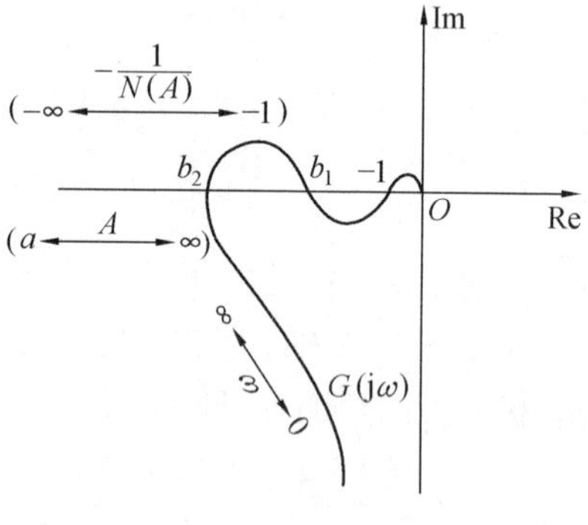

图 7.6.7　含死区特性系统的 Nyquist 图

3. 间隙特性对系统稳定性的影响

间隙特性的负倒描述函数为

$$-\frac{1}{N(A)}=\frac{-1}{\frac{k}{\pi}\left[\frac{\pi}{2}+\arcsin\left(1-\frac{2\varepsilon}{A}\right)+2\left(r-\frac{2\varepsilon}{A}\right)\times\sqrt{\frac{\varepsilon}{A}\left(\frac{\varepsilon}{A}\right)}\right]+\mathrm{j}\frac{4k\varepsilon}{\pi A}\left(\frac{\varepsilon}{A}-1\right)}\quad A\geqslant\varepsilon \tag{7.6.5}$$

当 $A\to\varepsilon$ 时，$-1/N(A)\to-\infty-\mathrm{j}\infty$；当 $A\to\infty$ 时，$-1/N(A)=-1/k-\mathrm{j}0$；负倒描述函数轨线 $-1/N(A)$ 处于 Nyquist 图的第 Ⅲ 象限，如图 7.6.8 所示。可以看出，对于线性部分传递函数为

$$G(s)=\frac{K}{s(T_1s+1)(T_2s+1)}$$

的一类含间隙特性非线性系统，对于不同的 K 的取值，曲线 $G(\mathrm{j}\omega)$ 与 $-1/N(A)$ 可能有交点，如图 7.6.8 中曲线(2) 的交点 b_1，也可能无交点，如图中曲线(1)，其中 b_1 为不稳定交点。这说明，在这类系统中不可能产生自持振荡，当间隙特性的正弦输入初始振幅小于交点 b_1 对应的振幅值时，振幅向 $A=\varepsilon$ 收敛；当上述初始振幅大于交点 b_1 对应的振幅值时，振幅 A 将不断增大而使间隙特性输入发散。

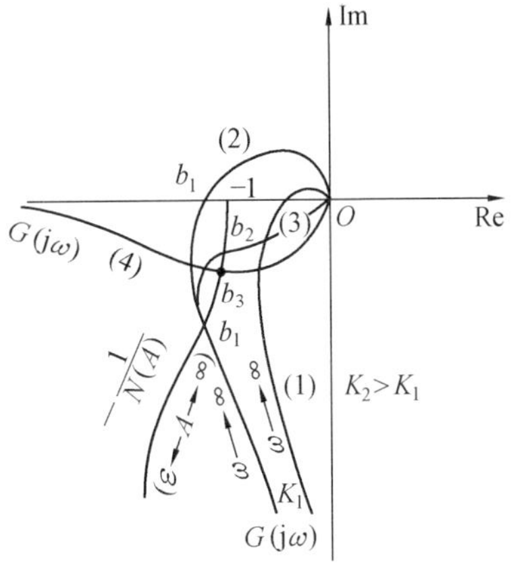

图 7.6.8　含间隙特性系统的 Nyquist 图

在这类含间隙特性系统中，如对线性部分进行 PD 校正使其传递函数变为

$$G(s)=\frac{K(\tau s+1)}{s(T_1s+1)(T_2s+1)}\qquad T_1>\tau>T_2$$

则曲线 $G(\mathrm{j}\omega)$ 与 $-1/N(A)$ 相交于点 b_1 及 b_2，见图 7.6.8 中曲线(3)，其中 b_1 为不稳定交点，b_2 为稳定交点，它表示存在自持振荡。

若含间隙特性系统的线性部分传递函数为

$$G(s)=\frac{K(\tau s+1)}{s^2(Ts+1)}\qquad \tau>T$$

则曲线 $G(\mathrm{j}\omega)$ 与 $-1/N(A)$ 有一个稳定交点 b_3，见图 7.6.8 中曲线 4，它代表系统中出现的自持振荡。

说明：对这类系统来说，无论增益 K 取何值，都不可能避免自持振荡。

4. 继电器特性对系统稳定性的影响

具有死区和滞环的继电器特性的负倒描述函数为

$$-\frac{1}{N(A)}=-\frac{1}{\frac{2M}{\pi A}\left[\sqrt{1-\left(\frac{me_0}{A}\right)^2}+\sqrt{1-\left(\frac{e_0}{A}\right)^2}\right]+\mathrm{j}\frac{2Me_0}{\pi A^2}(m-1)}\qquad A\geqslant e_0 \tag{7.6.6}$$

在 Nyquist 图中画出 $m=0.75$、0.5、0、-0.5、-1 的 $-1/N(A)$ 曲线，如图 7.6.9；$m=1$ 及 $e_0=0$ 时的 $-1/N(A)$ 曲线分别绘于图 7.6.10(a)、(b)。图中 $a=M/e_0$，从图 7.6.9 可见，对应 $-1\leqslant m<1$ 的 $-1/N(A)$ 曲线为处于 Nyquist 图象 Ⅲ 象限内的曲线，其中 $m=-1$ 时的 $-1/N(A)$ 为通过点$(0,-\mathrm{j}\frac{\pi}{4a})$且平行于实轴的直线。从图 7.6.10 看到，与 $m=1$ 及 $e_0=0$ 对应的 $-1/N(A)$ 特性均为位于 Nyquist 图负实轴上的线段，其中对于 $m=1$ 时的 $-1/N(A)$ 特性，在实轴的$(-\frac{\pi}{2a}\sim-\infty)$区间内，每个点都代表 $A<\sqrt{2}e_0$ 及 $A>\sqrt{2}e_0$ 的两个振幅值，在点$(-\frac{\pi}{2a},\mathrm{j}0)$处的振幅等于$\sqrt{2}e_0$；$e_0=0$ 的 $-1/N(A)$ 特性为 Nyquist 图上的整个负实轴，原点$(0,\mathrm{j}0)$处的振幅 $A=0$。

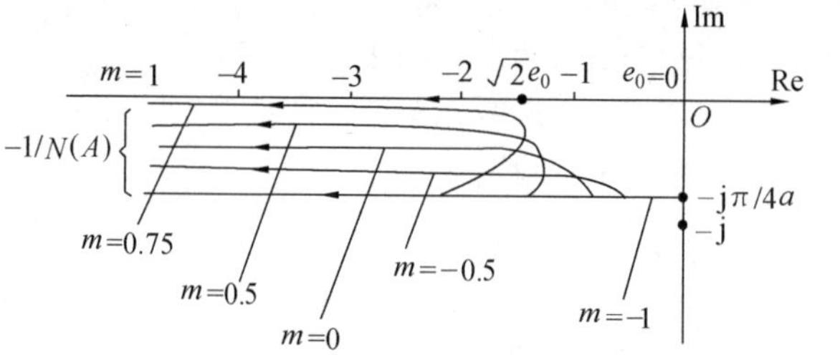

图 7.6.9　继电器特性的 $-1/N(A)$

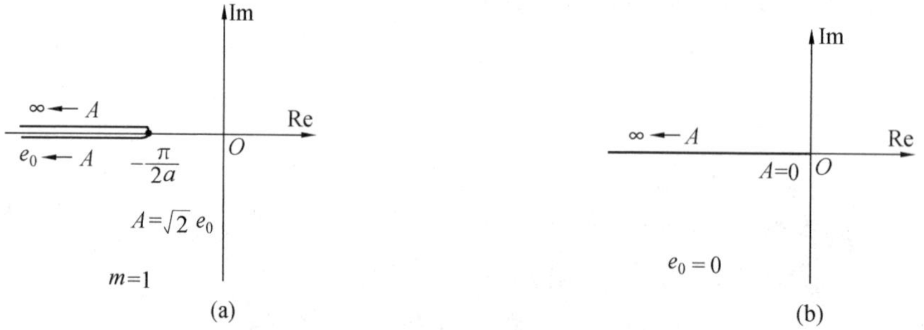

图 7.6.10　继电器特性的 $-1/N(A)$

例 7.6.2　设含理想继电器特性的系统方框图如图 7.6.11 所示。试确定其自持振荡的振幅和角频率。

解　$M=1$ 情况下的理想继电器特性的负倒描述函数为

$$-\frac{1}{N(A)}=-\frac{\pi}{4}A$$

在 Nyquist 图上，$-1/N(A)$ 特性是整个负实轴，见图 7.6.12。系统的线性部分频率响应 $G(\mathrm{j}\omega)$ 与 $-1/N(A)$ 特性的交点为稳定交点，代表系统的自持振荡，其角频率 ω_0 可由

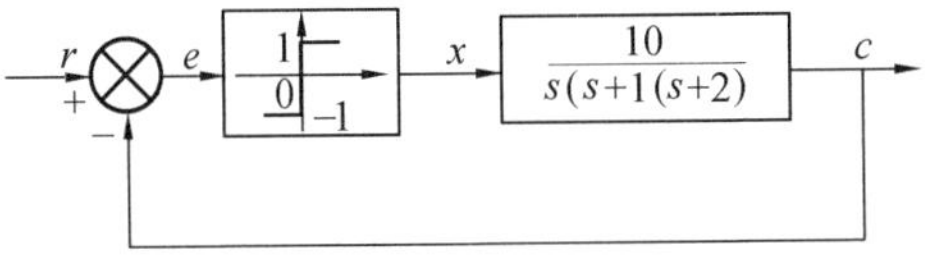

图 7.6.11　非线性系统方框图

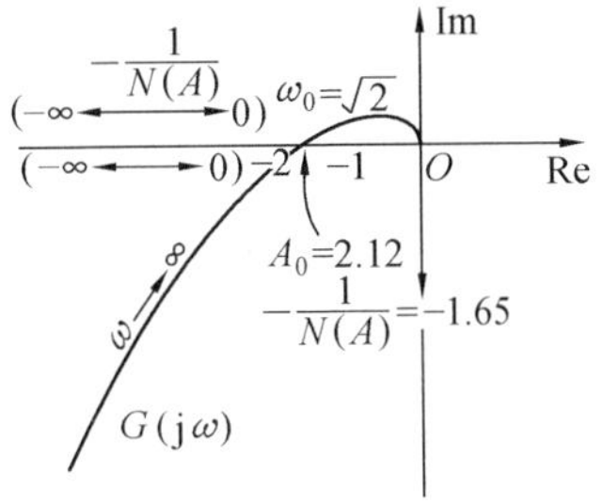

图 7.6.12　含理想继电器特性系统 Nyquist 图

$$\mathrm{Im}G(\mathrm{j}\omega)=\frac{10(\omega^2-2)}{\omega(\omega^4+5\omega^2+4)}=0$$

解出为 $\omega_0=\sqrt{2}$ rad/s。确定自持振荡振幅 A_0 首先计算 $\mathrm{Re}G(\mathrm{j}\omega_0)$，然后由

$$\mathrm{Re}G(\mathrm{j}\omega_0)=-\frac{1}{N(A_0)}$$

求解 A_0，即由 $-\dfrac{30}{18}=-\dfrac{\pi}{4}A_0$，解出 $A_0=2.12$，其中 $\mathrm{Re}G(\mathrm{j}\omega_0)=-\dfrac{30}{18}$。

例 7.6.3　设含具有死区无滞环继电器特性的系统方框图，如图 7.6.13 所示，其中继电器特性参数为 $e_0=1$ 及 $M=3$。试分析系统的稳定性，并计算使系统不产生自持振荡时的继电器特性参数。

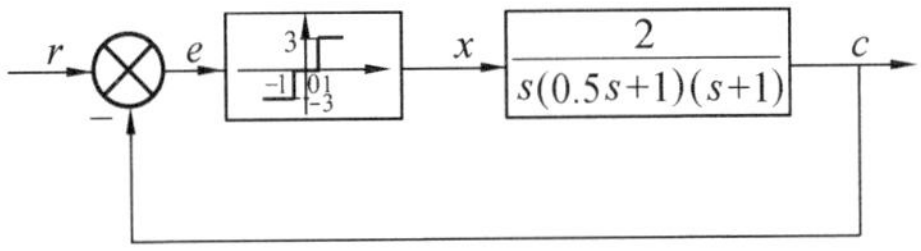

图 7.6.13　非线性系统方框图

解　$m=1$、$e_0=1$ 及 $M=3$ 时继电器特性的负倒描述函数曲线 $-1/N(A)$ 如图 7.6.14 所示，其中 $-1/N(A)$ 特性在负实轴上的拐点坐标为

$$-\frac{\pi}{2a}=-\frac{\pi}{2\dfrac{M}{e_0}}=-\frac{\pi}{2\times 3}=-\frac{\pi}{6}$$

拐点对应的振幅值为

$$A=\sqrt{2}e_0=\sqrt{2}$$

由线性部分频率响应 $G(\mathrm{j}\omega)$ 的虚部

$$\mathrm{Im}G(\mathrm{j}\omega)=\frac{2(0.5\omega^2-1)}{\omega(0.25\omega^4+1.25\omega^2+1)}=0$$

解出曲线 $G(\mathrm{j}\omega)$ 与负实轴相交点对应的角频率 $\omega=\sqrt{2}$ rad/s。计算

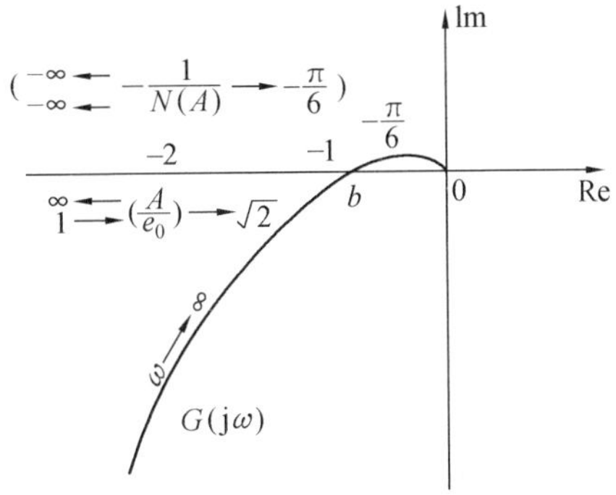

图 7.6.14　含具有死区无滞环继电器特性系统的 Nyquist 图

$$\mathrm{Re}G(\mathrm{j}\omega)\Big|_{\omega=\sqrt{2}}=\frac{-3}{0.25\omega^4+1.25\omega^2+1}\Bigg|_{\omega=\sqrt{2}}=-\frac{1}{1.5}$$

由于 $\mathrm{Re}G(\mathrm{j}\sqrt{2}) < -\pi/6$,故曲线 $G(\mathrm{j}\omega)$ 与 $-1/N(A)$ 相交,且有两个交点,它们对应同一个角频率 $\omega = \sqrt{2}$ rad/s。再由

$$\mathrm{Re}G(\mathrm{j}\sqrt{2}) = -\frac{1}{N(A_0)}$$

即

$$-\frac{1}{1.5} = -\frac{1}{\frac{4\times 3}{\pi A_0}\sqrt{1-\left(\frac{1}{A_0}\right)^2}}$$

解出两个交点对应的振幅值分别为 $A_{01} = 1.11$,及 $A_{02} = 2.33$,其中振幅 $A_{02} = 2.33$ 对应的交点为稳定交点,它代表系统产生的自持振荡,其参数是振幅 $A_{02} = 2.33$ 及角频率 $\omega_0 = \sqrt{2}$ rad/s。含具有死区无滞环继电器特性系统的 Nyquist 图如图 7.6.14 所示。

为了使给定系统不产生自持振荡,需要保证 $-1/N(A)$ 特性在负实轴上的拐点坐标

$$-\frac{\pi}{2a} < -\frac{1}{1.5}$$

解出

$$a < 2.36$$

即具有死区无滞环继电器特性参数间的关系应保持为

$$\frac{M}{e_0} < 2.36$$

若选取 $a = M/e_0 = 2$,并保留 $M = 3$,则在这种情况下的死区需调整到 $e_0 = 1.5$。

7.6.3 应用描述函数法校正非线性控制系统

一般说来,控制系统中不希望出现自持振荡。消除非线性控制系统自持振荡的途径之一是改变非线性特性的参数,如调整继电器特性的死区值,以避免曲线 $-1/N(A)$ 与 $G(\mathrm{j}\omega)$ 相交;另一种途径是,基于线性系统校正理论,对非线性控制系统的线性部分频率响应 $G(\mathrm{j}\omega)$ 进行校正,以改变 $G(\mathrm{j}\omega)$ 在某个频段内的形状使其与 $-1/N(A)$ 特性不相接触,从而达到消除自持振荡系统稳定的目的。下面举例说明。

例 7.6.4 试应用校正线性系统的频率法对如图 7.6.15 所示非线性控制系统进行校正,其中线性部分频率响应

$$G_1(\mathrm{j}\omega)G_2(\mathrm{j}\omega) = \frac{1.5}{(\mathrm{j}\omega)(1+\mathrm{j}\omega)^2}$$

目的是消除含间隙特性系统的自持振荡。

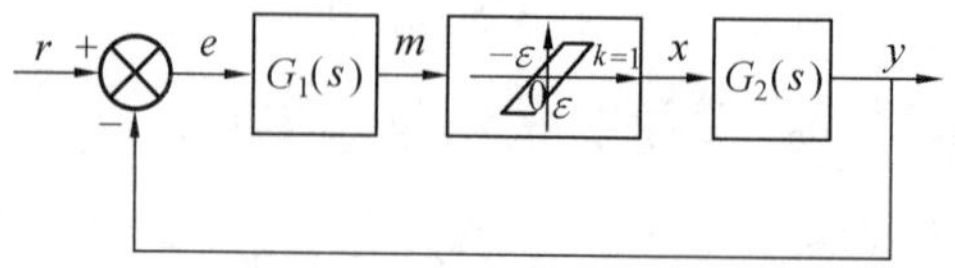

图 7.6.15 含间隙特性系统方框图

解 (1) 串联校正方案

系统方框图如图 7.6.16 所示，其中 $G_c(s)$ 为线性串联校正环节的传递函数，$N(A)$ 代表间隙非线性特性。由频率法分析可知，欲通过对系统线性部分频率响应的校正以改变其形状使与 $-1/N(A)$ 特性脱离接触，从而达到消除自持振荡并确保系统稳定的目的，需要在给定系统中引进超前校正。为此，初选

$$G_c(s) = \frac{1+0.8s}{1+0.4s}$$

这时，校正系统的线性部分频率响应为

$$G(j\omega) = G_1(j\omega)G_2(j\omega)G_c(j\omega) = \frac{1.5}{j\omega(1+j\omega)^2} \times \frac{1+j0.8\omega}{1+j0.4\omega}$$

将曲线 $G(j\omega)$ 与 $-1/N(A)$ 画在 Nichols 图上，如图 7.6.17 所示。可见，由于校正系统的线性部分频率响应 $G(j\omega)$ 完全处于间隙特性的负倒描述函数曲线 $-1/N(A)$ 之下，故校正系统是稳定的，并已消除自持振荡。可见，初选的超前校正参数满足设计要求，毋需再加修正。

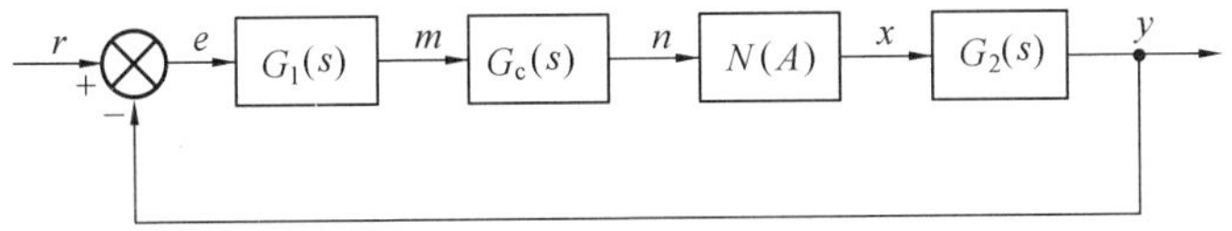

图 7.6.16　含串联校正的非线性控制系统方框图

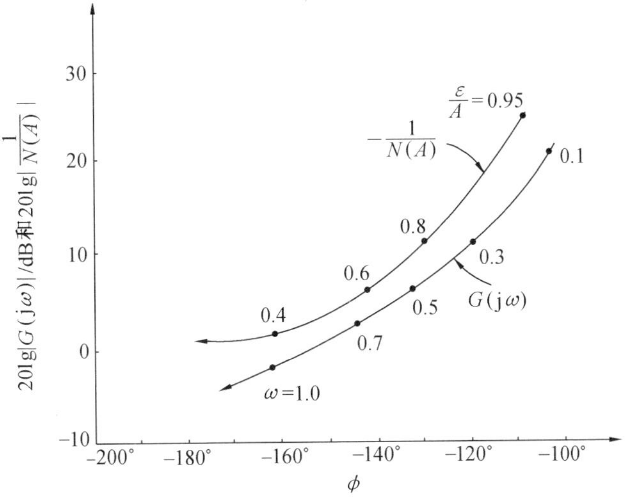

图 7.6.17　含间隙特性系统的 Nichols 图

(2) 反馈校正方案

在如图 7.6.15 所示含间隙特性系统中采用速度反馈校正时的方框图如图 7.6.18，可以求得校正系统线性部分的传递函数为

$$G(s)H(s) = G_1(s)G_2(s)H(s) = \frac{1.5}{s(s+1)^2} \times (1 + bs)$$

初选速度反馈系数 $b = 0.4$,这时的线性部分频率响应为

$$G(\mathrm{j}\omega)H(\mathrm{j}\omega) = \frac{1.5}{\mathrm{j}\omega(1+\mathrm{j}\omega)^2} \times (1 + \mathrm{j}0.4\omega)$$

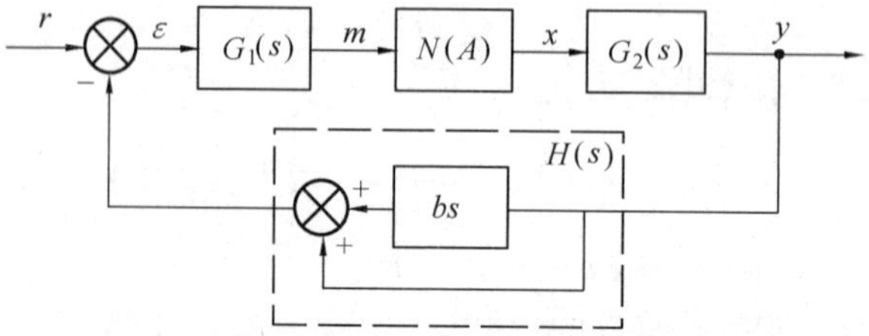

图 7.6.18　含反馈校正的非线性控制系统方框图

将速度反馈校正系统的线性部分频率响应 $G(\mathrm{j}\omega)H(\mathrm{j}\omega)$ 及间隙特性的负倒描述函数 $-1/N(A)$ 画在图7.6.19所示Nichols图中,从图看到曲线 $G(\mathrm{j}\omega)H(\mathrm{j}\omega)$ 完全处于 $-1/N(A)$ 曲线之下,说明校正系统是稳定的,校正前系统中的自持振荡已被消除,可见,初选速度反馈及其参数满足要求,毋需进一步修正。

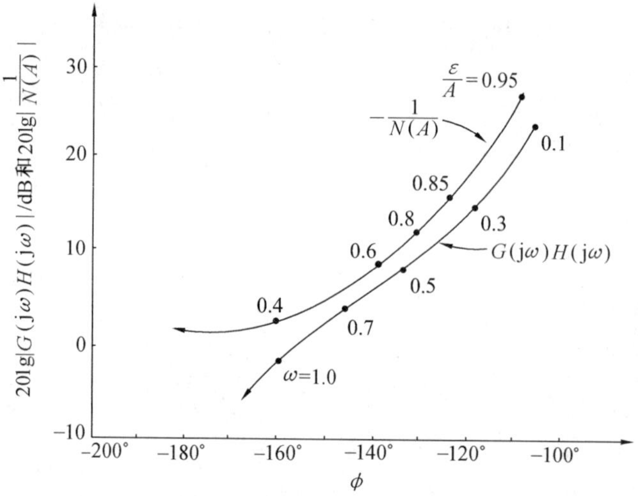

图 7.6.19　含间隙特性系统的 Nichols 图

7.7　用 MATLAB 分析非线性系统

应用 MATLAB 可以利用相轨迹方法和描述函数方法对非线性系统进行分析和综合。

7.7.1　应用 Simulink 分析系统的相轨迹

Simulink 是系统模型处理和仿真的十分有用的工具，所以本小节应用 Simulink 分析系统的时域响应。

启动 MATLAB 后，在 Command Windows 框中输入 simulink，回车后就可以启动 Simulink Library Browser。

例 7.7.1　图 7.7.1 是一个含有饱和特性的非线性系统的 Simulink 仿真模型。

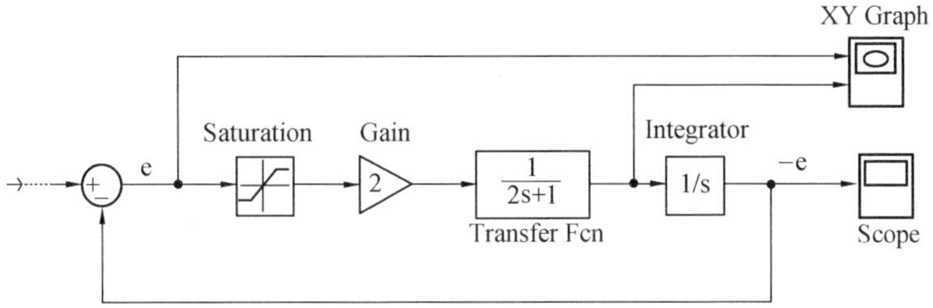

图 7.7.1　含有饱和特性的非线性系统的 Simulink 仿真模型图

设定误差 $e = 3$，输入为 0，仿真时间为 60 s，系统的输出为 $-e$，选择 Simulation 选项中的 start（或用快捷键 Ctrl + T）开始仿真，得到系统的相轨迹（图 7.7.2）和输出（图 7.7.3）。

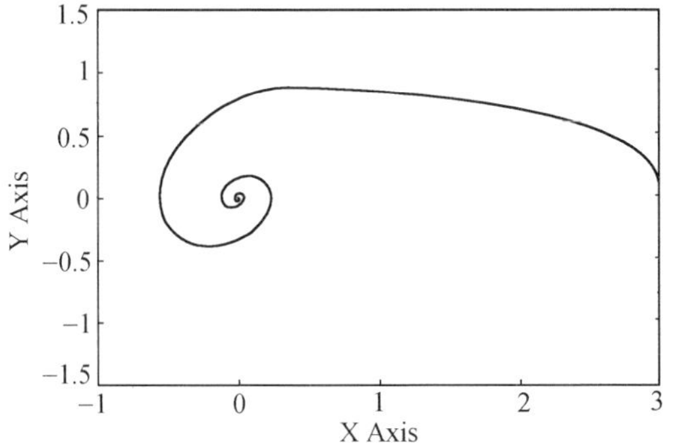

图 7.7.2　系统的相轨迹

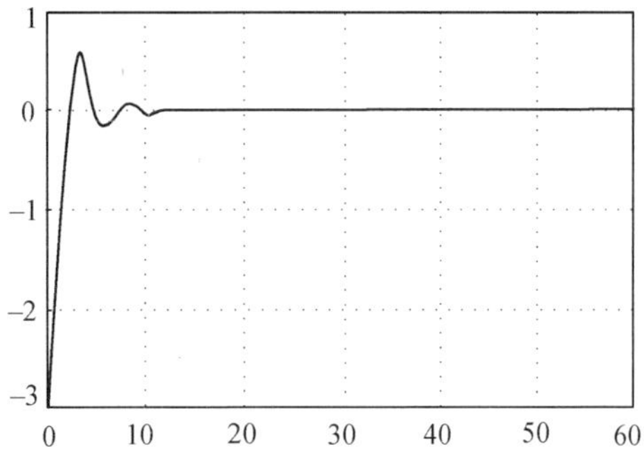

图 7.7.3　系统的输出

图 7.7.2 中，x 轴为误差 e，y 轴为误差的导数 $\dot{e}$。

图 7.7.3 所示就是系统在误差 $e = 3$ 时的输出。（由示波器采集得到）由以上图形和数据可知非线性系统在误差 $e = 3$ 的初始条件下是稳定的。

利用 Simulink 可以分析各种不同类型的非线性系统。下面是一个含有速度反馈的非线性系统的例子。

例 7.7.2　图 7.7.4 是一个含有典型非线性环节系统的 Simulink 仿真模型。

系统中的非线性部分是一个具有回滞特性的非线性环节，按照前面章节的分析，这个系统

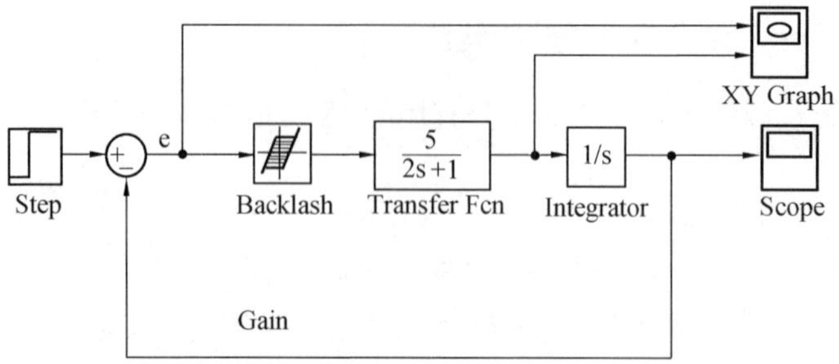

图 7.7.4　含有典型非线性环节系统的 Simulink 仿真模型图

的相平面应该具有极限环。在此例中，回滞宽度为 1，则当 $|e| > 0.5$ 时，相轨迹将收敛到极限环；而当 $|e| < 0.5$ 时，相轨迹将发散到极限环。

先设定初始误差为 $e = 2.5 > 0.5$，输入为单位阶跃信号，仿真时间为 100 s，系统的输出为 $-e$，系统的相轨迹如图 7.7.5。

再设定初始误差为 $e = 0.2 < 0.5$，输入仍然为单位阶跃信号，仿真时间同为 100 s，系统的输出为 $-e$，此时系统的相轨迹如图 7.7.6。

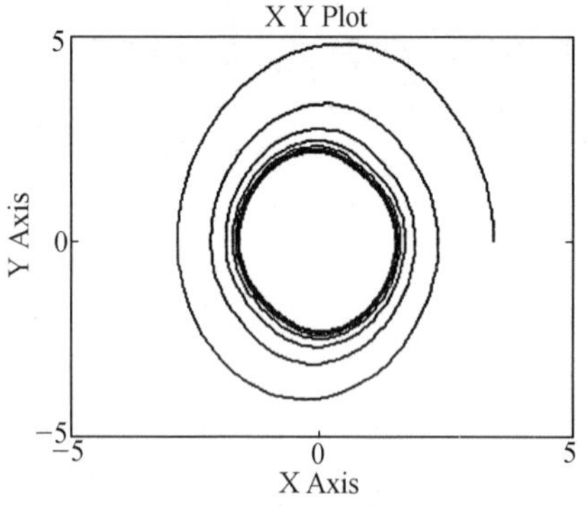

图 7.7.5　$e = 2.5$ 时系统的相轨迹

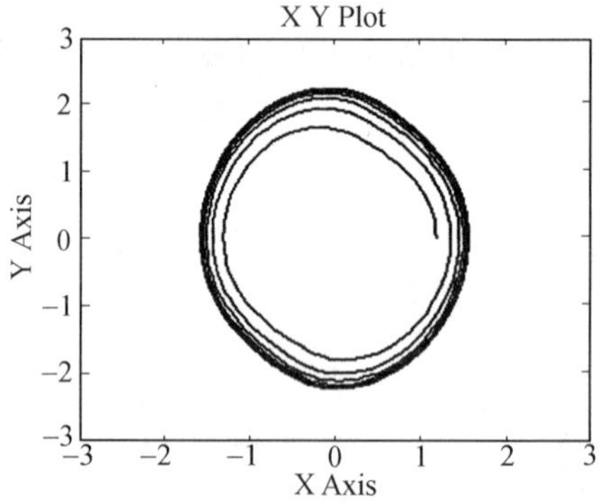

图 7.7.6　$e = 0.2$ 时系统的相轨迹

由以上两图可见，系统的确存在极限环。如果观察示波器（即 Scope），可清晰看到系统的输出随着时间的推移而达到等幅振荡。

下面是一个稍复杂一些的例子。

例 7.7.3　图 7.7.7 是一个复杂非线性系统的 Simulink 仿真模型。图中 Fcn 为 $0.5x + \dot{x}$，初值分别为 $x = 0.2, \dot{x} = 2$ 和 $x = -2, \dot{x} = -2$。

要求以 x 和 $\dot{x}$ 为相平面的 x 轴和 y 轴，以所给的初值绘制系统的相轨迹。

第一次，给 Integrator 赋值 0.2，给 Integrator1 赋值 2，得到系统的稳定的相轨迹，如图 7.7.8 所示；给 Integrator 赋值 -2，给 Integrator1 赋值 -2，得到系统的不稳定的相轨迹，如图 7.7.9 所示。

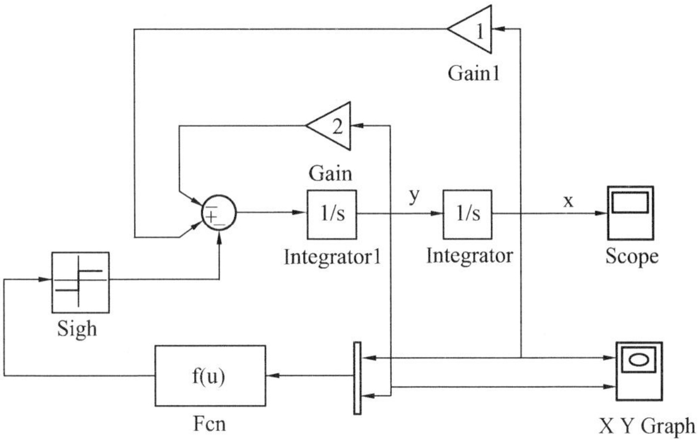

图 7.7.7　复杂非线性系统的 Simulink 仿真模型图

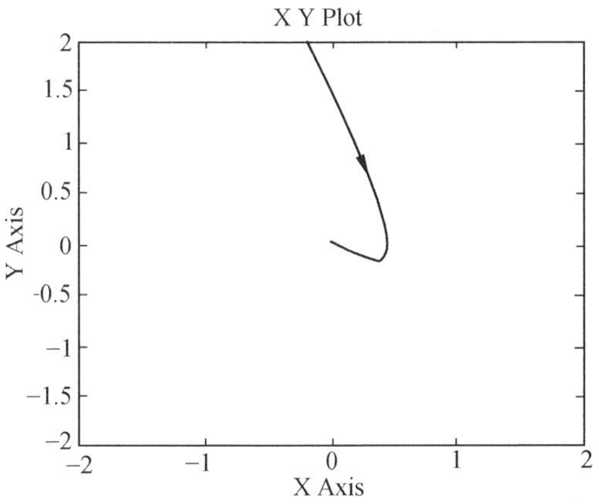

图 7.7.8　系统稳定的相轨迹

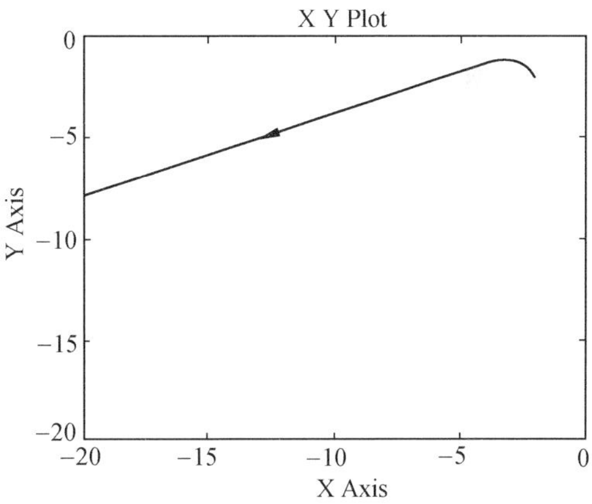

图 7.7.9　系统不稳定的相轨迹

7.7.2　应用 M 文件绘制系统的相平面图

常见的系统大部分都可用微分方程表示,如果通过解微分方程的方法解出系统的数值解就可以绘出系统的相平面图。常用的解微分方程的方法就是 Runge – Kutta 算法。在 MATLAB 中,ode45( ) 这个函数就是应用变步长的 Runge – Kutta 4/5 阶算法来求解微分方程,其调用格式为

[t,x] = ode45(fcn _ name,tspan,x0,option)

其中描述系统模型的文件名可以由字符串变量名 fcn _ name 给出,参数 tspan 可以由初始时间和终止时间构成的向量给出,变量 x0 为系统的初值(准确地说应是状态变量的初值),其默认的值是一个空矩阵,本函数的附加条件在 options 变量中给出。

例 7.7.4　考虑下面的方程

$$\ddot{x} + (x^2 - 1)\dot{x} + x = 0$$

现令 $x_2 = x, x_1 = \dot{x}$，绘制以 x_1 为 x 轴，以 x_2 为 y 轴的相平面图。

解　题中二阶微分方程可以化为

$$\dot{x}_2 = x_1 \qquad \dot{x}_1 = x_1(1 - x_2^2) - x_2$$

由此模型，我们可以用 MATLAB 写出描述系统的函数 nonlin _ fun( )

```
function xdot = nonlin_fun(t,x)
xdot(1) = x(1)*(1 - x(2)^2) - x(2);          % 定义系统方程
xdot(2) = x(1);
xdot = [xdot(1);xdot(2)];
```

保存为 nonlin _ fun.m。再用 MATLAB 编写如下程序，命名为 nonlin.m，以便绘出拥有 36 条根轨迹的相平面图。

```
% PROGRAM nonlin.m
clear
for x1 = -5:2:5                                % 定义初值范围
  for x2 = -5:2:5
[t,x] = ode45('nonlin_fun',[0,40],[x1,x2]);    % 求解微分方程
plot(x(:,1),x(:,2),'g');                       % 绘制相平面
plot(x1,x2,'b.');                              % 绘制初值点
hold on
  end
end
figure
plot(t,x)
```

执行后得到的相平面图如图 7.7.10 所示。可见系统存在一个稳定的极限环。而系统的一组状态曲线如图 7.7.11 所示。

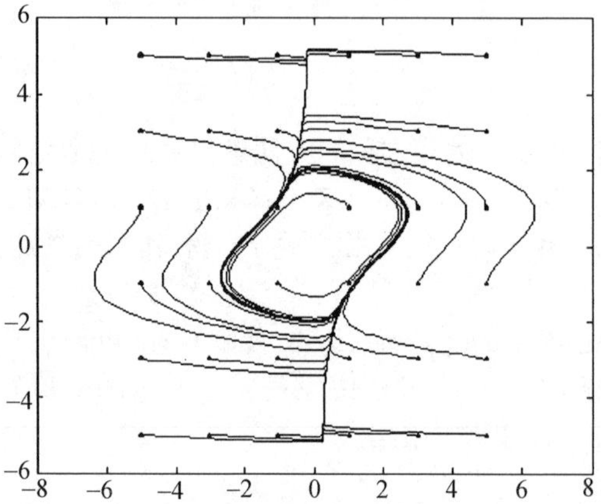

图 7.7.10　系统的相平面曲线

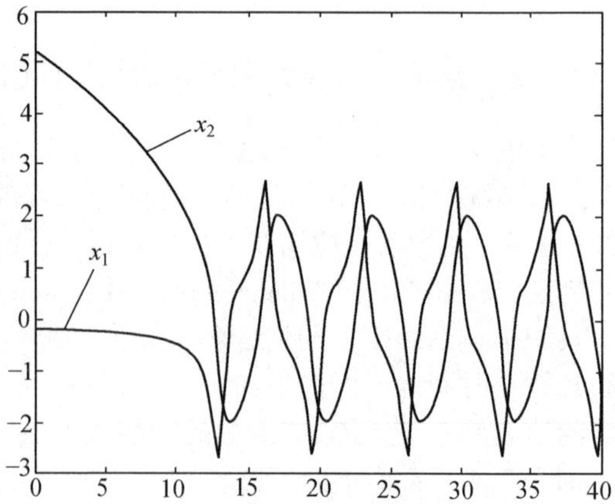

图 7.7.11　系统的一组状态曲线

通过修改 nonline_fun 函数中的方程就可以用来绘制其他函数的相平面，通过修改 nonline 函数中的初值就可以绘制不同相轨迹。所以，大部分二阶非线性系统均可以通过这种方法绘制系统的相平面。

7.7.3　应用 MATLAB 实现描述函数法分析

描述函数法是分析非线性系统的经典方法，此方法将系统中的多个非线性环节合并成一个非线性环节，将剩下的线性环节合并成一个传递函数，然后进行分析。在本小节通过一个例子来说明如何应用 MATLAB 来使用描述函数法分析非线性系统。

例 7.7.5　已知一个非线性系统如图 7.7.12 所示，死区参数 $h = 0.7$，继电器参数 $M = 1.7$，线性部分的传递函数为：$G(s) = \dfrac{460}{s(0.01s+1)(0.0025s+1)}$，试分析系统是否存在自持振荡？若有求出自持振荡的振幅 X 与角频率 ω。

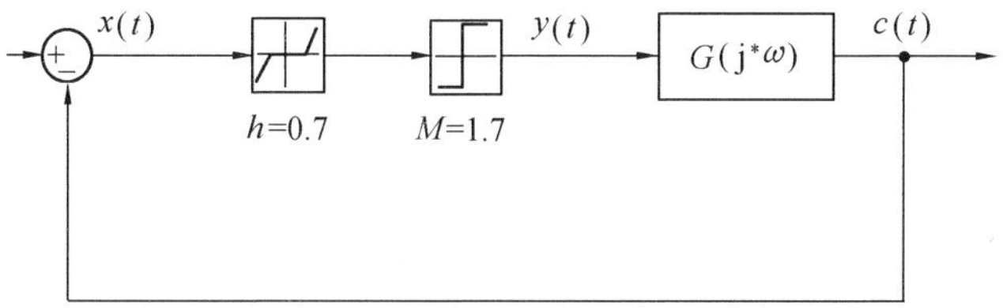

图 7.7.12　带有死区特性和继电器特性的系统

解　(1) 非线性部分的特性可以合并成带有死区继电器特性的环节，所以非线性环节的描述函数、尺度系数和相对描述函数为：

描述函数

$$N(X) = \frac{4M}{\pi X}\sqrt{1-\left(\frac{h}{X}\right)^2} = \frac{M}{h}\,\frac{4h}{\pi X}\sqrt{1-\left(\frac{h}{X}\right)^2} = K_0 N_0(X)$$

尺度系数

$$K_0 = \frac{M}{h} = \frac{1.7}{0.7} = 2.43$$

相对描述函数

$$N_0(X) = \frac{4h}{\pi X}\sqrt{1-\left(\frac{h}{X}\right)^2}$$

(2) 线性部分的频率特性为

$$G(j\omega) = G(s)\big|_{s=j\omega} = \frac{460}{j\omega(0.01j\omega+1)(0.0025j\omega+1)}$$

(3) 用 MATLAB 编写如下程序，命名为 nonlin_E685.m，以便在同一图象中绘出非线性特性的描述函数与线性部分的 Nyquist 曲线。

```
clear
syms t x y z h M X
M = 1.7; h = 0.7;
for X = 0.7:0.05:7
   x = 4 * h/(pi * X) * sqrt(1 - (h/X)^2);
   y = 0;
   z = - 1/x + j * y;
   plot(- 1/x,y,'ko')
   hold on
end
n = [0 0 0 460];
d = conv(conv([1 0],[0.01 1]),[0.0025 1]);
G = M/h * tf(n,d);
w = 100:1000;
nyquist(G,w)
hold on
```

执行后得到非线性环节的描述函数与线性部分的 Nyquist 曲线如图 7.7.13 所示。

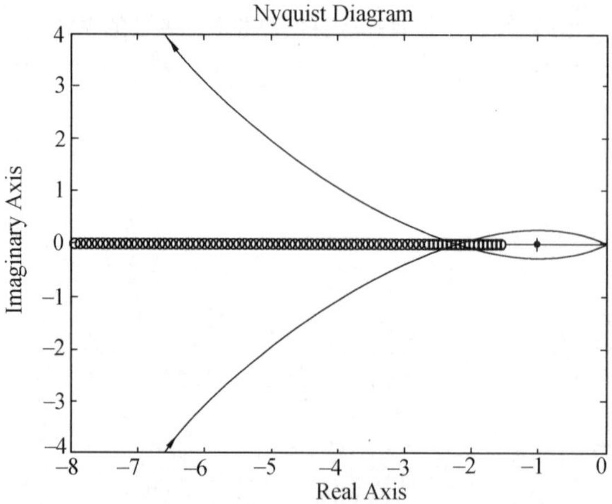

图 7.7.13　非线性特性的描述函数和线性环节的 Nyquist 曲线

(4) 利用交点虚部为零的特性求出交点得角频率 ω 和交点的幅值。非线性环节与线性环节的交点为$(-|K_0G(j\omega)|,0)$。因为

$$K_0G(j\omega) = 2.34\frac{460}{j\omega(0.01j\omega+1)(0.002\,5j\omega+1)} = 2.34\frac{460j(1-0.01j\omega)(1-0.002\,5j\omega)}{-\omega(1+0.01^2)(1+0.002\,5^2)}$$

所以虚部仅会在分子中产生,这里就仅考虑分子:

```
syms w n;
n = simple(j*(1 - 0.01*j*w)*(1 - 0.0025*j*w)) % 将分子展开
```

运行得

```
n =
i + 1/80*w - 1/40000*i*w^2
```

利用交点虚部为零,求交点得角频率 ω:

```
[w] = solve('1 - 1/40000*w^2 = 0')
w =
  - 200
  200
```

所以交点的角频率 $\omega = 200$ rad/s。由交点的角频率 $\omega = 200$ rad/s,计算幅值:

```
w = 200;
G = 2.43*460/(j*w*(1 + 0.01*j*w)*(1 + 0.0025*j*w));
A = abs(G)
```

运行得

```
A =
  2.2356
```

所以交点得 $|K_0 G(j\omega)| = 2.235\,6$。

(5) 求自持振荡的振幅 X。因为

$$-\frac{1}{N(X)} = -\frac{\pi X}{4M}\left(\sqrt{1-\left(\frac{h}{X}\right)^2}\right)^{-1} = -\frac{\pi\left(\frac{X}{h}\right)^2}{4\sqrt{\left(\frac{X}{h}\right)^2 - 1}} = -2.235\,6$$

令 $\left(\frac{X}{h}\right)^2 = z$,则 $-\frac{1}{N(X)} = -\frac{\pi}{4}\frac{z}{\sqrt{z-1}} = -2.235\,6$。

下面计算 z

```
>> syms z;
>> [z] = solve('- pi/4*z/sqrt(z - 1) = - 2.2356');
>> z = vpa(z,3)                              %z 取 3 位有效数字
```

运行得

```
z =
  1.17
  6.93
```

再计算自持振荡的振幅 X:

```
>> clear
```

```
>> syms z1 z2 x1 x2 h;
>> z1 = 1.17;
>> z2 = 6.93;
>> h = 0.7;
>> x1 = sqrt(1.17) * h
>> x2 = sqrt(6.93) * h
```

运行得

```
x1 =
  0.7572
x2 =
  1.8427
```

所以非线性特性的描述函数与线性环节的 Nyquist 曲线有两个交点，交点得角频率 ω = 200 rad/s，自持振荡的振幅 $X_1 = 0.757\ 2$，$X_2 = 1.842\ 7$。对应着系统两个周期运动状态，应用 Nyquist 稳定性判据，可以判定 $X = 1.842\ 7$ 是自持振荡的振幅。

7.8　本章小结

本章介绍含有典型非线性特性的非线性控制系统分析的两种方法：相平面法和描述函数方法。本章主要内容可以总结为：

1. 不同于线性系统，非线性系统有更加复杂的动态特性，表现为：多平衡点，系统稳定性的复杂性；存在线性系统所没有的极限环现象；非线性控制系统的频率响应可能出现分频和倍频现象；其他复杂现象，如非跳跃共振、次谐波振荡、异步抑制和自由振荡的频－幅相关特性、分形和混沌等现象。

2. 在实际控制系统中可能出现的典型非线性环节为饱和特性、死区特性、间隙特性、继电器特性、变增益特性等，以及其他典型非线性特性的组合。

3. 对于一阶和二阶系统，可以用相平面方法来描述系统的运动特性。绘制相平面的方法，主要是：解析法、等倾线法和 δ 法。相平面的基本概念有：相平面、相轨迹的对称性、斜率和运动方向、不同类型的奇点、稳定与不稳定的极限环等。

对于含有典型非线性环节的非线性系统，可以将相平面分成几个不同的区域，在每一个区域中，表现为线性系统的运动特性，在区域的分界线处相连，就可以绘制出系统在整个时间域上的相轨迹，从而可以分析系统的运动特性。判断系统的稳定性，是否出现极限环等。还可以计算系统的动态响应。

4. 描述函数方法是一种工程近似方法。对于典型非线性环节，输入是正弦信号，则输出可能含有高次谐波,如果在一定的条件下,忽略二次以上谐波,则表现为与线性系统类似的频率特性,从而可以用线性特性近似。描述函数法的核心是计算非线性特性的描述函数和负倒特性。由于描述函数是系统状态作周期运动的描述,一般不考虑外作用,所以只用于分析系统的稳定性,是否出现自持振荡等。这种近似一般只适用于非线性程度较低和特性对称的非线性元件,而且要求线性部分具有良好的低通滤波特性。

5. 控制系统的非线性校正,虽然比线性校正复杂,但可能获得更为满意的效果,往往可以兼顾系统的动态特性和稳态特性。如切换的思想、变增益控制等在现代控制工程中获得广泛的应用。

习题与思考题

7.1　试将题7.1图所示非线性控制系统简化成非线性特性 N 与等效线性部分 $G(s)$ 相串联的典型结构,并写出等效线性部分的传递函数 $G(s)$。

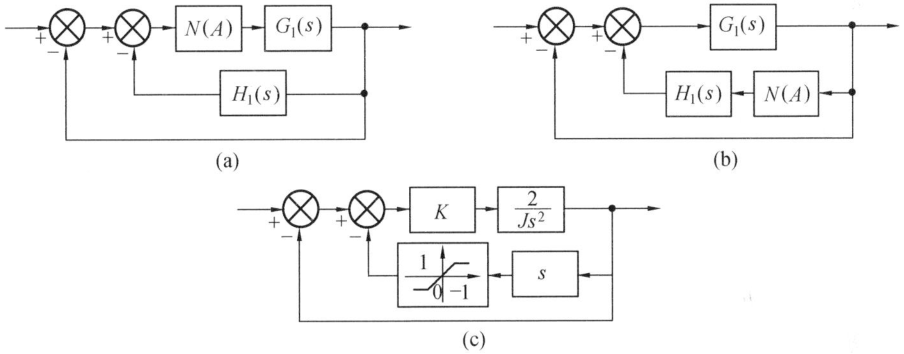

题 7.1 图　非线性控制系统方框图

7.2　设非线性控制系统的方框图如题 7.2 图所示,其中 $G(s)$ 为线性部分的传递函数,N_1、N_2 分别为描述死区特性与继电器特性的典型非线性特性。试将串联的非线性特性 N_1 与 N_2 等效变换为一个等效非线性特性 N。

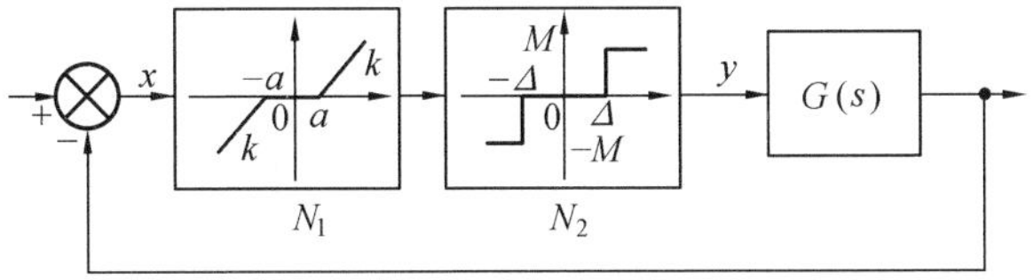

题 7.2 图　非线性控制系统方框图

7.3　设三个非线性控制系统具有相同的非线性特性,而线性部分各不相同,它们的传递函数分别为

$$G_1(s)=\frac{2}{s(0.1s+1)}$$

$$G_2(s)=\frac{2}{s(s+1)}$$

$$G_3(s)=\frac{2(1.5s+1)}{s(s+1)(0.1s+1)}$$

试判断应用描述函数法分析非线性控制系统稳定性时,哪个系统的分析准确度高。

7.4　设有非线性控制系统,其中非线性特性为斜率 $k=1$ 的饱和特性。当不考虑饱和特性时,闭环系统稳定。试分析该非线性控制系统是否有产生自持振荡的可能性。

7.5　设某非线性控制系统如题 7.5 图所示。试确定其自持振荡的振幅和角频率。

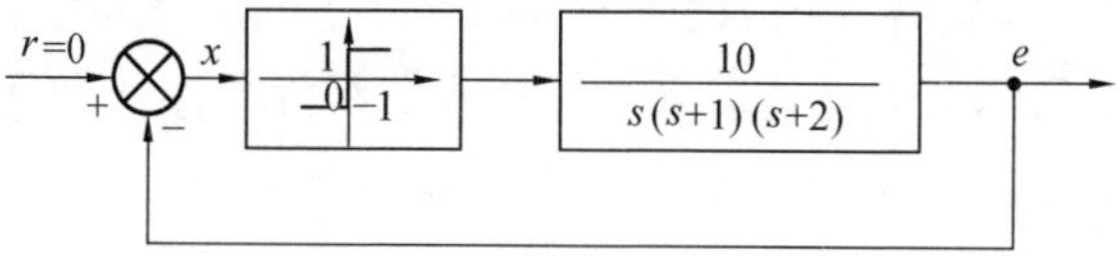

题 7.5 图　非线性控制系统方框图

7.6　设有如题7.6图所示非线性控制系统。试应用描述函数法分析当 $K=10$时系统的稳定性,并求取 K 的临界值。

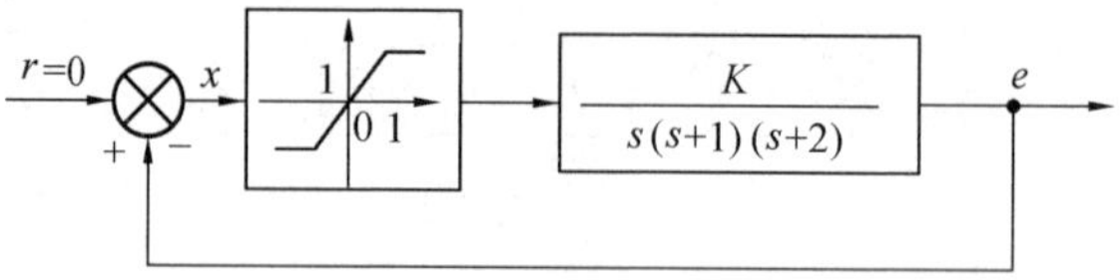

题 7.6 图　非线性控制系统方框图

7.7　设某非线性控制系统的方框图如题 7.7 图所示。试就用描述函数法分析该系统的稳定性。为使系统稳定,继电器参数 a、b 应如何调整。

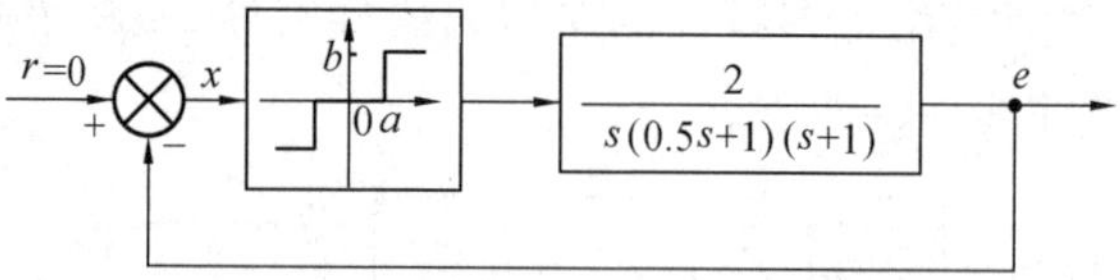

题 7.7 图　非线性控制系统方框图

7.8　设某非线性控制系统的方框图如题 7.8 图所示。试确定系统稳定时 K 的取值范围。

7.9　设某非线性控制系统的方框图如题 7.9 图所示。(1) 试确定自持振荡振幅与频率;(2) 若线性部分采用串联超前校正$(1+0.8s)/(1+0.4s)$,能否消除自持振荡;(3) 若系统采用传递函数为 $H(s)=1+0.4s$ 的反馈校正,能否消除自持振荡。

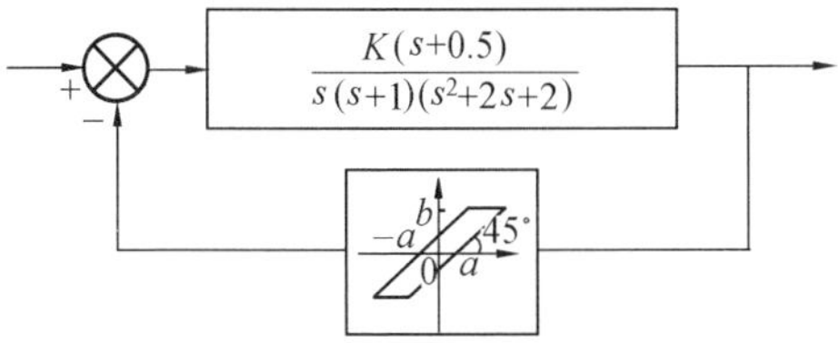

题 7.8 图　非线性控制系统方框图

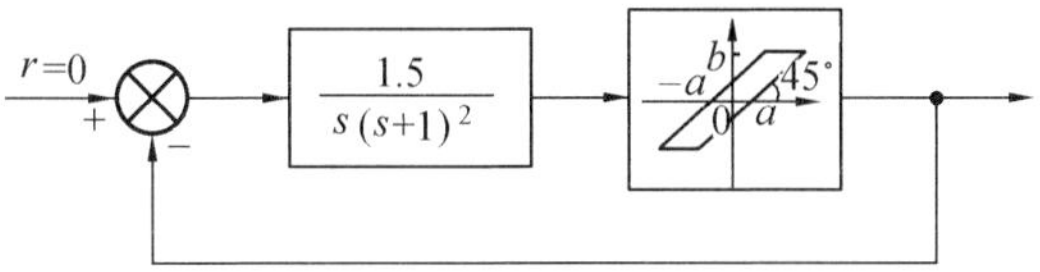

题 7.9 图　非线性控制系统方框图

7.10　试确定下列二阶非线性运动方程的奇点及其类型

$$\ddot{e} + 0.5\dot{e} + 2e + e^2 = 0$$

7.11　设某二阶非线性系统方框图如题 7.11 图所示，其中 $e_0 = 0.2, M = 0.2, K = 4$ 及 $T = 1$ s。试分别画出输入信号取下列函数时系统的相轨迹图。设系统原处于静止状态。

(1) $r(t) = 2 \times 1(t)$　　(2) $r(t) = -2 \times 1(t) + 0.4t$

(3) $r(t) = -2 \times 1(t) + 0.8t$　　(4) $r(t) = -2 \times 1(t) + 1.2t$

7.12　设某控制系统采用非线性反馈时的方框图如题 7.12 图所示。试绘制系统响应 $r(t) = R \cdot 1(t)$ 的相轨迹图，其中 R 为常值。

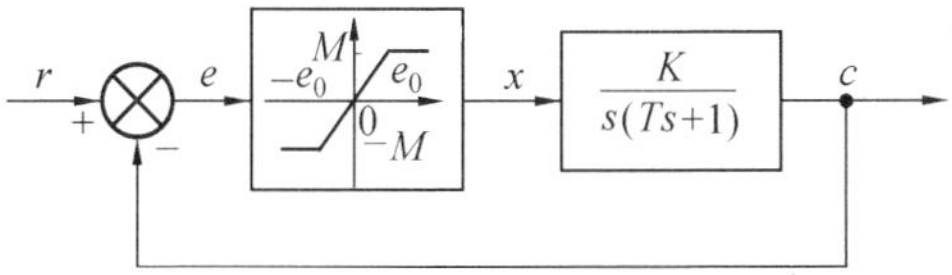

题 7.11 图　非线性系统方框图

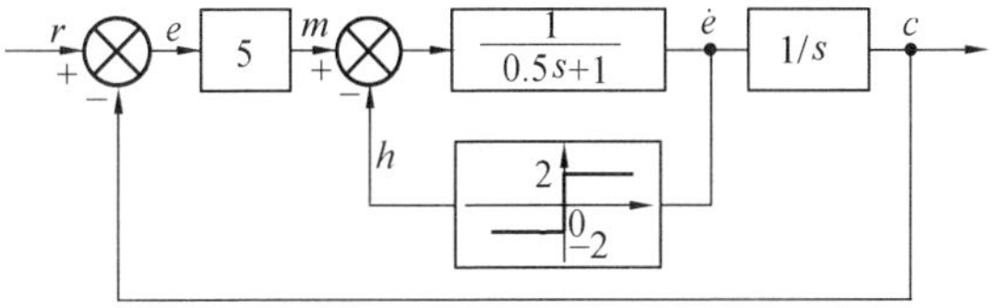

题 7.12 图　非线性控制系统方框图

7.13　设某非线性控制系统方框图如题 7.13 图所示。试应用描述函数法分析该系统的稳定性。

7.14　设某非线性控制系统方框图如题 7.14 图所示。试确定该系统的自持振荡的振幅与角频率。

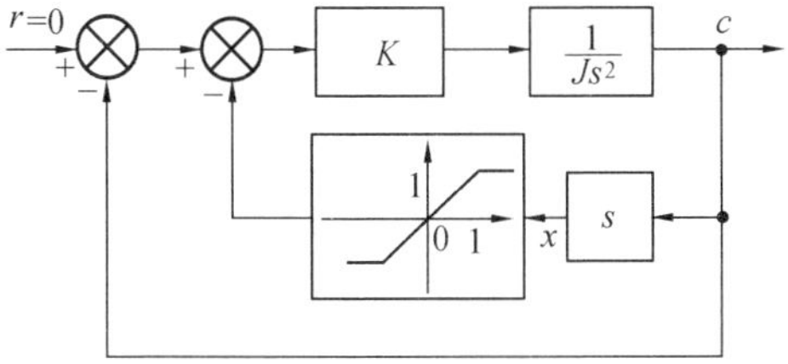

题 7.13 图　非线性控制系统方框图

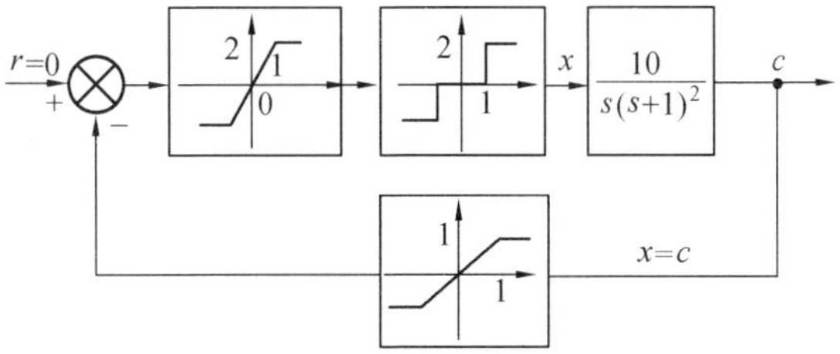

题 7.14 图　非线性控制系统方框图

7.15　设非线性控制系统方框图如题 7.15 图(a) 所示，其中线性部分的频率响应 $G(j\omega)$

如图(b)所示，非线性特性 N 示于图(c) ~ (g)。试应用描述函数法分析含图(c) ~ (g)所示典型非线性特性的系统稳定性。

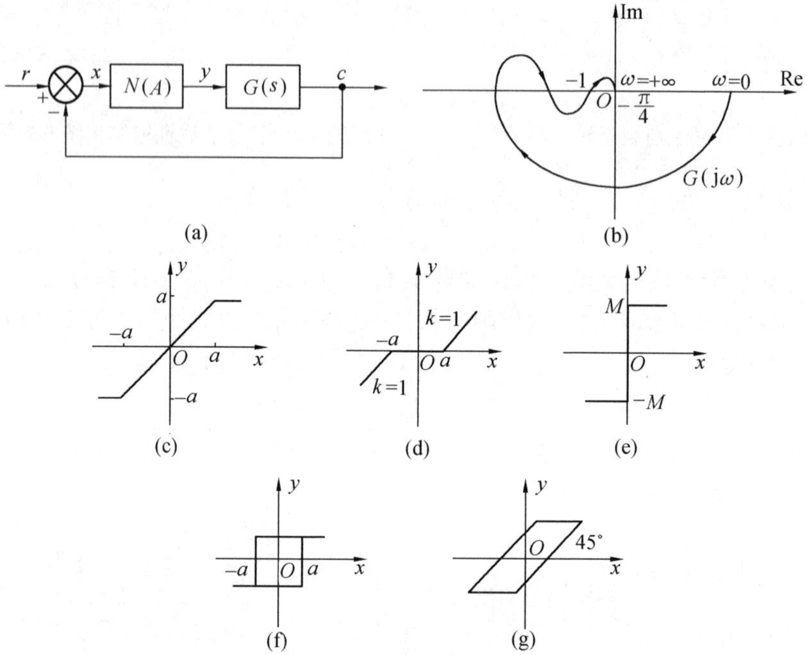

题 7.15 图　非线性控制系统

7.16　设某非线性控制系统的方框图如题 7.16 图所示，其中线性部分传递函数为

$$G(s) = \frac{K e^{-0.1s}}{s(0.1s + 1)}$$

试应用描述函数法判定 $K = 0.1$ 时系统的稳定性，并确定不使系统产生自持振荡的参数 K 的取值范围。

7.17　试确定题 7.17 图所示非线性控制系统自持振荡的振幅与角频率。

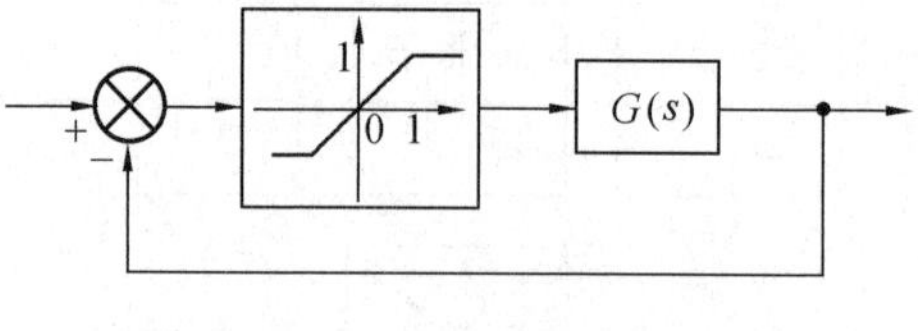

题 7.16 图　非线性控制系统方框图

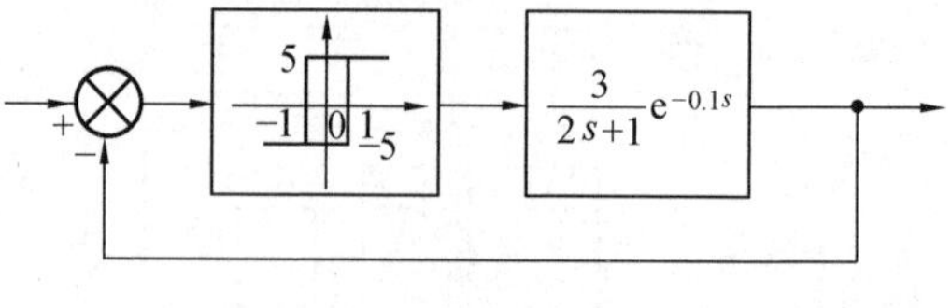

题 7.17 图　非线性控制系统方框图

7.18　设某非线性控制系统方框图如题 7.18 图所示，其中 $G_c(s)$ 为线性校正环节的传递函数。若取 $G_c(s) = (a\tau s + 1)/(\tau s + 1)$，试分析

(1) $0 < a < 1$　　　　(2) $a > 1$

时系统的稳定性。

7.19　设某非线性控制系统的方框图如题 7.19 图所示。试绘制

(1) $r(t)=R\cdot 1(t)$　　(2) $r(t)=R\cdot 1(t)+Vt$

时 $e-\dot{e}$ 平面相轨迹图，设 R、V 为常数及初始条件 $c(0)=\dot{c}(0)=0$。

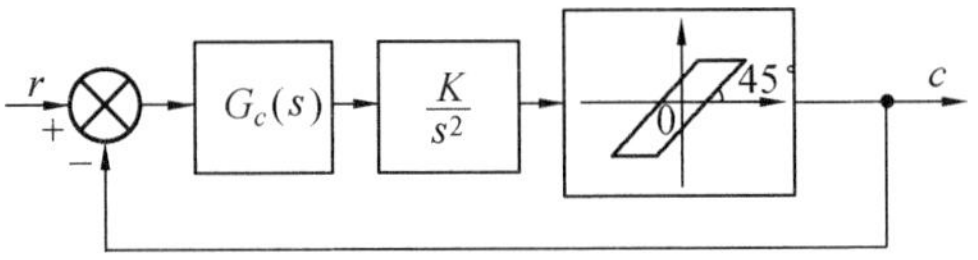

题 7.18 图　非线性控制系统方框图

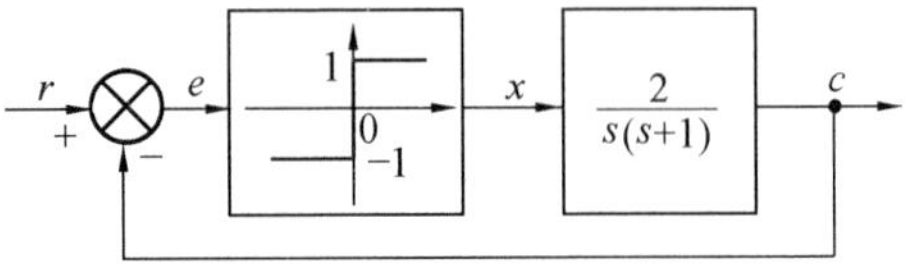

题 7.19 图　非线性控制系统方框图

7.20　设某非线性控制系统的方框图如题 7.20 图所示。试绘制 $r(t)=1(t)$ 时 $e-\dot{e}$ 平面相轨迹图。已知初始条件 $c(0)=\dot{c}(0)=0$。

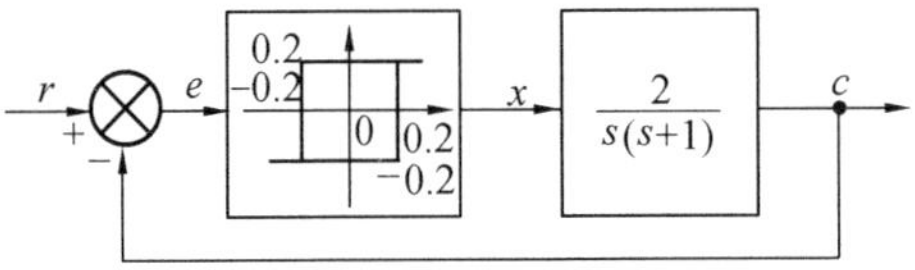

题 7.20 图　非线性控制系统方框图

7.21　设某非线性控制系统方框图如题 7.13 图所示，其中 $K=5$ 及 $J=1$。试在 $e-\dot{e}$ 平面绘制不同初始条件下的相轨迹图。设系统开始处于静止状态。

7.22　具有非线性阻尼的控制系统方框图如题 7.22(a) 图所示，其中非线性特性 N 示于图(b)。当误差信号 $|e|$ 较大，即 $|e|>0.2$ 时，阻尼作用消失；误差信号 $|e|$ 较小时，系统具有 $K_0\dot{c}$ 的阻尼，于是速度反馈受非线性特性控制，图中符号 Π 代表相乘。设系统开始处于静止状态，系统参数为 $K=4$、$K_0=1$、$e_0=0.2$。试在 $e-\dot{e}$ 平面绘制输入信号为

(1) $r(t)=1(t)$　　(2) $r(t)=0.75+0.1t$

(3) $r(t)=0.7t$

时系统的相轨迹图。

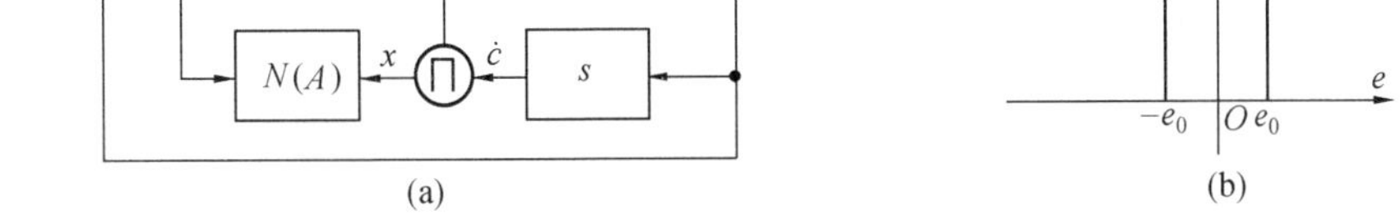

(a)　(b)

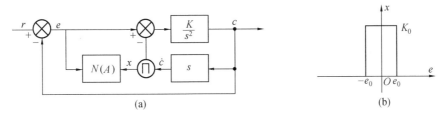

题 7.22 图　控制系统方框图

国防科工委“十五”规划教材.控制科学与工程

自动控制原理

（下　册）

裴　润　宋申民　主编

哈尔滨工业大学出版社
北京航空航天大学出版社　北京理工大学出版社
西北工业大学出版社　哈尔滨工程大学出版社

第八章　线性系统的状态空间分析法

8.1 引　　言

对一个线性定常系统，可以用常微分方程来描述其输入输出关系，也可以通过拉普拉斯变换求得系统的传递函数，直接建立系统输入输出之间的联系，从而在频域中分析和综合系统。但这种方法有不足之处：

其一，仅仅描述了系统的输入输出之间的动态关系，并没有清晰地刻画系统内部的独立变量的动态性质，因而不能完全表述系统的全部运动状态。

其二，用传递函数作为分析和设计系统的数学工具，对于线性时变系统和非线性系统不适用。

其三，对于单个输入单个输出(Single Input and Single Output, SISO)的线性定常系统，即单入单出系统，可以用传递函数描述系统的输入输出关系；而对于多个输入多个输出的线定定常系统(Multi Input and Multi Output, MIMO)，即多入多出系统，频域的描述不再是传递函数，而变为传递函数矩阵，频域中经典的设计方法将变得很复杂或不再适用。

从本章开始将引入系统的状态空间描述，即用一种标准形式的状态方程组描述系统，在时间域中分析和设计系统。它能反映系统内部的全部独立变量的动态过程，从而完全描述系统，而且还可以方便地处理系统的初始条件。而且，在设计控制系统时，不再局限于输入量、输出量和误差量，为提高系统的性能提供了有力的工具；可以用计算机进行系统的分析设计、仿真和实时控制；并可应用于非线性系统、时变系统、多入多出系统以及随机系统等。

本章首先讨论建立系统的状态空间描述的问题以及系统的分析方法，包括系统解的求取方法、系统的结构分析、系统的能控性和能观测性等。在以后的各章中，将逐步阐明系统综合要解决的各种问题。

8.2　线性系统的状态空间描述

对于线性定常的单入单出系统，可以用传递函数描述系统的输入输出关系；而对于多入多出的线性定常系统，可以用如下的传递函数矩阵描述系统。

设系统的输入变量组为$\{u_1, u_2, \cdots, u_r\}$，输出变量组为$\{y_1, y_2, \cdots, y_m\}$，且假设系统的初始条件为零。用$\hat{y}_i(s)$和$\hat{u}_j(s)$分别表示$y_i$和$u_j$的拉普拉斯变换，$g_{ij}(s)$表示系统的第$j$个输入端

到第 i 个输出端的传递函数。那么由线性系统满足叠加原理可以导出

$$\begin{aligned}
\hat{y}_1(s) &= g_{11}(s)\hat{u}_1(s) + g_{12}(s)\hat{u}_2(s) + \cdots + g_{1r}(s)\hat{u}_r(s) \\
\hat{y}_2(s) &= g_{21}(s)\hat{u}_1(s) + g_{22}(s)\hat{u}_2(s) + \cdots + g_{2r}(s)\hat{u}_r(s) \\
&\vdots \\
\hat{y}_m(s) &= g_{m1}(s)\hat{u}_1(s) + g_{m2}(s)\hat{u}_2(s) + \cdots + g_{mr}(s)\hat{u}_r(s)
\end{aligned}$$

其向量方程的形式则为

$$\hat{\boldsymbol{y}}(s) = \boldsymbol{G}(s)\hat{\boldsymbol{u}}(s)$$

其中，$\hat{\boldsymbol{y}}(s)$ 和 $\hat{\boldsymbol{u}}(s)$ 分别为输出、输入向量的拉氏变换式；$\boldsymbol{G}(s)$ 是元素为 $g_{ij}(s)$ 的 $m \times r$ 真有理分式矩阵，即 $\boldsymbol{G}(s)$ 每个元素 $g_{ij}(s)$ 的分子多项式的次数不大于分母多项式的次数。如果 $\boldsymbol{G}(s)$ 每个元素 $g_{ij}(s)$ 的分子多项式的次数严格小于分母多项式的次数，则称 $\boldsymbol{G}(s)$ 为严格真有理分式矩阵。一般地，当且仅当 $\boldsymbol{G}(s)$ 为真有理分式矩阵时，它才是物理上可以实现的。

系统的输入输出描述称为外部描述。系统的外部描述一般只是对系统的一种不完全描述，不能反映系统内部的信息；而系统的内部描述是系统的完全描述，能完全表征系统的一切动力学特性。只有在系统满足一定属性的前提下，这两种描述才是等价的。下面引入系统的完全的内部描述 —— 状态空间描述。

8.2.1 线性系统的状态空间描述

1. 状态与状态空间

定义 8.2.1 完全地表征系统时间域行为的最小个数的内部变量组称为系统的状态。组成这个变量组的变量 $x_1(t), x_2(t), \cdots, x_n(t)$ 称为系统的状态变量，其中，$t \geqslant t_0$，t_0 为系统的初始时刻。由状态变量构成的列向量

$$\boldsymbol{x}(t) = \begin{bmatrix} x_1(t) \\ x_2(t) \\ \vdots \\ x_n(t) \end{bmatrix} \qquad t \geqslant t_0 \tag{8.2.1}$$

称为系统的状态向量，简称为状态。状态向量取值的向量空间称为状态空间。

例 8.2.1 考察如图 8.2.1 所示电路，有 $u_{C_1}, u_{C_2}, i_1, i_2$ 四个受控量，$u(t)$ 为系统的输入。显然这个电路系统可以用二阶微分方程描述，因而两个独立的变量就可以完全描述系统的时间域行为。分析可知，u_{C_1}, i_2 是一组状态变量。理由如下，在任一时刻，已知 u_{C_1}，就可以确定 R_1 上的电压，从而可确定 i_1。根据 i_1, i_2 可以确定 u_{C_2}。可见根据 u_{C_1}, i_2 足以确定其他的变量。同理也可以选取

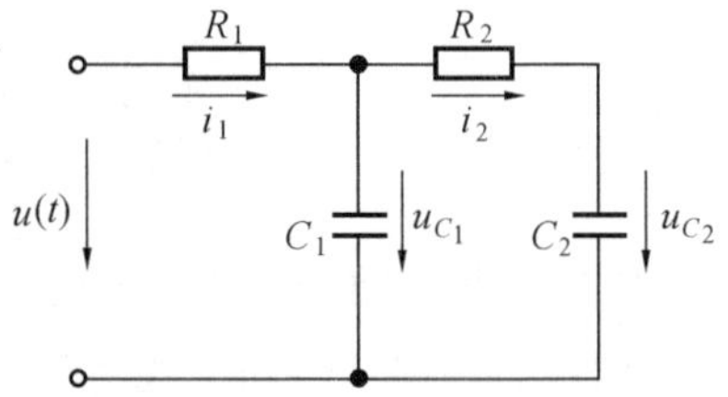

图 8.2.1 电路图

u_{C_1}，u_{C_2}，或 i_1，i_2 或 u_{C_2}，i_2，或 u_{C_2}，i_1 作为状态变量。但不能选取 u_{C_1}，i_1 作为状态变量。因为在某一时刻仅根据 u_{C_1}，i_1 不可能确定其余变量。而且 u_{C_1} 和 i_1 这两个变量并不是独立的，因为，$u = R_1 i_1 + u_{C_1}$，u 为系统的已知输入，所以 u_{C_1} 和 i_1 这两个变量仅有一个独立变量。电路中含有两个储能元件，是一个二阶的动态系统，所以还需要找另一个独立的变量才能形成一组状态变量。

对于状态和状态空间的定义，有如下的几点说明。

(1)"完全表征系统时间域行为"是指给定状态变量的初值，以及系统的输入信号，则系统在 $t \geqslant t_0$ 时间域上的运动行为完全确定。

(2) 状态变量组的"最小数目"的含义为状态变量 $x_1(t), x_2(t), \cdots, x_n(t)$ 是能够完全表征系统运动特性的变量的最小个数，减少变量个数将不能完全表征系统。

(3) 考虑系统内部的各个变量，则 $x_1(t), x_2(t), \cdots, x_n(t)$ 构成系统变量中线性无关的一个极大线性无关组。因为状态变量只能取为实数值，所以状态向量在某个时间点上是 $\mathbf{R}^n$ 上的一个点。任意的两个状态的和仍为一个状态，用任意的实数乘任意一个状态所得仍为一个状态。这样，具有 n 维状态变量的全体就构成了实数域上的 n 维状态空间。

系统中的变量的个数可能大于 n，但其中仅有 n 个是线性无关的。这一点决定了状态变量在选取上是不惟一的。那么两个不同的状态变量组之间具有什么关系呢?下面进行简单分析。

假设 $\boldsymbol{x}$ 和 $\bar{\boldsymbol{x}}$ 为某一个系统中任意选取的两个状态变量，且记

$$\boldsymbol{x}(t) = \begin{bmatrix} x_1(t) \\ \vdots \\ x_n(t) \end{bmatrix} \qquad \bar{\boldsymbol{x}}(t) = \begin{bmatrix} \bar{x}_1(t) \\ \vdots \\ \bar{x}_n(t) \end{bmatrix}$$

则根据系统状态的定义可知，$\bar{x}_1, \cdots, \bar{x}_n$ 为线性无关的，而且可将 $x_1, \cdots, x_n$ 的每一个变量表示为 $\bar{x}_1, \cdots, \bar{x}_n$ 的线性组合，且这种表示是惟一的。于是有

$$\begin{aligned} x_1 &= p_{11}\bar{x}_1 + \cdots + p_{1n}\bar{x}_n \\ &\vdots \\ x_n &= p_{n1}\bar{x}_1 + \cdots + p_{nn}\bar{x}_n \end{aligned}$$

引入系数矩阵，则上式可以表示为 $\boldsymbol{x} = \boldsymbol{P}\bar{\boldsymbol{x}}$，矩阵 $\boldsymbol{P} = [p_{ij}]_{n\times n}$。同理，由于 $x_1, \cdots, x_n$ 也为系统中变量的线性无关组，因此又有 n 阶矩阵 $\boldsymbol{Q}$ 满足 $\bar{\boldsymbol{x}} = \boldsymbol{Q}\boldsymbol{x}$。于是可以得出

$$\boldsymbol{PQ} = \boldsymbol{QP} = \boldsymbol{I}$$

这里 $\boldsymbol{I}$ 为 n 阶单位矩阵。上式表明，$\boldsymbol{P}$ 和 $\boldsymbol{Q}$ 互为逆矩阵，也即任意选取的两个状态 $\boldsymbol{x}$ 和 $\bar{\boldsymbol{x}}$ 为线性非奇异变换关系。可以总结为如下结论。

结论 8.2.1　一个动态系统任意选取的两个状态变量组之间为线性非奇异变换的关系。

2. 状态方程与输出方程

引入状态和状态空间的概念之后，就可以建立系统的状态空间描述了。在状态空间控制理

论中,使用状态方程描述系统的运动。一个多输入多输出的控制系统如图 8.2.2 所示。其中,$u_1,u_2,\cdots,u_r$ 为被控过程 $\boldsymbol{P}$ 的输入变量组,或称为作用函数;$x_1,\cdots,x_n$ 为表征系统行为的状态变量组;$y_1,y_2,\cdots,y_m$ 为系统的输出变量组。

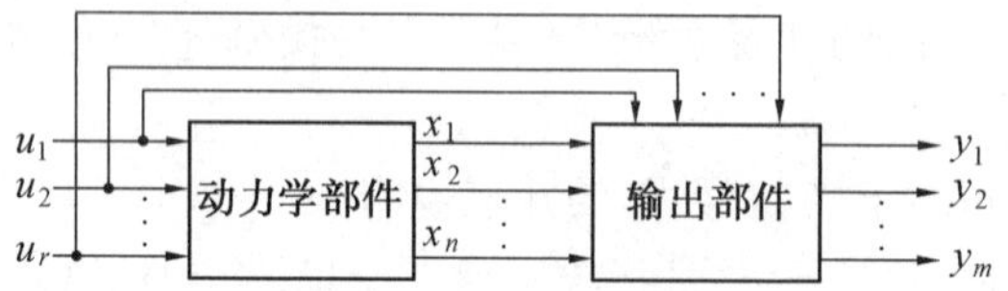

图 8.2.2　动力学系统结构图

与输入输出描述不同,状态空间描述考虑了系统的输入引起系统的状态变量的变化,而状态和输入则决定了输出的变化。

输入引起状态变化的过程写成状态变量的一阶微分方程组的形式,称为系统的状态方程,即

$$\begin{aligned}\dot{x}_1 &= f_1(x_1,\cdots,x_n;u_1,\cdots,u_r;t)\\ &\vdots\\ \dot{x}_n &= f_n(x_1,\cdots,x_n;u_1,\cdots,u_r;t)\end{aligned} \tag{8.2.2}$$

其中,$t \geqslant t_0$。在引入向量表示的基础上,可以将状态方程表示为向量方程的形式

$$\dot{\boldsymbol{x}} = \boldsymbol{f}(\boldsymbol{x},\boldsymbol{u},t) \qquad t \geqslant t_0 \tag{8.2.3}$$

其中

$$\boldsymbol{x}(t) = \begin{bmatrix} x_1(t) \\ \vdots \\ x_n(t) \end{bmatrix} \qquad \boldsymbol{u} = \begin{bmatrix} u_1 \\ \vdots \\ u_r \end{bmatrix} \qquad \boldsymbol{f}(\boldsymbol{x},\boldsymbol{u},t) = \begin{bmatrix} f_1(\boldsymbol{x},\boldsymbol{u},t) \\ \vdots \\ f_n(\boldsymbol{x},\boldsymbol{u},t) \end{bmatrix} \tag{8.2.4}$$

状态和输入决定输出的变化,可以用如下的输出方程表示,即

$$\begin{aligned}y_1 &= g_1(x_1,\cdots,x_n;u_1,\cdots,u_r;t)\\ &\vdots\\ y_m &= g_m(x_1,\cdots,x_n;u_1,\cdots,u_r;t)\end{aligned} \tag{8.2.5}$$

或表示成向量方程的形式

$$\boldsymbol{y} = \boldsymbol{g}(\boldsymbol{x},\boldsymbol{u},t) \tag{8.2.6}$$

其中

$$\boldsymbol{y} = \begin{bmatrix} y_1 \\ \vdots \\ y_m \end{bmatrix} \qquad \boldsymbol{g}(\boldsymbol{x},\boldsymbol{u},t) = \begin{bmatrix} g_1(\boldsymbol{x},\boldsymbol{u},t) \\ \vdots \\ g_m(\boldsymbol{x},\boldsymbol{u},t) \end{bmatrix} \tag{8.2.7}$$

系统的状态空间描述由状态方程和输出方程所组成。联合写出,则为

$$\begin{aligned} \dot{\boldsymbol{x}} &= \boldsymbol{f}(\boldsymbol{x},\boldsymbol{u},t) \qquad t \geqslant t_0 \\ \boldsymbol{y} &= \boldsymbol{g}(\boldsymbol{x},\boldsymbol{u},t) \end{aligned} \tag{8.2.8}$$

如果考察线性系统的连续动态过程，则在系统的状态方程和输出方程中，向量函数 $\boldsymbol{f}(\boldsymbol{x},\boldsymbol{u},t)$ 和 $\boldsymbol{g}(\boldsymbol{x},\boldsymbol{u},t)$ 将具有线性的关系，从而线性系统的状态空间描述可表示为

$$\begin{aligned} \dot{\boldsymbol{x}} &= \boldsymbol{A}(t)\boldsymbol{x} + \boldsymbol{B}(t)\boldsymbol{u} \qquad t \geqslant t_0 \\ \boldsymbol{y} &= \boldsymbol{C}(t)\boldsymbol{x} + \boldsymbol{D}(t)\boldsymbol{u} \end{aligned} \tag{8.2.9}$$

与一般的情形相同，这里，$\boldsymbol{x}(t)$ 是 n 维向量，称为状态向量，n 称为系统的阶数；$\boldsymbol{u}(t)$ 是 r 维向量，称为系统的控制输入向量，r 是系统的输入维数；$\boldsymbol{y}(t)$ 是 m 维向量，称为系统的量测输出向量，m 为系统的输出维数。另外，$\boldsymbol{A}(t)$ 是 $n \times n$ 阶矩阵，称为系统矩阵；$\boldsymbol{B}(t)$ 是 $n \times r$ 阶矩阵，称为系统的输入矩阵；$\boldsymbol{C}(t)$ 是 $m \times n$ 阶矩阵，称为系统的输出矩阵；$\boldsymbol{D}(t)$ 是 $m \times r$ 阶矩阵，称为前馈矩阵。以上的矩阵统称为系统的系数矩阵，它们的每个元都是 t 的分段连续函数。

在系统(8.2.9) 中，如果系统矩阵都是与时间无关的常值函数矩阵，则系统称为定常系统，此时也可以表示为

$$\begin{aligned} \dot{\boldsymbol{x}} &= \boldsymbol{A}\boldsymbol{x} + \boldsymbol{B}\boldsymbol{u} \qquad t \geqslant t_0 \\ \boldsymbol{y} &= \boldsymbol{C}\boldsymbol{x} + \boldsymbol{D}\boldsymbol{u} \end{aligned} \tag{8.2.10}$$

与定常系统相对应，系统(8.2.9) 称为时变线性系统。由于线性系统(8.2.9) 和(8.2.10) 完全由系统的参数矩阵决定，因而在很多情形下可以将它们简记为 $[\boldsymbol{A}(t),\boldsymbol{B}(t),\boldsymbol{C}(t),\boldsymbol{D}(t)]$ 和 $[\boldsymbol{A},\boldsymbol{B},\boldsymbol{C},\boldsymbol{D}]$。

注意到状态方程和输出方程中不能含有状态向量 $\boldsymbol{x}$ 的高于一阶的导数项和 $\boldsymbol{u}$ 的任何导数项。只有写成式(8.2.8)、(8.2.9) 或(8.2.10) 的标准形式，才可以称为系统的状态空间描述。

8.2.2　状态空间表达式的建立

系统的状态空间描述一般可以从三个途径求得：

其一，由系统方框图来建立，即根据系统各个环节的实际连结，写出相应的状态空间表达式。先将系统的各个环节变换成相应的模拟图，并把每个积分器的输出选做一个状态变量 x_i，其输入便是相应的 $\dot{x}_i$。然后，由模拟图直接写出系统的状态方程和输出方程。

其二，从系统的物理或化学的机理出发推导。

其三，由描述系统运动过程的高阶微分方程或传递函数予以演化得到。

1. 从系统的方块图出发建立状态空间表达式

首先将系统的各个环节变换成相应的模拟图，并把每个积分器的输出选做一个状态变量 x_i，其输入便是相应的 $\dot{x}_i$。然后，由模拟图直接写出系统的状态方程和输出方程。

例 8.2.2　系统方块图如图 8.2.3(a) 所示，输入为 u，输出为 y，求其状态空间表达式。

解　各环节的模拟结构如图 8.2.3(b) 所示。从图可知，系统的状态方程为

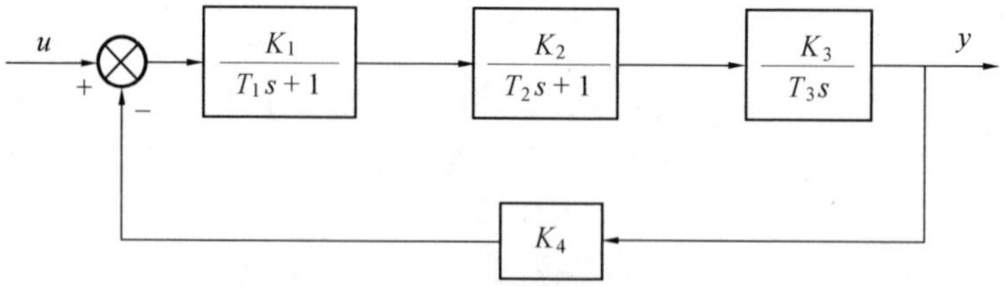

(a) 系统方框图

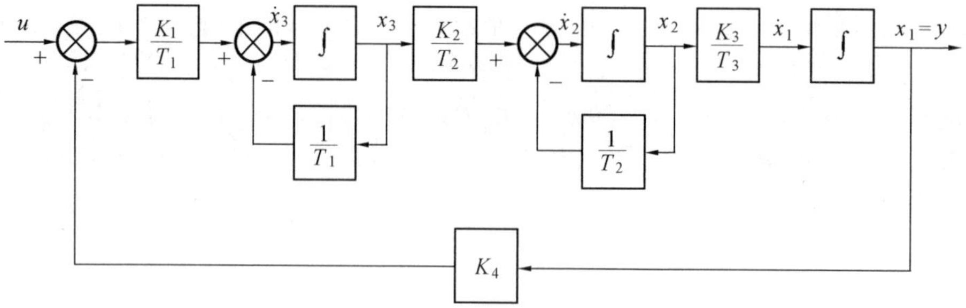

(b) 模拟结构图

图 8.2.3　系统方框图及模拟结构图

$$\dot{x}_1 = \frac{K_3}{T_3}x_2$$

$$\dot{x}_2 = -\frac{1}{T_2}x_2 + \frac{K_2}{T_2}x_3$$

$$\dot{x}_3 = -\frac{1}{T_1}x_3 - \frac{K_1K_4}{T_1}x_1 + \frac{K_1}{T_1}u$$

$y = x_1$ 为系统的输出方程。写成向量和矩阵的形式,系统的状态空间表达式为

$$\dot{\boldsymbol{x}} = \begin{bmatrix} 0 & \frac{K_3}{T_3} & 0 \\ 0 & -\frac{1}{T_2} & \frac{K_2}{T_2} \\ -\frac{K_1K_4}{T_1} & 0 & -\frac{1}{T_1} \end{bmatrix}\boldsymbol{x} + \begin{bmatrix} 0 \\ 0 \\ \frac{K_1}{T_1} \end{bmatrix}u$$

$$y = [1 \quad 0 \quad 0]\boldsymbol{x}$$

对于含有零点的环节,如图 8.2.4(a) 所示的系统,可将其展开成部分分式,即$\frac{s+z}{s+p} = 1 + \frac{z-p}{s+p}$,从而得到等效方框图如图 8.2.4(b) 所示,模拟结构图如图 8.2.4(c) 所示。从图可得,系统的状态空间表达式为

$$\dot{\boldsymbol{x}} = \begin{bmatrix} -a & 1 & 0 \\ -K & 0 & K \\ -(z-p) & 0 & -p \end{bmatrix}\boldsymbol{x} + \begin{bmatrix} 0 \\ K \\ z-p \end{bmatrix}u$$

$$y = \begin{bmatrix} 1 & 0 & 0 \end{bmatrix}\boldsymbol{x}$$

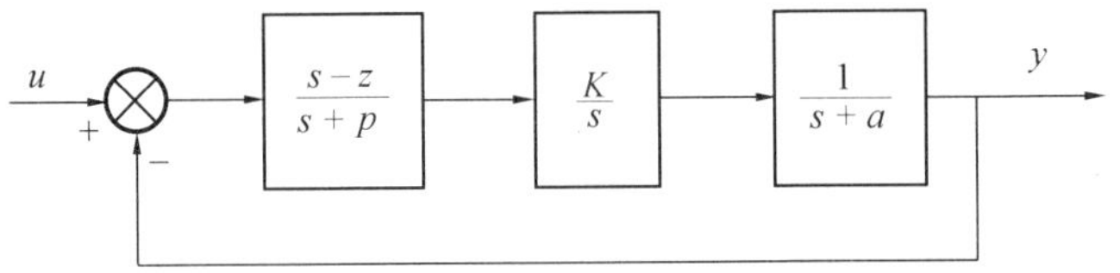

(a) 系统方框图

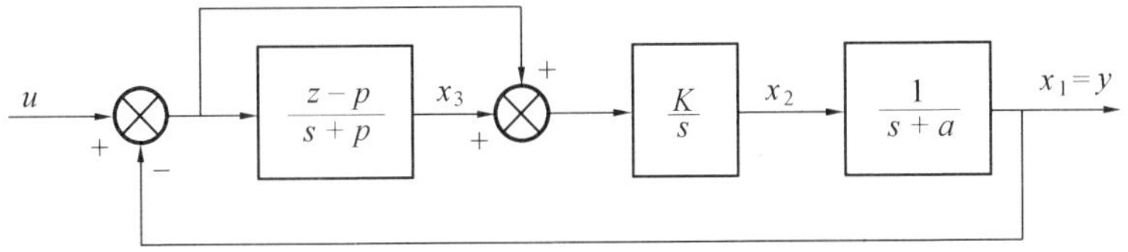

(b) 等效方框图

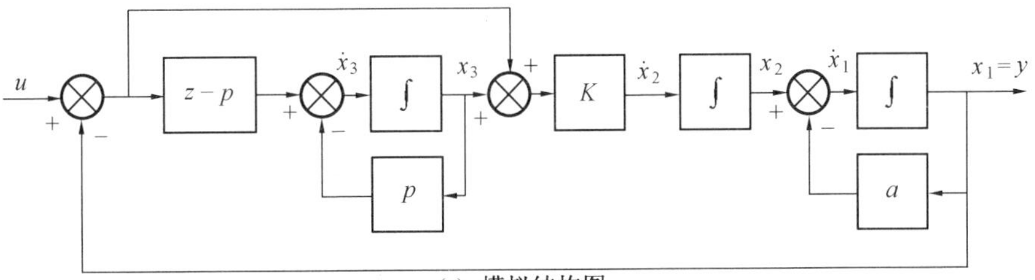

(c) 模拟结构图

图 8.2.4　系统方框图及模拟结构图

2. 从系统的机理出发建立状态空间表达式

常见的控制系统，按其能量属性，可分为电气、机械、机电、气动液压、热力等系统。根据其物理规律，如基尔霍夫定律、牛顿定律、能量守恒定律等，即可建立系统的状态方程。当指定系统的输出时，也很容易写出系统的输出方程。

例 8.2.3　电网络如图 8.2.5 所示，输入量为电流源 $e(t)$，输出变量取为电阻的输出电压 u_{R_2}。求此网络的状态空间表达式。

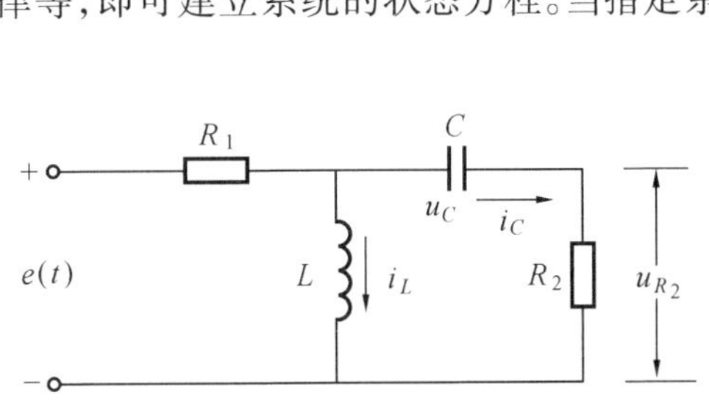

图 8.2.5　电路图

解　第一步：确定状态变量，一般选取独立储能元件的线性无关变量作为状态变量。这里选取电容电压 u_C 和电感电流 i_L 作为电路的状态变量。

第二步：列写电路方程，即

$$\begin{cases} R_1(i_C + i_L) + L\dfrac{\mathrm{d}i_L}{\mathrm{d}t} = e(t) \\ u_C + R_2 i_C = L\dfrac{\mathrm{d}i_L}{\mathrm{d}t} \end{cases}$$

由于选取电容电压 u_C 和电感电流 i_L 作为电路的状态变量，并由 $i_C = C\mathrm{d}u_C/\mathrm{d}t$，将以上方程整理为只含有状态变量 u_C、i_L 的一阶微分方程组的形式。

第三步：列写状态方程组和输出方程。状态方程组为

$$\begin{cases} \dfrac{\mathrm{d}u_C}{\mathrm{d}t} = -\dfrac{1}{(R_1 + R_2)C}[u_C + R_1 i_L - e(t)] \\ \dfrac{\mathrm{d}i_L}{\mathrm{d}t} = \dfrac{1}{L(R_1 + R_2)}[R_1 u_C - R_1 R_2 i_L + R_2 e(t)] \end{cases}$$

输出方程为

$$u_{R_2} = R_2 i_C = R_2 C\frac{\mathrm{d}u_C}{\mathrm{d}t} = -\frac{R_2}{R_1 + R_2}[u_C + R_1 i_L - e(t)]$$

第四步：写成向量的形式，即

$$\begin{bmatrix} \dfrac{\mathrm{d}u_C}{\mathrm{d}t} \\ \dfrac{\mathrm{d}i_L}{\mathrm{d}t} \end{bmatrix} = \begin{bmatrix} -\dfrac{1}{(R_1 + R_2)C} & -\dfrac{R_1}{(R_1 + R_2)C} \\ \dfrac{R_1}{L(R_1 + R_2)} & -\dfrac{R_1 R_2}{L(R_1 + R_2)} \end{bmatrix} \begin{bmatrix} u_C \\ i_L \end{bmatrix} + \begin{bmatrix} \dfrac{1}{(R_1 + R_2)C} \\ \dfrac{R_2}{L(R_1 + R_2)} \end{bmatrix} e(t)$$

$$u_{R_2} = \begin{bmatrix} \dfrac{-R_2}{R_1 + R_2} \\ \dfrac{-R_1 R_2}{R_1 + R_2} \end{bmatrix}^{\mathrm{T}} \begin{bmatrix} u_C \\ i_L \end{bmatrix} + \frac{R_2}{R_1 + R_2} e(t)$$

例 8.2.4 图 8.2.6 所示为直流他励电动机的示意图。图中 R、L 分别为电枢回路的电阻和电感，J 为机械旋转部分的转动惯量，B 为旋转部分的粘性摩擦系数。列写该图在电枢电压作为控制作用时的状态空间表达式。

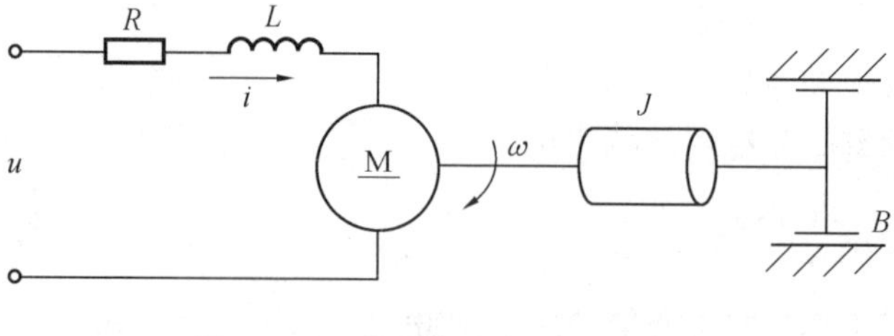

图 8.2.6 直流他励电动机示意图

解 第一步：确定状态变量。物理变量电流 i 及旋转速度 ω 是相互独立的，可选择为状态

变量,即 $x_1 = i, x_2 = \omega$。

第二步:根据物理机理列写方程。由电枢回路的电路方程,有

$$L\frac{\mathrm{d}i}{\mathrm{d}t} + Ri + e = u$$

由动力学方程,有

$$J\frac{\mathrm{d}\omega}{\mathrm{d}t} + B\omega = K_{\mathrm{a}}i$$

由电磁感应关系,知

$$e = K_{\mathrm{b}}\omega$$

式中　e—— 反电动势;

$K_{\mathrm{a}}, K_{\mathrm{b}}$—— 转矩常数和反电动势常数。

把上面三式整理改写成

$$\frac{\mathrm{d}i}{\mathrm{d}t} = -\frac{R}{L}i - \frac{K_{\mathrm{b}}}{L}\omega + \frac{1}{L}u$$

$$\frac{\mathrm{d}\omega}{\mathrm{d}t} = \frac{K_{\mathrm{a}}}{J}i - \frac{B}{J}\omega$$

第三步:列写状态方程组和输出方程。把 $x_1 = i, x_2 = \omega$ 代入,有

$$\begin{bmatrix} \dot{x}_1 \\ \dot{x}_2 \end{bmatrix} = \begin{bmatrix} -\dfrac{R}{L} & -\dfrac{K_{\mathrm{b}}}{L} \\ \dfrac{K_{\mathrm{a}}}{J} & -\dfrac{B}{J} \end{bmatrix} \begin{bmatrix} x_1 \\ x_2 \end{bmatrix} + \begin{bmatrix} \dfrac{1}{L} \\ 0 \end{bmatrix} u$$

若指定角速度 ω 为输出,则

$$y = x_2 = [0 \quad 1] \begin{bmatrix} x_1 \\ x_2 \end{bmatrix}$$

若指定电动机的转角 θ 为输出,则上述两个状态变量尚不足以对系统的时域行为加以全面描述,必须增添一个状态变量

$$x_3 = \theta$$

则

$$\dot{x}_3 = \dot{\theta} = x_2$$

第四步:写成向量的形式,状态方程为

$$\begin{bmatrix} \dot{x}_1 \\ \dot{x}_2 \\ \dot{x}_3 \end{bmatrix} = \begin{bmatrix} -\dfrac{R}{L} & -\dfrac{K_{\mathrm{b}}}{L} & 0 \\ \dfrac{K_{\mathrm{a}}}{J} & -\dfrac{B}{J} & 0 \\ 0 & 1 & 0 \end{bmatrix} \begin{bmatrix} x_1 \\ x_2 \\ x_3 \end{bmatrix} + \begin{bmatrix} \dfrac{1}{L} \\ 0 \\ 0 \end{bmatrix} u$$

输出方程为

$$y = x_3 = [0 \quad 0 \quad 1]\begin{bmatrix} x_1 \\ x_2 \\ x_3 \end{bmatrix}$$

3. 由系统的输入输出传递关系求系统的状态空间描述

如以上所述，已知系统的内部结构，可以求出系统的状态空间表达式。已知系统的输入输出描述，求取系统的状态空间描述，这一类问题，称为实现问题。

以上关于系统状态空间描述定义的讨论简要地说明了：系统的输入输出描述，如系统的传递函数，仅仅反映了系统内部一部分的动态特性。实际上，一个传递函数或传递函数矩阵代表了一类系统，这一类系统的输入输出特性相同，而系统内部的动态特性不尽相同。而状态空间描述完全地表征了系统内部的动态特性。不同系统，如机械系统、电路网络、化学过程等，虽然系统的具体结构和物理特性差异很大，但可能有相同的状态空间表达式，也就是说有相同的系统内部的动态特性。

关于实现问题的一般理论将在 8.9 节讨论。下面考察由单输入单输出系统的输入输出描述导出状态空间描述的方法。

(1) 化单入单出系统输入输出描述为状态空间描述

① 由系统传递函数的部分分式展开求状态空间表达式

将系统的传递函数部分分式展开为

$$G(s) = \frac{Y(s)}{U(s)} = \frac{\beta_{n-1}s^{n-1} + \cdots + \beta_1 s + \beta_0}{(s - \lambda_1)\cdots(s - \lambda_n)} = \sum_{i=1}^{n} \frac{c_i}{s - \lambda_i}$$

其中，假设系统特征根 $\lambda_1, \cdots, \lambda_n$ 互不相等，则

$$Y(s) = \frac{c_1}{s - \lambda_1}U(s) + \frac{c_2}{s - \lambda_2}U(s) + \cdots + \frac{c_n}{s - \lambda_n}U(s)$$

令

$$X_i(s) = \frac{U(s)}{s - \lambda_i}$$

则

$$sX_i(s) - \lambda_i X_i(s) = U(s)$$

其中，$i = 1,2,\cdots,n$。进行拉氏逆变换可以得到

$$\dot{x}_i = \lambda_i x_i + u$$

系统的状态方程为

$$\begin{bmatrix} \dot{x}_1 \\ \dot{x}_2 \\ \vdots \\ \dot{x}_n \end{bmatrix} = \begin{bmatrix} \lambda_1 & & & 0 \\ & \lambda_2 & & \\ & & \lambda_3 & \\ & & & \ddots & \\ 0 & & & & \lambda_n \end{bmatrix} \begin{bmatrix} x_1 \\ x_2 \\ \vdots \\ x_n \end{bmatrix} + \begin{bmatrix} 1 \\ 1 \\ \vdots \\ 1 \end{bmatrix} u$$

输出方程为

$$y(t) = c_1 x_1 + \cdots + c_n x_n = [c_1 \cdots c_n]\boldsymbol{x}$$

如果系统特征根 $\lambda_1,\cdots,\lambda_n$ 中有重根,下面以一个特殊的例子来说明。假设

$$G(s) = \frac{N(s)}{(s-\lambda_1)^3(s-\lambda_2)^2\cdots(s-\lambda_{n-2})} = \frac{c_1}{(s-\lambda_1)^3} + \frac{c_2}{(s-\lambda_1)^2} + \frac{c_3}{s-\lambda_1} + \sum_{j=2}^{n-2}\frac{d_j}{s-\lambda_j}$$

$$G(s) = \frac{Y(s)}{U(s)}$$

可以画出系统的结构图如图 8.2.7 所示。

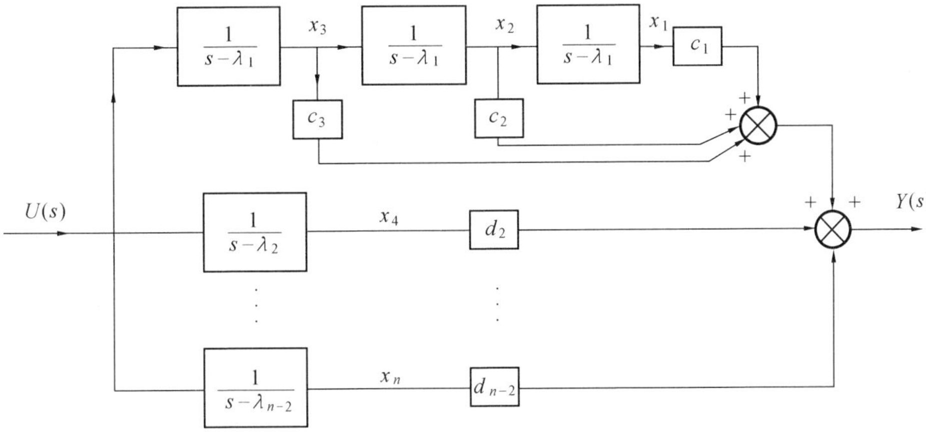

图 8.2.7　系统结构框图

$$x_1(s) = \frac{1}{s-\lambda_1}x_2(s) \Rightarrow \dot{x}_1 = \lambda_1 x_1 + x_2$$

$$x_2(s) = \frac{1}{s-\lambda_1}x_3(s) \Rightarrow \dot{x}_2 = \lambda_1 x_2 + x_3$$

$$x_3(s) = \frac{1}{s-\lambda_1}U(s) \Rightarrow \dot{x}_3 = \lambda_1 x_3 + u$$

$$x_4(s) = \frac{1}{s-\lambda_2}U(s) \Rightarrow \dot{x}_4 = \lambda_2 x_4 + u$$

$\vdots$

$$\dot{x}_n = \lambda_{n-2}x_n + u$$

可以写出系统的状态方程

$$\dot{\boldsymbol{x}} = \begin{bmatrix} \lambda_1 & 1 & & & & 0 \\ & \lambda_1 & 1 & & & \\ & & \lambda_1 & & & \\ & & & \lambda_2 & & \\ & & & & \ddots & \\ 0 & & & & & \lambda_{n-2} \end{bmatrix} \boldsymbol{x} + \begin{bmatrix} 0 \\ 0 \\ 1 \\ \vdots \\ 1 \end{bmatrix} u$$

系统的输出方程

$$y = \begin{bmatrix} c_1 & c_2 & c_3 & d_2 & \cdots & d_{n-2} \end{bmatrix} \begin{bmatrix} x_1 \\ x_2 \\ \vdots \\ x_n \end{bmatrix}$$

② 由高阶微分方程求状态空间表达式($m < n$ 的情形)

已知一个单输入单输出系统,令 y 和 u 分别为其输出变量和输入变量,则输入输出间的动态关系可用一个高阶微分方程来描述,即

$$y^{(n)} + \alpha_{n-1}y^{(n-1)} + \cdots + \alpha_1 y^{(1)} + \alpha_0 y = b_m u^{(m)} + b_{m-1}u^{(m-1)} + \cdots + b_1 u^{(1)} + b_0 u$$

假设系统的初始条件为零,将上式两边进行拉普拉斯变换,可得系统的传递函数

$$\frac{Y(s)}{U(s)} = \frac{b_m s^m + b_{m-1}s^{m-1} + \cdots + b_1 s + b_0}{s^n + \alpha_{n-1}s^{n-1} + \cdots + \alpha_1 s + \alpha_0}$$

式中　$Y(s)$,$U(s)$—— 输出 $y(t)$、输入 $u(t)$ 的拉普拉斯变换式。

首先,引入中间变量 $\tilde{y}(t)$,其拉普拉斯变换为 $\tilde{Y}(s)$。将上式进一步写为

$$\begin{cases} \tilde{Y}(s) = \dfrac{1}{s^n + \alpha_{n-1}s^{n-1} + \cdots + \alpha_1 s + \alpha_0} U(s) \\ Y(s) = (b_m s^m + b_{m-1}s^{m-1} + \cdots + b_1 s + b_0)\tilde{Y}(s) \end{cases}$$

或将其表示为微分方程的形式

$$\begin{cases} \tilde{y}^{(n)} + \alpha_{n-1}\tilde{y}^{(n-1)} + \cdots + \alpha_1\tilde{y}^{(1)} + \alpha_0\tilde{y} = u \\ y = b_m\tilde{y}^{(m)} + b_{m-1}\tilde{y}^{(m-1)} + \cdots + b_1\tilde{y}^{(1)} + b_0\tilde{y} \end{cases}$$

选取变量组

$$x_1 = \tilde{y}, x_2 = \tilde{y}^{(1)}, \cdots, x_n = \tilde{y}^{(n-1)}$$

可以得到

$$\begin{cases}\dot{x}_1 = \tilde{y}^{(1)} = x_2 \\ \dot{x}_2 = \tilde{y}^{(2)} = x_3 \\ \vdots \\ \dot{x}_{n-1} = \tilde{y}^{(n-1)} = x_n \\ \dot{x}_n = -\alpha_0 x_1 - \alpha_1 x_2 - \cdots - \alpha_{n-1}x_n + u\end{cases}$$

和

$$y = b_0 x_1 + b_1 x_2 + \cdots + b_m x_{m+1}$$

若令 $\boldsymbol{x} = [x_1 \quad x_2 \quad \cdots \quad x_n]^{\mathrm{T}}$ 为状态向量,则上述两式可用向量矩阵方程的形式表示为

$$\dot{\boldsymbol{x}} = \begin{bmatrix} 0 & 1 & \cdots & 0 \\ \vdots & \vdots & & \vdots \\ 0 & 0 & \cdots & 1 \\ -\alpha_0 & -\alpha_1 & \cdots & -\alpha_{n-1}\end{bmatrix}\boldsymbol{x} + \begin{bmatrix} 0 \\ \vdots \\ 0 \\ 1\end{bmatrix}u$$

$$y = [b_0 \quad \cdots \quad b_m \quad 0 \quad \cdots \quad 0]\boldsymbol{x}$$

③ 由高阶微分方程求状态空间表达式($m = n$ 的情形)

如果 $m = n$,将系统的传递函数写成

$$G(s) = d + \frac{N(s)}{D(s)} \qquad Y(s) = dU(s) + \frac{N(s)}{D(s)}U(s) = dU(s) + \bar{Y}(s) \quad (8.2.11)$$

的形式,其中 $N(s)$ 为次数小于 $D(s)$ 的多项式。由 $\bar{Y}(s) = \dfrac{N(s)}{D(s)}U(s)$ 可以写出系统的状态方程 $\dot{\boldsymbol{x}} = \boldsymbol{Ax} + \boldsymbol{Bu}$,且 $\bar{y} = \boldsymbol{cx}$,再结合式(8.2.11)写出系统的输出方程 $y = \boldsymbol{cx} + \boldsymbol{du}$。

(2) 由多输入多输出系统的微分方程描述求取系统状态空间描述

以双输入双输出的三阶系统为例,设系统的微分方程为

$$y_1^{(2)} + a_1\dot{y}_1 + a_2 y_2 = b_1\dot{u}_1 + b_2 u_1 + b_3 u_2$$

$$\dot{y}_2 + a_3 y_2 + a_4 y_1 = b_4 u_2$$

同单输入单输出系统一样,上述的输入输出描述的状态空间描述也不是惟一的。采用按最高阶导数项求解 y_1、y_2 的方法。首先,由给定系统的运动方程可以写出

$$y_1^{(2)} = -a_1\dot{y}_1 + b_1\dot{u}_1 - a_2 y_2 + b_2 u_1 + b_3 u_2$$

$$\dot{y}_2 = -a_3 y_2 - a_4 y_1 + b_4 u_2$$

然后,积分每一个方程,可以得到

$$y_1 = \iint[(-a_1\dot{y}_1 + b_1\dot{u}_1) + (-a_2 y_2 + b_2 u_1 + b_3 u_2)]\mathrm{d}t^2 =$$

$$\iint(-a_1\dot{y}_1 + b_1\dot{u}_1)\mathrm{d}t^2 + \iint(-a_2 y_2 + b_2 u_1 + b_3 u_2)\mathrm{d}t^2 =$$

$$\int(-a_1 y_1 + b_1 u_1)\mathrm{d}t + \iint(-a_2 y_2 + b_2 u_1 + b_3 u_2)\mathrm{d}t^2 =$$

$$\int[(-a_1y_1+b_1u_1)+\int(-a_2y_2+b_2u_1+b_3u_2)\mathrm{d}t]\mathrm{d}t$$

$$y_2=\int(-a_3y_2-a_4y_1+b_4u_2)\mathrm{d}t$$

选取状态变量 $x_1=y_1, x_3=y_2$,则由 y_1 的表达式可以得到

$$\dot{x}_1=-a_1y_1+b_1u_1+\int(-a_2y_2+b_2u_1+b_3u_2)\mathrm{d}t=$$

$$-a_1x_1+b_1u_1+\int(-a_2x_3+b_2u_1+b_3u_2)\mathrm{d}t$$

在上式中,若选取状态变量

$$x_2=\int(-a_2x_3+b_2u_1+b_3u_2)\mathrm{d}t$$

则有

$$\dot{x}_2=-a_2x_3+b_2u_1+b_3u_2$$

$$\dot{x}_1=-a_1x_1+b_1u_1+x_2$$

由 y_2 的表达式求得

$$\dot{x}_3=-a_3x_3-a_4x_1+b_4u_2$$

综上,可以写出系统的状态空间表达式

$$\begin{bmatrix}\dot{x}_1\\ \dot{x}_2\\ \dot{x}_3\end{bmatrix}=\begin{bmatrix}-a_1 & 1 & 0\\ 0 & 0 & -a_2\\ -a_4 & 0 & -a_3\end{bmatrix}\begin{bmatrix}x_1\\ x_2\\ x_3\end{bmatrix}+\begin{bmatrix}b_1 & 0\\ b_2 & b_3\\ 0 & b_4\end{bmatrix}\begin{bmatrix}u_1\\ u_2\end{bmatrix}$$

$$\begin{bmatrix}y_1\\ y_2\end{bmatrix}=\begin{bmatrix}1 & 0 & 0\\ 0 & 0 & 1\end{bmatrix}\begin{bmatrix}x_1\\ x_2\\ x_3\end{bmatrix}$$

8.2.3 线性系统的代数等价

对于一个实际的系统,可以选择不同的状态变量进行描述,从而得到不同的状态空间模型,它们都可以完全描述系统内部的动态特性。本小节将清晰地考察不同模型之间的联系。首先给出由系统的状态空间描述求取传递函数描述的方法,然后考察线性系统的状态空间描述的代数等价性。

1.化状态空间描述为传递函数矩阵

对于线性定常系统

$$\begin{cases}\dot{\boldsymbol{x}}=\boldsymbol{A}\boldsymbol{x}+\boldsymbol{B}\boldsymbol{u}\\ \boldsymbol{y}=\boldsymbol{C}\boldsymbol{x}+\boldsymbol{D}\boldsymbol{u}\end{cases}\quad t\geqslant t_0 \tag{8.2.12}$$

对此式作拉普拉斯变换,可导出

$$\begin{cases} s\boldsymbol{X}(s) = \boldsymbol{A}\boldsymbol{X}(s) + \boldsymbol{B}\boldsymbol{U}(s) \\ \boldsymbol{Y}(s) = \boldsymbol{C}\boldsymbol{X}(s) + \boldsymbol{D}\boldsymbol{U}(s) \end{cases} \tag{8.2.13}$$

进而,由式(8.2.13)的第一个关系式可以得到

$$(s\boldsymbol{I} - \boldsymbol{A})\boldsymbol{X}(s) = \boldsymbol{B}\boldsymbol{U}(s)$$

$$\boldsymbol{X}(s) = (s\boldsymbol{I} - \boldsymbol{A})^{-1}\boldsymbol{B}\boldsymbol{U}(s)$$

将上式代入式(8.2.13)的第二式中,可以得到

$$\boldsymbol{Y}(s) = [\boldsymbol{C}(s\boldsymbol{I} - \boldsymbol{A})^{-1}\boldsymbol{B} + \boldsymbol{D}]\boldsymbol{U}(s)$$

由此可以导出传递函数矩阵

$$\boldsymbol{G}(s) = \boldsymbol{C}(s\boldsymbol{I} - \boldsymbol{A})^{-1}\boldsymbol{B} + \boldsymbol{D} \tag{8.2.14}$$

再考虑到

$$(s\boldsymbol{I} - \boldsymbol{A})^{-1} = \frac{\mathrm{adj}(s\boldsymbol{I} - \boldsymbol{A})}{\det(s\boldsymbol{I} - \boldsymbol{A})}$$

其中,$\mathrm{adj}(s\boldsymbol{I} - \boldsymbol{A})$ 为矩阵 $s\boldsymbol{I} - \boldsymbol{A}$ 的伴随矩阵,且 $\mathrm{adj}(s\boldsymbol{I} - \boldsymbol{A})$ 每个元素的多项式的最高次幂均小于 $\det(s\boldsymbol{I} - \boldsymbol{A})$,所以必有

$$\lim_{s\to\infty}(s\boldsymbol{I} - \boldsymbol{A})^{-1} = 0$$

并且,当 $\boldsymbol{D} \neq \boldsymbol{0}$ 时,$\boldsymbol{G}(s)$ 为真有理分式矩阵;当 $\boldsymbol{D} = \boldsymbol{0}$ 时,$\boldsymbol{G}(s)$ 为严格真的,且有

$$\lim_{s\to\infty}\boldsymbol{G}(s) = \boldsymbol{D} \tag{8.2.15}$$

从以上推导可知:当 $\boldsymbol{D} \neq \boldsymbol{0}$时,$\boldsymbol{G}(\infty)$为非零常阵,故由式(8.2.14)给出的 $\boldsymbol{G}(s)$ 为真有理分式矩阵;而当 $\boldsymbol{D} = \boldsymbol{0}$ 时,$\boldsymbol{G}(\infty)$ 为零矩阵,所以相应地 $\boldsymbol{G}(s)$ 为严格真的。

2. 线性定常系统的几个概念

对于线性定常系统(8.2.12),我们称矩阵 $\boldsymbol{A}$ 的特征值、特征向量、约当标准型、特征方程和特征多项式为系统(8.2.12)的特征值、特征向量、约当标准型、特征方程和特征多项式,系统的特征值也称为系统的极点。

对于单输入单输出系统,系统传递函数的零点即为系统的零点;而对于多输入多输出系统,有下述三种不同的零点的概念。

定义 8.2.2　对于系统(8.2.12)而言,称满足

$$\mathrm{rank}[s\boldsymbol{I} - \boldsymbol{A} \quad \boldsymbol{B}] < n$$

的 s 为系统的输入解耦零点,称满足

$$\mathrm{rank}\begin{bmatrix} s\boldsymbol{I} - \boldsymbol{A} \\ \boldsymbol{C} \end{bmatrix} < n$$

的 s 为系统的输出解耦零点,称满足

$$\mathrm{rank}\begin{bmatrix} s\boldsymbol{I} - \boldsymbol{A} & -\boldsymbol{B} \\ \boldsymbol{C} & \boldsymbol{D} \end{bmatrix} < n + \min\{r, m\}$$

的 s 为系统的传输零点。

3.代数等价系统

一个线性定常系统的两组状态向量之间为线性非奇异变换的关系,那么以这两组状态变量为基础所得出的状态空间表达式,我们定义为系统的代数等价。由此可以引出系统的代数等价的概念。

定义 8.2.3 同维数线性定常系统 L 和 L' 定义为

$$L:\begin{cases}\dot{\boldsymbol{x}} = \boldsymbol{Ax} + \boldsymbol{Bu}\\ \boldsymbol{y} = \boldsymbol{Cx} + \boldsymbol{Du}\end{cases}$$

和

$$L':\begin{cases}\dot{\bar{\boldsymbol{x}}} = \bar{\boldsymbol{A}}\bar{\boldsymbol{x}} + \bar{\boldsymbol{B}}\boldsymbol{u}\\ \boldsymbol{y} = \bar{\boldsymbol{C}}\bar{\boldsymbol{x}} + \bar{\boldsymbol{D}}\boldsymbol{u}\end{cases}$$

如果存在一个适当阶的定常可逆矩阵 $\boldsymbol{P}$,使得系统 L 和 L' 的系统参数矩阵满足

$$\bar{\boldsymbol{A}} = \boldsymbol{PAP}^{-1} \qquad \bar{\boldsymbol{B}} = \boldsymbol{PB} \qquad \bar{\boldsymbol{C}} = \boldsymbol{CP}^{-1} \qquad \bar{\boldsymbol{D}} = \boldsymbol{D} \tag{8.2.16}$$

则称系统 L 和 L' 为代数等价的。

由定义 8.2.1 可以知道,同一个线性定常系统的两个不同的状态空间描述显然为代数等价的。

4.代数等价系统的公有属性

实际上,相互代数等价的状态空间模型所描述的系统具有完全相同的动态特性。或不失一般性地认为,相互代数等价的状态空间模型所描述的是同一个系统的特性。那么它们之间必然要具有许多共同的属性,下面给出明确的结论。

结论 1 相互代数等价的线性定常系统具有相同的特征多项式、特征方程和极点。

证明 只要注意到下述关系即可证得

$$\det(s\boldsymbol{I} - \bar{\boldsymbol{A}}) = \det[\boldsymbol{P}(s\boldsymbol{I} - \boldsymbol{A})\boldsymbol{P}^{-1}] = \det(s\boldsymbol{I} - \boldsymbol{A})$$

结论 2 相互代数等价的线性定常系统具有相同的传递函数或传递函数矩阵。

证明 注意到代数等价条件(8.2.16),可得

$$\bar{\boldsymbol{G}}(s) = \bar{\boldsymbol{C}}(s\boldsymbol{I} - \bar{\boldsymbol{A}})^{-1}\bar{\boldsymbol{B}} + \bar{\boldsymbol{D}} = \boldsymbol{CP}^{-1}(s\boldsymbol{I} - \boldsymbol{PAP}^{-1})^{-1}\boldsymbol{PB} + \boldsymbol{D} = \boldsymbol{C}(s\boldsymbol{I} - \boldsymbol{A})^{-1}\boldsymbol{B} + \boldsymbol{D} = \boldsymbol{G}(s)$$

结论 3 相互代数等价的线性定常系统具有相同的输入解耦零点、输出解耦零点和传输零点。

证明 由式(8.2.16),有

$$\operatorname{rank}[s\boldsymbol{I} - \bar{\boldsymbol{A}} \quad \bar{\boldsymbol{B}}] = \operatorname{rank}[s\boldsymbol{I} - \boldsymbol{PAP}^{-1} \quad \boldsymbol{PB}] = \operatorname{rank}(\boldsymbol{P}[s\boldsymbol{I} - \boldsymbol{A} \quad \boldsymbol{BP}]\boldsymbol{P}^{-1})$$

$$\operatorname{rank}[s\boldsymbol{I} - \boldsymbol{A} \quad \boldsymbol{BP}] = \operatorname{rank}\left([s\boldsymbol{I} - \boldsymbol{A} \quad \boldsymbol{B}]\begin{bmatrix}\boldsymbol{I} & \boldsymbol{0}\\ \boldsymbol{0} & \boldsymbol{P}\end{bmatrix}\right) = \operatorname{rank}[s\boldsymbol{I} - \boldsymbol{A} \quad \boldsymbol{B}]$$

其他的结论同理可证。

8.3　线性时变系统的运动分析

本节开始将以系统的状态空间描述为基础对线性系统进行分析，以揭示系统状态的运动规律和基本特征。系统的分析可以分为定量分析和定性分析两个方面。定量分析主要是定量地确定系统由某种外部激励作用所引起的系统的响应。定性分析主要在于对决定系统行为和综合系统结构的几个重要的性质，如系统的能控性、能观性和稳定性等进行深刻地刻画。本节研究线性时变系统对于外部输入的响应，下节将考察线性定常系统的情形。以后的各节中，将对其他问题进行阐述。

8.3.1　运动分析的含义

1. 线性系统的运动分析与解的存在惟一性

对于线性时变系统，描述系统运动过程的状态方程为

$$\dot{\boldsymbol{x}} = \boldsymbol{A}(t)x + \boldsymbol{B}(t)\boldsymbol{u} \qquad \boldsymbol{x}(t_0) = \boldsymbol{x}_0 \qquad t \geqslant t_0 \tag{8.3.1}$$

而对应的线性定常系统的状态方程为

$$\dot{\boldsymbol{x}} = \boldsymbol{Ax} + \boldsymbol{Bu} \qquad \boldsymbol{x}(0) = \boldsymbol{x}_0 \qquad t \geqslant 0 \tag{8.3.2}$$

所谓分析系统的运动，是指从系统的数学模型出发，来定量地、精确地求解出系统的运动规律。即对于系统给定的初始条件 $\boldsymbol{x}_0$ 和外部的输入作用 $\boldsymbol{u}$，求出状态方程(8.3.1) 和(8.3.2) 的解，即由初始条件和外部的输入作用所引起的响应。

显然，只有当状态方程满足初始条件的解存在惟一时，对系统的运动分析才是有意义的。这就要求状态方程中的系数矩阵和输入函数满足一定的假设，才可以保证方程解的存在惟一性。对于时变系统(8.3.1) 而言，如果系统矩阵 $\boldsymbol{A}(t)$ 和 $\boldsymbol{B}(t)$ 的所有的元素在时间定义区间 $[t_0, t_f]$ 上均为实值连续函数，而输入 $\boldsymbol{u}(t)$ 的元在时间区间 $[t_0, t_f]$ 上是连续实函数，这时状态方程的解存在惟一。

2. 线性系统响应的特点

正如我们在第二章中所述，线性系统的一个基本特征是其满足叠加原理。

叠加原理简单可以解释为：系统对于输入 u_1 的输出为 y_1，对于输入 u_2 的输出为 y_2，则对于 u_1、u_2 的线性组合 $\alpha_1 u_1 + \alpha_2 u_2$ 作为输入时系统的输出为 $\alpha_1 y_1 + \alpha_2 y_2$。

这样，可以把系统在初始状态和输入向量作用下的运动，分解为两个单独的运动，即由初始状态引起的没有外部输入的自由运动，和由输入作用引起的零初始条件下的强迫运动。自由运动是系统(8.3.1) 的没有外部作用时

$$\dot{\boldsymbol{x}} = \boldsymbol{A}(t)\boldsymbol{x} \qquad \boldsymbol{x}(t_0) = \boldsymbol{x}_0 \qquad t \geqslant t_0 \tag{8.3.3}$$

的解，用 $\boldsymbol{\phi}(t, t_0, \boldsymbol{x}_0, 0)$ 来表示，其中的 0 表示输入为零，称为零输入响应。强迫运动则是系统

(8.3.1) 在零初始条件下的强迫方程

$$\dot{\boldsymbol{x}} = \boldsymbol{A}(t)\boldsymbol{x} + \boldsymbol{B}(t)\boldsymbol{u} \qquad \boldsymbol{x}(t_0) = 0 \qquad t \geqslant t_0 \tag{8.3.4}$$

的解,用 $\boldsymbol{\phi}(t, t_0, 0, \boldsymbol{u})$ 来表示,称为零状态响应。系统由初始状态和输入作用所引起的整体响应 $\boldsymbol{\phi}(t, t_0, \boldsymbol{x}_0, \boldsymbol{u})$ 就是两者的叠加,即

$$\boldsymbol{\phi}(t, t_0, \boldsymbol{x}_0, \boldsymbol{u}) = \boldsymbol{\phi}(t, t_0, \boldsymbol{x}_0, 0) + \boldsymbol{\phi}(t, t_0, 0, \boldsymbol{u}) \tag{8.3.5}$$

这样,线性系统的运动分析可以分为两部分进行,然后再进行叠加。

8.3.2 状态转移矩阵的概念、性质及求解方法

1. 状态转移矩阵的概念

考察线性时变系统

$$\dot{\boldsymbol{x}}(t) = \boldsymbol{A}(t)\boldsymbol{x}(t) \qquad \boldsymbol{x}(t_0) = \boldsymbol{x}_0 \quad t \geqslant t_0 \tag{8.3.6}$$

对式(8.3.6) 两边进行积分,考虑到方程的初始条件,可得

$$\boldsymbol{x}(t) - \boldsymbol{x}_0 = \int_{t_0}^{t} \boldsymbol{A}(\tau)\boldsymbol{x}(\tau)\mathrm{d}\tau \tag{8.3.7}$$

式(8.3.7) 为 Volterra 型向量积分方程,可应用逐次逼近法,即通过逐次将该式所表达的 $\boldsymbol{x}(t)$ 代替向量积分方程被积函数部分 $\boldsymbol{x}(\tau)$ 的方法,求解该向量积分方程。例如,将式(8.3.7) 中的变量 t 以 τ 来替代,可以得到

$$\boldsymbol{x}(\tau) = \boldsymbol{x}_0 + \int_{t_0}^{\tau} \boldsymbol{A}(\tau_1)\boldsymbol{x}(\tau_1)\mathrm{d}\tau_1 \tag{8.3.8}$$

将式(8.3.8) 代入式(8.3.7) 中,有

$$\boldsymbol{x}(t) = \boldsymbol{x}_0 + \int_{t_0}^{t} \boldsymbol{A}(\tau)[\boldsymbol{x}_0 + \int_{t_0}^{\tau} \boldsymbol{A}(\tau_1)\boldsymbol{x}(\tau_1)\mathrm{d}\tau_1]\mathrm{d}\tau =$$

$$\boldsymbol{x}_0 + \int_{t_0}^{t} \boldsymbol{A}(\tau)\mathrm{d}\tau\boldsymbol{x}_0 + \int_{t_0}^{t} \boldsymbol{A}(\tau)\int_{t_0}^{\tau} \boldsymbol{A}(\tau_1)\boldsymbol{x}(\tau_1)\mathrm{d}\tau_1\mathrm{d}\tau$$

反复应用逐次逼近法,并将积分变量重新定义为 $\tau_1, \tau_2, \tau_3, \cdots$,式(8.3.7) 可表示为

$$\boldsymbol{x}(t) = [\boldsymbol{I} + \int_{t_0}^{t} \boldsymbol{A}(\tau_1)\mathrm{d}\tau_1 + \int_{t_0}^{t} \boldsymbol{A}(\tau_1)\int_{t_0}^{\tau_1} \boldsymbol{A}(\tau_2)\mathrm{d}\tau_2\mathrm{d}\tau_1 + \cdots]\boldsymbol{x}_0 \tag{8.3.9}$$

并记

$$\boldsymbol{\Phi}(t, t_0) = \boldsymbol{I} + \int_{t_0}^{t} \boldsymbol{A}(\tau_1)\mathrm{d}\tau_1 + \int_{t_0}^{t} \boldsymbol{A}(\tau_1)\int_{t_0}^{\tau_1} \boldsymbol{A}(\tau_2)\mathrm{d}\tau_2\mathrm{d}\tau_1 + \cdots \tag{8.3.10}$$

可以得到方程的解的表示形式

$$\boldsymbol{x}(t) = \boldsymbol{\Phi}(t, t_0)\boldsymbol{x}_0 \tag{8.3.11}$$

矩阵 $\boldsymbol{\Phi}(t, t_0)$ 是两个变量 t, t_0 的函数矩阵,它可以看做将方程的解从 t_0 时刻的 x_0 转移到 t 时刻的 $\boldsymbol{x}(t)$。因此,称矩阵 $\boldsymbol{\Phi}(t, t_0)$ 为方程(8.3.6) 的状态转移矩阵。从 $\boldsymbol{\Phi}(t, t_0)$ 的表达式

(8.3.10) 可以看出,它是一种级数的表示形式,如果矩阵 $\boldsymbol{A}(t)$ 的全部元素在积分区间内有界,则式(8.3.10) 绝对收敛。我们先考察它的性质,然后再考虑求取问题。

2. 状态转移矩阵的性质

(1) 自反性:对任意的 t 有

$$\boldsymbol{\Phi}(t,t_0)\mid_{t=t_0}=\boldsymbol{I}$$

从 $\boldsymbol{\Phi}(t,t_0)$ 的表达式(8.3.10) 中明显可以看出。

(2) 矩阵微分方程

$$\frac{\mathrm{d}}{\mathrm{d}t}\boldsymbol{\Phi}(t,t_0)=\boldsymbol{A}(t)\boldsymbol{\Phi}(t,t_0)\qquad \boldsymbol{\Phi}(t,t_0)\mid_{t=t_0}=\boldsymbol{I} \tag{8.3.12}$$

假设式 (8.3.10) 绝对收敛,而且对时间的导数存在,两边同时求导可以得到

$$\begin{aligned}\frac{\mathrm{d}}{\mathrm{d}t}\boldsymbol{\Phi}(t,t_0)&=\boldsymbol{A}(t)+\boldsymbol{A}(t)\int_{t_0}^{t}\boldsymbol{A}(\tau_2)\mathrm{d}\tau_2+\boldsymbol{A}(t)\int_{t_0}^{t}\boldsymbol{A}(\tau_2)\int_{t_0}^{\tau_2}\boldsymbol{A}(\tau_3)\mathrm{d}\tau_3\mathrm{d}\tau_2+\cdots=\\&\boldsymbol{A}(t)\left[\boldsymbol{I}+\int_{t_0}^{t}\boldsymbol{A}(\tau_2)\mathrm{d}\tau_2+\int_{t_0}^{t}\boldsymbol{A}(\tau_2)\int_{t_0}^{\tau_2}\boldsymbol{A}(\tau_3)\mathrm{d}\tau_3\mathrm{d}\tau_2+\cdots\right]=\\&\boldsymbol{A}(t)\boldsymbol{\Phi}(t,t_0)\end{aligned} \tag{8.3.13}$$

由性质(2) 可知,状态转移矩阵 $\boldsymbol{\Phi}(t,t_0)$ 满足矩阵微分方程(8.3.12),并且初值条件为单位阵 $\boldsymbol{I}$。

(3) 传递性:对任意的 t_0、t_1 和 t_2,有

$$\boldsymbol{\Phi}(t_2,t_1)\boldsymbol{\Phi}(t_1,t_0)=\boldsymbol{\Phi}(t_2,t_0) \tag{8.3.14}$$

由状态转移矩阵的定义可知

$$\boldsymbol{x}(t_2)=\boldsymbol{\Phi}(t_2,t_0)\boldsymbol{x}(t_0)$$

$$\boldsymbol{x}(t_2)=\boldsymbol{\Phi}(t_2,t_1)\boldsymbol{x}(t_1)$$

$$\boldsymbol{x}(t_1)=\boldsymbol{\Phi}(t_1,t_0)\boldsymbol{x}(t_0)$$

因此有

$$\boldsymbol{\Phi}(t_2,t_0)\boldsymbol{x}(t_0)=\boldsymbol{\Phi}(t_2,t_1)\boldsymbol{\Phi}(t_1,t_0)\boldsymbol{x}(t_0)$$

由于 t_0 时刻的值 $\boldsymbol{x}(t_0)$ 是任意选取的,于是有式(8.3.14) 的性质。

(4) 反身性:

$$\boldsymbol{\Phi}^{-1}(t,t_0)=\boldsymbol{\Phi}(t_0,t)$$

由于 $\boldsymbol{\Phi}(t,t_0)\boldsymbol{\Phi}(t_0,t)=\boldsymbol{\Phi}(t,t)=\boldsymbol{I}$,显然可得以上性质。

3. 状态转移矩阵的求取

(1) 级数法

根据状态转移矩阵的定义,可以由式(8.3.10) 求解 $\boldsymbol{\Phi}(t,t_0)$。

例 8.3.1　试求取线性时变系统

$$\begin{bmatrix} \dot{x}_1 \\ \dot{x}_2 \end{bmatrix} = \begin{bmatrix} 0 & 1 \\ 0 & t \end{bmatrix} \begin{bmatrix} x_1 \\ x_2 \end{bmatrix}$$

的状态转移矩阵 $\boldsymbol{\Phi}(t,0)$。

解 可以求出

$$\int_0^t \boldsymbol{A}(\tau)\mathrm{d}\tau = \int_0^t \begin{bmatrix} 0 & 1 \\ 0 & \tau \end{bmatrix} \mathrm{d}\tau = \begin{bmatrix} 0 & t \\ 0 & \frac{1}{2}t^2 \end{bmatrix}$$

$$\int_0^t \boldsymbol{A}(\tau_1)\int_0^{\tau_1}\boldsymbol{A}(\tau_2)\mathrm{d}\tau_2\mathrm{d}\tau_1 = \int_0^t \begin{bmatrix} 0 & 1 \\ 0 & \tau_1 \end{bmatrix} \int_0^{\tau_1} \begin{bmatrix} 0 & 1 \\ 0 & \tau_2 \end{bmatrix} \mathrm{d}\tau_1\mathrm{d}\tau_2 = \int_0^t \begin{bmatrix} 0 & 1 \\ 0 & \tau_1 \end{bmatrix} \begin{bmatrix} 0 & \tau_1 \\ 0 & \frac{1}{2}\tau_1^2 \end{bmatrix} \mathrm{d}\tau_1 =$$

$$\int_0^t \begin{bmatrix} 0 & \frac{1}{2}\tau_1^2 \\ 0 & \frac{1}{2}\tau_1^3 \end{bmatrix} \mathrm{d}\tau_1 = \begin{bmatrix} 0 & \frac{1}{6}t^3 \\ 0 & \frac{1}{8}t^4 \end{bmatrix}$$

$$\int_0^t \boldsymbol{A}(\tau_1)\int_0^{\tau_1}\boldsymbol{A}(\tau_2)\int_0^{\tau_2}\boldsymbol{A}(\tau_3)\mathrm{d}\tau_3\mathrm{d}\tau_2\mathrm{d}\tau_1 = \int_0^t \begin{bmatrix} 0 & 1 \\ 0 & \tau_1 \end{bmatrix} \int_0^{\tau_1} \begin{bmatrix} 0 & 1 \\ 0 & \tau_2 \end{bmatrix} \int_0^{\tau_2} \begin{bmatrix} 0 & 1 \\ 0 & \tau_3 \end{bmatrix} \mathrm{d}\tau_3\mathrm{d}\tau_2\mathrm{d}\tau_1 =$$

$$\begin{bmatrix} 0 & \frac{1}{40}t^5 \\ 0 & \frac{1}{48}t^6 \end{bmatrix}$$

最后,按式(8.3.10)求解状态转移矩阵为

$$\boldsymbol{\Phi}(t,0) = \boldsymbol{I} + \begin{bmatrix} 0 & t \\ 0 & \frac{1}{2}t^2 \end{bmatrix} + \begin{bmatrix} 0 & \frac{1}{6}t^3 \\ 0 & \frac{1}{8}t^4 \end{bmatrix} + \begin{bmatrix} 0 & \frac{1}{40}t^5 \\ 0 & \frac{1}{48}t^6 \end{bmatrix} + \cdots$$

如果系统矩阵 $\boldsymbol{A}(t)$ 具有如下的性质,则考察式(8.3.10)将具有的形式。

若 $\boldsymbol{A}(t)$ 满足

$$\boldsymbol{A}(t)\int_{t_0}^t \boldsymbol{A}(\tau)\mathrm{d}\tau = \int_{t_0}^t \boldsymbol{A}(\tau)\mathrm{d}\tau \cdot \boldsymbol{A}(t) \tag{8.3.15}$$

即矩阵 $\boldsymbol{A}(t)$ 与 $\int_{t_0}^t \boldsymbol{A}(\tau)\mathrm{d}\tau$ 是可以交换的。也就意味着等式

$$\boldsymbol{A}(t)\int_{t_0}^t \boldsymbol{A}(\tau)\mathrm{d}\tau - \int_{t_0}^t \boldsymbol{A}(\tau)\mathrm{d}\tau \cdot \boldsymbol{A}(t) = \int_{t_0}^t [\boldsymbol{A}(t)\boldsymbol{A}(\tau) - \boldsymbol{A}(\tau)\boldsymbol{A}(t)]\mathrm{d}\tau = 0$$

必须在任意时刻成立。也就是说,对任意时刻 t_1 和 t_2,等式

$$\boldsymbol{A}(t_1)\boldsymbol{A}(t_2) = \boldsymbol{A}(t_2)\boldsymbol{A}(t_1) \tag{8.3.16}$$

必须成立。如果式(8.3.16)成立,则状态转移矩阵 $\boldsymbol{\Phi}(t,t_0)$ 的级数表达式(8.3.10)可以表示为

$$\boldsymbol{\Phi}(t,t_0)=\boldsymbol{I}+\int_{t_0}^{t}\boldsymbol{A}(\tau)\mathrm{d}\tau+\frac{1}{2!}\left[\int_{t_0}^{t}\boldsymbol{A}(\tau)\mathrm{d}\tau\right]^2+\frac{1}{3!}\left[\int_{t_0}^{t}\boldsymbol{A}(\tau)\mathrm{d}\tau\right]^3+\cdots=\exp\left[\int_{t_0}^{t}\boldsymbol{A}(\tau)\mathrm{d}\tau\right] \tag{8.3.17}$$

其中，$\exp[f(x)]$ 表示函数 $e^{f(x)}$。不难看出，如果系统矩阵 $\boldsymbol{A}(t)$ 为对角矩阵，则式(8.3.16) 恒成立。在这种情况下，式 (8.3.17) 为计算线性时变系统的状态转移矩阵 $\boldsymbol{\Phi}(t,t_0)$ 提供了一种简便的方法。

例 8.3.2　线性时变系统的状态方程为

$$\dot{\boldsymbol{X}}(t)=\boldsymbol{A}(t)\boldsymbol{X}(t)$$

式中

$$\boldsymbol{A}(t)=\begin{bmatrix}0 & \dfrac{1}{(t+1)^2}\\ 0 & 0\end{bmatrix}$$

试求取该系统的状态转移矩阵 $\boldsymbol{\Phi}(t,t_0)$。

解　为应用式(8.3.17)求取状态转移矩阵 $\boldsymbol{\Phi}(t,t_0)$，首先需校核条件(8.3.15)，即需验证矩阵 $\boldsymbol{A}(t)$ 与$\int_0^t\boldsymbol{A}(\tau)\mathrm{d}\tau$ 是否可交换。为此，按条件(8.3.16) 计算

$$\boldsymbol{A}(t_1)\boldsymbol{A}(t_2)=\begin{bmatrix}0 & \dfrac{1}{(t_1+1)^2}\\ 0 & 0\end{bmatrix}\begin{bmatrix}0 & \dfrac{1}{(t_2+1)^2}\\ 0 & 0\end{bmatrix}=0$$

$$\boldsymbol{A}(t_2)\boldsymbol{A}(t_1)=\begin{bmatrix}0 & \dfrac{1}{(t_2+1)^2}\\ 0 & 0\end{bmatrix}\begin{bmatrix}0 & \dfrac{1}{(t_1+1)^2}\\ 0 & 0\end{bmatrix}=0$$

可见条件(8.3.16) 成立。因此，状态转移矩阵 $\boldsymbol{\Phi}(t,t_0)$ 可按式(8.3.17) 计算，即

$$\boldsymbol{\Phi}(t,t_0)=\boldsymbol{I}+\int_{t_0}^{t}\begin{bmatrix}0 & \dfrac{1}{(\tau+1)^2}\\ 0 & 0\end{bmatrix}\mathrm{d}\tau+\frac{1}{2!}\left\{\int_{t_0}^{t}\begin{bmatrix}0 & \dfrac{1}{(\tau+1)^2}\\ 0 & 0\end{bmatrix}\mathrm{d}\tau\right\}^2+$$

$$\frac{1}{3!}\left\{\int_{t_0}^{t}\begin{bmatrix}0 & \dfrac{1}{(\tau+1)^2}\\ 0 & 0\end{bmatrix}\mathrm{d}\tau\right\}^3+\cdots$$

其中

$$\int_{t_0}^{t}\begin{bmatrix}0 & \dfrac{1}{(\tau+1)^2}\\ 0 & 0\end{bmatrix}\mathrm{d}\tau=\begin{bmatrix}0 & \dfrac{t-t_0}{(t+1)(t_0+1)}\\ 0 & 0\end{bmatrix}$$

$$\left\{\int_{t_0}^{t}\begin{bmatrix}0 & \dfrac{1}{(\tau+1)^2}\\ 0 & 0\end{bmatrix}\mathrm{d}\tau\right\}^i=\begin{bmatrix}0 & \dfrac{t-t_0}{(t+1)(t_0+1)}\\ 0 & 0\end{bmatrix}^i=0\qquad i=2,3,\cdots$$

因此得

$$\boldsymbol{\Phi}(t,t_0)=\boldsymbol{I}+\begin{bmatrix}0 & \dfrac{t-t_0}{(t+1)(t_0+1)}\\ 0 & 0\end{bmatrix}=\begin{bmatrix}1 & \dfrac{t-t_0}{(t+1)(t_0+1)}\\ 0 & 1\end{bmatrix}$$

(2) 解方程的方法

由状态转移矩阵 $\boldsymbol{\Phi}(t,t_0)$ 的性质可知，$\boldsymbol{\Phi}(t,t_0)$ 是矩阵微分方程的解，且初值为单位矩阵 $\boldsymbol{I}$。将矩阵 $\boldsymbol{\Phi}(t,t_0)$ 表示成列向量的形式

$$\boldsymbol{\Phi}(t,t_0)=[\boldsymbol{\Phi}_1(t),\boldsymbol{\Phi}_2(t),\cdots,\boldsymbol{\Phi}_n(t)] \tag{8.3.18}$$

式中　$\boldsymbol{\Phi}_i(t,t_0)$—— 矩阵 $\boldsymbol{\Phi}(t,t_0)$ 的第 i 个列向量，$i=1,2,\cdots,n$。

则由状态转移矩阵的性质得

$$\frac{\mathrm{d}}{\mathrm{d}t}[\boldsymbol{\Phi}_1(t,t_0),\boldsymbol{\Phi}_2(t,t_0),\cdots,\boldsymbol{\Phi}_n(t,t_0)]=\boldsymbol{A}(t)[\boldsymbol{\Phi}_1(t,t_0)\boldsymbol{\Phi}_2(t,t_0)\cdots\boldsymbol{\Phi}_n(t,t_0)]$$

$$[\boldsymbol{\Phi}_1(t,t_0),\boldsymbol{\Phi}_2(t,t_0),\cdots,\boldsymbol{\Phi}_n(t,t_0)]\big|_{t=t_0}=\boldsymbol{I}$$

$\boldsymbol{\Phi}_i(t,t_0)$ 满足微分方程

$$\frac{\mathrm{d}}{\mathrm{d}t}\boldsymbol{\Phi}_i(t,t_0)=\boldsymbol{A}(t)\boldsymbol{\Phi}_i(t,t_0) \tag{8.3.19}$$

$$\boldsymbol{\Phi}_i(t,t_0)\big|_{t=t_0}=\boldsymbol{e}_i$$

式中　$\boldsymbol{e}_i$—— 第 i 个单位向量。

$$\boldsymbol{e}_i=[0\quad\cdots\quad 0\quad 1\quad 0\quad\cdots\quad 0]^{\mathrm{T}}$$

这样，解出式 (8.3.19) 对应于 $i=1,2,\cdots,n$ 的 n 个方程，得到 n 个解向量，按式(8.3.18)组成矩阵，就可以得到系统的状态转移矩阵 $\boldsymbol{\Phi}(t,t_0)$。

例 8.3.3　已知线性系统

$$\begin{bmatrix}\dot{x}_1\\ \dot{x}_2\end{bmatrix}=\begin{bmatrix}1 & 0\\ 1 & 1\end{bmatrix}\begin{bmatrix}x_1\\ x_2\end{bmatrix}$$

试求系统的状态转移矩阵。

解　首先设系统的初始条件为 $\begin{bmatrix}x_1(0)\\ x_2(0)\end{bmatrix}=\begin{bmatrix}1\\ 0\end{bmatrix}$，求系统的解，可以得出

$$\begin{bmatrix}x_1(t)\\ x_2(t)\end{bmatrix}=\begin{bmatrix}\mathrm{e}^t\\ t\mathrm{e}^t\end{bmatrix}$$

再以 $[0\quad 1]^{\mathrm{T}}$ 为初始条件求系统的解，可以得出

$$\begin{bmatrix}x_1(t)\\ x_2(t)\end{bmatrix}=\begin{bmatrix}0\\ \mathrm{e}^t\end{bmatrix}$$

于是，可以得出系统的状态转移矩阵

$$\boldsymbol{\Phi}(t,0)=\begin{bmatrix} e^{t} & 0 \\ te^{t} & e^{t} \end{bmatrix}$$

8.3.3　线性时变系统的响应

1. 线性时变系统的零输入响应

线性系统(8.3.1)的零输入状态响应 $\boldsymbol{\phi}(t,t_0,\boldsymbol{x}_0,0)$ 为线性齐次微分方程(8.3.3)的解。假设线性系统(8.3.1)的解是存在惟一的,记 $\boldsymbol{\Phi}(t,t_0)$ 为其状态转移矩阵,则

$$\boldsymbol{\phi}(t,t_0,\boldsymbol{x}_0,0)=\boldsymbol{\Phi}(t,t_0)\boldsymbol{x}_0$$

这说明了 $\boldsymbol{\phi}(t,t_0,\boldsymbol{x}_0,0)$ 可以看做初值 $\boldsymbol{x}_0$ 在算子 $\boldsymbol{\Phi}(t,t_0)$ 作用下的象。以 $\boldsymbol{\Phi}(t_2,t_1)$ 作用于 $\boldsymbol{x}(t_1)$ 便可以获得 $\boldsymbol{x}(t_2)$。这便是状态转移矩阵 $\boldsymbol{\Phi}(t,t_0)$ 的所谓“转移”的含义。

2. 线性时变系统的零初始状态响应

线性系统(8.3.1)在零初始状态下的响应 $\boldsymbol{\phi}(t,t_0,0,\boldsymbol{u})$,为零初始条件的受迫运动系统(8.3.4)的解,则

$$\boldsymbol{\phi}(t,t_0,0,\boldsymbol{u})=\int_{t_0}^{t}\boldsymbol{\Phi}(t,\tau)\boldsymbol{B}(\tau)\boldsymbol{u}(\tau)\mathrm{d}\tau \tag{8.3.20}$$

证明　由变限定积分求导法则和状态转移矩阵的性质有

$$\begin{aligned}\dot{\boldsymbol{\phi}}(t,t_0,0,\boldsymbol{u})=&\int_{t_0}^{t}\dot{\boldsymbol{\Phi}}(t,\tau)\boldsymbol{B}(\tau)\boldsymbol{u}(\tau)\mathrm{d}\tau+\boldsymbol{\Phi}(t,t)\boldsymbol{B}(t)\boldsymbol{u}(t)=\\ &\boldsymbol{A}(t)\int_{t_0}^{t}\boldsymbol{\Phi}(t,\tau)\boldsymbol{B}(\tau)\boldsymbol{u}(\tau)\mathrm{d}\tau+\boldsymbol{B}(t)\boldsymbol{u}(t)=\\ &\boldsymbol{A}(t)\boldsymbol{\phi}(t,t_0,0,\boldsymbol{u})+\boldsymbol{B}(t)\boldsymbol{u}(t)\end{aligned}$$

再注意到初始条件

$$\boldsymbol{\phi}(t_0,t_0,0,\boldsymbol{u})=0$$

从而 $\boldsymbol{\phi}(t,t_0,0,\boldsymbol{u})$ 为式(8.3.4)的解。

3. 线性时变系统的整体响应

根据线性系统的叠加原理,线性系统(8.3.1)的由状态初始值 $\boldsymbol{x}_0$ 和控制输入 $\boldsymbol{u}(t)$ 所引起的整体状态响应 $\boldsymbol{\phi}(t,t_0,\boldsymbol{x}_0,\boldsymbol{u})$ 为

$$\begin{aligned}\boldsymbol{\phi}(t,t_0,\boldsymbol{x}_0,\boldsymbol{u})=&\boldsymbol{\phi}(t,t_0,\boldsymbol{x}_0,0)+\boldsymbol{\phi}(t,t_0,0,\boldsymbol{u})=\\ &\boldsymbol{\Phi}(t,t_0)\boldsymbol{x}_0+\int_{t_0}^{t}\boldsymbol{\Phi}(t,\tau)\boldsymbol{B}(\tau)\boldsymbol{u}(\tau)\mathrm{d}\tau\end{aligned} \tag{8.3.21}$$

例 8.3.4　给定线性时变系统

$$\dot{\boldsymbol{x}}=\begin{bmatrix} 0 & 0 \\ t & 0 \end{bmatrix}\boldsymbol{x}+\begin{bmatrix} 1 \\ 1 \end{bmatrix}\boldsymbol{u}\qquad t\in[1\quad 10]$$

求其在单位阶跃函数 $1(t-1)$ 作用下以 $x_1(1)=1$ 和 $x_2(1)=2$ 为初始状态的状态响应。

解 我们首先来求状态转移矩阵,为此我们来考虑零输入时的状态方程

$$\begin{cases}\dot{x}_1 = 0\\ \dot{x}_2 = tx_1\end{cases}$$

对其求解可以得到

$$\begin{cases}x_1(t) = x_1(t_0)\\ x_2(t) = 0.5t^2x_1(t_0) - 0.5t_0^2x_1(t_0) + x_2(t_0)\end{cases}$$

取两组不同的初值 $x_1(t_0) = 0, x_2(t_0) = 1$ 和 $x_1(t_0) = 2, x_2(t_0) = 0$,可以得到两个线性无关解

$$\boldsymbol{\psi}_1 = \begin{bmatrix}0\\1\end{bmatrix} \qquad \boldsymbol{\psi}_2 = \begin{bmatrix}2\\ t^2 - t_0^2\end{bmatrix}$$

记

$$\boldsymbol{\psi} = [\boldsymbol{\psi}_1 \quad \boldsymbol{\psi}_2] = \begin{bmatrix}0 & 2\\ 1 & t^2 - t_0^2\end{bmatrix}$$

则系统状态转移矩阵为(读者可以自己证明这个结果)

$$\boldsymbol{\Phi}(t,t_0) = \boldsymbol{\psi}(t)\boldsymbol{\psi}^{-1}(t_0) = \begin{bmatrix}1 & 0\\ 0.5t^2 - 0.5t_0^2 & 1\end{bmatrix}$$

系统的响应为

$$\boldsymbol{x}(t) = \boldsymbol{\Phi}(t,t_0)x_0 + \int_1^t\begin{bmatrix}1 & 0\\ 0.5t^2 - 0.5\tau^2 & 1\end{bmatrix}\begin{bmatrix}1\\1\end{bmatrix}\mathrm{d}\tau = \begin{bmatrix}t\\ \frac{1}{3}t^3 + t + \frac{2}{3}\end{bmatrix}$$

8.4 线性定常系统的分析

线性定常系统

$$\begin{cases}\dot{\boldsymbol{x}} = \boldsymbol{A}\boldsymbol{x} + \boldsymbol{B}\boldsymbol{u}\\ \boldsymbol{y} = \boldsymbol{C}\boldsymbol{x} + \boldsymbol{D}\boldsymbol{u}\end{cases} \quad \boldsymbol{x}(t_0) = \boldsymbol{x}_0 \qquad t \geqslant 0 \tag{8.4.1}$$

的运动分析问题是线性时变系统的特例,线性定常系统的状态转移矩阵是矩阵指数函数 $\mathrm{e}^{\boldsymbol{A}t}$ 的形式。本节首先给出系统响应的表达式,再来详细介绍矩阵指数函数的性质和求取方法。

8.4.1 线性定常系统的响应

考察系统(8.4.1)的状态转移矩阵。由于系统矩阵为定常矩阵 $\boldsymbol{A}$,显然满足条件式(8.3.16),于是系统的状态转移矩阵具有如下形式

$$\boldsymbol{\Phi}(t,t_0) = \boldsymbol{I} + \int_{t_0}^t \boldsymbol{A}(\tau)\mathrm{d}\tau + \frac{1}{2!}\left[\int_{t_0}^t \boldsymbol{A}(\tau)\mathrm{d}\tau\right]^2 + \frac{1}{3!}\left[\int_{t_0}^t \boldsymbol{A}(\tau)\mathrm{d}\tau\right]^3 + \cdots =$$

$$e^{\int_{t_0}^{t}\boldsymbol{A}(\tau)d\tau} = e^{\boldsymbol{A}(t-t_0)} \tag{8.4.2}$$

当 $t_0 = 0$ 时，$e^{\boldsymbol{A}t}$ 的表达式为

$$e^{\boldsymbol{A}t} = \boldsymbol{I} + \boldsymbol{A}t + \frac{1}{2!}\boldsymbol{A}^2t^2 + \cdots = \sum_{k=0}^{\infty}\frac{1}{k!}\boldsymbol{A}^k t^k \tag{8.4.3}$$

式(8.4.3)称为矩阵 $\boldsymbol{A}$ 的矩阵指数函数，即系统(8.4.1)的状态转移矩阵为矩阵指数函数形式。对于线性时变系统，其状态转移矩阵为一个关于 t,t_0 的二元函数矩阵。但由式(8.4.3)可以看出，线性定常系统的状态转移矩阵是一个关于 $t - t_0$ 的一元函数矩阵。

下面给出线性定常系统响应的结论。

定理 8.4.1　给定线性定常系统(8.4.1)，则有：

① 其零输入状态响应为

$$\boldsymbol{\phi}(t,t_0,\boldsymbol{x}_0,0) = e^{\boldsymbol{A}(t-t_0)}\boldsymbol{x}_0 \tag{8.4.4}$$

② 其零初始状态下的状态响应为

$$\boldsymbol{\phi}(t,t_0,0,\boldsymbol{u}) = \int_{t_0}^{t} e^{\boldsymbol{A}(t-\tau)}\boldsymbol{B}\boldsymbol{u}(\tau)d\tau \tag{8.4.5}$$

③ 其整体的状态响应为

$$\boldsymbol{\phi}(t,t_0,\boldsymbol{x}_0,\boldsymbol{u}) = e^{\boldsymbol{A}(t-t_0)}\boldsymbol{x}_0 + \int_{t_0}^{t} e^{\boldsymbol{A}(t-\tau)}\boldsymbol{B}\boldsymbol{u}(\tau)d\tau \tag{8.4.6}$$

由式(8.4.4)可见，线性定常系统的零输入响应只与初始状态和系统运动的时间长度有关，而与系统的运动的起始点无关，这是线性定常系统与线性时变系统的不同之处。

8.4.2　矩阵指数函数

1. 矩阵指数函数(状态转移矩阵)性质

① $e^{\boldsymbol{A}t}|_{t=0} = \boldsymbol{I}$；

② $$\frac{d}{dt}e^{\boldsymbol{A}t} = \boldsymbol{A} + \boldsymbol{A}^2t + \frac{\boldsymbol{A}^3}{2!}t^2 + \cdots + \frac{\boldsymbol{A}^k}{(k-1)!}t^{k-1} + \cdots =$$
$$\boldsymbol{A}\left[\boldsymbol{I} + \boldsymbol{A}t + \frac{\boldsymbol{A}^2}{2!}t^2 + \cdots + \frac{\boldsymbol{A}^{k-1}}{(k-1)!}t^{k-1} + \cdots\right] =$$
$$\boldsymbol{A}e^{\boldsymbol{A}t} = e^{\boldsymbol{A}t}\boldsymbol{A};$$

③ $e^{\boldsymbol{A}(t+s)} = e^{\boldsymbol{A}t}e^{\boldsymbol{A}s}$；

④ $(e^{\boldsymbol{A}t})^{-1} = e^{-\boldsymbol{A}t}$；

⑤ $e^{(\boldsymbol{A}+\boldsymbol{B})t} = e^{\boldsymbol{A}t}e^{\boldsymbol{B}t}$(当 $\boldsymbol{AB} = \boldsymbol{BA}$ 时)，$e^{(\boldsymbol{A}+\boldsymbol{B})t} \neq e^{\boldsymbol{A}t}e^{\boldsymbol{B}t}$(当 $\boldsymbol{AB} \neq \boldsymbol{BA}$ 时)；

⑥ 若 $\boldsymbol{P}$ 为可逆矩阵，且 $\boldsymbol{A} = \boldsymbol{PJP}^{-1}$，则 $e^{\boldsymbol{A}t} = \boldsymbol{P}e^{\boldsymbol{J}t}\boldsymbol{P}^{-1}$。

上述性质的证明，利用矩阵指数函数的定义不难完成。

下面我们讨论矩阵指数函数的求取问题。

2.矩阵指数函数的求取

(1) 根据定义用级数(8.4.3)来求取 e^{At}

(2) 基于约当分解求取 e^{At}

这种方法的基本思想是先对矩阵 $\boldsymbol{A}$ 进行约当分解,然后利用性质⑥求取 e^{At}。

设 $\boldsymbol{A}$ 具有互异特征值$\lambda_i, i=1,2,\cdots,n$, $\boldsymbol{p}_i$ 为 $\boldsymbol{A}$ 的与λ_i 相对应的特征向量,记

$$\boldsymbol{P}=[\boldsymbol{p}_1 \quad \boldsymbol{p}_2 \quad \cdots \quad \boldsymbol{p}_n]$$

则

$$e^{\boldsymbol{A}t}=[e^{\lambda_1 t}\boldsymbol{p}_1 \quad e^{\lambda_2 t}\boldsymbol{p}_2 \quad \cdots \quad e^{\lambda_n t}\boldsymbol{p}_n]\boldsymbol{P}^{-1}=\boldsymbol{P}\mathrm{diag}(e^{\lambda_1 t} \quad e^{\lambda_2 t} \quad \cdots \quad e^{\lambda_n t})\boldsymbol{P}^{-1} \tag{8.4.7}$$

一般情况下,矩阵 $\boldsymbol{A}$ 的约当分解为

$$\boldsymbol{A}=\boldsymbol{P}\mathrm{diag}[\boldsymbol{J}_1 \quad \boldsymbol{J}_2 \quad \cdots \quad \boldsymbol{J}_l]\boldsymbol{P}^{-1}$$

其中,$\boldsymbol{J}_i, i=1,2,\cdots,l$ 为约当块,此时有

$$e^{\boldsymbol{A}t}=\boldsymbol{P}\mathrm{diag}[e^{\boldsymbol{J}_1 t} \quad e^{\boldsymbol{J}_2 t} \quad \cdots \quad e^{\boldsymbol{J}_l t}]\boldsymbol{P}^{-1}$$

再结合下述命题便可求解 e^{At}。

命题 8.4.1 设 $\boldsymbol{J}$ 为一p 阶约当块,λ 为其特征值,其形式为

$$\boldsymbol{J}_i=\begin{bmatrix} \lambda_i & 1 & & 0 & \\ & \lambda_i & \ddots & & \\ & & \ddots & \ddots & \\ & & & \ddots & 1 \\ & 0 & & & \lambda_i \end{bmatrix}_{p_i \times p_i}$$

则

$$e^{\boldsymbol{J}t}=\begin{bmatrix} 1 & t & \dfrac{1}{2!}t^2 & \cdots & \dfrac{1}{(p_i-1)!}t^{p_i-1} \\ 0 & 1 & t & \cdots & \dfrac{1}{(p_i-2)!}t^{p_i-2} \\ \vdots & \vdots & \vdots & & \vdots \\ 0 & 0 & 0 & \cdots & t \\ 0 & 0 & 0 & \cdots & 1 \end{bmatrix}e^{\lambda_i t}$$

(3) 利用拉氏变换方法求取 e^{At}

$$e^{\boldsymbol{A}t}=L^{-1}[(s\boldsymbol{I}-\boldsymbol{A})^{-1}]$$

证明 对于线性方程

$$\dot{\boldsymbol{x}}=\boldsymbol{A}\boldsymbol{x} \qquad \boldsymbol{x}(0)=\boldsymbol{x}_0$$

两边同时进行拉普拉斯变换可以得到

$$s\boldsymbol{X}(s)=\boldsymbol{A}\boldsymbol{X}(s)+\boldsymbol{x}(0)$$

$$X(s)=(sI-A)^{-1}x(0)$$

进行拉氏逆变换有

$$x(t)=L^{-1}[(sI-A)^{-1}x(0)]=\Phi(t)x(0)$$

于是可以得到

$$e^{At}=L^{-1}[(sI-A)^{-1}]$$

(4) 利用凯莱 - 哈密顿(Cayley - Hamilton)定理计算 e^{At}

为了引出这种方法,首先不加证明地引用矩阵理论中的 Cayley-Hamilton 定理。

设 n 阶方阵 A 的特征方程为

$$|sI-A|=s^n+a^{n-1}s^{n-1}+\cdots+a_0=0$$

则矩阵 A 满足

$$A^n+a^{n-1}A^{n-1}+\cdots+a_0I=0$$

根据 Cayley-Hamilton 定理,e^{At} 可表示为

$$e^{At}=\alpha_0(t)I+\alpha_1(t)A+\cdots+\alpha_{n-1}(t)A^{n-1} \tag{8.4.8}$$

其中的系数 $\alpha_i(t),i=0,1,2,\cdots,n-1$ 可根据下述命题计算。

① 当 A 为 n 阶方阵,且具有互异特征值 $\lambda_i,i=1,2,\cdots,n$,则

$$\begin{bmatrix}\alpha_0(t)\\ \alpha_1(t)\\ \vdots\\ \alpha_{n-1}(t)\end{bmatrix}=\begin{bmatrix}1&\lambda_1&\lambda_1^2&\cdots&\lambda_1^{n-1}\\ 1&\lambda_2&\lambda_2^2&\cdots&\lambda_2^{n-1}\\ \vdots&\vdots&\vdots&&\vdots\\ 1&\lambda_n&\lambda_n^2&\cdots&\lambda_n^{n-1}\end{bmatrix}^{-1}\begin{bmatrix}e^{\lambda_1 t}\\ e^{\lambda_2 t}\\ \vdots\\ e^{\lambda_n t}\end{bmatrix} \tag{8.4.9}$$

② 当 A 具有重特征值但为循环阵时,如其特征值为 λ_1(三重),λ_2(二重)和 $\lambda_3,\cdots,\lambda_{n-3}$,此时有

$$\begin{bmatrix}\alpha_0(t)\\ \alpha_1(t)\\ \alpha_2(t)\\ \alpha_3(t)\\ \alpha_4(t)\\ \alpha_5(t)\\ \vdots\\ \alpha_{n-1}(t)\end{bmatrix}=\begin{bmatrix}0&0&1&3\lambda_1&\cdots&\frac{(n-1)(n-2)}{2!}\lambda_1^{n-3}\\ 0&1&2\lambda_1&3\lambda_1^2&\cdots&\frac{(n-1)}{1!}\lambda_1^{n-2}\\ 1&\lambda_1&\lambda_1^2&\lambda_1^3&\cdots&\lambda_1^{n-1}\\ 0&1&2\lambda_2&3\lambda_2^2&\cdots&\frac{(n-1)}{1!}\lambda_2^{n-2}\\ 1&\lambda_2&\lambda_2^2&\lambda_2^3&\cdots&\lambda_2^{n-1}\\ 1&\lambda_3&\lambda_3^2&\lambda_3^3&\cdots&\lambda_3^{n-1}\\ \vdots&\vdots&\vdots&\vdots&&\vdots\\ 1&\lambda_{n-3}&\lambda_{n-3}^2&\lambda_{n-3}^3&\cdots&\lambda_{n-3}^{n-1}\end{bmatrix}^{-1}\begin{bmatrix}\frac{1}{2!}t^2e^{\lambda_1 t}\\ \frac{1}{1!}te^{\lambda_1 t}\\ e^{\lambda_1 t}\\ \frac{1}{1!}te^{\lambda_2 t}\\ e^{\lambda_2 t}\\ e^{\lambda_3 t}\\ \vdots\\ e^{\lambda_{n-3} t}\end{bmatrix} \tag{8.4.10}$$

例 8.4.1 已知系统

$$\dot{\boldsymbol{x}} = \begin{bmatrix} 0 & 1 \\ -2 & -3 \end{bmatrix}\boldsymbol{x} + \begin{bmatrix} 0 \\ 1 \end{bmatrix}u \qquad t \geqslant 0$$

求其在初始状态 $\boldsymbol{x}(0) = [1 \quad -1]^{\mathrm{T}}$ 和输入 $u = 1(t)$ 作用下的状态响应。

解 由系统可知

$$\boldsymbol{A} = \begin{bmatrix} 0 & 1 \\ -2 & -3 \end{bmatrix} \qquad \boldsymbol{B} = \begin{bmatrix} 0 \\ 1 \end{bmatrix}$$

下面用两种方法计算矩阵指数 $\mathrm{e}^{\boldsymbol{A}t}$。

① 约当分解法

可以计算出矩阵 $\boldsymbol{A}$ 的特征值为 $\lambda_1 = -1, \lambda_2 = -2$，矩阵 $\boldsymbol{A}$ 与 λ_1 和 λ_2 相对应的两个特征向量分别为

$$\boldsymbol{p}_1 = \begin{bmatrix} 1 \\ -1 \end{bmatrix} \qquad \boldsymbol{p}_2 = \begin{bmatrix} 1 \\ -2 \end{bmatrix}$$

故

$$\boldsymbol{P} = \begin{bmatrix} 1 & 1 \\ -1 & -2 \end{bmatrix} \qquad \boldsymbol{P}^{-1} = \begin{bmatrix} 2 & 1 \\ -1 & -1 \end{bmatrix}$$

所以有

$$\mathrm{e}^{\boldsymbol{A}t} = [\mathrm{e}^{\lambda_1 t}\boldsymbol{p}_1 \quad \mathrm{e}^{\lambda_2 t}\boldsymbol{p}_2]\boldsymbol{P}^{-1} = \begin{bmatrix} 2\mathrm{e}^{-t} - \mathrm{e}^{-2t} & \mathrm{e}^{-t} - \mathrm{e}^{-2t} \\ -2\mathrm{e}^{-t} + 2\mathrm{e}^{-2t} & -\mathrm{e}^{-t} + 2\mathrm{e}^{-2t} \end{bmatrix}$$

② 拉氏变换法

$$\mathrm{e}^{\boldsymbol{A}t} = L^{-1}[(s\boldsymbol{I} - \boldsymbol{A})^{-1}]$$

$$(s\boldsymbol{I} - \boldsymbol{A})^{-1} = \begin{bmatrix} s & -1 \\ 2 & s+3 \end{bmatrix}^{-1} = \frac{1}{s^2 + 3s + 2}\begin{bmatrix} s+3 & 1 \\ -2 & s \end{bmatrix} = \begin{bmatrix} \dfrac{2}{s+1} - \dfrac{1}{s+2} & \dfrac{1}{s+1} - \dfrac{1}{s+2} \\ \dfrac{-2}{s+1} + \dfrac{2}{s+2} & \dfrac{-1}{s+1} + \dfrac{2}{s+2} \end{bmatrix}$$

所以

$$\boldsymbol{\Phi}(t) = \begin{bmatrix} 2\mathrm{e}^{-t} - \mathrm{e}^{-2t} & \mathrm{e}^{-t} - \mathrm{e}^{-2t} \\ -2\mathrm{e}^{-t} + 2\mathrm{e}^{-2t} & -\mathrm{e}^{-t} + 2\mathrm{e}^{-2t} \end{bmatrix}$$

最后由定理 8.4.1 可得

$$\boldsymbol{\phi}(t, t_0, \boldsymbol{x}_0, 0) = \begin{bmatrix} \mathrm{e}^{-t} \\ -\mathrm{e}^{-t} \end{bmatrix} \qquad t \geqslant 0$$

$$\boldsymbol{\phi}(t, t_0, 0, \boldsymbol{u}) = \begin{bmatrix} \dfrac{1}{2} - \mathrm{e}^{-t} + \dfrac{1}{2}\mathrm{e}^{-2t} \\ \mathrm{e}^{-t} - \mathrm{e}^{-2t} \end{bmatrix} \qquad t \geqslant 0$$

系统的状态响应为

$$\boldsymbol{\phi}(t,t_0,\boldsymbol{x}_0,\boldsymbol{u}) = \boldsymbol{\phi}(t,t_0,\boldsymbol{x}_0,0) + \boldsymbol{\phi}(t,t_0,0,\boldsymbol{u}) = \begin{bmatrix} e^{-t} \\ -e^{-t} \end{bmatrix} + \begin{bmatrix} \frac{1}{2} - e^{-t} + \frac{1}{2}e^{-2t} \\ e^{-t} - e^{-2t} \end{bmatrix} =$$

$$\begin{bmatrix} \frac{1}{2} + \frac{1}{2}e^{-2t} \\ -e^{-2t} \end{bmatrix} \qquad t \geqslant 0$$

8.5　系统的能控性

能控性和能观测性是线性系统理论中的一对极为重要的概念，它们刻画了系统的结构性质，并在系统的设计中有着重要的应用。本节和下一节分别介绍能控性和能观测性的定义和判据，以及这一对概念的对偶性。

8.5.1　能控性的定义

系统的能控性是指控制输入 $\boldsymbol{u}(t)$ 控制状态向量 $\boldsymbol{x}(t)$ 的能力。或者确切地说，一个系统在一个不受限制的控制输入的作用下，可不可以从一个当前的状态，经过有限的时间后被转移到某种特定的希望状态，这种性质称为能控性，也可以确切地称为状态能控性。下面通过具体例子直观地讨论能控性问题，进而给出能控性的定义并进行几点说明。

1. 实例中的能控性问题

例 8.5.1　考察如下系统的能控性

$$\begin{cases} \dot{x}_1 = -x_1 \\ \dot{x}_2 = -2x_2 + u \end{cases} \tag{8.5.1}$$

控制输入要对某个状态变量 x_i 进行控制，显然要求它们之间有联系。在以上系统中，x_1 和 u 既无直接的联系也无间接的联系。因此，不能用 u 去控制 x_1，故 x_1 是不可控的。

考察控制输入 u 对状态变量 x_2 的控制作用。设 $t_0=0$，$x_2(t_0)=x_{20}$，求解(8.5.1)的第二个方程，可得

$$x_2(t) = e^{-2t}x_{20} + \int_0^t e^{-2(t-\tau)}\boldsymbol{u}(\tau)\mathrm{d}\tau$$

从上式可以看出，在有限的时间区域 $[0,t_f]$ 内，可以找到一个不受限制的控制输入 u，使状态变量 x_2 由初始值 x_{20} 转移到任意的位置 $x_2(t_f)$。所以，状态变量 x_2 是可控的。

例 8.5.2　讨论如下系统的能控性

$$\begin{cases} \dot{x}_1 = -x_1 + x_2 \\ \dot{x}_2 = -2x_2 + u \end{cases}$$

系统中状态变量 x_1 和控制输入 u 无直接的关系,但通过 x_2 与 u 有间接的联系,可以猜想 u 也许可以控制 x_1。

但是不是状态变量 x_i 与 u 有联系的系统的状态就一定是可控的呢?通过下面的例子可以看出,状态的可控性并不能简单看出。

例 8.5.3 电路网络如图 8.5.1 所示,控制输入是外加电压 $\boldsymbol{u}(t)$,取状态变量 $x_1 = u_{C_1}, x_2 = u_{C_2}$,并设 $R_iC_i = 1, i = 1, 2$,则系统的状态方程为

$$\begin{bmatrix} \dot{x}_1 \\ \dot{x}_2 \end{bmatrix} = \begin{bmatrix} -1 & 0 \\ 0 & -1 \end{bmatrix} \begin{bmatrix} x_1 \\ x_2 \end{bmatrix} + \begin{bmatrix} 1 \\ 1 \end{bmatrix} u \qquad (8.5.2)$$

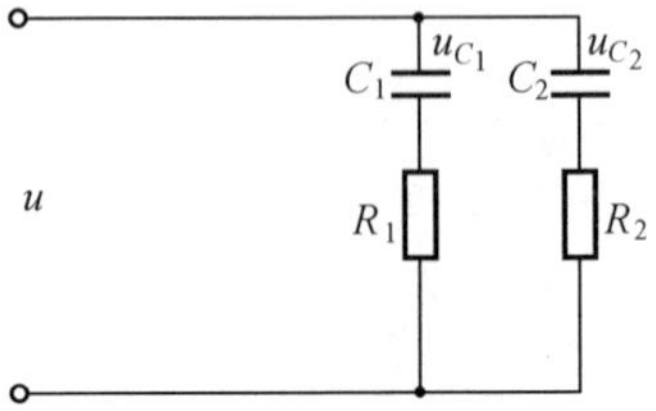

图 8.5.1 电路网络

由例 8.5.1 可知,单独考察 x_1、x_2 均为可控的,即在 $x_1 - x_2$ 构成平面的 x_1 轴和 x_2 轴上,仅仅考察 x_1 或 x_2 的运动情形,可以由一点转移到任意所希望的位置。但从总体上考察系统是不是可控的呢?

令 $e = x_1 - x_2$,显然可得

$$\dot{e}(t) = -e(t)$$

如果 $e(t)\mid_{t=t_0} = 0$,则有 $e(t) \equiv 0, t \geqslant t_0$。也就是说,当状态变量 x_1、x_2 初值相等时,有 $x_1(t) \equiv x_2(t), t \geqslant t_0$。此时,状态向量始终在 $x_1 - x_2$ 构成平面的 $x_1 = x_2$ 的直线上。即输入可以使状态向量在该直线上任意地转移,但无论施加怎样的控制输入,都不能使状态向量离开该直线而到达我们所希望的直线外的状态点,所以结论是系统不完全能控。

下面给出系统能控性的严格的定义,并给出几点说明。

2. 能控性的定义

考虑线性时变系统的状态方程

$$\dot{\boldsymbol{x}} = \boldsymbol{A}(t)\boldsymbol{x} + \boldsymbol{B}(t)\boldsymbol{u} \qquad t \geqslant t_0 \qquad (8.5.3)$$

式中 x——n 维状态向量;

u——r 维输入向量;

t_0—— 初始时刻。

下面从定义一个状态的能控性开始,引入系统为完全能控(能达) 和不完全能控(能达) 的定义。

定义 8.5.1 对于线性时变系统(8.5.3),如果对取定初始时刻 t_0 的状态 $\bar{\boldsymbol{x}}$,存在一时刻 $t_1 \geqslant t_0$,和一个无约束的容许控制 $\boldsymbol{u}(t), t \in [t_0, t_1]$,使得在这个控制的作用下,系统由 $\bar{\boldsymbol{x}}$ 出发的运动轨线经过时间 $t_1 - t_0$ 后由 $\bar{\boldsymbol{x}}$ 转移到 $\boldsymbol{x}(t_1) = \boldsymbol{0}$,则称此 $\bar{\boldsymbol{x}}$ 是系统在 t_0 时刻的一个能控状态。

定义 8.5.2 如果状态空间中的所有非零状态都是在 t_0 时刻的能控状态,则称此系统在 t_0 时刻完全能控。如果对于任意 $t_0 \in [T_1, T_2]$,系统均是在 t_0 时刻为能控的,则称系统在区间

$[T_1, T_2]$ 是完全能控的。

定义 8.5.3　如果状态空间中存在状态在 t_0 时刻是不能控的，则称此系统在 t_0 时刻不完全能控。

定义 8.5.4　对于线性时变系统(8.5.3)，如果对取定初始时刻 t_0 的零初始状态 $\boldsymbol{x}(t_0) = \boldsymbol{0}$，存在一时刻 $t_1 \geqslant t_0$，和一个无约束的容许控制 $\boldsymbol{u}(t), t \in [t_0, t_1]$，使得在这个控制的作用下，系统由 $\boldsymbol{x}_0$ 出发的运动轨线经过时间 $t_1 - t_0$ 后由零初始状态转移到 $\bar{\boldsymbol{x}}$，则称此 $\bar{\boldsymbol{x}}$ 是系统在 t_0 时刻的一个能达状态。如果 $\bar{\boldsymbol{x}}$ 对于任意 $t_0 \in [T_1, T_2]$，均为能达的，则称系统在区间 $[T_1, T_2]$ 是完全能达的或称为一致能达的。如果状态空间中的所有非零状态都是在 t_0 时刻的能达状态，则称此系统在 t_0 时刻完全能达。依照定义 8.5.3 也可以定义不能达的概念。

3. 几点说明

(1) 定义中只要求在可找到的输入 $\boldsymbol{u}$ 的作用下，使 t_0 时刻的状态 $\bar{\boldsymbol{x}}$ 经过一段时间后转移到状态空间的原点，而对于状态的转移轨线并不加以限制和规定。就是说，能控性是表征系统状态运动的一个定性特性。

(2) 定义中的所谓的无约束的容许控制，无约束表示对输入的每一个分量的幅值不加以限制，即可取为任意大到所要求的值；容许控制则表示输入的所有的分量在时间域上是平方可积的，主要为了保证方程解的存在惟一性。

(3) 可控状态的表达式。根据定义，如果状态空间非零有限点 $\boldsymbol{x}_+$ 是可控的，必存在控制 $\boldsymbol{u}(t)$，使状态 $\boldsymbol{x}_+$ 在有限时间段 $[t_0, t_f]$ 内转移到原点，即

$$\boldsymbol{0} = \boldsymbol{x}(t_f) = \boldsymbol{\Phi}(t_f, t_0)\boldsymbol{x}_+ + \int_{t_0}^{t_f} \boldsymbol{\Phi}(t_f, \tau)\boldsymbol{B}(\tau)\boldsymbol{u}(\tau)\mathrm{d}\tau \tag{8.5.4}$$

从而可以得到可控状态与控制之间的表达式

$$\boldsymbol{x}_+ = -\int_{t_0}^{t_f} \boldsymbol{\Phi}(t_0, \tau)\boldsymbol{B}(\tau)\boldsymbol{u}(\tau)\mathrm{d}\tau \tag{8.5.5}$$

上式表明，$\boldsymbol{x}_+$ 是可控的状态，则满足上式的控制 $\boldsymbol{u}(t)$ 必然存在；把任意的分段连续函数 $\boldsymbol{u}(t)$ 代入式(8.5.5)中，所得到的 n 维向量必为可控的向量；可控性惟一地由 $\boldsymbol{\Phi}(t, t_0)$ 和 $\boldsymbol{B}(t)$ 决定，即惟一地由矩阵对 $(\boldsymbol{A}(t), \boldsymbol{B}(t))$ 决定，也就是说，能控性是系统的结构性质。

(4) 能达状态的表达式。根据定义，如果状态空间某个非零有限点 $\bar{\boldsymbol{x}}$ 是能达状态，那么它必满足

$$\bar{\boldsymbol{x}} = \int_{t_0}^{t_f} \boldsymbol{\Phi}(t_f, \tau)\boldsymbol{B}(\tau)\boldsymbol{u}(\tau)\mathrm{d}\tau \tag{8.5.6}$$

能达性也是系统的结构性质，也惟一地由矩阵对 $(\boldsymbol{A}(t), \boldsymbol{B}(t))$ 所决定。

(5) 能控状态 $\boldsymbol{x}_+$ 和能达状态 $\bar{\boldsymbol{x}}$ 的关系。由式(8.5.5)和(8.5.6)可以导出

$$\bar{\boldsymbol{x}} = \int_{t_0}^{t_f} \boldsymbol{\Phi}(t_f, \tau)\boldsymbol{B}(\tau)\boldsymbol{u}(\tau)\mathrm{d}\tau = -\boldsymbol{\Phi}(t_f, t_0)\boldsymbol{x}_+ \tag{8.5.7}$$

$\boldsymbol{\Phi}(t_f,t_0)$ 是状态转移矩阵，是非奇异的。这表明能控状态 $\boldsymbol{x}_+$ 和能达状态 $\bar{\boldsymbol{x}}$ 之间是非奇异的线性变换关系。状态空间的任意一个能控状态必有一个能达状态与之对应，反之亦然。所以，对线性连续时间系统来说，状态的能控性和能达性是一致的。但是对于线性离散时间系统，由于状态转移矩阵不一定是非奇异的，所以这两个概念不一致，这个问题将在以后进一步讨论。

8.5.2 线性定常系统的能控性判据

考察线性定常连续系统的状态方程

$$\dot{\boldsymbol{x}}(t) = \boldsymbol{A}\boldsymbol{x}(t) + \boldsymbol{B}\boldsymbol{u}(t) \qquad \boldsymbol{x}(t_0) = \boldsymbol{x}_0 \qquad t \geqslant t_0 \tag{8.5.8}$$

式中 $\boldsymbol{x}$——n 维状态向量；

$\boldsymbol{u}$——r 维输入向量；

t_0——初始时刻；

$\boldsymbol{A},\boldsymbol{B}$——$n\times n$ 和 $n\times r$ 常阵。

由前一小节的说明可知，线性系统的能控性是系统的内在的结构性质，可由系统矩阵对 $(\boldsymbol{A}(t),\boldsymbol{B}(t))$ 完全决定，而线性定常系统的矩阵对 $(\boldsymbol{A},\boldsymbol{B})$ 与时间变量没有关系，因此，线性定常系统的能控性与初始时刻 t_0 没有关系，即线性定常系统的能控性对于任意的初始时刻是一致的。这样就可以假设 $t_0=0$，仅根据 A,B 给出系统能控性的判据。

1. 格拉姆(Gram)矩阵判据

定理 8.5.1 线性定常系统(8.5.8)完全可控的充分必要条件是，存在时刻 $t_1>0$，使 Gram 矩阵

$$\boldsymbol{W}_{\mathrm{c}}(0,t_1) = \int_0^{t_1}\mathrm{e}^{-\boldsymbol{A}t}\boldsymbol{B}\boldsymbol{B}^{\mathrm{T}}\mathrm{e}^{-\boldsymbol{A}^{\mathrm{T}}t}\mathrm{d}t \tag{8.5.9}$$

为非奇异的。

证明 充分性：已知 $\boldsymbol{W}_{\mathrm{c}}(0,t_1)$ 为非奇异，要证系统完全可控。

已知 $\boldsymbol{W}_{\mathrm{c}}$ 非奇异，故 $\boldsymbol{W}_{\mathrm{c}}^{-1}$ 存在。对任一非零初始状态 $\boldsymbol{x}_0$ 可选取控制 $\boldsymbol{u}(t)$ 为

$$\boldsymbol{u}(t) = -\boldsymbol{B}^{\mathrm{T}}\mathrm{e}^{-\boldsymbol{A}^{\mathrm{T}}t}\boldsymbol{W}_{\mathrm{c}}^{-1}(0,t_1)\boldsymbol{x}_0 \qquad t\in[0,t_1]$$

则在 $\boldsymbol{u}(t)$ 作用下系统(8.5.8)在 t_1 时刻的解为

$$\boldsymbol{x}(t_1) = \mathrm{e}^{\boldsymbol{A}t_1}\boldsymbol{x}_0 + \int_0^{t_1}\mathrm{e}^{\boldsymbol{A}(t_1-t)}\boldsymbol{B}\boldsymbol{u}(t)\mathrm{d}t = \mathrm{e}^{\boldsymbol{A}t_1}\boldsymbol{x}_0 - \mathrm{e}^{\boldsymbol{A}t_1}\int_0^{t_1}\mathrm{e}^{-\boldsymbol{A}t}\boldsymbol{B}\boldsymbol{B}^{\mathrm{T}}\mathrm{e}^{-\boldsymbol{A}^{\mathrm{T}}t}\mathrm{d}t\boldsymbol{W}_{\mathrm{c}}^{-1}(0,t_1)\boldsymbol{x}_0 =$$

$$\mathrm{e}^{\boldsymbol{A}t_1}x_0 - \mathrm{e}^{\boldsymbol{A}t_1}\boldsymbol{W}_{\mathrm{c}}(0,t_1)\boldsymbol{W}_{\mathrm{c}}^{-1}(0,t_1)\boldsymbol{x}_0 = 0 \qquad \forall x_0\in\mathbf{R}^n$$

这表明，对任一取定的初始状态 $\boldsymbol{x}_0\neq\boldsymbol{0}$，都存在有限时刻 $t_1>0$ 和控制 $\boldsymbol{u}(t)$，使状态由 $\boldsymbol{x}_0$ 转移到 t_1 时刻的状态 $\boldsymbol{x}(t_1)=\boldsymbol{0}$。于是根据定义可知，系统完全可控。充分性得证。

必要性：已知系统完全可控，欲证 $\boldsymbol{W}_{\mathrm{c}}(0,t_1)$ 为非奇异。

采用反证法。设 $\boldsymbol{W}_{\mathrm{c}}(0,t_1)$ 为奇异，则存在某个非零向量 $\bar{\boldsymbol{x}}_0\in\mathbf{R}^n$，使

$$W_c(0,t_1)\bar{x}_0 = 0 \tag{8.5.10}$$

成立,由此可导出

$$\bar{x}_0^{\mathrm{T}} W_c(0,t_1)\bar{x}_0 = \int_0^{t_1} \bar{x}_0^{\mathrm{T}} \mathrm{e}^{-At} BB^{\mathrm{T}} \mathrm{e}^{-A^{\mathrm{T}}t} \bar{x}_0 \mathrm{d}t = \int_0^{t_1} [B^{\mathrm{T}} \mathrm{e}^{-A^{\mathrm{T}}t} \bar{x}_0]^{\mathrm{T}} [B^{\mathrm{T}} \mathrm{e}^{-A^{\mathrm{T}}t} \bar{x}_0] \mathrm{d}t =$$

$$\int_0^{t_1} \| B^{\mathrm{T}} \mathrm{e}^{-A^{\mathrm{T}}t} \bar{x}_0 \|^2 \mathrm{d}t = 0 \tag{8.5.11}$$

其中 $\|\cdot\|$ 为范数,故其必非负。于是,欲使式(8.5.11)成立,应当有

$$B^{\mathrm{T}} \mathrm{e}^{-A^{\mathrm{T}}t} \bar{x}_0 = 0 \qquad \forall t \in [0, t_1] \tag{8.5.12}$$

另一方面,因系统完全可控,根据定义对此非零向量 $\bar{x}_0$ 应有

$$x(t_1) = \mathrm{e}^{At_1} \bar{x}_0 + \int_0^{t_1} \mathrm{e}^{At_1} \mathrm{e}^{-At} Bu(t) \mathrm{d}t = 0 \tag{8.5.13}$$

由此又可导出

$$\bar{x}_0 = -\int_0^{t_1} \mathrm{e}^{At} Bu(t) \mathrm{d}t \tag{8.5.14}$$

$$\| \bar{x}_0 \|^2 = \bar{x}_0^{\mathrm{T}} \bar{x}_0 = -\left[\int_0^{t_1} \mathrm{e}^{-At} Bu(t) \mathrm{d}t\right]^{\mathrm{T}} \bar{x}_0 = -\int_0^{t_1} u^{\mathrm{T}}(t) B^{\mathrm{T}} \mathrm{e}^{-A^{\mathrm{T}}t} \bar{x}_0 \mathrm{d}t \tag{8.5.15}$$

再利用式(8.5.12),由式(8.5.15)可以得到 $\| \bar{x}_0 \|^2 = 0$,即 $\bar{x}_0 = \mathbf{0}$。显然,此结果与假设 $\bar{x}_0 \neq \mathbf{0}$ 相矛盾,即 $W_c(0,t_1)$ 为奇异的反设不成立。因此,若系统完全可控,$W_c(0,t_1)$ 必为非奇异。必要性得证。

说明:线性定常系统(8.5.8)的能控性 Gram 矩阵也可以定义为

$$W_c(t_0,t_1) = \int_{t_0}^{t_1} \mathrm{e}^{-A(t-t_0)} BB^{\mathrm{T}} \mathrm{e}^{-A^{\mathrm{T}}(t-t_0)} \mathrm{d}t \tag{8.5.16}$$

如果令 $\bar{t} = t - t_0$,则上式可以表示为

$$W_c(0, t_1 - t_0) = \int_0^{t_1 - t_0} \mathrm{e}^{-A\bar{t}} BB^{\mathrm{T}} \mathrm{e}^{-A^{\mathrm{T}}\bar{t}} \mathrm{d}\bar{t} \tag{8.5.17}$$

也就是说,能控性 Gram 矩阵 $W_c(t_0,t_1)$ 是 $t_1 - t_0$ 的单变量的函数矩阵。因此可以不失一般性地假设 $t_0 = 0$。这也说明了对于线性定常系统,只要它在某个时刻完全能控,则它必然在整个时间轴上完全能控,即能控性对于任意的初始时刻是一致的。因此对于线性定常系统只要说系统能控或不能控就够了,时间的限制可以去掉。如果线性定常系统能控,也可以说$[A \quad B]$为能控对,或者说$[A \quad B]$能控。

Gram 矩阵判据需要计算矩阵指数 e^{At},应用困难。下面给出更简单实用的判据。

2. 能控性矩阵判据

定理 8.5.2　线性定常系统(8.5.8)完全可控的充分必要条件是

$$\mathrm{rank}\, Q_c = \mathrm{rank}[B \quad AB \quad \cdots \quad A^{n-1}B] = n \tag{8.5.18}$$

式中　n——矩阵 A 的维数;

Q_c—— 系统的可控性判别阵，$Q_c = [B \quad AB \quad \cdots \quad A^{n-1}B]$。

证明　充分性：已知 rank $Q_c = n$，欲证系统完全可控。

用反证法。设系统为不完全可控，则根据 Gram 矩阵判据可知

$$W_c(0,t_1) = \int_0^{t_1} e^{-At}BB^Te^{-A^Tt}dt \qquad \forall t_1 > 0$$

为奇异。这意味着存在某个非零 n 维向量 α 使

$$\alpha^T W_c(0,t_1)\alpha = \int_0^{t_1} \alpha^T e^{-At}BB^T e^{-A^Tt}\alpha dt = \int_0^{t_1} (\alpha^T e^{-At}B)(\alpha^T e^{-At}B)^T dt = 0$$

成立。显然，由此可导出

$$\alpha^T e^{-At}B = 0 \qquad \forall t \in [0,t_1] \tag{8.5.19}$$

将式(8.5.19)求导直至 $n-1$ 次，再在所得结果中令 $t=0$，得到

$$\alpha^T B = 0, \alpha^T AB = 0, \alpha^T A^2 B = 0, \cdots, \alpha^T A^{n-1}B = 0 \tag{8.5.20}$$

式(8.5.20)又可表示为

$$\alpha^T [B \quad AB \quad A^2B \quad \cdots \quad A^{n-1}B] = \alpha^T Q_c = 0 \tag{8.5.21}$$

由于 $\alpha \neq \mathbf{0}$，所以式(8.5.21)意味着 Q_c 为行线性相关，即 rank $Q_c < n$，这显然和已知 rank $Q_c = n$ 相矛盾。因而反设不成立，系统应为完全可控。充分性得证。

必要性：已知系统完全可控，欲证 rank $Q_c = n$。

反证。设 rank $Q_c < n$，这意味着 Q_c 的行向量线性相关，因此必存在一个非零 n 维常数向量 α 使

$$\alpha^T Q_c = \alpha^T [B \quad AB \quad A^2B \quad \cdots \quad A^{n-1}B] = 0$$

由上式可导出，对于 $i = 0,1,2,\cdots,n-1$，有

$$\alpha^T A^i B = 0 \tag{8.5.22}$$

根据 Cayley-Hamilton 定理，$A^n, A^{n+1}, \cdots$ 均可表示为 A 的 $n-1$ 阶多项式。因而对于任意的 $i = 0,1,2,3,\cdots$ 均有

$$\alpha^T A^i B = 0$$

从而对任意 $t_1 > 0$ 有

$$(-1)^i \alpha^T \frac{A^i t^i}{i!} B = 0 \qquad \forall t \in [0,t_1] \qquad i = 0,1,2,\cdots$$

或

$$\alpha^T \left[I - At + \frac{1}{2!}A^2t^2 - \frac{1}{3!}A^3t^3 + \frac{1}{4!}A^4t^4 - \cdots\right]B = \alpha^T e^{-At}B = 0 \qquad \forall t \in [0,t_1]$$

因而有

$$\alpha^T \int_0^{t_1} e^{-At}BB^T e^{-A^Tt} dt \alpha = \alpha^T W_c(0,t_1)\alpha = 0 \tag{8.5.23}$$

因为已知 $\alpha \neq \mathbf{0}$，若式(8.5.23)成立，则 $W_c(0,t_1)$ 必为奇异，系统为不完全可控，与已知结果相

矛盾。于是有 rank $\boldsymbol{Q}_{\mathrm{c}} = n$，必要性得证。

例 8.5.4　判断如下线性系统的能控性

$$\begin{bmatrix} \dot{x}_1 \\ \dot{x}_2 \end{bmatrix} = \begin{bmatrix} -2 & 1 \\ 1 & -2 \end{bmatrix}\begin{bmatrix} x_1 \\ x_2 \end{bmatrix} + \begin{bmatrix} 1 \\ 1 \end{bmatrix} u$$

解　首先根据能控性的定义进行分析，系统的状态转移矩阵可求得为

$$\mathrm{e}^{\boldsymbol{A}t} = \frac{1}{2}\begin{bmatrix} \mathrm{e}^{-t} + \mathrm{e}^{-3t} & \mathrm{e}^{-t} - \mathrm{e}^{-3t} \\ \mathrm{e}^{-t} - \mathrm{e}^{-3t} & \mathrm{e}^{-t} + \mathrm{e}^{-3t} \end{bmatrix}$$

系统的状态表达式为

$$\boldsymbol{x}(t) = \mathrm{e}^{\boldsymbol{A}t}\boldsymbol{x}_0 + \int_0^t \mathrm{e}^{\boldsymbol{A}(t-\tau)}\boldsymbol{Bu}(\tau)d\tau$$

假设系统的初始状态 $\boldsymbol{x}_0 = \begin{bmatrix} 1 \\ -1 \end{bmatrix}$，并假设存在控制 $\boldsymbol{u}$，使系统的状态可以转移到原点，则

$$0 = \mathrm{e}^{\boldsymbol{A}t}\begin{bmatrix} 1 \\ -1 \end{bmatrix} + \int_0^t \mathrm{e}^{\boldsymbol{A}(t-\tau)}\begin{bmatrix} 1 \\ 1 \end{bmatrix}\boldsymbol{u}(\tau)\mathrm{d}\tau = \begin{bmatrix} \mathrm{e}^{-3t} \\ -\mathrm{e}^{-3t} \end{bmatrix} + \int_0^{t_f}\begin{bmatrix} \mathrm{e}^{-(t-\tau)} \\ \mathrm{e}^{t-\tau} \end{bmatrix}\boldsymbol{u}(\tau)\mathrm{d}\tau$$

$$0 = \begin{bmatrix} 1 \\ -1 \end{bmatrix}\mathrm{e}^{-3t} + \begin{bmatrix} 1 \\ 1 \end{bmatrix}\int_0^t \mathrm{e}^{-(t-\tau)}\boldsymbol{u}(\tau)\mathrm{d}\tau$$

令 $f(t) = \int_0^{t_f}\mathrm{e}^{-(t-\tau)}\boldsymbol{u}(\tau)\mathrm{d}\tau$，则

$$0 = \begin{bmatrix} 1 \\ -1 \end{bmatrix}\mathrm{e}^{-3t} + \begin{bmatrix} 1 \\ 1 \end{bmatrix}f(t)$$

可求得 $f(t) = \mathrm{e}^{-3t}$ 且 $f(t) = -\mathrm{e}^{-3t}$。显然不存在这样的控制输入同时满足这两个等式。所以系统对初始状态 $[1 \quad -1]^{\mathrm{T}}$ 是不能控的，所以系统是不完全能控的。

说明：例中对能控性的判定比较繁琐，利用定理 8.5.2 则可以使能控性的判定非常简便。因为

$$\mathrm{rank}\,[\boldsymbol{B} \quad \boldsymbol{AB}] = \mathrm{rank}\begin{bmatrix} 1 & -1 \\ 1 & -1 \end{bmatrix} = 1 < n = 2$$

所以系统是不完全能控的。

3. PBH 秩判据

定理 8.5.3　线性定常系统(8.5.8)完全可控的充分必要条件是系统矩阵 $\boldsymbol{A}$ 的所有特征值 $\lambda_i(i = 1,2,\cdots,n)$ 满足

$$\mathrm{rank}\,[\lambda_i\boldsymbol{I} - \boldsymbol{A} \quad \boldsymbol{B}] = n \qquad i = 1,2,\cdots,n \tag{8.5.24}$$

或可以等价地表示为

$$\mathrm{rank}\,[s\boldsymbol{I} - \boldsymbol{A} \quad \boldsymbol{B}] = n \qquad \forall s \in \boldsymbol{C} \tag{8.5.25}$$

由于这一判据是由波波夫(Popov)和贝尔维奇(Belevitch)首先提出，并由豪塔斯(Hautus)

最先指出其可广泛应用性的,故称为 PBH 秩判据。

证明 必要性:已知系统完全可控,欲证式(8.5.24)成立。

采用反证法。假设对某个 λ_i 有 $\operatorname{rank}[\lambda_i\boldsymbol{I}-\boldsymbol{A}\quad\boldsymbol{B}]<n$,则意味着 $[\lambda_i\boldsymbol{I}-\boldsymbol{A}\quad\boldsymbol{B}]$ 为行线性相关,因而必存在一个非零常数向量 $\boldsymbol{\alpha}$,使

$$\boldsymbol{\alpha}^{\mathrm{T}}[\lambda_i\boldsymbol{I}-\boldsymbol{A}\quad\boldsymbol{B}]=0$$

则有 $\boldsymbol{\alpha}^{\mathrm{T}}\boldsymbol{A}=\lambda_i\boldsymbol{\alpha}^{\mathrm{T}},\boldsymbol{\alpha}^{\mathrm{T}}\boldsymbol{B}=0$,进而可得

$$\boldsymbol{\alpha}^{\mathrm{T}}\boldsymbol{B}=0,\boldsymbol{\alpha}^{\mathrm{T}}\boldsymbol{A}\boldsymbol{B}=\lambda_i\boldsymbol{\alpha}^{\mathrm{T}}\boldsymbol{B}=0,\cdots,\boldsymbol{\alpha}^{\mathrm{T}}\boldsymbol{A}^{n-1}\boldsymbol{B}=0$$

于是

$$\boldsymbol{\alpha}^{\mathrm{T}}[\boldsymbol{B}\quad\boldsymbol{A}\boldsymbol{B}\quad\cdots\quad\boldsymbol{A}^{n-1}\boldsymbol{B}]=\boldsymbol{\alpha}^{\mathrm{T}}\boldsymbol{Q}_{\mathrm{c}}=0$$

因已知 $\boldsymbol{\alpha}\neq\boldsymbol{0}$,所以欲使上式成立,必有 $\operatorname{rank}\boldsymbol{Q}_{\mathrm{c}}<n$。这意味着系统不可控,显然与已知条件相矛盾,因而假设不成立,而式(8.5.24)成立。考虑到 $[s\boldsymbol{I}-\boldsymbol{A}\quad\boldsymbol{B}]$ 为多项式矩阵,且对复数域 $\boldsymbol{C}$ 上除 $\lambda_i(i=1,2,\cdots,n)$ 外的所有 s 均有 $\det(s\boldsymbol{I}-\boldsymbol{A})\neq 0$,所以式(8.5.24)等价于式(8.5.25)。必要性得证。

充分性:已知式(8.5.24)成立,欲证系统完全可控。

采用反证法。利用与上述相反的思路,即可证明充分性。

例 8.5.5 已知线性定常系统的状态方程为

$$\dot{\boldsymbol{x}}=\begin{bmatrix}0&1&0&0\\0&0&-1&0\\0&0&0&1\\0&0&5&0\end{bmatrix}\boldsymbol{x}+\begin{bmatrix}0&1\\1&0\\0&1\\-2&0\end{bmatrix}\boldsymbol{u}$$

试判别系统的可控性。

解 根据状态方程可写出

$$[s\boldsymbol{I}-\boldsymbol{A}\quad\boldsymbol{B}]=\begin{bmatrix}s&-1&0&0&0&1\\0&s&1&0&1&0\\0&0&s&-1&0&1\\0&0&-5&s&-2&0\end{bmatrix}$$

考虑到 $\boldsymbol{A}$ 的特征值 $\lambda_1=\lambda_2=0,\lambda_3=\sqrt{5},\lambda_4=-\sqrt{5}$,所以只需对它们来检验上述矩阵的秩。通过计算可知,当 $s=\lambda_1=\lambda_2=0$ 时,显然 $\operatorname{rank}[s\boldsymbol{I}-\boldsymbol{A}\quad\boldsymbol{B}]=4$;当 $s=\lambda_3$ 时,有

$$\operatorname{rank}[s\boldsymbol{I}-\boldsymbol{A}\quad\boldsymbol{B}]=\operatorname{rank}\begin{bmatrix}\sqrt{5}&-1&0&1\\0&\sqrt{5}&1&0\\0&0&0&1\\0&0&-2&0\end{bmatrix}=4$$

当 $s=\lambda_4$ 时,有

$$\mathrm{rank}\begin{bmatrix} s\boldsymbol{I}-\boldsymbol{A} & \boldsymbol{B}\end{bmatrix} = \mathrm{rank}\begin{bmatrix} -\sqrt{5} & -1 & 0 & 1 \\ 0 & -\sqrt{5} & 1 & 0 \\ 0 & 0 & 0 & 1 \\ 0 & 0 & -2 & 0 \end{bmatrix} = 4$$

计算结果表明,充分必要条件(8.5.24)成立,故系统完全可控。

4. 约当(Jordan)标准型判据

定理 8.5.4　线性定常连续系统(8.5.8)完全可控的充分必要条件分两种情况。

(1) 当矩阵 $\boldsymbol{A}$ 的特征值 $\lambda_1,\lambda_2,\cdots,\lambda_n$ 两两相异时,由系统(8.5.8)经线性变换导出的对角规范型为

$$\dot{\bar{\boldsymbol{x}}} = \begin{bmatrix} \lambda_1 & & & 0 \\ & \lambda_2 & & \\ & & \ddots & \\ 0 & & & \lambda_n \end{bmatrix}\bar{\boldsymbol{x}} + \bar{\boldsymbol{B}}\boldsymbol{u}$$

其中,$\bar{\boldsymbol{B}}$ 不包含元素全为零的列。

(2) 线性定常系统的系统矩阵 $\boldsymbol{A}$ 的互异的特征值为 $\lambda_1,\lambda_2,\cdots,\lambda_l$,假设矩阵 $\boldsymbol{A}$ 可以写成 Jordan 标准型的形式,并将输入矩阵写成相应维数的分块矩阵形式

$$\boldsymbol{A} = \begin{bmatrix} \boldsymbol{J}_{11} & & & & & & & & & 0 \\ & \boldsymbol{J}_{12} & & & & & & & & \\ & & \ddots & & & & & & & \\ & & & \boldsymbol{J}_{1q_1} & & & & & & \\ & & & & \boldsymbol{J}_{21} & & & & & \\ & & & & & \ddots & & & & \\ & & & & & & \boldsymbol{J}_{l1} & & & \\ & & & & & & & \boldsymbol{J}_{l2} & & \\ & & & & & & & & \ddots & \\ 0 & & & & & & & & & \boldsymbol{J}_{lq_l} \end{bmatrix} \qquad B = \begin{bmatrix} \boldsymbol{b}_{11} \\ \boldsymbol{b}_{12} \\ \vdots \\ \boldsymbol{b}_{1q_1} \\ \boldsymbol{b}_{21} \\ \vdots \\ \boldsymbol{b}_{l1} \\ \boldsymbol{b}_{l2} \\ \vdots \\ \boldsymbol{b}_{lq_l} \end{bmatrix}$$

式中　q_i—— 特征值 λ_i 所对应的 Jordan 小块的个数,也称为 λ_i 的几何重数。

则系统完全能控的充要条件是分块矩阵 $\boldsymbol{b}_{i1},\boldsymbol{b}_{i2},\cdots,\boldsymbol{b}_{iq_i}$ 的最后一行线性无关,对于 $i=1,2,\cdots,l$ 中的每一个 i 分别成立。

利用 PBH 判据可以很容易地推导出定理 8.5.4 的结论。

例 8.5.6　线性系统的系统矩阵与输入矩阵为

$$A=\begin{bmatrix}\lambda_1 & 1 & & \mathbf{0}\\ & \lambda_1 & 1 & \\ & & \lambda_1 & \\ \mathbf{0} & & & \lambda_1\end{bmatrix}\qquad B=\begin{bmatrix}1 & 1\\ 2 & 1\\ 3 & 2\\ 8 & 4\end{bmatrix}$$

则

$$\boldsymbol{b}_{11}=\begin{bmatrix}1 & 1\\ 2 & 1\\ 3 & 2\end{bmatrix}\qquad \boldsymbol{b}_{12}=[8\quad 4]$$

显然矩阵 $\boldsymbol{b}_{11}$ 的最后一行[3　2]与矩阵 $\boldsymbol{b}_{12}$ 的最后一行[8　4]线性无关,由定理8.5.4可知该系统是完全能控的。

若系统的输入矩阵为列向量(即单输入),设 $\boldsymbol{b}=[\alpha_1\quad \alpha_2\quad \alpha_3\quad \alpha_4]^{\mathrm{T}}$,其中 $\alpha_i,i=1,2,3,4$ 为常数,显然 α_i 之间是线性相关的,因此由 $\boldsymbol{A}$、$\boldsymbol{b}$ 组成的线性系统是不可控的。

8.5.3　线性时变系统的能控性判据

线性时变系统由于矩阵 $\boldsymbol{A}(t)$ 及矩阵 $\boldsymbol{B}(t)$ 是时变的,因此状态的转移特性将与时刻 t_0 的选取有关,故对于线性时变系统必须强调在一定的时间间隔$[t_0,t_f]$上的能控性。

1. Gram 矩阵判据

定理8.5.5　线性系统在 t_0 时刻能控的充分必要条件是:存在某个有限的时刻 $t_1>t_0$,使得 Gram 矩阵

$$\boldsymbol{W}_{\mathrm{c}}(t_1,t_0)=\int_{t_0}^{t_1}\boldsymbol{\Phi}(t_1,\tau)\boldsymbol{B}(\tau)\boldsymbol{B}^{\mathrm{T}}(\tau)\boldsymbol{\Phi}^{\mathrm{T}}(t_1,\tau)\mathrm{d}\tau$$

是正定的,其中 $\boldsymbol{\Phi}(t,\tau)$ 为线性时变的状态转移矩阵。

证明　充分性:假设存在 $t_1>t_0$,使得 $\boldsymbol{W}_{\mathrm{c}}(t_1,t_0)>0$,因而 $\boldsymbol{W}_{\mathrm{c}}(t_1,t_0)$ 是非奇异的。又设 $\boldsymbol{x}_0$ 是系统(8.5.3)在 t_0 时刻的任意初始状态,定义

$$\boldsymbol{u}(t)=-\boldsymbol{B}^{\mathrm{T}}(t)\boldsymbol{\Phi}^{\mathrm{T}}(t_1,t)\boldsymbol{W}_{\mathrm{c}}^{-1}(t_1,t_0)\boldsymbol{\Phi}(t_1,t_0)\boldsymbol{x}_0\qquad t_0\leqslant t\leqslant t_1$$

另一方面,由系统的状态方程的解的表达式有

$$\boldsymbol{x}(t_1)=\boldsymbol{\Phi}(t_1,t_0)\boldsymbol{x}_0+\int_{t_0}^{t_1}\boldsymbol{\Phi}(t_1,\tau)\boldsymbol{B}(\tau)\boldsymbol{u}(\tau)\mathrm{d}\tau$$

将前面所构造的控制输入 $\boldsymbol{u}(t)$ 代到这个解的表达式中,即得 $\boldsymbol{x}(t_1)=\mathbf{0}$。于是,根据系统的能控性定义可知,系统(8.5.3)在 t_0 时刻是完全能控的。充分性得证。

必要性:用反证法证明之。假设系统(8.5.3)是完全能控的,但不管 t_1 多么大,$\boldsymbol{W}_{\mathrm{c}}(t_1,t_0)$ 总是奇异的。下面我们由此导出存在的矛盾。

从能控性的定义可知,存在某个时刻 $t_1>t_0$,使得对每个初始状态 $\boldsymbol{x}_0$ 都能找到一个定义

在时间间隔$[t_0,t_1]$上的容许控制，使得系统由$\boldsymbol{x}_0$出发的运动轨线在这个控制作用下在t_1时刻达到零状态，即$\boldsymbol{x}(t_1)=\boldsymbol{0}$。依假设，对于这个$t_1$，$\boldsymbol{W}_c(t_1,t_0)$是奇异的，于是有非零$n$维向量$\boldsymbol{z}$，使得

$$\boldsymbol{z}^{\mathrm{T}}\boldsymbol{W}_c(t_1,t_0)\boldsymbol{z}=0$$

即

$$\int_{t_0}^{t_1}\boldsymbol{z}^{\mathrm{T}}\boldsymbol{\Phi}(t_1,\tau)\boldsymbol{B}(\tau)\boldsymbol{B}^{\mathrm{T}}(\tau)\boldsymbol{\Phi}^{\mathrm{T}}(t_1,\tau)\boldsymbol{z}\mathrm{d}\tau=0$$

$\boldsymbol{B}^{\mathrm{T}}(\tau)\boldsymbol{\Phi}^{\mathrm{T}}(t_1,\tau)$对$\tau$连续，由此得出

$$\boldsymbol{z}^{\mathrm{T}}\boldsymbol{\Phi}(t_1,\tau)\boldsymbol{B}(\tau)=0\qquad t_0\leqslant\tau\leqslant t_1$$

另一方面，由于系统(8.5.3)完全能控，因而对初始状态$\boldsymbol{x}_0=-\boldsymbol{\Phi}(t_0,t_1)\boldsymbol{z}$，也能找到定义在时间间隔$[t_0,t_1]$上的容许控制$\boldsymbol{u}_0(t)$，使得

$$0=\boldsymbol{\Phi}(t_1,t_0)\boldsymbol{x}_0+\int_{t_0}^{t_1^*}\boldsymbol{\Phi}(t_1^*,\tau)\boldsymbol{B}(\tau)\boldsymbol{u}_0(\tau)\mathrm{d}\tau$$

将所取的$\boldsymbol{x}_0$代到上式，得

$$\boldsymbol{z}=\int_{t_0}^{t_1^*}\boldsymbol{\Phi}(t_1^*,\tau)\boldsymbol{B}(\tau)\boldsymbol{u}_0(\tau)\mathrm{d}\tau$$

对上式两边左乘$\boldsymbol{z}^{\mathrm{T}}$，有

$$\|\boldsymbol{z}\|^2=\int_{t_0}^{t_1^*}\boldsymbol{z}^{\mathrm{T}}\boldsymbol{\Phi}(t_1^*,\tau)\boldsymbol{B}(\tau)\boldsymbol{u}_0(\tau)\mathrm{d}\tau=0$$

由此推出$\boldsymbol{z}=\boldsymbol{0}$，这与$\boldsymbol{z}$为非零向量矛盾。这个矛盾表明$\boldsymbol{W}_c(t_1^*,t_0)$是非奇异的，从而是正定的。必要性得证。证毕。

2. 基于状态转移矩阵的判据

定理 8.5.6　假设$\boldsymbol{A}(t)$和$\boldsymbol{B}(t)$都是连续的函数矩阵，则系统在t_0时刻能控的充分必要条件是存在某个时刻$t_1>t_0$，使得矩阵$\boldsymbol{\Phi}(t_1,\tau)\boldsymbol{B}(\tau)$在$[t_0,t_1]$上线性独立，即对任意的$n$维非零向量$\boldsymbol{z}$，都有

$$\boldsymbol{z}^{\mathrm{T}}\boldsymbol{\Phi}(t_1,\tau)\boldsymbol{B}(\tau)\neq 0\qquad t_0\leqslant\tau\leqslant t_1$$

证明　充分性：用反证法。假设系统不是完全能控的，则$\boldsymbol{W}_c(t_0,t_1)$为奇异的，存在$\boldsymbol{z}\neq\boldsymbol{0}$，使得$\boldsymbol{z}^{\mathrm{T}}\boldsymbol{W}_c(t_0,t_1)\boldsymbol{z}=0$，则

$$\boldsymbol{z}^{\mathrm{T}}\left[\int_{t_0}^{t_1}\boldsymbol{\Phi}(t_1,\tau)\boldsymbol{B}(\tau)\boldsymbol{B}^{\mathrm{T}}(\tau)\boldsymbol{\Phi}(t_1,\tau)^{\mathrm{T}}\mathrm{d}\tau\right]\boldsymbol{z}=0$$

$$\int_{t_0}^{t_1}\|\boldsymbol{z}^{\mathrm{T}}\boldsymbol{\Phi}(t_1,\tau)\boldsymbol{B}(\tau)\|^2\mathrm{d}\tau=0\Rightarrow\boldsymbol{z}^{\mathrm{T}}\boldsymbol{\Phi}(t_1,\tau)\boldsymbol{B}(\tau)=0$$

与$\boldsymbol{z}^{\mathrm{T}}\boldsymbol{\Phi}(t_1,\tau)\boldsymbol{B}(\tau)\neq 0$矛盾。所以系统在$t_0$时刻能控。充分性得证。

必要性:系统在 t_0 时刻完全能控,可找到 $t_1 > t_0$,在$[t_0,t_1]$上 $\boldsymbol{W}_c(t_1,t_0)$ 正定。用反证法。假设 $t_1 > t_0$,$\boldsymbol{\Phi}(t_1,\tau)\boldsymbol{B}(\tau)$ 在$[t_0,t_1]$上总是行线性相关的,即可以找到 $\boldsymbol{z} \in \mathbf{R}^n$ 且$\boldsymbol{z} \neq \boldsymbol{0}$,使得

$$\boldsymbol{z}^{\mathrm{T}}\boldsymbol{\Phi}(t_1,\tau)\boldsymbol{B}(\tau) = 0 \qquad \tau \in [t_0,t_1]$$

即

$$\boldsymbol{z}^{\mathrm{T}}\boldsymbol{\Phi}(t_1,\tau)\boldsymbol{B}(\tau)\boldsymbol{B}^{\mathrm{T}}(\tau)\boldsymbol{\Phi}(t_1,\tau)^{\mathrm{T}} \equiv 0$$

$$\boldsymbol{z}^{\mathrm{T}}\boldsymbol{W}_c(t_1,t_0)\boldsymbol{z} \equiv 0$$

可知 $\boldsymbol{W}_c(t_1,t_0)$ 是奇异的,这与在 t_0 时刻系统是完全能控的矛盾。必要性得证。证毕。

3. 基于系统参数矩阵的判据

定理 8.5.7 假设系统中的 $\boldsymbol{A}(t)$ 和 $\boldsymbol{B}(t)$ 的每个元素是 $n-2$ 和 $n-1$ 次连续可微的矩阵函数,记

$$\boldsymbol{B}_1(t) = \boldsymbol{B}(t) \qquad \boldsymbol{B}_i(t) = -\boldsymbol{A}(t)\boldsymbol{B}_{i-1}(t) + \dot{\boldsymbol{B}}_{i-1}(t) \qquad i = 2,3,\cdots,n$$

令

$$\boldsymbol{Q}_c(t) = [B_1(t) \quad B_2(t) \quad \cdots \quad B_n(t)]$$

如果存在某个时刻 $t_1 > t_0$,使得 $\operatorname{rank} \boldsymbol{Q}_c(t_1) = n$,则系统在 t_0 时刻完全能控。

说明:该定理所给出的是线性时变系统完全能控的充分条件,而不是必要条件,这一点与定理 8.5.6 所给出的充要条件是不同的。

例 8.5.7 判断线性系统

$$\dot{\boldsymbol{x}} = \begin{bmatrix} 0 & 0 \\ t & 0 \end{bmatrix}\boldsymbol{x} + \begin{bmatrix} 1 \\ 1 \end{bmatrix}\boldsymbol{u}$$

的能控性。

解

$$\boldsymbol{B}_1(t) = \begin{bmatrix} 1 \\ 1 \end{bmatrix} \quad \boldsymbol{B}_2(t) = -\boldsymbol{A}(t)\boldsymbol{B}_1(t) + \dot{\boldsymbol{B}}_1(t) = -\begin{bmatrix} 0 & 0 \\ t & 0 \end{bmatrix}\begin{bmatrix} 1 \\ 1 \end{bmatrix} + 0 = \begin{bmatrix} 0 \\ -t \end{bmatrix}$$

$$\boldsymbol{Q}_c = [\boldsymbol{B}_1(t), \boldsymbol{B}_2(t)] = \begin{bmatrix} 1 & 0 \\ 1 & -t \end{bmatrix}$$

取 $t_1 \neq 0$,且 $t_1 > t_0$,则 $\operatorname{rank} \boldsymbol{Q}_c(t_1) = 2$,系统完全能控。

8.5.4 线性定常系统的输出能控性

和状态可控性的定义相类似,可以定义系统的输出可控性,它描述了控制输入 $\boldsymbol{u}(t)$ 对输出量 $\boldsymbol{y}(t)$ 的支配能力。这样应当考察系数矩阵 $\boldsymbol{D} \neq \boldsymbol{0}$ 的系统

$$\begin{cases} \dot{\boldsymbol{x}} = \boldsymbol{A}\boldsymbol{x} + \boldsymbol{B}\boldsymbol{u} \\ \boldsymbol{y} = \boldsymbol{C}\boldsymbol{x} + \boldsymbol{D}\boldsymbol{u} \end{cases} \tag{8.5.26}$$

任选使(8.5.26)有解的控制输入 $\boldsymbol{u}(t)$,使输出量

$$\boldsymbol{y}(t) = \boldsymbol{C}\mathrm{e}^{\boldsymbol{A}t}\boldsymbol{x}_0 + \boldsymbol{C}\int_0^t \mathrm{e}^{\boldsymbol{A}(t-\tau)}\boldsymbol{B}\boldsymbol{u}(\tau)\mathrm{d}\tau + \boldsymbol{D}\boldsymbol{u}(t) \tag{8.5.27}$$

在 m 维输出空间中形成输出可控子空间,即任选控制 $\boldsymbol{u}(t)$,输出响应 $\boldsymbol{y}(t)$ 可以达到的子空间。由此可以得出输出可控的基本判据是,$m \times l$ 时变矩阵 $\boldsymbol{C}\mathrm{e}^{\boldsymbol{A}t}\boldsymbol{B} + \boldsymbol{D}$ 的 m 个行彼此线性无关。将其作拉氏变换就可以导出输出可控的频域判据是,控制 $\boldsymbol{u}$ 到输出 $\boldsymbol{y}$ 的传递函数矩阵 $\boldsymbol{D} + \boldsymbol{C}(s\boldsymbol{I} - \boldsymbol{A})^{-1}\boldsymbol{B}$ 的 m 个行彼此是线性无关的。还可以得出输出可控的代数判据是,输出可控性矩阵 $\boldsymbol{P}$ 的秩是 m。输出可控性矩阵是

$$\boldsymbol{P} = [\boldsymbol{CB} \vdots \boldsymbol{CAB} \vdots \cdots \vdots \boldsymbol{CA}^{n-1}\boldsymbol{B} \vdots \boldsymbol{D}] \tag{8.5.28}$$

应当指出,输出可控和状态可控两个概念所包含的范畴是不相容的。

例 8.5.8　系统的状态能控性与输出能控性的讨论。

解　先看状态完全可控的例子。系统的状态方程

$$\dot{\boldsymbol{x}} = \begin{bmatrix} 0 & 1 \\ 0 & 0 \end{bmatrix}\boldsymbol{x} + \begin{bmatrix} 0 \\ 1 \end{bmatrix}\boldsymbol{u} \tag{8.5.29}$$

是 Jordan 规范型。Jodan 块末行的矩阵 $\boldsymbol{B}$ 元素非零,所以状态完全可控。如果输出方程是

$$\boldsymbol{y} = \begin{bmatrix} 1 & 0 \\ 0 & 1 \end{bmatrix}\boldsymbol{x}$$

则显然输出是完全可控的。输出可控性矩阵就是状态可控性矩阵 $\boldsymbol{P} = \boldsymbol{Q}_c$。如果输出方程是

$$\boldsymbol{y} = \begin{bmatrix} 1 & 0 \\ 1 & 0 \end{bmatrix}\boldsymbol{x}$$

则输出可控性矩阵

$$\boldsymbol{P} = [\boldsymbol{CB} \vdots \boldsymbol{CAB}] = \begin{bmatrix} 0 & 1 \\ 0 & 1 \end{bmatrix}$$

的秩为 1,输出不完全可控。

而如果输出方程改为

$$\boldsymbol{y} = \begin{bmatrix} 1 & 0 \\ 1 & 0 \end{bmatrix}\boldsymbol{x} + \begin{bmatrix} 0 \\ 1 \end{bmatrix}\boldsymbol{u}$$

则输出可控性矩阵

$$\boldsymbol{P} = [\boldsymbol{CB} \vdots \boldsymbol{CAB} \vdots \boldsymbol{D}] = \begin{bmatrix} 0 & 1 & 0 \\ 0 & 1 & 1 \end{bmatrix}$$

的秩为 2,输出又是完全可控的。

再看一个状态不完全可控的例子。系统状态方程为

$$\dot{\boldsymbol{x}} = \begin{bmatrix} -2 & 1 \\ 1 & -2 \end{bmatrix}\boldsymbol{x} + \begin{bmatrix} 1 \\ 1 \end{bmatrix}\boldsymbol{u}$$

它是状态不完全可控的,可控子空间是一维的。如果输出方程是

$$y = [1 \quad 0]x$$

则输出可控性矩阵 $P = [CB \vdots CAB] = [1 \quad 1]$ 秩为 1,输出完全可控。

如果输出方程改为

$$y = [1 \quad -1]x$$

则输出可控性矩阵 $P = [CB \vdots CAB] = [0 \quad 0]$ 秩为 0,且传递函数 $G(s) = 0$,输出完全不可控。

如果输出方程进一步改为

$$y = [1 \quad -1]x + u$$

则输出可控性矩阵

$$P = [CB \vdots CAB \vdots D] = [0 \quad 0 \quad 1]$$

秩为 1,传递函数 $G(s) = 1$,输出又完全可控。

8.6 状态的能观性与对偶原理

已知系统在某时间段上的输入输出,是否可以依此决定出系统在这一时间段上的状态,称为能观性问题。因为在控制工程中,常会出现系统的状态变量不能或不完全能直接测量的情况。一种方法是根据系统的输出量的测量值将系统的状态确定出来,这便是系统能观性问题。

本小节首先由几个实例来阐述能观性的定义,然后给出线性时变系统能观性的一个判据,从而引出对偶原理,这样由线性系统能控性判据自然地得到能观性的各种判据。

8.6.1 能观性的定义

1. 能观性问题的实例

例 8.6.1 考察如下系统的能观性

$$\begin{cases} \dot{x}_1 = -5x_1 \\ \dot{x}_2 = -2x_2 \\ y = x_1 \end{cases} \tag{8.6.1}$$

状态的能观性是指输出量 $y(t)$ 反映状态向量 $x(t)$ 的能力。某个状态变量 $x_i(t)$ 由输出量能观的必要条件是,$x_i(t)$ 与输出量 $y(t)$ 要有联系。系统(8.6.1)中,$y(t) = x_1(t)$,显然 $x_1(t)$ 是能观测的;而状态变量 $x_2(t)$ 与输出没有任何的联系,所以,$x_2(t)$ 是不可观的,它对系统的输出没有任何的影响。如果系统 (8.6.1) 的输出方程为

$$y = \begin{bmatrix} 1 & 1 \\ 1 & 3 \end{bmatrix} \begin{bmatrix} x_1 \\ x_2 \end{bmatrix} = Qx$$

显然输出矩阵 Q 是可逆的,$x = Q^{-1}y$。由系统的输出可以很容易地求出系统的状态,系统的状

态显然是可观测的。

例 8.6.2　讨论如下系统的能观性

$$\begin{cases}\dot{x}_1 = -5x_1 + x_2 \\ \dot{x}_2 = -2x_2 \\ y = x_1\end{cases} \tag{8.6.2}$$

系统中，$y(t) = x_1(t)$，x_1 显然是能观测的。系统的输出中不显含 x_2，但是由第一个方程可知，输出 y 与 x_2 有间接的联系，可以猜想 x_2 也许是能够观测的。

但是不是状态变量 x_i 与输出 y 有联系，系统的状态就一定是能观的呢?通过下面的例子可以看出，结论并不是这么简单。

例 8.6.3　系统的状态方程为

$$\begin{bmatrix}\dot{x}_1 \\ \dot{x}_2\end{bmatrix} = \begin{bmatrix}-1 & 0 \\ 0 & -1\end{bmatrix}\begin{bmatrix}x_1 \\ x_2\end{bmatrix} + \begin{bmatrix}1 \\ 2\end{bmatrix}u \tag{8.6.3}$$

$$y = [1 \quad -1]\boldsymbol{x}$$

系统的输出中包含了 x_1、x_2，下面考察系统状态的可观测性。可以求出系统的状态响应

$$\boldsymbol{x}(t) = \begin{bmatrix}e^{-t}x_1(0) \\ e^{-t}x_2(0)\end{bmatrix} + \int_0^t \begin{bmatrix}e^{-(t-\tau)} \\ 2e^{-(t-\tau)}\end{bmatrix}\boldsymbol{u}(\tau)d\tau$$

系统的输出响应为

$$y(t) = e^{-t}[x_1(0) - x_2(0)] - \int_0^t e^{-(t-\tau)}\boldsymbol{u}(\tau)d\tau$$

整理可得

$$\tilde{y}(t) = y(t) + \int_0^t e^{-(t-\tau)}\boldsymbol{u}(\tau)d\tau = e^{-t}[x_1(0) - x_2(0)] \tag{8.6.4}$$

由于系统的输出输入是已知的，所以 $\tilde{y}(t)$ 是已知的。系统的状态能观测性的问题转化为由 $\tilde{y}(t)$ 是不是可以决定出系统的状态变量 x_1、x_2，或者说，由 $\tilde{y}(t)$ 是否可以决定出系统状态的初始值。因为系统状态的初始值已知，则系统的状态已知。不失一般性地，也可以令系统的输入 $\boldsymbol{u}(t)$ 为零，并不影响对系统状态的能观测性的考察。由式 (8.6.4) 可以看出，$\tilde{y}(t)$ 仅仅反映出 $x_1(0) - x_2(0)$ 的值，当初值选取为 $x_1(0) = x_2(0)$ 时，$\tilde{y}(t) \equiv 0$，由系统的输出不能反映出系统状态的任何信息。可以得出结论：系统的状态不是能观测的。

下面给出系统状态能观性的严格定义，并给出系统能观性的判据。

2. 能观性的定义

考查系统

$$\begin{cases}\dot{\boldsymbol{x}} = \boldsymbol{A}(t)\boldsymbol{x} \qquad \boldsymbol{x}(t_0) = \boldsymbol{x}_0 \qquad t \geqslant t_0 \\ \boldsymbol{y} = \boldsymbol{C}(t)\boldsymbol{x}\end{cases} \tag{8.6.5}$$

定义 8.6.1 对于线性系统(8.6.5),如果对于初始时刻 t_0 的一个非零的初始状态 $\boldsymbol{x}_0$,存在一个有限的时刻 $t_1, t_1 > t_0$,使得由区间$[t_0, t_1]$上的系统的输出 $\boldsymbol{y}(t)$ 可以惟一地决定系统的初始状态 $\boldsymbol{x}_0$,则称状态 $\boldsymbol{x}_0$ 在时刻 t_0 为能观测的。

定义 8.6.2 如果对于状态空间中的所有的状态 $\boldsymbol{x}_0$ 都是在时刻 t_0 能观测的,则称系统在时刻 t_0 是完全能观测的。如果对于任何的 $t_0 \in [T_1, T_2]$,系统均是在 t_0 时刻为能观测的,则称系统在区间$[T_1, T_2]$上是完全能观测的。

定义 8.6.3 对于线性系统(8.6.5),取定初始时刻 t_0,如果状态空间中存在一个或一些非零状态是不可以观测的,则称系统(8.6.5)在时刻 t_0 是不完全能观测的。

8.6.2 线性时变系统的 Gram 矩阵判据

定理 8.6.1 对于线性系统(8.6.5),在 t_0 时刻完全能观测的充分必要条件是,存在某个有限的时刻 $t_1 > t_0$,使得能观测性 Gram 矩阵

$$\boldsymbol{W}_{\mathrm{o}}(t_1, t_0) = \int_{t_0}^{t_1} \boldsymbol{\Phi}^{\mathrm{T}}(\tau, t_0)\boldsymbol{C}^{\mathrm{T}}(\tau)\boldsymbol{C}(\tau)\boldsymbol{\Phi}(\tau, t_0)\mathrm{d}\tau$$

是正定的。

证明 充分性:假设存在某个有限时刻 $t_1 > t_0$,使得矩阵 $\boldsymbol{W}_{\mathrm{o}}(t_1, t_0)$ 是正定的,因而它是非奇异的。若任取 t_0 时刻系统的初始状态 $\boldsymbol{x}(t_0) = \boldsymbol{x}_0$,那么,求解系统的状态方程得出

$$\boldsymbol{x}(t) = \boldsymbol{\Phi}(t, t_0)\boldsymbol{x}_0 \tag{8.6.6}$$

将式(8.6.6)代入系统的输出方程,得到由 $\boldsymbol{x}_0$ 产生的输出响应

$$\boldsymbol{y}(t) = \boldsymbol{C}(t)\boldsymbol{\Phi}(t, t_0)\boldsymbol{x}_0 \tag{8.6.7}$$

然后,在式(8.6.7)两边同时左乘 $\boldsymbol{\Phi}^{\mathrm{T}}(t, t_0)\boldsymbol{C}^{\mathrm{T}}(t)$,再从 t_0 到 t_1 对 t 进行积分,得出

$$\int_{t_0}^{t_1} \boldsymbol{\Phi}^{\mathrm{T}}(t, t_0)\boldsymbol{C}^{\mathrm{T}}(t)\boldsymbol{y}(t)\mathrm{d}t = \boldsymbol{W}_{\mathrm{o}}(t_1, t_0)\boldsymbol{x}_0 \tag{8.6.8}$$

由于矩阵 $\boldsymbol{W}_{\mathrm{o}}(t_1, t_0)$ 是非奇异的,故由上式惟一决定 $\boldsymbol{x}_0$,即

$$\boldsymbol{x}_0 = \boldsymbol{W}_{\mathrm{o}}^{-1}(t_1, t_0)\int_{t_0}^{t_1} \boldsymbol{\Phi}^{\mathrm{T}}(t, t_0)\boldsymbol{C}^{\mathrm{T}}(t)\boldsymbol{y}(t)\mathrm{d}t \tag{8.6.9}$$

因此由定义可知,系统在 t_0 时刻完全能观测。

必要性:和充分性的证明一样,对任意 $t_1 > t_0$ 都有

$$\boldsymbol{W}_{\mathrm{o}}(t_1, t_0)\boldsymbol{x}_0 = \int_{t_0}^{t_1} \boldsymbol{\Phi}^{\mathrm{T}}(t, t_0)\boldsymbol{C}^{\mathrm{T}}(t)\boldsymbol{y}(t)\mathrm{d}t \tag{8.6.10}$$

式中 $\boldsymbol{x}_0$—— 系统在 t_0 时刻的任意初始状态。

假设对任意 $t_1 > t_0$,$\boldsymbol{W}_{\mathrm{o}}(t_1, t_0)$ 都是奇异的。那么由代数方程(8.6.8)可知,对任意固定的 $t_1 > t_0$,利用时间间隔$[t_0, t_1]$上的量测 $y(t)$ 都不能惟一决定系统在 t_0 时刻的初始状态 $\boldsymbol{x}_0$,这与系统(8.6.5)在 t_0 时刻完全能观测矛盾。这个矛盾表明,至少存在某个时刻 t_1,使得

$\boldsymbol{W}_{\mathrm{o}}(t_1, t_0)$ 是非奇异的,因而它是正定的。

说明:系统的可观测性Gram矩阵仅由系统矩阵 $\boldsymbol{A}(t)$ 和输出矩阵 $\boldsymbol{C}(t)$ 决定。因此说,系统的能观测性也是系统的一种结构性质,它与系统的具体的输入输出无关。如果系统在 t_0 时刻是完全能观测的,证明给出了求取初始状态的表达式。

8.6.3　对偶原理

对于线性系统 Σ 和系统Σ* 有

$$\Sigma:\begin{cases}\dot{\boldsymbol{x}}(t)=\boldsymbol{A}(t)\boldsymbol{x}(t)+\boldsymbol{B}(t)\boldsymbol{u}(t)\\ \boldsymbol{y}(t)=\boldsymbol{C}(t)\boldsymbol{x}(t)\end{cases}\tag{8.6.11}$$

$$\Sigma^*:\begin{cases}\dot{\boldsymbol{x}}^*(t)=-\boldsymbol{A}^{\mathrm{T}}(t)\boldsymbol{x}^*(t)+\boldsymbol{C}^{\mathrm{T}}(t)\boldsymbol{v}(t)\\ \boldsymbol{z}(t)=\boldsymbol{B}^{\mathrm{T}}(t)\boldsymbol{x}^*(t)\end{cases}\tag{8.6.12}$$

称系统 Σ* 为系统 Σ 的对偶系统。对偶系统 Σ* 的状态向量 $\boldsymbol{x}^*(t)$,也称为原系统 Σ 的状态向量 $\boldsymbol{x}(t)$ 的协状态。$\boldsymbol{v}(t)$ 是 m 维控制输入向量,$\boldsymbol{z}(t)$ 是 r 维量测输出向量。

为了得出对偶原理,下面给出系统 Σ 和对偶系统Σ* 状态转移矩阵之间的关系。

引理 8.6.1　线性系统 Σ 的状态转移矩阵和它的对偶系统Σ* 的状态转移矩阵是互为转置逆的关系。

证明　假设线性系统 Σ 的状态转移矩阵为 $\boldsymbol{\Phi}(t, t_0)$,引理也就是要证明

$$\frac{\mathrm{d}}{\mathrm{d}t}\boldsymbol{\Phi}^{\mathrm{T}}(t_0, t)=-A^{\mathrm{T}}(t)\boldsymbol{\Phi}^{\mathrm{T}}(t_0, t)$$

因为

$$\boldsymbol{\Phi}(t_0, t)\boldsymbol{\Phi}(t, t_0)=\boldsymbol{I}$$

所以

$$\boldsymbol{\Phi}^{\mathrm{T}}(t_0, t)\boldsymbol{\Phi}^{\mathrm{T}}(t, t_0)=\boldsymbol{I}\tag{8.6.13}$$

对式(8.6.13) 两边求导数得

$$\left[\frac{\mathrm{d}}{\mathrm{d}t}\boldsymbol{\Phi}^{\mathrm{T}}(t_0, t)\right]\boldsymbol{\Phi}^{\mathrm{T}}(t, t_0)+\boldsymbol{\Phi}^{\mathrm{T}}(t_0, t)\frac{\mathrm{d}}{\mathrm{d}t}\boldsymbol{\Phi}^{\mathrm{T}}(t, t_0)=0\tag{8.6.14}$$

由于

$$\frac{\mathrm{d}}{\mathrm{d}t}\boldsymbol{\Phi}(t, t_0)=\boldsymbol{A}(t)\boldsymbol{\Phi}(t, t_0)$$

有

$$\frac{\mathrm{d}}{\mathrm{d}t}\boldsymbol{\Phi}^{\mathrm{T}}(t, t_0)=[\boldsymbol{A}(t)\boldsymbol{\Phi}(t, t_0)]^{\mathrm{T}}=\boldsymbol{\Phi}^{\mathrm{T}}(t, t_0)\boldsymbol{A}^{\mathrm{T}}(t)$$

将上式代入(8.6.14) 中,可知

$$\left[\frac{\mathrm{d}}{\mathrm{d}t}\boldsymbol{\Phi}^{\mathrm{T}}(t_0, t)\right]\boldsymbol{\Phi}^{\mathrm{T}}(t, t_0)+\boldsymbol{\Phi}^{\mathrm{T}}(t_0, t)\boldsymbol{\Phi}^{\mathrm{T}}(t, t_0)\boldsymbol{A}^{\mathrm{T}}(t)=0$$

得

$$\left[\frac{\mathrm{d}}{\mathrm{d}t}\boldsymbol{\Phi}^{\mathrm{T}}(t_0,t)\right]\boldsymbol{\Phi}^{\mathrm{T}}(t,t_0) = -\boldsymbol{A}^{\mathrm{T}}(t)$$

再由式(8.6.13)可得

$$\frac{\mathrm{d}}{\mathrm{d}t}\boldsymbol{\Phi}^{\mathrm{T}}(t_0,t) = -\boldsymbol{A}^{\mathrm{T}}(t)\boldsymbol{\Phi}^{\mathrm{T}}(t_0,t)$$

定理8.6.2(对偶原理) 线性系统 Σ 的能控性与线性系统 Σ^* 的能观测性等价，Σ 系统的能观测性与系统 Σ^* 的能控性等价。

证明 根据定义和引理，系统 Σ 的能控性 Gram 矩阵为

$$\begin{aligned}\boldsymbol{W}_{\mathrm{c}}(t_1,t_0) &= \int_{t_0}^{t_1}\boldsymbol{\Phi}(t_1,\tau)\boldsymbol{B}(\tau)\boldsymbol{B}^{\mathrm{T}}(\tau)\boldsymbol{\Phi}^{\mathrm{T}}(t_1,\tau)\mathrm{d}\tau = \\ &\int_{t_0}^{t_1}\boldsymbol{\Psi}^{\mathrm{T}}(\tau,t_1)\boldsymbol{B}(\tau)\boldsymbol{B}^{\mathrm{T}}(\tau)\boldsymbol{\Psi}(\tau,t_1)\mathrm{d}\tau = \\ &\boldsymbol{\Psi}^{\mathrm{T}}(t_0,t_1)\boldsymbol{W}_{\mathrm{o}}^*(t_1,t_0)\boldsymbol{\Psi}(t_0,t_1)\end{aligned}$$

这里，$\boldsymbol{\Psi}(t,\tau)$ 和 $\boldsymbol{W}_{\mathrm{o}}^*(t_1,t_0)$ 分别为系统 Σ^* 的状态转移矩阵和能观测性 Gram 矩阵。因为矩阵 $\boldsymbol{\Psi}(t_0,t_1)$ 是非奇异的，所以矩阵 $\boldsymbol{W}_{\mathrm{c}}(t_1,t_0)$ 和 $\boldsymbol{W}_{\mathrm{o}}^*(t_1,t_0)$ 的正定性是等价的。因此，系统 Σ 在 t_0 时刻完全能控的充分必要条件是它的对偶系统 Σ^* 在 t_0 时刻完全能观测。

同样可以证明，系统 Σ 在 t_0 时刻完全能观测的充分必要条件是，它的对偶系统 Σ^* 在 t_0 时刻完全能控。

8.6.4 线性时变系统能观性判据

利用对偶原理以及线性系统的能控性判据，可以得到系统的如下的能观测性的判据。

定理8.6.3 已知系统 Σ，假设 $\boldsymbol{A}(t)$ 和 $\boldsymbol{C}(t)$ 的元素均为连续的，则其在 t_0 时刻能观测的充要条件是，存在某个有限的时刻 $t_1 > t_0$，使得矩阵 $\boldsymbol{C}(t)\boldsymbol{\Phi}(\tau,t_1)$ 在 $[t_0,t_1]$ 上列线性独立，即对任何的非零的向量 $\boldsymbol{z}\in\mathbf{R}^n$，有

$$\boldsymbol{C}(t)\boldsymbol{\Phi}(\tau,t_1)\boldsymbol{z}\neq 0 \qquad t_0\leqslant\tau\leqslant t_1$$

定理8.6.4 已知系统 Σ，假设 $\boldsymbol{A}(t)$ 和 $\boldsymbol{C}(t)$ 分别是 $n-2$ 次和 $n-1$ 次连续可微的，记

$$\boldsymbol{C}_1(t) = \boldsymbol{C}(t) \qquad \boldsymbol{C}_i(t) = \boldsymbol{C}_{i-1}(t)\boldsymbol{A}(t) + \dot{\boldsymbol{C}}_{i-1}(t) \qquad i = 2,3,\cdots,n \tag{8.6.15}$$

令 $\boldsymbol{Q}_0(t) = [\boldsymbol{C}_1^{\mathrm{T}}(t) \quad \boldsymbol{C}_2^{\mathrm{T}}(t) \quad \cdots \quad \boldsymbol{C}_n^{\mathrm{T}}(t)]^{\mathrm{T}}$ 如果存在某个时刻 $t_1 > t_0$，使得 $\mathrm{rank}\,\boldsymbol{Q}_{\mathrm{o}}(t_1) = n$，则系统 Σ 在 t_0 时刻是完全能观测的。

8.6.5 线性定常系统的能观测性判据

考虑输入 $u = 0$ 时系统的状态方程和输出方程

$$\begin{aligned}\dot{\boldsymbol{x}} &= \boldsymbol{A}\boldsymbol{x} \qquad \boldsymbol{x}(0) = \boldsymbol{x}_0 \qquad t\geqslant 0 \\ \boldsymbol{y} &= \boldsymbol{C}\boldsymbol{x}\end{aligned} \tag{8.6.16}$$

式中　$\boldsymbol{x}$——n 维状态向量；

$\boldsymbol{y}$——r 维输出向量；

$\boldsymbol{A},\boldsymbol{C}$——$n\times n$ 和 $q\times n$ 的常值矩阵。

1. Gram 矩阵判据

定理 8.6.5　线性定常连续系统(8.6.16)完全可观测的充分必要条件是，存在有限时刻 $t_1>0$，使 Gram 矩阵

$$\boldsymbol{W}_{\mathrm{o}}(0,t_1)\triangleq\int_0^{t_1}\mathrm{e}^{\boldsymbol{A}^{\mathrm{T}}t}\boldsymbol{C}^{\mathrm{T}}\boldsymbol{C}\mathrm{e}^{\boldsymbol{A}t}\mathrm{d}t \tag{8.6.17}$$

为非奇异。

证明　充分性：已知 $\boldsymbol{W}_{\mathrm{o}}(0,t_1)$ 非奇异，欲证系统为完全可观测。

系统的输出为

$$\boldsymbol{y}(t)=\boldsymbol{C}\boldsymbol{\Phi}(t,0)\boldsymbol{x}_0=\boldsymbol{C}\mathrm{e}^{\boldsymbol{A}t}\boldsymbol{x}_0 \tag{8.6.18}$$

将式(8.6.18)左乘 $\mathrm{e}^{\boldsymbol{A}^{\mathrm{T}}t}\boldsymbol{C}^{\mathrm{T}}$ 并从 0 到 t_1 积分得

$$\int_0^{t_1}\mathrm{e}^{\boldsymbol{A}^{\mathrm{T}}t}\boldsymbol{C}^{\mathrm{T}}\boldsymbol{y}(t)\mathrm{d}t=\int_0^{t_1}\mathrm{e}^{\boldsymbol{A}^{\mathrm{T}}t}\boldsymbol{C}^{\mathrm{T}}\boldsymbol{C}\mathrm{e}^{\boldsymbol{A}t}\mathrm{d}t\boldsymbol{x}_0=\boldsymbol{W}_{\mathrm{o}}(0,t_1)\boldsymbol{x}_0 \tag{8.6.19}$$

已知 $\boldsymbol{W}_{\mathrm{o}}^{-1}(0,t_1)$ 非奇异，故由式(8.6.19)得

$$\boldsymbol{x}_0=\boldsymbol{W}_{\mathrm{o}}^{-1}(0,t_1)\int_0^{t_1}\mathrm{e}^{\boldsymbol{A}^{\mathrm{T}}t}\boldsymbol{C}^{\mathrm{T}}\boldsymbol{y}(t)\mathrm{d}t$$

这表明，$\boldsymbol{W}_{\mathrm{o}}(0,t_1)$ 非奇异的条件下，总可以根据 $[0,t_1]$ 上的输出 $\boldsymbol{y}(t)$，惟一地确定初始状态 $\boldsymbol{x}_0$。因此，系统为完全可观测。

必要性：系统完全可观测，欲证 $\boldsymbol{W}_{\mathrm{o}}(0,t_1)$ 非奇异。采用反证法。假设 $\boldsymbol{W}_{\mathrm{o}}(0,t_1)$ 奇异，则存在某一非零向量 $\bar{\boldsymbol{x}}_0\in\mathbf{R}^n$，使

$$\bar{\boldsymbol{x}}_0^{\mathrm{T}}\boldsymbol{W}_{\mathrm{o}}(0,t_1)\bar{\boldsymbol{x}}_0=\int_0^{t_1}\bar{\boldsymbol{x}}_0^{\mathrm{T}}\mathrm{e}^{\boldsymbol{A}^{\mathrm{T}}t}\boldsymbol{C}^{\mathrm{T}}\boldsymbol{C}\mathrm{e}^{\boldsymbol{A}t}\bar{\boldsymbol{x}}_0\mathrm{d}t=\int_0^{t_1}\boldsymbol{y}^{\mathrm{T}}(t)\boldsymbol{y}(t)\mathrm{d}t=\int_0^{t_1}\|\boldsymbol{y}(t)\|^2\mathrm{d}t=0 \tag{8.6.20}$$

成立，这意味着

$$\boldsymbol{y}(t)=\boldsymbol{C}\mathrm{e}^{\boldsymbol{A}t}\bar{\boldsymbol{x}}_0\equiv 0\qquad\forall\, t\in[0,t_1]$$

显然，$\bar{\boldsymbol{x}}_0$ 为状态空间中的不可观测状态。这和系统完全可观测相矛盾，所以假设不成立。必要性得证。

2. 能观性矩阵判据

定理 8.6.6　线性定常连续系统(8.6.16)完全可观测的充分必要条件是

$$\operatorname{rank}\boldsymbol{Q}_{\mathrm{o}}=\operatorname{rank}\begin{bmatrix}\boldsymbol{C}\\ \boldsymbol{CA}\\ \vdots\\ \boldsymbol{CA}^{n-1}\end{bmatrix}=n \tag{8.6.21}$$

或

$$\mathrm{rank}\begin{bmatrix} \boldsymbol{C}^{\mathrm{T}} & \boldsymbol{A}^{\mathrm{T}}\boldsymbol{C}^{\mathrm{T}} & (\boldsymbol{A}^{\mathrm{T}})^2\boldsymbol{C}^{\mathrm{T}} & \cdots & (\boldsymbol{A}^{\mathrm{T}})^{n-1}\boldsymbol{C}^{\mathrm{T}} \end{bmatrix} = n \tag{8.6.22}$$

式(8.6.21)和式(8.6.22)中的矩阵均称为系统可观测性判别阵,简称可观测性阵。

证明 证明方法与可控性秩判据相似,在此不再详述。这里仅从式(8.6.18)出发,进一步论证秩判据的充分必要条件。

由式(8.6.18),利用 $\mathrm{e}^{\boldsymbol{A}t}$ 的级数展开式,可得

$$\boldsymbol{y}(t) = \boldsymbol{C}\mathrm{e}^{\boldsymbol{A}t}\boldsymbol{x}_0 = \boldsymbol{C}\sum_{m=0}^{n-1}\alpha_m(t)\boldsymbol{A}^m\boldsymbol{x}_0 = [\boldsymbol{C}\alpha_0(t) + \boldsymbol{C}\alpha_1(t)A + \cdots + \boldsymbol{C}\alpha_{n-1}(t)\boldsymbol{A}^{n-1}]\boldsymbol{x}_0 =$$

$$\begin{bmatrix} \alpha_0(t)\boldsymbol{I}_r & \alpha_1(t)\boldsymbol{I}_r & \cdots & \alpha_{n-1}(t)\boldsymbol{I}_r \end{bmatrix}\begin{bmatrix} \boldsymbol{C} \\ \boldsymbol{CA} \\ \vdots \\ \boldsymbol{CA}^{n-1} \end{bmatrix}x_0 \tag{8.6.23}$$

式中 $\boldsymbol{I}_r$——r 阶单位阵。

已知 $[\alpha_0(t)\boldsymbol{I}_r \quad \alpha_1(t)\boldsymbol{I}_r \quad \cdots \quad \alpha_{n-1}(t)\boldsymbol{I}_r]$ 的 nr 列线性无关,于是根据测得的 $\boldsymbol{y}(t)$ 可惟一确定 $\boldsymbol{x}_0$ 的充分必要条件是

$$\mathrm{rank}\ \boldsymbol{Q}_{\mathrm{o}} = \mathrm{rank}\begin{bmatrix} \boldsymbol{C} \\ \boldsymbol{CA} \\ \vdots \\ \boldsymbol{CA}^{n-1} \end{bmatrix} = n$$

从而可得定理中的结论。

3. PBH 秩判据

定理 8.6.7 线性定常系统(8.6.16)完全可观测的充分必要条件是,对矩阵 $\boldsymbol{A}$ 的所有特征值 $\lambda_i(i = 1,2,\cdots,n)$,均有

$$\mathrm{rank}\begin{bmatrix} \boldsymbol{C} \\ \lambda_i\boldsymbol{I} - \boldsymbol{A} \end{bmatrix} = n \qquad i = 1,2,\cdots,n \tag{8.6.24}$$

或等价地表示为

$$\mathrm{rank}\begin{bmatrix} \boldsymbol{C} \\ s\boldsymbol{I} - \boldsymbol{A} \end{bmatrix} = n \qquad \forall s \in \boldsymbol{C}^n \tag{8.6.25}$$

4. PBH 特征向量判据

定理 8.6.8 线性定常连续系统(8.6.16)完全可观测的充分必要条件是,$\boldsymbol{A}$ 没有与 $\boldsymbol{C}$ 的所有行相正交的非零右特征向量。即对 $\boldsymbol{A}$ 的任一特征值 $\lambda_i(i = 1,2,\cdots,n)$,同时满足

$$\boldsymbol{A\alpha} = \lambda_i\boldsymbol{\alpha} \qquad \boldsymbol{C\alpha} = 0 \tag{8.6.26}$$

的特征向量 $\boldsymbol{\alpha} \equiv \boldsymbol{0}$。

5. Jordan 规范型判据

定理 8.6.9　线性定常连续系统(8.6.16)完全可观测的充分必要条件分两种情况。

(1) 当矩阵 $\boldsymbol{A}$ 的特征值 $\lambda_1,\lambda_2,\cdots,\lambda_n$ 两两相异时，由系统(8.6.16)线性变换导出的对角线规范型为

$$\dot{\bar{\boldsymbol{x}}}=\begin{bmatrix}\lambda_1 & & & 0\\ & \lambda_2 & & \\ & & \ddots & \\ 0 & & & \lambda_n\end{bmatrix}\bar{\boldsymbol{x}}\qquad \boldsymbol{y}=\bar{\boldsymbol{C}}\boldsymbol{x}\tag{8.6.27}$$

其中，$\bar{\boldsymbol{C}}$ 不包含元素全为零的列。

(2) 线性定常系统(8.6.16)系统矩阵 $\boldsymbol{A}$ 的互异的特征值为 $\lambda_1,\lambda_2,\cdots,\lambda_l$。假设矩阵 $\boldsymbol{A}$ 可以写成 Jordan 标准型的形式，并将输出矩阵写成相应维数的分块矩阵形式，如

$$\boldsymbol{A}=\begin{bmatrix}\boldsymbol{J}_{11} & & & & & & & & & 0\\ & \boldsymbol{J}_{12} & & & & & & & & \\ & & \ddots & & & & & & & \\ & & & \boldsymbol{J}_{1q_1} & & & & & & \\ & & & & \boldsymbol{J}_{21} & & & & & \\ & & & & & \ddots & & & & \\ & & & & & & \boldsymbol{J}_{l1} & & & \\ & & & & & & & \boldsymbol{J}_{l2} & & \\ & & & & & & & & \ddots & \\ 0 & & & & & & & & & \boldsymbol{J}_{lq_l}\end{bmatrix},$$

$$\boldsymbol{C}=[\boldsymbol{c}_{11}\quad \boldsymbol{c}_{12}\quad \cdots\quad \boldsymbol{c}_{1q_1}\quad \boldsymbol{c}_{21}\quad \cdots\quad \boldsymbol{c}_{l1}\quad \boldsymbol{c}_{l2}\quad \cdots\quad \boldsymbol{c}_{lq_l}]$$

式中　q_i—— 特征值 λ_i 所对应的 Jordan 小块的个数，也称为 λ_i 的几何重数。

则系统完全能观的充要条件是分块矩阵 $\boldsymbol{c}_{i1},\boldsymbol{c}_{i2},\cdots,\boldsymbol{c}_{iq_i}$ 的第一列线性无关，对于 $i=1,2,\cdots,l$ 中的每一个 i 分别成立。

例 8.6.4　已知线性定常系统的对角线规范型为

$$\dot{\bar{\boldsymbol{x}}}=\begin{bmatrix}8 & 0 & 0\\ 0 & -1 & 0\\ 0 & 0 & 2\end{bmatrix}\bar{\boldsymbol{x}}\qquad \boldsymbol{y}=\begin{bmatrix}1 & 0 & 0\\ 0 & 2 & 3\end{bmatrix}\bar{\boldsymbol{x}}$$

试判定系统的可观测性。

解　显然，此规范型中 $\bar{\boldsymbol{C}}$ 不包含元素全为零的列，故系统为完全可观测。

例 8.6.5　已知系统的 Jordan 规范型为

$$\dot{x} = \begin{bmatrix} -1 & 1 & & & & & & \\ 0 & -1 & & & & & 0 & \\ & & -1 & & & & & \\ & & & -1 & & & & \\ & & & & 2 & 1 & & \\ & & & & 0 & 2 & & \\ & & & & & & 2 & \\ 0 & & & & & & & 5 \end{bmatrix} x$$

$$y = \begin{bmatrix} 2 & 0 & 0 & 0 & 1 & 0 & 0 & 0 \\ 0 & 0 & 1 & 0 & 2 & 4 & 0 & 7 \\ 0 & 0 & 0 & 3 & 3 & 0 & 1 & 0 \end{bmatrix} x$$

试判断系统的可观测性。

解　根据判断法则可定出下列矩阵

$$\begin{bmatrix} \hat{c}_{111} & \hat{c}_{112} & \hat{c}_{113} \end{bmatrix} = \begin{bmatrix} 2 & 0 & 0 \\ 0 & 1 & 0 \\ 0 & 0 & 3 \end{bmatrix} \qquad \begin{bmatrix} \hat{c}_{121} & \hat{c}_{122} \end{bmatrix} = \begin{bmatrix} 1 & 0 \\ 2 & 0 \\ 3 & 1 \end{bmatrix} \qquad \begin{bmatrix} \hat{c}_{131} \end{bmatrix} = \begin{bmatrix} 0 \\ 7 \\ 0 \end{bmatrix}$$

显然它们都是列线性无关的，$\hat{c}_{131}$ 的元素不全为零，故系统为完全可观测。

例 8.6.6　线性定常系统的状态方程为

$$\dot{x} = \begin{bmatrix} 0 & 1 & 0 \\ 0 & 0 & 1 \\ -6 & -11 & -6 \end{bmatrix} x + \begin{bmatrix} 0 \\ 1 \\ 0 \end{bmatrix} u$$

$$y = \begin{bmatrix} c_1 & c_2 & c_3 \end{bmatrix} x$$

试找出使系统不可观测的一组不全为 0 的参数 c_1, c_2, c_3。

解　系统的特征方程为

$$|\lambda I - A| = 0$$

$$\lambda^3 + 6\lambda^2 + 11\lambda + 6 = 0$$

可以解得 $\lambda_1 = -1, \lambda_1 = -2, \lambda_1 = -3$。将系统矩阵转化为 Jordan 标准型的形式，非奇异变换矩阵为

$$P = \begin{bmatrix} 1 & 1 & 1 \\ -1 & -2 & -3 \\ 1 & 4 & 9 \end{bmatrix}$$

从而有

$$\bar{c} = cP = \begin{bmatrix} c_1 & c_2 & c_3 \end{bmatrix} P = \begin{bmatrix} c_1 - c_2 + c_3 & c_1 - 2c_2 + 4c_3 & c_1 - 3c_2 + 9c_3 \end{bmatrix} = \begin{bmatrix} \bar{c}_1 & \bar{c}_2 & \bar{c}_3 \end{bmatrix}$$

由于特征值互异,根据 Jordan 规范型判据可知能观测的充要条件是 $\bar{c}_1 \neq 0, \bar{c}_2 \neq 0$,且 $\bar{c}_3 \neq 0$,而不可观测只要使

$$\begin{aligned} c_1 - c_2 + c_3 &= 0 \\ c_1 - 2c_2 + 4c_3 &= 0 \\ c_1 - 3c_2 + 9c_3 &= 0 \end{aligned}$$

任何一式成立即可。

8.7　线性系统的能控规范型与能观规范型

对于完全能控或完全能观测的线性定常系统,选取适当的代数等价变化阵,可以将系统的状态空间描述化为只有能控系统或能观测系统才具有的标准形式,称为能控规范型和能观测规范型。当采用状态空间法综合或设计系统时,这种规范形式可以使系统设计规范化,便于使用计算机的辅助计算。本节主要讨论单输入单输出系统的能控能观测规范型。

8.7.1　单输入系统的能控规范型

对于完全能控的单输入单输出线性定常系统

$$\begin{cases} \dot{\boldsymbol{x}} = \boldsymbol{A}\boldsymbol{x} + \boldsymbol{b}u \\ y = \boldsymbol{c}\boldsymbol{x} \end{cases} \tag{8.7.1}$$

式中　$\boldsymbol{A}$——$n \times n$ 常阵;

$\boldsymbol{b}, \boldsymbol{c}$——$n \times 1$ 和 $1 \times n$ 常值向量。

由于系统为完全能控,所以它具有如下的基本属性

$$\operatorname{rank}[\boldsymbol{b} \quad \boldsymbol{A}\boldsymbol{b} \quad \cdots \quad \boldsymbol{A}^{n-1}\boldsymbol{b}] = n \tag{8.7.2}$$

系统的特征多项式为

$$\alpha(s) = s^n + \alpha_{n-1}s^{n-1} + \cdots + \alpha_1 s + \alpha_0 \tag{8.7.3}$$

1.第一能控规范型

对完全能控的单输入单输出线性定常系统(8.7.1),引入线性非奇异变换 $\bar{\boldsymbol{x}} = \boldsymbol{P}\boldsymbol{x}, \boldsymbol{P} = \boldsymbol{Q}_c^{-1}$,$\boldsymbol{Q}_c$ 为系统的能控性矩阵,即可导出其第一能控规范型

$$\begin{cases} \dot{\bar{\boldsymbol{x}}} = \boldsymbol{A}_c\bar{\boldsymbol{x}} + \boldsymbol{b}_c u \\ y = \boldsymbol{c}_c\bar{\boldsymbol{x}} \end{cases}$$

其中

$$\boldsymbol{A}_c = \begin{bmatrix} 0 & \cdots & 0 & -\alpha_0 \\ 1 & \cdots & 0 & -\alpha_1 \\ \vdots & & \vdots & \vdots \\ 0 & \cdots & 1 & -\alpha_{n-1} \end{bmatrix} \qquad \boldsymbol{b}_c = \begin{bmatrix} 1 \\ 0 \\ \vdots \\ 0 \end{bmatrix} \tag{8.7.4}$$

$$c_c = cQ_c = [\beta_0 \quad \beta_1 \quad \cdots \quad \beta_{n-1}] \tag{8.7.5}$$

其中

$$\beta_i = cA^i b \qquad i = 0,1,\cdots,n-1 \tag{8.7.6}$$

对于以上结论可以推导如下:由矩阵 P 的定义有 $PQ_c = I$,由此得

$$PA^{n-1}b = [0 \quad \cdots \quad 0 \quad 1 \quad 0 \quad \cdots \quad 0]^T$$

上式列向量中,1 为第 i 行元素。从而当取 $i = 1$ 时,有

$$b_c = Pb = \begin{bmatrix} 1 \\ \vdots \\ 0 \\ 0 \end{bmatrix}$$

由式(8.7.6) 和 Cayley-Hamilton 定理还可得

$$\begin{aligned} A_c &= PAP^{-1} = PAQ_c = PA[b \quad A^1 b \quad \cdots \quad A^{n-1}b] = P[Ab \quad A^2 b \quad \cdots \quad A^n b] = \\ &P[Ab \quad A^2 b \quad \cdots \quad A^{n-1}b \quad -\alpha_{n-1}A^{n-1}b - \cdots - \alpha_1 Ab - \alpha_0 b] = \\ &\begin{bmatrix} 0 & \cdots & 0 & -\alpha_0 \\ 1 & \cdots & 0 & -\alpha_1 \\ \vdots & & \vdots & \vdots \\ 0 & \cdots & 1 & -\alpha_{n-1} \end{bmatrix} \end{aligned}$$

$$c_c = cQ_c = c[b \quad Ab \quad \cdots \quad A^{n-1}b] = [cb \quad cAb \quad \cdots \quad cA^{n-1}b]$$

2.第二能控规范型

对完全能控的单输入单输出线性定常系统(8.7.1),定义

$$P = [A^{n-1}b \quad \cdots \quad Ab \quad b]\begin{bmatrix} 1 & & & \\ \alpha_{n-1} & \ddots & & \\ \vdots & \ddots & \ddots & \\ \alpha_1 & \cdots & \alpha_{n-1} & 1 \end{bmatrix} \tag{8.7.7}$$

则在线性非奇异变换 $\bar{x} = P^{-1}x$ 下可以将系统(8.7.1) 转化为第二能控规范型

$$\begin{cases} \dot{\bar{x}} = A_c\bar{x} + b_c u \\ y = c_c\bar{x} \end{cases} \tag{8.7.8}$$

其中

$$A_c = \begin{bmatrix} 0 & 1 & \cdots & 0 \\ \vdots & \vdots & & \vdots \\ 0 & 0 & \cdots & 1 \\ -\alpha_0 & -\alpha_1 & \cdots & -\alpha_{n-1} \end{bmatrix} \qquad b_c = \begin{bmatrix} 0 \\ \vdots \\ 0 \\ 1 \end{bmatrix} \tag{8.7.9}$$

$$\boldsymbol{c}_{\mathrm{c}} = \boldsymbol{cP} = [\beta_0 \quad \beta_1 \quad \cdots \quad \beta_{n-1}] \tag{8.7.10}$$

这里

$$\begin{cases} \beta_{n-1} = \boldsymbol{cb} \\ \beta_{n-2} = \boldsymbol{cAb} + \alpha_{n-1}\boldsymbol{cb} \\ \vdots \\ \beta_1 = \boldsymbol{cA}^{n-2}\boldsymbol{b} + \alpha_{n-1}\boldsymbol{cA}^{n-3}\boldsymbol{b} + \cdots + \alpha_2\boldsymbol{cb} \\ \beta_0 = \boldsymbol{cA}^{n-1}\boldsymbol{b} + \alpha_{n-1}\boldsymbol{cA}^{n-2}\boldsymbol{b} + \cdots + \alpha_1\boldsymbol{cb} \end{cases} \tag{8.7.11}$$

对于以上能控规范型可以推导如下：记 $\boldsymbol{P} = [\boldsymbol{e}_1 \quad \boldsymbol{e}_2 \quad \cdots \quad \boldsymbol{e}_n]$，利用 $\boldsymbol{A}_{\mathrm{c}} = \boldsymbol{P}^{-1}\boldsymbol{AP}$，可导出

$$\boldsymbol{PA}_{\mathrm{c}} = \boldsymbol{AP} = [\boldsymbol{Ae}_1 \quad \boldsymbol{Ae}_2 \quad \cdots \quad \boldsymbol{Ae}_n] = [\boldsymbol{A}^n b \quad \cdots \quad \boldsymbol{A}^2\boldsymbol{b} \quad \boldsymbol{Ab}]\begin{bmatrix} 1 & & & \\ \alpha_{n-1} & \ddots & & \\ \vdots & \ddots & \ddots & \\ \alpha_1 & \cdots & \alpha_{n-1} & 1 \end{bmatrix} \tag{8.7.12}$$

由此并利用 Cayley-Hamilton 定理知 $\alpha(A) = 0$，并由式(8.7.7)可得

$$\begin{cases} \boldsymbol{Ae}_1 = (\boldsymbol{A}^n\boldsymbol{b} + \alpha_{n-1}\boldsymbol{A}^{n-1}\boldsymbol{b} + \cdots + \alpha_1\boldsymbol{Ab} + \alpha_0\boldsymbol{b}) - \alpha_0\boldsymbol{b} = -\alpha_0\boldsymbol{e}_n \\ \boldsymbol{Ae}_2 = (\boldsymbol{A}^{n-1}\boldsymbol{b} + \alpha_{n-1}\boldsymbol{A}^{n-2}\boldsymbol{b} + \cdots + \alpha_2\boldsymbol{Ab} + \alpha_1\boldsymbol{b}) - \alpha_1\boldsymbol{b} = \boldsymbol{e}_1 - \alpha_1\boldsymbol{e}_n \\ \vdots \\ \boldsymbol{Ae}_{n-1} = (\boldsymbol{A}^2\boldsymbol{b} + \alpha_{n-1}\boldsymbol{Ab} + \alpha_{n-2}\boldsymbol{b}) - \alpha_{n-2}\boldsymbol{b} = \boldsymbol{e}_{n-2} - \alpha_{n-2}\boldsymbol{e}_n \\ \boldsymbol{Ae}_n = (\boldsymbol{Ab} + \alpha_{n-1}\boldsymbol{b}) - \alpha_{n-1}\boldsymbol{b} = \boldsymbol{e}_{n-1} - \alpha_{n-1}\boldsymbol{e}_n \end{cases} \tag{8.7.13}$$

将式(8.7.13)代入式(8.7.12)，可有

$$\boldsymbol{PA}_{\mathrm{c}} = [-\alpha_0\boldsymbol{e}_n \quad \boldsymbol{e}_1 - \alpha_1\boldsymbol{e}_n \quad \cdots \quad \boldsymbol{e}_{n-2} - \alpha_{n-2}\boldsymbol{e}_n \quad \boldsymbol{e}_{n-1} - \alpha_{n-1}\boldsymbol{e}_n] =$$

$$[\boldsymbol{e}_1 \quad \boldsymbol{e}_2 \quad \cdots \quad \boldsymbol{e}_n]\left[\begin{array}{c|ccc} 0 & 1 & \cdots & 0 \\ \vdots & \vdots & & \vdots \\ 0 & 0 & \cdots & 1 \\ \hline -\alpha_0 & -\alpha_1 & \cdots & -\alpha_{n-1} \end{array}\right]$$

考虑到 $\boldsymbol{P} = [\boldsymbol{e}_1 \quad \boldsymbol{e}_2 \quad \cdots \quad \boldsymbol{e}_n]$，所以将上式左乘 $\boldsymbol{P}^{-1}$，即导出了 $\boldsymbol{A}_{\mathrm{c}}$ 的表达式。注意到 $\boldsymbol{b}_{\mathrm{c}} = \boldsymbol{P}^{-1}\boldsymbol{b}$ 和式(8.7.7)可得出

$$\boldsymbol{Pb}_{\mathrm{c}} = \boldsymbol{b} = \boldsymbol{e}_n = [\boldsymbol{e}_1 \quad \boldsymbol{e}_2 \quad \cdots \quad \boldsymbol{e}_n]\begin{bmatrix} 0 \\ \vdots \\ 0 \\ 1 \end{bmatrix} = \boldsymbol{P}\begin{bmatrix} 0 \\ \vdots \\ 0 \\ 1 \end{bmatrix}$$

将上式左乘 $\boldsymbol{P}^{-1}$ 就得到 $\boldsymbol{b}_c$ 的表达式。

利用 $\boldsymbol{c}_c = \boldsymbol{cP}$ 和式(8.7.7),并注意到关系式(8.7.11),即得

$$\boldsymbol{c}_c = \boldsymbol{cP} = \boldsymbol{c}[\boldsymbol{A}^{n-1}\boldsymbol{b} \quad \cdots \quad \boldsymbol{Ab} \quad \boldsymbol{b}]\begin{bmatrix} 1 & & & \\ \alpha_{n-1} & \ddots & & \\ \vdots & \ddots & \ddots & \\ \alpha_1 & \cdots & \alpha_{n-1} & 1 \end{bmatrix} = [\beta_0 \quad \beta_1 \quad \cdots \quad \beta_{n-1}]$$

采用第二能控规范型 $\boldsymbol{A}_c$、$\boldsymbol{b}_c$、$\boldsymbol{c}_c$,可以很方便地求出系统的传递函数

$$W(s) = \boldsymbol{c}_c(s\boldsymbol{I} - \boldsymbol{A}_c)^{-1}\boldsymbol{b}_c = \frac{\beta_{n-1}s^{n-1} + \beta_{n-2}s^{n-2} + \cdots + \beta_0}{s^n + \alpha_{n-1}s^{n-1} + \cdots + \alpha_0} \tag{8.7.14}$$

从式(8.7.14)可以看出,系统特征多项式的系数是第二能控规范型系统矩阵 $\boldsymbol{A}_c$ 的最后一行的负值,分子多项式的系数是矩阵是 $\boldsymbol{c}_c$ 的元素。根据系统的传递函数可以直接写出系统的第二能控标准型。

例 8.7.1 给定能控的单输入单输出线性定常系统

$$\begin{cases} \dot{\boldsymbol{x}} = \begin{bmatrix} 1 & 2 & 0 \\ 3 & -1 & 1 \\ 1 & 2 & -2 \end{bmatrix}\boldsymbol{x} + \begin{bmatrix} 2 \\ 1 \\ 1 \end{bmatrix}u \\ y = [0 \quad 0 \quad 1]\boldsymbol{x} \end{cases}$$

解 首先判断系统的能控性

$$\boldsymbol{Q}_c = [\boldsymbol{b} \quad \boldsymbol{Ab} \quad \boldsymbol{A}^2\boldsymbol{b}] = \begin{bmatrix} 2 & 4 & 16 \\ 1 & 6 & 8 \\ 1 & 2 & 12 \end{bmatrix}$$

rank $\boldsymbol{Q}_c = 3$,所以系统是能控的。

系统的特征多项式为

$$|s\boldsymbol{I} - \boldsymbol{A}| = s^3 + 2s^2 - 9s - 14$$

即

$$\boldsymbol{\alpha}_2 = 2 \qquad \boldsymbol{\alpha}_1 = -9 \qquad \boldsymbol{\alpha}_0 = -14$$

和常数

$$\beta_2 = \boldsymbol{cb} = 1$$
$$\beta_1 = \boldsymbol{cAb} + \alpha_2\boldsymbol{cb} = 4$$
$$\beta_0 = \boldsymbol{cA}^2\boldsymbol{b} + \alpha_2\boldsymbol{Ab} + \alpha_1\boldsymbol{cb} = 7$$

于是可以写出第二能控标准型为

$$\dot{\bar{\boldsymbol{x}}} = \begin{bmatrix} 0 & 1 & 0 \\ 0 & 0 & 1 \\ -\alpha_0 & -\alpha_1 & -\alpha_2 \end{bmatrix}\bar{\boldsymbol{x}} + \begin{bmatrix} 0 \\ 0 \\ 1 \end{bmatrix}u = \begin{bmatrix} 0 & 1 & 0 \\ 0 & 0 & 1 \\ 14 & 9 & -2 \end{bmatrix}\bar{\boldsymbol{x}} + \begin{bmatrix} 0 \\ 0 \\ 1 \end{bmatrix}u$$

$$y = \boldsymbol{c}_c \bar{\boldsymbol{x}} = [7 \quad 4 \quad 1] \bar{\boldsymbol{x}}$$

可以直接写出系统的传递函数为

$$W(s) = \frac{\beta_2 s^2 + \beta_1 s + \beta_0}{s^3 + \alpha_2 s^2 + \alpha_1 s + \alpha_0} = \frac{s^2 + 4s + 7}{s^3 + 2s^2 - 9s - 14}$$

可以求其第一能控标准型如下：

$$\boldsymbol{c}_c = [\boldsymbol{cb} \quad \boldsymbol{cAb} \quad \boldsymbol{cA}^2\boldsymbol{b}] = [1 \quad 2 \quad 12]$$

第一能控标准型可以写为

$$\dot{\bar{\boldsymbol{x}}} = \begin{bmatrix} 0 & 0 & 14 \\ 1 & 0 & 9 \\ 0 & 1 & -2 \end{bmatrix} \bar{\boldsymbol{x}} + \begin{bmatrix} 1 \\ 0 \\ 0 \end{bmatrix} u$$

$$y = \boldsymbol{c}_c \bar{\boldsymbol{x}} = [1 \quad 2 \quad 12] \bar{\boldsymbol{x}}$$

8.7.2　单输出系统的能观规范型

对于系统(8.7.1)，假设是完全能观测的，则有

$$\text{rank } \boldsymbol{Q}_0 = \text{rank} \begin{bmatrix} \boldsymbol{c} \\ \boldsymbol{cA} \\ \vdots \\ \boldsymbol{cA}^{n-1} \end{bmatrix} = n$$

并假设系统的特征多项式由(8.7.3)给出。注意到能观测性和能控性间的对偶关系，我们可以给出关于系统(8.7.1)的第一和第二能观测规范型。

1.第一能观测规范型

对单输入单输出线性定常系统(8.7.1)，假设其为完全能观测的，系统特征多项式如式(8.7.3)所示，则在线性非奇异变换 $\tilde{\boldsymbol{x}} = \boldsymbol{Qx}, \boldsymbol{Q} = \boldsymbol{Q}_0$ 下，可以导出其第一能观测规范型

$$\dot{\tilde{\boldsymbol{x}}} = \begin{bmatrix} 0 & 1 & \cdots & 0 \\ \vdots & \vdots & & \vdots \\ 0 & 0 & \cdots & 1 \\ -\alpha_0 & -\alpha_1 & \cdots & -\alpha_{n-1} \end{bmatrix} \tilde{\boldsymbol{x}} + \begin{bmatrix} \beta_0 \\ \beta_1 \\ \vdots \\ \beta_{n-1} \end{bmatrix} u$$

$$y = [1 \quad 0 \quad \cdots \quad 0] \tilde{\boldsymbol{x}}$$

这里常数 $\beta_{n-1}, \cdots, \beta_1, \beta_0$ 如式(8.7.6)所定义。

2.第二能观测规范型

对于单输入单输出线性定常系统(8.7.1)，设其为完全能观测的，系统特征多项式如式(8.7.3)所示，定义

$$Q=\begin{bmatrix}\bar{e}_1\\ \bar{e}_2\\ \vdots\\ \bar{e}_n\end{bmatrix}=\begin{bmatrix}1 & \alpha_{n-1} & \cdots & \alpha_1\\ & \ddots & \ddots & \vdots\\ & & \ddots & \alpha_{n-1}\\ & & & 1\end{bmatrix}\begin{bmatrix}cA^{n-1}\\ \vdots\\ cA\\ c\end{bmatrix}$$

则在线性非奇异变换 $\tilde{x}=Qx$ 下，即可导出其第二能观测规范型为

$$\dot{\tilde{x}}=\begin{bmatrix}0 & \cdots & 0 & -\alpha_0\\ 1 & \cdots & 0 & -\alpha_1\\ \vdots & & \vdots & \vdots\\ 0 & \cdots & 1 & -\alpha_{n-1}\end{bmatrix}\tilde{x}+\begin{bmatrix}\beta_0\\ \beta_1\\ \vdots\\ \beta_{n-1}\end{bmatrix}u$$

$$y=[0\quad\cdots\quad 0\quad 1]\tilde{x}$$

这里常数 $\beta_{n-1},\cdots,\beta_1,\beta_0$ 如式(8.7.11)所定义。

例 8.7.2 试将例 8.7.1 中的状态空间表达式变换为能观标准型。

解 系统能观性矩阵为

$$Q_0=\begin{bmatrix}c\\ cA\\ cA^2\end{bmatrix}=\begin{bmatrix}0 & 0 & 1\\ 1 & 2 & -2\\ 5 & -4 & 6\end{bmatrix}$$

其秩为 3，故系统是完全能观测的，可以变换为能观规范型。

(1) 求其第一能观规范型

$$\dot{\tilde{x}}=\begin{bmatrix}0 & 1 & 0\\ 0 & 0 & 1\\ -\alpha_0 & -\alpha_1 & -\alpha_2\end{bmatrix}\tilde{x}+\begin{bmatrix}\beta_0\\ \beta_1\\ \beta_2\end{bmatrix}u=\begin{bmatrix}0 & 1 & 0\\ 0 & 0 & 1\\ 14 & 9 & -2\end{bmatrix}\tilde{x}+\begin{bmatrix}1\\ 2\\ 12\end{bmatrix}u$$

$$y=[1\quad 0\quad 0]\tilde{x}$$

和例 8.7.1 的状态空间表达式的第一能控标准型相比较可知，二者之间是互为对偶的。

(2) 求其第二能观规范型

$$\dot{\tilde{x}}=\begin{bmatrix}0 & 0 & -\alpha_0\\ 1 & 0 & -\alpha_1\\ 0 & 1 & -\alpha_2\end{bmatrix}\tilde{x}+\begin{bmatrix}\beta_0\\ \beta_1\\ \beta_2\end{bmatrix}u=\begin{bmatrix}0 & 0 & 14\\ 1 & 0 & 9\\ 0 & 1 & -2\end{bmatrix}\tilde{x}+\begin{bmatrix}7\\ 4\\ 1\end{bmatrix}u$$

$$y=[0\quad 0\quad 1]\tilde{x}$$

从例中可以看出，能控规范型和能观规范型之间的对偶关系：第一(二)能控规范型与第一(二)能观规范型是互为对偶的。

8.8　线性系统的结构分解

系统的结构分解也称为卡尔曼标准分解。它是讨论不完全能控和不完全能观测的系统状态向量的分解。系统通过代数等价变换，可以将状态变量分解成四个部分：可控可观部分 $\bar{x}_{co}$、可控不可观部分 $\bar{x}_{c\bar{o}}$、不可控可观部分 $\bar{x}_{\bar{c}o}$ 和不可控不可观部分 $\bar{x}_{\bar{c}\bar{o}}$。这样系统可以分解为相应的四个子系统，称为系统的结构分解或称为规范分解。

研究系统的结构分解可以更深刻地了解系统的结构特性，也有助于更深入地揭示系统的状态空间描述和输入输出描述之间的本质差别。

本节首先讨论系统在线性非奇异变换下的能控性和能观测性的不变性属性，然后，通过选取一种线性非奇异变换，将能控和不能控的状态变量分离，继而分别对能控和不能控的子系统进行能观性分解，便可分离出四类子系统。最后，对于一类系统的 Jordan 标准型的形式，给出一种直接分解的方法。

8.8.1　能控性、能观性在线性非奇异变换下的属性

命题 8.8.1　对于线性定常系统$(\boldsymbol{A},\boldsymbol{B},\boldsymbol{C})$，经过线性非奇异变换可变换为$(\bar{\boldsymbol{A}},\bar{\boldsymbol{B}},\bar{\boldsymbol{C}})$，即两者之间有如下的关系

$$\bar{\boldsymbol{A}} = \boldsymbol{P}\boldsymbol{A}\boldsymbol{P}^{-1} \qquad \bar{\boldsymbol{B}} = \boldsymbol{P}\boldsymbol{B} \qquad \bar{\boldsymbol{C}} = \boldsymbol{C}\boldsymbol{P}^{-1} \tag{8.8.1}$$

其中 $\boldsymbol{P}$ 为非奇异矩阵，从而必有

$$\text{rank } \boldsymbol{Q}_c = \text{rank } \bar{\boldsymbol{Q}}_c \tag{8.8.2}$$

$$\text{rank } \boldsymbol{Q}_o = \text{rank } \bar{\boldsymbol{Q}}_o \tag{8.8.3}$$

其中 $\bar{\boldsymbol{Q}}_c$ 和 $\boldsymbol{Q}_c$ 为两者的能控性矩阵，$\bar{\boldsymbol{Q}}_o$ 和 $\boldsymbol{Q}_o$ 为两者的能观性矩阵。

证明　利用式(8.8.1)，即有

$$\bar{\boldsymbol{Q}}_c = [\bar{\boldsymbol{B}} \vdots \bar{\boldsymbol{A}}\bar{\boldsymbol{B}} \vdots \cdots \vdots \bar{\boldsymbol{A}}^{n-1}\bar{\boldsymbol{B}}] = [\boldsymbol{P}\boldsymbol{B} \vdots \boldsymbol{P}\boldsymbol{A}\boldsymbol{B} \vdots \cdots \vdots \boldsymbol{P}\boldsymbol{A}^{n-1}\boldsymbol{B}] = \boldsymbol{P}\boldsymbol{Q}_c$$

考虑到 $\text{rank } \boldsymbol{P} = n$ 和 $\text{rank } \boldsymbol{Q}_c \leqslant n$，可以得出

$$\text{rank } \bar{\boldsymbol{Q}}_c \leqslant \min\{\text{rank } \boldsymbol{P}, \text{rank } \boldsymbol{Q}_c\} = \text{rank } \boldsymbol{Q}_c \tag{8.8.4}$$

再因 $\boldsymbol{P}$ 为非奇异矩阵，显然有 $\boldsymbol{Q}_c = \boldsymbol{P}^{-1}\bar{\boldsymbol{Q}}_c$，从而可以得出

$$\text{rank } \boldsymbol{Q}_c \leqslant \min\{\text{rank } \boldsymbol{P}^{-1}, \text{rank } \bar{\boldsymbol{Q}}_c\} = \text{rank } \bar{\boldsymbol{Q}}_c \tag{8.8.5}$$

于是，由(8.8.4) 和 (8.8.5) 可以证得(8.8.2)。同理可以证得(8.8.3)。从而完成了证明。

说明：命题 8.8.1 说明了线性非奇异变换不改变系统的能控性及能观测性，也不改变系统的能控及能观测的程度。

8.8.2 线性定常系统能控性结构分解

考虑不完全能控的多输入多输出线性定常系统

$$\begin{cases}\dot{\boldsymbol{x}} = \boldsymbol{Ax} + \boldsymbol{Bu} \\ \boldsymbol{y} = \boldsymbol{Cx}\end{cases} \tag{8.8.6}$$

进行系统的能控性分解,首先要选取非奇异变换矩阵,下面的算法给出了变换矩阵的求法。

算法 8.8.1 (能控性结构分解的求取)

第一步:列写系统 (8.8.6) 的能控性矩阵

$$\boldsymbol{Q}_{\mathrm{c}} = [\boldsymbol{B} \vdots \boldsymbol{AB} \vdots \cdots \vdots \boldsymbol{A}^{n-1}\boldsymbol{B}] \tag{8.8.7}$$

并求出 rank $\boldsymbol{Q}_{\mathrm{c}} = k$。

第二步:在能控性矩阵 $\boldsymbol{Q}_{\mathrm{c}}$ 中任意选取 k 个线性无关的列向量 $\boldsymbol{q}_1, \boldsymbol{q}_2, \cdots, \boldsymbol{q}_k$,再在 $\mathbf{R}^n$ 中任意选取 $n-k$ 个列向量 $\boldsymbol{q}_{k+1}, \cdots, \boldsymbol{q}_n$,使矩阵$[\boldsymbol{q}_1 \quad \cdots \quad \boldsymbol{q}_k \quad \boldsymbol{q}_{k+1} \quad \cdots \quad \boldsymbol{q}_n]$是可逆的。

第三步:按下述方式组成变换矩阵,即

$$\boldsymbol{P}^{-1} = \boldsymbol{Q} = [\boldsymbol{q}_1 \quad \cdots \quad \boldsymbol{q}_k \quad \boldsymbol{q}_{k+l} \quad \cdots \quad \boldsymbol{q}_n] \tag{8.8.8}$$

第四步:计算 $\bar{\boldsymbol{A}} = \boldsymbol{PAP}^{-1}, \bar{\boldsymbol{B}} = \boldsymbol{PB}, \bar{\boldsymbol{C}} = \boldsymbol{CP}^{-1}$。

基于上述算法,就可以给出系统结构按能控性进行分解的结论。

定理 8.8.1 对不完全能控的系统 (8.8.6),利用算法 8.8.1 求取系统在线性非奇异变换 $\bar{\boldsymbol{x}} = \boldsymbol{Px}$ 下的代数等价系统$(\bar{\boldsymbol{A}}, \bar{\boldsymbol{B}}, \bar{\boldsymbol{C}})$具有如下的能控性分解的规范表达形式,即

$$\begin{bmatrix}\dot{\bar{\boldsymbol{x}}}_{\mathrm{c}} \\ \dot{\bar{\boldsymbol{x}}}_{\bar{\mathrm{c}}}\end{bmatrix} = \begin{bmatrix}\bar{\boldsymbol{A}}_{\mathrm{c}} & \bar{\boldsymbol{A}}_{12} \\ 0 & \bar{\boldsymbol{A}}_{\bar{\mathrm{c}}}\end{bmatrix}\begin{bmatrix}\bar{\boldsymbol{x}}_{\mathrm{c}} \\ \bar{\boldsymbol{x}}_{\bar{\mathrm{c}}}\end{bmatrix} + \begin{bmatrix}\bar{\boldsymbol{B}}_{\mathrm{c}} \\ 0\end{bmatrix}\boldsymbol{u} \tag{8.8.9a}$$

$$\boldsymbol{y} = [\bar{\boldsymbol{C}}_{\mathrm{c}} \quad \bar{\boldsymbol{C}}_{\bar{\mathrm{c}}}]\begin{bmatrix}\bar{\boldsymbol{x}}_{\mathrm{c}} \\ \bar{\boldsymbol{x}}_{\bar{\mathrm{c}}}\end{bmatrix} \tag{8.8.9b}$$

式中 $\bar{\boldsymbol{x}}_{\mathrm{c}}$——$k$ 维能控状态分量,即$[\bar{\boldsymbol{A}}_{\mathrm{c}} \quad \bar{\boldsymbol{B}}_{\mathrm{c}}]$能控;

$\bar{\boldsymbol{x}}_{\bar{\mathrm{c}}}$——$n-k$ 维不能控的状态分量,$k = \mathrm{rank}\ \boldsymbol{Q}_{\mathrm{c}}$。

证明 令

$$\boldsymbol{P} = \boldsymbol{Q}^{-1} = \begin{bmatrix}\bar{\boldsymbol{P}}_1 \\ \bar{\boldsymbol{P}}_2 \\ \vdots \\ \bar{\boldsymbol{P}}_N\end{bmatrix}$$

则

$$\boldsymbol{PQ}=\boldsymbol{I}=\begin{bmatrix}\bar{\boldsymbol{P}}_1^{\mathrm{T}}\\ \vdots\\ \bar{\boldsymbol{P}}_N^{\mathrm{T}}\end{bmatrix}[\boldsymbol{q}_1\quad \boldsymbol{q}_2\quad \cdots\quad \boldsymbol{q}_n]=\begin{bmatrix}\bar{\boldsymbol{p}}_1^{\mathrm{T}}\boldsymbol{q}_1 & \bar{\boldsymbol{p}}_1^{\mathrm{T}}\boldsymbol{q}_2 & \cdots & \bar{\boldsymbol{p}}_1^{\mathrm{T}}\boldsymbol{q}_n\\ \vdots & \vdots & & \vdots\\ \bar{\boldsymbol{p}}_n^{\mathrm{T}}\boldsymbol{q}_1 & \bar{\boldsymbol{p}}_n^{\mathrm{T}}\boldsymbol{q}_2 & \cdots & \bar{\boldsymbol{p}}_n^{\mathrm{T}}\boldsymbol{q}_n\end{bmatrix}$$

显然有

$$\bar{\boldsymbol{p}}_i^{\mathrm{T}}\boldsymbol{q}_j=0\qquad i\neq j$$

因为 $\boldsymbol{q}_1,\boldsymbol{q}_2,\cdots,\boldsymbol{q}_k$ 是从 $[\boldsymbol{B}\quad \boldsymbol{AB}\quad \cdots\quad \boldsymbol{A}^{n-1}\boldsymbol{B}]$ 中选取的列向量，所以，对于 $j\leqslant k$，$\boldsymbol{Aq}_j$ 是 $\{\boldsymbol{q}_1,\boldsymbol{q}_2,\cdots,\boldsymbol{q}_k\}$ 的线性组合，同时还可以得到

$$\bar{\boldsymbol{p}}_i^{\mathrm{T}}\boldsymbol{Aq}_j=0\qquad i=k+1,\cdots,n\qquad j=1,\cdots,k \tag{8.8.10}$$

于是可以得到

$$\bar{A}=\boldsymbol{PAP}^{-1}=\boldsymbol{PAQ}=\begin{bmatrix}\bar{\boldsymbol{P}}_1\\ \bar{\boldsymbol{P}}_2\\ \vdots\\ \bar{\boldsymbol{P}}_N\end{bmatrix}\boldsymbol{A}[\boldsymbol{q}_1\quad \boldsymbol{q}_2\quad \cdots\quad \boldsymbol{q}_n]=$$

$$\begin{bmatrix}\bar{p}_1^{\mathrm{T}}Aq_1 & \bar{p}_1^{\mathrm{T}}Aq_2 & \cdots & \bar{p}_1^{\mathrm{T}}Aq_k & \bar{p}_1^{\mathrm{T}}Aq_{k+1} & \cdots & \bar{p}_1^{\mathrm{T}}Aq_n\\ \vdots & \vdots & & \vdots & \vdots & & \vdots\\ \bar{p}_k^{\mathrm{T}}Aq_1 & \bar{p}_k^{\mathrm{T}}Aq_2 & \cdots & \bar{p}_k^{\mathrm{T}}Aq_k & \bar{p}_k^{\mathrm{T}}Aq_{k+1} & \cdots & \bar{p}_k^{\mathrm{T}}Aq_n\\ \vdots & \vdots & & \vdots & \vdots & & \vdots\\ \bar{p}_n^{\mathrm{T}}Aq_1 & \bar{p}_n^{\mathrm{T}}Aq_2 & \cdots & \bar{p}_n^{\mathrm{T}}Aq_k & \bar{p}_n^{\mathrm{T}}Aq_{k+1} & \cdots & \bar{p}_n^{\mathrm{T}}Aq_n\end{bmatrix}=$$

$$\begin{bmatrix}\bar{A}_{\mathrm{c}} & \bar{A}_{12}\\ 0 & \bar{A}_{\bar{\mathrm{c}}}\end{bmatrix} \tag{8.8.11}$$

$q_1,\cdots,q_k$ 从 $\boldsymbol{Q}_{\mathrm{c}}$ 中选取，故 $\boldsymbol{B}$ 的各列也均可表示为 $\{\boldsymbol{q}_1,\boldsymbol{q}_2,\cdots,\boldsymbol{q}_k\}$ 的线性组合，可得

$$\bar{\boldsymbol{B}}=\boldsymbol{PB}=\begin{bmatrix}\boldsymbol{p}_1^{\mathrm{T}}\\ \boldsymbol{p}_2^{\mathrm{T}}\\ \vdots\\ \boldsymbol{p}_n^{\mathrm{T}}\end{bmatrix}\boldsymbol{B}=\begin{bmatrix}\boldsymbol{p}_1^{\mathrm{T}}\boldsymbol{B}\\ \vdots\\ \boldsymbol{p}_k^{\mathrm{T}}\boldsymbol{B}\\ \boldsymbol{p}_{k+1}^{\mathrm{T}}\boldsymbol{B}\\ \vdots\\ \boldsymbol{p}_n^{\mathrm{T}}\boldsymbol{B}\end{bmatrix}=\begin{bmatrix}\bar{\boldsymbol{B}}_{\mathrm{c}}\\ 0\end{bmatrix} \tag{8.8.12}$$

而 $\bar{\boldsymbol{C}}$ 无特殊的形式，为

$$\bar{\boldsymbol{C}}=\boldsymbol{CP}^{-1}=[\boldsymbol{Cq}_1\quad \cdots\quad \boldsymbol{Cq}_k\ \vdots\ \boldsymbol{Cq}_{k+1}\quad \cdots\quad \boldsymbol{Cq}_n]=[\bar{\boldsymbol{C}}_{\mathrm{c}}\quad \bar{\boldsymbol{C}}_{\bar{\mathrm{c}}}] \tag{8.8.13}$$

这样，就证明了规范表达式(8.8.9)。再由命题 8.8.1 有

$$k=\operatorname{rank}\bar{\boldsymbol{Q}}_c=\operatorname{rank}\boldsymbol{Q}_c=\operatorname{rank}[\bar{\boldsymbol{B}}\ \vdots\ \bar{\boldsymbol{A}}\bar{\boldsymbol{B}}\ \vdots\ \cdots\ \vdots\ \bar{\boldsymbol{A}}^{n-1}\bar{\boldsymbol{B}}]=$$

$$\begin{bmatrix}\bar{\boldsymbol{B}}_c & \bar{\boldsymbol{A}}_c\bar{\boldsymbol{B}}_c & \bar{\boldsymbol{A}}_c^2\bar{\boldsymbol{B}}_c & \bar{\boldsymbol{A}}_c^{k-1}\bar{\boldsymbol{B}}_c & \cdots & \bar{\boldsymbol{A}}_c^{n-1}\bar{\boldsymbol{B}}_c\\ 0 & 0 & \cdots & & & 0\end{bmatrix}=$$

$$\operatorname{rank}[\bar{\boldsymbol{B}}_c\quad \bar{\boldsymbol{A}}_c\bar{\boldsymbol{B}}_c\quad \cdots\quad \boldsymbol{A}_c^{n-1}\bar{\boldsymbol{B}}_c] \tag{8.8.14}$$

因 $\bar{\boldsymbol{A}}_c$ 为 $k\times k$ 矩阵,由 Cayley-Hamilton 定理

$$\det(\lambda\boldsymbol{I}-\bar{\boldsymbol{A}}_c)=\lambda^k+\cdots+\alpha_1\lambda+\alpha_0=0$$

有 $\bar{\boldsymbol{A}}_c^k+\cdots+\alpha_1\bar{\boldsymbol{A}}_k+\alpha_0\boldsymbol{I}=0$。$\bar{\boldsymbol{A}}_c^k$ 可用 $\boldsymbol{I},\bar{\boldsymbol{A}}_c,\cdots,\bar{\boldsymbol{A}}_c^{k-1}$ 线性表示,$\bar{\boldsymbol{A}}_c^k\boldsymbol{B}_c$ 可用 $\boldsymbol{B}_c,\cdots,\bar{\boldsymbol{A}}^{k-1}\bar{\boldsymbol{B}}_c$ 线性表示,则 $\bar{\boldsymbol{A}}_c^k\bar{\boldsymbol{B}}_c,\cdots,\bar{\boldsymbol{A}}_c^{n-1}\bar{\boldsymbol{B}}_c$ 均可表示为 $\bar{\boldsymbol{B}}_c\cdots\bar{\boldsymbol{A}}^{k-1}\bar{\boldsymbol{B}}_c$ 的线性组合。从而,由(8.8.14)可以导出

$$\operatorname{rank}[\bar{\boldsymbol{B}}_c\ \vdots\ \bar{\boldsymbol{A}}_c\bar{\boldsymbol{B}}_c\ \vdots\ \cdots\ \vdots\ \bar{\boldsymbol{A}}_c^{k-1}\bar{\boldsymbol{B}}_c]=k \tag{8.8.15}$$

这表明$[\bar{\boldsymbol{A}}_c\quad \bar{\boldsymbol{B}}_c]$为能控的,即 $\bar{x}_c$ 为能控的状态分量。

下面对系统的能控性的结构分解做几点说明:

(1) 式(8.8.9) 可以看出,在系统的能控性分解中,系统被分解为完全能控和完全不能控的两个子系统。其中,k 维的能控子系统如下

$$\begin{cases}\dot{\bar{\boldsymbol{x}}}_c=\bar{\boldsymbol{A}}_c\bar{\boldsymbol{x}}_c+\bar{\boldsymbol{A}}_{12}\bar{\boldsymbol{x}}_{\bar{c}}+\bar{\boldsymbol{B}}_c u\\ \boldsymbol{y}_1=\bar{\boldsymbol{C}}_c\bar{\boldsymbol{x}}_c\end{cases} \tag{8.8.16a}$$

不能控部分为 $n-k$ 维的子系统

$$\begin{cases}\dot{\bar{\boldsymbol{x}}}_{\bar{c}}=\bar{\boldsymbol{A}}_{\bar{c}}\bar{\boldsymbol{x}}_{\bar{c}}\\ \boldsymbol{y}_2=\bar{\boldsymbol{C}}_{\bar{c}}\bar{\boldsymbol{x}}_{\bar{c}}\end{cases} \tag{8.8.16b}$$

而 $\boldsymbol{y}=\boldsymbol{y}_1+\boldsymbol{y}_2$。

(2) 考察系统的特征值

$$\det(s\boldsymbol{I}-\boldsymbol{A})=\det(s\boldsymbol{I}-\bar{\boldsymbol{A}})=\det\begin{bmatrix}s\boldsymbol{I}-\bar{\boldsymbol{A}}_c & -\bar{\boldsymbol{A}}_{12}\\ 0 & s\boldsymbol{I}-\bar{\boldsymbol{A}}_{\bar{c}}\end{bmatrix}=$$

$$\det(s\boldsymbol{I}-\bar{\boldsymbol{A}}_c)\det(s\boldsymbol{I}-\bar{\boldsymbol{A}}_{\bar{c}}) \tag{8.8.17}$$

上式表明,不完全能控系统(8.8.6)的特征值由两部分组成:一部分为 $\bar{\boldsymbol{A}}_c$ 的特征值,称为系统的能控振型;另一部分 $\bar{\boldsymbol{A}}_{\bar{c}}$ 的特征值,称为系统的不能控振型。在第八章的系统综合中可以看出,外输入 u 的引入只能改变能控振型的位置,而不能改变不能控振型的位置。

(3) 根据系统(8.8.9)可以画出系统在结构分解后的方块图,如图8.8.1所示。从图中可以看出,系统的不能控部分既不受输入 u 的直接影响,也没有通过能控状态 $\bar{\boldsymbol{x}}_c$ 而受到 u 的间接的影响。因此,系统的不能控部分不能由输入 u 和输出 y 之间的传递关系来反映。换言之,系统的传递函数或传递函数矩阵完全没有反映系统内部的不能控的状态分量的动态性质。

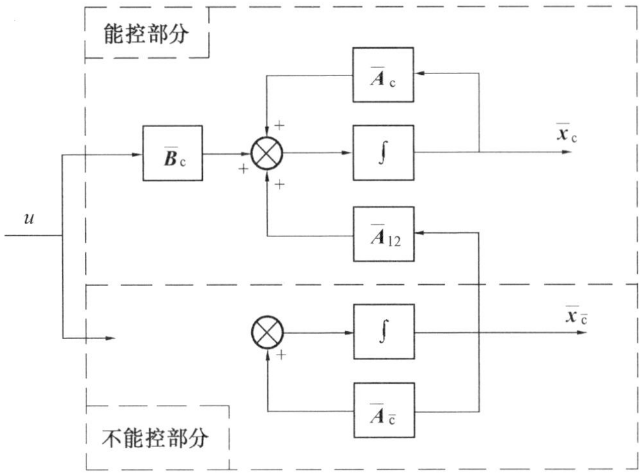

图 8.8.1　系统能控性的结构分解

例 8.8.1　给定线性定常系统

$$\dot{\boldsymbol{x}} = \begin{bmatrix} 1 & 1 & 1 \\ 0 & 1 & 0 \\ 1 & 1 & 1 \end{bmatrix} \boldsymbol{x} + \begin{bmatrix} 0 & 1 \\ 1 & 0 \\ 0 & 1 \end{bmatrix} \boldsymbol{u}$$

试进行能控性分解。

解　已知 $n = 3$，$\text{rank}\ \boldsymbol{B} = 2$，故只需判断$[\boldsymbol{B}\quad \boldsymbol{AB}]$是否为行满秩。现知

$$\text{rank}\ [\boldsymbol{B}\quad \boldsymbol{AB}] = \text{rank} \begin{bmatrix} 0 & 1 & 1 & 2 \\ 1 & 0 & 1 & 0 \\ 0 & 1 & 1 & 2 \end{bmatrix} = 2 < n = 3$$

表明系统为不完全能控。进而，在 $\boldsymbol{Q}_c$ 中取线性无关的列 $\boldsymbol{q}_1 = [0\quad 1\quad 0]^T$ 和 $\boldsymbol{q}_2 = [1\quad 0\quad 1]^T$，再任取 $\boldsymbol{q}_3 = [1\quad 0\quad 0]^T$，使构成的矩阵

$$\boldsymbol{P}^{-1} = \boldsymbol{Q} = \begin{bmatrix} 0 & 1 & 1 \\ 1 & 0 & 0 \\ 0 & 1 & 0 \end{bmatrix}$$

为非奇异。而通过求逆，可定出

$$\boldsymbol{P} = \begin{bmatrix} 0 & 1 & 0 \\ 0 & 0 & 1 \\ 1 & 0 & -1 \end{bmatrix}$$

于是可算得

$$\bar{A}=PAP^{-1}=\begin{bmatrix}0&1&0\\0&0&1\\1&0&-1\end{bmatrix}\begin{bmatrix}1&1&1\\0&1&0\\1&1&1\end{bmatrix}\begin{bmatrix}0&1&1\\1&0&0\\0&1&0\end{bmatrix}=\begin{bmatrix}1&0&0\\1&2&1\\0&0&0\end{bmatrix}$$

$$\bar{B}=PB=\begin{bmatrix}0&1&0\\0&0&1\\1&0&-1\end{bmatrix}\begin{bmatrix}0&1\\1&0\\0&1\end{bmatrix}=\begin{bmatrix}1&0\\0&1\\0&0\end{bmatrix}$$

$$\bar{C}=CP^{-1}=\begin{bmatrix}1&0&1\end{bmatrix}\begin{bmatrix}0&1&1\\1&0&0\\0&1&0\end{bmatrix}=\begin{bmatrix}0&2&1\end{bmatrix}$$

这样就导出了系统按能控性分解的表达式

$$\begin{bmatrix}\dot{\bar{x}}_c\\ \dot{\bar{x}}_{\bar{c}}\end{bmatrix}=\begin{bmatrix}1&0&0\\1&2&1\\0&0&0\end{bmatrix}\begin{bmatrix}\bar{x}_c\\ \bar{x}_{\bar{c}}\end{bmatrix}+\begin{bmatrix}1&0\\0&1\\0&0\end{bmatrix}u$$

$$y=\begin{bmatrix}0&2&1\end{bmatrix}\begin{bmatrix}\bar{x}_c\\ \bar{x}_{\bar{c}}\end{bmatrix}$$

8.8.3 线性定常系统能观测性结构分解

系统按能观性的结构分解的所有结论,都对偶于系统按能控性的结构分解的结果。给定不完全能观测的线性定常系统

$$\begin{cases}\dot{x}=Ax+Bu\\ y=Cx\end{cases}\tag{8.8.18}$$

可以按如下的算法求取系统的能观性的结构分解。

算法 8.8.2 (能观性结构分解的求取)

第一步:列写系统的能观性判别矩阵

$$Q_o=\begin{bmatrix}C\\CA\\ \vdots\\CA^{n-1}\end{bmatrix}\tag{8.8.19}$$

并计算 rank $Q_o=l$。

第二步:在 Q_o 中任意选取 l 个线性无关的行向量 $h_1,h_2,\cdots,h_l$,再增补 $n-l$ 个行向量 $h_{l+1},\cdots,h_n$,使得 $h_1,h_2,\cdots,h_n$ 线性无关。

第三步:按下述方式构成非奇异变化矩阵

$$F = \begin{bmatrix} h_1 \\ h_2 \\ \vdots \\ h_n \end{bmatrix} \tag{8.8.20}$$

第四步:计算

$$\hat{A} = FAF^{-1} \qquad \hat{B} = FB \qquad \hat{C} = CF^{-1}$$

关于上述算法有如下的结论。

定理8.8.2　对不完全能观测的系统(8.8.18),利用算法8.8.2求取系统在线性非奇异变换 $\bar{x} = Fx$ 下的代数等价系统$(\hat{A},\hat{B},\hat{C})$,具有如下的能观性分解的规范表达形式,即

$$\begin{bmatrix} \dot{\hat{x}}_o \\ \dot{\hat{x}}_{\bar{o}} \end{bmatrix} = \begin{bmatrix} \hat{A}_o & 0 \\ \hat{A}_{21} & \hat{A}_{\bar{o}} \end{bmatrix} \begin{bmatrix} \hat{x}_o \\ \hat{x}_{\bar{o}} \end{bmatrix} + \begin{bmatrix} \hat{B}_o \\ \hat{B}_{\bar{o}} \end{bmatrix} u \tag{8.8.21}$$

$$y = [\hat{C}_c \quad 0] \begin{bmatrix} \hat{x}_o \\ \hat{x}_{\bar{o}} \end{bmatrix}$$

式中　$\hat{x}_o$——l 维能观测的状态分量;

$\hat{x}_{\bar{o}}$——$n-l$ 维不能观测的状态分量。

从上述的结论可以看出,系统在能观性结构分解后得到的能观测部分是 l 维的子系统

$$\begin{cases} \dot{\hat{x}}_o = \hat{A}_o \hat{x}_o + \hat{B}_o u \\ y = \hat{C}_o \hat{x}_o \end{cases} \tag{8.8.22}$$

不能观部分为 $n-l$ 维子系统

$$\begin{cases} \dot{\hat{x}}_{\bar{o}} = \hat{A}_{\bar{o}} \hat{x}_{\bar{o}} + \hat{A}_{21} \hat{x}_o + \hat{B}_{\bar{o}} u \\ y_2 = 0 \end{cases} \tag{8.8.23}$$

其中 $y = y_1$。分解后的系统的方块图如图 8.8.2 所示。

说明:从图 8.8.2 可以看出,系统的不能观子系统的输出为零,即系统的输出中不包含不可观测子系统状态的任何的信息。因此,系统的输入 u 和输出 y 的传递函数或传递函数矩阵中,没有反映不可观测子系统状态分量的任何的动态特性。

8.8.4　线性定常系统按能控能观性的规范分解

考虑不完全能控和不完全能观的线性定常系统

$$\begin{cases} \dot{x} = Ax + Bu \\ y = Cx \end{cases} \tag{8.8.24}$$

若对该系统同时按能控性和能观性进行分解,则可以把系统分解为能控能观、能控不能观、不能控能观和不能控不能观四部分。有如下的结论。

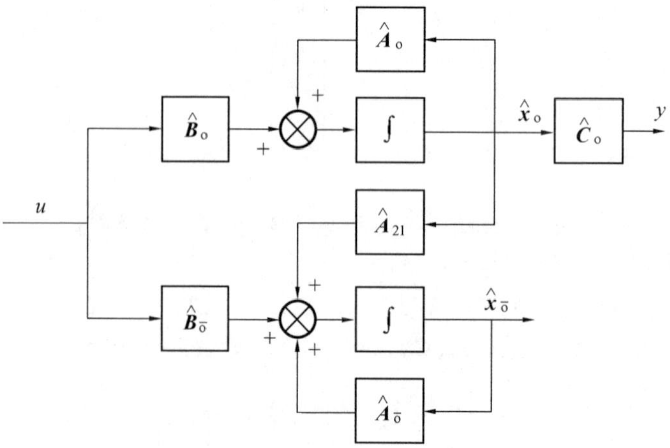

图 8.8.2　系统能观性结构分解

定理 8.8.3　(规范分解定理)对不完全能控和不完全能观测的系统(8.8.24),通过线性非奇异变换可实现系统结构的规范分解。其规范分解的表达式为

$$\begin{bmatrix} \dot{\boldsymbol{x}}_{co} \\ \dot{\boldsymbol{x}}_{c\bar{o}} \\ \dot{\boldsymbol{x}}_{\bar{c}o} \\ \dot{\boldsymbol{x}}_{\bar{c}\bar{o}} \end{bmatrix} = \begin{bmatrix} \widetilde{\boldsymbol{A}}_{co} & 0 & \widetilde{\boldsymbol{A}}_{13} & 0 \\ \widetilde{\boldsymbol{A}}_{21} & \widetilde{\boldsymbol{A}}_{c\bar{o}} & \widetilde{\boldsymbol{A}}_{23} & \widetilde{\boldsymbol{A}}_{24} \\ 0 & 0 & \widetilde{\boldsymbol{A}}_{\bar{c}o} & 0 \\ 0 & 0 & \widetilde{\boldsymbol{A}}_{43} & \widetilde{\boldsymbol{A}}_{\bar{c}\bar{o}} \end{bmatrix} \begin{bmatrix} \boldsymbol{x}_{co} \\ \boldsymbol{x}_{c\bar{o}} \\ \boldsymbol{x}_{\bar{c}o} \\ \boldsymbol{x}_{\bar{c}\bar{o}} \end{bmatrix} + \begin{bmatrix} \widetilde{\boldsymbol{B}}_{co} \\ 0 \\ 0 \\ 0 \end{bmatrix} u \tag{8.8.25}$$

$$y = [\widetilde{\boldsymbol{C}}_{co} \quad 0 \quad \widetilde{\boldsymbol{C}}_{\bar{c}o} \quad 0]\boldsymbol{x}$$

式中　$\tilde{\boldsymbol{x}}_{co}$—— 能控且能观测的状态分量,即$[\widetilde{\boldsymbol{A}}_{co} \quad \widetilde{\boldsymbol{B}}_{co} \quad \widetilde{\boldsymbol{C}}_{co}]$完全能控完全能观,相应子系统简记为 Σ_{co};

$\tilde{\boldsymbol{x}}_{c\bar{o}}$—— 能控但不能观测状态分量,即$[\widetilde{\boldsymbol{A}}_{c\bar{o}} \quad \widetilde{\boldsymbol{B}}_{c\bar{o}}]$完全能控,相应子系统简记为 $\Sigma_{c\bar{o}}$;

$\tilde{\boldsymbol{x}}_{\bar{c}o}$—— 不能控但能观测状态分量,即$[\widetilde{\boldsymbol{A}}_{\bar{c}o} \quad \widetilde{\boldsymbol{C}}_{\bar{c}o}]$完全能观,相应子系统简记为 $\Sigma_{\bar{c}o}$;

$\tilde{\boldsymbol{x}}_{\bar{c}\bar{o}}$—— 不能控且不能观测状态分量,相应子系统简记为 $\Sigma_{\bar{c}\bar{o}}$。

式(8.8.25)所表示的规范分解表达式在形式上是惟一的。方块图的表示如图 8.8.3 所示。从图中可以清晰地看出,四个子系统传递信息的情况。在系统的输入 $\boldsymbol{u}$ 和输出 $\boldsymbol{y}$ 之间,只存在一条惟一的单向控制通道即 $\boldsymbol{u} \to \widetilde{\boldsymbol{B}}_{co} \to \Sigma_{co} \to \widetilde{\boldsymbol{C}}_{co} \to \boldsymbol{y}$。显然,反映系统输入输出特性的传递函数矩阵只能反映系统中能控且能观测的那个子系统的动态特性,即

$$\boldsymbol{G}(s) = \boldsymbol{C}(s\boldsymbol{I} - \boldsymbol{A})^{-1}\boldsymbol{B} = \widetilde{\boldsymbol{C}}_{co}(s\boldsymbol{I} - \widetilde{\boldsymbol{A}}_{co})^{-1}\widetilde{\boldsymbol{B}}_{co} = \boldsymbol{G}_{co}(s)$$

从而也说明了,对上述不完全能控、不完全能观测系统,其传递函数矩阵的描述只是对系统结构的不完全描述,如果在系统中添加或去掉不能控或不能观的子系统,并不影响系统的传递函数矩阵。

因此说系统的输入输出描述,只有对完全能控且完全能观测的系统,才是完全的描述,才

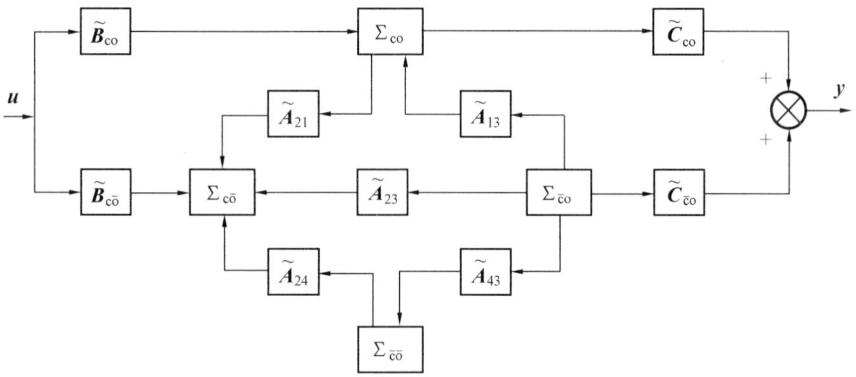

图 8.8.3　系统结构规范分解

足以表征系统的结构。

8.8.5　线性定常系统由 Jordan 标准型的结构分解

如果已将系统化为 Jordan 标准型,然后按能控判别法则和能观判别法则判别各状态变量的能控性和能观性,最后按能控能观、能控不能观、不能控能观和不能控不能观四种类型分别排列,也可以进行系统的规范分解。

例 8.8.2　给定系统的 Jordan 标准型为

$$\begin{bmatrix}\dot{x}_1\\ \dot{x}_2\\ \dot{x}_3\\ \dot{x}_4\\ \dot{x}_5\\ \dot{x}_6\\ \dot{x}_7\\ \dot{x}_8\end{bmatrix}=\begin{bmatrix}-3 & 1 & & & & & & \\ 0 & -3 & & & & & & \\ & & -4 & 1 & & & & \\ & & 0 & -4 & & & & \\ & & & & -1 & 1 & & \\ & & & & 0 & -1 & & \\ & & & & & & -5 & 1\\ & & & & & & 0 & -5\end{bmatrix}\begin{bmatrix}x_1\\ x_2\\ x_3\\ x_4\\ x_5\\ x_6\\ x_7\\ x_8\end{bmatrix}+\begin{bmatrix}1 & 3\\ 5 & 7\\ 4 & 3\\ 0 & 0\\ 1 & 6\\ 0 & 0\\ 9 & 2\\ 0 & 0\end{bmatrix}\begin{bmatrix}u_1\\ u_2\end{bmatrix}$$

$$\begin{bmatrix}y_1\\ y_2\end{bmatrix}=\begin{bmatrix}3 & 1 & 0 & 5 & 0 & 0 & 3 & 6\\ 1 & 4 & 0 & 2 & 0 & 0 & 7 & 1\end{bmatrix}x$$

根据 Jordan 标准型的能控能观性的判别准则,可以判定:

能控状态变量为 x_1、x_2、x_3、x_5、x_7;

不能控状态变量为 x_4、x_6、x_8;

能观测状态变量为 x_1、x_2、x_4、x_7、x_8;

不能观测状态变量为 x_3、x_5、x_6。

写成分状态的形式为

$$\hat{\boldsymbol{x}}_{co}=\begin{bmatrix}x_1\\x_2\\x_7\end{bmatrix}\quad \hat{\boldsymbol{x}}_{c\bar{o}}=\begin{bmatrix}x_3\\x_5\end{bmatrix}\quad \hat{\boldsymbol{x}}_{\bar{c}o}=\begin{bmatrix}x_4\\x_8\end{bmatrix}\quad \hat{\boldsymbol{x}}_{\bar{c}\bar{o}}=x_6$$

按此顺序从新排列系数矩阵 $\boldsymbol{A}$、$\boldsymbol{B}$、$\boldsymbol{C}$ 的行和列，有

$$\begin{bmatrix}\dot{\hat{\boldsymbol{x}}}_{co}\\\dot{\hat{\boldsymbol{x}}}_{c\bar{o}}\\\dot{\hat{\boldsymbol{x}}}_{\bar{c}o}\\\dot{\hat{\boldsymbol{x}}}_{\bar{c}\bar{o}}\end{bmatrix}=\begin{bmatrix}-3&1&0&&&0&0&\\0&-3&0&&&0&0&\\0&0&5&&&0&1&\\&&&-4&0&1&0&0\\&&&0&-1&0&0&1\\&&&&&-4&0&\\&&&&&0&-5&\\&&&&&&&-1\end{bmatrix}\begin{bmatrix}\hat{\boldsymbol{x}}_{co}\\\hat{\boldsymbol{x}}_{c\bar{o}}\\\hat{\boldsymbol{x}}_{\bar{c}o}\\\hat{\boldsymbol{x}}_{\bar{c}\bar{o}}\end{bmatrix}+\begin{bmatrix}1&3\\5&7\\9&2\\4&3\\1&6\\0&0\\0&0\\0&0\end{bmatrix}u$$

$$\begin{bmatrix}y_1\\y_2\end{bmatrix}=\begin{bmatrix}3&1&3&0&0&5&6&0\\1&4&7&0&0&2&1&0\end{bmatrix}\begin{bmatrix}\hat{\boldsymbol{x}}_{co}\\\hat{\boldsymbol{x}}_{c\bar{o}}\\\hat{\boldsymbol{x}}_{\bar{c}o}\\\hat{\boldsymbol{x}}_{\bar{c}\bar{o}}\end{bmatrix}$$

相当于对原系统阵进行行操作、列操作，即进行代数等价变换。上述分解仅适用于特征值几何重数都为 1 的情况。

8.9　线性系统的实现问题

由前面的分析可知，系统的状态空间描述可以完全表述系统内部的动态特性，系统的输入输出描述，如系统的传递函数矩阵描述或系统的脉冲响应函数矩阵描述，仅仅表述了系统的外部特性，而系统内部的结构和参数或系统内部的动态特性并不完全明了。不同结构的系统可以有相同的输入输出传递特性，换言之，不同的状态空间描述可以对应相同的传递函数矩阵。

本节所要讨论的实现问题，是指由系统的传递函数矩阵或脉冲响应函数矩阵来建立与其在输入输出特性上等价的状态空间描述的过程。所得到的状态空间描述，称为该传递函数矩阵或脉冲响应函数矩阵的实现。本节将阐述实现问题，以及实现与系统的能控性、能观性之间的联系。

已知系统的传递函数矩阵 $\boldsymbol{G}(s)$，寻找一个状态空间描述 $\Sigma(\boldsymbol{A},\boldsymbol{B},\boldsymbol{C},\boldsymbol{D})$，满足

$$\boldsymbol{G}(s)=\boldsymbol{C}(s\boldsymbol{I}-\boldsymbol{A})^{-1}\boldsymbol{B}+\boldsymbol{D}\tag{8.9.1}$$

则 $\Sigma(\boldsymbol{A},\boldsymbol{B},\boldsymbol{C},\boldsymbol{D})$ 为 $\boldsymbol{G}(s)$ 的一个状态空间的实现，简称实现。矩阵 $\boldsymbol{A}$ 的阶数称为 $\boldsymbol{G}(s)$ 的实现的阶数。

所谓实现问题，一般是指一个传递函数或传递函数矩阵的实现。因此，有理分式矩阵 $\boldsymbol{G}(s)$ 必须满足物理可实现的条件，即：

(1) 传递函数矩阵 $\boldsymbol{G}(s)$ 中的每一个元 $G_{ij}(s)$ 的分子分母多项式的系数均为实常数。

(2) $\boldsymbol{G}(s)$ 的元 $G_{ij}(s)$ 是 s 的真有理分式函数，即 $G_{ij}(s)$ 的分子多项式的次数小于或等于分母多项式的次数。当 $G_{ij}(s)$ 的分子多项式的次数低于分母多项式的次数时，称 $G_{ij}(s)$ 为严格真有理分式。若 $\boldsymbol{G}(s)$ 矩阵的所有元素均为严格真有理分式时，其实现 Σ 具有 $(\boldsymbol{A},\boldsymbol{B},\boldsymbol{C})$ 的形式。当 $\boldsymbol{G}(s)$ 的元中存在分子多项式的次数等于分母多项式的次数的元时，实现 Σ 就具有 $(\boldsymbol{A},\boldsymbol{B},\boldsymbol{C},\boldsymbol{D})$ 的形式，并有

$$\lim_{s\to\infty}\boldsymbol{G}(s)=\lim_{s\to\infty}[\boldsymbol{C}(s\boldsymbol{I}-\boldsymbol{A})^{-1}\boldsymbol{B}+\boldsymbol{D}]=\boldsymbol{D} \tag{8.9.2}$$

不失一般性地，下面总是研究严格的真有理分式矩阵的实现问题。

8.9.1　能控、能观性与系统的传递函数矩阵的零极点对消

1. 单输入单输出系统的零极点对消与传递函数

系统的传递函数为

$$G(s)=\frac{\beta_{n-1}s^{n-1}+\cdots+\beta_1 s+\beta_0}{s^n+\alpha_{n-1}s^{n-1}+\cdots+\alpha_1 s+\alpha_0}=\sum_{i=1}^{n}\frac{\bar{\alpha}_i}{s-s_i}=\frac{p(s-p_1)\cdots(s-p_{n-1})}{(s-s_1)\cdots(s-s_n)} \tag{8.9.3}$$

(1) 假设它的极点是互异的，即 $s_1,s_2,\cdots,s_n$ 互不相等，令

$$\bar{\alpha}_i=G(s)(s-s_i)\big|_{s=s_i} \tag{8.9.4}$$

则可以写出系统的状态空间表达式

$$\dot{\boldsymbol{x}}=\begin{bmatrix}s_1 & & & \boldsymbol{0}\\ & s_2 & & \\ & & \ddots & \\ \boldsymbol{0} & & & s_n\end{bmatrix}\boldsymbol{x}+\begin{bmatrix}\hat{\alpha}_1\\ \hat{\alpha}_2\\ \vdots\\ \hat{\alpha}_n\end{bmatrix}u$$

$$y=[\hat{\beta}_1\quad\cdots\quad\hat{\beta}_n]\boldsymbol{x}$$

从而可以得出

$$G(s)=\boldsymbol{C}(s\boldsymbol{I}-\boldsymbol{A})^{-1}\boldsymbol{B}=[\hat{\beta}_1\quad\hat{\beta}_2\quad\cdots\quad\hat{\beta}_n]\begin{bmatrix}\dfrac{1}{s-s_1} & & 0\\ & \ddots & \\ 0 & & \dfrac{1}{s-s_n}\end{bmatrix}\begin{bmatrix}\hat{\alpha}_1\\ \vdots\\ \hat{\alpha}_n\end{bmatrix}$$

即

$$G(s)=\frac{\hat{\alpha}_1\hat{\beta}_1}{s-s_1}+\cdots+\frac{\hat{\alpha}_n\hat{\beta}_n}{s-s_n}=\sum_{i=1}^{n}\frac{\bar{\alpha}_i}{s-s_i} \tag{8.9.5}$$

由上式可知

$$\bar{\alpha}_i=\hat{\alpha}_i\hat{\beta}_i$$

于是可以得出结论,对于上述实现:

$$\text{实现是能控的}\Leftrightarrow\hat{\alpha}_i\neq 0\quad(i=1,2,\cdots,n)$$

$$\text{实现是能观的}\Leftrightarrow\hat{\beta}_i\neq 0\quad(i=1,2,\cdots,n)$$

$$\text{实现既能控又能观}\Leftrightarrow\bar{\alpha}_i\neq 0\quad(i=1,2,\cdots,n)$$

对于 $\boldsymbol{G}(s)$,假设有 $s-s_i$ 与某零点对消,则

$$G(s)=\frac{(s-s_i)p(s)}{(s-s_i)(s-s_1)\cdots(s-s_{i-1})(s-s_{i+1})\cdots(s-s_n)} \tag{8.9.6}$$

而此时

$$\bar{\alpha}_i=G(s)(s-s_i)\mid_{s=s_i}=0$$

所以 $G(s)$ 无零极点对消 $\Leftrightarrow\bar{\alpha}_i\neq 0\ (i=1,2,\cdots,n)$ 意味着:如果系统传递函数没有零极点对消,那么它的任一个状态空间的实现均为能控能观测的。

(2) $G(s)$ 有重根的情形。假设系统矩阵为

$$\boldsymbol{J}=\begin{bmatrix}\lambda_1 & 1 & 0 & 0\\ 0 & \lambda_1 & 1 & 0\\ 0 & 0 & \lambda_1 & 0\\ 0 & 0 & 0 & \lambda_2\end{bmatrix}$$

则

$$(s\boldsymbol{I}-\boldsymbol{J})^{-1}=\begin{bmatrix}\frac{1}{s-\lambda_1} & \frac{1}{(s-\lambda_1)^2} & \frac{1}{(s-\lambda_1)^3} & 0\\ 0 & \frac{1}{s-\lambda_1} & \frac{1}{(s-\lambda_1)^2} & 0\\ 0 & 0 & \frac{1}{s-\lambda_1} & 0\\ 0 & 0 & 0 & \frac{1}{s-\lambda_2}\end{bmatrix}$$

$$G(s)=\boldsymbol{C}(s\boldsymbol{I}-\boldsymbol{A})^{-1}\boldsymbol{B}=[\beta_1\quad\beta_2\quad\beta_3\quad\beta_4](s\boldsymbol{I}-\boldsymbol{J})^{-1}\begin{bmatrix}\alpha_1\\ \alpha_2\\ \alpha_3\\ \alpha_4\end{bmatrix}=$$

$$(\alpha_1\beta_1+\alpha_2\beta_2+\alpha_3\beta_3)\frac{1}{s-\lambda_1}+(\alpha_2\beta_1+\alpha_3\beta_2)\frac{1}{(s-\lambda_1)^2}+\frac{\alpha_3\beta_1}{(s-\lambda_1)^3}+\frac{\alpha_4\beta_4}{s-\lambda_2} \tag{8.9.7}$$

$G(s)$ 无零极点对消，则

$$G(s)=\frac{\hat{\alpha}_1}{s-\lambda_1}+\frac{\hat{\alpha}_2}{(s-\lambda_1)^2}+\frac{\hat{\alpha}_3}{(s-\lambda_1)^3}+\frac{\hat{\alpha}_4}{s-\lambda_2}=\frac{(s-\lambda_1)p(s)}{(s-\lambda_1)(s-\lambda_1)^2(s-\lambda_2)}$$

$s-\lambda_1$ 与零点对消 $\Leftrightarrow \hat{\alpha}_3=(s-\lambda_1)^3G(s)\mid_{s=\lambda_1}=0$;

$s-\lambda_2$ 与零点对消 $\Leftrightarrow \hat{\alpha}_4=0$;

完全能控能观测 $\Leftrightarrow \alpha_3\neq 0$ 且 $\alpha_4\neq 0$; $\beta_1\neq 0,\beta_4\neq 0 \Leftrightarrow \hat{\alpha}_3\neq 0$ 及 $\hat{\alpha}_4\neq 0 \Leftrightarrow G(s)$ 无零极点对消。

由以上分析可以得出结论：对于单输入单输出系统，一个传递函数的实现能控、能观测的充要条件是传递函数无零极点对消。

8.9.2　单输入单输出系统的实现

对于一个单输入单输出系统，已知系统的传递函数，根据 8.2 节线性定常系统状态空间表达式的建立与分析以及 8.7 节能控规范型与能观规范型中的分析，如果系统传递函数没有零极点对消，我们可以：

(1) 建立系统的能控规范型实现；

(2) 建立系统的能观规范型实现；

(3) 通过传递函数的部分分式展开，写出系统的 Jordan 标准型形式的实现的形式。

下面以两个例子来说明 Jordan 型实现建立的过程。

例 8.9.1　求下列传递函数的 Jordan 型实现

$$G(s)=\frac{4s^2+17s+16}{s^3+7s^2+16s+12}$$

解　上述传递函数分母多项式的根分别是 -2 两重根和 -3 单重根，则其部分分式之和为

$$G(s)=\frac{c_{11}}{(s+2)^2}+\frac{c_{12}}{s+2}+\frac{c_2}{s+3}$$

待定系数 c_2 和 c_{11} 分别是

$$c_2=\lim_{s\to -3}(s+3)G(s)=1$$

$$c_{11}=\lim_{s\to -2}(s+2)^2G(s)=-2$$

待定系数 c_{12} 由简便方法求出，即

$$\lim_{s\to\infty}sG(s)=4=c_{12}+c_2$$

所以，$c_{12}=4-c_2=3$。则 $G(s)$ 的 Jordan 型实现是

$$A=\begin{bmatrix}-2 & 1 & 0\\ 0 & -2 & 0\\ 0 & 0 & -3\end{bmatrix}\quad B=\begin{bmatrix}0\\1\\1\end{bmatrix}\quad C=\begin{bmatrix}-2 & 3 & 1\end{bmatrix}$$

按照上述方法求Jordan型实现时,如果 $G(s)$ 的极点是共轭复数,则系数矩阵($\boldsymbol{A},\boldsymbol{B},\boldsymbol{C}$)中就出现复数元素,这不便于分析和仿真,应予以避免。办法是对一对共轭复极点 $\sigma\pm j\omega$,取相应的部分分式为二阶形式,即

$$g_i(s)=\frac{as+b}{(s-\sigma)^2+\omega^2} \tag{8.9.8}$$

其中,a 和 b 是待定系数,则对应的实现是

$$\boldsymbol{A}_i=\begin{bmatrix}\sigma & \omega\\ -\omega & \sigma\end{bmatrix}\quad \boldsymbol{B}_i=\begin{bmatrix}0\\1\end{bmatrix}\quad \boldsymbol{C}_i=\begin{bmatrix}\dfrac{a\sigma+b}{\omega} & a\end{bmatrix} \tag{8.9.9}$$

或者是它的对偶形式。

例 8.9.2 求下列传递函数的实现

$$G(s)=\frac{s^2+s+2}{s^3+2s^2+2s}$$

解 系统极点是0和共轭极点 $-1\pm j$,则 $G(s)$ 的部分分式之和是

$$G(s)=\frac{c_1}{s}+\frac{c_2s+c_3}{(s+1)^2+1}$$

待定系数 c_1 和 c_2 分别是

$$c_1=\lim_{s\to\infty} sG(s)=1$$

$$\lim_{s\to\infty} sG(s)=1=c_1+c_2\qquad c_2=0$$

而比较

$$G(s)=\frac{1}{s}+\frac{c_3}{(s+1)^2+1}=\frac{s^2+2s+2+c_3s}{s(s^2+2s+2)}$$

分子 s 项的系数有 $2+c_3=1$,则 $c_3=-1$。

得出 $G(s)$ 的实现是

$$A=\begin{bmatrix}0 & 0 & 0\\ 0 & -1 & 1\\ 0 & -1 & -1\end{bmatrix}\quad B=\begin{bmatrix}1\\0\\1\end{bmatrix}\quad C=\begin{bmatrix}1 & -1 & 0\end{bmatrix}$$

8.9.3 多输入多输出系统的实现

如果 $\boldsymbol{G}(s)$ 是 $m\times l$ 阶的严格真有理分式矩阵,直观地看,可以按标量传递函数实现的方法去构造每个元的实现,然后恰当地联结起来,就是 $G(s)$ 的实现。比如,$\boldsymbol{G}(s)$ 是 2×2 阶的矩阵

$$G(s)=\begin{bmatrix} g_1(s) & g_3(s) \\ g_2(s) & g_4(s) \end{bmatrix} \tag{8.9.10}$$

可以构造每个元 $g_i(s)$ 的实现(A_i,B_i,C_i)。按每个元 $g_i(s)$ 对应的输入及输出分量，将它们组合成为

$$A=\begin{bmatrix} A_1 & & & 0 \\ & A_2 & & \\ & & A_3 & \\ 0 & & & A_4 \end{bmatrix} \quad B=\begin{bmatrix} B_1 & 0 \\ B_2 & 0 \\ 0 & B_3 \\ 0 & B_4 \end{bmatrix} \quad C=\begin{bmatrix} C_1 & 0 & C_3 & 0 \\ 0 & C_2 & 0 & C_4 \end{bmatrix} \tag{8.9.11}$$

将实现(8.9.11)按可控和可观进行分解，其可控又可观部分是 $\boldsymbol{G}(s)$ 的最小实现。

这种直观的方法，得到的实现维数太高了，不便于应用。本小节先介绍维数较低的可控性实现和可观性实现。

设传递函数矩阵 $\boldsymbol{G}(s)$ 有如下形式

$$\boldsymbol{G}(s)=\frac{\boldsymbol{R}(s)}{\phi(s)}=\frac{\boldsymbol{R}_0 s^{r-1}+\boldsymbol{R}_1 s^{r-2}+\cdots+\boldsymbol{R}_{r-1}}{s^r+\alpha_1 s^{r-1}+\cdots+\alpha_r} \tag{8.9.12}$$

式中　$\phi(s)$——$\boldsymbol{G}(s)$ 诸元的最小公分母。

分子的系数矩阵 $\boldsymbol{R}_i$ 是 $m\times l$ 常数矩阵，则可以直接写出 rl 维的可控性实现，有

$$\boldsymbol{A}_c=\begin{bmatrix} 0 & \boldsymbol{I}_l & \cdots & 0 \\ \vdots & \vdots & & \vdots \\ 0 & 0 & \cdots & \boldsymbol{I}_l \\ -\alpha_r\boldsymbol{I}_l & -\alpha_{r-1}\boldsymbol{I}_l & \cdots & \boldsymbol{I}_l \end{bmatrix} \quad \boldsymbol{B}_c=\begin{bmatrix} 0 \\ \vdots \\ 0 \\ \boldsymbol{I}_l \end{bmatrix} \quad \boldsymbol{C}_c=[\boldsymbol{R}_{r-1} \quad \cdots \quad \boldsymbol{R}_0] \tag{8.9.13}$$

它的 $rl\times rll$ 阶可控性矩阵

$$\boldsymbol{Q}_c=[\boldsymbol{B}_c \quad \boldsymbol{A}_c\boldsymbol{B}_c \quad \cdots \quad \boldsymbol{A}_c^{r-1}\boldsymbol{B}_c \quad \boldsymbol{A}_c^{r}\boldsymbol{B}_c \quad \cdots \quad \boldsymbol{A}_c^{rl-1}\boldsymbol{B}_c]=$$

$$\begin{bmatrix} & & \boldsymbol{I}_l & \vdots & \\ & \iddots & & \vdots & * \\ & \boldsymbol{I}_l & & \vdots & \\ \boldsymbol{I}_l & * & & \vdots & \end{bmatrix}$$

的前 rl 列就是满秩的。这说明系数矩阵 $\boldsymbol{A}_c$ 的最小多项式是 s 的 r 次多项式，系数矩阵(8.9.13)是状态完全可控的。

下面证(8.9.13)是传递函数矩阵(8.9.12)的实现。设系统(8.9.13)的输入 u 到状态 $\boldsymbol{x}$ 的传递关系是

$$\boldsymbol{V}(s)=(s\boldsymbol{I}_{rl}-\boldsymbol{A}_c)^{-1}\boldsymbol{B}_c=\begin{bmatrix} \boldsymbol{V}_1(s) \\ \vdots \\ \boldsymbol{V}_r(s) \end{bmatrix} \tag{8.9.14}$$

式中　$\boldsymbol{V}_i(s)$——$l \times l$ 矩阵，$i = 1,2,\cdots,r$。

由此可以导出

$$(s\boldsymbol{I}_{rl} - \boldsymbol{A}_c)\boldsymbol{V}(s) = \boldsymbol{B}_c \quad 或 \quad s\boldsymbol{V}(s) = \boldsymbol{A}_c\boldsymbol{V}(s) + \boldsymbol{B}_c$$

再考虑到(8.9.13)中系数矩阵 $\boldsymbol{A}_c$ 和 $\boldsymbol{B}_c$ 的结构形式，由上式可以导出

$$\begin{cases} \boldsymbol{V}_2(s) = s\boldsymbol{V}_1(s) \\ \boldsymbol{V}_3(s) = s\boldsymbol{V}_2(s) = s^2\boldsymbol{V}_1(s) \\ \quad\vdots \qquad\qquad \vdots \\ \boldsymbol{V}_r(s) = s\boldsymbol{V}_{r-1}(s) = s^{r-1}\boldsymbol{V}_1(s) \end{cases} \tag{8.9.15}$$

和

$$s\boldsymbol{V}_r(s) = -\alpha_r\boldsymbol{V}_1(s) - \alpha_{r-1}\boldsymbol{V}_2(s) - \cdots - \alpha_1\boldsymbol{V}_r(s) + \boldsymbol{I}_l$$

将(8.9.15)代入上式并移项有

$$(s^r + \alpha_1 s^{r-1} + \cdots + \alpha_r)\boldsymbol{V}_1(s) = \phi(s)\boldsymbol{V}_1(s) = \boldsymbol{I}_l \tag{8.9.16}$$

也就是

$$\boldsymbol{V}_1(s) = \frac{1}{\phi(s)}\boldsymbol{I}_l$$

把它代入(8.9.15)，有

$$\boldsymbol{V}_i(s) = \frac{s^{i-1}}{\phi(s)}\boldsymbol{I}_l \qquad i = 1,2,\cdots,r \tag{8.9.17}$$

于是，就可得到系统(8.9.13)的传递函数矩阵

$$\boldsymbol{C}_c(s\boldsymbol{I} - \boldsymbol{A}_c)^{-1}\boldsymbol{B}_c = \boldsymbol{C}_c\boldsymbol{V}(s) = \boldsymbol{R}_{r-1}\boldsymbol{V}_1(s) + \cdots + \boldsymbol{R}_1\boldsymbol{V}_{r-1}(s) + \boldsymbol{R}_0\boldsymbol{V}_r(s) =$$

$$\frac{1}{\phi(s)}(\boldsymbol{R}_{r-1} + \cdots + \boldsymbol{R}_1 s^{r-2} + \boldsymbol{R}_0 s^{r-1}) = \boldsymbol{G}(s)$$

以上论述，说明(8.9.13)的$(\boldsymbol{A}_c,\boldsymbol{B}_c,\boldsymbol{C}_c)$是 $\boldsymbol{G}(s)$ 的一个可控性实现。不难看出，当 $l = 1$ 时，它就是单输入系统的第二可控规范型。

类似地，(8.9.12)的传递函数矩阵 $\boldsymbol{G}(s)$ 的 mr 维可观性实现是

$$\boldsymbol{A}_o = \left[\begin{array}{c|c} & -\alpha_r\boldsymbol{I}_m \\ \hline & \vdots \\ & -\alpha_1\boldsymbol{I}_m \end{array}\right] \qquad \boldsymbol{B}_o = \begin{bmatrix} \boldsymbol{R}_{r-1} \\ \vdots \\ \boldsymbol{R}_0 \end{bmatrix} \qquad \boldsymbol{C}_o = [0 \quad \cdots \quad 0 \mid \boldsymbol{I}_m] \tag{8.9.18}$$

当 $m = 1$ 时，它就是单输出系统的第二可观规范型。

应当注意，一般地说 $m \neq l$，可控实现(8.9.13)和可观实现(8.9.18)的维数是不一样的。可以根据输入维数 l 和输出维数 m 的大小，选择其中一个维数较低的实现。

$\boldsymbol{G}(s)$ 的可控实现还有一种维数较低的构造方法。将 $m \times l$ 传递函数矩阵 $\boldsymbol{G}(s)$ 按列取最

小公分母 $\phi_i(s)$，分子写成 m 维列向量 $g_i(s)$ 的形式，即

$$G(s)=\begin{bmatrix}\frac{g_1(s)}{\phi_1(s)} & \frac{g_2(s)}{\phi_2(s)} & \cdots & \frac{g_l(s)}{\phi_l(s)}\end{bmatrix} \tag{8.9.19}$$

显然，$\phi_i(s)$ 的次数 r_i 小于或等于(8.9.12) 中 $\phi(s)$ 的次数 r。分别构造单输入量多输出量 $g_i(s)/\phi_i(s)$ 传递函数向量的可控性实现(A_i,B_i,C_i)，其维数是 r_i。而后把它们的输出相加，就是 $G(s)$ 的实现(A_c,B_c,C_c) 于是

$$A_c=\begin{bmatrix}A_1 & & & 0\\ & A_2 & & \\ & & \ddots & \\ 0 & & & A_l\end{bmatrix}\quad B_c=\begin{bmatrix}B_1 & & & 0\\ & B_2 & & \\ & & \ddots & \\ 0 & & & B_l\end{bmatrix}\quad C_c=[C_1\ \ C_2\ \ \cdots\ \ C_l] \tag{8.9.20}$$

这个可控性实现的维数

$$\sum_{i=1}^{l} r_i \leqslant rl$$

例 8.9.3　构造下列传递函数矩阵的可控实现

$$G(s)=\begin{bmatrix}\frac{1}{s^2} & 0\\ \frac{1}{s^2-s} & \frac{1}{1-s}\end{bmatrix}$$

解　如果采用(8.9.13) 的可控实现，由于 $G(s)$ 的诸元最小公分母的次数是3，可控实现将是$2\times3=6$维。

采用按列取最小公分母，$G(s)$ 可以化为

$$G(s)=\begin{bmatrix}\frac{1}{s^2(s-1)}\begin{pmatrix}s-1\\ s\end{pmatrix} & \frac{1}{s-1}\begin{pmatrix}0\\ -1\end{pmatrix}\end{bmatrix}$$

则两列的可控实现分别是

$$A_1=\begin{bmatrix}0&1&0\\0&0&1\\0&0&1\end{bmatrix}\quad B_1=\begin{bmatrix}0\\0\\1\end{bmatrix}\quad C_1=\left[\begin{array}{ccc:c}-1&1&0&0\\0&1&0&-1\end{array}\right]$$

和 $$A_2=1\quad B_2=1\quad C_2=\begin{bmatrix}0\\-1\end{bmatrix}$$

校核

$$(sI-A_c)^{-1}=\frac{1}{s^2(s-1)^2}(R_0s^3+R_1s^2+R_2s+R_3)$$

中，$\alpha_1=-2,\alpha_2=1,\alpha_3=0$。而

$$\boldsymbol{R}_0=\boldsymbol{I}\qquad \boldsymbol{C}_c\boldsymbol{R}_0\boldsymbol{B}_c=\begin{bmatrix}0&0\\0&-1\end{bmatrix}$$

$$\boldsymbol{R}_1=\boldsymbol{A}_c+\alpha_1\boldsymbol{I}=\begin{bmatrix}-2&1&0&0\\0&-2&1&0\\0&0&-1&0\\0&0&0&1\end{bmatrix}\qquad \boldsymbol{C}_c\boldsymbol{R}_1\boldsymbol{B}_c=\begin{bmatrix}1&0\\1&1\end{bmatrix}$$

$$\boldsymbol{R}_2=\boldsymbol{A}_c\boldsymbol{R}_1+\alpha_2\boldsymbol{I}=\begin{bmatrix}1&-2&1&0\\0&1&-1&0\\0&0&0&0\\0&0&0&0\end{bmatrix}\qquad \boldsymbol{C}_c\boldsymbol{R}_2\boldsymbol{B}_c=\begin{bmatrix}-2&0\\-1&0\end{bmatrix}$$

$$\boldsymbol{R}_3=\boldsymbol{A}_c\boldsymbol{R}_2+\alpha_3\boldsymbol{I}=\begin{bmatrix}0&1&-1&0\\0&1&0&0\\0&0&0&0\\0&0&0&0\end{bmatrix}\qquad \boldsymbol{C}_c\boldsymbol{R}_3\boldsymbol{B}_c=\begin{bmatrix}1&0\\0&0\end{bmatrix}$$

则传递函数矩阵是

$$\boldsymbol{C}_c(s\boldsymbol{I}-\boldsymbol{A}_c)^{-1}\boldsymbol{B}_c=\frac{1}{s^2(s-1)^2}\begin{bmatrix}s^2-2s+1&0\\s^2-s&-s^3+s^2\end{bmatrix}=\frac{1}{s^2(s-1)}\begin{bmatrix}s-1&0\\s&-s^2\end{bmatrix}=\boldsymbol{G}(s)$$

8.9.4 最小实现

对于给定的传递矩阵 $\boldsymbol{G}(s)$ 的实现并不惟一，其中维数最小的实现称为最小实现。因此，最小实现是一种结构最简单的不可约实现。关于线性定常系统的最小实现有如下定理。

定理 8.9.1 $\boldsymbol{G}(s)$ 是一个严格真有理分式矩阵，实现 (A,B,C) 是它最小实现的充要条件为 $[A\quad B]$ 能控，$[A\quad C]$ 能观测。

定理 8.9.2 $\boldsymbol{G}(s)$ 任意两个最小实现 $(\boldsymbol{A}_1,\boldsymbol{B}_1,\boldsymbol{C}_1)$ 和 $(\boldsymbol{A}_2,\boldsymbol{B}_2,\boldsymbol{C}_2)$ 是代数等价的。

定理的证明可以见文献[13,18]，下面作简单说明。

说明：定理 8.9.1 和定理 8.9.2 揭示了最小实现的基本性质。它说明一个严格真有理分式矩阵 $\boldsymbol{W}(s)$ 的最小实现是完全能控和完全能观测的；两个不同最小实现之间是代数等价的，因而在代数等价这个意义下最小实现是惟一的。

确定最小实现的一种简单的方法是：

(1) 根据给定的传递矩阵 $\boldsymbol{G}(s)$ 首先找出一种实现 $\{\boldsymbol{A}、\boldsymbol{B}、\boldsymbol{C}\}$。为使实现具有较低的维数，通常的做法是，当输入维数小于输出维数时，宜选能控标准型实现；反之，宜选能观测标准型实现。

(2) 对实现{$\boldsymbol{A}$、$\boldsymbol{B}$、$\boldsymbol{C}$}进行结构分解，其中既能控又能观测部分便是最小实现。

例 8.9.4　试确定如下传递矩阵 $\boldsymbol{G}(s)$ 的最小实现。

$$\boldsymbol{G}(s)=\begin{bmatrix}\dfrac{s+1}{s^2+3s+1} & \dfrac{1}{s^2+3s+1}\\ \dfrac{1}{s^2+3s+1} & \dfrac{2}{s^2+3s+1}\end{bmatrix}$$

解　(1) 为给定传递矩阵 $\boldsymbol{G}(s)$ 找出一个实现，如取能观测标准形实现，即

$$\boldsymbol{A}=\begin{bmatrix}0&0&-1&0\\0&0&0&-1\\1&0&-3&0\\0&1&0&-3\end{bmatrix}\qquad \boldsymbol{B}=\begin{bmatrix}1&1\\1&2\\1&0\\0&1\end{bmatrix}\qquad \boldsymbol{C}=\begin{bmatrix}0&0&1&0\\0&0&0&1\end{bmatrix}$$

(2) 根据上述实现的系统矩阵 A 及控制矩阵 B，计算其能控性矩阵的秩，即

$$\mathrm{rank}\begin{bmatrix}\boldsymbol{B} & \boldsymbol{AB} & \boldsymbol{A}^2\boldsymbol{B} & \boldsymbol{A}^3\boldsymbol{B}\end{bmatrix}=\mathrm{rank}\begin{bmatrix}1&1&-1&0&2&-1&-5&3\\1&2&0&-1&-1&1&3&-2\\1&0&-2&1&5&-3&-13&8\\0&1&1&-1&-3&2&8&-5\end{bmatrix}=2$$

这说明，在上述能控性矩阵中，由于只有两个线性无关的列，故上述实现不完全能控。

选取变换矩阵 $\boldsymbol{P}$ 对上述实现进行结构分解。取能控性矩阵的两个线性无关列，如第一及第二列构成变换矩阵 $\boldsymbol{P}$ 的第一及第二列。$\boldsymbol{P}$ 的第三及第四列在保证 $\boldsymbol{P}$ 为非奇异的条件下可任选。例如，选

$$\boldsymbol{P}=\begin{bmatrix}1&1&0&0\\1&2&0&0\\1&0&1&0\\0&1&0&1\end{bmatrix}$$

其逆矩阵 $\boldsymbol{P}^{-1}$ 为

$$\boldsymbol{P}^{-1}=\begin{bmatrix}2&-1&0&0\\-1&1&0&0\\-2&1&1&0\\1&-1&0&1\end{bmatrix}$$

(3) 通过线性非奇异变换，可得

$$\boldsymbol{P}^{-1}\boldsymbol{AP}=\begin{bmatrix}2&-1&0&0\\-1&1&0&0\\-2&1&1&0\\1&-1&0&1\end{bmatrix}\begin{bmatrix}0&0&-1&0\\0&0&0&-1\\1&0&-3&0\\0&1&0&-3\end{bmatrix}\begin{bmatrix}1&1&0&0\\1&2&0&0\\1&0&1&0\\0&1&0&1\end{bmatrix}=\begin{bmatrix}-2&1&-2&1\\1&-1&1&-1\\0&0&-1&-1\\0&0&-1&-2\end{bmatrix}$$

$$P^{-1}B=\begin{bmatrix}2&-1&0&0\\-1&1&0&0\\-2&1&1&0\\1&-1&0&1\end{bmatrix}\begin{bmatrix}1&1\\1&2\\1&0\\0&1\end{bmatrix}=\begin{bmatrix}1&0\\0&1\\0&0\\0&0\end{bmatrix}$$

$$CP=\begin{bmatrix}0&0&1&0\\0&0&0&1\end{bmatrix}\begin{bmatrix}1&1&0&0\\1&2&0&0\\1&0&1&0\\0&1&0&1\end{bmatrix}=\begin{bmatrix}1&0&1&0\\0&1&0&1\end{bmatrix}$$

其中

$$\widetilde{A}=\begin{bmatrix}-2&1\\1&-1\end{bmatrix}\quad \widetilde{B}=\begin{bmatrix}1&0\\0&1\end{bmatrix}\quad \widetilde{C}=\begin{bmatrix}1&0\\0&1\end{bmatrix}$$

分别为完全能控子系统的系统矩阵、控制矩阵及输出矩阵。这是因为能控性矩阵$[\widetilde{B}\quad \widetilde{A}\widetilde{B}]$的秩为

$$\operatorname{rank}[\widetilde{B}\quad \widetilde{A}\widetilde{B}]=\operatorname{rank}\begin{bmatrix}1&0&-2&1\\0&1&1&-1\end{bmatrix}=2$$

(4) 由于实现

$$\dot{X}=\widetilde{A}X+\widetilde{B}U$$
$$Y=\widetilde{C}X$$

既完全能控又完全能观测，故$\{\widetilde{A}、\widetilde{B}、\widetilde{C}\}$是给定传递矩阵$G(s)$的一个最小实现。

说明：对于单输入单输出线性定常系统，其最小实现的阶数应与传递函数分母多项式的次数相等；对于多输入多输出线性定常系统，其最小实现的阶数应与特征多项式的次数相等。

8.10 离散系统的状态空间分析

第六章讨论了离散系统的差分方程和脉冲传递函数描述，它们都是一种对系统输入输出特性的描述。本节研究离散系统的状态空间描述，与连续系统一样，这是一种对系统内部动态特性的完全的描述。

由于离散系统的状态空间方法在很大程度上平行于连续系统情形，本节不对离散系统理论进行全面的介绍，仅涉及一些最基本的系统分析问题。

8.10.1 离散系统的状态空间描述

设线性离散系统的采样方式为周期采样，采样时刻为$kT(k=0,1,2,\cdots)$，则状态空间描述为

$$\begin{cases}x(k+1)=G(k)x(k)+H(k)u(k)\\y(k)=C(k)x(k)+D(k)u(k)\end{cases}\tag{8.10.1}$$

式中　$\boldsymbol{G}(k)$——$n \times n$ 阶实矩阵,称为系统矩阵;

$\boldsymbol{H}(k)$——$n \times r$ 阶实矩阵,称为控制输入矩阵;

$\boldsymbol{C}(k)$——$m \times n$ 阶实矩阵,称为观测矩阵;

$\boldsymbol{D}(k)$——$m \times r$ 阶实矩阵,称为前馈矩阵。

如果系统的参数矩阵均为定常的,即与采样时间标号 k 无关,系统(8.10.1)化为下述定常的线性离散系统

$$\begin{cases} \boldsymbol{x}(k+1) = \boldsymbol{G}\boldsymbol{x}(k) + \boldsymbol{H}\boldsymbol{u}(k) \\ \boldsymbol{y}(k) = \boldsymbol{C}\boldsymbol{x}(k) + \boldsymbol{D}\boldsymbol{u}(k) \end{cases} \tag{8.10.2}$$

对应地,系统(8.10.1)则称为时变的线性离散系统。

对于定常线性离散系统(8.10.2),我们称矩阵 $\boldsymbol{G}$ 的特征值为系统(8.10.2)的特征值或极点。另外,类似于连续的情形,还有下述定义。

定义 8.10.1　对于系统(8.10.2),称满足

$$\operatorname{rank}\begin{bmatrix} s\boldsymbol{I}_n - \boldsymbol{G} & \boldsymbol{H} \end{bmatrix} < n \tag{8.10.3}$$

的 s 为系统的输入解耦零点,称满足

$$\operatorname{rank}\begin{bmatrix} s\boldsymbol{I}_n - \boldsymbol{G} \\ \boldsymbol{C} \end{bmatrix} < n \tag{8.10.4}$$

的 s 为系统的输出解耦零点,称满足

$$\operatorname{rank}\begin{bmatrix} s\boldsymbol{I}_n - \boldsymbol{G} & -\boldsymbol{H} \\ \boldsymbol{C} & \boldsymbol{D} \end{bmatrix} < n + \min\{r, m\} \tag{8.10.5}$$

的 s 为系统的传输零点。

1. 化差分方程为离散状态方程

化差分方程为离散状态方程与化微分方程为状态方程情形类似。我们这里假设差分方程中不含输入函数的高阶差分,即差分方程为

$$y(k+n) + a_1 y(k+n-1) + \cdots + a_{n-1} y(k+1) + a_n y(k) = bu(k) \tag{8.10.6}$$

选择状态变量为

$$\begin{cases} x_1(k) = y(k) \\ x_2(k) = y(k+1) \\ \vdots \\ x_n(k) = y(k+n-1) \end{cases} \tag{8.10.7}$$

由式(8.10.6)和式(8.10.7)可以得到

$$\begin{aligned} & x_1(k+1) = x_2(k) \\ & x_2(k+1) = x_3(k) \\ & \vdots \end{aligned}$$

$$x_n(k+1)=-a_nx_1(k)-a_{n-1}x_2(k)-\cdots-a_1x_n(k)+bu(k)$$
$$y(k)=x_1(k)$$

写成状态方程和输出方程的形式为

$$\begin{bmatrix} x_1(k+1) \\ x_2(k+1) \\ \vdots \\ x_n(k+1) \end{bmatrix}=\begin{bmatrix} 0 & 1 & \cdots & 0 \\ \vdots & \vdots & & \vdots \\ 0 & 0 & \cdots & 1 \\ -a_n & -a_{n-1} & \cdots & -a_1 \end{bmatrix}\begin{bmatrix} x_1 \\ x_2 \\ \vdots \\ x_n \end{bmatrix}+\begin{bmatrix} 0 \\ \vdots \\ 0 \\ b \end{bmatrix}u(k)$$

$$y(k)=[1\quad 0\quad \cdots\quad 0]\begin{bmatrix} x_1(k) \\ x_2(k) \\ \vdots \\ x_n(k) \end{bmatrix}$$

2. 化脉冲传递函数为离散状态方程

由第六章可知,可以用差分方程或脉冲传递函数来描述离散系统的输入输出关系。一般的物理系统中,脉冲传递函数是真有理分式,即脉冲传递函数的分母多项式的次数大于或等于分子多项式的次数,也即描述系统的差分方程中输入函数的差分阶数小于或等于输出函数的差分阶数。

假设系统的脉冲传递函数 $G(z)$ 分子分母多项式的阶数相同,且具有互不相同的实极点 $z_1,z_2,\cdots,z_n$,采用部分分式法将 $G(z)$ 化成

$$G(z)=\frac{\bar{y}(z)}{\bar{u}(z)}=d+\sum_{i=1}^{n}\frac{k_i}{z-z_i} \tag{8.10.8}$$

式中 $\bar{y}(z),\bar{u}(z)$—— 输出和输入的 Z 变换。

$$k_i=\lim_{z\to z_i}[G(z)(z-z_i)]$$

取 $\bar{x}_i(z)=\dfrac{1}{z-z_i}\bar{u}(z)$ 为离散状态变量的 Z 变换,则有

$$z\bar{x}_i(z)=z_i\bar{x}_i(z)+\bar{u}(z) \tag{8.10.9}$$

$$\bar{y}(z)=d\bar{u}(z)+\sum_{i=1}^{n}k_i\bar{x}_i(z) \tag{8.10.10}$$

将以上两式作 Z 反变换得

$$x_i(k+1)=z_ix_i(k)+u(k)$$

$$y(k)=\sum_{i=1}^{n}k_ix_i(k)+du(k) \tag{8.10.11}$$

即状态方程和输出方程为

$$\begin{bmatrix} x_1(k+1) \\ x_2(k+1) \\ \vdots \\ x_n(k+1) \end{bmatrix} = \begin{bmatrix} z_1 & & & 0 \\ & z_2 & & \\ & & \ddots & \\ 0 & & & z_n \end{bmatrix} \begin{bmatrix} x_1 \\ x_2 \\ \vdots \\ x_n \end{bmatrix} + \begin{bmatrix} 1 \\ 1 \\ \vdots \\ 1 \end{bmatrix} u(k) \tag{8.10.12}$$

$$y(k) = [k_1 \quad k_2 \quad \cdots \quad k_n] \begin{bmatrix} x_1(k) \\ x_2(k) \\ \vdots \\ x_n(k) \end{bmatrix} + du(k) \tag{8.10.13}$$

3. 线性连续系统状态方程的离散化

无论是利用数字计算机分析连续时间系统,还是对连续受控对象进行控制,都会遇到一个把连续时间系统化为等价的离散时间状态方程的问题。假设离散方式是周期采样,采样周期为 T,同时采用零阶保持器。在此条件下,有以下结论。

定理 8.10.1　给定线性连续时变系统

$$\begin{cases} \dot{\boldsymbol{x}} = \boldsymbol{A}(t)x + \boldsymbol{B}(t)\boldsymbol{u} & t \in [t_0, t_\mathrm{a}] \\ \boldsymbol{y} = \boldsymbol{C}(t)\boldsymbol{x} + \boldsymbol{D}(t)\boldsymbol{u} & \boldsymbol{x}(t_0) = \boldsymbol{x}_0 \end{cases} \tag{8.10.14}$$

则离散化后的状态方程为

$$\begin{cases} \boldsymbol{x}(k+1) = \boldsymbol{G}(k)\boldsymbol{x}(k) + \boldsymbol{H}(k)\boldsymbol{u}(k) & k = 0,1,\cdots,l \\ \boldsymbol{y}(k) = \boldsymbol{C}(k)\boldsymbol{x}(k) + \boldsymbol{D}(k)\boldsymbol{u}(k) & \boldsymbol{x}(0) = \boldsymbol{x}_0 \end{cases} \tag{8.10.15}$$

并且两者的系数矩阵间存在如下的关系式

$$\begin{aligned} \boldsymbol{G}(k) &= \boldsymbol{\Phi}[(k+1)T, kT] = \boldsymbol{\Phi}(k+1, k) \\ \boldsymbol{H}(k) &= \int_{kT}^{(k+1)T} \boldsymbol{\Phi}[(k+1)T, \tau]\boldsymbol{B}(\tau)\mathrm{d}\tau \\ \boldsymbol{C}(k) &= [\boldsymbol{C}(t)]_{t=kT} \\ \boldsymbol{D}(k) &= [\boldsymbol{D}(t)]_{t=kT} \end{aligned} \tag{8.10.16}$$

式中　T—— 采样周期;

$\boldsymbol{\Phi}(k+1, k)$—— 是连续系统(8.10.14) 的状态转移矩阵。

$$l = (t_a - t_0)/T$$

$$\boldsymbol{x}(k) = [\boldsymbol{x}(t)]_{t=kT}$$

$$\boldsymbol{u}(k) = [\boldsymbol{u}(t)]_{t=kT}$$

$$\boldsymbol{y}(k) = [\boldsymbol{y}(t)]_{t=kT}$$

证明　线性连续时变系统(8.10.14) 的状态运动表达式为

$$\boldsymbol{x}(t) = \boldsymbol{\Phi}(t, t_0)\boldsymbol{x}_0 + \int_0^t \boldsymbol{\Phi}(t, \tau)\boldsymbol{B}(\tau)\boldsymbol{u}(\tau)\mathrm{d}\tau \tag{8.10.17}$$

令 $t=(k+1)T$，而 t_0 对应为 $k=0$，可得到

$$\begin{aligned}\boldsymbol{x}(k+1) &= \boldsymbol{\Phi}(k+1,0)\boldsymbol{x}_0+\int_0^{(k+1)T}\boldsymbol{\Phi}[(k+1)T,\tau]\boldsymbol{B}(\tau)\boldsymbol{u}(\tau)\mathrm{d}\tau = \\ &\boldsymbol{\Phi}(k+1,k)[\boldsymbol{\Phi}(k,0)\boldsymbol{x}_0+\int_0^{kT}\boldsymbol{\Phi}(kT,\tau)\boldsymbol{B}(\tau)\boldsymbol{u}(\tau)\mathrm{d}\tau]+ \\ &\{\int_{kT}^{(k+1)T}\boldsymbol{\Phi}[(k+1)T,\tau]\boldsymbol{B}(k)\mathrm{d}\tau\}\boldsymbol{u}(\tau)= \\ &\boldsymbol{G}(k)\boldsymbol{x}(k)+\boldsymbol{H}(k)\boldsymbol{u}(k)\end{aligned} \tag{8.10.18}$$

再对输出方程加以离散化，即令 $t=kT$，又可得到

$$\boldsymbol{y}(k)=\boldsymbol{C}(k)\boldsymbol{x}(k)+\boldsymbol{D}(k)\boldsymbol{u}(k) \tag{8.10.19}$$

容易推导出线性连续定常系统离散化后的模型。

定理 8.10.2 线性连续定常系统

$$\begin{cases}\dot{\boldsymbol{x}}=\boldsymbol{A}\boldsymbol{x}+\boldsymbol{B}\boldsymbol{u} & \boldsymbol{x}(0)=\boldsymbol{x}_0 \\ \boldsymbol{y}=\boldsymbol{C}\boldsymbol{x}+\boldsymbol{D}\boldsymbol{u} & t\geqslant 0\end{cases} \tag{8.10.20}$$

的时间离散化模型为

$$\begin{cases}\boldsymbol{x}(k+1)=\boldsymbol{G}\boldsymbol{x}(k)+\boldsymbol{H}u(k) & \boldsymbol{x}(0)=\boldsymbol{x}_0 \\ \boldsymbol{y}(k)=\boldsymbol{C}\boldsymbol{x}(k)+\boldsymbol{D}u(k) & k=0,1,2,\cdots\end{cases} \tag{8.10.21}$$

其中

$$\boldsymbol{G}=\mathrm{e}^{\boldsymbol{A}T} \qquad \boldsymbol{H}=(\int_0^T\mathrm{e}^{\boldsymbol{A}t}\mathrm{d}t)\boldsymbol{B} \tag{8.10.22}$$

说明：从以上的推导可以看出，时间离散化不改变系统的时变性或定常性。即时变连续系统离散化后仍为时变系统，而定常连续系统离散化后仍为定常系统。同时，由于连续系统的状态转移矩阵必是非奇异的，因此，离散化状态方程状态矩阵中的 $\boldsymbol{G}(k)$ 或 $\boldsymbol{G}$ 将一定是非奇异的。

例 8.10.1 给定线性连续定常系统

$$\begin{bmatrix}\dot{x}_1\\ \dot{x}_2\end{bmatrix}=\begin{bmatrix}0 & 1\\ 0 & -2\end{bmatrix}\begin{bmatrix}x_1\\ x_2\end{bmatrix}+\begin{bmatrix}0\\ 1\end{bmatrix}u \qquad t\geqslant 0$$

且采样周期 $T=0.1$ s，试建立其时间离散化模型。

解 首先定出给定连续的矩阵指数函数 $\mathrm{e}^{\boldsymbol{A}T}$。考虑到

$$(s\boldsymbol{I}-\boldsymbol{A})^{-1}=\begin{bmatrix}s & -1\\ 0 & s+2\end{bmatrix}^{-1}=\begin{bmatrix}\dfrac{1}{s} & \dfrac{1}{s(s+2)}\\ 0 & \dfrac{1}{s+2}\end{bmatrix}$$

对其求拉普拉斯反变换，即得

$$e^{AT}=\begin{bmatrix}1 & 0.5(1-e^{-2t})\\0 & e^{-2t}\end{bmatrix}$$

再利用式(8.10.22)可求出

$$G=e^{AT}=\begin{bmatrix}1 & 0.5(1-e^{-2t})\\0 & e^{-2t}\end{bmatrix}=\begin{bmatrix}1 & 0.091\\0 & 0.819\end{bmatrix}$$

$$H=(-\int_T^0 e^{At}\mathrm{d}t)B=\left(\int_T^0\begin{bmatrix}1 & 0.5(1-e^{-2t})\\0 & e^{-2t}\end{bmatrix}\mathrm{d}t\right)\begin{bmatrix}0\\1\end{bmatrix}=$$

$$\begin{bmatrix}T & 0.5T+0.25e^{-2T}-0.25\\0 & -0.5e^{-2T}+0.5\end{bmatrix}\begin{bmatrix}0\\1\end{bmatrix}=$$

$$\begin{bmatrix}0.5T+0.25e^{-2T}-0.25\\-0.5e^{-2T}+0.5\end{bmatrix}=\begin{bmatrix}0.005\\0.091\end{bmatrix}$$

于是离散化后的状态方程为

$$\begin{bmatrix}x_1(k+1)\\x_2(k+1)\end{bmatrix}=\begin{bmatrix}1 & 0.091\\0 & 0.819\end{bmatrix}\begin{bmatrix}x_1(k)\\x_2(k)\end{bmatrix}+\begin{bmatrix}0.005\\0.091\end{bmatrix}u(k)$$

8.10.2　线性离散系统的运动分析

线性离散系统的运动分析实际上是对时变的线性差分方程

$$x(k+1)=G(k)x(k)+H(k)u(k)\qquad x(0)=x_0 \tag{8.10.23}$$

或定常的线性差分方程

$$x(k+1)=Gx(k)+Hu(k)\qquad x(0)=x_0 \tag{8.10.24}$$

进行求解的过程。

这种求解过程,实际上是一种叠代的过程。给定系统(8.10.23)的初始状态 $x(0)=x_0$,以及各采样瞬时的输入 $u(0),u(1),u(2),\cdots$,则系统的状态可按式(8.10.23)叠代得出。于是可以得到线性离散系统的运动规律。下面定理给出定常系统的状态运动表达式。

定理 8.10.3　对于由(8.10.24)所描述的线性定常离散系统,其状态运动的表达式为

$$x(k)=G^k x_0+\sum_{i=0}^{k-1}G^{k-i-1}Hu(i) \tag{8.10.25}$$

或

$$x(k)=G^k x_0+\sum_{i=0}^{k-1}G^{i}Hu(k-i-1) \tag{8.10.26}$$

证明　将初值 $x(0)=x_0$ 及控制序列 $u(0),u(1),u(2)$ 代入方程(8.10.24)中,并进行叠代,可得

$$x(k) = G^k x_0 + G^{k-1}Hu(0) + G^{k-2}Hu(1) + \cdots + GHu(k-2) + Hu(k-1) \tag{8.10.27}$$

可以得出定理中的结论。

基于上述定理，我们也可以将线性离散系统的运动分解为零输入和零状态响应两个部分，即

$$x(k) = \phi(k,0,x_0,0) + \phi(k,0,0,u) \tag{8.10.28}$$

对于线性定常离散系统

$$\begin{cases} \phi(k,0,x_0,0) = G^k x_0 \\ \phi(k,0,0,u) = \sum_{i=0}^{k-1} G^{k-i-1}Hu(i) \end{cases} \tag{8.10.29}$$

8.10.3 离散时间系统的能控性

离散时间系统的能控性和能观测性的概念和判据基本上和连续时间系统的情形是平行的。但值得注意的是，对离散时间系统而言，能控性和能达性的等价性却要求了较强的条件。

1. 能控性和能达性

考虑线性时变离散时间系统

$$\begin{cases} x(k+1) = Gx(k) + Hu(k) \\ y(k) = Cx(k) + Du(k) \end{cases} \quad k \in J_k \tag{8.10.30}$$

式中 J_k—— 离散时间定义区间。

定义 8.10.2 如果对初始时刻 $h \in J_k$ 和状态空间中的所有非零状态 x_0，都存在时刻 $l \in J_k, l > h$ 和对应的控制 $u(k)$，使得系统(8.10.30)在这个控制的作用下的第 l 步的状态为零，即 $x(l) = 0$，则称系统在时刻 h 为完全能控。对应地，如果对初始时刻 $h \in J_k$ 和初始状态 $x(h) = 0$，存在时刻 $l \in J_k, l > h$ 和对应的控制 $u(k)$，使得在这一控制的作用下，系统(8.10.30)的状态 $x(l)$ 可为状态空间中的任意非零点，则称系统在时刻 h 为完全能达。

对于离散时间系统，不管是时变的还是定常的，其能控性和能达性只是在一定的条件下才是等价的。对于线性定常系统，其状态解可以写成

$$x(k) = G^k x(0) + \begin{bmatrix} H & GH & \cdots & G^{k-1}H \end{bmatrix} \begin{bmatrix} u(k-1) \\ \vdots \\ u(1) \\ u(0) \end{bmatrix} \tag{8.10.31}$$

特征方程为

$$D(z) = \det(zI - G) = 0$$

由凯莱 – 哈密顿(Caylay – Hamilton)定理可知，G^n 可由 $I, G, \cdots, G^{n-1}$ 的线性组合表示。定义可达性矩阵

$$Q_c = \begin{bmatrix} H & GH & \cdots & G^{n-1}H \end{bmatrix} \tag{8.10.32}$$

可达性是指从零初始状态 $\boldsymbol{x}_0$ 到任意非零状态 $\boldsymbol{x}_f$ 的转移能力。设 $\boldsymbol{x}_0=\boldsymbol{0}$,则

$$\boldsymbol{x}_f=\boldsymbol{x}(n)=\boldsymbol{Q}_c[\boldsymbol{u}(n-1)\quad \boldsymbol{u}(n-2)\quad \cdots\quad \boldsymbol{u}(0)]^{\mathrm{T}}$$

若 $\boldsymbol{Q}_c$ 满秩,则可以找到满足要求的控制序列 $\boldsymbol{u}(0),\boldsymbol{u}(1),\cdots,\boldsymbol{u}(n-1)$,使系统的状态由零点转移到任意的非零状态。

可控性是指从任意初始状态到零状态 $\boldsymbol{x}_0$ 的转移能力。设 $\boldsymbol{x}(n)=0$,则

$$\boldsymbol{G}^n\boldsymbol{x}_0=-\boldsymbol{Q}_c[\boldsymbol{u}(n-1)\quad \boldsymbol{u}(n-2)\quad \cdots\quad \boldsymbol{u}(0)]^{\mathrm{T}}$$

可控性的研究与矩阵 $\boldsymbol{G}$ 的奇异性有关。

(1) 如果 $\det \boldsymbol{G}\neq 0$,则 $\det \boldsymbol{G}^n\neq 0$,即 $\boldsymbol{G}^n$ 可逆。所以对于任意的 $\boldsymbol{x}_0$,可达性矩阵 $\boldsymbol{Q}_c$ 满秩等价于可以找到满足要求的控制序列 $\boldsymbol{u}(0),\boldsymbol{u}(1),\cdots,\boldsymbol{u}(n-1)$,在该控制序列的作用下系统的状态可以由 $\boldsymbol{x}_0$ 转移到零点。

(2) 如果 $\det \boldsymbol{G}=0$,则 $\det \boldsymbol{G}^n=0$。若可达性矩阵 $\boldsymbol{Q}_c$ 满秩,显然也可以找到满足要求的控制序列 $\boldsymbol{u}(0),\boldsymbol{u}(1),\cdots,\boldsymbol{u}(n-1)$,在该控制序列的作用下系统的状态可以由 $\boldsymbol{x}_0$ 转移到零点。但对于 $\boldsymbol{G}^n\boldsymbol{x}_0=0$ 的所有的 $\boldsymbol{x}_0$,即线形空间 $\{\boldsymbol{x}\mid \boldsymbol{G}^n\boldsymbol{x}=0\}$ 的任何一个元素,不论能达性矩阵 $\boldsymbol{Q}_c$ 是否满秩,都有 $\boldsymbol{u}(i)=0(i=1,2,\cdots)$ 使系统的状态转移到原点。所以,能达性矩阵 $\boldsymbol{Q}_c$ 满秩是能控的充分条件而不是必要条件。

定理 8.10.4　对离散控制系统,有如下的结论。

(1)$(\boldsymbol{G},\boldsymbol{H})$ 完全能达的充要条件是 $\operatorname{rank}\boldsymbol{Q}_c=n$。

(2)$(\boldsymbol{G},\boldsymbol{H})$ 完全能控的充分条件是 $\operatorname{rank}\boldsymbol{Q}_c=n$。

(3) 当 $\det \boldsymbol{Q}_c\neq 0$ 时,能控性与能达性等价。

对离散系统,通常讨论它的能达性,因为能达性的许多结论与连续时间系统的能控性是一致的。当系统完全能达时,由零状态出发最多 n 步达到所期望的目标状态。显然,如果系统完全能控时,也有这样的结论。

对于线性时变系统情形,有如下的结论。

线性离散时间系统(8.10.30) 的能控性和能达性为等价的充分必要条件是,其系统矩阵 $\boldsymbol{G}(k)$ 对所有 $k\in[h,l-1]$ 为非奇异。

推论 8.10.1　对于线性定常离散时间系统(8.10.24),其能控性和能达性为等价的充分必要条件是,系统矩阵 $\boldsymbol{G}$ 为非奇异。

定理 8.10.5　如果离散时间系统(8.10.23) 或(8.10.24) 是相应的连续时间系统的时间离散化模型,则其能控性和能达性必是等价的。

证明　由 8.10.1 节可知,此时有

$$\boldsymbol{G}(k)=\boldsymbol{\Phi}(k+1,k)\qquad k\in J_k$$

或

$$\boldsymbol{G}=\mathrm{e}^{\boldsymbol{A}T}$$

式中　$\boldsymbol{\Phi}(\cdot,\cdot)$—— 连续时间系统状态转移矩阵；

T—— 采样周期；

J_k—— 离散时间定义区间。

$\boldsymbol{\Phi}(t,t_0)$ 和 e^{AT} 均为非奇异，从而可知 $\boldsymbol{G}(k)$ 和 $\boldsymbol{G}$ 必为非奇异。于是，由定理8.10.4及推论8.10.1可知结论成立。

2. 能控性判据

离散时间系统的能控性判据与连续时间系统的能控性判据大致相同。下面给出线性定常系统的结论。

当 $\boldsymbol{G}(k)=\boldsymbol{G}$，$\boldsymbol{H}(k)=\boldsymbol{H}$ 为定常时，线性离散系统(8.10.1)为完全能控的充分必要条件是

$$\operatorname{rank}\boldsymbol{Q}_{c}=\operatorname{rank}[\boldsymbol{H}\,\vdots\,\boldsymbol{GH}\,\vdots\,\cdots\,\vdots\,\boldsymbol{G}^{n-1}\boldsymbol{H}]=n \tag{8.10.33}$$

式中　n—— 系统的维数。

对单输入的线性定常离散系统，还可导出如下的一个有意义的推论。

推论 8.10.2　考虑单输入定常离散系统

$$\boldsymbol{x}(k+1)=\boldsymbol{Gx}(k)+\boldsymbol{h}u(k)\qquad k=0,1,2,\cdots \tag{8.10.34}$$

式中　$\boldsymbol{x}$——n 维状态向量；

u—— 标量输入；

$\boldsymbol{G}$—— 假定为非奇异。

则当系统为完全能控时，可构造控制

$$\begin{bmatrix} u(0) \\ u(1) \\ \vdots \\ u(n-1) \end{bmatrix}=-[\boldsymbol{G}^{-1}\boldsymbol{h}\quad \boldsymbol{G}^{-2}\boldsymbol{h}\quad\cdots\quad \boldsymbol{G}^{-n}\boldsymbol{h}]^{-1}\boldsymbol{x}_0 \tag{8.10.35}$$

使其能够在 n 步内将任意状态 $\boldsymbol{x}(0)=\boldsymbol{x}_0$ 转移到状态空间的原点。

例 8.10.2　设单输入线性定常离散系统状态方程为

$$\boldsymbol{x}(k+1)=\begin{bmatrix} 1 & 0 & 0 \\ 0 & 2 & -2 \\ -1 & 1 & 0 \end{bmatrix}\boldsymbol{x}(k)+\begin{bmatrix} 1 \\ 0 \\ 1 \end{bmatrix}u(k)$$

试判断其可控性；若初始状态 $\boldsymbol{x}(0)=[2\quad 1\quad 0]^{\mathrm{T}}$，确定使 $\boldsymbol{x}(3)=\boldsymbol{0}$ 的控制序列 $u(0)$，$u(1)$，$u(2)$；研究使 $x(2)=0$ 的可能性。

解　由题意知

$$\boldsymbol{G}=\begin{bmatrix} 1 & 0 & 0 \\ 0 & 2 & -2 \\ -1 & 1 & 0 \end{bmatrix}\qquad \boldsymbol{h}=\begin{bmatrix} 1 \\ 0 \\ 1 \end{bmatrix}$$

$$\operatorname{rank} \boldsymbol{Q}_c = \operatorname{rank}[\boldsymbol{h} \quad \boldsymbol{Gh} \quad \boldsymbol{G}^2\boldsymbol{h}] = \operatorname{rank}\begin{bmatrix} 1 & 1 & 1 \\ 0 & -2 & -2 \\ 1 & -1 & -3 \end{bmatrix} = 3 = n$$

故系统可控。

按式(8.9.35)可求出 $u(0),u(1),u(2)$,为了减少求逆阵的麻烦,现用递推法来求。令 $k=0,1,2,\cdots$,可得状态序列

$$\boldsymbol{x}(1) = \boldsymbol{Gx}(0) + \boldsymbol{h}u(0) = \begin{bmatrix} 1 & 0 & 0 \\ 0 & 2 & -2 \\ -1 & 1 & 0 \end{bmatrix}\begin{bmatrix} 2 \\ 1 \\ 0 \end{bmatrix} + \begin{bmatrix} 1 \\ 0 \\ 1 \end{bmatrix}u(0) = \begin{bmatrix} 2 \\ 2 \\ -1 \end{bmatrix} + \begin{bmatrix} 1 \\ 0 \\ 1 \end{bmatrix}u(0)$$

$$\boldsymbol{x}(2) = \boldsymbol{Gx}(1) + \boldsymbol{h}u(1) = \begin{bmatrix} 2 \\ 6 \\ 0 \end{bmatrix} + \begin{bmatrix} 1 \\ -2 \\ -1 \end{bmatrix}u(0) + \begin{bmatrix} 1 \\ 0 \\ 1 \end{bmatrix}u(1)$$

$$\boldsymbol{x}(3) = \boldsymbol{Gx}(2) + \boldsymbol{h}u(2) = \begin{bmatrix} 2 \\ 12 \\ 4 \end{bmatrix} + \begin{bmatrix} 1 \\ -2 \\ 3 \end{bmatrix}u(0) + \begin{bmatrix} 1 \\ -2 \\ 1 \end{bmatrix}u(1) + \begin{bmatrix} 1 \\ 0 \\ 1 \end{bmatrix}u(2)$$

令 $x(3)=0$,则有

$$\begin{bmatrix} 1 & 1 & 1 \\ -2 & -2 & 0 \\ -3 & -1 & 1 \end{bmatrix}\begin{bmatrix} u(0) \\ u(1) \\ u(2) \end{bmatrix} = \begin{bmatrix} -2 \\ -12 \\ -4 \end{bmatrix}$$

其系数矩阵即可控性矩阵 $\boldsymbol{Q}_c$ 是非奇异的。因而可得

$$\begin{bmatrix} u(0) \\ u(1) \\ u(2) \end{bmatrix} = \begin{bmatrix} 1 & 1 & 1 \\ -2 & -2 & 0 \\ -3 & -1 & 1 \end{bmatrix}^{-1}\begin{bmatrix} -2 \\ -12 \\ -4 \end{bmatrix} = \begin{bmatrix} \frac{1}{2} & \frac{1}{2} & -\frac{1}{2} \\ -\frac{1}{2} & -1 & \frac{1}{2} \\ 1 & \frac{1}{2} & 0 \end{bmatrix}\begin{bmatrix} -2 \\ -12 \\ -4 \end{bmatrix} = \begin{bmatrix} -5 \\ 11 \\ -8 \end{bmatrix}$$

若令 $x(2)=0$,即解方程组

$$\begin{bmatrix} 1 & 1 \\ -2 & 0 \\ -1 & 1 \end{bmatrix}\begin{bmatrix} u(0) \\ u(1) \end{bmatrix} = \begin{bmatrix} -2 \\ -6 \\ 0 \end{bmatrix}$$

容易看出其系数矩阵的秩为2,但增广矩阵

$$\begin{bmatrix} 1 & 1 & -2 \\ -2 & 0 & -6 \\ -1 & 1 & 0 \end{bmatrix}$$

的秩为3,两个矩阵的秩不等,方程组无解。这意味着不能在两个采样周期内使系统由初始状

态转移至原点。若两个矩阵的秩相等,则可用两步完成状态转移。

8.10.4 能观测性及其判据

考虑时变离散系统

$$\begin{cases} \boldsymbol{x}(k+1)=\boldsymbol{G}(k)\boldsymbol{x}(k) \\ \boldsymbol{y}(k)=\boldsymbol{C}(k)\boldsymbol{x}(k) \end{cases} \quad k\in J_k \tag{8.10.36}$$

定义 8.10.3 如果对初始时刻 $h\in J_k$ 的任一非零初态 $\boldsymbol{x}_0$,都存在有限时刻 $l\in J_k,l>h$,且可由 $[h,l]$ 上的输出 $y(k)$ 惟一地确定 $\boldsymbol{x}_0$,则称系统在时刻 h 是完全能观测的。

进一步,利用能控性和能观测性间的对偶关系,还可直接地推出能观测性的判据和有关推论。

对于离散系统,能观测性与系统的能达性有对偶关系,因此可以容易地得到定常线性离散系统能观性的判据。下面给出一种简单判据。

定理 8.10.6 线性定常离散系统

$$\begin{cases} \boldsymbol{x}(k+1)=\boldsymbol{G}\boldsymbol{x}(k) \\ \boldsymbol{y}(k)=\boldsymbol{C}\boldsymbol{x}(k) \end{cases} \quad k=0,1,2,\cdots \tag{8.10.37}$$

为完全能观测的充分必要条件是

$$\operatorname{rank}\begin{bmatrix} \boldsymbol{C} \\ \boldsymbol{C}\boldsymbol{G} \\ \vdots \\ \boldsymbol{C}\boldsymbol{G}^{n-1} \end{bmatrix}=n \tag{8.10.38}$$

或

$$\operatorname{rank}\left[\boldsymbol{C}^{\mathrm{T}} \vdots\ \boldsymbol{G}^{\mathrm{T}}\boldsymbol{C}^{\mathrm{T}} \vdots \cdots \vdots\ (\boldsymbol{G}^{\mathrm{T}})^{n-1}\boldsymbol{C}^{\mathrm{T}}\right]=n \tag{8.10.39}$$

同离散系统的能控性相对偶,对于单输出定常离散系统,由定理 8.10.6 可以得出一个有趣的结果。

推论 8.10.3 考虑单输出定常离散系统

$$\begin{cases} \boldsymbol{x}(k+1)=\boldsymbol{G}\boldsymbol{x}(k) & k=0,1,2,\cdots \\ y(k)=\boldsymbol{C}\boldsymbol{x}(k) & \boldsymbol{x}(0)=\boldsymbol{x}_0 \end{cases} \tag{8.10.40}$$

式中 $\boldsymbol{x}$——n 维状态向量;

y—— 标量输出。

则当系统为完全能观测时,可只利用 n 步内的输出值 $y(0),y(1),\cdots,y(n-1)$ 而构造出任意的非零状态

$$\boldsymbol{x}_0=\begin{bmatrix} \boldsymbol{C} \\ \boldsymbol{C}\boldsymbol{G} \\ \vdots \\ \boldsymbol{C}\boldsymbol{G}^{n-1} \end{bmatrix}^{-1}\begin{bmatrix} y(0) \\ y(1) \\ \vdots \\ y(n-1) \end{bmatrix} \tag{8.10.41}$$

8.10.5　规范分解与规范型

与连续的情形相平行，线性定常离散时间系统也能够按能控性或能观性化为规范型结构。这里作简单介绍。

1. 定常线性离散系统的规范分解

定理 8.10.7　定常线性离散系统

$$\begin{cases}\boldsymbol{x}(k+1)=\boldsymbol{G}\boldsymbol{x}(k)+\boldsymbol{H}\boldsymbol{u}(k)\\ \boldsymbol{y}(k)=\boldsymbol{C}\boldsymbol{x}(k)\end{cases} \tag{8.10.42}$$

代数等价于按能控性结构分解的规范型式

$$\begin{cases}\begin{bmatrix}\bar{\boldsymbol{x}}_{c}(k+1)\\ \bar{\boldsymbol{x}}_{\bar{c}}(k+1)\end{bmatrix}=\begin{bmatrix}\boldsymbol{G}_{c} & \bar{\boldsymbol{G}}_{12}\\ \boldsymbol{0} & \bar{\boldsymbol{G}}_{\bar{c}}\end{bmatrix}\begin{bmatrix}\bar{\boldsymbol{x}}_{c}(k)\\ \bar{\boldsymbol{x}}_{\bar{c}}(k)\end{bmatrix}+\begin{bmatrix}\bar{\boldsymbol{H}}_{c}\\ \boldsymbol{0}\end{bmatrix}\boldsymbol{u}(k)\\ \boldsymbol{y}(k)=[\bar{\boldsymbol{C}}_{c}\quad \bar{\boldsymbol{C}}_{\bar{c}}]\begin{bmatrix}\bar{\boldsymbol{x}}_{c}(k)\\ \bar{\boldsymbol{x}}_{\bar{c}}(k)\end{bmatrix}\end{cases} \tag{8.10.43}$$

和按能观性结构分解的规范型式

$$\begin{cases}\begin{bmatrix}\tilde{\boldsymbol{x}}_{o}(k+1)\\ \tilde{\boldsymbol{x}}_{\bar{o}}(k+1)\end{bmatrix}=\begin{bmatrix}\tilde{\boldsymbol{G}}_{o} & \boldsymbol{0}\\ \tilde{\boldsymbol{G}}_{21} & \hat{\boldsymbol{G}}_{\bar{o}}\end{bmatrix}\begin{bmatrix}\tilde{\boldsymbol{x}}_{o}(k)\\ \check{\boldsymbol{x}}_{\bar{o}}(k)\end{bmatrix}+\begin{bmatrix}\tilde{\boldsymbol{H}}_{o}\\ \tilde{\boldsymbol{H}}_{\bar{o}}\end{bmatrix}u(k)\\ \boldsymbol{y}(k)=[\tilde{\boldsymbol{C}}\quad \boldsymbol{0}]\begin{bmatrix}\tilde{\boldsymbol{x}}_{o}(k)\\ \tilde{\boldsymbol{x}}_{\bar{o}}(k)\end{bmatrix}\end{cases} \tag{8.10.44}$$

式中　$\bar{\boldsymbol{x}}_{c}$——p 维能控分状态向量，即$[\bar{\boldsymbol{G}}_{c}\quad \bar{\boldsymbol{H}}_{c}]$能控；

　　　$\tilde{\boldsymbol{x}}_{o}$——$q$ 维能观分状态向量，即$[\tilde{\boldsymbol{G}}_{o}\quad \tilde{\boldsymbol{C}}]$能观。

与连续的情形一样，矩阵 $\bar{\boldsymbol{G}}_{c}$ 和 $\bar{\boldsymbol{G}}_{\bar{c}}$ 的特征值分别称为系统(8.10.42)的能控振型和不能控振型，矩阵 $\tilde{\boldsymbol{G}}_{o}$ 和 $\tilde{\boldsymbol{G}}_{\bar{o}}$ 的特征值分别称为系统(8.10.42)的能观振型和不能观振型。

2. 能控与能观规范型

考虑能控的单输入定常线性离散系统(8.10.34)，记系统的特征多项式为

$$\det(s\boldsymbol{I}-\boldsymbol{G})=s^{n}+a_{n-1}s^{n-1}+\cdots+a_{1}s+a_{0} \tag{8.10.45}$$

则它代数等价于第一能控规范型

$$\bar{\boldsymbol{x}}(k+1)=\begin{bmatrix}0 & \cdots & 0 & -a_{0}\\ 1 & \cdots & 0 & -a_{1}\\ \vdots & & \vdots & \vdots\\ 0 & \cdots & 1 & -a_{n-1}\end{bmatrix}\bar{\boldsymbol{x}}(k)+\begin{bmatrix}1\\ 0\\ \vdots\\ 0\end{bmatrix}\boldsymbol{u}(k) \tag{8.10.46}$$

和第二能控规范型

$$\hat{\boldsymbol{x}}(k+1)=\begin{bmatrix}0 & 1 & \cdots & 0\\ \vdots & \vdots & & \vdots\\ 0 & 0 & \cdots & 1\\ -a_0 & -a_1 & \cdots & -a_{n-1}\end{bmatrix}\hat{\boldsymbol{x}}(k)+\begin{bmatrix}0\\ \vdots\\ 0\\ 1\end{bmatrix}\boldsymbol{u}(k) \tag{8.10.47}$$

关于上述两种能控规范型的求取,亦与连续情形类似,此处从略。

8.10.6 连续系统时间离散化保持能控和能观测的条件

由连续时间系统与离散时间系统的可控性与可观性的结论显然可以得出这样的结论:如果连续系统是不完全可控的(不完全可观的),则其离散化系统必是不完全可控的(不完全可观的)。

那么,一个完全可控和可观的连续时间系统在离散化后能否保持系统的完全能控性和能观性呢?这是一个在计算机控制中十分重要的问题。下面给出问题的结论,并以一个例子来说明。

问题可以描述为:设线性定常连续时间系统为

$$\Sigma:\begin{cases}\dot{\boldsymbol{x}}=\boldsymbol{A}\boldsymbol{x}+\boldsymbol{B}\boldsymbol{u}\\ \boldsymbol{y}=\boldsymbol{C}\boldsymbol{x}\end{cases}\qquad t\geqslant 0 \tag{8.10.48}$$

而其以 T 为采样周期的时间离散化系统为

$$\Sigma_T:\begin{cases}\boldsymbol{x}(k+1)=\boldsymbol{G}\boldsymbol{x}(k)+\boldsymbol{H}\boldsymbol{u}(k)\\ \boldsymbol{y}(k)=\boldsymbol{C}\boldsymbol{x}(k)\end{cases}\qquad k=0,1,2,\cdots \tag{8.10.49}$$

其中

$$\boldsymbol{G}=\mathrm{e}^{\boldsymbol{A}T}\qquad \boldsymbol{H}=\int_0^T\mathrm{e}^{\boldsymbol{A}T}\mathrm{d}t\boldsymbol{B} \tag{8.10.50}$$

所要考察的问题是:当连续时间系统(8.10.48)能控或能观时,如何选取采样周期 T 才能保证相应的离散系统(8.10.49)能控或能观。对于这一问题,我们有如下的一个基本结论。

定理 8.10.8 设系统(8.10.48)能控或能观,令 $\lambda_1,\lambda_2,\cdots,\lambda_\mu$ 为 $\boldsymbol{A}$ 的全部特征值,且当 $i\neq j$ 时有 $\lambda_i\neq\lambda_j$,则时间离散化系统 Σ_T 保持能控或能观测的一个充分条件是,采样周期 T 的数值对一切满足

$$\mathrm{Re}\,|\lambda_i-\lambda_j|=0\qquad i,j=1,2,\cdots,\mu \tag{8.10.51}$$

的特征值,有

$$T\neq\frac{2l\pi}{\mathrm{Im}(\lambda_i-\lambda_j)}\qquad l=\pm 1,\pm 2,\cdots \tag{8.10.52}$$

下面以一个例子来说明和验证上述定理。

例 8.10.3 设有线性连续时间系统

$$\begin{cases}\dot{\boldsymbol{x}} = \begin{bmatrix} 0 & 1 \\ -1 & 0 \end{bmatrix}\boldsymbol{x} + \begin{bmatrix} 1 \\ 0 \end{bmatrix} u \\ y = \begin{bmatrix} 0 & 1 \end{bmatrix}\boldsymbol{x}\end{cases}$$

容易验证,该系统为能控和能观测,且其特征值为 $\lambda_1 = \mathrm{j}$ 和 $\lambda_2 = -\mathrm{j}$。于是,利用上述结论可知,当选择采样周期 T 的数值,使

$$T \neq \frac{2l\pi}{\mathrm{Im}(\lambda_1 - \lambda_2)} = \frac{2l\pi}{2} = l\pi \qquad l = 1,2,\cdots$$

时,其离散化系统

$$\begin{cases}\boldsymbol{x}(k+1) = \begin{bmatrix} \cos T & \sin T \\ -\sin T & \cos T \end{bmatrix}\boldsymbol{x}(k) + \begin{bmatrix} \sin T \\ \cos T - 1 \end{bmatrix} u(k) \\ y(k) = \begin{bmatrix} 0 & 1 \end{bmatrix}\boldsymbol{x}(k)\end{cases}$$

必保持为能控和能观测的。若直接由时间离散化系统来导出能控性和能观测性判别矩阵,有

$$[\boldsymbol{H} \vdots \boldsymbol{GH}] = \begin{bmatrix} \sin T & 2\sin T\cos T - \sin T \\ \cos T - 1 & \cos^2 T - \sin^2 T - \cos T \end{bmatrix}$$

$$\begin{bmatrix} \boldsymbol{C} \\ \boldsymbol{CG} \end{bmatrix} = \begin{bmatrix} 0 & 1 \\ -\sin T & \cos T \end{bmatrix}$$

那么,根据

$$\det[\boldsymbol{H} \vdots \boldsymbol{GH}] = 2\sin T[\cos T - 1]\begin{cases} = 0 & T = l\pi \\ \neq 0 & T \neq l\pi \end{cases}$$

$$\det\begin{bmatrix} \boldsymbol{C} \\ \boldsymbol{CG} \end{bmatrix} = \sin T\begin{cases} = 0 & T = l\pi \\ \neq 0 & T \neq l\pi \end{cases}$$

可知,离散化系统在 $T \neq l\pi$ 时为能控和能观测的。这验证了定理 8.10.8 给出的判断结果。

8.11　线性定常系统状态空间分析法的 MATLAB 实现

8.11.1　控制系统数学模型的建立与转换

1. 传递函数模型

线性定常时不变(LTI) 对象可以是连续时间系统,也可以是离散时间系统。对于一个连续单输入单输出的 LTI 系统,设输入量为 $r(t)$,输出量为 $c(t)$,对应的传递函数为

$$G(s) = \frac{C(s)}{R(s)} = \frac{b_1 s^m + b_2 s^{m-1} + \cdots + b_{m+1}}{a_1 s^n + a_2 s^{n-1} + \cdots + a_{n+1}} = \frac{\mathrm{num}(s)}{\mathrm{den}(s)}$$

对于离散时间系统,其单输入单输出的 LTI 系统的脉冲传递函数为

$$G(z)=\frac{C(z)}{R(z)}=\frac{b_1z^m+b_2z^{m-1}+\cdots+b_{m+1}}{a_1z^n+a_2z^{n-1}+\cdots+a_{n+1}}=\frac{\mathrm{num}(z)}{\mathrm{den}(z)}$$

不论是连续还是离散时间系统，传递函数分子、分母均按 s 或 z 的降幂排列。在 MATLAB 里，都可直接用分子、分母多项式系数构成的两个行向量 num 与 den 表示系统，即

num = $[b_1, b_2, \cdots, b_m]$

den = $[a_1, a_2, \cdots, a_n]$

在 MATLAB 中，用函数命令 tf( ) 来建立控制系统的传递函数模型，或者将零极点模型或状态空间模型转换为传递函数模型。tf( ) 函数的调用格式为

```
sys = tf(num,den)
sys = tf(num,den,Ts)
```

函数 sys = tf(num,den) 返回的变量 sys 为连续系统的传递函数模型。函数输入参量 num 与 den 分别为系统的分子与分母多项式系数行向量。

函数 sys = tf(num,den,Ts) 返回的 sys 为离散系统的传递函数模型。输入参量 num 与 den 含义同上，Ts 为采样周期，当 Ts = -1 或者 Ts = [ ] 时，则系统的采样周期未定义。

离散系统脉冲传递函数的表达式还有一种表示为 z^{-1} 的形式(即 DSP 形式)，转换为 DSP 形式脉冲传递函数的函数命令为 filt( )。函数调用格式为

```
sys = filt(num,den)
sys = filt(num,den,Ts)
```

函数 sys = filt(num,den) 用来建立一个采样时间未指定的 DSP 形式脉冲传递函数。

函数 sys = filt(num,den,Ts) 用来建立一个采样时间由 Ts 指定的 DSP 形式脉冲传递函数。输入参量 num 与 den 含义同上。

需要指出，对于已知的传递函数，其分子与分母多项式系数向量可分别由指令 sys.num{1} 与 sys.den{1} 求出。这种指令对于程序设计是非常有用的。

2. 零极点增益模型

若连续系统传递函数表达式是用系统增益、系统零点与极点来表示的，则叫做系统零极点增益模型，即有

$$G(s)=k\frac{(s-z_1)(s-z_2)\cdots(s-z_m)}{(s-p_1)(s-p_2)\cdots(s-p_n)}$$

离散系统传递函数也可用系统增益、系统零点与极点表示为

$$G(z)=k\frac{(z-z_1)(z-z_2)\cdots(z-z_m)}{(z-p_1)(z-p_2)\cdots(z-p_n)}$$

式中 k—— 系统增益；

$z_1, z_2, \cdots, z_m$—— 系统零点；

$p_1, p_2, \cdots, p_n$—— 系统极点。

在 MATLAB 中，连续与离散系统都可直接用列向量 $\boldsymbol{z}$、$\boldsymbol{p}$、$\boldsymbol{k}$ 构成的矢量组 $[\boldsymbol{z},\boldsymbol{p},\boldsymbol{k}]$ 表示系统，即

$$\begin{cases}\boldsymbol{z}=[z_1;z_2;\cdots;z_m]\\ \boldsymbol{p}=[p_1;p_2;\cdots;p_n]\\ \boldsymbol{k}=[k]\end{cases}$$

在 MATLAB 中，用函数命令 zpk() 建立控制系统的零极点增益模型，或者将传递函数模型或状态空间模型转换为零极点增益模型。zpk() 函数的调用格式为

```
sys = zpk(z,p,k)
sys = zpk(z,p,k,Ts)
```

第一种格式返回的变量 sys 为连续系统的零极点增益模型。函数输入参量 z 为系统的零点列向量，p 为系统的极点列向量，k 为系统的增益。第二种格式的输入参量 Ts 为采样时间，当Ts = -1 或者 Ts = [ ] 时，则系统的采样周期未定义。

需要指出，对于已知的零极点增益模型传递函数，其零点与极点可分别由 sys.z{1} 与 sys.p{1} 指令求出。这也是一个非常有用的指令，它给编制 MATLAB 程序带来很大方便。

3.状态空间模型

控制系统在主要工作区域内的一定条件下可近似为线性时不变(LTI) 模型。连续 LTI 对象系统总是能用一阶微分方程组来表示，写成矩阵形式即为状态空间方程

$$\begin{cases}\dot{\boldsymbol{x}}(t)=\boldsymbol{A}\boldsymbol{x}(t)+\boldsymbol{B}\boldsymbol{u}(t)\\ \boldsymbol{y}(t)=\boldsymbol{C}\boldsymbol{x}(t)+\boldsymbol{D}\boldsymbol{u}(t)\end{cases}$$

式中　$\boldsymbol{u}(t)$—— 系统控制输入向量；

$\boldsymbol{x}(t)$—— 系统状态向量；

$\boldsymbol{y}(t)$—— 系统输出向量；

$\boldsymbol{A}$—— 系统矩阵(或称状态矩阵)；

$\boldsymbol{B}$—— 控制矩阵(或称输入矩阵)；

$\boldsymbol{C}$—— 输出矩阵(或称观测矩阵)；

$\boldsymbol{D}$—— 输入输出矩阵(或称直接传输矩阵)。

对应的离散系统的状态方程为

$$\begin{cases}\boldsymbol{x}(k+1)=\boldsymbol{A}\boldsymbol{x}(k)+\boldsymbol{B}\boldsymbol{u}(k)\\ \boldsymbol{y}(k+1)=\boldsymbol{C}\boldsymbol{x}(k)+\boldsymbol{D}\boldsymbol{u}(k)\end{cases}$$

式中　k—— 采样点。

在 MATLAB 中，连续与离散系统都可直接用矩阵组 $[\boldsymbol{A},\boldsymbol{B},\boldsymbol{C},\boldsymbol{D}]$ 表示系统，即系统的状态空间模型。

在 MATLAB 中，用函数 ss() 来建立控制系统的状态空间模型，或者将传递函数模型与零极点增益模型转换为系统状态空间模型。ss() 函数的调用格式为

```
sys = ss(a,b,c,d)
sys = ss(a,b,c,d,Ts)
```

函数 sys = ss(a,b,c,d) 返回的变量 sys 为连续系统的状态空间模型。函数输入参量 a、b、c、d 分别对应于系统的参数矩阵 A、B、C、D。

函数 sys = ss(a,b,c,d,Ts) 返回的变量 sys 为离散系统的状态空间模型。函数输入参量 a、b、c、d 含义同上，Ts 为采样周期，当 Ts = -1 或者 Ts = [ ] 时，则系统的采样周期未定义。

对于已知的系统状态空间模型，其参数矩阵 A、B、C、D 可分别由指令 sys.a、sys.b、sys.c、sys.d 求出。这同样是一个非常有用的指令。

4.三种系统数学模型之间的转换

(1) 将 LTI 对象转换为传递函数模型

① 如果有系统状态空间模型或系统零极点增益模型 sys1 = ss(a,b,c,d) 或 sys1 = zpk(z,p,k)，将其转换为传递函数模型时则有 sys2 = tf(sys1)。

② 对于以上转换，也可分别用函数[num,den] = ss2tf(a,b,c,d) 或 [num,den] = zp2tf(z,p,k) 实现。函数返回的变量为 num 与 den。

(2) 将 LTI 对象转换为零极点增益模型

① 如果有系统状态空间模型或系统传递函数模型 sys1 = ss(a,b,c,d) 或 sys1 = tf(num,den)，将其转换为零极点增益模型时则有 sys2 = zpk(sys1)。

② 对于以上转换，也可分别用函数[z,p,k] = tf2zp(num,den) 或 [z,p,k] = ss2zp(a,b,c,d) 实现。函数返回的变量为 z,p,k。

(3) 将 LTI 对象转换为状态空间模型

① 如果有系统传递函数模型或零极点增益模型 sys1 = tf(num,den) 或 sys1 = zpk(z,p,k)，将其转换为状态空间模型时则有(最小实现)sys2 = ss(sys1)。

② 对于以上转换，也可分别用函数实现(可控性实现)：[a,b,c,d] = tf2ss(num,den) 或 [a,b,c,d] = zp2ss(z,p,k) 函数返回的变量为 a、b、c、d。

说明：由系统的传递函数或脉冲响应函数来建立与其输入输出特性上等价的状态方程描述称为实现问题。所找到的状态方程，称为该传递函数的一个实现。给定系统的传递函数 $\boldsymbol{G}(s)$，可以找到各种各样结构的实现($\boldsymbol{A},\boldsymbol{B},\boldsymbol{C},\boldsymbol{D}$)。如果找到的实现对矩阵($\boldsymbol{A},\boldsymbol{B}$) 是完全可控的，就称为可控性实现。函数[a,b,c,d] = tf2ss(num,den) 与[a,b,c,d] = zp2ss(z,p,k) 均为可控性实现。

在各种各样的实现中，阶次最低的实现，称之为最小实现。函数 sys2 = ss(sys1) 为最小实现。

MATLAB 还提供了一条函数 minreal()，可以用来求解系统状态方程的最小实现。不过这条函数不是根据传递函数来求解其最小实现，而是根据系统的状态方程描述来求解其最小实现。其调用格式为

sysr = minreal(sys)

其中，sys是原系统的状态方程描述($\boldsymbol{A},\boldsymbol{B},\boldsymbol{C},\boldsymbol{D}$)，即sys = ss(a,b,c,d)；sysr是系统的最小实现($\boldsymbol{Ar},\boldsymbol{Br},\boldsymbol{Cr},\boldsymbol{Dr}$)。

例 8.11.1　已知系统状态空间模型

$$\dot{\boldsymbol{x}} = \begin{bmatrix} 0 & -0.5 & 1 & 0 \\ 0 & -3 & 2 & 0 \\ 0 & 0 & -4 & 8 \\ 0 & 0 & 0 & -5 \end{bmatrix}\boldsymbol{x} + \begin{bmatrix} 0 \\ 0 \\ 0 \\ 1.414 \end{bmatrix}u$$

$$y = \begin{bmatrix} 0.7071 & -0.3536 & 0.7071 & 0 \end{bmatrix}\boldsymbol{x}$$

用 sys2 = tf(sys1)，[num den] = ss2tf(a,b,c,d,ui)，sys2 = zpk(sys1)，[z p k] = ss2zp(a,b,c,d,ui)求其等效的传递函数模型和零极点增益模型。

解　M文件代码为

```
a = [0 -0.5 1 0;0 -3 2 0;0 0 -4 8;0 0 0 -5];
b = [0;0;0;1.414];
c = [0.7071 -0.3536 0.7071 0];
d = 0;
sys = ss(a,b,c,d);
sys1 = tf(sys)
[num1 den1] = ss2tf(a,b,c,d,1)
sys2 = zpk(sys)
[z2 p2 k2] = ss2zp(a,b,c,d,1)
```

执行结果为

```
Transfer function:
7.999 s^2 + 24 s + 16
-------------------------------
s^4 + 12 s^3 + 47 s^2 + 60 s
num1 =
        0   -0.0000   7.9987   23.9950   15.9974
den1 =
        1   12   47   60   0
Zero/pole/gain:
7.9987 (s + 2) (s + 1)
-------------------------------
s (s + 3) (s + 4) (s + 5)
```

```
z2 =
      - 1.0001
      - 1.9997
p2 =
        0
      - 3
      - 4
      - 5
k2 =
     7.9987
```

例 8.11.2 由例 8.11.1 求出的零极点增益模型为 $G(s) = \frac{8(s+1)(s+2)}{s(s+3)(s+4)(s+5)}$，用 sys3 = tf(sys1),[num den] = zp2tf(z,p,k),sys2 = ss(sys1),[a b c d] = zp2ss(z,p,k),sys2 = minreal(sys1) 求其等效的传递函数模型和状态空间模型，以及传递函数 $G(s)$ 的最小实现 $(\boldsymbol{A},\boldsymbol{B},\boldsymbol{C},\boldsymbol{D})$。

解 M 文件代码为

```
z = [-1; -2];
p = [0; -3; -4; -5];
k = 8;
sys = zpk(z,p,k);
sys1 = tf(sys)
[num1 den1] = zp2tf(z,p,k)
sys2 = ss(sys)
[a2 b2 c2 d2] = zp2ss(z,p,k)
sys3 = minreal(sys2)
```

执行结果为

```
Transfer function:
8 s^2 + 24 s + 16
------------------------------
s^4 + 12 s^3 + 47 s^2 + 60 s
num1 =
           0         0         8        24        16
den1 =
           1        12        47        60         0
```

a =

	x1	x2	x3	x4
x1	0	-0.5	1	0
x2	0	-3	2	0
x3	0	0	-4	8
x4	0	0	0	-5

b =

	u1
x1	0
x2	0
x3	0
x4	1.414

c =

	x1	x2	x3	x4
y1	0.7071	-0.3536	0.7071	0

d =

	u1
y1	0

Continuous-time model.

a2 =

-9.0000	-4.4721	0	0
4.4721	0	0	0
-6.0000	-4.0249	-3.0000	0
0	0	1.0000	0

b2 =

1
0
1
0

c2 =

0	0	0	8

d2 =

0

a =

	x1	x2	x3	x4
x1	0	-0.5	1	0
x2	0	-3	2	0
x3	0	0	-4	8
x4	0	0	0	-5

b =

	u1
x1	0
x2	0
x3	0
x4	1.414

c =

	x1	x2	x3	x4
y1	0.7071	-0.3536	0.7071	0

d =

	u1
y1	0

Continuous-time model.

例 8.11.3 由例 8.11.1 求出的传递函数模型为 $G(s) = \dfrac{8s^2 + 24s + 16}{s^4 + 12s^3 + 47s^2 + 60s}$，用 sys2 = zpk(sys1)，[z p k] = tf2zp(num,den)，sys2 = ss(sys1)，[a b c d] = tf2ss(num,den) 求其等效的零极点增益模型和状态空间模型。

解 M 文件代码为

```
num = [0 0 8 24 16];
den = [1 12 47 60 0];
sys = tf(num,den);
sys1 = zpk(sys)
[z1 p1 k1] = tf2zp(num,den)
sys2 = ss(sys)
[a2 b2 c2 d2] = tf2ss(num,den)
```

执行结果为

Zero/pole/gain:

8 (s + 2) (s + 1)

```
s (s + 5) (s + 4) (s + 3)
z1 =
        - 2
        - 1
p1 =
          0
   - 5.0000
   - 4.0000
   - 3.0000
k1 =
          8
a =
                   x1          x2          x3          x4
         x1      - 12     - 1.469    - 0.234 4          0
         x2        32           0           0           0
         x3         0           8           0           0
         x4         0           0           2           0
b =
                   u1
         x1       0.5
         x2         0
         x3         0
         x4         0
c =
                   x1          x2          x3          x4
         y1         0         0.5      0.1875      0.0625
d =
                   u1
         y1         0
Continuous - time model.
a2 =
      - 12      - 47      - 60         0
         1         0         0         0
         0         1         0         0
```

```
            0          0          1          0
b2 =
            1
            0
            0
            0
c2 =
            0          8          24         16
d2 =
            0
```

例 8.11.4 由例 8.11.3 求出的状态空间模型

$$\dot{\boldsymbol{x}}=\begin{bmatrix}-12 & -1.469 & -0.2344 & 0\\ 32 & 0 & 0 & 0\\ 0 & 8 & 0 & 0\\ 0 & 0 & 2 & 0\end{bmatrix}\boldsymbol{x}+\begin{bmatrix}0.5\\ 0\\ 0\\ 0\end{bmatrix}u$$

$$y=\begin{bmatrix}0 & 0.5 & 0.1875 & 0.0625\end{bmatrix}\boldsymbol{x}$$

求其等效的传递函数模型和零极点增益模型,并与例 8.11.1 求得的结果相比较。

解 M 文件代码为

```
a = [-12 -1.469 -0.2344 0;32 0 0 0;0 8 0 0;0 0 2 0];
b = [0.5;0;0;0];
c = [0 0.5 0.1875 0.0625];
d = 0;
sys = ss(a,b,c,d);
sys1 = tf(sys)
sys2 = zpk(sys)
```

执行结果为

```
Transfer function:
8 s^2 + 24 s + 16
-----------------------------------
s^4 + 12 s^3 + 47.01 s^2 + 60.01 s
Zero/pole/gain:
8 (s + 2) (s + 1)
-----------------------------------
s (s + 4.983) (s + 4.026) (s + 2.991)
```

例 8.11.5　对于例 8.11.1 的系统状态空间模型以及求出的传递函数模型、零极点增益模型：

(1) 用 sys.a, sys.b, sys.c, sys.d 求出系统状态空间模型的参数矩阵 ***A***, ***B***, ***C***, ***D***。

(2) 用 sys.num{1}, sys.den{1} 求出系统传递函数矩阵的分子与分母多项式系数向量。

(3) 用 sys.z{1}, sys.p{1} 求出系统零极点增益模型的零点与极点。

解　M 文件代码为

```
a = [0 -0.5 1 0;0 -3 2 0;0 0 -4 8;0 0 0 -5];
b = [0;0;0;1.414];
c = [0.7071 -0.3536 0.7071 0];
d = [0];
sys = ss(a,b,c,d);
a = sys.a
sys1 = tf(sys);
num1 = sys1.num{1}
den1 = sys1.den{1}
sys2 = zpk(sys);
z2 = sys2.z{1}
p2 = sys2.p{1}
```

执行结果为

```
a =
        0   -0.5000    1.0000         0
        0   -3.0000    2.0000         0
        0         0   -4.0000    8.0000
        0         0         0   -5.0000
num1 =
        0         0    8.9987   23.9950   15.9974
den1 =
        1        12        47        60         0
z2 =
   -1.9997
   -1.0001
p2 =
        0
```

- 3
- 4
- 5

例 8.11.6 已知二阶离散系统 Z 变换传递函数为：$\Phi(z) = \dfrac{16z^2 - 5.8z + 3.9}{z^2 - 0.7z + 2.4}$，用 sys = tf(num,den,Ts)，sys2 = filt(num,den,Ts) 求采样周期 $T_s = 0.1$ s 时离散系统的传递函数模型的 z 形式与 z^{-1} 形式，并求出上述两种形式的等效零极点增益模型。

解 M 文件代码为

```
num = [1.6 - 5.8 3.9];
den = [1 - 0.7 2.4];
sys1 = tf(num,den)
sys2 = filt(num,den,0.1)
sys3 = zpk(sys1)
sys4 = zpk(sys2)
```

执行结果为

```
Transfer function:
1.6 s^2 - 5.8 s + 3.9
______________________
s^2 - 0.7 s + 2.4
Transfer function:
1.6 - 5.8 z^ - 1 + 3.9 z^ - 2
______________________________
1 - 0.7 z^ - 1 + 2.4 z^ - 2
Sampling time: 0.1
Zero/pole/gain:
1.6 (s - 2.733) (s - 0.8918)
______________________________
(s^2 - 0.7s + 2.4)
Zero/pole/gain:
1.6 (1 - 2.733z^ - 1) (1 - 0.8918z^ - 1)
_________________________________________
(1 - 0.7z^ - 1 + 2.4z^ - 2)
Sampling time: 0.1
```

8.11.2　线性定常系统状态方程的解及动态方程的线性变换

1.线性时不变系统状态方程的解

线性时不变非齐次状态方程为

$$\dot{\boldsymbol{x}}(t) = \boldsymbol{A}\boldsymbol{x}(t) + \boldsymbol{B}\boldsymbol{u}(t)$$

式中　$\boldsymbol{x}(t)$——n 维向量；

$\boldsymbol{u}(t)$——p 维向量；

$\boldsymbol{A}$——$n \times n$ 常数矩阵；

$\boldsymbol{B}$——$n \times p$ 常数矩阵。

状态方程的解为

$$\boldsymbol{x}(t) = \mathrm{e}^{\boldsymbol{A}t}\boldsymbol{x}(0) + \int_0^t \mathrm{e}^{\boldsymbol{A}(t-\tau)}\boldsymbol{B}\boldsymbol{u}(\tau)\mathrm{d}\tau$$

即

$$\boldsymbol{x}(t) = \boldsymbol{\Phi}(t)\boldsymbol{x}(0) + \int_0^t \boldsymbol{\Phi}(t-\tau)\boldsymbol{B}\boldsymbol{u}(t)\mathrm{d}\tau = \boldsymbol{\Phi}(t)\boldsymbol{x}(0) + \int_0^t \boldsymbol{\Phi}(\tau)\boldsymbol{B}\boldsymbol{u}(t-\tau)\mathrm{d}\tau$$

以上均假定初始时刻为零。如果初始时刻为 t_0，则其解为

$$\boldsymbol{x}(t) = \mathrm{e}^{\boldsymbol{A}(t-t_0)}\boldsymbol{x}(0) + \int_0^t \mathrm{e}^{\boldsymbol{A}(t-\tau)}\boldsymbol{B}\boldsymbol{u}(\tau)\mathrm{d}\tau$$

即

$$\boldsymbol{x}(t) = \boldsymbol{\Phi}(t,t_0)\boldsymbol{x}(t_0) + \int_0^t \boldsymbol{\Phi}(t-\tau)\boldsymbol{B}\boldsymbol{u}(t)\mathrm{d}\tau = \boldsymbol{\Phi}(t,t_0)\boldsymbol{x}(0) + \int_0^t \boldsymbol{\Phi}(\tau)\boldsymbol{B}\boldsymbol{u}(t-\tau)\mathrm{d}\tau$$

其中

$$\boldsymbol{\Phi}(t) = L^{-1}[(s\boldsymbol{E} - \boldsymbol{A})^{-1}]$$

式中　$\boldsymbol{E}$——n 阶单位矩阵；

$\boldsymbol{\Phi}(t)$——控制系统的状态转移矩阵或称矩阵指数函数。

例 8.11.7　已知系统状态方程为：

$$\dot{\boldsymbol{x}} = \begin{bmatrix} -1 & 1 & 0 \\ 0 & -1 & 0 \\ 0 & 0 & -2 \end{bmatrix}\boldsymbol{x} + \begin{bmatrix} 0 \\ 1 \\ 4 \end{bmatrix}u$$

试求初始状态 $\boldsymbol{x}(0) = [1 \quad 2 \quad 1]^{\mathrm{T}}$ 时，系统在单位阶跃输入信号 $\boldsymbol{u}(t) = 1(t)$ 作用下方程的解。

解　M 文件代码为

```
syms s tao t;
A = [-1 1 0;0 -1 0;0 0 -2];
B = [0;1;4];
```

```
% 求输入为零时方程(齐次方程) 的解 x1
e = eye(3,3);
c = s * e - A;
d = collect(inv(c));
% 符号表达式同类项合并:collect
phi0 = ilaplace(d)
x0 = [1;2;1];
x1 = phi0 * x0
% 求初始状态为零时方程的解 x2
phitao = subs(phi0,t, - tao);
% 符号变量代换:subs
ftao = phitao * B
x2 = phi0 * int(ftao,tao,0,t);
% 系统状态方程的解 x
x = x1 + x2
```

执行结果为

```
phi0 =
    [ exp( - t), t * exp( - t), 0]
    [ 0, exp( - t), 0]
    [ 0, 0, exp( - 2 * t)]
x1 =
    [ exp( - t) + 2 * t * exp( - t)]
    [ 2 * exp( - t)]
    [ exp( - 2 * t)]
phitao =
    [ exp( - tao), tao * exp( - tao), 0]
    [ 0, exp( - tao), 0]
    [ 0, 0, exp( - 2 * tao)]
ftao =
    [ tao * exp( - tao)]
    [ exp( - tao)]
    [ 4 * exp( - 2 * tao)]
x2 =
    [ - t * exp( - t) - exp( - t) + 1]
```

```
    [ - exp(- t) + 1]
    [ - 2 * exp(- 2 * t) + 2]
x =
    [ t * exp(- t) + 1]
    [ exp(- t) + 1]
    [ - exp(- 2 * t) + 2]
```

2.线性定常连续系统动态方程的离散化

为了实现连续系统状态方程的离散化,在此介绍 MATLAB 的函数 c2d()。它的功能是将连续时间模型转换为离散时间模型。函数 c2d() 的调用格式为

```
sysd = c2d(sysc,Ts)
sysd = c2d(sysc,Ts,method)
```

其中,输入参量 sysc 为连续时间模型对象;Ts 为采样周期,单位为秒;method 用来指定离散化采用的方法:

'zoh'—— 采用零阶保持器;

'foh'—— 采用一阶保持器;

'tustin'—— 采用双线性逼近方法;

'prewarp'—— 采用改进的 tustin 方法;

'matched'—— 采用 SISO 系统的零极点匹配法;

缺省时,method = 'zoh'。

例 8.11.8　已知连续系统的传递函数模型为:$G(s)=\dfrac{1}{s^2+3s+2}$,试用 c2d 对系统采用零阶保持器与双线性逼近变换法求其传递函数模型与离散化状态方程。

解　M 文件代码为

```
num = [1];
den = [1 3 2];
sys = tf(num,den);
disp('discrete system—using c2d with zoh');
sys1 = c2d(sys,1,'zoh')
sys1ss = ss(sys1)
disp('discrete system—using c2d with tustin');
t = 1;
sys2 = c2d(sys,t,'tustin')
sys2ss = ss(sys2)
```

执行结果为

```
discrete system—using c2d with zoh
Transfer function:
0.1998 z + 0.0735
-----------------------
z^2 - 0.5032 z + 0.04979
Sampling time: 1
a =
                 x1         x2
      x1     0.5032   -0.09957
      x2        0.5          0
b =
                 u1
      x1        0.5
      x2          0
c =
                 x1         x2
      y1     0.3996      0.294
d =
                 u1
      y1          0
Sampling time: 1
Discrete-time model.
discrete system—using c2d with tustin
Transfer function:
0.08333 z^2 + 0.1667 z + 0.08333
-----------------------
z^2 - 0.3333 z
Sampling time: 1
a =
                 x1         x2
      x1     0.3333          0
      x2       0.25          0
b =
                 u1
```

```
            x1          1
            x2          0
c =
                        x1          x2
            y1      0.1944      0.3333
d =
                        u1
            y1     0.08333
Sampling time: 1
Discrete-time model.
```

3.线性定常系统约当(Jordan)标准型

在 MATLAB 中用函数命令 jordan()来求取矩阵的 Jordan 标准型。函数的调用格式为

[V,J] = Jordan(A)

这种函数的输入参量 $\boldsymbol{A}$ 是对象矩阵,输出参量 J 是矩阵 $\boldsymbol{A}$ 的 Jordan 标准形矩阵,输出参量 V 是那个使 Jordan 标准型满足 $J = V^{-1} * A * V$ 的非奇异矩阵。

例 8.11.9　已知控制系统

$$\dot{\boldsymbol{x}} = \begin{bmatrix} 0 & 1 & 0 \\ 0 & 0 & 1 \\ 2 & -5 & 4 \end{bmatrix} \boldsymbol{x}$$

将矩阵 $\boldsymbol{A}$ 化为 Jordan 标准型,求其相应的变换矩阵,并验证结果是否正确。

解　M 文件代码为

```
a = [0 1 0;0 0 1;2 - 5 4];
[v1 d1] = eig(a);
v11 = inv(v1);
a1 = v1 * d1 * v11
[v2 j2] = jordan(a);
v22 = inv(v2);
a2 = v2 * j2 * v22
```

执行结果为

```
a1 =
    - 0.0000      1.0000    - 0.0000
      0.0000      0.0000      1.0000
      2.0000    - 5.0000      4.0000
a2 =
```

0	1	0
0	0	1
2	-5	4

8.11.3 线性定常系统的能控性与能观性

1.线性定常系统的能控性、能观测性与输出可控性,以及 SISO 系统的能控规范型与能观规范型

线性定常系统的动态方程为

$$\begin{cases}\dot{\boldsymbol{x}}(t)=\boldsymbol{A}\boldsymbol{x}(t)+\boldsymbol{B}\boldsymbol{u}(t)\\ \boldsymbol{y}(t)=\boldsymbol{C}\boldsymbol{x}(t)+\boldsymbol{D}\boldsymbol{u}(t)\end{cases}\quad 或 \quad \begin{cases}\boldsymbol{x}(k+1)=\boldsymbol{A}\boldsymbol{x}(k)+\boldsymbol{B}\boldsymbol{u}(k)\\ \boldsymbol{y}(k)=\boldsymbol{C}\boldsymbol{x}(k)+\boldsymbol{D}\boldsymbol{u}(k)\end{cases}$$

式中 $\boldsymbol{A},\boldsymbol{B},\boldsymbol{C},\boldsymbol{D}$——$n\times n,n\times p,q\times n,q\times p$ 维常数矩阵。

(1) 系统的可控性与可控性矩阵

系统完全可控的条件是下列 $n\times np$ 维可控性矩阵

$$\boldsymbol{Q}_{\mathrm{c}}=[\boldsymbol{B}\quad \boldsymbol{A}\boldsymbol{B}\quad \boldsymbol{A}^2\boldsymbol{B}\quad \cdots\quad \boldsymbol{A}^{n-1}\boldsymbol{B}]$$

的秩为 n(n 是状态向量 $\boldsymbol{x}(t)$ 的维数),即

$$\mathrm{rank}\,\boldsymbol{Q}_{\mathrm{c}}=\mathrm{rank}[\boldsymbol{B}\quad \boldsymbol{A}\boldsymbol{B}\quad \boldsymbol{A}^2\boldsymbol{B}\quad \cdots\quad \boldsymbol{A}^{n-1}\boldsymbol{B}]=n$$

可以用 MATLAB 求可控性矩阵的函数命令 ctrb() 求 $n\times np$ 可控性矩阵 $\boldsymbol{Q}_{\mathrm{c}}$。函数命令 ctrb() 的调用格式为

Qc = ctrb(A,B)

函数返回的就是系统可控性矩阵 $\boldsymbol{Q}_{\mathrm{c}}$。它既适用于连续系统,也适用于离散系统。

(2) 系统的可观测性与可观测性矩阵

系统完全可观测的条件是下列 $nq\times n$ 维可观测性矩阵

$$\boldsymbol{Q}_{\mathrm{o}}=\begin{bmatrix}\boldsymbol{C}\\ \boldsymbol{C}\boldsymbol{A}\\ \boldsymbol{C}\boldsymbol{A}2\\ \vdots\\ \boldsymbol{C}\boldsymbol{A}^{n-1}\end{bmatrix}$$

的秩为 n(n 是状态向量 $\boldsymbol{x}(t)$ 的维数),即

$$\mathrm{rank}\,\boldsymbol{Q}_{\mathrm{o}}=\mathrm{rank}\begin{bmatrix}\boldsymbol{C}\\ \boldsymbol{C}\boldsymbol{A}\\ \boldsymbol{C}\boldsymbol{A}^2\\ \vdots\\ \boldsymbol{C}\boldsymbol{A}^{n-1}\end{bmatrix}=n$$

可以用 MATLAB 求可观测性矩阵的函数命令 obsv( ) 求 $nq \times n$ 可观测性矩阵 $\boldsymbol{Q}_o$。函数命令 obsv( ) 的调用格式为

Qo = obsv(A,C)

函数返回的就是系统可控性矩阵 $\boldsymbol{Q}_o$,它既适用于连续系统也适用于离散系统。

(3)SISO 系统的第一可控、可观测规范型

SISO 系统的第一可控规范型为

$$\boldsymbol{A}_{c1} = \begin{bmatrix} 0 & 0 & \cdots & 0 & -a_0 \\ 1 & 0 & \cdots & 0 & -a_1 \\ 0 & 1 & \cdots & 0 & -a_2 \\ \vdots & \vdots & & \vdots & \vdots \\ 0 & 0 & \cdots & 1 & -a_{n-1} \end{bmatrix} \qquad \boldsymbol{b}_{c1} = \begin{bmatrix} 1 \\ 0 \\ 0 \\ \vdots \\ 0 \end{bmatrix}$$

其中

$$\begin{cases} \boldsymbol{A}_{c1} = \boldsymbol{Q}_c^{-1} \boldsymbol{A} \boldsymbol{Q}_c \\ \boldsymbol{b}_{c1} = \boldsymbol{Q}_c^{-1} \boldsymbol{b} \\ \boldsymbol{c}_{c1} = \boldsymbol{c} \boldsymbol{Q}_c \end{cases}$$

SISO 系统的第一可观测规范型为

$$\boldsymbol{A}_{o1} = \begin{bmatrix} 0 & 1 & 0 & \cdots & 0 \\ 0 & 0 & 1 & \cdots & 0 \\ \vdots & \vdots & \vdots & & \vdots \\ 0 & 0 & 0 & \cdots & 1 \\ -a_0 & -a_1 & -a_2 & \cdots & -a_{n-1} \end{bmatrix}$$

$$\boldsymbol{c}_{o1} = \begin{bmatrix} 1 & 0 & 0 & \cdots & 0 \end{bmatrix}$$

其中

$$\begin{cases} \boldsymbol{A}_{o1} = \boldsymbol{Q}_o \boldsymbol{A} \boldsymbol{Q}_o^{-1} \\ \boldsymbol{b}_{o1} = \boldsymbol{Q}_o \boldsymbol{b} \\ \boldsymbol{c}_{o1} = \boldsymbol{c} \boldsymbol{Q}_o^{-1} \end{cases}$$

(4)SISO 系统的第二可控、可观测规范型

SISO 系统的第二可控标准型为

$$\boldsymbol{A}_{c2} = \begin{bmatrix} 0 & 1 & 0 & \cdots & 0 \\ 0 & 0 & 1 & \cdots & 0 \\ \vdots & \vdots & \vdots & & \vdots \\ 0 & 0 & 0 & \cdots & 1 \\ -a_0 & -a_1 & -a_2 & \cdots & -a_{n-1} \end{bmatrix} \qquad \boldsymbol{b}_{c2} = \begin{bmatrix} 0 \\ 0 \\ 0 \\ \vdots \\ 1 \end{bmatrix}$$

其中，由 $S = Q_c^{-1} = \begin{bmatrix} s_1 \\ s_2 \\ \vdots \\ s_n \end{bmatrix}$，得到 $P = \begin{bmatrix} s_n \\ s_n A \\ \vdots \\ s_n A^{n-1} \end{bmatrix}$，则

$$\begin{cases} A_{c2} = PAP^{-1} \\ b_{c2} = Pb \\ c_{c2} = cP^{-1} \end{cases}$$

SISO 系统的第二可观测标准型为

$$A_{o2} = \begin{bmatrix} 0 & 0 & \cdots & 0 & -a_0 \\ 1 & 0 & \cdots & 0 & -a_1 \\ 0 & 1 & \cdots & 0 & -a_2 \\ \vdots & \vdots & & \vdots & \vdots \\ 0 & 0 & \cdots & 1 & -a_{n-1} \end{bmatrix}$$

$$c_{o2} = [0 \quad 0 \quad 0 \quad \cdots \quad 1]$$

其中，由 $V = (Q_o^T)^{-1} = \begin{bmatrix} v_1 \\ v_2 \\ \vdots \\ v_n \end{bmatrix}$，得到 $M = P^T = \begin{bmatrix} v_n \\ v_n A^T \\ \vdots \\ v_n (A^T)_{n-1} \end{bmatrix}$，则

$$\begin{cases} A_{o2} = M^{-1}AM \\ b_{o2} = M^{-1}b \\ c_{o2} = cM \end{cases}$$

(5) 系统的输出可控性与输出可控性矩阵

系统输出完全可控的充分必要条件为 $q \times (n+1)p$ 输出可控性矩阵

$$Q_{oc} = [CB \quad CAB \quad CA^2B \quad \cdots \quad CA^{n-1}B \quad D]$$

的秩为 q（输出变量的维数），即

$$\text{rank}\, Q_{oc} = \text{rank}[CB \quad CAB \quad CA^2B \quad \cdots \quad CA^{n-1}B \quad D] = q$$

例 8.11.10 给定线形定常系统动态方程

$$\dot{x} = \begin{bmatrix} 2 & 0 & 0 & 1 \\ 0 & 4 & 1 & 3 \\ 0 & 0 & 4 & 1 \\ 0 & 0 & 0 & 2 \end{bmatrix} x + \begin{bmatrix} 1 \\ 0 \\ 1 \\ 2 \end{bmatrix} u$$

$$y = [1 \quad 1 \quad 0 \quad 0] x$$

试求出系统的可控性矩阵并判断可控性。如果系统状态完全可控，试求其第一可控规范型和变换矩阵。

解　M 文件代码为

```
a = [2 0 0 1;0 4 1 3;0 0 4 1;0 0 0 2];
b = [1;0;1;2];
c = [1 1 0 0];
% 矩阵阶次求解
n1 = length(a);
nb = size(b);
n2 = nb(2);
n = n1 * n2;
% 求解系统可控性矩阵
Qc = zeros(n1,n);
b1 = b;
for i = 1:n2
   Qc(:,i) = b1(:,i);
end
for i = n2 + 1:n1
   b1 = a * b1;
   for j = 1:n2
      Qc(:,(i - n2) * n2 + j) = b1(:,j);
   end
end
disp('system controllable matrix is:');
Qc
```

% 以上是求解 MIMO 系统的可控性矩阵的程序，是具有普遍性的，对于此题 SISO 系统，可简化为以下程序

```
%Qc = zeros(n1);
%b1 = b;
%Qc(:,1) = b1;
%for i = 2:n1
%   b1 = a * b1;
%   Qc(:,i) = b1;
%end
```

```
%Qc
% 判断系统是否完全可控,若可控,求解出 SISO 系统第一可控规范型和变换矩阵
disp('the rank of system controllable matrix is:');
nqc = rank(Qc)
if nqc == n1
   disp('system is controllable.');
   disp('system first controllable canonical form is.');
   Ac1 = inv(Qc) * a * Qc
   Bc1 = inv(Qc) * b
   Cc1 = c * Qc
   disp('Ac1 = (Pc1^ - 1) * a * Pc1,the transformation matrix Pc1 is:');
   Pc1 = Qc
else
   disp('system state variables cannot be totally controlled.');
end
```

执行结果为

```
system controllable matrix is:
Qc =
          1          4         12         32
          0          7         46        236
          1          6         28        120
          2          4          8         16
the rank of system controllable matrix is:
nqc =
          4
system is controllable.
system first controllable canonical form is.
Ac1 =
          0    -0.0000    -0.0000   -64.0000
     1.0000    -0.0000    -0.0000    96.0000
          0     1.0000    -0.0000   -52.0000
     0.0000     0.0000     1.0000    12.0000
Bc1 =
          1
```

```
        0
        0
        0
Cc1 =
        1          11          58          268
Ac1 = (Pc1^ - 1) * a * Pc1,the transformation matrix Pc1 is:
Pc1 =
        1          4          12           32
        0          7          46          236
        1          6          28          120
        2          4           8           16
```

例 8.11.11　对于例 8.11.10 的线形定常系统,试求出系统的可观测性矩阵并判断可观测性。如果系统状态完全可观测,试求其第一可观测性规范型和变换矩阵。

解　M 文件代码为

```
a = [2 0 0 1;0 4 1 3;0 0 4 1;0 0 0 2];
b = [1;0;1;2];
c = [1 1 0 0];
% 矩阵阶次求解
n1 = length(a);
nc = size(c);
n2 = nc(1);
n = n1 * n2;
% 求解系统可观测性矩阵
Qo = zeros(n,n1);
c1 = c;
for i = 1:n2
   Qo(i,:) = c1(i,:);
end
for i = 2:n1
   c1 = c1 * a;
   for j = 1:n2
      Qo((i - 1) * n2 + j,:) = c1(j,:);
   end
end
```

```
disp('system observable matrix is:');
Qo
% 以上是求解 MIMO 系统的可观测性矩阵的程序,是具有普遍性的,对于此题 SISO 系统,
可简化为以下程序
%Qo = zeros(n1);
%c1 = c;
%Qo(1,:) = c1;
%for i = 2:n1
%   c1 = c1 * a;
%   Qo(i,:) = c1;
%end
%Qo
% 判断系统是否完全可观测,若可观测,求解出 SISO 系统第一可观测规范型和变换矩阵
disp('the rank of system observable matrix is:');
nqo = rank(Qo)
if nqo = = n1
  disp('system is observable.');
  disp('system first observable canonical form is.');
  Ao1 = Qo * a * inv(Qo)
  Bo1 = Qo * b
  Co1 = c * inv(Qo)
  disp('Ao = Po1 * a * (Po1^ - 1),the transformation matrix Po1 is:');
  Po1 = Qo
else
  disp('system state variables cannot be totally observed.');
end
```

执行结果为

```
system observable matrix is:
Qo =
        1        1        0        0
        2        4        1        4
        4       16        8       23
        8       64       48      106
the rank of system observable matrix is:
```

```
nqo =
        4
system is observable.
system first observable canonical form is.
Ao1 =
        0        1        0        0
        0        0        1        0
        0        0        0        1
      -64       96      -52       12
Bo1 =
        1
       11
       58
      268
Co1 =
        1        0        0        0
Ao = Po1 * a * (Po1^-1),the transformation matrix Po1 is:
Po1 =
        1        1        0        0
        2        4        1        4
        4       16        8       23
        8       64       48      106
```

例 8.11.12　一线性系统状态方程为

$$\dot{\boldsymbol{x}} = \begin{bmatrix} 0 & 1 & -1 \\ -6 & -11 & 6 \\ -6 & -11 & 5 \end{bmatrix}\boldsymbol{x} + \begin{bmatrix} 0 \\ 1 \\ 1 \end{bmatrix}u$$

试用 ctrb 求出系统的可控性矩阵并判断可控性。如果系统状态完全可控,试求其第二可控规范型和变换矩阵。

解　M 文件代码为

```
a = [0 1 -1; -6 -11 6; -6 -11 5];
b = [0;1;1];
% 用 ctrb 求取系统能控性矩阵
disp('system controllable matrix is:');
Qc = ctrb(a,b)
```

```
disp('the rank of system controllable matrix is:');
nqc = rank(Qc)
n = size(a,1);
if nqc = = n
  disp('system is controllable.');
  s1 = inv(Qc);
  m = length(Qc);
  s2 = s1(m,:);
  P = zeros(n);
  P(1,:) = s2;
  for i = 2:n
    s2 = s2 * a;
    P(i,:) = s2;
  end
  disp('Ac2 = Pc2 * a * (Pc2^ - 1),the transformation matrix Pc2 is:');
  Pc2 = P
  disp('system second controllable canonical form is.');
  Ac2 = P * a * inv(P)
  Bc2 = P * b
else
  disp('system state variables cannot be totally controlled.');
end
```

执行结果为

```
system controllable matrix is:
Qc =
          0          0          1
          1         -5         19
          1         -6         25
the rank of system controllable matrix is:
nqc =
          3
system is controllable.
Ac2 = Pc2 * a * (Pc2^ - 1),the transformation matrix Pc2 is:
Pc2 =
```

```
        1           0           0
        0           1          -1
        0           0           1
system second controllable canonical form is.
Ac2 =
        0           1           0
        0           0           1
       -6         -11          -6
Bc2 =
        0
        0
        1
```

例 8.11.13　一线性系统动态方程为

$$\begin{cases}\dot{\boldsymbol{x}}=\begin{bmatrix}-2 & 2 & -1\\0 & -2 & 0\\1 & -4 & 0\end{bmatrix}\boldsymbol{x}+\begin{bmatrix}0\\1\\0\end{bmatrix}u\\y=\begin{bmatrix}0 & 1 & 1\end{bmatrix}\boldsymbol{x}\end{cases}$$

试用obsv求出系统的可观测性矩阵并判断可观测性。如果系统状态完全可观测,试求其第二可观测性规范型和变换矩阵。

解　M文件代码为

```
a = [-2 2 -1;0 -2 0;1 -4 0];
b = [0;1;0];
c = [0 1 1];
% 用 obsv 求取系统能观测性矩阵
disp('system observable matrix is:');
Qo = obsv(a,c)
disp('the rank of system observable matrix is:');
nqo = rank(Qo)
n = size(a,1);
if nqo == n
   disp('system is observable.');
   v1 = inv((Qo)');
   m = length(Qo);
   v2 = v1(m,:);
```

```
    P = zeros(n);
    P(1,:) = v2;
    for i = 2:n
      v2 = v2*(a)';
      P(i,:) = v2;
    end
    disp('Ao2 = (Po2^-1)*a*Po2,the transformation matrix Po2 is:');
    Po2 = (P)'
    disp('system second observable canonical form is.');
    Ao2 = inv(Po2)*a*Po2
    Bo2 = inv(Po2)*b
    co2 = c*Po2
else
    disp('system state variables cannot be totally observed.');
end
```

执行结果为

```
system observable matrix is:
Qo =
         0          1          1
         1         -6          0
        -2         14         -1
the rank of system observable matrix is:
nqo =
         3
system is observable.
Ao2 = (Po2^-1)*a*Po2,the transformation matrix Po2 is:
Po2 =
    2.0000    -3.0000     4.0000
    0.3333    -0.6667     1.3333
   -0.3333     0.6667    -0.3333
system second observable canonical form is.
Ao2 =
         0     0.0000    -2.0000
    1.0000     0.0000    -5.0000
```

```
    -0.0000      1.0000     -4.0000
Bo2 =
    -5.0000
    -2.0000
     1.0000
co2 =
          0      0.0000      1.0000
```

例 8.11.14　已知系统动态方程为

$$\begin{cases}\dot{\boldsymbol{x}} = \begin{bmatrix}2 & 0 & 0\\0 & 2 & 0\\0 & 3 & 1\end{bmatrix}\boldsymbol{x} + \begin{bmatrix}1\\1\\0\end{bmatrix}u\\ \boldsymbol{y} = \begin{bmatrix}1 & 1 & 1\\1 & 2 & 3\end{bmatrix}\boldsymbol{x}\end{cases}$$

试计算输出可控性矩阵 $\boldsymbol{T}$,并确定系统状态的可控性与输出可控性。

解　M 文件代码为

```
% 确定系统状态的可控性
a = [2 0 0;0 2 0;0 3 1];
b = [1;1;0];
c = [1 1 1;1 2 3];
d = [0;0];
disp('system controllable matrix is:');
Qc = ctrb(a,b)
nqc = rank(Qc);
n = length(a);
if nqc == n
  disp('system is controlled.');
else
  disp('system is no controlled.');
end
% 确定系统输出的可控性(以下程序适用于 MIMO 系统,具有一般性)
% 确定系统各矩阵的阶次
n1 = size(c);
nc = n1(1);
n2 = size(b);
```

```
nb = n2(2);
n3 = size(d);
nd = n3(2);
na = length(a);
nt = nb * na + nd;
% 求解系统输出可控性矩阵
T = zeros(nc,nt);
t1 = c * b;
for i = 1:nb
  T(:,i) = t1(:,i);
end
ai = eye(na);
for i = 2:na
  ti = c * ai * a * b;
  for j = 1:nb
    T(:,(i - 1) * nb + j) = ti(:,j);
  end
end
for i = 1:nd
  T(:,na * nb + i) = d(:,i);
end
disp('system output controllable matrix is:');
T
% 判定系统输出可控性
nt = rank(T);
if nt == nc
  disp('system output is controlled.');
else
  disp('system output is no controlled.');
end
```

执行结果为

```
system controllable matrix is:
Qc =
        1        2        4
```

```
        1          2          4
        0          3          9
system is no controlled.
system output controllable matrix is:
T =
        2          7          7          0
        3         15         15          0
system output is controlled.
```

2.线性定常系统的结构分解

线性定常系统的动态方程为

$$\begin{cases}\dot{\boldsymbol{x}}(t)=\boldsymbol{A}\boldsymbol{x}(t)+\boldsymbol{B}\boldsymbol{u}(t)\\ \boldsymbol{y}(t)=\boldsymbol{C}\boldsymbol{x}(t)+\boldsymbol{D}\boldsymbol{u}(t)\end{cases}$$

(1) 线性定常系统的可控与不可控分解

如果系统的阶为 n,而系统可控性矩阵的秩小于 n,则存在一个相似变换

$$\bar{\boldsymbol{A}}=\boldsymbol{TAT}^{\mathrm{T}}\qquad \bar{\boldsymbol{B}}=\boldsymbol{TB}\qquad \bar{\boldsymbol{C}}=\boldsymbol{CT}^{\mathrm{T}}$$

其中

$$\boldsymbol{T}^{\mathrm{T}}=\boldsymbol{T}^{-1}$$

将系统($\boldsymbol{A},\boldsymbol{B},\boldsymbol{C}$)进行可控与不可控分解,使系统具有如下格式

$$\bar{\boldsymbol{A}}=\begin{bmatrix}\boldsymbol{A}_{\mathrm{uc}} & \boldsymbol{0}\\ \boldsymbol{A}_{21} & \boldsymbol{A}_{\mathrm{c}}\end{bmatrix}\qquad \bar{\boldsymbol{B}}=\begin{bmatrix}\boldsymbol{0}\\ \boldsymbol{B}_{\mathrm{c}}\end{bmatrix}\qquad \bar{\boldsymbol{C}}=[\boldsymbol{C}_{\mathrm{uc}}\quad \boldsymbol{C}_{\mathrm{c}}]$$

则($\boldsymbol{A}_{\mathrm{c}},\boldsymbol{B}_{\mathrm{c}}$)构成系统的可控子空间。$\boldsymbol{A}_{\mathrm{uc}}$ 的所有特征值均是不可控的,并且有

$$\boldsymbol{C}_{\mathrm{c}}(s\boldsymbol{I}-\boldsymbol{A}_{\mathrm{c}})^{-1}\boldsymbol{B}_{\mathrm{c}}=\boldsymbol{C}(s\boldsymbol{I}-\boldsymbol{A})^{-1}\boldsymbol{B}$$

这个可控与不可控分解的过程可用函数 ctrbf() 完成,调用格式为

[Abar,Bbar,Cbar,T,k] = ctrbf(A,B,C)

此函数将系统分解为可控与不可控两部分。如上所述,T 为相似变换,k 是长度为 n 的一个矢量,sum(k) 可求出 A 中可控部分的秩,(Abar,Bbar,Cbar) 对应于转换后系统的($\bar{\mathrm{A}},\bar{\mathrm{B}},\bar{\mathrm{C}}$)。

(2) 线性定常系统的可观测与不可观测分解

如果系统的阶为 n,而系统可观测性矩阵的秩小于 n,则存在一个相似变换

$$\bar{\boldsymbol{A}}=\boldsymbol{TAT}^{\mathrm{T}}\qquad \bar{\boldsymbol{B}}=\boldsymbol{TB}\qquad \bar{\boldsymbol{C}}=\boldsymbol{CT}^{\mathrm{T}}$$

其中
$$\boldsymbol{T}^{\mathrm{T}}=\boldsymbol{T}^{-1}$$

将系统($\boldsymbol{A},\boldsymbol{B},\boldsymbol{C}$)进行可观测与不可观测分解,使系统具有如下格式

$$\bar{\boldsymbol{A}}=\begin{bmatrix}\boldsymbol{A}_{\mathrm{uo}} & \boldsymbol{A}_{12}\\ \boldsymbol{0} & \boldsymbol{A}_{\mathrm{o}}\end{bmatrix}\qquad \bar{\boldsymbol{B}}=\begin{bmatrix}\boldsymbol{B}_{\mathrm{uo}}\\ \boldsymbol{B}_{\mathrm{o}}\end{bmatrix}\qquad \bar{\boldsymbol{C}}=[\boldsymbol{0}\quad \boldsymbol{C}_{\mathrm{o}}]$$

则$(\boldsymbol{A}_{o},\boldsymbol{C}_{o})$构成系统的可控子空间。

这个可观测与不可观测分解的过程可用函数 obsvf( ) 完成，调用格式为

[Abar,Bbar,Cbar,T,k] = obsvf(A,B,C)

此函数将系统分解为可观测与不可观测两部分。如上所述，T 为相似变换，k 是长度为 n 的一个矢量，sum(k) 可求出 A 中可观测部分的秩，(Abar,Bbar,Cbar) 对应于转换后系统的$(\bar{A},\bar{B},\bar{C})$。

(3) 线性定常系统结构的规范分解

如果系统的阶为 n，而系统可控性矩阵的秩与可观测性矩阵的秩均小于 n，则可以先对系统进行可控与不可控分解，再分别对可控部分与不可控部分进行可观测与不可观测分解（也可以先对系统进行可观测与不可观测分解，再分别对可观测部分与不可观测部分进行可控与不可控分解），称为系统结构的规范分解。

设先对系统进行可控性分解的相似变换矩阵为 $\boldsymbol{T}_{c}$，分别对可控与不可控部分进行可观性分解的相似变换矩阵为 $\boldsymbol{T}_{co1}$ 与 $\boldsymbol{T}_{co2}$，则相应的相似变换为

$$\boldsymbol{x} = \boldsymbol{T}_{c}^{-1}\begin{bmatrix} \boldsymbol{T}_{co1}^{-1} & \boldsymbol{0} \\ \boldsymbol{0} & \boldsymbol{T}_{co2}^{-1} \end{bmatrix}\begin{bmatrix} \boldsymbol{x}_{\bar{c}\bar{o}} \\ \boldsymbol{x}_{\bar{c}o} \\ \boldsymbol{x}_{c\bar{o}} \\ \boldsymbol{x}_{co} \end{bmatrix} = \boldsymbol{T}^{-1}\begin{bmatrix} \boldsymbol{x}_{\bar{c}\bar{o}} \\ \boldsymbol{x}_{\bar{c}o} \\ \boldsymbol{x}_{c\bar{o}} \\ \boldsymbol{x}_{co} \end{bmatrix}$$

即

$$\boldsymbol{A}_{co} = \boldsymbol{TAT}^{-1} \qquad \boldsymbol{B}_{co} = \boldsymbol{TB} \qquad \boldsymbol{C}_{co} = \boldsymbol{CT}^{-1}$$

其中

$$\boldsymbol{T}^{-1} = \boldsymbol{T}^{\mathrm{T}}$$

则变换后的动态方程形式为

$$\begin{bmatrix} \dot{\boldsymbol{x}}_{\bar{c}\bar{o}} \\ \dot{\boldsymbol{x}}_{\bar{c}o} \\ \dot{\boldsymbol{x}}_{c\bar{o}} \\ \dot{\boldsymbol{x}}_{co} \end{bmatrix} = \begin{bmatrix} \boldsymbol{A}_{\bar{c}\bar{o}} & \boldsymbol{A}_{12} & \boldsymbol{0} & \boldsymbol{0} \\ \boldsymbol{0} & \boldsymbol{A}_{\bar{c}o} & \boldsymbol{0} & \boldsymbol{0} \\ \boldsymbol{A}_{31} & \boldsymbol{A}_{32} & \boldsymbol{A}_{c\bar{o}} & \boldsymbol{A}_{34} \\ \boldsymbol{0} & \boldsymbol{A}_{42} & \boldsymbol{0} & \boldsymbol{A}_{co} \end{bmatrix}\begin{bmatrix} \boldsymbol{x}_{\bar{c}\bar{o}} \\ \boldsymbol{x}_{\bar{c}o} \\ \boldsymbol{x}_{c\bar{o}} \\ \boldsymbol{x}_{co} \end{bmatrix} + \begin{bmatrix} \boldsymbol{0} \\ \boldsymbol{0} \\ \boldsymbol{B}_{c\bar{o}} \\ \boldsymbol{B}_{co} \end{bmatrix}$$

$$\boldsymbol{y} = \begin{bmatrix} \boldsymbol{0} & \boldsymbol{C}_{\bar{c}o} & \boldsymbol{0} & \boldsymbol{C}_{co} \end{bmatrix}\begin{bmatrix} \boldsymbol{x}_{\bar{c}\bar{o}} \\ \boldsymbol{x}_{\bar{c}o} \\ \boldsymbol{x}_{c\bar{o}} \\ \boldsymbol{x}_{co} \end{bmatrix}$$

例 8.11.15 已知系统$(\boldsymbol{A},\boldsymbol{b},\boldsymbol{c})$，其中

$$\boldsymbol{A} = \begin{bmatrix} 1 & 2 & -1 \\ 0 & 1 & 0 \\ 1 & -4 & 3 \end{bmatrix} \qquad \boldsymbol{b} = \begin{bmatrix} 0 \\ 0 \\ 1 \end{bmatrix} \qquad \boldsymbol{c} = \begin{bmatrix} 1 & -1 & 1 \end{bmatrix}$$

(1) 试按可控性将其分解为规范形式。

(2) 试按可观测性将其分解为规范形式。

解　M 文件代码为

```
a = [1 2 - 1;0 1 0;1 - 4 3];
b = [0;0;1];
c = [1 - 1 1];
% 判断系统可控性,并求其可控性结构分解
Qc = ctrb(a,b);
nqc = rank(Qc);
na = length(a);
if nqc = = na
   disp('system is controllable.');
else
   disp('system state variables cannot be totally controlled.');
   disp('controllability staircase form is:');
   [ac bc cc tc kc] = ctrbf(a,b,c)
   nc = sum(kc)
   ac1 = tc * a * (tc')
   % 这里 tc' 与 inv(tc) 相等
end
% 判断系统可观测性,并求其可观测性结构分解
Qo = obsv(a,c);
nqo = rank(Qo);
na = length(a);
if nqo = = na
   disp('system is observable.');
else
   disp('system state variables cannot be totally observed.');
   disp('Observability staircase form is:');
   [ao bo co to ko] = obsvf(a,b,c)
   n = sum(ko)
   ao1 = to * a * (to')
   % 这里 to' 与 inv(to) 相等
end
```

执行结果为

```
system state variables cannot be totally controlled.
controllability staircase form is:
ac =
         1         0         0
        -2         1        -1
         4         1         3
bc =
         0
         0
        -1
cc =
        -1        -1        -1
tc =
         0         1         0
        -1         0         0
         0         0        -1
kc =
         1         1         0
nc =
         2
ac1 =
         1         0         0
        -2         1        -1
         4         1         3
system state variables cannot be totally observed.
observability staircase form is:
ao =
    2.0000   -2.3094    4.0825
    0.0000    0.6667    0.9428
    0.0000   -0.4714    2.3333
bo =
   -0.7071
   -0.4082
   -0.5774
```

```
co =
        0    0.0000   -1.7321
to =
   0.7071    0.0000   -0.7071
  -0.4082   -0.8165   -0.4082
  -0.5774    0.5774   -0.5774
ko =
        1         1         0
n =
        2
ao1 =
   2.0000   -2.3094    4.0825
   0.0000    0.6667    0.9428
   0.0000   -0.4714    2.3333
```

例 8.11.16　设不可控且不可观测定常系统的动态方程为

$$\begin{cases} \dot{\boldsymbol{x}} = \begin{bmatrix} 0 & 0 & -1 \\ 1 & 0 & -3 \\ 0 & 1 & -3 \end{bmatrix}\boldsymbol{x} + \begin{bmatrix} 1 \\ 1 \\ 0 \end{bmatrix}u \\ y = \begin{bmatrix} 0 & 1 & -2 \end{bmatrix}\boldsymbol{x} \end{cases}$$

试按可控性与可观测性对系统进行结构分解，并求其变换矩阵。

解　M 文件代码为

```
A = [0 0 -1;1 0 -3;0 1 -3];
B = [1;1;0];
C = [0 1 -2];
% 先对系统进行可控性分解
[Ac Bc Cc tc k] = ctrbf(A,B,C);
kc = sum(k)
na = length(A);
Ac11 = Ac(1:(na-kc),1:(na-kc));
Ac12 = Ac(1:(na-kc),(na-kc+1):na);
Ac21 = Ac((na-kc+1):na,1:(na-kc));
Ac22 = Ac((na-kc+1):na,(na-kc+1):na);
Bc11 = Bc(1:(na-kc),:);
Bc21 = Bc((na-kc+1):na,:);
```

```
Cc11 = Cc(:,1:(na - kc));
Cc12 = Cc(:,(na - kc + 1):na);
% 在分别对不可控子系统与可控子系统进行可观测性分解
[Aco11 Bco11 Cco11 tco1 k1] = obsvf(Ac11,Bc11,Cc11);
kco11 = sum(k1)
[Aco22 Bco21 Cco12 tco2 k2] = obsvf(Ac22,Bc21,Cc12);
kco22 = sum(k2)
Aco12 = tco1 * Ac12 * (tco2');
% 也可以为 Aco12 = tco1 * Ac12 * inv(tco2);
Aco21 = tco2 * Ac21 * (tco1');
Aco = [Aco11 Aco12;Aco21 Aco22]
Bco = [Bco11;Bco21]
Cco = [Cco11 Cco12]
tco11 = tco1';
tco22 = tco2';
n1 = length(tco11);
n2 = length(tco22);
tco12 = zeros(n1,n2);
tco21 = zeros(n2,n1);
tco = [tco11 tco12;tco21 tco22];
T = ((tc') * tco)'
Aco1 = T * A * (T')
Bco1 = T * B
Cco1 = C * (T')
```

执行结果为

```
kc =

        2

kco11 =

        1

kco22 =

        1

Aco =

   -1.0000    0.0000   -0.0000
   -2.1213   -1.0000    3.4641
```

```
    1.2247      0.0000     -1.0000
Bco =
         0
   -1.2247
   -0.7071
Cco =
    1.7321           0     -1.4142
T =
   -0.5774      0.5774     -0.5774
   -0.4082     -0.8165     -0.4082
   -0.7071     -0.0000      0.7071
Aco1 =
   -1.0000      0.0000     -0.0000
   -2.1213     -1.0000      3.4641
    1.2247           0     -1.0000
Bco1 =
         0
   -1.2247
   -0.7071
Cco1 =
    1.7321           0     -1.4142
```

8.12 本章小结

本章利用一种新的形式——状态空间表示来描述控制系统,求取了线性定常和时变系统的解的表达式,在此基础上分析了系统的能控能观性等结构性质以及实现问题,最后介绍了线性离散系统状态空间分析的基本内容。本章的主要内容如下:

(1) 系统的状态空间表示。系统内部有很多变量,我们选取一组变量来描述系统,这组变量的特点是能够完全描述系统的最小数目的一组变量。也就是说,如果这组状态变量的动态特性已知,则系统内部的任何变量的运动特性可以用这组变量来线性地表示出来。

(2) 线性时变系统的运动分析。引入状态转移矩阵的概念,从而给出状态变量的初值,系统的运动,或称方程组的解可以用状态转移矩阵乘以状态的初值向量来表示。在这种意义上,状态向量在任一时刻的值可以用初值来线性表示。根据线性系统的叠加原理,可以表示系统有输入和初值时系统的运动的表达式由两项叠加而成,一项称为零输入响应,一项称为零状态响应。

(3) 线性定常系统的运动分析。状态转移矩阵为矩阵指数函数，给出了六个性质和四种求取方法。

(4) 系统的结构性质：能控性和能观性。给出一般系统的定义；介绍了线性定常系统能控性的 Gram 矩阵判据、能控性矩阵判据、PBH 判据和 Jordan 标准型判据；介绍了线性时变系统的格拉姆(Gram) 矩阵判据、基于状态转移矩阵的判据和基于系统参数矩阵的判据。线性系统的能控性与能观性存在对偶性，从而，对于线性系统的能观性也存在相应的判据。同时还简单讨论了线性定常系统的输出能控性。

(5) 线性单输入单输出系统的第一、第二能控规范型与能观规范型。值得说明的是，对于多输入多输出系统也存在各种形式的能控能观规范型，但形式和求取方法比较繁琐。

(6) 线性定常系统的结构分解。可以将线性定常系统通过代数等价变换分解为四个子系统：能控能观的子系统、能控不能观的子系统、不能控但能观的子系统和既不能控又不能观的子系统。这种分解对于我们清晰地认识系统的结构和对系统进行综合很有帮助。

(7) 实现问题。输入输出描述刻画了系统的外部特性，而状态空间表示刻画了系统的内部特性。输入输出描述仅仅反映了系统的既能控又能观的那一部分。一个输入输出描述可能对应很多状态空间表示形式，我们称之为实现。讨论了能控能观性与系统的传递函数矩阵的零极点对消之间的关系、求取实现的方法、最小实现的性质以及求取方法。

(8) 离散系统的状态空间分析。与连续线性系统平行地，由状态转移矩阵的概念，可以写出状态的表达式；由能控能观性概念，可以写出离散线性系统的规范分解和第一、第二能控能观规范型。但与连续系统不同的是，能达性与能控性不完全相同。连续系统周期采样并有零阶保持器，可以化为离散系统，但能控的连续系统在一定的条件下，离散化后的系统才是能控的。

习题与思考题

8.1 试列写由下列微分方程所描述的线性定常系统的状态空间表达式。

(1) $y^{(2)}(t) + 2\dot{y}(t) + y(t) = 0$

(2) $y^{(2)}(t) + 2\dot{y}(t) + y(t) = u(t)$

(3) $y^{(3)}(t) + 3y^{(2)}(t) + 2\dot{y}(t) + 2y(t) = 0$

(4) $y^{(3)}(t) + 3y^{(2)}(t) + 2\dot{y}(t) + 2y(t) = u(t)$

(5) $y^{(3)}(t) + 5y^{(2)}(t) + \dot{y}(t) + 2y(t) = \dot{u}(t) + 2u(t)$

(6) $y^{(3)}(t) + 3y^{(2)}(t) + 2\dot{y}(t) + y(t) = u^{(2)}(t) + \dot{u}(t) + u(t)$

8.2 试根据单位反馈系统的闭环传递函数 $Y(s)/R(s)$，列写线性定常系统的状态空间表达式。

(1) $\dfrac{Y(s)}{R(s)} = \dfrac{1}{s^2(s+10)}$　　(2) $\dfrac{Y(s)}{R(s)} = \dfrac{1}{s(s+1)(s+8)}$

(3) $\dfrac{Y(s)}{R(s)} = \dfrac{5}{s(s^2 + 4s + 2)}$　　　　(4) $\dfrac{Y(s)}{R(s)} = \dfrac{s^2 + 4s + 5}{s^3 + 6s^2 + 11s + 6}$

8.3　试分别应用矩阵指数法、拉普拉斯法以及变换系统矩阵 $\boldsymbol{A}$ 为对角线矩阵的计算法计算线性定常系统的状态转移矩阵 $\boldsymbol{\Phi}(t)$。已知系统矩阵 $\boldsymbol{A}$ 为

$$\boldsymbol{A} = \begin{bmatrix} 0 & 1 \\ -2 & -3 \end{bmatrix}$$

8.4　试应用 Cayley-Hamilton 定理的计算法计算线性定常系统的状态转移矩阵 $\boldsymbol{\Phi}(t)$。已知系统矩阵为

$$\boldsymbol{A} = \begin{bmatrix} 0 & 1 \\ -2 & -3 \end{bmatrix}$$

8.5　已知线性定常系统的系统矩阵为

$$\boldsymbol{A} = \begin{bmatrix} 0 & 1 & 0 \\ 0 & 0 & 1 \\ -6 & -11 & -6 \end{bmatrix}$$

试计算该系统的状态转移矩阵 $\boldsymbol{\Phi}(t)$。

8.6　试根据下列系统矩阵求取线性定常系统的状态转移矩阵 $\boldsymbol{\Phi}(t)$。

(1) $\boldsymbol{A} = \begin{bmatrix} 0 & 1 & 0 & 0 \\ 0 & 0 & 1 & 0 \\ 0 & 0 & 0 & 1 \\ 0 & 0 & 0 & 0 \end{bmatrix}$　　　　(2) $\boldsymbol{A} = \begin{bmatrix} \lambda & 0 & 0 & 0 \\ 0 & \lambda & 1 & 0 \\ 0 & 0 & \lambda & 1 \\ 0 & 0 & 0 & \lambda \end{bmatrix}$

8.7　设线性定常系统的齐次状态方程为 $\dot{\boldsymbol{x}} = \boldsymbol{A}\boldsymbol{x}$，且已知

$$\boldsymbol{x}(t) = \begin{bmatrix} e^{-2t} \\ -e^{-2t} \end{bmatrix} \quad 当\ \boldsymbol{x}(0) = \begin{bmatrix} 1 \\ -1 \end{bmatrix}$$

$$\boldsymbol{x}(t) = \begin{bmatrix} 2e^{-t} \\ -e^{-t} \end{bmatrix} \quad 当\ \boldsymbol{x}(0) = \begin{bmatrix} 2 \\ -1 \end{bmatrix}$$

试求取该系统的系统矩阵 $\boldsymbol{A}$ 及状态转移矩阵 $\boldsymbol{\Phi}(t)$。

8.8　已知线性定常系统的齐次状态方程为

$$\begin{bmatrix} \dot{x}_1 \\ \dot{x}_2 \\ \dot{x}_3 \end{bmatrix} = \begin{bmatrix} 2 & 1 & 0 \\ 0 & 2 & 1 \\ 0 & 0 & 2 \end{bmatrix} \begin{bmatrix} x_1 \\ x_2 \\ x_3 \end{bmatrix}$$

试求取通过初始条件 $x_1(0)$、$x_2(0)$ 及 $x_3(0)$ 表示的齐次状态方程解。

8.9　已知线性定常系统的齐次状态方程为

$$\dot{\boldsymbol{x}} = \begin{bmatrix} 0 & 1 \\ 2 & -1 \end{bmatrix} \boldsymbol{x}$$

试确定与状态 $\boldsymbol{x}(t)=[2\quad 5]^{\mathrm{T}}$ 相对应的初始状态 $\boldsymbol{x}(0)$。

8.10 试求解线性定常系统的非齐次状态方程

$$\begin{bmatrix}\dot{x}_1\\ \dot{x}_2\end{bmatrix}=\begin{bmatrix}0 & 1\\ -2 & -3\end{bmatrix}\begin{bmatrix}x_1\\ x_2\end{bmatrix}+\begin{bmatrix}2\\ 0\end{bmatrix}u$$

已知

$$\begin{bmatrix}x_1(0)\\ x_2(0)\end{bmatrix}=\begin{bmatrix}0\\ 1\end{bmatrix}$$

$$u(t)=\begin{cases}\mathrm{e}^{-t} & t\geqslant 0\\ 0 & t<0\end{cases}$$

8.11 已知线性定常系统的状态方程及输出方程分别为

$$\dot{\boldsymbol{x}}=\begin{bmatrix}0 & 1\\ -2 & -3\end{bmatrix}\boldsymbol{x}+\begin{bmatrix}0\\ 2\end{bmatrix}u$$

$$y=[1\quad 0]\boldsymbol{x}$$

设当 $t=0$ 时输入 $u(t)=1(t)$。试计算初始条件

$$\boldsymbol{x}(0)=\begin{bmatrix}0\\ 1\end{bmatrix}$$

下的系统输出 $\boldsymbol{y}(t)$。

8.12 试求取线性时变系统非齐次状态方程

$$\begin{bmatrix}\dot{x}_1\\ \dot{x}_2\end{bmatrix}=\begin{bmatrix}0 & \dfrac{1}{(t+1)^2}\\ 0 & 0\end{bmatrix}\begin{bmatrix}x_1\\ x_2\end{bmatrix}+\begin{bmatrix}1\\ 1\end{bmatrix}u(t-t_0)$$

的解，其中 $u(t-t_0)$ 是从 t_0 时刻开始的单位阶跃函数。

8.13 设描述线性定常离散系统的差分方程为

$$y(k+2)+3y(k+1)+2y(k)=u(k)$$

试选取

$$x_1(k)=y(k)$$

$$x_2(k)=y(k+1)$$

为一组状态变量，写出该系统的状态方程，并求其解。已知 $u(t)=1(t)$。

8.14 设描述线性定常离散系统的差分方程为

$$y(k+3)+3y(k+2)+2y(k+1)+y(k)=u(k+2)+2u(k+1)$$

试列写该系统的状态方程，并求其解。设已知 $u(t)=t$。

8.15 设线性时变离散系统的状态方程为

$$\boldsymbol{x}(k+1)=\begin{bmatrix}1 & 1-\mathrm{e}^{-k}\\ 0 & \mathrm{e}^{-k}\end{bmatrix}\boldsymbol{x}(k)+\begin{bmatrix}1 & \mathrm{e}^{-k}\\ 0 & 1-\mathrm{e}^{-k}\end{bmatrix}\boldsymbol{u}(k)$$

试求取在

$$\boldsymbol{u}(k)=\begin{bmatrix}0\\1\end{bmatrix}\quad 及 \quad \boldsymbol{x}(0)=\begin{bmatrix}0\\0\end{bmatrix}$$

时该系统状态方程的解。已知采样周期 $T_0=0.2$ s。

8.16　试求取下列状态方程的离散化方程。

(1) $\dot{\boldsymbol{x}}=\begin{bmatrix}0 & 1\\0 & 0\end{bmatrix}\boldsymbol{x}+\begin{bmatrix}0\\1\end{bmatrix}u$　　(2) $\dot{\boldsymbol{x}}=\begin{bmatrix}0 & 1\\0 & -2\end{bmatrix}\boldsymbol{x}+\begin{bmatrix}0\\1\end{bmatrix}u$

8.17　已知线性定常系统的状态方程及输出方程分别为

$$\dot{\boldsymbol{x}}=\begin{bmatrix}-4 & 5\\1 & 0\end{bmatrix}\boldsymbol{x}+\begin{bmatrix}-5\\1\end{bmatrix}u$$

$$y=\begin{bmatrix}1 & -1\end{bmatrix}\boldsymbol{x}$$

试判别该系统的状态能控性及输出能控性。

8.18　设线性定常系统的方框图如题 8.18 图所示，试判别该系统的能控性与能观测性。

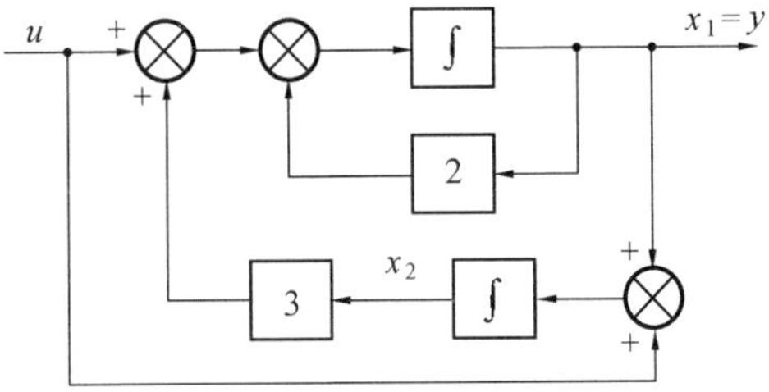

题 8.18 图　线性系统方框图

8.19　设线性系统的运动方程为

$$\ddot{y}+2\dot{y}+y=\dot{u}+u$$

选状态变量为

$$x_1=y$$

$$x_2=\dot{y}-u$$

试列写该系统的状态方程与输出方程，分析其能控性与能观测性。

8.20　已知线性定常系统的状态方程及输出方程分别为

$$\dot{\boldsymbol{x}}=\begin{bmatrix}a & b\\c & d\end{bmatrix}\boldsymbol{x}+\begin{bmatrix}1\\1\end{bmatrix}u$$

$$y=\begin{bmatrix}1 & 0\end{bmatrix}\boldsymbol{x}$$

试确定系统完全能控与完全能观测时的 a,b,c,d 值。

8.21　已知线性系统的状态方程为

$$\dot{\boldsymbol{x}} = \begin{bmatrix} s_1 & 1 & 0 \\ 0 & s_1 & 1 \\ 0 & 0 & s_1 \end{bmatrix}\boldsymbol{x} + \begin{bmatrix} a \\ b \\ c \end{bmatrix}u$$

试确定满足系统状态完全能控条件的控制矩阵元素 a,b,c。

8.22　已知线性定常系统

$$\dot{\boldsymbol{x}} = \begin{bmatrix} 1 & 0 & 0 \\ 0 & 2 & 0 \\ 0 & 0 & 3 \end{bmatrix}\boldsymbol{x} + \begin{bmatrix} 1 \\ 1 \\ 0 \end{bmatrix}u$$

$$y = \begin{bmatrix} 1 & 0 & 1 \end{bmatrix}\boldsymbol{x}$$

试对其进行结构分解。

第九章　线性定常系统的状态空间综合

9.1　引　　言

控制系统的分析和综合是控制系统研究的两大课题。前者是在建立系统的状态空间描述的基础上进行了系统的响应分析和系统的结构分析。如讨论了系统的零输入响应和零状态响应、系统的能控性和能观性、系统的稳定性等。后者主要是对控制系统的设计，寻求改善系统性能的各种控制策略，以保证系统的性能指标的要求。

在现代控制理论中系统的综合方法的思想与古典控制理论相同，仍然采用反馈的思想，系统的结构仍然由被控对象和反馈控制器两部分构成闭环系统。不过在古典控制理论中经常采用输出反馈，而现代控制理论中更多地采用状态反馈。由于状态反馈能提供系统更多的内部动态信息和可供参数调节的自由度，因而，用这种方法设计出的系统必将具有更优良的动态性能。

本章将介绍非最优型系统设计的几种设计方法，如极点配置、观测器设计、镇定问题、解耦问题以及跟踪问题等。

9.2　线性系统的常规控制律

对于如下的线性定常系统的控制问题

$$\begin{cases}\dot{\boldsymbol{x}} = \boldsymbol{A}\boldsymbol{x} + \boldsymbol{B}\boldsymbol{u} + \boldsymbol{E}\boldsymbol{d} \\ \boldsymbol{y} = \boldsymbol{C}\boldsymbol{x} + \boldsymbol{D}\boldsymbol{u}\end{cases} \tag{9.2.1}$$

式中　$\boldsymbol{d}$—— 干扰信号，$\boldsymbol{d} \in \mathbf{R}^{l}$；

$\boldsymbol{E}$—— 干扰的输入矩阵，$\boldsymbol{E} \in \mathbf{R}^{n\times l}$。

下面分别介绍系统的状态反馈和系统输出的静态和动态反馈控制律。

9.2.1　线性定常系统的状态反馈控制律

线性定常系统(9.2.1) 的状态反馈控制律具有如下的形式

$$\boldsymbol{u} = \boldsymbol{K}\boldsymbol{x} + \boldsymbol{G}\boldsymbol{v} \tag{9.2.2}$$

式中　$\boldsymbol{K}$—— 状态反馈增益矩阵，$\boldsymbol{K} \in \mathbf{R}^{r\times n}$；

$\boldsymbol{v}$—— 外部输入信号，$\boldsymbol{v} \in \mathbf{R}^{p}$；

$\boldsymbol{G}$—— 外部输入矩阵，$\boldsymbol{G} \in \mathbf{R}^{r\times p}$。

可以看出,式(9.2.2)中,系统的控制 $\boldsymbol{u}$ 为状态 $\boldsymbol{x}$ 的线性函数,也称式(9.2.2)为直接状态反馈。

系统(9.2.1)在状态反馈控制律(9.2.2)的作用下的闭环系统为

$$\begin{cases}\dot{\boldsymbol{x}} = \boldsymbol{A}_{\mathrm{c}}\boldsymbol{x} + \boldsymbol{B}_{\mathrm{c}}\boldsymbol{v} + \boldsymbol{Ed} \\ \boldsymbol{y} = \boldsymbol{C}_{\mathrm{c}}\boldsymbol{x} + \boldsymbol{D}_{\mathrm{c}}\boldsymbol{v}\end{cases} \tag{9.2.3}$$

其中

$$\begin{cases}\boldsymbol{A}_{\mathrm{c}} = \boldsymbol{A} + \boldsymbol{BK} & \boldsymbol{B}_{\mathrm{c}} = \boldsymbol{BG} \\ \boldsymbol{C}_{\mathrm{c}} = \boldsymbol{C} + \boldsymbol{DK} & \boldsymbol{D}_{\mathrm{c}} = \boldsymbol{DG}\end{cases} \tag{9.2.4}$$

$\boldsymbol{D} = 0$ 时状态反馈控制系统的方块图如图 9.2.1 所示。

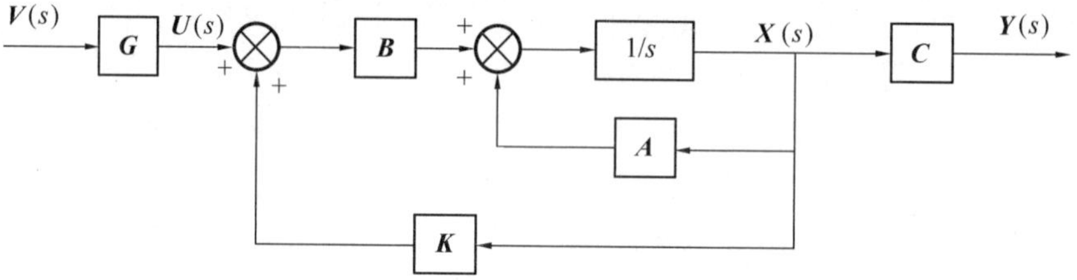

图 9.2.1 状态反馈控制系统方框图

由式(9.2.4)可以看出,状态反馈不改变系统的维数,但改变了系统的系统矩阵。这样就可以通过反馈增益矩阵 $\boldsymbol{K}$ 的选择来改变闭环系统的特征值,从而使系统获得所要求的性能。

状态反馈的引入对系统能控能观性的影响,有如下结论。

命题 9.2.1 设 $p = r$,且 $\boldsymbol{G}$ 阵非奇异,则状态反馈(9.2.2)保持系统的输入解耦零点,即不能控振型不变。

证明 设 λ_0 为开环系统(9.2.1)的一个输入解耦零点,则有

$$\mathrm{rank}[\lambda_0\boldsymbol{I}_n - \boldsymbol{A} \quad \boldsymbol{B}] < n \tag{9.2.5}$$

注意到

$$[\lambda_0\boldsymbol{I}_n - (\boldsymbol{A} + \boldsymbol{BK}) \quad \boldsymbol{BG}] = [\lambda_0\boldsymbol{I} - \boldsymbol{A} \quad \boldsymbol{B}]\begin{bmatrix}\boldsymbol{I} & \boldsymbol{0} \\ -\boldsymbol{K} & \boldsymbol{G}\end{bmatrix} \tag{9.2.6}$$

及 $\boldsymbol{G}$ 阵的可逆性,有

$$\mathrm{rank}[\lambda_0\boldsymbol{I}_n - (\boldsymbol{A} + \boldsymbol{BK}) \quad \boldsymbol{BG}] = \mathrm{rank}[\lambda_0\boldsymbol{I} - \boldsymbol{A} \quad \boldsymbol{B}] < n$$

从而,λ_0 也为闭环系统(9.2.3)的输入解耦零点。

命题 9.2.2 设 $p = r$,且 $\boldsymbol{G}$ 阵非奇异,则状态反馈(9.2.2)保持系统的能控性不变,但可能改变系统的能观性。

系统能控则不具有输入解耦零点。由命题 9.2.1 可知,状态反馈保持系统的输入解耦零点,即不能控振型不变。从而命题 9.2.2 成立。下面给出另一个证明。

证明　系统(9.2.1)能控,则有

$$\operatorname{rank}[\boldsymbol{B} \quad \boldsymbol{AB} \quad \cdots \quad \boldsymbol{A}^{n-1}\boldsymbol{B}] = n$$

由式(9.2.4)可知,闭环系统的能控性矩阵为

$$\begin{aligned}\bar{\boldsymbol{Q}}_c &= [\boldsymbol{B}_c \quad \boldsymbol{A}_c\boldsymbol{B}_c \quad \boldsymbol{A}_c^2\boldsymbol{B}_c \quad \cdots \quad \boldsymbol{A}_c^{n-1}\boldsymbol{B}_c] = \\ &[\boldsymbol{BG} \quad (\boldsymbol{A}+\boldsymbol{BK})\boldsymbol{BG} \quad \cdots \quad (\boldsymbol{A}+\boldsymbol{BK})^{n-1}\boldsymbol{BG}] = \\ &[\boldsymbol{B} \quad (\boldsymbol{A}+\boldsymbol{BK})\boldsymbol{B} \quad \cdots \quad (\boldsymbol{A}+\boldsymbol{BK})^{n-1}\boldsymbol{B}]\boldsymbol{G}\end{aligned}$$

考虑到,$(\boldsymbol{A}+\boldsymbol{BK})\boldsymbol{B}$ 的列可表示为$[\boldsymbol{B} \quad \boldsymbol{AB}]$的列的线性组合,$(\boldsymbol{A}+\boldsymbol{BK})^2\boldsymbol{B}$ 可表示为$[\boldsymbol{B} \quad \boldsymbol{AB} \quad \boldsymbol{A}^2\boldsymbol{B}]$的列的线性组合,如此等等。又 $\boldsymbol{G}$ 为非奇异矩阵,根据矩阵的性质可得

$$\operatorname{rank}\bar{\boldsymbol{Q}}_c = \operatorname{rank}\boldsymbol{Q}_c$$

从而,系统(9.2.1)能控当且仅当闭环系统(9.2.3)能控。

状态反馈不一定能保持系统的能观性,只需举例说明即可。

考察系统

$$\dot{\boldsymbol{x}} = \begin{bmatrix} 0 & 1 \\ 2 & 0 \end{bmatrix}\boldsymbol{x} + \boldsymbol{u}$$

$$y = [1 \quad -1]\boldsymbol{x}$$

容易验证该系统为完全能观的,从而不存在输入解耦零点或不能观振型。但当取状态反馈

$$\boldsymbol{u} = \begin{bmatrix} 0 & -2 \\ -3 & 0 \end{bmatrix}\boldsymbol{x} + \boldsymbol{v}$$

可得闭环系统

$$\dot{\boldsymbol{x}} = (\boldsymbol{A}+\boldsymbol{BK})\boldsymbol{x} + \boldsymbol{v} = \begin{bmatrix} 0 & -1 \\ -1 & 0 \end{bmatrix}\boldsymbol{x} + \boldsymbol{v}$$

$$y = [1 \quad -1]\boldsymbol{x}$$

容易验证闭环系统具有不能观振型 $\lambda = -1$,从而为不能观的。

9.2.2　线性定常系统的输出反馈控制律

对于线性系统(9.2.1),设 $\boldsymbol{D} = \boldsymbol{0}$,且输出反馈控制律具有如下的形式

$$\boldsymbol{u} = \boldsymbol{Ky} + \boldsymbol{Gv} = \boldsymbol{KCx} + \boldsymbol{Gv} \tag{9.2.7}$$

式中　$\boldsymbol{K}$——输出反馈增益矩阵,$\boldsymbol{K} \in \mathbf{R}^{r\times m}$,其他各量同前所述。

当 $\boldsymbol{D} = 0$ 时,在输出反馈作用下的闭环系统为

$$\begin{cases}\dot{\boldsymbol{x}} = \boldsymbol{A}_c\boldsymbol{x} + \boldsymbol{B}_c\boldsymbol{v} \\ \boldsymbol{y} = \boldsymbol{C}_c\boldsymbol{x}\end{cases} \tag{9.2.8}$$

其中

$$\boldsymbol{A}_c = \boldsymbol{A} + \boldsymbol{BCK} \qquad \boldsymbol{B}_c = \boldsymbol{BG} \qquad \boldsymbol{C}_c = \boldsymbol{C} \tag{9.2.9}$$

闭环系统的结构如图 9.2.2 所示。

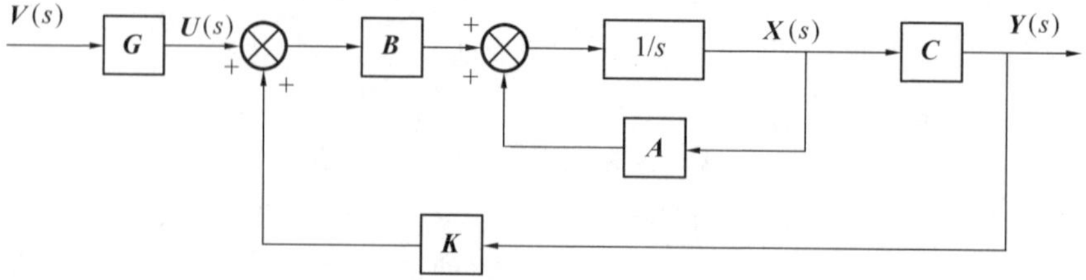

图 9.2.2　输出反馈控制系统方框图

从式(9.2.7) 可以看出，输出反馈控制律实际上是一种特殊形式的状态反馈控制律。显然也可以改变系统的特征值，从而改变系统的特性。但一般地，由于 $m < n$，输出 $\boldsymbol{y}$ 中仅包含了状态 $\boldsymbol{x}$ 的部分信息而不是全部的信息，而且反馈增益矩阵可供选择的自由度比状态反馈增益矩阵要小，这样，输出反馈对于系统的控制作用较状态反馈要弱得多。但输出反馈在具体实现上有其简单的优点。

关于输出反馈的性质，有下述的结论。

命题 9.2.3　对于线性定常系统(9.2.1)，当 $p = r$，且 $\boldsymbol{G}$ 阵非奇异时，输出反馈控制律(9.2.7) 保持了系统的输入解耦零点和输出解耦零点，从而保持了系统的能控性和能观性。

命题 9.2.3 的证明与命题 9.2.1、命题 9.2.2 的证明相似，此处从略。

9.2.3　线性定常系统的输出动态补偿器

上述的状态反馈和输出反馈的增益矩阵均为常数矩阵，并没有增加新的状态变量，系统的开环与闭环同维。而更为复杂一些的情况下，通常引入动态的反馈策略来改善系统的性能，这种动态的反馈称为动态补偿器。由于利用原系统的输入和输出构成动态补偿，所以也称为输出动态补偿器。其一般的形式为

$$\begin{cases} \dot{\boldsymbol{z}} = \boldsymbol{Fz} + \boldsymbol{Hy} + \boldsymbol{Lv} \\ \boldsymbol{u} = \boldsymbol{Nz} + \boldsymbol{My} + \boldsymbol{Gv} \end{cases} \tag{9.2.10}$$

式中　$\boldsymbol{z}$—— 动态补偿器的状态向量，$\boldsymbol{z} \in \mathbf{R}^q$；

q—— 动态补偿器的阶数；

$\boldsymbol{v}$—— 外部输入信号，$\boldsymbol{v} \in \mathbf{R}^p$；

$\boldsymbol{F},\boldsymbol{H},\boldsymbol{L},\boldsymbol{N},\boldsymbol{M},\boldsymbol{G}$—— 适当维数的参数矩阵。

特别当 $q = 0$ 时，动态补偿器(9.2.10) 的动态环节不存在，也即动态补偿器化为一个静态输出反馈控制。动态补偿器与原系统组成的闭环系统如图 9.2.3 所示。

当 $D = 0$ 时，闭环系统的表达式为

$$\begin{cases} \dot{\boldsymbol{X}} = \boldsymbol{A}_c\boldsymbol{X} + \boldsymbol{B}_c\boldsymbol{v} \\ \boldsymbol{y} = \boldsymbol{C}_c\boldsymbol{X} \end{cases} \tag{9.2.11}$$

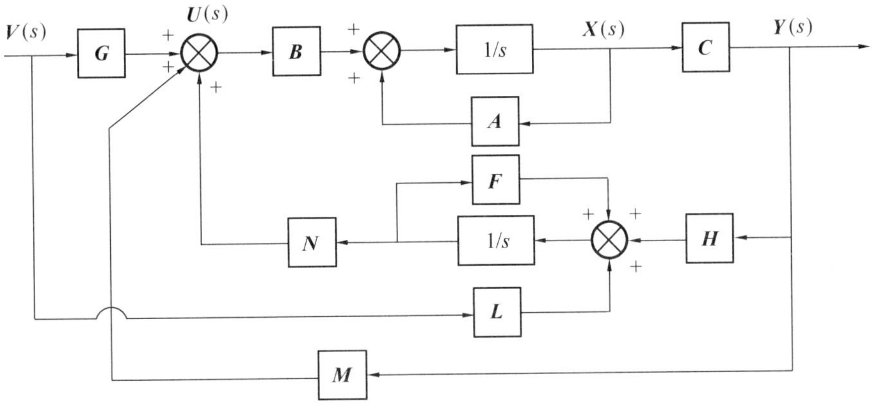

图 9.2.3　动态补偿器作用下的控制系统方框图

其中

$$X=\begin{bmatrix} x \\ z \end{bmatrix} \quad A_c=\begin{bmatrix} A+BMC & BN \\ HC & F \end{bmatrix} \quad B_c=\begin{bmatrix} BG \\ L \end{bmatrix} \quad C_c=[C \quad 0] \tag{9.2.12}$$

这类系统的一个典型的例子是使用状态观测器的状态反馈系统。显然,动态补偿器与状态反馈或静态输出反馈的最大区别在于,它增加了系统的动态环节。这样,闭环系统的维数等于被控系统与动态补偿器二者的维数之和。

由于动态补偿器的控制,实际上是利用被控系统的输入输出构造一个动态系统。显然,设计的自由度要大一些。所以,动态补偿器对系统的控制作用相比于静态输出反馈要强得多。这在以后的系统设计中可以看出。

9.3　极点配置

从第八章的线性系统的响应分析理论可知,控制系统的性能主要取决于系统的极点在复平面的分布。当系统的极点均在复平面的左半平面时,系统的响应将最终趋向于零,也称为系统是渐进稳定的。此外,系统的极点还决定了系统的响应速度。因此,在综合系统时,往往给定一组期望的极点,或者根据时域指标转换成一组等价的期望极点。

所谓极点配置问题,就是通过选择反馈增益矩阵,将闭环系统的极点恰好配置在复平面中所期望的位置,从而达到一定的性能指标的要求。

实际上,古典控制理论中根轨迹的设计方法就是一种极点配置问题,不过它只是通过选定一个特定的参数作为变量,获得系统极点的变化轨迹,再根据系统性能的要求选定主导极点的过程。

在极点配置中,根据系统的性能选定一组希望的极点是一个复杂的理论问题,同时也要求有工程设计的经验。一般地,对于 n 维系统,显然有且仅有 n 个希望的极点,由于实际系统的特征方程的系数为实数，那么，希望的极点只能为实数，或按共轭对出现的复数。

本节将详细讨论单输入单输出系统的极点配置问题，给出极点配置的一种方法，并简单讨论输出反馈配置极点的问题。

9.3.1 单输入系统的极点配置

对于单输入系统

$$\dot{\boldsymbol{x}} = \boldsymbol{A}\boldsymbol{x} + \boldsymbol{b}u \tag{9.3.1}$$

一组期望的闭环特征值$\{\lambda_1^*, \lambda_2^*, \cdots, \lambda_n^*\}$，确定$1 \times n$的反馈增益矩阵$\boldsymbol{k}$，通过状态反馈

$$u = \boldsymbol{k}\boldsymbol{x} + v \tag{9.3.2}$$

使闭环系统的极点满足$\lambda_i(\boldsymbol{A} + \boldsymbol{b}\boldsymbol{k}) = \lambda_i^*, i = 1,2,\cdots,n$，则该问题称为单输入系统的极点配置问题。

1. 极点配置的充要条件

定理 9.3.1 利用状态反馈可以任意配置闭环极点的充分必要条件是被控系统可控。

证明 下面对于单输入系统来证明该定理。

证充分性。若系统$(\boldsymbol{A}, \boldsymbol{b})$可控，则可以通过非奇异线性变换$\boldsymbol{x} = \boldsymbol{P}^{-1}\bar{\boldsymbol{x}}$将系统变换为能控规范型

$$\dot{\bar{\boldsymbol{x}}} = \boldsymbol{A}_c\bar{\boldsymbol{x}} + \boldsymbol{b}_c u \tag{9.3.3}$$

式中

$$\boldsymbol{A}_c = \boldsymbol{P}\boldsymbol{A}\boldsymbol{P}^{-1} = \begin{bmatrix} 0 & 1 & 0 & \cdots & 0 \\ 0 & 0 & 1 & \cdots & 0 \\ \vdots & \vdots & \vdots & & \vdots \\ 0 & 0 & 0 & \cdots & 1 \\ -a_0 & -a_1 & -a_2 & \cdots & -a_{n-1} \end{bmatrix} \qquad \boldsymbol{b}_c = \boldsymbol{P}\boldsymbol{b} = \begin{bmatrix} 0 \\ 0 \\ \vdots \\ 0 \\ 1 \end{bmatrix}$$

对于单输入情形，状态反馈如式(9.3.2)，有

$$u = \boldsymbol{k}\boldsymbol{x} + v = \boldsymbol{k}\boldsymbol{P}^{-1}\bar{\boldsymbol{x}} + v = \bar{\boldsymbol{k}}\bar{\boldsymbol{x}} + v$$

式中

$$\bar{\boldsymbol{k}} = \boldsymbol{k}\boldsymbol{P}^{-1} = [\bar{k}_1 \quad \bar{k}_2 \quad \cdots \quad \bar{k}_n]$$

则引入状态反馈后闭环系统的状态矩阵为

$$\boldsymbol{A}_c + \boldsymbol{b}_c\bar{\boldsymbol{k}} = \begin{bmatrix} 0 & 1 & 0 & \cdots & 0 \\ 0 & 0 & 1 & \cdots & 0 \\ \vdots & \vdots & \vdots & & \vdots \\ 0 & 0 & 0 & \cdots & 1 \\ -a_0 + \bar{k}_1 & -a_1 + \bar{k}_2 & -a_2 + \bar{k}_3 & \cdots & -a_{n-1} + \bar{k}_n \end{bmatrix} \tag{9.3.4}$$

对于式(9.3.4)这种特殊形式的矩阵,其闭环特征方程为

$$\det[s\boldsymbol{I}-(\boldsymbol{A}_{\mathrm{c}}+\boldsymbol{b}_{\mathrm{c}}\bar{\boldsymbol{k}})]=s^{n}+(a_{n-1}-\bar{k}_{n})s^{n-1}+\cdots+(a_{1}-\bar{k}_{2})s+(a_{0}-\bar{k}_{1})=0 \tag{9.3.5}$$

显然,该 n 阶特征方程中的 n 个系数,可以通过 $\bar{k}_1,\bar{k}_2,\cdots,\bar{k}_n$ 来独立设置,也就意味着 $\boldsymbol{A}_{\mathrm{c}}+\boldsymbol{b}_{\mathrm{c}}\bar{\boldsymbol{k}}$ 的特征值可以任意选择,即闭环系统的极点可以任意配置。

证必要性。如果系统$(\boldsymbol{A},\boldsymbol{b})$不可控,则必存在不可控极点,即输入解耦零点。而状态反馈不能改变输入解耦零点。显然,如果可以通过状态反馈任意配置闭环极点,则系统必是可控的。证毕。

说明:以上证明虽然是针对单输入系统给出的,但定理对于多输入系统也是成立的。

2.单输入系统的极点配置设计算法

基于单输入系统第二能控规范型的算法如下。

第一步:计算 $\boldsymbol{A}$ 的特征多项式,即

$$\det(s\boldsymbol{I}-\boldsymbol{A})=s^{n}+a_{n-1}s^{n-1}+\cdots+a_{1}s+a_{0}$$

第二步:计算由$\{\lambda_1^*,\lambda_2^*,\cdots,\lambda_n^*\}$所决定的多项式,即

$$a^*(s)=(s-\lambda_1^*)\cdots(s-\lambda_n^*)=s^{n}+a_{n-1}^*s^{n-1}+\cdots+a_1^*s+a_0^*$$

第三步:计算

$$\bar{\boldsymbol{k}}=\begin{bmatrix}a_0-a_0^* & a_1-a_1^* & \cdots & a_{n-1}-a_{n-1}^*\end{bmatrix}$$

第四步:计算变换阵

$$\boldsymbol{P}=\begin{bmatrix}\boldsymbol{A}^{n-1}\boldsymbol{b} & \cdots & \boldsymbol{A}\boldsymbol{b} & \boldsymbol{b}\end{bmatrix}\begin{bmatrix}1 & & & \\ a_{n-1} & 1 & & \\ \vdots & \ddots & \ddots & \\ a_1 & \cdots & a_{n-1} & 1\end{bmatrix}$$

第五步:求 $\boldsymbol{Q}=\boldsymbol{P}^{-1}$。

第六步:得出所求的增益阵 $\boldsymbol{k}=\bar{\boldsymbol{k}}\boldsymbol{Q}$。

例 9.3.1　给定单输入线性定常系统

$$\dot{\boldsymbol{x}}=\begin{bmatrix}0 & 0 & 0\\ 1 & -6 & 0\\ 0 & 1 & -12\end{bmatrix}\boldsymbol{x}+\begin{bmatrix}1\\0\\0\end{bmatrix}u$$

再给定期望的一组闭环特征值为

$$\lambda_1^*=-2\qquad \lambda_2^*=-1+\mathrm{j}\qquad \lambda_3^*=-1-\mathrm{j}$$

易知系统为完全能控,故满足闭环极点可任意配置条件。现计算系统的特征多项式

$$\det(s\boldsymbol{I}-\boldsymbol{A})=\det\begin{bmatrix}s & 0 & 0\\ -1 & s+6 & 0\\ 0 & -1 & s+12\end{bmatrix}=s^3+18s^2+72s$$

再由指定闭环极点可得希望的闭环特征多项式为

$$a^*(s) = \prod_{i=1}^{3}(s - \lambda_i^*) = (s+2)(s+1-\mathrm{j})(s+1+\mathrm{j}) = s^3 + 4s^2 + 6s + 4$$

于是可求得

$$\bar{\boldsymbol{k}} = [a_0 - a_0^* \quad a_1 - a_1^* \quad a_2 - a_2^*] = [-4 \quad 66 \quad 14]$$

再来计算变换阵

$$\boldsymbol{P} = [\boldsymbol{A}^2\boldsymbol{b} \quad \boldsymbol{A}\boldsymbol{b} \quad \boldsymbol{b}]\begin{bmatrix} 1 & 0 & 0 \\ a_2 & 1 & 0 \\ a_1 & a_2 & 1 \end{bmatrix} = \begin{bmatrix} 0 & 0 & 1 \\ -6 & 1 & 0 \\ 1 & 0 & 0 \end{bmatrix}\begin{bmatrix} 1 & 0 & 0 \\ 18 & 1 & 0 \\ 72 & 18 & 1 \end{bmatrix} = \begin{bmatrix} 72 & 18 & 1 \\ 12 & 1 & 0 \\ 1 & 0 & 0 \end{bmatrix}$$

并求出其逆

$$\boldsymbol{Q} = \boldsymbol{P}^{-1} = \begin{bmatrix} 0 & 0 & 1 \\ 0 & 1 & -12 \\ 1 & -18 & 144 \end{bmatrix}$$

从而所要确定的反馈增益阵 $\boldsymbol{k}$ 即为

$$\boldsymbol{k} = \bar{\boldsymbol{k}}\boldsymbol{Q} = [-4 \quad 66 \quad 14]\begin{bmatrix} 0 & 0 & 1 \\ 0 & 1 & -12 \\ 1 & -18 & 144 \end{bmatrix} = [14 \quad -186 \quad 1\,224]$$

9.3.2 输出反馈极点配置问题的解的讨论

无论是动态输出反馈还是静态输出反馈，对系统的控制能力都不如状态反馈对系统的控制能力强。即使是当系统是完全可控且完全可观时，也不能用输出反馈实现对系统闭环极点的任意配置。

输出反馈可以改变系统的极点，在一般条件下输出反馈又不能任意改变系统的全部极点。可以证明输出反馈可以任意改变系统的极点数目为 $\min\{n, m + r - 1\}$ 个，见参考文献[18]。

下面通过一个例子来简单说明输出反馈的极点配置能力。

例 9.3.2 对于线性系统

$$\dot{\boldsymbol{x}} = \begin{bmatrix} 0 & 1 \\ 0 & 0 \end{bmatrix}\boldsymbol{x} + \begin{bmatrix} 0 \\ 1 \end{bmatrix}u \qquad \boldsymbol{y} = [1 \quad 0]\boldsymbol{x}$$

系统的传递函数为

$$G(s) = \boldsymbol{C}(s\boldsymbol{I} - \boldsymbol{A})^{-1}\boldsymbol{B} = [1 \quad 0]\begin{bmatrix} s & -1 \\ 0 & s \end{bmatrix}^{-1}\begin{bmatrix} 0 \\ 1 \end{bmatrix} = \frac{1}{s^2}$$

系统的传递函数没有零极点对消，所以系统是能控能观的。利用状态反馈可以任意配置极点。

对于系统的输出反馈

$$u = ky + v$$

反馈后闭环系统的系统矩阵为

$$\boldsymbol{A}+\boldsymbol{B}k\boldsymbol{C}=\begin{bmatrix}0 & 1\\0 & 0\end{bmatrix}+\begin{bmatrix}0\\1\end{bmatrix}k\begin{bmatrix}1 & 0\end{bmatrix}=\begin{bmatrix}0 & 1\\k & 0\end{bmatrix}$$

可以求出 $\boldsymbol{A}+\boldsymbol{B}k\boldsymbol{C}$ 极点为 $\pm\mathrm{j}\sqrt{k}$。可以看出，利用输出反馈，无论如何设计反馈增益矩阵，闭环系统的极点要么在实轴上，要么在虚轴上，不能在复平面任意配置。输出反馈控制能力较弱，可以改变系统极点，但不能进行任意的极点配置。

9.4 镇定问题与渐近跟踪问题

所谓系统的镇定问题，是指通过设计控制律使闭环系统渐近稳定的一类问题。也就是说，通过控制作用使闭环系统的极点均具有负实部。如果一个系统可以实现镇定，则称该系统是可以镇定的。

镇定问题只注重系统的稳定性，而不是如极点配置那样要求系统具有希望的闭环极点。显然，为了使系统镇定，只需将那些不稳定的系统的极点配置到复平面的左半平面即可。因此，可以说镇定问题是系统的极点配置问题的一种特殊情形。

镇定问题的重要性在于：首先，稳定性是控制系统工作的必要条件，是对控制系统的基本的要求。其次，许多控制系统是以系统的稳定为最终的设计目标（如卫星的姿态控制），或者问题的本身可以转化为系统的镇定问题。正是基于这一点，本节还讨论了两类信号的跟踪问题，它们多可以转化为系统的镇定问题。

镇定问题与极点配置问题的另一个不同之处在于：极点配置只是针对于线性定常系统的综合问题；而镇定问题对于线性定常系统、线性时变系统以及非线性系统是共同存在的一类问题。

对于线性定常系统的镇定，可以有很多的控制方法，如使用状态反馈、输出反馈、动态补偿器。这里仅讨论状态反馈系统镇定的设计方法。

本节首先讨论了系统的状态反馈和输出反馈镇定问题，给出了系统镇定的状态反馈控制律的设计方法，在此基础上，考察了定常参考信号的渐近跟踪问题。

9.4.1 状态反馈和输出反馈镇定问题

考察线性定常系统

$$\begin{cases}\dot{\boldsymbol{x}}=\boldsymbol{A}\boldsymbol{x}+\boldsymbol{B}\boldsymbol{u}\\ \boldsymbol{y}=\boldsymbol{C}\boldsymbol{x}\end{cases}\tag{9.4.1}$$

设计系统的状态反馈控制律

$$\boldsymbol{u}=\boldsymbol{K}\boldsymbol{x}+\boldsymbol{G}\boldsymbol{v}\tag{9.4.2}$$

如果控制律(9.4.2)使闭环系统(9.4.1)在其作用下能渐近稳定，即闭环系统矩阵 $\boldsymbol{A}+\boldsymbol{B}\boldsymbol{K}$ 的

特征值均具有负实部，则称其为系统的一个状态反馈镇定控制律。

定义 9.4.1 给定线性定常系统(9.4.1)，如果通过状态反馈控制使系统镇定，则称系统(9.4.1)可稳或矩阵对$[\boldsymbol{A} \quad \boldsymbol{B}]$是可稳的。

线性系统的镇定问题的存在性条件实际上就是矩阵对$[\boldsymbol{A} \quad \boldsymbol{B}]$可稳的条件。下面根据系统的不能控振型的概念讨论系统的可稳性。

当$[\boldsymbol{A} \quad \boldsymbol{B}]$能控时，显然系统(9.4.1)可以用状态反馈任意进行极点配置，当然可以用状态反馈实现系统的镇定。下面不妨设$[\boldsymbol{A} \quad \boldsymbol{B}]$不完全能控，用系统能控性的分解方法将系统(9.4.1)进行非奇异线性变换，可以代数等价于系统

$$\dot{\boldsymbol{x}} = \begin{bmatrix} \boldsymbol{A}_c & \boldsymbol{A}_{12} \\ 0 & \boldsymbol{A}_{\bar{c}} \end{bmatrix} \begin{bmatrix} \boldsymbol{x}_c \\ \boldsymbol{x}_{\bar{c}} \end{bmatrix} + \begin{bmatrix} \boldsymbol{B}_c \\ \boldsymbol{0} \end{bmatrix} u \tag{9.4.3}$$

且$[\boldsymbol{A}_c \quad \boldsymbol{B}_c]$是完全能控的。由于代数等价变换不改变系统的极点，显然，矩阵$\boldsymbol{A}$的特征值由两部分组成，一部分是$\boldsymbol{A}_c$的特征值，称为系统(9.4.1)的能控振型；另一部分是$\boldsymbol{A}_{\bar{c}}$的特征值，称为系统(9.4.1)的不能控振型。于是有如下的结论。

定理 9.4.1 设$\boldsymbol{A} \in \mathbf{R}^{n \times n}$，$\boldsymbol{B} \in \mathbf{R}^{n \times r}$，则系统(9.4.1)可镇定或$[\boldsymbol{A} \quad \boldsymbol{B}]$可稳的充要条件是该系统的一切不能控振型，即系统的输入解耦零点，均具有负实部。

9.4.2 状态反馈镇定控制律的设计

对于线性定常系统(9.4.1)，本小节给出两种如下形式的状态反馈镇定控制律的设计方法，即

$$\boldsymbol{u} = \boldsymbol{K}\boldsymbol{x} + \boldsymbol{G}\boldsymbol{v} \tag{9.4.4}$$

1. 利用能控性分解的设计方法

第一步：将系统(9.4.1)进行能控性分解，获得变换矩阵$\boldsymbol{P}$以及

$$\bar{\boldsymbol{A}} = \boldsymbol{P}\boldsymbol{A}\boldsymbol{P}^{-1} = \begin{bmatrix} \boldsymbol{A}_c & \boldsymbol{A}_{12} \\ \boldsymbol{0} & \boldsymbol{A}_{\bar{c}} \end{bmatrix} \qquad \bar{\boldsymbol{B}} = \boldsymbol{P}\boldsymbol{B} = \begin{bmatrix} \boldsymbol{B}_c \\ \boldsymbol{0} \end{bmatrix}$$

其中$[\boldsymbol{A}_c \quad \boldsymbol{B}_c]$是完全能控的。由系统的可稳条件可知矩阵$\boldsymbol{A}_{\bar{c}}$特征值应均为负实部。

第二步：利用极点配置的算法求取矩阵$\boldsymbol{K}_c$，使得矩阵$\boldsymbol{A}_c + \boldsymbol{B}_c\boldsymbol{K}_c$具有一组负实部的特征值。

第三步：计算状态反馈镇定律增益矩阵

$$\boldsymbol{K} = [\boldsymbol{K}_c \quad 0]\boldsymbol{P}$$

2. 基于 Riccati 代数方程的设计方法

第一步：任取对称正定矩阵$\boldsymbol{Q} \in \mathbf{R}^{n \times n}$，求取 Riccati 代数方程

$$\boldsymbol{A}^{\mathrm{T}}\boldsymbol{P} + \boldsymbol{P}\boldsymbol{A} - \boldsymbol{P}\boldsymbol{B}\boldsymbol{B}^{\mathrm{T}}\boldsymbol{P} + \boldsymbol{Q} = 0 \tag{9.4.5}$$

的惟一对称非负定解。若这样的解不存在，则系统不可稳，镇定律不存在。

第二步:计算状态反馈增益阵

$$K = -B^{\mathrm{T}}P \tag{9.4.6}$$

上述步骤的理论依据是下述定理。

定理 9.4.2　设 $A \in \mathbf{R}^{n\times n}$,$B \in \mathbf{R}^{n\times r}$,$[A \quad B]$可稳,$Q \in \mathbf{R}^{n\times n}$为对称正定,则 Riccati 代数方程(9.4.5)具有惟一非负定解 P,且该非负定解还使得矩阵 $A - BB^{\mathrm{T}}P$ 的所有特征值具有负实部。

例 9.4.1　已知如下的线性系统

$$\begin{cases} \dot{x} = \begin{bmatrix} 1 & 1 & 1 \\ 0 & 1 & 0 \\ 1 & 1 & 1 \end{bmatrix} x + \begin{bmatrix} 0 & 1 \\ 1 & 0 \\ 0 & 1 \end{bmatrix} u \\ y = \begin{bmatrix} 1 & 0 & 1 \end{bmatrix} x \end{cases}$$

分析系统的能控性与能稳性。

解　由于 rank $B = 2$,所以只要考察矩阵$[B \quad AB]$的秩即可以说明系统的能控性。因为

$$\mathrm{rank}[B \quad AB] = \mathrm{rank}\begin{bmatrix} 0 & 1 & 1 & 2 \\ 1 & 0 & 1 & 0 \\ 0 & 1 & 1 & 2 \end{bmatrix} = 2 < n = 3$$

所以系统不完全能控。从矩阵 $Q_c = [B \quad AB]$ 中取线性无关的两个列向量

$$q_1 = \begin{bmatrix} 0 \\ 1 \\ 0 \end{bmatrix} \qquad q_2 = \begin{bmatrix} 1 \\ 0 \\ 1 \end{bmatrix}$$

从 $\mathbf{R}^3$ 中再选取一个列向量,与 q_1,q_2 组成一个可逆矩阵 Q 作为系统的非奇异变换矩阵,即

$$P^{-1} = Q = (q_1 \quad q_2 \quad q_3) = \begin{bmatrix} 0 & 1 & 1 \\ 1 & 0 & 0 \\ 0 & 1 & 0 \end{bmatrix}$$

对原系统进行代数等价变换,即对其进行能控性结构分解,可得

$$\bar{A} = \begin{bmatrix} 1 & 0 & 0 \\ 1 & 2 & 1 \\ 0 & 0 & 0 \end{bmatrix} \qquad \bar{B} = \begin{bmatrix} 1 & 0 \\ 0 & 1 \\ 0 & 0 \end{bmatrix} \qquad \bar{C} = CP^{-1} = \begin{bmatrix} 0 & 2 & 1 \end{bmatrix}$$

可知系统的不能控振型为 0,不可控子系统是不稳定的,从而原系统不能稳。

9.4.3　渐近跟踪问题——定常参考信号的情形

考虑线性定常系统

$$\begin{cases} \dot{x} = Ax + Bu + Fd \\ y = Cx \end{cases} \tag{9.4.7}$$

式中　d—— 干扰向量，$d \in \mathbf{R}^{l}$；

F—— 已知的干扰项矩阵，$F \in \mathbf{R}^{n \times l}$。

当采用下述状态反馈控制律

$$u = Kx + v \qquad K \in \mathbf{R}^{r \times n} \tag{9.4.8}$$

时，可得闭环系统

$$\begin{cases} \dot{x} = A_c x + Bv + Fd \\ y = Cx \end{cases} \tag{9.4.9}$$

其中

$$A_c = A + BK \tag{9.4.10}$$

在前面介绍的两种控制系统设计中，分别以闭环极点和闭环稳定性为设计目标。在许多实际问题中，人们希望以上控制系统能够实现这样的任务，即对于给定的某一连续信号 $y_r(t)$，控制系统通过状态反馈使系统的输出 $y(t)$ 满足条件

$$\lim_{t \to \infty}[y(t) - y_r(t)] = 0 \tag{9.4.11}$$

我们称以式(9.4.11) 为设计目标的设计问题为渐近跟踪问题。其中被跟踪信号 $y_r(t)$ 称为参考信号。首先考虑参考信号 $y_r(t) = y_r$ 为定常的情形。

首先回忆古典控制理论中的伺服设计思想。为使系统做到静态无差，通常采用 PI 调节器，即对误差 e 进行比例积分控制，如图9.4.1所示。由于PI调节器的积分作用，只要闭环系统是稳定的，则当 d、v 为阶跃信号时有 $e(\infty) = 0$。

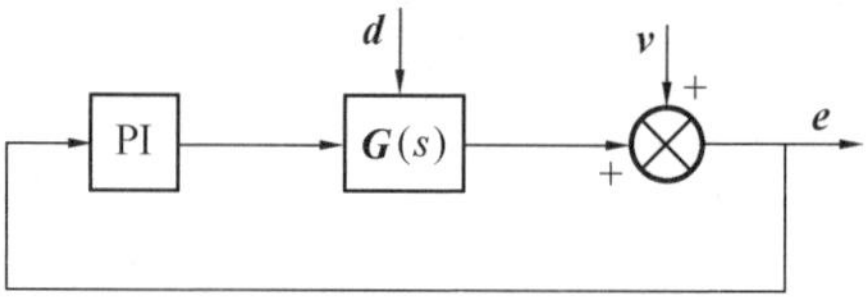

图 9.4.1　静态无差伺服系统

将上述思想推广到多变量系统(9.4.7) 中去，需要在误差向量的每一个分量后面串入积分器，从而使静态误差 $e(\infty)$ 的每一个分量都为零。故在控制 u 中须含有误差 $e(t)$ 的积分项。记

$$q(t) = \int_0^t e(\tau)\mathrm{d}\tau = \int_0^t [y(\tau) - y_r]\mathrm{d}\tau \tag{9.4.12}$$

则有

$$\dot{q} = y(t) - y_r \tag{9.4.13}$$

联立式(9.4.7) 和式(9.4.13)，可得下述增广系统

$$\begin{cases} \begin{bmatrix} \dot{x} \\ \dot{q} \end{bmatrix} = \begin{bmatrix} A & 0 \\ C & 0 \end{bmatrix} \begin{bmatrix} x \\ q \end{bmatrix} + \begin{bmatrix} B \\ 0 \end{bmatrix} u - \begin{bmatrix} 0 \\ y_r \end{bmatrix} + \begin{bmatrix} F \\ 0 \end{bmatrix} d \\ y = \begin{bmatrix} C & 0 \end{bmatrix} \begin{bmatrix} x \\ q \end{bmatrix} \end{cases} \tag{9.4.14}$$

该增广系统的状态反馈控制律为

$$\boldsymbol{u} = [\boldsymbol{K}_x \quad \boldsymbol{K}_q]\begin{bmatrix}\boldsymbol{x}\\ \boldsymbol{q}\end{bmatrix} = \boldsymbol{K}_x\boldsymbol{x} + \boldsymbol{K}_q\boldsymbol{q} \tag{9.4.15}$$

也即

$$\boldsymbol{u} = \boldsymbol{K}_x\boldsymbol{x} + \boldsymbol{K}_q\int_0^t[\boldsymbol{y}(\tau) - \boldsymbol{y}_{\mathrm{r}}]\mathrm{d}\tau \tag{9.4.16}$$

相对于原系统而言该系统为一个广义的 PI 控制器，类似于单变量伺服系统的情形。于是可知，如果式(9.4.16)是增广系统(9.4.14)的一个状态反馈镇定律，则在干扰 d 为定常的条件下，系统(9.4.7)可在控制律(9.4.16)的作用下实现其输出对于阶跃信号的渐近跟踪。这样，系统(9.4.7)的定常信号跟踪控制器设计问题的求解，可以化为增广系统(9.4.14)的状态反馈镇定问题。下面的定理给出了系统(9.4.14)的状态反馈镇定问题有解的充要条件。

定理 9.4.3　设$(\boldsymbol{A},\boldsymbol{B})$能控，则增广系统(9.4.14)完全能控的充要条件是

$$\mathrm{rank}\begin{bmatrix}\boldsymbol{A} & \boldsymbol{B}\\ \boldsymbol{C} & \boldsymbol{0}\end{bmatrix} = n + m \tag{9.4.17}$$

根据上述定理，当$(\boldsymbol{A},\boldsymbol{B})$能控且满足式(9.4.17)时，系统(9.4.14)可用状态反馈任意配置闭环极点。从而系统(9.4.7)的常值参考信号跟踪问题，便可通过求解系统(9.4.14)的状态反馈极点配置问题来求解。

9.5　控制系统的状态观测器设计

如 9.4 节所述，对于完全可控的系统可以通过状态反馈实现系统极点的任意配置，从而能够使系统稳定并满足一定的性能指标的要求。但当系统的状态变量不能全部测量时，利用系统的状态变量实现全状态反馈在物理实现上是不可能的。解决这一矛盾的途径之一，就是重构系统的状态，利用构造的系统状态实现系统的状态反馈。

状态重构问题的核心，就是重构一个系统，利用原系统中可直接测量的变量，如原系统的输入量和输出量作为它的输入信号，并使构造系统的输出量 $\bar{\boldsymbol{x}}(t)$ 在一定的意义下和原系统的状态 $\boldsymbol{x}(t)$ 等价。通常称 $\bar{\boldsymbol{x}}(t)$ 为 $\boldsymbol{x}(t)$ 的重构状态或估计状态，称实现状态重构的系统为观测器。一般地，$\bar{\boldsymbol{x}}(t)$ 和 $\boldsymbol{x}(t)$ 间的等价性常采用渐近等价的指标，即

$$\lim_{t\to\infty}\tilde{\boldsymbol{x}}(t) = \lim_{t\to\infty}(\boldsymbol{x}(t) - \bar{\boldsymbol{x}}(t)) = 0 \tag{9.5.1}$$

式中　$\tilde{\boldsymbol{x}}$——观测误差，$\tilde{\boldsymbol{x}} = \boldsymbol{x}(t) - \bar{\boldsymbol{x}}(t)$。

如果观测器的维数与原系统的维数相同，则称之为全维观测器；如果观测器的维数小于原系统的维数，则称之为降维观测器。显然，降维观测器由于维数较低，在结构上一般较全维观测器简单。

9.5.1 全维观测器

考虑线性定常系统

$$\begin{cases}\dot{\boldsymbol{x}} = \boldsymbol{A}\boldsymbol{x} + \boldsymbol{B}\boldsymbol{u} \\ \boldsymbol{y} = \boldsymbol{C}\boldsymbol{x}\end{cases} \tag{9.5.2}$$

式中 $\boldsymbol{A},\boldsymbol{B},\boldsymbol{C}$——$n \times n, n \times r, m \times n$ 的矩阵。

该系统的状态不能够直接测量，但系统的输入 $\boldsymbol{u}(t)$ 和输出 $\boldsymbol{y}(t)$ 可以利用。下面讨论状态的重构问题。

1. 全维状态观测器的结构

如果系统(9.5.2)完全可观测，则其状态向量可由输出 $\boldsymbol{y}(t)$ 和输入 $\boldsymbol{u}(t)$ 及它们的各阶导数的线性组合来确定。对于输出 $\boldsymbol{y}(t)$ 求各阶导数

$$\dot{\boldsymbol{y}}(t) = \boldsymbol{C}\dot{\boldsymbol{x}}(t) = \boldsymbol{C}\boldsymbol{A}\boldsymbol{x}(t) + \boldsymbol{C}\boldsymbol{B}\boldsymbol{u}(t)$$

即

$$\dot{\boldsymbol{y}}(t) - \boldsymbol{C}\boldsymbol{B}\boldsymbol{u}(t) = \boldsymbol{C}\boldsymbol{A}\boldsymbol{x}(t) \tag{9.5.3}$$

$$\boldsymbol{y}^{(2)}(t) = \boldsymbol{C}\boldsymbol{x}^{(2)}(t) = \boldsymbol{C}\boldsymbol{A}^2\boldsymbol{x}(t) + \boldsymbol{C}\boldsymbol{A}\boldsymbol{B}\boldsymbol{u}(t) + \boldsymbol{C}\boldsymbol{B}\dot{\boldsymbol{u}}(t)$$

即

$$\boldsymbol{y}^{(2)}(t) - \boldsymbol{C}\boldsymbol{A}\boldsymbol{B}\boldsymbol{u}(t) - \boldsymbol{C}\boldsymbol{B}\dot{\boldsymbol{u}}(t) = \boldsymbol{C}\boldsymbol{A}^2\boldsymbol{x}(t) \tag{9.5.4}$$

对于输出 $\boldsymbol{y}(t)$ 的表达式依次求导至 $n-1$ 阶。由 $n-1$ 阶导数的表达式可得

$$\boldsymbol{y}^{(n-1)}(t) - \boldsymbol{C}\boldsymbol{B}\boldsymbol{u}^{(n-2)}(t) - \boldsymbol{C}\boldsymbol{A}\boldsymbol{B}\boldsymbol{u}^{(n-3)}(t) - \cdots - \boldsymbol{C}\boldsymbol{A}^{n-2}\boldsymbol{B}\boldsymbol{u}(t) = \boldsymbol{C}\boldsymbol{A}^{n-1}\boldsymbol{x}(t) \tag{9.5.5}$$

可由式(9.5.3) ~ (9.5.4)写出矩阵方程为

$$\begin{bmatrix} \boldsymbol{y}(t) \\ \dot{\boldsymbol{y}}(t) - \boldsymbol{C}\boldsymbol{B}\boldsymbol{u}(t) \\ \boldsymbol{y}^{(2)}(t) - \boldsymbol{C}\boldsymbol{B}\dot{\boldsymbol{u}}(t) - \boldsymbol{C}\boldsymbol{A}\boldsymbol{B}\boldsymbol{u}(t) \\ \vdots \\ \boldsymbol{y}^{(n-1)}(t) - \boldsymbol{C}\boldsymbol{B}\boldsymbol{u}^{(n-2)}(t) - \cdots - \boldsymbol{C}\boldsymbol{A}^{n-2}\boldsymbol{B}\boldsymbol{u}(t) \end{bmatrix} = \begin{bmatrix} \boldsymbol{C} \\ \boldsymbol{C}\boldsymbol{A} \\ \boldsymbol{C}\boldsymbol{A}^2 \\ \vdots \\ \boldsymbol{C}\boldsymbol{A}^{n-1} \end{bmatrix}\boldsymbol{x}(t) = \boldsymbol{Q}_o\boldsymbol{x}(t) \tag{9.5.6}$$

从方程(9.5.6)可见，如果系统是完全能观测的，其能观测矩阵 $\boldsymbol{Q}_o$ 的秩为 n，则状态向量 $\boldsymbol{x}(t)$ 可以通过输入 $\boldsymbol{u}(t)$ 和输出 $\boldsymbol{y}(t)$ 及它们的各阶导数完全确定。但是应用这种方法确定系统的状态时，由于存在输入输出的各阶导数的微分运算，实际应用时将把 $\boldsymbol{u}(t)$ 和 $\boldsymbol{y}(t)$ 测量值中混有的高频干扰增大，从而使所得到的结果不可能准确反映系统的实际状态。因此，这种方法在实际中很少采用。

另一种很自然的考虑方法是，如果原系统 $\Sigma(\boldsymbol{A},\boldsymbol{B},\boldsymbol{C})$ 的结构已知，我们可以构造与原系统结构完全相同的系统作为原系统的状态观测器 Σ^*。其状态方程为

$$\begin{cases}\dot{\bar{\boldsymbol{x}}} = \boldsymbol{A}\bar{\boldsymbol{x}} + \boldsymbol{B}\boldsymbol{u} \\ \bar{\boldsymbol{y}} = \boldsymbol{C}\bar{\boldsymbol{x}}\end{cases} \tag{9.5.7}$$

Σ^* 和原系统 $\Sigma(\boldsymbol{A},\boldsymbol{B},\boldsymbol{C})$ 的状态方程相减有

$$\frac{\mathrm{d}}{\mathrm{d}x}(\boldsymbol{x}-\bar{\boldsymbol{x}})=\boldsymbol{A}(\boldsymbol{x}-\bar{\boldsymbol{x}})$$

$$\boldsymbol{y}-\bar{\boldsymbol{y}}=\boldsymbol{C}(\boldsymbol{x}-\bar{\boldsymbol{x}}) \tag{9.5.8}$$

从上式可以看出，当系统 Σ 和 Σ^* 的初始值相同，即 $\bar{\boldsymbol{x}}(t_0)=\boldsymbol{x}(t_0)$ 时，状态 $\boldsymbol{x}(t)$ 和重构的状态 $\bar{\boldsymbol{x}}(t)$ 在整个时间域上完全相同。但是，实际上，$\bar{\boldsymbol{x}}(t_0)\neq\boldsymbol{x}(t_0)$，即一个系统的初始状态并不能精确地知道。此时，观测误差 $\tilde{\boldsymbol{x}}=\boldsymbol{x}(t)-\bar{\boldsymbol{x}}(t)$ 的表达式为

$$\tilde{\boldsymbol{x}}(t)=\mathrm{e}^{\boldsymbol{A}(t-t_0)}\tilde{\boldsymbol{x}}(t_0) \tag{9.5.9}$$

如果矩阵 A 是渐近稳定的，观测误差 $\tilde{\boldsymbol{x}}(t)$ 渐近趋向于零，观测器的状态 $\bar{\boldsymbol{x}}(t)$ 可以复现原系统的状态 $\boldsymbol{x}(t)$，实现状态的重构，观测器是有效的。但是，由于矩阵 $\boldsymbol{A}$ 是被控对象的参数矩阵，是固定的，不可以改变的，所以观测误差 $\tilde{\boldsymbol{x}}(t)$ 渐近趋向于零的速度不可以改变。如果矩阵 $\boldsymbol{A}$ 不是渐近稳定的，则观测误差 $\tilde{\boldsymbol{x}}$ 发散，观测器的状态 $\bar{\boldsymbol{x}}$ 不能够复现原系统的状态 $\boldsymbol{x}(t)$，观测器失效。

从以上的分析可知，单纯地复制原系统构造观测器并不实用，我们对以上的开环的方案进行修正，引入观测误差 $\tilde{\boldsymbol{x}}=\boldsymbol{x}(t)-\bar{\boldsymbol{x}}$ 的反馈从而组成闭环系统。由于 $\boldsymbol{x}(t)-\bar{\boldsymbol{x}}$ 中 $\boldsymbol{x}(t)$ 无法得到，用 $\boldsymbol{y}(t)-\bar{\boldsymbol{y}}(t)$ 代替作为修正量，并通过增益矩阵 $\boldsymbol{L}$ 反馈到所构造系统中积分器的输入端，从而构成一个闭环系统。其结构如图 9.5.1 所示。

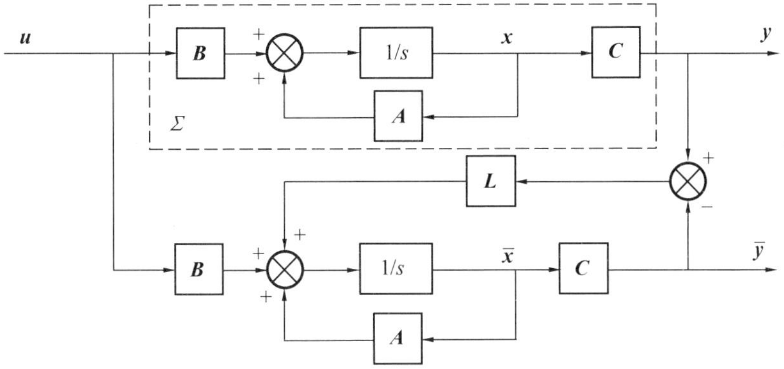

图 9.5.1　全维观测器的结构图

根据图 9.5.1 可以写出全维状态观测器的动态方程

$$\dot{\bar{\boldsymbol{x}}}=\boldsymbol{A}\bar{\boldsymbol{x}}+\boldsymbol{B}\boldsymbol{u}+\boldsymbol{L}(\boldsymbol{C}\bar{\boldsymbol{x}}-\boldsymbol{y}) \qquad \bar{\boldsymbol{x}}(0)=\bar{\boldsymbol{x}}_0 \tag{9.5.10}$$

2. 全维状态观测器的存在条件

下面根据观测器的设计要求式(9.5.1)，考察如式(9.5.10) 形式的状态观测器的存在的条件。由式(9.5.2) 减去式(9.5.10) 可以得到

$$\dot{\tilde{\boldsymbol{x}}}=(\boldsymbol{A}+\boldsymbol{LC})\tilde{\boldsymbol{x}} \qquad \tilde{\boldsymbol{x}}(0)=\tilde{\boldsymbol{x}}_0=\boldsymbol{x}_0-\bar{\boldsymbol{x}}_0 \tag{9.5.11}$$

式中　$\tilde{\boldsymbol{x}}$—— 观测误差。

由式(9.5.11)可知,观测器存在条件(9.5.1)等价于$\boldsymbol{A}+\boldsymbol{LC}$是渐近稳定的矩阵。满足该条件的矩阵对$(\boldsymbol{A},\boldsymbol{C})$称为可检测的。下面给出定义。

定义 9.5.1 已知$\boldsymbol{A}\in\mathbf{R}^{n\times n},\boldsymbol{C}\in\mathbf{R}^{m\times n}$如果存在实矩阵$\boldsymbol{L}$,使得矩阵$\boldsymbol{A}+\boldsymbol{LC}$是渐近稳定的,矩阵对$[\boldsymbol{A}\quad\boldsymbol{C}]$或系统(9.5.2)称为是可检测的。

根据对偶系统的定义及性质,以及系统的不完全能观测的性质,可得如下的结论。

命题 9.5.1 线性定常系统(9.5.2)可检测的充要条件是其对偶系统是可稳的,即矩阵对$[\boldsymbol{A}^{\mathrm{T}}\quad\boldsymbol{C}^{\mathrm{T}}]$可稳。系统(9.5.2)可检测的另一个充要条件是其所有的不能观振型均具有负实部。

基于上述的可检测的概念,可以给出线性系统全维观测器的存在条件。

定理 9.5.1 存在矩阵L使得系统(9.5.10)构成系统(9.5.2)的一个全维观测器的充要条件是矩阵对$[\boldsymbol{A}\quad\boldsymbol{C}]$可检测,而此时只需选取矩阵$\boldsymbol{L}$使得$\boldsymbol{A}+\boldsymbol{LC}$是渐近稳定的。

观测器的极点由矩阵$\boldsymbol{A}+\boldsymbol{LC}$决定。如果可以选择矩阵$\boldsymbol{L}$使得$\boldsymbol{A}+\boldsymbol{LC}$的极点可以任意配置,则观测误差$\tilde{\boldsymbol{x}}(t)$衰减到零的速度便可以控制。显然,如果$\boldsymbol{A}+\boldsymbol{LC}$的极点均有小于$-\sigma$的负实部,则$\tilde{\boldsymbol{x}}(t)$的所有分量将以比$\mathrm{e}^{-\sigma t}$更快的速度趋向于零,即可使重构状态$\bar{\boldsymbol{x}}(t)$很快地趋于真实的系统状态$\boldsymbol{x}(t)$。

矩阵$\boldsymbol{A}+\boldsymbol{LC}$的极点可以任意配置,也即矩阵$(\boldsymbol{A}+\boldsymbol{LC})^{\mathrm{T}}$的极点可以任意配置,也即可以选择矩阵$\boldsymbol{L}^{\mathrm{T}}$使得矩阵$\boldsymbol{A}^{\mathrm{T}}+\boldsymbol{C}^{\mathrm{T}}\boldsymbol{L}^{\mathrm{T}}$的极点可以任意配置。显然其充要条件是矩阵对$[\boldsymbol{A}^{\mathrm{T}}\quad\boldsymbol{C}^{\mathrm{T}}]$是完全能控的。根据对偶原理,该条件也等价于矩阵对$[\boldsymbol{A}\quad\boldsymbol{C}]$是完全能观测的,也即系统(9.5.2)是完全能观测的。

下面的定理给出了全维状态观测器(9.5.10)进行任意极点配置的条件。

定理 9.5.2 线性定常系统(9.5.2)的全维状态观测器(9.5.10)存在且可以任意配置极点,即可通过选择增益矩阵$\boldsymbol{L}$任意配置$\boldsymbol{A}+\boldsymbol{LC}$的全部特征值的充要条件是矩阵对$[\boldsymbol{A}\quad\boldsymbol{C}]$是完全能观测的。

3.算法与算例

由以上的分析和结论可以归纳出系统(9.5.2)的全维观测器(9.5.10)的两种设计方法。

算法 9.5.1 $[[\boldsymbol{A}\quad\boldsymbol{C}]$可检测条件下全维状态观测器的设计$]$

第一步:导出对偶系统$(\boldsymbol{A}^{\mathrm{T}},\boldsymbol{C}^{\mathrm{T}},\boldsymbol{B}^{\mathrm{T}})$。

第二步:利用线性系统的镇定算法求取矩阵$\boldsymbol{K}$,使得矩阵$\boldsymbol{A}^{\mathrm{T}}+\boldsymbol{C}^{\mathrm{T}}\boldsymbol{K}$渐近稳定,即矩阵的特征值均具有负实部。

第三步:取$\boldsymbol{L}=\boldsymbol{K}^{\mathrm{T}}$,计算矩阵$\boldsymbol{A}+\boldsymbol{LC}$,则所要设计的全维状态观测器为(9.5.10)。

算法 9.5.2 $[[\boldsymbol{A}\quad\boldsymbol{C}]$可观测条件下全维状态观测器的设计$]$

第一步:导出对偶系统$(\boldsymbol{A}^{\mathrm{T}},\boldsymbol{C}^{\mathrm{T}},\boldsymbol{B}^{\mathrm{T}})$。

第二步:指定所要设计的全维状态观测器的一组期望的极点$\{\lambda_1^*,\lambda_2^*,\cdots,\lambda_n^*\}$,利用极点配置问题的算法,用矩阵对$[\boldsymbol{A}^{\mathrm{T}}\quad\boldsymbol{C}^{\mathrm{T}}]$来确定使

$$\lambda_i(\boldsymbol{A}^{\mathrm{T}}+\boldsymbol{C}^{\mathrm{T}}\boldsymbol{K})=\lambda_i^* \qquad i=1,2,\cdots,n$$

成立的反馈增益矩阵 $\boldsymbol{K}$。

第三步:取 $\boldsymbol{L}=\boldsymbol{K}^{\mathrm{T}}$,计算矩阵 $\boldsymbol{A}+\boldsymbol{LC}$,则所要设计的全维状态观测器为(9.5.10)。

说明:关于全维状态观测器的期望极点的选择,从加快观测误差的衰减速度来看,希望观测器的极点越远离虚轴越好,也即希望观测器有足够的带宽。另一方面,观测器的输入 $\boldsymbol{y}(t)$ 中不可避免地混有高频干扰,为了抑制重构状态 $\bar{\boldsymbol{x}}(t)$ 中的高频分量,希望观测器的频带不能太宽。因此,状态观测器的期望极点的选择,要根据工程实际中的快速性和抗干扰性的要求折衷考虑。

例 9.5.1　已知线性系统

$$\dot{\boldsymbol{x}}=\begin{bmatrix}1&0\\0&0\end{bmatrix}\boldsymbol{x}+\begin{bmatrix}1\\1\end{bmatrix}u$$

$$y=\begin{bmatrix}2&-1\end{bmatrix}\boldsymbol{x}$$

设计状态观测器使其极点为 -10, -10。

解　检验系统的能观性

$$\operatorname{rank}\boldsymbol{Q}_{\mathrm{o}}=\operatorname{rank}\begin{bmatrix}\boldsymbol{c}\\\boldsymbol{cA}\end{bmatrix}=\operatorname{rank}\begin{bmatrix}2&-1\\2&0\end{bmatrix}=2$$

所以系统是完全能观的。利用算法 9.5.2,设计 $\boldsymbol{L}^{\mathrm{T}}$ 使矩阵 $\boldsymbol{A}^{\mathrm{T}}+\boldsymbol{c}^{\mathrm{T}}\boldsymbol{L}^{\mathrm{T}}$ 的极点配置在 -10, -10。

(1) 将系统化为第二能观规范型

系统特征多项式为

$$\det(s\boldsymbol{I}-\boldsymbol{A})=\det\begin{bmatrix}s-1&0\\0&s\end{bmatrix}=s^2-s$$

可知 $\alpha_0=0,\alpha_1=-1$,线性变换 $\tilde{\boldsymbol{x}}=\boldsymbol{Qx}$,矩阵 $\boldsymbol{Q}$ 为

$$\boldsymbol{Q}=\begin{bmatrix}1&a_1\\0&1\end{bmatrix}\begin{bmatrix}\boldsymbol{cA}\\\boldsymbol{c}\end{bmatrix}=\begin{bmatrix}1&-1\\0&1\end{bmatrix}\begin{bmatrix}2&0\\2&-1\end{bmatrix}=\begin{bmatrix}0&1\\2&-1\end{bmatrix}$$

由公式(8.7.11)可以求得参数 β_1,β_2 为

$$\beta_1=\boldsymbol{cb}=\begin{bmatrix}2&-1\end{bmatrix}\begin{bmatrix}1\\1\end{bmatrix}=1 \qquad \beta_2=\boldsymbol{cAb}+a_1\boldsymbol{cb}=\begin{bmatrix}2&0\end{bmatrix}\begin{bmatrix}1\\1\end{bmatrix}-1=1$$

于是第二能观规范型为

$$\dot{\tilde{\boldsymbol{x}}}=\begin{bmatrix}0&0\\1&1\end{bmatrix}\tilde{\boldsymbol{x}}+\begin{bmatrix}1\\1\end{bmatrix}u$$

$$y=\begin{bmatrix}0&1\end{bmatrix}\tilde{x}$$

(2) 设计反馈矩阵 $\bar{L}=\begin{bmatrix}\bar{l}_1&\bar{l}_2\end{bmatrix}^{\mathrm{T}}$

观测器特征多项式为

$$\alpha(s) = \det[s\boldsymbol{I} - (\bar{\boldsymbol{A}} + \bar{\boldsymbol{L}}\bar{\boldsymbol{c}})] = \det\begin{bmatrix} s & -\bar{l}_1 \\ -1 & s-(1+\bar{l}_2) \end{bmatrix} = s^2 - (1+\bar{l}_2)s - \bar{l}_1$$

而观测器所期望的特征多项式为

$$\alpha^*(s) = (s+10)(s+10) = s^2 + 20s + 100$$

比较 $\alpha(s)$ 与 $\alpha^*(s)$ 可以得到各项系数为

$$\bar{l}_1 = -100 \qquad \bar{l}_2 = -21$$

(3) 写出观测器方程

反变换到状态 $\boldsymbol{x}$ 之下可得

$$\boldsymbol{L} = \boldsymbol{Q}^{-1}\bar{\boldsymbol{L}} = \begin{bmatrix} 0.5 & 0.5 \\ 1 & 0 \end{bmatrix}\begin{bmatrix} -100 \\ -21 \end{bmatrix} = \begin{bmatrix} -60.5 \\ -100 \end{bmatrix}$$

可以写出观测器方程为

$$\dot{\bar{\boldsymbol{x}}} = (\boldsymbol{A} + \boldsymbol{L}\boldsymbol{c})\bar{\boldsymbol{x}} + \boldsymbol{b}u - \boldsymbol{L}y = \begin{bmatrix} -120 & 60.5 \\ -200 & 100 \end{bmatrix}\bar{\boldsymbol{x}} + \begin{bmatrix} 1 \\ 1 \end{bmatrix}u + \begin{bmatrix} 60.5 \\ 100 \end{bmatrix}y$$

9.5.2 降维状态观测器

考虑到系统的输出 $\boldsymbol{y}(t)$ 中包含了系统状态的部分信息，如果在设计系统的状态观测器时利用这些信息，则可以构造出维数低于原系统的观测器，称之为降维观测器。如果系统是完全可观测的，系统输出 $\boldsymbol{y}(t)$ 包含了全部状态分量的信息。如果其中的某些状态分量可以由输出 $\boldsymbol{y}(t)$ 各分量简单地线性组合出来，这些分量就不必由构造观测器来重构，这样观测器的维数必然小于 n。对于线性定常系统(9.5.2)，如果假设 $[\boldsymbol{A}\quad\boldsymbol{C}]$ 为能观测的，$\boldsymbol{C}$ 为满秩矩阵，即有 $\operatorname{rank}\boldsymbol{C} = m$，那么，降维观测器的最小维数可为 $n-m$。

值得说明的是，$\operatorname{rank}\boldsymbol{C} = m$ 表明了系数矩阵 $\boldsymbol{C}$ 的 m 行是线性无关的。这一条件并不过分严格。如果矩阵 $\boldsymbol{C}$ 的秩小于 m，说明矩阵 $\boldsymbol{C}$ 中的 m 个 n 维行向量是线性相关的，某些行是其他行的线性组合。这样，输出方程 $\boldsymbol{y} = \boldsymbol{C}\boldsymbol{x}$ 中输出向量 $\boldsymbol{y}$ 的相应分量不是独立的，可以由 $\boldsymbol{y}$ 的其他分量线性组合表示。这些 $\boldsymbol{y}$ 的分量可以从输出向量 $\boldsymbol{y}$ 中去掉，相应地在输出矩阵 $\boldsymbol{C}$ 中去掉那些行。进行这样的操作后，就可以保证输出矩阵 $\boldsymbol{C}$ 的行向量是线性无关的。

下面讨论降维观测器的设计方法。

1. 设计原理

假设 $[\boldsymbol{A}\quad\boldsymbol{C}]$ 是可观测的，$\operatorname{rank}\boldsymbol{C} = m$，任选 $(n-m)\times n$ 阶常阵 $\mathbf{R}$，使得 $n\times n$ 矩阵 $\boldsymbol{P}$ 非奇异，即

$$\boldsymbol{P} = \begin{bmatrix} \boldsymbol{C} \\ \boldsymbol{R} \end{bmatrix}$$

则

$$PP^{-1} = I \qquad \begin{bmatrix} C \\ R \end{bmatrix} P^{-1} = \begin{bmatrix} I_{m\times m} & 0 \\ 0 & I_{(n-m)\times(n-m)} \end{bmatrix}_{n\times n}$$

即

$$\begin{bmatrix} CP^{-1} \\ RP^{-1} \end{bmatrix}_{n\times n} = \begin{bmatrix} I_{m\times m} & 0 \\ 0 & I_{(n-m)\times(n-m)} \end{bmatrix}_{n\times n} \tag{9.5.12}$$

故

$$CP^{-1} = [I_{m\times m} \quad 0]_{m\times n} \tag{9.5.13}$$

以 P 为变换矩阵对原系统进行代数等价变换，可得

$$\bar{A} = PAP^{-1} = \begin{bmatrix} \bar{A}_{11} & \bar{A}_{12} \\ \bar{A}_{21} & \bar{A}_{22} \end{bmatrix} \qquad \bar{B} = PB = \begin{bmatrix} \bar{B}_1 \\ \bar{B}_2 \end{bmatrix} \qquad \bar{C} = CP = [I_{m\times m} \quad 0] \tag{9.5.14}$$

变换后系统的状态 $\bar{x}$ 为

$$\bar{x} = Px = \begin{bmatrix} \bar{x}_1 \\ \bar{x}_2 \end{bmatrix} \tag{9.5.15}$$

这样，变换后系统可以写成两个系统的形式

$$\begin{cases} \dot{\bar{x}}_1 = \bar{A}_{11}\bar{x}_1 + \bar{A}_{12}\bar{x}_2 + \bar{B}_1 u \\ \dot{\bar{x}}_2 = \bar{A}_{21}\bar{x}_1 + \bar{A}_{22}\bar{x}_2 + \bar{B}_2 u \end{cases} \qquad y = \bar{c}\bar{x} = \bar{x}_1 \tag{9.5.16}$$

可以看出输出 y 是变换后状态的一部分 $\bar{x}_1$，这样 $\bar{x}_1$ 是可以直接测量出的量。接下来只要设计 $\bar{x}_2$ 子系统的全维观测器就可以了。将 $\bar{x}_2$ 子系统的状态方程重写为

$$\dot{\bar{x}}_2 = \bar{A}_{21}\bar{x}_1 + \bar{A}_{22}\bar{x}_2 + \bar{B}_2 u \tag{9.5.17}$$

$\bar{x}_1$ 子系统的状态方程为

$$\dot{\bar{x}}_1 = \bar{A}_{11}\bar{x}_1 + \bar{A}_{12}\bar{x}_2 + \bar{B}_1 u \tag{9.5.18}$$

又由于 $y = \bar{x}_1$，可得

$$\dot{y} = \bar{A}_{11}\bar{x}_1 + \bar{A}_{12}\bar{x}_2 + \bar{B}_1 u$$

整理可得

$$\bar{A}_{12}\bar{x}_2 = \dot{y} - \bar{A}_{11}\bar{x}_1 - \bar{B}_1 u \triangleq \omega \tag{9.5.19}$$

ω 可作为 $\bar{x}_2$ 子系统的输出。重写子系统 $\bar{x}_2$ 的方程为

$$\begin{cases} \dot{\bar{x}}_2 = \bar{A}_{22}\bar{x}_2 + \bar{A}_{21}y + \bar{B}_2 u \\ \omega = \bar{A}_{12}\bar{x}_2 \end{cases} \tag{9.5.20}$$

这样，问题转化为设计系统(9.5.20)的全维观测器。

根据以前的讨论结果,系统(9.5.20)的全维观测器存在的充要条件为$[\bar{A}_{22}\quad \bar{A}_{12}]$是能检测的。系统(9.5.20)的全维观测器存在且极点可以任意配置的充要条件是$[\bar{A}_{22}\quad \bar{A}_{12}]$是能观测的。下面的命题给出了$[\bar{A}_{22}\quad \bar{A}_{12}]$能观测的充要条件。

命题 9.5.2 $[\bar{A}_{22}\quad \bar{A}_{12}]$能观测的充要条件是$[A\quad C]$能观测。

证明 由于代数等价变换不改变系统的能控性和能观测性,因而$[A\quad C]$能观测的充要条件是$[\bar{A}\quad \bar{C}]$为能观测的。由 PBH 判据知,$[\bar{A}\quad \bar{C}]$能观测等价于

$$\operatorname{rank}\begin{bmatrix} \lambda I - \bar{A} \\ \bar{c} \end{bmatrix} = n = \operatorname{rank}\begin{bmatrix} \lambda I - \bar{A}_{11} & -\bar{A}_{12} \\ -\bar{A}_{21} & \lambda I - \bar{A}_{22} \\ I_m & 0 \end{bmatrix} = \operatorname{rank}\begin{bmatrix} 0 & -\bar{A}_{12} \\ 0 & \lambda I - \bar{A}_{22} \\ I_m & 0 \end{bmatrix} =$$

$$m + \operatorname{rank}\begin{bmatrix} \lambda I - \bar{A}_{22} \\ \bar{A}_{12} \end{bmatrix}$$

也即

$$\operatorname{rank}\begin{bmatrix} -\bar{A}_{12} \\ \lambda I - \bar{A}_{22} \end{bmatrix} = n - m$$

从而由能观 PBH 判据知,上式等价于$[\bar{A}_{22}\quad \bar{A}_{12}]$能观测。证毕。

根据 9.5.1 小节的结论,对于子系统(9.5.20)设计如下形式的全维状态观测器

$$\begin{aligned} \dot{z} &= \bar{A}_{22}z + \bar{A}_{21}y + \bar{B}_2u + \bar{L}(\hat{\omega} - \omega) = \\ &(\bar{A}_{22} + \bar{L}\bar{A}_{12})z + \bar{A}_{21}y + \bar{B}_2u - \bar{L}(\dot{y} - \bar{A}_{11}y - \bar{B}_1u) \end{aligned} \tag{9.5.21}$$

但是所设计的观测器(9.5.21)中有输入量 $y(t)$ 的导数项,这将把输入量 $y(t)$ 中的高频噪声增强,严重时将使观测器不能正常工作。为此,通过引入变换

$$\bar{z} = z + \bar{L}y \tag{9.5.22}$$

来达到在观测器中消去 $\dot{y}$ 的目的。代入式(9.5.21),并整理可得

$$\begin{aligned} \dot{\bar{z}} &= \dot{z} + L\dot{y} = (\bar{A}_{22} + \bar{L}\bar{A}_{12})z + (\bar{A}_{21}y + \bar{B}_2u) + \bar{L}\bar{A}_{11}y + \bar{L}\bar{B}_1u = \\ &(\bar{A}_{22} + \bar{L}\bar{A}_{12})\bar{z} + [(\bar{A}_{21} + \bar{L}\bar{A}_{11}) - (\bar{A}_{22} + \bar{L}\bar{A}_{12})\bar{L}]y + (\bar{B}_2 + \bar{L}\bar{B}_1)u \end{aligned} \tag{9.5.23}$$

上述系统构成了 $\bar{x}_2$ 的一个全维观测器。可以看出,观测器(9.5.23)是一个以 u 和 y 为输入的 $n - m$ 维的动态系统,且在$[A\quad C]$能观测的条件下 $\bar{A}_{22} + \bar{L}\bar{A}_{12}$ 的特征值是可以任意配置的。而且 $\bar{x}_2$ 的重构状态为

$$z = \bar{z} - \bar{L}y \tag{9.5.24}$$

从而可导出变换状态 $\bar{x}$ 的重构 $\hat{\bar{x}}$ 为

$$\hat{\bar{x}} = \begin{bmatrix} y \\ \bar{z} - \bar{L}y \end{bmatrix} \tag{9.5.25}$$

考虑到 $x = P^{-1}\bar{x} = Q\bar{x}$,相应地也有 $\hat{x} = Q\hat{\bar{x}}$,于是可定出系统状态 x 的重构状态 $\hat{x}$ 为

$$\hat{x} = P^{-1}\begin{bmatrix} y \\ z - \bar{L}y \end{bmatrix} = [Q_1 \quad Q_2]\begin{bmatrix} y \\ z - \bar{L}y \end{bmatrix} = Q_1 y + Q_2(z - \bar{L}y) \tag{9.5.26}$$

综合上述分析,可以得到下述的降维观测器的主要结果。

定理 9.5.2　设 $[A \quad C]$ 能观测,则系统(9.5.23)构成系统(9.5.2)的一个 $n - m$ 维的降维观测器。重构状态为

$$\hat{x} = Q_2 z + (Q_1 - \bar{L})y \tag{9.5.27}$$

可以设计 $\bar{L}$ 使矩阵 $\bar{A}_{22} + \bar{L}\bar{A}_{12}$ 的 $n - m$ 个极点可以任意配置。

2. 算法与算例

基于以上的分析,我们可以给出设计系统 $n - m$ 维降维观测器的下述的算法。

算法 9.5.3　[线性系统降维观测器的设计]

第一步:选取 $(n - m) \times n$ 阶常阵 $\mathbf{R}$,使得 $n \times n$ 矩阵 $P = \begin{bmatrix} C \\ R \end{bmatrix}$ 非奇异。

第二步:计算

$$Q = P^{-1} = [Q_1 \vdots Q_2]$$

式中　Q_1, Q_2——$n \times m, n \times (n - m)$ 维的矩阵。

第三步:计算

$$\bar{A} = PAP^{-1} = \begin{bmatrix} \bar{A}_{11} & \bar{A}_{12} \\ \bar{A}_{21} & \bar{A}_{22} \end{bmatrix} \qquad \bar{B} = PB = \begin{bmatrix} \bar{B}_1 \\ \bar{B}_2 \end{bmatrix}$$

式中　$\bar{A}_{11}, \bar{A}_{12}, \bar{A}_{21}, \bar{A}_{22}$—— $m \times m, m \times (n - m), (n - m) \times m, (n - m) \times (n - m)$ 阶矩阵;

$\bar{B}_1, \bar{B}_2$——$m \times r, (n - m) \times r$ 阶矩阵。

第四步:选取 $\bar{L}$ 使矩阵 $\bar{A}_{22} + \bar{L}\bar{A}_{12}$ 稳定或具有 $n - m$ 个希望的极点。

第五步:按照(9.5.23)构成系统的降维观测器。且重构状态为式(9.5.27)。

例 9.5.2　给定线性系统(9.5.2)系统矩阵

$$A = \begin{bmatrix} 4 & 4 & 4 \\ -11 & -12 & -12 \\ 13 & 14 & 13 \end{bmatrix} \qquad B = \begin{bmatrix} 1 \\ -1 \\ 0 \end{bmatrix} \qquad C = [1 \quad 1 \quad 1]$$

试设计降维观测器。

解　该系统的能观性矩阵为

$$Q_o = \begin{bmatrix} C \\ CA \\ CA^2 \end{bmatrix} = \begin{bmatrix} 1 & 1 & 1 \\ 6 & 6 & 5 \\ 23 & 22 & 17 \end{bmatrix}$$

$$\text{rank } Q_o = 3$$

故能观测,且 rank $C = 1$,可以设计 $n - m = 2$ 维观测器。

第一步：选取$(n-m)\times n$矩阵$\boldsymbol{R}$，使$\boldsymbol{P}=\begin{bmatrix}\boldsymbol{C}\\\boldsymbol{R}\end{bmatrix}$非奇异，即

$$\boldsymbol{R}=\begin{bmatrix}0&1&0\\0&0&1\end{bmatrix}\qquad \boldsymbol{P}=\begin{bmatrix}\boldsymbol{C}\\\boldsymbol{R}\end{bmatrix}=\begin{bmatrix}1&1&1\\0&1&0\\0&0&1\end{bmatrix}$$

第二步：

$$\boldsymbol{Q}=\boldsymbol{P}^{-1}=\begin{bmatrix}1&-1&-1\\0&1&0\\0&0&1\end{bmatrix}\qquad \boldsymbol{Q}_1=\begin{bmatrix}1\\0\\0\end{bmatrix}\qquad \boldsymbol{Q}_2=\begin{bmatrix}-1&-1\\1&0\\0&1\end{bmatrix}$$

第三步：计算$\bar{\boldsymbol{A}},\bar{\boldsymbol{B}}$，并进行分块

$$\bar{\boldsymbol{A}}=\boldsymbol{PAP}^{-1}=\begin{bmatrix}6&0&-1\\-11&-1&-1\\13&1&0\end{bmatrix}\qquad \bar{\boldsymbol{B}}=\boldsymbol{PB}=\begin{bmatrix}0\\-1\\0\end{bmatrix}$$

$$\bar{\boldsymbol{A}}_{22}=\begin{bmatrix}-1&-1\\1&0\end{bmatrix}\qquad \bar{\boldsymbol{A}}_{12}=[0\quad -1]\qquad \bar{\boldsymbol{B}}_1=\boldsymbol{0}\qquad \bar{\boldsymbol{B}}_2=\begin{bmatrix}-1\\0\end{bmatrix}$$

第四步：选取$\bar{\boldsymbol{L}}$，使得矩阵$\bar{\boldsymbol{A}}_{22}+\bar{\boldsymbol{L}}\bar{\boldsymbol{A}}_{12}$稳定或是有希望的极点。这里选取期望极点为$s_1=-3,s_2=-4$，则希望的观测器的特征多项式为

$$\psi^*(s)=s^2+7s+12$$

令$\bar{\boldsymbol{L}}=[l_1\quad l_2]^{\mathrm{T}}$，则由$\det[s\boldsymbol{I}-(\bar{\boldsymbol{A}}_{22}+\bar{\boldsymbol{L}}\bar{\boldsymbol{A}}_{12})]=\psi^*(s)$可得

$$\det\left[s\boldsymbol{I}-\left(\begin{bmatrix}-1&-1\\1&0\end{bmatrix}+\begin{bmatrix}l_1\\l_2\end{bmatrix}[0\quad -1]\right)\right]=\psi^*(s)$$

$$\begin{vmatrix}s+1&1+l_1\\-1&s+l_2\end{vmatrix}=\psi^*(s)$$

$$s^2+(1+l_2)s+(1+l_1+l_2)=s^2+7s+12$$

从而求得$l_1=5,l_2=6$。

第五步：构造降维观测器

$$\dot{\boldsymbol{z}}=\begin{bmatrix}-1&-6\\1&-6\end{bmatrix}\boldsymbol{z}+\begin{bmatrix}60\\80\end{bmatrix}\boldsymbol{y}+\begin{bmatrix}-1\\0\end{bmatrix}\boldsymbol{u}$$

$$\hat{\boldsymbol{x}}=\boldsymbol{P}^{-1}\hat{\bar{\boldsymbol{x}}}=\boldsymbol{Q}\hat{\bar{\boldsymbol{x}}}=\boldsymbol{Q}_2\boldsymbol{z}+(\boldsymbol{Q}_1-\boldsymbol{Q}_2\bar{\boldsymbol{L}})\boldsymbol{y}=\begin{bmatrix}-1&-1\\1&0\\0&1\end{bmatrix}\boldsymbol{z}+\begin{bmatrix}12\\-5\\-6\end{bmatrix}\boldsymbol{y}$$

9.5.3 观测器——控制器反馈控制系统与分离原理

对于系统的综合，很重要的一种方法就是系统的状态反馈。如果系统的状态是可以直接测

量的，则可以直接用于系统的状态反馈，从而构成闭环系统。如果系统的状态不完全可以测量，我们可以用以上所讲述的方法构造系统的状态观测器，重构系统的状态，用重构的状态进行状态反馈，构成闭环系统。本小节将讨论这种采用重构状态进行反馈系统的特点，以及它与直接状态反馈系统之间的相同与不同之处。

完全能控与能观测的线性系统为

$$\begin{cases}\dot{\boldsymbol{x}} = \boldsymbol{A}\boldsymbol{x} + \boldsymbol{B}\boldsymbol{u} \\ \boldsymbol{y} = \boldsymbol{C}\boldsymbol{x}\end{cases} \tag{9.5.28}$$

假设系统的状态可以测量，直接进行如下的状态反馈

$$\boldsymbol{u} = \boldsymbol{K}\boldsymbol{x} + \boldsymbol{v} \tag{9.5.29}$$

则直接状态反馈的闭环系统的状态方程为

$$\begin{cases}\dot{\boldsymbol{x}} = (\boldsymbol{A} + \boldsymbol{B}\boldsymbol{K})\boldsymbol{x} + \boldsymbol{B}\boldsymbol{v} \\ \boldsymbol{y} = \boldsymbol{C}\boldsymbol{x}\end{cases} \tag{9.5.30}$$

如果系统的状态不能观测，就要设计观测器来重构系统的状态。假设系统的观测器为全维观测器，则基于状态观测器的状态反馈控制律为

$$\begin{cases}\dot{\bar{\boldsymbol{x}}} = (\boldsymbol{A} + \boldsymbol{L}\boldsymbol{C})\bar{\boldsymbol{x}} + \boldsymbol{B}\boldsymbol{u} - \boldsymbol{L}\boldsymbol{y} \\ \boldsymbol{u} = \boldsymbol{K}\bar{\boldsymbol{x}} + \boldsymbol{v}\end{cases} \tag{9.5.31}$$

$\boldsymbol{e}(t) = \bar{\boldsymbol{x}} - \boldsymbol{x}$，则 $\dot{\boldsymbol{e}}(t) = (\boldsymbol{A} + \boldsymbol{L}\boldsymbol{C})\boldsymbol{e}(t)$。于是系统(9.5.30) 在基于全维观测器的控制器(9.5.31) 的作用下，闭环系统为

$$\begin{bmatrix}\dot{\boldsymbol{x}}(t) \\ \dot{\boldsymbol{e}}(t)\end{bmatrix} = \begin{bmatrix}\boldsymbol{A} + \boldsymbol{B}\boldsymbol{K} & \boldsymbol{B}\boldsymbol{K} \\ \boldsymbol{0} & \boldsymbol{A} + \boldsymbol{L}\boldsymbol{C}\end{bmatrix}\begin{bmatrix}\boldsymbol{x}(t) \\ \boldsymbol{e}(t)\end{bmatrix} + \begin{bmatrix}\boldsymbol{B} \\ \boldsymbol{0}\end{bmatrix}\boldsymbol{v}$$

$$\boldsymbol{y} = \boldsymbol{C}\boldsymbol{x} = [\boldsymbol{C} \quad \boldsymbol{0}]\begin{bmatrix}\boldsymbol{x} \\ \boldsymbol{e}\end{bmatrix}$$

增广状态向量$\begin{bmatrix}\boldsymbol{x}(t) \\ \bar{\boldsymbol{x}}(t)\end{bmatrix}$与$\begin{bmatrix}\boldsymbol{x}(t) \\ \boldsymbol{e}(t)\end{bmatrix}$是代数等价的，由于代数等价变换不改变传递函数，从而

$$\bar{\boldsymbol{G}}(s) = [\boldsymbol{C} \quad \boldsymbol{0}]\left(s\boldsymbol{I} - \begin{bmatrix}\boldsymbol{A} + \boldsymbol{B}\boldsymbol{K} & \boldsymbol{B}\boldsymbol{K} \\ \boldsymbol{0} & \boldsymbol{A} + \boldsymbol{L}\boldsymbol{C}\end{bmatrix}\right)^{-1}\begin{bmatrix}\boldsymbol{B} \\ \boldsymbol{0}\end{bmatrix} =$$

$$\boldsymbol{C}[s\boldsymbol{I} - (\boldsymbol{A} + \boldsymbol{B}\boldsymbol{K})]^{-1}\boldsymbol{B}$$

上式证明了带观测器状态估计反馈的闭环系统与系统直接用自身状态反馈的闭环系统具有完全相同的传递函数。

显然整个系统的极点分为两个部分：$\boldsymbol{A} + \boldsymbol{B}\boldsymbol{K}$ 的极点与$\boldsymbol{A} + \boldsymbol{L}\boldsymbol{C}$ 的极点。这样，如果$[\boldsymbol{A} \quad \boldsymbol{B}]$可控，$[\boldsymbol{A} \quad \boldsymbol{C}]$ 可观，则就能通过对矩阵 $\boldsymbol{K}$ 与 $\boldsymbol{L}$ 的设计，实现独立且任意地配置系统状态反馈 $\boldsymbol{A} + \boldsymbol{B}\boldsymbol{K}$ 和观测器$\boldsymbol{A} + \boldsymbol{L}\boldsymbol{C}$ 的极点。

在由设计观测器实现的状态反馈系统中，状态反馈与状态观测器的设计可以相互独立地进行。即可以分别按由系统状态直接实现状态反馈的方法设计状态反馈矩阵 $\boldsymbol{K}$，以及可以按设计不含状态反馈系统的状态观测器的方法选择反馈矩阵 $\boldsymbol{L}$。因此称之为分离原理。

9.6 解耦问题

解耦问题又称互不影响控制、一对一控制，是多输入多输出系统综合理论的重要组成部分。其设计目的是消除输入输出的关联耦合作用，实现每一个输出仅受相应的一个输入控制，每一个输入也仅能控制一个相应的输出。显然，对于多输入多输出系统，解耦问题的前提条件是系统的输入变量的个数和输出变量的个数相同。

实现解耦的方法分为两类：一类称为时域方法，一类称为频域方法。前者又有代数方法和几何方法之分。本节简单介绍频域中的串联补偿器解耦方法和时域中的状态反馈方法。

设系统$(\boldsymbol{A},\boldsymbol{B},\boldsymbol{C})$是一个$m$维输入，$m$维输出的系统，即

$$\begin{cases}\dot{\boldsymbol{x}} = \boldsymbol{Ax} + \boldsymbol{Bu} \\ \boldsymbol{y} = \boldsymbol{Cx}\end{cases} \tag{9.6.1}$$

若其传递函数矩阵

$$\boldsymbol{G}(s) = \begin{bmatrix} g_{11}(s) & & & 0 \\ & g_{22}(s) & & \\ & & \ddots & \\ 0 & & & g_{mm}(s) \end{bmatrix} \tag{9.6.2}$$

是一个对角形有理分式矩阵，则称该系统是解耦的。由式(9.6.2)可见，一个多变量系统实现解耦以后，可被看做一组相互独立的单变量系统，从而实现自治控制，输入输出通道之间的完全不耦合。

9.6.1 串联动态补偿器解耦

设耦合系统的传递函数矩阵为$\boldsymbol{G}_{\mathrm{p}}(s)$，要设计一个传递函数矩阵为$\boldsymbol{G}_{\mathrm{c}}(s)$的串联补偿器，使通过反馈矩阵$\boldsymbol{H}$实现如图9.6.1所示的闭环系统为解耦系统。

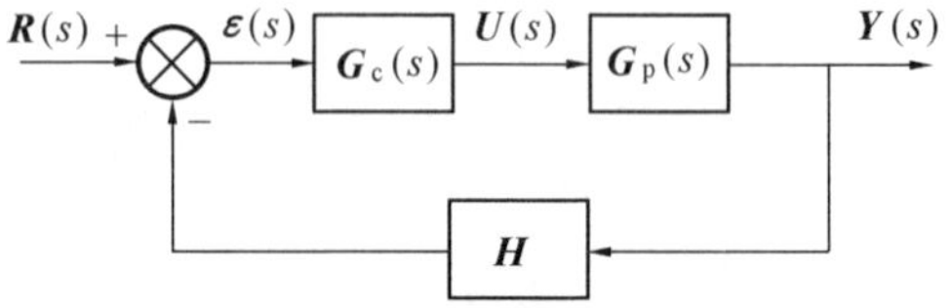

图 9.6.1 含串联补偿器的解耦系统方框图

从图中可以求得解耦系统的闭环传递函数矩阵为

$$\boldsymbol{\Phi}(s) = [\boldsymbol{I} + \boldsymbol{G}(s)\boldsymbol{H}]^{-1}\boldsymbol{G}(s) \tag{9.6.3}$$

式中 $\boldsymbol{G}(s)$—— 前向通道的传递函数矩阵

$$\boldsymbol{G}(s) = \boldsymbol{G}_{\mathrm{p}}(s)\boldsymbol{G}_{\mathrm{c}}(s) \tag{9.6.4}$$

由式(9.6.3)和式(9.6.4)解出串联补偿器的传递函数矩阵$\boldsymbol{G}_{\mathrm{c}}(s)$为

$$\boldsymbol{G}_{\mathrm{c}}(s) = \boldsymbol{G}_{\mathrm{p}}^{-1}(s)\boldsymbol{\Phi}(s)[\boldsymbol{I} - \boldsymbol{H\Phi}(s)]^{-1} \tag{9.6.5}$$

对于单位反馈矩阵，即$\boldsymbol{H} = \boldsymbol{I}$，式(9.6.3)所示的闭环传递函数矩阵变为

$$\boldsymbol{\Phi}(s) = [\boldsymbol{I} + \boldsymbol{G}(s)]^{-1}\boldsymbol{G}(s) \tag{9.6.6}$$

此时系统的串联补偿器的传递函数矩阵变为

$$\boldsymbol{G}_{c}(s) = \boldsymbol{G}_{p}^{-1}(s)\boldsymbol{\Phi}(s)[\boldsymbol{I} - \boldsymbol{\Phi}(s)]^{-1} \tag{9.6.7}$$

可以解出单位反馈解耦系统的开环传递函数为

$$\boldsymbol{G}(s) = \boldsymbol{\Phi}(s)[\boldsymbol{I} - \boldsymbol{\Phi}(s)]^{-1} \tag{9.6.8}$$

由于解耦系统的闭环传递函数矩阵 $\boldsymbol{\Phi}(s)$ 为对角矩阵,设

$$\boldsymbol{\Phi}(s) = \begin{bmatrix} \Phi_{11}(s) & & 0 \\ & \ddots & \\ 0 & & \Phi_{mm}(s) \end{bmatrix} \tag{9.6.9}$$

故矩阵$[\boldsymbol{I} - \boldsymbol{\Phi}(s)]$及其逆矩阵$[\boldsymbol{I} - \boldsymbol{\Phi}(s)]^{-1}$也都是对角矩阵。根据对角矩阵之间的乘积仍为对角矩阵的性质,从式(9.6.8)可知,单位反馈解耦系统的开环传递矩阵 $\boldsymbol{G}(s)$ 也必为对角矩阵。

例 9.6.1　设有如图 9.6.2 所示双输入－双输出耦合系统。已知其传递函数矩阵为

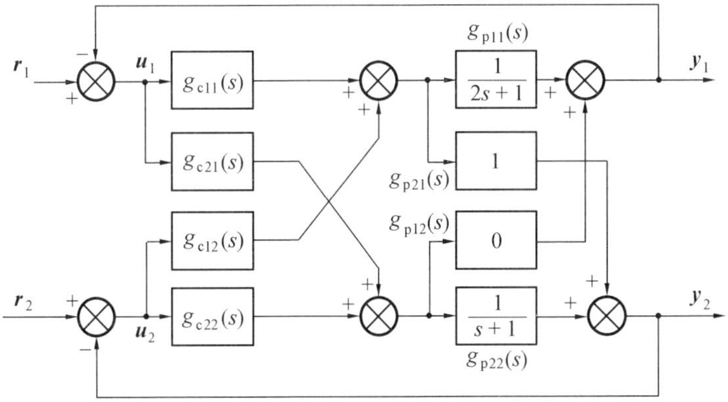

图 9.6.2　双输入双输出解耦系统方框图

$$\boldsymbol{G}_{p}(s) = \begin{bmatrix} \dfrac{1}{2s+1} & 0 \\ 1 & \dfrac{1}{s+1} \end{bmatrix}$$

试设计一个串联补偿器,使系统解耦,并要求解耦系统的闭环传递函数矩阵为

$$\boldsymbol{\Phi}(s) = \begin{bmatrix} \dfrac{1}{s+1} & 0 \\ 0 & \dfrac{1}{5s+1} \end{bmatrix}$$

解　由于给定系统为单位反馈系统，故串联补偿器的传递函数矩阵 $\boldsymbol{G}_c(s)$ 由式(9.6.7)得

$$\boldsymbol{G}_c(s)=\begin{bmatrix} g_{c11}(s) & g_{c12}(s) \\ g_{c21}(s) & g_{c22}(s)\end{bmatrix}=\boldsymbol{G}_p^{-1}(s)\boldsymbol{\Phi}(s)[\boldsymbol{I}-\boldsymbol{\Phi}(s)]^{-1}=$$

$$\begin{bmatrix} \dfrac{1}{2s+1} & 0 \\ 1 & \dfrac{1}{s+1}\end{bmatrix}^{-1}\begin{bmatrix} \dfrac{1}{s+1} & 0 \\ 0 & \dfrac{1}{5s+1}\end{bmatrix}\begin{bmatrix} 1-\dfrac{1}{s+1} & 0 \\ 0 & 1-\dfrac{1}{5s+1}\end{bmatrix}^{-1}=$$

$$\begin{bmatrix} \dfrac{2s+1}{s} & 0 \\ -\dfrac{(2s+1)(s+1)}{s} & \dfrac{s+1}{5s}\end{bmatrix}$$

其中

$$g_{c11}(s)=\frac{2s+1}{s}=2+\frac{1}{s}$$

$$g_{c12}(s)=0$$

$$g_{c21}(s)=-\frac{(2s+1)(s+1)}{s}=-\left(3+\frac{1}{s}+2s\right)$$

$$g_{c22}(s)=\frac{s+1}{5s}=\frac{1}{5}+\frac{1}{5s}$$

从上例计算结果看出，串联补偿器可由三个调节器来实现，其中 g_{c11} 及 g_{c22} 代表 PI 调节器。实际上，串联补偿器的传递函数矩阵 $\boldsymbol{G}_c(s)$ 还可以基于补偿原理来确定。我们用以下推导来说明这种原理的思想。

为此，首先设在串联补偿器的作用下，多输入多输出系统已解耦，并且具有要求的闭环传递函数矩阵 $\boldsymbol{\Phi}(s)$。于是，由两个相互独立的单输入单输出单位反馈系统可写出

$$\frac{g_{c11}(s)g_{p11}(s)}{1+g_{c11}(s)g_{p11}(s)}=\Phi_{11}(s) \tag{9.6.10}$$

及

$$\frac{g_{c22}(s)g_{p22}(s)}{1+g_{c22}(s)g_{p22}(s)}=\Phi_{22}(s) \tag{9.6.11}$$

将已知

$$g_{p11}(s)=\frac{1}{2s+1}\qquad \Phi_{11}(s)=\frac{1}{s+1}$$

$$g_{p22}(s)=\frac{1}{s+1}\qquad \Phi_{22}(s)=\frac{1}{5s+1}$$

代入后，由式(9.6.10)及式(9.6.11)分别求得

$$g_{c11}(s)=\frac{2s+1}{s}\qquad g_{c22}(s)=\frac{s+1}{5s}$$

其次根据补偿原理，通过 $g_{c21}(s)$ 去补偿第一个系统经 $g_{p21}(s)$ 对第二个系统输出的耦合，以及通过 $g_{c12}(s)$ 去补偿第二个系统经 $g_{p12}(s)$ 对第一个系统输出的耦合。从图9.6.2可写出补偿关系式

$$g_{c11}(s)g_{p21}(s)U_1(s)+g_{c21}(s)g_{p22}(s)U_1(s)=0 \tag{9.6.12}$$

$$g_{c22}(s)g_{p12}(s)U_2(s)+g_{c12}(s)g_{p11}(s)U_2(s)=0 \tag{9.6.13}$$

由式(9.6.12)求得

$$g_{c21}(s)=-g_{c11}(s)\frac{g_{p21}(s)}{g_{p22}(s)}=-\frac{(2s+1)(s+1)}{s}$$

在式(9.6.13)中，由于 $g_{p11}(s)\neq 0, U_2(s)\neq 0$ 及 $g_{p12}(s)=0$，故

$$g_{c12}(s)=0$$

9.6.2　状态反馈解耦

线性定常系统

$$\begin{cases}\dot{\boldsymbol{x}}=\boldsymbol{Ax}+\boldsymbol{Bu}\\ \boldsymbol{y}=\boldsymbol{Cx}\end{cases} \tag{9.6.14}$$

传递函数为

$$\boldsymbol{G}(s)=\boldsymbol{C}(s\boldsymbol{I}-\boldsymbol{A})^{-1}\boldsymbol{B}=\begin{bmatrix}\boldsymbol{G}_1(s)\\ \vdots\\ \boldsymbol{G}_m(s)\end{bmatrix}$$

进行式(9.6.15)的状态反馈

$$\boldsymbol{u}=\boldsymbol{Fx}+\boldsymbol{Hr} \tag{9.6.15}$$

则闭环系统的状态方程为

$$\begin{cases}\dot{\boldsymbol{x}}=(\boldsymbol{A}+\boldsymbol{BF})\boldsymbol{x}+\boldsymbol{BHr}\\ \boldsymbol{y}=\boldsymbol{Cx}\end{cases} \tag{9.6.16}$$

利用状态进行系统解耦的目的是通过状态反馈使闭环传递函数 $\boldsymbol{\Phi}(s)=\boldsymbol{C}[s\boldsymbol{I}-(\boldsymbol{A}+\boldsymbol{BF})]^{-1}BH$ 变成下述形式

$$\begin{bmatrix}\frac{1}{s^{d_1+1}} & & 0\\ & \ddots & \\ 0 & & \frac{1}{s^{d_n+1}}\end{bmatrix}$$

d_i 为解耦指数，定义为 $d_i=\min\limits_j[\boldsymbol{G}_{ij}(s)\text{分母次数}-\boldsymbol{G}_{ij}(s)\text{分子次数}]-1$

设 $\boldsymbol{c}_i$ 为系统输出矩阵 $\boldsymbol{C}$ 中的第 i 行向量,根据 d_i 定义下列矩阵

$$\boldsymbol{D}=\begin{bmatrix}\boldsymbol{c}_1\boldsymbol{A}^{d_1}\\ \boldsymbol{c}_2\boldsymbol{A}^{d_2}\\ \vdots\\ \boldsymbol{c}_m\boldsymbol{A}^{d_m}\end{bmatrix}\quad \boldsymbol{E}=\boldsymbol{DB}=\begin{bmatrix}\boldsymbol{c}_1\boldsymbol{A}^{d_1}\boldsymbol{B}\\ \boldsymbol{c}_2\boldsymbol{A}^{d_2}\boldsymbol{B}\\ \vdots\\ \boldsymbol{c}_m\boldsymbol{A}^{d_m}\boldsymbol{B}\end{bmatrix}\quad \boldsymbol{L}=\boldsymbol{DA}=\begin{bmatrix}\boldsymbol{c}_1\boldsymbol{A}^{(d_1+1)}\\ \boldsymbol{c}_2\boldsymbol{A}^{(d_2+1)}\\ \vdots\\ \boldsymbol{c}_m\boldsymbol{A}^{(d_m+1)}\end{bmatrix}$$

下面不加证明地给出系统能解耦性判据和解耦的设计方法。

定理 9.6.1 线性定常系统(9.6.1)采用状态反馈能解耦的充要条件是 $m\times m$ 维矩阵 $\boldsymbol{E}$ 为非奇异的,即

$$\det\boldsymbol{E}=\det\begin{bmatrix}\boldsymbol{c}_1\boldsymbol{A}^{d_1}\boldsymbol{B}\\ \boldsymbol{c}_2\boldsymbol{A}^{d_2}\boldsymbol{B}\\ \vdots\\ \boldsymbol{c}_m\boldsymbol{A}^{d_m}\boldsymbol{B}\end{bmatrix}\neq 0$$

$$\boldsymbol{G}(s)=\boldsymbol{C}(s\boldsymbol{I}-\boldsymbol{A})^{-1}\boldsymbol{B}=\begin{bmatrix}\boldsymbol{G}_1(s)\\ \vdots\\ \boldsymbol{G}_m(s)\end{bmatrix}$$

这类系统称为积分型解耦系统。

定理 9.6.2 若系统(9.6.14)是状态反馈能解耦的,则闭环系统(9.6.16)是一个积分型解耦系统。其中状态反馈矩阵为

$$\boldsymbol{F}=-\boldsymbol{E}^{-1}\boldsymbol{L}$$

输入变换矩阵为

$$\boldsymbol{H}=\boldsymbol{E}^{-1}$$

闭环系统的传递函数矩阵为

$$\boldsymbol{G}_{\mathrm{c}}(s)=\boldsymbol{C}[s\boldsymbol{I}-(\boldsymbol{A}+\boldsymbol{BF})]^{-1}\boldsymbol{BH}=\begin{bmatrix}\frac{1}{s^{(d_1+1)}} & & & 0\\ & \frac{1}{s^{(d_2+1)}} & & \\ & & \ddots & \\ 0 & & & \frac{1}{s^{(d_m+1)}}\end{bmatrix}\tag{9.6.17}$$

实际上,通过状态反馈(9.6.15)实现系统的解耦后,系统变成了 m 个相互独立的 d_i+1 阶的积分器。还可以通过设计每个子系统的状态反馈实现极点配置,从而使系统具有某种性能指标。

例 9.6.2 已知完全能控的多输入多输出线性定常系统(9.6.1),系数矩阵为

$$A=\begin{bmatrix}1&1&0\\0&2&0\\0&1&3\end{bmatrix}\quad B=\begin{bmatrix}1&1\\-1&1\\0&0\end{bmatrix}\quad C=\begin{bmatrix}1&0&0\\0&0&1\end{bmatrix}$$

试确定用以实现积分型解耦的状态反馈矩阵及输入变换矩阵。

解 计算给定系统的传递函数矩阵

$$G(s)=\begin{bmatrix}G_1(s)\\G_2(s)\end{bmatrix}=C(sI-A)^{-1}B=\begin{bmatrix}1&0&0\\0&0&1\end{bmatrix}\begin{bmatrix}s-1&-1&0\\0&s-2&0\\0&-1&s-3\end{bmatrix}^{-1}\begin{bmatrix}1&1\\-1&1\\0&0\end{bmatrix}=$$

$$\begin{bmatrix}\dfrac{s-3}{s^2-3s+2}&\dfrac{1}{s-2}\\-\dfrac{1}{s^2-5s+6}&\dfrac{1}{s^2-5s+6}\end{bmatrix}$$

从传递函数矩阵 $G(s)$ 看出，由于

$$g_{12}(s)=\frac{1}{s-2}$$

$$g_{21}(s)=-\frac{1}{s^2-5s+6}$$

均不为零，故在给定系统中存在耦合现象。

为确定矩阵 E，计算得 $d_1=\min(1,1)-1=0,d_2=\min(2,2)-1=1$。从而可求得

$$E=\begin{bmatrix}c_1A^{d_1}B\\c_2A^{d_2}B\end{bmatrix}=\begin{bmatrix}1&1\\-1&1\end{bmatrix}$$

由于 $|E|\neq 0$，故矩阵 E 为非奇异，满足给定系统实现积分型解耦的充要条件。

并可计算矩阵 L

$$L=\begin{bmatrix}c_1A\\c_2A^2\end{bmatrix}=\begin{bmatrix}1&1&0\\0&5&9\end{bmatrix}$$

所以

$$F=-E^{-1}L=-\begin{bmatrix}1&1\\-1&1\end{bmatrix}^{-1}\begin{bmatrix}1&1&0\\0&5&9\end{bmatrix}=-\begin{bmatrix}\dfrac{1}{2}&-2&-\dfrac{9}{2}\\\dfrac{1}{2}&3&\dfrac{9}{2}\end{bmatrix}$$

计算输入变换矩阵

$$H=E^{-1}=\begin{bmatrix}\dfrac{1}{2}&-\dfrac{1}{2}\\\dfrac{1}{2}&\dfrac{1}{2}\end{bmatrix}$$

最后,计算解耦系统的传递函数矩阵

$$\boldsymbol{\Phi}(s)=\boldsymbol{C}[s\boldsymbol{I}-(\boldsymbol{A}+\boldsymbol{BF})]^{-1}\boldsymbol{BH}=\begin{bmatrix}1&0&0\\0&0&1\end{bmatrix}\begin{bmatrix}\frac{1}{s}&0&0\\0&\frac{s-3}{s^2}&-\frac{9}{s^2}\\0&\frac{1}{s^2}&\frac{s+3}{s^2}\end{bmatrix}\begin{bmatrix}1&1\\-1&1\\0&0\end{bmatrix}\begin{bmatrix}\frac{1}{2}&-\frac{1}{2}\\\frac{1}{2}&\frac{1}{2}\end{bmatrix}=$$

$$\begin{bmatrix}\frac{1}{s}&0\\0&\frac{1}{s^2}\end{bmatrix}$$

可见,通过所选状态反馈矩阵 $\boldsymbol{F}$ 及输入变换矩阵 $\boldsymbol{H}$ 确能使给定系统实现积分型解耦。

9.7 离散系统的控制

与连续线性定常系统设计问题相类似,下面简单讨论离散控制系统的设计问题。这里只讨论离散时间系统的极点配置、反馈镇定观测器设计等几个最基本的问题。

考虑离散定常时间系统

$$\begin{cases}\boldsymbol{x}(k+1)=\boldsymbol{Gx}(k)+\boldsymbol{Hu}(k)\\\boldsymbol{y}(k)=\boldsymbol{Cx}(k)\end{cases}\tag{9.7.1}$$

的控制问题。系统在状态反馈控制律

$$\boldsymbol{u}(k)=\boldsymbol{Kx}(k)+\boldsymbol{v}(k)\tag{9.7.2}$$

作用下的系统设计问题。

9.7.1 离散线性系统的状态反馈极点配置

离散系统(9.7.1) 在状态反馈律(9.7.2) 作用下的闭环系统为

$$\begin{cases}\boldsymbol{x}(k+1)=(\boldsymbol{G}+\boldsymbol{HK})\boldsymbol{x}(k)+\boldsymbol{Hv}(k)\\\boldsymbol{y}(k)=\boldsymbol{Cx}(k)\end{cases}\tag{9.7.3}$$

与连续系统的情形一样,系统(9.7.3) 的极点即为矩阵 $\boldsymbol{G}+\boldsymbol{HK}$ 的特征值。因此系统(9.7.1) 在状态反馈律(9.7.2) 作用下的极点配置问题可以描述如下。

给定矩阵 $\boldsymbol{G}\in\mathbf{R}^{n\times n}$,$\boldsymbol{H}\in\mathbf{R}^{n\times r}$,以及一组共轭封闭复数 s_i,$i=1,2,\cdots,n$(不必互异),求取矩阵 $\boldsymbol{K}\in\mathbf{R}^{r\times n}$,使得

$$\lambda_i(\boldsymbol{G}+\boldsymbol{HK})=s_i\qquad i=1,2,\cdots,n\tag{9.7.4}$$

由上述可见,离散线性系统的状态反馈极点配置问题在描述上与连续系统的状态反馈极点配置问题完全一样。因此在求解条件和求解方法上也是完全相同的。

如果对于任意指定的一组闭环极点 $s_i, i = 1,2,\cdots,n$,离散系统的状态反馈极点配置条件与连续系统情形类似,有如下的结论。

定理 9.7.1　离散线性系统(9.7.1)可用状态反馈(9.7.2)任意极点配置的充要条件是矩阵对$[\boldsymbol{G} \quad \boldsymbol{H}]$能控。

说明:(1) 对于线性定常离散系统的极点配置问题的求解,只需取 $\boldsymbol{A} = \boldsymbol{G}, \boldsymbol{B} = \boldsymbol{H}$,然后套用连续时间线性定常系统的极点配置的方法即可。

(2) 关于系统的稳定性,有一点要注意,即对于线性连续系统而言,其渐近稳定条件是其极点,即系统矩阵的所有特征值均具有负实部,但对于线性离散定常系统而言,其渐近稳定条件是其所有极点的模均小于1。因此,不同于连续系统的极点配置设计,在离散线性系统的极点配置设计中,所有指定的闭环极点的模应小于1。

9.7.2　离散线性系统的状态反馈镇定

下面讨论离散系统(9.7.1)在状态反馈律下的镇定问题。也即是说,选取系统(9.7.1)的状态反馈控制律(9.7.2),使得闭环系统(9.7.3)渐近稳定。可以将离散系统(9.7.1)状态反馈的镇定问题描述如下。

给定矩阵 $\boldsymbol{G} \in \mathbf{R}^{n\times n}, \boldsymbol{H} \in \mathbf{R}^{n\times r}$,求取矩阵 $\boldsymbol{K} \in \mathbf{R}^{n\times r}$,使得

$$|\lambda_i(\boldsymbol{G} + \boldsymbol{HK})| < 1 \qquad i = 1,2,\cdots,n \tag{9.7.5}$$

对于离散时间系统(9.7.1),与连续系统类似地可以定义能控振型和不能控振型的概念,也可以完全类似地进行能控性标准结构分解。

对系统(9.7.1)进行能控性标准结构分解,得

$$\boldsymbol{x}(k+1) = \begin{bmatrix} \boldsymbol{G}_{\mathrm{c}} & \boldsymbol{G}_{12} \\ \boldsymbol{0} & \boldsymbol{G}_{\bar{\mathrm{c}}} \end{bmatrix} \boldsymbol{x}(k) + \begin{bmatrix} \boldsymbol{H}_{\mathrm{c}} \\ \boldsymbol{0} \end{bmatrix} \boldsymbol{u}(k) \tag{9.7.6}$$

其中,$[\boldsymbol{G}_{\mathrm{c}} \quad \boldsymbol{H}_{\mathrm{c}}]$为能控矩阵,$\{\lambda_i(\boldsymbol{G}_{\mathrm{c}})\}$为能控振型集合,$\{\lambda_i(\boldsymbol{G}_{\bar{\mathrm{c}}})\}$为系统的不能控振型集合。由于代数等价变换不改变线性定常系统的稳定性,因而系统(9.7.1)可用状态反馈律镇定的充要条件是系统(9.7.6)中的矩阵 $\boldsymbol{G}_{\bar{\mathrm{c}}}$ 的所有特征值的模均小于1。

定理 9.7.2　系统(9.7.1)可用状态反馈律(9.7.2)镇定的充要条件是$[\boldsymbol{G} \quad \boldsymbol{H}]$在离散意义下可稳。

说明:对于离散线性定常系统的状态反馈镇定问题的求解,如果$[\boldsymbol{G} \quad \boldsymbol{H}]$能控,则可以任意给定一组在离散意义下稳定的极点 $s_i, i = 1,2,\cdots,n$,而通过极点配置算法将闭环系统极点配置到 $s_i, i = 1,2,\cdots,n$ 上;如果$[\boldsymbol{G} \quad \boldsymbol{H}]$可稳,我们可以取 $\boldsymbol{A} = \boldsymbol{G}, \boldsymbol{B} = \boldsymbol{H}$ 后套用连续系统状态反馈镇定问题求解方法。

9.7.3　离散线性系统的全维状态观测器

所谓系统(9.7.1)的全维状态观测器,就是一个 n 维的以$\boldsymbol{y}(k)$和$\boldsymbol{u}(k)$为输入的离散动态

系统，且不论该系统和系统(9.7.1)的初值为何，该动态系统的输出 $\hat{\boldsymbol{x}}(k)$ 和原系统(9.7.1)的状态 $\boldsymbol{x}(k)$ 之间总有如下关系式

$$\lim_{k\to\infty}\hat{\boldsymbol{x}}(k)=\lim_{k\to\infty}\boldsymbol{x}(k) \tag{9.7.7}$$

成立。类似于连续的情形，我们将系统(9.7.1)的全维状态观测器取为如下形式

$$\hat{\boldsymbol{x}}(k+1)=\boldsymbol{G}\hat{\boldsymbol{x}}(k)+\boldsymbol{H}\boldsymbol{u}(k)+\boldsymbol{L}[\boldsymbol{C}\hat{\boldsymbol{x}}(k)-\boldsymbol{y}(k)] \tag{9.7.8}$$

式中　$\boldsymbol{L}$——$n\times m$ 阶的实矩阵。

记

$$\boldsymbol{e}(k)=\boldsymbol{x}(k)-\hat{\boldsymbol{x}}(k) \tag{9.7.9}$$

则 $\boldsymbol{e}(k)$ 代表了观测误差，且式(9.7.7)等价于

$$\lim_{k\to\infty}\boldsymbol{e}(k)=0 \tag{9.7.10}$$

将式(9.7.1)和式(9.7.8)两端对应相减，可得

$$\boldsymbol{e}(k+1)=(\boldsymbol{G}+\boldsymbol{L}\boldsymbol{C})\boldsymbol{e}(k) \tag{9.7.11}$$

由此可见，要使式(9.7.10)成立，其充要条件是系统(9.7.11)渐近稳定，也即 $\boldsymbol{G}+\boldsymbol{L}\boldsymbol{C}$ 的所有特征值的模均小于1。基于上述，系统(9.7.1)的形如式(9.7.8)的全维状态观测器设计可归结如下。

已知 $\boldsymbol{G}\in\mathbf{R}^{n\times n}$，$\boldsymbol{C}\in\mathbf{R}^{m\times n}$，求取矩阵 $\boldsymbol{L}\in\mathbf{R}^{n\times m}$，使得

$$|\lambda_i(\boldsymbol{G}+\boldsymbol{L}\boldsymbol{C})|<1 \qquad i=1,2,\cdots,n \tag{9.7.12}$$

为说明上述问题的解的存在性，我们引入下述定义。

定义 9.7.1　如果系统(9.7.1)的所有不能观振型均是在离散意义下稳定的，即它们的模均小于1，系统(9.7.1)或矩阵对 $[\boldsymbol{G}\quad\boldsymbol{C}]$ 称为是(离散意义下)可检测的。

对于可检测系统(9.7.1)，类似于连续系统情形，我们可以对其进行能观性标准结构分解，将系统分为能观部分和不能观部分。此时由于系统的不能观部分稳定，故只需对其能观部分做极点配置即可。由此可得如下定理。

定理 9.7.3　离散动态系统(9.7.1)存在形如(9.7.8)的全维状态观测器的充要条件是 $[\boldsymbol{G}\quad\boldsymbol{C}]$ 在离散意义下可检测。

关于观测器的设计问题，与连续时间定常线性系统的观测器设计的方法相类似。

9.8　线性定常系统状态空间综合的 MATLAB 实现

9.8.1　线性定常系统状态反馈与状态观测器

1. 线性定常系统的极点配置

对一个可控系统，在采用状态反馈后，可以实现闭环极点的任意配置。由自动控制的基本

原理知,实现闭环极点任意配置的充分必要条件是系统完全可控。

设系统的动态方程为

$$\begin{cases}\dot{\boldsymbol{x}} = \boldsymbol{A}\boldsymbol{x} + \boldsymbol{B}\boldsymbol{u} \\ \boldsymbol{y} = \boldsymbol{C}\boldsymbol{x}\end{cases}$$

式中　$\boldsymbol{x}$——n 维状态向量;

$\boldsymbol{u}$——p 维输入向量;

$\boldsymbol{y}$——q 维输出向量;

$\boldsymbol{A},\boldsymbol{B},\boldsymbol{C}$——$n\times n, n\times p, q\times n$ 维矩阵。

引入状态反馈后,有

$$\boldsymbol{u} = \boldsymbol{v} - \boldsymbol{K}\boldsymbol{x}$$

式中　$\boldsymbol{K}$——$p\times n$ 维状态反馈矩阵;

$\boldsymbol{v}$——p 维闭环系统的输入。

此时闭环系统的动态方程可写做

$$\begin{cases}\dot{\boldsymbol{x}} = (\boldsymbol{A} - \boldsymbol{B}\boldsymbol{K})\boldsymbol{x} + \boldsymbol{B}\boldsymbol{v} \\ \boldsymbol{y} = \boldsymbol{C}\boldsymbol{x}\end{cases}$$

式中　$\boldsymbol{A}-\boldsymbol{B}\boldsymbol{K}$——闭环系统的状态矩阵。

于是可以用系统$\{(\boldsymbol{A}-\boldsymbol{B}\boldsymbol{K}),\boldsymbol{B},\boldsymbol{C}\}$来表示引入状态反馈后的闭环系统。

在MATLAB系统中提供的place()函数命令,是利用Ackermann公式计算反馈增益矩阵$\boldsymbol{K}$,使采用全反馈$\boldsymbol{u}=-\boldsymbol{K}\boldsymbol{x}$的多输入系统具有指定的闭环极点$p$。函数命令place()的调用格式为

K = place(A,B,p)

其中,输入参量A为系统的状态矩阵,B为系统的输入矩阵,p为指定的闭环系统极点列向量;返回参量K为反馈增益矩阵即状态反馈矩阵。

在MATLAB中还提供了基于Ackermann配置算法求解系统状态反馈矩阵的函数acker()。其基本调用格式为

K = acker(A,B,p)

其中各参数的含义同place()函数中的各参数一样。

注意:函数place()是为MIMO系统设计的,但它同样适用于SISO系统。而函数acker()是为SISO系统设计的。对于SISO系统,当期望特征值的重数比矩阵b的秩大时,不能用place()进行极点配置,而只能用acker()。

实际上,place()使用的要求是目标特征值的重数不应大于输入的个数。

例9.8.1　已知一系统的传递函数为

$$\frac{G(s)}{R(s)} = \frac{10}{(s+1)(s+2)(s+3)}$$

(1)对于此连续系统试判别系统的可控性,并用place()求状态反馈增益矩阵$\boldsymbol{k}_c$,使得系

统的闭环特征值(即闭环极点)为 $\lambda_1 = -10, \lambda_2 = -2 + j2\sqrt{3}, \lambda_3 = -2 - j2\sqrt{3}$。

(2)将此连续系统离散化(采样周期为 0.05 s),试判别离散系统的可控性,并用 place()求离散状态反馈增益矩阵 $\boldsymbol{k}_d$,同样使得连续系统的闭环特征值(即闭环极点)为 $\lambda_1 = -3, \lambda_2 = -2 + j2\sqrt{3}, \lambda_3 = -2 - j2\sqrt{3}$。

(3)绘制连续系统和离散系统分别在状态反馈前后的单位阶跃输入信号的响应曲线。

解 M 文件代码为

```
z = [];
p = [-1 -2 -3];
k = 10;
syszpk = zpk(z,p,k);
% 连续系统的极点配置
disp('continuous system:');
sysc = ss(syszpk);
nc = length(sysc.a);
Qcc = ctrb(sysc.a,sysc.b);
nqcc = rank(Qcc);
if nqcc == nc
  disp('continuous system is controllable.');
  pssc = [-2 + 2 * sqrt(3) * j   -2 - 2 * sqrt(3) * j   -10]
  % 也可以定义成列向量 pssc = [-2 + 2 * sqrt(3) * j; -2 - 2 * sqrt(3) * j; -10],运行结果并不改变
  kc = place(sysc.a,sysc.b,pssc)
  % 也可以用 acker 替换 place,但 acker 只适用于 SISO 系统,而 place 则适用于 MIMO 系统
  figure(1);
  subplot(211);
  step(sysc);
  title('continuous system step response');
  subplot(212);
  step(sysc.a - sysc.b * kc,sysc.b,sysc.c - sysc.d * kc,sysc.d);
  title('continuous system of states feedback step response');
else
  disp('continuous system state variables cannot be totally controlled.');
end
% 离散系统的极点配置
```

```
disp('discrete system:');
ts = 0.05;
sysd = c2d(sysc,ts);
nd = length(sysd.a);
Qcd = ctrb(sysd.a,sysd.b);
nqcd = rank(Qcd);
if nqcd == nd
   disp('discrete system is controllable.');
   z1 = exp((-2 + 2*sqrt(3)*j)*ts)
   z2 = exp((-2 - 2*sqrt(3)*j)*ts)
   z3 = exp(-10*ts)
   pssd = [z1 z2 z3];
   kd = place(sysd.a,sysd.b,pssd)
   figure(2);
   subplot(211);
   dstep(sysd.a,sysd.b,sysd.c,sysd.d);
   title('discrete system step response');
   % 对于函数 dstep,其输入的系统参数调用形式不能为 dstep(sys),而只能为 dstep(a,b,
c,d)
   subplot(212);
   dstep(sysd.a - sysd.b*kd,sysd.b,sysd.c - sysd.d*kd,sysd.d);
   title('discrete system of states feedback step response');
else
   disp('discrete system state variables cannot be totally controlled.');
end
```

执行结果为

```
continuous system:
continuous system is controllable.
pssc =
      -2.0000   +3.4641i   -2.0000   -3.4641i   -10.0000
kc =
      9.2497    3.3204    5.0596
discrete system:
discrete system is controllable.
```

```
z1 =
        0.8913 + 0.1559i
z2 =
        0.8913 - 0.1559i
z3 =
        0.6065
kd =
        7.4268        2.9904        4.1419
```

连续系统状态反馈前后单位阶跃响应曲线如图 9.8.1 所示。离散系统状态反馈前后单位阶跃响应曲线如图 9.8.2 所示。

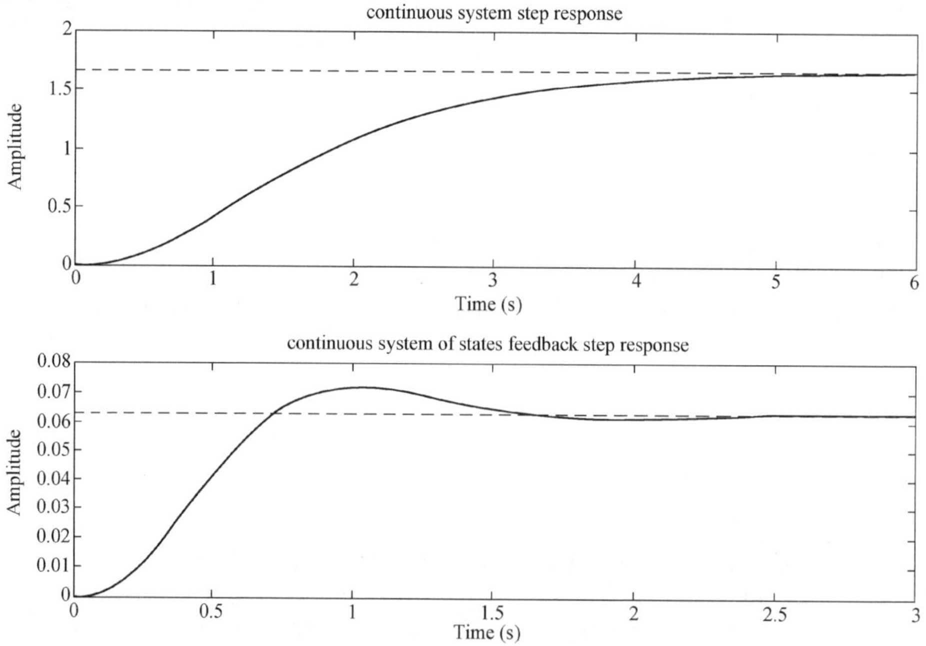

图 9.8.1　连续系统状态反馈前后单位阶跃响应曲线

2. 线性定常系统的全维状态观测器与分离原理

设系统的动态方程为

$$\begin{cases} \dot{\boldsymbol{x}} = \boldsymbol{A}\boldsymbol{x} + \boldsymbol{B}\boldsymbol{u} \\ \boldsymbol{y} = \boldsymbol{C}\boldsymbol{x} \end{cases}$$

式中　$\boldsymbol{x}$——n 维状态向量；

$\boldsymbol{u}$——p 维输入向量；

$\boldsymbol{y}$——q 维输出向量；

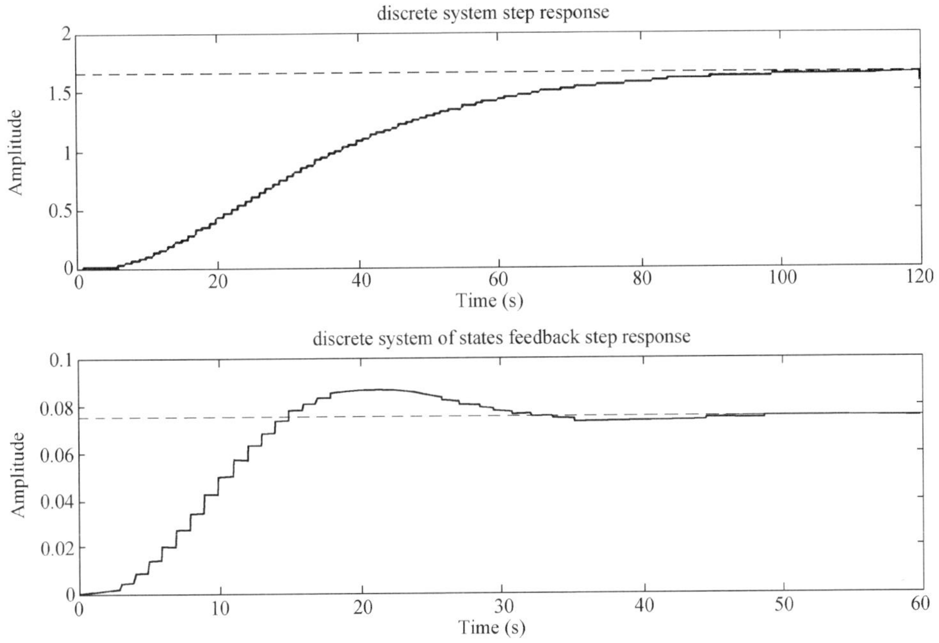

图 9.8.2　离散系统状态反馈前后单位阶跃响应曲线

$\boldsymbol{A},\boldsymbol{B},\boldsymbol{C}$——$n\times n, n\times p, q\times n$ 维矩阵。

(1) 线性定常系统的全维状态观测器

有输出反馈后，观测器的状态方程为

$$\dot{\hat{\boldsymbol{x}}}=\boldsymbol{A}\hat{\boldsymbol{x}}+\boldsymbol{B}\boldsymbol{u}-\boldsymbol{H}(\hat{\boldsymbol{y}}-\boldsymbol{y})$$
$$\boldsymbol{y}=\boldsymbol{C}\boldsymbol{x}$$

故有

$$\dot{\hat{\boldsymbol{x}}}=(\boldsymbol{A}-\boldsymbol{H}\boldsymbol{C})\hat{\boldsymbol{x}}+\boldsymbol{B}\boldsymbol{u}+\boldsymbol{H}\boldsymbol{y}$$

式中　$\boldsymbol{H}$——$n\times q$ 维矩阵；

$\boldsymbol{A}-\boldsymbol{H}\boldsymbol{C}$——系统全维状态观测器矩阵，简称状态观测器。

将原系统状态方程 $\dot{\boldsymbol{x}}=\boldsymbol{A}\boldsymbol{x}+\boldsymbol{B}\boldsymbol{u}$ 与上式相减，可得状态向量误差方程

$$\dot{\boldsymbol{x}}-\dot{\hat{\boldsymbol{x}}}=(\boldsymbol{A}-\boldsymbol{H}\boldsymbol{C})(\boldsymbol{x}-\hat{\boldsymbol{x}})$$

在设计中，希望 $\hat{\boldsymbol{x}}$ 尽量快地趋近于 $\boldsymbol{x}$，故要合理地选择矩阵 $\boldsymbol{A}-\boldsymbol{H}\boldsymbol{C}$ 的特征值。

(2) 分离原理

设系统状态是完全能控和能观测的，则由线性定常系统全维状态观测器的状态反馈极点配置，我们有

$$\begin{cases}\dot{\boldsymbol{x}} = \boldsymbol{Ax} + \boldsymbol{Bu} \\ \boldsymbol{y} = \boldsymbol{Cx} \\ \boldsymbol{u} = \boldsymbol{v} - \boldsymbol{K}\hat{\boldsymbol{x}} \\ \dot{\hat{\boldsymbol{x}}} = \boldsymbol{A}\hat{\boldsymbol{x}} + \boldsymbol{Bu} - \boldsymbol{H}(\hat{\boldsymbol{y}} - \boldsymbol{y}) \\ \hat{\boldsymbol{y}} = \boldsymbol{C}\hat{\boldsymbol{x}}\end{cases}$$

代入整理得

$$\begin{cases}\begin{bmatrix}\dot{\boldsymbol{x}} \\ \dot{\hat{\boldsymbol{x}}}\end{bmatrix} = \begin{bmatrix}\boldsymbol{A} & -\boldsymbol{BK} \\ \boldsymbol{HC} & \boldsymbol{A} - \boldsymbol{BK} - \boldsymbol{HC}\end{bmatrix}\begin{bmatrix}\boldsymbol{x} \\ \hat{\boldsymbol{x}}\end{bmatrix} + \begin{bmatrix}\boldsymbol{B} \\ \boldsymbol{B}\end{bmatrix}\boldsymbol{v} \\ \begin{bmatrix}\boldsymbol{y} \\ \hat{\boldsymbol{y}}\end{bmatrix} = \begin{bmatrix}\boldsymbol{C} & \boldsymbol{0} \\ \boldsymbol{0} & \boldsymbol{C}\end{bmatrix}\begin{bmatrix}\boldsymbol{x} \\ \hat{\boldsymbol{x}}\end{bmatrix}\end{cases}$$

进一步推导可得

$$\begin{cases}\begin{bmatrix}\dot{\boldsymbol{x}} \\ \dot{\boldsymbol{x}} - \dot{\hat{\boldsymbol{x}}}\end{bmatrix} = \begin{bmatrix}\boldsymbol{A} - \boldsymbol{BK} & \boldsymbol{BK} \\ \boldsymbol{0} & \boldsymbol{A} - \boldsymbol{HC}\end{bmatrix}\begin{bmatrix}\boldsymbol{x} \\ \boldsymbol{x} - \hat{\boldsymbol{x}}\end{bmatrix} + \begin{bmatrix}\boldsymbol{B} \\ \boldsymbol{0}\end{bmatrix}\boldsymbol{v} \\ \begin{bmatrix}\boldsymbol{y} \\ \boldsymbol{y} - \hat{\boldsymbol{y}}\end{bmatrix} = \begin{bmatrix}\boldsymbol{C} & \boldsymbol{0} \\ \boldsymbol{0} & \boldsymbol{C}\end{bmatrix}\begin{bmatrix}\boldsymbol{x} \\ \boldsymbol{x} - \hat{\boldsymbol{x}}\end{bmatrix}\end{cases}$$

由此可得分离原理：线性系统$\begin{cases}\dot{\boldsymbol{x}} = \boldsymbol{Ax} + \boldsymbol{Bu} \\ \boldsymbol{y} = \boldsymbol{Cx}\end{cases}$在基于状态观测器的状态反馈律作用下的闭环系统的极点，由系统在状态反馈控制律作用下的闭环系统极点 $\sigma(\boldsymbol{A} - \boldsymbol{BK})$ 和状态观测器的极点 $\sigma(\boldsymbol{A} - \boldsymbol{HC})$ 组成。

这说明了状态观测器的引入，不影响由状态反馈阵 $\boldsymbol{K}$ 所配置的状态反馈控制系统的希望极点$\sigma(\boldsymbol{A} - \boldsymbol{HC})$；状态反馈的引入，也不影响已设计好的观测器的极点 $\sigma(\boldsymbol{A} - \boldsymbol{HC})$。因此对于基于状态观测器的控制系统，其设计可分离进行，即状态反馈控制律和状态观测器可以相互独立地分开设计。

在 MATLAB 中，函数命令 place() 也可计算估计器增益矩阵 $\boldsymbol{H} = \boldsymbol{K}^{\mathrm{T}}$，计算时使其对偶系统 $(\boldsymbol{A}', \boldsymbol{C}', \boldsymbol{B}')$ 采用全反馈 $\boldsymbol{u} = -\boldsymbol{Kx}$ 的多输入系统具有指定的闭环极点 p。其调用格式为

K = place(A′, C′, p)

其中，输入参量 A 为系统的状态矩阵，A′ 是 A 的转置矩阵，C 为系统的观测矩阵，C′ 是 C 的转置矩阵，p 为指定的闭环系统极点；返回参量 K 满足 K′ = H。

同样的，也可以用函数命令 acker()，其调用格式为

K = acker(A′, C′, p)

其各参数含义和要求同上，其返回参量 K 同样满足 K′ = H。

例 9.8.2 已知一系统的动态方程为

$$\begin{cases}\dot{\boldsymbol{x}} = \begin{bmatrix} 0 & 1 & 0 \\ 980 & 0 & -2.8 \\ 0 & 0 & -100 \end{bmatrix}\boldsymbol{x} + \begin{bmatrix} 0 \\ 0 \\ 100 \end{bmatrix}u \\ y = \begin{bmatrix} 1 & 0 & 0 \end{bmatrix}\boldsymbol{x} \end{cases}$$

(1) 试判别系统的可观测性。若可观测,则用 acker() 对系统设计全维状态观测器,使得全维状态观测器的极点为 -100, -101, -102。

(2) 试判别系统的能控性。若能控,则用 acker() 对系统设计状态反馈,用全维状态观测器观测到状态,使得系统的闭环极点为 $-10+j10$, $-10-j10$, -50。

(3) 系统初始状态为 $\boldsymbol{x} = [1 \quad 1 \quad 1]^T$,观测器初始状态为 $\boldsymbol{x} = [0 \quad 0 \quad 0]^T$,输入为单位阶跃信号时,画出系统输出和观测器输出、系统状态和观测器状态的响应曲线,以及它们的误差曲线。

解 M 文件代码为

```
a = [0 1 0;980 0 - 2.8;0 0 - 100];
b = [0;0;100];
c = [1 0 0];
d = [0];
% 判断系统状态的能观测性,若能观测,则设计全维状态观测器
n = length(a);
Qo = obsv(a,c);
nqo = rank(Qo);
if nqo = = n
   disp('system is observable.');
   po = [- 100 - 101 - 102];
   k = acker(a',c',po);
   % 此题若用 place 进行极点配置,则运行后会有如下显示
   %??? Error using = = > place
   %Can't place poles with multiplicity greater than rank(B).
   % 这说明:当目标特征值的重数比 B 的秩大时,不能用 place 进行极点配置,而只能用
acker
   % 实际上 place 使用的要求如下
   %No eigenvalue should have a multiplicity greater than the number of inputs.
   % 即目标特征值的重数不应大于输入的个数
   ko = k'
```

```
else
   disp('system state variables cannot be totally observed.');
end
% 判断系统状态的能控性,若能控,则设计状态反馈进行极点配置
Qc = ctrb(a,b);
nqc = rank(Qc);
if nqc = = n
   disp('system is controllable.');
   pc = [-10 + 10 * i -10 - 10 * i -50];
   kc = acker(a,b,pc)
else
   disp('system state variables cannot be totally controlled.');
end
% 绘制系统状态和状态观测误差在零输入时的响应曲线
%[x;x] 系统 sysxx
axx = [a - b * kc;ko * c a - b * kc - ko * c];
bxx = [b;b];
cxx = [c zeros(size(c));zeros(size(c))c];
ncxx = size(cxx);
nbxx = size(bxx);
dxx = zeros(ncxx(1),nbxx(2));
sysxx = ss(axx,bxx,cxx,dxx);
% 在系统初始状态为[1;1;1],观测器初始状态为[0;0;0] 时,输出与状态的单位阶跃响应
t = 0:0.005:0.6;
u = ones(size(t));
x0 = [1,1,1,0,0,0];
[y t x] = lsim(sysxx,u,t,x0);
%lsim() 函数应用于状态空间模型,其有返回向量的调用格式为
%[y t x] = lsim(sys,u,t,x0) 或者[y x] = lsim(a,b,c,d,u,t,x0)
% 另外 step() 函数应用于状态空间模型时,其有返回向量的调用格式为
%[y t x] = step(sys) 或者[y x t] = step(a,b,c,d)( * * * 注意 y,t,x 的顺序 * * * )
```

```
% 输出响应与误差
figure(1);
subplot(311);plot(t,y(:,1));title('system output');
subplot(312);plot(t,y(:,2));title('system observe output');
subplot(313);plot(t,y(:,1) - y(:,2));title('error of output and observe output');
% 系统状态响应
figure(2);
subplot(311);plot(t,x(:,1));title('system state1');
subplot(312);plot(t,x(:,2));title('system state2');
subplot(313);plot(t,x(:,3));title('system state3');
% 观测器状态响应
figure(3);
subplot(311);plot(t,x(:,4));title('system observe state1');
subplot(312);plot(t,x(:,5));title('system observe state2');
subplot(313);plot(t,x(:,6));title('system observe state3');
% 观测误差的状态响应
figure(4);
subplot(311);plot(t,x(:,1) - x(:,4));title('error of state1 and observe state1');
subplot(312);plot(t,x(:,2) - x(:,5));title('error of state2 and observe state2');
subplot(313);plot(t,x(:,3) - x(:,6));title('error of state3 and observe state3');
```

执行结果为

```
system is observable.
ko =
  1.0e + 004 *
      0.0203
      1.1282
           0
system is controllable.
kc =
   - 280.7143    - 7.7857    - 0.3000
```

系统输出、观测器输出和输出误差曲线如图9.8.3所示。系统状态曲线如图9.8.4所示。观测器状态曲线如图9.8.5所示。状态误差曲线如图9.8.6所示。

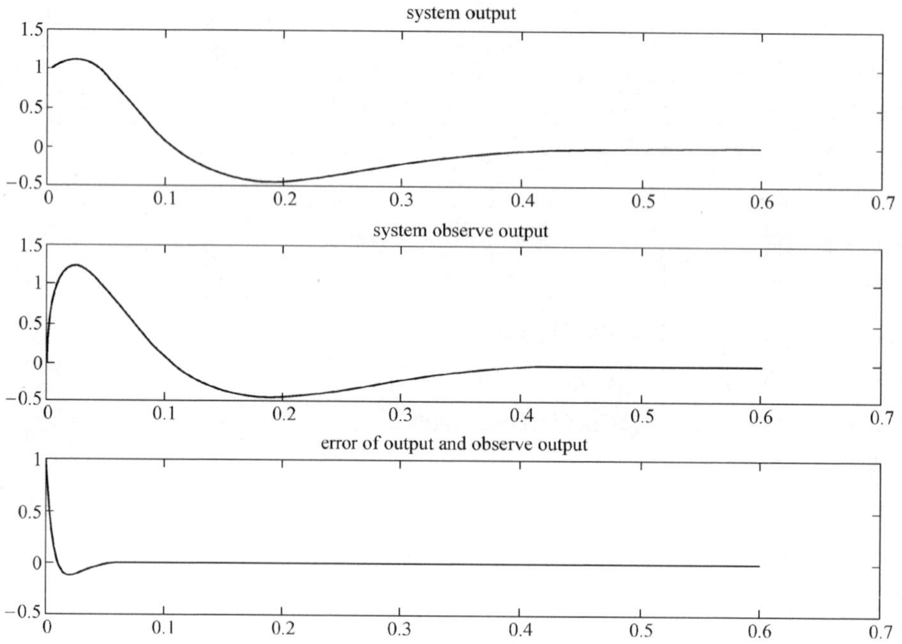

图 9.8.3　系统输出、观测器输出和输出误差曲线

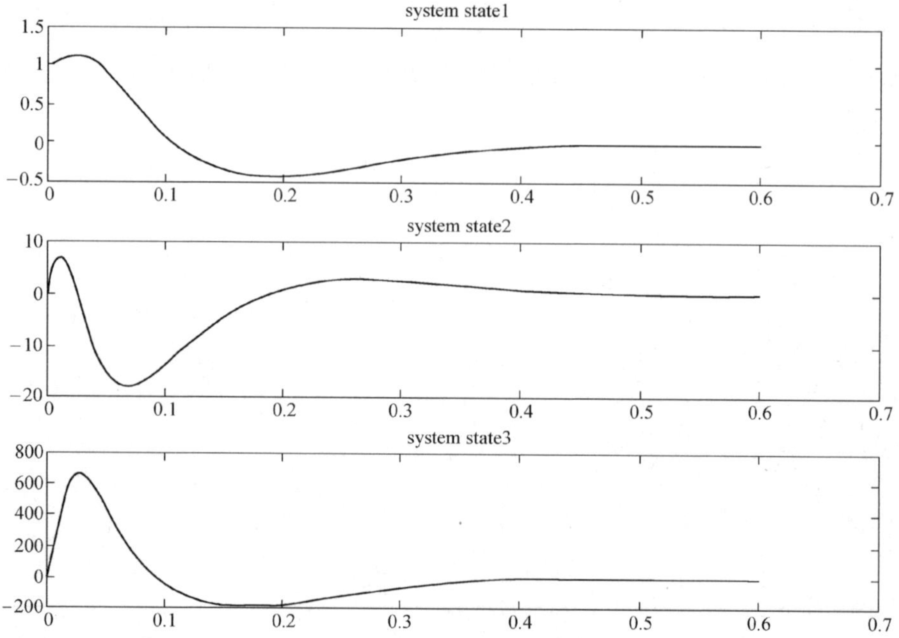

图 9.8.4　系统状态曲线

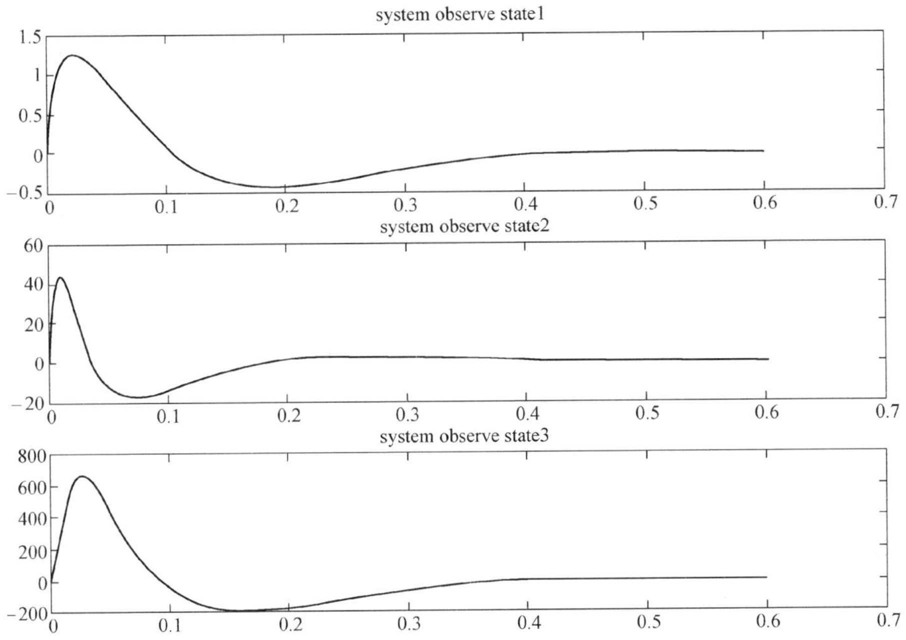

图 9.8.5　观测器状态曲线

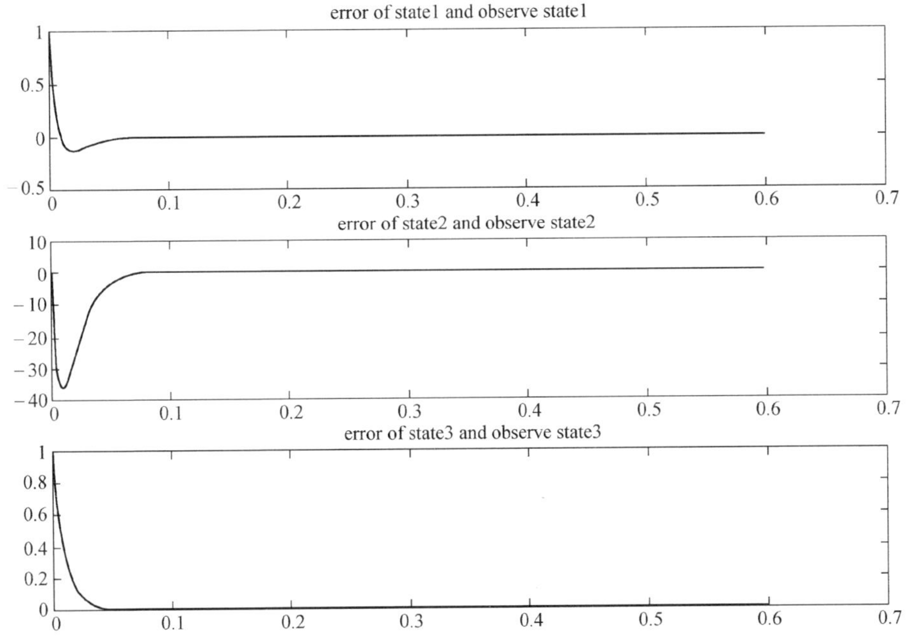

图 9.8.6　状态误差曲线

3. 线性定常系统的降维状态观测器

例 9.8.3 已知一系统的动态方程为

$$\begin{cases} \dot{\boldsymbol{x}} = \begin{bmatrix} 0 & 1 & 0 & 0 \\ 0 & 0 & -1 & 0 \\ 0 & 0 & 0 & 1 \\ 0 & 0 & 11 & 0 \end{bmatrix}\boldsymbol{x} + \begin{bmatrix} 0 \\ 1 \\ -1 \end{bmatrix}u \\ y = \begin{bmatrix} 1 & 0 & 0 & 0 \end{bmatrix}\boldsymbol{x} \end{cases}$$

试判别系统的可观测性,若系统可观测,设计三阶的降维状态观测器,使得降维状态观测器的极点为 -3, -2+j, -2-j。

解 M文件代码为

```
a = [0 1 0 0;0 0 - 1 0;0 0 0 1;0 0 11 0];
b = [0;1;0; - 1];
c = [1 0 0 0];
n = length(a);
Qo = obsv(a,c);
nqo = rank(Qo);
if nqo = = n
   disp('system is observable');
   q = [0 0 0 1;0 0 1 0;0 1 0 0;1 0 0 0];
   q1 = inv(q);
   aq = q * a * q1;
   aq11 = aq(1:3,1:3);
   aq12 = aq(1:3,4);
   aq21 = aq(4,1:3);
   aq22 = aq(4,4);
   qb = q * b;
   qb11 = qb(1:3,1);
   qb12 = qb(4,1);
   cq = c * q1;
   p = [- 3 - 2 + j - 2 - j];
   k = place(aq11',aq21',p);
   h = k'
   AHAW = aq11 - h * aq21
   BHBU = qb11 - h * qb12
```

```
  AHAHAHAY = (aq11 - h * aq21) * h + aq12 - h * aq22
else
  disp('system state variables cannot be totally observed');
end
```

执行结果为

```
system is observable
h =
- 92.0000
- 28.0000
   7.0000
AHAW =
        0  11.0000     92.0000
   1.0000        0     28.0000
        0 - 1.0000   - 7.0000
BHBU =
     - 1
       0
       1
AHAHAHAY =
 336.0000
 104.0000
- 21.0000
```

9.8.2　MIMO 线性定常系统的传递函数矩阵与状态反馈解耦

1.MIMO 线性定常系统传递矩阵的求取

设系统动态方程为

$$\begin{cases}\dot{\boldsymbol{x}}(t) = \boldsymbol{A}\boldsymbol{x}(t) + \boldsymbol{B}\boldsymbol{u}(t) \\ \boldsymbol{y}(t) = \boldsymbol{C}\boldsymbol{x}(t) + \boldsymbol{D}\boldsymbol{u}(t)\end{cases}$$

系统传递矩阵为

$$\boldsymbol{G}(s) = \frac{\boldsymbol{y}(s)}{\boldsymbol{u}(s)} = \boldsymbol{C}[s\boldsymbol{E} - \boldsymbol{A}]^{-1}\boldsymbol{B} + \boldsymbol{D}$$

传递矩阵 $\boldsymbol{G}(s)$ 是一个 $q \times p$ 矩阵，用来表示系统输出与输入之间的关系。

例 9.8.4　已知系统动态方程为

$$\begin{cases} \dot{\boldsymbol{x}} = \begin{bmatrix} 0 & 1 \\ -2 & -3 \end{bmatrix} \boldsymbol{x} + \begin{bmatrix} 1 & 0 \\ 1 & 1 \end{bmatrix} \boldsymbol{u} \\ \boldsymbol{y} = \begin{bmatrix} 2 & 1 \\ 1 & 1 \\ -2 & -1 \end{bmatrix} \boldsymbol{x} + \begin{bmatrix} 3 & 0 \\ 0 & 0 \\ 0 & 1 \end{bmatrix} \boldsymbol{u} \end{cases}$$

试求该系统的传递函数矩阵 $\boldsymbol{G}(s)$。

解 M文件代码为

```
syms s;
a = [0 1; -2 -3];
b = [1 0;1 1];
c = [2 1;1 1; -2 -1];
d = [3 0;0 0;0 1];
e = eye(2);
f = inv(s * e - a)
g = simple(c * f * b + d)
% 符号表达式化简(全矩阵的最简形):simple
```

执行结果为

```
f =
[(s + 3)/(s^2 + 3 * s + 2),   1/(s^2 + 3 * s + 2)]
[- 2/(s^2 + 3 * s + 2),       s/(s^2 + 3 * s + 2)]
g =
[3 * (s + 2)/(s + 1),   1/(s + 1)]
[2/(s + 2),             1/(s + 2)]
[- 3/(s + 1),           s/(s + 1)]
```

2.MIMO线性定常系统传递函数矩阵的状态反馈解耦

例9.8.5 某MIMO系统的动态方程为

$$\begin{cases} \dot{\boldsymbol{x}} = \begin{bmatrix} 0 & 0 & 0 \\ 0 & 0 & 1 \\ -1 & -1 & -3 \end{bmatrix} \boldsymbol{x} + \begin{bmatrix} 1 & 0 \\ 0 & 0 \\ 0 & 1 \end{bmatrix} \boldsymbol{u} \\ \boldsymbol{y} = \begin{bmatrix} 1 & 0 & 0 \\ 0 & 0 & 1 \end{bmatrix} \boldsymbol{x} + \begin{bmatrix} 0 & 0 \\ 0 & 0 \end{bmatrix} \boldsymbol{u} \end{cases}$$

试求解其传递函数矩阵,并设计状态反馈解耦控制器进行解耦。

解 M文件代码为

```
syms s;
```

```
A = [0 0 0;0 0 1; - 1 - 1 - 3];
B = [1 0;0 0;0 1];
C = [1 1 0;0 0 1];
D = [0 0;0 0];
% 求解传递函数矩阵
e = eye(length(A));
fs = inv(s * e - A);
Gs = simple(C * fs * B + D)
% 求解解耦阶常数(解耦指数) 列向量 a,矩阵 E
[m n] = size(C);
E = [];
for i = 1:m
   for j = 0:n - 1
      E = [E;C(i,:) * A^j * B];
      if rank(E) = = i
         a(i) = j;
         break
      else
         E = E(1:i - 1,:);
      end
   end
end
% 输入变换矩阵 H
H = inv(E)
% 求解矩阵 L
L = [];
for i = 1:m
   L = [L;C(i,:) * A^(a(i) + 1)];
end
% 求解状态反馈矩阵 F
F = H * L
% 解耦后系统的状态方程
B1 = B * H;
A1 = A - B * F;
```

```
C1 = C - D*F;
D1 = D*H;
% 系统解耦后的传递函数矩阵
e1 = eye(length(A1));
fs1 = inv(s*e1 - A1);
Gs1 = simple(C1*fs1*B1 + D1)
```

执行结果为

```
Gs =
[(s+3)/(s^2+3*s+1),   1/(s^2+3*s+1)]
[ -1/(s^2+3*s+1),     s/(s^2+3*s+1)]
H =
      1      0
      0      1
F =
      0      0      1
     -1     -1     -3
Gs1 =
[1/s,   0]
[0,   1/s]
```

9.9 本章小结

本章简单地介绍了线性定常系统系统综合的几个问题。主要内容概括如下：

1.概念性地介绍了状态反馈、输出反馈和动态补偿器的形式及其性质。值得说明的是，输出反馈是一种特殊形式的状态反馈，由于其反馈矩阵具有特殊的形式，所以对系统的综合能力比状态反馈弱。动态补偿器形式上可以视为增广系统的输出反馈。

2.利用状态反馈可以进行任意极点配置的充要条件是系统完全能控。这对于多输入多输出线性定常系统也是成立的。仅对于单输入线性定常系统给出了证明，并给出了极点配置的算法。

3.所谓镇定，是指能够用状态反馈使闭环系统渐近稳定。系统能镇定的充要条件是不能控振型具有负实部，即不能控的子系统是渐近稳定的。基于能镇定的概念，介绍了系统跟踪定常信号的一类问题。

4.介绍了系统的全维观测器和降维观测器的设计问题，以及利用所观测到的系统的状态进行系统的极点配置的方法和分离原理。还有一种著名的观测器称为函数观测器，这里没有涉及。

5.简单介绍多输入多输出线性定常系统的解耦问题。解耦问题也是一种工程中常用的系统综合方法,除输入输出解耦外,还有一种干扰解耦问题,实际上是系统中的干扰的抑制问题,读者可以从文献[18]及其中的参考文献中得到更深入的了解。

6.离散系统控制理论的很多结果与连续线性系统理论平行,本章简单介绍了离散控制系统的状态反馈极点配置问题,以及系统镇定与观测器设计的结果。其证明读者可自己推出。

习题与思考题

9.1　已知线性系统的状态方程为

$$\dot{x} = \begin{bmatrix} 0 & 1 & 0 \\ 0 & 0 & 1 \\ 0 & -2 & -3 \end{bmatrix} x + \begin{bmatrix} 0 \\ 0 \\ 1 \end{bmatrix} u$$

试确定状态反馈矩阵 F,要求将系统极点配置在 $s_{1,2} = -1 \pm j$ 及 $s_3 = -2$ 位置上。

9.2　设线性系统的状态方程及输出方程分别为

$$\dot{x} = Ax + Bu$$
$$y = Cx$$

其中

$$A = \begin{bmatrix} 0 & 1 \\ 0 & -5 \end{bmatrix} \quad B = \begin{bmatrix} 0 \\ 100 \end{bmatrix} \quad C = [1 \quad 0]$$

要求通过状态反馈将系统极点配置在 $s_{1,2} = -7.07 \pm j7.07$ 上,试确定状态反馈矩阵 F。

9.3　设具有输出反馈的线性系统方框图如题 9.3 图所示,其中

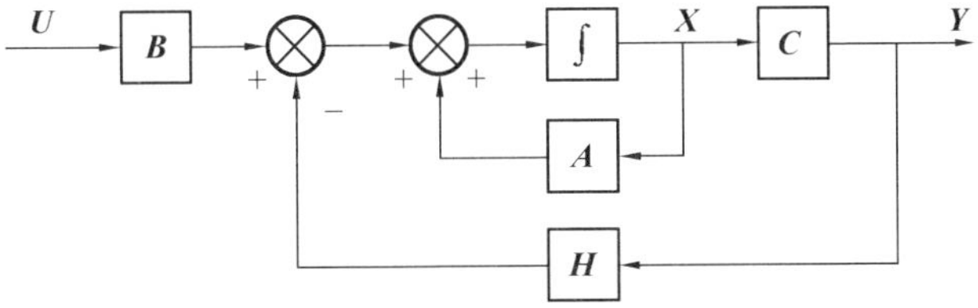

题 9.3 图　输出反馈系统方框图

$$A = \begin{bmatrix} 0 & \omega_s^2 \\ -1 & 0 \end{bmatrix} \quad B = \begin{bmatrix} 1 & 0 \\ 0 & 1 \end{bmatrix} \quad C = [1 \quad 0]$$

要求将系统极点配置到 $s_1 = -5$ 及 $s_1 = -8$ 上,试确定输出反馈矩阵 H。

9.4　已知单输入单输出线性定常系统的传递函数为

$$\Phi(s) = \frac{(s-1)(s+2)}{(s+1)(s-2)(s+3)}$$

试分析能否通过状态反馈将传递函数变为

$$\Phi_f(s) = \frac{s-1}{(s+2)(s+3)}$$

若可能，试确定状态反馈矩阵 $\boldsymbol{F}$。

9.5　已知线性系统的状态方程与输出方程为

$$\begin{cases}\dot{\boldsymbol{x}} = \begin{bmatrix} 0 & 1 \\ -2 & -3 \end{bmatrix}\boldsymbol{x} + \begin{bmatrix} 0 \\ 1 \end{bmatrix}u \\ y = \begin{bmatrix} 2 & 0 \end{bmatrix}\boldsymbol{x} \end{cases}$$

要求将状态观测器的极点配置到 $s_1 = s_2 = -10$ 位置上，试确定反馈矩阵 $\boldsymbol{F}_e$。

9.6　设线性系统的状态方程及输出方程分别为

$$\begin{cases}\dot{\boldsymbol{x}} = \begin{bmatrix} 0 & 0 & -2 \\ 1 & 0 & 9 \\ 0 & 1 & 0 \end{bmatrix}\boldsymbol{x} + \begin{bmatrix} 3 \\ 2 \\ 1 \end{bmatrix}u \\ y = \begin{bmatrix} 0 & 0 & 1 \end{bmatrix}\boldsymbol{x} \end{cases}$$

要求将状态观测器的极点配置到 $s_1 = -3, s_2 = -4$ 及 $s_3 = -5$ 位置上，试确定反馈矩阵 $\boldsymbol{F}_e$。

9.7　若题 9.2 所给系统的状态变量 x_1 及 x_2 不可测，则要求通过状态观测器的估计状态实现该系统的状态反馈。试根据分离原理确定状态反馈矩阵 $\boldsymbol{F}$ 及状态观测器的反馈矩阵 $\boldsymbol{F}_e$，使状态反馈系统的极点及状态观测器的极点分别配置到 $s_{1,2} = -7.07 \pm j7.07$ 及 $s_1 = s_2 = -50$ 位置上。

9.8　已知双输入双输出线性定常系统方框图如题 9.8 图所示。试确定串联补偿器的传递函数矩阵，要求解耦系统的传递函数矩阵为

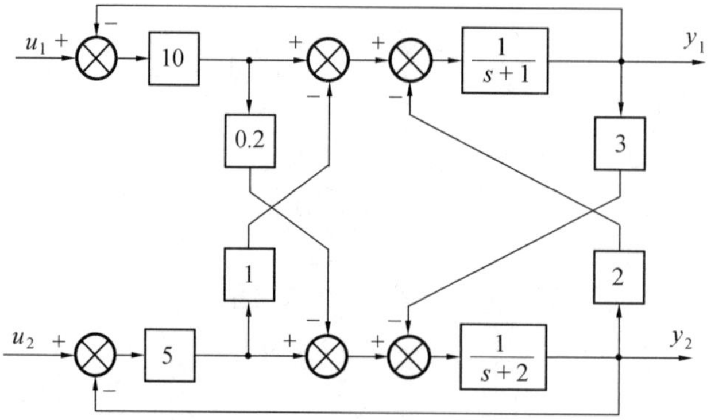

题 9.8 图　耦合系统方框图

$$\boldsymbol{\Phi}(s)=\begin{bmatrix}\dfrac{1}{0.1s+1} & 0\\ 0 & \dfrac{1}{0.01s+1}\end{bmatrix}$$

9.9　已知多输入多输出线性定常系统

$$\begin{cases}\dot{\boldsymbol{x}}=\begin{bmatrix}0 & 1 & 0\\ 2 & 3 & 0\\ 1 & 1 & 1\end{bmatrix}\boldsymbol{x}+\begin{bmatrix}0 & 0\\ 1 & 0\\ 0 & 1\end{bmatrix}\boldsymbol{u}\\ \boldsymbol{y}=\begin{bmatrix}1 & 1 & 0\\ 0 & 0 & 1\end{bmatrix}\boldsymbol{x}\end{cases}$$

试分析该系统能否实现状态反馈解耦。如可能，试确定用以实现积分型解耦的状态反馈矩阵及输入变换矩阵。

第十章　系统的运动稳定性

10.1　引　　言

自动控制系统能在实际中应用,首先要求系统是稳定的。因此,系统稳定性的研究一直是控制理论研究的重要课题。

系统的稳定性,如同系统的能控能观性,是系统的一种结构性质。对于控制系统,按照系统的不同设计要求,有不同的稳定性的概念。如 BIBO 稳定性、绝对稳定性和李亚普诺夫稳定性等。但无论哪一种稳定性,研究的都是系统的运动特性。所谓李亚普诺夫稳定,简单地说,就是系统受到扰动的作用后偏离了原平衡状态,当扰动消失后,系统经过足够长的时间,依靠自身的固有性能恢复到平衡状态的能力。

对于线性定常系统,我们学习了多个稳定性的判据,如对于单输入 - 单输出系统的 Nyquist 判据、Routh 判据及线性定常系统的 Hurwitz 稳定性判据,它们给出了极为实用和方便的稳定性的判别方法。但对于线性时变系统和非线性系统,上述各种稳定性判据便不能直接应用。

本章重点讨论一般非线性系统的稳定性问题。

10.1.1　非线性系统

一个非线性系统通常可用下列形式的一组非线性微分方程来表示

$$\dot{\boldsymbol{x}} = \boldsymbol{f}(\boldsymbol{x}, t) \tag{10.1.1}$$

式中　$\boldsymbol{f}$——$n \times 1$ 的非线性矢量函数;

　　　$\boldsymbol{x}$——$n \times 1$ 状态矢量。

状态矢量的一个特定值叫做一个点,因为它对应于状态空间内的一个点。状态的个数 n 叫做系统的阶。方程(10.1.1)的一个解 $\boldsymbol{x}(t)$ 通常对应于状态空间内 t 从 0 变到无穷大时的一条曲线,正如对 $n = 2$ 的相平面分析中看到的一样。这条曲线一般叫做状态轨线或系统轨线。

值得说明的是,虽然系统(10.1.1)中没有明显地把控制输入作为一个变量,但可以直接应用于反馈控制系统。其理由是:只要把控制输入作为状态 $\boldsymbol{x}$ 和时间 t 的函数,方程(10.1.1)就可以表示一个反馈控制系统的闭环动态特性,因而输入就不必在闭环动态方程中出现。具体来说,如果系统的动态方程为

$$\dot{\boldsymbol{x}} = \boldsymbol{f}(\boldsymbol{x}, u, t)$$

而且所选择的控制律为

$$u = g(\boldsymbol{x}, t)$$

那么闭环动态方程就是

$$\dot{\boldsymbol{x}} = \boldsymbol{f}[\boldsymbol{x}, g(\boldsymbol{x}, t), t]$$

可以将其重新写成式(10.1.1)的形式。当然,方程(10.1.1)也可以表示没有控制信号的动态系统,诸如自由摆动的单摆。

线性系统是非线性系统的特殊情况。线性系统的动态方程具有下列形式

$$\dot{\boldsymbol{x}} = \boldsymbol{A}(t)\boldsymbol{x}$$

式中　$\boldsymbol{A}(t)$——$n \times n$ 的矩阵。

根据系统矩阵 $\boldsymbol{A}$ 是否随时间变化,可把线性系统分为时变的和定常的。在非线性系统的相关文章里,这些形容词(时变和定常的)习惯上用“自治的”和“非自治的”来代替。

定义 10.1.1　如果非线性系统(10.1.1)中函数 f 不明显地与时间 t 有关,即如果系统的状态方程能够写为

$$\dot{\boldsymbol{x}} = \boldsymbol{f}(\boldsymbol{x}) \tag{10.1.2}$$

则此系统称为自治的。否则系统称为非自治的。

很明显,线性定常系统是自治的,而线性时变系统是非自治的。

严格地说,所有的物理系统都是非自治的,因为它们的动态特性都不是严格定常的。自治系统的概念是一个理想化的概念,就像线性系统的概念一样。然而,实际上,很多系统的性质常常是缓慢变化的,所以我们忽略它们的时变时也不会引起任何有实际意义的误差。这样的系统我们可以当做是自治系统。

自治系统和非自治系统之间的基本区别是:自治系统的状态与起始时刻无关,而非自治系统通常不是这样。在以后的内容中会看到,这种区别使我们在定义非自治系统的稳定性概念时明显地要考虑初始时刻,从而使得对非自治系统的分析要比自治系统困难得多。

10.1.2　解的存在惟一性

对于非线性系统(10.1.1)、(10.1.2)给定初始条件,即初始 t_0 时刻状态 $x(t)$ 的值,我们可以通过求解微分方程得到方程的解,得到系统运动的解析表示,从而可以研究系统的运动特性。但在大多数情况下我们并不能得到微分方程解的表达式,只能根据方程中非线性函数 $f(x, t)$ 的性质来研究方程的解的性质,这种方法在微分方程理论中称为定性分析。

一般地,研究系统运动的稳定性,要求描述系统动态特性的微分方程的解是存在的,而且对于给定的初始条件,解是惟一的。简单地说,只要微分方程满足如下的李普希斯条件就可以保证解的存在惟一性。

对于微分方程(10.1.1),如果存在常数 $L > 0$,使得

$$|f_i(t,\boldsymbol{x})-f_i(t,\boldsymbol{y})|\leqslant L\sum_{j=1}^{n}|x_j-y_j|$$

则称 f_i 满足李普希斯(Lipschitz)条件。显然,若 $f_i(t,\boldsymbol{x})$ 的所有偏导数存在,且有界,即

$$\frac{\partial f_i(t,x_1,\cdots,x_n)}{\partial x_j}\leqslant K \qquad i,j=1,2,\cdots,n$$

其中 K 为某一正实数,则 Lipschitz 条件满足。

10.1.3 本章安排

本章讨论系统的运动稳定性,包括李亚普诺夫稳定性和系统的有界输入有界输出稳定性(BIBO 稳定性)。给出自治和非自治系统的李亚普诺夫稳定性的定义,讨论李亚普诺夫第二方法(或称为李亚普诺夫直接法)的基本定理,并介绍直接法在线性控制系统中的应用,以及对于非线性系统构造李亚普诺夫函数的两种方法。最后介绍系统的外部稳定性(BIBO 稳定性)以及对于线性系统李亚普诺夫稳定性与 BIBO 稳定性之间的联系。

10.2 李亚普诺夫稳定性

非线性系统微分方程可表示为

$$\dot{\boldsymbol{x}}=\boldsymbol{f}(\boldsymbol{x},t) \qquad t\geqslant t_0 \tag{10.2.1}$$

t_0 为初始时刻,假设满足解的存在惟一条件,对于给定的初值 x_0,可以得到系统的运动轨迹,记为

$$\boldsymbol{x}(t)=\boldsymbol{x}(t;t_0,\boldsymbol{x}_0)$$

10.2.1 系统的平衡点

一个系统的轨线有可能只是一个单一的点。如果系统的初值取在这个点上,系统将保持在这个点上,则称该点为平衡点。

定义 10.2.1 如果 $\boldsymbol{x}(t)$ 一旦等于某个状态 $\boldsymbol{x}_e$,它就在未来时间内一直保持等于 $\boldsymbol{x}_e$,那么状态 $\boldsymbol{x}_e$ 称为系统的一个平衡状态(或平衡点)。

求解如下非线性方程组可求得平衡点

$$f(\boldsymbol{x}_e,t)\equiv 0 \qquad t\geqslant t_0 \tag{10.2.2}$$

对于线性定常系统

$$\dot{\boldsymbol{x}}=\boldsymbol{A}\boldsymbol{x} \tag{10.2.3}$$

如果 $\boldsymbol{A}$ 是非奇异的,那么该系统有一个单一的平衡点(零平衡点)。如果 $\boldsymbol{A}$ 是奇异的,它就有无穷多个平衡点,这些平衡点包含在矩阵 $\boldsymbol{A}$ 的零空间内,即由 $\boldsymbol{A}\boldsymbol{x}=0$ 定义的子空间内。这意味着这些平衡点不是孤立的。

例 10.2.1　对于线性定常系统

$$\dot{\boldsymbol{x}} = \boldsymbol{A}\boldsymbol{x} = \begin{bmatrix} -1 & 0 \\ 0 & 1 \end{bmatrix}\boldsymbol{x}$$

考察系统的平衡点。

解　令 $\dot{\boldsymbol{x}}_e = 0$,则

$$\begin{bmatrix} -1 & 0 \\ 0 & 1 \end{bmatrix}\boldsymbol{x}_e \equiv 0$$

解得 $\boldsymbol{x}_e = 0$,可以看出,系统的平衡状态是系统方程的常数解,系统是一种静止状态。由于系统矩阵是可逆的,因此系统有惟一平衡点 $\boldsymbol{x}_e = 0$。

假设系统的状态方程为

$$\dot{\boldsymbol{x}} = \begin{bmatrix} -1 & 0 \\ 0 & 1 \end{bmatrix}\boldsymbol{x}$$

则系统的平衡点的集合为

$$\left\{\boldsymbol{x}_e \middle| \begin{bmatrix} -1 & 0 \\ 0 & 1 \end{bmatrix}\boldsymbol{x}_e \equiv 0\right\}$$

可知该系统的平衡点是一个集合,而且是连续的。

假设系统的状态方程是一个非齐次的线性定常的微分方程

$$\dot{\boldsymbol{x}} = \begin{bmatrix} -1 & 0 \\ 0 & 1 \end{bmatrix}\boldsymbol{x} + \begin{bmatrix} -1 \\ 1 \end{bmatrix}$$

则系统的求取系统的平衡点的方程为 $\begin{bmatrix} -1 & 0 \\ 0 & 1 \end{bmatrix}\boldsymbol{x}_e + \begin{bmatrix} -1 \\ 1 \end{bmatrix} = 0$,可以求得系统的平衡点为 $\boldsymbol{x}_e = \begin{bmatrix} -1 \\ -1 \end{bmatrix}$,可知该系统有一个孤立的平衡点。

一个非线性系统可以有几个(或无穷多个)孤立平衡点,如例 10.2.2。

例 10.2.2　考虑图 10.2.1 所示的单摆系统。它的动态特性由下列非线性自治方程给出

$$MR^2\ddot{\theta} + b\dot{\theta} + MgR\sin\theta = 0 \tag{10.2.4}$$

式中　R—— 单摆长度;

M—— 单摆质量;

b—— 铰链的摩擦系数;

g—— 重力常数。

令 $x_1 = \theta, x_2 = \dot{\theta}$,则相应的状态空间方程是

$$\dot{x}_1 = x_2 \tag{10.2.5a}$$

$$\dot{x}_2 = -\frac{b}{MR^2}x_2 - \frac{g}{R}\sin x_1 \tag{10.2.5b}$$

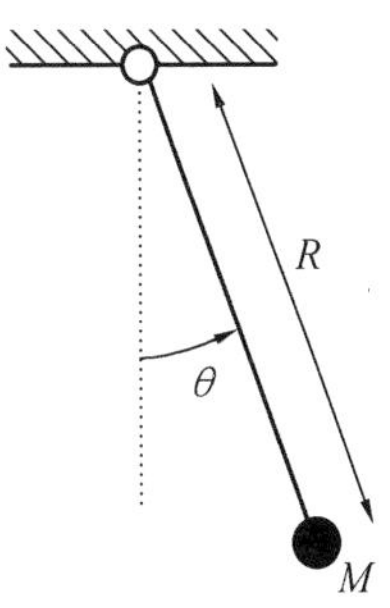

图 10.2.1　单摆系统

因此这些平衡点由 $x_2=0,\sin x_1=0$ 给出，从而得到平衡点 $(2n\pi,0)$ 和 $((2n+1)\pi,0)$，$n=0,1,2,\cdots$。从物理意义上看，这些点对应于单摆正好处在垂直的底端和顶端。

在线性系统的分析和设计中，为简化表示和分析，我们常常通过把平衡点转换成状态空间原点的方式来变换线性系统方程。这样的方法也可以用于非线性系统(10.2.1)的一个具体平衡点。设考察系统在平衡点 $\boldsymbol{x}_e$ 附近的特性。并假设系统的平衡点 $\boldsymbol{x}_e$ 是孤立的，令 $z(t)=\boldsymbol{x}(t)-\boldsymbol{x}_e$，由于 $\boldsymbol{x}_e$ 是一个定常的点，则以 $z(t)$ 为状态的状态方程为

$$\dot{z}(t)=\dot{\boldsymbol{x}}(t)=\boldsymbol{f}(\boldsymbol{x},t)=\boldsymbol{f}((z(t)+\boldsymbol{x}_e),t)=\bar{\boldsymbol{f}}(z(t),t)$$

由于 $\bar{\boldsymbol{f}}(0,t)=\boldsymbol{f}(0+\boldsymbol{x}_e,t)=0$，因此该系统的平衡点为 $z_e=0$。

因此考察系统的平衡点的稳定性可以不失一般性地考察系统在零平衡点的稳定性。

10.2.2 稳定性的研究对象

更进一步地说，系统的稳定性研究对象是系统的运动，即微分方程(10.2.1)的任意一个解，或称系统的任意一种运动的稳定性。

设 $\boldsymbol{x}_e(t)$ 是微分方程(10.2.1)的以 t_0 为初始时刻，以 $\boldsymbol{x}_0$ 为初始值的解，假设系统以 $\boldsymbol{x}_e(t)$ 为轨线进行运动。当系统在初始时刻 $t=t_0$ 受到微小的扰动而偏离了原来的运动轨线，受扰动后系统的运动记为 $\tilde{\boldsymbol{x}}(t)$，初始值变为 $\tilde{\boldsymbol{x}}_0$。

所谓系统运动的稳定性，是指当系统的运动 $\boldsymbol{x}_e(t)$ 的初值受到了扰动，扰动后系统的运动 $\tilde{\boldsymbol{x}}(t)$ 是不是可以保持在 $\boldsymbol{x}_e(t)$ 的附近，或者随着时间的推移渐近地接近 $\boldsymbol{x}_e(t)$ 的性质。

令 $z(t)=\boldsymbol{x}(t)-\boldsymbol{x}_e(t)$，则

$$\dot{z}(t)=\dot{\boldsymbol{x}}(t)-\dot{\boldsymbol{x}}_e(t)=\boldsymbol{f}(\boldsymbol{x}(t),t)-\boldsymbol{f}(\boldsymbol{x}_e(t),t)\triangleq\boldsymbol{F}(z(t),t)$$

这样，研究系统(10.2.1)对于运动 $x_e(t)$ 的稳定性问题，实际上转化为研究新的系统

$$\dot{z}(t)=\boldsymbol{F}(z(t),t)$$

对于 $z(t)=0$ 平衡点的稳定性。

因此，不失一般性地，以下的定义与结论主要针对系统的零平衡点给出。

10.2.3 稳定与一致稳定性的定义

定义 10.2.2 (李亚普诺夫(Lyapunov)稳定性) 设原点为系统的平衡点，则称系统的零平衡点是 Lyapunov 稳定的是指：

如果对于任意的 $\varepsilon>0$，都存在 $\delta(\varepsilon,t_0)>0$，使得只要初始值 x_0 选取在球域 $\|x_0\|\leqslant\delta(\varepsilon,t_0)$ 内，以 $\boldsymbol{x}_0$ 为初值的解对于整个时间域 $t_0\leqslant t<\infty$ 都在以原点为球心以 ε 为半径的球域内，即

$$\|\boldsymbol{x}(t,t_0,\boldsymbol{x}_0)\|\leqslant\varepsilon,\text{对于 } t\geqslant t_0$$

实际上，用数学中的 $\varepsilon-\delta$ 来描述系统稳定性的定义能够更准确、更简洁地说明问题，下面将用数学语言给出各种稳定性定义的表述。其中符号“$\forall$”表示“任意给定”，符号“$\exists$”表示

“存在”。有如下的稳定性定义的描述:

设零点为系统的平衡点,称之为 Lyapunov 稳定的,如果:

$\forall \varepsilon > 0, \exists \delta(\varepsilon, t_0) > 0$,使得当 $\| \boldsymbol{x}_0 \| \leqslant \delta(\varepsilon, t_0)$,有 $\| \boldsymbol{x}(t, t_0, \boldsymbol{x}_0) \| \leqslant \varepsilon, \forall t \geqslant t_0$
其中,$\| * \|$ 为向量的范数,$\delta(\varepsilon, t_0)$ 是依赖于 ε 和 t_0 的常数。

下面给出不稳定的定义:

设零点为系统(10.2.1)的一个平衡点,如果对于不管取多么大的有限实数 $\varepsilon > 0$,都不可能找到相应的实数 $\delta(\varepsilon, t_0) > 0$,使得由满足 $\| \boldsymbol{x}_0 \| < \delta(t_0, \varepsilon)$ 的任一初始状态出发的运动满足不等式

$$\| \boldsymbol{x}(t, t_0, \boldsymbol{x}_0) \| \leqslant \varepsilon, \text{对于 } t \geqslant t_0$$

则系统的零平衡点是不稳定的。

实际上,所谓不稳定就是对于稳定性定义的否定,下面考察怎样用数学语言来描述不稳定,即稳定性的否定。先看一个高等数学中关于极限的否定的描述。

例 10.2.3　用数学语言描述极限 $\lim\limits_{t \to t_0} f(t) = a$ 如下:

$$\forall \varepsilon > 0, \exists \delta(\varepsilon) > 0, \text{当 } |t - t_0| < \delta(\varepsilon) \text{ 时,有 } |f(t) - a| < \varepsilon$$

用数学语言描述 $\lim\limits_{t \to t_0} f(t) \neq a$,实际上是对肯定的情况举出的一个反例。极限的否定可描述为

$$\exists \varepsilon_0 > 0, \text{对于 } \forall \delta_0 > 0, \text{则 } \exists t'(t_0, \varepsilon), t' \text{ 满足 } |t' - t_0| < \delta_0, \text{有}$$
$$|f(t') - a| \geqslant \varepsilon_0$$

类似于对于极限的否定,有如下的对于零平衡点的不稳定的数学描述。

定义 10.2.3　(不稳定定义)零点为系统(10.2.1)的平衡点,称之为对于初始时刻 t_0 是不稳定的,如果 $\exists \varepsilon_0 > 0$,对于 $\forall \delta > 0, \exists \boldsymbol{x}_0 \in \{\boldsymbol{x} \mid \| \boldsymbol{x} \| < \delta\}, \exists t_1 \geqslant t_0$,使得

$$\| \boldsymbol{x}(t_1, t_0, \boldsymbol{x}_0) \| \geqslant \varepsilon_0$$

说明:不稳定的定义实际上是描述了系统运动的这样一种现象:存在一个 $\varepsilon_0 > 0$,无论在多么小的区域内选取初值,系统的运动总会在某一时刻越出以零点为圆心,以 ε_0 为半径的球域。对于不稳定的概念,实际上有更细微的刻画,如例 10.2.4。

例 10.2.4　系统的状态方程为

$$\dot{\boldsymbol{x}}(t) = \begin{bmatrix} -1 & 0 \\ 0 & 1 \end{bmatrix} \boldsymbol{x}(t)$$

则系统的运动轨线为 $x_1(t) = \mathrm{e}^{-t} x_1(0), x_2(t) = \mathrm{e}^{t} x_2(0)$,当初值 $x_0 = [0 \quad 1]^{\mathrm{T}}$ 时,系统的运动将发散到无穷。

考察线性定常系统

$$\dot{\boldsymbol{x}}(t) = \begin{bmatrix} 1 & 0 \\ 0 & 1 \end{bmatrix} \boldsymbol{x}(t)$$

当初值任意取为 $\boldsymbol{x}_0 \neq 0$ 时，系统的运动 $\boldsymbol{x}(t,t_0,x_0) \to \infty$。显然，这两种不稳定的含义是不完全相同的。第一种情形称为部分不稳定，即初值取在原点邻域中的一个部分区域时，系统轨线将离开原点；第二种情形称为完全不稳定，即以原点某个邻域中的任何一点为初值，系统的轨线将离开原点。

定义 10.2.4 （Lyapunov 意义下的一致稳定）在上述的 Lyapunov 稳定的定义中，当 $\delta(t_0,\varepsilon)$ 与 t_0 无关，则称系统在零平衡点是 Lyapunov 一致稳定。

说明：所谓系统稳定性的一致性，是指对于初始时刻 t_0 的一致性。对于定常系统(10.2.3)，系统运动的稳定等价于一致稳定，就是说：对于定常系统或称为自治系统运动的稳定性，不存在所谓一致性的问题，所有的任何形式的稳定性都是一致的。对时变系统或非自治系统则不是这样，系统运动的稳定性中有所谓一致稳定的问题。

10.2.4 吸引、渐近稳定与一致渐近稳定

要清晰地描述系统渐近稳定的定义，首先要明了系统运动中吸引性的运动形式。

定义 10.2.5 （吸引性的定义）称系统 $\dot{\boldsymbol{x}} = \boldsymbol{f}(x,t)$ 的零平衡点是吸引的，如果 $\exists\,\delta(t_0) > 0$，当 $\|\boldsymbol{x}_0\| \leqslant \delta(t_0)$ 时，有

$$\lim_{t\to\infty}\boldsymbol{x}(t,t_0,\boldsymbol{x}_0) = 0$$

即当初始状态选定在以零点为球心的某一个球域内时，系统的运动最终将趋近于零点。

说明：包含原点的邻域 $\{\boldsymbol{x}\in\mathbf{R}^n \mid \|\boldsymbol{x}\| \leqslant \delta(t_0)\}$ 称为原点的吸引域，即该邻域中的任何一点作为初值，则系统的轨线将趋于原点。

更进一步地，可以更加细致地描述系统运动趋近于平衡点的程度与什么因素有关系。这样，吸引性的定义有如下的 $\varepsilon-\delta$ 语言的描述：

$\forall\,\varepsilon > 0, \exists\,\delta(t_0) > 0$，当 $\|\boldsymbol{x}_0\| \leqslant \delta(t_0)$ 时，$\exists\,T(\varepsilon,t_0,\boldsymbol{x}_0)$，对于 $\forall\,t \geqslant t_0 + T(\varepsilon,t_0,\boldsymbol{x}_0)$ 有 $\|\boldsymbol{x}(t,t_0,\boldsymbol{x}_0)\| < \varepsilon$，即 $\lim\limits_{t\to\infty}\boldsymbol{x}(t,t_0,\boldsymbol{x}_0) = 0$。

一致吸引：若吸引性定义 T 仅依赖 ε，而不依赖于 t_0, x_0，则称原点是一致吸引，即 $x(t)$ 趋向于零平衡点的速度仅与 ε 有关，而与 t_0, x_0 无关，可表示为

$$\boldsymbol{x}(t,t_0,\boldsymbol{x}_0) \xrightarrow[\text{均一致}]{\text{关于 } t_0,\boldsymbol{x}_0} 0 \qquad t \to +\infty$$

用 $\varepsilon-\delta$ 语言可描述为：

如果 $\exists\,\delta > 0$，当 $\|x_0\| \leqslant \delta$ 时，对于 $\forall\,\varepsilon > 0, \exists\,T(\varepsilon)$，对于 $\forall\,t \geqslant t_0 + T(\varepsilon)$ 有 $\|\boldsymbol{x}(t,t_0,\boldsymbol{x}_0)\| < \varepsilon$，则称原点是一致吸引的。

说明：稳定性与吸引性是描述系统状态的运动过程中两个互不包含的概念。稳定性描述了系统运动在整个的时间域上可不可以用初始条件的限界来界定之后的运动；而吸引性表述了 $t \to +\infty$ 时，系统的状态是否趋向于平衡点。

例 10.2.5　在相平面上考察如下系统状态的动态特性

$$\begin{cases}\dot{x}(t) = f(x) + y \\ \dot{y} = -x\end{cases}$$

其中

$$f(x) = \begin{cases}-4x & x > 0 \\ 2x & -1 \leqslant x \leqslant 0 \\ -x-3 & x < -1\end{cases}$$

解　当 $x > 0$ 时

$$\begin{cases}\dot{x}(t) = -4x + y \\ \dot{y} = -x\end{cases}$$

当 $-1 \leqslant x \leqslant 0$ 时

$$\begin{cases}\dot{x}(t) = 2x + y \\ \dot{y} = -x\end{cases}$$

当 $x < -1$ 时

$$\begin{cases}\dot{x}(t) = -x - 3 + y \\ \dot{y} = -x\end{cases}$$

可以用 Matlab 做出系统的相轨迹图如图 10.2.2。Matlab 的仿真程序如下：

系统的状态函数为 stgu _ fun.m

```
function xdot = stgu(t,x)
if x(1) > 0
  xdot = [-4*x(1) + x(2); -x(1)];
else if x(1) >= -1
     xdot = [2*x(1) + x(2); -x(1)];
  else xdot = [-x(1) - 3 + x(2); -x(1)];
  end
end
```

绘制相轨迹的函数为 pp.m

```
x0 = [-3,0]
[t,x] = ode45('stgu _ fun',[0,50],x0);
plot(x(:,1),x(:,2))
hold on
for x1 = -0.002:0.001:0.002
     for x2 = -0.002:0.001:0.002
```

```
[t,x] = ode45('stgu_fun',[0,50],[x1,x2]);
plot(x(:,1),x(:,2))
hold on
  end
  end
grid
```

系统的相轨迹仿真曲线如图 10.2.2 所示。

从图 10.2.2 中可以看出,取初值任意地接近原点,相轨迹也将离开原点向外运动,运动一周后将渐近于原点。因此,原点是吸引点,但不是稳定的。

以上的仿真曲线中,有一点要注意,其中的一条曲线在达到平衡点后并没有停止,而是继续绕平衡点运动,出现这种情况是因为,计算机数值计算时,由于数值误差,对于等号的判别是很困难的,在系统的相轨迹达到零平衡点时,相轨迹本应停下来,由于计算机的计算误差,实际上并没有准确地到达原点,这样造成了相轨迹绕原点的运动。

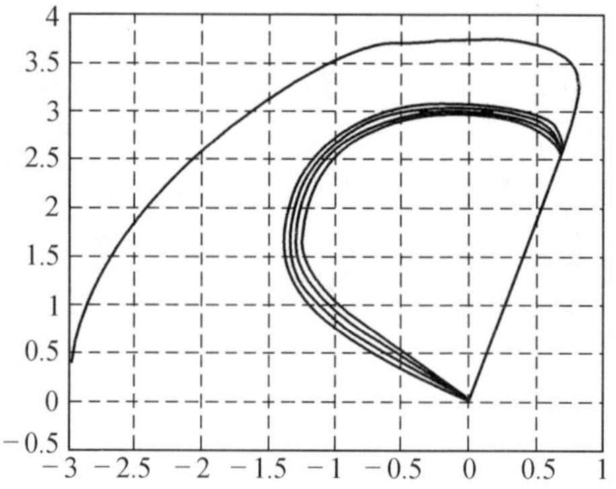

图 10.2.2　相轨迹的仿真曲线

定义 10.2.6　若定义 10.2.5 中,$\delta(t_0)$ 可任意大,则定义 10.2.5 中的吸引、一致吸引分别称为全局吸引、全局一致吸引。

定义 10.2.7　分别称系统的解对于零平衡点为渐近稳定、全局渐近稳定,如果:① 零平衡点为稳定的;② 零平衡点分别为吸引、全局吸引。

分别称系统的解对于零平衡点为一致渐近稳定、全局一致渐近稳定,如果:① 零平衡点为一致稳定的;② 一致吸引;全局一致吸引且方程的解是一致有界的,(即 $\forall r > 0, \exists B(r)$,当 $\|\boldsymbol{x}_0\| \leqslant r, \|\boldsymbol{x}(t,t_0,\boldsymbol{x}_0)\| \leqslant B(r), \forall t \geqslant t_0$)。

10.2.5　指数稳定

定义 10.2.8 (指数稳定的定义) 对于零平衡点,如果 $\forall \varepsilon > 0, \exists \delta(\varepsilon) > 0, \exists \lambda > 0$,当 $\|\boldsymbol{x}_0\| < \delta$ 时,有 $\|\boldsymbol{x}(t,t_0,\boldsymbol{x}_0)\| \leqslant \varepsilon \|\boldsymbol{x}_0\| \mathrm{e}^{-\lambda(t-t_0)} (t \geqslant t_0)$,则称零平衡点是指数稳定的。

定义 10.2.9 (全局指数稳定的定义) 对于系统的零平衡点,如果 $\forall \delta > 0, \exists \lambda > 0, \exists k(\delta) > 0$,当 $\|\boldsymbol{x}_0\| < \delta$ 时,有 $\|\boldsymbol{x}(t,t_0,\boldsymbol{x}_0)\| < k(\delta) \|\boldsymbol{x}_0\| \mathrm{e}^{-\lambda(t-t_0)}$,则称零平衡状态为全局指数稳定的,或称为大范围指数稳定的。

说明:若系统 $\dot{\boldsymbol{x}} = f(\boldsymbol{x},t)$ 的零平衡点是全局指数稳定的,则零平衡点是系统惟一的平衡点。可以解释如下：假设系统的平衡点不惟一，有两个不同的平衡点 $\boldsymbol{x}_{e1}$，$\boldsymbol{x}_{e2}$。因为 $\boldsymbol{x}_{e1}$ 平衡点是全局指数稳定的，则以整个状态空间中的任何一点为初值的系统的运动都将趋近于 $\boldsymbol{x}_{e1}$。但 $\boldsymbol{x}_{e2}$ 亦是平衡点，当初值选取 $\boldsymbol{x}_{e2}$ 时，系统处于静止状态，不再运动，矛盾，因此平衡点 $\boldsymbol{x}_e$ 是惟一的。

10.2.6　示例

例 10.2.6　考察如下线性系统的稳定性

$$\begin{bmatrix}\dot{x}_1\\ \dot{x}_2\end{bmatrix}=\begin{bmatrix}0 & -1\\ 1 & 0\end{bmatrix}\begin{bmatrix}x_1\\ x_2\end{bmatrix}$$

解　系统的特征值为 $\lambda_{1,2}=\pm\mathrm{j}$，系统有惟一的平衡点 $\boldsymbol{x}_e=0$。求解系统可得到系统状态的运动表达式为

$$\begin{cases}x_1(t)=x_1(t_0)\cos(t-t_0)-x_2(t_0)\sin(t-t_0)\\ x_2(t)=x_1(t_0)\sin(t-t_0)+x_2(t_0)\cos(t-t_0)\end{cases}$$

可以得到

$$x_1^2(t)+x_2^2(t)=x_1^2(t_0)+x_2^2(t_0)$$

考察系统的稳定性，根据系统稳定性的定义：$\forall\varepsilon>0$，选取 $\delta=\varepsilon$，当 $\|\boldsymbol{x}_0\|<\delta$ 时，$\|x(t)\|=\sqrt{x_1^2(t)+x_2^2(t)}=\sqrt{x_1^2(t_0)+x_2^2(t_0)}=\|\boldsymbol{x}_0\|<\delta=\varepsilon$，所以系统对于零平衡点是稳定的。又由于 δ 的选取与 t_0 无关，故系统对于零平衡点是一致稳定的。系统状态的运动是等幅振荡，对任给初值 $\boldsymbol{x}_0\neq0$，状态不会渐近地趋向于零平衡点，所以不具有吸引性，故不是渐近稳定的。

例 10.2.7　考察如下线性时变系统的稳定性

$$\dot{x}=-\frac{1}{t+1}x\qquad t\geqslant t_0$$

求解系统以 x_0 为初值的解为

$$x(t,t_0,x_0)=x_0\frac{t_0+1}{t+1}$$

当 $t\to+\infty$ 时，解 $x(t,t_0,x_0)\to0$，故平衡点 $x_e=0$ 是吸引的。下面根据定义考察系统的稳定性，$\forall\varepsilon>0$，选取 $\delta=\varepsilon$，当 $\|x_0\|<\delta$ 时，有 $\|x(t,t_0,x_0)\|\leqslant\|x_0\|<\delta=\varepsilon$，所以系统是一致稳定的。又由于系统对于零平衡点是吸引的，所以系统对于零平衡点是渐近稳定的。但系统不是一致吸引的。理由如下：

$$\forall T>0,\text{令 } t=t_0+T,\text{有 } x(t,t_0,x_0)=x_0\frac{t_0+1}{t+1}=x_0\frac{t_0+1}{t_0+T+1}\xrightarrow[t_0\to\infty]{}x_0$$

所以系统不是一致吸引，因为这时方程的解不是趋向于零的。

10.3 自治系统李亚普诺夫稳定性的基本定理

10.3.1 标量函数的定号性

1. 一般定义

设变量 $x_1,\cdots,x_n$ 的实函数 $V(x_1,\cdots,x_n)$ 定义于原点的某邻域 Ω 内，Ω 可取为原点的 H 邻域：$|x_i| \leqslant H(i=1,2,\cdots,n)$，此处 H 为正常数。又假设它满足：

(1) 在邻域 Ω 内单值，对 $x_i(i=1,2,\cdots,n)$ 均连续可微；

(2) $V(0,\cdots,0)=0$。

函数 $V(x_1,\cdots,x_n)$ 可简记为 $V(\boldsymbol{x})$，其中 $\boldsymbol{x}=[x_1,\cdots,x_n]^{\mathrm{T}}$，有以下定义。

定义 10.3.1 函数 $V(\boldsymbol{x})$ 在 Ω 内称为：

(1) 正定的(负定的)，若除原点 $\boldsymbol{x}=0$ 外，任取 $\boldsymbol{x}\in\Omega$，$V(\boldsymbol{x})$ 均取正值(负值)。记为 $V(\boldsymbol{x})>0$($V(\boldsymbol{x})<0$)。

(2) 半正定的(半负定的)，若任取 $\boldsymbol{x}\in\Omega$，$V(\boldsymbol{x})$ 的值均不小(大)于零。记为 $V(\boldsymbol{x})\geqslant 0$，($V(\boldsymbol{x})\leqslant 0$)。

(3) 变号的，若 $\boldsymbol{x}$ 在 Ω 中原点的任一邻域内变化时，$V(\boldsymbol{x})$ 既可取正值，又可取零值和负值。

例 10.3.1 考察下列 $V(x,y,z)$(自变量为 x,y,z)。

(1) $V=x^4+y^2+z^2$，正定。

(2) $V=(x+y)^2+z^4$，半正定，因为除原点外，当 $x=-y\neq 0,z=0$ 时，$V=0$，其余值时 $V>0$。

(3) $V=x^2+z^2$，半正定，因为除原点外，当 $x=0,y\neq 0,z=0$ 时，$V=0$，其余值时 $V>0$。

(4) $V=x^2+y^4-z^4$，变号。

2. 二次型

最常用的函数 $V(\boldsymbol{x})$ 是二次型。这是由于其数学表达式简单，符号类型容易判定，而且有些复杂的 $V(\boldsymbol{x})$ 函数又是由二次型经过变形而得来。

各项均为自变量的二次单项式的函数称为二次型，记为

$$V(x_1,\cdots,x_n)=\sum_{i=1}^{n}\sum_{j=1}^{n}a_{ij}x_ix_j \tag{10.3.1}$$

不失一般性，可设 $a_{ij}=a_{ji}$，因为若 $a_{ij}\neq a_{ji}$，可取 $a'_{ij}=\frac{1}{2}(a_{ij}+a_{ji})$，就有 $a'_{ij}=a'_{ji}$，且

$$a_{ij}x_ix_j+a_{ij}x_jx_i=2\frac{a_{ij}+a_{ji}}{2}x_ix_j=2a'_{ij}x_ix_j=a'_{ij}x_ix_j+a'_{ji}x_jx_i$$

用向量 $\boldsymbol{x}=[x_1,\cdots,x_n]^{\mathrm{T}}$ 可表示二次型为如下简捷形式

$$V(\boldsymbol{x})=\boldsymbol{x}^{\mathrm{T}}\boldsymbol{A}\boldsymbol{x} \tag{10.3.2}$$

$\boldsymbol{A} = [a_{ij}]_{n\times n}$,其中 $\boldsymbol{A} = \boldsymbol{A}^{\mathrm{T}}$ 是对称阵。当二次型 $\boldsymbol{x}^{\mathrm{T}}\boldsymbol{A}\boldsymbol{x}$ 正定、半正定…时,称矩阵 $\boldsymbol{A}$ 正定、半正定…。

判定二次型的符号类型,有以下结果。

定理 10.3.1　对 $n\times n$ 对称阵,有

(1)$\boldsymbol{A}$ 正定的充要条件为其顺序主子式

$$\Delta_1 = a_{11},\Delta_2 = \begin{vmatrix} a_{11} & a_{12} \\ a_{21} & a_{22} \end{vmatrix},\cdots,\Delta_n = |\boldsymbol{A}|$$

均大于零。

(2)$\boldsymbol{A}$ 半正定的充要条件为其所有主子式都不小于零。

(3)$\boldsymbol{A}$ 负定的充要条件为 $-\boldsymbol{A}$ 正定。

(4)$\boldsymbol{A}$ 半负定的充要条件为 $-\boldsymbol{A}$ 为半正定。

也可以通过矩阵的特征根判别矩阵的正定性。由线性代数知,对于任意的实对称阵 $\boldsymbol{A}$,存在正交阵 $\boldsymbol{P}$,即 $\boldsymbol{P}^{\mathrm{T}} = \boldsymbol{P}^{-1}$,使得

$$\boldsymbol{P}\boldsymbol{A}\boldsymbol{P}^{\mathrm{T}} = \mathrm{diag}[\rho_1,\cdots,\rho_n]$$

其中 $\rho_i(i = 1,\cdots,n)$ 为 $\boldsymbol{A}$ 的特征根,即为 $|\rho\boldsymbol{I} - \boldsymbol{A}| = 0$ 的根,ρ_i 均为实数。有以下定理。

定理 10.3.2　对 $n\times n$ 阶对称阵 $\boldsymbol{A}$,有

(1)$\boldsymbol{A}$ 正定的充要条件是其特征根均为正。

(2)$\boldsymbol{A}$ 负定的充要条件是其特征根均为负。

(3)$\boldsymbol{A}$ 半正定的充要条件是其特征根均不小于零。

(4)$\boldsymbol{A}$ 半负定的充要条件是其特征根均不大于零。

(5)$\boldsymbol{A}$ 变号的充要条件是其特征根中有正也有负。

3.无限大性质

定义 10.3.2　函数 $V(\boldsymbol{x})$ 称为径向无限大的(简称无限大的),若对于任意正数 N,都存在 $R > 0$,使得在球 $\|\boldsymbol{x}\|^2 = \sum_{i=1}^{n} x_i^2 = R^2$ 的外部,$V(x) > N$ 成立。

说明:(1) 实际上,$V(\boldsymbol{x})$ 无限大的充要条件为 $\lim\limits_{\|\boldsymbol{x}\|\to\infty} V(\boldsymbol{x}) = \infty$,这个条件是便于应用的。

(2) 正定的二次型显然有无限大性质。

例 10.3.3　函数

$$V(x,y) = \frac{x^2}{1 + x^2} + y^2$$

当 $y = 0, R = |x| \to \infty$ 时,$V \to 1$,因此 V 不是无限大的。

10.3.2　李亚普诺夫稳定性直接方法的基本思想

考虑一个没有外部作用的“孤立”系统,假设我们能够确定出系统的平衡状态,而且0就是

平衡状态(或可能是惟一的平衡状态)。假设还能够以一种适当的方式定义一种类似系统总能量的某个函数,这个函数具有在原点为零而在其他点为正值的性质,也就相当于系统的能量在0点是极小点。现在假设,原先处于平衡状态0的系统受到扰动而进入一个新的非零平衡初始状态,此时,类似于系统的能量是正的,如果系统的动态特性使系统的能量不随时间而增长,那么系统的能级决不会增长而超过其初始时的正值。根据能量函数的性质,就说明0平衡点是稳定的。另一方面,如果系统的动态特性使系统的能量随时间而单调衰减,且最终要衰减到零,那么,再补充适当的假设,就可以得出结论:平衡点可能是渐近稳定的。这样的函数一般称为李亚普诺夫函数。

李亚普诺夫稳定性定理的基本思想,简单地说,就是如上所述。但对于能量函数的概念进行了推广,给出了严谨的数学形式。下面将介绍李亚普诺夫稳定性的主要定理,以及后来的研究者所进行的推广。本节主要分析自治系统,下节将讨论非自治系统。

10.3.3 李亚普诺夫稳定性的主要定理

对于自治非线性系统

$$\dot{\boldsymbol{x}} = \boldsymbol{f}(\boldsymbol{x}) \qquad f(0) = 0 \qquad t \geqslant t_0 \tag{10.3.3}$$

有如下的李亚普诺夫稳定性的主要定理。

定理10.3.3 $\boldsymbol{x} = \boldsymbol{0}$是系统(10.3.3)的平衡点,$V:\Omega \to \mathbf{R}$是包含原点的邻域$\Omega$上的连续可微函数,且正定,若有

$$\dot{V}(\boldsymbol{x}) \leqslant 0 \tag{10.3.4}$$

则$\boldsymbol{x} = \boldsymbol{0}$是稳定的。

说明:(1) 所谓标量函数$V(x)$沿系统(10.3.3)的运动轨线求全导数,是指

$$\dot{V} = \sum_{i=1}^{n} \frac{\partial V}{\partial x_i}\dot{x}_i = \sum_{i=1}^{n} \frac{\partial V}{\partial x_i} f_i(\boldsymbol{x}) = \left[\frac{\partial V}{\partial x_1}, \frac{\partial V}{\partial x_2}, \cdots, \frac{\partial V}{\partial x_n}\right]\begin{bmatrix} f_1(\boldsymbol{x}) \\ f_2(\boldsymbol{x}) \\ \vdots \\ f_n(\boldsymbol{x}) \end{bmatrix} = \frac{\partial V}{\partial \boldsymbol{x}}\boldsymbol{f}(\boldsymbol{x}) \tag{10.3.5}$$

(2) 为了判断平衡点$\boldsymbol{x} = \boldsymbol{0}$的稳定性,而在状态空间$\boldsymbol{x} = \boldsymbol{0}$邻域上找到的正定函数$V(\boldsymbol{x})$一般称为李亚普诺夫候选函数,或简称为$V$函数,如果还满足李亚普诺夫稳定性定理,则称该正定标量函数为李亚普诺夫函数。

例10.3.4 研究单摆平衡位置$\theta = 0, \dot{\theta} = 0$的稳定性,此状态的扰动方程为

$$\ddot{\theta} - \omega^2 \sin\theta = 0$$

化为状态方程,令$x_1 = \theta, x_2 = \dot{\theta}$,有

$$\begin{cases} \dot{x}_1 = x_2 \\ \dot{x}_2 = -\omega^2 \sin x_1 \end{cases}$$

取 V 函数为

$$V = \frac{1}{2}x_2^2 + \omega^2(1 - \cos x_1)$$

显然,$V(0,0) = 0$,在原点的邻域 $|x_i| < H\left(<\frac{\pi}{2}\right)$ 内,$V(x_1,x_2) > 0$,正定。求 V 沿系统轨线的导数得

$$\dot{V} = x_2\dot{x}_2 + \omega^2\sin x_1\dot{x}_1 = x_2(-\omega^2\sin x_1) + \omega^2\sin x_1 \cdot x_2 \equiv 0$$

按定理 10.3.3,$\dot{V}$ 半负定,V 正定,系统的零平衡点稳定。

例 10.3.5　判断如下质点运动的的稳定性,其运动方程为(m 为质点的质量)

$$m\ddot{x} + f(x) = 0$$

其中 $-f(x)$ 表示质点受的力在 x 方向的投影。设此力具有恢复力性质

$$f(0) = 0 \qquad -f(x)\begin{cases} < 0 & 当\ x > 0 \\ > 0 & 当\ x < 0 \end{cases}$$

讨论零平衡点的稳定性。

解　取总机械能,即动能加势能为 V 函数

$$V(x,\dot{x}) = \frac{m}{2}\dot{x}^2 + \int_0^x f(x)\mathrm{d}x$$

则 V 是正定函数,求 V 沿系统轨线的导数

$$\dot{V} = m\dot{x}\ddot{x} + f(x)\dot{x} = -f(x)\dot{x} + f(x)\dot{x} \equiv 0$$

这样,V 正定,$\dot{V}$ 半负定,按定理 10.3.3,原点稳定。

定理 10.3.4　$\boldsymbol{x} = 0$ 是系统(10.3.3)的平衡点,$V:\Omega \to \mathbf{R}^+$ 是在包含原点的邻域 Ω 上的连续可微函数,正定,且满足

$$\dot{\boldsymbol{V}}(\boldsymbol{x}) < 0 \tag{10.3.6}$$

则 $\boldsymbol{x} = \boldsymbol{0}$ 是渐近稳定的。如果 $V(\boldsymbol{x})$ 具有无限大性质,则 $\boldsymbol{x} = \boldsymbol{0}$ 是全局渐近稳定的。

定理 10.3.5(克拉索夫斯基定理)　设 $\boldsymbol{x} = \boldsymbol{0}$ 为 $\dot{\boldsymbol{x}} = f(\boldsymbol{x})$ 的平衡点,$V:\Omega \to R$ 是连续可微的正定函数,其中 Ω 为 $\boldsymbol{x} = \boldsymbol{0}$ 的邻域,在 Ω 中,有 $\dot{V}(\boldsymbol{x}) \leqslant 0$,令 $S = \{x \in \Omega \mid \dot{V}(\boldsymbol{x}) = 0\}$,假设除零轨线 $\boldsymbol{x} = \boldsymbol{0}$ 外,没有系统的非零轨线完全包含在 S 中,则原点是渐近稳定的。如果 $V(\boldsymbol{x})$ 还具有径向无界的性质,则 $\boldsymbol{x} = \boldsymbol{0}$ 是全局渐近稳定的。

例 10.3.6　研究系统

$$\ddot{x} + f(x,\dot{x})\dot{x} + kx = 0 \quad (k > 0) \tag{10.3.7}$$

在原点的稳定性,其中 $f(x,\dot{x})$ 是 x 及 $\dot{x}$ 的正定函数。

解　引入状态变量 $x_1 = x, x_2 = \dot{x}$,可以将式(10.3.7)化为一阶方程组

$$\begin{cases} \dot{x}_1 = x_2 \\ \dot{x}_2 = -kx_1 - f(x_1,x_2)x_2 \end{cases} \tag{10.3.8}$$

构造 V 函数

$$V(x_1, x_2) = \frac{1}{2}(kx_1^2 + x_2^2)$$

显然 $V(x_1, x_2)$ 正定。V 沿系统轨线的导数为

$$\dot{V} = kx_1\dot{x}_1 + x_2\dot{x}_2 = -f(x_1, x_2)x_2^2$$

函数 $\dot{V}$ 显然是半负定的。又因为当 $\dot{V} = 0$ 时，由于 $f(x, \dot{x})$ 是 x 及 $\dot{x}$ 的正定函数，可知 $x_2 = 0$。而对于 $x_2 = 0$ 时，由状态方程(10.3.8)可知 $x_1 = 0$，因此点集 $S = \{\boldsymbol{x} \in \Omega \mid \dot{V}(\boldsymbol{x}) = 0\}$ 不包含系统的非零轨线，利用定理10.3.5说明原点渐近稳定。又由于 $V(\boldsymbol{x})$ 还具有径向无界的性质，所以 $\boldsymbol{x} = 0$ 是全局渐近稳定的。

定理 10.3.6(不稳定性定理)　设在原点的 Ω 邻域内，任给一个邻域 $B_r = \{\boldsymbol{x} \mid \|\boldsymbol{x}\| \leqslant r\}$，使得 $B_r \subset \Omega$，若存在一函数 $V(\boldsymbol{x})$，由 $V(\boldsymbol{x}) \geqslant 0$ 在 Ω 中决定一区域 Ω_1，使得在 Ω_1 内部 $V(\boldsymbol{x}) > 0$，B_r 内的 Ω_1 的边界上 $V(\boldsymbol{x}) = 0$，如图10.3.1所示，且在 Ω_1 中 $V(\boldsymbol{x})$ 沿系统(10.3.3)轨线的导数 $\dot{V} = W(\boldsymbol{x}) > 0$，则该系统的原点不稳定。

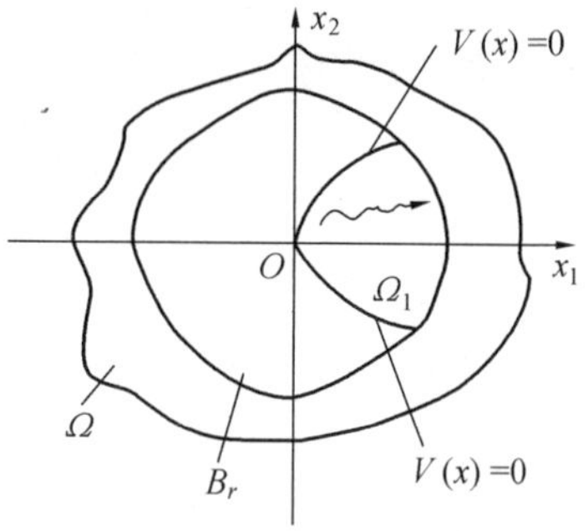

图 10.3.1　不稳定定理示意图

说明：(1) 如图10.3.1，不稳定性定理10.3.7说明，在原点的某个邻域中可以找到一个区域 Ω_1，该区域的边界分为两部分，其中一部分边界上 $V(\boldsymbol{x}) = 0$，另一部分边界上 $\|\boldsymbol{x}\| = r$，由于在该区域内，$V(\boldsymbol{x}) > 0$，$\dot{V}(\boldsymbol{x}) > 0$，因此系统的轨线不能穿越区域 Ω_1 的 $V(\boldsymbol{x}) = 0$ 的边界，只能越出 $\|\boldsymbol{x}\| = r$ 的那一段边界，根据不稳定定义，可以得出结论。

(2) 在某些文献中将不稳定性定理叙述为：如果在原点的某邻域 Ω 内存在一个正定函数，它沿着系统轨线的全导数在 Ω 内亦为正定，则系统(10.3.3)的零解为不稳定的。

显然，这样的论断表明原点是完全不稳定的，即任取原点附近的初值，系统轨线将越出原点的小的邻域。

(3) 对应于定理10.3.5，不稳定性定理也有如下的叙述：如果在 $\boldsymbol{x} = 0$ 原点的某邻域 Ω 内存在一个正定函数 $V(\boldsymbol{x})$，它沿着系统轨线的全导数 $\dot{V}(\boldsymbol{x})$ 在 Ω 中为半正定的，令 $S = \{\boldsymbol{x} \in \Omega \mid \dot{V}(\boldsymbol{x}) = 0\}$，假设除零轨线 $\boldsymbol{x} = 0$ 外，没有系统的非零轨线完全包含在 S 中，则系统的零平衡点是不稳定的。

显然，上述论断也表明原点是完全不稳定的。

例 10.3.7　研究系统

$$\begin{cases} \dot{x} = 5x + y + x^2 \\ \dot{y} = x - y + xy \end{cases}$$

原点的稳定性。

解　取 $V = xy$，则

$$\Omega_1 = \{(x,y) \mid |x| < 1, |y| < 1\}$$

$$\Omega_2 = \{(x,y) \mid 1 > x > 0, 1 > y > 0\}$$

即 Ω_1 为一边长为2，中心为原点的正方形，Ω_2 是 Ω_1 内的第一象限。$V = xy$ 在 Ω_2 中为正，在其边界上为零。由于

$$\dot{V} = x\dot{y} + y\dot{x} = x^2 + y^2 + 4xy + 2x^2 y$$

在 Ω_2 中包括边界上大于零，按定理10.3.6，原点不稳定。

例10.3.8　考察二阶系统

$$\dot{x}_1 = x_1 + g_1(\boldsymbol{x})$$

$$\dot{x}_2 = -x_2 + g_2(\boldsymbol{x})$$

这里满足 $g_1(\cdot)$ 和 $g_1(\cdot)$ 在原点的一个邻域 D 内满足

$$|g_i(\boldsymbol{x})| \leqslant k \|\boldsymbol{x}\|_2^2$$

讨论零平衡点的稳定性。

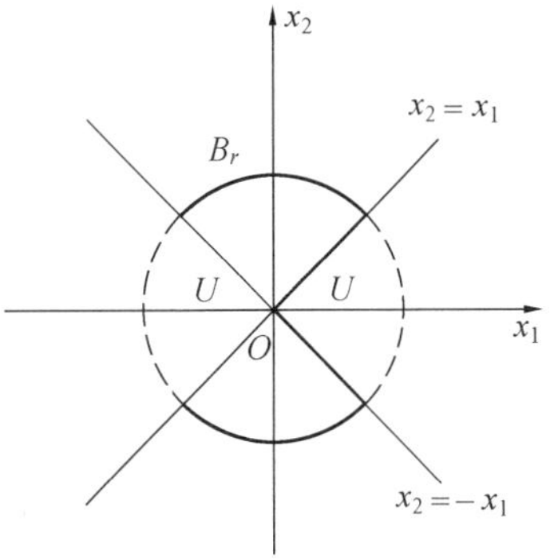

图10.3.2

解　显然 $g_i(0) = 0$，因此原点是一个平衡点。取函数

$$V(x) = \frac{1}{2}(x_1^2 - x_2^2)$$

在 $x_2 = 0$ 线上，对于任意靠近原点处均有 $V(\boldsymbol{x}) > 0$，如图10.3.2所示，$V(\boldsymbol{x})$ 沿系统轨线的导数为

$$\dot{V}(\boldsymbol{x}) = x_1^2 + x_2^2 + x_1 g_1(\boldsymbol{x}) - x_2 g_2(\boldsymbol{x})$$

又由于

$$|x_1 g_1(\boldsymbol{x}) - x_2 g_2(\boldsymbol{x})| \leqslant \sum_{i=1}^{2} |x_i| \cdot |g_i(\boldsymbol{x})| \leqslant 2k \|\boldsymbol{x}\|_2^3$$

因此

$$\dot{V}(\boldsymbol{x}) \geqslant \|\boldsymbol{x}\|_2^2 - 2k\|\boldsymbol{x}\|_2^3 = \|\boldsymbol{x}\|_2^2(1 - 2k\|\boldsymbol{x}\|_2)$$

选取 $r, r < \dfrac{1}{2k}$，并使得 $B_r \subset D$，于是定理10.3.6条件满足，原点不稳定。

10.4　非自治系统李亚普诺夫稳定性的基本定理

正如在本章引言中所述，非自治系统的微分方程中，状态的导数不仅与状态有关，还与时

间有关,这样系统轨线与初始时刻密切相关。本节将介绍作为非自治系统李亚普诺夫候选函数的时变正定函数的性质、K 类函数,以及非自治系统的李亚普诺夫稳定性定理、一致稳定性定理、一致渐近稳定性定理、指数稳定性定理以及不稳定性定理。如同 10.3 节,本节大部分定理没有给出证明,但都给出了必要的说明和示例。

10.4.1　自治系统与非自治系统的区别

首先,我们分析自治与非自治系统在解的基本特征上的差异。形式上来看,自治与非自治系统之差表现在方程右端是否显含 t_0,对于自治系统,解的性状与初始时间 t_0 无关,而对于非自治系统,解的性状与初始时间 t_0 有重要关系,即不同初始时间 t_0 确定的解,可能有定性的差异。

现在来证明以上论断。对自治系统(10.3.3)

$$\dot{\boldsymbol{x}} = \boldsymbol{f}(\boldsymbol{x}) \qquad \boldsymbol{x} \in \mathbf{R}^n$$

若初始时间 t_{01} 及 t_{02} 不同,但初始状态 x_0 相同,它们的解 $\boldsymbol{x}^1(t)$ 与 $\boldsymbol{x}^2(t)$ 的性状是完全相同的,只是起始时间不同而已,如图 10.4.1 所示。函数 $\boldsymbol{x}^1(t)$ 与 $\boldsymbol{x}^2(t)$ 有关系

$$\boldsymbol{x}^1(t - T) = \boldsymbol{x}^2(t) \qquad T = t_{02} - t_{01}$$

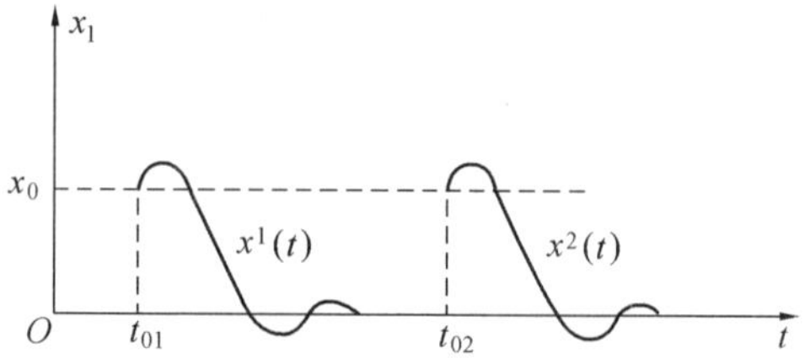

图 10.4.1

现在来证明这一事实。因 $\boldsymbol{x}^1(t)$ 是初值问题

$$\dot{\boldsymbol{x}} = \boldsymbol{f}(x) \qquad \boldsymbol{x}(t_{01}) = \boldsymbol{x}_0$$

的解,故

$$\frac{\mathrm{d}}{\mathrm{d}t}\boldsymbol{x}^1(t) = \boldsymbol{f}(\boldsymbol{x}^1(t)) \qquad \boldsymbol{x}^1(t_{01}) = \boldsymbol{x}_0 \tag{10.4.1}$$

现证

$$\boldsymbol{x}^2(t) = \boldsymbol{x}^1(t - T)$$

是初值问题

$$\dot{\boldsymbol{x}} = f(\boldsymbol{x}) \qquad \boldsymbol{x}(t_{02}) = \boldsymbol{x}_0 \tag{10.4.2}$$

的解。首先,当 $t = t_{02}$ 时,$\boldsymbol{x}^2(t_{02}) = \boldsymbol{x}^1(t_{02} - T) = \boldsymbol{x}^1(t_{01}) = \boldsymbol{x}_0$,$\boldsymbol{x}^2(t)$ 满足初始条件,接下来要证 $\boldsymbol{x}^2(t)$ 满足微分方程(10.4.2),由式(10.4.1)可得

$$\frac{\mathrm{d}}{\mathrm{d}(t - T)}\boldsymbol{x}^1(t - T) = \boldsymbol{f}(\boldsymbol{x}^1(t - T))$$

将上式改写成

$$\frac{\mathrm{d}}{\mathrm{d}t}\boldsymbol{x}^1(t - T) = f(\boldsymbol{x}^1(t - T))$$

于是得到

$$\frac{\mathrm{d}}{\mathrm{d}t}\boldsymbol{x}^2(t) = \boldsymbol{f}(\boldsymbol{x}^2(t))$$

$\boldsymbol{x}^2(t)$ 满足微分方程(10.4.2),得证。

为了说明非自治系统的解与 t_0 有关,研究一个例子。

一阶系统

$$\dot{x} = (4t\sin t - 2t)x$$

其解为

$$x(t,x_0,t_0) = x_0\exp(4\sin t - 4t\cos t - t^2 - 4\sin t_0 + 4t_0\cos t_0 + t_0^2)$$

其中 t_0 为初始时间,x_0 为初始坐标。

图 10.4.2 中绘出了初始坐标 x_0 相同,但初始时刻 t_0 不同时解的曲线。设初始时刻为 $t_0 = 2n\pi$,$(n = 1,2,\cdots)$,则解 $x(t,x_0,t_0)$ 满足

$$x[(2n+1)\pi, x_0, 2n\pi] = x_0\exp[(4n+1)\pi(4-\pi)]$$

由此可见,随 t_0 的增加(即 n 的增大)各个运动过程的峰值无限增大,但每一个解都有界,并趋近于零。

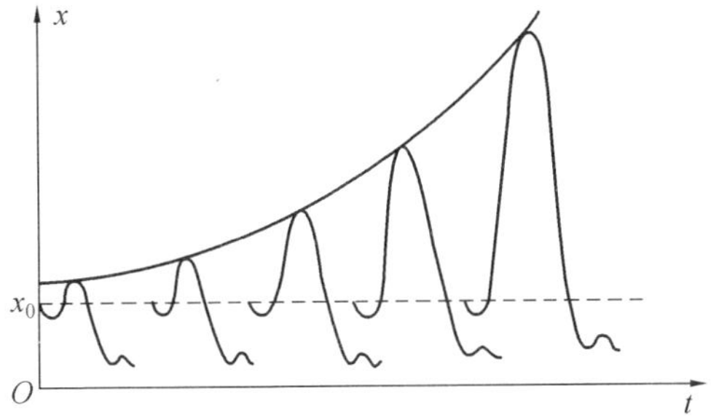

图 10.4.2

这就说明,在研究非自治系统的稳定性时,在一般情况下应该考虑初始时间 t_0 这个因素的影响,正像我们研究非线性系统的稳定性时应区分原点邻域和全状态空间一样。

10.4.2　时变正定函数

设 $\Omega \subset \mathbf{R}^n$ 是包含原点的一个邻域,$W(\cdot):\Omega \to \mathbf{R}$ 为正定的连续函数,$V(t,\boldsymbol{x}):I \times \Omega \to \mathbf{R}$ 为连续函数,其中 I 为时间域,如为 $t \geqslant t_0$,$V(t,0) = 0$。

定义 10.4.1　称连续函数 $V(t,\boldsymbol{x}):I \times \Omega \to R^1$ 为正定(负定)的,若存在正定(负定)函数 $W(\boldsymbol{x})$,使 $V(t,\boldsymbol{x}) \geqslant W(\boldsymbol{x})(V(t,\boldsymbol{x}) \leqslant -W(x))$ 在 $I \times \Omega$ 上成立,且 $V(t,0) = 0$。

定义 10.4.2　称连续 $V(t,\boldsymbol{x})$ 在 $I \times \Omega$ 上半正定[半负定],若 $V(t,\boldsymbol{x}) \geqslant 0[-V(t,x) \geqslant 0]$。

定义 10.4.3　称连续函数 $V(t,\boldsymbol{x})$ 在 $I \times \Omega$ 上为变号的,若 $V(t,\boldsymbol{x})$ 在其定义域上可正可负。

定义 10.4.4　称连续函数 $V(t,\boldsymbol{x}):I \times \mathbf{R}^n \to \mathbf{R}$ 具有为无限大性质,若存在具有无限大性质的正定函数 $W(\boldsymbol{x})$,使 $V(t,\boldsymbol{x}) \geqslant W(\boldsymbol{x})$ 在 $t \geqslant t_0$ 上成立,且 $V(t,0) = 0$。

例 10.4.1　$V(t,x_1,x_2) = (a + \mathrm{e}^{-t})(x_1^2 + x_2^2)$ 正定$(a > 0)$;$V(t,x_1,x_2) = \mathrm{e}^{-t}(x_1^2 + x_2^2)$ 半正定的。

说明:正定函数 $V(t,\boldsymbol{x}) \geqslant W(\boldsymbol{x})$ 的几何解释是,$V(t,\boldsymbol{x})$ 是 $\mathbf{R}^{n+1}$ 维空间中随时间变化的

超曲面族，t 为参数，但永远在不随时间变化的超曲面 $W = W(\boldsymbol{x})$ 的上方。随着时间 t 变化的超曲面族 $V(t,\boldsymbol{x}) = c$ 永远包含在超曲面 $W(\boldsymbol{x}) = c$ 的内部，如图 10.4.3。或者简单地说，可以用一个时不变的函数 $W(\boldsymbol{x})$ 在下界界定时变函数 $V(t,\boldsymbol{x})$。

定义 10.4.5 称 $V(t,\boldsymbol{x})$ 具有渐减性质（或无穷小上界），若存在正定函数 $W_1(\boldsymbol{x})$ 使 $|V(t,\boldsymbol{x})| \leqslant W_1(\boldsymbol{x})$。

说明：几何解释是，在 R^{n+1} 中随时间变化的超曲面族 $V = V(t,\boldsymbol{x})$ 上、下界于两个固定不变的超曲面 $W = W_1(\boldsymbol{x})$、$W = W_2(\boldsymbol{x})$ 之间，如图 10.4.4 所示。

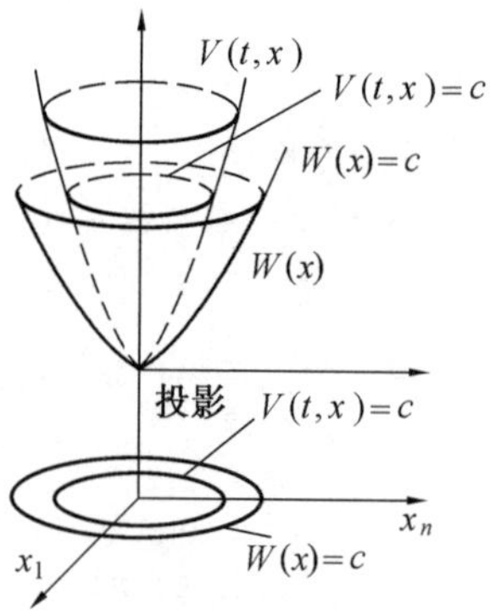

图 10.4.3 正定函数 $V(t,x)$ 的几何解释

随时间变化的超曲面族 $V(t,\boldsymbol{x}) = c$ 夹在两个固定不变的超曲面 $W_1(\boldsymbol{x}) = c$，$W_2(\boldsymbol{x}) = c$ 之间。设 $W(x)$ 在 $\|\boldsymbol{x}\| \leqslant H$ 上正定，超曲面 $W(x) = c$ 的结构可能十分复杂，且不一定是封闭的，如图 10.4.5 所示。

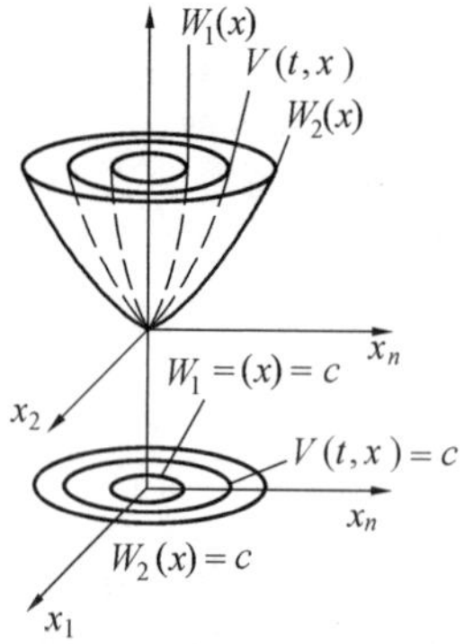

图 10.4.4 正定且渐减函数 $V(t,x)$ 的几何解释

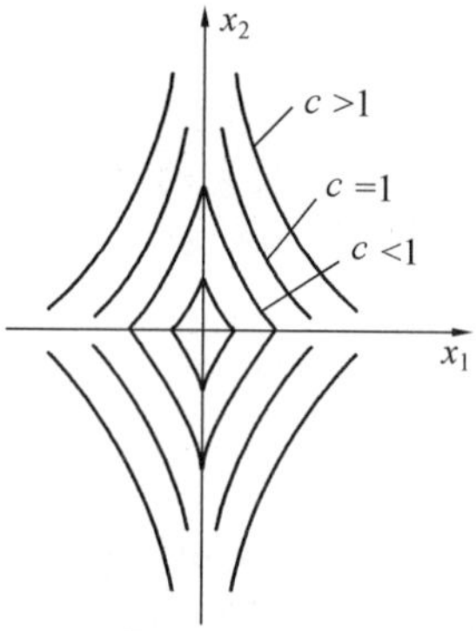

图 10.4.5 超曲面 $W(x) = c$ 示意图

说明：对于正定函数 $W(x_1,x_2) = \dfrac{x_1^2}{1+x_1^2} + \dfrac{x_2^2}{1+x_2^2}$，当 $c \geqslant 1$ 时，$W(x_1,x_2) = c$ 无包含原点的闭分支。当 $c < 1$ 时，$W(x_1,x_2) = c$ 有包含原点的闭分支。事实上，当 $c \geqslant 1$ 时，$W(x_1,0) = \dfrac{x_1^2}{1+x_1^2} = c$ 关于 x_1 无有限解。$W(0,x_2) = \dfrac{x_2^2}{1+x_2^2} = c$ 关于 x_2 无有限解。故在 $x_1 = 0, x_2 = 0$ 方向，$W(x_1,x_2) = c$ 不闭合。当 $0 < c < 1$ 时，令 $x_2 = kx_1$，k 为任意的实数，可证：$\dfrac{k^2x_1^2}{1+k^2x_1^2} + \dfrac{x_1^2}{1+x_1^2} = c$ 关于 x_1 有有限解，从而 $W(x_1,x_2) = c$ 和射线 $x_2 = kx_1$ 有交点。同理，令 $x_1 = kx_2$，

$\frac{k^2x_2^2}{1+k^2x_2^2}+\frac{x_2^2}{1+x_2^2}=c$ 关于 x_2 有有限解，由于 k 的任意性，故 $W(x_1,x_2)=c$ 封闭。

10.4.3　K 类函数

定义 10.4.6　函数 $\varphi\in C[\mathbf{R}^+,\mathbf{R}^+]$（这里 $\mathbf{R}^+\triangleq[0,+\infty)$）是连续的严格单调上升的函数，（或者是单调上升的）且有 $\varphi(0)=0$，称 φ 是 K 类函数，记为 $\varphi\in K$。设 $\varphi\in K$，且 $\lim\limits_{r\to+\infty}\varphi(r)=+\infty$，则称 $\varphi(r)$ 为径向无界 K 类函数，记为 $\varphi\in KR$，也记为 $\varphi\in K_\infty$。

例 10.4.1　函数 $\alpha(r)=\arctan r$ 是 K 类函数，但不是 KR 类函数；函数 $\alpha(r)=r^c$ 对于任何正实数 c 为 KR 类函数。

李亚普诺夫函数与 K 类函数之间有下列重要的关系

引理 10.4.1　对于在 $\|\boldsymbol{x}\|\leqslant R$ 上给定的任意正定连续函数 $W(\boldsymbol{x})$，必存在两个函数 φ_1，$\varphi_2\in K$，使得

$$\varphi_1(\|\boldsymbol{x}\|)\leqslant W(\boldsymbol{x})\leqslant\varphi_2(\|\boldsymbol{x}\|)$$

引理 10.4.2　对于 R^n 上任意给定的无限大正定的函数 $W(\boldsymbol{x})$，必存在两个 KR 类函数，$\varphi_1(\|\boldsymbol{x}\|)$，$\varphi_2(\|\boldsymbol{x}\|)$，使

$$\varphi_1(\|\boldsymbol{x}\|)\leqslant W(\boldsymbol{x})\leqslant\varphi_2(\|\boldsymbol{x}\|)$$

因此，根据引理 10.4.1、引理 10.4.2，对于正定函数 $W(\boldsymbol{x})$ 可以用等价的 K 类函数来代替，关于无穷大正定的 $W(\boldsymbol{x})$ 可以用等价的 KR 类函数来代替。

10.4.4　非自治系统李亚普诺夫稳定性的基本定理

考虑一般的 n 维非自治微分方程组

$$\dot{\boldsymbol{x}}=\boldsymbol{f}(t,\boldsymbol{x})\tag{10.4.3}$$

$\boldsymbol{x}=[x_1,x_2,\cdots,x_n]^{\mathrm{T}}$，系统的解是存在惟一的，且 $\boldsymbol{f}(t,0)\equiv0$。

1. 稳定性与一致稳定性定理

定理 10.4.1（稳定性定理）　有区域 $\|\boldsymbol{x}\|<H,t\geqslant t_0$，定义为 G_H，在其上存在正定函数 $V(t,\boldsymbol{x})$，使 $V(t,\boldsymbol{x})$ 沿系统（10.4.3）轨线的导数

$$\dot V\triangleq\left.\frac{\mathrm{d}V}{\mathrm{d}t}\right|_{(10.4.3)}=\frac{\partial V}{\partial t}+\sum_{i=1}^{n}\frac{\partial V}{\partial x_i}f_i(t,x)\leqslant0\tag{10.4.4}$$

则式（10.4.3）的平凡解 $\boldsymbol{x}=0$ 是稳定的。

证明　由 $V(t,x)$ 正定，知 $\exists\varphi(\|\boldsymbol{x}\|)\in K$，使 $V(t,\boldsymbol{x})\geqslant\varphi(\|\boldsymbol{x}\|)$

$\forall\varepsilon>0(0<\varepsilon<H)$，由于 $V(t_0,0)$，及 $V(t_0,\boldsymbol{x})\geqslant0$ 连续，知 $\exists\delta(t_0,\varepsilon)$ 当 $\|\boldsymbol{x}_0\|<\delta(t_0,\varepsilon)$ 时，有

$$V(t_0,\boldsymbol{x}_0)<\varphi(\varepsilon)\tag{10.4.5}$$

式(10.4.4)和式(10.4.5)蕴涵

$$V(t,\boldsymbol{x}(t,t_0,\boldsymbol{x}_0)) \leqslant V(t_0,\boldsymbol{x}_0) < \varphi(\varepsilon) \qquad t \geqslant t_0$$

从而

$$\varphi(\|\boldsymbol{x}(t,t_0,\boldsymbol{x}_0)\|) \leqslant V(t,\boldsymbol{x}(t,t_0,\boldsymbol{x}_0)) \leqslant V(t_0,\boldsymbol{x}_0) < \varphi(\varepsilon) \qquad t \geqslant t_0 \tag{10.4.6}$$

因为 $\varphi \in K$,故有

$$\|\boldsymbol{x}(t,t_0,\boldsymbol{x}_0)\| < \varepsilon \qquad t \geqslant t_0$$

即(10.4.3)式平凡解稳定。

定理10.4.2(彼尔西德斯基) 若在某一域 $G_H = \{(t,\boldsymbol{x}) \mid t \geqslant t_0 \quad \|\boldsymbol{x}\| < H\}$ 上存在正定的有无穷小上界的函数 $V(t,\boldsymbol{x})$,使 $V(t,\boldsymbol{x})$ 沿系统轨线的导数

$$\dot{V} = \left.\frac{\mathrm{d}V}{\mathrm{d}t}\right|_{(10.4.3)} \leqslant 0 \tag{10.4.7}$$

则(10.4.3)式的平凡解一致稳定。

证明 由假设 $\exists\, \varphi_1,\varphi_2 \in K$,使得

$$\varphi_1(\|\boldsymbol{x}\|) \leqslant V(t,\boldsymbol{x}) \leqslant \varphi_2(\|\boldsymbol{x}\|)$$

$$\forall\, \varepsilon > 0(\varepsilon < H),取\ \delta = \varphi_2^{-1}(\varphi_1(\varepsilon)) \tag{10.4.8}$$

故有 $\varepsilon = \varphi_1^{-1}(\varphi_2(\delta))$,当 $\|\boldsymbol{x}_0\| < \delta$ 有

$$\varphi_1(\|\boldsymbol{x}(t,t_0,\boldsymbol{x}_0)\|) < V(t,\boldsymbol{x}(t,t_0,\boldsymbol{x}_0)) \leqslant V(t_0,\boldsymbol{x}_0) \leqslant \varphi_2(\|\boldsymbol{x}\|) < \varphi_2(\delta)$$

故有

$$\|\boldsymbol{x}(t,t_0,\boldsymbol{x}_0)\| < \varphi_1^{-1}(\varphi_2(\delta)) = \varepsilon \qquad t \geqslant t_0$$

而 $\delta = \varphi_2^{-1}(\varphi(\varepsilon)) = \delta(\varepsilon)$ 与 t_0 无关,从而式(10.4.3)平凡解一致稳定。

例10.4.2 讨论方程

$$\begin{cases} \dot{x}_1 = x_2 \\ \dot{x}_2 = -x_2 - (2 + \sin t)x_1 \end{cases}$$

零解的稳定性。

解 取

$$V(t,x_1,x_2) = x_1^2 + \frac{x_2^2}{2 + \sin t}$$

$$x_1^2 + \frac{x_2^2}{3} \leqslant V(t,x_1,x_2) \leqslant x_1^2 + x_2^2$$

所以,$V(t,x_1,x_2)$ 是有界的正定函数,$V(t,x_1,x_2)$ 沿系统解的全导数为

$$\dot{V}(t,x_1,x_2) = -x_2^2\frac{4 + 2\sin t + \cos t}{(2 + \sin t)^2} \leqslant 0$$

$\dot{V}(t,x_1,x_2)$ 半负定,由定理10.4.2可知系统的零解是一致稳定的。

例10.4.3 $V(t,\boldsymbol{x}(t))$ 正定的定义如换成 $V(t,\boldsymbol{x}) > 0(\boldsymbol{x} \neq 0)$,$V(t,0) = 0$,则定理

10.4.1 的结论一般不成立。例如

$$\frac{\mathrm{d}x_1}{\mathrm{d}t} = \frac{1}{2}x_1 \quad x_1 = x_{1,0}\mathrm{e}^{\frac{1}{2}(t-t_0)}$$

$$\frac{\mathrm{d}x_2}{\mathrm{d}t} = \frac{1}{2}x_2 \quad x_2 = x_{2,0}\mathrm{e}^{\frac{1}{2}(t-t_0)}$$

显然平凡解不稳定。如取

$$V = (x_1^2 + x_2^2)\mathrm{e}^{-2t} \qquad V(t,0) = 0 \qquad V(t,x) > 0 \qquad x \neq 0$$

则

$$\frac{\mathrm{d}V}{\mathrm{d}t} = \frac{\partial V}{\partial t} + \frac{\partial V}{\partial x_1}\frac{\mathrm{d}x_1}{\mathrm{d}t} + \frac{\partial V}{\partial x_2}\frac{\mathrm{d}x_2}{\mathrm{d}t} = -2\mathrm{e}^{-2t}(x_1^2 + x_2^2) + \mathrm{e}^{-2t}(x_1^2 + x_2^2) = -\mathrm{e}^{-2t}(x_1^2 + x_2^2) \leqslant 0$$

如令 $V = (x_1^2 + x_2^2)\mathrm{e}^{-2t} = c$，则有 $x_1^2 + x_2^2 = c\mathrm{e}^{2t}$。

不难看出等值曲线 $V = c$ 以 e^{2t} 的速度增长离开原点；轨线以 $\mathrm{e}^{\frac{1}{2}t}$ 的速度增长离开原点。故对于 $V(t,\boldsymbol{x})$ 的正定性定义不能换成 $V(t,\boldsymbol{x}) > 0(x \neq 0)$。

2. 一致渐近稳定性

定理 10.4.3　若在某 G_H 上存在渐减的连续正定函数 $V(t,\boldsymbol{x}): G_H \times [t_0, +\infty) \to \mathbf{R}$，使得 $V(t,\boldsymbol{x})$ 沿系统(10.4.3)的轨线的导数负定，则式(10.4.3)的零解一致渐近稳定。

证明　因为定理 10.4.3 的条件蕴涵定理 10.4.2 条件，故式(10.4.3)平凡解是一致稳定的，现只需证它是一致吸引的。

由条件知，$\exists\, \varphi_1, \varphi_2, \varphi_3 \in K$，使得

$$\varphi_1(\|\boldsymbol{x}\|) \leqslant V(t,\boldsymbol{x}) \leqslant \varphi_2(\|\boldsymbol{x}\|) \tag{10.4.9}$$

$$\left.\frac{\mathrm{d}V}{\mathrm{d}t}\right|_{(10.4.3)} \leqslant -\varphi_3(\|\boldsymbol{x}\|) \leqslant -\varphi_3(\varphi_2^{-1}(V(t))) < 0$$

即

$$\int_{V(t_0)}^{V(t)} \frac{\mathrm{d}V}{\varphi_3(\varphi_2^{-1}(V(t)))} \leqslant -(t - t_0)$$

亦即

$$\int_{V(t)}^{V(t_0)} \frac{\mathrm{d}V}{\varphi_3(\varphi_2^{-1}(V(t)))} \geqslant t - t_0$$

$\forall \varepsilon > 0(\varepsilon < H)$，利用

$$\varphi_1(\|\boldsymbol{x}(t)\|) \leqslant V(t) = V(t,\boldsymbol{x}(t))$$

及

$$V(t_0) \leqslant \varphi_2(\|\boldsymbol{x}_0\|) \leqslant \varphi_2(H)$$

便有

$$\int_{\varphi_1\|x(t)\|}^{\varphi_2(H)} \frac{\mathrm{d}V}{\varphi_3(\varphi_2^{-1}(V(t)))} = \int_{\varphi_1\|x(t)\|}^{\varphi_1(\varepsilon)} \frac{\mathrm{d}V}{\varphi_3(\varphi_2^{-1}(V(t)))} + \int_{\varphi_1(\varepsilon)}^{\varphi_2(H)} \frac{\mathrm{d}V}{\varphi_3(\varphi_2^{-1}(V(t)))} \geqslant$$

$$\int_{V(t)}^{V(t_0)} \frac{\mathrm{d}V}{\varphi_3(\varphi_2^{-1}(V(t)))} \geqslant t - t_0 \qquad (10.4.10)$$

取

$$T = T(\varepsilon, H) > \int_{\varphi_1(\varepsilon)}^{\varphi_2(H)} \frac{\mathrm{d}V}{\varphi_3(\varphi_2^{-1}(V(t)))}$$

显然,当 $t \geqslant t_0 + T$ 时,由上式可进而得到

$$\int_{\varphi_1(\|x(t)\|)}^{\varphi_1(\varepsilon)} \frac{\mathrm{d}V}{\varphi_3(\varphi_2^{-1}(V(t)))} \geqslant t - t_0 - \int_{\varphi_1(\varepsilon)}^{\varphi_2(H)} \frac{\mathrm{d}V}{\varphi_3(\varphi_2^{-1}(V(t)))} \geqslant t - t_0 - T \geqslant 0$$

$$(10.4.11)$$

这就推出

$$\varphi_1(\|\boldsymbol{x}(t)\|) \leqslant \varphi_1(\varepsilon) \qquad t \geqslant t_0 + T(\varepsilon, H)$$

即

$$\|\boldsymbol{x}(t)\| < \varepsilon$$

由于 $T = T(\varepsilon, H)$ 与 t_0, x_0 无关,从而 $x = 0$ 是一致吸引的。故式(10.4.3)平凡解一致渐近稳定。

例 10.4.4 马赛尔(Massera)(1949)举了下列例子,说明定理 10.4.3 中的 $V(t,\boldsymbol{x})$ 具有无穷小上界的假设是重要的。

设 $g:[0,+\infty)\to\mathbf{R}$ 是 C^1 类函数,在整数点 n 处有一极值 $g(t)=1$,宽度小于 $\left(\frac{1}{2}\right)^n$,如图 10.4.6 所示,则

$$\frac{\mathrm{d}x}{\mathrm{d}t} = \frac{g'(t)}{g(t)}x \qquad (10.4.12)$$

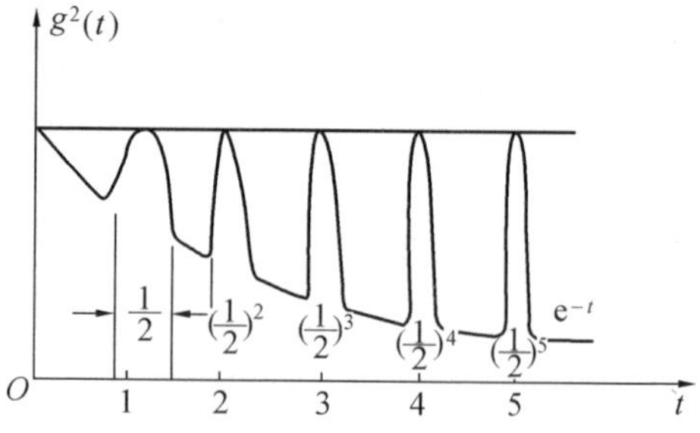

图 10.4.6

通解 $x(t) = \dfrac{g(t)}{g(t_0)}x(t_0)$ 不趋于零(当 $t\to+\infty$),故平凡解不是渐近稳定的。构造

$$V(t,x) \triangleq \frac{x^2}{g^2(t)}\left[3 - \int_0^t g^2(s)\mathrm{d}s\right] \geqslant \frac{x^2}{g^2(t)} \geqslant x^2 > 0 \qquad x \neq 0$$

故 $V(t,x)$ 正定。因为

$$\int_0^{+\infty} g^2(s)\mathrm{d}s < \int_0^{+\infty} \mathrm{e}^{-s}\mathrm{d}s + \sum_{n=1}^{\infty}\left(\frac{1}{2}\right)^n = 1 + \frac{\frac{1}{2}}{1-\frac{1}{2}} = 2$$

$$\dot{V}(t,x)=\frac{\partial V}{\partial t}+\frac{\partial V}{\partial x}\frac{\mathrm{d}x}{\mathrm{d}t}=\frac{2\times\left[3-\int_0^t g^2(s)\mathrm{d}s\right]}{g^2(t)}\frac{g'(t)}{g(t)}x^2+$$

$$\frac{-x^2g^4(t)-x^2\left[3-\int_0^t g^2(s)\mathrm{d}s\right]2g(t)g'(t)}{g^4(t)}=-x^2<0$$

所以 $\dot{V}$ 负定,但找不到正定函数 $W(\boldsymbol{x})$,使 $V(t,\boldsymbol{x})\leqslant W(\boldsymbol{x})$,故没有无穷小上界,不能保证平凡解的渐近稳定性。

3.指数稳定性

定理 10.4.4 若存在 $V(t,\boldsymbol{x})\in[I\times R^n,R^+]$ 满足

(1) $$\|\boldsymbol{x}\|\leqslant V(t,\boldsymbol{x})\leqslant K(\alpha)\|\boldsymbol{x}\|\qquad \boldsymbol{x}\in S_\alpha=\{\boldsymbol{x}:\|\boldsymbol{x}\|\leqslant\alpha\}\tag{10.4.13}$$

(2) $$\dot{V}=\frac{\mathrm{d}V}{\mathrm{d}t}\Big|_{(10.4.3)}\leqslant -cV(t,\boldsymbol{x})\tag{10.4.14}$$

这里,$c>0$ 为常数,则式(10.4.3)的零解指数稳定。

证明 $\forall\alpha>0$,当 $\boldsymbol{x}_0\in S_\alpha$ 时,令 $\boldsymbol{x}(t)\equiv\boldsymbol{x}(t,t_0,\boldsymbol{x})$。由条件(2)得

$$\frac{\mathrm{d}V(t,\boldsymbol{x}(t))}{V(t,\boldsymbol{x}(t))}\leqslant -c\mathrm{d}t\tag{10.4.15}$$

对上式从 t_0 到 t 积分,并整理得

$$V(t,\boldsymbol{x}(t))\leqslant V(t_0,\boldsymbol{x}_0)\mathrm{e}^{-c(t-t_0)}\qquad t\geqslant t_0\tag{10.4.16}$$

由条件(1)得

$$\|\boldsymbol{x}(t,t_0,\boldsymbol{x}_0)\|\leqslant K(\alpha)\|\boldsymbol{x}_0\|\mathrm{e}^{-\varepsilon(t-t_0)}\tag{10.4.17}$$

故式(10.4.3)的零解是全局指数稳定。证毕。

定义 10.4.7 设 $\varphi,\psi\in K[KR]$,存在常数 $k_1>0,k_2>0$,使得

$$k_1\varphi(\|\boldsymbol{x}\|)\leqslant\psi(\|\boldsymbol{x}\|)\leqslant k_2\varphi(\|\boldsymbol{x}\|)$$

称 φ,ψ 具有局部同级增势[全局同级增势]。

定理 10.4.5 若存在 $V(t)\in C[I\times S_2,R]$,及与 $\|\boldsymbol{x}\|^\lambda$ 具有局部[全局]同级增势的 φ_1,$\varphi_2,\psi\in K$,使得

$$\varphi_1(\|\boldsymbol{x}\|)\leqslant V(t,\boldsymbol{x})\leqslant\varphi_2(\|\boldsymbol{x}\|)\tag{10.4.18}$$

$$\frac{\mathrm{d}V}{\mathrm{d}t}\Big|_{(10.4.3)}\leqslant -\psi(\|\boldsymbol{x}\|)\tag{10.4.19}$$

则式(10.4.3)的零解指数稳[illegible]指数稳定性]。

证明 存在 $k_1>0,k_2>$ [illegible] 得

$$\frac{\mathrm{d}V}{\mathrm{d}t}\Big|_{(10.4.3)}\leqslant -\psi(\|\boldsymbol{x}\|)\leqslant -k_2V(t,\boldsymbol{x})\tag{10.4.20}$$

从而

$$k_1\|\boldsymbol{x}(t)\|^{\lambda}\leqslant V(t,\boldsymbol{x}(t,t_0,\boldsymbol{x}_0))\leqslant V(t_0,\boldsymbol{x}_0)\mathrm{e}^{-k_2(t-t_0)}$$

所以

$$\|\boldsymbol{x}(t,t_0,\boldsymbol{x}_0)\|^{\lambda}\leqslant\frac{V(t_0,\boldsymbol{x}_0)}{k_1}\mathrm{e}^{-k_2(t-t_0)}$$

即

$$\|\boldsymbol{x}(t,t_0,\boldsymbol{x}_0)\|\leqslant\left(\frac{V(t_0,\boldsymbol{x}_0)}{k_1}\right)^{1/\lambda}\mathrm{e}^{-\frac{k_2}{\lambda}(t-t_0)}\tag{10.4.21}$$

最后一表达式说明了结论成立。证毕。

定理 10.4.6 定理 10.4.4 与定理 10.4.5 是等效的。

证明 显然定理 10.4.4 是定理 10.4.5 的特例。事实上，如果定理 10.4.5 中取

$$\varphi_1(\|\boldsymbol{x}\|)=\|\boldsymbol{x}\|\qquad\varphi_2(\|\boldsymbol{x}\|)=K\|\boldsymbol{x}\|\qquad\lambda=1\qquad\psi(\|\boldsymbol{x}\|)=\mu\|\boldsymbol{x}\|$$

便得到定理 10.4.4。

现证，若定理 10.4.5 的条件成立，则定理 10.4.4 的条件必满足，事实上，假设存在具有同级增势的 $V(t,\boldsymbol{x})$，$\varphi_1(\|\boldsymbol{x}\|)$，$\varphi_2(\|\boldsymbol{x}\|)$，$\psi(\|\boldsymbol{x}\|)$，$\|\boldsymbol{x}\|^{\lambda}$，满足定理 10.4.5 的条件，于是可找到常数 $c_1>0$，$c_2>0$，$c_3>0$，$c_4>0$，使得

$$c_1\|\boldsymbol{x}\|^{\lambda}\leqslant\varphi_1(\|\boldsymbol{x}\|)\leqslant V(t,\boldsymbol{x})\leqslant\varphi_2(\|\boldsymbol{x}\|)\leqslant c_2\|\boldsymbol{x}\|^{\lambda}\tag{10.4.22}$$

$$\frac{\mathrm{d}V}{\mathrm{d}t}\leqslant-\psi(\|\boldsymbol{x}\|)\leqslant-c_3\|\boldsymbol{x}\|^{\lambda}=-c_4V\tag{10.4.23}$$

再构造一个函数

$$W(t,\boldsymbol{x})=\frac{1}{c_1}V(t,\boldsymbol{x})^{\frac{1}{\lambda}}$$

则有

$$\|\boldsymbol{x}\|\leqslant W(t,\boldsymbol{x})\leqslant\left(\frac{c_2}{c_1}\right)^{\frac{1}{\lambda}}\|\boldsymbol{x}\|\triangleq k\|\boldsymbol{x}\|$$

从而有

$$\frac{\mathrm{d}W}{\mathrm{d}t}=\frac{1}{\lambda}\left(\frac{1}{c_1}V(t,\boldsymbol{x})\right)^{\frac{1}{\lambda}-1}\left(\frac{1}{c_1}\right)\frac{\mathrm{d}V}{\mathrm{d}t}\leqslant\frac{1}{\lambda}\left(\frac{1}{c_1}\right)^{\frac{1}{\lambda}}V(t,\boldsymbol{x})^{\frac{1}{\lambda}-1}(-c_4V)\leqslant-\frac{c_4}{\lambda}W(t,x)=-\mu W$$

其中 $\mu=\dfrac{c_4}{\lambda}$，故定理 10.4.6 成立。

5. 不稳定性定理

例 10.4.5 考察如下系统平衡点的稳定性

$$\begin{cases}\dot{x}_1=-x_1\\ \dot{x}_2=-x_2\end{cases}$$

取 $V=\dfrac{1}{2}\mathrm{e}^{4t}(x_1^2+x_2^2)$，则 V 函数沿系统轨线的导数为

$$\dot{V} = e^{4t}(x_1^2 + x_2^2) > 0$$

如果利用自治系统不稳定性定理，由 $V > 0, \dot{V} > 0$，则原点将是不稳定的，而实际系统显然是稳定的。这表明自治系统的不稳定性定理对这样选取的 V 函数并不成立。

有如下的不稳定性定理。

定理 10.4.7(不稳定性定理) 平衡点 $\boldsymbol{x} = 0$ 是不稳定的，如果存在连续可微函数 $V: I \times \Omega \to \mathbf{R}$，$\Omega$ 为包含原点的一个邻域，$I = [t_0, +\infty)$，存在开集 $\Omega_1 \subseteq B_r = \{\boldsymbol{x} \mid \|\boldsymbol{x}\| < r\} \subset \Omega$ 和 K 类函数 $\gamma(\cdot)$ 使得 $V(t, \boldsymbol{x})$ 在 Ω 中是渐减的。且

(1) $V(t,\boldsymbol{x})$ 和 $\dot{V}(t,\boldsymbol{x})$ 在 Ω_1 中正定；

(或改为：$V(t,\boldsymbol{x}) > 0, \forall t \geqslant t_0, \forall x \in \Omega, \dot{V}(t,\boldsymbol{x}) \geqslant \gamma(\|\boldsymbol{x}\| \ \forall x \in \Omega)$)

(2) 原点是 Ω_1 的一个边界点，(即 $V(t,0) = 0$)；

(3) 在 Ω_1 的边界点上，对于所有的 $t \geqslant t_0, V(t,\boldsymbol{x}) = 0$。

(即 $V(t,\boldsymbol{x}) = 0, \forall t \geqslant t_0, \forall \boldsymbol{x} \in \partial\Omega \cap B_r$，其中 $\partial\Omega_1$ 表示 Ω_1 的边界)

证明 从图 10.4.7 中可以看出这个定理的几何意义：

在 Ω_1 中 $V(t,\boldsymbol{x})$ 正定，$\dot{V}(t,\boldsymbol{x})$ 正定，说明沿任何起始于 Ω_1 的非零轨线，只要轨线在 Ω_1 内，$V(t,\boldsymbol{x}(t))$ 将无限增加。

在 $\partial\Omega_1 \cap B_r$ 这一部分 Ω_1 的边界上，$V = 0$，因此轨线不能从这一段边界离开 Ω_1，所以轨线只能到达 B_r 边界，并越出 B_r 边界，所以可以得出结论 $x = 0$ 是不稳定的。

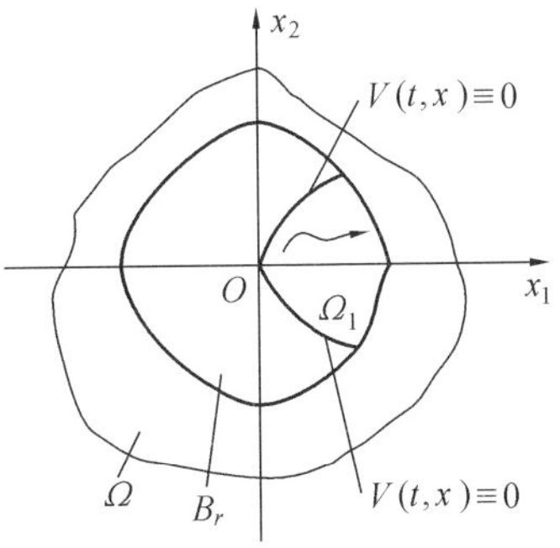

图 10.4.7 不稳定示意图

例 10.4.6 考察系统

$$\dot{x}_1 = x_1^2 + x_2^2$$
$$\dot{x}_2 = -x_2 + x_1^3$$

平衡点的稳定性。

解 $x = 0$ 为系统的平衡点，取 $V = x_1 - \dfrac{1}{2}x_2^2$，$V$ 可以为正值或负值，而且在原点的任意的区域中都可以找到点，使 V 取正值。定理 10.4.7 的条件满足，则

$$\dot{V} = \dot{x}_1 - x_2\dot{x}_2 = x_1^2 + x_2^2 + x_2^2 - x_2x_1^3 = 2x_2^2 + x_1^2 - x_2x_1^3 = 2x_2^2 + x_1^2(1 - x_1x_2)$$

可以找到定理 10.4.7 中的区域 Ω_1 使得 $V > 0, \dot{V} > 0$，如可选取满足 $x_1x_2 < 1$ 和 $x_1 - \dfrac{1}{2}x_2^2 > 0$ 的 B_r 中的区域，其中 r 为小的正数，利用定理 10.4.7 可知 $x = 0$ 不稳定。

例 10.4.7 考察系统

$$\begin{cases}\dot{x}_1 = x_1 - x_2 + x_1x_2 \\ \dot{x}_2 = -x_2 - x_2^2\end{cases}$$

在平衡点 $\boldsymbol{x} = 0$ 处的稳定性。

解 选取

$$V(x_1, x_2) = (2x_1 - x_2)^2 - x_2^2$$

V 可以为正值或负值，而且对于任意接近原点均有非负值满足定理 10.4.7 的要求，则

$$\dot{V} = 2(2x_1 - x_2)(2\dot{x}_1 - \dot{x}_2) - 2x_2\dot{x}_2 = [(2x_1 - x_2)^2 + x_2^2](1 + x_2)$$

对于 $0 < d < 1$，$\dot{V}$ 在球域 B_{1-d} 中正定，由定理 10.4.7 知 $\boldsymbol{x} = 0$ 不稳定。

10.5 线性时变系统的稳定性判定

以上各节讨论了一般非线性系统的 Lyapunov 稳定性的理论，本节讨论线性时变系统稳定性的判别，分为两个部分。由于线性系统的解可以用状态转移矩阵和初值的乘积线性表示，所以第一种方法是根据稳定性的定义，用状态转移矩阵的性质来判别；另一种方法是直接将 Lyapunov 稳定性定理应用到线性系统中。首先考察线性系统稳定性的特殊性。

10.5.1 线性系统稳定性的特殊性

线性时变系统一般表示为

$$\dot{\boldsymbol{x}} = \boldsymbol{A}(t)\boldsymbol{x} \qquad t \geqslant t_0 \tag{10.5.1}$$

显然对于线性系统(10.5.1)而言，原点必为其一平衡点。但除此之外，它还可能有其他非零平衡点。例如，对于系统(10.5.2)而言，当矩阵 $\boldsymbol{A}$ 降秩时，由线性代数可知系统具有无穷多个平衡点。关于线性系统的不同平衡点的稳定性有下述命题。

命题 10.5.1 如果系统(10.5.1)的零平衡点稳定，则其他一切平衡点亦稳定。

证明 假设 $\boldsymbol{x}_e \neq 0$ 是系统(10.5.1)的平衡点，令 $\boldsymbol{z}(t) = \boldsymbol{x}(t) - \boldsymbol{x}_e$ 则

$$\dot{\boldsymbol{z}}(t) = \dot{\boldsymbol{x}}(t) - 0 = \boldsymbol{A}(t)\boldsymbol{x}(t)$$

又 $\boldsymbol{x}_e$ 是系统(10.5.1)的平衡点，有 $A(t)\boldsymbol{x}_e \equiv 0$，故

$$\dot{\boldsymbol{z}}(t) = A(t)(\boldsymbol{x}(t) - \boldsymbol{x}_e) = A(t)\boldsymbol{z}(t) \tag{10.5.2}$$

显然系统(10.5.2)在零平衡点稳定与系统(10.5.1)在平衡点 $\boldsymbol{x}_e$ 的稳定性是相同的，而系统(10.5.2)与系统(10.5.1)的动态特性完全相同。所以如果系统(10.5.1)的零平衡点稳定，则其一切其他平衡点亦稳定。

说明：对于线性系统而言，只要一个平衡点是稳定的，则其所有的平衡点均稳定。反之，若线性系统有一个平衡点不稳定，则线性系统的所有平衡点均不稳定。从这一意义上讲，对于线性系统可直接言其本身稳定与否，而不必再指明其某平衡点是否稳定。线性系统稳定性的这一

特点称之为线性系统不同平衡点的稳定性的等价性。

命题 10.5.2　如果线性系统零解为渐近稳定的，则必为全局渐近稳定的。

证明　由于系统(10.5.1)的零解为渐近稳定的，首先 $x=0$ 是稳定的，其次，存在 $\delta(t_0)$，使得当初值 $\boldsymbol{x}_0$ 属于吸引域 $\{\boldsymbol{x} \mid \|\boldsymbol{x}\| \leqslant \delta(t_0)\}$ 时，有

$$\lim_{t\to\infty}\|\boldsymbol{\phi}(t,t_0,\boldsymbol{x}_0)\| = 0$$

另外，根据第八章的分析，线性系统的运动可表示为

$$\boldsymbol{\phi}(t,t_0,\boldsymbol{x}_0) = \boldsymbol{\Phi}(t,t_0)\boldsymbol{x}_0$$

其中 $\boldsymbol{\Phi}(t,t_0)$ 为状态转移矩阵。任取 $\boldsymbol{x}'_0 \in \mathbf{R}^n$，则对于上述的 δ，必存在 $R>0$，使得

$$\boldsymbol{x}_0 = \boldsymbol{x}'_0/R$$

属于吸引域，从而

$$\lim_{t\to\infty}\|\boldsymbol{\phi}(t,t_0,\boldsymbol{x}'_0)\| = \lim_{t\to\infty}\|\boldsymbol{\Phi}(t,t_0)\boldsymbol{x}'_0\| = \lim_{t\to\infty}\|R\cdot\boldsymbol{\Phi}(t,t_0)\boldsymbol{x}_0\| =$$
$$\lim_{t\to\infty}R\|\boldsymbol{\phi}(t,t_0,\boldsymbol{x}_0)\| = 0$$

对于任意的 $\boldsymbol{x}'_0 \in \mathbf{R}^n$ 上式成立，从而由定义知，系统全局渐近稳定。

说明：(1) 上述命题表明，线性系统零平衡状态的局部渐近稳定性等价于其全局渐近稳定性。这一特性称为线性系统渐近稳定性的全局与局部的等价性。这是线性系统所特有的重要特性。

(2) 由于指数稳定蕴含渐近稳定，因而对于线性系统，指数稳定性与全局指数稳定性等价。

(3) 由线性系统的局部与全局的一致性可以推知，若线性系统的零解为渐近稳定的，则该系统一定不存在非零平衡点。从而对于线性定常系统 $\dot{\boldsymbol{x}} = \boldsymbol{A}\boldsymbol{x}$，如果它渐近稳定，则必有矩阵 $\boldsymbol{A}$ 非奇异。

10.5.2　直接判据

$$\dot{\boldsymbol{x}} = \boldsymbol{A}(t)\boldsymbol{x}$$

系统的解与其初值一一对应，即可以将系统的解表示为

$$\boldsymbol{x}(t,t_0,\boldsymbol{x}_0) = \boldsymbol{\Phi}(t,t_0)\boldsymbol{x}(t_0)$$

因此可以用状态转移矩阵 $\boldsymbol{\Phi}(t,t_0)$ 的性质来判断系统的稳定性。有如下定理。

定理 10.5.1　设 $\boldsymbol{\Phi}(t,t_0)$ 为系统(10.5.1)的状态转移矩阵，则系统(10.5.1)为：

(1) 稳定的充要条件是 $\boldsymbol{\Phi}(t,t_0)$ 在 $[t_0,\infty)$ 上有界，即存在正常数 $K(t_0)$，使得

$$\|\boldsymbol{\Phi}(t,t_0)\| \leqslant K(t_0) < \infty \qquad \forall t \geqslant t_0 \tag{10.5.3}$$

(2) 一致稳定的充要条件是 $\boldsymbol{\Phi}(t,t_0)$ 在 $[t_0,\infty)$ 上一致有界，即存在与 t_0 无关的正常数 K，使得

$$\|\boldsymbol{\Phi}(t,t_0)\| \leqslant K < \infty \qquad \forall t \geqslant t_0 \tag{10.5.4}$$

(3) 渐近稳定的充要条件是

$$\lim_{t\to\infty}\|\boldsymbol{\Phi}(t,t_0)\| = 0 \tag{10.5.5}$$

(4) 一致渐近稳定的充要条件是存在与 t_0 无关的正常数 k_1 和 k_2，使得

$$\|\boldsymbol{\Phi}(t,t_0)\| \leqslant k_1 e^{-k_2(t-t_0)} \qquad \forall\, t \geqslant t_0 \tag{10.5.6}$$

证明 首先证明结论(1)。对于线性系统(10.5.1)有

$$\|\boldsymbol{x}(t)\| = \|\boldsymbol{\Phi}(t,t_0)x_0\| \leqslant \|\boldsymbol{\Phi}(t,t_0)\|\,\|\boldsymbol{x}_0\|$$

充分性：对于任意给定的正数 $\varepsilon>0$，只要选择 $\|x_0\| \leqslant \delta(t_0) = \varepsilon/K(t_0)$，则

$$\|\boldsymbol{x}(t)\| \leqslant \|\boldsymbol{\Phi}(t,t_0)\|\,\|\boldsymbol{x}_0\| \leqslant K(t_0)\delta(t_0) = \varepsilon \quad t \geqslant t_0$$

必要性：采用反证法。设原点是稳定的，但是状态转移矩阵 $\boldsymbol{\Phi}(t,t_0)$ 无界，即矩阵 $\boldsymbol{\Phi}(t,t_0)$ 中至少有一个元素是无界的，假设元素 $\phi_{ij}(t,t_0)$ 无界。选择初始状态 $x_0 = (0\quad 0\quad \cdots\quad x_{j0}\neq 0\quad \cdots\quad 0)^{\mathrm{T}}$，$|x_{j0}|$ 为有限值。于是

$$\|\boldsymbol{x}(t)\| = \|(x_{j0}\phi_{1j}(t,t_0)\cdots x_{j0}\phi_{ij}(t,t_0)\cdots x_{j0}\phi_{nj}(t,t_0))^{\mathrm{T}}\|$$

由于 $\phi_{ij}(t,t_0)$ 无界，由不稳定的定义容易判定原点是不稳定的，与假设矛盾，于是证明了必要性。

同理可以证明结论(2)。

对于结论(3)，由式(10.5.5)可知 $\boldsymbol{\Phi}(t,t_0)$ 有界，于是可以得出结论原点是稳定的，又由状态转移矩阵 $\boldsymbol{\Phi}(t,t_0)$ 极限为零，易知原定是吸引的，且是全局吸引的，由渐近稳定性的定义可以证得结论。

结论(4)的证明如下：

充分性：已知(10.5.6)成立，故可导出

$$\|\boldsymbol{\phi}(t;\boldsymbol{x}_0,t_0)\| = \|\boldsymbol{\Phi}(t,t_0)\boldsymbol{x}_0\| \leqslant \|\boldsymbol{\Phi}(t,t_0)\|\,\|\boldsymbol{x}_0\| \leqslant k_1\|\boldsymbol{x}_0\|e^{-k_2(t-t_0)} \tag{10.5.7}$$

其中，$\boldsymbol{\phi}(t;\boldsymbol{x}_0,t_0)$ 为初值为 $\boldsymbol{x}(t_0)=\boldsymbol{x}_0$ 时系统(10.5.1)的解。式(10.5.7)表明：系统的运动对所有 $t\geqslant t_0$ 为有界，且当 $t\to\infty$ 时，有 $\|\boldsymbol{\phi}(t;\boldsymbol{x}_0,t_0)\|\to 0$，并对所有 $t_0\geqslant 0$ 是一致的。从而，$\boldsymbol{x}_e = 0$ 为一致渐近稳定。

必要性：已知 $\boldsymbol{x}_e=0$ 为一致渐近稳定，则根据定义和定理结论(2)可知，$\boldsymbol{x}_e=0$ 为李亚普诺夫意义下一致稳定，即有

$$\|\boldsymbol{\Phi}(t,t_0)\| \leqslant k_3 \qquad \forall\, t_0\geqslant 0 \qquad \forall\, t\geqslant t_0 \tag{10.5.8}$$

成立，同时由于原点是一致渐近稳定的，所以是一致吸引的，而且吸引域是 $\mathbf{R}^n$，所以有

$$\Phi(t,t_0) \xrightarrow{\text{对于 } t_0 \text{ 一致}} 0 \tag{10.5.9}$$

对于 $\dfrac{1}{2}$，存在一个正实数 T，对于任意的初始时刻 t_0，有

$$\| \boldsymbol{\Phi}(t_0 + T, t_0) \| \leqslant \frac{1}{2} \qquad \forall\, t_0 > 0 \tag{10.5.10}$$

于是利用式(10.5.8)和式(10.5.10),得

$$\| \boldsymbol{\Phi}(t, t_0) \| \leqslant k_3 \qquad \forall\, t \in [t_0, t_0 + T) \tag{10.5.11}$$

$$\begin{aligned} \| \boldsymbol{\Phi}(t, t_0) \| &= \| \boldsymbol{\Phi}(t, t_0 + T)\boldsymbol{\Phi}(t_0 + T, t_0) \| \leqslant \\ & \| \boldsymbol{\Phi}(t, t_0 + T) \| \, \| \boldsymbol{\Phi}(t_0 + T, t_0) \| \leqslant \frac{k_3}{2} \qquad \forall\, t \in [t_0 + T, t_0 + 2T) \end{aligned} \tag{10.5.12}$$

$$\| \boldsymbol{\Phi}(t, t_0) \| \leqslant \| \boldsymbol{\Phi}(t, t_0 + 2T) \| \, \| \boldsymbol{\Phi}(t_0 + 2T, t_0 + T) \| \cdot \| \boldsymbol{\Phi}(t_0 + T, t_0) \| \leqslant \frac{k_3}{2^2} \qquad \forall\, t \in [t_0 + 2T, t_0 + 3T) \tag{10.5.13}$$

$$\vdots$$

$$\| \boldsymbol{\Phi}(t, t_0) \| \leqslant \frac{k_3}{2^m} \qquad \forall\, t \in [t_0 + mT, t_0 + (m + 1)T) \tag{10.5.14}$$

现在构造一个指数函数 $k_1 e^{-k_2(t-t_0)}$,使得

$$[k_1 e^{-k_2(t-t_0)}]_{t = t_0 + mT} = \frac{k_3}{2^{m-1}} \qquad m = 1,2,\cdots \tag{10.5.15}$$

则进而可得

$$k_1 (e^{-k_2 T})^m = 2k_3 \left(\frac{1}{2}\right)^m \tag{10.5.16}$$

于是可取 $k_1 = 2k_3$ 和取 k_2 使 $e^{-k_2 T} = \dfrac{1}{2}$。这表明,存在正实数 k_1 和 k_2,使式(10.5.6)成立,必要性得证。

例 10.5.1　考虑下述时变系统

$$\dot{x} = -\frac{2}{1 + t} x$$

容易求得其状态转移矩阵为

$$\| \boldsymbol{\Phi}(t, t_0) \| = \frac{(1 + t_0)^2}{(1 + t)^2}$$

从而由定理 10.5.1 可知系统为渐近稳定的。下面将考察该系统的一致渐近稳定性。据定理 10.5.1,如果该系统为一致渐近稳定,则存在正数 k_1 和 k_2 满足

$$\frac{(1 + t_0)^2}{(1 + t)^2} \leqslant k_1 e^{-k_2(t-t_0)} \qquad \forall\, t \geqslant t_0$$

也即

$$k_1 (1 + t)^2 e^{-k_2(t-t_0)} \geqslant (1 + t_0)^2 \qquad \forall\, t \geqslant t_0$$

由于上式右端是一个正数,而左端收敛到 0,因而为一个矛盾不等式。此即说明该系统为非一

致渐近稳定的。

说明:由定理 10.5.1 之结论 4 不难推知:对于线性系统(10.5.1),一致渐近稳定性等价于指数稳定性。

10.5.3 李亚普诺夫定理

下面利用李亚普诺夫稳定性定理分析线性时变系统(10.5.1) 的稳定性判据。

定义 10.5.1 设 $\boldsymbol{Q}(t)$ 为定义在$[t_0, \infty)$上的一个分段连续的实对称矩阵函数,它称为是一致有界和一致正定的,如果存在正实数 $\beta_2 > \beta_1 > 0$,使成立

$$0 < \beta_1 \boldsymbol{I} \leqslant \boldsymbol{Q}(t) \leqslant \beta_2 \boldsymbol{I} \qquad \forall\, t \geqslant t_0 \tag{10.5.18}$$

为获得线性系统(10.5.1) 的 Lyapunov 定理,我们先来介绍一个引理。

引理 10.5.1 设系统(10.5.1) 是一致渐近稳定的,$\boldsymbol{\Phi}(t, t_0)$ 为其状态转移矩阵,$\boldsymbol{Q}(t)$ 为一致有界、一致正定的矩阵,则积分

$$\boldsymbol{P}(t) = \int_t^{\infty} \boldsymbol{\Phi}^{\mathrm{T}}(\tau, t)\boldsymbol{Q}(\tau)\boldsymbol{\Phi}(\tau, t)\mathrm{d}\tau \tag{10.5.19}$$

对于任何 $t > 0$ 收敛,且为下述矩阵微分方程

$$-\dot{\boldsymbol{P}}(t) = \boldsymbol{P}(t)\boldsymbol{A}(t) + \boldsymbol{A}^{\mathrm{T}}(t)\boldsymbol{P}(t) + \boldsymbol{Q}(t) \qquad \forall\, t \geqslant t_0 \tag{10.5.20}$$

的惟一解。

证明 由于系统(10.5.1) 是一致渐近稳定,因而由定理 10.5.1 可知,存在与 t_0 无关的正常数 k_1 和 k_2,使得式(10.5.6) 成立,再注意到 $\boldsymbol{Q}(t)$ 为一致有界、一致正定,因而积分(10.5.19) 对于任何 $t > 0$ 均收敛,且利用变限积分的求导公式容易验证,它满足矩阵微分方程(10.5.20)。下面证明矩阵微分方程(10.5.20) 的解的惟一性。

设 $\boldsymbol{P}'(t)$ 为方程的任意一个解,则有

$$-\dot{\boldsymbol{P}}'(t) = \boldsymbol{P}'(t)\boldsymbol{A}(t) + \boldsymbol{A}^{\mathrm{T}}(t)\boldsymbol{P}'(t) + \boldsymbol{Q}(t) \qquad \forall\, t \geqslant t_0 \tag{10.5.21}$$

从而由式(10.5.19) 和式(10.5.21) 可得

$$\begin{aligned}
\boldsymbol{P}(t) = & \int_t^{\infty} \boldsymbol{\Phi}^{\mathrm{T}}(\tau, t)\boldsymbol{Q}(\tau)\boldsymbol{\Phi}(\tau, t)\mathrm{d}\tau = \\
& -\int_t^{\infty} \boldsymbol{\Phi}^{\mathrm{T}}(\tau, t)[\boldsymbol{P}'(\tau)\boldsymbol{A}(\tau) + \boldsymbol{A}^{\mathrm{T}}(\tau)\boldsymbol{P}'(\tau) + \dot{\boldsymbol{P}}'(\tau)]\boldsymbol{\Phi}(\tau, t)\mathrm{d}\tau = \\
& -\int_t^{\infty} \frac{\mathrm{d}}{\mathrm{d}\tau}[\boldsymbol{\Phi}^{\mathrm{T}}(\tau, t)\boldsymbol{P}'(\tau)\boldsymbol{\Phi}(\tau, t)]\mathrm{d}\tau = [\boldsymbol{\Phi}^{\mathrm{T}}(\tau, t)\boldsymbol{P}'(\tau)\boldsymbol{\Phi}(\tau, t)]\big|_t^{\infty} = \boldsymbol{P}'(t)
\end{aligned}$$

从而矩阵微分方程(10.5.20) 的解惟一。

由引理 10.5.1 可以得到下面的线性时变系统的李亚普诺夫一致渐近稳定性定理。

定理 10.5.3 考虑线性时变系统(10.5.1),$\boldsymbol{x}_e = 0$ 为其惟一的平衡状态,$\boldsymbol{A}(t)$ 的元均为分段连续、一致有界的实函数。则原点平衡状态为一致渐近稳定的充分必要条件是对任意给定的一个实对称、一致有界和一致正定的时变矩阵 $\boldsymbol{Q}(t)$,Lyapunov 矩阵微分方程(10.5.20) 有惟

一的实对称、一致有界和一致正定的矩阵解 $\boldsymbol{P}(t)$。

证明　直接引用引理 10.5.1 可得定理的必要性。

下面利用 Lyapunov 第二方法证定理的充分性。选取 V 函数

$$V(\boldsymbol{x},t) = \boldsymbol{x}^{\mathrm{T}}\boldsymbol{P}(t)\boldsymbol{x}$$

其中 $\boldsymbol{P}(t)$ 为矩阵微分方程(10.5.20) 的惟一的一致有界、一致正定的对称解,从而知 $V(\boldsymbol{x},t)$ 是正定的、渐减的,且具有无穷大性质。$V(\boldsymbol{x},t)$ 沿着系统(10.5.1) 轨线的全导数为

$$\dot{V}(\boldsymbol{x},t) = \boldsymbol{x}^{\mathrm{T}}[\boldsymbol{P}(t)\boldsymbol{A}(t) + \boldsymbol{A}^{\mathrm{T}}(t)\boldsymbol{P}(t) + \dot{\boldsymbol{P}}(t)]\boldsymbol{x}$$

由于 $\boldsymbol{P}(t)$ 为矩阵微分方程(10.5.20) 的解,从而有

$$\dot{V}(\boldsymbol{x},t) = \boldsymbol{x}^{\mathrm{T}}[\boldsymbol{Q}(t)]\boldsymbol{x}$$

且由矩阵 $\boldsymbol{Q}(t)$ 的一致有界和一致正定性可知 $\dot{V}(\boldsymbol{x},t)$ 为负定的,从而系统(10.5.1) 一致渐近稳定。

推论 10.5.1　设 $\boldsymbol{A}(t)$ 为$[t_0,\infty)$ 上的一致有界分段连续矩阵,且

$$\lambda[\boldsymbol{A}^{\mathrm{T}}(t) + \boldsymbol{A}(t)] < -\delta < 0$$

其中,$\lambda(\cdot)$ 表示矩阵的特征值,则系统(10.5.1) 一致渐近稳定。

证明　只要于定理 10.5.3 中取 $\boldsymbol{Q}(t) = -[\boldsymbol{A}^{\mathrm{T}}(t) + \boldsymbol{A}(t)]$,便有 $\boldsymbol{Q}(t)$ 一致有界和一致正定,且方程(10.5.17) 具有一致有界和一致正定解 $\boldsymbol{P}(t) = \boldsymbol{I}$,从而由定理 10.5.3 可得结论。

10.6　线性定常系统的稳定性

本节将讨论线性定常系统的稳定性。包括直接判据和李亚普诺夫稳定性定理在线性系统中的应用,渐近稳定线性系统时间常数的估计,求解最优化参数四个方面的内容。

10.6.1　直接判据

对线性定常系统

$$\dot{\boldsymbol{x}} = \boldsymbol{A}\boldsymbol{x} \tag{10.6.1}$$

线性定常系统的稳定性完全由系统矩阵 $\boldsymbol{A}$ 的特征结构所决定。

定理 10.6.1　对于系统(10.6.1),有下述结论:

(1) 系统(10.6.1) 稳定的充要条件是矩阵 $\boldsymbol{A}$ 的所有特征值均具有非正实部,且其具有零实部的特征值为其最小多项式的单根,也即在矩阵 $\boldsymbol{A}$ 的 Jordan 标准型中,与 $\boldsymbol{A}$ 的零实部特征值相关联的 Jordan 块均为一阶的。

(2) 系统(10.6.1) 渐近稳定的充要条件是矩阵 $\boldsymbol{A}$ 的所有特征值均具有负实部。

证明　对矩阵 $\boldsymbol{A}$ 进行 Jordan 分解,有

$$\boldsymbol{A} = \boldsymbol{P}\boldsymbol{J}\boldsymbol{P}^{-1}$$

其中 $\boldsymbol{J}$ 为矩阵 $\boldsymbol{A}$ 的 Jordan 标准型。由指数函数的性质有

$$\mathrm{e}^{\boldsymbol{A}t} = \boldsymbol{P}\mathrm{e}^{\boldsymbol{J}t}\boldsymbol{P}^{-1} \quad 或 \quad \mathrm{e}^{\boldsymbol{J}t} = \boldsymbol{P}^{-1}\mathrm{e}^{\boldsymbol{A}t}\boldsymbol{P}$$

从而

$$\| \mathrm{e}^{\boldsymbol{A}t} \| \leqslant \| \boldsymbol{P} \| \cdot \| \boldsymbol{P}^{-1} \| \cdot \| \mathrm{e}^{\boldsymbol{J}t} \| \tag{10.6.2}$$

$$\| \mathrm{e}^{\boldsymbol{J}t} \| \leqslant \| \boldsymbol{P} \| \cdot \| \boldsymbol{P}^{-1} \| \cdot \| \mathrm{e}^{\boldsymbol{A}t} \| \tag{10.6.3}$$

根据矩阵指数函数的求取方法可知，$\mathrm{e}^{\boldsymbol{J}t}$ 由下述形式的元素构成

$$c \cdot t^k \mathrm{e}^{(\alpha+\beta \mathrm{j})t} \qquad 0 \leqslant k \leqslant p-1$$

其中 c 为常数，$\lambda = \alpha + \beta\mathrm{j}$ 为 $\boldsymbol{A}$ 阵的特征值；p 为特征值 λ 所在的与这项元素相对应的 Jordan 块的阶数。由此可见，$\mathrm{e}^{\boldsymbol{J}t}$ 有界的充要条件是矩阵 $\boldsymbol{J}$ 的特征值，也即矩阵 $\boldsymbol{A}$ 的特征值均具有非正实部，且 $\boldsymbol{A}$ 的具有零实部的特征值在 $\boldsymbol{J}$ 中对应于一阶 Jordan 块。至此结论(1)证毕。另外易见，$\mathrm{e}^{\boldsymbol{J}t} \to 0(t \to \infty)$ 的充要条件是矩阵 $\boldsymbol{A}$ 的所有特征值均具有负实部。再利用式(10.6.2)和式(10.6.3)可知

$$\mathrm{e}^{\boldsymbol{J}t} 有界 \Leftrightarrow \| \mathrm{e}^{\boldsymbol{A}t} \| 有界$$

$$\lim_{t\to\infty}\mathrm{e}^{\boldsymbol{J}t} = 0 \Leftrightarrow \lim_{t\to\infty} \| \mathrm{e}^{\boldsymbol{A}t} \| = 0$$

故由定理 10.2.1 可证明定理之结论(2)。

例 10.6.1 考察线性定常系统

$$\dot{\boldsymbol{x}} = \begin{bmatrix} -1 & 0 & 0 \\ 0 & 0 & 0 \\ 0 & 0 & 0 \end{bmatrix} \boldsymbol{x}$$

的稳定性。

显然系统特征值为 -1 和 0，因而该系统为非渐近稳定的。由于矩阵 $\boldsymbol{A}$ 本身为对角阵，即其 Jordan 标准型为其自身，而特征值 0 所在的两个 Jordan 块均为一阶的，故该系统稳定。

如前所述，一个线性定常系统的稳定性实际上由系统矩阵 $\boldsymbol{A}$ 的特征结构完全决定。判定其渐近稳定性，也可以先求得其特征多项式，然后再应用下述 Hurwitz 定理。

定理 10.6.2(Hurwitz **定理**) 给定实系数多项式

$$f(s) = s^n + a_1 s^{n-1} + \cdots + a_{n-1}s + a_n$$

其所有根均在复平面左半平面的充要条件是下述行列式

$$\Delta_i = \begin{vmatrix} a_1 & 1 & 0 & 0 & \cdots & 0 \\ a_3 & a_2 & a_1 & 0 & \cdots & 0 \\ a_5 & a_4 & a_3 & a_2 & \cdots & 0 \\ a_7 & a_6 & a_5 & a_4 & \cdots & 0 \\ \vdots & \vdots & \vdots & \vdots & & \vdots \\ a_{2i-1} & a_{2i-2} & a_{2i-3} & a_{2i-4} & \cdots & a_i \end{vmatrix} \qquad i = 1,2,\cdots,n$$

均大于 0。这里当 $i > n$ 时，$a_i = 0$。

10.6.2　线性定常系统李亚普诺夫稳定性定理

定理 10.6.3　定常线性系统为渐近稳定的充分必要条件是矩阵方程

$$\boldsymbol{A}^{\mathrm{T}}\boldsymbol{P}+\boldsymbol{P}\boldsymbol{A}=-\boldsymbol{Q} \tag{10.6.4}$$

对任意给定的正定对称矩阵 $\boldsymbol{Q}$ 都有惟一的正定对称解 $\boldsymbol{P}$。

证明　必要性：设系统(10.6.1)渐近稳定，则 $\boldsymbol{A}$ 的特征值具有负实部，从而对任意给定的 $n\times n$ 阶正定对称矩阵 $\boldsymbol{Q}$，如下定义的矩阵

$$\boldsymbol{P}=\int_0^{\infty}\mathrm{e}^{\boldsymbol{A}^{\mathrm{T}}t}\boldsymbol{Q}\mathrm{e}^{\boldsymbol{A}t}\mathrm{d}t \tag{10.6.5}$$

有意义且为对称正定。另外，容易验证它满足矩阵方程(10.6.4)，这说明该方程有解。现在证明解的惟一性。令 $\bar{\boldsymbol{P}}$ 是方程(10.6.4)的任意解，则由 $\boldsymbol{P}$ 的定义知

$$\boldsymbol{P}=\int_0^{\infty}\mathrm{e}^{\boldsymbol{A}^{\mathrm{T}}t}\boldsymbol{Q}\mathrm{e}^{\boldsymbol{A}t}\mathrm{d}t=-\int_0^{\infty}\mathrm{e}^{\boldsymbol{A}^{\mathrm{T}}t}(\boldsymbol{A}^{\mathrm{T}}\bar{\boldsymbol{P}}+\bar{\boldsymbol{P}}\boldsymbol{A})\mathrm{e}^{\boldsymbol{A}t}\mathrm{d}t=-\int_0^{\infty}\frac{\mathrm{d}}{\mathrm{d}t}(\mathrm{e}^{\boldsymbol{A}^{\mathrm{T}}t}\bar{\boldsymbol{P}}\mathrm{e}^{\boldsymbol{A}t})\mathrm{d}t=$$

$$-\mathrm{e}^{\boldsymbol{A}^{\mathrm{T}}t}\bar{\boldsymbol{P}}\mathrm{e}^{\boldsymbol{A}t}\Big|_0^{\infty}=\bar{\boldsymbol{P}}$$

最后这个等式是根据系统的渐近稳定性得出来的，这说明该方程的解是惟一的。

充分性：令 $\boldsymbol{P}$ 是方程(10.6.4)的惟一正定对称解，定义

$$V(\boldsymbol{x})=\boldsymbol{x}^{\mathrm{T}}\boldsymbol{P}\boldsymbol{x}$$

它是 $\mathbf{R}^n$ 中的一个正定二次型。令 $\boldsymbol{x}(t;0,\boldsymbol{x}_0)$ 是系统(10.6.1)的状态方程在 $t=0$ 时刻以 $\boldsymbol{x}_0$ 为初始条件的解，其中 $\boldsymbol{x}_0\in\mathbf{R}^n$ 为任意向量，则 $V(\boldsymbol{x})$ 沿着系统(10.6.1)的导数为

$$\dot{V}(\boldsymbol{x}(t))\mid_{(10.6.1)}=\boldsymbol{x}^{\mathrm{T}}(t;0,\boldsymbol{x}_0)[\boldsymbol{A}^{\mathrm{T}}\boldsymbol{P}+\boldsymbol{P}\boldsymbol{A}]\boldsymbol{x}(t;0,\boldsymbol{x}_0)=$$

$$-\boldsymbol{x}^{\mathrm{T}}(t;0,\boldsymbol{x}_0)\boldsymbol{Q}\boldsymbol{x}(t;0,\boldsymbol{x}_0)<0\qquad \boldsymbol{x}(t;0,\boldsymbol{x}_0)\neq 0$$

于是由定理 10.1.2 知，系统(10.6.1)是渐近稳定的。

由如上定理可直接得出如下推论：

(1) 矩阵方程(10.6.2)有惟一正定对称解 $\boldsymbol{P}$ 的充分必要条件是矩阵 $\boldsymbol{A}$ 的特征值都有负实部。

(2) 任意给定 $n\times n$ 阶正定对称矩阵 $\boldsymbol{Q}$ 以及正数 ρ，矩阵方程

$$2\rho\boldsymbol{P}+\boldsymbol{A}^{\mathrm{T}}\boldsymbol{P}+\boldsymbol{P}\boldsymbol{A}=-\boldsymbol{Q} \tag{10.6.6}$$

有惟一正定对称解的充分必要条件是矩阵 $\boldsymbol{A}$ 的特征值满足

$$\mathrm{Re}\lambda_i<-\rho\qquad i=1,2,\cdots,n$$

即如果方程(10.6.6)有惟一正定对称解，那么系统(10.6.1)的任意零输入状态响应以比 $\mathrm{e}^{-\rho t}$ 更快的速度收敛到零。

证明　改写方程(10.6.6)为

$$(\boldsymbol{A}^{\mathrm{T}}+\rho\boldsymbol{I}_n)\boldsymbol{P}+\boldsymbol{P}(\boldsymbol{A}+\rho\boldsymbol{I}_n)=-\boldsymbol{Q} \tag{10.6.7}$$

由结论(1)可知,矩阵方程(10.6.7)对任意 $n \times n$ 阶正定对称矩阵$\boldsymbol{Q}$有惟一正定对称解的充分必要条件是 $\boldsymbol{A} + \rho \boldsymbol{I}_n$ 的所有特征值 $\mu_i(i = 1,2,\cdots,n)$ 都有负实部。依定义可以证明,μ_i 是 $\boldsymbol{A} + \rho \boldsymbol{I}_n$ 的特征值等价于 $\mu_i - \rho$ 是$\boldsymbol{A}$ 的特征值。由此可见,$\mathrm{Re}\mu_i < 0$ 等价于 $\mathrm{Re}(\mu_i - \rho) < -\rho$。于是可得结论(2)。

例 10.6.2 设线性定常系统的状态方程为

$$\dot{x}_1 = x_2$$

$$\dot{x}_2 = -x_1 - x_2$$

试分析该系统平衡状态的稳定性。

解 由给定的状态方程求得系统矩阵为

$$\boldsymbol{A} = \begin{bmatrix} 0 & 1 \\ -1 & -1 \end{bmatrix}$$

若选取矩阵 $\boldsymbol{Q} = \boldsymbol{I}$,并设矩阵 $\boldsymbol{P}$ 具有如下对称形式,即

$$\boldsymbol{P} = \begin{bmatrix} p_{11} & p_{12} \\ p_{12} & p_{22} \end{bmatrix}$$

则由 $\boldsymbol{A}^{\mathrm{T}}\boldsymbol{P} + \boldsymbol{P}\boldsymbol{A} = -\boldsymbol{Q}$,可得

$$\begin{bmatrix} 0 & -1 \\ 1 & -1 \end{bmatrix}\begin{bmatrix} p_{11} & p_{12} \\ p_{12} & p_{22} \end{bmatrix} + \begin{bmatrix} p_{11} & p_{12} \\ p_{12} & p_{22} \end{bmatrix}\begin{bmatrix} 0 & 1 \\ -1 & -1 \end{bmatrix} = \begin{bmatrix} -1 & 0 \\ 0 & -1 \end{bmatrix}$$

求得

$$-2p_{12} = -1$$

$$p_{11} - p_{12} - p_{22} = 0$$

$$2p_{12} - 2p_{22} = -1$$

由上列方程组解出 $p_{11} = 3/2, p_{12} = 1/2, p_{22} = 1$。将上列计算结果代入矩阵 $\boldsymbol{P}$,得

$$\boldsymbol{P} = \begin{bmatrix} \frac{3}{2} & \frac{1}{2} \\ \frac{1}{2} & 1 \end{bmatrix}$$

因为

$$p_{11} = \frac{3}{2} > 0 \qquad \begin{vmatrix} p_{11} & p_{12} \\ p_{12} & p_{22} \end{vmatrix} = \begin{vmatrix} \frac{3}{2} & \frac{1}{2} \\ \frac{1}{2} & 1 \end{vmatrix} = 1 - \frac{1}{4} > 0$$

所以矩阵 $\boldsymbol{P}$ 为正定。因此,给定系统在零平衡状态是大范围渐近稳定的。

实际上,若选取 $V(\boldsymbol{x}) = \boldsymbol{x}^{\mathrm{T}}\boldsymbol{P}\boldsymbol{x}$,即

$$V(\boldsymbol{x}) = [x_1 \quad x_2]\begin{bmatrix} \frac{3}{2} & \frac{1}{2} \\ -\frac{1}{2} & 1 \end{bmatrix}\begin{bmatrix} x_1 \\ x_2 \end{bmatrix} = \frac{1}{2}(3x_1^2 + 2x_1x_2 + 2x_2^2)$$

则 $V(x)$ 沿系统轨线求导数可得

$$\dot{V}(\boldsymbol{x}) = -(x_1^2 + x_2^2) < 0$$

为负定。根据李亚普诺夫定理,给定系统的零平衡状态是大范围渐近稳定的。

例 10.6.3　求证:对于线性定常系统

$$\dot{\boldsymbol{x}} = \boldsymbol{A}\boldsymbol{x} \qquad \boldsymbol{x}_0 = \boldsymbol{x}(0)$$

若 $\boldsymbol{A} + \boldsymbol{A}^{\mathrm{T}}$ 负定,则系统的零平衡状态是大范围渐近稳定的。

证明　取 $-\boldsymbol{Q} = \boldsymbol{A} + \boldsymbol{A}^{\mathrm{T}}$,因为 $\boldsymbol{A} + \boldsymbol{A}^{\mathrm{T}}$ 是负定的,所以 $\boldsymbol{Q}$ 矩阵是正定的,如下的矩阵方程 $\boldsymbol{A}^{\mathrm{T}}\boldsymbol{P} + \boldsymbol{P}\boldsymbol{A} = -\boldsymbol{Q}$ 有正定解 $\boldsymbol{P} = \boldsymbol{I}$,根据李亚普诺夫稳定性定理,可知系统是大范围渐近稳定的。

说明:该条件不具有必要性。即系统渐近稳定时,$\boldsymbol{A} + \boldsymbol{A}^{\mathrm{T}}$ 可能不负定。例如

$$\boldsymbol{A} = \begin{bmatrix} -0.1 & 1 \\ 0 & -0.1 \end{bmatrix}$$

$\boldsymbol{A} + \boldsymbol{A}^{\mathrm{T}}$ 显然不是负定的。

定理 10.6.4　定常系统(10.6.1)渐近稳定的充分必要条件是:对任意给定的 $n \times n$ 阶非负定对称矩阵 $\boldsymbol{Q} = \boldsymbol{D}^{\mathrm{T}}\boldsymbol{D}$,当$(\boldsymbol{A},\boldsymbol{D})$能观测时,矩阵方程

$$\boldsymbol{A}^{\mathrm{T}}\boldsymbol{P} + \boldsymbol{P}\boldsymbol{A} = -\boldsymbol{D}^{\mathrm{T}}\boldsymbol{D} \tag{10.6.8}$$

有惟一对称正定解。

证明　必要性:由于$(\boldsymbol{A},\boldsymbol{D})$能观测,则存在某个 $t_1 > 0$,使得

$$\boldsymbol{M}(t_1,0) = \int_0^{t_1} \mathrm{e}^{\boldsymbol{A}^{\mathrm{T}}t}\boldsymbol{D}^{\mathrm{T}}\boldsymbol{D}\mathrm{e}^{\boldsymbol{A}t}\mathrm{d}t > 0 \tag{10.6.9}$$

又因为系统(10.6.1)渐近稳定,所以 $\boldsymbol{A}$ 的所有特征值都有负实部,因此

$$\int_0^{\infty} \mathrm{e}^{\boldsymbol{A}^{\mathrm{T}}t}\boldsymbol{D}^{\mathrm{T}}\boldsymbol{D}\mathrm{e}^{\boldsymbol{A}t}\mathrm{d}t < \infty \tag{10.6.10}$$

于是

$$\boldsymbol{P} = \int_0^{\infty} \mathrm{e}^{\boldsymbol{A}^{\mathrm{T}}t}\boldsymbol{D}^{\mathrm{T}}\boldsymbol{D}\mathrm{e}^{\boldsymbol{A}t}\mathrm{d}t \tag{10.6.11}$$

有意义且为正定对称矩阵。另外类似于定理 10.6.2 的证明,可知 $\boldsymbol{P}$ 满足方程(10.6.8)。

充分性:令 λ 为 $\boldsymbol{A}$ 的任意一个特征值,$\boldsymbol{z}$ 是相应的特征向量,λ^* 与 λ 复共轭,它也是 $\boldsymbol{A}$ 的特征值,$\boldsymbol{z}^*$ 是 $\boldsymbol{z}$ 的复共轭向量,它是 $\boldsymbol{A}$ 的相应于 λ^* 的特征向量。由于$(\boldsymbol{A},\boldsymbol{D})$能观测,因此有

$$\boldsymbol{D}\boldsymbol{z} \neq 0$$

在方程(10.6.8)两边左乘$(\boldsymbol{z}^*)^{\mathrm{T}}$,右乘 $\boldsymbol{z}$,得出

$$(\lambda^* + \lambda)(z^*)^{\mathrm{T}}\boldsymbol{P}z = -(z^*)^{\mathrm{T}}\boldsymbol{D}^{\mathrm{T}}\boldsymbol{D}z < 0 \tag{10.6.12}$$

由此得 $\lambda + \lambda^* < 0$。若 λ 为实数，则 $\lambda = \lambda^*$，$\lambda + \lambda^* = 2\lambda$，由此得 $\lambda < 0$。若 λ 为复数，则 $\lambda + \lambda^* = 2\mathrm{Re}\lambda < 0$，故 $\mathrm{Re}\lambda < 0$。再由 λ 的任意性，得出 $\boldsymbol{A}$ 的所有特征值都有负实部，因而系统(10.6.1)是渐近稳定的。

10.6.3 渐近稳定线性系统时间常数的估计

李亚普诺夫直接法可用来估计渐近稳定线性系统的响应速度，或者说估计系统的时间常数。假设系统的初态由于某种扰动而偏离了零平衡状态，希望能够估计出状态将以多快的速度，或者说花费多长的时间重新回到原点。令 $V(\boldsymbol{x},t)$ 是李亚普诺夫函数，定义

$$\eta = -\frac{\dot{V}(\boldsymbol{x},t)}{V(\boldsymbol{x},t)} \tag{10.6.13}$$

$V(\boldsymbol{x},t)$ 的正定性和 $\dot{V}(\boldsymbol{x},t)$ 的负定性保证了除 $\boldsymbol{x} = 0$ 外，不仅在整个状态空间内 η 有定义而且为正数。对(10.6.13)两边积分

$$\int_0^t \eta \mathrm{d}t = -\int_{V(x(t_0),t_0)}^{V(x(t),t)} \frac{1}{V}\mathrm{d}V$$

得到

$$V[\boldsymbol{x}(t),t] = V[\boldsymbol{x}(t_0),t_0]\mathrm{e}^{-\int_{t_0}^{t}\eta \mathrm{d}t} \tag{10.6.14}$$

虽然 η 一般来说并非常数，如果 $\eta_{\min}$ 为 η 的最小值，则

$$V[\boldsymbol{x}(t),t] \leqslant V[\boldsymbol{x}(t_0),t_0]\mathrm{e}^{-\eta_{\min}(t-t_0)} \tag{10.6.15}$$

随着 t 的增加，$V[\boldsymbol{x}(t),t] \to 0$，必然有 $\boldsymbol{x}(t) \to 0$。因为 $1/\eta_{\min}$ 可以解释为系统时间常数的上界。

对于线性非时变系统 $\dot{\boldsymbol{x}} = \boldsymbol{A}\boldsymbol{x}$，取对称正定矩阵 $\boldsymbol{P}$ 构成李亚普诺夫函数

$$\boldsymbol{V}(x) = \boldsymbol{x}^{\mathrm{T}}\boldsymbol{P}\boldsymbol{x}$$
$$\dot{\boldsymbol{V}}(x) = -\boldsymbol{x}^{\mathrm{T}}\boldsymbol{Q}\boldsymbol{x}$$

而且

$$\boldsymbol{Q} = -(\boldsymbol{A}^{\mathrm{T}}\boldsymbol{P} + \boldsymbol{P}\boldsymbol{A})$$

也是对称正定矩阵。于是可定义

$$\eta_{\min} = \min_{x}\left[\frac{-\dot{\boldsymbol{V}}(\boldsymbol{x})}{\boldsymbol{V}(\boldsymbol{x})}\right] = \min_{x}\left[\frac{\boldsymbol{x}^{\mathrm{T}}\boldsymbol{Q}\boldsymbol{x}}{\boldsymbol{x}^{\mathrm{T}}\boldsymbol{P}\boldsymbol{x}}\right] \tag{10.6.16}$$

由于系统的时间常数上界不会随 $\boldsymbol{x}$ 的选定而发生变化，为方便起见在 $\boldsymbol{x}^{\mathrm{T}}\boldsymbol{P}\boldsymbol{x} = 1$ 的曲面上计算 $\eta_{\min}$，于是(10.6.16)可改写为

$$\eta_{\min} = \min[\boldsymbol{x}^{\mathrm{T}}\boldsymbol{Q}\boldsymbol{x}; \boldsymbol{x}^{\mathrm{T}}\boldsymbol{P}\boldsymbol{x} = 1] \tag{10.6.17}$$

利用拉格朗日乘子法计算式(10.6.17)中的 $\eta_{\min}$，列出如下约束方程式，并令 $\partial K/\partial \boldsymbol{x} = 0$

$$K = \boldsymbol{x}^{\mathrm{T}}\boldsymbol{Q}\boldsymbol{x} + \lambda(1 - \boldsymbol{x}^{\mathrm{T}}\boldsymbol{P}\boldsymbol{x})$$

得到

$$\frac{\partial K}{\partial \boldsymbol{x}} = (2\boldsymbol{Qx} - 2\lambda \boldsymbol{Px})\mid_{\boldsymbol{x}_{\min}} = 0 \tag{10.6.18}$$

其中 $\boldsymbol{x}_{\min}$ 为在曲面 $\boldsymbol{x}^{\mathrm{T}}\boldsymbol{Px}$ 上使 K 为极小值的点。从而得到

$$(\boldsymbol{Q} - \lambda \boldsymbol{P})\boldsymbol{x}_{\min} = 0$$

或

$$(\boldsymbol{P}^{-1}\boldsymbol{Q} - \lambda \boldsymbol{I})\boldsymbol{x}_{\min} = 0 \tag{10.6.19}$$

式(10.6.19)说明 λ 为矩阵 $\boldsymbol{P}^{-1}\boldsymbol{Q}$ 或 $\boldsymbol{QP}^{-1}$ 的特征值。$\eta_{\min}$ 应该是最小的特征值，所以

$$\eta_{\min} = \lambda_{\min}(\boldsymbol{P}^{-1}\boldsymbol{Q}) = \lambda_{\min}(\boldsymbol{QP}^{-1})$$

10.6.4　求解最优化参数

设线性定常系统的状态方程为

$$\begin{cases} \dot{\boldsymbol{x}} = A(\xi)\boldsymbol{x} \\ \boldsymbol{x}(0) = \boldsymbol{x}_0 \end{cases} \tag{10.6.20}$$

式中系统矩阵含有可调参数 ξ。希望选择最优参数 ξ 使得系统不仅具有渐近稳定特性而且使如下性能指标 J 最小

$$J = \int_0^{\infty} \boldsymbol{x}^{\mathrm{T}}\boldsymbol{Qx}\,\mathrm{d}t \tag{10.6.21}$$

其中 $\boldsymbol{Q}$ 为正定对称实矩阵。

参数 ξ 的选择首先确保系统为渐近稳定的，由稳定性定理可知，若选定 $\dot{V}(\boldsymbol{x}) = -\boldsymbol{x}^{\mathrm{T}}\boldsymbol{Qx}$，则必有满足李亚普诺夫方程的正定对称矩阵 $\boldsymbol{P}$，即 $\boldsymbol{A}^{\mathrm{T}}\boldsymbol{P} + \boldsymbol{PA} = -\boldsymbol{Q}$ 和 $V(\boldsymbol{x}) = \boldsymbol{x}^{\mathrm{T}}\boldsymbol{Px}$ 为系统的李亚普诺夫函数。将 $\dot{V}(\boldsymbol{x})$ 代入式(10.6.21)，有

$$J = \int_0^{\infty} \boldsymbol{x}^{\mathrm{T}}\boldsymbol{Qx}\,\mathrm{d}t = \int_0^{\infty} -\dot{V}(\boldsymbol{x})\,\mathrm{d}t = V[\boldsymbol{x}(0)] - V[\boldsymbol{x}(\infty)] =$$

$$V[x(0)] = \boldsymbol{x}^{\mathrm{T}}(0)\boldsymbol{Px}(0) \tag{10.6.22}$$

于是性能指标 J 取决于初态 $\boldsymbol{x}(0)$ 和 $\boldsymbol{P}$。而 $\boldsymbol{P}$、$\boldsymbol{A}$ 与 $\boldsymbol{Q}$ 之间满足李亚普诺夫方程式；$\boldsymbol{x}(0)$ 和 $\boldsymbol{Q}$ 是给定的，因而可通过调节矩阵 $\boldsymbol{A}$ 中参数寻求一个合适的 $\boldsymbol{P}$ 矩阵，以使性能指标 J 成为极小值。寻求 J 的极小值过程是对系统可调参数实施优化的过程。最后指出可调参数可能不止一个。

10.7　李亚普诺夫一次近似方法

线性系统不仅有它本身的一套完整的理论和方法，而且也是研究非线性系统稳定性的一种重要方法，这就是著名的李亚普诺夫一次近似理论。

对于非线性系统

$$\dot{\boldsymbol{x}} = \boldsymbol{f}(\boldsymbol{x},t) \qquad t \geqslant t_0 \tag{10.7.1}$$

$\boldsymbol{f}(0,t) = 0$,若 $\boldsymbol{f}(\boldsymbol{x},t)$ 对 $\boldsymbol{x}$ 的 Jacobi 矩阵

$$\left.\frac{\partial \boldsymbol{f}(\boldsymbol{x},t)}{\partial \boldsymbol{x}}\right|_{x=0} = \boldsymbol{A}(t) \tag{10.7.2}$$

则式(10.7.1) 可以写成

$$\dot{\boldsymbol{x}} = \boldsymbol{A}(t)\boldsymbol{x} + \boldsymbol{g}(t,\boldsymbol{x}) \tag{10.7.3}$$

如果 $\boldsymbol{g}(t,\boldsymbol{x})$ 在 $\boldsymbol{x} = 0$ 的邻域内是 x 的高阶无穷小量,则往往可以用线性系统

$$\dot{\boldsymbol{x}} = \boldsymbol{A}(t)\boldsymbol{x} \tag{10.7.4}$$

的稳定性来研究系统(10.7.1) 的稳定性,这就是所谓的李亚普诺夫一次近似理论。

定理 10.7.1 设向量函数 $\boldsymbol{g}(t,\boldsymbol{x})$ 满足:$\forall \varepsilon > 0, \exists \delta(\varepsilon)$,使 $\|\boldsymbol{x}\| < \delta$ 时,有 $\|\boldsymbol{g}(t,\boldsymbol{x})\| < \varepsilon\|\boldsymbol{x}\|$,若系统 $\dot{\boldsymbol{x}} = \boldsymbol{A}(t)\boldsymbol{x}$ 的零解是指数稳定的,则系统(10.7.4) 的零平衡点的指数稳定与系统(10.7.1) 在零平衡点的指数稳定等价。

说明:(1) 定理 10.7.1 的条件说明如果 $\boldsymbol{g}(t,\boldsymbol{x})$ 在 $\boldsymbol{x} = 0$ 的邻域内是 $\boldsymbol{x}$ 的高阶无穷小量,即满足:当 $\|\boldsymbol{x}\| \to 0$ 时,$\|\boldsymbol{g}(t,\boldsymbol{x})\| \to 0$,而且对于时间变量 t 是一致的。

(2) 定理 10.7.1 所给出的结论对于原非线性系统(10.7.1) 原点的指数稳定来说是局部的,而一次近似后的线性系统的指数稳定是全局的。实际上,对于线性系统而言,渐近稳定的局部与全局性是一致的。

若 $\boldsymbol{A}(t)$ 是定常的,则一次近似系统为

$$\dot{\boldsymbol{x}} = \boldsymbol{A}\boldsymbol{x} \tag{10.7.5}$$

定理 10.7.2 若 $\boldsymbol{A}(t)$ 是定常的,且 $\boldsymbol{g}(t,\boldsymbol{x})$ 满足定理 10.7.1 中的条件,有如下的结论:

(1) 一次近似系统(10.7.5) 渐近稳定,则系统(10.7.1) 的零平衡状态是指数稳定的。

(2) 一次近似系统(10.7.5) 零解不稳定,且矩阵 $\boldsymbol{A}$ 至少有一个正实部的特征根,则系统(10.7.1) 零解不稳定。

说明:(1) 对于矩阵 $\boldsymbol{A}$ 有零实部的特征值的情形,不能通过线性系统 $\dot{x} = \boldsymbol{A}x$ 的稳定性来判定系统(10.7.1) 的稳定性。

(2) 在线性系统零平衡点指数稳定的情形,虽然能判定相应的非线性系统的指数稳定,但吸引区域有多大,也不确定。这是一次近似理论的局限。

例 10.7.1 分别考察系统

$$\dot{x} = x^3 \qquad \dot{x} = -x^3$$

的稳定性。

解 通过求解方程的通解,或选取李亚普诺夫函数 $V(x) = x^4$ 容易证明:系统 $\dot{x} = -x^3$ 对于零平衡点是渐近稳定的,而系统 $\dot{x} = x^3$ 是不稳定的。但求得一次近似线性系统为 $\dot{x} = 0$,显然该系统对于零平衡点是稳定的,但不是渐近稳定。

该例说明，如果一次近似系统不是渐近稳定的(即一次近似系统含有零实部特征值)，则不能用一次近似系统的稳定性来判别原系统的稳定性。

例 10.7.2　系统的方程为

$$\ddot{x} + k_1\dot{x} + k_2(\dot{x})^5 + x = 0$$

对于如下的两组参数

$$①k_1 > 0, k_2 > 0; ②k_1 < 0, k_2 < 0$$

分析系统稳定性。

解　方法一：一次近似。设

$$\begin{cases} x_1 = x \\ x_2 = \dot{x} \end{cases}$$

则系统的状态方程为

$$\begin{bmatrix} \dot{x}_1 \\ \dot{x}_2 \end{bmatrix} = \begin{bmatrix} x_2 \\ -x_1 - k_1 x_2 - k_2 x_2^5 \end{bmatrix} = \begin{bmatrix} 0 & 1 \\ -1 & -k_1 \end{bmatrix}\begin{bmatrix} x_1 \\ x_2 \end{bmatrix} + \begin{bmatrix} 0 \\ -k_2 x_2^5 \end{bmatrix} \tag{10.7.6}$$

其对应的一次近似线性系统为

$$\dot{\boldsymbol{x}} = \begin{bmatrix} 0 & 1 \\ -1 & -k_1 \end{bmatrix} x$$

特征方程为 $D(\lambda) = \lambda^2 + k_1\lambda + 1 = 0$，显然 $k_1 > 0$ 是一次近似系统渐近稳定的充要条件；若 $k_1 < 0$，一次近似系统不稳定。于是可以得出结论：

$k_1 > 0$ 时，原系统对于零平衡点是局部指数稳定的；$k_1 < 0$ 时，原系统对于零平衡点是不稳定的。

方法二：Lyapunov 直接法。对于系统(10.7.6) 应用 Lyapunov 稳定性定理

①$k_1 > 0, k_2 > 0$，取 $V(\boldsymbol{x}) = x_1^2 + x_2^2$，则

$$\dot{V} = 2x_1\dot{x}_1 + 2x_2\dot{x}_2 = 2x_1x_2 + 2x_2(-x_1 - k_1x_2 - k_2x_2^5) = -2k_1x_2^2 - 2k_2x_2^6 \leqslant 0$$

只有 $x_2 = 0$ 时，$\dot{V} \equiv 0$，而 $x_2 = 0$，由方程可以推出 $x_1 = 0$，由定理 10.3.6 可以得出系统的零平衡点是局部渐近稳定。

②$k_1 < 0, k_2 < 0$，取 $V(\boldsymbol{x}) = x_1^2 + x_2^2$，则

$$\dot{V} = 2x_1\dot{x}_1 + 2x_2\dot{x}_2 = 2x_1x_2 + 2x_2(-x_1 - k_1x_2 - k_2x_2^5) = -2k_1x_2^2 - 2k_2x_2^6 \geqslant 0$$

只有 $x_2 = 0$ 时，$\dot{V} \equiv 0$，而 $x_2 = 0$，由方程可以推出 $x_1 = 0$，由定理 10.3.6 可以得出系统的零平衡点是不稳定的。

10.8　构造 Lyapunov 函数的几种方法

如果不能用线性化方法研究非线性系统平衡点的稳定性，就要设法求得适当的李亚普诺

夫函数。但目前还没有通用的构造李亚普诺夫函数的方法。常用的方法一般是利用线性化方程和李亚普诺夫函数代数方程求取 $\boldsymbol{P}$，再构造正定二次型函数 $V(\boldsymbol{x}) = \boldsymbol{x}^{\mathrm{T}}\boldsymbol{P}\boldsymbol{x}$；通过对系统的物理背景的分析，找到可能适用的能量函数。下面对于自治非线性系统，介绍另外两种构造李亚普诺夫函数的方法：克拉索夫斯基方法与变量梯度法。

10.8.1 克拉索夫斯基方法

设系统方程为 $\dot{\boldsymbol{x}} = \boldsymbol{f}(\boldsymbol{x})$，原点为平衡点。$f(x)$ 对 x_i 可微。定义

$$\hat{\boldsymbol{F}}(\boldsymbol{x}) = \boldsymbol{F}^{\mathrm{T}}(\boldsymbol{x}) + \boldsymbol{F}(\boldsymbol{x}) \tag{10.8.1}$$

若 $\hat{\boldsymbol{F}}(\boldsymbol{x})$ 是负定的，则零平衡点是渐近稳定的；如果在 $\|\boldsymbol{x}\| \to \infty$ 时，李亚普诺夫函数 $V(\boldsymbol{x}) = \boldsymbol{f}^{\mathrm{T}}(\boldsymbol{x})\boldsymbol{f}(\boldsymbol{x}) \to \infty$，则零平衡点是大范围渐近稳定的。式中 $F(\boldsymbol{x})$ 为雅可比(Jacobi)矩阵

$$\boldsymbol{F}(\boldsymbol{x}) = \begin{bmatrix} \dfrac{\partial f_1}{\partial x_1} & \dfrac{\partial f_1}{\partial x_2} & \cdots & \dfrac{\partial f_1}{\partial x_n} \\ \dfrac{\partial f_2}{\partial x_1} & \ddots & & \dfrac{\partial f_2}{\partial x_n} \\ \vdots & & \ddots & \vdots \\ \dfrac{\partial f_n}{\partial x_1} & \dfrac{\partial f_n}{\partial x_2} & \cdots & \dfrac{\partial f_n}{\partial x_n} \end{bmatrix}$$

证明 如果式(10.8.1)所示矩阵 $\hat{\boldsymbol{F}}(\boldsymbol{x})$ 是负定的，则在 $\boldsymbol{x} \neq 0$ 的情况下，矩阵 $\boldsymbol{F}(\boldsymbol{x})$ 的行列式是非零的。这是因为从下列等式来看，即

$$\boldsymbol{y}^{\mathrm{T}}\hat{\boldsymbol{F}}(\boldsymbol{x})\boldsymbol{y} = \boldsymbol{y}^{\mathrm{T}}[\boldsymbol{F}^{\mathrm{T}}(\boldsymbol{x}) + \boldsymbol{F}(\boldsymbol{x})]\boldsymbol{y} = \boldsymbol{y}^{\mathrm{T}}\boldsymbol{F}^{\mathrm{T}}(\boldsymbol{x})\boldsymbol{y} + \boldsymbol{y}^{\mathrm{T}}\boldsymbol{F}(\boldsymbol{x})\boldsymbol{y} =$$
$$(\boldsymbol{y}^{\mathrm{T}}\boldsymbol{F}(\boldsymbol{x})\boldsymbol{y})^{\mathrm{T}} + \boldsymbol{y}^{\mathrm{T}}\boldsymbol{F}(\boldsymbol{x})\boldsymbol{y} = 2\boldsymbol{y}^{\mathrm{T}}\boldsymbol{F}(\boldsymbol{x})\boldsymbol{y}$$

在上式中，第三和第四个等式是由于 $\boldsymbol{y}^{\mathrm{T}}\boldsymbol{F}(\boldsymbol{x})\boldsymbol{y}$ 是标量，故它等于自身的转置值；$\boldsymbol{y}$ 是假设的一个列向量。如果在上式中 $\hat{\boldsymbol{F}}(\boldsymbol{x})$ 是负定的，很显然，$\boldsymbol{F}(\boldsymbol{x})$ 也是负定的。这样，在 $\boldsymbol{x} \neq 0$ 时，$\boldsymbol{F}(\boldsymbol{x}) \neq 0$，其行列式也是非零的，同时也有 $\boldsymbol{f}(\boldsymbol{x}) \neq 0$。因此 $V(\boldsymbol{x}) = \boldsymbol{f}^{\mathrm{T}}(\boldsymbol{x})\boldsymbol{f}(\boldsymbol{x})$ 是正定的。

由于

$$\dot{\boldsymbol{f}}(\boldsymbol{x}) = \frac{\mathrm{d}\boldsymbol{f}(\boldsymbol{x})}{\mathrm{d}t} = \frac{\partial \boldsymbol{f}(\boldsymbol{x})}{\partial \boldsymbol{x}}\frac{\mathrm{d}\boldsymbol{x}}{\mathrm{d}t} = \boldsymbol{F}(\boldsymbol{x})\dot{\boldsymbol{x}} = \boldsymbol{F}(\boldsymbol{x})\boldsymbol{f}(\boldsymbol{x})$$

故

$$\dot{V}(\boldsymbol{x}) = \dot{\boldsymbol{f}}^{\mathrm{T}}(\boldsymbol{x})\boldsymbol{f}(\boldsymbol{x}) + \boldsymbol{f}^{\mathrm{T}}(\boldsymbol{x})\dot{\boldsymbol{f}}(\boldsymbol{x}) = [\boldsymbol{F}(\boldsymbol{x})\boldsymbol{f}(\boldsymbol{x})]^{\mathrm{T}}\boldsymbol{f}(\boldsymbol{x}) + \boldsymbol{f}^{\mathrm{T}}(\boldsymbol{x})\boldsymbol{F}(\boldsymbol{x})\boldsymbol{f}(\boldsymbol{x}) =$$
$$\boldsymbol{f}^{\mathrm{T}}(\boldsymbol{x})[\boldsymbol{F}^{\mathrm{T}}(\boldsymbol{x}) + \boldsymbol{F}(\boldsymbol{x})]\boldsymbol{f}(\boldsymbol{x}) = \boldsymbol{f}^{\mathrm{T}}(\boldsymbol{x})\hat{\boldsymbol{F}}(\boldsymbol{x})\boldsymbol{f}(\boldsymbol{x}) \tag{10.8.2}$$

从式(10.8.2)可见，如果 $\hat{\boldsymbol{F}}(\boldsymbol{x})$ 是负定的，则 $\dot{V}(\boldsymbol{x})$ 也是负定的，因此，根据李亚普诺夫稳定性定理，作为平衡状态的坐标原点 $\boldsymbol{x} = 0$ 为渐近稳定。如果当 $\|\boldsymbol{x}\| \to \infty$，$V(\boldsymbol{x}) = \boldsymbol{f}^{\mathrm{T}}(\boldsymbol{x})\boldsymbol{f}(\boldsymbol{x})$ 也趋于无穷大，则平衡状态为大范围渐近稳定。

说明：本方法只是给出了充分条件。其验证的不便之处在于：对于所有的 $\boldsymbol{x} \neq 0$，都要求

$\hat{\boldsymbol{F}}(\boldsymbol{x})$ 为负定。要使 $\hat{\boldsymbol{F}}(\boldsymbol{x})$ 为负定就要求 $\boldsymbol{F}(\boldsymbol{x})$ 的主对角线上的所有元素不恒等于零。如果 $f_i(\boldsymbol{x})$ 不包含 x_i，则 $\hat{\boldsymbol{F}}(\boldsymbol{x})$ 就不可能是负定的。

例 10.8.1 已知非线性系统的运动方程为

$$\dot{x}_1 = -x_1$$
$$\dot{x}_2 = x_1 - x_2 - x_2^3$$

试分析平衡状态 $x = 0$ 的稳定性。

解 应用克拉索夫斯基方法，按式(10.8.1)计算矩阵

$$\hat{\boldsymbol{F}}(\boldsymbol{x}) = \boldsymbol{F}^{\mathrm{T}}(\boldsymbol{x}) + \boldsymbol{F}(\boldsymbol{x}) = \begin{bmatrix} -1 & 1 \\ 0 & -1-3x_2^2 \end{bmatrix} + \begin{bmatrix} -1 & 0 \\ 1 & -1-3x_2^2 \end{bmatrix} = \begin{bmatrix} -2 & 1 \\ 1 & -2(1+3x_2^2) \end{bmatrix}$$

可以验证 $\hat{\boldsymbol{F}}(x)$ 是负定的。且有

$$V(\boldsymbol{x}) = \boldsymbol{f}^{\mathrm{T}}(\boldsymbol{x})\boldsymbol{f}(\boldsymbol{x}) = \begin{bmatrix} -x_1 \\ x_1 - x_2 - x_2^3 \end{bmatrix}^{\mathrm{T}} \begin{bmatrix} -x_1 \\ x_1 - x_2 - x_2^3 \end{bmatrix} = (-x_1)^2 + (x_1 - x_2 - x_2^3)^2 > 0$$

可见，标量函数 $V(\boldsymbol{x})$ 为正定，符合李亚普诺夫函数条件。又当 $\|\boldsymbol{x}\| \to \infty$，有 $V(\boldsymbol{x}) \to \infty$。显然，给定非线性系统在平衡状态 $\boldsymbol{x} = 0$ 处是大范围渐近稳定的。

10.8.2 变量梯度法

变量梯度法的基本依据是，如果对某个渐近稳定的系统存在一个李亚普诺夫函数 V，那么该李亚普诺夫函数一定有惟一的梯度。设 V 是 $\boldsymbol{x}$ 的显函数，则梯度可以写为

$$\nabla V^{\mathrm{T}} = \begin{bmatrix} \dfrac{\partial V}{\partial x_1} & \dfrac{\partial V}{\partial x_2} & \cdots & \dfrac{\partial V}{\partial x_n} \end{bmatrix}$$

从而

$$\dot{V}(\boldsymbol{x}) = \nabla V^{\mathrm{T}} \dot{\boldsymbol{x}} = \frac{\partial V}{\partial x_1}\dot{x}_1 + \frac{\partial V}{\partial x_2}\dot{x}_2 + \cdots + \frac{\partial V}{\partial x_n}\dot{x}_n$$

$$V(\boldsymbol{x}) = \int_0^{\boldsymbol{x}} \nabla V^{\mathrm{T}} \mathrm{d}x = \int_0^{x_1} \nabla V_1 \mathrm{d}x_1 + \int_0^{x_2} \nabla V_2 \mathrm{d}x_2 + \cdots + \int_0^{x_n} \nabla V_n \mathrm{d}x_n$$

为了使上述积分有惟一的标量解，而且上述的线积分与积分线路无关，梯度分量必须满足广义旋度方程，即

$$\frac{\partial \nabla V_i}{\partial x_j} = \frac{\partial \nabla V_j}{\partial x_i} \qquad i, j = 1, 2, \cdots, n$$

选择一条简单的积分线路可以得到

$$V(\boldsymbol{x}) = \int_0^{\boldsymbol{x}} \nabla V^{\mathrm{T}} \mathrm{d}\boldsymbol{x} = \int_0^{x_1} \frac{\partial V_1}{\partial x_1} \mathrm{d}x_1 \bigg|_{x_2 = x_3 = \cdots = x_n = 0} + \int_0^{x_2} \frac{\partial V_2}{\partial x_2} \mathrm{d}x_2 \bigg|_{x_1 = x_1, x_3 = x_4 = \cdots = x_n = 0} + \cdots + \int_0^{x_n} \frac{\partial V_n}{\partial x_n} \mathrm{d}x_n \bigg|_{x_1 = x_1, x_2 = x_2, \cdots, x_{n-1} = x_{n-1}}$$

实际应用时,通常设

$$\nabla V=\begin{bmatrix} a_{11}x_1+a_{12}x_2+\cdots+a_{1n}x_n \\ \vdots \\ a_{n1}x_1+a_{n2}x_2+\cdots+a_{nn}x_n \end{bmatrix}$$

其中,a_{ij} 可以为常数也可以为 x_i 的函数。然后展开 $\dot{V}(\boldsymbol{x})=\nabla V^{\mathrm{T}}\dot{\boldsymbol{x}}$,并选择系数 a_{ij}。在选择系数时要检验它们是否满足 $\dot{V}$ 负定或半负定,广义旋度方程,以及得到的标量函数 $V(\boldsymbol{x})$ 的正定性。

例 10.8.2 考察系统

$$\dot{x}_1=-x_1+2x_1^2x_2$$
$$\dot{x}_2=-x_2$$

在原点的稳定性。

解 显然原点是系统的平衡点,令

$$\nabla V=\begin{bmatrix} a_{11}x_1+a_{12}x_2 \\ a_{21}x_1+a_{22}x_2 \end{bmatrix}$$

计算 $\dot{V}$

$$\dot{V}=\nabla V^{\mathrm{T}}\dot{\boldsymbol{x}}=(a_{11}x_1+a_{12}x_2)(-x_1+2x_1^2x_2)+(a_{21}x_1+a_{22}x_2)(-x_2)=$$
$$-a_{11}x_1^2+(2a_{11}x_1^2-a_{12}-a_{21})x_1x_2+(2a_{12}x_1^2-a_{22})x_2^2$$

选择满足广义旋度方程的系数使 $\dot{V}<0$,这里选 $a_{12}=a_{21}=0$,它们显然满足广义旋度方程。从而 $\dot{V}$ 简化为

$$\dot{V}=-a_{11}x_1^2+2a_{11}x_1^2x_1x_2-2a_{22}x_2^2=-a_{11}(1-2x_1x_2)x_1^2-a_{22}x_2^2$$

此时若选 $a_{11}>0, a_{22}>0$,则在 $1-2x_1x_2>0$ 的条件下可以保证 $\dot{V}<0$。为计算简单起见,选择 $a_{11}=1, a_{22}=1$,则在原点的一个小的邻域内有

$$\dot{V}=-1(1-2x_1x_2)x_1^2-x_2^2=-x_1^2+2x_1^3x_2-x_2^2<0$$

按以上选择的系数,可得梯度向量

$$\nabla V=\begin{bmatrix} x_1 \\ x_2 \end{bmatrix}$$

做线积分求 $V(\boldsymbol{x})$,得

$$V(\boldsymbol{x})=\int_0^{\boldsymbol{x}}\nabla V^{\mathrm{T}}\mathrm{d}\boldsymbol{x}=\int_0^{x_1}x_1\mathrm{d}x_1+\int_0^{x_2}x_2\mathrm{d}x_2=\frac{1}{2}(x_1^2+x_2^2)>0$$

所以原点是渐近稳定的。

另外,在求取梯度向量的过程中,系数是人为选定的,并没有惟一性,所以使 $\dot{V}<0$ 的区域也会因系数选择的不同而不同。

说明:(1) 研究一个非线性系统稳定性的方法并不是惟一的。本例也可以用克拉索夫斯基方法来研究,此时雅可比矩阵为

$$\boldsymbol{F}=\begin{bmatrix}-1 & 2x_1^2\\ 0 & -1\end{bmatrix}$$

很容易验证

$$\hat{\boldsymbol{F}}=\boldsymbol{F}+\boldsymbol{F}^{\mathrm{T}}=\begin{bmatrix}-2 & 2x_1^2\\ 2x_1^2 & -2\end{bmatrix}$$

是否为负定矩阵。由于 $-2<0$,在 $|x_1|$ 较小时

$$\det\hat{\boldsymbol{F}}=4-4x_1^4=4(1-x_1^4)>0$$

所以 $\hat{\boldsymbol{F}}$ 是负定的,因而原点是渐近稳定的。

(2) 对于本例的非线性系统,也可以用一次近似方法来研究系统的稳定性。对应的一次近似线性系统为

$$\dot{x}_1=-x_1$$

$$\dot{x}_2=-x_2$$

显然该系统是渐近稳定的,因此,原系统对于原点是局部渐近稳定的。但这种方法给不出关于原点吸引域的任何估计。

10.9　离散系统的稳定性

10.9.1　离散时间系统的 Lyapunov 稳定性定理

考虑由差分方程所描述的离散时间系统

$$\boldsymbol{x}(k+1)=\boldsymbol{f}[\boldsymbol{x}(k),k] \tag{10.9.1}$$

方程满足解的存在惟一性,还假设方程有惟一的平衡点 $\boldsymbol{x}_e=0$。

类似于连续时间系统可以给出关于稳定、一致稳定、一致渐近稳定等定义。

下面仅对定常离散时间系统给出李亚普诺夫稳定性的主要定理。系统的方程为

$$\boldsymbol{x}(k+1)=\boldsymbol{f}(\boldsymbol{x}(k))\qquad k=0,1,2,\cdots \tag{10.9.2}$$

且设 $\boldsymbol{f}(0)=0$,即 $\boldsymbol{x}=0$ 为其平衡状态。

定理 10.9.1(离散系统的大范围渐近稳定判据)　对于离散系统(10.9.2),如果存在一个关于 $\boldsymbol{x}(k)$ 的标量函数 $V[\boldsymbol{x}(k)]$,且对任意 $\boldsymbol{x}(k)$ 满足:

(1) $V[\boldsymbol{x}(k)]$ 为正定;

(2) $\Delta V[\boldsymbol{x}(k)]=V[\boldsymbol{x}(k+1)]-V[\boldsymbol{x}(k)]$ 负定;

(3) 当 $\|\boldsymbol{x}(k)\| \to \infty$ 时,有 $V[\boldsymbol{x}(k)] \to \infty$,
则原点平衡状态,即 $\boldsymbol{x}_e = 0$ 为大范围渐近稳定。

说明:在实际运用定理 10.9.1 时发现,由于条件(2) 偏于保守,以致对相当一些问题导致判断失效。因此,可相应对其放宽,而得到类似于连续系统渐近稳定性的定理 10.3.5。

定理 10.9.2(离散系统的大范围渐近稳定判据)　对于离散时间系统(10.9.2),如果存在一个相对于 $\boldsymbol{x}(k)$ 的标量函数 $V[\boldsymbol{x}(k)]$,且对任意 $\boldsymbol{x}(k)$ 满足:

(1) $V[\boldsymbol{x}(k)]$ 为正定;

(2) $\Delta V[\boldsymbol{x}(k)]$ 负半定;

(3) 对由任意非零初态 $\boldsymbol{x}(0)$ 所确定的(10.9.2) 的解轨线 $\boldsymbol{x}(k)$,$\Delta V[\boldsymbol{x}(k)]$ 不恒为零;

(4) 当 $\|\boldsymbol{x}(k)\| \to \infty$ 时,有 $V[\boldsymbol{x}(k)] \to \infty$,
则原点平衡状态,即 $\boldsymbol{x}_e = 0$ 为大范围渐近稳定。

从上述稳定性定理出发,能导出对离散时间系统的一个很直观但应用很方便的判据。

推论 10.9.1　对于离散时间系统(10.9.2),设 $\boldsymbol{f}(0) = 0$,则当 $\boldsymbol{f}[\boldsymbol{x}(k)]$ 为收敛,即对所有 $\boldsymbol{x}(k) \neq 0$ 有

$$\|\boldsymbol{f}(\boldsymbol{x}(k))\| < \rho \|\boldsymbol{x}(k)\|$$

其中 $\rho < 1$,系统的原点平衡状态,即 $\boldsymbol{x}_e = 0$,为大范围渐近稳定。

10.9.2　线性离散时间系统的稳定性判定

讨论如下线性离散时间系统的稳定性

$$\boldsymbol{x}(k+1) = \boldsymbol{G}\boldsymbol{x}(k) \qquad \boldsymbol{x}(0) = \boldsymbol{x}_0 \qquad k = 0,1,2,\cdots \tag{10.9.3}$$

称 $\boldsymbol{G}\boldsymbol{x}_e = 0$ 的解 $\boldsymbol{x}_e$ 为其平衡状态。通常,除了原点平衡状态 $\boldsymbol{x}_e = 0$ 外,当 $\boldsymbol{G}$ 为奇异也可有非零平衡状态。和连续时间系统相对应,对于系统(10.9.3) 有如下的一些稳定性判别定理。

定理 10.9.3　对于线性定常离散系统(10.9.3),有:

(1) 系统的每一个平衡状态 $\boldsymbol{x}_e$ 是 Lyapunov 意义下稳定的充分必要条件是,$\boldsymbol{G}$ 的全部特征值的幅值 $\mu_i = \lambda_i(\boldsymbol{G})$ 均小于或等于 1,$i = 1,2,\cdots,n$,且幅值等于 1 的那些特征值是 $\boldsymbol{G}$ 的最小多项式的单根。

(2) 其惟一平衡状态 $\boldsymbol{x}_e = 0$ 是渐近稳定的充要条件是,$\boldsymbol{G}$ 的全部特征值的幅值 $\mu_i = \lambda_i(\boldsymbol{G})$ 均小于 1,$i = 1,2,\cdots,n$。

定理 10.9.4(定常线性系统 Lyapunov 判据)　线性定常离散系统(10.9.3) 的零平衡状态 $\boldsymbol{x}_e = 0$ 为渐近稳定的充分必要条件是,对于任一给定的正定对称矩阵 $\boldsymbol{Q}$,如下的离散型 Lyapunov 方程

$$\boldsymbol{G}^{\mathrm{T}}\boldsymbol{P}\boldsymbol{G} - \boldsymbol{P} = -\boldsymbol{Q} \tag{10.9.4}$$

有惟一正定对称解阵 $\boldsymbol{P}$。

证明　将线性连续系统中的 $\dot{V}(\boldsymbol{x})$,代之以 $V[\boldsymbol{x}(k+1)]$ 与 $V[\boldsymbol{x}(k)]$ 之差,即

$$\Delta V[x(k)] = V[x(k+1)] - V[x(k)] \tag{10.9.5}$$

设选取 V 函数为

$$V[x(k)] = x^{\mathrm{T}}(k)Px(k)$$

其中 P 为正定实对称矩阵。则

$$\begin{aligned}\Delta V[x(k)] = V[x(k+1)] - V[x(k)] = x^{\mathrm{T}}(k+1)Px(k+1) - x^{\mathrm{T}}(k)Px(k) = \\ [Gx(k)]^{\mathrm{T}}P[Gx(k)] - x^{\mathrm{T}}(k)Px(k) = x^{\mathrm{T}}(k)G^{\mathrm{T}}PGx(k) - x^{\mathrm{T}}(k)Px(k) = \\ x^{\mathrm{T}}(k)[G^{\mathrm{T}}PG - P]x(k)\end{aligned}$$

由于 $V[x(k)]$ 选为正定的，根据渐近稳定判据必要求

$$\Delta V[x(k)] = -x^{\mathrm{T}}(k)Qx(k) \tag{10.9.6}$$

为负定的，因此矩阵

$$Q = -[G^{\mathrm{T}}PG - P]$$

必须是正定的。证毕。

说明：如果 $\Delta V[x(k)] = -x^{\mathrm{T}}(k)Qx(k)$ 沿任一解的序列不恒为零，那么 Q 亦可取成半正定矩阵。实际上，P、Q 矩阵满足上述条件与矩阵 G 的特征值绝对值小于 1 的条件完全等价，因而也是充要的。与线性定常连续系统相类似，在具体应用判据时，可先给定一个正定实对称矩阵 Q，例如 $Q = I$，然后验算由

$$G^{\mathrm{T}}PG - P = -I \tag{10.9.7}$$

所确定的实对称矩阵 P 是否正定，从而做出稳定性的结论。

例 10.9.1　设线性离散系统状态方程为

$$x(k+1) = \begin{bmatrix}\lambda_1 & 0 \\ 0 & \lambda_2\end{bmatrix}x(k)$$

试确定系统在平衡点处渐近稳定的条件。

解　由式(10.9.7)得

$$\begin{bmatrix}\lambda_1 & 0 \\ 0 & \lambda_2\end{bmatrix}\begin{bmatrix}p_{11} & p_{12} \\ p_{12} & p_{22}\end{bmatrix}\begin{bmatrix}\lambda_1 & 0 \\ 0 & \lambda_2\end{bmatrix} - \begin{bmatrix}p_{11} & p_{12} \\ p_{12} & p_{22}\end{bmatrix} = \begin{bmatrix}-1 & 0 \\ 0 & -1\end{bmatrix}$$

展开化简整理后得

$$p_{11}(1-\lambda_1^2) = 1$$
$$p_{12}(1-\lambda_1\lambda_2) = 0$$
$$p_{22}(1-\lambda_2^2) = 1$$

可解出

$$P = \begin{bmatrix}\dfrac{1}{1-\lambda_1^2} & 0 \\ 0 & \dfrac{1}{1-\lambda_2^2}\end{bmatrix}$$

要使 $\boldsymbol{P}$ 为正定的实对称矩阵,必须满足

$$|\lambda_1|<1 \quad \text{和} \quad |\lambda_2|<1$$

可见只有当系统的极点落在单位圆内时,系统在平衡点处才是大范围渐近稳定的。这个结论与由采样控制系统判据分析的结论是一致的。

推论 10.9.2 对于线性定常离散系统(10.9.3),矩阵 $\boldsymbol{G}$ 的所有特征值的幅值均小于σ,即

$$|\lambda_i(\boldsymbol{G})|<\sigma \qquad 0\leqslant\sigma\leqslant 1 \qquad i=1,2,\cdots,n$$

当且仅当对任意给定的正定对称矩阵 $\boldsymbol{Q}$,形如下式的 Lyapunov 方程

$$\sigma^2\boldsymbol{G}^{\mathrm{T}}\boldsymbol{P}\boldsymbol{G}-\boldsymbol{P}=-\boldsymbol{Q}$$

有惟一正定对称解阵 $\boldsymbol{P}$。

以上定理也可以推广到线性时变离散系统的情况。引入下述定义。

定义 10.9.1 设 $\boldsymbol{P}(k)$ 为一 $n\times n$ 阶的对称矩阵,如果存在 $\alpha\geqslant\beta>0$,使得对于所有的 $k=0,1,2,\cdots$,均成立

$$\beta\boldsymbol{I}\leqslant\boldsymbol{P}(k)\leqslant\alpha\boldsymbol{I}$$

便称矩阵 $\boldsymbol{P}(k)$ 为一致有界、一致正定的。

定理 10.9.5 离散时变线性系统

$$\boldsymbol{x}(k+1)=\boldsymbol{G}(k)\boldsymbol{x}(k) \qquad k=0,1,2,\cdots$$

一致渐近稳定的充要条件是对于任何一致有界、一致对称正定的 $n\times n$ 矩阵 $\boldsymbol{Q}(k)$,下述 Lyapunov 差分矩阵方程

$$\boldsymbol{G}^{\mathrm{T}}(k)\boldsymbol{P}(k+1)\boldsymbol{G}(k)-\boldsymbol{P}(k)+\boldsymbol{Q}(k)=0$$

关于 $\boldsymbol{P}(k)$ 存在惟一的一致有界、一致对称正定解。

10.9.3 Schur-Cohn 判据

线性定常离散系统的渐近稳定性判别可归结为系统的特征值是否位于复平面的单位圆之内的问题。这一问题又可进一步归结为一个实系数多项式的根是否全部位于复平面的单位圆之内。称其全部根均位于复平面的单位圆之内的实系数多项式为稳定多项式或 Schur 多项式。与连续情形的 Hurwitz 判据相对应,判定一个多项式是否为 Schur 多项式的一个重要判据称为 Schur-Cohn 判据。

离散系统的 Schur-Cohn 判据与连续系统的劳斯 - 霍尔维茨法判据类似,通过计算多项式的系数行列式,从而判断在 z 平面上是否有根落在单位圆的外面。设离散系统的特征多项式为

$$F(z)=a_0+a_1z+\cdots+a_nz^n \tag{10.9.8}$$

选系数行列式如下

$$\Delta_k = \begin{bmatrix} a_0 & 0 & 0 & \cdots & 0 & a_n & a_{n-1} & a_{n-2} & \cdots & a_{n-k+1} \\ a_1 & a_0 & 0 & \cdots & 0 & 0 & a_n & a_{n-1} & \cdots & a_{n-k+2} \\ a_2 & a_1 & a_0 & \cdots & 0 & 0 & 0 & a_n & \cdots & a_{n-k+3} \\ \vdots & \vdots & \vdots & & \vdots & \vdots & \vdots & \vdots & \ddots & \vdots \\ a_{k-1} & a_{k-2} & a_{k-3} & \cdots & a_0 & 0 & 0 & 0 & \cdots & a_n \\ \bar{a}_n & 0 & 0 & \cdots & 0 & \bar{a}_0 & \bar{a}_1 & \bar{a}_2 & \cdots & \bar{a}_{k-1} \\ \bar{a}_{n-1} & \bar{a}_n & 0 & \cdots & 0 & & \bar{a}_0 & \bar{a}_1 & \cdots & \bar{a}_{k-2} \\ \bar{a}_{n-2} & \bar{a}_{n-1} & \bar{a}_n & \cdots & 0 & 0 & & \bar{a}_0 & \cdots & \bar{a}_{k-3} \\ \vdots & \vdots & \vdots & & \vdots & \vdots & \vdots & \vdots & & \vdots \\ \bar{a}_{n-k+1} & \bar{a}_{n-k+2} & \bar{a}_{n-k+3} & \cdots & \bar{a}_n & 0 & 0 & 0 & \cdots & \bar{a}_0 \end{bmatrix} \tag{10.9.9}$$

式中 $k = 0,1,2,\cdots,n$；$\bar{a}_n$ 为 a_n 的共轭复数，Δ_k 是 $2k$ 行 $2k$ 列的行列式，当 $k = 1$ 时，有 $a_{k-1} = a_0$，并且 $a_{n-k+1} = a_n$，因此

$$\Delta_1 = \begin{vmatrix} a_0 & a_n \\ \bar{a}_n & \bar{a}_0 \end{vmatrix} = a_0\bar{a}_0 - a_n\bar{a}_n$$

当 $k = 2$ 时，有 $a_{k-1} = a_1, a_{k-2} = a_2, a_{n-k+1} = a_{n-1}, a_{n-k+2} = a_n$，从而

$$\Delta_2 = \begin{bmatrix} a_0 & 0 & a_n & a_{n-1} \\ a_1 & a_0 & 0 & a_n \\ \bar{a}_n & 0 & \bar{a}_0 & \bar{a}_1 \\ \bar{a}_{n-1} & \bar{a}_n & 0 & \bar{a}_0 \end{bmatrix}$$

同样地，当 $k = 3$ 时，有

$$\Delta_3 = \begin{bmatrix} a_0 & 0 & 0 & a_n & a_{n-1} & a_{n-2} \\ a_1 & a_0 & 0 & 0 & a_n & a_{n-1} \\ a_2 & a_1 & a_0 & 0 & 0 & a_n \\ \bar{a}_n & 0 & 0 & \bar{a}_0 & \bar{a}_1 & \bar{a}_2 \\ \bar{a}_{n-1} & \bar{a}_n & 0 & 0 & \bar{a}_0 & \bar{a}_1 \\ \bar{a}_{n-2} & \bar{a}_{n-1} & \bar{a}_n & 0 & 0 & \bar{a}_0 \end{bmatrix}$$

在规定 $\Delta_0 = 1$ 条件下，各阶行列式按顺序 $\Delta_0, \Delta_1, \Delta_2, \cdots, \Delta_k, \cdots, \Delta_n$ 的符号变更的数目就是稳定根的数目，也就是说，如果多项式 $F(s)$ 稳定，则 $\Delta_0, \Delta_1, \Delta_2, \cdots, \Delta_k, \cdots, \Delta_n$ 的变号数等于 $F(s)$ 的次数。据此得出 $F(s)$ 是否为 Schur 多项式的下述判据。

定理 10.9.6(Schur-Cohn 判据)　已知由式(10.9.8)表示的多项式 $F(z)$，$\Delta_1, \Delta_2, \cdots, \Delta_n$ 由式(10.9.9)定义，则多项式 $F(z)$ 为 Schur 多项式的充要条件是：$\Delta_k < 0$，对于 k 为奇数；$\Delta_k > 0$，对于 k 为偶数，$k = 0,1,2,\cdots,n$，并规定 $\Delta_0 = 1$。

10.10 线性系统的有界输入有界输出稳定性

李亚普诺夫稳定性所考虑的是系统状态的运动，也即系统内部变量的运动特性，这种表征系统内部变量的运动稳定性称为内部稳定性。与此对应的用来表征系统外部变量的运动的稳定性则称之为外部稳定性。这里简单介绍线性系统的一种外部稳定性，即有界输入有界输出稳定性(BIBO 稳定性)。

10.10.1 有界输入有界输出稳定性及其判定

所谓有界输入有界输出稳定性，简单地说，就是当系统的输入是有界的，能不能保证系统的输出是有界的，下面给出严格的定义。

定义 10.10.1 考虑一个线性系统，如果在零初始条件下，对应于任何一个有界的输入 $\boldsymbol{u}(t)$，即满足条件

$$\|\boldsymbol{u}(t)\| \leqslant k_1 < \infty \qquad \forall t \in [t_0, \infty) \tag{10.10.1}$$

的输入 $\boldsymbol{u}(t)$，所产生的输出 $y(t)$ 也是有界的，即下式成立

$$\|\boldsymbol{y}(t)\| \leqslant k_2 < \infty \qquad \forall t \in [t_0, \infty) \tag{10.10.2}$$

则称此系统是有界输入有界输出稳定的，并简称为 BIBO 稳定。

上述定义要求系统的初始条件为零，因为只有在这种假定条件下，系统的输入 - 输出描述才是惟一的和有意义的。

线性系统的 BIBO 稳定性可根据其脉冲响应矩阵或传递函数矩阵来进行判别。下面给出判别外部稳定性的一些常用的准则。

例 10.10.1 微分环节 $y(t) = \dot{r}(t)$，由于有界输入的导数完全可以是无界的，所以微分环节是 BIBO 不稳定系统。

定理 10.10.1 设单输入单输出线性定常系统的脉冲响应函数为 $g(t)$，则其 BIBO 稳定的充分必要条件是

$$\int_0^{+\infty} |g(t)|\,\mathrm{d}t \leqslant M_1 < \infty \tag{10.10.3}$$

或等价地，当系统传递函数 $G(s)$ 为真有理分式时，$G(s)$ 所有极点均具有负实部。

证明 充分性：设输入 $r(t)$ 满足 $|r(t)| \leqslant M$，其中 M 是有界正数。若式(10.10.3)成立，则零状态响应 $y_f(t)$ 满足

$$|y_f(t)| = \left|\int_0^t r(t-\tau)g(\tau)\mathrm{d}\tau\right| \leqslant \int_0^{\infty} |r(t-\tau)|\,|g(\tau)|\mathrm{d}\tau \leqslant M\int_0^{\infty} |g(\tau)|\,\mathrm{d}\tau < \infty$$

必要性：假设系统 BIBO 稳定，并设其输入为有界函数

$$r(t) = \text{sign}[g(t)] \triangleq \begin{cases} -1 & g(t) < 0 \\ 0 & g(t) = 0 \\ +1 & g(t) > 0 \end{cases}$$

则其零状态响应为

$$y_f(t) = \int_0^t g(\tau) r(t - \tau) \mathrm{d}\tau$$

由输入信号 $r(t)$ 的特殊性知

$$y_f(t) = \int_0^t g(\tau) r(t - \tau) \mathrm{d}\tau = \int_0^t |g(\tau)| \mathrm{d}\tau$$

由于系统BIBO稳定,输入有界,输出必有界,所以存在正数 M_1 使得 $y_f(t) \leqslant M_1$,对于任意的时间 t 成立,于是式(10.10.3)成立。

当 $G(s)$ 为真的有理分式时,必可利用部分分式法将其展开为有限项之和,其中每一项的形式为

$$\frac{\beta_l}{(s - \lambda_l)^{\alpha_l}} \qquad l = 1,2,\cdots,p \tag{10.10.4}$$

式中　λ_l——$G(s)$ 的极点;

β_l, α_l——零或非零常数。

当 $\alpha_l \neq 0$ 时,式(10.10.4)所对应的Laplace反变换为

$$h_{lr} t^{\alpha_l - 1} \mathrm{e}^{\lambda_l t} \qquad l = 1,2,\cdots,p \tag{10.10.5}$$

当 $\alpha_l = 0$ 时,式(10.10.4)所对应的Laplace反变换为 δ 函数。由此可知,由 $G(s)$ 取Laplace反变换导出的 $G(s)$ 是有限个 $h_{lr} t^{\alpha_l - 1} \mathrm{e}^{\lambda_l t}$ 之和,和式中也可能包含有 δ 函数项。容易证明,当且仅当 $\lambda_l (l = 1,2,\cdots,p)$ 均具有负实部时,$t^{\alpha_l - 1} \mathrm{e}^{\lambda_l t}$ 为绝对可积,也即 $G(s)$ 为绝对可积。从而系统为BIBO稳定。证毕。

对于多输入－多输出线性定常系统,容易证明如下结论。

定理10.10.2　对于零初始条件的线性定常系统,设初始时刻 $t_0 = 0$,$\boldsymbol{G}(t)$ 为其脉冲响应矩阵,$\hat{\boldsymbol{G}}(s)$ 为其传递函数矩阵,则系统为BIBO稳定的充分必要条件是,存在一个有限常数 k,使得 $\boldsymbol{G}(t)$ 的每一个元 $g_{ij}(t)(i = 1,2,\cdots,m; j = 1,2,\cdots,r)$ 均满足关系式

$$\int_0^\infty |g_{ij}(t)| \mathrm{d}t \leqslant k < \infty \tag{10.10.6}$$

或者等价地,当 $\hat{\boldsymbol{G}}(s)$ 为真的有理分式函数矩阵时,$\hat{\boldsymbol{G}}(s)$ 每一个元传递函数 $\hat{g}_{ij}(s)$ 的所有极点均具有负实部。

10.10.2　内部稳定性与外部稳定性的关系

对于线性定常系统

$$\begin{cases} \dot{\boldsymbol{x}} = \boldsymbol{A}\boldsymbol{x} + \boldsymbol{B}\boldsymbol{u} & \boldsymbol{x}(0) = \boldsymbol{x}_0 \\ \boldsymbol{y} = \boldsymbol{C}\boldsymbol{x} + \boldsymbol{D}\boldsymbol{u} \end{cases} \tag{10.10.7}$$

如果系统是渐近稳定的,则其必是 BIBO 稳定的。

实际上,由系统结构的规范分解定理可知,通过引入线性非奇异变换,可将系统分解为能控能观测、能控不能观测、不能控能观测和不能控不能观测四个部分,而输入输出特性只能反映系统的能控能观测部分。因此,系统的 BIBO 稳定只是意味着其能控能观测部分为渐近稳定,它既不表明也不要求系统的其他部分是渐近稳定的。因此,线性定常系统的 BIBO 稳定不能保证其必是渐近稳定的。若系统不包含不能控和不能观测部分,则由 BIBO 稳定可以推出系统是渐近稳定的。由此可得下述结论:如果线性定常系统(10.10.7)为能控和能观测的,则其渐近稳定性与 BIBO 稳定等价。

10.11 用 MATLAB 分析系统稳定性

在前面的章节中,我们已经介绍了一些分析系统稳定性的方法,如 Routh 判据、Nyquist 判据等,并且给出了时域和频域方面如何应用 MATLAB 来分析系统的稳定性。本节我们将介绍在状态空间中如何应用 MATLAB 来分析系统稳定性。

10.11.1 用 MATLAB 分析系统的稳定性

对于线性定常系统,最简单的稳定性判据就是判别系统矩阵 $\boldsymbol{A}$ 的特征值,检验系统矩阵 $\boldsymbol{A}$ 的特征值是否都具有负实部。本小节从判断系统矩阵 $\boldsymbol{A}$ 的特征值入手,来分析线性定常系统的稳定性。

在 MATLAB 中,求矩阵 $\boldsymbol{A}$ 的特征值所用的命令为:

```
eig(A)
```

或使用:

```
[X,D] = eig(A)
```

例 10.11.1 已知如下控制系统,试确定系统的稳定性。

(1) $\dot{\boldsymbol{x}} = \begin{bmatrix} -2 & -2.5 & -0.5 \\ 1 & 0 & 0 \\ 0 & 1 & 0 \end{bmatrix} \boldsymbol{x}$

(2) $\dot{\boldsymbol{x}} = \begin{bmatrix} 0 & 1 \\ -3 & 5 \end{bmatrix} \boldsymbol{x}$

解 (1) 系统矩阵为

$$\boldsymbol{A} = \begin{bmatrix} -2 & -2.5 & -0.5 \\ 1 & 0 & 0 \\ 0 & 1 & 0 \end{bmatrix}$$

在 MATLAB 的命令提示符下,键入下列命令:

```
>> A = [-2 -2.5 -0.5;1 0 0;0 1 0];
>> sys_root = eig(A);
>> i = find(real(sys_root) > 0)% 寻找系统大于零的特征根的个数
```

结果为:

```
i =
    Empty matrix: 0-by-1
```

说明系统没有正实部的特征值,也没有零特征值,说明系统是渐近稳定的。

如果第二条语句没有最后的分号,可以得到:

```
sys_root =
    -0.8796 + 1.1414i
    -0.8796 - 1.1414i
    -0.2408
```

可以直观地得到系统的特征值,并且看到系统所有的特征值都具有负实部。

(2) 与上面类似,在 MATLAB 的命令提示符下,键入下列命令:

```
>> A = [0 1; -3 5];
>> sys_root = eig(A);
>> i = find(real(sys_root) > 0)
```

结果为:

```
i =
    1
    2
```

说明系统的第一个和第二个特征值都具有正实部,所以系统是不稳定的。

如果使用[X,D] = eig(A),则可以得到系统的特征值和特征向量。

例 10.11.2　求系统矩阵 $\boldsymbol{A}=\begin{bmatrix}0&1&0\\0&0&1\\-6&-11&-6\end{bmatrix}$ 的特征值和特征向量。

解　在 MATLAB 的命令提示符下,键入下列命令:

```
>> A = [0 1 0;0 0 1; -6 -11 -6];
>> [X,D] = eig(A)
```

结果为:

```
X =
    -0.5774     0.2182    -0.1048
     0.5774    -0.4364     0.3145
```

```
   -0.5774    0.8729   -0.9435
D =
   -1.0000         0         0
         0   -2.0000         0
         0         0   -3.0000
```

其中,D 中对角线上的元素就是矩阵 A 的特征值,X 就是由这三个特征值对应的特征向量所构成的矩阵。由此可见,这个系统是稳定的。

由于一个线性定常系统的稳定性实际上由系统矩阵 $\boldsymbol{A}$ 的特征结构决定,所以也可通过判断系统特征方程根的分布来判断。还可以通过将系统化为传递函数形式,然后依靠求取系统的零极点来判断系统的稳定性。

在 MATLAB 中,求取系统特征方程和特征方程解的命令分别为:

```
p = poly(A)
r = roots(p)
```

其中,A 为系统矩阵,p 为系统特征方程中的系数,r 为特征方程的根。

实际上,由上边两条命令得到的特征方程的根就是系统的特征值,和由 eig(A) 求得的是一样的,这里就不多举例了。

另一种判别线性定常系统的方法是将系统由状态方程转化为零极点形式,然后就可以应用根轨迹的相关方法来分析系统的稳定性。

在 MATLAB 中,求取系统$\begin{cases}\dot{\boldsymbol{x}} = \boldsymbol{A}\boldsymbol{x} + \boldsymbol{B}\boldsymbol{u} \\ \boldsymbol{y} = \boldsymbol{C}\boldsymbol{x} + \boldsymbol{D}\boldsymbol{u}\end{cases}$零极点的命令为:

```
[z,p,k] = ss2zp(A,B,C,D)
```

其中,A,B,C,D 就是系统方程中的各个矩阵,z,p 和 k 就是系统的零极点和增益参数。

例 10.11.3 已知某控制系统的状态方程为

$$\begin{bmatrix}\dot{x}_1 \\ \dot{x}_2\end{bmatrix} = \begin{bmatrix}-1 & 1 \\ 0 & 2\end{bmatrix}\begin{bmatrix}x_1 \\ x_2\end{bmatrix} + \begin{bmatrix}1 \\ 0\end{bmatrix}u$$

$$y = \begin{bmatrix}0 & 1\end{bmatrix}\begin{bmatrix}x_1 \\ x_2\end{bmatrix}$$

试确定系统的稳定性。

解 在 MATLAB 的命令提示符下,键入下列命令:

```
>> A = [-1 1;0 2];
>> B = [1 0]';
>> C = [0 1];
>> D = 0;
>> [z,p,k] = ss2zp(A,B,C,D)
```

```
>> ii = find(real(z) > 0);
>> jj = find(real(p) > 0);
>> n1 = length(ii)
>> n2 = length(jj)
```

结果为:

```
n1 =
     0
```

和

```
n2 =
     1
```

说明没有正实部的零点,有一个正实部的极点。所以系统是不稳定的。

若想查看零极点的确切值,可在 MATLAB 的命令提示符下继续键入:

```
>> z
z =
     Empty matrix: 0 - by - 1
>> p
p =
     -1
      2
```

除了以上方法外,还可以通过线性定常系统的李亚普诺夫定理来判别线性定常系统的稳定性。即存在矩阵方程 $\boldsymbol{A}^{\mathrm{T}}\boldsymbol{P}+\boldsymbol{P}\boldsymbol{A}=-\boldsymbol{Q}$,对任意给定的正定对称矩阵 $\boldsymbol{Q}$ 都有惟一的正定对称解阵 $\boldsymbol{P}$,则线性定常系统 $\dot{\boldsymbol{x}}=\boldsymbol{A}\boldsymbol{x}$ 为渐近稳定的。

在 MATLAB 中,求系统 $\dot{\boldsymbol{x}}=\boldsymbol{A}\boldsymbol{x}$ 在正定对称阵 $\boldsymbol{Q}$ 下的 $\boldsymbol{P}$ 阵的命令为:

```
P = lyap(A',Q)
```

例 10.11.4　设二阶系统方程为

$$\begin{bmatrix}\dot{x}_1\\ \dot{x}_2\end{bmatrix}=\begin{bmatrix}0 & 1\\ -1 & -1\end{bmatrix}\begin{bmatrix}x_1\\ x_2\end{bmatrix}$$

显然平衡点是原点。试确定该状态的稳定性。

解　在 MATLAB 的命令提示符下,键入下列命令:

```
>> A = [0 1; -1 -1];
>> Q = [1 0;0 1];
>> P = lyap(A',Q)
>> P1 = det(P(1,1))      % 求 P 的一阶主子式
>> P2 = det(P)           % 求 P 的二阶主子式
```

结果为：

```
P =

        1.5000   -0.5000
       -0.5000    1.0000
P1 =

        1.5000
P2 =

        1.2500
```

P为所求的矩阵，P1为P的一阶主子式，P2为P的二阶主子式。由所得可知，P是正定对称阵，所以系统在原点处的平衡状态是大范围渐近稳定的。

10.11.2 用MATLAB分析线性离散系统的稳定性

对于线性离散系统 $\boldsymbol{x}(k+1)=\boldsymbol{G}\boldsymbol{x}(k)$，$\boldsymbol{x}(0)=\boldsymbol{x}_0$，$k=0,1,2,\cdots$，若要判断它的稳定性，最简单的方法就是检验 $\boldsymbol{G}$ 的特征值是否都在单位圆内。若 $\boldsymbol{G}$ 的所有特征值都在单位圆内，则系统在平衡点 $\boldsymbol{x}_e=0$ 是渐近稳定的。本小节就从这一方法入手，应用MATLAB来分析线性离散系统的稳定性。

在MATLAB中，将线性系统 $\dot{\boldsymbol{x}}=\boldsymbol{A}\boldsymbol{x}+\boldsymbol{B}\boldsymbol{u}$ 离散化的命令为：

```
[G,H] = c2d(A,B,t)
```

其中，t是采样时间。

例10.11.5 还以例10.11.4中的二阶系统为例，将此二阶系统离散化，设采样时间 $t=0.05$。试确定该系统离散化后系统的稳定性。

解 在MATLAB的命令提示符下，键入下列命令：

```
>> A = [0 1; -1 -1];
>> B = [0 0]';
>> [G,H] = c2d(A,B,0.05); % 将线性系统离散化
>> lam = eig(G);
>> abs(lam); % 求特征值的模
>> lammax = max(abs(lam))
```

结果为：

```
lammax =

       0.9753
```

即离散系统最大的特征值的模为 $0.9753<1$，所以系统是渐近稳定的。

离散系统也由李亚普诺夫定理来判断系统的稳定性，即对矩阵方程 $\boldsymbol{G}^{\mathrm{T}}\boldsymbol{P}\boldsymbol{G}-\boldsymbol{P}=-\boldsymbol{Q}$，其中 $\boldsymbol{Q}$ 为任意正定对称阵，若有惟一的正定对称阵 $\boldsymbol{P}$ 为方程的解，则系统稳定。

在 MATLAB 中，求离散系统 $\boldsymbol{x}(k+1)=\boldsymbol{G}\boldsymbol{x}(k)$ 在正定对称矩阵 $\boldsymbol{Q}$ 下的 $\boldsymbol{P}$ 阵的命令为：

P = dlyap(G′,Q)

例 10.11.6　仍是例 10.11.5 中的离散系统，在 MATLAB 的命令提示符下，键入下列命令：

```
>> G = [0.9988 0.0488; -0.0488 0.9500];
>> Q = [1 0;0 1];
>> P = dlyap(G′,Q)
>> P1 = det(P(1,1))
>> P2 = det(P)
```

结果为：

```
P =
     30.5076   -10.0089
    -10.0089    20.5197
P1 =
     30.5076
P2 =
    525.8297
```

可见，$\boldsymbol{P}$ 阵的顺序主子式都是大于零的，即 $\boldsymbol{P}$ 为正定阵，系统是稳定的。这与采用特征值判断的结论一致。

10.11.3　用 MATLAB 分析非线性系统的稳定性

对于一般的系统 $\dot{\boldsymbol{x}}=\boldsymbol{f}(\boldsymbol{x})$，要判断系统在平衡点的稳定性，一般使用李亚普诺夫定理。但构造李亚普诺夫函数本身就是一个难点。本小节介绍根据克拉索夫斯基方法，应用 MATLAB 分析非线性系统的稳定性。

克拉索夫斯基方法的关键是求解系统的雅可比(Jacobi)矩阵。

在 MATLAB 中，求解系统 $\dot{\boldsymbol{x}}=\boldsymbol{f}(\boldsymbol{x})$ 的雅可比矩阵的命令为：

J = jacobian(f,x)

其中 J 就是所要求的雅可比矩阵，f 就是系统的 f(x)，x 就是系统的状态(注意：这里的 x 是一个行向量)。

例 10.11.7　试确定如下非线性系统在零平衡点的稳定性

$$\dot{x}_1=-x_1+\sin x_2$$

$$\dot{x}_2=x_1+2x_2$$

解　在 MATLAB 的命令提示符下，键入下列命令：

```
>> syms x1 x2
>> f = [-1*x1 + sin(x2);x1 + 2*x2];
```

```
> > x = [x1 x2];
> > jacob = jacobian(f,x)
> > F = jacob' + Jacob
> > F1 = det(F(1,1))
> > F2 = det(F)
```

可以得到:

```
jacob =
[ - 1, cos(x2)]
[ 1, 2]
F =
[ - 2, 1 + cos(x2)]
[ cos(conj(x2)) + 1, 4]
F1 =
- 2
F2 =
- 9 - cos(conj(x2)) - cos(x2) * cos(conj(x2)) - cos(x2)
```

由于 x2 是实数,则 conj(x2) = x2,所以 $F2 = -9 - 2\cos(x2) - \cos^2(x2)$,得到矩阵 F 是负定的。根据克拉索夫斯基方法,此非线性系统在零平衡点是稳定的。

应当注意,克拉索夫斯基定理是一个充分条件,当系统不满足克拉索夫斯基定理时,不能判断系统是不稳定的。而且,对非线性系统

$$\dot{x}_1 = f_{11}(x_1) + f_{12}(x_2)$$
$$\dot{x}_2 = f_{21}(x_1) + f_{22}(x_2)$$

如果其中 $f_{11}(x_1)$ 和 $f_{22}(x_2)$ 是常数,则雅可比矩阵主对角线元素为 0,这时不能使用克拉索夫斯基方法进行判断。

有了应用 MATLAB 求取雅可比矩阵的方法,就能应用 MATLAB 对一些非线性系统使用一次近似方法进行分析。

例 10.11.8 试判断系统$\begin{cases}\dot{x} = -kx + 2y \\ \dot{y} = -x - 2y^3\end{cases}$在零平衡点的稳定性。

解 根据一次近似方法,将系统写成$\begin{bmatrix}\dot{x} \\ \dot{y}\end{bmatrix} = \boldsymbol{A}\begin{bmatrix}x \\ y\end{bmatrix} + g(x,y)$ 的形式。

在 MATLAB 的命令提示符下,键入下列命令:

```
> > syms x y k;
```

```
> > f = [- k * x + 2 * y; - 1 * x - 2 * y^3];
> > jacob = jacobian(f,[x y])
```

可以得到:

```
jacob =
[ - k, 2]
[ - 1, - 6 * y^2]
```

由系统的雅可比矩阵可以求得 $\boldsymbol{A} = \begin{bmatrix} -k & 1 \\ -1 & 0 \end{bmatrix}$。再求取 $\boldsymbol{A}$ 阵的特征值。

在 MATLAB 的命令提示符下,键入下列命令:

```
> > A = [- k 2; - 1 0];
> > eig(A)
```

可以得到:

```
ans =
- 1/2 * k + 1/2 * (k^2 - 8)^(1/2)
- 1/2 * k - 1/2 * (k^2 - 8)^(1/2)
```

所以 $\boldsymbol{A}$ 阵特征值的实部是正是负与 k 的选取有关。

若 $k > 0$,则系统在零平衡点是指数稳定的;

若 $k < 0$,则系统在零平衡点是不稳定的;

若 $k = 0$,则系统在零平衡点的稳定性由高次项决定。

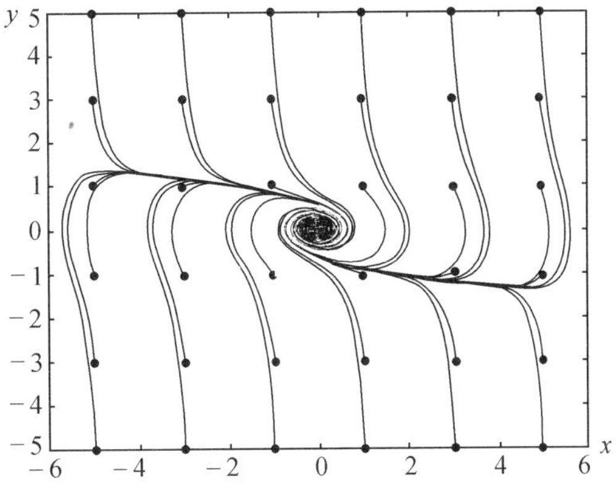

图 10.11.1　当 $k = 0$ 时系统状态的运动曲线

当 $k = 0$ 时,系统转变为 $\begin{cases} \dot{x} = 2y \\ \dot{y} = -x - 2y^3 \end{cases}$,我们应用例 9.8.4 的方法,用 MATLAB 写出描述系统的函数nonl _ fun():

```
function xdot = nonl _ fun(t,x)
xdot(1) = 2 * x(2);
xdot(2) = - 1 * x(1) - 2 * x(2)^3;
xdot = [xdot(1);xdot(2)];
```

其中,x(1) 就是 x,x(2) 就是 y。

再将 nonlin.m 文件的第 4 行中的 nonlin _ fun 改为 nonl _ fun,运行后得到图 10.11.1

显见,当 $k = 0$ 时系统渐近稳定。

10.12 本章小结

本章讨论了系统的运动稳定性,包括李亚普诺夫稳定性和系统的有界输入有界输出稳定性(BIBO 稳定性)。主要内容总结如下。

1.李亚普诺夫稳定性的定义,主要概念有:平衡点、系统的运动、稳定、一致稳定、吸引、一致吸引、渐近稳定、一致渐近稳定、指数稳定、局部与全局。应当注意到:所谓一致稳定中的"一致"是对初始时刻的一致性;渐近稳定概念中所包含的吸引与稳定两方面的含义;一致渐近稳定所包含的一致吸引与一致稳定两方面的含义。

2.李亚普诺夫直接方法的稳定性的主要定理的内容包括:定常与时变函数定号性的定义(正定、正半定、负定、负半定、不定),无限大性质,时变函数的渐减的性质;K 类函数。

自治系统稳定性的主要定理:稳定性定理,渐近稳定性定理(定理 10.3.4)与克拉索夫斯基定理(定理 10.3.5),不稳定性定理。应当注意到:克拉索夫斯基定理只适用于自治系统,对于非自治系统并不成立。

非自治系统的稳定性定理:稳定性定理,一致稳定性定理,一致渐近稳定性定理,指数稳定性定理,不稳定性定理。应当注意到:V 函数的渐减性质在一致渐近稳定性定理与不稳定性定理中的重要性。

3.线性时变系统的稳定性,包括两方面的内容:其一,线性时变系统的各类稳定性,可以转化为状态转移矩阵性质的判定,由于求解系统的状态转移矩阵实质上等价于求出系统的通解,因此,这种判定方法并不实用;其二,利用李亚普诺夫直接方法进行判定,其一致渐近稳定等价于一个微分李亚普诺夫方程解的存在惟一性。

4.线性定常系统的稳定性,也包括两方面的内容:其一,线性定常系统的各类稳定性,可以转化为系统矩阵的特征值性质的判定;其二,利用李亚普诺夫直接方法进行判定。其渐近稳定等价于李亚普诺夫方程 $\boldsymbol{A}^{\mathrm{T}}\boldsymbol{P}+\boldsymbol{P}\boldsymbol{A}=-\boldsymbol{Q}$ 正定解的存在惟一性问题。

5.应当注意到:对于线性系统,稳定性中的全局与局部是等价的,即对于线性系统的稳定性,不存在全局与局部的问题。

6.李亚普诺夫一次近似方法,也称为李亚普诺夫间接法。通过一次近似,可以用线性系统的稳定性来判别非线性系统的稳定性。

7.李亚普诺夫函数的构造是一个复杂的问题,本章给出两种李亚普诺夫函数的构造方法,即克拉索夫斯基方法与变量梯度法。它们仅适用于自治系统。对于一般的非线性系统,可以先选用二次型函数进行尝试,或进行适当的变形,再利用以上的两种方法。

8.有界输入有界输出稳定性(BIBO 稳定性)是一种外部稳定性,而李亚普诺夫稳定性所考虑的是系统内部变量的运动特性,是内部稳定性。但如果线性定常系统为能控和能观测的,则其渐近稳定与 BIBO 稳定等价。

习题与思考题

10.1　判断下列二次型是否为正定函数。

(1) $f(x) = x_1^2 + 4x_2^2 + x_3^2 + 2x_1x_2 - 6x_2x_3 - 2x_1x_3$

(2) $f(x) = -x_1^2 - 3x_2^2 - 11x_3^2 + 2x_1x_2 - x_2x_3 - 2x_1x_3$

(3) $f(x) = -x_1^2 + 5x_2^2 + x_3^2 + 4x_1x_2 + 2x_2x_3$

(4) $f(x) = x_1^2 + \dfrac{x_2^2}{1 + x_2^2}$

10.2　确定如下系统

$$\dot{x}_1 = x_2$$
$$\dot{x}_2 = -x_1^3 - x_2$$

在原点的稳定性。

10.3　给定系统

$$\dot{x}_1 = -g_1(x_1) + g_2(x_1, x_2)$$
$$\dot{x}_2 = g_3(x_2)$$

其中，$g_1(0) = g_3(0) = 0, g_2(0, x_2) = 0$。试求系统原点稳定的充分条件。

10.4　已知控制系统的状态方程为

$$\dot{x}_1 = f_1(x_1) + x_2$$
$$\dot{x}_2 = x_1 - ax_2$$

设 $f_1(0) = 0$。试用李亚普诺夫第二方法确定原点渐近稳定的条件。

10.5　给定系统

$$\dot{x}_1 = x_2$$
$$\dot{x}_2 = -g(x_1) + x_2$$

在该系统中，当 $x_1 \neq 0$ 时，$g(x_1)/x_1 > 0$ 成立，试确定系统原点的渐近稳定性。

10.6　已知控制系统的状态方程为

$$\dot{x}_1 = -x_1 + 2x_2$$
$$\dot{x}_2 = -2x_1 + x_2(x_2 - 1)$$

试用李亚普诺夫第二方法确定原点渐近稳定性。

10.7　已知控制系统的状态方程为

$$\dot{x}_1 = -x_1 + x_2 + ax_1(x_1^2 + x_2^2)$$
$$\dot{x}_2 = -x_1 - x_2 + ax_2(x_1^2 + x_2^2)$$

其中，$a > 0$。试确定系统在原点的稳定性。

10.8　已知控制系统的状态方程为

$$\dot{x}_1 = x_1 - x_2 - x_1^3$$
$$\dot{x}_2 = x_1 + x_2 - x_2^3$$

试用李亚普诺夫第二方法研究系统在原点的稳定性。

10.9 已知系统的状态方程为

$$\dot{\boldsymbol{x}} = \begin{bmatrix} -2 & -1-\mathrm{j} \\ -1+\mathrm{j} & -3 \end{bmatrix} \boldsymbol{x}$$

试解系统的李亚普诺夫方程以确定系统在原点的稳定性。

10.10 已知控制系统的状态方程为

$$\dot{x}_1 = x_2$$
$$\dot{x}_2 = -ax_2 - bx_2^3 - x_1$$

试用李亚普诺夫第二方法确定系统在原点稳定时系数 a 和 b 的取值范围。

10.11 已知控制系统的状态方程为

$$\dot{x}_1 = x_2$$
$$\dot{x}_2 = -a_1x_1 - a_2x_1^2x_2$$

其中，$a_1 > 0, a_2 > 0$。试用李亚普诺夫第二方法确定系统在原点的渐近稳定性。

10.12 已知控制系统的状态方程为

$$\dot{x}_1 = ax_1 + x_2$$
$$\dot{x}_2 = x_1 - x_2 + bx_2^5$$

若要求系统原点为大范围渐近稳定，试用克拉索夫斯基方法确定参数 a 和 b 的取值范围。

10.13 已知控制系统的状态方程为

$$\dot{x}_1 = -2x_1 + 2x_2^4$$
$$\dot{x}_2 = -x_2$$

试采用如下方法确定原点的稳定性：(1) 李亚普诺夫第一方法；(2) 克拉索夫斯基方法；(3) 变量梯度法；(4) 令 $V = x_1^2 + x_2^2$。

10.14 已知系统的运动方程为

(1) $\ddot{x} + K_1\dot{x} + K_2(\dot{x})^5 + x = 0$

(2) $\ddot{x} + [K_1 + K_2(x)^4]\dot{x} + x = 0$

试分析 $K_1 > 0$ 及 $K_2 < 0$ 时系统的稳定性。

10.15 给定系统

$$\dot{x}_1 = -x_1 + x_2 + x_1^2x_2$$
$$\dot{x}_2 = -x_1 - x_2 + kx_1x_2^2$$

其中，k 为正常数。为使 $V = \frac{1+k}{2}(x_1^2 + x_2^2) + (1-k)x_1x_2$ 成为系统的一个李亚普诺夫函数，

试确定 k 的取值范围。又令 $k = 3$,试确定位于原点的平衡点的一个吸引域。

10.16　已知线性定常系统的状态方程为

$$\dot{\boldsymbol{x}} = \begin{bmatrix} -1 & -2 \\ 1 & -4 \end{bmatrix} \boldsymbol{x}$$

试利用李亚普诺夫第二法判别该系统平衡状态的稳定性。

10.17　已知线性定常系统的状态方程为

$$\dot{\boldsymbol{x}} = \begin{bmatrix} -1 & 1 \\ 2 & 3 \end{bmatrix} \boldsymbol{x}$$

试分析该系统在平衡状态的稳定性。

10.18　讨论方程

$$\dot{x}_1 = x_2$$

$$\dot{x}_2 = -a^2 \sin x_1$$

零解的稳定性。

10.19　证明系统 $\dot{x} = -x + x^2$ 的零解是指数渐近稳定的,但不是全局渐近稳定的。

10.20　已知控制系统的状态方程为

$$\dot{x}_1 = -x_1 + 2x_1^2 x_2$$

$$\dot{x}_2 = -x_2$$

试用变量梯度法确定原点的稳定性。

10.21　利用克拉索夫斯基方法判断下述系统是否为大范围渐近稳定

$$\dot{x}_1 = -3x_1 + x_2$$

$$\dot{x}_2 = x_1 - x_2 - x_2^3$$

10.22　设有二阶非线性系统

$$\dot{x}_1 = x_2$$

$$\dot{x}_2 = -\sin x_1 - x_2$$

(1) 定出所有的平衡状态;(2) 求出各平衡点处的线性化状态方程,并判断是否为渐近稳定。

10.23　给定单变量线性定常系统

$$\dot{\boldsymbol{x}} = \begin{bmatrix} 0 & 1 & 0 \\ 0 & 0 & 1 \\ 250 & 0 & -5 \end{bmatrix} \boldsymbol{x} + \begin{bmatrix} 0 \\ 0 \\ 10 \end{bmatrix} u$$

$$y = \begin{bmatrix} -25 & 5 & 0 \end{bmatrix} \boldsymbol{x}$$

(1) 判断系统是否为渐近稳定;

(2) 判断系统是否为 BIBO 稳定。

10.24 设有二阶非线性系统

$$\dot{x}_1 = -x_1 + x_2$$

$$\dot{x}_2 = x_1\cos t - x_2$$

讨论零解的稳定性。

10.25 证明方程 $\dot{x} = (1+t)^{-1}x - x^3$ 的零解是渐近稳定的,但线性方程 $\dot{x} = (1+t)^{-1}x$ 的零解是不稳定的。

10.26 试分析下列系统在原点处的稳定性。

$$\dot{x}_1 = x_2$$

$$\dot{x}_2 = -x_2 - x_1^2$$

10.27 已知线性定常系统的齐次状态方程为

$$\dot{\boldsymbol{x}} = \boldsymbol{A}\boldsymbol{x}$$

其中

$$\boldsymbol{x} = [x_1\ x_2\ x_3\ x_4]^{\mathrm{T}}$$

$$\boldsymbol{A} = \begin{bmatrix} 0 & 1 & 0 & 0 \\ -b_4 & 0 & 1 & 0 \\ 0 & -b_3 & 0 & 1 \\ 0 & 0 & -b_2 & -b_1 \end{bmatrix}$$

试用 $b_i(i = 1,2,3,4)$ 表示该系统在平衡点 $\boldsymbol{x}_{\mathrm{e}} = 0$ 处渐近稳定的充分条件。

10.28 已知线性定常离散系统的状态方程为

$$x_1(k+1) = x_1(k) + 3x_2(k)$$

$$x_2(k+1) = -3x_1(k) - 2x_2(k) - 3x_3(k)$$

$$x_3(k+1) = x_1(k)$$

试分析该系统的平衡状态的稳定性。

10.29 已知线性定常离散系统的齐次状态方程为

$$\boldsymbol{x}(k+1) = \boldsymbol{A}\boldsymbol{x}(k)$$

其中系统矩阵 $\boldsymbol{A}$ 为

$$\boldsymbol{A} = \begin{bmatrix} 0 & 1 & 0 \\ 0 & 0 & 1 \\ 0 & \dfrac{K}{2} & 0 \end{bmatrix}$$

以及 $K > 0$。试确定给定系统在平衡点 $\boldsymbol{x}_{\mathrm{e}} = 0$ 处渐近稳定时参数 K 的取值范围。

第十一章　最优控制

应用经典控制理论有很多的局限性，其中最大的缺点是大多数的设计方法是由设计人员的经验得来的，是试凑性方法，缺乏数学的严谨性。对于多输入多输出系统，或者控制要求很高的复杂系统，试凑方法很难得到满意的系统设计。

20 世纪 60 年代初，由于空间技术的迅速发展和计算机技术的广泛应用，动态系统的优化理论得到了迅速发展，形成了最优控制这一现代控制理论的重要分支，并在控制工程、经济管理与决策以及人口控制等领域得到了成功的应用。

最优控制研究的主要问题是，根据已建立的被控对象的数学模型，选择一个容许的控制律，使得被控对象按预定的规律运动，并使某一个性能指标达到最大或最小。从数学的观点来看，最优控制问题是求解一类带有约束条件的泛函极值问题，属于变分学的范畴。然而，经典的变分理论只能解决控制无约束问题，即容许控制属于开集的一类最优控制问题，而工程中的控制常常是有约束的，即容许控制是属于闭集的。为了解决这个问题，20 世纪 50 年代，美国学者贝尔曼和苏联科学院院士庞特里亚金分别独立发展了经典的变分方法，分别给出了动态规划方法和极小值原理，构成了最优控制的理论基础。

本章将介绍动态系统最优控制的基本原理和常用方法。

11.1　最优控制的一般提法

本节将给出最优控制问题的提出方法和基本概念。

11.1.1　最优控制问题的两个例子

例 11.1.1　飞船的月球软着陆问题。如图 11.1.1 所示，飞船靠其发动机产生一个与月球重力方向相反的推力 f，以使飞船落到月球表面时速度为零，即实现软着陆。要求设计推力函数 $f(t)$，以使发动机燃料消耗最少。

解　设飞船质量为 m，其高度和垂直速度分别为 h 和 v，月球的重力加速度为常数 g，飞船的自身质量及所带燃料分别为 M 和 F。

设从 $t = 0$ 时刻飞船开始进入着陆过程。其运动方程为

$$\begin{cases}\dot{h} = v \\ \dot{v} = \dfrac{f}{m} - g \\ \dot{m} = -kf\end{cases} \tag{11.1.1}$$

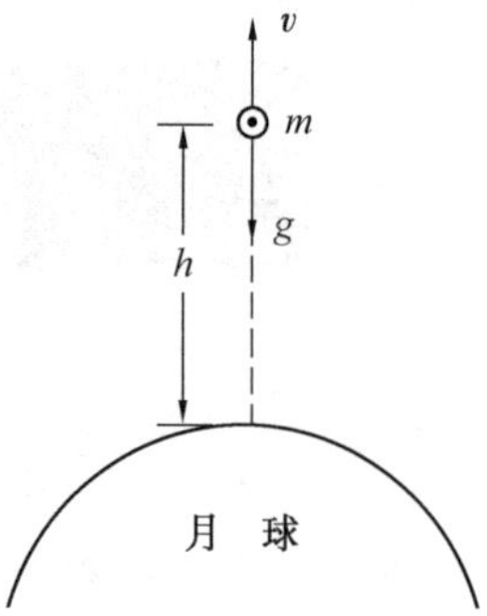

图 11.1.1

式中　k—— 常数。

控制飞船从初始状态为

$$\begin{cases}h(0) = h_0 \\ v(0) = v_0 \\ m(0) = M + F\end{cases} \tag{11.1.2}$$

到某一时刻 t_f 实现软着陆,即

$$\begin{cases}h(t_f) = 0 \\ v(t_f) = 0\end{cases} \tag{11.1.3}$$

控制过程中推力 $f(t)$ 不能超过发动机所能提供的最大推力 f_{max},即

$$0 \leqslant f(t) \leqslant f_{max} \tag{11.1.4}$$

最优控制问题可以描述为:在满足控制约束的条件下,寻求发动机推力 $f(t)$,使飞船的燃料消耗最小,也就是使得 t_f 时刻飞船质量为 m 最大,即

$$J = m(t_f)$$

例 11.1.2　空对空导弹拦截。假定导弹与目标的运动发生在同一平面,即假设导弹能产生足够大的铅垂方向升力,以抵消其自身的重力;假定导弹推力方向与其速度方向一致,目标常速、定航向飞行。这种假定并非过分限制,实际上,导弹按此种假设下所形成的控制律飞行,直至接收到关于目标下一次新的量测为止,根据新的量测再形成新的控制律,这样反复进行,直至击中目标。当量测采样间隔充分小时,关于目标常速、定航向的假设离实际情况相差并不太远。

解　在上述假设下目标的运动方程为

$$\begin{cases}\dot{x}_m = v_m \cos\varphi_m \\ \dot{y}_m = v_m \sin\varphi_m \\ \dot{v}_m = 0\end{cases} \tag{11.1.5}$$

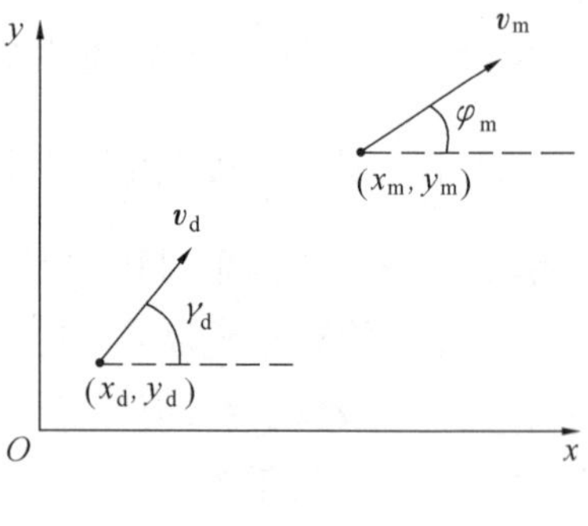

图 11.1.2

这里(x_m, y_m)是目标在位置坐标平面内的坐标值,v_m 是目标的线速度,φ_m 是目标运动方向与 x 轴的夹角,如图 11.1.2。

设 m 为导弹的质量,(x_d, y_d) 为导弹在坐标平面内的坐标,v_d 是导弹速度,v_d 与 x 轴的夹角为 γ_d,F 表示导弹的侧向控制力。如用 β 表示推进剂秒流量,β 可作为一个

控制量,则纵向推力为 $C\beta$,其中 C 为常数。设 K_d 表示导弹的阻力因子,且

$$K_d = \frac{1}{2} C_0 \rho S$$

式中　C_0—— 零升力阻力系数,可以看做是常数;

ρ—— 大气密度,也可看做是常数;

S—— 导弹的参考面积。

将 F 和 β 看做两个独立的控制量时,导弹的运动方程为

$$\begin{cases} \dot{x}_d = v_d \cos \gamma_d \\ \dot{y}_d = v_d \sin \gamma_d \\ \dot{v}_d = \dfrac{1}{m}(C\beta - K_d v_d^2) \\ \dot{\gamma}_d = \dfrac{1}{v_d} \dfrac{F}{m} \\ \dot{m} = -\beta \end{cases} \tag{11.1.6}$$

取状态变量与控制变量分别是

$$\boldsymbol{x}^T = [x_1 \quad x_2 \quad x_3 \quad x_4 \quad x_5 \quad x_6] \triangleq [x \quad y \quad v_d \quad \gamma_d \quad m \quad v_m]$$

$$\boldsymbol{u}^T = [u_1 \quad u_2] \triangleq [\beta \quad F]$$

令 $\boldsymbol{x} = \boldsymbol{x}_m - \boldsymbol{x}_d, \boldsymbol{y} = \boldsymbol{y}_m - \boldsymbol{y}_d$,则可得状态方程为

$$\begin{cases} \dot{x}_1 = x_6 \cos \varphi_m - x_3 \cos x_4 \\ \dot{x}_2 = x_6 \sin \varphi_m - x_3 \sin x_4 \\ \dot{x}_3 = \dfrac{1}{x_5}(Cu_1 - K_d x_3^2) \\ \dot{x}_4 = \dfrac{u_2}{x_3 x_5} \\ \dot{x}_5 = -u_1 \\ \dot{x}_6 = 0 \end{cases} \tag{11.1.7}$$

这样问题可以归纳为:导弹从已知的初始状态 $x(t_0) = x_0$ 出发,通过选择适当的控制律 $\beta(t)$,$F(t)(t_0 \leqslant t \leqslant t_f)$,使得在某末端时刻 t_f 尽可能地接近目标,同时,尽可能地节省控制能量。为此取性能指标为

$$\boldsymbol{J} = \boldsymbol{x}^T(t_f)\boldsymbol{S}\boldsymbol{x}(t_f) + \int_{t_0}^{t_f} \boldsymbol{u}^T(t)\boldsymbol{R}(t)\boldsymbol{u}(t)\mathrm{d}t \tag{11.1.8}$$

这里 $\boldsymbol{R}(t)$ 和 $\boldsymbol{S}$ 均为对角线形矩阵。

$$\boldsymbol{R}(t) = \begin{bmatrix} r_1(t) & 0 \\ 0 & r_2(t) \end{bmatrix}$$

$$S = \mathrm{diag}[s_1, s_2, 0, 0, 0, 0]$$

式(11.1.8)中右边第一项表示末端时刻 t_f 导弹与目标距离的一种度量,该距离常称为脱靶量,而第二项表示控制过程所消耗的能量。

11.1.2 最优控制的一般提法

所谓最优控制的一般提法,是指将工程中的达到最优性能指标的控制问题抽象成一类数学问题,用数学语言严格表述出来。从以上的例子可以看出,最优控制的数学描述包含了以下的几个内容:首先,应给出系统的数学模型,即用微分方程描述系统的动态过程;其次,要明确系统所要求的边界条件和目标集;再次,根据问题本身划定容许的控制域;最后,确定用以衡量控制效果的性能指标。

(1) 受控系统的数学模型

对于连续系统,其状态方程的一般形式为

$$\dot{\boldsymbol{x}}(t) = \boldsymbol{f}(\boldsymbol{x}(t), \boldsymbol{u}(t), t) \qquad \boldsymbol{x}(t_0) = \boldsymbol{x}_0 \qquad t \geqslant t_0 \tag{11.1.9}$$

对于离散系统,其状态方程的一般形式为

$$\boldsymbol{x}(k+1) = \boldsymbol{f}(\boldsymbol{x}(k), \boldsymbol{u}(k), k) \qquad \boldsymbol{x}(0) = \boldsymbol{x}_0 \qquad k = 0,1,2,\cdots \tag{11.1.10}$$

式中 $\boldsymbol{x}$—— 状态向量,是 $n \times 1$ 矩阵;

$\boldsymbol{u}$—— 控制向量,是 $r \times 1$ 矩阵;

$\boldsymbol{f}(\cdot)$—— 连续函数向量,$\boldsymbol{f}(\cdot) \in \mathbf{R}^n$。

(2) 边界条件和目标集

系统在控制的作用下,总是从状态空间的一个状态转移到另一个状态,从而在状态空间中形成一条轨线。最优控制问题中起始状态 $\boldsymbol{x}(t_0)$(简称初态),通常是已知的,即 $\boldsymbol{x}(t_0) = \boldsymbol{x}_0$。而最终达到的状态 $\boldsymbol{x}(t_f)$(简称末态),是控制过程所要达到的目标,因问题不同而不同。一般地说,末端时刻 t_f 可以固定,也可以自由;末端状态可以固定,也可以自由,或者是规定在一个范围之内,对末态的要求一般可以用如下的末态约束条件来表示

$$\boldsymbol{g}[\boldsymbol{x}(t_f), t_f] = 0$$

$$\boldsymbol{h}[\boldsymbol{x}(t_f), t_f] \leqslant 0$$

这种满足末态条件的状态集合称为目标集,记为 $\boldsymbol{M}$,并可表示为

$$\boldsymbol{M} = \{\boldsymbol{x}(t_f) \mid \boldsymbol{x}(t_f) \in \mathbf{R}^n, \boldsymbol{g}[\boldsymbol{x}(t_f), t_f] = 0, \boldsymbol{h}[\boldsymbol{x}(t_f), t_f] \leqslant 0\}$$

(3) 容许控制

控制向量 $\boldsymbol{u}$ 的各个分量 u_i 一般具有不同的物理属性,例如,可能是飞机舵偏角、电机的电磁力矩、电流等,而实际中的物理量要受到客观条件的限制,只能在一定的范围内取值。将由控制量约束条件规定的点集称为控制域,并记为 $\boldsymbol{U}$。凡在时间闭区间$[t_0, t_f]$上有定义,且在控制域 $\boldsymbol{U}$ 内取值的每一个分段连续的控制向量 $\boldsymbol{u}(t)$ 称为容许控制,记为 $\boldsymbol{u}(t) \in \boldsymbol{U}$。值得注意的

是，$\boldsymbol{U}$ 为开集或闭集，但其处理方法有很大的不同，后者处理较难，从以后的内容中可以清楚地看到这一点。

(4) 性能指标

将系统的状态从初始状态 $\boldsymbol{x}(t_0)$ 转移到目标集 $\boldsymbol{M}$ 可以用各种不同的控制函数 $\boldsymbol{u}(t)$ 去实现，为了从各种可供选择的控制规律中找到一种效果最好的控制，就需要建立一种评价控制效果好坏或控制品质优劣的性能指标函数。如例 11.1.1 中，将节省燃料作为性能指标，例 11.1.2 中将快速拦截和节省燃料这两个要求加以折衷考虑。

性能指标的形式一般取决于实际控制问题的具体要求，不同的最优控制问题有不同的性能指标。甚至相同的控制问题，由于设计者的设计要求不同，也可以提出不同的性能指标。其一般形式可以用如下的性能指标函数来概括

$$J = \phi(\boldsymbol{x}(t_f), t_f) + \int_{t_0}^{t_f} L(\boldsymbol{x}(t), \boldsymbol{u}(t), t)\mathrm{d}t \tag{11.1.11}$$

性能指标中 $\phi(\cdot)$ 和 $L(\cdot)$ 为连续可微的标量函数。上式中的 $\phi(\boldsymbol{x}(t_f), t_f)$ 称为末值项。末端时刻 t_f 可以固定，也可以自由，是系统的末态接近目标集程度的度量。例如，要求导弹的脱靶量最小等，常称为末值型性能指标。积分部分 $\int_{t_0}^{t_f} L(\boldsymbol{x}(t), \boldsymbol{u}(t), t)\mathrm{d}t$ 称为过程项，表示在整个控制过程中，系统的状态及控制应该满足的要求，可以反映系统控制偏差在某种意义下的平均或控制过程的快速性，同时反映燃料或能量的消耗，这一部分常称为积分型性能指标。例如，下式的最小时间控制的性能指标表示要求设计一个快速控制律，使系统在最短时间内由已知初始状态 $\boldsymbol{x}(t_0)$ 转移到要求的末态 $\boldsymbol{x}(t_f)$，即

$$J = \int_{t_0}^{t_f} \mathrm{d}t = t_f - t_0$$

同时含有末值型和积分型两部分的性能指标称为复合型性能指标，表示对系统的整个控制过程和末端状态都有要求。

性能指标又称目标函数、代价函数、评价函数。性能指标实际上是一种泛函，因此又称性能指标泛函。

(5) 最优控制的数学描述

根据以上所介绍的概念可以将最优控制问题描述如下。

设被控对象的状态方程及初始条件为

$$\dot{\boldsymbol{x}}(t) = \boldsymbol{f}(\boldsymbol{x}(t), \boldsymbol{u}(t), t)$$
$$\boldsymbol{x}(t_0) = \boldsymbol{x}_0$$

目标集为 $\boldsymbol{M}$，求取一个容许控制 $\boldsymbol{u}(t) \in \boldsymbol{U}, t \in [t_0, t_f]$，使受控系统(11.1.9) 由给定的初始条件出发，在末端时刻 $t_f > t_0$，将系统的状态转移到目标集 $\boldsymbol{M}$，并使性能指标(11.1.11) 为最小。

11.1.3 最优控制的研究方法

最优控制问题实际上是有约束的泛函优化问题，一般地有以下两类求解方法。

(1) 解析法

解析法适用于性能指标及约束条件有明显解析表达式的情况，一般先用求导方法或变分法求出最优控制的必要条件，得到一组方程式或不等式，然后求解这组方程式或不等式，得到最优控制的解析解。当控制无约束时，可以采用经典的微分法或经典的变分法；当控制有约束时，采用极小值原理或动态规划。如果系统是线性的，性能指标是二次型形式的，则可以采用状态调节器理论求解。

(2) 数值计算法

我们知道，很多微分方程一般很难求出解析解，优化问题也是如此。对于最优控制问题，如果系统是非线性的，或性能指标比较复杂，一般不能求出最优控制的解析表达式，这种情况可以用数值计算方法求出最优控制的数值解。一般数值求解优化问题可以用一维或多维搜索或各种类型的梯度方法，或者对于复杂的最优控制问题，可以利用启发式随机优化方法，如遗传算法、模拟退火方法、神经网络优化方法等。

本章主要介绍最优控制的解析求解方法，包括变分法、极小值原理、动态规划以及线性二次型最优控制。

11.2 变分法及其在求解无约束最优控制中的应用

由 11.1 节可知，在最优控制问题的数学描述中，系统的数学模型是由状态方程来表示的，系统的性能指标是由泛函来表示的。这样控制向量无约束时的最优控制问题，实际上就是在系统状态方程约束下的泛函的条件极值问题，这一类问题可以用变分法来求解。

变分法是研究泛函极值的一种经典方法，从 17 世纪末开始，逐渐发展成一门独立的数学分支，在力学、光学、电磁学和自动控制等方面有着广泛的应用。

本节主要介绍变分法的基本原理，并用于解决某一类的最优控制问题。

11.2.1 泛函与变分

泛函与变分有如下基本概念。

1. 泛函与泛函算子

所谓泛函，简单地说是函数的函数，可以定义如下：

泛函：设 $\{y(x)\}$ 为给定的某类函数。如果对于这类函数中的每一个函数，有某个数 J 与之对应，则称 J 为这类函数的泛函，记为 $J = J[y(x)]$，函数类 $\{y(x)\}$ 称为泛函 J 的定义域。

例 11.2.1 函数的定积分是一个泛函。设

$$J[x]=\int_0^1 x(t)\mathrm{d}t \tag{11.2.1}$$

当 $x(t)=t$ 时，有 $J[x]=1/2$；当 $x(t)=\cos t$ 时，有 $J[x]=\sin 1$。

例 11.2.2　设 $\{y(t)\}$ 为定义在 $[0,1]$ 上的具有连续导数的函数的全体，则

$$J=J[y(t)]=\int_0^1\sqrt{1+\dot{y}^2}\mathrm{d}t$$

为 $y(t)$ 的一个泛函。

设 $y(x)$ 为一个以 x 为自变元的函数，$J[y(x)]$ 为一个以 $y(x)$ 为自变元的泛函。

在最优控制问题中，如果取如下形式的积分型性能指标

$$J=\int_{t_0}^{t_f}L[\boldsymbol{x}(t),\dot{\boldsymbol{x}}(t),t]\mathrm{d}t \tag{11.2.2}$$

则 J 的数值取决于 n 维向量函数 $\boldsymbol{x}(t)$，故式(11.2.2)是一种积分型指标泛函。

性能指标泛函可以看做是线性赋范空间中的某个子集到实数集的映射，这里“线性赋范空间”简单地说，是定义了范数的线性空间，如在平面 $\mathbf{R}^2$ 上，$\boldsymbol{x}=[x_1,x_2]^{\mathrm{T}}$，定义范数 $\|\boldsymbol{x}\|=(x_1^2+x_2^2)^{1/2}$，性能指标泛函可以定义为：

设 $\mathbf{R}^n$ 为 n 维线性赋范空间，$\mathbf{R}$ 为实数集，若存在一一对应关系

$$y=J[\boldsymbol{x}]\qquad \boldsymbol{x}\in\mathbf{R}^n\qquad y\in\mathbf{R} \tag{11.2.3}$$

则称 $J[\boldsymbol{x}]$ 为 $\mathbf{R}^n$ 到 $\mathbf{R}$ 的泛函算子，记做 $J[\boldsymbol{x}]:\mathbf{R}^n\to\mathbf{R}$。

为了对泛函进行运算，常要求泛函 $J[\boldsymbol{x}]$ 是线性且具有连续性的。

2. 线性泛函与连续泛函

线性泛函：设 $J[\boldsymbol{x}(t)]$ 为连续泛函。如果对于任意常数 α,β 和 $J[\boldsymbol{x}(t)]$ 定义域中的任何变量 $\boldsymbol{x}_1(t)$ 和 $\boldsymbol{x}_2(t)$，有

$$J[\alpha\boldsymbol{x}_1(t)+\beta\boldsymbol{x}_2(t)]=\alpha J[\boldsymbol{x}_1(t)]+\beta J[\boldsymbol{x}_2(t)] \tag{11.2.4}$$

则称 $J[\boldsymbol{x}(t)]$ 为线性泛函。

为了讨论泛函 $J[\boldsymbol{x}]$ 的性质和运算，需要 $J[\boldsymbol{x}]$ 为连续的，其定义如下。

泛函 $J[\boldsymbol{y}(\boldsymbol{x})]$ 的连续性：对于任意给定的正数 ε，如果存在正数 δ，当

$$\|\boldsymbol{x}(t)-\boldsymbol{x}_0(t)\|<\delta,\ \|\dot{\boldsymbol{x}}(t)-\dot{\boldsymbol{x}}_0(t)\|<\delta,\cdots,\ \|\boldsymbol{x}^{(k)}(t)-\boldsymbol{x}_0^{(k)}(t)\|<\delta \tag{11.2.5}$$

时有

$$|J[\boldsymbol{x}(t)]-J[\boldsymbol{x}_0(t)]|<\varepsilon$$

则称泛函 $J[\boldsymbol{x}(t)]$ 是在 $\boldsymbol{x}_0(t)$ 处具有 k 阶接近度的连续泛函。当然，这里 $\boldsymbol{x}(t)$ 是使泛函 $J[\boldsymbol{x}(t)]$ 有意义的函数类，也即在 $J[\boldsymbol{x}(t)]$ 的定义域中选取。

在用变分法求解最优控制问题时，要求指标泛函 $J[\boldsymbol{x}]$ 为连续线性泛函，以使得 $J[\boldsymbol{x}]$ 在任一点上的值均可用该点附近的泛函值任意逼近。可以证明，在有限维线性空间上，任何线性

泛函都是连续的。

3. 泛函的变分

研究泛函的极值问题需要采用变分法。变分在泛函研究中的作用，如同微分在函数研究中的作用一样。泛函的变分与函数的微分，其定义几乎完全相当。

为了研究泛函的变分，应先研究宗量(泛函的自变量)的变分。设 $J[\boldsymbol{x}]$ 为连续泛函，$\boldsymbol{x}(t)\in\mathbf{R}^n$ 为宗量，则宗量变分可定义为

$$\delta\boldsymbol{x}\triangleq\boldsymbol{x}(t)-\boldsymbol{x}_0(t)\qquad\forall\,\boldsymbol{x}(t),\boldsymbol{x}_0(t)\in\mathbf{R}^n\tag{11.2.6}$$

宗量变分 $\delta\boldsymbol{x}$ 表示 $\mathbf{R}^n$ 中点 $\boldsymbol{x}(t)$ 与 $\boldsymbol{x}_0(t)$ 之间的差。由于 $\delta\boldsymbol{x}$ 存在，必然引起泛函数值的变化，并以 $J[\boldsymbol{x}+\varepsilon\delta\boldsymbol{x}]$ 表示。其中，$0\leqslant\varepsilon\leqslant1$ 为参变数。当 $\varepsilon=1$ 时，得增加后的泛函值 $J[\boldsymbol{x}+\delta\boldsymbol{x}]$；当 $\varepsilon=0$ 时，得泛函原来的值 $J[\boldsymbol{x}]$。

(1) 泛函变分的定义

设 $J[\boldsymbol{x}]$ 是线性赋范空间 $\mathbf{R}^n$ 上的连续泛函，若其增量可表示为

$$\Delta J[\boldsymbol{x}]=J[\boldsymbol{x}+\delta\boldsymbol{x}]-J[\boldsymbol{x}]=L[\boldsymbol{x},\delta\boldsymbol{x}]+r[\boldsymbol{x},\delta\boldsymbol{x}]\tag{11.2.7}$$

式中 $L[\boldsymbol{x},\delta\boldsymbol{x}]$—— 关于 $\delta\boldsymbol{x}$ 的线性连续泛函；

$r[\boldsymbol{x},\delta\boldsymbol{x}]$—— 关于 $\delta\boldsymbol{x}$ 的高阶无穷小。

则

$$\delta J=L[\boldsymbol{x},\delta\boldsymbol{x}]$$

称为泛函 $J[\boldsymbol{x}]$ 的变分。

上述定义表明，泛函变分就是泛函增量的线性主部。当一个泛函具有变分时，亦称该泛函可微。如同函数的微分一样，泛函的变分可以利用求导的方法来确定。

(2) 泛函变分的求法

设 $J[\boldsymbol{x}]$ 是线性赋范空间 $\mathbf{R}^n$ 上的连续泛函，若在 $\boldsymbol{x}=\boldsymbol{x}_0$ 处 $J[\boldsymbol{x}]$ 可微，其中 $\boldsymbol{x},\boldsymbol{x}_0\in\mathbf{R}^n$，则 $J[\boldsymbol{x}]$ 的变分为

$$\delta J[\boldsymbol{x}_0,\delta\boldsymbol{x}]=\frac{\partial}{\partial\varepsilon}J[\boldsymbol{x}_0+\varepsilon\delta\boldsymbol{x}]\big|_{\varepsilon=0}\qquad0\leqslant\varepsilon\leqslant1\tag{11.2.8}$$

证明 因在 $\boldsymbol{x}_0$ 处 $J[\boldsymbol{x}]$ 可微，故必在 $\boldsymbol{x}_0$ 处存在变分。因 $J[\boldsymbol{x}]$ 连续，故由式(11.2.7)知 $J[\boldsymbol{x}]$ 的增量为

$$\Delta J=J[\boldsymbol{x}_0+\varepsilon\delta\boldsymbol{x}]-J[\boldsymbol{x}_0]=L[\boldsymbol{x}_0,\varepsilon\delta\boldsymbol{x}]+r[\boldsymbol{x}_0,\varepsilon\delta\boldsymbol{x}]$$

由于 $L[\boldsymbol{x}_0,\varepsilon\delta\boldsymbol{x}]$ 是 $\varepsilon\delta\boldsymbol{x}$ 的线性连续泛函，故

$$L[\boldsymbol{x}_0,\varepsilon\delta\boldsymbol{x}]=\varepsilon L[\boldsymbol{x}_0,\delta\boldsymbol{x}]$$

又因 $r[\boldsymbol{x}_0,\varepsilon\delta\boldsymbol{x}]$ 是 $\varepsilon\delta\boldsymbol{x}$ 的高阶无穷小，故

$$\lim_{\varepsilon\to0}\frac{r[\boldsymbol{x}_0,\varepsilon\delta\boldsymbol{x}]}{\varepsilon}=0$$

于是

$$\frac{\partial}{\partial \varepsilon} J[\boldsymbol{x}_0 + \varepsilon \delta \boldsymbol{x}]\big|_{\varepsilon=0} = \lim_{\varepsilon \to 0} \frac{J[\boldsymbol{x}_0 + \varepsilon \delta \boldsymbol{x}] - J[\boldsymbol{x}_0]}{\varepsilon} =$$

$$\lim_{\varepsilon \to 0} \frac{1}{\varepsilon} \{L[\boldsymbol{x}_0 + \varepsilon \delta \boldsymbol{x}] + r[\boldsymbol{x}_0 + \varepsilon \delta \boldsymbol{x}]\} = \delta J[\boldsymbol{x}_0, \delta \boldsymbol{x}]$$

(3) 泛函变分的规则

由变分定义可以看出，泛函的变分是一种线性映射，因而其运算规则类似于函数的线性运算。设 J_1 和 J_2 是函数 $\boldsymbol{x}$，$\dot{\boldsymbol{x}}$ 和 t 的函数，则有如下变分规则：

①$\delta(J_1 + J_2) = \delta J_1 + \delta J_2$

②$\delta(J_1 J_2) = J_1 \delta J_2 + J_2 \delta J_1$

③$\delta \int_a^b J[\boldsymbol{x}, \dot{\boldsymbol{x}}, t] \mathrm{d}t = \int_a^b \delta J[\boldsymbol{x}, \dot{\boldsymbol{x}}, t] \mathrm{d}t$

④$\delta \frac{\mathrm{d}\boldsymbol{x}}{\mathrm{d}t} = \frac{\mathrm{d}}{\mathrm{d}t} \delta \boldsymbol{x}$

例 11.2.3　已知连续泛函为

$$J = \int_{t_0}^{t_f} L[x, \dot{x}, t] \mathrm{d}t$$

其中，x 和 $\dot{x}$ 为标量函数。试求泛函变分 δJ。

解　根据以上所给出的泛函变分的求取方法可得：

$$\delta J = \frac{\partial}{\partial \varepsilon} \left[\int_{t_0}^{t_f} L(x + \varepsilon \delta x, \dot{x} + \varepsilon \delta \dot{x}) \mathrm{d}t \right] \Bigg|_{\varepsilon=0} =$$

$$\int_{t_0}^{t_f} \left[\frac{\partial L}{\partial x} \frac{\partial(x + \varepsilon \delta x)}{\partial \varepsilon} + \frac{\partial L}{\partial \dot{x}} \frac{\partial(\dot{x} + \varepsilon \delta \dot{x})}{\partial \varepsilon} \right] \Bigg|_{\varepsilon=0} \mathrm{d}t =$$

$$\int_{t_0}^{t_f} \left(\frac{\partial L}{\partial x} \delta x + \frac{\partial L}{\partial \dot{x}} \delta \dot{x} \right) \mathrm{d}t$$

4. 泛函的极值

可以证明，泛函极值及达到极值的条件与函数的极值及达到极值的条件类同。

(1) 泛函极值的定义

定义：给定泛函 $J[\boldsymbol{x}(t)]$ 及其定义域中一变量 $\boldsymbol{x}_0(t)$，如果对于任何一个与 $\boldsymbol{x}_0(t)$ 接近的变量 $\boldsymbol{x}(t)$，都有

$$J[\boldsymbol{x}_0(t)] - J[\boldsymbol{x}(t)] \geqslant 0 \tag{11.2.9}$$

则称泛函 $J[\boldsymbol{x}(t)]$ 在 $\boldsymbol{x}_0(t)$ 上达到一个相对的极大值。如果上述关系(11.2.9) 对于泛函 $J[\boldsymbol{x}(t)]$ 的定义域中的所有 $\boldsymbol{x}(t)$ 均成立，则称泛函 $J[\boldsymbol{x}(t)]$ 在 $\boldsymbol{x}_0(t)$ 上达到其定义域上的一个绝对极大值。如果式(11.2.9) 中的不等号反向，则称泛函 $J[\boldsymbol{x}(t)]$ 在 $\boldsymbol{x}_0(t)$ 达到极小值。

上述叙述中所谓“$\boldsymbol{x}(t)$ 与 $\boldsymbol{x}_0(t)$ 接近”有两种含义：其一是 $\|\boldsymbol{x}(t) - \boldsymbol{x}_0(t)\|$ 很小，即 $\boldsymbol{x}(t)$ 与 $\boldsymbol{x}_0(t)$ 只具有零阶的接近度，此时由式 (11.2.9) 定义的极值称为强极值；其二是不仅

$\|\boldsymbol{x}(t)-\boldsymbol{x}_0(t)\|$ 很小,而且 $\|\dot{\boldsymbol{x}}(t)-\dot{\boldsymbol{x}}_0(t)\|$ 亦很小,即 $\boldsymbol{x}(t)$ 与 $\boldsymbol{x}_0(t)$ 具有一阶接近度,此时由式(11.2.9)决定的极值称为弱极值。

(2)泛函极值

关于泛函取极值的条件,我们有下述极值原理。

定理 11.2.1 如果具有变分的泛函 $J[\boldsymbol{x}(t)]$ 在 $\boldsymbol{x}=\boldsymbol{x}_0(t)$ 上达到极值,则 $J[\boldsymbol{x}(t)]$ 沿着 $\boldsymbol{x}_0(t)$ 的变分 δJ 为零。

证明 当 $\boldsymbol{x}_0(t)$ 和 $\delta\boldsymbol{x}$ 固定时,$J[\boldsymbol{x}_0(t)+\varepsilon\delta\boldsymbol{x}]=\phi(\varepsilon)$ 是 ε 的函数,且由假设知,当 $\varepsilon=0$ 时该函数达到极值,从而由函数极值的必要条件知

$$\left.\frac{\mathrm{d}\phi}{\mathrm{d}\varepsilon}\right|_{\varepsilon=0}=\left.\frac{\partial}{\partial\varepsilon}J[\boldsymbol{x}_0(t)+\varepsilon\delta\boldsymbol{x}]\right|_{\varepsilon=0}=0 \tag{11.2.10}$$

根据泛函变分的定义,上式即为 $\delta J=\delta J[\boldsymbol{x}_0(t)]=0$。证毕。

下述数学分析中的结果构成了泛函极值理论的一个基本的理论基础。

引理 11.2.1 设 $\boldsymbol{M}(t)$ 为 $[t_0,t_f]$ 上的 r 维连续向量函数。如果对于任意的在 $[t_0,t_f]$ 上连续,且满足 $\boldsymbol{y}(t_0)=\boldsymbol{y}(t_f)=0$ 的 r 维连续向量函数 $\boldsymbol{y}(t)$,有

$$\int_{t_0}^{t_f}\boldsymbol{y}^{\mathrm{T}}(t)\boldsymbol{M}(t)\mathrm{d}t=0 \tag{11.2.11}$$

则 $\boldsymbol{M}(t)$ 在 $[t_0,t_f]$ 上恒为零。

11.2.2 欧拉方程

欧拉方程又称欧拉-拉格朗日方程,是无约束泛函极值及有约束泛函极值的必要条件。在推导欧拉方程的过程中,应用了上述的泛函极值的必要条件,即定理 11.2.1 及引理 11.2.1 所表述的重要结论。

下面考虑下述一类泛函

$$J[\boldsymbol{x}(t)]=\int_{t_0}^{t_f}\phi(\boldsymbol{x},\dot{\boldsymbol{x}},t)\mathrm{d}t \tag{11.2.12}$$

式中 $\boldsymbol{x}$——$[t_0,t_f]$ 上的 n 维连续可微函数,$\boldsymbol{x}=\boldsymbol{x}(t)$;

$\phi(\boldsymbol{x},\dot{\boldsymbol{x}},t)$——关于其所有变元连续可微的标量函数。

t_0 及 t_f 给定,初始值和末端值记为 $\boldsymbol{x}(t_0)=\boldsymbol{x}_0,\boldsymbol{x}(t_f)=\boldsymbol{x}_f,\boldsymbol{x}(t)\in\mathbf{R}^n$,则有如下定理。

定理 11.2.2 泛函 $J[\boldsymbol{x}(t)]$ 在 $\boldsymbol{x}^*(t)$ 处取得极值的必要条件是下述欧拉方程

$$\frac{\partial\phi}{\partial\boldsymbol{x}}-\frac{\mathrm{d}}{\mathrm{d}t}\frac{\partial\phi}{\partial\dot{\boldsymbol{x}}}=0 \tag{11.2.13}$$

和横截条件

$$\left.\left(\frac{\partial\phi}{\partial\dot{\boldsymbol{x}}}\right)^{\mathrm{T}}\right|_{t_f}\delta\boldsymbol{x}(t_f)-\left.\left(\frac{\partial\phi}{\partial\dot{\boldsymbol{x}}}\right)^{\mathrm{T}}\right|_{t_0}\delta\boldsymbol{x}(t_0)=0 \tag{11.2.14}$$

对于最优解 $\boldsymbol{x}=\boldsymbol{x}^*(t)$ 成立。

证明　设 $\boldsymbol{x}^*(t)$ 是满足初值和终值条件的最优轨线，$\boldsymbol{x}(t)$ 是 $\boldsymbol{x}^*(t)$ 邻域中的一条容许轨线，$\boldsymbol{x}(t)$ 与 $\boldsymbol{x}^*(t)$ 之间有如下关系

$$\boldsymbol{x}(t)=\boldsymbol{x}^*(t)+\delta\boldsymbol{x}(t)\qquad \dot{\boldsymbol{x}}(t)=\dot{\boldsymbol{x}}^*(t)+\delta\dot{\boldsymbol{x}}(t)$$

取泛函增量

$$\Delta J[\boldsymbol{x}]=J[\boldsymbol{x}^*+\delta\boldsymbol{x}]-J[\boldsymbol{x}^*]=\int_{t_0}^{t_f}[\phi(\boldsymbol{x}^*+\delta\boldsymbol{x},\dot{\boldsymbol{x}}^*+\delta\dot{\boldsymbol{x}},t)-\phi(\boldsymbol{x}^*,\dot{\boldsymbol{x}}^*,t)]\mathrm{d}t=$$

$$\int_{t_0}^{t_f}\left[\left(\frac{\partial\phi}{\partial\boldsymbol{x}}\right)^{\mathrm{T}}\delta\boldsymbol{x}+\left(\frac{\partial\phi}{\partial\dot{\boldsymbol{x}}}\right)^{\mathrm{T}}\delta\dot{\boldsymbol{x}}+r(\delta\boldsymbol{x},\delta\dot{\boldsymbol{x}},t)\right]\mathrm{d}t$$

式中　$r(\delta\boldsymbol{x},\delta\dot{\boldsymbol{x}},t)$—— 泰勒展开式中的高阶项。

由变分定义知，取上式线性项可得泛函变分

$$\delta J=\int_{t_0}^{t_f}\left[\left(\frac{\partial\phi}{\partial\boldsymbol{x}}\right)^{\mathrm{T}}\delta\boldsymbol{x}+\left(\frac{\partial\phi}{\partial\dot{\boldsymbol{x}}}\right)^{\mathrm{T}}\delta\dot{\boldsymbol{x}}\right]\mathrm{d}t$$

对上式第二项作分部积分，有

$$\delta J=\int_{t_0}^{t_f}\left[\left(\frac{\partial\phi}{\partial\boldsymbol{x}}-\frac{\mathrm{d}}{\mathrm{d}t}\frac{\partial\phi}{\partial\dot{\boldsymbol{x}}}\right)^{\mathrm{T}}\delta\boldsymbol{x}\right]\mathrm{d}t+\left(\frac{\partial\phi}{\partial\dot{\boldsymbol{x}}}\right)^{\mathrm{T}}\delta\boldsymbol{x}\Big|_{t_0}^{t_f}\tag{11.2.15}$$

由定理 11.2.1，令 $\delta J=0$，再由引理 11.2.1，并注意到 $\delta\boldsymbol{x}$ 的任意性便可得定理之结论。证毕。

说明：(1) 欧拉方程是一个时变二阶非线性微分方程，求解时所需的两点边界值由横截条件式(11.2.14) 提供。在初值和终端值固定的情况下，有 $\delta\boldsymbol{x}(t_0)=0$ 和 $\delta\boldsymbol{x}(t_f)=0$，此时定理 11.2.2 中的横截条件退化为已知边界条件 $\boldsymbol{x}(t_0)=\boldsymbol{x}_0$ 和 $\boldsymbol{x}(t_f)=\boldsymbol{x}_f$。

(2) 定理所给出的欧拉方程是泛函极值的必要条件，而不是充分必要条件。对于实际的泛函极值，需要根据问题的性质，判断出泛函极值的存在性，再利用欧拉方程求出极值轨线 $\boldsymbol{x}^*(t)$。

11.2.3　泛函的条件极值

在实际问题中，我们接触更多的是条件极值问题，即具有约束的泛函极值问题。类似于函数条件极值的处理，带有等式约束的泛函极值问题可以通过引入拉格朗日乘子化为无约束的泛函极值问题。

我们来考虑形如(11.2.12) 的泛函，并要求变量满足下述约束

$$\boldsymbol{F}[\boldsymbol{x},\dot{\boldsymbol{x}},t]=0,t\in[t_0,t_f]\tag{11.2.16}$$

式中　$\boldsymbol{F}$—— 关于 $\boldsymbol{x}$ 和 $\dot{\boldsymbol{x}}$ 连续可微的 m 维向量函数。

此时泛函 J 在约束(11.2.16) 下的条件极值问题即是求取一个 $\boldsymbol{x}^*(t)$，它满足式(11.2.16) 并极小化泛函 $J[\boldsymbol{x}(t)]$。对于这类带有等式约束的条件极值问题，我们有下述结论：

定理 11.2.3　泛函(11.2.12) 在约束(11.2.16) 下的条件极值问题等价于下述泛函

$$J[\boldsymbol{x},\boldsymbol{\lambda}]=\int_{t_0}^{t_f}[\phi(\boldsymbol{x},\dot{\boldsymbol{x}},t)+\boldsymbol{\lambda}^{\mathrm{T}}F(\boldsymbol{x},\dot{\boldsymbol{x}},t)]\mathrm{d}t \tag{11.2.17}$$

的无条件极值问题，即在条件(11.2.16)的约束下，极小化泛函 $J[\boldsymbol{x}(t)]$ 的最优轨线 $\boldsymbol{x}^*(t)$ 上，泛函 $J[\boldsymbol{x},\lambda]$ 的欧拉方程成立。

证明　为简单起见，仅对 $\boldsymbol{x}$ 为二维向量、F 为标量函数的情形加以证明。

根据定理 11.2.1，泛函 J 取得极值的必要条件是

$$\delta J=\int_{t_0}^{t_f}\left[\delta x_1\left(\frac{\partial\phi}{\partial x_1}-\frac{\mathrm{d}}{\mathrm{d}t}\frac{\partial\phi}{\partial\dot{x}_1}\right)+\delta x_2\left(\frac{\partial\phi}{\partial x_2}-\frac{\mathrm{d}}{\mathrm{d}t}\frac{\partial\phi}{\partial\dot{x}_2}\right)\right\}\mathrm{d}t=0 \tag{11.2.18}$$

由于约束条件(11.2.16)的存在，使得 δx_1 和 δx_2 不再独立。对式(11.2.16)取变分可得二者之间的相互关系如下

$$\delta F=\frac{\partial F}{\partial x_1}\delta x_1+\frac{\partial F}{\partial x_2}\delta x_2+\frac{\partial F}{\partial\dot{x}_1}\delta\dot{x}_1+\frac{\partial F}{\partial\dot{x}_2}\delta\dot{x}_2=0 \tag{11.2.19}$$

从而对于任何 $\lambda(t)$ 有

$$\int_{t_0}^{t_f}\lambda(t)\left(\frac{\partial F}{\partial x_1}\delta x_1+\frac{\partial F}{\partial x_2}\delta x_2\right)\mathrm{d}t+\int_{t_0}^{t_f}\lambda(t)\left(\frac{\partial F}{\partial\dot{x}_1}\delta\dot{x}_1+\frac{\partial F}{\partial\dot{x}_2}\delta\dot{x}_2\right)\mathrm{d}t=0 \tag{11.2.20}$$

对上式第二项应用分部积分公式可得

$$\int_{t_0}^{t_f}\lambda(t)\left[\left(\frac{\partial F}{\partial x_1}-\frac{\mathrm{d}}{\mathrm{d}t}\frac{\partial F}{\partial\dot{x}_1}\right)\delta x_1+\left(\frac{\partial F}{\partial x_2}-\frac{\mathrm{d}}{\mathrm{d}t}\frac{\partial F}{\partial\dot{x}_2}\right)\delta x_2\right]\mathrm{d}t+\frac{\partial F}{\partial\dot{x}_1}\delta x_1\bigg|_{t_0}^{t_f}+\frac{\partial F}{\partial\dot{x}_2}\delta x_2\bigg|_{t_0}^{t_f}=0 \tag{11.2.21}$$

将上式加式(11.2.18)，经整理后可得

$$\int_{t_0}^{t_f}\left\{\delta x_1\left[\frac{\partial\phi}{\partial x_1}-\frac{\mathrm{d}}{\mathrm{d}t}\frac{\partial\phi}{\partial\dot{x}_1}+\lambda\left(\frac{\partial F}{\partial x_1}-\frac{\mathrm{d}}{\mathrm{d}t}\frac{\partial F}{\partial\dot{x}_1}\right)\right]+\delta x_2\left[\frac{\partial\phi}{\partial x_2}-\frac{\mathrm{d}}{\mathrm{d}t}\frac{\partial\phi}{\partial\dot{x}_2}+\lambda\left(\frac{\partial F}{\partial x_2}-\frac{\mathrm{d}}{\mathrm{d}t}\frac{\partial F}{\partial\dot{x}_2}\right)\right]\right\}\mathrm{d}t+\frac{\partial F}{\partial\dot{x}_1}\delta x_1\bigg|_{t_0}^{t_f}+\frac{\partial F}{\partial\dot{x}_2}\delta x_2\bigg|_{t_0}^{t_f}=0 \tag{11.2.22}$$

现设 δx_1 依赖于 δx_2 变化，则可视 δx_2 任意。特别取 $\lambda=\lambda^*(t)$，使得

$$\frac{\partial\phi}{\partial x_1}-\frac{\mathrm{d}}{\mathrm{d}t}\frac{\partial\phi}{\partial\dot{x}_1}+\lambda^*\left(\frac{\partial F}{\partial x_1}-\frac{\mathrm{d}}{\mathrm{d}t}\frac{\partial F}{\partial\dot{x}_1}\right)=0 \tag{11.2.23}$$

则式(11.2.22)化为

$$\int_{t_0}^{t_f}\delta x_2\left[\frac{\partial\phi}{\partial x_2}-\frac{\mathrm{d}}{\mathrm{d}t}\frac{\partial\phi}{\partial\dot{x}_2}+\lambda^*\left(\frac{\partial F}{\partial x_2}-\frac{\mathrm{d}}{\mathrm{d}t}\frac{\partial F}{\partial\dot{x}_2}\right)\right]\mathrm{d}t+\frac{\partial F}{\partial\dot{x}_1}\delta x_1\bigg|_{t_0}^{t_f}+\frac{\partial F}{\partial\dot{x}_2}\delta x_2\bigg|_{t_0}^{t_f}=0$$

再注意到 δx_2 的任意性，则有

$$\frac{\partial\phi}{\partial x_2}-\frac{\mathrm{d}}{\mathrm{d}t}\frac{\partial\phi}{\partial\dot{x}_2}+\lambda^*\left(\frac{\partial F}{\partial x_2}-\frac{\mathrm{d}}{\mathrm{d}t}\frac{\partial F}{\partial\dot{x}_2}\right)=0 \tag{11.2.24}$$

不难看出，式(11.2.23)和式(11.2.24)即为泛函 J 的欧拉方程。

说明：与定理 11.2.2 情况相同，在初值和末端值固定情况下，定理 11.2.3 的横截条件退化为已知的两点边界条件。

例 11.2.4　设卫星姿态控制系统的简化状态方程为

$$\dot{\boldsymbol{x}}(t)=\begin{bmatrix}0&1\\0&0\end{bmatrix}\boldsymbol{x}(t)+\begin{bmatrix}0\\1\end{bmatrix}u(t)$$

指标泛函取

$$J=\frac{1}{2}\int_0^2 u^2(t)\mathrm{d}t$$

边界条件为

$$\boldsymbol{x}(0)=\begin{bmatrix}1\\1\end{bmatrix}\qquad \boldsymbol{x}(2)=\begin{bmatrix}0\\0\end{bmatrix}$$

试求使指标泛函取极值的极值轨线 $\boldsymbol{x}^*(t)$ 和极值控制 $u^*(t)$。

解　本例为有等式约束泛函极值问题。由题设可知

$$\phi=\frac{1}{2}u^2\qquad \boldsymbol{\lambda}^{\mathrm{T}}=[\lambda_1\quad \lambda_2]$$

$$\boldsymbol{F}=\begin{bmatrix}f_1\\f_2\end{bmatrix}=\begin{bmatrix}x_2-\dot{x}_1\\u-\dot{x}_2\end{bmatrix}$$

故拉格朗日标量函数为

$$L=\phi+\boldsymbol{\lambda}^{\mathrm{T}}F=\frac{1}{2}u^2+\lambda_1(x_2-\dot{x}_1)+\lambda_2(u-\dot{x}_2)$$

欧拉方程

$$\frac{\partial L}{\partial x_1}-\frac{\mathrm{d}}{\mathrm{d}t}\frac{\partial L}{\partial \dot{x}_1}=\dot{\lambda}_1=0\qquad \lambda_1=a$$

$$\frac{\partial L}{\partial x_2}-\frac{\mathrm{d}}{\mathrm{d}t}\frac{\partial L}{\partial \dot{x}_2}=\lambda_1+\dot{\lambda}_2=0\qquad \lambda_2=-at+b$$

$$\frac{\partial L}{\partial u}-\frac{\mathrm{d}}{\mathrm{d}t}\frac{\partial L}{\partial \dot{u}}=u+\lambda_2=0\qquad u=at-b$$

其中，常数 a,b 待定。由状态约束方程

$$\dot{x}_2=u=at-b\qquad x_2=\frac{1}{2}at^2-bt+c$$

$$\dot{x}_1=x_2=\frac{1}{2}at^2-bt+c\qquad x_1=\frac{1}{6}at^3-\frac{1}{2}bt^2+ct+d$$

其中，常数 c,d 待定。代入已知边界条件 $x_1(0)=1,x_2(0)=1,x_1(2)=0,x_2(2)=0$，可求得

$$a=3\qquad b=3.5\qquad c=d=1$$

于是最优轨线为

$$x_1^*(t)=0.5t^3-1.75t^2+t+1$$

$$x_2^*(t) = 1.5t^2 - 3.5t + 1$$

最优控制为

$$u^*(t) = 3t - 3.5$$

11.2.4 横截条件

求解欧拉方程需要由横截条件提供两点边界值$(t_0 \quad x_0)$,$(t_f \quad x_f)$,但在实际工程问题中,它们其中的一个或两个端点没有事先给定,下面将分别讨论 t_f 固定和 t_f 自由以及初态固定和可变时的各种横截条件。同时指出,在不同横截条件情况下,欧拉方程的形式总是不变的。

1. 末端时刻固定时的横截条件

如果末端时刻 t_f 固定,由泛函极值的必要条件可知,横截条件的一般表达式为式(11.2.14)。此时如果 $\boldsymbol{x}(t_0) = \boldsymbol{x}_0$ 固定,则 $\delta\boldsymbol{x}(t_0) = 0$,可知横截条件和边界条件为

$$\left(\frac{\partial \phi}{\partial \dot{\boldsymbol{x}}}\right)^{\mathrm{T}}\bigg|_{t_f} \delta x(t_f) = 0 \qquad \boldsymbol{x}(t_0) = \boldsymbol{x}_0 \tag{11.2.25}$$

如果初值和末端值均固定,此时 $\boldsymbol{x}(t_0) = \boldsymbol{x}_0, \boldsymbol{x}(t_f) = \boldsymbol{x}_f$,则变分 $\delta\boldsymbol{x}(t_0) = 0, \delta\boldsymbol{x}(t_f) = 0$,横截条件和边界条件式(11.2.14)退化为边界条件 $\boldsymbol{x}(t_f) = \boldsymbol{x}_f, \boldsymbol{x}(t_0) = \boldsymbol{x}_0$,如果末端时刻 t_f 固定,末端状态 $\boldsymbol{x}(t_f)$ 自由时,末端状态变分 $\delta\boldsymbol{x}(t_f) \neq 0$,横截条件及边界条件(11.2.25)演变为

$$\frac{\partial \phi}{\partial \dot{\boldsymbol{x}}}\bigg|_{t_f} = 0 \qquad \boldsymbol{x}(t_0) = \boldsymbol{x}_0 \tag{11.2.26}$$

2. 末端时刻自由时的横截条件

如果末端时刻 t_f 自由,且末端状态 $\boldsymbol{x}(t_f)$ 自由或受约束,由定理11.2.2可以知道最优解应当满足欧拉方程(11.2.13),泛函的极值仅在欧拉方程的解 $\boldsymbol{x} = \boldsymbol{x}(t, c_1, c_2)$ 上达到。其中,待定系数 c_1 和 c_2 由横截条件(11.2.14)确定。泛函的极值由 $\boldsymbol{x}(t, c_1, c_2)$ 一类函数确定。

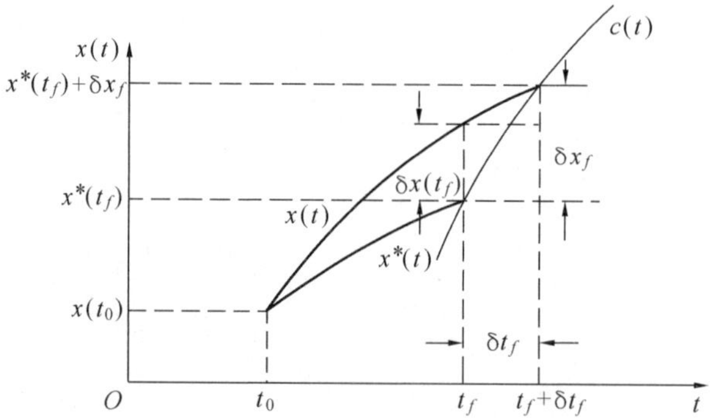

图 11.2.1　末端时刻自由时的变分问题

设 t_f 自由,始点时刻和状态固定,末端状态有约束 $\boldsymbol{x}(t_f) = \boldsymbol{c}(t_f)$,考察此类问题的变分问

题,如图 11.2.1 所示。图中,$\boldsymbol{x}^*(t)$ 为极值轨线;$\boldsymbol{x}(t)$ 为 $\boldsymbol{x}^*(t)$ 邻域内的任一条容许的轨线;$(t_0 \quad x_0)$ 表示起点;点$(t_f \quad x_f)$ 到点$(t_f+\delta t_f \quad \boldsymbol{x}_f+\delta\boldsymbol{x}_f)$ 表示变动端;$\boldsymbol{c}(t)$ 表示端点约束,即要求 $\boldsymbol{x}(t_f)=\boldsymbol{c}(t_f)$;$\delta t_f$ 为微变量,表示末端时刻的变分。由图 11.2.1 可知,在末端受约束时,存在如下的近似关系式

$$\delta\boldsymbol{x}(t_f)=\delta\boldsymbol{x}_f-\dot{\boldsymbol{x}}(t_f)\delta t_f \tag{11.2.27}$$

$$\delta\boldsymbol{x}_f=\dot{\boldsymbol{c}}(t_f)\delta t_f \tag{11.2.28}$$

如果末端状态 $\boldsymbol{x}(t_f)$ 自由,约束 $c(t)$ 不存在,所以只有式(11.2.27) 存在。

设性能指标泛函为如下的连续泛函

$$J[\boldsymbol{x}]=\int_{t_0}^{t_f}\phi(\boldsymbol{x},\dot{\boldsymbol{x}},t)\mathrm{d}t$$

容许轨线 $\boldsymbol{x}(t)$ 与极值轨线 $\boldsymbol{x}^*(t)$ 之间有如下的关系

$$\boldsymbol{x}(t)=\boldsymbol{x}^*(t)+\delta\boldsymbol{x}(t) \qquad \dot{\boldsymbol{x}}(t)=\dot{\boldsymbol{x}}^*(t)+\delta\dot{\boldsymbol{x}}(t)$$

当由$(t_f \quad x_f)$ 变化到$(t_f+\delta t_f \quad \boldsymbol{x}_f+\delta\boldsymbol{x}_f)$ 时,泛函增量为

$$\begin{aligned}\Delta J=&\int_{t_0}^{t_f+\delta t_f}\phi(\boldsymbol{x}^*+\delta\boldsymbol{x},\dot{\boldsymbol{x}}^*+\delta\dot{\boldsymbol{x}},t)\mathrm{d}t-\int_{t_0}^{t_f}\phi(\boldsymbol{x}^*,\dot{\boldsymbol{x}}^*,t)\mathrm{d}t=\\&\int_{t_f}^{t_f+\delta t_f}\phi(\boldsymbol{x}^*+\delta\boldsymbol{x},\dot{\boldsymbol{x}}^*+\delta\dot{\boldsymbol{x}},t)\mathrm{d}t+\\&\int_{t_0}^{t_f}[\phi(\boldsymbol{x}^*+\delta\boldsymbol{x},\dot{\boldsymbol{x}}^*+\delta\dot{\boldsymbol{x}},t)-\phi(\boldsymbol{x}^*,\dot{\boldsymbol{x}}^*,t)]\mathrm{d}t\end{aligned} \tag{11.2.29}$$

由积分中值定理,式(11.2.29) 右端第一项有

$$\int_{t_f}^{t_f+\delta t_f}\phi(\boldsymbol{x}^*+\delta\boldsymbol{x},\dot{\boldsymbol{x}}^*+\delta\dot{\boldsymbol{x}},t)\mathrm{d}t=\phi(\boldsymbol{x}^*+\delta\boldsymbol{x},\dot{\boldsymbol{x}}^*+\delta\dot{\boldsymbol{x}},t)\big|_{t=t_f+\theta\delta t_f}\delta t_f$$

其中,$0<\theta<1$ 为参数。由于泛函 $\phi(\cdot)$ 是连续的,因此

$$\phi(\boldsymbol{x}^*+\delta\boldsymbol{x},\dot{\boldsymbol{x}}^*+\delta\dot{\boldsymbol{x}},t)\big|_{t=t_f+\theta\delta t_f}=\phi(\boldsymbol{x}^*,\dot{\boldsymbol{x}}^*,t)\big|_{t_f}+\varepsilon_1$$

其中 $\varepsilon_1\to 0$,故有

$$\int_{t_f}^{t_f+\delta t_f}\phi(\boldsymbol{x}^*+\delta\boldsymbol{x},\dot{\boldsymbol{x}}^*+\delta\dot{\boldsymbol{x}},t)\mathrm{d}t=\phi(\boldsymbol{x}^*,\dot{\boldsymbol{x}}^*,t)\big|_{t=t_f}\delta t_f+\varepsilon_1\delta t_f \tag{11.2.30}$$

对于式(11.2.29) 右端第二项,将被积函数在极值轨线处展成泰勒级数,有

$$\int_{t_0}^{t_f}[\phi(\boldsymbol{x}^*+\delta\boldsymbol{x},\dot{\boldsymbol{x}}^*+\delta\dot{\boldsymbol{x}},t)-\phi(\boldsymbol{x}^*,\dot{\boldsymbol{x}}^*,t)]\mathrm{d}t=\int_{t_0}^{t_f}\left[\left(\frac{\partial\phi}{\partial\boldsymbol{x}}\right)^{\mathrm{T}}\delta\boldsymbol{x}+\left(\frac{\partial\phi}{\partial\dot{\boldsymbol{x}}}\right)^{\mathrm{T}}\delta\dot{\boldsymbol{x}}+\mathrm{HOT}\right]\mathrm{d}t \tag{11.2.31}$$

其中,HOT 为高次项,利用分部积分可得

$$\int_{t_0}^{t_f}\left(\frac{\partial\phi}{\partial\dot{\boldsymbol{x}}}\right)^{\mathrm{T}}\delta\dot{\boldsymbol{x}}\mathrm{d}t=\left[\left(\frac{\partial\phi}{\partial\dot{\boldsymbol{x}}}\right)^{\mathrm{T}}\delta\boldsymbol{x}\right]\Bigg|_{t_0}^{t_f}-\int_{t_0}^{t_f}\left(\frac{\mathrm{d}}{\mathrm{d}t}\frac{\partial\phi}{\partial\dot{\boldsymbol{x}}}\right)^{\mathrm{T}}\delta\boldsymbol{x}\mathrm{d}t \tag{11.2.32}$$

将式(11.2.32)代入式(11.2.31)所得到的结果代入式(11.2.29),同时也将式(11.2.30)代入式(11.2.29)中,并对式(11.2.29)所表示的泛函增量取线性主部,即得泛函变分

$$\delta J = \int_{t_0}^{t_f}\left(\frac{\partial \phi}{\partial \boldsymbol{x}} - \frac{\mathrm{d}}{\mathrm{d}t}\frac{\partial \phi}{\partial \dot{\boldsymbol{x}}}\right)^{\mathrm{T}}\delta \boldsymbol{x}\mathrm{d}t + \left(\frac{\partial \phi}{\partial \dot{\boldsymbol{x}}}\right)^{\mathrm{T}}\delta \boldsymbol{x}\Big|_{t_0}^{t_f} + \phi(\boldsymbol{x}^*, \dot{\boldsymbol{x}}^*, t)\mid_{t_f}\delta t_f \qquad (11.2.33)$$

令式(11.2.33)表示的 $\delta J = 0$,注意到初始状态的变分 $\delta x(t_0) = 0$,可以得到 t_f 自由,末端变动时泛函极值的必要条件:

欧拉方程

$$\frac{\partial \phi}{\partial \boldsymbol{x}} - \frac{\mathrm{d}}{\mathrm{d}t}\frac{\partial \phi}{\partial \dot{\boldsymbol{x}}} = 0 \qquad (11.2.34)$$

横截条件

$$\left(\frac{\partial \phi}{\partial \dot{\boldsymbol{x}}}\right)^{\mathrm{T}}\Big|_{t_f}\delta \boldsymbol{x}(t_f) + \phi(\boldsymbol{x}^*, \dot{\boldsymbol{x}}^*, t)\mid_{t_f}\delta t_f = 0 \qquad \boldsymbol{x}(t_0) = \boldsymbol{x}_0 \qquad (11.2.35)$$

说明:上述推导是假设末端状态受约束而推导出的结论,其中式(11.2.34)显然与 t_f 固定且末端状态固定情形的欧拉方程具有相同的形式。对于横截条件(11.2.35),如果 t_f 固定,末端状态自由,则有 $\delta t_f = 0$,此时式(11.2.35)演化为

$$\left(\frac{\partial \phi}{\partial \dot{\boldsymbol{x}}}\right)^{\mathrm{T}}\Big|_{t_f}\delta \boldsymbol{x}(t_f) = 0 \qquad \boldsymbol{x}(t_0) = \boldsymbol{x}_0$$

这说明以上所得到的式(11.2.35)具有一般性,它包含了 t_f 固定,末端状态自由情形的横截条件。

下面根据(11.2.35)式分别讨论末端时刻 t_f 自由,末端状态自由和受约束两种情形,以及初始端状态可变时,横截条件的具体表达形式。

(1) 末端状态自由时的横截条件

当末端状态 $\boldsymbol{x}(t_f)$ 自由时,近似关系式(11.2.27)成立,即

$$\delta \boldsymbol{x}(t_f) = \delta \boldsymbol{x}_f - \dot{\boldsymbol{x}}(t_f)\delta t_f$$

将上式代入式(11.2.35)中,整理可得

$$\left(\frac{\partial \phi}{\partial \dot{\boldsymbol{x}}}\right)^{\mathrm{T}}\Big|_{t_f}\delta \boldsymbol{x}_f + \left[\phi(\boldsymbol{x}^*, \dot{\boldsymbol{x}}^*, t) - \dot{\boldsymbol{x}}^{\mathrm{T}}(t)\frac{\partial \phi}{\partial \dot{\boldsymbol{x}}}\right]\Big|_{t_f}\delta t_f = 0 \qquad (11.2.36)$$

且有 $x(t_0) = x_0$,因为 $\delta \boldsymbol{x}_f$ 和 δt_f 均为任意,于是在末端时刻 t_f 自由且末端状态 $x(t_f)$ 自由时,横截条件和边界条件为

$$\boldsymbol{x}(t_0) = x_0$$

$$\left(\frac{\partial \phi}{\partial \dot{\boldsymbol{x}}}\right)\Big|_{t_f} = 0$$

$$\left[\phi(\boldsymbol{x}^*, \dot{\boldsymbol{x}}^*, t) - \dot{\boldsymbol{x}}^{\mathrm{T}}(t)\frac{\partial \phi}{\partial \dot{\boldsymbol{x}}}\right]\Big|_{t_f} = 0$$

(2) 末端状态受约束时的横截条件

设末端约束为 $\boldsymbol{x}(t_f)=\boldsymbol{c}(t_f)$,此时,$\delta\boldsymbol{x}_f$ 不是任意的。由近似关系式(11.2.28)知

$$\delta\boldsymbol{x}_f=\dot{\boldsymbol{c}}(t_f)\delta t_f$$

将上式代入式(11.2.36),整理得

$$\left[\phi(\boldsymbol{x}^*,\dot{\boldsymbol{x}}^*,t)+(\dot{\boldsymbol{c}}-\dot{\boldsymbol{x}})^{\mathrm{T}}\frac{\partial\phi}{\partial\dot{\boldsymbol{x}}}\right]\bigg|_{t_f}\delta t_f=0$$

且有 $\boldsymbol{x}(t_0)=x_0$,又由于 δt_f 任意,于是可以得到在末端时刻 t_f 自由,末端状态 $\boldsymbol{x}(t_f)$ 受约束时的横截条件和边界条件为

$$\boldsymbol{x}(t_0)=\boldsymbol{x}_0$$

$$\boldsymbol{x}(t_f)=\boldsymbol{c}(t_f)$$

$$\left[\phi(\boldsymbol{x}^*,\dot{\boldsymbol{x}}^*,t)+(\dot{\boldsymbol{c}}-\dot{\boldsymbol{x}})^{\mathrm{T}}\frac{\partial\phi}{\partial\dot{\boldsymbol{x}}}\right]\bigg|_{t_f}=0$$

(3) 初始端状态可变时的横截条件

如果容许轨线的初始端也是可变的,并假定沿着曲线 $\varphi(t_0)$ 变动,可以利用类似的推证得到初始端应该满足的横截条件

$$\left[\phi(\boldsymbol{x}^*,\dot{\boldsymbol{x}}^*,t)+(\dot{\boldsymbol{\varphi}}-\dot{\boldsymbol{x}})^{\mathrm{T}}\frac{\partial\phi}{\partial\dot{\boldsymbol{x}}}\right]\bigg|_{t_0}=0$$

当 t_0 和 t_f 固定时,$x(t_0)$ 和 $x(t_f)$ 可以是固定的,也可以是变化的,这时变分 $\delta t_f=0$,由式(11.2.33)可以推证出

$$\int_{t_0}^{t_f}\left(\frac{\partial\phi}{\partial\boldsymbol{x}}-\frac{\mathrm{d}}{\mathrm{d}t}\frac{\partial\phi}{\partial\dot{\boldsymbol{x}}}\right)^{\mathrm{T}}\delta\boldsymbol{x}d\mathrm{t}+\left(\frac{\partial\phi}{\partial\dot{\boldsymbol{x}}}\right)^{\mathrm{T}}\delta\boldsymbol{x}\bigg|_{t_0}^{t_f}=0$$

这种情形有相同的欧拉方程,从而由上式可以得到横截条件为

$$\left(\frac{\partial\phi}{\partial\dot{\boldsymbol{x}}}\right)^{\mathrm{T}}\delta\boldsymbol{x}\bigg|_{t_f}-\left(\frac{\partial\phi}{\partial\dot{\boldsymbol{x}}}\right)^{\mathrm{T}}\delta\boldsymbol{x}\bigg|_{t_0}=0$$

如果初始状态 $\boldsymbol{x}(t_0)$ 和终端状态 $\boldsymbol{x}(t_f)$ 均为可变的,由上式可以得出

$$\left(\frac{\partial\phi}{\partial\dot{\boldsymbol{x}}}\right)\bigg|_{t_f}=0\qquad\left(\frac{\partial\phi}{\partial\dot{\boldsymbol{x}}}\right)\bigg|_{t_0}=0$$

说明:由以上所给出的各种类型的横截条件可以确定欧拉方程积分曲线的两个任意常数。当端点中的任意一个改为固定点时,其相应横截条件自动失效,确定积分常数的横截条件改由该点的边界条件决定。

11.2.5　变分法在最优控制中的应用

在最优控制问题中,当控制向量不受约束,且是时间的连续函数情形时,可以直接应用变分法求出最优控制的必要条件。本小节以复合型性能指标泛函、末端受约束情形来推导出最优

控制的结论，然后再考察其他一些特殊情形。

最优控制问题的提法如下：

n 维系统的状态方程为

$$\dot{\boldsymbol{x}}(t) = \boldsymbol{f}(\boldsymbol{x}(t), \boldsymbol{u}(t), t)$$

系统的初始状态为

$$\boldsymbol{x}(t_0) = \boldsymbol{x}_0$$

寻找一个无约束的连续的控制向量 $\boldsymbol{u}(t) \in \mathbf{R}^r$，使系统轨线在某一时刻 $t_f > t_0$ 转移到目标集

$$\boldsymbol{\Psi}(\boldsymbol{x}(t_f), t_f) = 0$$

其中，$\boldsymbol{\Psi} \in \mathbf{R}^m$，$m \leqslant n$。使性能指标

$$J = \varphi(\boldsymbol{x}(t_f), t_f) + \int_{t_0}^{t_f} L(\boldsymbol{x}, \boldsymbol{u}, t)\mathrm{d}t$$

为最小。

上述问题和以前讨论问题的区别在于增加一个等式约束，可以采用拉格朗日乘子法，把有约束泛函极值问题化为无约束泛函极值问题。构造哈密顿函数为

$$H(\boldsymbol{x}, \boldsymbol{u}, \boldsymbol{\lambda}, t) = L(\boldsymbol{x}, \boldsymbol{u}, t) + \boldsymbol{\lambda}^{\mathrm{T}}(t)\boldsymbol{f}(\boldsymbol{x}, \boldsymbol{u}, t) \tag{11.2.37}$$

式中　$\boldsymbol{\lambda}$—— 为拉格朗日乘子向量，$\boldsymbol{\lambda} \in \mathbf{R}^n$。

1. 末端时刻 t_f 固定时的最优解

当末端时刻 t_f 固定时，首先推导末端状态受等式约束时最优解的必要条件，在此基础上讨论其他情形的结论。

设末端时刻 t_f 固定，引入拉格朗日乘子向量 $\boldsymbol{\lambda}(t) \in \mathbf{R}^n$ 和一个待定的乘子向量 $\boldsymbol{\gamma} \in \mathbf{R}^m$，构造如下的广义泛函：

$$J_{\mathrm{a}} = \varphi(\boldsymbol{x}(t_f)) + \boldsymbol{\gamma}^{\mathrm{T}}\boldsymbol{\Psi}(\boldsymbol{x}(t_f)) + \int_{t_0}^{t_f}\{L(\boldsymbol{x}, \boldsymbol{u}, t) + \boldsymbol{\lambda}^{\mathrm{T}}[\boldsymbol{f}(\boldsymbol{x}, \boldsymbol{u}, t) - \dot{\boldsymbol{x}}]\}\mathrm{d}t =$$

$$\varphi(\boldsymbol{x}(t_f)) + \boldsymbol{\gamma}^{\mathrm{T}}\boldsymbol{\Psi}(\boldsymbol{x}(t_f)) + \int_{t_0}^{t_f}[H(\boldsymbol{x}, \boldsymbol{u}, \boldsymbol{\lambda}, t) - \boldsymbol{\lambda}^{\mathrm{T}}(t)\dot{\boldsymbol{x}}(t)]\mathrm{d}t$$

由分部积分得

$$-\int_{t_0}^{t_f}\boldsymbol{\lambda}^{\mathrm{T}}(t)\dot{\boldsymbol{x}}(t)\mathrm{d}t = -\boldsymbol{\lambda}^{\mathrm{T}}(t)\boldsymbol{x}(t)\Big|_{t_0}^{t_f} + \int_{t_0}^{t_f}\dot{\boldsymbol{\lambda}}^{\mathrm{T}}(t)\boldsymbol{x}(t)\mathrm{d}t$$

故广义泛函可表示为

$$\begin{aligned} J_{\mathrm{a}} = {} & \varphi(\boldsymbol{x}(t_f)) + \boldsymbol{\gamma}^{\mathrm{T}}\boldsymbol{\Psi}(\boldsymbol{x}(t_f)) - \boldsymbol{\lambda}^{\mathrm{T}}(t_f)\boldsymbol{x}(t_f) + \boldsymbol{\lambda}^{\mathrm{T}}(t_0)\boldsymbol{x}(t_0) + \\ & \int_{t_0}^{t_f}[H(\boldsymbol{x}, \boldsymbol{u}, \boldsymbol{\lambda}, t) + \dot{\boldsymbol{\lambda}}^{\mathrm{T}}(t)\boldsymbol{x}(t)]\mathrm{d}t \end{aligned} \tag{11.2.38}$$

对以上的广义泛函取一次变分，注意到对于待定乘子向量 $\boldsymbol{\lambda}(t)$ 和常数向量 $\boldsymbol{\gamma}$ 不变分，以及 $\delta\boldsymbol{x}(t_0) = 0$，可得

$$\delta J_{\mathrm{a}} = \delta \boldsymbol{x}^{\mathrm{T}}(t_f)\left[\frac{\partial \varphi}{\partial \boldsymbol{x}(t_f)} + \frac{\partial \boldsymbol{\Psi}^{\mathrm{T}}}{\partial \boldsymbol{x}(t_f)}\boldsymbol{\gamma} - \boldsymbol{\lambda}(t_f)\right] + \int_{t_0}^{t_f}\left[\left(\frac{\partial H}{\partial \boldsymbol{x}} + \dot{\boldsymbol{\lambda}}\right)^{\mathrm{T}}\delta \boldsymbol{x} + \left(\frac{\partial H}{\partial \boldsymbol{u}}\right)^{\mathrm{T}}\delta \boldsymbol{u}\right]\mathrm{d}t \tag{11.2.39}$$

根据泛函极值的必要条件,令式(11.2.39)为零,考虑到变分 $\delta\boldsymbol{x}$,$\delta\boldsymbol{u}$,$\delta\boldsymbol{x}(t_f)$ 的任意性,以及引理 11.2.1,得如下广义泛函取极值的必要条件:

欧拉方程

$$\dot{\boldsymbol{\lambda}}(t) = -\frac{\partial H}{\partial \boldsymbol{x}} \tag{11.2.40}$$

$$\frac{\partial H}{\partial \boldsymbol{u}} = 0 \tag{11.2.41}$$

横截条件

$$\boldsymbol{\lambda}(t_f) = \frac{\partial \varphi}{\partial \boldsymbol{x}(t_f)} + \frac{\partial \boldsymbol{\Psi}^{\mathrm{T}}}{\partial \boldsymbol{x}(t_f)}\boldsymbol{\gamma} \tag{11.2.42}$$

说明:(1) 由于引进如式(11.2.37)的哈密顿函数,显然有

$$\dot{\boldsymbol{x}}(t) = \frac{\partial H}{\partial \boldsymbol{\lambda}} = \boldsymbol{f}(\boldsymbol{x},\boldsymbol{u},t) \tag{11.2.43}$$

上式与式(11.2.40)的右端都是哈密顿函数的适当的偏导数,形成正则形式,故将式(11.2.43)和式(11.2.40)称为正则方程;式(11.2.43)显然是系统的状态方程,故称式(11.2.40)为协态方程,相应的乘子向量 $\boldsymbol{\lambda}(t)$ 称为协态向量。

(2) 正则方程(11.2.40)与(11.2.43)是 $2n$ 个一阶微分方程组,而初始条件 $\boldsymbol{x}(t_0) = \boldsymbol{x}_0$ 和横截条件(11.2.42)恰好为正则方程提供了 $2n$ 个边界条件。如果假设 $\boldsymbol{f}(\cdot)$,$\boldsymbol{L}(\cdot)$,$\varphi(\cdot)$ 的连续可微性,由正则方程、横截条件和初始条件可以惟一确定出状态向量 $\boldsymbol{x}(t)$ 和协态向量 $\boldsymbol{\lambda}(t)$。

(3) 对于确定的 $\boldsymbol{x}(t)$ 和 $\boldsymbol{\lambda}(t)$,哈密顿函数 $H(\cdot)$ 是控制向量 $\boldsymbol{u}(t)$ 的函数,式(11.2.41)表明:最优 $\boldsymbol{u}^*(t)$ 控制使哈密顿函数 $H(\cdot)$ 取极值,因此式(11.2.41)通常称为极值条件或控制方程,由此可以确定最优控制 $\boldsymbol{u}^*(t)$ 与最优状态轨线 $\boldsymbol{x}^*(t)$ 及协态向量 $\boldsymbol{\lambda}^*(t)$ 之间的关系。这里,正则方程与极值条件形成了变量之间的耦合的方程组,系统的初始条件、横截条件和目标集作为以上耦合方程组的边界条件,其中目标集用于联合确定待定的拉格朗日乘子向量 $\boldsymbol{\gamma}$。

将以上所推导的结论用下面的定理来总结。

定理 11.2.4　对于如下的最优控制问题

$$\min_{\boldsymbol{u}(t)} J = \varphi(\boldsymbol{x}(t_f),t_f) + \int_{t_0}^{t_f} L(\boldsymbol{x},\boldsymbol{u},t)\mathrm{d}t$$

$$\text{s.t.}\quad ①\ \dot{\boldsymbol{x}}(t) = f(\boldsymbol{x},\boldsymbol{u},t),\ \boldsymbol{x}(t_0) = \boldsymbol{x}_0$$

$$②\ \Psi(\boldsymbol{x}(t_f)) = 0$$

记号 s.t.表示约束条件,$\boldsymbol{x} \in \mathbf{R}^n$,$\boldsymbol{u} \in \mathbf{R}^r$,无约束且在$[t_0\quad t_f]$上连续;$\Psi \in \mathbf{R}^m$,$m \leqslant n$;在

$[t_0 \quad t_f]$ 上,$\boldsymbol{f}(\cdot)$,$\boldsymbol{\Psi}(\cdot)$,$\varphi(\cdot)$ 和 $L(\cdot)$ 连续且可微;t_f 固定。最优解的必要条件为

(1)$\boldsymbol{x}(t)$ 和 $\boldsymbol{\lambda}(t)$ 满足正则方程

$$\dot{\boldsymbol{\lambda}}(t) = -\frac{\partial H}{\partial \boldsymbol{x}} \qquad \dot{\boldsymbol{x}}(t) = \frac{\partial H}{\partial \boldsymbol{\lambda}} = \boldsymbol{f}(\boldsymbol{x},\boldsymbol{u},t)$$

其中

$$H(\boldsymbol{x},\boldsymbol{u},\boldsymbol{\lambda},t) = L(\boldsymbol{x},\boldsymbol{u},t) + \boldsymbol{\lambda}^{\mathrm{T}}(t)\boldsymbol{f}(\boldsymbol{x},\boldsymbol{u},t)$$

(2) 边界条件与横截条件

$$\boldsymbol{x}(t_0) = \boldsymbol{x}_0 \qquad \boldsymbol{\Psi}[\boldsymbol{x}(t_f)] = 0$$

$$\boldsymbol{\lambda}(t_f) = \frac{\partial \varphi}{\partial \boldsymbol{x}(t_f)} + \frac{\partial \boldsymbol{\Psi}^{\mathrm{T}}}{\partial \boldsymbol{x}(t_f)}\boldsymbol{\gamma}$$

(3) 极值条件

$$\frac{\partial H}{\partial \boldsymbol{u}} = 0$$

说明:(1) 当末端时刻 t_f 固定,末端状态 $\boldsymbol{x}(t_f)$ 自由时,由于不存在目标集,因此在定理11.2.4 的结论中除去带有 $\boldsymbol{\Psi}(\boldsymbol{x}(t_f))$ 的部分,即为 t_f 固定、$\boldsymbol{x}(t_f)$ 自由时泛函极值的必要条件。

(2) 当末端时刻 t_f 固定、末端状态 $\boldsymbol{x}(t_f) = \boldsymbol{x}_f$ 固定时,由于 $\delta\boldsymbol{x}(t_0) = 0$ 以及 $\delta\boldsymbol{x}(t_f) = 0$,广义泛函 J_{a} 的一次变分(11.2.39) 变为

$$\delta J_{\mathrm{a}} = \int_{t_0}^{t_f}\left[\left(\frac{\partial H}{\partial \boldsymbol{x}} + \dot{\boldsymbol{\lambda}}\right)^{\mathrm{T}}\delta\boldsymbol{x} + \left(\frac{\partial H}{\partial \boldsymbol{u}}\right)^{\mathrm{T}}\delta\boldsymbol{u}\right]\mathrm{d}t \tag{11.2.44}$$

其中,$\delta\boldsymbol{x}$ 是任意的,但容许控制变分 $\delta\boldsymbol{u}$ 不再是任意的,必须满足某些限制条件。卡尔曼曾经论证:若系统是完全可控的,同样可以导出$\frac{\partial H}{\partial \boldsymbol{u}} = 0$的极值条件。因此,在系统可控的条件下,令式(11.2.44) 为零,由引理 11.2.1 得

$$\dot{\boldsymbol{\lambda}}(t) = -\frac{\partial H}{\partial \boldsymbol{x}} \qquad \frac{\partial H}{\partial \boldsymbol{u}} = 0$$

对于横截条件,由于 $\delta\boldsymbol{x}(t_f) = 0$,由广义泛函的一次变分式(11.2.39) 可知,横截条件式(11.2.42) 不再成立,此时,已知的 $\boldsymbol{x}(t_0) = \boldsymbol{x}_0$ 和 $\boldsymbol{x}(t_f) = \boldsymbol{x}_f$ 就是求解正则方程的两端边界条件。

例 11.2.5 设系统方程为

$$\dot{x}_1(t) = x_2(t)$$

$$\dot{x}_2(t) = u(t)$$

求从已知初态 $\boldsymbol{x}(0) = \boldsymbol{x}_0$ 和 $x_2(0) = 0$,在 $t_f = 1$ 时转移到目标集

$$x_1(1) + x_2(1) = 1$$

且使性能指标

$$J = \frac{1}{2}\int_0^1 u^2(t)\,\mathrm{d}t$$

为最小的最优控制 $u^*(t)$ 和相应的最优轨线 $x^*(t)$。

解　在本题中控制没有约束,可以直接用变分法求解。由题意可知

$$\varphi(x(t_f)) = 0 \qquad L(\cdot) = \frac{1}{2}u^2$$

$$\Psi[x(t_f)] = x_1(1) + x_2(1) - 1$$

哈密顿函数为

$$H = \frac{1}{2}u^2 + \lambda_1 x_2 + \lambda_2 u$$

由协态方程

$$\dot{\lambda}_1 = -\frac{\partial H}{\partial x_1} = 0 \qquad \lambda_1(t) = c_1$$

$$\dot{\lambda}_2 = -\frac{\partial H}{\partial x_2} = -\lambda_1 \quad \lambda_2(t) = -c_1 t + c_2$$

由极值条件得

$$\frac{\partial H}{\partial u} = u + \lambda_2 = 0 \qquad u(t) = -\lambda_2(t) = c_1 t - c_2$$

由状态方程

$$\dot{x}_2 = u = c_1 t - c_2 \qquad x_2(t) = \frac{1}{2}c_1 t^2 - c_2 t + c_3$$

$$\dot{x}_1 = x_2 = \frac{1}{2}c_1 t^2 - c_2 t + c_3 \qquad x_1(t) = \frac{1}{6}c_1 t^3 - \frac{1}{2}c_2 t^2 + c_3 t + c_4$$

根据初态 $x_1(0) = x_2(0) = 0$,求得 $c_3 = c_4 = 0$。再由目标集 $x_1(1) + x_2(1) = 1$,求得

$$4c_1 - 9c_2 = 6$$

根据横截条件

$$\lambda_1(1) = \frac{\partial \Psi}{\partial x_1(1)}\gamma = \gamma \qquad \lambda_2(1) = \frac{\partial \Psi}{\partial x_2(1)}\gamma = \gamma$$

得到 $\lambda_1(1) = \lambda_2(1)$,故有 $c_1 = \frac{1}{2}c_2$。于是解得 $c_1 = -\frac{3}{7}, c_2 = -\frac{6}{7}$,从而最优控制与最优轨线为

$$u^*(t) = -\frac{3}{7}(t-2)$$

$$x_1^*(t) = -\frac{1}{14}t^2(t-6)$$

$$x_2^*(t) = -\frac{3}{14}t(t-4)$$

2. 末端时刻 t_f 自由时的最优解

当 t_f 自由时，末端状态可以是受约束、自由和固定的。现仅推导复合型性能指标、末端受约束的泛函极值问题的最优解的必要条件，再推广到末端状态自由和固定的情形。除 t_f 自由外，这里所讨论的与末态时刻固定时所讨论的问题相同。对于这类问题，t_f 可视为一个变量，除了控制函数 $\boldsymbol{u}(t)$ 外，也要对它进行选择，使在微分方程等式约束下，性能指标为最小。有如下的定理：

定理 11.2.5 对于如下的最优控制问题

$$\min_{\boldsymbol{u}(t)} J = \varphi[\boldsymbol{x}(t_f), t_f] + \int_{t_0}^{t_f} L(\boldsymbol{x}, \boldsymbol{u}, t)\mathrm{d}t$$

$$\text{s.t.} \quad ① \ \dot{\boldsymbol{x}}(t) = \boldsymbol{f}(\boldsymbol{x}, \boldsymbol{u}, t), \quad \boldsymbol{x}(t_0) = \boldsymbol{x}_0$$

$$② \ \Psi[\boldsymbol{x}(t_f), t_f] = 0$$

其中，t_f 自由，其余假设同定理 11.2.4，则最优解的必要条件为

(1) $\boldsymbol{x}(t)$ 和 $\boldsymbol{\lambda}(t)$ 满足正则方程

$$\dot{\boldsymbol{\lambda}}(t) = -\frac{\partial H}{\partial \boldsymbol{x}} \qquad \dot{\boldsymbol{x}}(t) = \frac{\partial H}{\partial \boldsymbol{\lambda}} = \boldsymbol{f}(\boldsymbol{x}, \boldsymbol{u}, t)$$

其中

$$H(\boldsymbol{x}, \boldsymbol{u}, \boldsymbol{\lambda}, t) = L(\boldsymbol{x}, \boldsymbol{u}, t) + \boldsymbol{\lambda}^{\mathrm{T}}(t)\boldsymbol{f}(\boldsymbol{x}, \boldsymbol{u}, t)$$

(2) 边界条件与横截条件

$$\boldsymbol{x}(t_0) = \boldsymbol{x}_0 \qquad \Psi[\boldsymbol{x}(t_f), t_f] = 0$$

$$\boldsymbol{\lambda}(t_f) = \frac{\partial \varphi}{\partial \boldsymbol{x}(t_f)} + \frac{\partial \boldsymbol{\Psi}^{\mathrm{T}}}{\partial \boldsymbol{x}(t_f)}\gamma$$

(3) 极值条件

$$\frac{\partial H}{\partial \boldsymbol{u}} = 0$$

(4) 在最优轨线的末端哈密顿函数变化律

$$H(t_f) = -\frac{\partial \varphi}{\partial t_f} - \boldsymbol{\gamma}^{\mathrm{T}}\frac{\partial \boldsymbol{\Psi}}{\partial t_f}$$

证明 引入拉格朗日乘子向量 $\boldsymbol{\lambda}(t) \in \mathbf{R}^n$ 和一个待定的乘子向量 $\boldsymbol{\gamma} \in \mathbf{R}^m$，构造如下的广义泛函

$$J_{\mathrm{a}} = \varphi(\boldsymbol{x}(t_f), t_f) + \boldsymbol{\gamma}^{\mathrm{T}}\Psi(\boldsymbol{x}(t_f), t_f) + \int_{t_0}^{t_f}[H(\boldsymbol{x}, \boldsymbol{u}, \boldsymbol{\lambda}, t) - \boldsymbol{\lambda}^{\mathrm{T}}(t)\dot{\boldsymbol{x}}(t)]\mathrm{d}t$$

当末端状态由 (x_f, t_f) 转移到 $(x_f + \delta x_f, t_f + \delta t_f)$ 时，产生如下的广义泛函增量

$$\begin{aligned}\Delta J_{\mathrm{a}} = {} & \varphi[\boldsymbol{x}^*(t_f) + \delta \boldsymbol{x}_f, t_f + \delta t_f] - \varphi[\boldsymbol{x}^*(t_f), t_f] + \\ & \boldsymbol{\gamma}^{\mathrm{T}}\{\Psi[\boldsymbol{x}^*(t_f) + \delta \boldsymbol{x}_f, t_f + \delta t_f] - \Psi[\boldsymbol{x}^*(t_f), t_f]\} +\end{aligned}$$

$$\int_{t_f}^{t_f+\delta t_f}\{H(\boldsymbol{x}^*+\delta\boldsymbol{x},\boldsymbol{u}^*+\delta\boldsymbol{u},\boldsymbol{\lambda},t)-\boldsymbol{\lambda}^{\mathrm{T}}(t)[\dot{\boldsymbol{x}}^*+\delta\dot{\boldsymbol{x}}]\}\mathrm{d}t+$$
$$\int_{t_0}^{t_f}[H(\boldsymbol{x}^*+\delta\boldsymbol{x},\boldsymbol{u}^*+\delta\boldsymbol{u},\boldsymbol{\lambda},t)-H(\boldsymbol{x}^*,\boldsymbol{u}^*,\boldsymbol{\lambda},t)-\boldsymbol{\lambda}^{\mathrm{T}}\delta\dot{\boldsymbol{x}}]\mathrm{d}t$$

将上式展成泰勒级数,取线性部分,并应用积分中值定理,考虑到初值的变分 $\delta\boldsymbol{x}(t_0)=0$,可得到广义变分表达式

$$\delta J_{\mathrm{a}}=\left[\frac{\partial\varphi}{\partial\boldsymbol{x}(t_f)}\right]^{\mathrm{T}}\delta\boldsymbol{x}_f+\frac{\partial\varphi}{\partial t_f}\delta t_f+\boldsymbol{\gamma}^{\mathrm{T}}\left\{\left[\frac{\partial\boldsymbol{\Psi}^{\mathrm{T}}}{\partial\boldsymbol{x}(t_f)}\right]^{\mathrm{T}}\delta\boldsymbol{x}_f+\frac{\partial\boldsymbol{\Psi}}{\partial t_f}\delta t_f\right\}+(H-\boldsymbol{\lambda}^{\mathrm{T}}\dot{\boldsymbol{x}})\Big|_{t_f}\delta t_f+$$
$$\int_{t_0}^{t_f}\left[\left(\frac{\partial H}{\partial\boldsymbol{x}}+\dot{\boldsymbol{\lambda}}\right)^{\mathrm{T}}\delta\boldsymbol{x}+\left(\frac{\partial H}{\partial\boldsymbol{u}}\right)^{\mathrm{T}}\delta\boldsymbol{u}\right]\mathrm{d}t-(\boldsymbol{\lambda}^{\mathrm{T}}\delta\boldsymbol{x})\Big|_{t_f}\qquad(11.2.45)$$

由式(11.2.27)知,如下关系式成立

$$\delta\boldsymbol{x}(t_f)=\delta\boldsymbol{x}_f-\dot{\boldsymbol{x}}(t_f)\delta t_f$$

将上式代入式(11.2.45)中,整理得

$$\delta J_{\mathrm{a}}=\left[\frac{\partial\varphi}{\partial t_f}+\boldsymbol{\gamma}^{\mathrm{T}}\frac{\partial\boldsymbol{\Psi}}{\partial t_f}+H(t_f)\right]\delta t_f+\left[\frac{\partial\varphi}{\partial\boldsymbol{x}(t_f)}+\frac{\partial\boldsymbol{\Psi}^{\mathrm{T}}}{\partial\boldsymbol{x}(t_f)}\gamma-\boldsymbol{\lambda}(t_f)\right]^{\mathrm{T}}\delta\boldsymbol{x}_f+$$
$$\int_{t_0}^{t_f}\left[\left(\frac{\partial H}{\partial\boldsymbol{x}}+\dot{\boldsymbol{\lambda}}\right)^{\mathrm{T}}\delta\boldsymbol{x}+\left(\frac{\partial H}{\partial\boldsymbol{u}}\right)^{\mathrm{T}}\delta\boldsymbol{u}\right]\mathrm{d}t$$

令上式 $\delta J_{\mathrm{a}}=0$,考虑到式中各变分 $\delta t_f,\delta\boldsymbol{x}_f,\delta\boldsymbol{x},\delta\boldsymbol{u}$ 均是任意的以及引理2.1.1立即证得本定理的结论。

说明:(1) 从定理的证明过程可以看出,末端时刻自由时的最优控制的必要条件与末端时刻固定时的结论相比,正则方程、边界条件与极值条件完全相同。不同之处在于,在定理11.2.5多出“在最优轨线末端哈密顿函数变化律”这一必要条件,用来联合求解最优解的末端时刻 t_f^*。

(2) 对于末端时刻自由,末端状态 $\boldsymbol{x}(t_f)$ 也自由的情形。此时,$\Psi[\boldsymbol{x}(t_f),t_f]=0$ 约束不存在,由定理11.2.4可知,正则方程不变,横截条件与边界条件为

$$\boldsymbol{\lambda}(t_f)=\frac{\partial\varphi}{\partial\boldsymbol{x}(t_f)}\qquad\boldsymbol{x}(t_0)=\boldsymbol{x}_0$$

哈密顿函数的变化律为

$$H(t_f)=-\frac{\partial\varphi}{\partial t_f}$$

(3) 对于末端时刻自由,末端状态 $\boldsymbol{x}(t_f)$ 固定的情形。假设系统是可控的,类似于末端时刻固定的情形,此时,正则方程不变,横截条件退化为两点的边界条件

$$\boldsymbol{x}(t_0)=\boldsymbol{x}_0\qquad\boldsymbol{x}(t_f)=\boldsymbol{x}_f$$

哈密顿函数的变化律为

$$H(t_f) = -\frac{\partial \varphi}{\partial t_f}$$

例 11.2.6 已知一阶受控系统 $\dot{x}(t) = u(t)$，$x(0) = 1$ 求控制 $u(t)$，使 $x(t_f) = 0$，t_f 未定，并使性能指标

$$J = t_f + \frac{1}{2}\int_0^{t_f} u^2(t)\mathrm{d}t$$

为极小。

解 本例为两个端点状态固定，t_f 可变，控制无约束最优控制问题。由系统方程可知，系统是能控的，令哈密顿函数为

$$H = \frac{1}{2}u^2 + \lambda u$$

因 $\dot{\lambda}(t) = -\frac{\partial H}{\partial x} = 0$，故 $\lambda(t) = a$ 为常数。再由

$$\frac{\partial H}{\partial u} = u + \lambda = 0 \qquad \frac{\partial^2 H}{\partial u^2} = 1 > 0$$

$$u^*(t) = -\lambda(t) = -a$$

可使 H 为最小。由状态方程和初值 $x(0) = 1$ 解出 $x^*(t) = 1 - at$。利用已知的末态条件

$$x(t_f) = 1 - at_f = 0 \qquad t_f = \frac{1}{a}$$

最后，根据哈密顿函数的变化规律

$$H(t_f) = -\frac{\partial \varphi}{\partial t_f} = -1 \qquad \frac{1}{2}u^2(t_f) + \lambda(t_f)u(t_f) = -1$$

求得 $\frac{1}{2}a^2 - a^2 = -1$，$a = \sqrt{2}$，于是本例最优解如下

$$u^* = -\sqrt{2} \qquad x^*(t) = 1 - \sqrt{2}t$$

$$t_f^* = \frac{\sqrt{2}}{2} \qquad J^* = \sqrt{2}$$

11.3 极小值原理

应用变分法求解最优控制问题，要求控制向量不受任何约束。但是在工程实际中，控制量的大小总是受限制的，如可能要求控制量有界，甚至可能要求控制量是 r 维控制空间中的一些孤立点组成的集合。例如，控制器是由 r 个两位置或三位置的继电器组成的。一般情况下，总可以将控制 $\boldsymbol{u}$ 所受的约束用如下的不等式来表示

$$g[\boldsymbol{x}(t), \boldsymbol{u}(t), t] \geqslant 0$$

在这种情形下，不能应用古典变分方法求解。

应用古典变分法的另一个限制条件是要求 $\partial H/\partial \boldsymbol{u}$ 是存在且连续的，因此，类似如下的性能指标

$$J = \int_{t_0}^{t_f} |\boldsymbol{u}(t)| \mathrm{d}t$$

是不连续的，显然不能应用古典变分。

此外，如果容许控制的集合是一个有界闭集，在容许控制集合边界上，控制变分 $\delta \boldsymbol{u}$ 不能任意，最优控制的必要条件 $\partial H/\partial \boldsymbol{u} = 0$ 亦不能满足。

为了解决控制有约束的变分问题，庞特里亚金与贝尔曼分别提出了极小值原理和动态规划的方法，能够应用于受边界限制的情形，并且不必要求哈密顿函数对控制向量连续可微，因此获得广泛应用。

本节主要介绍极小值原理，首先介绍连续定常系统末端自由时的极小值原理，再推广到非定常、积分型性能指标、末端约束和有积分约束的情形；然后，介绍了离散系统的极小值原理；最后，对一类最优控制问题——最小能量控制，介绍了最小值原理的应用。在 11.8 节中将介绍可以得到同样结果的另一种途径——动态规划。由于极大与极小只是一个符号问题，只要将性能指标符号反过来，极大值原理便是极小值原理。下面的推导与叙述是从极小值原理出发的。

11.3.1　连续系统末端自由时的极小值原理

首先研究形式简单并具有典型意义情形的极小值原理，即对于定常系统、末值型性能指标以及末端自由时的极小值原理，然后将所得结果加以推广到其他情形。

定理 11.3.1　对于如下定常系统、末值型性能指标、末端状态自由、控制受约束的最优控制问题

$$\min_{\boldsymbol{u}(t)\in\boldsymbol{\Omega}} J(\boldsymbol{u}) = \varphi[\boldsymbol{x}(t_f)]$$

$$\text{s.t.}\quad \dot{\boldsymbol{x}}(t) = \boldsymbol{f}(\boldsymbol{x},\boldsymbol{u}) \quad \boldsymbol{x}(t_0) = \boldsymbol{x}_0$$

其中，$\boldsymbol{x}(t) \in \mathbf{R}^n$；$\boldsymbol{u}(t) \in \boldsymbol{\Omega} \subset \mathbf{R}^r$，为任意分段连续函数，$\boldsymbol{\Omega}$ 为容许控制域；末端状态 $\boldsymbol{x}(t_f)$ 自由；末端时刻 t_f 固定或自由。并假设：

(1) 向量函数 $\boldsymbol{f}(\boldsymbol{x},\boldsymbol{u})$ 和标量函数 $\varphi(\boldsymbol{x})$ 都是其自变量的连续可微函数；

(2) 在有界集上，函数 $\boldsymbol{f}(\boldsymbol{x},\boldsymbol{u})$ 对变量 $\boldsymbol{x}$ 满足李普希斯条件

$$|\boldsymbol{f}(\boldsymbol{x}^1,\boldsymbol{u}) - \boldsymbol{f}(\boldsymbol{x}^2,\boldsymbol{u})| \leqslant a\,|\boldsymbol{x}^1 - \boldsymbol{x}^2| \qquad a > 0$$

则对于最优解 $\boldsymbol{u}^*(t)$，t_f^* 和 $\boldsymbol{x}^*(t)$，必存在非零的函数向量 $\boldsymbol{\lambda}(t) \in \mathbf{R}^n$，使下列必要条件成立。

① 正则方程

$$\dot{\boldsymbol{x}}(t) = \frac{\partial H}{\partial \boldsymbol{\lambda}} \qquad \dot{\boldsymbol{\lambda}} = -\frac{\partial H}{\partial \boldsymbol{x}} \tag{11.3.1}$$

其中哈密顿函数

$$H(\boldsymbol{x},\boldsymbol{u},\boldsymbol{\lambda}) = \boldsymbol{\lambda}^{\mathrm{T}}(t)\boldsymbol{f}(\boldsymbol{x},\boldsymbol{u}) \tag{11.3.2}$$

② 边界条件与横截条件

$$\boldsymbol{x}(t_0) = \boldsymbol{x}_0 \qquad \boldsymbol{\lambda}(t_f) = \frac{\partial \varphi}{\partial \boldsymbol{x}(t_f)} \tag{11.3.3}$$

③ 极小值条件

$$H(\boldsymbol{x}^*,\boldsymbol{u}^*,\boldsymbol{\lambda}) = \min_{\boldsymbol{u}\in\boldsymbol{\Omega}} H(\boldsymbol{x}^*,\boldsymbol{u},\boldsymbol{\lambda}) \tag{11.3.4}$$

④ 沿最优轨线哈密顿函数变化律(t_f 自由时用)

$$H[\boldsymbol{x}^*(t_f^*),\boldsymbol{u}^*(t_f^*),\boldsymbol{\lambda}(t_f^*)] = 0 \tag{11.3.5}$$

应当指出,上述定理中的结论 ③ 又可表示为

$$H[\boldsymbol{x}^*(t),\boldsymbol{u}^*(t),\boldsymbol{\lambda}(t)] \leqslant \underset{\boldsymbol{u}\in\boldsymbol{\Omega}}{H}[\boldsymbol{x}^*(t),\boldsymbol{u}(t),\boldsymbol{\lambda}(t)] \tag{11.3.6}$$

上式表示,对所有 $t \in [t_0, t_f]$,$\boldsymbol{u}(t)$ 遍取 $\boldsymbol{\Omega}$ 中所有元素,使 H 为极小值的 $\boldsymbol{u}(t) = \boldsymbol{u}^*(t)$。因而庞特里亚金原理一般称为极小值原理。

说明:(1) 极小值原理与直接应用变分法求解最优控制问题的方法相比较,容许控制的条件放宽了。极小值条件对通常的控制约束均适用。

(2) 最优控制使哈密顿函数取全局极小值。当满足经典变分法的应用条件时,其极值条件 $\partial H/\partial \boldsymbol{u} = 0$ 是极小值原理中的极小值条件 $H^* = \min\limits_{\boldsymbol{u}(t)\in\boldsymbol{\Omega}} H$ 的一种特例。

(3) 极小值原理并不要求哈密顿函数对控制向量的可微性,因而应用条件也放宽了。

(4) 极小值原理只给出了最优控制所应满足的必要条件而非充分条件,即当容许控制满足定理所给出的条件时,它是否能够使性能指标泛函取极小,还要进一步判定。并且,极小值原理没有涉及最优解的存在性问题。如果由工程实际问题的物理意义可以判定解是存在的,而由极小值原理求出的控制律又是惟一的,则该控制函数为要求的最优控制。

例 11.3.1 设系统方程及初始条件为

$$\dot{x}_1(t) = -x_1(t) + u(t) \qquad x_1(0) = 1$$

$$\dot{x}_2(t) = x_1(t) \qquad x_2(0) = 1$$

其中,$|u(t)| \leqslant 1$。若系统末态 $\boldsymbol{x}(t_f)$ 自由,试求最优控制以使如下性能指标取最小值

$$J = x_2(1)$$

解 本题为定常系统、末值型性能指标、末端自由、末端时刻 t_f 固定并且控制受约束的最优控制问题。应用定理 11.3.1,这里

$$\varphi[x(t_f)] = x_2(1) \qquad t_f = 1$$

令

$$H(x,u,\lambda) = \lambda_1(-x_1 + u) + \lambda_2 x_1$$

由协态方程

$$\dot{\lambda}_2 = -\frac{\partial H}{\partial x_2} = 0 \qquad \lambda_2(t) = c_2$$

$$\dot{\lambda}_1 = -\frac{\partial H}{\partial x_1} = \lambda_1 - \lambda_2 \qquad \lambda_1(t) = c_1 e^t + c_2$$

式中 c_1, c_2—— 待定常数。

由横截条件

$$\lambda_1(1) = \frac{\partial \varphi}{\partial x_1(1)} = 0 \qquad \lambda_2(1) = \frac{\partial \varphi}{\partial x_2(1)} = 1$$

解出 $c_1 = -e^{-1}, c_2 = 1$,故有 $\lambda_1(t) = 1 - e^{t-1}, \lambda_2(t) = 1$。

由极小值条件可得

$$u^*(t) = -\operatorname{sgn}(\lambda_1) = \begin{cases} -1 & \lambda_1 > 0 \\ 1 & \lambda_1 \leqslant 0 \end{cases}$$

又由于当 $0 \leqslant t < 1$ 时,$\lambda_1(t) > 0$;当 $t = 1$ 时,$\lambda_1(t) = 0$。可以得到最优控制为

$$u^*(t) = \begin{cases} -1 & 0 \leqslant t < 1 \\ 1 & t = 1 \end{cases}$$

11.3.2 极小值原理的几种具体形式

定理 11.3.1 仅适用于定常系统、末值型性能指标、末端状态自由时的最优控制问题,但实际上很多常见的最优控制问题都可以化成这种形式。下面给出不同具体问题的极小值原理的具体形式。要注意将问题中的时间变量、性能指标和约束条件的处理过程及其最优性的必要条件理解清楚,这样就可以构造出合适的哈密顿函数并给出极小值原理的具体形式。

1. 非定常系统情形

定理 11.3.2 对于如下时变系统、末值型性能指标、末端自由、控制受约束的最优控制问题

$$\min_{\boldsymbol{u}(t)\in\Omega} J(\boldsymbol{u}) = \varphi[\boldsymbol{x}(t_f), t_f] \tag{11.3.7}$$

$$\text{s.t.} \quad \dot{\boldsymbol{x}}(t) = \boldsymbol{f}(\boldsymbol{x}, \boldsymbol{u}, t) \qquad \boldsymbol{x}(t_0) = \boldsymbol{x}_0 \tag{11.3.8}$$

其中,t_f 固定或自由、末端状态 $\boldsymbol{x}(t_f)$ 自由。假设同定理 11.3.1。则最优解的必要条件为:

(1) 正则方程

$$\dot{\boldsymbol{x}}(t) = \frac{\partial H}{\partial \boldsymbol{\lambda}} \qquad \dot{\boldsymbol{\lambda}}(t) = -\frac{\partial H}{\partial \boldsymbol{x}}$$

其中哈密顿函数

$$H(\boldsymbol{x}, \boldsymbol{u}, \boldsymbol{\lambda}, t) = \boldsymbol{\lambda}^{\mathrm{T}}(t) \boldsymbol{f}(\boldsymbol{x}, \boldsymbol{u}, t)$$

(2) 边界条件与横截条件

$$\boldsymbol{x}(t_0) = \boldsymbol{x}_0 \qquad \boldsymbol{\lambda}(t_f) = \frac{\partial \varphi}{\partial \boldsymbol{x}(t_f)}$$

(3) 极小值条件

$$H(\boldsymbol{x}^*,\boldsymbol{u}^*,\boldsymbol{\lambda},t)=\min_{\boldsymbol{u}(t)\in\boldsymbol{\Omega}}H(\boldsymbol{x}^*,\boldsymbol{u},\boldsymbol{\lambda},t)$$

(4) 沿最优轨线哈密顿函数变化律(t_f 自由时用)

$$H[\boldsymbol{x}^*(t_f^*),\boldsymbol{u}^*(t_f^*),\boldsymbol{\lambda}^*(t_f^*),t_f^*]=-\frac{\partial\varphi[\boldsymbol{x}^*(t_f^*),t_f^*]}{\partial t_f}$$

证明 为了转化为定常系统的情形,设辅助变量 $x_{n+1}(t)=t$,则有

$$\dot{x}_{n+1}(t)=1\qquad x_{n+1}(t_0)=t_0\qquad x_{n+1}(t_f)=t_f$$

构造增广向量

$$\bar{\boldsymbol{x}}(t)=\begin{bmatrix}\boldsymbol{x}(t)\\ x_{n+1}(t)\end{bmatrix}\qquad \bar{\boldsymbol{f}}(\bar{\boldsymbol{x}},\boldsymbol{u})=\begin{bmatrix}\boldsymbol{f}(\boldsymbol{x},\boldsymbol{u},t)\\ 1\end{bmatrix}\qquad \bar{\boldsymbol{x}}_0(t_0)=\begin{bmatrix}\boldsymbol{x}_0\\ t_0\end{bmatrix}=\bar{\boldsymbol{x}}_0$$

于是,该时变问题转化为如下定常问题

$$\min_{\boldsymbol{u}(t)\in\boldsymbol{\Omega}}J=\varphi[\bar{\boldsymbol{x}}(t_f)]=\varphi[\boldsymbol{x}(t_f),x_{n+1}(t_f)]$$

$$\text{s.t.}\quad \dot{\bar{\boldsymbol{x}}}(t)=\bar{\boldsymbol{f}}(\bar{\boldsymbol{x}}(t),\boldsymbol{u}(t))\qquad \bar{\boldsymbol{x}}(t_0)=\bar{\boldsymbol{x}}_0$$

令辅助协态变量 $\lambda_{n+1}(t)$ 为构造增广协态向量

$$\bar{\boldsymbol{\lambda}}(t)=\begin{bmatrix}\boldsymbol{\lambda}(t)\\ \lambda_{n+1}(t)\end{bmatrix}\tag{11.3.9}$$

及哈密顿函数

$$\bar{H}(\bar{\boldsymbol{x}},\boldsymbol{u},\bar{\boldsymbol{\lambda}})=\bar{\boldsymbol{\lambda}}^{\mathrm{T}}(t)\bar{\boldsymbol{f}}(\bar{\boldsymbol{x}},\boldsymbol{u})=\boldsymbol{\lambda}^{\mathrm{T}}(t)\boldsymbol{f}(\boldsymbol{x},\boldsymbol{u},t)+\lambda_{n+1}(t)=H(\boldsymbol{x},\boldsymbol{u},\boldsymbol{\lambda},t)+\lambda_{n+1}(t)\tag{11.3.10}$$

其中

$$H(\boldsymbol{x},\boldsymbol{u},\boldsymbol{\lambda},t)=\boldsymbol{\lambda}^{\mathrm{T}}(t)\boldsymbol{f}(\boldsymbol{x},\boldsymbol{u},t)\tag{11.3.11}$$

由定理 11.3.1,协态方程为

$$\dot{\bar{\boldsymbol{\lambda}}}(t)=-\frac{\partial\bar{H}}{\partial\bar{\boldsymbol{x}}}$$

代入式(11.3.9)和(11.3.10),得

$$\dot{\boldsymbol{\lambda}}(t)=-\frac{\partial H}{\partial\boldsymbol{x}}\qquad \dot{\lambda}_{n+1}(t)=-\frac{\partial H}{\partial t}\tag{11.3.12}$$

由式(11.3.11),下式显然成立

$$\dot{\boldsymbol{x}}(t)=\frac{\partial H}{\partial\boldsymbol{\lambda}}=\boldsymbol{f}(\boldsymbol{x},\boldsymbol{u},t)$$

从而证明了本定理的结论(1)。

根据定理 11.3.1,横截条件

$$\bar{\boldsymbol{\lambda}}(t_f)=\frac{\partial\varphi[\bar{\boldsymbol{x}}(t_f)]}{\partial\bar{\boldsymbol{x}}(t_f)}$$

代入 $\bar{\boldsymbol{\lambda}}(t_f)$ 和 $\bar{\boldsymbol{x}}(t_f)$ 表达式，易得

$$\boldsymbol{\lambda}(t_f)=\frac{\partial\varphi}{\partial\boldsymbol{x}(t_f)}\qquad\lambda_{n+1}(t_f)=\frac{\partial\varphi}{\partial t_f}\tag{11.3.13}$$

于是，证明了本定理的结论(2)。

由定理 11.3.1，极小值条件为

$$\bar{H}(\bar{\boldsymbol{x}}^*,\boldsymbol{u}^*,\bar{\boldsymbol{\lambda}})=\min_{\boldsymbol{u}\in\boldsymbol{\Omega}}\bar{H}(\bar{\boldsymbol{x}}^*,\boldsymbol{u},\bar{\boldsymbol{\lambda}})$$

代入式(11.3.10)，上式可写为

$$H(\boldsymbol{x}^*,\boldsymbol{u}^*,\boldsymbol{\lambda},t)+\lambda_{n+1}(t)=\min_{\boldsymbol{u}\in\boldsymbol{\Omega}}H(\boldsymbol{x}^*,\boldsymbol{u},\boldsymbol{\lambda},t)+\lambda_{n+1}(t)$$

立即证得本定理的结论(3)。

根据定理 11.3.1 中的沿最优轨线哈密顿函数变化律以及式(11.3.10)，有

$$\bar{H}[\boldsymbol{x}^*(t_f^*),\boldsymbol{u}^*(t_f^*),\bar{\boldsymbol{\lambda}}(t_f^*)]=H[\boldsymbol{x}^*(t_f^*),\boldsymbol{u}^*(t_f^*),\boldsymbol{\lambda}(t_f^*),t_f^*]+\lambda_{n+1}(t_f^*)=0$$

代入式(11.3.13)，证得本定理结论(4)

$$H(t_f^*)=-\frac{\partial\varphi}{\partial t_f}$$

证毕。

说明：比较定理 11.3.1 与定理 11.3.2 可见，时变性并不影响极小值原理中的正则方程、横截条件和极小值条件，但却改变了哈密顿函数沿最优轨线的变化律。

2. 积分型性能指标

定理 11.3.1 的形式还可推广到积分型性能指标的问题。

定理 11.3.3　对于如下定常系统、积分型性能指标、末端状态自由、控制受约束的最优控制问题

$$\min_{\boldsymbol{u}(t)\in\boldsymbol{\Omega}}J(\boldsymbol{u})=\int_{t_0}^{t_f}L(\boldsymbol{x},\boldsymbol{u})\mathrm{d}t$$

$$\text{s.t. }\dot{\boldsymbol{x}}(t)=\boldsymbol{f}(\boldsymbol{x},\boldsymbol{u})\qquad\boldsymbol{x}(t_0)=\boldsymbol{x}_0$$

其中，t_f 固定或自由，$\boldsymbol{x}(t_f)$ 自由。假设同定理 11.3.1，则最优解的必要条件为

(1) 正则方程

$$\dot{\boldsymbol{x}}(t)=\frac{\partial H}{\partial\boldsymbol{\lambda}}\qquad\dot{\boldsymbol{\lambda}}(t)=-\frac{\partial H}{\partial\boldsymbol{x}}$$

其中哈密顿函数

$$H(\boldsymbol{x},\boldsymbol{u},\boldsymbol{\lambda})=L(\boldsymbol{x},\boldsymbol{u})+\boldsymbol{\lambda}^{\mathrm{T}}(t)\boldsymbol{f}(\boldsymbol{x},\boldsymbol{u})$$

(2) 边界条件与横截条件

$$\boldsymbol{x}(t_0)=\boldsymbol{x}_0\qquad\boldsymbol{\lambda}(t_f)=\boldsymbol{0}$$

(3) 极小值条件

$$H(\boldsymbol{x}^*,\boldsymbol{u}^*,\boldsymbol{\lambda})=\min_{\boldsymbol{u}(t)\in\boldsymbol{\Omega}}H(\boldsymbol{x}^*,\boldsymbol{u},\boldsymbol{\lambda})$$

(4) 沿最优轨线哈密顿函数变化律(t_f 自由情形)

$$H[\boldsymbol{x}^*(t_f^*),\boldsymbol{u}^*(t_f^*),\boldsymbol{\lambda}(t_f^*)] = 0$$

证明 为了利用定理 11.3.1,令辅助变量 $x_0(t) = \int_{t_0}^{t} L(\boldsymbol{x},\boldsymbol{u})\mathrm{d}t$,则有

$$\dot{x}_0(t) = L(\boldsymbol{x},\boldsymbol{u}) \qquad \boldsymbol{x}_0(t_0) = 0$$

$$x_0(t_f) = \int_{t_0}^{t_f} L(\boldsymbol{x},\boldsymbol{u})\mathrm{d}t = J(\boldsymbol{u})$$

构造增广向量

$$\bar{\boldsymbol{x}}(t) = \begin{bmatrix} \boldsymbol{x}_0(t) \\ \boldsymbol{x}(t) \end{bmatrix} \qquad \bar{\boldsymbol{f}}(\bar{\boldsymbol{x}},\boldsymbol{u}) = \begin{bmatrix} L(\boldsymbol{x},\boldsymbol{u}) \\ f(\boldsymbol{x},\boldsymbol{u}) \end{bmatrix} \qquad \bar{\boldsymbol{x}}(t_0) = \begin{bmatrix} 0 \\ \boldsymbol{x}_0 \end{bmatrix} = \bar{\boldsymbol{x}}_0$$

于是,积分型性能指标问题转化为如下末值性能指标问题

$$\min_{\boldsymbol{u}(t)\in\boldsymbol{\Omega}} J(\boldsymbol{u}) = x_0(t_f) \triangleq \varphi[\bar{\boldsymbol{x}}(t_f)]$$

$$\text{s.t.} \quad \dot{\bar{\boldsymbol{x}}}(t) = \bar{f}(\bar{\boldsymbol{x}},\boldsymbol{u}) \qquad \bar{\boldsymbol{x}}(t_0) = \bar{\boldsymbol{x}}_0$$

令 $\boldsymbol{\lambda}_0(t)$ 为辅助协态变量,构造增广协态向量

$$\bar{\boldsymbol{\lambda}}(t) = \begin{bmatrix} \lambda_0(t) \\ \boldsymbol{\lambda}(t) \end{bmatrix} \tag{11.3.14}$$

及哈密顿函数

$$\bar{H}(\bar{\boldsymbol{x}},\boldsymbol{u},\boldsymbol{\lambda}) = \bar{\boldsymbol{\lambda}}^{\mathrm{T}}(t)\bar{f}(\bar{\boldsymbol{x}},\boldsymbol{u}) = \lambda_0 L(\boldsymbol{x},\boldsymbol{u}) + \boldsymbol{\lambda}^{\mathrm{T}}\boldsymbol{f}(\boldsymbol{x},\boldsymbol{u}) = H_0(\boldsymbol{x},\boldsymbol{u},\boldsymbol{\lambda}) + \lambda_0 L(\boldsymbol{x},\boldsymbol{u}) \tag{11.3.15}$$

由定理 11.3.1,协态方程为

$$\dot{\bar{\boldsymbol{\lambda}}}(t) = -\frac{\partial \bar{H}}{\partial \bar{\boldsymbol{x}}}$$

代入式(11.3.14)及(11.3.15),得

$$\begin{bmatrix} \dot{\lambda}_0(t) \\ \dot{\boldsymbol{\lambda}}(t) \end{bmatrix} = -\begin{bmatrix} \dfrac{\partial \bar{H}}{\partial \boldsymbol{x}_0} \\ \dfrac{\partial \bar{H}}{\partial \boldsymbol{x}} \end{bmatrix} = -\begin{bmatrix} 0 \\ \dfrac{\partial \bar{H}}{\partial \boldsymbol{x}} \end{bmatrix}$$

因而有

$$\lambda_0(t) = \text{const} \tag{11.3.16}$$

$$\dot{\boldsymbol{\lambda}}(t) = -\frac{\partial \bar{H}}{\partial \boldsymbol{x}} \tag{11.3.17}$$

即 $\lambda_0(t)$ 为常数。再由定理 11.3.1 的横截条件可得

$$\bar{\boldsymbol{\lambda}}(t_f) = \frac{\partial \varphi[\bar{\boldsymbol{x}}(t_f)]}{\partial \bar{\boldsymbol{x}}(t_f)}$$

因 $\varphi[\bar{\boldsymbol{x}}(t_f)] = x_0(t_f)$，故上式可表示为

$$\begin{bmatrix}\lambda_0(t_f)\\ \boldsymbol{\lambda}(t_f)\end{bmatrix} = \begin{bmatrix}\dfrac{\partial\varphi}{\partial \boldsymbol{x}_0(t_f)}\\ \dfrac{\partial\varphi}{\partial \boldsymbol{x}(t_f)}\end{bmatrix} = \begin{bmatrix}1\\0\end{bmatrix}$$

从而

$$\boldsymbol{\lambda}(t_f) = \boldsymbol{0} \qquad \lambda_0(t) = \lambda_0(t_f) = 1$$

哈密顿函数

$$\bar{H}(\bar{\boldsymbol{x}},\boldsymbol{u},\bar{\boldsymbol{\lambda}}) = L(\boldsymbol{x},\boldsymbol{u}) + \boldsymbol{\lambda}^{\mathrm{T}}\boldsymbol{f}(\boldsymbol{x},\boldsymbol{u}) = H(\boldsymbol{x},\boldsymbol{u},\boldsymbol{\lambda}) \tag{11.3.18}$$

由定理 11.3.1，其状态方程为

$$\dot{\bar{\boldsymbol{x}}} = \frac{\partial \bar{H}}{\partial \bar{\boldsymbol{\lambda}}} = \frac{\partial H}{\partial \bar{\boldsymbol{\lambda}}}$$

代入 $\bar{\boldsymbol{x}}(t)$ 和 $\bar{\boldsymbol{\lambda}}(t)$ 的增广形式，证得

$$\dot{\boldsymbol{x}}(t) = \frac{\partial H}{\partial \boldsymbol{\lambda}} \qquad \dot{\boldsymbol{x}}_0(t) = L(\boldsymbol{x},\boldsymbol{u})$$

再将式(11.3.18)化入式(11.3.17)，有

$$\dot{\boldsymbol{\lambda}}(t) = -\frac{\partial H}{\partial \boldsymbol{x}}$$

由定理 11.3.1，其极小值条件为

$$\bar{H}(\bar{\boldsymbol{x}}^*,\boldsymbol{u}^*,\bar{\boldsymbol{\lambda}}) = \min_{\boldsymbol{u}\in\boldsymbol{\Omega}}\bar{H}(\bar{\boldsymbol{x}},\boldsymbol{u},\bar{\boldsymbol{\lambda}})$$

由式(11.3.18)可知 $\bar{H}(\bar{\boldsymbol{x}},\boldsymbol{u},\bar{\boldsymbol{\lambda}}) = H(\boldsymbol{x},\boldsymbol{u},\boldsymbol{\lambda})$，立即证得

$$H(\boldsymbol{x}^*,\boldsymbol{u}^*,\boldsymbol{\lambda}) = \min_{\boldsymbol{u}\in\boldsymbol{\Omega}} H(\boldsymbol{x}^*,\boldsymbol{u},\boldsymbol{\lambda})$$

由定理 11.3.1，在最优轨线末端有

$$\bar{H}[\bar{\boldsymbol{x}}^*(t_f^*),\boldsymbol{u}^*(t_f^*),\bar{\boldsymbol{\lambda}}(t_f^*)] = 0$$

代入式(11.3.18)，立即证得 $H(t_f^*) = 0$。证毕。

说明：比较定理 11.3.3 和定理 11.3.1 可见，积分型性能指标改变了哈密顿函数的形式，也影响了横截条件表达式。应当指出，不论是复合型性能指标、积分型性能指标，还是末值型性能指标，其哈密顿函数的统一形式应为

$$H(\boldsymbol{x},\boldsymbol{u},\boldsymbol{\lambda}) = L(\boldsymbol{x},\boldsymbol{u}) + \boldsymbol{\lambda}^{\mathrm{T}}(t)\boldsymbol{f}(\boldsymbol{x},\boldsymbol{u}) \tag{11.3.19}$$

这一规律，对时变系统同样适用。

3. 末态约束时的极小值原理

对于具有目标集约束条件的最优控制问题，需要把极小值原理的原始形式推广到末端受约束时的最优控制问题。设末端状态有如下等式和不等式约束

$$\boldsymbol{g}[\boldsymbol{x}(t_f)] = 0 \tag{11.3.20}$$

$$\boldsymbol{h}[\boldsymbol{x}(t_f)] \leqslant 0 \tag{11.3.21}$$

其中 $\boldsymbol{g} = [g_1 \quad g_2 \quad \cdots \quad g_p]^{\mathrm{T}}$，若性能指标中包含有末值项，$p < n$；否则，$p \leqslant n$。$\boldsymbol{h} = [h_1 \quad h_2 \quad \cdots \quad h_q]^{\mathrm{T}}$，$q$ 不受限制。假设 $\boldsymbol{g}, \boldsymbol{h}$ 对其自变量都是连续可微的。与末端状态自由情形不同，现在要求末态 $\boldsymbol{x}(t_f)$ 只能落在由约束(11.3.20)和(11.3.21)所规定的目标集上。对于这种约束条件下的泛函极值问题，如同在等式和不等式约束下求函数极值的方法一样，可用拉格朗日乘子 $\boldsymbol{\mu}$ 和 $\boldsymbol{\nu}$，将末态约束化为等价的末值型性能指标。如果性能指标是末值型的，即

$$J(\boldsymbol{u}) = \varphi[\boldsymbol{x}(t_f)]$$

则考虑末值约束的等价性能指标为

$$\bar{J} = \varphi[\boldsymbol{x}(t_f)] + \boldsymbol{\mu}^{\mathrm{T}}\boldsymbol{g}(\boldsymbol{x}(t_f)) + \boldsymbol{\nu}^{\mathrm{T}}\boldsymbol{h}(\boldsymbol{x}(t_f))$$

式中　$\boldsymbol{\mu}, \boldsymbol{\nu}$——不同时为零的 p 维和 q 维的待定常向量。

考虑不等式约束的乘子向量 $\boldsymbol{\nu}$ 要满足

$$\nu_i \geqslant 0 \qquad \nu_i h_i(\boldsymbol{x}(t_f)) = 0$$

这样，经过等价处理后，问题化为

$$\bar{J} = \bar{\varphi}(\boldsymbol{x}(t_f))$$

的自由末端末值型性能指标问题，根据定理 11.3.1，横截条件为

$$\boldsymbol{\lambda}(t_f) = \frac{\partial \bar{\varphi}}{\partial \boldsymbol{x}(t_f)} = \frac{\partial \varphi(\boldsymbol{x}(t_f))}{\partial \boldsymbol{x}(t_f)} + \frac{\partial \boldsymbol{g}^{\mathrm{T}}(\boldsymbol{x}(t_f))}{\partial \boldsymbol{x}(t_f)}\boldsymbol{\mu} + \frac{\partial \boldsymbol{h}^{\mathrm{T}}(\boldsymbol{x}(t_f))}{\partial \boldsymbol{x}(t_f)}\boldsymbol{\nu}$$

定理中的其他条件不变。将该情形的最优控制问题的必要条件总结如下：

定理 11.3.4　对于如下定常系统、末值型性能指标、末端受约束、控制也受约束的最优控制问题

$$\begin{aligned}
&\min_{\boldsymbol{u}(t)\in\boldsymbol{\Omega}} J(\boldsymbol{u}) = \varphi[\boldsymbol{x}(t_f)] \\
&\text{s.t.} \qquad ①\ \dot{\boldsymbol{x}}(t) = \boldsymbol{f}(\boldsymbol{x},\boldsymbol{u}),\ \boldsymbol{x}(t_0) = \boldsymbol{x}_0 \\
&\qquad\qquad ②\ \boldsymbol{g}(\boldsymbol{x}(t_f)) = 0 \\
&\qquad\qquad ③\ \boldsymbol{h}(\boldsymbol{x}(t_f)) \leqslant 0
\end{aligned}$$

其中，$\boldsymbol{x}(t) \in \mathbf{R}^n$，$t_f$ 固定或自由；$\varphi(\cdot) \in \mathbf{R}^m$，$m \leqslant n$，且在$[t_0, t_f]$上连续可微；其余假设同定理 11.3.1。则必存在不为零的函数向量 $\boldsymbol{\lambda}(t) \in \mathbf{R}^n$ 和不同时为零的乘子常向量 $\boldsymbol{\mu}$ 和 $\boldsymbol{\nu}$，使最优解满足如下必要条件。

(1) 正则方程

$$\dot{\boldsymbol{x}}(t) = \frac{\partial H}{\partial \boldsymbol{\lambda}} = \boldsymbol{f}(\boldsymbol{x},\boldsymbol{u}) \qquad \dot{\boldsymbol{\lambda}}(t) = -\frac{\partial H}{\partial \boldsymbol{x}}$$

其中哈密顿函数

$$H(\boldsymbol{x},\boldsymbol{u},\boldsymbol{\lambda}) = \boldsymbol{\lambda}^{\mathrm{T}}(t)\boldsymbol{f}(\boldsymbol{x},\boldsymbol{u})$$

(2) 边界条件与横截条件

$$\boldsymbol{x}(t_0) = \boldsymbol{x}_0 \qquad \boldsymbol{g}[\boldsymbol{x}(t_f)] = 0 \qquad \boldsymbol{h}[\boldsymbol{x}(t_f)] \leqslant 0$$

$$\boldsymbol{\lambda}(t_f) = \frac{\partial \varphi[\boldsymbol{x}(t_f)]}{\partial \boldsymbol{x}(t_f)} + \frac{\partial \boldsymbol{g}^{\mathrm{T}}[\boldsymbol{x}(t_f)]}{\partial \boldsymbol{x}(t_f)}\boldsymbol{\mu} + \frac{\partial \boldsymbol{h}^{\mathrm{T}}[\boldsymbol{x}(t_f)]}{\partial \boldsymbol{x}(t_f)}\boldsymbol{v}$$

$$v_i \geqslant 0 \qquad v_i h_i(x(t_f)) = 0$$

(3) 极小值条件

$$H(\boldsymbol{x}^*,\boldsymbol{u}^*,\boldsymbol{\lambda}) = \min_{\boldsymbol{u}\in\boldsymbol{\Omega}} H(\boldsymbol{x}^*,\boldsymbol{u},\boldsymbol{\lambda})$$

(4) 沿最优轨线哈密顿函数变化律

当 t_f 自由时

$$H[\boldsymbol{x}^*(t),\boldsymbol{u}^*(t),\boldsymbol{\lambda}(t)] = H[\boldsymbol{x}^*(t_f^*),\boldsymbol{u}^*(t_f^*),\boldsymbol{\lambda}(t_f^*)] = 0$$

当 t_f 固定时

$$H[\boldsymbol{x}^*(t),\boldsymbol{u}^*(t),\boldsymbol{\lambda}(t)] = H[\boldsymbol{x}^*(t_f),\boldsymbol{u}^*(t_f),\boldsymbol{\lambda}(t_f)] = \text{const}$$

不难证明,上述定理可以推广到时变情况。

定理 11.3.5　对于如下时变系统、末值型性能指标、末端受约束、控制也受约束的最优控制问题

$$\min_{\boldsymbol{u}(t)\in\boldsymbol{\Omega}} J(u) = \varphi[\boldsymbol{x}(t_f),t_f]$$

$$\begin{aligned}\text{s.t.}\quad &① \ \dot{\boldsymbol{x}}(t) = \boldsymbol{f}(\boldsymbol{x},\boldsymbol{u},t),\boldsymbol{x}(t_0) = \boldsymbol{x}_0\\ &② \ \boldsymbol{g}[\boldsymbol{x}(t_f),t_f] = 0\\ &③ \ \boldsymbol{h}[\boldsymbol{x}(t_f),t_f] \leqslant 0\end{aligned}$$

其中,t_f 固定或自由,假设条件同定理 11.3.4。则必存在不同时为零的常向量 $\boldsymbol{\mu}$ 和 $\boldsymbol{v}$,和 n 维不为零的函数向量 $\boldsymbol{\lambda}(t)$,使最优解满足如下必要条件。

(1) 正则方程

$$\dot{\boldsymbol{x}}(t) = \frac{\partial H}{\partial \boldsymbol{\lambda}} = \boldsymbol{f}(\boldsymbol{x},\boldsymbol{u},t) \qquad \dot{\boldsymbol{\lambda}}(t) = -\frac{\partial H}{\partial \boldsymbol{x}}$$

其中哈密顿函数

$$H(\boldsymbol{x},\boldsymbol{u},\boldsymbol{\lambda},t) = \boldsymbol{\lambda}^{\mathrm{T}}(t)\boldsymbol{f}(\boldsymbol{x},\boldsymbol{u},t)$$

(2) 边界条件与横截条件

$$\boldsymbol{x}(t_0) = \boldsymbol{x}_0 \qquad \boldsymbol{g}[\boldsymbol{x}(t_f),t_f] = 0 \qquad h[\boldsymbol{x}(t_f),t_f] \leqslant 0$$

$$\boldsymbol{\lambda}(t_f) = \frac{\partial \varphi}{\partial \boldsymbol{x}(t_f)} + \frac{\partial \boldsymbol{g}^{\mathrm{T}}}{\partial \boldsymbol{x}(t_f)}\boldsymbol{\mu} + \frac{\partial \boldsymbol{h}^{\mathrm{T}}}{\partial \boldsymbol{x}(t_f)}\boldsymbol{v}$$

其中

$$\nu_i \geqslant 0 \qquad \nu_i h_i(\boldsymbol{x}(t_f),t_f) = 0$$

(3) 极小值条件

$$H(\boldsymbol{x}^*,\boldsymbol{u}^*,\boldsymbol{\lambda},t) = \min_{\boldsymbol{u}\in\boldsymbol{\Omega}} H(\boldsymbol{x}^*,\boldsymbol{u},\boldsymbol{\lambda},t)$$

(4) 沿最优轨线哈密顿函数变化律(t_f 未定时)

$$H[\boldsymbol{x}^*(t_f^*),\boldsymbol{u}^*(t_f^*),\boldsymbol{\lambda}(t_f^*),t_f^*] = -\frac{\partial \varphi[\boldsymbol{x}(t_f^*),t_f^*]}{\partial t_f^*} - \boldsymbol{\mu}^{\mathrm{T}}\frac{\partial \boldsymbol{g}[\boldsymbol{x}(t_f^*),t_f^*]}{\partial t_f^*} -$$

$$\boldsymbol{v}^{\mathrm{T}}\frac{\partial \boldsymbol{h}[\boldsymbol{x}(t_f^*),t_f^*]}{\partial t_f^*}$$

例 11.3.2 设宇宙飞船登月舱的质量为 $m(t)$，高度为 $h(t)$，垂直速度为 $v(t)$，发动机推力为 $u(t)$，月球表面重力加速度为常数 g，不含燃料时登月舱质量为 M，初始燃料的总质量为 F。已知登月舱的状态方程为

$$\dot{h}(t)=v(t)\qquad h(0)=h_0$$

$$\dot{v}(t)=\frac{u(t)}{m(t)}-g\qquad v(0)=v_0$$

$$\dot{m}(t)=-ku(t)\qquad m(0)=M+F$$

要求登月舱在月球表面实现软着陆，即目标集为

$$\psi_1=h(t_f)=0\qquad \psi_2=v(t_f)=0$$

发动机推力 $u(t)\in\Omega,\Omega=\{u(t)\mid 0\leqslant u(t)\leqslant\alpha\},\forall t\in[0,t_f]$。试确定最优控制 $u^*(t)$，使登月舱由已知初态转移到要求的目标集，并使登月舱燃料消耗 $J=-m(t_f)\to\min$。

解 本例为时变系统、末值型性能指标、t_f 自由、末端状态受约束、控制受约束的最优控制问题。构造哈密顿函数

$$H=\lambda_1 v+\lambda_2\left(\frac{u}{m}-g\right)-\lambda_3 ku$$

式中 $\lambda_1(t),\lambda_2(t),\lambda_3(t)$—— 待定的拉格朗日乘子。

根据题意

$$\varphi=-m(t_f)$$

由协态方程

$$\dot{\lambda}_1(t)=-\frac{\partial H}{\partial h}=0$$

$$\dot{\lambda}_2(t)=-\frac{\partial H}{\partial v}=-\lambda_1(t)$$

$$\dot{\lambda}_3(t)=-\frac{\partial H}{\partial m}=\frac{\lambda_2(t)u(t)}{m^2(t)}$$

由横截条件

$$\lambda_1(t_f)=\frac{\partial\varphi}{\partial h(t_f)}+\frac{\partial\psi_1}{\partial h(t_f)}\gamma_1=\gamma_1$$

$$\lambda_2(t_f)=\frac{\partial\varphi}{\partial v(t_f)}+\frac{\partial\psi_2}{\partial v(t_f)}\gamma_2=\gamma_2$$

$$\lambda_3(t_f)=\frac{\partial\varphi}{\partial m(t_f)}=-1$$

式中 γ_1,γ_2—— 待定的拉格朗日乘子。

将哈密顿函数整理成

$$H = (\lambda_1 v - \lambda_2 g) + \left(\frac{\lambda_2}{m} - k\lambda_3\right) u$$

由极小值条件，H 相对 $u^*(t)$ 取绝对极小值。因此，最优控制为

$$u^*(t) = \begin{cases} \alpha & \dfrac{\lambda_2}{m} - k\lambda_3 < 0 \\ 0 & \dfrac{\lambda_2}{m} - k\lambda_3 > 0 \end{cases}$$

上述结果表明，只有当登月舱发动机推力在其最大值和零值之间进行开关控制，才有可能在软着陆的同时，保证登月舱的燃料消耗最少。

4. 有积分限制情形

下面考察一类具有积分限制的定常系统的最优控制问题。

定理 11.3.6　对于如下的定常系统、积分型性能指标、末端自由、控制和状态轨线受积分约束的最优控制问题

$$\min_{\boldsymbol{u}(t)\in\boldsymbol{\Omega}} J(\boldsymbol{u}) = \int_{t_0}^{t_f} L(\boldsymbol{x},\boldsymbol{u})\mathrm{d}t$$

$$\text{s.t.}\quad \dot{\boldsymbol{x}}(t) = f(\boldsymbol{x},\boldsymbol{u}) \qquad \boldsymbol{x}(t_0) = \boldsymbol{x}_0$$

$$J_1 = \int_{t_0}^{t_f} \boldsymbol{L}_1(\boldsymbol{x}(t),\boldsymbol{u}(t))\mathrm{d}t = 0$$

$$J_2 = \int_{t_0}^{t_f} \boldsymbol{L}_2(\boldsymbol{x}(t),\boldsymbol{u}(t))\mathrm{d}t \leqslant 0$$

其中，t_f 固定或自由，假设同定理 11.3.1。则最优解的必要条件为

(1) 正则方程

$$\dot{\boldsymbol{x}}(t) = \frac{\partial H}{\partial \boldsymbol{\lambda}} = \boldsymbol{f}(\boldsymbol{x},\boldsymbol{u}) \qquad \dot{\boldsymbol{\lambda}} = -\frac{\partial H}{\partial \boldsymbol{x}}$$

其中哈密顿函数

$$H(\boldsymbol{x}(t),\boldsymbol{u}(t),\boldsymbol{\lambda}(t),\boldsymbol{\lambda}_1,\boldsymbol{\lambda}_2) = L(\boldsymbol{x},\boldsymbol{u}) + \boldsymbol{\lambda}^{\mathrm{T}}(t)\boldsymbol{f}(\boldsymbol{x},\boldsymbol{u}) + \boldsymbol{\lambda}_1^{\mathrm{T}}\boldsymbol{L}_1(\boldsymbol{x},\boldsymbol{u}) + \boldsymbol{\lambda}_2^{\mathrm{T}}\boldsymbol{L}_2(\boldsymbol{x},\boldsymbol{u})$$

这里

$$\lambda_{2i} \geqslant 0 \qquad \lambda_{2i}J_{2i} = 0 \qquad i = 1,2,\cdots,l$$

(2) 边界条件与横截条件

$$\boldsymbol{x}(t_0) = \boldsymbol{x}_0 \qquad \boldsymbol{\lambda}(t_f) = \boldsymbol{0}$$

(3) 极小值条件

$$H(\boldsymbol{x}^*(t),\boldsymbol{u}^*(t),\boldsymbol{\lambda}(t),\boldsymbol{\lambda}_1,\boldsymbol{\lambda}_2) = \min_{\boldsymbol{u}\in\boldsymbol{\Omega}} H(\boldsymbol{x}^*(t),\boldsymbol{u}(t),\boldsymbol{\lambda}(t),\boldsymbol{\lambda}_1,\boldsymbol{\lambda}_2)$$

(4) 沿最优轨线哈密顿函数变化律

t_f 自由时

$$H[\boldsymbol{x}^*(t_f^*),\boldsymbol{u}^*(t_f^*),\boldsymbol{\lambda}(t_f^*),\boldsymbol{\lambda}_1,\boldsymbol{\lambda}_2]=0$$

t_f 固定时

$$H[\boldsymbol{x}^*(t),\boldsymbol{u}^*(t),\boldsymbol{\lambda}(t),\boldsymbol{\lambda}_1,\boldsymbol{\lambda}_2]=H(\boldsymbol{x}^*(t_f),\boldsymbol{u}^*(t_f),\boldsymbol{\lambda}(t_f),\boldsymbol{\lambda}_1,\boldsymbol{\lambda}_2)=\text{const}$$

证明 利用扩充状态变量法,将其首先化为末值型性能指标和末态不等式约束问题。引入新的状态变量 z_0,z_1,z_2,它们分别满足如下的方程

$$\dot{z}_0=L(\boldsymbol{x},\boldsymbol{u})\qquad z_0(t_0)=0$$

$$\dot{z}_1=L_1(\boldsymbol{x},\boldsymbol{u})\qquad z_1(t_0)=0$$

$$\dot{z}_2=L_2(\boldsymbol{x},\boldsymbol{u})\qquad z_2(t_0)=0$$

从而有 $J=z_0(t_f),J_1=z_1(t_f),J_2=z_2(t_f)$。定义如下记法

$$\bar{\boldsymbol{x}}=\begin{bmatrix}z_0\\\boldsymbol{x}\\z_1\\z_2\end{bmatrix}\qquad \bar{\boldsymbol{f}}=\begin{bmatrix}L\\f\\\boldsymbol{L}_1\\\boldsymbol{L}_2\end{bmatrix}\qquad \bar{\boldsymbol{x}}_0=\begin{bmatrix}0\\\boldsymbol{x}_0\\0\\0\end{bmatrix}$$

于是,本小节中的问题转化为如下问题

$$\begin{cases}\dot{\bar{\boldsymbol{x}}}=\bar{\boldsymbol{f}}(\bar{\boldsymbol{x}},\boldsymbol{u})\quad \bar{\boldsymbol{x}}(t_0)=\bar{\boldsymbol{x}}_0\qquad t\in[t_0,t_f]\\\boldsymbol{x}_1(t_f)=0\qquad \boldsymbol{x}_2(t_f)\leqslant 0\\\boldsymbol{u}(t)\in\boldsymbol{\Omega}\\J=x_0(t_f)\end{cases}\tag{11.3.22}$$

这是一类具有末态等式和不等式约束、末值型性能指标的定常问题。

若记 $\bar{\boldsymbol{\lambda}}=[\lambda_0\quad \boldsymbol{\lambda}^{\mathrm{T}}\quad \boldsymbol{\lambda}_1^{\mathrm{T}}\quad \boldsymbol{\lambda}_2^{\mathrm{T}}]^{\mathrm{T}}$,问题(11.3.22)的哈密顿函数为

$$\bar{H}(\bar{\boldsymbol{x}},\boldsymbol{u},\bar{\boldsymbol{\lambda}})=\bar{\boldsymbol{\lambda}}^{\mathrm{T}}\bar{\boldsymbol{f}}=\boldsymbol{\lambda}_0L(\boldsymbol{x},\boldsymbol{u})+\boldsymbol{\lambda}^{\mathrm{T}}\boldsymbol{f}(\boldsymbol{x},\boldsymbol{u})+\boldsymbol{\lambda}_1^{\mathrm{T}}L_1(\boldsymbol{x},\boldsymbol{u})+\boldsymbol{\lambda}_2^{\mathrm{T}}L_2(\boldsymbol{x},\boldsymbol{u})\tag{11.3.23}$$

由问题(11.3.22)的协态方程 $\dot{\bar{\boldsymbol{\lambda}}}=-\partial\bar{H}/\partial\bar{\boldsymbol{x}}$,可以得到

$$\dot{\lambda}_0=0$$

$$\dot{\boldsymbol{\lambda}}=-\frac{\partial H}{\partial\boldsymbol{x}}$$

$$\dot{\boldsymbol{\lambda}}_1=0$$

$$\dot{\boldsymbol{\lambda}}_2=0$$

再由问题(11.3.22)的横截条件

$$\bar{\boldsymbol{\lambda}}(t_f)=\frac{\partial}{\partial\bar{\boldsymbol{x}}}(z_0(t_f)+\boldsymbol{\beta}_1^{\mathrm{T}}\boldsymbol{z}_1(t_f)+\boldsymbol{\beta}_2^{\mathrm{T}}\boldsymbol{z}_2(t_f))$$

得出

$$\lambda_0(t_f) = 1$$
$$\boldsymbol{\lambda}(t_f) = 0$$
$$\boldsymbol{\lambda}_1(t_f) = \boldsymbol{\beta}_1$$
$$\boldsymbol{\lambda}_2(t_f) = \boldsymbol{\beta}_2$$

由以上推导可知 $\lambda_0(t) = 1, \boldsymbol{\lambda}_1(t) = \boldsymbol{\beta}_1$ 为常向量，$\boldsymbol{\lambda}_2(t) = \boldsymbol{\beta}_2$ 为常向量。

说明 $\boldsymbol{\lambda}_1$ 和 $\boldsymbol{\lambda}_2$ 均为常向量，由问题(11.3.22)可知 λ_2 还应满足

$$\lambda_{2i} \geqslant 0 \qquad \lambda_{2i}x_{2i}(t_f) = \lambda_{2i}J_{2i} = 0 \qquad i = 1,2,\cdots,l$$

这样，由式(11.3.22)原问题的哈密顿函数成为

$$H(\boldsymbol{x},\boldsymbol{u},\boldsymbol{\lambda},\boldsymbol{\lambda}_1,\boldsymbol{\lambda}_2) = \bar{H}(\bar{\boldsymbol{x}},\boldsymbol{u},\bar{\boldsymbol{\lambda}}) = L(\boldsymbol{x},\boldsymbol{u}) + \boldsymbol{\lambda}^{\mathrm{T}}f(\boldsymbol{x},\boldsymbol{u}) + \boldsymbol{\lambda}_1^{\mathrm{T}}L_1(\boldsymbol{x},\boldsymbol{u}) + \boldsymbol{\lambda}_2^{\mathrm{T}}L_2(\boldsymbol{x},\boldsymbol{u})$$

于是可以得到原问题的协态方程为

$$\dot{\boldsymbol{\lambda}} = -\frac{\partial H}{\partial \boldsymbol{x}}$$

由问题(11.3.22)的极值条件等其他条件可得如下各条件

$$H(\boldsymbol{x}^*(t),\boldsymbol{u}^*(t),\boldsymbol{\lambda}(t),\boldsymbol{\lambda}_1,\boldsymbol{\lambda}_2) = \min_{\boldsymbol{u}\in\boldsymbol{\Omega}} H(\boldsymbol{x}^*(t),\boldsymbol{u}(t),\boldsymbol{\lambda}(t),\boldsymbol{\lambda}_1,\boldsymbol{\lambda}_2)$$
$$H[\boldsymbol{x}^*(t_f^*),\boldsymbol{u}^*(t_f^*),\boldsymbol{\lambda}(t_f^*),\boldsymbol{\lambda}_1,\boldsymbol{\lambda}_2] = 0$$
$$H[\boldsymbol{x}^*(t_f^*),\boldsymbol{u}^*(t_f^*),\boldsymbol{\lambda}(t_f^*),\boldsymbol{\lambda}_1,\boldsymbol{\lambda}_2] = 0 \qquad (t_f\text{ 自由时})$$
$$H[\boldsymbol{x}^*(t),\boldsymbol{u}^*(t),\boldsymbol{\lambda}(t),\boldsymbol{\lambda}_1,\boldsymbol{\lambda}_2] = H(\boldsymbol{x}^*(t_f),\boldsymbol{u}^*(t_f),\boldsymbol{\lambda}(t_f),\boldsymbol{\lambda}_1,\boldsymbol{\lambda}_2) = \mathrm{const} \quad (t_f\text{ 固定时})$$

证毕。

11.3.3　离散系统的极小值原理

离散系统的最优控制问题也十分重要，这是由于：一方面，许多实际问题本身就是离散的，如经济与资源系统的优化问题、交通控制系统问题、河流污染控制问题等；另一方面，随着计算机技术的高速发展和广泛普及，计算机控制系统日益增多，同时对有约束的连续系统的最优控制问题，可能得不到解析解，要利用计算机求其数值解，而利用计算机的计算是离散形式的。正是因为工程实践的需要，在庞特里亚金提出连续系统的极小值原理后不久，又出现了离散系统的极小值原理。

这里简单介绍控制向量序列不受约束、末端时刻固定、末端自由或受约束情形下的极小值原理。

1. 末端约束时的离散系统极小值原理

定理 11.3.7　设离散系统状态差分方程为

$$\boldsymbol{x}(k+1) = f(\boldsymbol{x}(k),\boldsymbol{u}(k),k) \qquad \boldsymbol{x}(0) = \boldsymbol{x}_0 \qquad k = 0,1,\cdots,N-1 \quad (11.3.24)$$

性能指标

$$J = \varphi[\boldsymbol{x}(N)] + \sum_{k=0}^{N-1} L[\boldsymbol{x}(k),\boldsymbol{u}(k),k] \tag{11.3.25}$$

其中,N 固定;$f(\cdot),\varphi(\cdot),L(\cdot)$ 都是其自变量的连续可微函数;$\boldsymbol{x}(k)\in\mathbf{R}^n$;$\boldsymbol{u}(k)\in\mathbf{R}^r$ 其约束 $\boldsymbol{u}(k)\in\boldsymbol{\Omega}$,$\boldsymbol{\Omega}$ 为容许控制域。末端状态受下列目标集约束

$$\boldsymbol{\Psi}[\boldsymbol{x}(N)] = 0$$

其中,$\boldsymbol{\Psi}(\cdot)\in\mathbf{R}^m$ 且连续可微,$m\leqslant n$。

若 $\boldsymbol{u}^*(k)$ 是使性能指标(11.3.25)为最小的最优控制序列,$\boldsymbol{x}^*(k)$ 是相应的最优状态轨线序列,则必存在 m 维非零向量 $\boldsymbol{\gamma}$ 和 n 维向量序列 $\boldsymbol{\lambda}(k)$,使得最优解满足如下的必要条件。

(1)$\boldsymbol{x}(k)$ 和 $\boldsymbol{\lambda}(k)$ 满足差分方程

$$\boldsymbol{x}(k+1) = \frac{\partial H(k)}{\partial\boldsymbol{\lambda}(k+1)}$$

$$\boldsymbol{\lambda}(k) = \frac{\partial H(k)}{\partial\boldsymbol{x}(k)}$$

其中,离散哈密顿函数为

$$H(k) \triangleq H[\boldsymbol{x}(k),\boldsymbol{u}(k),k] = L[\boldsymbol{x}(k),\boldsymbol{u}(k),k] + \boldsymbol{\lambda}^{\mathrm{T}}(k+1)f[\boldsymbol{x}(k),\boldsymbol{u}(k),k]$$

(2) 边界条件与横截条件

$$\boldsymbol{x}(0) = \boldsymbol{x}_0 \qquad \boldsymbol{\Psi}[\boldsymbol{x}(N)] = 0$$

$$\boldsymbol{\lambda}(N) = \frac{\partial\varphi}{\partial\boldsymbol{x}(N)} + \frac{\partial\boldsymbol{\Psi}^{\mathrm{T}}}{\partial\boldsymbol{x}(N)}\boldsymbol{\gamma}$$

(3) 离散哈密顿函数对最优控制序列取极小值

$$H^*(k) = \min_{\boldsymbol{u}(k)\in\boldsymbol{\Omega}} H(k) \tag{11.3.26}$$

若 $\boldsymbol{u}(k)$ 无约束,则极值条件为

$$\frac{\partial H(k)}{\partial\boldsymbol{u}(k)} = 0 \tag{11.3.27}$$

证明 引入拉格朗日乘子 $\boldsymbol{\lambda}(k)$ 和 $\boldsymbol{\gamma}$,构造离散广义泛函

$$J_{\mathrm{a}} = \varphi[\boldsymbol{x}(N)] + \boldsymbol{\gamma}^{\mathrm{T}}\boldsymbol{\Psi}[\boldsymbol{x}(N)] + \sum_{k=0}^{N-1}\{L[\boldsymbol{x}(k),\boldsymbol{u}(k),k] + \boldsymbol{\lambda}^{\mathrm{T}}(k+1)[\boldsymbol{f}(\boldsymbol{x}(k),\boldsymbol{u}(k),k) - \boldsymbol{x}(k+1)]\} \tag{11.3.28}$$

令离散哈密顿函数

$$H(k) = L[\boldsymbol{x}(k),\boldsymbol{u}(k),k] + \boldsymbol{\lambda}^{\mathrm{T}}(k+1)\boldsymbol{f}[\boldsymbol{x}(k),\boldsymbol{u}(k),k]$$

则式(11.3.28)可表示为

$$J_{\mathrm{a}} = \varphi[\boldsymbol{x}(N)] + \boldsymbol{\gamma}^{\mathrm{T}}\boldsymbol{\Psi}[\boldsymbol{x}(N)] + \sum_{k=0}^{N-1}[H(k) - \boldsymbol{\lambda}^{\mathrm{T}}(k+1)\boldsymbol{x}(k+1)]$$

离散分部积分

$$\sum_{k=0}^{N-1}\boldsymbol{\lambda}^{\mathrm{T}}(k+1)\boldsymbol{x}(k+1)=\sum_{m=1}^{N}\boldsymbol{\lambda}^{\mathrm{T}}(m)\boldsymbol{x}(m)=\sum_{m=0}^{N-1}\boldsymbol{\lambda}^{\mathrm{T}}(m)\boldsymbol{x}(m)-\boldsymbol{\lambda}^{\mathrm{T}}(0)\boldsymbol{x}(0)+\boldsymbol{\lambda}^{\mathrm{T}}(N)\boldsymbol{x}(N)=$$
$$\sum_{k=0}^{N-1}\boldsymbol{\lambda}^{\mathrm{T}}(k)\boldsymbol{x}(k)-\boldsymbol{\lambda}^{\mathrm{T}}(0)\boldsymbol{x}(0)+\boldsymbol{\lambda}^{\mathrm{T}}(N)\boldsymbol{x}(N)$$

故离散广义泛函为

$$J_{\mathrm{a}}=\varphi[\boldsymbol{x}(N)]+\boldsymbol{\gamma}^{\mathrm{T}}\psi[\boldsymbol{x}(N)]+\sum_{k=0}^{N-1}[H(k)-\boldsymbol{\lambda}^{\mathrm{T}}(k)\boldsymbol{x}(k)]+\boldsymbol{\lambda}^{\mathrm{T}}(0)\boldsymbol{x}(0)-\boldsymbol{\lambda}^{\mathrm{T}}(N)\boldsymbol{x}(N)$$

对上式取一次变分，考虑到 $\delta\boldsymbol{x}(0)=0$，可得

$$\delta J_{\mathrm{a}}=\left[\frac{\partial\varphi}{\partial\boldsymbol{x}(N)}+\frac{\partial\boldsymbol{\psi}^{\mathrm{T}}}{\partial\boldsymbol{x}(N)}\boldsymbol{\gamma}-\boldsymbol{\lambda}(N)\right]^{\mathrm{T}}\delta\boldsymbol{x}(N)+\sum_{k=0}^{N-1}\left\{\left[\frac{\partial H(k)}{\partial\boldsymbol{x}(k)}-\boldsymbol{\lambda}(k)\right]^{\mathrm{T}}\delta\boldsymbol{x}(k)+\left[\frac{\partial H(k)}{\partial\boldsymbol{u}(k)}\right]^{\mathrm{T}}\delta\boldsymbol{u}(k)\right\}$$

令 $\delta J_{\mathrm{a}}=0$，考虑到变分 $\delta\boldsymbol{x}(k)$ 和 $\delta\boldsymbol{x}(N)$ 是任意的，可得

$$\boldsymbol{\lambda}(k)=\frac{\partial H(k)}{\partial\boldsymbol{x}(k)}$$

$$\boldsymbol{\lambda}(N)=\frac{\partial\varphi}{\partial\boldsymbol{x}(N)}+\frac{\partial\psi^{\mathrm{T}}}{\partial\boldsymbol{x}(N)}\boldsymbol{\gamma}$$

对于

$$\sum_{k=0}^{N-1}\left[\frac{\partial H(k)}{\partial\boldsymbol{u}(k)}\right]^{\mathrm{T}}\delta\boldsymbol{u}(k)=0$$

当 $\boldsymbol{u}(k)$ 不受约束时，$\delta\boldsymbol{u}(k)$ 是任意的，故必须

$$\frac{\partial H(k)}{\partial\boldsymbol{u}(k)}=0$$

当 $\boldsymbol{u}(k)\in\Omega$ 时，可以得

$$H^{*}(k)=\min_{\boldsymbol{u}(k)\in\boldsymbol{\Omega}}H(k)$$

2. 末端自由时的离散系统极小值原理

如果离散系统末端自由，则离散极小值原理的形式如定理 11.3.8 所示，其证明过程类似于定理 11.3.7。

定理 11.3.8　设离散系统状态差分方程为

$$\boldsymbol{x}(k+1)=\boldsymbol{f}[\boldsymbol{x}(k),\boldsymbol{u}(k),k]\qquad\boldsymbol{x}(0)=\boldsymbol{x}_0\qquad k=0,1,\cdots,N-1$$

性能指标

$$J=\varphi[\boldsymbol{x}(N)]+\sum_{k=0}^{N-1}L[\boldsymbol{x}(k),\boldsymbol{u}(k),k]$$

其中，N 固定，末端状态 $\boldsymbol{x}(N)$ 自由，其余假设同定理 11.3.7。

若 $\boldsymbol{u}^{*}(k)$ 是使性能指标为极小的最优控制序列，$\boldsymbol{x}^{*}(k)$ 为相应的最优轨线序列，则必存在 n 维向量序列 $\boldsymbol{\lambda}(k)$，使得最优解满足如下必要条件

(1)$\boldsymbol{x}(k)$ 和 $\boldsymbol{\lambda}(k)$ 满足下列差分方程

$$\boldsymbol{x}(k+1)=\frac{\partial H(k)}{\partial \boldsymbol{\lambda}(k+1)} \qquad \boldsymbol{\lambda}(k)=\frac{\partial H(k)}{\partial \boldsymbol{x}(k)}$$

式中,离散哈密顿函数为

$$H(k)\overset{\triangle}{=}H[\boldsymbol{x}(k),\boldsymbol{u}(k),\boldsymbol{\lambda}(k),k]=L[\boldsymbol{x}(k),\boldsymbol{u}(k),k]+\boldsymbol{\lambda}^{\mathrm{T}}(k+1)\boldsymbol{f}[\boldsymbol{x}(k),\boldsymbol{u}(k),k]$$

(2) 边界条件与横截条件

$$\boldsymbol{x}(0)=\boldsymbol{x}_0 \qquad \boldsymbol{\lambda}(N)=\frac{\partial \varphi}{\partial \boldsymbol{x}(N)}$$

(3) 离散哈密顿函数对最优控制序列取极小值

$$H^*(k)=\min_{\boldsymbol{u}(k)\in\boldsymbol{\Omega}}H(k)$$

若控制变量不受约束,则极值条件为

$$\frac{\partial H(k)}{\partial \boldsymbol{u}(k)}=0$$

说明:由定理 11.3.7 及定理 11.3.8 可以看出,离散系统最优化问题归结为求解一个离散两点边值问题,且使离散性能指标泛函为极小与使离散哈密顿函数为极小是等价的。

例 11.3.3 设离散系统状态方程为

$$\boldsymbol{x}(k+1)=\begin{bmatrix}1 & 0.1\\0 & 1\end{bmatrix}\boldsymbol{x}(k)+\begin{bmatrix}0\\0.1\end{bmatrix}u(k)$$

已知边界条件

$$\boldsymbol{x}(0)=\begin{bmatrix}1\\0\end{bmatrix} \qquad \boldsymbol{x}(2)=\begin{bmatrix}0\\0\end{bmatrix}$$

试用离散极小值原理求最优控制序列,使性能指标

$$J=0.05\sum_{k=0}^{1}u^2(k)$$

取极小值,并求出最优轨线序列。

解 本例为控制无约束、N 固定、末端固定的离散最优控制问题。构造离散哈密顿函数

$$H(k)=0.05u^2(k)+\lambda_1(k+1)[x_1(k)+0.1x_2(k)]+\lambda_2(k+1)[x_2(k)+0.1u(k)]$$

其中,$\lambda_1(k+1)$ 和 $\lambda_2(k+1)$ 为待定拉格朗日乘子序列。

由协态方程,有

$$\lambda_1(k)=\frac{\partial H(k)}{\partial x_1(k)}=\lambda_1(k+1)$$

$$\lambda_2(k)=\frac{\partial H(k)}{\partial x_2(k)}=0.1\lambda_1(k+1)+\lambda_2(k+1)$$

所以

$$\lambda_1(0)=\lambda_1(1) \qquad \lambda_2(0)=0.1\lambda_1(1)+\lambda_2(1)$$

$$\lambda_1(1) = \lambda_1(2) \qquad \lambda_2(1) = 0.1\lambda_1(2) + \lambda_2(2)$$

由极值条件

$$\frac{\partial H(k)}{\partial u(k)} = 0.1u(k) + 0.1\lambda_2(k+1) = 0$$

$$\frac{\partial^2 H(k)}{\partial u^2(k)} = 0.1 > 0$$

故

$$u^*(k) = -\lambda_2(k+1)$$

可使 $H(k)$ 为极小值。令 $k = 0$ 和 $k = 1$，得

$$u^*(0) = -\lambda_2(1) \qquad u^*(1) = -\lambda_2(2)$$

将 $u^*(k)$ 代入状态方程得

$$x_1(k+1) = x_1(k) + 0.1x_2(k)$$

$$x_2(k+1) = x_2(k) - 0.1\lambda_2(k+1)$$

令 k 分别等于 0 和 1，有

$$x_1(1) = x_1(0) + 0.1x_2(0) \qquad x_2(1) = x_2(0) - 0.1\lambda_2(1)$$

$$x_1(2) = x_1(1) + 0.1x_2(1) \qquad x_2(2) = x_2(1) - 0.1\lambda_2(2)$$

由已知边界条件

$$x_1(0) = 1 \qquad x_2(0) = 0$$

$$x_1(2) = 0 \qquad x_2(2) = 0$$

不难解出最优解

$$u^*(0) = -100 \qquad u^*(1) = 100$$

$$\boldsymbol{x}^*(0) = \begin{bmatrix} 1 \\ 0 \end{bmatrix} \qquad \boldsymbol{x}^*(1) = \begin{bmatrix} 1 \\ -10 \end{bmatrix} \qquad \boldsymbol{x}^*(2) = \begin{bmatrix} 0 \\ 0 \end{bmatrix}$$

$$\boldsymbol{\lambda}(0) = \begin{bmatrix} 2\,000 \\ 300 \end{bmatrix} \qquad \boldsymbol{\lambda}(1) = \begin{bmatrix} 2\,000 \\ 100 \end{bmatrix} \qquad \boldsymbol{\lambda}(2) = \begin{bmatrix} 2\,000 \\ -100 \end{bmatrix}$$

11.3.4　最小能量控制

最小能量控制问题是指在有限时间的控制过程中，求取使控制系统的能量消耗最少的控制规律，这是极小值原理成功应用的一个重要的方面。下面仅对线性定常系统说明极小值原理的应用问题描述如下：

设线性定常系统的状态方程为

$$\dot{\boldsymbol{x}}(t) = \boldsymbol{A}\boldsymbol{x}(t) + \boldsymbol{B}\boldsymbol{u}(t) \qquad \boldsymbol{x}(t_0) = \boldsymbol{x}_0$$

其中，$\boldsymbol{x}(t) \in \mathbf{R}^n$；$\boldsymbol{u}(t) \in \mathbf{R}^r$，控制约束为 $|u_i(t)| \leqslant M, M > 0, i = 1,2,\cdots,r$；末端状态

$\boldsymbol{x}(t_f)=\boldsymbol{x}_f$，$t_f$ 给定。要求确定最优控制 $\boldsymbol{u}^*(t)$，使性能指标

$$J=\int_{t_0}^{t_f}\boldsymbol{u}^{\mathrm{T}}(t)\boldsymbol{u}(t)\mathrm{d}t=\int_{t_0}^{t_f}\left[\sum_{i=1}^{r}u_i^2(t)\right]\mathrm{d}t$$

为极小。

应用极小值原理求如上的最小能量控制问题，首先构造哈密顿函数

$$H=\boldsymbol{u}^{\mathrm{T}}(t)\boldsymbol{u}(t)+\boldsymbol{\lambda}^{\mathrm{T}}(t)\boldsymbol{A}\boldsymbol{x}(t)+\boldsymbol{\lambda}^{\mathrm{T}}(t)\boldsymbol{B}\boldsymbol{u}(t)=\sum_{i=1}^{r}u_i^2(t)+\boldsymbol{u}^{\mathrm{T}}(t)\boldsymbol{B}^{\mathrm{T}}\boldsymbol{\lambda}(t)+\boldsymbol{x}^{\mathrm{T}}(t)\boldsymbol{A}^{\mathrm{T}}\boldsymbol{\lambda}(t) \tag{11.3.29}$$

定义开关向量函数

$$\boldsymbol{s}(t)=\boldsymbol{B}^{\mathrm{T}}\boldsymbol{\lambda}(t)=[s_1(t)\quad s_2(t)\quad\cdots\quad s_r(t)]^{\mathrm{T}}$$

由协态方程

$$\dot{\boldsymbol{\lambda}}(t)=-\frac{\partial H}{\partial\boldsymbol{x}}=-\boldsymbol{A}^{\mathrm{T}}\boldsymbol{\lambda}(t)$$

可以解得

$$\boldsymbol{\lambda}(t)=\mathrm{e}^{-\boldsymbol{A}^{\mathrm{T}}(t-t_0)}\boldsymbol{\lambda}(t_0)$$

故开关向量函数可求得

$$\boldsymbol{s}(t)=\boldsymbol{B}^{\mathrm{T}}\boldsymbol{\lambda}(t)=\boldsymbol{B}^{\mathrm{T}}\mathrm{e}^{-\boldsymbol{A}^{\mathrm{T}}(t-t_0)}\boldsymbol{\lambda}(t_0)$$

设 $\boldsymbol{b}_j\in\mathbf{R}^n$，$j=1,2,\cdots,r$，为矩阵 B 的第 j 个列向量，$\boldsymbol{s}_j(t)$ 为 $\boldsymbol{s}(t)$ 的第 j 个分量，则

$$\boldsymbol{s}_j(t)=\boldsymbol{b}_j^{\mathrm{T}}\mathrm{e}^{-\boldsymbol{A}^{\mathrm{T}}(t-t_0)}\lambda(t_0)\qquad j=1,2,\cdots,r$$

又由于

$$\boldsymbol{u}^{\mathrm{T}}(t)\boldsymbol{B}^{\mathrm{T}}\boldsymbol{\lambda}(t)=\boldsymbol{u}^{\mathrm{T}}(t)\boldsymbol{s}(t)=\sum_{j=1}^{r}u_j(t)s_j(t)$$

将上式代入式(11.3.29)中，哈密顿函数可表示为

$$H=\sum_{j=1}^{r}[u_j^2(t)+u_j(t)s_j(t)]+\boldsymbol{x}^{\mathrm{T}}(t)\boldsymbol{A}^{\mathrm{T}}\boldsymbol{\lambda}(t)$$

由极小值条件可知，$\boldsymbol{u}^*(t)$ 应使 H 为极小，如果控制向量没有约束，根据变分原理可令

$$\frac{\partial}{\partial\boldsymbol{u}_j(t)}[u_j^2(t)+u_j(t)s_j(t)]=0$$

可以得到

$$u_j^*(t)=-\frac{1}{2}s_j(t)\qquad j=1,2,\cdots,r \tag{11.3.30}$$

上式表明，在控制向量没有约束时，最优控制与开关函数 $s_j(t)$ 成比例。但是在本问题中，控制向量有约束条件 $|u_j(t)|\leqslant M$，因此式(11.3.30)仅在 $|s_j(t)|\leqslant 2M$ 范围内成立，当 $|s_j(t)|>2M$ 时，最优控制取

$$u_j^*(t) = -M\text{sign}[s_j(t)]$$

最后,线性定常系统最小能量控制的最优控制律可以归纳为

$$u_j^*(t) = \begin{cases} -\dfrac{1}{2}s_j(t) & |s_j(t)| \leqslant 2M \\ -M\text{sign}\{s_j(t)\} & |s_j(t)| > 2M \end{cases} \qquad j = 1,2,\cdots,r$$

例 11.3.4　设系统的状态方程为

$$\dot{x}_1(t) = x_2(t) \qquad \dot{x}_2(t) = u(t)$$

边界条件为

$$x_1(0) = x_2(0) = 0 \qquad x_1(t_f) = x_2(t_f) = \frac{1}{4}$$

控制约束为 $|u(t)| \leqslant 1$,末端时刻 t_f 自由。试确定最优控制 $u^*(t)$,使性能指标

$$J = \int_0^{t_f} u^2(t)\mathrm{d}t$$

为极小值。

解　本例中系统定常、末端固定、末端时刻 t_f 自由,构造哈密顿函数为

$$H = u^2 + \lambda_1 x_2 + \lambda_2 u = \left(u + \frac{1}{2}\lambda_2\right)^2 + \lambda_1 x_2 - \frac{1}{4}\lambda_2^2$$

由极值条件知

$$u^*(t) = \begin{cases} +1 & \lambda_2(t) < -2 \\ -\dfrac{1}{2}\lambda_2(t) & |\lambda_2(t)| \leqslant 2 \\ -1 & \lambda_2(t) > 2 \end{cases}$$

由协态方程

$$\dot{\lambda}_1(t) = -\frac{\partial H}{\partial x_1} = 0 \qquad \lambda_1(t) = c_1$$

$$\dot{\lambda}_2(t) = -\frac{\partial H}{\partial x_2} = -\lambda_1(t) \qquad \lambda_2(t) = -c_1 t + c_2$$

式中　c_1, c_2——待定常数。

因为末端固定,不能由横截条件确定 c_1 和 c_2,需要采用试探法。通常,最小能量控制问题的控制量较小,可首先选取线性最优控制函数去试探,这里取

$$u^*(t) = -\frac{1}{2}\lambda_2(t) = \frac{1}{2}(c_1 t - c_2)$$

将上式代入状态方程,有

$$\dot{x}_2(t) = u^*(t) = \frac{1}{2}(c_1 t - c_2)$$

解得

$$x_2(t) = \frac{1}{4}c_1t^2 - \frac{1}{2}c_2t + c_3$$

代入状态方程的第一个方程,可以解得

$$x_1(t) = \frac{1}{12}c_1t^3 - \frac{1}{4}c_2t^2 + c_3t + c_4$$

根据初始条件 $x_1(0) = x_2(0) = 0$,可得 $c_3 = c_4 = 0$。且根据末态条件,可得

$$x_1(t_f) = \frac{c_1}{12}t_f^3 - \frac{c_2}{4}t_f^2 = \frac{1}{4} \tag{11.3.31}$$

$$x_2(t_f) = \frac{c_1}{4}t_f^2 - \frac{c_2}{2}t_f = \frac{1}{4} \tag{11.3.32}$$

根据 H 沿最优轨线变化律,有

$$H(t_f) = u^2(t_f) + \lambda_1(t_f)x_2(t_f) + \lambda_2(t_f)u(t_f) = 0$$

代入 $\boldsymbol{u}(t_f),x_2(t_f),\lambda_1(t_f),\lambda_2(t_f)$ 表达式,得

$$c_1 - (c_2 - c_1t_f)^2 = 0$$

联立求解(11.3.31),(11.3.32) 以及上式可得

$$c_1 = \frac{3(t_f - 2)}{t_f^3} = \frac{1}{9} \qquad c_2 = \frac{t_f - 3}{t_f^2} = 0 \qquad t_f = 3$$

此时,最优控制为

$$u^*(t) = \frac{1}{2}(c_1t - c_2) = \frac{t}{18}$$

显然,应校验所求得的控制函数在区间$[0,t_f]$中是否满足约束条件 $|u(t)| \leqslant 1$。经校验 $u(t_f) = \frac{t_f}{18} = \frac{1}{6} < 1,\lambda_2(t_f) = -c_1t_f = -\frac{1}{3}$,满足 $|u(t)| \leqslant 1$ 及 $|\lambda_2(t)| \leqslant 2$ 的条件,故所作选择是正确的。最后得最优轨线

$$x_1^*(t) = \frac{1}{108}t^2 \qquad x_2^*(t) = \frac{1}{36}t^2$$

最优性能指标

$$J = \int_0^{t_f} u^2(t)\mathrm{d}t = \frac{1}{36}$$

11.4 时间最优控制问题

如果将系统由初始状态转移到目标集的时间作为性能指标求取最优控制,这一类问题称为时间最优控制问题,这是一种在工程中常见的最优控制问题。本节介绍时间最优控制的分析和综合方法。

11.4.1 Bang – Bang 控制原理

首先讨论一类非线性系统的时间最优控制问题，此类非线性系统的特点是状态方程右端与控制有关的部分是控制的线性函数。

1. 问题描述

已知受控系统的状态方程

$$\dot{\boldsymbol{x}}(t) = \boldsymbol{f}(\boldsymbol{x}(t), t) + \boldsymbol{B}(\boldsymbol{x}(t), t)\boldsymbol{u}(t) \tag{11.4.1}$$

假设 $\boldsymbol{f}(\boldsymbol{x}(t), t)$ 和 $\boldsymbol{B}(\boldsymbol{x}(t), t)$ 的元对 $\boldsymbol{x}(t)$ 和 t 是连续可微函数。寻找满足下列不等式约束的 r 维容许控制向量 $\boldsymbol{u}(t)$

$$|u_j(t)| \leqslant 1 \qquad j = 1, 2, \cdots, r \tag{11.4.2}$$

使受控系统(11.4.1)从已知初态

$$\boldsymbol{x}(t_0) = \boldsymbol{x}_0 \tag{11.4.3}$$

出发，在某末态时刻 $T > t_0$ 到达目标集

$$\boldsymbol{g}(\boldsymbol{x}(T), T) = 0 \tag{11.4.4}$$

式中　$\boldsymbol{g}$——p 维函数向量，其各元 $g_i(\boldsymbol{x}(T), T)$ 是 $\boldsymbol{x}(T)$ 和 T 的连续可微函数。

同时，使如下的性能指标为最小

$$J[\boldsymbol{u}(\cdot)] = \int_{t_0}^{T} \mathrm{d}t \tag{11.4.5}$$

2. 问题分析与求解

将极小值原理运用于该问题，可立即写出哈密顿函数及最优控制的必要条件

$$H(\boldsymbol{x}, \boldsymbol{u}, \boldsymbol{\lambda}, t) = 1 + \boldsymbol{\lambda}^{\mathrm{T}}\boldsymbol{f}(\boldsymbol{x}, t) + \boldsymbol{\lambda}^{\mathrm{T}}\boldsymbol{B}(\boldsymbol{x}, t)\boldsymbol{u}$$

$$\begin{cases} \dot{\boldsymbol{x}} = \boldsymbol{f}(\boldsymbol{x}, t) + \boldsymbol{B}(\boldsymbol{x}, t)\boldsymbol{u} \\ \dot{\boldsymbol{\lambda}} = -\dfrac{\partial H}{\partial \boldsymbol{x}} = -\dfrac{\partial \boldsymbol{f}^{\mathrm{T}}(\boldsymbol{x}, t)}{\partial \boldsymbol{x}}\boldsymbol{\lambda} - \dfrac{\partial (\boldsymbol{B}(\boldsymbol{x}, t)\boldsymbol{u})^{\mathrm{T}}}{\partial \boldsymbol{x}}\boldsymbol{\lambda} \\ \boldsymbol{x}(t_0) = \boldsymbol{x}_0 \\ \boldsymbol{\lambda}(T) = \dfrac{\partial \boldsymbol{g}^{\mathrm{T}}(\boldsymbol{x}(T), T)}{\partial \boldsymbol{x}(T)}\boldsymbol{\mu} \\ \boldsymbol{g}(\boldsymbol{x}(T), T) = 0 \\ \boldsymbol{\lambda}^{\mathrm{T}}(t)\boldsymbol{B}(\boldsymbol{x}^*(t), t)\boldsymbol{u}^*(t) = \min\limits_{|u_j| \leqslant 1} \boldsymbol{\lambda}^{\mathrm{T}}(t)\boldsymbol{B}(\boldsymbol{x}^*(t), t)\boldsymbol{u}(t) \\ 1 + \boldsymbol{\lambda}^{\mathrm{T}}(T)\boldsymbol{f}(\boldsymbol{x}(T), T) + \boldsymbol{\lambda}^{\mathrm{T}}(T)\boldsymbol{B}(\boldsymbol{x}(T), T), \boldsymbol{u}(T) = -\boldsymbol{\mu}^{\mathrm{T}}\dfrac{\partial \boldsymbol{g}(\boldsymbol{x}(T), T)}{\partial T} \end{cases} \tag{11.4.6}$$

下面着重分析其中的极值条件。令

$$\boldsymbol{q}(t) = \boldsymbol{B}^{\mathrm{T}}(x, t)\boldsymbol{\lambda}$$

即

$$q_j(t) = \boldsymbol{b}_j^{\mathrm{T}}\boldsymbol{\lambda}$$

式中　$\boldsymbol{b}_j$—— 矩阵 $\boldsymbol{B}$ 的第 j 个列向量。

极值条件表明，当 $\boldsymbol{u}(t) = \boldsymbol{u}^*(t)$ 时，函数

$$\phi(\boldsymbol{u}) = \boldsymbol{\lambda}^{\mathrm{T}}\boldsymbol{B}(\boldsymbol{x},t)\boldsymbol{u} = \sum_{j=1}^{r} u_j(t)q_j(t)$$

达到极小，所以可从条件

$$\min_{\boldsymbol{u}(t)\in \boldsymbol{U}} \phi(\boldsymbol{u}) = \min_{|u_j(t)|\leqslant 1} \sum_{j=1}^{r} u_j(t)q_j(t) \tag{11.4.7}$$

出发，确定最优控制 $\boldsymbol{u}^*(t)$，或 $u_j^*(t), j = 1,\cdots,r$。

考虑到各控制分量 $u_1(t),u_2(t),\cdots,u_r(t)$ 的约束是相互独立的，故可交换求最小与求和的次序。于是，式(11.4.7) 化成

$$\min_{\boldsymbol{u}(t)\in \boldsymbol{U}} \phi(u) = \sum_{j=1}^{r} \min_{|u_j(t)|\leqslant 1} u_j(t)q_j(t)$$

显然有

$$\min_{|u_j(t)|\leqslant 1} u_j(t)q_j(t) = -|q_j(t)| \tag{11.4.8}$$

根据式(11.4.8)，最优控制 $u_j^*(t)$ 是 $q_j(t)$ 的下列函数

$$\begin{cases} u_j^*(t) = +1 & \text{当 } q_j(t) < 0 \\ u_j^*(t) = -1 & \text{当 } q_j(t) > 0 \\ |u_j^*(t)| \leqslant 1 & \text{当 } q_j(t) = 0 \end{cases} \tag{11.4.9}$$

由上式可见，若 $q_j(t) \neq 0$，则 $u_j^*(t)$ 有相应的确定值 $+1$ 或 -1；否则，$u_j^*(t)$ 可以取满足约束 $|u_j(t)| \leqslant 1$ 的任意值，$u_j^*(t)$ 不能由式(11.4.9) 确定。如图 11.4.1(a) 所示，如果 $q_j(t)$ 只在区间$[t_0, T]$ 的有限个孤立点上为零，由式(11.4.9) 可知，相应的最优控制分量 $u_j^*(t)$ 是一分段常值函数，如果所有的 $q_j(t)$ 都有上述性质，则各个控制分量都是分段常值函数，此种情况称为正常的最优控制问题。这时，最优控制 $u_j^*(t)$ 可以简洁地表示成 q_j 的符号函数

$$u_j^*(t) = -\operatorname{sgn}[q_j(t)] = -\operatorname{sgn}[b_j^{\mathrm{T}}(x^*,t)\boldsymbol{\lambda}(t)] \qquad j = 1,2,\cdots,r \qquad t \in [t_0, T] \tag{11.4.10}$$

如图 11.4.1(b) 所示，如果存在一个(或多个) 子区间$[t_1,t_2] \subset [t_0,T]$，使得对所有 $t \in [t_1,t_2]$，有

$$q_j(t) = 0$$

这时，在这段子区间$[t_1,t_2]$ 内不能用极值条件(11.4.9) 确定时间最优控制。则称该时间最优控制问题是奇异的，而区间$[t_1,t_2]$ 称为奇异区间。

应指出，奇异情况既不意味着时间最优控制不存在，也不意味时间最优控制无法定义，只是说由极值条件还不能确定奇异区间内最优控制 $u^*(t)$ 与 $x^*(t),\lambda(t)$ 的关系。本节只研究

正常问题。

对于正常问题可以归纳出著名的 Bang - Bang 控制原理。

Bang - Bang控制原理：设 $u^*(t)$ 是问题11.4.1的时间最优控制，$x^*(t)$ 和 $\boldsymbol{\lambda}(t)$ 是相应的状态和协态。若问题是正常的，则对所有 $t\in[t_0,T]$，有

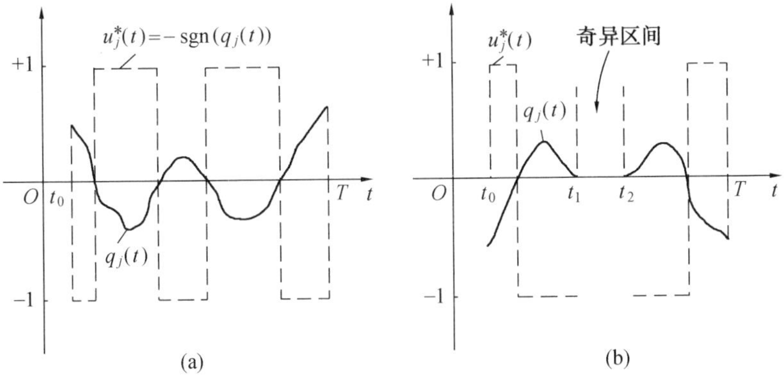

图 11.4.1

$$u_j^*(t)=-\mathrm{sgn}\{b_j^{\mathrm{T}}(x^*(t),t)\boldsymbol{\lambda}(t)\}\qquad j=1,2,\cdots,r \tag{11.4.11a}$$

或者

$$u^*(t)=-\mathrm{sgn}\{B^{\mathrm{T}}[x^*(t),t]\boldsymbol{\lambda}(t)\} \tag{11.4.11b}$$

成立。即时间最优控制的各分量 $u_j^*(t)$ 都是时间 t 的分段常值函数，且仅在 $q(t)=0$ 的开关时间 t_{β_j} 上发生 $u_j^*(t)$ 由一个恒值到另一个恒值的跳变。

说明：上述原理表明，正常时间最优控制，其每个分量 $u_j(t)$ 均在自己的两个边值之间来回转换。满足 $q_j(t)=0$ 的诸点 t_{β_j} 恰好是转换点。这是一种继电型切换控制，故称为 Bang - Bang 控制。

对于这一类非线性系统的时间最优控制问题，并没有判断问题是正常还是奇异的，所以还不能断定其最优控制是否就是 Bang - Bang 控制。然而，对于线性定常系统，由于其问题的特殊性，可以判断出问题是正常的，从而得到时间最优控制问题的最优解。

3. 线性定常系统的时间最优控制问题

线性时不变系统时间最优控制问题

$$\begin{cases}\dot{\boldsymbol{x}}=\boldsymbol{A}\boldsymbol{x}(t)+\boldsymbol{B}\boldsymbol{u}(t)\\ \boldsymbol{x}(t_0)=\boldsymbol{x}_0\\ |u_j(t)|\leqslant 1\qquad j=1,2,\cdots,r\\ \boldsymbol{x}(T)=0\\ J=\int_{t_0}^{T}\mathrm{d}t\end{cases}$$

上述问题也称为时间最优调节器问题。线性定常系统是系统(11.4.1)的特殊情况。这时是否为Bang - Bang 控制,仅取决于问题是否是正常的。下面推导正常性的条件。

哈密顿函数为

$$H = 1 + \boldsymbol{\lambda}^{\mathrm{T}}\boldsymbol{A}\boldsymbol{x} + \boldsymbol{\lambda}^{\mathrm{T}}\boldsymbol{B}\boldsymbol{u} \tag{11.4.12}$$

协态方程为

$$\dot{\boldsymbol{\lambda}}(t) = -\boldsymbol{A}^{\mathrm{T}}\boldsymbol{\lambda}(t) \tag{11.4.13}$$

求出其通解为

$$\boldsymbol{\lambda}(t) = \mathrm{e}^{-\boldsymbol{A}^{\mathrm{T}}t}\boldsymbol{\lambda}(0) \tag{11.4.14}$$

根据必要条件 $H(T) = 0$ 及性质 $H(t) = H(T)$,则有

$$1 + \boldsymbol{\lambda}^{\mathrm{T}}(t)\boldsymbol{A}\boldsymbol{x}(t) + \boldsymbol{\lambda}^{\mathrm{T}}(t)\boldsymbol{B}\boldsymbol{u}(t) = 1 + \boldsymbol{\lambda}^{\mathrm{T}}(T)\boldsymbol{A}\boldsymbol{x}(T) + \boldsymbol{\lambda}^{\mathrm{T}}(T)\boldsymbol{B}\boldsymbol{u}(T) = 0 \tag{11.4.15}$$

可以断定,在整个区间$[t_0,T]$内,$\boldsymbol{\lambda}(t)$必为非零向量。因为,假如$\boldsymbol{\lambda}(t) = 0$,则由(11.4.15)会得出$1 = 0$的错误结果。假定$\boldsymbol{\lambda}(t)$的初值$\boldsymbol{\lambda}(0)$是一非零向量$\boldsymbol{\alpha}$,则协态$\boldsymbol{\lambda}(t)$可表示成

$$\boldsymbol{\lambda}(t) = \mathrm{e}^{-\boldsymbol{A}^{\mathrm{T}}t}\boldsymbol{\alpha} \tag{11.4.16}$$

假定问题11.4.2是奇异的,依奇异性的定义,至少存在一段子区间$[t_1,t_2] \subset [t_0,T]$,使某$q_j(t)$对所有$t \in [t_1,t_2]$均有

$$q_j(t) = \boldsymbol{b}_j^{\mathrm{T}}\boldsymbol{\lambda}(t) = \boldsymbol{\lambda}^{\mathrm{T}}(t)\boldsymbol{b}_j = \boldsymbol{\alpha}^{\mathrm{T}}\mathrm{e}^{-\boldsymbol{A}t}\boldsymbol{b}_j = 0$$

成立,对所有$t \in [t_1,t_2]$自然也应有

$$\dot{q}_j(t) = 0, \ddot{q}_j(t) = 0, \cdots, q_j^{(n-1)}(t) = 0$$

成立,考虑到$\boldsymbol{A}$与$\mathrm{e}^{\boldsymbol{A}t}$可以变换前后次序,因此得

$$\begin{cases} q_j(t) = \boldsymbol{\alpha}^{\mathrm{T}}\mathrm{e}^{-\boldsymbol{A}t}b_j = 0 \\ -\dot{q}_j(t) = \boldsymbol{\alpha}^{\mathrm{T}}\mathrm{e}^{-\boldsymbol{A}t}\boldsymbol{A}\boldsymbol{b}_j = 0 \\ \ddot{q}_j(t) = \boldsymbol{\alpha}^{\mathrm{T}}\mathrm{e}^{-\boldsymbol{A}t}\boldsymbol{A}^2\boldsymbol{b}_j = 0 \\ \quad\vdots \\ (-1)^{n-1}q_j^{(n-1)}(t) = \boldsymbol{\alpha}^{\mathrm{T}}\mathrm{e}^{-\boldsymbol{A}t}\boldsymbol{A}^{n-1}\boldsymbol{b}_j = 0 \end{cases} \tag{11.4.17}$$

若记

$$\boldsymbol{G}_j = [\boldsymbol{b}_j \vdots \boldsymbol{A}\boldsymbol{b}_j \vdots \boldsymbol{A}^2\boldsymbol{b}_j \vdots \cdots \vdots \boldsymbol{A}^{n-1}\boldsymbol{b}_j] \tag{11.4.18}$$

则关于n维待定非零向量$\boldsymbol{\alpha}$的代数方程组(11.4.17)可以写成

$$\boldsymbol{\alpha}^{\mathrm{T}}\mathrm{e}^{-\boldsymbol{A}t}\boldsymbol{G}_j = 0$$

因为$\mathrm{e}^{-\boldsymbol{A}t}$是非奇异矩阵,且$\boldsymbol{\alpha} \neq \boldsymbol{0}$,所以$\boldsymbol{G}_j$必为奇异矩阵,即

$$\det \boldsymbol{G}_j = 0 \tag{11.4.19}$$

故式(11.4.19)是问题11.4.2奇异的必要条件。可以证明这一条件也是充分的,于是关于奇异

和正常性有如下的判断条件：

r 个矩阵

$$\boldsymbol{G}_j = [\boldsymbol{b}_j \vdots \boldsymbol{A}\boldsymbol{b}_j \vdots \boldsymbol{A}^2\boldsymbol{b}_j \vdots \cdots \vdots \boldsymbol{A}^{n-1}\boldsymbol{b}_j] \qquad j = 1,\cdots,r$$

中,只要有一个是奇异的,则问题 11.4.2 是奇异的;否则,是正常的。

由第八章可知:一个完全能控的线性定常系统,必满足

$$\text{rank } \boldsymbol{G} = \text{rank}[\boldsymbol{B} \vdots \boldsymbol{A}\boldsymbol{B} \vdots \cdots \vdots \boldsymbol{A}^{n-1}\boldsymbol{B}] = n$$

若将受控系统表示成

$$\dot{\boldsymbol{x}} = \boldsymbol{A}\boldsymbol{x} + \boldsymbol{B}\boldsymbol{u} = \boldsymbol{A}\boldsymbol{x} + b_1u_1 + b_2u_2 + \cdots + b_ru_r$$

正常问题要求满足

$$\text{rank } \boldsymbol{G}_j = \text{rank}[\boldsymbol{b}_j \vdots \boldsymbol{A}\boldsymbol{b}_j \vdots \cdots \vdots \boldsymbol{A}^{n-1}\boldsymbol{b}_j] = n \qquad j = 1,2,\cdots,r$$

即要求每个$(\boldsymbol{A},\boldsymbol{b}_j)$都是能控对。也就是说,问题的正常性等价于受控系统对每个控制分量 u_j 都是完全能控的。显然,一个单输入完全能控线性定常系统,其时间最优控制必是正常的。

上述结论推证过程及最后结果均未涉及目标集,因此,不论目标集如何,上述判定方法都是可用的。有时把满足判定条件的受控系统称为正常系统。

对于正常问题,可以证明时间最优控制的惟一存在性,并有如下的 n 段定理。

定理 11.4.1　对于问题 11.4.2,如果系统矩阵 $\boldsymbol{A}$ 的特征值全部为实数,则其最优控制的每一个分量 u_i^* 取值的切换次数最多不超过 $n-1$ 次,其中 n 为系统的阶数。

由最小值原理可以求得线性定常系统的时间最优的控制策略

$$\boldsymbol{u}^*(t) = -\text{sign}\{\boldsymbol{B}^{\mathrm{T}}\boldsymbol{\lambda}^*(t)\} \tag{11.4.20}$$

其分量形式为

$$u_i^*(t) = -\text{sign}[\boldsymbol{b}_i^{\mathrm{T}}\boldsymbol{\lambda}^*(t)] \qquad i = 1,2,\cdots,r \tag{11.4.21}$$

由式(11.4.14)得

$$\boldsymbol{u}^*(t) = -\text{sign}[\boldsymbol{B}^{\mathrm{T}}\mathrm{e}^{-\boldsymbol{A}^{\mathrm{T}}t}\boldsymbol{\lambda}^*(0)] \tag{11.4.22}$$

或

$$u_i^*(t) = -\text{sign}[\boldsymbol{b}_i^{\mathrm{T}}\mathrm{e}^{-\boldsymbol{A}^{\mathrm{T}}t}\boldsymbol{\lambda}^*(0)] \qquad i = 1,2,\cdots,r \tag{11.4.23}$$

因此,若知道了 $\boldsymbol{\lambda}^*(0)$,则最优控制 $U^*(t)$ 可以求出。一般来说,$\boldsymbol{\lambda}^*(0)$ 是难以确定的,因为它还依赖于初态 $\boldsymbol{X}(0) = \boldsymbol{X}_0$。

这样求得的 $\boldsymbol{u}(t)$ 是时间 t 的函数,不能实现闭环控制。为了实现闭环反馈控制,总是希望把最优控制 $\boldsymbol{u}^*$ 表示成状态 x 的函数,即希望得到状态反馈控制规律。在这里,把最优控制 $\boldsymbol{u}^*$ 表示为如下状态反馈形式

$$\boldsymbol{u}^* = -\text{sign}[\boldsymbol{h}(\boldsymbol{x})] \tag{11.4.24}$$

它的分量形式为

$$u_i^* = -\text{sign}[\boldsymbol{h}_i(\boldsymbol{x})] \qquad i = 1,2,\cdots,r \tag{11.4.25}$$

式中　$\boldsymbol{h}(x)$—— 状态 $\boldsymbol{x}$ 的 r 维函数向量

$$\boldsymbol{h}(x) = [\boldsymbol{h}_1(x), \boldsymbol{h}_2(x), \cdots, \boldsymbol{h}_r(x)]^{\mathrm{T}}$$

称为开关函数。当

$$\boldsymbol{h}(\boldsymbol{x}) = \mathbf{0}$$

时,称为切换曲面或开关曲面。

有了开关函数之后,我们就可以对系统进行状态反馈的闭环控制,如图 11.4.2 所示。

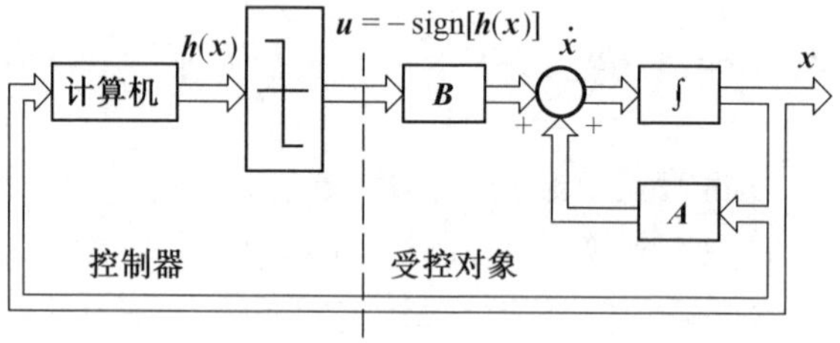

图 11.4.2　状态反馈闭环系统

不过对于高于二阶的系统来说,开关函数 $\boldsymbol{h}(\boldsymbol{x})$ 是很难求出来的。在下面,我们将只讨论一阶和二阶系统的时间最优控制器的设计问题。这样比较容易得到开关函数和切换曲线,从而实现状态反馈的闭环最优控制。

11.4.2　被控对象的传递函数为 $W(s) = \dfrac{K}{\tau s + 1}$ 情形

如果被控对象的传递函数为 $W(s)$,则系统的微分方程为

$$\tau\dot{y} + y = Ku$$

令

$$x = y$$

则其状态方程为

$$\dot{x} = -\frac{1}{\tau}x + \frac{K}{\tau}u \tag{11.4.26}$$

由于式(11.4.26)是一阶线性微分方程,并且特征根为负实数 $-1/\tau$。根据以上的分析可知,时间最优控制的取值只可能为 $+1$ 或 -1,并且不必切换。也就是说,时间最优控制是常数,要么是 $+1$,要么是 -1,到达平衡位置时为零。由此可见,最优控制完全由初始状态决定。当 $x(0) = x_0 > 0$ 时,设 $u = 1$,则式(11.4.26)可化为

$$\dot{x} = -\frac{1}{\tau}x + \frac{K}{\tau}$$

$$x(0) = \boldsymbol{x}_0$$

其解为

$$x(t) = (x_0 - K)e^{-\frac{t}{\tau}} + K \tag{11.4.27}$$

如图11.4.3(a)所示。由图可见，状态 $x(t)$ 不可能回到平衡位置0，因此 $u = 1$ 不可能是最优控制。显然最优控制应为 $u^* = -1$，在这种情况下，状态方程为

$$\dot{x} = -\frac{1}{\tau}x - \frac{K}{\tau} \qquad x(0) = x_0$$

其解为

$$x(t) = (x_0 + K)e^{-\frac{1}{\tau}t} - K \tag{11.4.28}$$

当 $t_f = \tau\ln\left(1 + \frac{x_0}{K}\right)$ 时，$x(t_f) = 0$，即状态 $x(t)$ 能回到平衡位置，如图11.4.3(b)所示。

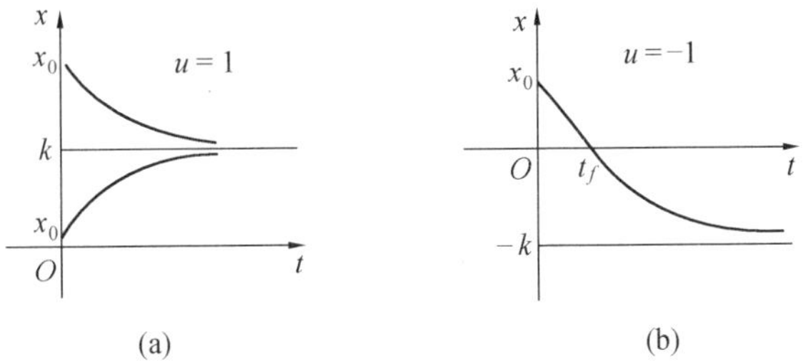

图11.4.3　$x(0) > 0$ **时的状态轨线**

当 $x(0) = x_0 < 0$ 时，与上面分析相似。若 $u = -1$，其解为

$$x(t) = (x_0 + K)e^{-\frac{t}{\tau}} - K \tag{11.4.29}$$

如图11.4.4(a)所示，状态 $x(t)$ 不可能回到平衡位置。因此最优控制应为 $u^* = 1$，此时状态方程的解为

$$x(t) = (x_0 - K)e^{-\frac{t}{\tau}} + K \tag{11.4.30}$$

如图11.4.4(b)所示。当 $t_f = \tau\ln\left(1 - \frac{x_0}{K}\right)$ 时，$x(t_f) = 0$，即状态回到平衡位置。

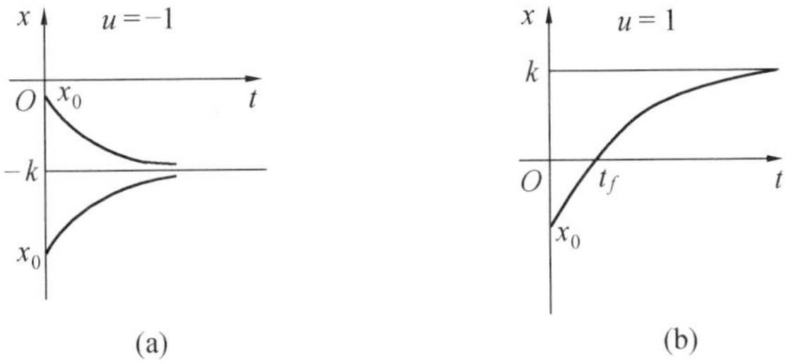

图11.4.4　$x(0) < 0$ **时的状态轨线**

由上面讨论可知，当 $x(0) > 0$ 时，最优控制为 $u^* = -1$；当 $x(0) < 0$ 时，最优控制为 $u^* = 1$；当状态回到平衡位置时，若控制 u 取值为零，则状态将继续保持在平衡位置上，否则状态就要离开平衡位置。

11.4.3 被控对象传递函数为 $W(s) = \frac{1}{s^2}$ 情形

由于系统的传递函数为 $1/s^2$，所以被控对象的微分方程为 $\ddot{y} = u$。令状态变量为

$$x_1 = y \qquad x_2 = \dot{x}_1 = \dot{y}$$

则其状态方程为

$$\begin{aligned} \dot{x}_1 &= x_2 \\ \dot{x}_2 &= u \end{aligned} \tag{11.4.31}$$

显然时间最优控制只可能取 $u = \pm 1$ 两个值，并且最多只切换一次。下面来讨论 $u = \pm 1$ 时的状态轨线。

当 $u = 1$ 时，状态方程为

$$\begin{aligned} \dot{x}_1 &= x_2 \\ \dot{x}_2 &= 1 \end{aligned} \tag{11.4.32}$$

式(11.4.32)中的第一式除以第二式，整理得

$$dx_1 = x_2 dx_2$$

解此方程得状态轨线簇为

$$x_1 = \frac{1}{2}x_2^2 + C$$

如图 11.4.5 中实抛物线所示。其箭头代表状态运动的方向。在这簇抛物线中只有曲线

$$r_+ : x_1 = \frac{1}{2}x_2^2 \qquad x_2 \leqslant 0 \tag{11.4.33}$$

能回到平衡位置。当 $u = -1$ 时，状态方程为

$$\dot{x}_1 = x_2 \qquad \dot{x}_2 = -1$$

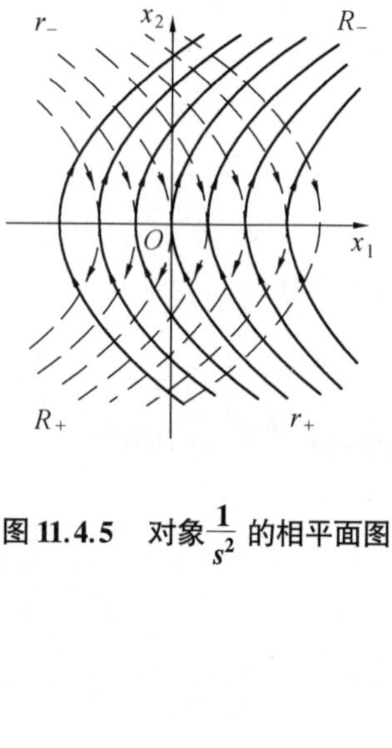

图 11.4.5 对象 $\frac{1}{s^2}$ 的相平面图

第一式除以第二式，整理得

$$dx_1 = -x_2 dx_2$$

两边积分得

$$x_1 = -\frac{1}{2}x_2^2 + C$$

它也是一簇抛物线，如图 11.4.5 中虚线所示。在这簇抛物线中，只有曲线

$$r_-: x_1 = -\frac{1}{2}x_2^2 \qquad x_2 \geqslant 0 \tag{11.4.34}$$

能到达平衡位置。

把 r_+ 和 r_- 合并为一条曲线，记为 r，由式(11.4.33)和(11.4.34)知，其方程为

$$r: x_1 = -\frac{1}{2}|x_2|x_2 \tag{11.4.35}$$

令

$$F(x_2) = -\frac{1}{2}|x_2|x_2 \tag{11.4.36}$$

$$h(x_1, x_2) = x_1 - F(x_2) \tag{11.4.37}$$

则 $h(x_1, x_2)$ 为开关函数，切换曲线为

$$r: h(x_1, x_2) = x_1 - F(x_2) = 0 \tag{11.4.38}$$

切换曲线 r 把平面划分为两部分：r 的上半平面，包括 r_-，记为 R_-；r 的下半平面，包括 r_+，记为 R_+。它们分别为

$$R_- = \{(x_1, x_2): h(x_1, x_2) > 0\} \cup r_- \tag{11.4.39}$$

$$R_+ = \{(x_1, x_2): h(x_1, x_2) < 0\} \cup r_+ \tag{11.4.40}$$

根据上小节的分析可知，这时的最优控制只能取 $+1$ 或 -1，并且最多只切换一次。

当点$(x_1, x_2) \in R_-$ 时，若 $u = 1$，其状态将沿图11.4.5中的实抛物线运动，它不可能与 r 相交。故不可能经过一次切换到达平衡位置。所以最优控制只能为

$$u^* = -1$$

这时的状态将沿虚抛物线运动。这里又分两种情况：若$(x_1, x_2) \in r_-$，则状态将沿 r_- 运动到平衡位置，控制 u 的取值不必切换；若$(x_1, x_2) \notin r_-$，则状态沿虚抛物线运动，当与 r_+ 相遇时，其控制 u 的取值马上切换 $u^* = 1$，而状态将沿 r_+ 运动到达平衡位置。最优控制的取值只需切换一次，如图 11.4.6 所示。

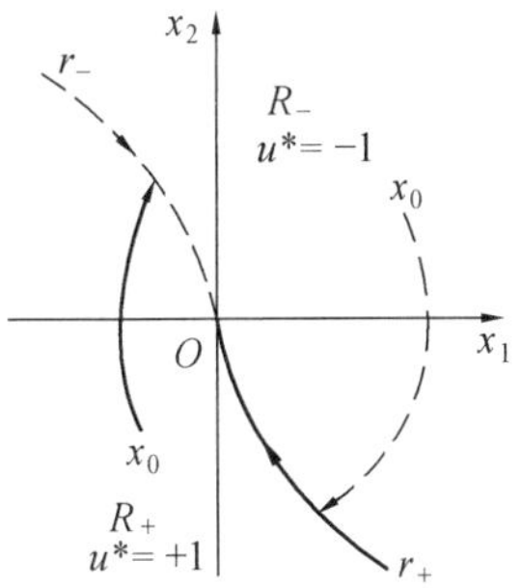

图 11.4.6 对象 $\frac{1}{s^2}$ 的最优控制曲线

当点$(x_1, x_2) \in R_+$ 时，若控制 $u = -1$，则其状态将沿虚抛物线运动，它不可能与 r 相交，因而不可能经过一次切换到达平衡位置，所以这时的最优控制应为

$$u^* = 1$$

而其状态将沿实抛物线运动。这里也分为两种情况：若$(x_1, x_2) \in r_+$，则状态将沿 r_+ 运动到达平衡位置，控制 u 的取值不必切换；若$(x_1, x_2) \notin r_+$，则其状态将沿实抛物线运动，当与 r_- 相遇时，若控制 u 的取值马上切换 $u^* = -1$，则状态将沿 r_- 运动到达平衡位置，最优控制的取值只需切换一次，如图 11.4.6 所示。

综上所述，得到最优控制的状态反馈规律为

$$u^*(x_1,x_2) = \begin{cases} +1 & (x_1,x_2) \in R_+ \\ -1 & (x_1,x_2) \in R_- \end{cases} \tag{11.4.41}$$

或

$$u^*(x_1,x_2) = \begin{cases} +1 & h(x_1,x_2) \leqslant 0 \\ -1 & h(x_1,x_2) \geqslant 0 \end{cases} \tag{11.4.42}$$

时间最优控制系统的方框图如图 11.4.7 所示。图中虚线部分为时间最优控制器。

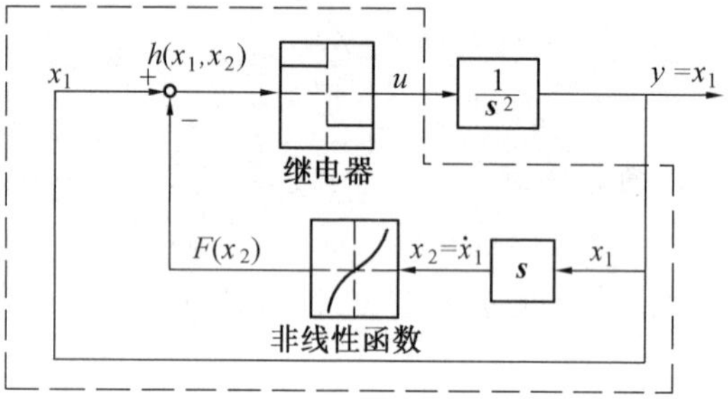

图 11.4.7　对象 $\frac{1}{s^2}$ 的时间最优控制系统方框图

11.4.4　被控对象传递函数为 $W(s) = \frac{1}{s(s+a)}(a>0)$ 情形

对象的微分方程为 $\ddot{y} = -a\dot{y} + u$,令状态变量为

$$x_1 = y \qquad x_2 = \dot{x}_1 = \dot{y}$$

则状态方程为

$$\begin{aligned} \dot{x}_1 &= x_2 \\ \dot{x}_2 &= -ax_2 + u \end{aligned} \tag{11.4.43}$$

最优控制只能取 ±1 两个值,且最多只切换一次。下面来讨论当最优控制为

$$u^* = \pm 1$$

时的状态轨线。

当 $u = 1$ 时,式(11.4.43)变为

$$\begin{aligned} \dot{x}_1 &= x_2 \\ \dot{x}_2 &= -ax_2 + 1 \end{aligned}$$

第一式除以第二式,整理得

$$\mathrm{d}x_1 = \frac{x_2}{-ax_2+1}\mathrm{d}x_2$$

两边积分,得状态轨线簇为

$$x_1 = -\frac{x_2}{a} - \frac{1}{a^2}\ln|1-ax_2| + C$$

其图象如图 11.4.8(a) 所示。图中箭头代表状态运动的方向。在这簇轨线中，只有曲线

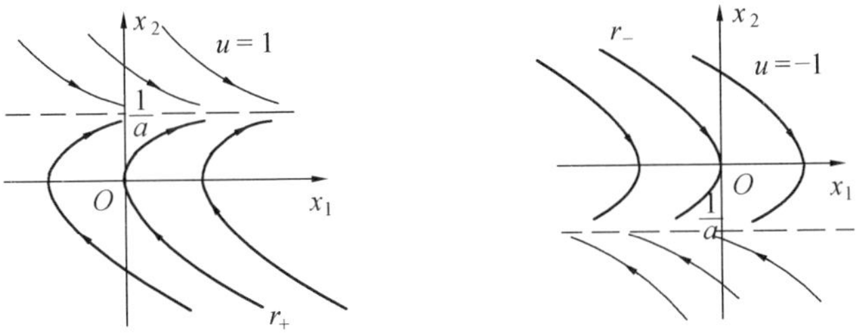

(a)　　　　(b)

图 11.4.8　对象 $\frac{1}{s(s+a)}$ 的相平面图

$$r_+ : x_1 = -\frac{x_2}{a} - \frac{1}{a_2}\ln|1 - ax_2| \qquad x_2 \leqslant 0$$

能够达到平衡位置。

当 $u = -1$ 时，则式(11.4.43) 变为

$$\dot{x}_1 = x_2$$
$$\dot{x}_2 = -ax_2 - 1$$

第一式除以第二式，整理得

$$\mathrm{d}x_1 = \frac{-x_2}{ax_2 + 1}\mathrm{d}x_2$$

两边积分，得状态轨线簇为

$$x_1 = -\frac{x_2}{a} + \frac{1}{a^2}\ln|1 + ax_2| + C$$

其图象如图 11.4.8(b) 所示。图中箭头表示状态运动的方向。在这簇轨线中，只有曲线

$$r_- : x_1 = -\frac{x_2}{a} + \frac{1}{a_2}\ln|1 + ax_2| \qquad x_2 \geqslant 0$$

能到达平衡位置。

把 r_+ 和 r_- 合并为一条曲线 r，得到

$$r : x_1 = -\frac{x_2}{a} + \frac{1}{a_2}\mathrm{sign}(x_2)\ln|a|x_2| + 1| \tag{11.4.44}$$

令
$$F(x_2) = -\frac{x_2}{a} + \frac{1}{a_2}\mathrm{sign}(x_2)\ln|a|x_2| + 1| \tag{11.4.45}$$

则开关函数为

$$h(x_1, x_2) = x_1 - F(x_2) \tag{11.4.46}$$

于是，切换曲线方程可写为

$$r: h(x_1, x_2) = x_1 - F(x_2) = 0 \tag{11.4.47}$$

曲线 r 将相平面分为两部分：r 的上半平面，包括 r_-，记为 R_-；r 的下半平面，包括 r_+，记为 R_+。它们分别为

$$\begin{aligned} R_+ &= \{(x_1, x_2): h(x_1, x_2) < 0\} \cup r_+ \\ R_- &= \{(x_1, x_2): h(x_1, x_2) > 0\} \cup r_- \end{aligned} \tag{11.4.48}$$

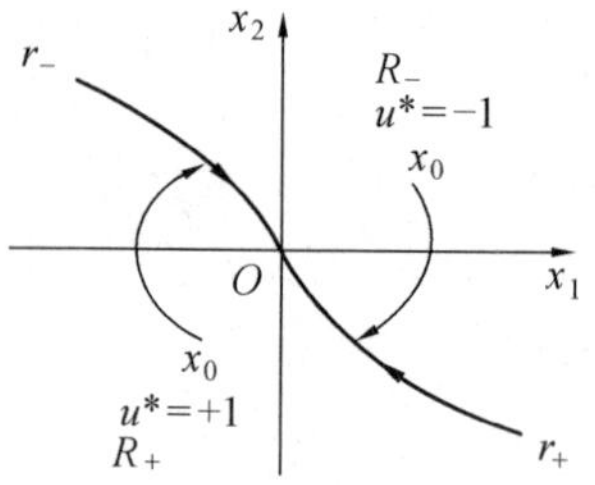

图 11.4.9

由上小节的分析可知，最优控制只能取 ±1，且最多只切换一次。因此，当点 $(x_1, x_2) \in R_+$ 时，最优控制必为 $u^*(x_1, x_2) = 1$，如图 11.4.9 所示。在这种情况下，若 $(x_1, x_2) \in r_+$，则其状态将沿着 r_+ 运动，到达平衡位置，u^* 的取值不必切换；若 $(x_1, x_2) \notin r_+$，则其状态轨线沿图 11.4.8(a) 中的曲线运动。当它与 r_- 相遇时，若 u^* 的取值立刻由 +1 切换为 -1，则此时状态将沿 r_- 运动，到达平衡位置。当点 $(x_1, x_2) \in R_-$ 时，最优控制必为 $u^*(x_1, x_2) = -1$，如图 11.4.9 所示。在这种情况下，若 $(x_1, x_2) \in r_-$，则其状态将沿着 r_- 运动，到达平衡位置，u^* 的取值不必切换；若 $(x_1, x_2) \notin r_-$，则其状态将沿着图 11.4.8(b) 中的曲线运动，当它与 r_+ 相遇时，若 u^* 的取值立刻由 -1 切换为 +1，则此时状态将沿着 r_+ 运动，到达平衡位置。

综上所述，得到最优控制的状态反馈规律为

$$u^*(x_1, x_2) = \begin{cases} +1 & (x_1, x_2) \in R_+ \\ -1 & (x_1, x_2) \in R_- \end{cases} \tag{11.4.49}$$

或

$$u^*(x_1, x_2) = \begin{cases} +1 & h(x_1, x_2) \leqslant 0 \\ -1 & h(x_1, x_2) \geqslant 0 \end{cases} \tag{11.4.50}$$

时间最优控制系统的方框图如图 11.4.10 所示。图中虚线部分为时间最优控制器。

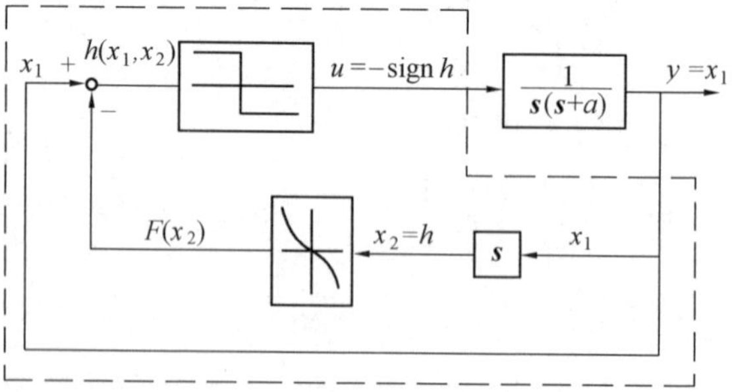

图 11.4.10　对象 $\dfrac{1}{s(s+a)}$ 的时间最优控制系统方框

11.4.5　被控对象传递函数为 $W(s)=\dfrac{1}{(s+a_1)(s+a_2)}(a_1>0,a_2>0)$ 情形

被控对象的微分方程为

$$\ddot{y}+(a_1+a_2)\dot{y}+a_1a_2y=u$$

令

$$y_1=y \qquad y_2=\dot{y}$$

则状态方程为

$$\begin{aligned}\dot{y}_1&=y_2\\ \dot{y}_2&=-(a_1+a_2)y_2-a_1a_2y_1+u\end{aligned} \tag{11.4.51}$$

为了便于研究起见,进行如下状态变换,令

$$\begin{aligned}x_1&=-a_1a_2y_1-a_1y_2\\ x_2&=-a_1a_2y_1-a_2y_2\end{aligned} \tag{11.4.52}$$

则式(11.4.51)化为

$$\begin{aligned}\dot{x}_1&=-a_1x_1-a_1u\\ \dot{x}_2&=-a_2x_2-a_2u\end{aligned} \tag{11.4.53}$$

由11.4.1小节的分析可知最优控制只能取 ±1 两个值,且最多只能切换一次。下面讨论 $u^*=\pm1$ 时的状态轨线。

当 $u=1$ 时,状态方程(11.4.53)化为

$$\begin{aligned}\dot{x}_1&=-a_1x_1-a_1\\ \dot{x}_2&=-a_2x_2-a_2\end{aligned}$$

第一式除以第二式,并整理得

$$\frac{\mathrm{d}x_1}{a_1(x_1+1)}=\frac{\mathrm{d}x_2}{a_2(x_2+1)}$$

两边积分,得

$$\ln|x_1+1|=\frac{a_1}{a_2}\ln|x_2+1|+C$$

由此得到状态轨线簇为

$$x_1=C_1|x_2+1|^{a_1/a_2}-1$$

其图象如图11.4.11(a)所示,箭头表示状态运动的方向。在这簇曲线中,只有曲线

$$r_+:x_1=|x_2+1|^{a_1/a_2}-1 \qquad x_2\geqslant0 \tag{11.4.54}$$

能到达平衡位置。

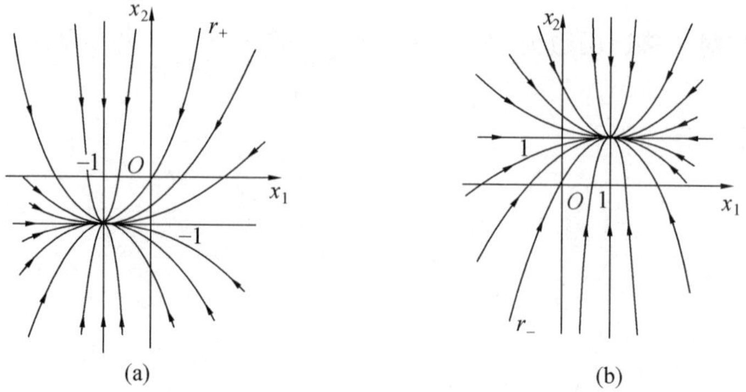

图 11.4.11 对象 $\frac{1}{(s+a_1)(s+a_2)}$ 的相平面图

当 $u=-1$ 时,则式(11.4.53)变为

$$\dot{x}_1=-a_1x_1+a_1$$

$$\dot{x}_2=-a_2x_2+a_2$$

第一式除以第二式,整理得

$$\frac{\mathrm{d}x_1}{a_1(x_1-1)}=\frac{\mathrm{d}x_2}{a_2(x_2-1)}$$

两边积分,得

$$\ln|x_1-1|=\frac{a_1}{a_2}\ln|x_2-1|+C$$

由此得状态轨线簇为

$$x_1=C_1|x_2-1|^{a_1/a_2}+1$$

其图象如图 11.4.11(b) 所示。箭头表示状态运动的方向。在这簇曲线中,只有曲线

$$r_-:x_1=-|x_2-1|^{a_1/a_2}+1 \qquad x_2\leqslant 0 \tag{11.4.55}$$

能到达平衡位置。

把 r_+ 和 r_- 合并为一条曲线 r,得

$$r:x_1=\mathrm{sign}(x_2)|x_2+\mathrm{sign}(x_2)|^{a_1/a_2}-\mathrm{sign}(x_2) \tag{11.4.56}$$

令

$$F(x_2)=\mathrm{sign}(x_2)|x_2+\mathrm{sign}(x_2)|^{a_1/a_2}-\mathrm{sign}(x_2) \tag{11.4.57}$$

则开关函数和切换曲线分别为

$$h(x_1,x_2)=x_1-F(x_2) \tag{11.4.58}$$

$$r:h(x_1,x_2)=x_1-F(x_2)=0 \tag{11.4.59}$$

曲线 r 将相平面分为两部分,如图 11.4.12 所示。r 的上半平面,包括 r_-,记为 R_-;r 的下半平

面,包括 $\boldsymbol{r}_+$,记为 R_+。它们分别为

$$R_- = \{(x_1, x_2): h(x_1, x_2) < 0\} \cup r_-$$
$$R_+ = \{(x_1, x_2): h(x_1, x_2) > 0\} \cup r_+ \quad (11.4.60)$$

由前述分析可知,最优控制只能取 ±1,且最多只切换一次。因而最优控制的状态反馈规律为

$$u^*(x_1, x_2) = \begin{cases} +1 & (x_1, x_2) \in R_+ \\ -1 & (x_1, x_2) \in R_- \end{cases} \quad (11.4.61)$$

或

$$u^*(x_1, x_2) = \begin{cases} +1 & h(x_1, x_2) \geqslant 0 \\ -1 & h(x_1, x_2) \leqslant 0 \end{cases}$$

即

$$u^*(x_1, x_2) = \operatorname{sign} h(x_1, x_2) \quad (11.4.62)$$

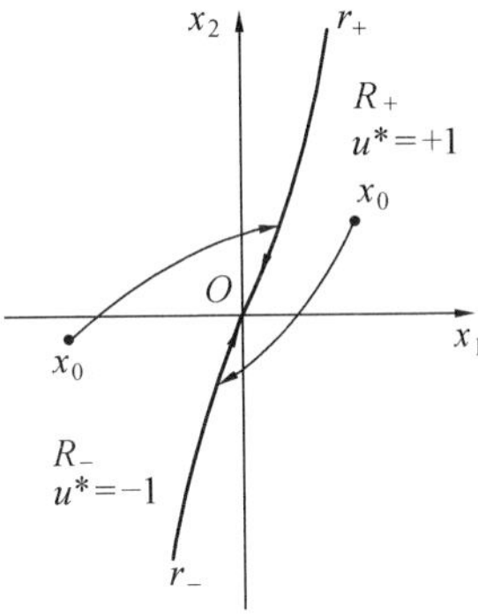

图 11.4.12 对象 $\frac{1}{(s+a_1)(s+a_2)}$ 的最优控制曲线

以状态 (x_1, x_2) 为反馈,其时间最优控制系统的方框图如图 11.4.13 所示。若用状态 (y_1, y_2) 为反馈,则时间最优控制系统的方框图如图 11.4.14 所示。

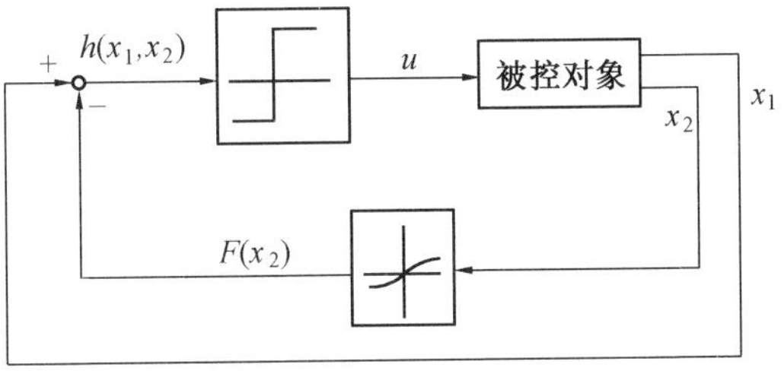

图 11.4.13 以状态 (x_1, x_2) 反馈的时间最优控制系统

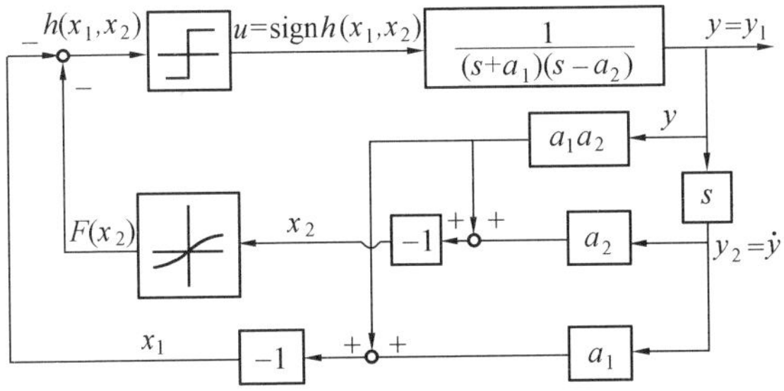

图 11.4.14 以状态 (y_1, y_2) 反馈的时间最优控制系统

11.4.6 简谐振荡型被控对象情形

下面讨论被控对象特征根为复数的情况，这时系统的运动方程为

$$\ddot{y}(t)+2\alpha\dot{y}(t)+(\alpha^2+\omega^2)y(t)=u(t)$$

如不计阻尼，特征根是虚数。运动方程为

$$\ddot{y}(t)+\omega^2y(t)=u \tag{11.4.63}$$

若定义状态变量为

$$x_1(t)=\omega y(t)$$
$$x_2(t)=\dot{y}(t)$$

则系统的状态方程为

$$\begin{aligned}\dot{x}_1(t)&=\omega x_2(t)\\ \dot{x}_2(t)&=-\omega x_1(t)+u(t)\end{aligned} \tag{11.4.64}$$

其特征值为 $j\omega$ 和 $-j\omega$。下面会看到复数特征值会使开关曲线的形状发生明显的变化。

最优控制问题可以描述为：已知受控系统(11.4.64)，求满足约束条件 $|u(t)|\leqslant 1$ 的最优控制 $u(x_1,x_2)$，使系统(11.4.64)从任意初态(ζ_1,ζ_2)转移到原点(0,0)的时间最短。

根据极大值原理可写出哈密顿函数及最优控制的必要条件

$$H=1+\lambda_1\omega x_2-\lambda_2\omega x_1+\lambda_2u$$

$$\begin{cases}\dot{x}_1(t)=\omega x_2(t)\\ \dot{x}_2(t)=-\omega x_1(t)+u(t)\end{cases}$$

$$\begin{cases}\dot{\lambda}_1(t)=-\dfrac{\partial H}{\partial x_1}=\omega\lambda_2\\ \dot{\lambda}_2(t)=-\dfrac{\partial H}{\partial x_2}=-\omega\lambda_1\end{cases} \tag{11.4.65}$$

$$x_1(0)=\zeta_1\qquad x_2(0)=\zeta_2 \tag{11.4.66}$$

$$x_1(T)=0\qquad x_2(T)=0 \tag{11.4.67}$$

$$u^*=-\mathrm{sign}[\lambda_2(t)] \tag{11.4.68}$$

$$\begin{aligned}&1+\lambda_1(t)\omega x_2(t)-\lambda_2(t)\omega x_1(t)+\lambda_2(t)u(t)=\\ &1+\lambda_1(T)\omega x_2(T)-\lambda_2(T)\omega x_1(T)+\lambda_2(T)u(T)=0\end{aligned} \tag{11.4.69}$$

协态方程(11.4.65)同样是与 x,u 无关的齐次方程。若令 $\lambda_1(0)=\alpha_1,\lambda_2(0)=\alpha_2$，则协态方程的解

$$\boldsymbol{\lambda}(t)=e^{At}\boldsymbol{\lambda}(0)=\begin{bmatrix}\cos\omega t & \sin\omega t\\ -\sin\omega t & \cos\omega t\end{bmatrix}\begin{bmatrix}\alpha_1\\ \alpha_2\end{bmatrix}$$

从而得

$$\lambda_2(t) = -\alpha_1 \sin \omega t + \alpha_2 \cos \omega t = D\sin(\omega t + \alpha_0) \tag{11.4.70}$$

其中 $D(D > 0)$ 及 α_0 是与 α_1, α_2 有关的两个常数，于是，极值控制为

$$u^*(t) = -\operatorname{sgn}[D\sin(\omega t + \alpha_0)] \tag{11.4.71}$$

一种可能的 $\lambda_2(t)$ 及 $u^*(t)$ 如图 11.4.15 所示。

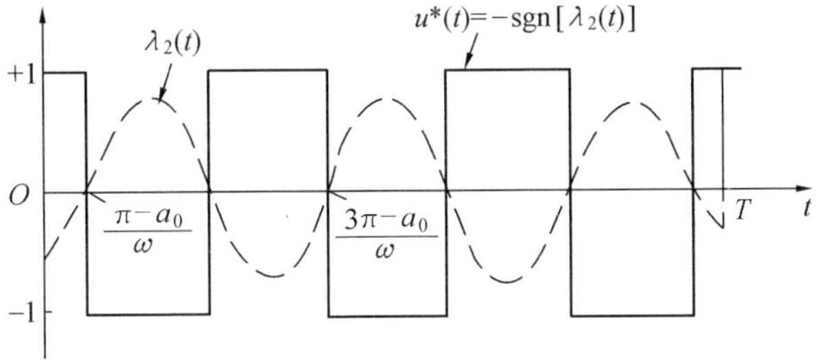

图 11.4.15

考察极值控制 $u^*(t)$ 可以发现它有如下性质：

(1) 问题是正常的，如其不然，由式(11.4.70) 可知必有 α_1, α_2 同时为零。在 $t = 0$ 时违反 $H = 0$ 条件。事实上，根据 11.4.1 小节内的正常性判据，我们可以得到同样结论，因此，$u^*(t)$ 是 Bang-Bang 控制。

(2) $u^*(t)$ 的转换次数没有上界。

(3) $u^*(t)$ 在其约束的边界上存在相同的停留时间，即每段时间均等于 π/ω，只有首尾两段的持续时间小于或等于 π/ω。

既然 u^* 只可能取 +1 或 −1，下面我们要进一步考察在 $u = \Delta = \pm 1$ 作用下相轨迹的特点。

状态方程(11.4.64) 在 $u = \Delta = \pm 1$ 作用下的解为

$$\begin{aligned} x_1(t) &= \left(\zeta_1 - \frac{\Delta}{\omega}\right)\cos \omega t + \zeta_2 \sin \omega t + \frac{\Delta}{\omega} \\ x_2(t) &= \left(\zeta_1 - \frac{\Delta}{\omega}\right)\sin \omega t + \zeta_2 \cos \omega t \end{aligned} \tag{11.4.72}$$

上式同乘以 ω 后再平方相加，经整理得

$$(\omega x_1 - \Delta)^2 + (\omega x_2)^2 = (\omega \zeta_1 - \Delta)^2 + (\omega \zeta_2)^2 \tag{11.4.73}$$

如图 11.4.16 所示，在 $\omega x_1 - \omega x_2$ 平面上，方程(11.4.73) 构成两簇圆。$u = +1$ 时，圆心位于该平面的(1,0) 点；$u = -1$ 时，圆心位于(−1,0) 点，圆的半径取决于初态(ζ_1, ζ_2)。

由状态运动的表达式(11.4.72) 可以断定，相点沿圆周作顺时针等速运动，每转一周的时间为 $2\pi/\omega$。

如图 11.4.16 所示，两簇圆中只有 Γ_+ 和 Γ_- 作为状态集合可表示如下

$$\Gamma_+ = \{(\omega x_1, \omega x_2):(\omega x_1 - 1)^2 + (\omega x_2)^2\} = 1 \tag{11.4.74}$$

$$\Gamma_- = \{(\omega x_1, \omega x_2):(\omega x_1 + 1)^2 + (\omega x_2)^2\} = 1 \tag{11.4.75}$$

显然，Γ_+ 上任意状态的均能借助控制 $u = +1$ 转移到原点，特别是以(2,0)为初值的状态能准确地经 π/ω 时间转移到原点，因为转移过程所经历的恰好是半周(图 11.4.17)。Γ_+ 的下半圆 γ_+^0 上的任何点(如点 A)作为初始状态(ζ_1, ζ_2)，均可借助 $u = +1$，用小于 π/ω 的时间转移到原点。因此，最优轨线的最后一段必与半圆 γ_+^0 重合。Γ_+ 的上半圆上的点(如点 B)，虽可借助 $u = +1$ 到达原点，但所用时间大于 π/ω，这就违背了最优控制在其边界值上持续时间不能大于 π/ω 的要求。因此，Γ_+ 的上半圆不能成为最优轨线的一部分。同理可知，只有 Γ_- 的上半圆 γ_-^0 的一部分才可能成为最后一段最优轨线。

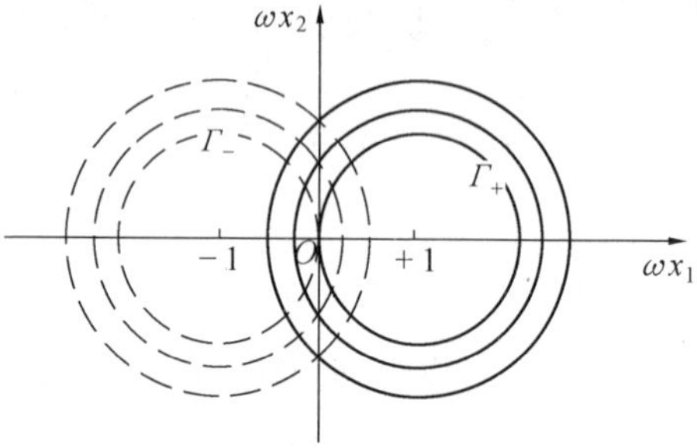

图 11.4.16

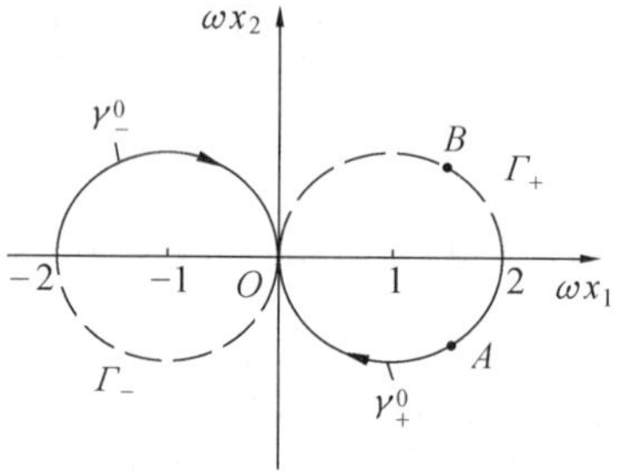

图 11.4.17

根据以上分析，最优轨线的最后一段必包括在下面两个半圆之内

$$\gamma_+^0 = \{(\omega x_1, \omega x_2):(\omega x_1 - 1)^2 + (\omega x_2)^2 = 1, \omega x_2 < 0\} \tag{11.4.76}$$

$$\gamma_-^0 = \{(\omega x_1, \omega x_2):(\omega x_1 + 1)^2 + (\omega x_2)^2 = 1, \omega x_2 > 0\} \tag{11.4.77}$$

现在再来考虑最优控制的倒数第二段。

令 R_-^1 表示借助控制 $u = -1$，能以不大于 π/ω 秒到达 γ_+^0 曲线上的状态集合。而 γ_-^0 表示借助 $u = -1$，能准确地经过 π/ω s 到达 γ_+^0 曲线的状态集合。

不难看出，γ_-^1 是以(-3,0)为圆心的单位圆的上半圆，它可以准确地表示成如下集合

$$\gamma_-^1 = \{(\omega x_1, \omega x_2):(\omega x_1 + 3)^2 + (\omega x_2)^2 = 1, \omega x_2 > 0\}$$

由图 11.4.18 可见，γ_-^1 上的任意点，转过以(-1,0)为圆心的半圆周后，恰好转移到 γ_+^0 上，区域 R_-^1 也在图上标出。

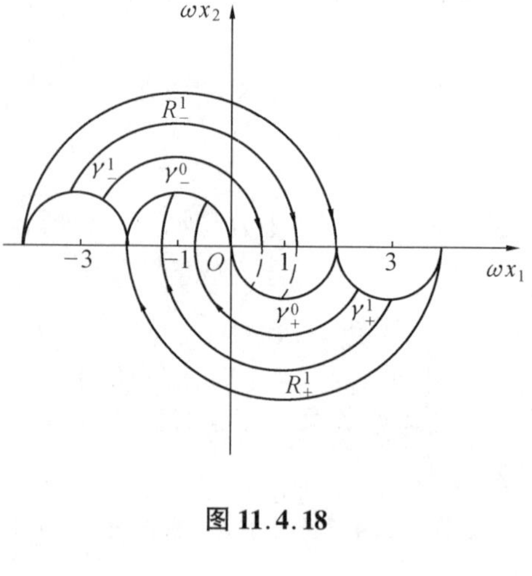

图 11.4.18

同理，用 γ_+^1 表示借助控制 $u = +1$，能准确地经

π/ω s 到达曲线 γ_-^0 的状态集合。因此 γ_+^1 是以 $(+3,0)$ 为圆心的单位圆的下半部,可表示成

$$\gamma_+^1 = \{(\omega x_1, \omega x_2):(\omega x_1 - 3)^2 + (\omega x_2)^2 = 1, \omega x_2 < 0\}$$

现将上面的讨论推广成一般情况。

用 $\gamma_+^j\ (j = 1,2,\cdots)$ 表示成 $(2j+1,0)$ 为圆心的单位圆的下半圆；$\gamma_-^j\ (j = 1,2,\cdots)$ 表示以 $(-(2j+1),0)$ 为圆心的单位圆的上半圆,其中 γ_-^j 是一状态集合,该集合中的任意点,均能借助 $u = -1$ 经过 π/ω s 到达 γ_+^{j-1}；而 γ_+^j 是借助 $u = +1$,经 π/ω s 到达 γ_-^{j-1} 的状态集合。显然,由所有 γ_+^j 和 $\gamma_-^j\ (j = 1,2,\cdots)$ 构成的集合

$$\gamma = \left(\bigcup_{j=0}^{\infty}\gamma_+^j\right) \cup \left(\bigcup_{j=0}^{\infty}\gamma_-^j\right) = \gamma_+ \cup \gamma_- \tag{11.4.78}$$

是最优控制由 -1 到 $+1$,或由 $+1$ 到 -1 的切换点的集合。曲线(11.4.78)是一条开关曲线,它把相平面分成 R_+ 和 R_- 两部分

$$R_+ = \bigcup_{j=1}^{\infty}\mathbf{R}_+^j$$

$$R_- = \bigcup_{j=1}^{\infty}\mathbf{R}_-^j$$

其中 $\mathbf{R}_+^j$ 表示用控制 $u = +1$,能以不大于 π/ω 时间到达 γ_-^{j-1} 的状态集合。$\mathbf{R}_-^j$ 表示用控制 $u = -1$,能以不大于 π/ω 时间到达 γ_+^{j-1} 的状态集合。显然,R_- 是开关曲线 γ 上方所有点的集合,而 R_+ 是开关曲线 γ 下方所有点的集合(图 11.4.19)。

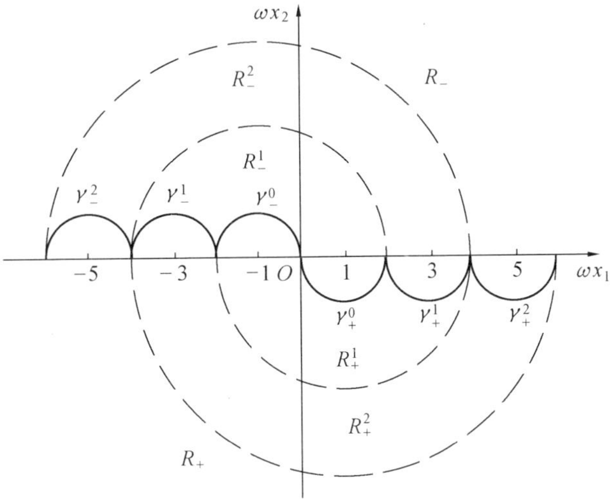

图 11.4.19

这样可将简谐振荡型被控对象的时间最优控制律归纳如下：

简谐振荡型被控对象的时间最优控制可表示成状态 ωx_1 和 ωx_2 的下列函数

$$\begin{aligned} u^* &= +1 \qquad \text{当}(\omega x_1, \omega x_2) \in \gamma_+ \cup R_+ \\ u^* &= -1 \qquad \text{当}(\omega x_1, \omega x_2) \in \gamma_- \cup R_- \end{aligned} \tag{11.4.79}$$

图 11.4.20 表示一条始自点 A 的最优轨线。该轨线除首尾两段外,都是由 $(+1,0)$ 或 $(-1,0)$ 为圆心的半圆组成的。首尾两段则以 $(-1,0)$ 或 $(+1,0)$ 为圆心的圆弧。图中有箭头的虚线表示各圆弧和半圆所对应的圆心和半径。

控制律(11.4.79)表明,控制 u^* 可以表示为状态的函数,因此,可用状态反馈加以实现。图 11.4.21 所示为时间最优控制器的方框图。

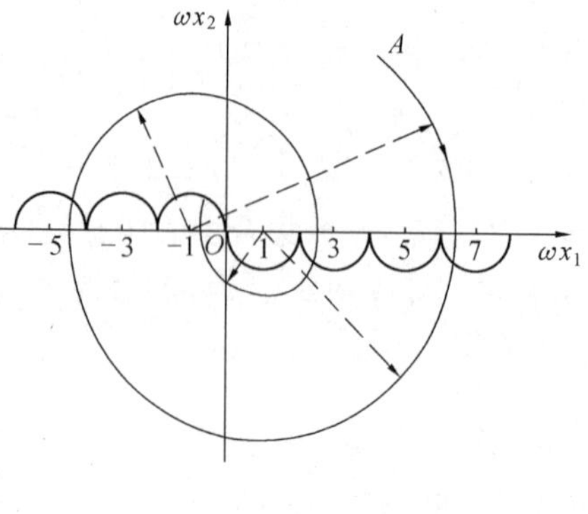

图 11.4.20

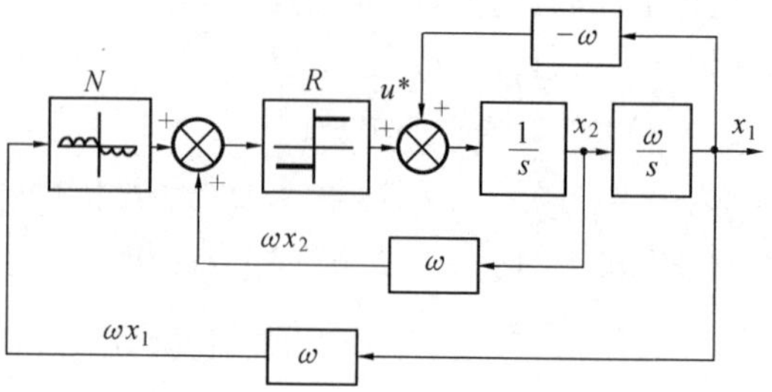

图 11.4.21

11.5 线性二次型最优控制问题

如果所考察的系统是线性系统,且性能指标是状态变量和控制变量的二次型函数的积分,则这种动态系统的最优控制问题称为线性系统二次性能指标的最优控制问题,简称线性二次型问题。这类问题的最优解可以写成统一的解析表达式,且可得到一个简单的状态线性反馈控制律,其计算和工程实现比较容易。因此,线性二次型问题在理论上得到深入的研究并在工程问题中得到广泛的应用。本节将对这一问题的基本理论、性质和设计方法作较深入的介绍。

11.5.1 线性二次型问题

1. 线性二次型问题描述

设线性系统为

$$\begin{aligned} \dot{\boldsymbol{x}} &= \boldsymbol{A}(t)\boldsymbol{x} + \boldsymbol{B}(t)\boldsymbol{u} \\ \boldsymbol{y} &= \boldsymbol{C}(t)\boldsymbol{x} \end{aligned} \qquad \boldsymbol{x}(t_0) = \boldsymbol{x}_0 \tag{11.5.1}$$

性能指标为

$$J = \frac{1}{2}\boldsymbol{e}^{\mathrm{T}}(t_f)\boldsymbol{S}\boldsymbol{e}(t_f) + \frac{1}{2}\int_{t_0}^{t_f}[\boldsymbol{e}^{\mathrm{T}}(t)\boldsymbol{Q}(t)\boldsymbol{e}(t) + \boldsymbol{u}^{\mathrm{T}}(t)\boldsymbol{R}(t)\boldsymbol{u}(t)]\mathrm{d}t \tag{11.5.2}$$

式中 $\boldsymbol{x},\boldsymbol{u},\boldsymbol{y}$——$n,r,m$ 维向量;

$\boldsymbol{e}(t) = \boldsymbol{x}(t) - \boldsymbol{x}_r(t)$——状态跟踪误差向量;

$\boldsymbol{A}(t),\boldsymbol{B}(t),\boldsymbol{C}(t)$——$n \times n, n \times r, m \times n$ 维函数矩阵,其各元素连续且有界;

$\boldsymbol{Q}(t)$——$n \times n$ 维正半定状态加权矩阵;

$\boldsymbol{R}(t)$——$r \times r$ 维正定控制加权矩阵;

$\boldsymbol{S}$——$n \times n$ 维半正定终端加权矩阵。

t_0 及 t_f 固定。要求确定最优控制 $\boldsymbol{u}^*(t)$,使性能指标(11.5.2)为极小。

2. 二次型性能指标

在二次型性能指标中，各项均有明确的物理含义，下面加以说明。

(1) 末值项$\frac{1}{2}\boldsymbol{e}^{\mathrm{T}}(t_f)\boldsymbol{S}\boldsymbol{e}(t_f)$。若取矩阵 $\boldsymbol{S}$ 为对角阵 $\boldsymbol{S}=\mathrm{diag}(s_1,s_2,\cdots,s_l)$，则有

$$\frac{1}{2}\boldsymbol{e}^{\mathrm{T}}(t_f)\boldsymbol{S}\boldsymbol{e}(t_f)=\frac{1}{2}\sum_{i=1}^{l}s_i\boldsymbol{e}_i^2(t_f)$$

上式表明了性能指标的末值项是末态跟踪误差向量各分量的加权平方和，是末态跟踪误差的一种度量。表示在控制过程结束后，对系统末态跟踪误差的要求。矩阵 $\boldsymbol{S}$ 应该为非负定的，式中的$\frac{1}{2}$是为了便于运算。

(2) 积分项$\frac{1}{2}\int_{t_0}^{t_f}\boldsymbol{e}^{\mathrm{T}}(t)\boldsymbol{Q}(t)e(t)\mathrm{d}t$。如果取 $\boldsymbol{Q}(t)=\mathrm{diag}(q_1(t),q_2(t),\cdots,q_l(t))$，则有

$$\frac{1}{2}\int_{t_0}^{t_f}\boldsymbol{e}^{\mathrm{T}}(t)\boldsymbol{Q}(t)\boldsymbol{e}(t)\mathrm{d}t=\frac{1}{2}\sum_{i=1}^{l}\int_{t_0}^{t_f}q_i(t)e_i^2(t)\mathrm{d}t$$

上式为系统控制过程中系统跟踪误差的加权平方和的积分，可以作为对于系统控制过程中动态特性的一种度量。回想单输入单输出系统的控制器参数的调节方法，曾将误差的平方积分

$$J=\int_0^{\infty}\boldsymbol{e}^2(t)\mathrm{d}t=\int_0^{\infty}[\boldsymbol{y}(t)-\boldsymbol{y}_r(t)]^2\mathrm{d}t$$

作为评价反馈系统品质优劣的准则。就单输入单输出系统来说，若反馈系统的零输入响应 $\boldsymbol{y}(t)$ 如图 11.5.1 所示，则积分

$$J=\int_0^{\infty}\boldsymbol{e}^2(t)\mathrm{d}t=\int_0^{\infty}\boldsymbol{y}^2(t)\mathrm{d}t \tag{11.5.3}$$

可用图 11.5.1 中有阴影部分的面积来表示。不难理解，使积分(11.5.3) 的值足够小的控制 $\boldsymbol{u}(t)$，通常可使 $\boldsymbol{y}(t)$ 的衰减速度足够快，且阻尼也会令人满意。因为一个有激烈振荡的响应过程，式(11.5.3) 的数值不会很小。因此，性能指标中的积分项$\frac{1}{2}\int_{t_0}^{t_f}\boldsymbol{e}^{\mathrm{T}}(t)\boldsymbol{Q}\boldsymbol{e}(t)\mathrm{d}t$ 可以看做是对系统动态特性的一种度量。

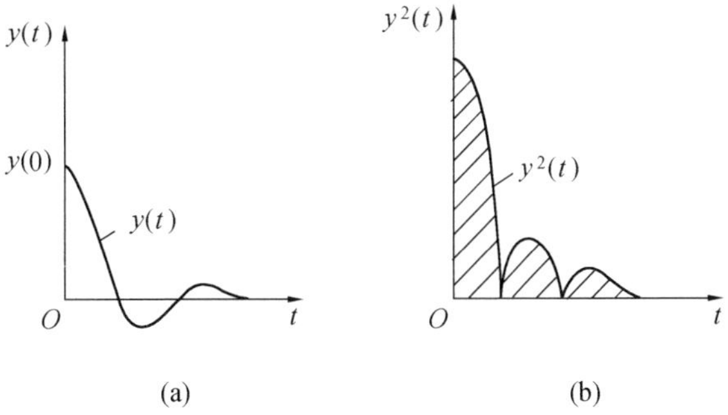

图 11.5.1

(3) 积分项$\frac{1}{2}\int_{t_0}^{t_f}\boldsymbol{u}^{\mathrm{T}}(t)\boldsymbol{R}(t)\boldsymbol{u}(t)\mathrm{d}t$。若取 $\boldsymbol{R}(t)=\mathrm{diag}\{r_1(t),r_2(t),\cdots,r_r(t)\}$，则有

$$\frac{1}{2}\int_{t_0}^{t_f}\boldsymbol{u}^{\mathrm{T}}(t)\boldsymbol{R}(t)\boldsymbol{u}(t)\mathrm{d}t=\frac{1}{2}\int_{t_0}^{t_f}\sum_{i=1}^{r}r_i(t)u_i^2(t)\mathrm{d}t$$

可以看出,该积分项定量地刻画了在控制过程中所消耗的控制能量。对于单输入单输出系统,从图11.5.1中可以直观地体会到,使输出量 $\boldsymbol{y}(t)$ 衰减愈快,则控制量的幅值也要愈大。可以证明,使积分(11.5.3)最小的控制 $\boldsymbol{u}(t)$ 为无穷大,这是不实际的,任何实际系统其控制量的大小都是受到限制的。任何一个有工程实际意义的设计也必须考虑控制所受到的约束。实际系统中控制量有各种各样的约束方法,时间最优系统的约束条件为

$$|u_i(t)| \leqslant 1 \qquad i = 1,2,\cdots,r$$

可以看出,这种约束虽然直观,但会使结果复杂,难以实现,甚至很难求出最优反馈控制律 $\boldsymbol{u}^*(\boldsymbol{x}(t))$。

一般地,选择积分项 $\frac{1}{2}\int_{t_0}^{t_f}\boldsymbol{u}^{\mathrm{T}}(t)\boldsymbol{R}(t)\boldsymbol{u}(t)\mathrm{d}t$ 来衡量控制过程中能量的消耗,矩阵函数 $\boldsymbol{R}(t)$ 为正定矩阵。并用积分项 $\frac{1}{2}\int_{t_0}^{t_f}[\boldsymbol{e}^{\mathrm{T}}(t)\boldsymbol{Q}(t)\boldsymbol{e}(t) + \boldsymbol{u}^{\mathrm{T}}(t)\boldsymbol{R}(t)\boldsymbol{u}(t)]\mathrm{d}t$ 来综合地表示在控制过程中,动态跟踪误差与控制过程中所消耗的能量。

11.5.2 有限时间状态调节器问题

1. 问题描述

若令 $\boldsymbol{C}(t) = \boldsymbol{I}, \boldsymbol{x}_r(t) = \boldsymbol{0}$ 则有

$$\boldsymbol{e}(t) = \boldsymbol{y}(t) = \boldsymbol{x}(t)$$

从而性能指标演化为

$$J = \frac{1}{2}\boldsymbol{x}^{\mathrm{T}}(t_f)\boldsymbol{S}\boldsymbol{x}(t_f) + \frac{1}{2}\int_{t_0}^{t_f}[\boldsymbol{x}^{\mathrm{T}}(t)\boldsymbol{Q}(t)\boldsymbol{x}(t) + \boldsymbol{u}^{\mathrm{T}}(t)\boldsymbol{R}(t)\boldsymbol{u}(t)]\mathrm{d}t \qquad (11.5.4)$$

这样,线性二次型最优控制问题为:当系统(11.5.1)受扰动影响偏离了原零平衡状态,要求设计控制向量,使系统状态 $\boldsymbol{x}(t)$ 恢复到原平衡状态附近,并使性能指标极小。这一类问题称为状态调节器问题。

在末端时刻 t_f 有限时,有限时间时变状态调节器问题可以描述如下:

在满足受控对象状态方程(11.5.1)的约束条件下,在容许控制的范围内确定最优控制 $\boldsymbol{u}^*(t)$,使得在该控制律的作用下系统(11.5.1)的状态在限定时间 $[t_0, t_f]$ 内由给定的 $\boldsymbol{x}(t_0)$ 出发转移到某个 $\boldsymbol{x}(t_f)$,且同时使得式(11.5.2)的性能指标 J 取得极小值。

2. 问题的求解

定理 11.5.1 线性系统(11.5.1)在性能指标(11.5.2)下的二次型最优状态调节器为

$$\boldsymbol{u}(t) = \boldsymbol{K}(t)\boldsymbol{x}(t) \qquad K(t) = -\boldsymbol{R}^{-1}(t)\boldsymbol{B}^{\mathrm{T}}(t)\boldsymbol{P}(t) \qquad (11.5.5)$$

式中 $\boldsymbol{P}(t)$——$n \times n$ 阶函数矩阵,且满足下述矩阵微分 Riccati 方程

$$-\dot{\boldsymbol{P}}(t) = \boldsymbol{P}(t)\boldsymbol{A}(t) + \boldsymbol{A}^{\mathrm{T}}(t)\boldsymbol{P}(t) - \boldsymbol{P}(t)\boldsymbol{B}(t)\boldsymbol{R}^{-1}(t)\boldsymbol{B}^{\mathrm{T}}(t)\boldsymbol{P}(t) + \boldsymbol{Q}(t) \qquad (11.5.6)$$

及边界条件

$$P(t_f) = S \tag{11.5.7}$$

且最优性能值为

$$J^*[x(t)] = \frac{1}{2}x^{\mathrm{T}}(t_0)P(t_0)x(t_0) \tag{11.5.8}$$

证明 引入协状态变量 $\lambda(t)$,哈密顿函数为

$$H[x,u,\lambda] = \frac{1}{2}[x^{\mathrm{T}}Q(t)x + u^{\mathrm{T}}R(t)u] + \lambda^{\mathrm{T}}[A(t)x + B(t)u] \tag{11.5.9}$$

极值条件为

$$\left[\frac{\partial H}{\partial u}\right] = R(t)u + B^{\mathrm{T}}(t)\lambda = 0 \tag{11.5.10}$$

协态方程为

$$\dot{\lambda} = -\left[\frac{\partial H}{\partial x}\right] = -Q(t)x - A^{\mathrm{T}}(t)\lambda \tag{11.5.11}$$

边界条件为

$$x(t_0) = x_0 \tag{11.5.12}$$

$$\lambda(t_f) = \left[\frac{\partial \phi}{\partial x}\right]_{t_f} = Sx(t_f) \tag{11.5.13}$$

其中,$\phi = \frac{1}{2}x^{\mathrm{T}}(t_f)Sx(t_f)$,又由于$\frac{\partial^2 H}{\partial u^2} = R(t) > 0$,因此上述各条件式给出 $u(t)$ 是使 J 取极小的最优控制函数。

下面证明存在线性变换矩阵 $P(t)$,使得

$$\lambda(t) = P(t)x(t) \tag{11.5.14}$$

最优控制可表为

$$u(t) = -R^{-1}(t)B^{\mathrm{T}}(t)P(t)x(t) \tag{11.5.15}$$

将式(11.5.15) 的 $u(t)$ 代入(11.5.1) 与(11.5.11) 可得下列齐次矩阵方程

$$\begin{bmatrix} \dot{x}(t) \\ \dot{\lambda}(t) \end{bmatrix} = \begin{bmatrix} A(t) & -BR^{-1}B^{\mathrm{T}} \\ -Q & -A^{\mathrm{T}}(t) \end{bmatrix}\begin{bmatrix} x(t) \\ \lambda(t) \end{bmatrix} \quad \begin{matrix} x(t_0) = x_0 \\ \lambda(t_f) = Sx(t_f) \end{matrix}$$

其解为

$$\begin{bmatrix} x(t) \\ \lambda(t) \end{bmatrix} = \Phi(t,t_0)\begin{bmatrix} x(t_0) \\ \lambda(t_0) \end{bmatrix}$$

式中 $\Phi(t,t_0)$—— 上述系统的 $2n \times 2n$ 维状态转移矩阵。

将 $\Phi(t,t_0)$ 划为分块矩阵,则上式变为

$$\begin{bmatrix} x(t) \\ \lambda(t) \end{bmatrix} = \begin{bmatrix} \Phi_{11}(t,t_0) & \Phi_{12}(t,t_0) \\ \Phi_{21}(t,t_0) & \Phi_{22}(t,t_0) \end{bmatrix}\begin{bmatrix} x(t_0) \\ \lambda(t_0) \end{bmatrix}$$

由此可得，从任意 t 到 t_f 的解为

$$\begin{bmatrix} \boldsymbol{x}(t_f) \\ \boldsymbol{\lambda}(t_f) \end{bmatrix} = \begin{bmatrix} \boldsymbol{\Phi}_{11}(t_f,t) & \boldsymbol{\Phi}_{12}(t_f,t) \\ \boldsymbol{\Phi}_{21}(t_f,t) & \boldsymbol{\Phi}_{22}(t_f,t) \end{bmatrix} \begin{bmatrix} \boldsymbol{x}(t) \\ \boldsymbol{\lambda}(t) \end{bmatrix}$$

即

$$\boldsymbol{x}(t_f) = \boldsymbol{\Phi}_{11}(t_f,t)\boldsymbol{x}(t) + \boldsymbol{\Phi}_{12}(t_f,t)\boldsymbol{\lambda}(t)$$

$$\boldsymbol{\lambda}(t_f) = \boldsymbol{\Phi}_{21}(t_f,t)\boldsymbol{x}(t) + \boldsymbol{\Phi}_{22}(t_f,t)\boldsymbol{\lambda}(t) = \boldsymbol{S}\boldsymbol{x}(t_f)$$

从以上两方程经代数运算不难求得

$$\boldsymbol{\lambda}(t) = [\boldsymbol{\Phi}_{22}(t_f,t) - \boldsymbol{S}\boldsymbol{\Phi}_{12}(t_f,t)]^{-1}[\boldsymbol{S}\boldsymbol{\Phi}_{11}(t_f,t) - \boldsymbol{\Phi}_{21}(t_f,t)]\boldsymbol{x}(t)$$

令

$$\boldsymbol{P}(t) = [\boldsymbol{\Phi}_{22}(t_f,t) - \boldsymbol{S}\boldsymbol{\Phi}_{12}(t_f,t)]^{-1}[\boldsymbol{S}\boldsymbol{\Phi}_{11}(t_f,t) - \boldsymbol{\Phi}_{21}(t_f,t)] \tag{11.5.16}$$

从而得协状态变量 $\boldsymbol{\lambda}(t)$ 与状态变量 $\boldsymbol{x}(t)$ 的关系式(11.5.14)。

$\boldsymbol{P}(t)$ 是一个 $n \times n$ 维的时变矩阵，它只取决于终端时间 t_f 和矩阵 $\boldsymbol{S}$，与初始状态无关，被称为增益矩阵。将式(11.5.14) 代入式(11.5.10)，得最优反馈控制(11.5.15)。

以式(11.5.15) 代入式(11.5.1)，可得

$$\dot{\boldsymbol{x}} = [\boldsymbol{A}(t) - \boldsymbol{B}(t)\boldsymbol{R}^{-1}\boldsymbol{B}^{\mathrm{T}}(t)\boldsymbol{P}(t)]\boldsymbol{x}(t) \tag{11.5.17}$$

又从正则方程组的第二方程(11.5.11) 和(11.5.14)，得

$$\dot{\boldsymbol{\lambda}} = -\boldsymbol{Q}(t)\boldsymbol{x}(t) - \boldsymbol{A}^{\mathrm{T}}(t)\boldsymbol{\lambda}(t) = -\boldsymbol{Q}(t)\boldsymbol{x}(t) - \boldsymbol{A}^{\mathrm{T}}(t)\boldsymbol{P}(t)\boldsymbol{x}(t) \tag{11.5.18}$$

而对式(11.5.14) 两边对 t 求导，有

$$\dot{\boldsymbol{\lambda}} = \dot{\boldsymbol{P}}(t)\boldsymbol{x}(t) + \boldsymbol{P}(t)\dot{\boldsymbol{x}}(t) \tag{11.5.19}$$

从以上三方程中消去 $\dot{\boldsymbol{x}}$、$\dot{\boldsymbol{\lambda}}$ 和 $\boldsymbol{x}$，最后可得 Riccati 矩阵微分方程(11.5.6)。

从式(11.5.14)

$$\boldsymbol{\lambda}(t_f) = \boldsymbol{P}(t_f)\boldsymbol{x}(t_f)$$

比较上式和横截条件(11.5.13) 可得边界条件(11.5.7)。

最后证明性能指标的最小值 J^* 的表达式成立。

对 $\boldsymbol{x}^{\mathrm{T}}(t)\boldsymbol{P}(t)\boldsymbol{x}(t)$ 求导数得

$$\frac{\mathrm{d}}{\mathrm{d}t}[\boldsymbol{x}^{\mathrm{T}}\boldsymbol{P}\boldsymbol{x}] = \dot{\boldsymbol{x}}^{\mathrm{T}}\boldsymbol{P}\boldsymbol{x} + \boldsymbol{x}^{\mathrm{T}}\dot{\boldsymbol{P}}x + \boldsymbol{x}^{\mathrm{T}}\boldsymbol{P}\dot{\boldsymbol{x}}$$

将 $\dot{\boldsymbol{x}}$ 用状态方程代替，$\dot{\boldsymbol{P}}$ 用 Riccati 方程代替，可得

$$\frac{\mathrm{d}}{\mathrm{d}t}[\boldsymbol{x}^{\mathrm{T}}\boldsymbol{P}\boldsymbol{x}] = -\boldsymbol{x}^{\mathrm{T}}\boldsymbol{Q}\boldsymbol{x} - \boldsymbol{u}^{\mathrm{T}}\boldsymbol{R}\boldsymbol{u} + [\boldsymbol{u} + \boldsymbol{R}^{-1}\boldsymbol{B}^{\mathrm{T}}\boldsymbol{P}\boldsymbol{x}]^{\mathrm{T}}\boldsymbol{R}[\boldsymbol{u} + \boldsymbol{R}^{-1}\boldsymbol{B}^{\mathrm{T}}\boldsymbol{P}\boldsymbol{x}]$$

当 $\boldsymbol{u}(t)$ 和 $\boldsymbol{x}(t)$ 取最优函数 $\boldsymbol{u}^*(t)$ 和 $\boldsymbol{x}^*(t)$ 时，注意到式(11.5.15)，上式化为

$$\frac{\mathrm{d}}{\mathrm{d}t}[(\boldsymbol{x}^*)^{\mathrm{T}}\boldsymbol{P}\boldsymbol{x}^*] = -[(\boldsymbol{x}^*)^{\mathrm{T}}\boldsymbol{Q}\boldsymbol{x}^* + (\boldsymbol{u}^*)^{\mathrm{T}}\boldsymbol{R}\boldsymbol{u}^*] \tag{11.5.20}$$

对式(11.5.20) 两边积分得

$$\frac{1}{2}\int_{t_0}^{t_f}\frac{\mathrm{d}}{\mathrm{d}t}[(\boldsymbol{x}^*)^{\mathrm{T}}\boldsymbol{P}\boldsymbol{x}^*]\mathrm{d}t = -\frac{1}{2}\int_{t_0}^{t_f}[(\boldsymbol{x}^*)^{\mathrm{T}}\boldsymbol{Q}\boldsymbol{x}^* + (\boldsymbol{u}^*)^{\mathrm{T}}\boldsymbol{R}\boldsymbol{u}^*]\mathrm{d}t$$

即

$$\frac{1}{2}[(\boldsymbol{x}^*)^{\mathrm{T}}\boldsymbol{P}\boldsymbol{x}^*]\Big|_{t_0}^{t_f} = -\frac{1}{2}\int_{t_0}^{t_f}[(\boldsymbol{x}^*)^{\mathrm{T}}\boldsymbol{Q}\boldsymbol{x}^* + (\boldsymbol{u}^*)^{\mathrm{T}}\boldsymbol{R}\boldsymbol{u}^*]\mathrm{d}t$$

则

$$J^* = J^*[\boldsymbol{x}(t)] = \frac{1}{2}\int_{t_0}^{t_f}[(\boldsymbol{x}^*)^{\mathrm{T}}\boldsymbol{Q}\boldsymbol{x}^* + (\boldsymbol{u}^*)^{\mathrm{T}}\boldsymbol{R}\boldsymbol{u}^*]\mathrm{d}t + \frac{1}{2}(\boldsymbol{x}^*)^{\mathrm{T}}(t_f)\boldsymbol{P}(t_f)\boldsymbol{x}^*(t_f) =$$

$$-\frac{1}{2}[(\boldsymbol{x}^*)^{\mathrm{T}}\boldsymbol{P}\boldsymbol{x}^*]\Big|_{t_0}^{t_f} + \frac{1}{2}(\boldsymbol{x}^*)^{\mathrm{T}}(t_f)\boldsymbol{P}(t_f)\boldsymbol{x}^*(t_f) = \frac{1}{2}(\boldsymbol{x}^*(t_0))^{\mathrm{T}}\boldsymbol{P}(t_0)\boldsymbol{x}^*(t_0)$$

说明:在上述最优控制问题中,我们并没有要求系统是可稳的。事实上,在所讨论有限时间的最优控制问题中,并不要求系统是可稳的。因为在有限控制时间区间$[t_0,t_f]$内,不能控的不稳定振型对性能指标所呈现的数值总归是有限的。但当$t_f\to\infty$时,则要求系统至少是可稳的,否则性能指标将趋于无穷大而失去最优控制的意义。

3. 关于 Riccati 方程的解 $\boldsymbol{P}(t)$ 的讨论

(1) $\boldsymbol{P}(t)$ 是存在惟一的。$\boldsymbol{P}(t)$ 是 Riccati 方程(11.5.6)的末值问题的解。而方程(11.5.6)实质上是 $n(n+1)/2$ 个非线性标量微分方程组,当矩阵 $\boldsymbol{A}(t)$,$\boldsymbol{B}(t)$,$\boldsymbol{R}(t)$ 和 $\boldsymbol{Q}(t)$ 满足问题的假设条件时,根据微分方程理论中解的存在惟一性定理知,在区间$[t_0,t_f]$上,$\boldsymbol{P}(t)$ 是存在惟一的。

(2) $\boldsymbol{P}(t)$ 是对称的。事实上将 Riccati 方程(11.5.6)和末值条件(11.5.7)两边加以转置,得

$$-\dot{\boldsymbol{P}}^{\mathrm{T}}(t) = \boldsymbol{A}^{\mathrm{T}}(t)\boldsymbol{P}^{\mathrm{T}}(t) + \boldsymbol{P}^{\mathrm{T}}(t)\boldsymbol{A}(t) - \boldsymbol{P}^{\mathrm{T}}(t)\boldsymbol{B}(t)\boldsymbol{R}^{-1}(t)\boldsymbol{B}^{\mathrm{T}}(t)\boldsymbol{P}^{\mathrm{T}}(t) + \boldsymbol{Q}(t)$$

和

$$\boldsymbol{P}^{\mathrm{T}}(t_f) = \boldsymbol{S}$$

$\boldsymbol{P}^{\mathrm{T}}(t)$ 也是满足同一边界条件的 Riccati 微分方程的解,在该方程的解存在且惟一的条件下可得

$$\boldsymbol{P}(t) = \boldsymbol{P}^{\mathrm{T}}(t)$$

故 $\boldsymbol{P}(t)$ 是对称阵。

(3) 对一切 $t\in[t_0,t_f]$,$\boldsymbol{P}(t)$ 是非负定矩阵。

由于 $\boldsymbol{S}$,$\boldsymbol{R}(t)$ 和 $\boldsymbol{Q}(t)$ 均为非负定矩阵,所以对于任意的 $\boldsymbol{u}(t)$ 和相应的 $\boldsymbol{x}(t)$,总有

$$J[\boldsymbol{x}(t),\boldsymbol{u}(\cdot),t] \geqslant 0$$

对于最优控制 $\boldsymbol{u}^*(t)$ 也有

$$J[\boldsymbol{x}(t),\boldsymbol{u}^*(\cdot),t] = \frac{1}{2}\boldsymbol{x}^{\mathrm{T}}(t)\boldsymbol{P}(t)\boldsymbol{x}(t) \geqslant 0$$

而 $\boldsymbol{x}(t)$ 是任意的,由此可知 $\boldsymbol{P}(t)$ 是非负定矩阵。

(4)Riccati 矩阵微分方程是非线性的，通常不能直接求得解析解，可用数字计算机进行离线计算，并将其解 $\boldsymbol{P}(t)$ 存储起来备用。为将式(11.5.6)离散化，令

$$\dot{\boldsymbol{P}}(t) \approx \frac{\boldsymbol{P}(t+\Delta t)-\boldsymbol{P}(t)}{\Delta t}$$

可得

$$\boldsymbol{P}(t+\Delta t) \approx \boldsymbol{P}(t)+\Delta t[-\boldsymbol{P}(t)\boldsymbol{A}(t)-\boldsymbol{A}^{\mathrm{T}}(t)\boldsymbol{P}(t)+\boldsymbol{P}(t)\boldsymbol{B}(t)\mathbf{R}^{-1}(t)\boldsymbol{B}^{\mathrm{T}}(t)\boldsymbol{P}(t)-\boldsymbol{Q}(t)]$$

已知 $\boldsymbol{P}(t_f)=\boldsymbol{S}$，以此为初始条件，即从终端时刻的 $\boldsymbol{P}(t_f)$ 出发，以 $-\Delta t$ 为单位向时间倒退的方向可逐次离散地求出各时刻 t 的 $\boldsymbol{P}(t)$。

例 11.5.1 给定系统

$$\dot{x}(t)=ax(t)+bu(t) \qquad x(0)=x_0$$

和性能指标

$$J=\frac{1}{2}\int_{t_0}^{t_f}[qx^2(t)+ru^2(t)]\mathrm{d}t+\frac{1}{2}sx^2(t_f)$$

其中，$q>0, r>0, s\geqslant 0$，求最优控制 $u^*(t)$。

解 从式(11.5.5)知

$$u^*(t)=-\frac{1}{r}bp(t)x(t)$$

其中 $p(t)$ 应满足 Riccati 方程

$$\dot{p}(t)=-2ap(t)+\frac{1}{r}b^2p^2(t)-q$$

及边界条件

$$p(t_f)=s$$

求解上述微分方程有

$$\int_{p(t)}^{s}\frac{\mathrm{d}p(t)}{b^2p^2(t)/r-2ap(t)-q}=\int_{t_0}^{t_f}\mathrm{d}t$$

由此可得

$$p(t)=\frac{r}{b^2}\frac{\beta+a+(\beta-a)\dfrac{sb^2/r-a-\beta}{sb^2/r-a+\beta}\mathrm{e}^{2\beta(t-t_f)}}{1-\dfrac{sb^2/r-a-\beta}{sb^2/r-a+\beta}\mathrm{e}^{2\beta(t-t_f)}}$$

式中

$$\beta=\sqrt{\frac{qb^2}{r}+a^2}$$

闭环系统的状态方程为

$$\dot{x}=\left[a-\frac{b^2}{r}p(t)\right]x(t) \qquad x(0)=x_0$$

它是一个一阶时变系统,其解就是最优轨线

$$x^*(t) = \exp\int_0^t\left[a - \frac{b^2}{r}p(\tau)\mathrm{d}\tau\right]x(0)$$

例 11.5.2　给定系统

$$\dot{x}_1 = x_2 \qquad \dot{x}_2 = u$$

及性能指标

$$J = \frac{1}{2}[x_1^2(3) + 2x_2^2(3)] + \frac{1}{2}\int_0^3\left[2x_1^2(t) + 4x_2^2(t) + 2x_1(t)x_2(t) + \frac{1}{2}u^2(t)\right]\mathrm{d}t$$

求最优控制 $u^*(t)$。

解　在本系统中,易知

$$\boldsymbol{A} = \begin{bmatrix}0 & 1\\0 & 0\end{bmatrix} \qquad \boldsymbol{B} = \begin{bmatrix}0\\1\end{bmatrix}$$

$$\boldsymbol{Q} = \begin{bmatrix}2 & 1\\1 & 4\end{bmatrix} \qquad \boldsymbol{R} = \frac{1}{2} \qquad \boldsymbol{S} = \begin{bmatrix}1 & 0\\0 & 2\end{bmatrix} \qquad t_0 = 0 \qquad t_f = 3$$

$\boldsymbol{P}(t)$ 是 2×2 对称阵,设为

$$\boldsymbol{P}(t) = \begin{bmatrix}P_{11}(t) & P_{12}(t)\\P_{21}(t) & P_{22}(t)\end{bmatrix}$$

最优控制为

$$u^*(t) = -\boldsymbol{R}^{-1}\boldsymbol{B}^{\mathrm{T}}\boldsymbol{P}(t)\boldsymbol{x}(t) = -2[0 \quad 1]\begin{bmatrix}P_{11}(t) & P_{12}(t)\\P_{21}(t) & P_{22}(t)\end{bmatrix}\begin{bmatrix}x_1(t)\\x_2(t)\end{bmatrix} =$$

$$-2[P_{12}(t)x_1(t) + P_{22}(t)x_2(t)]$$

其中 $P_{12}(t)$ 和 $P_{22}(t)$ 应是下述 Riccati 方程的解。

$$-\begin{bmatrix}\dot{P}_{11} & \dot{P}_{12}\\\dot{P}_{21} & \dot{P}_{22}\end{bmatrix} = \begin{bmatrix}P_{11} & P_{12}\\P_{21} & P_{22}\end{bmatrix}\begin{bmatrix}0 & 1\\0 & 0\end{bmatrix} + \begin{bmatrix}0 & 0\\1 & 0\end{bmatrix}\begin{bmatrix}P_{11} & P_{12}\\P_{21} & P_{22}\end{bmatrix} -$$

$$\begin{bmatrix}P_{11} & P_{12}\\P_{21} & P_{22}\end{bmatrix}\begin{bmatrix}0\\1\end{bmatrix}2[0 \quad 1]\begin{bmatrix}P_{11} & P_{12}\\P_{21} & P_{22}\end{bmatrix} + \begin{bmatrix}2 & 1\\1 & 4\end{bmatrix}$$

其边界条件为 $\boldsymbol{P}(t_f) = \boldsymbol{S}$,即

$$\begin{bmatrix}P_{11}(3) & P_{12}(3)\\P_{21}(3) & P_{22}(3)\end{bmatrix} = \begin{bmatrix}1 & 0\\0 & 2\end{bmatrix}$$

将上述矩阵微分方程写为分量形式,得到三个一阶非线性时变微分方程及其终端条件

$$\dot{p}_{11} = 2p_{12}^2 - 2 \qquad p_{11}(3) = 1$$

$$\dot{p}_{12} = -p_{11} + 2p_{12}p_{22} - 1 \qquad p_{12}(3) = 0$$

$$\dot{p}_{22} = -2p_{12} + 2p_{22}^2 - 4 \qquad p_{22}(3) = 2$$

只有从以上方程解出 $p_{12}(t)$ 和 $p_{22}(t)$ 时,才能获得最优控制。对于这组方程,可以采用数值的方法求解,此处从略。

11.5.3 无限长时间定常状态调节器问题

线性时变二次型的最优控制问题,控制时间区域$[t_0, t_f]$是有限的,且闭环系统是时变的。而工程上更关心的一类问题是,系统受扰偏离原零平衡状态后,系统能最优地恢复到原平衡状态,不产生稳态误差,这一类问题必须采用无限时间状态调节器。对于线性定常系统,如果将控制时间域扩充到 $t_f \to \infty$,状态反馈增益矩阵在一定的条件下将为常数矩阵,此时最优系统将为线性时不变系统,工程实现十分方便。

1. 问题描述

区别于有限时间的线性二次型最优状态调节器问题,首先假设被控对象是线性定常的即

$$\dot{\boldsymbol{x}}(t) = \boldsymbol{A}\boldsymbol{x}(t) + \boldsymbol{B}\boldsymbol{u}(t) \qquad \boldsymbol{x}(0) = \boldsymbol{x}_0 \tag{11.5.21}$$

其次,在性能指标中,由于 $t_f \to \infty$,由于要求系统的稳态误差为零,因此性能指标末端项为零,故应有 $\boldsymbol{P}(t_f) = \boldsymbol{S} = \boldsymbol{0}$。又由于系统的线性时不变性质,可令 $t_0 = 0$,故性能指标为

$$J = \frac{1}{2}\int_0^{\infty}[\boldsymbol{x}^{\mathrm{T}}\boldsymbol{Q}\boldsymbol{x} + \boldsymbol{u}^{\mathrm{T}}\boldsymbol{R}\boldsymbol{u}]\mathrm{d}t \tag{11.5.22}$$

式中 $\boldsymbol{R}$—— 常数对称正定矩阵;

$\boldsymbol{Q}$—— 常数对称正定(或半正定)矩阵。

可以将线性系统的无限长时间状态调节器问题描述如下:

给定系统(11.5.21)及二次型性能指标(11.5.22),其中 $\boldsymbol{Q} \geqslant 0, \boldsymbol{R} > 0$,求取系统(11.5.21)的最优控制 $\boldsymbol{u}(t)$,使性能指标(11.5.22)达到最小。

2. 问题求解

首先引入 Kalman 给出的一个结果,以用于上述问题的求解。

引理 11.5.1 设 $\boldsymbol{A}(t) = \boldsymbol{A}, \boldsymbol{B}(t) = \boldsymbol{B}, \boldsymbol{Q}(t) = \boldsymbol{Q}, \boldsymbol{R}(t) = \boldsymbol{R}$ 均为常数矩阵,且$[\boldsymbol{A} \quad \boldsymbol{B}]$是能控的,$R > 0, \boldsymbol{Q} = \boldsymbol{D}^{\mathrm{T}}\boldsymbol{D} \geqslant 0$,且$[\boldsymbol{A} \quad \boldsymbol{D}]$能观,则 Riccati 方程

$$-\dot{\boldsymbol{P}}(t) = \boldsymbol{P}(t)\boldsymbol{A} + \boldsymbol{A}^{\mathrm{T}}\boldsymbol{P}(t) - \boldsymbol{P}(t)\boldsymbol{B}\boldsymbol{R}^{-1}\boldsymbol{B}^{\mathrm{T}}\boldsymbol{P}(t) + \boldsymbol{Q}$$

满足边界条件 $\boldsymbol{P}(t_f) = \boldsymbol{0}$ 的解 $\boldsymbol{P}(t)$ 在 $t_f \to \infty$ 时的极限存在,并且是惟一的常数矩阵,即

$$\lim_{t_f \to \infty}\boldsymbol{P}(t) = \boldsymbol{P}$$

此外,该极限 $\boldsymbol{P}$ 为下述 Riccati 代数方程

$$\boldsymbol{A}^{\mathrm{T}}\boldsymbol{P} + \boldsymbol{P}\boldsymbol{A} - \boldsymbol{P}\boldsymbol{B}\boldsymbol{R}^{-1}\boldsymbol{B}^{\mathrm{T}}\boldsymbol{P} + \boldsymbol{Q} = 0 \tag{11.5.23}$$

的惟一对称正定解。

基于上述引理,我们可以得到下述结论。

定理 11.5.2 设$[\boldsymbol{A} \quad \boldsymbol{B}]$能控,$\boldsymbol{R} > 0, \boldsymbol{Q} = \boldsymbol{D}^{\mathrm{T}}\boldsymbol{D} \geqslant 0$,且$[\boldsymbol{A} \quad \boldsymbol{D}]$能观,则存在惟一的最优控制

$$u^*(t) = -R^{-1}B^{\mathrm{T}}Px(t) \tag{11.5.24}$$

最优性能指标为

$$J^*[x^*(t_0)] = \frac{1}{2}x^{*\mathrm{T}}(t_0)Px^*(t_0) \tag{11.5.25}$$

式中，$x(0) = x_0$。它所对应的最优轨迹是下式的解 $x^*(t)$，即

$$\dot{x}^*(t) = [A - BR^{-1}B^{\mathrm{T}}P]x^*(t) \tag{11.5.26}$$

矩阵 P 为 Riccati 代数矩阵方程(11.5.23)的惟一对称正定解。

3. 最优闭环系统的渐近稳定性

不同于有限时间的情形，在无限时间的二次型最优状态调节系统中存在稳定性问题。关于其稳定性，我们有下述定理。

定理 11.5.3　设定理 11.5.2 的条件成立，则上述无限时间的二次型最优状态调节器控制系统的闭环系统(11.5.26)是渐近稳定的，即闭环的系统矩阵$[A - BR^{-1}B^{\mathrm{T}}P]$具有负实部的特征值。

证明　选闭环系统的李亚普诺夫候选函数为

$$V(x) = x^{\mathrm{T}}Px$$

由引理 11.5.1 知，在定理的条件下矩阵 P 是正定的，故 $V(x)$ 是正定的。利用式(11.5.23)和(11.5.26)，我们可得

$$\begin{aligned}\dot{V} = \dot{x}^{\mathrm{T}}Px + x^{\mathrm{T}}P\dot{x} = x^{\mathrm{T}}[A - BR^{-1}B^{\mathrm{T}}P]^{\mathrm{T}}Px + x^{\mathrm{T}}P[A - BR^{-1}B^{\mathrm{T}}P]x = \\ x^{\mathrm{T}}[(A^{\mathrm{T}}P + PA - PBR^{-1}B^{\mathrm{T}}P) - PBR^{-1}B^{\mathrm{T}}P]x = \\ -x^{\mathrm{T}}[Q + PBR^{-1}B^{\mathrm{T}}P]x\end{aligned}$$

由于 $Q \geqslant 0, R > 0$，可知 $\dot{V}(x)$ 为负半定。下面证明对一切 $x_0 \neq 0$ 的运动解 $x(t)$ 有 $\dot{V}(x) \neq \mathbf{0}$。我们采用反证法来证明这一点。反设对某个 $x_0 \neq \mathbf{0}$ 的相应解 $x(t)$ 有 $\dot{V}(x) = \mathbf{0}$，于是利用上述 $\dot{V}(x)$ 的表达式可导出

$$x^{\mathrm{T}}(t)Qx(t) \equiv \mathbf{0} \qquad x^{\mathrm{T}}(t)PBR^{-1}B^{\mathrm{T}}Px(t) \equiv \mathbf{0}$$

上式中后一个恒等式意味着

$$\mathbf{0} \equiv [R^{-1}B^{\mathrm{T}}Px(t)]^{\mathrm{T}}R[R^{-1}B^{\mathrm{T}}Px(t)] = [u^*(t)]^{\mathrm{T}}R[u^*(t)]$$

也即有 $u^*(t) \equiv \mathbf{0}$，而前一个恒等式表示

$$\mathbf{0} \equiv x^{\mathrm{T}}(t)D^{\mathrm{T}}Dx(t) = [Dx(t)]^{\mathrm{T}}[Dx(t)]$$

从而可导出 $Dx(t) \equiv \mathbf{0}$，此即说明系统

$$\dot{x} = Ax + Bu$$
$$y = Dx$$

对于 $u \equiv \mathbf{0}$ 和 $x_0 \neq \mathbf{0}$ 的输出响应恒为零。这和$[A \quad D]$为能观测相矛盾。所以反设不成立，即有 $\dot{V}[x(t)] \neq \mathbf{0}$，从而由李亚普诺夫定理可知，系统(11.5.26)渐近稳定。

说明:(1) 闭环系统(11.5.26) 的渐近稳定性具有明确的物理意义,实际上是极小化性能指标(11.5.22) 的必然结果,否则必有性能指标 J 发散。

(2) 从定理的证明中可以看出,对系统提出的可控性的要求,是为了保证最优解的存在性,在有限长时间调节器问题中,对系统并没有可控性要求,因为有限时间的性能指标中积分上限 t_f 有限,无论系统可控与否,性能指标不能趋于无穷。但在 $t_f \to \infty$ 时,当不可控状态不稳定,且又包含在性能指标 J 中时,便会使 $J \to \infty$,从而使最优解不存在。

(3) 定理中矩阵对$[\boldsymbol{A} \quad \boldsymbol{D}]$ 完全可观的要求,是为了保证最优闭环系统的渐近稳定性。如果强化性能指标中的权矩阵 $\boldsymbol{Q}$ 为正定的,则可以去掉$[\boldsymbol{A} \quad \boldsymbol{D}]$ 完全可观的要求。

例 11.5.3 给定受控对象为

$$\dot{\boldsymbol{x}} = \begin{bmatrix} 0 & 1 \\ 0 & 0 \end{bmatrix} \boldsymbol{x} + \begin{bmatrix} 0 \\ 1 \end{bmatrix} u$$

性能指标为

$$J = \frac{1}{2} \int_0^{\infty} (x_1^2 + 2bx_1x_2 + ax_2^2 + u^2) \mathrm{d}t$$

求使 J 取极小的最优控制 $u^*(t)$。

解 从指标 J 的表达式可知

$$\boldsymbol{Q} = \begin{bmatrix} 1 & b \\ b & a \end{bmatrix} \qquad \boldsymbol{R} = 1$$

为使 $\boldsymbol{Q}$ 正定,假定 $a - b^2 > 0$。首先容易验证受控对象是能控的,$\boldsymbol{Q}$,$\boldsymbol{R}$ 是正定的。因而最优控制为

$$u^*(t) = -\boldsymbol{R}^{-1}\boldsymbol{B}^{\mathrm{T}}\boldsymbol{P}\boldsymbol{x}(t) = -1[0 \quad 1] \begin{bmatrix} p_{11} & p_{12} \\ p_{21} & p_{22} \end{bmatrix} \begin{bmatrix} x_1(t) \\ x_2(t) \end{bmatrix} = -p_{12}x_1(t) - p_{22}x_2(t)$$

式中 p_{12} 和 p_{22} 为下述黎卡提方程的正定解中的元素

$$\begin{bmatrix} p_{11} & p_{12} \\ p_{21} & p_{22} \end{bmatrix} \begin{bmatrix} 0 & 1 \\ 0 & 0 \end{bmatrix} + \begin{bmatrix} 0 & 0 \\ 1 & 0 \end{bmatrix} \begin{bmatrix} p_{11} & p_{12} \\ p_{21} & p_{22} \end{bmatrix} -$$

$$\begin{bmatrix} p_{11} & p_{12} \\ p_{21} & p_{22} \end{bmatrix} \begin{bmatrix} 0 \\ 1 \end{bmatrix} (1) [0 \quad 1] \begin{bmatrix} p_{11} & p_{12} \\ p_{21} & p_{22} \end{bmatrix} + \begin{bmatrix} 1 & b \\ b & a \end{bmatrix} = \begin{bmatrix} 0 & 0 \\ 0 & 0 \end{bmatrix}$$

由上式得下列三个方程

$$p_{12}^2 = 1 \qquad -p_{11} + p_{12}p_{22} - b = 0 \qquad -2p_{12} + p_{22}^2 - a = 0$$

解得

$$p_{12} = \pm 1 \qquad p_{22} = \pm\sqrt{a + 2p_{12}} \qquad p_{11} = p_{12}p_{22} - b$$

由上式,读者可以自己推算,在保证为正定的条件下,最后可解得

$$p_{12}=1 \qquad p_{22}=\sqrt{a+2} \qquad p_{11}=\sqrt{a+2}-b \tag{11.5.27}$$

从而最优控制为

$$u^*(t)=-x_1-\sqrt{a+2}x_2+v$$

该控制律作用下的闭环系统的状态方程为

$$\dot{\boldsymbol{x}}=\begin{bmatrix}0 & 1\\ -1 & -\sqrt{a+2}\end{bmatrix}\boldsymbol{x}+\begin{bmatrix}0\\1\end{bmatrix}v$$

再以 x_1 为输出,即取

$$y=[1\quad 0]\boldsymbol{x}$$

时,系统的传递函数矩阵为

$$\boldsymbol{W}(s)=\boldsymbol{C}(s\boldsymbol{I}-\boldsymbol{A})^{-1}\boldsymbol{B}=\frac{1}{s^2+s\sqrt{a+2}+1}$$

故系统的极点为

$$s_{1,2}=-\frac{\sqrt{a+2}}{2}\pm \mathrm{j}\frac{\sqrt{2-a}}{2} \qquad a<2$$

图 11.5.2 所示为该系统的以 a 为参量的根轨迹。当 $a=0$ 时,系统极点为 $s_{1,2}=-\frac{\sqrt{2}}{2}\pm \mathrm{j}\frac{\sqrt{2}}{2}$,这相当于性能指标中,对 x_2 没有提出要求。随着 a 的增加,系统的极点趋向于实轴,使振荡减小,响应变慢,对 x_2(输出 x_1 的导数) 权越大,系统的振荡就越小。

从本例可以看到,原受控对象是不稳定的,但求得的闭环最优系统却是渐近稳定的。实际上,为保证闭环系统的稳定性,$\boldsymbol{Q}$ 是正半定的即可,如本例,若 $a=b=0$,$\boldsymbol{Q}=\begin{bmatrix}1 & 0\\0 & 0\end{bmatrix}$ 为正半定的,从式(11.5.23)得 $\boldsymbol{P}=\begin{bmatrix}\sqrt{2} & 1\\ 1 & \sqrt{2}\end{bmatrix}$ 为正定的,此时系统两个极点与上述 $a=0$ 的情形相同,因而此时系统亦为稳定的。

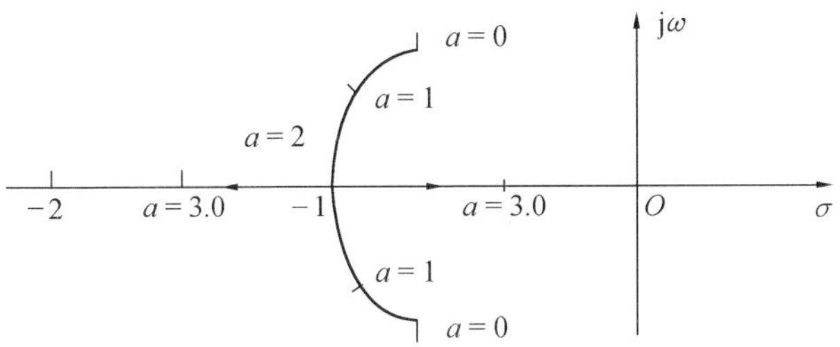

图 11.5.2　闭环系统的根轨迹

11.6 输出调节器问题

输出调节器是指这样的一类问题，当系统受到外部扰动时，系统的实际输出能够在一定的性能指标下最优地恢复到原输出平衡状态或其邻近。实际上，输出调节器问题是状态调节器问题的一种特殊情形，可以应用状态调节器的结果得出输出调节器的最优解。

11.6.1 线性时变系统的输出调节器

1. 问题描述

已知线性时变系统

$$\begin{cases} \dot{\boldsymbol{x}} = \boldsymbol{A}(t)\boldsymbol{x} + \boldsymbol{B}(t)\boldsymbol{u} \qquad \boldsymbol{x}(t_0) = \boldsymbol{x}_0 \\ \boldsymbol{y} = \boldsymbol{C}(t)\boldsymbol{x} \end{cases} \tag{11.6.1}$$

和性能指标

$$J = \frac{1}{2}\int_{t_0}^{t_f}[\boldsymbol{y}^{\mathrm{T}}\boldsymbol{Q}(t)\boldsymbol{y} + \boldsymbol{u}^{\mathrm{T}}\boldsymbol{R}(t)\boldsymbol{u}]\mathrm{d}t + \frac{1}{2}\boldsymbol{y}^{\mathrm{T}}(t_f)\boldsymbol{S}\boldsymbol{y}(t_f) \tag{11.6.2}$$

其中 $\boldsymbol{R}(t)$ 是正定对称矩阵，$\boldsymbol{Q}(t)$ 和 $\boldsymbol{S}$ 是半正定矩阵。求取在有限时间区间 $[t_0 \quad t_f]$ 上的最优控制 $\boldsymbol{u}^*(t)$，使得在该控制的作用下使指标 J 达到极小。

2. 问题求解

定理 11.6.1 上述线性时变系统(11.6.1) 在性能指标(11.6.2) 下的线性二次型最优输出调节器为

$$\boldsymbol{u}^*(t) = -\boldsymbol{R}^{-1}(t)\boldsymbol{B}^{\mathrm{T}}(t)\boldsymbol{P}(t)\boldsymbol{x}(t) \tag{11.6.3}$$

其中 $\boldsymbol{P}(t)$ 满足如下的黎卡提方程

$$-\dot{\boldsymbol{P}}(t) + \boldsymbol{P}(t)\boldsymbol{A}(t) + \boldsymbol{A}^{\mathrm{T}}(t)\boldsymbol{P}(t) - \boldsymbol{P}(t)\boldsymbol{B}(t)\boldsymbol{R}^{-1}(t)\boldsymbol{B}^{\mathrm{T}}(t)\boldsymbol{P}(t) + \boldsymbol{C}^{\mathrm{T}}(t)\boldsymbol{Q}(t)\boldsymbol{C}(t) = 0 \tag{11.6.4}$$

$$\boldsymbol{P}(t_f) = \boldsymbol{C}^{\mathrm{T}}(t_f)\boldsymbol{S}\boldsymbol{C}(t_f)$$

证明 将 $\boldsymbol{y}(t) = \boldsymbol{C}(t)\boldsymbol{x}(t)$ 代入性能指标(11.6.2) 可以将其转化为类似于状态调节器问题中的性能指标

$$J = \frac{1}{2}\int_{t_0}^{t_f}\{\boldsymbol{x}^{\mathrm{T}}[\boldsymbol{C}^{\mathrm{T}}\boldsymbol{Q}\boldsymbol{C}]\boldsymbol{x} + \boldsymbol{u}^{\mathrm{T}}\boldsymbol{R}\boldsymbol{u}\}\mathrm{d}t + \frac{1}{2}\boldsymbol{x}^{\mathrm{T}}(t_f)[\boldsymbol{C}^{\mathrm{T}}\boldsymbol{S}\boldsymbol{C}]\boldsymbol{x}(t_f)$$

由于 $\boldsymbol{Q}(t)$ 和 $\boldsymbol{S}$ 均是半正定阵，$\boldsymbol{C}^{\mathrm{T}}(t)\boldsymbol{Q}(t)\boldsymbol{C}(t)$ 和 $\boldsymbol{C}^{\mathrm{T}}(t_f)\boldsymbol{S}\boldsymbol{C}(t_f)$ 亦是半正定阵。用 $\boldsymbol{C}^{\mathrm{T}}(t)\boldsymbol{Q}(t)\boldsymbol{C}(t)$ 和 $\boldsymbol{C}^{\mathrm{T}}(t_f)\boldsymbol{S}\boldsymbol{C}(t_f)$ 分别取代定理 11.5.1 中的 $\boldsymbol{Q}(t)$ 和 $\boldsymbol{S}$，并直接应用定理 11.5.1 便可得定理 11.6.1 中的结论。

说明：(1) 实际上线性时变系统输出调节器问题仅是线性时变系统状态调节器问题的一种特例，仅仅在 Riccati 方程的具体形式和边界条件上有一些差别。

(2) 最优输出调节器的最优控制函数,并不显含输出向量 $\boldsymbol{y}(t)$,而是显含状态向量 $\boldsymbol{x}(t)$,这是因为状态向量包含了主宰过程未来演变的全部信息,而输出向量只包含部分信息,而由定理 11.5.1 的证明可知最优控制必须利用全部状态信息,所以用 $\boldsymbol{x}(t)$ 而不用 $\boldsymbol{y}(t)$ 作为反馈信息。

11.6.2　线性定常系统的情形

1. 问题描述

线性定常系统的二次型最优输出调节的问题可以描述如下:

给定完全能控和完全能观系统

$$\begin{cases}\dot{\boldsymbol{x}} = \boldsymbol{A}\boldsymbol{x} + \boldsymbol{B}\boldsymbol{u} & \boldsymbol{x}(t_0) = \boldsymbol{x}_0 \\ \boldsymbol{y} = \boldsymbol{C}\boldsymbol{x}\end{cases} \tag{11.6.5}$$

及性能指标

$$J = \frac{1}{2}\int_0^\infty (\boldsymbol{y}^{\mathrm{T}}\boldsymbol{Q}\boldsymbol{y} + \boldsymbol{u}^{\mathrm{T}}\boldsymbol{R}\boldsymbol{u})\mathrm{d}t \tag{11.6.6}$$

其中,$\boldsymbol{R}$ 是正定对称阵,$\boldsymbol{Q}$ 是正定(或半正定)对称矩阵,要寻求系统在无限长时间区间 $[0 \quad \infty]$ 上的最优控制 $\boldsymbol{u}^*(t)$,使得在该控制的作用下,性能指标 J 极小。

2. 问题求解

利用定理 11.5.1 很容易证得下述定理:

定理 11.6.2　设 $[\boldsymbol{A} \quad \boldsymbol{B}]$ 能控,$[\boldsymbol{A} \quad \boldsymbol{C}]$ 能观,$\boldsymbol{R} > 0, \boldsymbol{Q} = \boldsymbol{D}^{\mathrm{T}}, \boldsymbol{D} \geqslant 0, [\boldsymbol{A} \quad \boldsymbol{D}\boldsymbol{C}]$,能观,则系统(11.6.5) 在指标(11.6.6) 下的上述无限长时间线性二次型最优输出调节问题的解为

$$\boldsymbol{u}^*(t) = -\boldsymbol{R}^{-1}\boldsymbol{B}^{\mathrm{T}}\boldsymbol{P}\boldsymbol{x}(t) \tag{11.6.7}$$

其中 $\boldsymbol{P}$ 是下列 Riccati 代数矩阵方程

$$\boldsymbol{P}\boldsymbol{A} + \boldsymbol{A}^{\mathrm{T}}\boldsymbol{P} - \boldsymbol{P}\boldsymbol{B}\boldsymbol{R}^{-1}\boldsymbol{B}^{\mathrm{T}}\boldsymbol{P} + \boldsymbol{C}^{\mathrm{T}}\boldsymbol{Q}\boldsymbol{C} = 0 \tag{11.6.8}$$

的惟一对称正定解,并且在该最优控制律作用下,闭环系统是渐近稳定的。

例 11.6.1　设受控系统为

$$\dot{\boldsymbol{x}} = \begin{bmatrix}0 & 1\\0 & 0\end{bmatrix}\boldsymbol{x} + \begin{bmatrix}0\\1\end{bmatrix}u \qquad y = [1 \quad 0]\boldsymbol{x}$$

性能指标为

$$J = \frac{1}{2}\int_0^\infty (y^2 + ru^2)\mathrm{d}t$$

求取系统的最优控制 $u^*(t)$,使指标 J 达到极小。

解　首先容易检验此系统是能观的和能控的。而

$$\boldsymbol{C}^{\mathrm{T}}\boldsymbol{Q}\boldsymbol{C} = \begin{bmatrix}1 & 0\\0 & 0\end{bmatrix} \qquad R = r$$

$$u^*(t)=-\frac{1}{r}[0\quad 1]\begin{bmatrix}p_{11} & p_{12}\\ p_{12} & p_{22}\end{bmatrix}\begin{bmatrix}x_1\\ x_2\end{bmatrix}=-\frac{1}{r}[p_{12}x_1(t)+p_{22}x_2(t)]$$

求解该问题的 Riccati 方程可得下述三个代数方程

$$\frac{1}{r}p_{12}^2=1 \qquad -p_{11}+\frac{1}{r}p_{12}p_{22}=0 \qquad -2p_{12}+\frac{1}{r}p_{22}^2=0$$

为保证 $\boldsymbol{P}$ 正定,必须有

$$p_{11}>0 \qquad p_{22}>0 \qquad p_{11}p_{22}-p_{12}^2>0$$

取 $\boldsymbol{P}$ 的正定解为

$$p_{12}=\sqrt{r} \qquad p_{22}=\sqrt{2}r^{\frac{3}{4}} \qquad p_{11}=\sqrt{2}r^{\frac{1}{4}}$$

从而所求最优控制为

$$u^*(t)=-r^{-\frac{1}{2}}x_1(t)-\sqrt{2}r^{-\frac{1}{4}}x_2(t)=-r^{-\frac{1}{2}}y(t)-\sqrt{2}r^{-\frac{1}{4}}\dot{y}(t)$$

11.7　最优跟踪问题

所谓最优跟踪问题,是指确定最优控制律,使系统的输出 $\boldsymbol{y}(t)$ 能够尽可能地逼近某一要求的输出参考信号 $\boldsymbol{z}(t)$,并使给定的性能指标为最小。

11.7.1　线性时变系统的情形

1. 问题描述

时变线性系统的二次型最优输出跟踪问题可以描述如下:

给定能观的线性时变系统

$$\begin{cases}\dot{\boldsymbol{x}}(t)=\boldsymbol{A}(t)\boldsymbol{x}(t)+\boldsymbol{B}(t)\boldsymbol{u}(t) \qquad \boldsymbol{x}(t_0)=\boldsymbol{x}_0\\ \boldsymbol{y}(t)=\boldsymbol{C}(t)\boldsymbol{x}(t)\end{cases} \tag{11.7.1}$$

及性能指标

$$J=\frac{1}{2}\int_{t_0}^{t_f}[(\boldsymbol{z}-\boldsymbol{y})^{\mathrm{T}}\boldsymbol{Q}(t)(\boldsymbol{z}-\boldsymbol{y})+\boldsymbol{u}^{\mathrm{T}}\boldsymbol{R}(t)\boldsymbol{u}]\mathrm{d}t+\frac{1}{2}[\boldsymbol{z}(t_f)-\boldsymbol{y}(t_f)]^{\mathrm{T}}\boldsymbol{S}[\boldsymbol{z}(t_f)-\boldsymbol{y}(t_f)] \tag{11.7.2}$$

式中　$\boldsymbol{z}(t)$—— 与 $\boldsymbol{y}(t)$ 同维的参考输出向量;

$\boldsymbol{Q}(t),\boldsymbol{S}$—— 对称正半定矩阵;

$\boldsymbol{R}(t)$—— 正定矩阵。

要寻求系统的最优控制 $\boldsymbol{u}^*(t)$,使得在该控制的作用下,系统的性能指标 J 极小。

2. 问题求解

下面推导上述问题的求解。

由式 (11.7.2) 中,将输出 $\boldsymbol{y}(t)$ 用 $\boldsymbol{Cx}(t)$ 代替,得哈密顿函数

$$H=\frac{1}{2}[(\boldsymbol{z}-\boldsymbol{Cx})^{\mathrm{T}}\boldsymbol{Q}(t)(\boldsymbol{z}-\boldsymbol{Cx})]+\frac{1}{2}\boldsymbol{u}^{\mathrm{T}}\boldsymbol{R}(t)\boldsymbol{u}+\boldsymbol{\lambda}^{\mathrm{T}}[\boldsymbol{A}(t)\boldsymbol{x}+\boldsymbol{B}(t)\boldsymbol{u}]$$

J 取极值的必要条件为 $\left[\frac{\partial H}{\partial u}\right]=0$,由此得

$$\boldsymbol{u}(t)=-\boldsymbol{R}^{-1}(t)\boldsymbol{B}^{\mathrm{T}}(t)\boldsymbol{\lambda}(t) \tag{11.7.3}$$

协态方程为

$$\dot{\boldsymbol{\lambda}}=-\left[\frac{\partial H}{\partial \boldsymbol{x}}\right]$$

即

$$\dot{\boldsymbol{\lambda}}(t)=-\boldsymbol{C}^{\mathrm{T}}(t)\boldsymbol{Q}(t)\boldsymbol{C}(t)\boldsymbol{x}(t)-\boldsymbol{A}^{\mathrm{T}}(t)\boldsymbol{\lambda}(t)+\boldsymbol{C}^{\mathrm{T}}(t)\boldsymbol{Q}(t)\boldsymbol{z}(t) \tag{11.7.4}$$

其终端条件为

$$\begin{aligned}\boldsymbol{\lambda}(t_f)&=\frac{1}{2}\frac{\partial}{\partial \boldsymbol{x}_{t_f}}[\boldsymbol{z}(t_f)-\boldsymbol{C}(t_f)\boldsymbol{x}(t_f)]^{\mathrm{T}}\boldsymbol{S}[\boldsymbol{z}(t_f)-\boldsymbol{C}(t_f)\boldsymbol{x}(t_f)]=\\&\boldsymbol{C}^{\mathrm{T}}(t_f)\boldsymbol{SC}(t_f)\boldsymbol{x}(t_f)-\boldsymbol{C}^{\mathrm{T}}(t_f)\boldsymbol{Sz}(t_f)\end{aligned} \tag{11.7.5}$$

从而可得

$$\begin{bmatrix}\dot{\boldsymbol{x}}(t)\\ \dot{\boldsymbol{\lambda}}(t)\end{bmatrix}=\begin{bmatrix}\boldsymbol{A}(t) & -\boldsymbol{BR}^{-1}\boldsymbol{B}^{\mathrm{T}}\\ -\boldsymbol{C}^{\mathrm{T}}\boldsymbol{QC} & -\boldsymbol{A}^{\mathrm{T}}\end{bmatrix}\begin{bmatrix}\boldsymbol{x}(t)\\ \boldsymbol{\lambda}(t)\end{bmatrix}+\begin{bmatrix}\boldsymbol{0}\\ \boldsymbol{C}^{\mathrm{T}}\boldsymbol{Q}\end{bmatrix}\boldsymbol{z}(t)$$

记 $\boldsymbol{\Phi}(t,t_0)$ 为上述系统的状态转移矩阵,则其解可表为

$$\begin{bmatrix}\boldsymbol{x}(t_f)\\ \boldsymbol{\lambda}(t_f)\end{bmatrix}=\boldsymbol{\Phi}(t_f,t)\left\{\begin{bmatrix}\boldsymbol{x}(t)\\ \boldsymbol{\lambda}(t)\end{bmatrix}+\int_t^{t_f}\boldsymbol{\Phi}^{-1}(\tau,t)\begin{bmatrix}\boldsymbol{0}\\ \boldsymbol{C}^{\mathrm{T}}\boldsymbol{Q}\end{bmatrix}\boldsymbol{z}(\tau)\mathrm{d}\tau\right\}$$

将 $\boldsymbol{\lambda}(t_f)$ 的终端条件代入上式并予以简化,可得矩阵 $\boldsymbol{P}(t)$ 满足

$$\boldsymbol{\lambda}(t)=\boldsymbol{P}(t)\boldsymbol{x}(t)-\boldsymbol{g}(t) \tag{11.7.6}$$

由此可见 $\boldsymbol{\lambda}(t)$ 与 $\boldsymbol{x}(t)$ 的关系与定理 11.5.1 中状态调节器的关系式(11.5.5)有差异,即多了一项 $\boldsymbol{z}(t)$ 所引起的 $\boldsymbol{g}(t)$ 项。将式(11.7.6)的 $\boldsymbol{\lambda}(t)$ 代入式(11.7.3),得

$$\boldsymbol{u}^*(t)=-\boldsymbol{R}^{-1}(t)\boldsymbol{B}^{\mathrm{T}}(t)\boldsymbol{P}(t)\boldsymbol{x}(t)+\boldsymbol{R}^{-1}(t)\boldsymbol{B}^{\mathrm{T}}(t)\boldsymbol{g}(t) \tag{11.7.7}$$

再代入状态方程,得

$$\dot{\boldsymbol{x}}(t)=[\boldsymbol{A}(t)-\boldsymbol{B}(t)\boldsymbol{R}^{-1}(t)\boldsymbol{B}^{\mathrm{T}}(t)\boldsymbol{P}(t)]\boldsymbol{x}(t)+\boldsymbol{B}(t)\boldsymbol{R}^{-1}(t)\boldsymbol{B}^{\mathrm{T}}(t)\boldsymbol{g}(t) \tag{11.7.8}$$

将式(11.7.6)两端对时间求导,得

$$\dot{\boldsymbol{\lambda}}(t)=\dot{\boldsymbol{P}}(t)\boldsymbol{x}(t)+\boldsymbol{P}(t)\dot{\boldsymbol{x}}(t)-\dot{\boldsymbol{g}}(t) \tag{11.7.9}$$

从式(11.7.4),(11.7.6),(11.7.8),(11.7.9)中消去 $\dot{\boldsymbol{x}}$,$\dot{\boldsymbol{\lambda}}$ 和 $\boldsymbol{\lambda}$,得

$$\begin{aligned}&[\dot{\boldsymbol{P}}(t)+\boldsymbol{P}(t)\boldsymbol{A}+\boldsymbol{A}^{\mathrm{T}}\boldsymbol{P}(t)-\boldsymbol{P}(t)\boldsymbol{BR}^{-1}\boldsymbol{B}^{\mathrm{T}}\boldsymbol{P}(t)+\boldsymbol{C}^{\mathrm{T}}\boldsymbol{Q}(t)\boldsymbol{C}]\boldsymbol{x}=\\&\dot{\boldsymbol{g}}(t)-[\boldsymbol{P}(t)\boldsymbol{BR}^{-1}\boldsymbol{B}^{\mathrm{T}}-\boldsymbol{A}^{\mathrm{T}}]\boldsymbol{g}(t)+\boldsymbol{C}^{\mathrm{T}}\boldsymbol{Qz}(t)\end{aligned} \tag{11.7.10}$$

上式左端是时间函数与状态向量 $\boldsymbol{x}(t)$ 的积,右端则是单纯时间的函数,要使上式对所有

$\boldsymbol{x}(t)$，$\boldsymbol{z}(t)$ 和 t 都成立，必须有

$$\begin{cases}\dot{\boldsymbol{P}}(t)=\boldsymbol{P}(t)\boldsymbol{A}+\boldsymbol{A}^{\mathrm{T}}\boldsymbol{P}(t)-\boldsymbol{P}(t)\boldsymbol{B}\boldsymbol{R}^{-1}\boldsymbol{B}^{\mathrm{T}}\boldsymbol{P}(t)+\boldsymbol{C}^{\mathrm{T}}\boldsymbol{Q}(t)\boldsymbol{C}\\ \dot{\boldsymbol{g}}(t)=[\boldsymbol{P}(t)\boldsymbol{B}\boldsymbol{R}^{-1}\boldsymbol{B}^{\mathrm{T}}-\boldsymbol{A}^{\mathrm{T}}]\boldsymbol{g}(t)+\boldsymbol{C}^{\mathrm{T}}\boldsymbol{Q}\boldsymbol{z}(t)\end{cases} \tag{11.7.11}$$

从式(11.7.6)，可得

$$\boldsymbol{\lambda}(t_f)=\boldsymbol{P}(t_f)\boldsymbol{x}(t_f)-\boldsymbol{g}(t_f)$$

又从式(11.7.5)，得

$$\boldsymbol{\lambda}(t_f)=\boldsymbol{C}^{\mathrm{T}}(t_f)\boldsymbol{S}\boldsymbol{C}(t_f)\boldsymbol{x}(t_f)-\boldsymbol{C}^{\mathrm{T}}(t_f)\boldsymbol{S}\boldsymbol{z}(t_f)$$

比较以上两式可知上面的微分方程组(11.7.11) 的边界条件为

$$\boldsymbol{P}(t_f)=\boldsymbol{C}^{\mathrm{T}}(t_f)\boldsymbol{S}\boldsymbol{C}(t_f) \tag{11.7.12}$$

$$\boldsymbol{g}(t_f)=\boldsymbol{C}^{\mathrm{T}}(t_f)\boldsymbol{S}\boldsymbol{z}(t_f) \tag{11.7.13}$$

综合上述过程，可得下述定理。

定理 11.7.1 系统(11.7.1) 在性能指标(11.7.2) 下的线性二次型最优输出跟踪问题的解由(11.7.7) 给出，其中 $\boldsymbol{P}(t)$ 和 $\boldsymbol{g}(t)$ 由微分方程(11.7.11) 及其边界条件(11.7.12) 和(11.7.13) 决定。

说明：(1) 最优控制 $\boldsymbol{u}^*(t)$ 包含两部分：一部分是状态向量 $\boldsymbol{x}(t)$ 的线性函数，它与 11.5 节调节器问题的解是一致的，可由状态反馈获得；另一部分则是 $\boldsymbol{g}(t)$ 的线性函数，它是由给定的 $\boldsymbol{z}(t)$ 所引起的。

(2) 由定理的证明过程可知，求解 $\boldsymbol{g}(t)$ 的当前值，需要知道 $\boldsymbol{z}(t)$ 的全部的信息，即整个预期输出函数 $\boldsymbol{z}(t)$ 必须事先知道，所以本小节所讨论的最优跟踪问题只适用于跟踪信号 $\boldsymbol{z}(t)$ 已知的情形。例如，控制雷达天线跟踪人造地球卫星，假定该卫星运行在一个稳定的轨道上；又如跟踪一个飞行目标，该目标的整个飞行轨道虽然不预先知道，但在一段时间内的运动轨迹可以测量并推算出来，因此可以实现在一段时间内的跟踪。但是在很多实际问题中，目标轨道并不知道，这类问题不能用本小节提供的方法解决。

11.7.2 非零点调节器问题

在调节器问题中，通常将所要求的被调节的期望值设定为原点。但在实际工程问题中，常常要求期望值非零，这时系统的平衡点不再是原点。实际上，这类问题也可以看成是对定常输入的跟踪问题。本小节将讨论这一类问题。

1. 问题的提出

线性定常系统为

$$\dot{\boldsymbol{x}}=\boldsymbol{A}\boldsymbol{x}+\boldsymbol{B}\boldsymbol{u} \tag{11.7.14}$$
$$\boldsymbol{y}=\boldsymbol{C}\boldsymbol{x}$$

式中 $\boldsymbol{x}$——n 维状态向量；

$\boldsymbol{u}$——r 维控制输入；

$\boldsymbol{y}$——m 维输出向量。

问题要求系统的输出渐近地跟踪某一个设定值 $\boldsymbol{y}_0$，即满足

$$\lim_{t\to\infty}\tilde{\boldsymbol{y}}(t) = \lim_{t\to\infty}(\boldsymbol{y}(t) - \boldsymbol{y}_0) = 0$$

下面考察问题性能指标的提出。

设系统输出的给定点为 $\boldsymbol{y}_0$，稳态时各量应满足

$$\begin{aligned} \boldsymbol{y}_0 &= \boldsymbol{C}\boldsymbol{x}_0 \\ \boldsymbol{0} &= \boldsymbol{A}\boldsymbol{x}_0 + \boldsymbol{B}\boldsymbol{u}_0 \end{aligned} \tag{11.7.15}$$

系统是否能稳定在给定点上，取决于是否存在满足条件(11.7.15)的 $\boldsymbol{u}_0$，如果这样的 $\boldsymbol{u}_0$ 是存在的，现定义离开稳态值 $\boldsymbol{u}_0, \boldsymbol{x}_0, \boldsymbol{y}_0$ 的各偏差量

$$\begin{aligned} \tilde{\boldsymbol{u}}(t) &= \boldsymbol{u}(t) - \boldsymbol{u}_0 \\ \tilde{\boldsymbol{x}}(t) &= \boldsymbol{x}(t) - \boldsymbol{x}_0 \\ \tilde{\boldsymbol{y}}(t) &= \boldsymbol{y}(t) - \boldsymbol{y}_0 \end{aligned}$$

对于偏差值的各向量函数，显然也满足如下的状态方程和输出方程

$$\begin{aligned} \dot{\tilde{\boldsymbol{x}}} &= \boldsymbol{A}\tilde{\boldsymbol{x}} + \boldsymbol{B}\tilde{\boldsymbol{u}} \\ \tilde{\boldsymbol{y}} &= \boldsymbol{C}\tilde{\boldsymbol{x}} \end{aligned}$$

可以针对如上的系统取二次型的性能指标

$$J = \int_0^{\infty}[\tilde{\boldsymbol{y}}^{\mathrm{T}}\boldsymbol{Q}\tilde{\boldsymbol{y}} + \tilde{\boldsymbol{u}}^{\mathrm{T}}\boldsymbol{R}\tilde{\boldsymbol{u}}]\mathrm{d}t$$

上述性能指标的物理含义是，要求消除偏差的过程足够快，又使控制输入的能量消耗不是太大。

2.问题的求解

根据以上的分析，由输出调节理论可知，最优输出调节器的解为

$$\tilde{\boldsymbol{u}}(t) = -\boldsymbol{R}^{-1}\boldsymbol{B}^{\mathrm{T}}\boldsymbol{P}\tilde{\boldsymbol{x}}(t) = -\boldsymbol{K}\tilde{\boldsymbol{x}}(t)$$

其中 $\boldsymbol{P}$ 是 Riccati 方程

$$\boldsymbol{P}\boldsymbol{A} + \boldsymbol{A}^{\mathrm{T}}\boldsymbol{P} - \boldsymbol{P}\boldsymbol{B}\boldsymbol{R}^{-1}\boldsymbol{B}^{\mathrm{T}}\boldsymbol{P} + \boldsymbol{C}^{\mathrm{T}}\boldsymbol{Q}\boldsymbol{C} = 0 \tag{11.7.16}$$

的惟一的正定解，并能保证闭环系统

$$\dot{\tilde{\boldsymbol{x}}} = (\boldsymbol{A} - \boldsymbol{B}\boldsymbol{R}^{-1}\boldsymbol{B}^{\mathrm{T}}\boldsymbol{P})\tilde{\boldsymbol{x}}(t)$$

是渐近稳定的。因此，必有

$$\lim_{t\to\infty}\tilde{\boldsymbol{x}}(t) = \lim_{t\to\infty}(\boldsymbol{x}(t) - \boldsymbol{x}_0) = 0$$

即

$$\lim_{t\to\infty}\boldsymbol{y}(t) = \boldsymbol{y}_0$$

系统可以实现对于给定值的跟踪。

可以求出原系统的控制规律为

$$\boldsymbol{u}(t) = -\boldsymbol{Kx}(t) + \boldsymbol{Kx}_0 + \boldsymbol{u}_0 = -\boldsymbol{Kx}(t) + \boldsymbol{g} \tag{11.7.17}$$

其中

$$\boldsymbol{g} = \boldsymbol{Kx}_0 + \boldsymbol{u}_0$$

上式表明,最优控制是由两部分组成的,一部分等于状态的线性负反馈 $-\boldsymbol{Kx}$,其中 $\boldsymbol{K} = \boldsymbol{R}^{-1}\boldsymbol{B}^{\mathrm{T}}\boldsymbol{P}$,$\boldsymbol{P}$ 为 Riccati 方程(11.7.16)的解,显然,它等于 11.5.2 节输出调节器问题的最优反馈增益矩阵;另一部分是常数向量 $\boldsymbol{g}$,它应该满足如下的约束条件。

将反馈控制律代入原系统中,可以得到

$$\dot{\boldsymbol{x}} = (\boldsymbol{A} - \boldsymbol{BK})\boldsymbol{x} + \boldsymbol{Bg}$$

由于系统是渐近稳定的,$\lim\limits_{t\to\infty}\boldsymbol{x}(t) = \boldsymbol{x}_0$,$\lim\limits_{t\to\infty}\dot{\boldsymbol{x}}(t) = 0$,从而

$$0 = (\boldsymbol{A} - \boldsymbol{BK})\boldsymbol{x}_0 + \boldsymbol{Bg}$$

由于闭环矩阵 $\boldsymbol{A} - \boldsymbol{BK}$ 的特征值都在左半复平面中,可知 $\boldsymbol{A} - \boldsymbol{BK}$ 是非奇异的,于是可以得出

$$\boldsymbol{x}_0 = -(\boldsymbol{A} - \boldsymbol{BK})^{-1}\boldsymbol{Bg}$$

即

$$\boldsymbol{y}_0 = -\boldsymbol{C}(\boldsymbol{A} - \boldsymbol{BK})^{-1}\boldsymbol{Bg} \tag{11.7.18}$$

综上所述,对于定常设定值的跟踪问题可以总结为如下的定理。

定理 11.7.2 对于线性定常系统(11.7.14),二次型性能指标为

$$J = \int_0^{\infty}(\boldsymbol{y}^{\mathrm{T}}\boldsymbol{Qy} + \boldsymbol{u}^{\mathrm{T}}\boldsymbol{Ru})\mathrm{d}t$$

其中$[\boldsymbol{A} \quad \boldsymbol{B}]$能控,$[\boldsymbol{A} \quad \boldsymbol{C}]$能观,$\boldsymbol{R} > 0$,$\boldsymbol{Q} = \boldsymbol{D}^{\mathrm{T}}$,$\boldsymbol{D} \geqslant 0$,$[\boldsymbol{A} \quad \boldsymbol{D}]$能观,则渐近稳定的最优控制律

$$\boldsymbol{u}(t) = -\boldsymbol{Kx} + \boldsymbol{g} = -\boldsymbol{R}^{-1}\boldsymbol{B}^{\mathrm{T}}\boldsymbol{Px}(t) + \boldsymbol{g}$$

可以实现系统对于非零设定值 y_0 的最优输出调节,即

$$\lim_{t\to\infty}\boldsymbol{y}(t) = \boldsymbol{y}_0$$

其中

$$\boldsymbol{g} = \boldsymbol{R}^{-1}\boldsymbol{B}^{\mathrm{T}}\boldsymbol{Px}_0 + \boldsymbol{u}_0$$

说明:

(1) 由式(11.7.18)可知,当系统输入输出维数相等,即 $r = m$ 时,如果矩阵 $\boldsymbol{C}(\boldsymbol{A} - \boldsymbol{BK})^{-1}\boldsymbol{B}$ 是可逆的,可以解出

$$\boldsymbol{g} = -[\boldsymbol{C}(\boldsymbol{A} - \boldsymbol{BK})^{-1}\boldsymbol{B}]\boldsymbol{y}_0$$

若输出 $\boldsymbol{y}$ 的维数小于输入 $\boldsymbol{u}$ 的维数,即 $m < r$ 时,方程(11.7.18)有多解,取其一即可;若 $m > r$,一般情况下无解。此时,本节所讨论的问题无解,不能实现对于给定 $\boldsymbol{y}_0$ 的最优输出跟踪。

(2) 对于 $r = m$ 情形。如果 $\boldsymbol{W}_c(s)$ 表示闭环传递函数矩阵,则

$$\boldsymbol{W}_c(s) = \boldsymbol{C}(s\boldsymbol{I} - \boldsymbol{A} + \boldsymbol{BK})^{-1}\boldsymbol{B}$$

显然

$$-\boldsymbol{C}(\boldsymbol{A} - \boldsymbol{BK})^{-1}\boldsymbol{B} = \boldsymbol{W}_c(0)$$

从而控制律(11.7.17) 成为

$$\boldsymbol{u}(t) = -\boldsymbol{Kx} + \boldsymbol{W}_c^{-1}(0)\boldsymbol{y}_0 \tag{11.7.19}$$

若 $\boldsymbol{W}_c(0)$ 可逆,则控制律(11.7.19) 可以保证非零给定点的调节。而 $\boldsymbol{W}_c(0)$ 是否可逆有如下的结论:

若将受控系统的传递函数矩阵记为 $\boldsymbol{W}_0(s) = \boldsymbol{C}(s\boldsymbol{I} - \boldsymbol{A})^{-1}\boldsymbol{B}$,并且

$$\det[\boldsymbol{W}_0(s)] = \frac{\varphi(s)}{a(s)}$$

可以证明,当 $\varphi(0) \neq 0$ 时,即 $\varphi(s)$ 没有 $s = 0$ 的零点时,$\boldsymbol{W}_c(0)$ 是非奇异矩阵。

(3) 若 $\boldsymbol{W}_c(0)$ 可逆,在控制律(11.7.19) 中增加项 $\boldsymbol{W}_c^{-1}(0)\boldsymbol{y}_0$ 相当于给定值 $\boldsymbol{y}_0$ 经输入变换 $\boldsymbol{W}_c^{-1}(0)$ 后,再加到控制输入点,此时系统的结构图如图 11.7.1 所示。

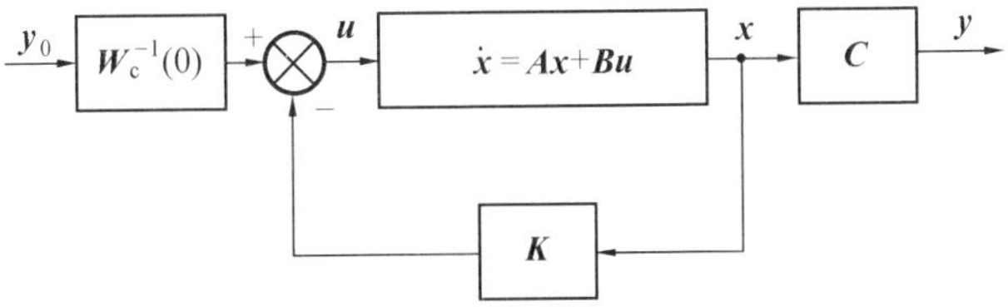

图 11.7.1

11.7.3 PI 跟踪控制器

1. 问题描述

状态反馈闭环系统对于恒值扰动是有稳态误差系统,事实上,当扰动作用于控制输入端,稳态时输出是有静差的。在本小节中,将状态调节器加以推广,以期解决无静差最优定常输入的跟踪问题,由于在控制器中含有积分器,故称 PI 跟踪控制器。

对于线性定常系统

$$\dot{\boldsymbol{x}} = \boldsymbol{Ax} + \boldsymbol{Bu} \tag{11.7.20}$$
$$\boldsymbol{y} = \boldsymbol{Cx}$$

其中,$\boldsymbol{A} \in \mathbf{R}^{n\times n}, \boldsymbol{B} \in \mathbf{R}^{n\times r}, \boldsymbol{C} \in \mathbf{R}^{m\times n}, \boldsymbol{x} \in \mathbf{R}^n, \boldsymbol{y} \in \mathbf{R}^m$。设 $\boldsymbol{\eta} \in \mathbf{R}^m$,是输出 $\boldsymbol{y}(t)$ 要跟踪的常值向量,设计最优控制 $\boldsymbol{u}^*(t)$,使如下的性能指标为极小

$$J = \frac{1}{2}\int_0^\infty \left[(\boldsymbol{\eta} - \boldsymbol{Cx})^{\mathrm{T}}\boldsymbol{Q}(\boldsymbol{\eta} - \boldsymbol{Cx}) + \left(\frac{\mathrm{d}\boldsymbol{u}}{\mathrm{d}t}\right)^{\mathrm{T}}\boldsymbol{R}\frac{\mathrm{d}\boldsymbol{u}}{\mathrm{d}t}\right]\mathrm{d}t \tag{11.7.21}$$

2. 问题求解

为了求解以上问题，引入偏差量

$$z(t) = \boldsymbol{\eta} - C\boldsymbol{x}(t)$$

及控制输入的变化量

$$\boldsymbol{V}(t) = \frac{\mathrm{d}\boldsymbol{u}(t)}{\mathrm{d}t} \tag{11.7.22}$$

则性能指标变为

$$J = \frac{1}{2}\int_0^{\infty}(z^{\mathrm{T}}Qz + \boldsymbol{V}^{\mathrm{T}}\boldsymbol{R}\boldsymbol{V})\mathrm{d}t$$

引进新的增广状态变量 $\bar{\boldsymbol{x}} = [\dot{\boldsymbol{x}}^{\mathrm{T}} \quad z^{\mathrm{T}}]^{\mathrm{T}}$，则增广的状态方程可以表示为

$$\dot{\bar{\boldsymbol{x}}} = \bar{A}\bar{\boldsymbol{x}} + \bar{B}\boldsymbol{V} \tag{11.7.23}$$

其中

$$\bar{A} = \begin{bmatrix} A & 0 \\ -C & 0 \end{bmatrix} \qquad \bar{B} = \begin{bmatrix} B \\ 0 \end{bmatrix}$$

性能指标转化为

$$J = \frac{1}{2}\int_0^{\infty}\left[\bar{\boldsymbol{x}}^{\mathrm{T}}\begin{pmatrix} 0 & 0 \\ 0 & Q \end{pmatrix}\bar{\boldsymbol{x}} + \boldsymbol{V}^{\mathrm{T}}\boldsymbol{R}\boldsymbol{V}\right]\mathrm{d}t \tag{11.7.24}$$

式(11.7.23)与式(11.7.24)是线性二次型问题的标准形式，可以利用11.5.3中的结果给出问题的解。

令 $\bar{Q} = \mathrm{diag}(\mathbf{0}, Q)$，通过解如下的增广的Riccati方程

$$\bar{A}^{\mathrm{T}}P + P\bar{A} - P\bar{B}R^{-1}\bar{B}^{\mathrm{T}}P + \bar{Q} = 0$$

得到正定矩阵 P，从而最优控制为

$$\boldsymbol{V}^*(t) = -R^{-1}(B^{\mathrm{T}} \quad 0)P\begin{pmatrix} \dot{\boldsymbol{x}}(t) \\ z(t) \end{pmatrix} = -K_1\dot{\boldsymbol{x}}(t) - K_2 z(t)$$

再由式(11.7.22)可以得出

$$\boldsymbol{u}^*(t) = -K_1\boldsymbol{x}(t) + K_2\int(\boldsymbol{\eta} - C\boldsymbol{x}(t))\mathrm{d}t \tag{11.7.25}$$

式(11.7.25)即为本小节跟踪控制器设计问题的最优控制律。由于取状态变量的比例，跟踪偏差量的积分控制，因此是一种PI调节器。

说明：这种设计思想是古典控制理论中偏差的积分调节器可以消除静差的思想的推广，简单推导可以知道，此时的常值扰动不会使闭环系统的输出产生静态跟踪误差。设系统状态方程中存在常值扰动 ζ，有

$$\dot{\boldsymbol{x}} = A\boldsymbol{x} + B\boldsymbol{u} + \zeta$$

显然设计过程中的增广状态方程不变，性能指标(11.7.24)不变，因此以上的设计过程不变。由

于增广闭环系统是渐近稳定的,所以有

$$\lim_{t\to\infty}\bar{\boldsymbol{x}}(t) = \lim_{t\to\infty}\begin{bmatrix}\dot{\boldsymbol{x}}(t)\\ \boldsymbol{z}(t)\end{bmatrix} = 0$$

从而有

$$\lim_{t\to\infty}\boldsymbol{z}(t) = \lim_{t\to\infty}(\boldsymbol{y}(t) - \boldsymbol{\eta}) = 0$$

可以看出,系统跟踪没有稳态误差。

例 11.7.1　已知线性定常系统

$$\ddot{x}(t) + a_1\dot{x}(t) + a_2x(t) = bu(t)$$

$$x(0) = x_0 \neq \eta$$

a_1, a_2, b, η 均为常数,求最优控制 $\boldsymbol{u}^*(t)$,使

$$J = \frac{1}{2}\int_0^\infty\left[q(\eta - x(t))^2 + \left(\frac{\mathrm{d}u}{\mathrm{d}t}\right)^2\right]\mathrm{d}t \qquad q > 0$$

为极小。

解　令

$$\begin{cases} z(t) = \eta - x(t) \\ V(t) = \dfrac{\mathrm{d}u}{\mathrm{d}t}\end{cases}$$

则有

$$\dddot{z}(t) + a_1\ddot{z}(t) + a_2\dot{z}(t) = -bV(t)$$

$$J = \frac{1}{2}\int_0^\infty[qz^2 + V^2(t)]\mathrm{d}t \qquad q > 0$$

状态方程可以表示为

$$\frac{\mathrm{d}}{\mathrm{d}t}\begin{bmatrix}z\\ \dot{z}\\ \ddot{z}\end{bmatrix} = \begin{bmatrix}0 & 1 & 0\\ 0 & 0 & 1\\ 0 & -a_2 & -a_1\end{bmatrix}\begin{bmatrix}z\\ \dot{z}\\ \ddot{z}\end{bmatrix} + \begin{bmatrix}0\\ 0\\ -b\end{bmatrix}V(t) = \boldsymbol{A}\begin{bmatrix}z\\ \dot{z}\\ \ddot{z}\end{bmatrix} + \boldsymbol{B}V(t)$$

从而化为标准的线性二次型问题,其中

$$\boldsymbol{A} = \begin{bmatrix}0 & 1 & 0\\ 0 & 0 & 1\\ 0 & -a_2 & -a_1\end{bmatrix} \qquad \boldsymbol{B} = \begin{bmatrix}0\\ 0\\ -b\end{bmatrix} \qquad \boldsymbol{Q} = \begin{bmatrix}q & 0 & 0\\ 0 & 0 & 0\\ 0 & 0 & 0\end{bmatrix} \qquad R = 1$$

代入 Riccati 方程中可以求出其解矩阵 $\boldsymbol{P} = \boldsymbol{P}^{\mathrm{T}} \geqslant 0$。而增广系统的最优解为

$$\boldsymbol{V}^*(t) = -\boldsymbol{R}^{-1}\boldsymbol{B}^{\mathrm{T}}\boldsymbol{P}\begin{bmatrix}z\\ \dot{z}\\ \ddot{z}\end{bmatrix} = -k_1z - k_2\dot{z} - k_3\ddot{z}$$

从而

$$u^*(t) = -k_1\int z(t)\mathrm{d}t - k_2 z(t) - k_3\dot{z}(t)$$

即最优控制器是偏差变量 $z(t)$ 的比例、积分和微分控制器，该控制器可以使系统的跟踪误差稳态值为零。

11.8 动态规划法

动态规划是由美国学者 Bellman 于 1957 年提出的，它和庞德里亚金的极小值原理一样，是处理控制函数在有界闭集约束情况下求解最优控制问题的有效数学方法。本质上，动态规划是一种非线性规划，它基于最优性原理，将复杂的优化问题变为易于求解的具有递推形式的多级决策问题。目前，这种方法在生产收益、资源分配、设备更新、工程安排、多级工艺设备的优化设计以及信息处理、模式识别等诸多方面都有成功的应用。

它在理论和实践上的重要意义在于：

(1) 对于离散控制系统，可以用来得到某些理论结果，并可建立起数字计算机的递推或迭代程序。

(2) 对于连续控制系统，除了可以用来得到某些理论结果以外，还可以用来建立与变分法和最大值原理的联系。

在本节中，为了更直观地阐明动态规划的基本思想，首先研究一个多级决策问题的例子，然后介绍动态规划的基本原理以及在求解最优控制问题中的应用。

11.8.1 多级决策过程的例子

考察如图 11.8.1 所示的行车路线问题。假设有一辆汽车从图中的 S 站出发要到目的地 F 站，全程分为四段。图中 $x_1(1)$，$x_1(2)$，$x_1(3)$，$x_2(1)$，$x_2(2)$ 和 $x_2(3)$ 是汽车可以通过的车站，每两站之间所标的数字是这两站之间距离，我们要求解从始发站 S 到终点站 F 路程最短的哪一条路线。

汽车从 S 站到终点站 F 站有不同的行车路线，各条路线的路程是不同的，为使从 S 站到 F 站的路程为最短，司机在路程的前三段要作三次决策(选择)。也就是说，从始发站 S 站开始，司机要在经过 $x_1(1)$ 站还是经过 $x_2(1)$ 的两种情况中作第一次决策；车到了 $x_1(1)$ 站或 $x_2(1)$ 站后，司机又面临着经过 $x_1(2)$ 站还是经过 $x_2(2)$ 站的第二次决策；同样，到了 $x_1(2)$ 站或 $x_2(2)$ 站后，司机也要作经过 $x_1(3)$ 站还是 $x_2(3)$ 站的第三次决策。如图 11.8.1 所示。那么，司机怎样决策才能使所经过的路程为最短？

这是一个多级决策问题。对于这样一个段数 $n = 4$ 的简单问题，共有 $2^{(n-1)} = 8$ 种可能的行车路线。将每条路线的每段距离加起来，就可算出每种路线的行车路程。选择其中最小者，便是路程最短的行车路线。采用这种穷举法确定最优路线，需计算所有可能的行车路线的路程。而每条线要作三次加法，总共相加 $3\times8=24$ 次，进行 7 次比较。一般来说若不是 4 段，而是 n 段，则有 $2^{(n-1)}$ 条路线，需要作 $(n-1)\times2^{n-1}$ 次加法，进行 $2^{n-1}-1$ 次比较，才能确定一条最优路线。所以这种穷举法虽然想法自然简单，但对于规模大的问题并不实用。

另一种确定最短行车路线的方法是：从最后一段开始，先分别算出 $x_1(3)$ 和 $x_2(3)$ 站到终点 F 的最小代价。这里的代价指的是行车路程，记为 J。实际上，最后一段路线没有选择的余地。若用 $J[x_1(3)]$ 和 $J[x_2(3)]$ 分别表示从 $x_1(3)$ 和 $x_2(3)$ 到终点站 F 的代价，由图 11.8.1 可知 $J[x_1(3)]=4, J[x_2(3)]=3$，并记在图 11.8.2 的圆圈内。由后往前，继续考察第二段。若路线经过 $x_1(2)$ 站（现在尚不知是否通过此站），由图 11.8.1 可见，由 $x_1(2)$ 到 F 有两种可供选择的路线，并可算出相应代价如下

$$\text{路线}\quad x_1(2)x_1(3)F: J=1+J[x_1(3)]=5$$

$$\text{路线}\quad x_1(2)x_2(3)F: J=1+J[x_2(3)]=4$$

可见沿下面一条路线行驶路程更短些。为便于今后应用，可记从 $x_1(2)$ 出发到 F 的最短路线或最小代价为

$$J[x_1(2)]=4$$

而相应地从 $x_1(2)$ 起始的最优决策为 q。如果用 $x_1(2)$ 站圆圈内的数字表示最小代价，用连接 $x_1(2)$ 和 $x_2(3)$ 的方向线表示相应的决策 q，则 $x_1(2)$ 站的最小代价和最优决策如图 11.8.2 所示。类似地，可以确定由 $x_2(2)$ 站出发的最小代价 $J[x_2(2)]=5$ 及最优决策 q，并记在图11.8.2 上。

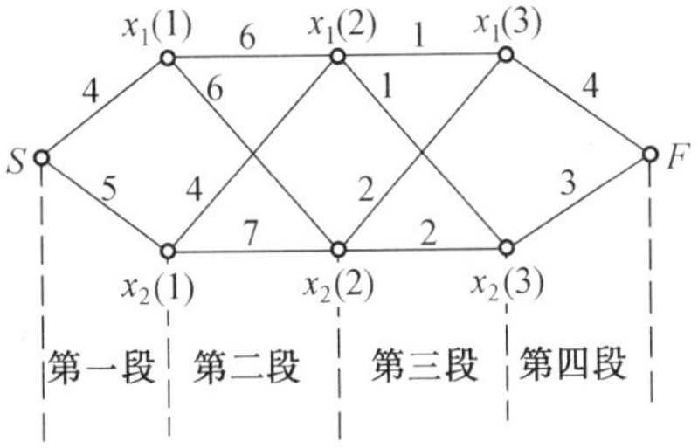

图 11.8.1　行车路线问题

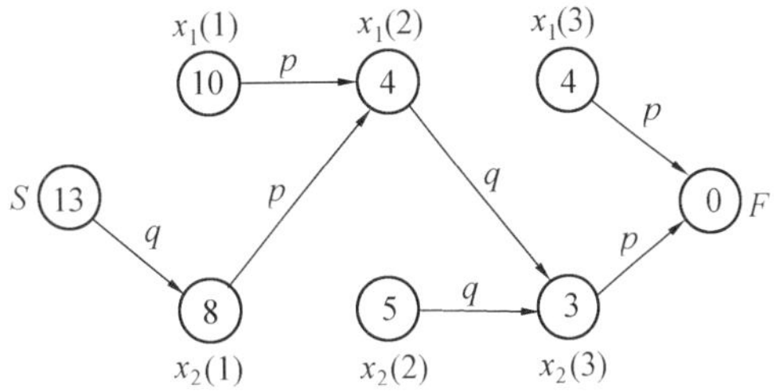

图 11.8.2　行车路线问题的最优决策

若路线经过 $x_1(1)$ 站，为确定从 $x_1(1)$ 到 F 的最短路程，只要对下面两条路线的代价进行比较就可以了

$$\text{路线}\quad x_1(1)x_1(2)x_2(3)F: J=6+J[x_1(2)]=10$$

$$\text{路线}\quad x_1(1)x_2(2)x_2(3)F: J=6+J[x_2(2)]=11$$

因此，记下最小代价 $J[x_1(1)]=10$ 和最优决策 p。依次类推，可以确定始自各站的最小代价及最优决策。结果如图 11.8.2 所示。由图可见，最优决策、最短路线和最小代价分别为

$$\{q,p,q,p\} \qquad Sx_2(1)x_1(2)x_2(3)F \qquad J[S]=13$$

这种确定最优路线的方法称为动态规划法。从上述寻找最优路线的过程可以看出，动态规划法具有如下特点：

(1) 它从终点 F 依次倒着往始点 S 计算，每个点到终点 F 的最短路线都可以计算出来。

(2) 它把一个复杂的问题，即确定一个整条路径的问题，变成为许多简单的问题，即每次只决定是向点 x_1 走还是向点 x_2 走的问题，因而使问题的求解变得简单明确了。

上述两个特点，是和动态规划所依据的最优性原理和不变嵌入原理密切相关的，下面我们就给出这两个原理。

最优性原理：一个多级决策问题存在的最优策略具有这样的性质：不论初始级、初始状态和初始决策如何，当把其中的任何一级和状态再用为初始级和初始状态时，余下的策略对此必定构成一个最优策略。

也就是说，如果有一个初态为 $X(0)$ 的 N 级决策过程，其最优策略为 $U(0),U(1),\cdots,U(N-1)$，那么对于以 $X(1)$ 为初态的 $N-1$ 级决策过程来说，策略 $U(1),U(2),\cdots,U(N-1)$ 必定是最优策略。就选择汽车路径的例子来说，我们已知从点 S 到点 F 的最优路径是 $Sx_2(1)x_1(2)x_2(3)F$，根据最优性原理，当从点 $x_2(1)$ 到点 F 时，其最优路径是 $x_2(1)x_1(2)x_2(3)F$，而从点 $x_1(2)$ 到点 F 时，其最优路径是 $x_1(2)x_2(3)F$，从点 $x_2(3)$ 到点 F 是 $x_2(3)F$ 等。

不变嵌入原理：为解决一个特定的最优决策问题，而把原问题嵌入到一系列相似的易于求解的问题中去。对于多级决策过程来说，就是把原来的多级决策问题化成一系列单级决策问题来处理。

显然，单级决策总是比多级决策问题容易处理。对于确定汽车路径的例子来说，就是把选择一整条路径的多级决策问题，化成一系列的选择一段一段路径的单级决策问题来处理。

下面介绍应用动态规划求解控制系统在一定性能指标下的最优控制问题。

11.8.2 离散型动态规划

应用动态规划方法可以求解控制向量在不等式约束下的离散系统的最优控制问题，可以得出与极小值原理同样的结论。

1. 离散最优控制问题

设离散系统的状态差分方程为

$$\boldsymbol{X}(k+1)=\boldsymbol{f}[\boldsymbol{X}(k),\boldsymbol{U}(k)] \qquad k=0,1,\cdots,N-1 \tag{11.8.1}$$

及其在每步转移中的指标泛函为

$$J=J[\boldsymbol{X}(k),\boldsymbol{U}(k)] \tag{11.8.2}$$

初始状态为 $\boldsymbol{X}(0)$，其中 $\boldsymbol{X}(k)$ 为时刻 k 上的状态向量，$n\times1$ 矩阵；$\boldsymbol{U}(k)$ 为时刻 k 上的容许控制向量，是 $r\times1$ 矩阵，它可以受或不受不等式约束。

应用动态规划法求解离散最优控制问题，一级决策过程是确定在控制 $\boldsymbol{U}(0)$ 作用下，状态

$\boldsymbol{X}$ 由初始状态 $\boldsymbol{X}(0)$ 转移到

$$\boldsymbol{X}(1)=\boldsymbol{f}[\boldsymbol{X}(0),\boldsymbol{U}(0)]$$

并使指标泛函

$$J_1=J[\boldsymbol{X}(0),\boldsymbol{U}(0)]$$

取极小值的最优控制 $\boldsymbol{U}(0)$。继而在 $\boldsymbol{U}(1)$ 作用下，状态 $\boldsymbol{X}$ 由 $\boldsymbol{X}(1)$ 转移到

$$\boldsymbol{X}(2)=\boldsymbol{f}[\boldsymbol{X}(1),\boldsymbol{U}(1)]=\boldsymbol{f}[\boldsymbol{f}[\boldsymbol{X}(0),\boldsymbol{U}(0)],\boldsymbol{U}(1)]$$

时的指标泛函为

$$J[\boldsymbol{X}(1),\boldsymbol{U}(1)]=J[\boldsymbol{f}[\boldsymbol{X}(0),\boldsymbol{U}(0)],\boldsymbol{U}(1)]$$

上述两步转移的总指标泛函为

$$J_2=J[\boldsymbol{X}(0),\boldsymbol{U}(0)]+J[\boldsymbol{f}[\boldsymbol{X}(0),\boldsymbol{U}(0)],\boldsymbol{U}(1)] \tag{11.8.3}$$

从式(11.8.3)看出，由于初始状态 $\boldsymbol{X}(0)$ 已知，故指标泛函 J_2 只是控制向量序列 $\boldsymbol{U}(0)$ 与 $\boldsymbol{U}(1)$ 的函数。要求选择控制向量序列 $\boldsymbol{U}(0)$、$\boldsymbol{U}(1)$，使指标泛函 J_2 取极小值，这便是二级决策过程。依此类推。对于 N 级决策过程，系统的状态向量序列是

$$\begin{aligned}
&\boldsymbol{X}(1)=\boldsymbol{f}[\boldsymbol{X}(0),\boldsymbol{U}(0)]\\
&\boldsymbol{X}(2)=\boldsymbol{f}[\boldsymbol{X}(1),\boldsymbol{U}(1)]=\boldsymbol{f}[\boldsymbol{f}[\boldsymbol{X}(0),\boldsymbol{U}(0)],\boldsymbol{U}(1)]\\
&\boldsymbol{X}(3)=\boldsymbol{f}[\boldsymbol{X}(2),\boldsymbol{U}(2)]=\boldsymbol{f}[\boldsymbol{f}[\boldsymbol{f}[\boldsymbol{X}(0),\boldsymbol{U}(0)],\boldsymbol{U}(1)],\boldsymbol{U}(2)]\\
&\vdots\\
&\boldsymbol{X}(N)=\boldsymbol{f}[\boldsymbol{X}(N-1),\boldsymbol{U}(N-1)]=\\
&\qquad F[\boldsymbol{X}(0),\boldsymbol{U}(0),\boldsymbol{U}(1),\cdots,\boldsymbol{U}(N-2),\boldsymbol{U}(N-1)]
\end{aligned} \tag{11.8.4}$$

相应的指标泛函为

$$\begin{aligned}
&J_1=J[\boldsymbol{X}(0),\boldsymbol{U}(0)]\\
&J_2=J[\boldsymbol{X}(0),\boldsymbol{U}(0)]+J[\boldsymbol{X}(1),\boldsymbol{U}(1)]\\
&\vdots\\
J_N=\ &J[\boldsymbol{X}(0),\boldsymbol{U}(0)]+J[\boldsymbol{X}(1),\boldsymbol{U}(1)]+\cdots+J[\boldsymbol{X}(N-1),\boldsymbol{U}(N-1)]=\\
&\sum_{k=0}^{N-1}J[\boldsymbol{X}(k),\boldsymbol{U}(k)]
\end{aligned} \tag{11.8.5}$$

式(11.8.5)表明，当 $\boldsymbol{X}(0)$ 已知时，指标泛函 J_N 只是控制向量序列 $\boldsymbol{U}(k)(k=0,1,\cdots,N-1)$ 的函数。N 级决策过程就是要选择控制向量序列 $\{\boldsymbol{U}(0),\boldsymbol{U}(1),\cdots,\boldsymbol{U}(N-1)\}$，使指标泛函(11.8.5)取极小值。

基于最优性原理，N 级决策过程的最优化，要求不论第一级控制向量 $\boldsymbol{U}(0)$ 如何确定，其余 $N-1$ 级过程，从 $\boldsymbol{U}(0)$ 作用下产生的状态 $\boldsymbol{X}(1)=\boldsymbol{f}[\boldsymbol{X}(0),\boldsymbol{U}(0)]$ 开始，必须构成 $N-1$ 级最优过程。若记 $J_N^0[\boldsymbol{X}(0)]$ 为 N 级决策过程的指标泛函 J_N 的极小值，$J_{N-1}^0[\boldsymbol{X}(1)]$ 为 $N-1$ 级决策过程的指标泛函 J_{N-1} 的极小值，则可得到如下递推函数方程，即

$$J_N^0[\boldsymbol{X}(0)] = \min\{J[\boldsymbol{X}(0),\boldsymbol{U}(0)] + J_{N-1}^0[\boldsymbol{f}[\boldsymbol{X}(0),\boldsymbol{U}(0)]]\} \tag{11.8.6}$$

求解递推方程(11.8.6)，便可获得最优控制序列或最优控制策略$\{\boldsymbol{U}^0(0),\boldsymbol{U}^0(1),\cdots,\boldsymbol{U}^0(N-1)\}$。

例 11.8.1 已知离散系统的状态差分方程为

$$x(k+1) = 2x(k) + u(k)$$

$$x(0) = 1$$

试确定最优控制序列 $u(0),u(1),u(2)$,使指标泛函

$$J = \sum_{k=0}^{2}[x^2(k) + u^2(k)]$$

取极小值。

解 基于最优性原理,应用动态规划法求解最优控制序列 $u^0(0),u^0(1)$ 及 $u^0(2)$。如果将求解最优控制序列转化成多级决策过程的最优化问题,则给定离散系统可视为三级决策过程,即 $N=3$。

(1) 从最后一级开始求解最优控制 $u^0(2)$。设 $x^0(2)$ 为最后一级的初始状态,求取 $u^0(2)$。这时的指标泛函为

$$J_2 = x^2(2) + u^2(2)$$

由

$$\frac{\partial}{\partial u(2)}[x^2(2) + u^2(2)] = 2u(2) = 0$$

解出

$$u^0(2) = 0$$

以及

$$J_2^0[x(2)] = x^2(2)$$

(2) 倒推一级。这时的指标泛函为

$$J_1 = [x^2(1) + u^2(1)] + x^2(2) + u^2(2)$$

根据最优性原理,有

$$\begin{aligned} J_1^0[x(1)] &= \min_{u(1)}\{[x^2(1) + u^2(1)] + J_2^0(x(2))\} = \min_{u(1)}\{[x^2(1) + u^2(1)] + x^2(2)\} = \\ &\min_{u(1)}\{[x^2(1) + u^2(1)] + [2x(1) + u(1)]^2\} = \\ &\min_{u(1)}\{5x^2(1) + 4x(1)u(1) + 2u^2(1)\} \end{aligned}$$

由

$$\frac{\partial}{\partial u(1)}[5x^2(1) + 4x(1)u(1) + 2u^2(1)] = 4x(1) + 4u(1) = 0$$

解出

$$u^0(1) = -x(1)$$

以及

$$J_1^0[x(1)] = 3x^2(1)$$

(3) 再倒推一级,即起始级。这时的指标泛函为

$$J_0 = [x^2(0) + u^2(0)] + [x^2(1) + u^2(1)] + [x^2(2) + u^2(2)]$$

根据最优性原理,有

$$J_0^0[x(0)] = \min_{u(0)}\{[x^2(0) + u^2(0)] + J_1^0[x(1)]\} = \min_{u(0)}\{[x^2(0) + u^2(0)] + 3x^2(1)\} =$$
$$\min_{u(0)}\{x^2(0) + u^2(0) + 3[2x(0) + u(0)]^2\} =$$
$$\min_{u(0)}\{13x^2(0) + 12x(0)u(0) + 4u^2(0)\}$$

由

$$\frac{\partial}{\partial u(0)}[13x^2(0) + 12x(0)u(0) + 4u^2(0)] = 12x(0) + 8u(0) = 0$$

解出

$$u^0(0) = -\frac{3}{2}x(0)$$

(4) 由状态差分方程求得

$$x(1) = 2x(0) + u(0)$$

因此,得

$$u^0(1) = -x(1) = -2x(0) - u^0(0) = -\frac{1}{2}x(0)$$

考虑到 $x(0) = 1$,最终求得给定离散系统的最优控制序列,即最优策略为

$$u^0(0) = -\frac{3}{2}$$

$$u^0(1) = -\frac{1}{2}$$

$$u^0(2) = 0$$

11.8.3　离散线性二次型最优控制问题

线性定常离散系统的状态差分方程为

$$\boldsymbol{X}(k+1) = \boldsymbol{AX}(k) + \boldsymbol{BU}(k) \tag{11.8.7}$$

要求确定最优控制序列$\{\boldsymbol{U}^0(0), \boldsymbol{U}^0(1), \cdots, \boldsymbol{U}^0(N-1)\}$使指标泛函

$$J_N = \boldsymbol{X}^{\mathrm{T}}(N)\boldsymbol{SX}(N) + \sum_{k=0}^{N-1}[\boldsymbol{X}^{\mathrm{T}}(k)\boldsymbol{QX}(k) + \boldsymbol{U}^{\mathrm{T}}(k)\boldsymbol{RU}(k)] \tag{11.8.8}$$

取极小值。其中,$\boldsymbol{X}$ 为状态向量,是 $n \times 1$ 矩阵;$\boldsymbol{U}$ 为容许控制向量,是 $r \times 1$ 矩阵;$\boldsymbol{S}$ 与 $\boldsymbol{Q}$ 为加权矩阵,是对称正半定矩阵;$\boldsymbol{R}$ 为对称正定加权矩阵。

首先从最末一级开始考虑控制一步的情况。因此该步的初始条件为 $\boldsymbol{X}(N-1)$，需要求取控制向量 $\boldsymbol{U}^0(N-1)$，使指标泛函

$$J_1[\boldsymbol{X}(N-1),\boldsymbol{U}(N-1)] = \boldsymbol{X}^{\mathrm{T}}(N)\boldsymbol{S}\boldsymbol{X}(N) + \boldsymbol{X}^{\mathrm{T}}(N-1)\boldsymbol{Q}\boldsymbol{X}(N-1) + \boldsymbol{U}^{\mathrm{T}}(N-1)\boldsymbol{R}\boldsymbol{U}(N-1)$$

取极小值

$$J_1^0[\boldsymbol{X}(N-1)] = \min_{\boldsymbol{U}(N-1)}[\boldsymbol{X}^{\mathrm{T}}(N)\boldsymbol{S}\boldsymbol{X}(N) + \boldsymbol{X}^{\mathrm{T}}(N-1)\boldsymbol{Q}\boldsymbol{X}(N-1) + \boldsymbol{U}^{\mathrm{T}}(N-1)\boldsymbol{R}\boldsymbol{U}(N-1)] \tag{11.8.9}$$

为讨论方便起见，记

$$J_0^0[\boldsymbol{X}(N)] = \boldsymbol{X}^{\mathrm{T}}(N)\boldsymbol{V}_0\boldsymbol{X}(N) \tag{11.8.10}$$

其中 $\boldsymbol{V}_0 = \boldsymbol{S}$。由式(11.8.10)，式(11.8.9) 可写成

$$J_1^0[\boldsymbol{X}(N-1)] = \min_{U(N-1)}[\boldsymbol{X}^{\mathrm{T}}(N-1)\boldsymbol{Q}\boldsymbol{X}(N-1) + \boldsymbol{U}^{\mathrm{T}}(N-1)\boldsymbol{R}\boldsymbol{U}(N-1) + J_0^0[\boldsymbol{X}(N)]] \tag{11.8.11}$$

将式(11.8.10) 代入式(11.8.11)，并由式(11.8.7)，得

$$J_1^0[\boldsymbol{X}(N-1)] = \min_{\boldsymbol{U}(N-1)}\{\boldsymbol{X}^{\mathrm{T}}(N-1)\boldsymbol{Q}\boldsymbol{X}(N-1) + \boldsymbol{U}^{\mathrm{T}}(N-1)\boldsymbol{R}\boldsymbol{U}(N-1) + [\boldsymbol{A}\boldsymbol{X}(N-1) + \boldsymbol{B}\boldsymbol{U}(N-1)]^{\mathrm{T}}\boldsymbol{V}_0[\boldsymbol{A}\boldsymbol{X}(N-1) + \boldsymbol{B}\boldsymbol{U}(N-1)]\} \tag{11.8.12}$$

由于控制量没有约束，直接对 $\boldsymbol{U}(N-1)$ 求偏导数，由

$$\frac{\partial}{\partial \boldsymbol{U}}(\boldsymbol{U}^{\mathrm{T}}\boldsymbol{R}\boldsymbol{U}) = 2\boldsymbol{R}\boldsymbol{U}$$

$$\frac{\partial}{\partial \boldsymbol{U}}(\boldsymbol{C}\boldsymbol{U}) = \boldsymbol{C}^{\mathrm{T}} \qquad \boldsymbol{C}\text{ 为 }r\text{ 维行向量}$$

$$\frac{\partial}{\partial \boldsymbol{U}}(\boldsymbol{U}^{\mathrm{T}}\boldsymbol{C}) = \boldsymbol{C} \qquad \boldsymbol{C}\text{ 为 }r\text{ 维行向量}$$

可得

$$\frac{\partial\{\}}{\partial \boldsymbol{U}(N-1)} = 2\boldsymbol{R}\boldsymbol{U}(N-1) + 2\boldsymbol{B}^{\mathrm{T}}\boldsymbol{V}_0\boldsymbol{B}\boldsymbol{U}(N-1) + 2\boldsymbol{B}^{\mathrm{T}}\boldsymbol{V}_0\boldsymbol{A}\boldsymbol{X}(N-1) \tag{11.8.13}$$

其中{} 为式(11.8.12) 右端{} 内函数。令式(11.8.13) 等于零，求得使指标泛函 $J_1[\boldsymbol{X}(N-1),\boldsymbol{U}(N-1)]$ 取极小值的最优控制 $\boldsymbol{U}^0(N-1)$ 为

$$\boldsymbol{U}^0(N-1) = -[\boldsymbol{R} + \boldsymbol{B}^{\mathrm{T}}\boldsymbol{V}_0\boldsymbol{B}]^{-1}\boldsymbol{B}^{\mathrm{T}}\boldsymbol{V}_0\boldsymbol{A}\boldsymbol{X}(N-1) \tag{11.8.14}$$

记

$$\boldsymbol{K}_1 = [\boldsymbol{R} + \boldsymbol{B}^{\mathrm{T}}\boldsymbol{V}_0\boldsymbol{B}]^{-1}\boldsymbol{B}^{\mathrm{T}}\boldsymbol{V}_0\boldsymbol{A} \tag{11.8.15}$$

则式(11.8.14) 可写成

$$\boldsymbol{U}^0(N-1) = -\boldsymbol{K}_1\boldsymbol{X}(N-1) \tag{11.8.16}$$

将式(11.8.16) 代入式(11.8.12)，得

$$J_1^0[\boldsymbol{X}(N-1)] = \boldsymbol{X}^{\mathrm{T}}(N-1)\boldsymbol{Q}\boldsymbol{X}(N-1) + \boldsymbol{X}^{\mathrm{T}}(N-1)\boldsymbol{K}_1^{\mathrm{T}}\boldsymbol{R}\boldsymbol{K}_1\boldsymbol{X}(N-1) + \boldsymbol{X}^{\mathrm{T}}(N-1)[\boldsymbol{A}-\boldsymbol{B}\boldsymbol{K}_1]^{\mathrm{T}}\boldsymbol{V}_0[\boldsymbol{A}-\boldsymbol{B}\boldsymbol{K}_1]\boldsymbol{X}(N-1)$$

或写成

$$J_1^0[\boldsymbol{X}(N-1)] = \boldsymbol{X}^{\mathrm{T}}(N-1)\boldsymbol{V}_1\boldsymbol{X}(N-1) \tag{11.8.17}$$

其中

$$\boldsymbol{V}_1 = \boldsymbol{Q} + \boldsymbol{K}_1^{\mathrm{T}}\boldsymbol{R}\boldsymbol{K}_1 + [\boldsymbol{A}-\boldsymbol{B}\boldsymbol{K}_1]^{\mathrm{T}}\boldsymbol{V}_0[\boldsymbol{A}-\boldsymbol{B}\boldsymbol{K}_1] \tag{11.8.18}$$

根据式(11.8.15) ~ (11.8.18),应用数学归纳法对于 $l = 1,2,\cdots,N$ 可写出

$$\boldsymbol{U}^0(N-l) = -\boldsymbol{K}_l\boldsymbol{X}(N-l) \tag{11.8.19}$$

$$J_1^0[\boldsymbol{X}(N-l)] = \boldsymbol{X}^{\mathrm{T}}(N-l)\boldsymbol{V}_l\boldsymbol{X}(N-l) \tag{11.8.20}$$

其中

$$\boldsymbol{K}_l = [\boldsymbol{R} + \boldsymbol{B}^{\mathrm{T}}\boldsymbol{V}_{l-1}\boldsymbol{B}]^{-1}\boldsymbol{B}^{\mathrm{T}}\boldsymbol{V}_{l-1}\boldsymbol{A} \tag{11.8.21}$$

$$\boldsymbol{V}_l = \boldsymbol{Q} + \boldsymbol{K}_l^{\mathrm{T}}\boldsymbol{R}\boldsymbol{K}_l + [\boldsymbol{A}-\boldsymbol{B}\boldsymbol{K}_l]^{\mathrm{T}}\boldsymbol{V}_{l-1}[\boldsymbol{A}-\boldsymbol{B}\boldsymbol{K}_l] \tag{11.8.22}$$

$$\boldsymbol{V}_0 = \boldsymbol{S}$$

将式(11.8.21)代入式(11.8.22),可得

$$\boldsymbol{V}_l = \boldsymbol{Q} + \boldsymbol{A}^{\mathrm{T}}\boldsymbol{V}_{l-1}\boldsymbol{A} - \boldsymbol{A}^{\mathrm{T}}\boldsymbol{V}_{l-1}\boldsymbol{B}[\boldsymbol{R} + \boldsymbol{B}^{\mathrm{T}}\boldsymbol{V}_{l-1}\boldsymbol{B}]^{-1}\boldsymbol{B}^{\mathrm{T}}\boldsymbol{V}_{l-1}\boldsymbol{A}$$

或改写成

$$\boldsymbol{V}_l = \boldsymbol{Q} + \boldsymbol{A}^{\mathrm{T}}\boldsymbol{M}_l\boldsymbol{A} \tag{11.8.23}$$

其中

$$\boldsymbol{M}_l = \boldsymbol{V}_{l-1} - \boldsymbol{V}_{l-1}\boldsymbol{B}[\boldsymbol{R} + \boldsymbol{B}^{\mathrm{T}}\boldsymbol{V}_{l-1}\boldsymbol{B}]^{-1}\boldsymbol{B}^{\mathrm{T}}\boldsymbol{V}_{l-1} \tag{11.8.24}$$

根据 $\boldsymbol{V}_0 = \boldsymbol{S}$,由式(11.8.24)可求得 $\boldsymbol{M}_1$,根据 $\boldsymbol{M}_1$ 由式(11.8.23)求取 $\boldsymbol{V}_1$。迭代下去,可获取 $\boldsymbol{V}_2,\cdots,\boldsymbol{V}_l$。再由式(11.8.21)可计算出 $\boldsymbol{K}_l$,并由式(11.8.19)最终可求得最优控制序列 $\boldsymbol{U}^0(0)$,$\boldsymbol{U}^0(1),\cdots,\boldsymbol{U}^0(N-1)$。

引入下列记号,即

$$\boldsymbol{Z}_1 = \boldsymbol{Q} + \boldsymbol{A}^{\mathrm{T}}\boldsymbol{V}_{l-1}\boldsymbol{A}$$

$$\boldsymbol{Z}_2 = \boldsymbol{B}^{\mathrm{T}}\boldsymbol{V}_{l-1}\boldsymbol{A}$$

$$\boldsymbol{Z}_3 = \boldsymbol{R} + \boldsymbol{B}^{\mathrm{T}}\boldsymbol{V}_{l-1}\boldsymbol{B}$$

于是,应用动态规划法计算离散二次型最优控制问题的最优控制序列的步骤归纳为

① 令

$$\boldsymbol{V}_0 = \boldsymbol{S} \tag{11.8.25}$$

② 对于 $l = 1$,计算

$$\boldsymbol{Z}_1 = \boldsymbol{Q} + \boldsymbol{A}^{\mathrm{T}}\boldsymbol{V}_0\boldsymbol{A} \tag{11.8.26}$$

$$\boldsymbol{Z}_2 = \boldsymbol{B}^{\mathrm{T}}\boldsymbol{V}_0\boldsymbol{A} \tag{11.8.27}$$

$$\boldsymbol{Z}_3 = \boldsymbol{R} + \boldsymbol{B}^{\mathrm{T}}\boldsymbol{V}_0\boldsymbol{B} \tag{11.8.28}$$

③ 计算

$$\boldsymbol{K}_1 = \boldsymbol{Z}_3^{-1}\boldsymbol{Z}_2 \tag{11.8.29}$$

④ 计算

$$\boldsymbol{V}_1 = \boldsymbol{Z}_1 - \boldsymbol{Z}_2^{\mathrm{T}}\boldsymbol{Z}_3^{-1}\boldsymbol{Z}_2 \tag{11.8.30}$$

⑤ 对于 $l = 2,3,\cdots,N$,重复(2) ~ (4) 步的计算。

⑥ 计算最优控制序列

$$\boldsymbol{U}^0(i) = -\boldsymbol{K}_{N-i}\boldsymbol{X}(i) \qquad i = 0,1,\cdots,N-1 \tag{11.8.31}$$

说明:(1) 从上述计算步骤看出,最优控制序列 $\boldsymbol{U}^0(i)$ 是通过状态 $\boldsymbol{X}(i)$ 的状态反馈来实现的,其中矩阵 $\boldsymbol{K}_{N-i}$ 称为最优反馈增益。最优反馈增益只与系统矩阵 $\boldsymbol{A}$、控制矩阵 $\boldsymbol{B}$ 以及加权矩阵 $\boldsymbol{S}$,$\boldsymbol{Q}$ 及 $\boldsymbol{R}$ 有关,而与初始条件无关。因此,最优反馈增益矩阵 $\boldsymbol{K}_l$ 可以离线算出,需要在线计算的只有式(11.8.16) 所示计算量不大的最优控制序列。

(2) 当离散线性系统的系统矩阵 $\boldsymbol{A}(k)$、控制矩阵 $\boldsymbol{B}(k)$、加权矩阵 $\boldsymbol{Q}(k)$ 和 $\boldsymbol{R}(k)$ 均为时变时,仍可按照式(11.8.25) ~ (11.8.31) 计算最优控制序列,相应的计算步骤为

① 令

$$\boldsymbol{V}_0 = \boldsymbol{S}$$

② 对于 $l = 1,2,\cdots,N$ 计算

$$\boldsymbol{Z}_1(l) = \boldsymbol{Q}(N-l) + \boldsymbol{A}^{\mathrm{T}}(N-l)\boldsymbol{V}_{l-1}\boldsymbol{A}(N-l)$$
$$\boldsymbol{Z}_2(l) = \boldsymbol{B}^{\mathrm{T}}(N-l)\boldsymbol{V}_{l-1}\boldsymbol{A}(N-l)$$
$$\boldsymbol{Z}_3(l) = \boldsymbol{R}(N-l) + \boldsymbol{B}^{\mathrm{T}}(N-l)\boldsymbol{V}_{l-1}\boldsymbol{B}(N-l)$$

③ 计算

$$\boldsymbol{K}_l = \boldsymbol{Z}_3^{-1}(l)\boldsymbol{Z}_2(l)$$

④ 计算

$$\boldsymbol{V}_l = \boldsymbol{Z}_1(l) - \boldsymbol{Z}_2^{\mathrm{T}}(l)\boldsymbol{Z}_3^{-1}(l)\boldsymbol{Z}_2(l)$$

⑤ 计算最优控制序列 $\boldsymbol{U}^0(i)$

$$\boldsymbol{U}^0(i) = -\boldsymbol{K}_{N-i}X(i) \quad i = 0,1,\cdots,N-1$$

例 11.8.2 已知离散系统由标量差分方程

$$x(k+1) = ax(k) + bu(k)$$

描述,其中 a,b 为标量常系数。选取指标泛函 J 为

$$J = \sum_{k=0}^{2}[x^2(k) + ru^2(k)]$$

试应用动态规划法计算使 J 取极小值的最优控制序列 $u^0(0)$,$u^0(1)$ 及 $u^0(2)$。

解 按式(11.8.25) ~ (11.8.31) 所示步骤计算最优控制序列。

(1)
$$V_0 = S = 0$$

(2) 当 $l = 1$ 时,由式(11.8.26) ~ (11.8.30) 算出

$$Z_1 = 1$$
$$Z_2 = 0$$
$$Z_3 = r$$
$$K_1 = 0$$
$$V_1 = 1$$

(3) 当 $l = 2$ 时,由式(11.8.26) ~ (11.8.30) 算出

$$Z_1 = 1 + a^2$$
$$Z_2 = ab$$
$$Z_3 = r + b^2$$
$$K_2 = \frac{ab}{r + b^2}$$
$$V_2 = 1 + a^2 - \frac{a^2 b^2}{r + b^2}$$

(4) 当 $l = 3$ 时,由式(11.8.26) ~ (11.8.30) 算出

$$Z_1 = 1 + a^2\left(1 + a^2 - \frac{a^2 b^2}{r + b^2}\right)$$
$$Z_2 = b\left(1 + a^2 - \frac{a^2 b^2}{r + b^2}\right) a$$
$$Z_3 = r + b^2\left(1 + a^2 - \frac{a^2 b^2}{r + b^2}\right)$$
$$K_3 = \frac{b\left(1 + a^2 - \frac{a^2 b^2}{r + b^2}\right) a}{r + b^2\left(1 + a^2 - \frac{a^2 b^2}{r + b^2}\right)}$$

(5) 根据式(11.8.31) 计算最优控制序列 $u^0(i), i = 0,1,2$ 有

$$u^0(0) = -K_3 \boldsymbol{x}(0) = -\frac{ab(r + b^2 + ra^2)}{(r + b^2)^2 + ra^2 b^2}\boldsymbol{x}(0)$$
$$u^0(1) = -K_2 \boldsymbol{x}(1) = -\frac{ab}{r + b^2}\boldsymbol{x}(1) = -\frac{ra^2 b}{(r + b^2)^2 + ra^2 b^2}\boldsymbol{x}(0)$$
$$u^0(2) = -K_1 \boldsymbol{x}(2) = 0$$

11.8.4　连续动态规划

应用动态规划法求解连续系统的最优控制问题时,首先基于最优性原理导出一个称为哈密顿 - 雅可比(Hamilton - Jacobi) 方程的偏微分方程,然后求解该方程便可获得最优控制策

略。

指标泛函为

$$J = \Phi[\boldsymbol{X}(t_f), t_f] + \int_{t_0}^{t_f} L[\boldsymbol{X}(t), \boldsymbol{U}(t), t]\mathrm{d}t$$

假定终端时刻 t_f 给定最优控制向量 $\boldsymbol{U}^0(t)$ 已确定的情况下，指标泛函 J 的极小值 J^0 仅是初始状态 $\boldsymbol{X}(t_0)$ 及初始时刻 t_0 的标量函数，即

$$J^0[\boldsymbol{X}(t), t] = J[\boldsymbol{X}(t_0), t_0] = \Phi[\boldsymbol{X}^0(t_f), t_f] + \int_{t_0}^{t_f} L[\boldsymbol{X}^0(t), \boldsymbol{U}^0(t), t]\mathrm{d}t \tag{11.8.32}$$

基于最优性原理，如果 t 是时间区间$[t_0, t_f]$内的一个点，则由时刻 t 到终端时刻 t_f 的过程又可分成$[t, t+\Delta t]$和$[t+\Delta t, t_f]$两级过程，这时由 t 到 t_f 的指标泛函的极小值为

$$\begin{aligned} J^0[\boldsymbol{X}(t), t] = \min_{\boldsymbol{U}(t)}\left\{\int_t^{t+\Delta t} L[\boldsymbol{X}(t), \boldsymbol{U}(t), t]\mathrm{d}t + \int_{t+\Delta t}^{t_f} L[\boldsymbol{X}(t), \boldsymbol{U}(t), t]\mathrm{d}t + \Phi[\boldsymbol{X}(t_f), t_f]\right\} = \\ \min_{\boldsymbol{U}(t)}\left\{\int_t^{t'} L[\boldsymbol{X}(t), \boldsymbol{U}(t), t]\mathrm{d}t + J^0[\boldsymbol{X}(t'), t']\right\} \end{aligned} \tag{11.8.33}$$

其中

$$J^0[\boldsymbol{X}(t'), t'] = \Phi[\boldsymbol{X}^0(t_f), t_f] + \int_{t'}^{t_f} L[\boldsymbol{X}^0(t), \boldsymbol{U}^0(t), t]\mathrm{d}t$$

$t' = t + \Delta t$，式(11.8.33)右端第一项可近似写成

$$\int_t^{t'} L[\boldsymbol{X}(t), \boldsymbol{U}(t), t]\mathrm{d}t \approx L[\boldsymbol{X}(t), \boldsymbol{U}(t), t]\Delta t \tag{11.8.34}$$

式(11.8.33)右端第二项函数 $J^0[\boldsymbol{X}(t')]$ 如果是连续可微的，则可由泰勒公式展开，即

$$J^0[\boldsymbol{X}(t'), t'] = J^0[\boldsymbol{X}(t), t] + \frac{\partial}{\partial \boldsymbol{X}^{\mathrm{T}}} J^0[\boldsymbol{X}(t), t]\Delta X + \frac{\partial}{\partial t} J^0[\boldsymbol{X}(t), t]\Delta t \tag{11.8.35}$$

将式(11.8.34)及(11.8.35)代入式(11.8.33)，得

$$\begin{aligned} J^0[\boldsymbol{X}(t), t] = \min_{\boldsymbol{U}(t)}\Big\{ L[\boldsymbol{X}(t), \boldsymbol{U}(t), t]\Delta t + J^0[\boldsymbol{X}(t), t] + \\ \frac{\partial}{\partial \boldsymbol{X}^{\mathrm{T}}} J^0[\boldsymbol{X}(t), t]\Delta X + \frac{\partial}{\partial t} J^0[\boldsymbol{X}(t), t]\Delta t \Big\} \end{aligned} \tag{11.8.36}$$

由于 $J^0[\boldsymbol{X}(t), t]$ 及 $\frac{\partial}{\partial t} J^0[\boldsymbol{X}(t), t]$ 都不是 $\boldsymbol{U}(t)$ 的函数，不需对其求极小值。故可提到(11.8.36)求极小值运算符号的外面。两端除以 Δt，并设 $\Delta t \to 0$，得

$$\begin{aligned} \frac{\partial}{\partial t} J^0[\boldsymbol{X}(t), t] = -\min_{\boldsymbol{U}(t)}\left\{L[\boldsymbol{X}(t), \boldsymbol{U}(t), t] + \frac{\partial}{\partial \boldsymbol{X}^{\mathrm{T}}} J^0[\boldsymbol{X}(t), t]\dot{X}(t)\right\} = \\ -\min_{\boldsymbol{U}(t)}\left\{L[\boldsymbol{X}(t), \boldsymbol{U}(t), t] + \frac{\partial}{\partial \boldsymbol{X}^{\mathrm{T}}} J^0[\boldsymbol{X}(t), t]\boldsymbol{f}[\boldsymbol{X}(t), \boldsymbol{U}(t), t]\right\} \end{aligned} \tag{11.8.37}$$

式(11.8.37)称为贝尔曼(Bellman)方程。

为求取最优控制 $\boldsymbol{U}^0(t)$，需求取式(11.8.37)右端各项对 $\boldsymbol{U}(t)$ 的极小值。首先，假设 $\boldsymbol{U}(t)$ 不受约束，即

$$\boldsymbol{U}(t)\in\mathbf{R}^r,\quad t\in[t_0,t_f]$$

可由

$$\frac{\partial}{\partial\boldsymbol{U}(t)}L[\boldsymbol{X}(t),\boldsymbol{U}(t),t]+\frac{\partial\{\boldsymbol{f}[\boldsymbol{X}(t),\boldsymbol{U}(t),t]\}^{\mathrm{T}}}{\partial\boldsymbol{U}(t)}\frac{\partial J^0[\boldsymbol{X}^0(t),t]}{\partial\boldsymbol{X}(t)}=0\quad(11.8.38)$$

求出最优控制 $\boldsymbol{U}^0(t)$。将 $\boldsymbol{U}^0(t)$ 代入状态方程可解出最优轨线 $\boldsymbol{X}^0(t)$，再将 $\boldsymbol{U}^0(t)$ 及 $\boldsymbol{X}^0(t)$ 代入式(11.8.37)，便得到

$$\frac{\partial J^0[\boldsymbol{X}^0(t),t]}{\partial t}+L[\boldsymbol{X}^0(t),\boldsymbol{U}^0(t),t]+\frac{\partial J^0[\boldsymbol{X}^0(t),t]}{\partial\boldsymbol{X}^{\mathrm{T}}(t)}\boldsymbol{f}[\boldsymbol{X}^0(t),\boldsymbol{U}^0(t),t]=0$$

(11.8.39)

式(11.8.39)是 $J^0[\boldsymbol{X}^0(t),t]$ 的一阶非线性偏微分方程，称为哈密顿 - 雅可比(Hamilton - Jacobi)方程，或 Hamilton - Jacobi - Bellman 方程。在边界条件

$$J^0[\boldsymbol{X}(t_f),t_f]=\Phi[\boldsymbol{X}(t_f),t_f]\qquad(11.8.40)$$

为已知情况下，求解 Hamilton - Jacobi 方程可获得控制向量不受不等式约束时的最优控制策略。

其次，如果控制向量 $\boldsymbol{U}(t)$ 受不等式约束而不能任意取值，即

$$\boldsymbol{U}(t)\in\Omega\qquad t\in[t_0,t_f]$$

式中　Ω—— 空间 $\mathbf{R}^r$ 中的一个闭集。

则应从式(11.8.37)右端分析出使其成为极小值的最优控制 $\boldsymbol{U}^0(t)$。若定义式(11.8.37)右端括号内的部分为 Hamilton 函数，即

$$H[\boldsymbol{X}(t),\boldsymbol{U}(t),t]=L[\boldsymbol{X}(t),\boldsymbol{U}(t),t]+\frac{\partial J^0[\boldsymbol{X}(t),t]}{\partial\boldsymbol{X}^{\mathrm{T}}}f[\boldsymbol{X}(t),\boldsymbol{U}(t),t]$$

(11.8.41)

则式(11.8.37)可改写为

$$\frac{\partial}{\partial t}J^0[\boldsymbol{X}(t),t]=-H^*\left(x,\frac{\partial J^0}{\partial x},t\right)\qquad(11.8.42)$$

其中

$$H^*\left(x,\frac{\partial J^0}{\partial x},t\right)=\min_{U(t)}H\left(x,U,\frac{\partial J^0}{\partial x},t\right)$$

式(11.8.42)表明，$U^0(t)$ 应使函数 $H(x,U,\partial J^0/\partial x,t)$ 在 $x,\partial J^0/\partial x,t$ 保持不变的条件下取全局最小。将所求得的 $U^0(x,\partial J^0/\partial x,t)$ 代入 $H(x,U,\partial J^0/\partial x,t)$ 可以得到 $H^*(x,\partial J^0/\partial x,t)$，再由偏微分方程(11.8.42)求解得到 $J^0(x(t),t)$，从而得到最优控制 $U^0(x,\partial J^0/\partial x,t)$。

说明：(1) 以上推导所得到的 Hamilton - Jacobi 方程(11.8.39)与边界条件(11.8.40)是本

小节最优控制问题的充分条件。即是说，满足可微性条件的 $J^0(x(t),t)$，若满足 Hamilton - Jacobi 方程(11.8.39) 与边界条件(11.8.40)，必是问题的最优解。

(2) 由于 Bellman 及 Hamilton - Jacobi 方程是偏微分方程，求解困难。特别是很难求得 $U(x(t),t)$ 形式的解析解，所以很难实现闭环控制。通常，总是通过计算机求取其数值解。但对于线性二次型最优控制问题，可以求得解析解。

11.8.5 动态规划法与极小值原理的联系

至此我们介绍了求解动态系统最优化问题的三种方法：变分法、极小值原理和动态规划方法。我们知道，古典变分法对于处理闭集性约束无能为力，因而导致极小值原理的出现。可以将最小值原理视为现代变分方法，这是对古典变分法的扩展。两者都可以得到由一组常微分方程所表示的必要条件。而动态规划方法从另一个方面发展了古典变分法，可以解决比常微分方程所描述的更一般性的最优化问题，其应用范围更广。但是动态规划方法对于求解连续系统的最优化问题给出的是一个偏微分方程的充分条件，求解困难，除特殊一类问题如线性二次型问题外，很难得到解析解。对于一般的工程优化问题，性能指标函数可能是不可微的，因此，应用极小值原理可能写出哈密顿 - 雅可比方程。

同时，这三种方法也是相互联系的，对于同一个问题可以得出相同的结论。下面简单说明动态规划法与最小值原理的联系，并给出一个简单的例子。

设系统的状态方程为

$$\dot{\boldsymbol{X}}(t) = \boldsymbol{f}[\boldsymbol{X}(t),\boldsymbol{U}(t),t]$$

以及指标泛函为

$$J = \int_{t_0}^{t_f} L[\boldsymbol{X}(t),\boldsymbol{U}(t),t]\mathrm{d}t$$

在极小值原理中，Hamilton 函数为

$$H = L[\boldsymbol{X}(t),\boldsymbol{U}(t),t] + \boldsymbol{\lambda}^{\mathrm{T}}(t)\boldsymbol{f}[\boldsymbol{X}(t),\boldsymbol{U}(t),t] \tag{11.8.43}$$

式中 $\boldsymbol{\lambda}(t)$—— 协态向量。

为使指标泛函 J 取极小值，要求 Hamilton 函数 H 为极小值。而对于动态规划法中的 Bellman 方程

$$\frac{\partial}{\partial t}J^0 = -\min_{\boldsymbol{U}(t)}\left\{L[\boldsymbol{X}(t),\boldsymbol{U}(t),t] + \frac{\partial J^0}{\partial \boldsymbol{X}^{\mathrm{T}}}\boldsymbol{f}[\boldsymbol{X}(t),\boldsymbol{U}(t),t]\right\}$$

则要求泛函

$$L[\boldsymbol{X}(t),\boldsymbol{U}(t),t] + \frac{\partial J^0}{\partial \boldsymbol{X}^{\mathrm{T}}}\boldsymbol{f}[\boldsymbol{X}(t),\boldsymbol{U}(t),t] \tag{11.8.44}$$

为极小。

从式(11.8.43)及(11.8.44)看出，泛函(11.8.44)与Hamilton函数 H 在构成上完全一样，只不过把式(11.8.43)中的协态向量 $\boldsymbol{\lambda}(t)$ 换成 $\partial J^0/\partial \boldsymbol{X}$ 罢了。因此，应用极小值原理和动态规划法可得到相同的结果。

例 11.8.3　已知被控对象的微分方程为

$$\ddot{x} + 4\dot{x} + x = u$$

选取指标泛函

$$J = \int_0^{\infty} \mathrm{d}t$$

试确定在控制信号 u 受不等式

$$-1 \leqslant u \leqslant 1$$

约束下，使指标泛函 J 取极小值的最优控制。

解　选取系统的状态变量为 $x_1 = x, x_2 = \dot{x}_1 = \dot{x}$，系统的状态方程为

$$\dot{x}_1 = x_2$$

$$\dot{x}_2 = -x_1 - 4x_2 + u$$

Hamilton - Jacobi方程(11.8.39)的各项分别为

$$\frac{\partial J^0}{\partial t} = 0$$

$$L[X, \boldsymbol{U}, t] = 1$$

$$\frac{\partial J^0}{\partial X^{\mathrm{T}}}\boldsymbol{f} = \begin{bmatrix}\frac{\partial J^0}{\partial x_1} & \frac{\partial J^0}{\partial x_2}\end{bmatrix}\begin{bmatrix}\dot{x}_1 \\ \dot{x}_2\end{bmatrix} = \frac{\partial J^0}{\partial x_1}\dot{x}_1 + \frac{\partial J^0}{\partial x_2}\dot{x}_2 = \frac{\partial J^0}{\partial x_1}\dot{x}_1 + \frac{\partial J^0}{\partial \dot{x}_2}(-x - 4\dot{x} + u)$$

将上列各式代入Hamilton - Jacobi方程(11.8.39)得

$$\frac{\partial J^0}{\partial x_1}\dot{x}_1 + \frac{\partial J^0}{\partial \dot{x}_2}(-x_1 - 4\dot{x}_2 + u) + 1 = 0$$

考虑到约束条件 $-1 \leqslant u \leqslant 1$，并计算

$$\min_u\left[\frac{\partial J^0}{\partial x_1}\dot{x}_1 + \frac{\partial J^0}{\partial \dot{x}_2}(-x - 4\dot{x} + u) + 1\right] = \min_u\left[\frac{\partial J^0}{\partial \dot{x}_2}u\right]$$

显然，最优控制 $u^0(t)$ 必须满足

$$u^0 = -\operatorname{sign}\left(\frac{\partial J^0}{\partial \dot{x}_2}\right) \tag{11.8.45}$$

将上式所得最优控制 u^0 代入Hamilton - Jacobi方程，最终得

$$\dot{x}\left[\frac{\partial J^0}{\partial x} - 4\frac{\partial J^0}{\partial \dot{x}}\right] - x\left[\frac{\partial J^0}{\partial \dot{x}}\right] - \left[\left|\frac{\partial J^0}{\partial \dot{x}}\right| - 1\right] = 0 \tag{11.8.46}$$

以上为一非线性偏微分方程，需通过数值方法求解出 J^0，然后将其代入式(11.8.45)，从而求得最优控制 $u^0(t)$。

11.9 用MATLAB分析最优控制问题

用MATLAB的优化工具箱,可以方便、准确地求解许多工程实际问题。如线性规划、非线性规划、函数极值、二次型最优控制等问题均可调用优化工具箱中相应函数加以解决。

11.9.1 极小值原理

例11.9.1 已知系统的状态方程为

$$\dot{x} = -0.5x + u \qquad x(0) = 1$$

性能指标为

$$J = \frac{1}{2}\int_0^1 (x^2 + u^2)\mathrm{d}t$$

终端状态 $x(1)$ 自由。求解性能指标 J 达到最小值时的最优控制 $u^*(t)$ 以及最优轨线 $x^*(t)$。

解 在MATLAB中新建M文件如下:

```
syms H lmda x u; % 定义符号对象
H = x^2 + u^2 + lmda * ( - 0.5 * x + u) % 计算 Hamilton 函数
dlmda = jacobian(H,'x') % 计算正则方程组
Dx = jacobian(H,'lmda')
u = solve(jacobian(H,'u'),'u') % 求解控制输入
[lmda,x] = dsolve('Dx = - 0.5 * x - 0.5 * lmda',...
'Dlmda = - (2 * x - 0.5 * lmda)','x(0) = 1','lmda(1) = 0'% 求解最优状态轨线
figure(1)
ezplot(x,[0,1])
title('optimal state')
xlabel('Sec')
ylabel('state x')
figure(2)
u = - 0.5 * lmda;
ezplot(u,[0,1])
title('optimal control')
xlabel('Sec')
ylabel('Output u')
```

运行后结果:

```
H =
x^2 + u^2 + lmda * (- 1/2 * x + u)
dlmda =
2 * x - 1/2 * lmda
Dx =
- 1/2 * x + u
u =
- 1/2 * lmda
lmda =
- 4/(5^(1/2) + exp(5^(1/2)) * 5^(1/2) - 1 + exp(5^(1/2))) * exp(1/2 * 5^(1/2) * t) + 4/(5^(1/2) + exp(5^(1/2)) * 5^(1/2) - 1 + exp(5^(1/2))) * exp(5^(1/2)) * exp( - 1/2 * 5^(1/2) * t)
x =
1/(5^(1/2) + exp(5^(1/2)) * 5^(1/2) - 1 + exp(5^(1/2))) * 5^(1/2) * exp(1/2 * 5^(1/2) * t) + 1/(5^(1/2) + exp(5^(1/2)) * 5^(1/2) - 1 + exp(5^(1/2))) * exp(5^(1/2)) * 5^(1/2) * exp(- 1/2 * 5^(1/2) * t) - 1/(5^(1/2) + exp(5^(1/2)) * 5^(1/2) - 1 + exp(5^(1/2))) * exp(1/2 * 5^(1/2) * t) + 1/(5^(1/2) + exp(5^(1/2)) * 5^(1/2) - 1 + exp(5^(1/2))) * exp(5^(1/2)) * exp(- 1/2 * 5^(1/2) * t)
```

最优状态轨线如图 11.9.1 所示,最优控制轨线如图 11.9.2 所示。

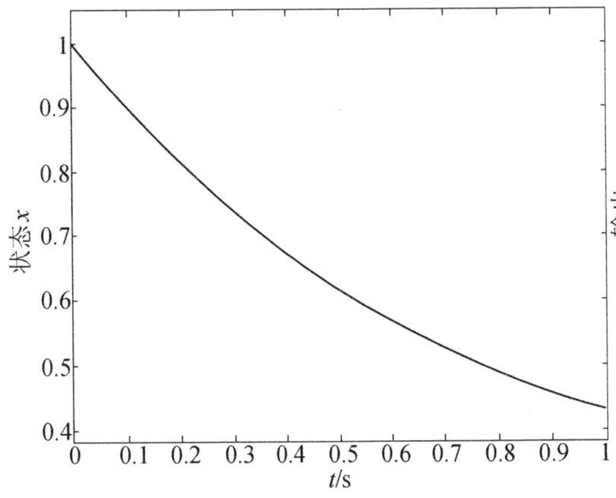

图 11.9.1　最优状态轨线

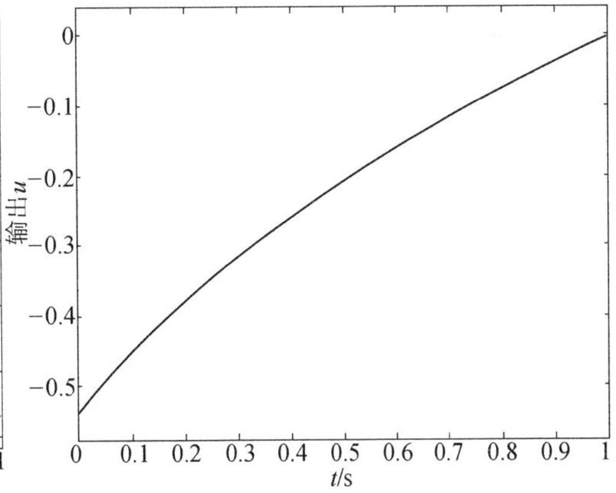

图 11.9.2　最优控制轨线

11.9.2 时间最优控制

使用 Simulink 可以方便地分析时间最优控制问题,绘制出最优控制信号下的相轨迹。

例 11.9.2 研究下列系统

$$\dot{\boldsymbol{x}} = \boldsymbol{A}\boldsymbol{x} + \boldsymbol{B}u$$

式中

$$\boldsymbol{A} = \begin{bmatrix} 0 & 1 \\ 0 & 0 \end{bmatrix} \qquad \boldsymbol{B} = \begin{bmatrix} 0 \\ 1 \end{bmatrix}$$

状态初始值

$$\begin{cases} x_1(0) = -3 \\ x_2(0) = 2 \end{cases} \qquad |\boldsymbol{u}(t)| \leqslant 1$$

求解最优控制作用 $\boldsymbol{u}^*(t)$,以及在 $\boldsymbol{u}^*(t)$ 作用下的状态轨线和相平面图。

解 当控制信号 $u = 1$ 时,有 $\dot{x}_1 = x_2, x_2 = u = 1$,因此有

$$\frac{\mathrm{d}x_1}{\mathrm{d}t} = x_2 \qquad x_1 = 0.5x_2^2 + C$$

$u = -1$ 时,有$\frac{\mathrm{d}x_1}{\mathrm{d}t} = -x_2, x_1 = 0.5x_2^2 + C$,式中,$C$ 为常数,不同的数据对应不同的切换轨线。具体分析见 11.4.4 节。根据本题所给的初始条件,构建系统仿真框图如图 11.9.3 所示。框图说明如下:Integrator1 和 Integrator 是积分环节,初始值由 Constant2 和 Constant3 提供,Gain 提供增益值 0.5,Product 为乘法器,Switch 为开关,由 sum 的输出控制,XY Graph 显示相平面,Scope1 显示最优时间控制状态轨线,x1,x2 以及 u*(t)。

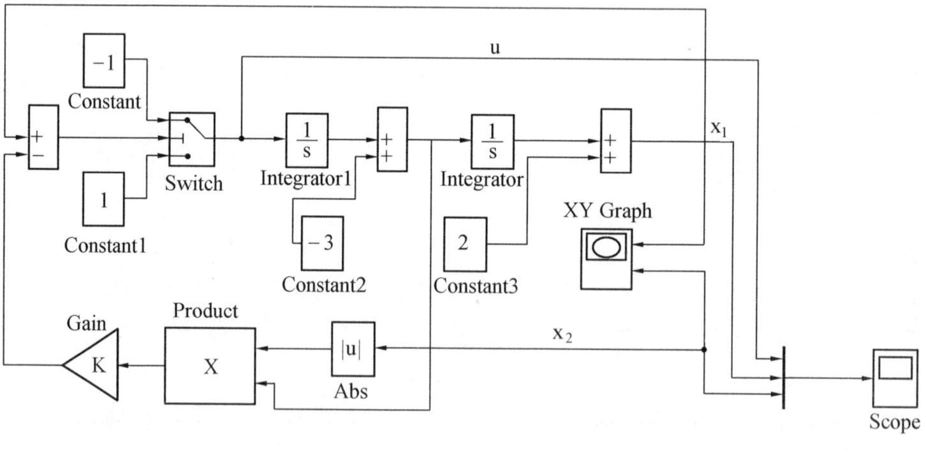

图 11.9.3 系统的 Simulink 框图

仿真结果如图 11.9.4 以及图 11.9.5 所示。

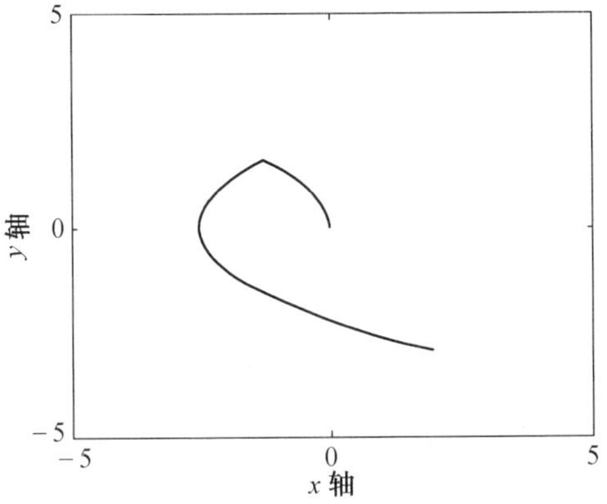

图 11.9.4　最优时间控制相平面图

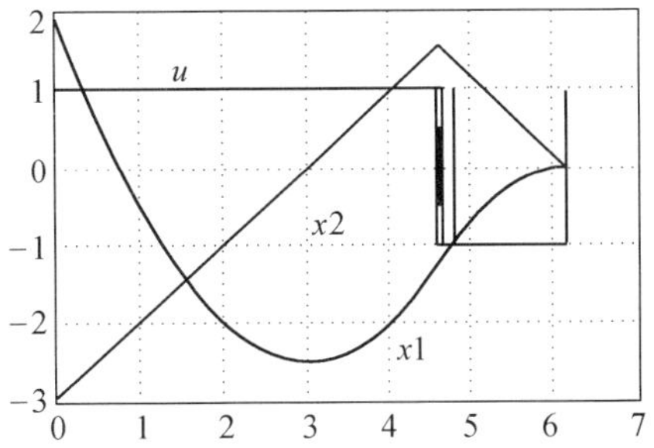

图 11.9.5　最优时间控制状态轨线及最优控制轨线

11.9.3　状态反馈线性二次型最优调节器

1. 连续时间的状态反馈线性二次型最优调节器

线性二次型最优调节器设计是指在系统的状态方程和性能指标已知的条件下，通过设计线性状态反馈，实现性能指标最优。对于系统

$$\begin{cases}\dot{\boldsymbol{x}}(t)=\boldsymbol{A}\boldsymbol{x}(t)+\boldsymbol{B}\boldsymbol{u}(t)\\ \boldsymbol{y}(t)=\boldsymbol{C}\boldsymbol{x}(t)+\boldsymbol{D}\boldsymbol{u}(t),\boldsymbol{x}(t_0)=\boldsymbol{x}_0\end{cases}$$

指标函数为

$$J[\boldsymbol{u}(t)]=\frac{1}{2}\boldsymbol{X}^{\mathrm{T}}(t_f)\boldsymbol{S}\boldsymbol{X}(t_f)+\frac{1}{2}\int_{t_0}^{t_f}[\boldsymbol{X}^{\mathrm{T}}\boldsymbol{Q}\boldsymbol{X}+\boldsymbol{u}^{\mathrm{T}}\boldsymbol{R}\boldsymbol{u}]\mathrm{d}t$$

对其解 Riccati 矩阵微分方程

$$-\dot{\boldsymbol{P}}+\boldsymbol{P}\boldsymbol{A}+\boldsymbol{A}^{\mathrm{T}}\boldsymbol{P}+\boldsymbol{Q}-\boldsymbol{P}\boldsymbol{B}\boldsymbol{R}^{-1}\boldsymbol{B}^{\mathrm{T}}\boldsymbol{P}=0$$

其中 $\boldsymbol{P}$ 为对称正定矩阵，最后可得输出

$$\boldsymbol{u}(t)=-\boldsymbol{R}^{-1}\boldsymbol{B}^{\mathrm{T}}\boldsymbol{P}\boldsymbol{x}(t)$$

解决连续时间的线性二次型调节器问题的 MATLAB 函数是 lqr()，可解与其有关的 Riccati 方程，求出 $\boldsymbol{P}$ 阵，并可计算最佳反馈增益阵 $\boldsymbol{K}$。lqr() 函数的调用格式是

[K,S,E] = lqr(A,B,Q,R,N)

式中　A—— 系统的状态矩阵；

B—— 系统的输入矩阵；

Q—— 正定(或半正定)矩阵；

R—— 正定对称矩阵；

N—— 更一般化性能指标中交叉乘积项的加权矩阵；

K—— 状态反馈增益阵；

S—— 对应的 Riccatti 方程的解 P；

E——A - BK 的特征值。

例 11.9.3 考察线性系统

$$\dot{\boldsymbol{x}} = \boldsymbol{Ax} + \boldsymbol{Bu}$$

式中

$$\boldsymbol{A} = \begin{bmatrix} 0 & 0 \\ 1 & 0 \end{bmatrix} \qquad \boldsymbol{B} = \begin{bmatrix} 1 \\ 0 \end{bmatrix} \qquad \begin{cases} x_1(0) = 0 \\ x_2(0) = 1 \end{cases}$$

性能指标

$$J = \int_0^\infty [\boldsymbol{X}^{\mathrm{T}}\boldsymbol{QX} + \boldsymbol{u}^{\mathrm{T}}\boldsymbol{Ru}]\mathrm{d}t$$

式中

$$\boldsymbol{Q} = \begin{bmatrix} 0 & 0 \\ 0 & 2 \end{bmatrix} \qquad R = 1/2$$

求 Riccatti 方程的正定矩阵 $\boldsymbol{P}$、最佳反馈增益矩阵 $\boldsymbol{K}$、矩阵 $\boldsymbol{A} - \boldsymbol{BK}$ 的特征值、最优控制 $\boldsymbol{U}^*(t)$ 与最优性能指标 J^*。

解 在 MATLAB 命令提示符下键入以下命令：

```
>> syms X1 X2;  % 定义符号对象 X1,X2
>> X = [X1;X2];
>> A = [0 0;1 0];
>> B = [1;0];
>> Q = [0 0;0 2];
>> R = [1/2];
>> X0 = [0;1];
>> [K,P,E] = lqr(A,B,Q,R)
>> u = - inv(R) * B' * P * X
>> J = 1/2 * X0' * P * X0
```

结果：

```
K =
    2.0000    2.0000
P =
    1.0000    1.0000
    1.0000    2.0000
```

```
E =
    - 1.0000 + 1.0000i
    - 1.0000 - 1.0000i
u =
    - 2 * X1 - 2 * X2
J =
   1.0000
```

例 11.9.4　研究下列系统：

$$\begin{cases}\dot{\boldsymbol{x}} = \boldsymbol{A}\boldsymbol{x} + \boldsymbol{B}\boldsymbol{u} \\ \boldsymbol{y} = \boldsymbol{C}\boldsymbol{x}\end{cases}$$

式中，$\boldsymbol{A} = \begin{bmatrix} -0.2 & 0.5 & 0 & 0 & 0 \\ 0 & -0.5 & 1.6 & 0 & 0 \\ 0 & 0 & -14.3 & 85.8 & 0 \\ 0 & 0 & 0 & -33.3 & 100 \\ 0 & 0 & 0 & 0 & -10 \end{bmatrix}$，$\boldsymbol{B} = \begin{bmatrix} 0 \\ 0 \\ 0 \\ 0 \\ 1 \end{bmatrix}$，$\boldsymbol{C} = [1 \quad 0 \quad 0 \quad 0 \quad 0]$

设计最优控制器，使性能指标 $J = \int_0^{\infty} (\boldsymbol{x}^{\mathrm{T}}\boldsymbol{Q}\boldsymbol{x} + \boldsymbol{u}^{\mathrm{T}}\boldsymbol{R}\boldsymbol{u})\mathrm{d}t$ 最小，$\boldsymbol{Q}$、$\boldsymbol{R}$ 可以自行选取不同值。

(1) 阶跃响应，可选零初始状态；

(2) 零输入响应，初始状态不等于零。

解　先取 $\boldsymbol{q}$ = diag([1 1 1 1 1])，r = 1，零输入响应时取初始条件为 x0 = [1; - 1;2; - 1; 1]，在 MATLAB 中新建 M 文件如下：

```
a = [ - 0.2 0.5 0 0 0;0 - 0.5 1.6 0 0;0 0 - 14.3 85.8 0;0 0 0 - 33.3 100;0 0 0 0 - 10];
b = [0;0;0;0;1];
c = [1 0 0 0 0];
d = [0];
q = diag([1 1 1 1 1]);
r = 1;
[k,p,e] = lqr(a,b,q,r)
% 求解系统闭环状态方程(ac,bc,cc,dc)
k1 = k(1);
ac = a - b * k;
bc = b * k1;
cc = c;
dc = d;
```

```
% 输出系统阶跃响应曲线
figure(1)
step(ac,bc,cc,dc)
title('Step Response of Quadratic Optimal Control system')
xlabel('Sec')
ylabel('Output y = x1')
figure(2)
[y,x,t] = step(ac,bc,cc,dc);
plot(t,x)
title('Step Response Curve for x1,x2,x3,x4,x5')
xlabel('Sec')
ylabel('x1,x2,x3,x4,x5')
text(4,0.45,'x1');
text(4,0.3,'x2');
text(4,0.1,'x3');
text(2,0.03,'x4');
text(1,0.01,'x5');
```

结果：

```
k =
    0.5732    0.8671    0.2764    0.8532    6.4812
p =
    1.6786    0.4890    0.0430    0.0956    0.5732
    0.4890    0.7371    0.0649    0.1444    0.8671
    0.0430    0.0649    0.0396    0.0712    0.2764
    0.0956    0.1444    0.0712    0.1876    0.8532
    0.5732    0.8671    0.2764    0.8532    6.4812
e =
     -34.2144
     -14.3186 + 9.1709i
     -14.3186 - 9.1709i
     -1.3855
     -0.5442
```

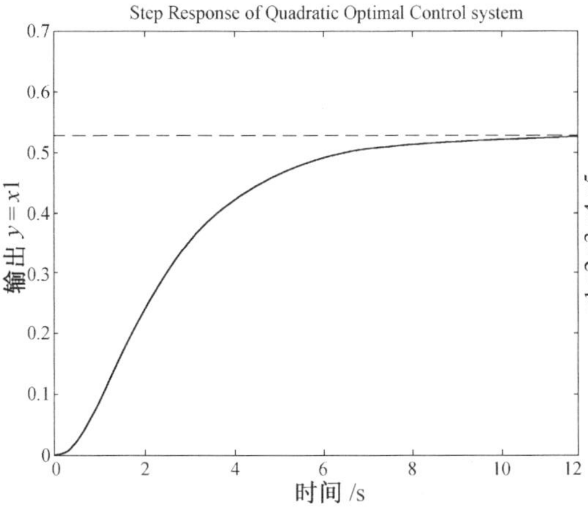

图 11.9.6　q 为单位阵时系统的阶跃响应输出曲线

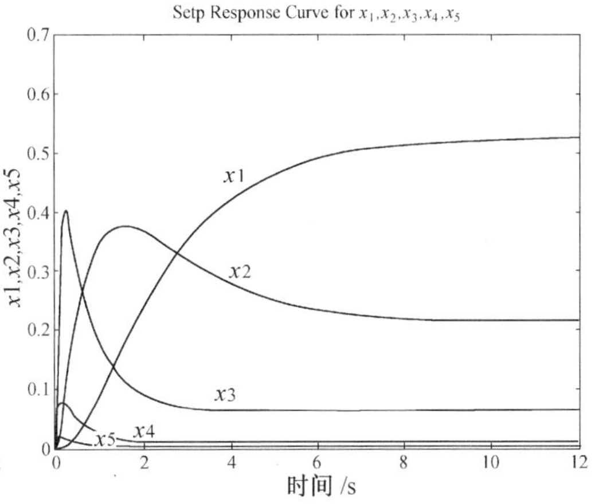

图 11.9.7　q 为单位阵时系统的阶跃响应状态曲线

2.离散时间的线性二次型最优调节器

解决离散时间的线性二次型调节器问题的 MATLAB 函数是 dlqr()，可解与其有关的 Riccatti 方程，求出 P 阵，并可计算最佳反馈增益阵 K。dlqr() 函数的调用格式是

$$[K,S,E]=\mathrm{dlqr}(A,B,Q,R,N)$$

式中　A—— 系统的状态矩阵；

B—— 系统的输入矩阵；

Q—— 正定（或半正定）矩阵；

N—— 更一般化性能指标中交叉乘积项的加权矩阵；

K—— 离散最优反馈增益阵；

S—— 对应的差分 Riccatti 方程的解 P；

E——A－BK 的特征值。

例 11.9.5　已知下列离散系统

$$\begin{bmatrix} x_1(k+1) \\ x_2(k+1) \end{bmatrix} = \begin{bmatrix} 0 & 1 \\ -1 & 1 \end{bmatrix} \begin{bmatrix} x_1(k) \\ x_2(k) \end{bmatrix} + \begin{bmatrix} 0 \\ 1 \end{bmatrix} u(k)$$

设定性能指标为

$$J=\frac{1}{2}\sum_{k=0}^{\infty}\left[\boldsymbol{x}^{\mathrm{T}}(k)\boldsymbol{Q}\boldsymbol{x}(k)+\boldsymbol{u}^{\mathrm{T}}(k)\boldsymbol{R}\boldsymbol{u}(k)\right]$$

选择合适的参量 $\boldsymbol{Q},\boldsymbol{R}$，计算系统最优反馈增益矩阵。

解　式中 $\boldsymbol{Q},\boldsymbol{R}$ 选择为

$$\boldsymbol{Q}=\begin{bmatrix} 1\,000 & 0 \\ 0 & 1 \end{bmatrix} \qquad \boldsymbol{R}=[1]$$

在 MATLAB 命令提示符下键入以下命令:

```
>> A = [0 1; - 1 1];
>> B = [0;1];
>> Q = [1000 0;0 1];
>> R = [1];
>> KX = dlqr(A,B,Q,R)
```

结果:

```
KX =
    - 0.9990      0.9980
```

11.9.4 连续时间的输出反馈线性二次型最优调节器

输出调节器问题仅是状态调节器问题的特例,采用输出量来做二次型性能指标。对于系统:

$$\begin{cases} \dot{\boldsymbol{x}}(t) = \boldsymbol{A}\boldsymbol{x}(t) + \boldsymbol{B}\boldsymbol{u}(t) \\ \boldsymbol{y}(t) = \boldsymbol{C}\boldsymbol{x}(t) + \boldsymbol{D}\boldsymbol{u}(t) \end{cases} \qquad \boldsymbol{x}(t_0) = \boldsymbol{x}_0$$

指标函数为

$$J[\boldsymbol{u}(t)] = \frac{1}{2}\boldsymbol{y}^{\mathrm{T}}(t_f)\boldsymbol{S}\boldsymbol{y}(t_f) + \frac{1}{2}\int_{t_0}^{t_f}[\boldsymbol{y}^{\mathrm{T}}\boldsymbol{Q}\boldsymbol{y} + \boldsymbol{u}^{\mathrm{T}}\boldsymbol{R}\boldsymbol{u}]\mathrm{d}t$$

对其解 Riccatti 矩阵微分方程:

$$-\dot{\boldsymbol{P}} + \boldsymbol{P}\boldsymbol{A} + \boldsymbol{A}^{\mathrm{T}}\boldsymbol{P} + \boldsymbol{C}^{\mathrm{T}}\boldsymbol{Q}\boldsymbol{C} - \boldsymbol{P}\boldsymbol{B}\boldsymbol{R}^{-1}\boldsymbol{B}^{\mathrm{T}}\boldsymbol{P} = 0$$

式中 P—— 对称正定矩阵,

最后可得输出反馈为

$$\boldsymbol{u}(t) = -\boldsymbol{R}^{-1}\boldsymbol{B}^{\mathrm{T}}\boldsymbol{P}\boldsymbol{y}(t)$$

求解连续时间的线性二次型输出调节器问题的 MATLAB 函数是 lqry(),可解与其有关的 Riccatti 方程,求出 P 阵,并可计算最佳反馈增益阵 K。lqry() 函数的调用格式是

[K,S,E] = lqry(A,B,C,D,Q,R,N)

式中 A—— 系统的状态矩阵;

B—— 系统的输入矩阵;

R—— 正定对称矩阵;

Q,S—— 正定(或半正定) 矩阵;

N—— 更一般化性能指标中交叉乘积项的加权矩阵;

K—— 状态反馈增益阵;

S—— 对应的 Riccatti 方程的解 P;

E——A - BK 的特征值。

例 11.9.6 研究下列系统

$$\dot{\boldsymbol{x}} = \boldsymbol{A}\boldsymbol{x} + \boldsymbol{B}\boldsymbol{u}$$

式中

$$\boldsymbol{A} = \begin{bmatrix} 0 & 1 \\ 0 & 0 \end{bmatrix} \quad \boldsymbol{B} = \begin{bmatrix} 0 \\ 1 \end{bmatrix} \quad \boldsymbol{C} = \begin{bmatrix} 1 & 0 \end{bmatrix}$$

性能指标

$$J = \frac{1}{2}\int_0^{\infty} [y^2 + u^2]\mathrm{d}t$$

求 Riccati 方程的正定矩阵 $\boldsymbol{P}$、最佳反馈增益矩阵 $\boldsymbol{K}$、矩阵 $\boldsymbol{A}-\boldsymbol{BK}$ 的特征值、最优控制 $\boldsymbol{u}^*(t)$。

解 在 MATLAB 中新建 M 文件如下：

```
A = [0 1;0 0];
B = [0;1];
C = [1 0];
Q = 1;
R = 1;
D = 0;
[K,P,E] = lqry(A,B,C,D,Q,R)
syms y dy; % 定义符号对象 y,dy;y 为系统输出;dy 表示 y 的一阶导数
Y = [y;dy];
u = - inv(R) * B' * P * Y
% 输出系统阶跃响应曲线
figure(1)
[y,x,t] = step(A - B * K,B * K(1),C,D);
plot(t,y)
title('Step Response of Quadratic Optimal Control system')
xlabel('Sec')
ylabel('Output y = x1')
figure(2)
plot(t,x)
title('Step Response Curve for x1,x2')
xlabel('Sec')
ylabel('x1,x2')
text(3,0.9,'x1');
text(4,0.1,'x2');
```

结果：

```
K =
     1.0000     1.4142
P =
     1.4142     1.0000
     1.0000     1.4142
E =
    - 0.7071 + 0.7071i
    - 0.7071 - 0.7071i
u =
    - y - 2^(1/2) * dy
```

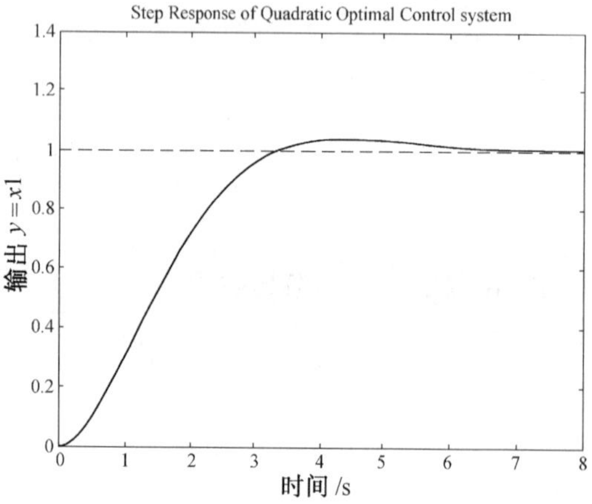

图 11.9.8　系统的阶跃响应输出曲线

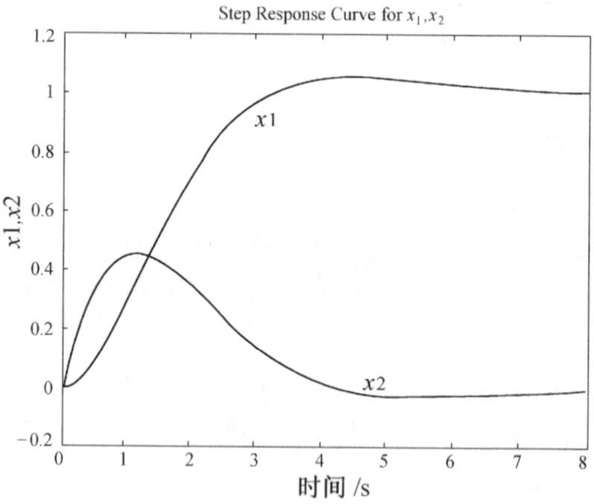

图 11.9.9　系统的阶跃响应状态曲线

11.9.5　最优跟踪问题

最优跟踪问题涉及的 Riccatti 方程的求解与输出反馈的 Riccatti 方程求解类似，只是最优控制的形式不同。

例 11.9.7　研究下列系统

$$\begin{cases}\dot{\boldsymbol{x}} = \boldsymbol{A}\boldsymbol{x} + \boldsymbol{B}u \\ \boldsymbol{y} = \boldsymbol{C}\boldsymbol{x}\end{cases}$$

式中

$$A = \begin{bmatrix} 0 & 1 \\ 0 & -2 \end{bmatrix} \qquad \boldsymbol{B} = \begin{bmatrix} 0 \\ 20 \end{bmatrix} \qquad \boldsymbol{C} = [1 \quad 0]$$

性能指标为

$$J = \frac{1}{2}\int_0^{\infty}[(\boldsymbol{z}(t) - \boldsymbol{y}(t))^{\mathrm{T}}\boldsymbol{Q}(t)(\boldsymbol{z}(t) - \boldsymbol{y}(t)) + \boldsymbol{u}^{\mathrm{T}}(t)\boldsymbol{R}(t)\boldsymbol{u}(t)]\mathrm{d}t$$

$\boldsymbol{z}(t)(t \geqslant 0)$ 为给定的预期输出。选择合适的 $\boldsymbol{Q}(t)$ 和 $\boldsymbol{R}(t)$，确定 J 为最小时的最优控制 $\boldsymbol{u}^*(t)$。

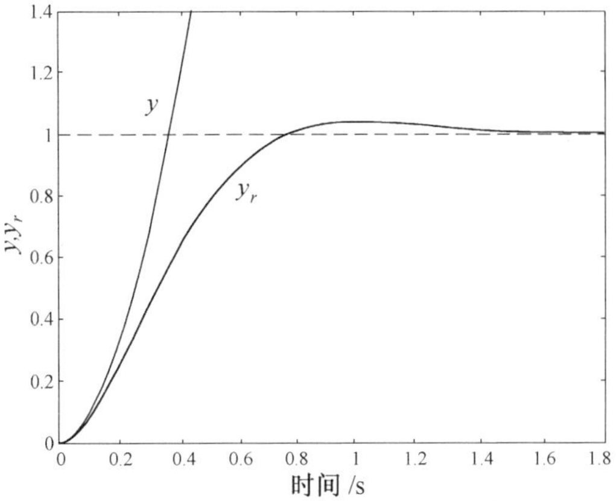

图 11.9.10　原系统阶跃响应 y 和跟踪系统阶跃响应 y_r

解　在 MATLAB 中新建 M 文件如下：

```
syms Z X1 X2;
X = [X1;X2];
A = [0 1;0 - 2];
B = [0;20];
C = [1 0];
D = 0;
Z = 1;      %Z 为系统的期望输出
Q = 1;
R = 1;
[K,P,E] = lqry(A,B,C,D,Q,R)
G = [inv(P * B * inv(R) * B′ - A′) * C′ * Q] * Z;
step(A - B * K,B,C,D);      % 跟踪系统输出的阶跃响应
U = - inv(R) * B′ * (P * X - G)
[y,x,t] = step(A,B,C,D);      % 原系统输出的阶跃响应
hold on
plot(t,y)
xlabel ('Sec')
ylabel ('y,yr')      %y 为原系统输出的阶跃响应,yr 为跟踪系统输出的阶跃响应
hold off;
```

结果：

```
K =
   1.0000    0.2317
P =
   0.3317    0.0500
   0.0500    0.0116
E =
   - 3.3166 + 3.0000i
```

```
  - 3.3166 - 3.0000i
U =
- X1 - 2086630108520365/9007199254740992 * X2 + 1
```

11.9.6 动态规划

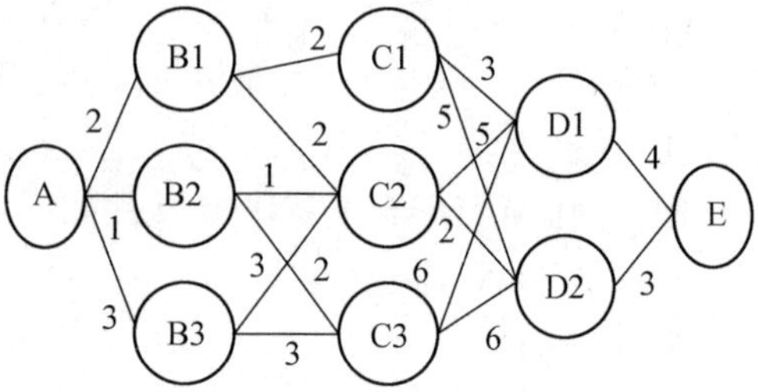

图 11.9.11

例 11.9.8 如图 11.9.11 所示，给定一个线路网络，两点之间连线上的数字表示两点之间的距离，试求一条从 A 到 E 之间最短的线路。

解 在 MATLAB 中新建 M 文件如下：

```
d = [4;3];
c = [3,5;5,2;6,6];
b = [2,2;1,2;3,3];
a = [2;1;3];
for i = 1:3
  for j = 1:2
    E1(i,j) = c(i,j) + d(j,1)
  end
end
for i = 1:3
  for j = 1:2
    E2(i,j) = min(E1(i,j),[],1) + b(i,j)
  end
end
E3 = min((min(E2,[],1)),[],2)
```

结果：

```
E3 =
    7
```

用于线性规划的 MATLAB 函数是 linprog( )，它可以方便地求解线性动态规划问题。linprog( ) 函数的调用格式是

[x,fval] = linprog(f,A,b)

或

[x,fval] = linprog(f,A,b,Aeq,beq)

[x,fval] = linprog(f,A,b,Aeq,beq,lb,ub)

[x,fval] = linprog(f,A,b,Aeq,beq,lb,ub)

[x,fval] = linprog(f,A,b,Aeq,beq,lb,ub,options)

x = linprog(⋯)

式中　x—— 决策变量的解,求解线性规划问题的 min $f^T x$,约束条件为 $Ax \leqslant b$ 及 Aeq * x = beq;

lb,ub——x 的上下界;

x_0—— 初值;

fval—— 目标函数值,options 可指定优化参数进行最小化。

x = linprog(⋯) 仅输出 x 的值,不输出目标函数的值。

例 11.9.9　某车间有一批长度为 7.4 m 的同型钢管,用它们做 100 套钢架,已知每套钢架需用长 2.9 m,2.1 m 和 1.5 m 的钢管各一根。问如何下料可使用料最省?

解　因为采用的钢管总长度固定,要使用料最省,即要使裁下来的残料最少。而残料的多少取决于裁取方法,故设 $x_j (j = 1,2,\cdots,8)$ 为按第 j 种方法裁取钢管的根数,则对各种可能的裁取方法所产生的残料列于表 11.9.1。

表 11.9.1

所裁长度 /m	裁料方案编号								所需根数
	1	2	3	4	5	6	7	8	
2.9	2	1	1	1	0	0	0	0	100
2.1	0	0	2	1	2	1	3	0	100
1.5	1	3	0	1	2	3	0	4	100
残料长度 /m	0.1	0	0.3	0.9	0.2	0.8	1.1	1.4	

建立数学模型为

$$\text{Min } 0.1x_1 + 0.3x_3 + 0.9x_4 + 0.2x_5 + 0.8x_6 + 1.1x_7 + 1.4x_8$$

$$2x_1 + x_2 + x_3 + x_4 = 100$$

$$2x_3 + x_4 + 2x_5 + x_6 + 3x_7 = 100$$

$$x_1 + 3x_2 + x_4 + 2x_5 + 3x_6 + 4x_8 = 100$$

$$x_j \geqslant 0 \qquad j = 1,2,\cdots,8$$

在 MATLAB 命令提示符下,键入以下命令:

```
>> f = [0.1,0,0.3,0.9,0.2,0.8,1.1,1.4]';
>> Aeq = [2,1,1,1,0,0,0,0;0,0,2,1,2,1,3,0;1,3,0,1,2,3,0,4];
>> beq = [100,100,100]';
>> lb = zeros(8,1);
>> [x,fval] = linprog(f,[],[],Aeq,beq,lb)
```

回车后 CRT 上显示出决策变量 x 和目标函数 fval 的值为:

x =

```
    39.5760
     0.4240
    20.4240
     0.0000
    29.5760
     0.0000
     0.0000
     0.0000
fval =
    16.0000
```

所以，分别按照第1,3,5种方案取40根，20根，30，7.4 m长的钢管时，用料最省，残料长度为16 m。

11.10 本章小结

本章介绍最优控制的最基本的内容，包括最优控制问题的一般提法、变分法及极小值原理、时间最优问题、线性二次型最优控制、输出调节与最优跟踪问题和动态规划等。主要内容可归纳为：

1. 最优控制问题的提法一般包括描述系统动态特性的微分方程、边界条件和目标集、容许控制、性能指标。

2. 变分法是求泛函极值的方法，泛函极值的求取的必要条件为欧拉方程，对于不同类型的泛函极值问题可以归结为欧拉方程不同的横截条件。对于有等式约束的一类最优控制问题，可以采用拉格朗日乘子法，把有约束泛函极值问题化为无约束泛函极值问题。

3. 对于容许控制受边界限制，以及哈密顿函数对控制向量不连续可微情形，庞特里亚金分别提出了最小值原理，本章给出了连续系统末端自由时的极小值原理，并给出不同具体问题的极小值原理的具体形式。其重点在于问题中的时间变量、性能指标和约束条件的处理过程，构造合适的哈密顿函数和写出适当的边界条件与横截条件。平行地，还给出了离散系统的极小值原理的形式。

4. 讨论了不同类型被控对象的时间最优控制问题，即基于 Bang - Bang 控制原理的切换控制。

5. 线性二次型最优控制。由于其特殊的指标形式和系统对象的线性性质，使可以获得基于 Riccati 方程表达的最优控制的解析解，而且该解还是一个线性状态反馈。实际上，输出调节器问题与最优跟踪问题均可转化为线性二次型最优控制问题。

线性二次型最优控制依赖于二次型指标中两个加权矩阵 $\boldsymbol{Q}$ 和 $\boldsymbol{R}$ 的选取。当 $\boldsymbol{Q}$ 和 $\boldsymbol{R}$ 固定

时,问题的解惟一确定。但实际上,$\boldsymbol{Q}$,$\boldsymbol{R}$ 阵是可在很大程度上任意选取的。虽然对于满足条件的 $\boldsymbol{Q}$,$\boldsymbol{R}$ 阵,都可保证闭环系统稳定,但选择不同的 $\boldsymbol{Q}$,$\boldsymbol{R}$ 阵却可以导致系统其他性能的不同。由于这一点,近年来关于如何选取 $\boldsymbol{Q}$,$\boldsymbol{R}$ 阵以使闭环极点落于复平面某希望区域之中的问题得到了许多学者的关注。关于 Riccati 方程的解的存在性及其解的性质,有着丰富的研究内容。感兴趣的读者请参阅有关文献[13]。

6. Bellman 所提出的动态规划,与庞特里亚金的极小值原理一样,是处理控制函数在有界闭集约束情况下求解最优控制问题的有效数学方法。它是一种非线性规划,将复杂的多级问题变为易于求解的具有递推形式的多级决策问题。本章简单介绍了动态规划的基本原理,及在求解离散及连续系统最优控制问题中的应用。

习题与思考题

11.1　试求取泛函

$$J = \int_1^2 (\dot{x} + \dot{x}^2 t^2)\mathrm{d}t$$

取极小值的最优轨线 $x^*(t)$。设已知边界条件为 $x(1) = 1, x(2) = 2$。

11.2　已知系统的状态方程为

$$\dot{x}(t) = -x(t) + u(t)$$

以及 $x(t)$ 的边界条件为 $x(0) = 1$ 及 $x(t_f) = 0$。试确定使指标泛函

$$J = \frac{1}{2}\int_0^{t_f} (x^2 + u^2)\mathrm{d}t$$

取极小值的最优控制 $u^*(t)$。

11.3　已知一阶系统的状态方程为

$$\dot{x} = u$$

以及边界条件为 $x(0) = 1$ 及 $x(t_f) = 0$,终端时刻 t_f 未给定。试确定使指标泛函

$$J = t_f + \frac{1}{2}\int_0^{t_f} u^2 \mathrm{d}t$$

取极小值的最优控制 $u^*(t)$。

11.4　已知系统的状态方程为

$$\dot{x}_1 = x_2$$

$$\dot{x}_2 = u$$

以及边界条件为

$$x_1(0) = x_{10} \qquad x_1(t_f) = 0$$

$$x_2(0) = x_{20} \qquad x_2(t_f) = 0$$

选取指标泛函

$$J = \frac{1}{2}\int_0^{t_f} u^2 \mathrm{d}t$$

其中终端时刻 t_f 给定。试确定使 J 取极小值的无约束最优控制 $u^*(t)$。

11.5　已知系统的状态方程为

$$\dot{x} = -\frac{1}{2}x + u$$

以及边界条件 $x(0) = x_0, x(1)$ 自由。选取指标泛函

$$J = \int_0^1 [x^2 + u^2]\mathrm{d}t$$

试应用极小值原理确定使 J 取极小值的无约束最优控制 $u^0(t)$。

11.6　已知系统状态方程为

$$\dot{x} = ax + bu$$

控制变量受不等式

$$-M < u < M$$

约束，M 为正常量。试确定使指标泛函

$$J = \int_0^\infty x^2 \mathrm{d}t$$

取极小值的最优控制 $u^*(t)$ 及最优轨线 $x^*(t)$。

11.7　在有限时间的二次型最优状态调节器问题之中，是否系统的状态或输出一定可在终端时刻被调节到原点？

11.8　给定受控系统

$$\dot{\boldsymbol{x}} = \begin{bmatrix} 0 & 1 \\ 0 & 0 \end{bmatrix}\boldsymbol{x} + \begin{bmatrix} 1 \\ 0 \end{bmatrix}\boldsymbol{u} \qquad \boldsymbol{x}_0 = \begin{bmatrix} x_{10} \\ x_{20} \end{bmatrix}$$

和性能指标

$$J = \frac{1}{2}\boldsymbol{x}^{\mathrm{T}}(t_f)\begin{bmatrix} s_{11} & 0 \\ 0 & s_{22} \end{bmatrix}\boldsymbol{x}(t_f) + \frac{1}{2}\int_0^{t_f}\left\{\boldsymbol{u}^2 + \boldsymbol{x}^{\mathrm{T}}\begin{bmatrix} q_{11} & 0 \\ 0 & q_{22} \end{bmatrix}\boldsymbol{x}\right\}\mathrm{d}t$$

试确定最优状态反馈增益阵 $\boldsymbol{K}^*$ 和最优性能 J^*。若令 $t_f = \infty, s_{ii} = 0, i = 1,2$，试确定此时的最优状态反馈增益阵 $\boldsymbol{K}^*$ 和最优性能 J^*。

11.9　已知系统的状态方程为

$$\dot{\boldsymbol{x}} = \begin{bmatrix} 0 & 1 \\ 0 & -1 \end{bmatrix}\boldsymbol{x} + \begin{bmatrix} 0 \\ 1 \end{bmatrix}\boldsymbol{u}$$

$$\boldsymbol{x}(0) = \begin{bmatrix} 1 \\ 0 \end{bmatrix}$$

若选取二次型指标泛函

$$J = \int_0^\infty [\boldsymbol{x}^{\mathrm{T}}\boldsymbol{Q}\boldsymbol{x} + \boldsymbol{u}^{\mathrm{T}}\boldsymbol{u}]\mathrm{d}t$$

其中加权矩阵

$$Q = \begin{bmatrix} 1 & 0 \\ 0 & \mu \end{bmatrix} \qquad \mu \geqslant 0$$

试确定使 J 取极小值的最优反馈增益 $\boldsymbol{K}$。

11.10　已知系统的状态方程为

$$\dot{x} = ax + bu$$
$$x(0) = x_0$$

试确定使指标泛函

$$J = \frac{1}{2}sx^2(t_f) + \frac{1}{2}\int_0^{t_f}[qx^2(t) + ru^2(t)]\mathrm{d}t$$

取极小值的最优控制 $u^*(t)$，其中 $s \geqslant 0, q > 0, r > 0$ 为加权系数。

11.11　已知系统的状态方程为

$$\dot{x}_1 = x_2$$
$$\dot{x}_2 = u$$

以及边界条件 $x_1(0) = 1, x_2(0) = 0$。试确定使指标泛函

$$J = \int_0^{\infty}(2x_1^2 + \frac{1}{2}u^2)\mathrm{d}t$$

取极小值的无约束最优控制 $u^*(t)$。

11.12　已知系统的状态方程为

$$\dot{x} = ax + bu$$

选取指标泛函

$$J = \int_0^{\infty} x^2 \mathrm{d}t$$

试确定在控制信号 u 受不等式

$$-1 \leqslant u \leqslant 1$$

约束下，使指标泛函 J 取极小值的最优控制 $u^*(t)$。

11.13　已知离散系统的状态差分方程为

$$x(k+1) = x(k) + u(k)$$
$$x(0) = 10$$

试应用动态规划法求取两级控制序列 $u(0)$ 及 $u(1)$，使指标泛函

$$J = [x(2) - 10]^2 + \sum_{k=0}^{1}[x^2(k) + u^2(k)]$$

取极小值。

11.14　已知系统的状态方程为

$$\dot{\boldsymbol{x}} = \begin{bmatrix} 0 & 1 \\ 0 & 0 \end{bmatrix}\boldsymbol{x} + \begin{bmatrix} 0 \\ 1 \end{bmatrix}u$$

输出方程为

$$y = [1 \quad 0]\boldsymbol{x}$$

试确定使指标泛函

$$J = \frac{1}{2}\int_0^{\infty}(y^2 + ru^2)\mathrm{d}t$$

取极小值的最优控制 $u^*(t)$。

11.15 给定受控系统

$$\dot{\boldsymbol{x}} = \begin{bmatrix} 0 & 1 \\ 0 & 0 \end{bmatrix}\boldsymbol{x} + \begin{bmatrix} 1 \\ 0 \end{bmatrix}\boldsymbol{u} \qquad \boldsymbol{x}_0 = \begin{bmatrix} 1 \\ 2 \end{bmatrix}$$

和性能指标

$$J = \int_0^{\infty}(2x_1^2 + 2x_1x_2 + x_2^2 + u^2)\mathrm{d}t$$

试确定最优状态反馈增益阵 $\boldsymbol{K}^*$ 和最优性能 J^*。

11.16 给定受控系统

$$\dot{\boldsymbol{x}} = \begin{bmatrix} 1 & 0 \\ 0 & 2 \end{bmatrix}\boldsymbol{x} + \begin{bmatrix} 1 \\ 1 \end{bmatrix}\boldsymbol{u} \qquad \boldsymbol{x}(0) = \begin{bmatrix} 2 \\ 1 \end{bmatrix}$$

和性能指标

$$J = \int_0^{\infty}(y^2 + 2u^2)\mathrm{d}t$$

试确定最优状态反馈增益阵 $\boldsymbol{K}^*$ 和最优性能 J^*。

11.17 上题中,将性能指标换为

$$J = \int_0^{\infty}[(y - \sin t)^2 + 2u^2]\mathrm{d}t$$

试确定次最优状态反馈增益阵 $\boldsymbol{K}^*$ 和对应的性能值 J^*。

11.18 已知标准调节问题

$$\dot{\boldsymbol{x}} = \boldsymbol{A}\boldsymbol{x} + \boldsymbol{B}\boldsymbol{u} \qquad \boldsymbol{x}(0) = \boldsymbol{x}_0$$

$$J = \int_0^{+\infty}(\boldsymbol{x}^{\mathrm{T}}\boldsymbol{Q}\boldsymbol{x} + \boldsymbol{u}^{\mathrm{T}}\boldsymbol{R}\boldsymbol{u})\mathrm{d}t$$

的最优控制律和最优性能值为

$$\boldsymbol{u}^* = \boldsymbol{K}\boldsymbol{x} \qquad \boldsymbol{K} = \boldsymbol{R}^{-1}\boldsymbol{B}^{\mathrm{T}}\boldsymbol{P}$$

$$J^* = \boldsymbol{x}_0^{\mathrm{T}}\boldsymbol{P}\boldsymbol{x}_0$$

其中 P 为下述 Riccati 代数方程的正定对称解阵

$$\boldsymbol{A}^{\mathrm{T}}\boldsymbol{P} + \boldsymbol{R}\boldsymbol{A} + \boldsymbol{P}\boldsymbol{B}\boldsymbol{R}^{-1}\boldsymbol{B}^{\mathrm{T}}\boldsymbol{P} + \boldsymbol{Q} = 0$$

现若取加权阵为 $\alpha\boldsymbol{Q}$ 和 $\alpha\boldsymbol{R}$,$\alpha > 0$,试求此种情况下的最优控制律和最优性能值。

参考文献

1 胡寿松,等.自动控制原理.北京:国防工业出版社,1994

2 李友善.自动控制原理.北京:国防工业出版社,1989

3 吴麒.自动控制原理.北京:清华大学出版社,1992

4 胡寿松主编.自动控制原理习题集.北京:科学出版社,2003

5 王彤主编.自动控制原理试题精选与答题技巧.哈尔滨:哈尔滨工业大学出版社,2000

6 宋申民,陈兴林主编.自动控制原理典型例题解析及习题精选.北京:高等教育出版社,2004

7 廖晓昕.稳定性的理论、方法和应用.武汉:华中理工大学出版社,1999

8 黄琳.稳定性理论.北京:北京大学出版社,1992

9 王照林.运动稳定性及其应用.北京:高等教育出版社,1992

10 马知恩,周义仓.常微分方程稳定性与稳定性方法.北京:科学出版社,2001

11 刘豹.现代控制理论.北京:机械工业出版社,2000

12 仝茂达.线性系统理论和设计.合肥:中国科学技术大学出版社,1998

13 段广仁.线性系统理论.哈尔滨:哈尔滨工业大学出版社,1996

14 廖晓昕.稳定性的数学理论及应用.武汉:华中师范大学出版社,2001

15 黄琳.稳定性与鲁棒性的理论基础.北京:科学出版社,2003

16 张志方,孙常胜.线性控制系统教程.北京:科学出版社,1993

17 [美]陈启宗.线性系统理论与设计.北京:科学出版社,1988

18 郑大钟.线性系统理论.北京:清华大学出版社,1989

19 王诗宓,杜继宏,窦曰轩.自动控制理论例题习题集.北京:清华大学出版社,2002

20 史忠科,卢京潮.自动控制原理常见题型解析及模拟题.西安:西北工业大学出版社,1998

21 徐薇莉,曹柱中,田作华编著.自动控制理论与设计.上海:上海交通大学出版社,2001

22 戴忠达主编.自动控制原理基础.北京:清华大学出版社,2001

23 孙增圻编著.系统分析与控制.北京:清华大学出版社,2002

24 罗专翼,程桂芬编著.信号、系统与自动控制原理,北京:机械工业出版社,2000

25 高为炳编著.运动稳定性基础,北京:高等教育出版社,1987

26 [日]须田信英, 旧玉慎三, 池田雅夫著.自动控制中的矩阵理论.曹长修,译.北京: 科学出版社, 1979

27 [美]多尔夫,等著. Modern Control Systems. 影印版.北京:科学出版社,2002

28 [美]Katsuhiko Ogata 著.现代控制工程.卢伯英,于海勋,等译.北京:电子工业出版社,2000

29 [美]Franklin G F et al. Feedback Control of Dynamic Systems. 影印版.北京:高等教育出版社,2003

30 北京大学数学力学系几何与代数教研室代数小组编.高等代数.北京:人民教育出版社,1981

31 Slotine, Li Weiping. Applied Nonlinear Control. 影印版.北京:机械工业出版社,2004

32 Hassan K, Khalil. Nonlinear Systems. 第三版.北京:电子工业出版社,2005